Physiker zwischen Autonomie und Anpassung

Herausgegeben von
Dieter Hoffmann und Mark Walker

200 Jahre Wiley – Wissen für Generationen

Jede Generation hat besondere Bedürfnisse und Ziele. Als Charles Wiley 1807 eine kleine Druckerei in Manhattan gründete, hatte seine Generation Aufbruchsmöglichkeiten wie keine zuvor. Wiley half, die neue amerikanische Literatur zu etablieren. Etwa ein halbes Jahrhundert später, während der »zweiten industriellen Revolution« in den Vereinigten Staaten, konzentrierte sich die nächste Generation auf den Aufbau dieser industriellen Zukunft. Wiley bot die notwendigen Fachinformationen für Techniker, Ingenieure und Wissenschaftler. Das ganze 20. Jahrhundert wurde durch die Internationalisierung vieler Beziehungen geprägt – auch Wiley verstärkte seine verlegerischen Aktivitäten und schuf ein internationales Netzwerk, um den Austausch von Ideen, Informationen und Wissen rund um den Globus zu unterstützen.

Wiley begleitete während der vergangenen 200 Jahre jede Generation auf ihrer Reise und fördert heute den weltweit vernetzten Informationsfluss, damit auch die Ansprüche unserer global wirkenden Generation erfüllt werden und sie ihr Ziel erreicht. Immer rascher verändert sich unsere Welt, und es entstehen neue Technologien, die unser Leben und Lernen zum Teil tiefgreifend verändern. Beständig nimmt Wiley diese Herausforderungen an und stellt für Sie das notwendige Wissen bereit, das Sie neue Welten, neue Möglichkeiten und neue Gelegenheiten erschließen lässt.

Generationen kommen und gehen: Aber Sie können sich darauf verlassen, dass Wiley Sie als beständiger und zuverlässiger Partner mit dem notwendigen Wissen versorgt.

William J. Pesce
President and Chief Executive Officer

Peter Booth Wiley
Chairman of the Board

Physiker zwischen Autonomie und Anpassung

Herausgegeben von
Dieter Hoffmann und Mark Walker

WILEY-VCH Verlag GmbH & Co. KGaA

Herausgeber

Prof. Dr. Dieter Hoffmann
Max-Planck-Institut für
Wissenschaftsgeschichte
Boltzmannstr. 22
D-14195 Berlin

Prof. Dr. Mark Walker
Dept. of History
Union College
Schenectady, NY 12308-3107
USA

Redaktion
Uwe Hank, Ralf Hahn

Titelbild
Hundert Jahre Deutsche Physikalische Gesellschaft, 18.1.1945, v.l.n.r.: C. Ramsauer, A. Esau, E. Brüche, H. Hartmann, A. Axmann, Bundesarchiv, Bild: J31223 RPK III/280, Fotograf: Hoffmann

1. Auflage 2007

Alle Bücher von Wiley-VCH werden sorgfältig erarbeitet. Dennoch übernehmen Autoren, Herausgeber und Verlag in keinem Fall, einschließlich des vorliegenden Werkes, für die Richtigkeit von Angaben, Hinweisen und Ratschlägen sowie für eventuelle Druckfehler irgendeine Haftung

**Bibliografische Information
der Deutschen Nationalbibliothek**
Die Deutsche Nationalbibliothek verzeichnet diese Publikation in der Deutschen Nationalbibliografie; detaillierte bibliografische Daten sind im Internet über http://dnb.d-nb.de abrufbar.

© 2007 WILEY-VCH Verlag GmbH & Co. KGaA, Weinheim

Alle Rechte, insbesondere die der Übersetzung in andere Sprachen, vorbehalten. Kein Teil dieses Buches darf ohne schriftliche Genehmigung des Verlages in irgendeiner Form – durch Photokopie, Mikroverfilmung oder irgendein anderes Verfahren – reproduziert oder in eine von Maschinen, insbesondere von Datenverarbeitungsmaschinen, verwendbare Sprache übertragen oder übersetzt werden. Die Wiedergabe von Warenbezeichnungen, Handelsnamen oder sonstigen Kennzeichen in diesem Buch berechtigt nicht zu der Annahme, dass diese von jedermann frei benutzt werden dürfen. Vielmehr kann es sich auch dann um eingetragene Warenzeichen oder sonstige gesetzlich geschützte Kennzeichen handeln, wenn sie nicht eigens als solche markiert sind.

Printed in the Federal Republic of Germany

Gedruckt auf säurefreiem Papier.

Satz Typomedia GmbH, Ostfildern
Druck und Bindung Ebner & Spiegel GmbH, Ulm
Umschlaggestaltung Himmelfarb, Eppelheim
www.himmelfarb.de
ISBN 978-3-527-40585-5

Inhalt

Geleitwort *VII*

Vorwort *IX*

Die Deutsche Physikalische Gesellschaft im nationalsozialistischen Kontext *1*
Mark Walker

Die Naturforscherversammlung in Nauheim im September 1920
Eine Einführung in das Wissenschaftsleben der Weimarer Republik *29*
Paul Forman

Rahmenbedingungen und Autoritäten der Physikergemeinschaft im Dritten Reich *59*
Richard H. Beyler

Die Ausgrenzung und Vertreibung der Physiker im Nationalsozialismus
Welche Rolle spielte die Deutsche Physikalische Gesellschaft? *91*
Stefan L. Wolff

Die Deutsche Physikalische Gesellschaft und die »Deutsche Physik« *139*
Michael Eckert

Die Ramsauer-Ära und die Selbstmobilisierung der Deutschen Physikalischen Gesellschaft *173*
Dieter Hoffmann

Die Planck-Medaille 217
Richard Beyler, Michael Eckert und Dieter Hoffmann

Die Deutsche Physikalische Gesellschaft und die Forschung 237
Gerhard Simonsohn

Misstrauen, Verbitterung und Sentimentalität
Zur Mentalität deutscher Physiker in den ersten Nachkriegsjahren 301
Klaus Hentschel

»Sauberkeit im Kreise der Kollegen«
Die Vergangenheitspolitik der Deutschen Physikalischen Gesellschaft 359
Gerhard Rammer

Die Deutsche Mathematiker-Vereinigung im Dritten Reich
Fachpolitik im Netz der nationalsozialistischen Ideologie 421
Volker Remmert

»Dem Duce, dem Tenno und unserem Führer ein dreifaches Sieg Heil!«
Die Deutsche Chemische Gesellschaft und der Verein Deutscher Chemiker in der NS-Zeit 459
Ute Deichmann

Abbildungen 499

Dokumentenanhang 525
– Albert Einstein, Max von Laue und Johannes Stark 530
– Außenpolitik 549
– Die Haber-Feier 1935 557
– Gleichschaltung 562
– Die Planck-Medaille 579
– Selbstmobilisierung 592
– Nachkriegszeit 636

Häufig verwendete Abkürzungen 659
Siglen 661
Autorenverzeichnis 663
Personenregister 665
Bildnachweis 675

Geleitwort

Die Deutsche Physikalische Gesellschaft (DPG), hervorgegangen aus der bereits 1845 gegründeten Physikalischen Gesellschaft zu Berlin, ist die älteste und größte physikalische Fachgesellschaft der Welt. Ihre Entwicklung ist von Anfang an durch eine stete Zunahme der Mitgliederzahl und einen Zuwachs an wissenschaftlicher Reputation gekennzeichnet. Besonders sichtbar wird diese Entwick-lung in den Jahrzehnten um 1900, als die physikalische Forschung in Deutschland auf vielen Gebieten eine weltweit führende Rolle einnahm. Die DPG wurde in diesen Jahrzehnten durch Präsidenten wie Emil Warburg, Max Planck und Albert Einstein geleitet, die zugleich Symbole für physikalische Exzellenz darstellten. Darüber hinaus zählten Planck und Einstein zu den am weite-sten herausragenden Forschern des beginnenden 20. Jahrhunderts.

Das Jahr 1933 beendete diese Blütezeit der Physik und führte zu einschneidenden Veränderungen. Die nationalsozialistische Diktatur verfolgte politische Gegner und Andersdenkende und entzog jüdischen Intellektuellen und Wissenschaftlern ihre Existenzgrundlage. Ihre rassistische Ausgren-zungs- und Repressionspolitik hatte den teilweisen Niedergang der physikalischen Forschung in Deutschland zur Folge. Welche Rolle die DPG in diesem Prozess spielte, wurde bisher nur unzu-reichend behandelt. Eine Auseinandersetzung mit diesem Kapitel der deutschen Physikgeschichte fand lediglich im Rahmen von Biographien und bei der Behandlung allgemeiner physikhistorischer Entwicklungen statt. Die Deutsche Physikalische Gesellschaft ist sich dieses Defizits bewusst.

Dieses Forschungsdesiderat vor Augen, regte Dieter Hoffmann, DPG-Fachverbandsvorsitzender »Geschichte der Physik«, im Vorfeld der Vorbereitungen zum Jahr der Physik 2000 an, die Ge-schichte der Deutschen Physikalischen Gesellschaft im Dritten Reich einer speziellen Untersu-chung zu unterziehen. Diese Initiative wurde sofort und vorbehaltlos vom damaligen DPG-Präsidenten Alexander Bradshaw aufgegriffen, denn es war ebenfalls ein besonderes Anliegen der DPG, ihre Vergangenheit in der Zeit des Nationalsozialismus aufzuarbeiten. Aus diesem Grund wurde eine Kommission des Vorstands damit beauftragt, die nötigen Voraussetzungen für die Aufarbeitung der DPG-Geschichte zu klären. Als Ergebnis dieses Klärungsprozesses wurde dem Vorstandsrat im Frühjahr 2001 vorgeschlagen, ein von der DPG finanziertes Forschungsprojekt ins Leben zu rufen und den amerikanischen Wissenschaftshistoriker Mark Walker mit dessen Leitung zu betrauen. Dabei ging man von der Erwartung aus, dass dieses Forschungsprojekt auch die in der DPG vorhandenen Kompetenzen einbezieht. In Abstimmung mit Mark Walker erfolgte die Einset-zung von Dieter Hoffmann zum Co-Direktor des Projektes. Der ehemalige Präsident der DPG, Theo Mayer-Kuckuk, wurde vom DPG-Vorstand mit der Kommunikation zwischen DPG und Herausgebern beauftragt. Eine international zusammengesetzte, unabhängige Autorengruppe be-schäftigte sich in den folgenden Jahren mit den unterschiedlichen Aspekten der Geschichte der DPG im Dritten Reich. Die Ergebnisse werden nun im vorliegenden Sammelband präsentiert.

Für die geleistete Arbeit möchte ich den beiden Herausgebern, Mark Walker und Dieter Hoffmann, sowie allen anderen Beteiligten im Namen unserer Gesellschaft großen Dank aussprechen. Diese Arbeit ist mehr als eine zusammenhängende Dokumentation und Analyse der Geschichte der DPG und der Physik in Deutschland – sie ist eine Arbeit gegen das Vergessen. Denn wie sich die Zu-kunft entwickeln wird, hängt ganz entscheidend von unserer Fähigkeit ab, sich immer wieder der eigenen Geschichte zu stellen und aus ihr zu lernen.

Würzburg, 29. Oktober 2006   Eberhard Umbach
           Präsident der Deutschen Physikalischen Gesellschaft

Vorwort

Die Deutsche Physikalische Gesellschaft (DPG) gehört zu den ältesten und traditionsreichsten Fachgesellschaften Deutschlands. 1845 gegründet, erfuhr sie in den folgenden Jahrzehnten einen stetigen Zuwachs in ihrer Mitgliederzahl und an wissenschaftlicher Reputation. Dies gründete sich nicht zuletzt auf der Tatsache, dass die physikalische Forschung in Deutschland in den Jahrzehnten um 1900 auf vielen Gebieten den Weltstandard bestimmte. Das Jahr 1933 bedeutete für diese physikalische Hochkultur einen gravierenden Einschnitt, da die nationalsozialistische Diktatur nicht nur politische Gegner und Andersdenkende verfolgte, vielmehr entzog die rassistische Ausgrenzungs- und Repressionspolitik auch jüdischen Intellektuellen und Wissenschaftlern ihre Existenzgrundlage und zwang sie vielfach in die Emigration. Als Symbol für diese Vertreibung des Geistes aus Deutschland gilt vielfach die Emigration Albert Einsteins, die zugleich den partiellen Niedergang der physikalischen Forschung in Deutschland deutlich machte. Zu diesem Phänomen sind in den vergangenen Jahrzehnten eine Reihe interessanter und differenzierender Studien entstanden – angefangen mit Allan Beyerchens Pionierarbeit *Wissenschaft unter Hitler* (1977 über die umfangreiche Heisenberg Biographie *Uncertainty* von David Cassidy (1992) bis zu Klaus und Ann Hentschels (leider nur auf englisch publizierten) Anthology *Physics and National Socialism* (1996), die wichtige Dokumente aus dieser Zeit zusammenfasst. In diesen und den vielen anderen verdienstvollen Publikationen zum Phänomen Physik im Dritten Reich wird die Deutsche Physikalische Gesellschaft – wenn überhaupt – nur am Rande und im Rahmen der allgemeinen physikhistorischen Entwicklungen behandelt. Über ihre spezifische Funktion im wissenschaftspolitischen Handlungsgefüge und den politischen Machtkonstellationen des Dritten Reiches weiß man indes nur wenig; dies trifft im Übrigen generell für die Rolle wissenschaftlicher Gesellschaften als Mittler zwischen Forschung und Politik zu.

Dieses Forschungsdesiderat versucht die vorliegende Publikation zu schließen. Eine international zusammengesetzte Autorengruppe hat sich in den zurückliegenden Jahren mit den unterschiedlichen Aspekten der Geschichte der DPG im Dritten Reich beschäftigt. Die Ergebnisse der Forschungen fasst der vorliegende Sammelband zusammen. Mosaikartig versucht er, zentrale Aspekte der Geschichte der Deutschen Physikalischen Gesellschaft zu analysieren, um so zu einem exemplarischen Gesamtbild ihrer Geschichte im Dritten Reich zu kommen. Mark Walker (Schenectady) macht in seinem Einleitungsbeitrag die allgemeinen politischen Zusammenhängen deutlich und ordnet die Geschichte der Gesellschaft in den nationalsozialistischen Kontext jener Zeit ein. Paul Forman (Washington, D.C.) rückt die spektakuläre 86. Naturforscherversammlung in Bad Nauheim in den Mittelpunkt seines Beitrags und zeigt an diesem Beispiel, wie die zeitgenössischen Naturwissenschaften und speziell die Physik von den politischen und weltanschaulichen Strömungen der Weimarer Zeit beeinflusst wurden und die Konflikte der Physiker im Dritten Reich teilweise bereits dort ihre Wurzeln haben. Richard Beyler (Portland) untersucht unter allgemeinen Gesichtspunkten den in Teilen erfolgreichen Versuch der DPG, ihre Autorität und Autonomie auch unter den repressiven Bedingungen des NS-Staates zu bewahren. Stefan Wolff (München) beschäftigt sich mit der Physikeremigration im Dritten Reich und was dies für die DPG bedeutete bzw. welche Rolle die DPG bei der gesellschaftlichen Ausgrenzung jüdischer Kollegen gespielt hat. Michael Eckert (München) setzt sich kritisch mit dem Verhältnis von DPG und Deutscher Physik und dem in der Nachkriegszeit so vehement reklamierten beharrlichen Kampf der DPG gegen die »Parteiphysik« auseinander. Die Ramsauer-Ära, die mit der Kriegszeit zusammenfällt und durch die partielle Selbstmobilisierung der DPG gekennzeichnet war, wird im Beitrag von Dieter Hoffmann (Berlin) detailliert beschrieben. Der Planck-Medaille, der höchsten Auszeichnung der DPG, ist eine spezielle Analyse von Richard Beyler, Michael Eckert und Dieter Hoffmann gewidmet, weil sich an ihrer Verleihungspraxis im Dritten Reich exemplarisch das Verhältnis von Autonomie und Anpassung der DPG in jenen Jahren aufzeigen lässt. Gerhard Símonsohn (Berlin) gibt einen detailreichen Überblick zu damaligen Themen physikalischer Forschung – gespiegelt in den Physikertagungen und anderen wissenschaftlichen Aktivitäten der DPG sowie zeitgenössischen Publikationsorganen. Zwei Beiträge widmen sich im Sinne des Aufzeigens von Kontinuitäten und Diskontinuitäten der DPG-Geschichte der Nachkriegszeit. Klaus Hentschel (Bern/Stuttgart) versucht in einer dichten Beschreibung, den Mentalitäten der Physiker in den ersten Nachkriegsjahren auf die Spur zu kommen, und Gerhard Rammer (Göttingen/Wuppertal) geht dem institutionellem Neuanfang der DPG nach 1945 und ihrer »Vergangenheitspolitik/-bewältigung« nach. Den Abschluss bilden die Aufsätze von Volker Remmert (Mainz) und Ute Deichmann (London/Köln), die in vergleichender Perspektive die mathematischen und chemischen Schwestergesellschaften der DPG im Dritten Reich behandeln. Ein umfangreicher Anhang mit relevanten Dokumenten zur Geschichte der Deutschen Physikalischen Gesellschaft im Dritten Reich versucht die Authentizität der einzelnen Beiträge zu erhöhen und rundet den Sammelband ab.

Die eben gegebene Zusammenfassung zeigt, dass das vorliegende Buch zwar auf die Geschichte der DPG in den Jahren der nationalsozialistischen Gewaltherrschaft fokussiert ist, doch diese in einer vergleichenden Perspektive diskutiert wird. Dabei bezieht sich der Vergleich einerseits auf die zeitliche Dimension, wodurch die Jahre vor und nach der Nazi-Diktatur eine angemessene Berücksichtigung finden und zugleich die Frage nach den Kontinuitäten und Diskontinuitäten der DPG-Geschichte thematisiert wird. Andererseits wird die Geschichte der DPG im Dritten Reich nicht isoliert behandelt, sondern in die allgemeinen politischen Kontexte und wissenschaftshistorischen gestellt und mit dem Verhalten anderer wissenschaftlicher Gesellschaften im Dritten Reich verglichen.

Drei Workshops trugen in den Jahren 2001 bis 2003 dazu bei, die nötigen thematischen Diskussionen und Klärungsprozesse zwischen den Autoren zu fördern. Darüber hinaus waren diese Zusammenkünfte immer offene Diskussionsforen, an denen sich nicht nur die eigentlichen Teilnehmer des Forschungsprojektes beteiligten, sondern auch andere kompetente Fachvertreter und interessierte Mitglieder der DPG teilnehmen und Anregungen einbringen konnten. Insbesondere der erste Workshop im Dezember 2001 fand eine rege Resonanz und versammelte im Berliner Magnus-Haus fast 50 Kollegen.

Leider haben die vielfältigen Belastungen von einem der Herausgeber dieses Bandes bei der Vorbereitung und Durchführung des Einstein-Jahres 2005 dazu geführt, dass das geplante Erscheinen des Buches zum Weltjahr der Physik erheblich verzögert wurde. Für die Nachsicht und Geduld, mit der Autoren und Verlag die ungebührlich lange Drucklegung hingenommen haben, sei an dieser Stelle nochmals gedankt. Dennoch hoffen wir, dass auch die verspätete Publikation des Buches das Interesse an diesem problembehafteten Thema nicht behindert oder gar reduziert hat.

Abschließend möchten wir all jenen herzlich danken, die zum Entstehen des Buches maßgeblich beigetrugen. Zu danken ist insbesondere der Deutschen Physikalischen Gesellschaft, die das Forschungsprojekt und die Drucklegung des Buches nicht nur finanziell großzügig ausgestattet, sondern es auch vorbehaltlos und mit großem Engagement unterstützt hat – ein spezieller Dank gilt ihren beiden Alt-Präsidenten Alexander Bradshaw (München) und Theo Mayer-Kuckuk (Berlin) für ihr großes Interesse und Engagement am Fortgang des Forschungsprojektes. Den Hauptgeschäftsführern der DPG Volker Häselbarth und Bernhard Nummer sowie ihren Kolleginnen in der Geschäftsstelle in Bad Honnef haben wir ebenfalls für so manchen konstruktiven Vorschlag bei der Überwindung praktischer Engpässe und Hürden Dank zu sagen. Großen Dank schulden wir nicht zuletzt den zahlreichen Archiven und Bibliotheken, speziell dem Archiv der Deutschen Physikalischen Gesellschaft selbst. Sie halfen bereitwillig, ihre vielfach noch ungehobenen Schätze zur DPG-Geschichte für unsere Forschungen zu erschließen.

Herr Uwe Hank (Berlin) hat mit großem Engagement und Umsicht die Mehrzahl der Beiträge redigiert, wobei die abschließende Redaktion sowie die Erstellung der druckfertigen Form von Ralf Hahn (Berlin) besorgt wurde; er half ebenfalls bei den Bildrecherchen. Last but not least ist dem Verlag Wiley-VCH, namentlich Frau Esther Dörring und Herrn Alexander Grossmann, für die geduldige und aufgeschlossene Zusammenarbeit bei der Drucklegung zu danken.

Berlin/Schenectady,
im Sommer 2006   *Dieter Hoffmann/Mark Walker*

Die Deutsche Physikalische Gesellschaft im nationalsozialistischen Kontext
Mark Walker

Die Geschichte der Deutschen Physikalischen Gesellschaft (DPG) ist keine und kann keine Geschichte der Physik im Nationalsozialismus sein.[1] Obwohl viele Physiker Mitglieder der Gesellschaft waren, hatte dies – wenn überhaupt – wenig Einfluss auf die Handlungsweise dieser Wissenschaftler in der Zeit zwischen 1933 und 1945. Die meisten dieser Physiker waren darüber hinaus mehrfach eingebunden: eine Anstellung an einer Universität, einer Forschungseinrichtung oder einer Privatfirma, vielleicht eine Mitgliedschaft in einer wissenschaftlichen Akademie oder sie waren Mitherausgeber einer Zeitschrift etc.

Max von Laue ist hierfür ein Beispiel, trug er doch viele »verschiedene Hüte«. Er war Professor an der Berliner Universität, Vizedirektor des Kaiser-Wilhelm-Instituts (KWI) für Physik, Mitglied der Preußischen Akademie der Wissenschaften (PAW), Berater der Physikalisch-Technischen Reichsanstalt (PTR), Referent der Notgemeinschaft der Deutschen Wissenschaft (später umbenannt in *Deutsche Forschungsgemeinschaft*, DFG)[2], Mitherausgeber mehrerer Zeitschriften und natürlich sowohl Mitglied als auch Amtsinhaber in der DPG.

---

1) Die beste Einzelquelle zur Physik im Nationalsozialismus ist Klaus Hentschel/Ann. M. Hentschel (Hrsg.), Physics and National Socialism. An Anthology of Primary Sources (= Science Networks. Historical Studies, Bd. 18), Basel – Boston – Berlin 1996, einschließlich einer ausführlichen Einleitung. Siehe zur Geschichte der DPG im Dritten Reich auch Dieter Hoffmann/Mark Walker, The German Physical Society under National Socialism, in: Physics Today, December 2004, S. 52–58; Dieter Hoffmann, Between Autonomy and Accomodation: The German Physical Society during the Third Reich, in: Physics in Perspective, 7 (2005), S. 293–329; Dieter Hoffmann/Mark Walker, Zwischen Autonomie und Anpassung. Die Deutsche Physikalische Gesellschaft im Dritten Reich, Physik Journal 5 (2006), S. 53–58.
2) Zur DFG vgl. Notker Hammerstein, Die Deutsche Forschungsgemeinschaft in der Weimarer Republik und im Dritten Reich, München 2001.

Viele der in Deutschland gebliebenen Wissenschaftler, die weiterhin Mitglieder der DPG blieben, spielten keine aktive Rolle in der Gesellschaft. Andere, darunter einige der berühmtesten wie Werner Heisenberg[3] und Carl Friedrich von Weizsäcker[4], spielten in der Gesellschaft ebenfalls nur eine marginale Rolle. Einige Mitglieder waren nicht einmal Physiker, wie z. B. der Radiochemiker Otto Hahn, dessen Arbeiten zur Kernspaltung ebenso wie seine Erfahrungen im Nationalsozialismus als Direktor des KWI für Chemie für die Geschichte der DPG nicht besonders relevant sind.[5] Pascual Jordan wurde erst Mitglied, als er die Max-Planck-Medaille, die höchste wissenschaftliche Auszeichnung der DPG, erhielt. Dieses Buch wird sich erstmals genauer mit der DPG beschäftigen, einem vielfältigen Themenkomplex, der interessante und wichtige Aspekte der Geschichte der Physik und der Wissenschaft im Nationalsozialismus beleuchtet.

Die deutsche Geschichte vom Ersten Weltkrieg bis zur Zeit nach dem Zweiten Weltkrieg ist eine vielschichtige Zeitperiode, deshalb sollen zur Einführung einige Marksteine zur Geschichte des Dritten Reichs aufgeführt werden, um die Geschichte der DPG unter Hitler in den gesellschaftspolitischen Kontext einzubetten.

1933: Nationalsozialistische *Machtergreifung*
1933: Säuberung des öffentlichen Dienstes
1934: Röhm-Putsch – Hitler wird »Führer«
1935: Nürnberger Rassengesetze
1936: Wiederbewaffnung und Vierjahresplan
1938: Reichspogromnacht
1939: Beginn des Zweiten Weltkriegs
1941: Deutscher Überfall auf die Sowjetunion
1941: Ende des Blitzkriegs und Kriegseintritt der Vereinigten Staaten
1943: Deutsche Niederlage in Stalingrad

[3] David Cassidy, Werner Heisenberg – Leben und Werk, Heidelberg 1995.
[4] Konrad Lindner, Carl Friedrich von Weizsäckers Wanderung ins Atomzeitalter. Ein dialogisches Selbstporträt, Paderborn 2002.
[5] Vgl. Mark Walker, Otto Hahn: Verantwortung und Verdrängung, in: Carola Sachse (Hrsg.), Ergebnisse. 10. Vorabdruck aus dem Forschungsprogramm Geschichte der Kaiser-Wilhelm-Gesellschaft im Nationalsozialismus, Berlin 2003 [http://www.mpiwg-berlin.mpg.de/KWG/Ergebnisse/Ergebnisse10.pdf].

1945: Bedingungslose Kapitulation Deutschlands
1945: Aufteilung Deutschlands in Besatzungszonen
1949: Gründung zweier deutscher Staaten
1953: Vollständige Souveränität der Bundesrepublik Deutschland

Nicht jedes der hier aufgeführten Ereignisse hatte einen erkennbaren Einfluss auf die Geschichte der DPG im Nationalsozialismus, und wenn es einen Einfluss gab, so war er manchmal unerwartet.

Die Ernennung Adolf Hitlers zum deutschen Kanzler und die folgende damit schrittweise einhergehende Konsolidierung des Machtmonopols durch die nationalsozialistische Bewegung veränderten die alltäglichen Geschäfte der DPG bis zum Beginn des Zweiten Weltkriegs kaum; selbst die wenigen wichtigen Ausnahmen hatte nur wenig Einfluss auf die Handlung oder Handlungsweise der Gesellschaft. Solche Ausnahmen waren:

1) die Eröffnungsreden zu den Physikertagungen durch die DPG-Präsidenten, die häufig den »Führer« lobten und sich teilweise der nationalsozialistischen Sprache in dieser Zeit[6] bedienten, die Victor Klemperer *Lingua Tertii Imperii (LTI)*[7] nannte;
2) der formale Ausschluss der jüdischen Mitglieder im Jahre 1938;[8]
3) das politische Eintreten für die Militarisierung der physikalischen Forschung während des Kriegs.[9]

Die durch das nationalsozialistische Gesetz zur Wiederherstellung des Berufsbeamtentums verursachten Säuberungen im öffentlichen Dienst im Frühjahr 1933 hatten tief greifende Folgen für die Physiker in Deutschland, da die überwiegende Zahl der außerhalb der Industrie

---

6) Vgl. den Beitrag von Gerhard Simonsohn in diesem Band.
7) Victor Klemperer, LTI. Lingua Tertii Imperii. Die Sprache des Dritten Reiches, Leipzig 1975.
8) Vgl. Stefan L. Wolffs Beitrag in diesem Band ebenso ders., Vertreibung und Emigration in der Physik – 1933, in: Physik in unserer Zeit, 24 (1993), S. 267–273 und ders., Frederick Lindemanns Rolle bei der Emigration der aus Deutschland vertriebenen Physiker, in: Yearbook of the Research Center for German and Austrian Exile Studies, 2 (2000), S. 25–58.
9) Vgl. Dieter Hoffmanns Beitrag in diesem Band.

beschäftigten Wissenschaftler Beamte waren.[10] Viele Physiker verloren entweder ihre Anstellung oder sahen keine Zukunft mehr in Deutschland und verließen das Land.[11] Dieses hatte jedoch für ihre DPG-Mitgliedschaft keine unmittelbaren Konsequenzen. Im Gegensatz zu den Berufsverbänden der Chemiker, Ingenieure und Mathematiker, die in den Anfangsjahren des Dritten Reichs ihre jüdischen Mitglieder hinausdrängten, bemühten sich die DPG und ihre Vertreter um Normalität und versuchten, den Anschein zu erwecken, als sei nichts geschehen.[12] Es gab daher unter den DPG-Mitgliedern auch nur wenige deutsche Emigranten oder ausländische Kollegen, die aus der Gesellschaft austraten. Vielmehr stellten diejenigen, die das Land verlassen hatten, lediglich die Zahlung ihrer Mitgliedsbeiträge ein, so dass sie einfach in aller Stille aus dem Mitgliedsverzeichnis gestrichen wurden; mitunter geschah nicht einmal das.[13]

Die sogenannte *Einstein-Affäre* war diesbezüglich eine Ausnahme. Einstein war seit dem Ersten Weltkrieg als bekennender Pazifist, Zionist und Internationalist bekannt. Während der Weimarer Republik wurde er das bevorzugte Angriffsziel antisemitischer und politisch rechts stehender Gruppen, was zu öffentlichen Auseinandersetzungen mit Einstein führte. Aus all diesen Gründen war Einstein für die nationalsozialistische Bewegung eine *politische* Bedrohung und wurde unter allen deutschen Physikern (einschließlich aller jüdischen und politisch aktiven Wissenschaftler) für eine »Sonderbehandlung« ausgewählt. Als die Nationalsozialisten die Macht übernahmen, befand sich Einstein zu einem Forschungsaufenthalt in Amerika. Von dort kritisierte er die NS-Politik und vor allem die Diskriminierung und Verfolgung jüdischer Mitbürger. Einstein war sich bewusst, dass

---

10) Vgl. Stefan L. Wolffs Beitrag in diesem Band sowie Alan Beyerchen, Wissenschaftler unter Hitler. Physiker im Dritten Reich. Frankfurt/M. 1982, S. 66 ff; Klaus Hentschel/Ann M. Hentschel, Physics, S. 21–34 (darin auch der Wortlaut des Gesetzestextes) und David Cassidy, Werner Heisenberg, S. 369 ff.
11) Zur Emigration vgl. Klaus Hentschel/Ann M. Hentschel, Physics, S. LIII–LXIV und Klaus Fischer, Die Emigration von Wissenschaftlern nach 1933. Möglichkeiten und Grenzen einer Bilanzierung, in: Vierteljahreshefte für Zeitgeschichte, 39 (1991), S. 535–549.
12) Vgl. die Beiträge von Ute Deichmann und Volker Remmert in diesem Band sowie Karl-Heinz Ludwig, Technik und Ingenieure im Dritten Reich, Düsseldorf 1974, S. 105–160 und ders., Wolfgang König (Hrsg.), Technik, Ingenieure und Gesellschaft. Geschichte des Vereins Deutscher Ingenieure 1856–1981, Düsseldorf 1981.
13) Vgl. den Beitrag von Stefan L. Wolff in diesem Band.

seine Mitgliedschaft in deutschen Organisationen nun ein politisches Thema war, und hat daher diese freiwillig und diskret beendet.[14]

Der von der NSDAP finanzierte und von fanatischen Nationalsozialisten und Antisemiten wie Josef Goebbels und Julius Streicher angeführte landesweite »nationale Judenboykott« begann am 1. April 1933, musste jedoch wegen der nur lauen Aufnahme durch viele Deutsche und wegen der heftigen Proteste aus dem Ausland auf einen Tag verkürzt werden. Unmittelbar danach gerieten viele staatliche Dienststellen und Einrichtungen entweder unter Druck, ihren Standpunkt gegenüber der »jüdischen Frage« klarzulegen oder ergriffen umgehend selbst die Initiative. Das Reichserziehungsministerium (REM) erwartete u. a. von der ihm unterstellten PAW einen öffentlichkeitswirksamen Akt des Antisemitismus, indem sie Einstein aus der Akademie ausschließen sollte.

Wie zahlreiche Historiker bereits beschrieben haben, kam Einstein diesem Ausschluss durch seinen Austritt zuvor, sodass der amtierende Sekretar der Akademie, Ernst Heymann, noch einen Schritt weiter ging und im Namen der Akademie erklärte, dass »die Akademie keinen Anlass [hat], den Austritt Einsteins zu bedauern.«[15] Die daraus resultierenden ambivalenten Antworten von Seiten respektierter Kollegen Einsteins, wie von Laue und Max Planck, sind ebenfalls wohlbekannt: Der ewig diplomatische Planck verteidigte Einsteins Reputation und Vermächtnis, war aber wie das Regime der Ansicht, dass Einstein sein Verbleiben in der Akademie durch sein politisches Verhalten unmöglich gemacht habe. Auch wenn Planck zweifellos nicht beabsichtigte, dass Einstein die Akademie verließ, so konnten seine öffentlichen Äußerungen doch als eine Billigung der

---

14) Zu Albert Einstein und der DPG vgl. die Dokumentation *Albert Einstein, Max von Laue und Johannes Stark* im Anhang dieses Bands sowie D. Hoffmann, »Anders ist es mit den paar Einzelnen ...« Albert Einstein und die DPG, in: Physik Journal 4 (2005)3, 85–590.

15) Chr. Kirsten/H.-J. Treder (Hrsg.), Albert Einstein in Berlin 1913–1933, Berlin 1979, Bd. 1, S. 248.
Vgl. auch den Beitrag von Stefan L. Wolff in diesem Band sowie Klaus Hentschel/Ann M. Hentschel, Physics, S. 18–21; John Heilbron, Max Planck. Ein Leben für die Wissenschaft, Stuttgart 1988, Jürgen Renn/Guiseppe Castagnetti/Peter Damerow, Albert Einstein. Alte und neue Kontexte in Berlin, in: Jürgen Kocka (Hrsg.), Die Königlich Preußische Akademie der Wissenschaften zu Berlin im Kaiserreich, Berlin 1999, S. 333–354, hier S. 349–351 und Dieter Hoffmann, Einsteins politische Akte, in: Physik in unserer Zeit, 35 (2004), Nr. 2, S. 64–69.

nationalsozialistischen Kritik an Einstein gedeutet werden.[16] Auf der anderen Seite schalt Max von Laue, einer der treuesten Unterstützer Einsteins in der Öffentlichkeit, ihn in einem privaten Brief: »Aber warum musstest Du auch *politisch* hervortreten?«.[17] Hier tritt der Unterschied zwischen PAW und DPG offen zutage. Die DPG-Offiziellen entfernten Einsteins Namen in aller Stille aus ihrer Mitgliederliste und offensichtlich ohne ministeriellen Druck. Die Gesamtstrategie der DPG war es, Konflikte und Konfrontationen mit der nationalsozialistischen Regierung zu vermeiden.[18] Einstein, einer der wenigen Wissenschaftler, der das Interesse und die Aufmerksamkeit führender Nationalsozialisten auf sich gezogen hatte, war längst nicht mehr Mitglied der DPG, als sich die Gesellschaft genötigt sah, sich mit der Mitgliedschaft ihrer jüdischen Mitglieder auseinander zu setzen.

Die *Einstein-Affäre* war dabei nicht typisch. Alan Beyerchen hat verglichen, wie Max Born, Richard Courant und James Franck auf die Säuberungen im öffentlichen Dienst durch die Nationalsozialisten reagierten.[19] Am Ende erwiesen sich all die unterschiedlichen Reaktionen – von Borns stiller Abreise bis zu Francks öffentlichem und herausforderndem Entlassungsgesuch – als gleichermaßen unwirksam. Unabhängig von der Zahl der Wissenschaftler, die ihre Posten aufgaben, gab es kompetente und oft integre Kollegen, die bereit und gewillt waren, die frei gewordenen Posten zu übernehmen. Einer dieser Physiker war Richard Becker, der zwar gegen seinen Willen von der TH Berlin nach Göttingen versetzt wurde, danach aber unverdrossen und bereitwillig unterrichtete.

Besonders beunruhigend ist, wie die verständlichen und durchaus zu rechtfertigenden Anstrengungen von Seiten der deutschen Physiker, die nicht vom Berufsbeamtengesetz betroffen waren, zur Wiederherstellung ihrer Fachdisziplin vom nationalsozialistischen Regime

---

16) Zu Planck vgl. John Heilbron, Max Planck, a.a.O. sowie Dieter Hoffmann, Das Verhältnis der Akademie zu Republik und Diktatur. Max Planck als Sekretar, in: W. Fischer at all (Hrsg.), Preußische Akademie der Wissenschaften zu Berlin 1914–1945, Berlin 2000, S. 53–85.
17) M. v. Laue an A. Einstein, Berlin 14.5.1933. AEA Nr. 16-088. Vgl. auch die Dokumentation *Albert Einstein, Max von Laue und Johannes Stark* im Anhang dieses Bands.
18) Vgl. die Beiträge von Michael Eckert, Stefan Wolff und Richard Beyler/Michael Eckert/Dieter Hoffmann in diesem Band.
19) Vgl. Alan Beyerchen, Wissenschaftler, S. 36 ff.

ausgenutzt wurden. So wurden von Planck oder Heisenberg Kollegen ausgewählt, die zwar »arisch« genug waren, um von den Machthabern akzeptiert zu werden, gleichzeitig aber auch als Physiker kompetent waren. Die unbeabsichtigte Folge hiervon war jedoch, dass Planck und Heisenberg damit augenscheinlich eine rassistische Politik akzeptierten und rechtfertigten, die Juden hinauswarf und nur »Arier« anstellte.[20] Leider ist im Bereich der industriellen Forschung in dieser Hinsicht noch vieles unbekannt. Deutsche Physiker, die ihre akademischen Anstellungen verloren hatten, wanderten nur selten in die deutsche Industrie ab – nicht zuletzt wohl, weil auch die Industrie um Konformität mit dem nationalsozialistischen Regime bemüht war. Das Beispiel des Nobelpreisträgers Gustav Hertz war keineswegs typisch – dieser wechselte nach der erzwungenen Niederlegung seiner Professur an der TH Berlin zu Siemens, um dort ein Forschungslabor aufzubauen, das sich während des Kriegs auch mit militärtechnischen Fragen beschäftigte.

Das wohl am häufigsten erwähnte Beispiel für den Widerstand von Wissenschaftlern gegen den Nationalsozialismus war die Gedenkveranstaltung für Haber im Januar 1935.[21] Fritz Haber hatte für die Gewinnung von Stickstoff aus der Luft den Nobelpreis erhalten.[22] Während des Ersten Weltkriegs erweiterte er das KWI für physikalische Chemie und machte es zu einem Forschungs- und Entwicklungszentrum für chemische Waffen. Zum Zeitpunkt der Machtübernahme durch die Nationalsozialisten waren an Habers Institut ungewöhnlich viele jüdische Chemiker und Physiker beschäftigt, Haber eingeschlossen. Neben der Person Einsteins wurde das Habersche Institut zum bevorzugten Ziel für die Nationalsozialisten im REM. Haber musste viele seiner Mitarbeiter entlassen. Er folgte zwar den

---

20) Vgl. David Cassidy, Werner Heisenberg, S. 384.
21) Zur Haber-Gedenkveranstaltung vgl. Alan Beyerchen, Wissenschaftler, S. 100 ff; John Heilbron, Max Planck, S. 167 ff; Kristie Macrakis, Surviving the Swastika: Scientific Research in Nazi Germany, Cambridge 1993, S. 68–72; John Cornwell, Hitler's Scientists: Science, War and the Devil's Pact (dtsch. Ausgabe: Forschen für den Führer. Bergisch-Gladbach 2004, S. 168); Ute Deichmann, Dem Vaterlande – so lange es dies wunscht, Chemie in unserer Zeit 30 (1996), S. 141–149. Vgl. auch den Beitrag von Ute Deichmann in diesem Band sowie die Dokumentation *Die Haber-Feier 1935* im Anhang dieses Bands.
22) Zur Biografie Habers vgl. Dietrich Stolzenberg, Fritz Haber. Chemiker, Nobelpreisträger, Deutscher, Jude, Weinheim 1994 und Margit Szöllösi-Janze, Fritz Haber 1868–1934, München 1998.

Anordnungen, trat danach jedoch unter öffentlichem Protest von seinem Posten zurück.[23] Haber wurde vorübergehend durch einen Wissenschaftler ersetzt, der vom Heereswaffenamt eingesetzt wurde. Dieses war sehr daran interessiert, am Institut wieder Chemiewaffenforschung zu betreiben. Mit Peter Adolf Thiessen fand sich schließlich ein Kandidat für den Direktorenposten, der für die Kaiser-Wilhelm-Gesellschaft (KWG) auch wissenschaftlich akzeptabel war und der in der Folgezeit einen beträchtlichen Anteil der Forschungen des Instituts der Chemiewaffenforschung widmete.

1934 starb Haber im Exil. Ein Jahr später veranstaltete die KWG mit Unterstützung der DPG und der Deutschen Chemischen Gesellschaft (DChG) eine Gedenkveranstaltung zu Ehren Habers. Diese Veranstaltung rief erwartungsgemäß kontroverse Reaktionen hervor. Offizielle Stellen im REM sträubten sich vehement dagegen, einen Juden ehren zu lassen, der gegen ihre Politik protestiert hatte. Das REM verbat jedem seiner Untergebenen, an der Zeremonie teilzunehmen. Planck und einige DPG-Offizielle antworteten darauf mit der Versicherung, dass keinerlei Protest bzw. Kritik an der Regierungspolitik beabsichtigt sei. Minister Rust bot daraufhin an, Ausnahmegenehmigungen für jene Gelehrte zu erteilen, die an der Veranstaltung teilnehmen wollten.

Die Universitätsprofessoren blieben der Veranstaltung fern, wenngleich auch einige von ihnen ihre Frauen zur Teilnahme entsandten. Nur ein Mitglied der DChG versuchte die von Rust versprochene Ausnahmegenehmigung zu erhalten, was jedoch abgelehnt wurde; der Verein deutscher Chemiker (V.d.Ch.) untersagte generell seinen Mitgliedern die Teilnahme. Zahlreiche Mitglieder des V.d.Ch. protestierten gegen das Verbot. Dieser interne Protest verwandelte sich jedoch nicht in eine öffentliche Stellungnahme gegen die nationalsozialistische Politik.[24] Auf der Veranstaltung, die den Höhepunkt des halböffentlichen Protests gegenüber der nationalsozialistischen Wissenschaftspolitik markiert, sprachen sowohl Planck als auch Hahn, die beide DPG-Mitglieder waren. Auch wenn die DPG einer der Träger der Veranstaltung war, so nahmen doch keine ihrer Repräsentanten

---

23) Zu Habers Rücktritt, Tod und den darauf folgenden Reaktionen von Kollegen vgl. Klaus Hentschel/Ann M. Hentschel, Physics, S. 44 f., 63–65 u. 76–79.
24) Vgl. Ute Deichmanns Beitrag in diesem Band.

daran teil, andererseits sprach man sich aber auch nicht gegen eine Teilnahme aus.

Das wohl bekannteste und infamste Beispiel der nationalsozialistischen Einflussnahme auf die Physik ist die Bewegung der sogenannten »Deutschen Physik«, die von den Nobelpreisträgern Philipp Lenard und Johannes Stark begründet und angeführt wurde.[25] Diese kleine Gruppierung forderte lautstark eine »arischere« und »weniger jüdische« Physik. Gleichzeitig versuchte Stark, Ernennungen, Fördergelder und Veröffentlichungen auf dem Gebiet der Physik zu steuern und bedrohte auch die DPG. Lenards und Starks frühe und tatkräftige öffentliche Unterstützung für Hitler und die nationalsozialistische Bewegung hatte zu einer Zeit begonnen, als deren zukünftiges Schicksal noch im Ungewissen lag. Stark hatte bereits seit Mitte der zwanziger Jahre aktiv für die Nationalsozialisten geworben. Als Hitler Reichskanzler wurde, belohnte man beide Physiker. Den bereits pensionierten Lenard überhäuften die Nazis mit allen möglichen Ehrungen; Stark wurde sowohl Präsident der PTR als auch der DFG und versuchte darüber hinaus die DPG unter seinen Einfluss zu bringen.[26]

Obwohl zahlreiche Wissenschaftler innerhalb und außerhalb Deutschlands Starks Einfluss zu Beginn des Dritten Reichs und seine Versuche zur Übernahme der Physik als Beweis sahen, dass die Nationalsozialisten die Wissenschaftslandschaft in Deutschland dominieren und umformen wollten, hat sich mittlerweile gezeigt, dass dieses Bild nicht der Wahrheit entspricht. Es gab keine bewussten, koordinierten und beabsichtigten Versuche von Seiten der nationalsozialistischen Führungsschicht, den Wissenschaftsapparat in Deutschland zu kontrollieren, zu verändern oder ihm Schaden zuzufügen, obgleich man zeitgenössische Beobachter sowohl in als auch außerhalb

---

25) Zur »Deutschen Physik« vgl. Alan Beyerchen, Wissenschaftler, S. 79–167; Klaus Hentschel/Ann M. Hentschel: Physics, S. 7–10, 100–116, 119–129 u. 152–161; Freddy Litten, Mechanik und Antisemitismus. Wilhelm Müller (1880–1968), München 2000; John Cornwell, Forschen für den Führer. Deutsche Naturwissenschaftler und der zweite Weltkrieg, Bergisch Gladbach 2004 und Michael Eckert, Die Atomphysiker. Eine Geschichte der theoretischen Physik am Beispiel der Sommerfeldschule, Braunschweig 1993, S. 196–203; zu Stark und der »Deutschen Physik« vgl. Mark Walker, Nazi Science. Myth, Truth, and the German Atomic Bomb, New York 1995, S. 5–63.

26) Vgl. die Dokumentation *Albert Einstein, Max von Laue und Johannes Stark* im Anhang dieses Bands.

Deutschland für ihre Meinung, dass dies so gewesen sei, entschuldigen kann. Tatsächlich war Wissenschaft für viele führende Nationalsozialisten nicht wichtig genug, um ihr den Vorrang bei der gesellschaftlichen Gleichschaltung Deutschlands einzuräumen. Es ist zutreffend, dass Starks Ambitionen für ein Mitglied der NS-Elite nicht ungewöhnlich waren. Überall in Deutschland kam es unter Nationalsozialisten zu Auseinandersetzungen über die Gestaltung von Statthalterschaften, um lokale Machtmonopole durchzusetzen. So versuchte etwa Josef Goebbels den Propagandaapparat zu kontrollieren und Max Amman tat dies für den Bereich der Zeitungen. Es sollte daher nicht überraschen, dass Stark dies analog in der Physik versuchte.

Das wahre Geschäft der Physik findet in den Zeitschriften u. a. Fachveröffentlichungen wie z. B. den Lehr- oder Handbüchern statt. Stark versuchte zu Beginn des Dritten Reichs, die DPG zu kontrollieren und sich so auch der Kontrolle über die Forschungspublikationen zu bemächtigen. Viele der damaligen Physikjournale, wie z. B. die *Annalen der Physik* oder die *Zeitschrift für Physik*, erschienen im Namen der DPG, obwohl sie mehr von ihren jeweiligen Herausgebern als von der Gesellschaft im Ganzen beeinflusst wurden – und genau dies war es, was Stark zu verändern trachtete. Die meisten Zeitschriften blieben bemerkenswert frei von offenkundigem politischem Einfluss.[27] Auch Forschungsgebiete wie die Relativitätstheorie verschwanden niemals ganz. Die Physiker zitierten und diskutierten weiterhin Artikel von Emigranten – selbst die von Einstein. Die ideologische Debatte zwischen »jüdischer« und »moderner« Physik war kaum relevant; und wenn sie aufkam, wurde sie sehr diskret abgehandelt. Für ideologische Angriffe besaßen die wenigen Anhänger der »Deutschen Physik« ihr eigenes Journal, die *Zeitschrift für die gesamte Naturwissenschaft*. Publizierten ihre Vertreter in Fachzeitschriften, dann waren ihre Beiträge sehr konventionell und auf klassische Themen ausgerichtet, Politik kam in ihnen praktisch nicht vor.[28]

27) Vgl. den Beitrag von Gerhard Simonsohn in diesem Band und ders., Physiker in Deutschland 1933–1945, Physikalische Blätter, 48 (1992), S. 23–28, sowie Klaus Hentschel/Ann M. Hentschel, Physics, S. XVI f.
28) Vgl. Gerhard Simonsohns Beitrag in diesem Band und Mark Walker, Nazi Science, S. 43–47.

Neben den Veröffentlichungen in den Fachzeitschriften wird die Physik auch durch die Vergabe von Mitteln bestimmt. Hier war die Kontrolle über die DFG für Stark eine hervorragende Gelegenheit, die physikalische Forschung in bestimmte Richtungen zu lenken. Allerdings verspielte er seinen Einfluss schon bald durch Querelen mit anderen einflussreichen Nationalsozialisten in Regierung, Bürokratie und Partei.[29] Im Jahr 1936 zwang man ihn von seinem Posten zurückzutreten, und er wurde durch den Chemiker Rudolf Mentzel aus dem REM abgelöst. Als Präsident der DFG und PTR erging es Stark auch nicht besser. 1936 verlor er die Kontrolle über die Mittelvergabe in der DFG, drei Jahre später wurde er in den Ruhestand versetzt. Sein Nachfolger als PTR-Präsident wurde Abraham Esau und in der DFG beerbte ihn Mentzel. Obwohl Stark die Forschungsförderung für die moderne Physik beendet hatte, unterschied sich seine Politik nicht wesentlich von der seiner Nachfolger: Stark, Mentzel und Esau unterstützten allesamt weiterhin zumindest teilweise die physikalische Grundlagenforschung, förderten aber vor allem angewandte und oft auch militärische Forschung. Im Gegensatz zu Stark gelang es Physikern wie Esau und dessen Nachfolger Walther Gerlach während des Kriegs als Bevollmächtigte für Physik bzw. Kernphysik im Reichsforschungsrat großen Einfluss zu erlangen. Der eng mit der DFG verbundene Reichsforschungsrat war gegründet worden, um die wissenschaftliche Forschung hinsichtlich der Autarkie und Aufrüstungspläne des Dritten Reichs besser zu koordinieren. Wäre es Stark gelungen, die physikalischen Veröffentlichungen und die Vergabe von Forschungsmitteln zu kontrollieren, so hätte er in der Tat beeinflussen können, welche Art Physik in Deutschland betrieben wird. Dies gelang ihm jedoch vor allem deshalb nicht, weil er mindestens ebenso viele Feinde wie Freunde in der nationalsozialistischen Führungselite besaß und nicht in der Lage war, Unterstützung für die von ihm vorgeschlagenen Reformen zu erhalten.

Die »Deutsche Physik« war eine politische Bewegung von Wissenschaftlern innerhalb der nationalsozialistischen Bewegung,[30] hauptsächlich im Sinne von »Kommunalpolitik«, also einer weitgehend internen Politik der Gemeinschaft der Physiker.[31]

---

29) Ebd., S. 5–63.
30) Vgl. Mark Walker, Die Uranmaschine, Berlin 1990, S. 79–101.
31) Vgl. den Beitrag von Richard Beyler in diesem Band sowie ders., »Reine« Wissenschaft und personelle »Säuberungen«. Die Kaiser-

Die wenigen Erfolge von Stark, Lenard und ihren Anhängern entpuppten sich schließlich als Pyrrhussiege. Der Ausgang der Auseinandersetzungen um die »Deutsche Physik« sollte als ein erfolgreicher Versuch der Behauptung der noch vorhandenen Autoritätsmuster innerhalb der Physikergemeinschaft angesehen werden.[32] Noch wichtiger ist wohl, was uns diese Bewegung über die Wissenschaft sagt, und hier insbesondere über die Physik im Dritten Reich. Wissenschaftspolitik und Wissenschaftsmanagement im Nationalsozialismus spiegeln die polykratische Natur des Regimes wider, bei der viele verschiedene und miteinander konkurrierende Autoritäten, Sponsoren u. a. Unterstützer unterhalb der unmittelbaren Führungsschicht um Hitler agierten. Als Stark seine Gönner in den höchsten Kreisen des nationalsozialistischen Staats fand, mussten Physiker, die sich durch Starks Ambitionen bedroht fühlten, daher ihre eigenen Fürsprecher finden. Hierbei handelte es sich vor allem um Einzelpersonen oder Gruppen, die der Bedeutung der modernen Physik aufgeschlossener gegenüberstanden. Sie waren letztendlich erfolgreicher als Stark.

Dies hatte jedoch seinen Preis, da die politische Fürsprache an Gegenleistungen der Wissenschaftler gebunden war. Wie schon bei seinen Kämpfen mit den etablierten Physikern, so stellte auch Starks Auseinandersetzung mit der DPG einen Kampf um die Autorität innerhalb der Physikergemeinschaft dar – im Kontext des vom nationalsozialistischen Staat auf diese Gemeinschaft ausgeübten Drucks.[33] Das Schicksal der »Deutschen Physik« war vergleichbar mit dem Schicksal der SA. Unter ihrem Führer Ernst Röhm war die SA für die Nationalsozialisten in ihrem Streben um die Erlangung und Konsolidierung der Macht äußerst nützlich, wenn nicht sogar unverzichtbar gewesen. Als jedoch die SA eine »zweite Revolution« zu fordern be-

---

Wilhelm/Max-Planck-Gesellschaft 1933 und 1945, in: Carola Sachse (Hrsg.), Ergebnisse. 16. Vorabdruck aus dem Forschungsprogramm Geschichte der Kaiser-Wilhelm-Gesellschaft im Nationalsozialismus,, Berlin, 2004 [http://www.mpiwg-berlin.mpg.de/KWG/Ergebnisse/Ergebnisse16.pdf].und Richard Beyler/Alexei Kojevnikov/Jessica Lang, Purges in Comparative Perspective: Rules for Exclusion and Inclusion in the Scientific Community under Political pressure, in: Carola Sachse/Mark Walker (Hrsg.), Politics and Science in Wartime (= Osiris, Bd. 20), Chicago 2005, S. 8–15.

32) Vgl. die Beiträge von Richard Beyler und Michael Eckert in diesem Band.
33) Vgl. Richard Beylers Beitrag in diesem Band.

gann – weil die erste in ihren Augen nicht weit genug gegangen war – wurde sie für Hitler und den Rest der NS-Elite kontraproduktiv. Die SA-Führung wurde zum Schweigen gebracht, und die Masse der SA-Männer fügte sich. Obwohl es keinem Vertreter der »Deutschen Physik« so schlecht erging wie Röhm und kein »Deutscher Physiker« brutal liquidiert wurde, machte ihre Bewegung doch eine ähnliche Erfahrung. Zu Beginn des Dritten Reichs erleichterte die Forderung nach einer »arischen Wissenschaft« in Physik, Mathematik und anderen Disziplinen ihre NS-Gleichschaltung. Nach einigen Jahren machten sich die wichtigsten und einflussreichsten Mitglieder der NS-Elite jedoch weitaus mehr Sorgen darüber, wie Wissenschaft und Technik nützlich für sie sein könnten, als über deren ideologische Reinheit. Und so wurden auch Stark und seine Anhänger in den Hintergrund gedrängt.[34]

Es sieht so aus, als ob es zu keinem Zeitpunkt eine direkte Konfrontation zwischen der DPG und der »Deutschen Physik« gab[35]. Als eine solche Konfrontation drohte, versicherte sich die DPG vor ihrer Gegenreaktion der Zustimmung des Ministeriums, d. h. der politischen Macht. Die Reaktion der DPG auf die »Deutsche Physik« war weniger Opposition, als vielmehr Kooperation mit dem NS-Regime.[36] Ein gutes Beispiel hierfür ist die Max-Planck-Medaille, die angesehenste Auszeichnung, die die DPG bis heute verleiht.[37] Die ersten Preisträger – Einstein,[38] Heisenberg[39] etc. – waren prominente Vertreter eben jener modernen Physik, gegen welche die »Deutsche Physik« opponierte. Die Verleihung der Medaille war daher im Dritten Reich umstritten und wurde einige Jahre ausgesetzt. Die DPG verlieh die Medaille erst wieder, als der Einfluss der »Deutschen Physik« zu schwinden begann. Nun sah sie sich jedoch mit dem Problem konfrontiert, dass unter den Kandidaten Emigranten oder »Nichtarier«

---

34) Vgl. Monika Renneberg/Mark Walker, Scientists, engineers,and National Socialism, in: dies. (Hrsg.), Science, Technology, and National Socialism, Cambridge 1993, S. 1–17.
35) Vgl. den Beitrag von Michael Eckert in diesem Band.
36) Vgl. den Beitrag von Richard Beyler, Michael Eckert und Dieter Hoffmann in diesem Band sowie die Dokumentation *Die Planck-Medaille* im Anhang dieses Bands.
37) Vgl. Ebenda.
38) Vgl. John Heilbron, Max Planck, S. 141.
39) Vgl. David Cassidy, Werner Heisenberg, S. 381, 386 u. 398.

waren.[40] Dieses Problem wurde schließlich dadurch gelöst, dass man deutsche Physiker auszeichnete, die den Preis vom fachlichen Standpunkt her verdienten, gleichzeitig aber auch den Nationalsozialisten im REM genehm waren. Das Problem mit den »nichtarischen« Kandidaten für die Max-Planck-Medaille nahm das Thema der jüdischen Mitglieder in der DPG vorweg.

Wenn auch Wissenschaft nicht das unmittelbare Ziel der nationalsozialistischen Reformer war, so stand das Universitätssystem als ein Ort von Erziehung und Ausbildung doch im Zentrum ihres politischen Engagements. Die Universitäten wurden während der ersten beiden Jahre des Dritten Reichs von sogenannten »Nichtariern« rigoros gesäubert.[41] Die als besänftigende Geste an den alten Präsidenten Hindenburg versprochenen Ausnahmen für Kriegsveteranen wurden am Ende nicht gehalten. Das Dritte Reich beeilte sich – ganz ähnlich wie die stalinistische Sowjetunion – das Erziehungssystem zu kontrollieren und zu transformieren, um auf diese Weise die Jugend in ihrem Sinne erziehen und indoktrinieren zu können. Hierzu gehörten gerade auch die Stätten wissenschaftlicher Ausbildung. Selbst als bereits die »nichtarischen« und auch die wenigen linken Universitätsangehörigen vertrieben worden waren, wurde das verbleibende Personal genötigt, sich dem neuen Regime weiter anzupassen.

Gelehrte, die bereits Dauerstellen besaßen und entweder mit den Nationalsozialisten konform gingen oder sich unpolitisch-loyal verhielten, konnten oft ihre Posten behalten, ohne größere Anpassungsleistungen erbringen zu müssen. Wenn sie eine Beförderung, Drittmittel oder mehr Einfluss anstrebten, so hatten sie der neuen politisierten Universitätsführung zu zeigen, dass sie es verdienten und loyal waren. Junge Akademiker, die eine Daueranstellung, eine Habilitationsstelle oder auch nur eine Lehrbefugnis anstrebten, mussten dem nationalsozialistischen Regime gegenüber viel größere Zuge-

---

40) Zur Preisverleihung 1938 an Louis de Broglie vgl. John Heilbron, Max Planck, S. 188 sowie den Beitrag von Richard Beyler/Michael Eckert/Dieter Hoffmann in diesem Band.

41) Zum Thema Fakultäten und Studenten an Universitäten vgl. Klaus Hentschel/Ann M. Hentschel, Physics, S. XXXIII–LI; zum Thema Universitäten in Diktaturen im vergleichenden Kontext vgl. John Connell/Michael Grüttner (Hrsg.), Zwischen Autonomie und Anpassung. Universitäten in den Diktaturen des 20. Jahrhunderts, Paderborn 2002; vor allem auch Michael Grüttner, Schlussüberlegungen: Universität und Diktatur, in: ebd., S. 266–276.

ständnisse machen. Dies beinhaltete die Teilnahme an politischen Schulungen, den Beitritt zur NSDAP oder einer nachgeordneten nationalsozialistischen Organisation und die politische Einschätzung durch den Nationalsozialistischen Dozentenbund (NSDDB) vor Ort. Die Studenten waren unter allen wissenschaftlichen Gruppen am stärksten politisiert. Ein immer größer werdender Teil ihrer Zeit gehörte nun der sportlichen Ertüchtigung, politischen und ideologischen Schulungen und gemeinnützigen Tätigkeiten. Dabei blieb oft nicht mehr genug Zeit zum Studieren. Als der Krieg begann, gingen viele an die Front und oft kehrten sie von dort nicht mehr zurück. Nach 1945 wurden die Universitäten gleichsam mit Studenten überschwemmt. Ihre Lehrer waren jedoch meist in der Weimarer Republik oder noch früher sozialisiert worden. Die Generation der während des Dritten Reichs ausgebildeten Wissenschaftsstudenten war praktisch verloren gegangen.

Einige wissenschaftliche Einrichtungen – darunter auch solche, die direkt oder indirekt vom deutschen Staat finanziert wurden – standen nicht sofort vor der Aufgabe, sich ihrer jüdischen Mitglieder zu entledigen. Es ist wichtig festzuhalten, dass es große Unterschiede zwischen den verschiedenen wissenschaftlich-technischen Organisationen gab. Der Verein Deutscher Ingenieure (VDI) grenzte sich erfolgreich durch eine schnelle Anpassung an den nationalsozialistischen Staat gegen einen Versuch des »alten Kämpfers« und Ingenieurs Gottfried Feder ab, der versucht hatte die Kontrolle über den Verein zu erringen. Der VDI erklärte, dass er sich durch den Kampf gegen die Arbeitslosigkeit am »Wiederaufbau« beteiligen, an der Lösung der durch Materialknappheit entstandenen Probleme mitarbeiten und die »Wehrhaftmachung« Deutschlands verstärken helfen werde. Insbesondere wollten die Ingenieure die Wissenschaft nutzen, um so bei der Erreichung der »Ziele der nationalen Bewegung« zu helfen. Der VDI erklärte ferner, dass er den »Arierparagraphen« des Berufsbeamtengesetzes auf seine Mitlieder anwenden wolle, um sich so der »nichtarischen Mitglieder« zu entledigen.

Feder versagte vor allem, weil die meisten einflussreichen Personen im nationalsozialistischen Staat seine »sozialistische« Variante des Nationalsozialismus nicht unterstutzten und ihm die nötige politische Rückendeckung versagten. Hier gibt es Ähnlichkeiten zu den Schicksalen des Physikers Johannes Stark und des Mathematikers Ludwig Bieberbach. 1933 schloss sich der VDI dem späteren Nationalsozialistischen Bund Deutscher Technik (NSBT) an, einer Dachorganisation, welche die Gleichschaltung von wissenschaftlichen und technischen Organisationen durchsetzte.[42]

Zwischen den beiden chemischen Gesellschaften DChG und V. d.ch. gab es hinsichtlich der Anpassung an den neuen Staat einige Differenzen. 1933 führte der V. d. Ch.-Vorsitzende Paul Duden, der selber kein NSDAP-Mitglied war, das nationalsozialistische *Führerprinzip* ein. Er fügte den Vereinsstatuten politische Ziele hinzu, unterstützte offen den NS-Staat und führte seine Gesellschaft in den NSBDT. Auch die DChG folgte schließlich diesem Weg, allerdings erst nach einigen Jahren. Als sich die Gesellschaft mit diesem Problem auseinander zu setzen und sich ihrer jüdischen Mitglieder im Vorstand zu entledigen hatte, ohne damit internationale Proteste zu provozieren, wurde dies ohne größeres Aufsehen erledigt.[43]

Von 1932 bis 1941 sank die Mitgliederzahl der DChG. Abgänge wurden als Austritte ausgegeben und wegen nicht bezahlter Mitgliedsbeiträge aus den Verzeichnissen gelöscht. Die »Säuberung« unter den Herausgebern von Chemielehrbüchern und -zeitschriften erfolgte so gründlich, d. h. es fanden so viele Entlassungen statt, dass ihr Erscheinen ernsthaft beeinträchtigt war. 1936 wurde Alfred Stock Präsident der Gesellschaft. Er führte das *Führerprinzip* ein und verlangte von den in Deutschland wohnenden Mitgliedern, dass sie einen Fragebogen zu ihrer Abstammung ausfüllten. Die DChG versuchte, ihre ausländischen Mitglieder, die 40 % der Gesellschaft ausmachten und mit dazu beitrugen, die teuren Veröffentlichungen zu finanzieren, von der Rassenfrage auszunehmen. 1938 unterstellte Stock die DChG ebenfalls dem NSBDT. Noch im gleichen Jahr wurde Richard Kuhn sein Nachfolger im Präsidentenamt. Kuhn, der die Ent-

---

[42] Vgl. Karl-Heinz Ludwig, Technik, S. 113–118; zur Geschichte des VDI im Nationalsozialismus s. auch Karl-Heinz Ludwig/Wolfgang König (Hrsg.), Technik, Ingenieure und Gesellschaft. Geschichte des Vereins Deutscher Ingenieure 1856–1981, Düsseldorf 1981; Wolfgang Mock, Technische Intelligenz im Exil. Vertreibung und Immigration deutschsprachiger Ingenieure nach Großbritannien 1933–1945, Düsseldorf 1986; Yoav Gelber/Walter Goldstern, Vertreibung und Immigration deutschsprachiger Ingenieure nach Palästina 1933–1945, Düsseldorf 1988.

[43] Vgl. Ute Deichmanns Beitrag in diesem Band wie auch dies., Flüchten, Mitmachen, Vergessen. Chemiker und Biochemiker in der NS-Zeit, Weinheim 2001 und dies., Biologen unter Hitler, Frankfurt a. M. 1992.

fernung der letzten jüdischen Namen aus den Zeitschriften zu betreiben hatte, biederte sich Hitler in öffentlichen Reden an und diente gehorsam dem Nationalsozialismus – im Übrigen ohne NSDAP-Mitglied zu sein.[44]

Die verschiedenen mathematischen Gesellschaften reagierten ebenfalls unterschiedlich auf das nationalsozialistische Regime. Der Mathematische Reichsverband (MR) führte das *Führerprinzip* bereits 1933 ein, während die Gesellschaft für angewandte Mathematik und Mechanik (GAMM) etwas zurückhaltender agierte.[45] Ebenso wie die DPG Stark zurückwies, wehrte auch die Deutsche Mathematiker-Vereinigung (DMV) den Versuch ihres zum Nationalsozialisten gewordenen Kollegen Ludwig Bieberbach ab, die Kontrolle über die Mathematik zu erringen.[46] Bieberbach gelang es nicht, das *Führerprinzip* in der DMV mit aller Konsequenz durchzusetzen. Der Preis für die Zurückweisung Bieberbachs war jedoch, dass die DMV gegenüber dem Ministerium ihre Unabhängigkeit aufgab.[47]

Viele Mathematiker verließen die Gesellschaft. 1937 wurde Wilhelm Süss Vorsitzender der DMV. Süss war ein Schüler Bieberbachs, NSDAP-Mitglied und einflussreiche politische Kraft an der Universität Freiburg. Im darauf folgenden Jahr begann Süss sich dafür stark zu machen, jüdischen Herausgebern den Zugang und die Mitarbeit

44) Vgl. Ute Deichmanns Beitrag in diesem Band.
45) Vgl. Herbert Mehrtens, Angewandte Mathematik und Anwendungen der Mathematik im nationalsozialistischen Deutschland, in: Geschichte und Gesellschaft, 12 (1986), S. 317–347 und ders., Die »Gleichschaltung« der mathematischen Gesellschaften im nationalsozialistischen Deutschland, in: Jahrbuch Überblicke Mathematik, 1985, S. 83–103.
46) Zu Bieberbach vgl. H. Mehrtens, Ludwig Bieberbach and »Deutsche Mathematik«, in: Ester R. Phillips (Hrsg.), Studies in the History of Mathematics, Washington D. C. 1987, S. 195–241 und ders., Verantwortungslose Reinheit: Thesen zur politischen und moralischen Struktur der mathematischen Wissenschaften am Beispiel des NS-Staates, in: Georges Fülgraf/Annegret Falter (Hrsg.), Wissenschaft in der Verantwortung: Möglichkeiten der institutionellen Steuerung, Frankfurt a. M. 1990, S. 37–54. Zur Mathematik im Nationalsozialismus im Allgemeinen vgl. Sanford L. Segal, Mathematicians under the Nazis, Princeton – Oxford 2003 und auch R. Siegmund-Schultze, Mathematiker auf der Flucht vor Hitler, Wiesbaden 1998.
47) Vgl. Volker Remmerts Beitrag in diesem Band wie auch Moritz Epple/Andreas Karachalios/Volker Remmert, Aerodynamics and Mathematics in National Socialist Germany and Fascist Italy: A Comparison of Research Institutes, in: Carola Sachse/Mark Walker, Politics, S. 131–158.

an mathematischen Fachzeitschriften zu verbieten. Dabei denunzierte er auch seinen Kollegen Issai Schur.[48] Im September 1938 wurde Süss darüber informiert, dass alle Vereinigungen zur »Durchführung des Arierprinzips« verpflichtet seien. Führende DMV-Mitglieder schlugen daraufhin vor, dass man die zum Austritt genötigten jüdischen Mitglieder in den Unterlagen mit dem Hinweis »ausgetreten« oder »Mitgliedschaft erloschen« vermerken solle.

In dem Brief hieß es: »Sie können in Zukunft nicht mehr Mitglied der Deutschen Mathematikervereinigung sein. Deshalb lege ich Ihnen nahe, Ihren Austritt aus unserer Vereinigung zu erklären. Andernfalls werden wir das Erlöschen Ihrer Mitgliedschaft bei nächster Gelegenheit bekannt geben.« Im Gegensatz zur DPG, die ihre Mitglieder aufforderte, selbst zu entscheiden, ob sie ihre Mitgliedschaft niederlegen mussten, machte die DMV direkt die betroffenen Mitglieder ausfindig und kontaktierte sie.[49]

Die DMV entwickelte sich unter der Leitung von Wilhelm Süss während des Kriegs zu einem wirkungsvollen Instrument der Politik, wobei seine Rolle mit der Carl Ramsauers in der DPG vergleichbar ist.[50] Süss hatte ehrgeizige Pläne zur Schaffung eines Reichsinstituts für Mathematik. Hinsichtlich der Kriegsforschung waren DPG und DMV gleichermaßen bemüht. Ramsauer und Süss arbeiteten nicht nur zusammen, Süss nahm auch Ramsauers Vergleich der angelsächsischen und der deutschen Physik auf und übertrug ihn auf die Mathematik, wobei er ganz ähnliche Erfolge erzielte. Als Süss einen Privatdruck seiner Rede, die er 1943 auf der Salzburger Rektorenkonferenz gehalten hatte, an führende NS-Repräsentanten schickte, erhielt er positive Antworten, u. a. von Himmler. Süss machte die DMV zu einem effektiven politischen Instrument, weil er bei der »jüdischen Frage« der NS-Führung entgegengekommen war.[51]

---

48) Zu mathematischen Veröffentlichungen vgl. Reinhard Siegmund-Schultze, Mathematische Berichterstattung in Hitlerdeutschland. Der Niedergang des »Jahrbuchs über die Fortschritte der Mathematik«, Göttingen 1993 und Volker Remmert, Mathematical Publishing in the Third Reich: Springer-Verlag and the Deutsche Mathematiker-Vereinigung, in: The Mathematical Intelligencer, 22 (2000), Nr. 3, S. 22–30.
49) Vgl. Volker Remmerts Beitrag in diesem Band.
50) Vgl. Dieter Hoffmanns Beitrag in diesem Band.
51) Vgl. Volker Remmerts Beitrag in diesem Band.

Die DPG verhielt sich während der Anfangsjahre des Dritten Reichs grundlegend anders. Ihr gelang es, einen relativ hohen Grad an Selbstständigkeit zu erhalten und z. B. die Unterstellung durch den NSBDT zu verhindern. Letzteres hätte die praktische Gleichschaltung zur Folge gehabt.[52] Die Nürnberger Gesetze von 1935, die internationale Aufmerksamkeit und Verurteilung erregten, hatten für die DPG und ihre jüdischen Mitglieder keine direkten Konsequenzen. Als die DPG dann 1938 gezwungen wurde, ihre jüdischen Mitglieder auszuschließen, setzte sie diese ministerielle Anweisung formal um – ohne jede öffentliche Stellungnahme oder individuelle Begeisterungsbekundungen.[53]

Die wissenschaftlichen Akademien in Deutschland behielten bis 1938 ihre wenigen nichtarischen Mitglieder, bis sie wie die DPG und andere, noch nicht gleichgeschaltete wissenschaftliche Gesellschaften, gezwungen wurden sie auszuschließen. Der holländische Physiker und amtierende DPG-Präsident Peter Debye,[54] der auch Direktor des KWI für Physik war, versandte in dieser Angelegenheit an alle DPG-Mitglieder einen Brief.[55] Der Brief wurde einen Monat nach der sogenannten »Reichskristallnacht« versandt, jenem landesweiten Pogrom, der auf brutale Weise die Haltung der nationalsozialistischen Regierung gegenüber den jüdischen Mitbürgern deutlich gemacht hatte. Bei den damals noch in der DPG verbliebenen jüdischen Wissenschaftlern handelte es sich in der Regel um Gelehrte, die bereits pensioniert gewesen waren, bevor die Nationalsozialisten an die Macht kamen und die keine Gelegenheit gehabt hatten, Deutschland zu verlassen. Aus der Tatsache, dass die letzten jüdischen Mitglieder bis dahin noch nicht aus der Gesellschaft verdrängt worden waren, darf aber nicht geschlossen werden, dass die DPG ihnen Sicherheit bot. Die Politik der DPG war auf Stillhalten gegenüber der NS-Füh-

---

[52] Vgl. Dieter Hoffmanns Beitrag in diesem Band.
[53] Vgl. die Dokumentation *Gleichschaltung* im Anhang dieses Bands.
[54] Zu Peter Debye und der DPG vgl. Horst Kant, Peter Debye und die Deutsche Physikalische Gesellschaft, in: Dieter Hoffmann/Fabio Bevilacqua/Roger Stucwer (Hrsg.), The Emergence of Modern Physics, Pavia 1996, S. 505–520 sowie Dieter Hoffmann, Peter Debye (1884–1966). Ein Dossier. Preprint Nr. 314 des MPI für Wissenschaftsgeschichte, Berlin 2006.
[55] Der Brief ist in der Dokumentation *Gleichschaltung* sowie im Bildteil dieses Bands abgedruckt.

rung orientiert, was natürlich auch jede Solidarität mit den jüdischen Mitgliedern ausschloss.[56]

Die Anzahl der ausländischen Mitglieder in der DPG war ebenfalls gesunken. Dies lag zum Teil an solch besorgniserregenden Ereignissen wie der Einführung der Nürnberger Gesetze, welche die deutschen Juden zu Bürgern zweiter Klasse degradierten. Während das Ministerium 1933 darauf bestanden hatte, dass die PAW gegen Einstein öffentlich Stellung nahm und seinen Ausschluss betreiben sollte, wurde 1938 lediglich von ihr gefordert, ihre anderen (reichsdeutschen) jüdischen Mitglieder auch ohne größere Propagandaaktion auszuschließen.[57] Sowohl die Akademien als auch die wissenschaftlichen Fachverbände hatten sich in diesem Zusammenhang nicht zuletzt mit dem Problem auseinander zu setzen, wie mit den ausländischen, korrespondierenden Mitgliedern zu verfahren war.[58] Die Tatsache, dass man bereits durch den rigiden Antisemitismus ausländische Mitglieder und mit diesen auch wertvolle Deviseneinnahmen verloren hatte, wurde bei den entsprechenden Diskussionen ebenso thematisiert wie die Gefahr, dass jeglicher Versuch, von ausländischen Mitgliedern einen »Ariernachweis« zu fordern, desaströse Folgen nach sich ziehen würde. Am Ende wurde der Ausschluss ausländischer jüdischer Mitglieder aufgeschoben, um den Akademien und wissenschaftlichen Gesellschaften die Aufrechterhaltung ihrer internationalen Kontakte und der daraus resultierenden Deviseneinnahmen zu gewährleisten.

Es ist wichtig festzustellen, dass die relativ wenigen Anhänger der »Deutschen Physik« keinesfalls mit der sehr viel größeren Zahl der deutschen Physiker gleichzusetzen ist, die dem Nationalsozialismus entweder aus Überzeugung oder aus Opportunismus bereitwillig folgten. Als die Nachfolgefrage für Debye zu regeln war, versuchte eine kleine Gruppe junger nationalsozialistischer Physiker innerhalb der DPG die Organisation zu nazifizieren und wollte Esau zum DPG-Vorsitzenden machen.[59] Dieser Versuch wurde von einer kleinen Gruppe älterer Physiker aus dem Vorstand der Gesellschaft vereitelt. Stattdessen nominierten sie den Industriephysiker Carl Ramsauer,

---

56) Vgl. Stefan Wolffs Beitrag in diesem Band.
57) Mark Walker, Nazi Science, S. 65–122.
58) Vgl. die Dokumentation *Außenpolitik* im Anhang dieses Bands.
59) Vgl. Dieter Hoffmanns Beitrag sowie die Dokumentation *Gleichschaltung* im Anhang dieses Bands.

der über gute Beziehungen zur Industrie und zu Militärkreisen verfügte sowie nicht zuletzt in der Rüstungsforschung engagiert war.[60]

Ramsauer gehörte zu jenen einflussreichen Technokraten im Dritten Reich, die sowohl von den Physikern bzw. der *scientific community* generell als auch vom pragmatischen Flügel der nationalsozialistischen Führung akzeptiert wurden.[61] Ramsauer führte zwar das nationalsozialistische *Führerprinzip* in der DPG ein, allerdings unter Beachtung eigener Interessen und Vorteile, sodass gegenüber der NS-Hierarchie ein Mindestmaß an Autonomie gewahrt blieb. Die aktive Rolle, die die DPG unter der Führung Ramsauers hinsichtlich der Rüstungsforschung spielen sollte, war keineswegs eine Konsequenz entsprechenden Drucks der NS-Führung auf die DPG, sondern vielmehr das Ergebnis eigener Initiative der DPG-Führung und anderer einflussreicher Physiker.[62] Die DPG setzte damit den schrittweisen Prozess der Selbstgleichschaltung fort.[63]

Sowohl die 1936 beginnende massive deutsche Wiederaufrüstung (die in vielen Bereichen allerdings bereits mit dem Machtantritt der Nationalsozialisten begonnen hatte) als auch der Kriegsbeginn im September 1939 wurde für die deutschen Physiker zum Faustpfand gegenüber dem nationalsozialistischen Staat.[64] Ironischerweise nutzte Ramsauer, der eigentlich gewählt worden war, um eine Politisierung der DPG zu verhindern, sein Amt vor allem dazu, um als Sprecher und Anwalt der deutschen Physiker die physikalische Forschung in den Dienst der deutschen Kriegsanstrengungen zu stellen, d. h. sie durchaus zu politisieren.

Als sich das Kriegsglück für Deutschland zu wenden begann, ergriffen Physiker die Initiative und argumentierten, dass die physika-

---

60) Zu Ramsauer vgl. Dieter Hoffmanns Beitrag in diesem Band sowie Burghard Weiss, Rüstungsforschung am Forschungsinstitut der Allgemeinen Elektrizitätsgesellschaft bis 1945, in: Helmut Maier, Rüstungsforschung, S. 109–141; ders., Forschung zwischen Industrie und Militär, Physik Journal 4 (2005) 12, 53–57. und D. Hoffmann, Carl Ramsauer (1879–1955), Berlin 2006 (in Vorbereitung).
61) Vgl. Dieter Hoffmanns Beitrag in diesem Band und auch Helmut Maier, Einleitung, in: ders., Rüstungsforschung, S. 7–29.
62) Vgl. Dieter Hoffmanns Beitrag in diesem Band; vgl. auch die Dokumentation *Selbstmobilisierung* im Anhang dieses Bands.
63) Vgl. die Beiträge von Richard Beyler und von Dieter Hoffmann in diesem Band.
64) Vgl. die Beiträge von Richard Beyler und von Dieter Hoffmann in diesem Band.

lische Forschung dazu beitragen könne, das Ruder noch einmal herumzureißen und den Krieg zu gewinnen. Allerdings müsste die Unterstützung der Physik seitens der nationalsozialistischen Regierungs- und Parteistellen nachhaltig verstärkt werden. Für die DPG war dies eine vollkommen neue Situation. Bis dahin hatte sie nicht versucht, die physikalische Forschung oder die Wissenschaftspolitik zu beeinflussen, sondern sich allein darauf beschränkt, die physikalischen Fachveröffentlichungen zu beaufsichtigen, Fachtreffen zu organisieren und damit den Physikern Gelegenheiten zur Präsentation ihrer Forschungsergebnisse zu geben oder auf Ansinnen der Politik zu reagieren.[65] 1942 unterbreitete Ramsauer dem REM ein langes Memorandum über den gefährlichen Niedergang der (theoretischen) Physik in Deutschland und den Aufschwung der physikalischen Forschung in den angloamerikanischen Feindländern. Strategisch geschickt, sandte er gleichzeitig Kopien seines Memorandums an andere politische Stellen und hochrangige Militärs. Obwohl Ramsauer seinen Bericht auch dazu benutzte, die »Deutsche Physik« anzugreifen, hatte sich diese Bedrohung für die Physikergemeinde bereits erübrigt. Ramsauers vorrangiges Ziel war es hingegen, die deutsche Physik für die Kriegsanstrengungen zu mobilisieren und dies wiederum für einen Prestigegewinn und eine bessere materielle Ausstattung der Physiker und ihres Fachs zu nutzen. Die »Deutsche Physik« war nur noch ein Strohmann.

Die wohl bedeutendste Einzelwirkung, die der Nationalsozialismus auf die Physik hatte, war nicht die »Deutsche Physik«, sondern die Mobilisierung der physikalischen Forschung für den Krieg.[66] Viele Wissenschaftler wurden in die unterschiedlichsten militärtechnischen Forschungs- und Rüstungsprojekte eingebunden; andere übernahmen die Ausbildung von Wissenschaftlern und Ingenieuren, deren die deutsche Industrie dringend bedurfte, um die deutsche Kriegsmaschinerie in Gang zu halten. Den Höhepunkt erreichten diese Anstrengungen 1944 im DPG-Programm zum Ausbau der Phy-

---

65) Vgl. Gerhard Simonsohns Beitrag in diesem Band.
66) Zum Beispiel vgl. Mark Walker, Eine Waffenschmiede? Kernwaffen- und Reaktorforschung am Kaiser-Wilhelm-Institut für Physik, in: Rüdiger Hachtmann (Hrsg.), Ergebnisse. 26. Vorabdruck aus dem Forschungsprogramm »Geschichte der Kaiser-Wilhelm-Gesellschaft im Nationalsozialismus, Berlin: 2005 [http://www.mpiwg-berlin.mpg.de/KWG/Ergebnisse/Ergebnisse26.pdf].

sik in Deutschland.[67)] Wie schon in Ramsauers Memorandum aus dem Jahre 1942, so stellt auch hier die DPG heraus, dass schon eine geringe Zahl an Forschern viel bewirken könne.[68)] Ramsauer betonte die zentrale Bedeutung der Physik und befürwortete einen vernünftigen Einsatz der Physiker für den Krieg, d. h. als Wissenschaftler und nicht als Soldaten.[69)] Dieses Programm war auch eine Blaupause für den Neubeginn der Physik nach dem Krieg, denn Ramsauer und seine Mitstreiter stellten darin fest, dass die teilweise weit reichenden Forderungen natürlich erst nach dem unvermeidlichen deutschen Sieg relevant sein würden.

Das Dilemma von Selbstmobilisierung und Selbstgleichschaltung bestand darin, dass die DPG unter Ramsauer ihre Nischenexistenz aufgab und nun eine aktive Rolle im Dritten Reich übernahm. Dies hatte zweifellos einen stabilisierenden Einfluss auf das System und wirkte ohne Frage auch kriegsverlängernd, sodass sich in diesem Zusammenhang kaum von Opposition, geschweige denn von Widerstand sprechen lässt. Auch wenn Ramsauer die Interessen der DPG und speziell auch die der Physik im Allgemeinen höchst erfolgreich vertreten hat, profitierte nicht zuletzt auch die NS-Diktatur in ganz erheblichem Maße von seiner Kompetenz als vermeintlich apolitischer Experte – ob Ramsauer dies nun gefiel oder nicht.»Dass man sich damit in eine *unheilige Allianz* mit dem Militär begab, letztlich den Krieg verlängern half und zudem noch systemstabilisierend wirkte, störte Wissenschaftler wie Ramsauer kaum bzw. wurde von ihnen kaum reflektiert.«[70)]

Nach dem alliierten Sieg und der Aufteilung Deutschlands in verschiedene Besatzungszonen wurden die deutschen Physiker – wie alle Teile der deutschen Gesellschaft – entnazifiziert und entmilitarisiert. Trotz der offiziellen Rhetorik begrüßten offenbar nur wenige deutsche Physiker den Sieg der Alliierten als Befreiung Deutschlands.[71)] Die DPG wurde aufgelöst. Nach und nach entstanden regionale physikalische Gesellschaften in den westlichen Besatzungszo-

---

67) Vgl. Dieter Hoffmanns Beitrag in diesem Band sowie die Dokumentation *Selbstmobilisierung* im Anhang dieses Bands.
68) Vgl. Gerhard Simonsohns Beitrag in diesem Band.
69) Vgl. Dieter Hoffmanns Beitrag in diesem Band.
70) Dieter Hoffmann, Die Ramsauer-Ära, in diesem Band S. 185.
71) Vgl. Klaus Hentschels Beitrag in diesem Band sowie ders., Die Mentalität deutscher Physiker in der frühen Nachkriegszeit (1945–1949), Heidelberg 2005.

nen. Die wichtigste etablierte sich in Göttingen, der wegen seiner starken Unterstützung durch britische Stellen wohl beste Ort zur Neubegründung der deutschen Wissenschaft und Physik.[72] Später wurden diese Regionalgesellschaften im Verband Deutscher physikalischer Gesellschaften zusammengefasst, aus dem in den 1960er Jahren die neue (westdeutsche) DPG hervorging.[73]

Norbert Freis Modell einer Nachkriegszeit der »Amnestie, Integration und Abgrenzung« trifft sowohl auf die Physikergemeinde als auch auf die DPG zu.[74] Die Physiker versuchten die NS-Vergangenheit mehr durch Leugnen oder Vergessen zu überwinden,[75] als durch eine wirkliche Auseinandersetzung mit ihrer Rolle im Dritten Reich. Dies hätte auch eine Auseinandersetzung mit jenen Kollegen bedeutet, die Teil der nationalsozialistischen Bewegung gewesen waren – bis hin zur Ächtung oder gar Bestrafung ihrer Handlungen im Dritten Reich.[76] Dabei wirkten zwei verschiedene Dinge aufeinander ein: der formale Entnazifizierungsprozess und das Netzwerk von Kollegen, die sich gegenseitig halfen.[77] Ausländische Wissenschaftler, die damals Deutschland besuchten, beobachteten, dass deutsche Wissenschaftler eher voller Selbstmitleid als selbstkritisch waren. »Eine aufrichtige und wirksame ›Entnazifizierung‹ war unter diesen Vorzeichen von Wirklichkeitsflucht und Verdrängung, von Aufrechnung

---

72) Vgl. Gerhard Rammers Beitrag in diesem Band und Klaus Hentschel/ Gerhard Rammer, Kein Neuanfang: Physiker an der Universität Göttingen 1945–1955, in: Zeitschrift für Geschichtswissenschaft, 48 (2000), S. 718–741; dies., Physicists at the University of Göttingen, 1945–1955, in: Physics in Perspective, 3 (2001), Nr. 1, S. 189–209; dies., Nachkriegsphysik an der Leine: Eine Göttinger Vogelperspektive, in: Dieter Hoffmann (Hrsg.), Physik im Nachkriegsdeutschland, Frankfurt a. M 2003, S. 27–56; Gerhard Rammer, Göttinger Physiker nach 1945. Über die Wirkung kollegialer Netze, in: Göttinger Jahrbuch, 2003, S. 83–104 und ders., Die Nazifizierung und Entnazifizierung der Physik an der Universität Göttingen, Diss., Göttingen 2004.
73) Vgl. Wilhelm Walcher, Physikalische Gesellschaften im Umbruch (1945–1963), in: Theo Mayer-Kuckuk (Hrsg.), 150 Jahre Deutsche Physikalische Gesellschaft, Weinheim 1995, S. 107–134.
74) Norbert Frei, Vergangenheitspolitik. Die Anfänge der Bundesrepublik und die NS-Vergangenheit, München 1999.
75) Vgl. die Beiträge von Klaus Hentschel und Gerhard Rammer in diesem Band.
76) Vgl. die Dokumentation Nachkriegszeit im Anhang dieses Bands.
77) Vgl. Gerhard Rammers Beitrag in diesem Band.

des fremden Leids gegen das eigene und einer Unfähigkeit zum Trauern, zum Scheitern verurteilt.«[78]

Max von Laue wurde der erste Präsident der (Deutschen) Physikalischen Gesellschaft in der britischen Zone, da er politisch die beste Wahl war. Als bekannter Gegner des Nationalsozialismus genoss er die Unterstützung der britischen Besatzungsmacht wie auch die der Physiker außerhalb Deutschlands. Ironischerweise hat dieses Vertrauen nicht gehalten. Von Laue und die anderen verantwortlichen Physiker in den Nachkriegs-Nachfolgegesellschaften der DPG waren mehr um die Würdigung der wissenschaftlichen Leistung und die Wahrung der Kollegialität besorgt, als um eine gerechte Bewertung des Verhaltens des jeweiligen Kollegen im Dritten Reich.[79] Eine Folge davon war, dass zwar einige (wenige) fachlich inkompetente und sich unkollegial verhalten habende Physiker von den Universitäten und aus der Physikergemeinschaft verbannt wurden, fachlich hochqualifizierte ehemalige Nationalsozialisten jedoch häufig unangetastet ließ. Von Laue und andere begründeten dies damit, dass die politischen Fehler der Vergangenheit durch außergewöhnliche wissenschaftliche Leistungen aufgewogen würden.

Wie das Beispiel des Chemikers Otto Hahn in seiner Position als Nachkriegspräsident der neu gegründeten Max-Planck-Gesellschaft (MPG) zeigt, war eine solche Einstellung typisch für die deutsche *scientific community*.[80] Es ging ihr nur um den Wiederaufbau der deutschen Wissenschaft, nicht um Bestrafung. Dabei erfüllte sich die Annahme, dass diese Wissenschaftler nicht noch einmal den Nationalsozialismus unterstützen oder auch nur tolerieren würden.[81] Als jedoch Wolfgang Finkelnburg, während des Kriegs Ramsauers handverlesener Stellvertreter der DPG, den Vorstand um Hilfe bei der Suche nach einer neuen Anstellung bat, scheiterte er. Nicht die DPG entschied, wer eine Anstellung bekam, sondern ein informelles Netzwerk einflussreicher Physiker.[82]

---

78) Vgl. Klaus Hentschels Beitrag in diesem Band.
79) Vgl. Gerhard Rammers Beitrag in diesem Band.
80) Vgl. Mark Walker, Otto Hahn: Verantwortung und Verdrängung, in: Carola Sachse (Hrsg.), Ergebnisse. 10. Vorabdruck aus dem Forschungsprogramm Geschichte der Kaiser-Wilhelm-Gesellschaft im Nationalsozialismus, Berlin 2003 [http://www.mpiwg-berlin.mpg.de/KWG/Ergebnisse/Ergebnisse10.pdf].
81) Vgl. Gerhard Rammers Beitrag in diesem Band.
82) Vgl. Klaus Hentschels Beitrag in diesem Band.

Als Finkelnburg, Ramsauer und Ernst Brüche – letzterer Herausgeber der *Physikalischen Blätter* – in der Nachkriegszeit entnazifiziert werden sollten, benutzten sie wieder die »Deutsche Physik« als Strohmann.[83] Ramsauer führte an, dass die schreckliche NS-Zeit zumindest für eines gut war – sie hatte die deutsche Physik selbstbewusst gemacht und so den Weg für den beginnenden Wiederaufbau der Physik in Deutschland bereitet.[84] Brüche und seine Zeitschrift spielten bei der Neubewertung der Geschichte der DPG eine zentrale Rolle.[85] So publizierte man beispielsweise Ramsauers Memorandum aus dem Jahre 1942 – allerdings ohne die LTI-vergifteten Passagen und ohne eine Information, dass man diese Passagen weggelassen hatte.[86] Diese intellektuell und moralisch bedenkliche Haltung spricht Bände darüber, wie Ramsauer sein eigenes Handeln während des Dritten Reichs bewertete.[87]

Während des Nationalsozialismus war die deutsche Physikergemeinde »in der Lage, ihre eigene Agenda unter ihrer eigenen selbst gewählten Führung voranzubringen und fortzusetzen: nicht immer und überall, aber nichtsdestotrotz manchmal und auf gewisse Weise.«[88] Die DPG widerstand weder dem Nationalsozialismus, noch kapitulierte sie vor ihm. Es wäre irreführend, eine solche Schwarz-Weiß-Dichotomie anzunehmen. Als jüdische Kollegen ihre Anstellungen verloren und in die Emigration gezwungen wurden, gab es seitens der DPG keinen Versuch, sie auch aus der Gesellschaft auszuschließen; erst 1938 wurde sie auf ministeriellen Druck und ohne öffentliches Aufsehen aus den Mitgliederlisten gestrichen. Als Johannes Stark versuchte, die Kontrolle über die Gesellschaft zu erlangen, wies ihn die DPG sowohl durch couragiertes Handeln – von Laues mutige Rede auf der Physikertagung 1933 – als auch durch weniger mutige Handlungen – wie der devoten Hitlereloge des neuen DPG-Präsidenten Mey – zurück. Als die Verleihung der Max-Planck-Medaille politisiert wurde, war die DPG darauf bedacht, die Auszeichnung nicht im Dissens zum für die DPG zuständigen Ministerium zu verleihen, gleichzeitig aber auch sicherzustellen, dass die Medaille

---

83) Vgl. Michael Eckerts Beitrag in diesem Band.
84) Vgl. Klaus Hentschels Beitrag in diesem Band.
85) Vgl. Klaus Hentschels Beitrag in diesem Band.
86) Vgl. die Dokumentation *Selbstmobilisierung* im Anhang dieses Bands sowie den Bildteil.
87) Vgl. Dieter Hoffmanns Beitrag in diesem Band.
88) Vgl. Richard Beylers Beitrag in diesem Band.

fachlich angesehene Physiker erhielten. Als die DPG gezwungen wurde, ihre letzten jüdischen Mitglieder auszuschließen, verhielt sie sich dabei so, dass deutlich wurde, dass sie unter politischem Zwang handelte. Als der DPG die vollständige Gleichschaltung bzw. Nazifizierung drohte, reagierte sie mit der Selbstmobilisierung für den Krieg. Als der Krieg und der Nationalsozialismus vorbei waren, unterdrückten jene Physiker, welche die DPG geführt hatten und sie nun wiederherzustellen versuchten, die Wahrheit. Sie schufen selbstdienliche Mythen und Legenden und verschoben die kritische Auseinandersetzung mit der Geschichte der DPG im Dritten Reich auf später.

(Übersetzung aus dem Amerikanischen von Dr. Michael Schaaf)

Die Naturforscherversammlung in Nauheim im September 1920

Eine Einführung in das Wissenschaftsleben der Weimarer Republik[1]

Paul Forman

Der Erste Weltkrieg bedeutete für alle Krieg führenden Nationen, wenn auch für Deutschland weniger als für die Alliierten, eine wissenschaftliche Neuausrichtung. Obgleich in Deutschland die physikalische Forschung – insbesondere in der Atomphysik – weiterging, kam es dort zu empfindlichen Störungen des gewohnten wissenschaftlichen Lebens. Dabei ist nicht nur an den Abbruch der Beziehungen zwischen den Wissenschaftlern der verfeindeten Länder, sondern auch an den Mangel größerer wissenschaftlicher Konferenzen und Zusammenkünfte innerhalb Deutschlands zu denken. Die Unterbrechung des jährlichen Tagungsrhythmus der Gesellschaft deutscher Naturforscher und Ärzte durch den Ersten Weltkrieg bedeutete sowohl für die Physiker als auch für die Mathematiker, dass es für sie keine nationalen Möglichkeiten mehr gab sich regelmäßig zu treffen. Diese »Tagungspause« endete für die Physiker im deutschsprachigen Mitteleuropa keineswegs mit dem Kriegsende. Die Wiederaufnahme

---

[1] Der Aufsatz basiert auf einem Vortrag, den ich im Juni 1980 auf einer Konferenz in Florenz gehalten habe und der inzwischen auf italienisch publiziert ist, in: G. Battimelli, M. De Maria, A. Rossi (Hrsg.): La ristrutturazione delle science tra la due guerre mondiali, Rome 1986, Vol. 1, S. 59–78. Der Beitrag bietet aber nicht sehr viel mehr, als auf die Quellen der verwendeten Zitate hinzuweisen. Damals gab es nicht sehr viele wissenschaftliche Arbeiten über das wissenschaftliche Leben während der Weimarer Republik. Das hat sich in der Zwischenzeit geändert, doch möchte ich, abgesehen von einigen wenigen Zusätzen in den Fussnoten, den Beitrag in der ursprünglichen Fassung mit seiner damaligen Dokumentation belassen. Dafür gibt es verschiedene Grunden, unter denen vielleicht der Legitimste ist, dass meine Absicht in diesem Aufsatz nicht Vollständigkeit der Darstellung oder Dokumentation irgend einer Facette des wissenschaftlichen Lebens in der Weimarer Republik war, vielmehr wollte ich zeigen, dass Reflexionen von überraschend vielen Facetten in den nur auf die eine Woche im September 1920 bezogenen Quellen aufgefunden werden konnten.

der Naturforscherversammlungen wurde vielmehr durch die Novemberrevolution und ihre Nachwirkungen, soziale Unruhen und wirtschaftliche Not für weitere zwei Jahre verzögert – bis zum September 1920.[2]

Erst im Januar 1920 beschloss man, die Naturforscherversammlungen wieder aufzunehmen und auch dann gab es noch scheinbar unüberwindliche Schwierigkeiten.[3] Wegen der extremen Wohnraumknappheit wollte sich keine größere deutsche Stadt den Luxus leisten, die Wissenschaftler und Ärzte einzuladen, obwohl nicht mehr als 1500 Teilnehmer erwartet wurden. Vor diesem Hintergrund war das Nauheimer Treffen mit seinen über 500 angekündigten Beiträgen[4] und fast 3000 Teilnehmern ein großer Erfolg.[5]

Dieser gründete sich allerdings nicht allein darauf, dass das etwa 25 km nördlich von Frankfurt gelegene, sehr beliebte und mondäne Heilbad Bad Nauheim[6] »das Gelingen der Versammlung als eine nationale Ehrensache« betrachtete und die Teilnehmer der Tagung kostenfrei aufnahm und günstig verpflegte (für 25 Mark, d. h. zwei Vorkriegsmark, pro Tag).[7] Ebenso wenig war die Ungeduld der deutschen Wissenschaftler – vor allem der Physiker – bei dieser Gelegenheit ihre Kollegen wieder zu treffen, in der Dringlichkeit der anstehenden wissenschaftlichen Fragen begründet. Diese hätte man meist auch auf brieflichem Wege diskutieren und klären können. Was die Physiker in Deutschland vor allem umtrieb und nach Bad Nauheim

---

2) Eine Übersicht über die wissenschaftliche Situation in den frühen Nachkriegsjahren ist in meiner an der Universität Berkeley 1968 eingereichten Dissertation zu finden: The Environment and Practice of Atomic Physics in Weimar Germany, Ann Arbor, University Microfilms, 1968.
3) Gesellschaft Deutscher Naturforscher und Ärzte (GDNÄ), Verhandlungen, 86 (1920), S. 15–16.
4) K. Körner: Die 86. Versammlung der Gesellschaft Deutscher Naturforscher und Ärzte in Bad Nauheim, Zeitschrift für den mathematischen und naturwissenschaftlichen Unterricht 52 (1921), S. 79–84.
5) W. Schweissheimer, 86. Versammlung der Gesellschaft Deutscher Naturforscher und Ärzte vom 18. bis 25. September 1920, Öffentliche Gesundheitspflege 5 (1920), S. 419–423.
6) Erich Milius (Hrsg.): Das Städtepaar Friedberg-Bad Nauheim, Heidenheim an der Brenz, 1972, S. 86–87; Hermann Broch: Die unbekannte Größe, 1933, Suhrkamp Taschenbuch 1977, S. 71.
7) Forman, Environment, 239. Aufruf, Nauheimer Zeitung = Wetterauer Anzeiger: Amts- und Anzeigeblatt für den Amtsgerichtsbezirk Bad Nauheim, Nr. 217, 16. September 1920; vgl. auch Forman, Environment, S. 239.

zog, war vielmehr die anstehende Neugestaltung ihrer wissenschaftlichen Institutionen. »Zahlreiches Erscheinen, auch der jüngeren Mitglieder, ist dringend erwünscht« drängte der Präsident der Deutschen Physikalischen Gesellschaft, Arnold Sommerfeld, Ende Juli in den *Verhandlungen*[8], und tatsächlich besuchten zahlreiche jüngere Mitglieder die wissenschaftlichen Sitzungen; auch legte sich »ein Rankenwerk von allen möglichen Sonderberatungen [...] um die Tagung.«[9]

Die Nauheimer Naturforscherversammlung von 1920 soll im Folgenden dazu dienen, in wichtige Aspekte des wissenschaftlichen Lebens der Weimarer Republik einzuführen. Natürlich spiegeln sich nicht alle Aspekte dieses wissenschaftlichen Lebens in den Protokollen des Kongresses wider. Vor allem müssen wichtige Bereiche, wie etwa das Leben an den Universitäten und in den Laboratorien sowie das akademische Berufungsgeschehen bei dieser Betrachtung zum großen Teil unberücksichtigt bleiben, obwohl auch diese Themen das Denken und Verhalten der Kongressteilnehmer in Nauheim beeinflusst haben. Dennoch scheint es mir auffällig und überraschend zugleich, wie sehr die charakteristischen Eigenschaften der wissenschaftlichen Institutionen, vor allem das politisch-wissenschaftliche Umfeld der deutschen Physiker und die Spannungen zwischen ihnen, in Nauheim ans Licht kamen und in zahlreichen überlieferten Dokumenten bis heute aufscheinen. Um dies zu illustrieren, werden zunächst die Plenar- und Hauptsitzungen behandelt. Ihr Ablauf gestattet Rückschlüsse auf die unter deutschen Akademikern verbreiteten politisch-kulturellen Einstellungen und Ideologien. Darüber hinaus wird versucht, daraus Besonderheiten des intellektuellen Umfelds und zu einem gewissen Grad auch Aussagen über die Haltung der Physiker abzuleiten. Daran anknüpfend werden die wissenschaftlichen und anderen Sitzungen der Physiker analysiert, da sie uns sowohl etwas über das Niveau, das Interesse und das Ansehen der diversen wissenschaftlichen Aktivitäten dieser Disziplin in Deutschland als auch über die wichtige Rolle der wissenschaftlich-politischen Ausrichtung innerhalb ihrer Verbände, Zeitschriften und angegliederten Institutionen verraten.

---

[8] Verhandlungen der Deutschen Physikalischen Gesellschaft, 24. Juli 1920.
[9] Körner, S. 84.

Zunächst jedoch zur Umgebung, der großzügigen Anlage und der Struktur des Kurorts, der kurz vor dem Krieg vom Land Hessen in verhaltenem Jugendstil vollständig wieder errichtet worden war:

»Nauheim! Es liegt ein Glanz von Sonnen- und herbstlichem Blättergold über der Stadt, wie ich vom Bahnhof zu den Anlagen hinuntergehe. Aus breiten Becken springen die drei Sprudel auf, die Becken dampfen, und leichte Schwaden treibt der Wind gegen die Arkaden der Badehäuser. Und dann wieder gepflegte Anlagen, breite Wege, grüne Rasenflächen, Baumgruppen, die zu entlegeneren und heimlicheren Plätzen im Grünen winken – aber vor mir, auf breiter Terrasse, schon über der tiefsten Stelle des Tales, das Kurhaus in entzückender Lage. Hier in seinen weiten Räumen hat uns schrankenlose Gastfreundlichkeit ein Heim für unsere Tagung zubereitet. Doch davon nachher. Links vom Kurhaus die behagliche, saubere Stadt. Gastlichkeit auch hier. Wir, die wir in diesen Häusern so freundliche Aufnahme gefunden haben, wollen unsern Dank nicht vergessen. Ich wohnte im »Bürgerquartier«, nicht im Hotel. Zimmer und Betten hatten wir umsonst, und dabei umgab uns eine Aufmerksamkeit, die, ach, ganz vorkriegsmäßig anmutete. Darf ich es meiner Wirtin übelnehmen, dass sie mich zum Schluss bat, ich möchte ihr meine Patienten schicken?

Ich bedaure es wirklich, dass ich kein Arzt bin, um diesen Wunsch erfüllen zu können!

Vielleicht haben auch die Gastwirte so gedacht. Was verschlägt's? Das Essen war gut, reichlich und billig. Kennst du, verehrter Leser, einen Badeort, in dem du dich für 13 Mark zu Mittag an den leckersten Speisen richtig satt essen kannst? In Nauheim ging es uns so!

Und dann das Programm der Veranstaltungen der Kurverwaltung! Konzert, Theater und Varieté wechselten, und Tag für Tag hattest du die Wahl zwischen zwei oder drei Nummern der Liste.«[10]

Jene Herbstsonne schien in die Nauheimer Konzerthalle, als sich am 20. September gegen 9 Uhr, einem Montagmorgen, die 1200 Plätze für die Eröffnungsveranstaltung der Naturforscherversammlung füllten.[11] Der erste Sprecher war der Geschäftsführer, d. h. der Leiter des örtlichen Organisationskomitees des Kongresses. Diese Funktion hatte der Geheime Medizinalrat Professor Dr. Grödel übernommen, der renommierteste Arzt in der relativ kleinen Schar der Nauheimer Kur-Ärzte. Die erste in Grödels Begrüßungsansprache mit einem »besonders herzlichen Willkommensgruß« herausgestellte Gruppe war die der Auslandsdeutschen, also jener Teilnehmer, die sich – unabhängig von ihrer Nationalität – zum deutschen Sprach-

---

10) Körner, S. 79.
11) Körner, Deutsche Allgemeine Zeitung vom 22. September 1920.

und Kulturraum zählten – kamen sie nun aus Zürich, Wien, Prag, Budapest oder Buenos Aires. Durch ihre Teilnahme an dieser wissenschaftlichen Tagung demonstrierten sie, so Grödel, dass sie »sich nach wie vor als zu uns gehörig betrachten.« Im Anschluss daran grüßte Grödel »nicht minder herzlich« die übrigen Ausländer: »Wenn auch deren Zahl nicht so gross ist, so freuen wir uns doch, dass es auch im Ausland Männer gibt, welche einen Unterschied zwischen Politik und Wissenschaft zu machen verstehen.«[12]

Grödels Grußworte liefern uns bereits zwei Schlüsselelemente deutscher akademischer Ideologie aus dem Munde eines typisch bodenständigen Meinungsführers. Dieser sagte das, was seiner Meinung nach alle akademischen Meinungsführer hätten sagen sollen. Da ist zunächst einmal die Vorstellung, dass Wissenschaft und Politik antithetisch seien, ferner, dass insbesondere die demokratisch-parlamentarische Politik verachtenswert sei und dass Politik jeglicher Art von den Gelehrten verabscheut wird. Andererseits wurde das Festhalten an einem chauvinistischen Kulturnationalismus eng mit politischem Nationalismus verknüpft, den die Akademiker aber, in Übereinstimmung mit ihrer antipolitischen Einstellung, als vollkommen apolitisch ansahen.[13] Mit seiner Teilnahme in Nauheim und den Verzicht auf den Internationalen Kongress der Mathematiker, der zeitgleich in Straßburg stattfand, bezog so auch der Holländer L. E. J. Brouwer, der einer der bedeutendsten zeitgenössischen Mathematiker war, nachdrücklich politisch Stellung. Weder Brouwer noch seine deutschen Kollegen hätten dies jedoch offen zugegeben. Sie waren vielmehr der Überzeugung, dass er dadurch zeigte, dass er zwischen Wissenschaft und Politik zu unterscheiden wusste.[14]

Im Anschluss an Grödels Einführung gab es Begrüßungsworte einiger hessischer und anderer lokaler Offizieller, die jedoch als nicht wichtig genug erachtet wurden, um in die Kongressprotokolle Auf-

12) Verhandlungen, GDNÄ, S. 7; [Adolf Koelsch?] Neue Züricher Zeitung vom 24. September 1920, Nr. 1563, S. 1–2.
13) F. K. Ringer, Die Gelehrten. Der Niedergang der deutschen Mandarine, München 1983; Brigitte Schröder-Gudehus: Les Scientifiques et la paix: la communauté scientifique international au cours des années 20, Montreal 1978, Kapitel 6; Paul Forman: Scientific Internationalism and the Weimar Physicists: The Ideology and Its Manipulation in Germany after World War I, Isis 64 (1973), S. 151–180.
14) L. E. J. Brouwer: Symptomatisches zu einer Gefährdung der niederländischen Staatshoheit, Privatdruck 1922, S. 9–13. Siehe Forman, Internationalism.

nahme zu finden. Sie enthielten vermutlich nicht genug Mahlgut für die akademisch-ideologische Mühle. Der darauf folgenden Willkommensgrußder drei hessischen Universitäten wurden allerdings vom damaligen Rektor der Universität Gießen zu einem enthusiastischen Plädoyer für den deutschen Kulturnationalismus genutzt – charakteristisch für die Ideologie der Akademiker der Weimarer Zeit. »Alles konnten uns die Feinde nehmen,« empörte sich der Gießener Rektor, »die deutsche Wissenschaft konnten sie nicht annektieren.«[15] In unzähligen Varianten wurde dieses Thema überall und immer wieder aufgegriffen. Deutschlands Feinde mochten das Vaterland seiner militärischen Stärke, seiner industriellen Kapazität und sogar eines Teils seines Territoriums beraubt haben, die Wissenschaft jedoch blieb das einzige wertvolle Kapital, das sie der geschlagenen Nation nicht nehmen konnten. Was man hingegen in Nauheim nicht vernahm – bei anderen Gelegenheiten dafür umso öfter –, war eine kleine, dafür aber um so wichtigere Variante jenes Themas, das von Brigitte Schröder-Gudehus zuerst erkannt und herausgestellt worden ist: Dass die Wissenschaft als einzig verbliebener Aktivposten Deutschlands zum Ersatz für die anderen, verloren gegangenen Machtfaktoren wurde – Wissenschaft als Machtersatz. Ausgehend von dieser Prämisse übernahmen die vermeintlich antipolitischen Akademiker eine unbegrenzte politische Verantwortung.[16]

Die dieser antipolitischen Haltung zugrunde liegende Einstellung wurde in den Hauptreden zu Kongressbeginn offenbar. Zunächst hielt der renommierte Arzt Friedrich von Müller in seiner Eigenschaft als Kongresspräsident den Eröffnungsvortrag: »Mit einem Unterton des Bedauerns«[17] stellte Müller fest:

> »Es war bisher auf unseren Versammlungen Sitte, dass wir bei der Eröffnungssitzung in Ehrerbietung den Kaiser und den Landesfürsten begrüßten, in denen wir die Verkörperung unserer Einigkeit sahen. – Das können wir nun nicht mehr! – [traurige Pause][18] – Aber ist es nicht unsere Pflicht, dankbar der Förderung zu gedenken, welche Deutschlands Fürsten der Wissenschaft und besonders den Naturwissenschaften haben zuteil werden lassen?[...] Die Monarchie pflegt die Wissenschaften und ehrt ihre bedeutenden Gelehrten.

15) Verhandlungen, GDNÄ, S. 8.
16) Brigitte Schröder-Gudehus, Deutsche Wissenschaft und internationale Zusammenarbeit 1914–1928, Genf 1966; s. auch Ringer, Schröder-Gudehus, Scientifiques, Forman, Internationalism.
17) »Naturforschertag«, Vorwärts vom 22. September 1920, Nr. 470, S. 2.
18) »Naturforschertag«, Vorwärts vom 22. September 1920, Nr. 470, S. 2.

[...] Die Revolution aber zerstört, sie lässt einen Pawlow verhungern und hat Lavoisier enthauptet. Und Lavoisiers Richter hat in seinem Todesurteil den Ausspruch geprägt: Nous n'avons plus besoin des savants.«[19]

Genauso wichtig wie Müllers fehlende Sympathie für das neue politische Regime in Deutschland – jeder seiner Sätze wurde übrigens vom Publikum mit »fanatischem Beifall aufgenommen«[20] – war die Tatsache, dass seine Äußerungen ebenfalls keineswegs als politisch angesehen wurden. Zumindest seine akademischen Zuhörer, die sich selbst als Gelehrte sahen, die zwischen Politik und Wissenschaft zu unterscheiden wussten, haben bemerkt, dass in »den Ansprachen das Erleben der Zeit« mitschwingt.[21] Unter den zahlreichen Zeitungen, die über den Kongress berichteten, haben nur die Schweizer *Neue Züricher Zeitung* und das Organ der Sozialdemokratischen Partei, *Vorwärts*, Müllers Rede als politische Manifestation charakterisiert. Der Reporter der Schweizer Zeitung machte durch den Tonfall seines Berichtes deutlich, dass er Müllers Rede für pathetisch und lächerlich hielt.[22] Der Berichterstatter des SPD-Organs fand sie schlicht empörend.

Aber die politischen Sticheleien endeten nicht mit den einführenden Begrüßungsansprachen. Nach Müllers Eröffnungsrede kamen die wissenschaftlichen Plenarvorträge: Carl Bosch sprach über die Bedeutung des Stickstoffs in Industrie und Technik, Paul Ehrenberg über dessen Rolle in der Landwirtschaft und Max Rubner über den Stickstoff in der Humanphysiologie. In Ergänzung zu diesen Hauptvorträgen sprach noch am gleichen Nachmittag Max von Gruber auf der folgenden Plenarsitzung zum Thema »Die Ernährungslage des deutschen Volkes.«[23] Selbst in den veröffentlichten Texten der Reden finden sich zahlreiche Anzeichen für die feindliche Einstellung der Redner gegenüber der neuen politischen und sozialen Ordnung. Die tatsächlich gehaltenen Reden werden wahrscheinlich sehr viel schärfere Äußerungen über die Revolution und die Weimarer Republik enthalten haben.[24] Der allgemeine Tenor der Vorträge war melodra-

---

19) Verhandlungen, GDNÄ, S. 22.
20) »Naturforschertag«, Vorwärts vom 22. September 1920, Nr. 470, S. 2.
21) Körner, S. 79.
22) Verhandlungen, GDNÄ, S. 8; Neue Züricher Zeitung vom 24. September 1920, Nr. 1563, S. 1–2.
23) Verhandlungen, GDNÄ, S. 27–136 und »Naturforschertag«, Vorwärts vom 22. September 1920, Nr. 470, S. 2.
24) »Naturforschertag«, Vorwärts vom 22. September 1920, Nr. 470, S. 2.

matisch und von Selbstmitleid getragen – fast so, als ob sich die Redner am Begriff Deutschland in seiner tiefsten Erniedrigung ergötzten. Das alles beherrschende Thema war der Untergang. Auch wenn Spenglers Name nicht fiel, so fällt einem sofort sein damals weit verbreitetes Buch *Der Untergang des Abendlandes* ein. Grubers Überzeugung, dass Deutschland der Retter der Zivilisation sei und dass sein Niedergang die Siegermächte mit in den Abgrund zöge,[25] fand in den folgenden Jahren viele Anhänger.[26] Boschs übertrieben pessimistische Metapher, »so wird die Stickstoffindustrie der letzte und größte Markstein der Zeit sein«,[27] stand ganz in der Tradition Spenglers und wurde in den frühen 1920er Jahren immer wieder aufgegriffen und wiederholt.[28]

Der Reporter des *Vorwärts* war verärgert,[29] der Reporter der *Neuen Züricher Zeitung* dagegen konnte nicht umhin, die Ironie, ja, Absurdität der Situation herauszustellen:

> »In allen Gasthöfen Nauheims sind wundervolle Weissbrötchen aus Inlandmehl, das Stück zu 80 Pfennig, ohne Marken zu haben. In einem Café gab es Sauerkirschenkuchen mit geschwungener Sahne in beliebigen Mengen. Zur Illustration der »gegenwärtigen Ernährungslage das deutschen Volkes«, die gestern den Kongreß einen Tag lang beschäftigt und schwere Sorge in viele ahnungslose Herzen geträufelt hat, sei diese von keinem Referenten erwähnte, immerhin bezeichnende Tatsache nachgetragen.[30]

Auch die Vorträge der dritten Plenarsitzung am folgenden Nachmittag über die Geologie der Nauheimer Region[31] und ganz besonders zur Würdigung des 400. Geburtstags des gebürtigen Niederdeutschen Vesalius – der Leipziger Medizinhistoriker Karl Sudhoff nahm dazu das Wort[32] – verrät uns viel über die politisch-kulturelle Stimmung in der akademischen Welt der Weimarer Republik. Aber um gleich ins Zentrum der Weimarer Geistesbewegung vorzustoßen,

---

25) Verhandlungen, GDNÄ, S. 136.
26) Forman, Environment, S. 326–327.
27) Verhandlungen, GDNÄ, S. 46.
28) Paul Forman: Weimar Culture, Causality, and Quantum Theory, Historical Studies in the Physical Sciences, 3 (1971) S. 1–115 auf S. 51; dieser Aufsatz ist auf deutsch publiziert in: Karl von Meyenn (Hrsg.), Quantenmechanik und Weimarer Republik, Braunschweig 1994.
29) »Naturforschertag«, Vorwärts vom 22. September 1920, Nr. 470, S. 2.
30) [Adolf Koelsch ?], Deutscher Naturforschertag, Neue Züricher Zeitung vom 26. September 1920, Nr. 1574, S. 1.
31) Vorwärts vom 24. September 1920, Nr. 474, S. 2.
32) Verhandlungen, GDNÄ, S. 191–206.

wenden wir uns nun der vierten und letzten Plenarsitzung am Mittwochnachmittag zu.

Im Mittelpunkt dieser Sitzung stand Heinrich Timerdings Bericht über die Reichsschulkonferenz, auf der im Frühsommer über die Reform der Lehrpläne vor dem Hintergrund der neuen politischen und sozialen Ordnung in Deutschland beraten worden war. Auch hier zeigten die beißenden Bemerkungen Timerdings, die allerdings zum Großteil in der veröffentlichten Fassung fehlen, einen vollkommenen Mangel an Sympathie für das neue politische System.[33] Dies wurde vom Berichterstatter des *Vorwärts* bitter kommentiert: »... die Tagung (erreichte) einen Tiefstand, wie er bisher auf einer Naturforscherversammlung wohl noch nicht erlebt worden ist«.[34]

Wichtig an Timerdings Rede und für unser Thema besonders interessant, war seine Erläuterung der ideologischen Stellung der Naturwissenschaften, denn diese Erläuterung spiegelt die intellektuellen Milieus der Weimarer Republik. Wir haben bereits die Berichte von der Eröffnungssitzung über die Bedeutung des Stickstoffs und über Deutschlands materielle Lage erwähnt. Bei diesen gaben die Redner praktisch keine Versprechungen und es gab kaum Diskussionen über wissenschaftliche Forschung oder technische Entwicklungen, die dem Land einen Ausweg aus seiner schrecklichen Not hätten weisen können. Bei Timerding erkennen wir, dass dies nicht am Spenglerschen Pessimismus (Bosch) oder an sozialpolitischen Reaktionen (Gruber) lag, sondern an einer allgemeinen Abwertung bzw. Nichtanerkennung des Utilitarismus unter den Akademikern der Weimarer Republik. Timerding wandte sich mit der Aufforderung an sein Publikum nun, da jedes Spezialgebiet seine Stimme erhebe, sollten auch wir uns dafür stark machen, dass den Naturwissenschaften der ihnen gebührende Platz in Bildung und Kultur zukomme:

> »Wir können uns dabei mit gutem Grunde auf die Bedeutung unserer Wissenschaft für Technik und Wirtschaftsleben und für die Gesundung unseres Volkes berufen. Wichtiger erscheint mir aber noch, an dieser Stelle sich auf ein anderes Moment zu berufen: Die Naturwissenschaften geben eine feste Weltanschauung, die über den Streit der Meinungen und Empfindungsweisen erhaben ist, und das kann keine der anderen Fachrichtungen von sich behaupten.«[35]

33) Verhandlungen, GDNÄ, S. 224–236 und Körner.
34) Verhandlungen, GDNÄ, S. 162–206.
35) Verhandlungen, GDNÄ, S. 229.

Was charakterisiert diese Weltanschauung, die uns eine Rechtfertigung für die Wissenschaft und vor allem für die wissenschaftliche Erziehung liefert – eine Rechtfertigung, die stärker ist als alle Nützlichkeitsüberlegungen? Es ist dies die genaue Antithese zur optimistischen Weltanschauung, jene Mischung aus Haeckel, Darwinismus und Materialismus, wie sie von so vielen Grundschullehrern auf der Reichsschulkonferenz vertreten wurde. Ihre Weltanschauung, die angeblich naturwissenschaftlich begründet sein soll, erweist sich vielmehr bei näherem Hinsehen als eine antiquierte Arbeitshypothese, »durch die man die kausale Erklärung aller Vorgänge zu erreichen trachtet«. Hier handelt es sich um Ionischen Atomismus, dessen Höhepunkt die Darwinsche Erklärung des organischen Lebens ist. Jüngste Forschungen haben dieses System sukzessive zerstört. Strittiger Punkt ist nicht der Atomismus an sich, sondern Demokrit gegen Plato, also Materialismus versus Idealismus: »wir fühlen in der Natur ein geistiges Wesen ... in seinem Kern Unfassliches ... Das Transzendente ... ist so zuletzt auch in der Naturforschung selbst erschienen, und damit wird der Optimismus ... endgültig zerstört.«

> »Ist es nun nötig«, so Timerdings rhetorische Frage, »ausführlich zu begründen, welche Folgerungen aus diesem Stand der Dinge sich für unser Bildungswesen ergeben? Zunächst steht das eine fest: Die Naturwissenschaft, selbst wenn wir ihr die Psychologie zugesellen, liefert nicht eine Weltanschauung in dem Sinne, dass wir für alles, was geschieht, eine Erklärung bei der Hand haben, dass wir in das innerste Wesen aller Dinge hineinblicken. Je mehr die Entdeckungen sich häufen und je ernsthafter die Festlegung und Erklärung der Erscheinungen versucht wurde, umso mehr haben wir Bescheidenheit und Resignation gelernt.«[36]

Das ist ein fürchterliches Durcheinander, das jedoch an einigen Stellen zumindest für diejenigen vertraut klingt, die Spenglers Prophezeiungen, Heisenbergs Erinnerungen[37] oder auch dessen Korrespondenz vom Sommer 1925, als er die Quantenmechanik erdachte[38], gelesen haben. Gelegentlich klingen auch in den anderen Redebeiträ-

---

[36] Verhandlungen, GDNÄ, S. 231.
[37] Werner Heisenberg, Der Teil und das Ganze, München 1969; von mir rezensiert in Science 172 (1971), S. 687–688; R. S. Cohen und J. J. Stachel (Hrsg.): L. Rosenfeld: Selected Papers, Dordrecht 1979, S. 480–481.
[38] »...weshalb Kramers mich des Optimismus anklagt.« In: Wolfgang Pauli: Wissenschaftlicher Briefwechsel, Band 1, New York 1979, S. 229.

gen der Plenarversammlungen weitere Werte der Weimarer Kultur an, so z. B. Irrationalität und Individualität, deren Aneignung man nicht von Wissenschaftlern erwarten soll.[39] Es gibt aber einen Wert oder besser eine Antipathie, von der wir gerade bei Timerding gehört haben und die unsere Aufmerksamkeit geradezu auf sich zieht, weil sie eine direkte Auswirkung auf den Wissenschaftsbetrieb und die von den deutschen Physikern geschaffenen wissenschaftlichen Theorien hat.

Seit langem ist von mir darauf hingewiesen worden, dass das Ideal einer kausalen, vollständigen und unzweideutigen Erklärung aller physikalischen Ereignisse bereits Jahre vor der Entstehung der nichtkausalen Quantenmechanik – nämlich seit dem verheerenden Ende des Ersten Weltkrieges – eine zentrale Frage unter den deutschsprachigen Physikern Mitteleuropas gewesen war. Die Ursache für die vielen Aufrufe der Physiker zum Verzicht auf dieses traditionelle Grundprinzip ihrer Wissenschaft war in vielen Fällen der starke Antagonismus gegenüber der Kausalität im intellektuellen Milieu der Weimarer Zeit.[40] Auf der ersten großen Nachkriegskonferenz in

39) von Gruber sprach in Verhandlungen, GDNÄ, S. 136 eindeutig für die *Irrationalität* als ein Attribut des genuinen traditionellen deutschen Charakters aus. In Abteilung 14, der sich mit Pädagogik beschäftigt, greift ein Teilnehmer die Mathematik als »eine tote Wissenschaft und der Tod einer jeglichen *Individualität* an.«, Bericht von Körner.
[Bemerkung 2006] Paul Forman, »Kausalität, Anschaulichkeit und Individualität, oder: Wie die der Quantenmechanik zugeschriebenen Eigenschaften und Behauptungen durch kulturelle Werte vorgeschrieben wurden«, in: v. Meyenn, S. 181–200. (Ursprünglich vorgetragen auf Englisch bei einer Tagung in Lecce, September 1979, veröffentlicht in Italienisch: M. De Maria et al. (Hrsg.): Fisica & societa negli anni ´20, Milano 1980.)
40) Forman, Weimar; Forman, Kausalität. Anmerkung des Autors im Sommer 2006: Während der letzten dreißig Jahre haben viele Veröffentlichungen die These, die man in diesen zwei Aufsätzen findet, bestritten (und noch vielere totzuschweigen versuchten) – ich glaube nicht wegen der Schwäche ihrer Beweismittel oder Argumente, sondern gerade wegen der Stärke von beiden. Jedoch leiden diese kritischen Behandlungen an einer bezeichnenden Schwäche: der Verweigerung, das historische Beweismittel anzuschauen, und vor allem sich nach weiteren historischen Beweismitteln umzusehen. Auf diese Weise zeigen sie mit ihrer eigenen Methode die ideologische Determiniertheit des Standpunkts, den sie zu verteidigen versuchen, d. h., die Wünschbarkeit und Möglichkeit eines von der Lebenswelt unabhängigen geistigen Lebens. Von den wenigen Anfragenden, die neue, für diese These relevante Angaben suchen, gibt es meines Wissens nur einen, der Ergebnisse auffand, die wie er glaubte im Allgemeinen

Deutschland erleben wir nun, wie der für die Verteidigung der Rolle der Naturwissenschaften an Gymnasien und höheren Realschulen bestellte Wortführer die Bemühungen um »die volle kausale Erklärung aller Vorgänge zu erreichen« in Verruf bringt, und damit die Kausalität sowohl in ihrer metaphysischen als auch in ihrem deterministischen Sinne verwirft. Dies ist fast gleichbedeutend mit einer Nichtanerkennung des Wissenschaftsbetriebs an sich. Darüber hinaus legt der Kontext dieser aggressiven Entsagung einen direkten Einfluss von Spenglers Untergang nahe.

Es gab jedoch noch eine weitere Quelle für die Kritik des Kausalitätsprinzips durch mitteleuropäische Physiker, die indes mehr aus dem Inneren der Fachdisziplin kam. Seit der Jahrhundertwende gab es unter den österreichisch-ungarischen Physikern eine zum Teil auf ihrer stark positivistischen Tradition fußende Debatte, ob es – vorausgesetzt, dass die physikalischen Gesetze der makroskopischen Welt statistischer Natur sind – Gründe dafür gibt, dass die zugrunde liegenden mikroskopischen Ereignisse ihrerseits von deterministischen Gesetzen bestimmt werden, bzw. ob sie überhaupt auf irgendeine Weise an Gesetzmäßigkeiten gebunden sind.[41)] Dass auch hier welt-

---

meine These nicht unterstützen: Michael Stöltzner, Causality, Realism and the Two Strands of Boltzmann's Legacy (1896–1936), Dissertation zur Erlangung des Doktorgrades im Fach Philosophie an der Universität Bielefeld 2003, 355 Seiten, vorhanden bei http://bieson. ub.uni-bielefeld.de/volltexte/2005/694/pdf/netpubdiss.pdf, aufgerufen 18. April 2006. Jedoch ist diese Arbeit, obwohl sie eine ausführliche Bibliographie der relevanten Veröffentlichungen einschließt, meiner Meinung nach voller Fehler sowohl in Bezug auf die historische Methode, als auch auf ihre Argumentation. Stattdessen möchte ich empfehlen: Kai de Jong-Eigner, Fokker en de Formanthese; Nederlandse fysica en filosofie in cultureel perspectief, Arbeit für den Bachelor-Abschluss, Utrecht University 2001, wie auch die folgende Veröffentlichung, Kai de Jong-Eigner and Frans van Lunteren, ›Fokkers »greep in de verte«; Nederlandse fysica en filosofie in het interbellum‹, Gewina: Tijdschrift voor de Geschiedenis der Geneeskunde, Natuurwetenschappen, Wiskunde en Techniek, 26 (2003) S. 1–21, zu finden bei http://www.physics.leidenuniv.nl/ext/institute/agenda_info/lunteren.pdf, aufgerufen 18. April 2006.

41) P. A. Hanle, Indeterminacy Before Heisenberg: The Case of Franz Exner and Erwin Schrödinger, Historical Studies in the Physical Sciences, 10 (1979) S. 225–269. Wm. T. Scott, Erwin Schrödinger: An Introduction to His Writings, Amherst, Massachusetts, 1967; vgl. auch Forman, Weimar, S. 74, 67 [Bemerkung 2006] Michael Stöltzner, Franz Serafin Exner's Indeterminist Theory of Culture, Physics in Perspective 4 (2002), S. 267–319.

anschauliche Obertöne mitschwangen, ist offensichtlich – insbesondere, wenn diese Debatte einerseits Kausalität als »mystisch« stigmatisiert, aber andererseits dieses Attribut dem Begriff Zufall zugeordnet wird.

Interessanterweise wird diese versteckte Kontroverse ebenfalls in Nauheim am Rande ausgetragen – von Reinhold Fürth, einem junger Theoretiker der Deutschen Universität Prag, wo die um 1910 durch Einstein begründete Tradition der statistischen Mechanik auch nach seinem Weggang weiter gepflegt wurde. In Nauheim trug Fürth in einer Sitzung der Physiker über die »Statistischen Methoden der Physik und der Begriff der Wahrscheinlichkeitsnachwirkung«[42] vor, wobei er seinem Berliner Kollegen Richard von Mises widersprach, der die statistische Mechanik vollständig auf Wahrscheinlichkeitshypothesen gründen wollte.[43] Fürth behauptete dagegen, dass seine Untersuchungen zeigen, dass »die sogenannte physikalische Statistik von der Verwendung des Zufallsbegriffes befreit und grundsätzlich auf den der Kausalität und Determiniertheit der physikalischen Vorgänge gestellt (wird).«[44] Es ist überflüssig zu erwähnen, dass dies keineswegs das letzte Wort dieser Kontroverse war, die insbesondere von intellektuellen Strömungen der Weimarer Republik getragen wurde und auch eine Rolle bei der engagierten Zurückweisung der Kausalität durch von Mises und seinen Landsmann Erwin Schrödinger in den folgenden Jahren spielte.

Zu den Besonderheiten der Nauheimer Tagung gehörte, dass die Abteilung 2, die in der zweiten Hälfte der Kongresswoche tagte, nicht einfach eine unter den 13 anderen Abteilungen (von der Mathematik und Astronomie bis hin zur Tiermedizin) war. Beobachter der Versammlung der fast 3000 deutschen Naturforscher und Ärzte, wo es »vom frühen Morgen bis zum späten Abend summte und quirlte ... wie in einem Bienenhaus«[45] von Gelehrten, hatten vielmehr den Eindruck, einer Physikertagung beizuwohnen.[46]

---

42) Reinhold Fürth: Die statistischen Methoden der Physik und der Begriff der Wahrscheinlichkeitsnachwirkung, Physikalische Zeitschrift 21 (1920), S. 582–88.
43) Richard von Mises, Ausschaltung der Ergodenhypothese in der physikalischen Statistik, Physikalische Zeitschrift 21 (1920), S. 225–232.
44) Fürth; vgl. Forman, Weimar, S. 80–82, 87–88.
45) Nauheimer Zeitung = Wetterauer Anzeiger Nr. 222, 21.09.1920, S. 1.
46) Friedrich Schmidt-Ott: Erlebtes und Erstrebtes, 1860–1950, Wiesbaden 1952, S. 180.

Der Reporter der *Deutschen Allgemeinen Zeitung*, der selbst Arzt war, beobachtete die »grosse Zahl weltbekannter Naturforscher« und nennt in diesem Zusammenhang explizit zwei Physikochemiker (Fritz Haber und Walther Nernst), die sich beide sowohl der Physik als auch der Chemie zugehörig fühlten, vier theoretische Physiker (Albert Einstein, Max von Laue, Max Planck und Arnold Sommerfeld), einen Mediziner (Hans Horst Meyer), einen Physiologen (Max Rubner) und einen Biologen (Richard Hertwig).[47] In seiner Eröffnungsrede ging der Mediziner von Müller auf die Physik wegen ihrer aktuellen Erkenntnisfortschritte besonders ein: »eine Zeit der Umwälzung und der Ernte [ist] angebrochen, wie kaum zuvor.«[48] Welches Ansehen die Physik, und vor allem die theoretische Physik, unter den Wissenschaften damals besaß, wird auch hier deutlich. Als beispielsweise beim Geschäftstreffen am Mittwochmorgen der Vorsitzende der Gesellschaft deutscher Naturforscher und Ärzte für die nächsten drei Jahre neu gewählt wurde, bestand man darauf, dass Max Planck den Vorsitz auf der anstehende Hundertjahrfeier im Jahre 1922 übernehmen sollte.[49] Obwohl es – wie wir sehen werden – mehrere Gründe dafür gab, dass einige Beobachter der Nauheimer Naturforscherversammlung den Eindruck hatten, dass es sich um eine Physikertagung handelte, lag der Hauptgrund für diesen Eindruck in dem großen Interesse, der Bedeutung und der Priorität, die man der aktuellen physikalischen Forschung entgegenbrachte – neben der Relativitätstheorie waren dies vor allem die Atomphysik und Quantentheorie.

Dieser Schwerpunkt wird eindrucksvoll durch die Zahl der in der Abteilung 2 angekündigten Beiträge – es sind 56 – belegt, eine für die damaligen Verhältnisse ungewöhnlich große Anzahl, wobei »ausser dem besonderen Teile dieses Programms, welcher der Relativitätstheorie vorbehalten war, [...] fast alle Vorträge über das neu erschlossene Gebiet der Atomphysik [handelten].«[50] Die angekündigten Titel zei-

---

47) W. Schweissheimer, Deutsche Allgemeine Zeitung vom 22. September 1922, Nr. 466, S. 1–2. Siehe auch Nr. 468, S. 1; Nr. 470, S. 1 und Nr. 471, S. 2.
48) Verhandlungen, GDNÄ, S. 17.
49) Verhandlungen, GDNÄ, S. 10–11.
50) W. Hillers, Die Abteilung Physik auf der Nauheimer Tagung, Zeitschrift für mathematischen und naturwissenschaftlichen Unterricht, 52 (1921), S. 124–126.

gen⁵¹⁾, dass sich etwa die Hälfte der Beiträge mit atomphysikalischen bzw. quantentheoretischen Problemen beschäftigten, ein Viertel behandelte andere moderne Themen, wie z. B. Relativitätstheorie, Röntgenstrahlen oder statistische Mechanik, und das restliche Viertel klassische Themen – von den elektromagnetischen Wellen und Instrumenten über die Optik und klassische Spektroskopie bis hin zu Materieeigenschaften. Im tatsächlichen Programm dominierten Atomphysik und Quantentheorie wohl noch stärker, da von den fünf halbtägigen Sitzungen der Abteilung Physik allein zwei für die Relativitätstheorie vorgesehen waren, sodass eine erhebliche Anzahl von angekündigten Vorträgen ausfallen musste – obschon die zugelassenen Vorträge streng auf 15 Minuten begrenzt waren.⁵²⁾ Im Vergleich dazu wurden auf dem im selben Jahr stattfindenden Treffen der British Association for the Advancement of Science in der Abteilung A etwa 19 Beiträge zur Physik präsentiert, von denen sich etwa die Hälfte mit klassischer Physik beschäftigte, ein Viertel mit Atomphysik und ein Viertel mit anderen modernen Themen. Auf dem Jahrestreffen der American Physical Society wurden im gleichen Jahr 69 Beiträge präsentiert: 60% davon zur klassischen Physik, 25% zur Atomphysik und die restlichen 15% zu anderen modernen Forschungsthemen.⁵³⁾

Dies macht deutlich, dass die Deutschen damals der Atomphysik eine viel größere Bedeutung beimaßen als die Briten oder Amerikaner – man kann sogar sagen als die Physiker irgendeines anderen Lands. Diese Priorität und Anerkennung der Atomphysik blieb jedoch nicht allein auf die Physiker selbst beschränkt. Nach den Plenarsitzungen vom Montag fand am Dienstagmorgen eine Sitzung der sogenannten naturwissenschaftlichen Hauptgruppe statt. Sie befasste sich mit Atomphysik. Peter Debye und James Franck besprachen jüngste Forschungsergebnisse auf diesem Gebiet, und Walther Kossel diskutierte deren Konsequenzen für die Chemie.⁵⁴⁾ Es gab keine Parallelveranstaltung der Mediziner, sodass die Sitzung der naturwissenschaftlichen Hauptgruppe de facto auch ein Plenum war. Das Teilnehmerinteresse war im Übrigen nicht geringer als bei den Sitzungen

---

51) Physikalische Zeitschrift 21 (1920), S. 392, 447, 472, 504
52) Hillers, S. 124–126.
53) British Association for the Advancement of Science, Report (1920), S. 351–353, Physical Review, 17 (1921) S. 367–371.
54) Verhandlungen, GDNÄ, S. 9, 239–279.

des Vortags.[55] Hier fühlte sich schließlich auch der Reporter des *Vorwärts* heimisch:

>»Wohltuend stach die heutige Versammlung der naturwissenschaftlichen Hauptgruppe von der Eröffnungsversammlung ab. Gestern konnte man stellenweise glauben, in einer politischen Versammlung der Rechtsparteien zu sein, heute herrschte wieder echter wissenschaftlicher Geist, wie ich ihn seit 20 Jahren auf dieser ältesten und angesehensten deutschen wissenschaftlichen Wanderversammlung kenne.«[56]

Das mag für den aktuellen Eindruck zutreffend gewesen sein, doch für den Historiker, wie auch für einige Teilnehmer und Beobachter diesen ersten Nachkriegskongresses, unterscheidet sich dieser von den vorangegangenen Kongressen darin, dass die politischen Verwerfungen, die in den sechs Kriegs- und Revolutionsjahren innerhalb der deutschen Physiker-Gemeinschaft aufbrachen und im wissenschaftlichen Leben der gesamten Weimarer Zeit erhebliche Dissonanzen erzeugten, hier hörbar, sichtbar und fast greifbar zutage traten – hörbarer, sichtbarer und greifbarer als auf irgendeiner späteren Tagung. Die Trennungslinien dieser politischen Verwerfungen waren dabei besonders unheilvoll, weil sie weitgehend parallel zu denen wissenschaftlicher Überzeugungen und Kontroversen verliefen. Wenn wir zu einem hohen Grad die Solidarität einer wissenschaftlichen Gemeinschaft dem Umstand zumessen, dass Trennungslinien zwischen wissenschaftlichen Meinungen in der Regel nicht parallel zu jener zwischen politischen Überzeugungen verlaufen, könnte man erwarten, dass bei einer Parallelität – wie in diesem Fall – die Gefahr einer Spaltung der Gemeinschaft besteht. Deshalb ist es interessant und wichtig zu erfahren, wie diese Bruchstellen in den Debatten zur Relativitätstheorie und über die Reorganisation der Deutschen Physikalischen Gesellschaft offenbar wurden.

»Merkwürdig ist, dass in dieser Zeit jede Wertung nach politischen Gesichtspunkten vollzogen wird.« So kommentierte Einstein im Sommer 1920 in einem Brief an seinen holländischen Kollegen Hendrik Antoon Lorentz die Angriffe gegen die Relativitätstheorie und seine Person.[57] In einem Beitrag im liberalen Berliner Tageblatt,

---

55) Körner.
56) »Naturforschertag II«, Vorwärts vom 23. September 1920, Nr. 472, S. 2.
57) Otto Nathan und Heinz Norden (Hrsg.), Albert Einstein: Über den Frieden, Neu Isenburg 2004, S. 62.

Meine Antwort – Über die antirelativistische G.m.b.H., hatte Einstein im Sommer 1920 unmissverständlich festgestellt: »Wäre ich Deutschnationaler mit oder ohne Hakenkreuz statt Jude von freiheitlicher internationaler Gesinnung, so ... « Einstein konnte davon ausgehen, dass jeder Zeitgenosse verstand, was die ... bedeuteten. Am Schluss seiner Erklärung wies er zudem darauf hin, »dass auf meine Anregung hin in Nauheim auf der Naturforscherversammlung eine Diskussion über die Relativitätstheorie veranstaltet wird. Da darf jeder, der sich vor ein wissenschaftliches Forum wagen darf, seine Einwände vorbringen.«[58] Diese »Einsteindebatte!«[59] trug dann mehr als jede andere Aktivität der Nauheimer Tagung dazu bei, allgemeines Interesse an den Verhandlungen zu erregen und sie zum bevorzugten Zeitungsthema zu machen sowie bei den Kongressteilnehmern tiefe und prägende Eindrücke zu hinterlassen.

Als Einstein im August seine »Antwort« verfasste, glaubte er, dass ein nicht unbedeutender Teil der deutschen Physiker zumindest stillschweigend diese populistische antirelativitätstheoretische Agitation billigte.[60] Auch Einsteins Vermutung, dass die Mehrzahl der deutschen Physiker – wie die deutschen Akademiker ganz allgemein – politisch rechts standen und mit den nationalistischen Parteien sympathisierten, ist tendenziell ohne Zweifel richtig. Allerdings war die Zahl jener, die tatsächlich so weit rechts standen wie die Gruppe, auf die er in seiner »Antwort« zielte, nicht sehr groß. Zu ihnen zählten jedoch einige sehr engagierte, wirkungsmächtige und berühmte Persönlichkeiten – vor allem die drei Nobelpreisträger Philipp Lenard, Johannes Stark und Wilhelm Wien.[61] Einsteins Einschätzung der

---

58) Albert Einstein, Meine Antwort – Über die antirelativistische G.m.b.H.«, Berliner Tageblatt vom 27. August 1920, S. 1–2, nachgedruckt in Diana Kormos Buchwald (Hrsg.), The Collected Papers of Albert Einstein, Volume 7. The Berlin Years: Writings, 1918–1921, Princeton 2002, S. 345–347, hier 345, 347.
59) Körner, S. 80.
60) Einstein an Sommerfeld, Berlin, 6. September 1920, in: Armin Hermann (Hrsg.), Briefwechsel, Basel 1968, S. 69.
61) Zu Lenard und Stark s. auch: Alan Beyerchen, Wissenschaftler unter Hitler. Physiker im Dritten Reich, Köln 1980; siehe auch Andreas Kleinert und Charlotte Schönbeck, Lenard und Einstein, ihr Briefwechsel und ihr Verhältnis vor der Nauheimer Diskussion von 1920, Gesnerus, 35 (1978), S. 318–333; Charlotte Schönbeck, Albert Einstein und Philipp Lenard: Antipoden im Spannungsfeld von Physik und Zeitgeschichte, Schriften der Mathematisch-Naturwissenschaftlichen Klasse der Heidelberger Akademie der Wissenschaften, Berlin, 2000;

Gesamtsituation änderte sich erst, als sich die führenden Physiker in Berlin mit ihm öffentlich solidarisierten und die zwei bedeutendsten deutschen Theoretiker, Max Planck und Arnold Sommerfeld, durchsetzten, dass der Präsident der Nauheimer Versammlung eine Solidaritätserklärung für Einstein verlas.[62]

Wien erfuhr vorab davon und er versuchte am Tag vor der Kongresseröffnung mit Planck und in Begleitung von Müller einen Konsens für die Einstein-Passage seiner Rede auszuhandeln. Seiner Frau schrieb er:

»Heute morgen war ich mit Friedrich von Müller und Planck zusammen und suchte auf eine möglichst objektive Fassung der über Einstein, von Müller, zusagende Worte hinzuwirken. Planck steht natürlich ganz auf Einsteins Seite.«[63]

Wie für die rechten, nationalistischen Akademiker typisch, so sah auch Wien sein Handeln keineswegs als politisch an. Politik betrieb für ihn immer nur die andere Seite; er selbst strebte angeblich nur nach Objektivität. Die Botschaft selbst wurde allerdings weniger zu einer Sympathieerklärung für Einstein, sondern eher zu einem Dokument der antidemokratischen Ideologie der deutschen Akademiker und ihrer Aversionen gegenüber den demokratisch-politischen Prozessen, die durch die Hauptstadt (und die dortigen Physiker) symbolisiert wurde. Von Müller stellte diesbezüglich fest, dass die Relativitätstheorie:

»in einer gemeinsamen Sitzung der Mathematiker und Physiker zur Verhandlung kommen [wird], freilich in ganz anderem Geist als in jenen tumultuarischen Versammlungen in Berlin. Denn wissenschaftliche Fragen von solcher Schwierigkeit und solch hoher Bedeutung wie die Relativitätstheorie lassen sich nicht in Volksversammlungen mit demagogischen Schlagwörtern und in der politischen Presse mit gehässigen persönlichen Angriffen zur Abstimmung bringen; sie werden vielmehr im engen Kreis der eigentlichen Fachgelehrten eine sachliche Würdigung finden, die der Bedeutung ihres genialen Schöpfers gerecht wird.«[64]

und Charlotte Schönbeck (Hrsg.), Philipp Lenard. Wissenschaftliche Abhandlungen, Band 4, Diepholz, 2003, S. 323–375, insbesondere 345–375.
62) Sommerfeld an Einstein, München, 3. September 1920, in: Briefwechsel, S. 68.
63) Brief Wilhelm Wiens an seine Frau vom 18. (oder 19.) September 1920, in der »Chronik, 1914–1928« der Familie Wien. Privatnachlass der Familie Wien, München.
64) Verhandlungen, GDNÄ, S. 17.

Die Versammlung quittierte diese Worte mit stürmischem Applaus.

Die Sitzung zur Relativitätstheorie fand am Donnerstagmorgen im Badehaus 8 statt, das mit über 500 Personen brechend voll war.[65] »Man rückte auf den Sitzen zusammen, stand an den Wänden und füllte die Galerie – und wartete auf den Gelehrtendisput.«[66] Stunden vergingen. Eine ganze Reihe hochtechnischer Aufsätze wurde präsentiert und diskutiert. Gegen Ende der Sitzung eröffnete der Vorsitzende Planck schließlich die allgemeine Aussprache.[67] Die Debatte entwickelte sich in der Folge zu einem »Duell« zwischen Einstein und Lenard, manche sprachen von einem »Turnier« oder sogar von einem »Stierkampf.«[68] Es wurden wissenschaftliche Einwände gegen die Theorie vorgebracht und diese dann wieder infrage gestellt. Doch jeder spürte, dass das Problem, um das es eigentlich ging, sehr viel tiefer lag. Ein Großteil der Spannung im Saal hatte seine Ursache in einer Mischung aus bewusster Angst und unbewusster Hoffnung, dass jener Antagonismus zutage treten würde. Jedoch gingen die Einwände und Antworten nicht tiefer als die Erkenntnistheorie der Opponenten.

Fast alle konservativen Gegner Einsteins weigerten sich, die Theorie als »Allgemeine Relativitätstheorie« zu bezeichnen, da es gerade die Affirmation der Relativität war, die sie abstieß. Für sie war es lediglich eine Gravitationstheorie.[69] Lenard zielte ganz bewusst auf den sensibelsten Punkt des *Corpus Physicorum Germanicorum*, indem er die unversöhnliche Meinungsverschiedenheit über die Relativitätstheorie auf die Differenzen zwischen Experimentalphysikern und mathematischen Physikern zurückführte.[70] Dieser Vorstoß löste

---

[65] Vossische Zeitung vom 24. September 1920, Nr. 472, S. 1–2.
[66] Körner, S. 81.
[67] Die Vorträge und Teile der Diskussion wurden in der Physikalischen Zeitschrift 21 (1920), S. 649–675 veröffentlicht. Siehe auch: Hermann Weyl, Die Relativitätstheorie auf der Naturforscherversammlung in Bad Nauheim, Deutsche Mathematiker-Vereinigung, Jahresbericht, 31 (1922) S. 51–63.
[68] Berliner Tageblatt vom 24. September 1920, Nr. 450, S. 3.
[69] Physikalische Zeitschrift, 21 (1920), S. 652 (G. Mie); S. 667 (P. Lenard); S. 667 (M. Palagyi).
[70] W. Schweissheimer, Deutsche Allgemeine Zeitung vom 22. September 1922, Nr. 466, S. 1–2. Siehe auch Nr. 468, S. 1; Nr. 470, S. 1 und Nr. 471, S. 2; Vossische Zeitung vom 24. September 1920, Nr. 472, S. 1–2; und zu diesem Thema vgl. Forman, Environment, S. 132–137.

eine höchst allergische Reaktion von allen Seiten aus, vor allem aber seitens Gustav Mie, der einzige Theoretiker, der Lenard während der Debatte partiell beigestanden hatte.[71] Die meisten waren der Meinung, dass Lenard zu weit gegangen war, als er den »gesunden Menschenverstand« als Akzeptanzkriterium einer physikalischen Theorie anführte. Allerdings fand seine Forderung nach Anschaulichkeit sowohl bei den Rechten, als auch bei den Linken, d.h. bei Gustav Mie bzw. Max Born, allgemeine Zustimmung.[72] Nur Einstein selbst war hinsichtlich seines wissenschaftlichen und kulturellen Milieus unabhängig genug, sich von dessen irrationalen Neigungen zu distanzieren:

> »Ich möchte sagen, daß das, was der Mensch als anschaulich ansieht, und was nicht, gewechselt hat. Die Ansicht über Anschaulichkeit ist gewissermaßen eine Funktion der Zeit. Ich meine, die Physik ist begrifflich und nicht anschaulich.«[73]

Wenn in Hinblick auf die physikalischen Theorien, d.h. gegenüber Relativitätstheorie und Atomphysik (unter Einschluss der Quantentheorie), die Bruchlinie zwischen links und rechts verlief – oder besser gesagt zwischen der politischen Mitte und dem rechtskonservativen Spektrum, denn in der deutschen Physikergemeinde gab es kaum Vertreter der politischen Linken, – so lag die Trennlinie bei den wissenschaftlichen Institutionen scheinbar zwischen Nord und Süd, d.h. »zwischen Berlin und dem Reich«.[74]

Die Deutsche Physikalische Gesellschaft war 1845 als Physikalische Gesellschaft zu Berlin gegründet worden. Nur sehr langsam wandelte sie sich in den folgenden Jahrzehnten von einer lokalen Gesellschaft zur wissenschaftlichen Organisation der Physiker im deutschsprachigen Teil Mitteleuropas.[75] Die erste formale Veränderung fand 1898 statt, als sie die Verantwortung für die Organisation der Abteilung 2 der Naturforscherversammlung übernahm und ihren Namen in Deutsche Physikalische Gesellschaft änderte. Die Statutenänderungen von 1898 und 1904 änderten hingegen nichts am Faktum,

---

71) Schweissheimer.
72) Körner, S. 81; Mie, Physikalische Zeitschrift 21 (1920), S. 651.
73) Physikalische Zeitschrift 21 (1920), S. 666.
74) Johannes Stark an Arnold Sommerfeld, 23. Juli 1923, zitiert in Paul Forman, Financial Support and Political Alignment of Physicists in Weimar Germany, Minerva 12 (1974), S. 39–66.
75) Forman, Environment, S. 142–153.

dass die Gesellschaft praktisch weiterhin von den Berliner Mitgliedern und ihren Repräsentanten dominiert wurde.[76]

1914 begann sich massiver Widerstand gegen diese Berlin-Dominanz zu formieren – organisiert von jenen, die später auch in Nauheim dieses Thema auf die Tagesordnung setzten.[77] Der Kriegsausbruch beendete zunächst alle partikularistischen Bestrebungen – auch in der deutschen Physikerschaft herrschte Burgfrieden. Im sich hinziehenden Krieg und dem Aufbrechen verborgener politischer Trennungslinien, verursacht durch eine sich verschärfende Diskussion der Kriegsziele, der U-Boot Kriegsführung und nicht zuletzt über die künftige Gestaltung der Wissenschaftsbeziehungen mit den Feindstaaten sowie schließlich durch die Novemberrevolution mit ihrem Zentrum in Berlin, wurde deutlich, dass radikale Maßnahmen notwendig waren, wenn die Deutsche Physikalische Gesellschaft nicht auseinander brechen und die einzige physikalische Gesellschaft in Deutschland bleiben wollte.

Nach einem ersten Versuch während des Ersten Weltkriegs mit Max Wien einem nicht in Berlin lebenden Mitglied den Vorsitz anzutragen – was Wien wegen der Fülle seiner Kriegsaktivitäten ablehnte –, wurde 1918 Arnold Sommerfeld aus München DPG-Vorsitzender. Nachdem sich Ende 1919 die angewandten und Industriephysiker abgespalten und die Gesellschaft für technische Physik gegründet hatten,[78] nahm die DPG eine neue Satzung an, die die Gründung von Gauvereinen erlaubte und die Wahl des Vorstands mit der Naturforscherversammlung bzw. später mit dem Physikertag koppelte.[79] Die Anti-Berlin-Fraktion war indes mit diesen Zugeständnissen keineswegs zufrieden – man fieberte so auch aus diesem

---

76) Forman, Environment, S. 142.
77) Die Dokumente von 1912 bis 1917 im Nachlass Wilhelm Wiens, Deutsches Museum, München, spiegeln diesen Umstand wider.
[Bemerkung 2006] Stefan Wolff hat diese Quellen und auch andere Dokumente anschließend beim Deutschen Museum benutzt, um die Kreuzung zwischen wissenschaftlichen, innenpolitischen und außenpolitischen Gegensätzen, wie sie sich während des Ersten Weltkriegs entwickelt haben, und auch etwas über ihre Erscheinungsform in Nauheim, im Detail aufzuzeigen; vgl. Stefan Wolff, »Physicists in the »Krieg der Geister«: Wilhelm Wien's »Proclamation«, *Historical Studies in the Physical & Biological Sciences* 33, Nr. 2 (2003), S. 337–368.
78) Vgl. D. Hoffmann/E. Swinne, Über die Geschichte der »technischen Physik« in Deutschland und den Begründer ihrer wissenschaftlichen Gesellschaft, Berlin 1994.
79) Forman, Environment, S. 142–153.

Grunde dem Nauheimer Kongress gleichermaßen erwartungsvoll wie mit Schrecken entgegen.[80)]

Ein Charakteristikum der ersten Jahre nach der Novemberrevolution war, dass sich praktisch jede Interessenvereinigung oder Berufsgruppe wie eine Gewerkschaft (neu) organisierte. So hatte die DPG ihren Statuten, die bis dahin rein wissenschaftlich ausgerichtet waren, 1919 einen Paragraphen hinzugefügt, der »Wahrung der Standesinteressen der Physiker« thematisierte.[81)] Allerdings versuchte die von Johannes Stark im Frühling 1920 gegründete Fachgemeinschaft der deutschen Hochschullehrer der Physik die Ansprüche der DPG als Standesvertretung infrage zu stellen.[82)] »Gemeinschaft« im Gegensatz zu »Gesellschaft« entsprach dem kommunitären Geist der Zeit: das Vordringen reaktionärer Werte unter der Flagge einer neuen Ära.[83)] Dass große Teile der Hochschulphysiker gegen Berlin eingestellt waren, machen die Wahlen für den Ausschuss der Fachgemeinschaft deutlich: von den 13 Physikern, die eine Stimme erhielten, kamen nur drei von preußischen Universitäten – obwohl diese die Hälfte der Universitäten in Deutschland ausmachten; einer von ihnen war aus Berlin. Allgemein lässt sich sagen, dass die Kandidaten der Rechten – Johannes Stark, Philipp Lenard und Max Wien – die meisten Stimmen bekamen. Auffällig ist die Abwesenheit von Wilhelm Wien, der durchaus Schlüsselpositionen innerhalb der wichtigsten Physikinstitutionen der Physiker anstrebte und nicht hinter Stark zurücktreten wollte.[84)] Natürlich hatte Stark den alles andere als uneigennützigen Ratschlag Wiens ignoriert, die Schaffung einer Fachgemeinschaft zu verschieben, bis man in Nauheim gesehen hätten, was aus der DPG werden würde.[85)] Stark beabsichtigte vielmehr, in Nauheim die Fachgemeinschaft als Plattform für seinen Auftritt als wahrer Sprecher der deutschen Physiker zu benutzen. Ende Juli wandte sich Stark an den ausscheidenden DPG-Vorsitzenden Som-

---

80) Wilhelm Wien an Johannes Stark, München 28. Januar 1920, zitiert bei Paul Forman, The Helmholtz-Gesellschaft: Support of Academic Physical Research by German Industry after the First World War (unveröffentlichtes Manuskript, 1971), S. 245–257.
81) Deutsche Physikalische Gesellschaft, Verhandlungen, 1 (1920), S. 2.
82) Forman, Helmholtz, S. 254–255.
83) Peter Gay, Weimar Culture, New York 1968, hier besonders das Kapitel 4: The Hunger for Wholeness: Trials of Modernity.
84) Forman, Helmholtz, S. 246.
85) Wilhelm Wien an Johannes Stark, München 19. April 1920, zitiert bei Forman, Helmholtz, S. 255.

merfeld und schrieb ihm, dass es »nicht bloß unpraktisch, sondern direkt gefährlich [wäre], die Auseinandersetzung zwischen Berlin und dem Reich in einer Vollversammlung der Physiker in Nauheim vorzunehmen.« Stark schlug stattdessen vor, die Frage der Reorganisation der DPG durch eine Kommission zu regeln, die sich aus einigen DPG-Vorstandsmitgliedern, dem Ausschuss der Fachgemeinschaft und einigen anderen in Nauheim zu wählenden Physikern zusammensetzen sollte.[86] Sommerfeld wies in seiner Antwort auf die Statuten der Physikalischen Gesellschaft hin, die ein offenes demokratisches Verfahren bei konstitutionellen Veränderungen vorschrieben.[87]

Die »Auseinandersetzung zwischen Berlin und dem Reich« fand dann während der Mitgliederversammlung der DPG in Nauheim am Dienstagnachmittag statt.[88] Vorausgegangen war eine Reihe von offiziellen und halboffiziellen Treffen der DPG-Führung am Samstag und Sonntag sowie am Montag mit der Leitung der Fachgemeinschaft. Am Sonntag, auf dem DPG-internen Treffen, sprachen sich gewichtige Stimmen für Wilhelm Wien als Nachfolger Sommerfelds im DPG-Vorsitz aus. Wien beklagte indes, die nun auf seinen Schultern lastende schwere Aufgabe, wenn er »den Vorsitz und die Organisation übernehmen« und ihm so die Verantwortung für die Wiederherstellung der Gesellschaft übertragen würde.[89] Durch diese Einbindung eines ihrer Chefagitatoren wurde die Anti-Berlin-Agitation entschärft, während gleichzeitig die weit größere Gefahr, nämlich eine Amtsübernahme durch Johannes Stark abgewendet werden konnte – zumindest für die Zeit der Weimarer Republik.

Auf der Geschäftssitzung am Dienstag drängte Wien auf Verabschiedung einer Resolution, die zu einer »möglichst weitgehenden Dezentralisierung der Gesellschaft« und vor allem einer »Beseitigung der Sonderstellung der Berliner Mitglieder« führen sollte. Die Formulierung wurde nach langer Diskussion mit 48 zu 40 Stimmen angenommen, wobei die Vorstandsmitglieder Stimmenthaltung übten. Die im folgenden Jahr angenommene neue Verfassung redu-

---

86) Johannes Stark an Arnold Sommerfeld, 23. Juli 1920, DMA, NL 89 (Sommerfeld).
87) Sommerfeld, Entwurf eines Antwortschreibens an Stark, ebenda.
88) Eventuell auch am Mittwoch: Vgl. Hillers, S. 125.
89) Wilhelm Wien an seine Frau, 18. (oder 19.) September 1920, in der »Chronik, 1914–1928« der Familie Wien.

zierte die Berlin Gesellschaft auf den Status einer lokalen Ortsgruppe
– allerdings mit gewissen Privilegien.[90] Auch tagte die Fachgemeinschaft zum ersten Mal in Nauheim, wobei die Hochschulphysiker über generelle Fragen der Physikerausbildung und die allgemeinen Probleme des Institutsalltags diskutierten[91] – Fragen, die in der DPG im eigentlichen Sinne nicht behandelt wurden.

In der Auseinandersetzung um die Strukturen der DPG hatte die Rechte gewonnen, indem sie die demokratisch-föderalistischen Slogans der Zeit und die lang angestauten Ressentiments gegen »Berlin« zu ihren Gunsten umkehrte. Die Konflikte waren in den vorangegangenen zwei Jahren durch die scheinbar anmaßende Umstrukturierung der von der DPG oder in Kooperation mit ihr herausgegebenen Physikzeitschriften eskaliert.[92] Im Ergebnis dieser Umstrukturierung waren zwei neue Fachzeitschriften gegründet worden: die *Zeitschrift für Physik*, die in den zwanziger Jahren für die vielen erstklassigen Arbeiten zur modernen Physik berühmt werden sollte, und die *Physikalischen Berichte*, ein einzigartig umfassendes und kompetentes Referateorgan. Die Notwendigkeit zur Gründung der letzteren Zeitschrift ergab sich nicht zuletzt aus den ökonomischen und existenziellen Problemen der Inflationszeit und den damit verbundenen Defiziten, ausländische und in harten Devisen zu bezahlende Fachzeitschriften beziehen zu können. Mit dem Erfolg dieser beiden Zeitschriften gab es allerdings für die meisten der Physiker kein eigentliches Interesse mehr, die Ressentiments weiter zu verschärfen, hatte man doch das Hauptziel – mehr Platz für Veröffentlichungen zu bekommen – in kürzester Zeit und sehr effektiv erreicht[93]; allerdings auch mit dem Effekt viel höherer Abonnementskosten. Nachdem von Müller in seiner Eröffnungsrede ausführlich auf den drastischen Anstieg der Kosten für Veröffentlichungen eingegangen war – und als Abhilfe eine radikale Kürzung der Zahl und der Länge der Veröffentlichungen gefordert hatte[94] –, schien es, abgesehen von einer Revision des Versailler Vertrags, keine Möglichkeit

---

90) Forman, Environment, S. 146–148.
91) Forman, Helmholtz, S. 248–249.
92) Forman, Environment, S. 171–202, besonders S. 188–189. Siehe auch den Brief Albert Einsteins an Arnold Sommerfeld vom 18. Dezember 1919, zitiert in Forman, Financial, S. 58.
93) Forman, Environment, S. 191.
94) Verhandlungen, GDNÄ, S. 22–23.

zu geben, sowohl schnell zu publizieren, als auch billige Abonnements zu haben.

Aber die freiheitlichen Prinzipien, die für eine schnelle Veröffentlichung sorgten – kein Schiedsgericht oder irgendeine Redaktionskontrolle über die eingereichten Arbeiten der angesehenen Physiker –, zerrieben die autoritären Attitüden der Rechten. Mit Lenard wurde eine Mischung aus deutschem Wissenschaftsnationalismus und Aufrechterhaltung der wissenschaftlichen Sitten zum zentralen Thema: eine redaktionelle Durchsicht, besonders der Zusammenfassungen wurde als notwendig erachtet, um Verweise auf frühere Veröffentlichungen zum gleichen Thema zu liefern. Seiner Meinung nach hatten die Autoren von ausländischen Publikationen ihre deutschen Vorgänger nicht genügend zitiert.[95] Weil er mit diesen Vorschlägen von den Beauftragten der DPG und der DGtP in Berlin im Sommer 1920 zurückgewiesen wurde, appellierte Lenard in Nauheim an das ›Fußvolk‹. Die Diskussion in der Mitgliederversammlung der DPG nötigte ihn aber anzuerkennen, dass die Zeit noch nicht für eine Verwirklichung seiner Vorschläge ›reif‹ sei. Auch hier sollte es noch bis zur Machtübernahme der Nazis dauern, bis Lenards Zeit kam.[96]

So wichtig die Kämpfe um die Struktur der physikalischen Gesellschaften und Zeitschriften auch für das wissenschaftliche Leben der Physiker in der Weimarer Republik gewesen sein mögen, so waren die wirklich bedeutenden institutionellen Neuerungen dieser Zeit doch unzweifelhaft die neuen Stiftungen zur Forschungsförderung – vor allem die Notgemeinschaft der Deutschen Wissenschaft, die alle Wissenschaftsbereiche hauptsächlich mit Zuschüssen der Reichsregierung unterstützte, sowie die Helmholtz-Gesellschaft, die physikalische und technische Forschungseinrichtungen der Hochschulen förderte und von der deutschen Industrie, vor allem der rheinisch-westfälischen Schwerindustrie, finanziert wurde.[97]

Die maßgeblichen Personen hinter diesen zwei Stiftungen waren Fritz Haber und Carl Duisberg. Duisberg war promovierter Chemiker

---

95) Anmerkung des Autors imm Sommer 2006: Wolffs Leitmotiv ist die Entwicklung dieser Aufforderung während der Zeit von den Jahren vor dem ersten Weltkrieg bis Nauheim; s. Wolff.

96) Deutsche Physikalische Gesellschaft, Verhandlungen, 1 (1920), S. 86; Zeitschrift für technische Physik, 1 (1920), S. 235–36.

97) Zur Notgemeinschaft siehe: Kurt Zierold, Forschungsförderung in drei Epochen, Wiesbaden 1970; zur Helmholtz-Gesellschaft siehe: Forman, Financial und Forman, Helmholtz.

und hatte sich vom Laborchemiker bis an die Spitze der Firma Bayer und schließlich zum offiziellen Sprecher der deutschen Industrie hochgearbeitet.[98] Dabei hatte er immer sehr enge Beziehungen mit den Direktoren der chemischen Institute an den Hochschulen gepflegt. Zur Zeit der Nauheimer Tagung war er bereits in der zweiten Dekade Schatzmeister der Gesellschaft Deutscher Naturforscher und Ärzte.[99] Duisberg wusste um den Zustand der Forschungsinstitute in den schwierigen Jahren der Nachkriegsinflation. Überzeugt von der Wichtigkeit der Grundlagenforschung für die technische Entwicklung war er sich des relativen Wohlstands der deutschen Industrie unter den Bedingungen der Inflation bewusst und gründete eine Reihe von Stiftungen, die von der deutschen chemischen Industrie finanziert wurden und die den chemischen Unterricht und die Hochschulforschung sowie Fachveröffentlichungen unterstützen sollten.[100] Die ambitionierteste dieser Stiftungen war die Liebig-Gesellschaft zur Förderung des chemischen Unterrichts, deren Gründungsversammlung unmittelbar nach dem Nauheimer Kongress in München stattfand und gleich 400 000 Mark Soforthilfe für die chemischen Institute an den deutschen Hochschulen zur Verfügung stellte.[101]

Im Frühling 1920 konzipiert Duisberg auch eine ähnliche Stiftung zur Unterstützung der physikalischen und technischen Institute an den Hochschulen. Dabei sollte die geplante Helmholtz-Gesellschaft zur Förderung der physikalisch-technischen Forschung hauptsächlich von der rheinisch-westfälischen Schwerindustrie finanziert werden, deren politischer Konservativismus und deren Antipathie gegenüber Berlin notorisch waren. Zur Organisation seitens Industrie und zur Leitung der Helmholtz-Gesellschaft, berief Duisberg Albert Vögler. Er war die rechte Hand von Hugo Stinnes und auf dem besten Weg eine Spitzenposition in dieser Industrie einzunehmen. Seitens der Hochschulen und damit der Nutznießer der geplanten Stiftung berief Duisberg Wilhelm Wien. Wäre alles nach Plan verlaufen, so

---

98) J. Flechtner, Carl Duisberg, Düsseldorf 1960.
99) Das Büro der GDNÄ war in den Leipziger Büros des Vereins deutscher Chemiker (V. d. Ch.) untergebracht. Der Generalsekretär des V. d. Ch. war der amtierende Sekretär der GDNÄ. Forman, Helmholtz, S. 16–17.
100) Forman, Helmholtz, S. 21–32.
101) Forman, Helmholtz, S. 23.

wäre »Voglers Gesellschaft« formal in Nauheim gegründet worden.[102] Vielleicht auf Wiens Initiative wurde in der Eröffnungsrede von Müller zwischen den Sätzen »Die Republik fördert« und »Die Revolution zerstört« der folgende Absatz eingefügt:

»Die Republik fördert den Unterricht und überlässt, wie das Beispiel von Amerika zeigt, die Pflege der Wissenschaften größtenteils der Initiative von Privaten, von weitsichtigen Kaufleuten und Industriellen, welche erkannt haben, dass dem allgemeinen Wohl und der Volksgesundheit nicht besser gedient werden kann als durch die Unterstützung der Wissenschaften.«[103]

Vor dem Krieg hatte man auf derartigen Veranstaltungen niemals solch anerkennende Worte für private Wohltäter hören können. Tatsächlich betrachteten konservative Akademiker bis 1918 die »Amerikanisierung« der Forschungsfinanzierung mit Argwohn. Im Zuge der neuen politischen Ordnung mussten aber auch die »Institutsbarone« schnell einsehen, wie viel Gemeinsamkeiten, sowohl sozial als auch ideologisch, es mit den Industriekapitänen gab.[104] Diese Industriekapitäne, die Mitglieder und Leiter der Helmholtz-Gesellschaft werden sollten, nahmen jedoch an der Naturforscherversammlung nicht teil. Die formale Konstituierung von »Voglers Gesellschaft« musste so einen weiteren Monat warten. Die Bildung eines jener gigantischen Wirtschaftstrusts, die so typisch für die deutsche Industrie in den Jahren der Inflation waren, führte im Oktober 1920 führende Industrievertreter in Berlin zusammen und wurde dann für Duisberg und Vögler willkommener Anlass, endlich die Helmholtz-Gesellschaft aus der Taufe zu heben.[105]

Angestoßen durch die Initiative von Fritz Haber, der sich dabei der Unterstützung der Berliner Akademie versicherte, hatte sich mittlerweile unter der Leitung von Friedrich Schmidt-Ott, dem letzten Preußischen Kultusminister, ein Verband aller wichtigen wissenschaftlichen Einrichtungen in Deutschland gebildet. Diese sog. Notgemeinschaft der Deutschen Wissenschaft erwartete die Mittel zur Unterstützung der Wissenschaften und zur Vergabe von Stipendien hauptsächlich von der Regierung, aber auch von der deutschen In-

---

102) Forman, Helmholtz, S. 44–45.
103) Verhandlungen, GDNÄ, S. 23.
104) Forman, Financial, S. 47–48.
105) Forman, Helmholtz, S. 45–48.

dustrie.¹⁰⁶⁾ Da man zum damaligen Zeitpunkt glaubte, dass die konkurrierende Helmholtz-Gesellschaft größere Ressourcen zur Unterstützung von Physik und Technik zur Verfügung haben würde als die Notgemeinschaft für das gesamte Wissenschaftsspektrum, reiste Schmidt-Ott in den Wochen vor dem Nauheimer Kongress kreuz und quer durch Deutschland und versuchte vergeblich zu erreichen, dass aus Gründen der Solidarität und im Interesse der Sache auf die Gründung der Helmholtz-Gesellschaft verzichtet werden sollte.¹⁰⁷⁾

In Nauheim hatte Schmidt-Ott zumindest die Genugtuung, dass sich die Naturforscher-Gesellschaft auf Habers Antrag ausschließlich für die Notgemeinschaft aussprach, die sie als eine »notwendige und zweckmäßige« Institution ansah.¹⁰⁸⁾ Doch war Nauheim für ihn auch eine unangenehme Erinnerung, denn wie er in seinen Memoiren schreibt, war Haber zwar

> »m. W. der einzige Nichtarier unter uns, doch ließ sich noch auf der Physikertagung in Bad Nauheim 1920, die ich besuchte, durch Einfluß von Stark, Lenard und Willy Wien der Verdacht spüren, als ob die Notgemeinschaft eine prosemitische Gründung wäre.«¹⁰⁹⁾

Die gerade im Entstehen begriffenen neuen Fördereinrichtungen, selbst die, deren Einflussbereich weit über die Physik reichte, wurden so in den »Parteienstreit« der Physiker und die »bestehenden Spannungen zwischen Süd-Deutschland und Berlin« hineingezogen.¹¹⁰⁾ Immer wieder äußerte man sich in den folgenden Monaten über diesen wissenschaftspolitischen Antagonismus, der als höchst bemerkenswertes und nachhaltiges Merkmal des Nauheimer Kongresses in Erinnerung blieb. Er beeinflusste das Wesen und die Förderungspolitik der Helmholtz-Gesellschaft bis zum Ende der Weimarer Republik.¹¹¹⁾

---

106) Zierold; Brigitte Schröder-Gudehus, The Argument for the Self-Government and Public Support of Science in Weimar Germany, Minerva 10 (1972), S. 537–570.
107) Forman, Helmholtz, S. 45–48.
108) Verhandlungen, GDNÄ, S. 13–14.
109) Schmidt-Ott, S. 180.
110) Friedrich Schmidt-Ott an Carl Duisberg, Berlin 14. Februar 1921, Bayer Werksarchiv, 46/11.1 und Felix Klein an Carl Duisberg, Göttingen 16. November 1920, 46/7.2.
111) Forman, Financial, S. 64–66.

Andererseits blickten die rechtsgerichteten Physiker mit einem Gefühl der Befriedigung auf die Nauheimer Tagung zurück. Es war eine »aufregende und anstrengende« Woche, doch war im Großen und Ganzen alles in ihrem Sinne verlaufen.[112] Die antipolitische Einstellung der deutschen Akademiker hielt sie davon ab, sich politisch mit einer politischen Bewegung auseinander zu setzen, sodass Kooperation und Nachgiebigkeit die typischen Reaktionen waren. Die Radikalen verspürten daher wenig Anreiz, ihre Forderungen zurückzuschrauben, was schließlich zwei Monate später zu einer wirklich politischen Antwort führte: Eine große Gruppe von Physikern trat kollektiv aus der Fachgemeinschaft aus. »Man kann es ja nach den Nauheimer Verhandlungen nicht beschönigen,« stellte Max Born, Ordinarius für theoretische Physik in Göttingen, fest »dass in der Physik ein süddeutscher Partikularismus existiert, dessen Wortführer Wien und Stark sind.«[113]

Ähnlich eindrucksvoll wie die antipolitische Haltung, die allerdings meistens ein Deckmantel für antifreiheitliche und antidemokratische soziale und politische Einstellungen war, war die Bereitschaft der deutschen Akademiker, ihre eigenen wissenschaftlichen Ambitionen mit der Vokabel der politischen Revolution zu beschreiben.[114] Dert Begriff der »Umwälzung«, mit dem von Müller die jüngsten Entwicklungen in der Physik beschrieb, wurde von den Zuhörern in Nauheim selbstverständlich als eine positive und anerkennende Beschreibung verstanden und begrüßt.[115] Es störte sie dabei nicht im geringsten, dass er erst kurz vorher die politische Revolution beklagt hatte, vor allem wegen ihrer vermeintlich spalterischen und destruktiven Wirkung für die Wissenschaft.

So unsympathisch den Akademikern die neue Ära war, so schnell organisierten bzw. reorganisierten sie sich und ihre Institutionen im Geiste dieser neuen Zeit. Auch hier zeigten sie eine sehr seltsame Mischung aus Anpassung und Widerstand ihrem Milieu gegenüber. Einerseits gingen die von ihnen neu geschaffenen oder wiederbe-

---

112) Max Wien an Johannes Stark, Jena 27. September 1920, SBPK, NL Stark, sowie Wilhelm Wien an seine Frau, 23. September 1920, »Chronik, 1914–28« der Familie Wien
113) Max Born an Felix Klein, Göttingen 21. November 1920, zitiert von Steffen Richter in seiner Dissertation: Forschungsförderung in Deutschland 1920–1936, Stuttgart 1971.
114) Ringer.
115) Verhandlungen, GDNÄ, S. 17.

gründeten wissenschaftlich-akademischen Einrichtungen fast immer mit einer wesentlichen Stärkung der demokratisch-föderalistischen Strukturelemente einher. Andererseits wurde die Gründung föderalistischer Standesorganisationen am stärksten von den konservativsten Akademikern gefördert. Die Absicht, die dahinter stand, war, die Wissenschaft vor einem Sozialsystem und einer Regierung zu schützen, die ihnen gänzlich unsympathisch waren.[116]

Die außergewöhnlichen wirtschaftlichen Bedingungen in der frühen Nachkriegszeit – auch wenn sie erwartungsgemäß desaströs waren – hatten am Ende doch eine vorteilhafte Wirkung auf die Organisation, die Unterstützung und den wissenschaftlichen Fortschritt in Deutschland. Dies beruhte natürlich zum Teil darauf, dass die wirtschaftliche Lage weder so schlecht war, wie sie wahrgenommen wurde, noch so ungünstig, wie gemeinhin behauptet.[117] Noch wichtiger waren indes die geschaffenen Forschungsförderungseinrichtungen und die neuen Quellen für Forschungsgelder. Man kann sie als Antwort auf die außergewöhnlichen Umstände verstehen, waren sie doch mehr durch Nationalismus als durch Utilitarismus bestimmt. Dass aber viel fruchtbare Forschung während der Weimarer Republik geleistet wurde, war auch eine Folge der Tatsache, dass ein Teil der deutschen Akademiker – bei Physikern gar ein erheblicher Anteil – angewidert von der neuen wirtschaftlichen und politischen Ordnung, ihre Energien vor allem auf ihre Forschung konzentrierten.

(Übersetzung aus dem Amerikanischen von Dr. Michael Schaaf)

---

116) Dies wurde vor allem beim Verband der Deutschen Hochschulen deutlich, vgl. dazu Schröder-Gudehus, Scientifiques, und Argument.
117) Forman, Environment, S. 206–348.

Rahmenbedingungen und Autoritäten der Physikergemeinschaft im Dritten Reich

Richard H. Beyler

Ein immer wiederkehrendes Thema in der wissenschaftshistorischen Diskussion ist die Frage, ob die Wissenschaft im Nationalsozialismus »ihre Freiheit behielt oder nicht«. Dieses Thema beherrschte besonders die Diskussionen der Nachkriegszeit, sei es in Form von Kritiken oder als Selbstrechtfertigungen von Betroffenen. Vor allem im Kontext der Entnazifizierung, aber auch in aktuellen historiographischen Diskursen spielte dieses Thema immer wieder eine Rolle. Dabei schälten sich drei vorherrschende Antwortschemata heraus: Ehrliche Bestätigung, redliches Leugnen und die Infragestellung der Anwendbarkeit des *Konzeptes von der Freiheit*. Die ehrlichen Ja- und Nein-Antworten waren konventionelle Repliken innerhalb der Mehrheit der Öffentlichkeit und der historisch interessierten Wissenschaftler. Daher kreisen viele Nachkriegsdiskussionen über das Schicksal der Wissenschaft im Dritten Reich um die Frage, ob die Wissenschaft als Ganzes bzw. einzelne wissenschaftliche Institutionen »Inseln der Freiheit« errichtet hatten, die dem anbrandenden Nationalsozialismus heroisch widerstanden oder ob sie eher Orte der Kapitulation oder Kollaboration in Bezug auf die Anmaßungen und Verbrechen des NS-Regimes waren.[1]

Wissenschaftshistoriker artikulieren noch eine weitere mögliche Antwort. Danach wirft die Frage, ob die Wissenschaft unter dem Nationalsozialismus frei war oder nicht, mehr Probleme auf als sie beantwortet. So haben die Historiker gute Gründe dafür, der Vorstellung einer »freien« Wissenschaft in der Zeit vor 1933 und nach 1945 skeptisch gegenüberzustehen. Allein schon die Frage »Bewahrte die

---

1) Armin Hermann, Heisenberg, Reinbek 1976, S. 46–55; Herbert Mehrtens, Kollaborationsverhältnisse: Natur- und Technikwissenschaften im NS-Staat und ihre Historie, in: Christoph Meinel/Peter Voswinckel (Hrsg.), Medizin, Naturwissenschaft, Technik und Nationalsozialismus: Kontinuitäten und Diskontinuitäten, Stuttgart 1994, S. 13–31.

Wissenschaft ihre Freiheit?« zeugt von einem unkritischen Denken in Täterkategorien, das von Historikern überwunden werden sollte. Obwohl dieses Antwortschema nur bedingt auf die Wissenschaften im Ganzen anwendbar ist, findet es sich wohl am deutlichsten in der Historiographie der deutschen Physik und der Deutschen Physikalischen Gesellschaft (DPG) als einer ihrer institutionellen Verkörperungen wieder.

Auch wenn es generell für Historiker angebracht ist, Täterkategorien mit kritischer Skepsis zu begegnen, ist es zu einfach, diesen *Freiheitsdiskurs* als reine Rhetorik abzutun. Er hatte historisch gesehen reale Folgen, da die damals Agierenden glaubten, dass er für ihre Berufsidentität wichtig sei. Behauptungen seitens der Physiker, dass die Physik während des Dritten Reichs ihre relative Autonomie und Unabhängigkeit bewahren konnte, scheinen auf dem Konzept einer eigenen abgegrenzten Gemeinschaft innerhalb des Dritten Reichs zu beruhen: einer Gemeinschaft, die angesichts eines scheinbar totalitären Staats zumindest zum Teil ihre Andersartigkeit bewahrte.[2] Die Frage, die es zu untersuchen gilt, ist daher, was die damals Handelnden unter Freiheit der Wissenschaft verstanden. Wenn wir uns an einer Operationalisierung dieses Terminus versuchen – also untersuchen, was der Begriff der *Freiheit* bzw. *Unabhängigkeit* für die Wissen-

---

[2] Ich benutze den Begriff *totalitär* in Anlehnung an die Selbstbezeichnung der Nationalsozialisten als Agenten der totalen Umgestaltung der politischen und sozialen Struktur Deutschlands. Ich möchte mich hiermit in keiner Weise an der alten Debatte um den Totalitarismusbegriff beteiligen, der sich vor allem aus den Arbeiten von Hannah Arendt ableitet. Es sollte angemerkt werden, dass die Übersetzung der nationalsozialistischen Totalitätsrhetorik in die politische und soziale Realität bestenfalls problematisch ist. Historisch genauer lässt sich die politischen Struktur des Nationalsozialismus mit dem Begriff *Polykratie* beschreiben. Die Antwort der angeblichen »Volksgemeinschaft« auf Forderungen nach totaler Loyalität lässt sich bestenfalls als unausgeglichen bezeichnen. Vgl. hierzu z. B. Martin Broszat, Der Staat Hitlers. Grundlegung und Entwicklung seiner inneren Verfassung, München 1969 und Detlev Peukert: Volksgenossen und Gemeinschaftsfremde, Köln 1982. Zu den spezifisch wissenschaftshistorischen Diskussionen vgl. Kristie Macrakis, Surviving the Swastika: The Kaiser-Wilhelm-Society 1933–1945, New York 1993, S. 5; Monika Renneberg/Mark Walker, Scientists, Engineers and National Socialism, in: dies. (Hrsg.), Science, Technology, and National Socialism, Cambridge 1994, S. 1–29 und Richard Beyler, Targeting the Organism: The Scientific and Cultural Context of Pascual Jordan's Quantum Biology, 1932–1947, in: ISIS 87 (1996) S. 248–273.

schaftler und ihr soziales Umfeld bewirkte –, so kommen wir zu interessanten Ergebnissen, insbesondere bei der Betrachtung von geschichtlichen Wendepunkten, die auch zu einem funktionalen Wandel des Konzepts führten. Die leichtfertigen Behauptungen von Wissenschaftlern, sie würden nur die Freiheit der Wissenschaft verteidigen, deuten hier darauf hin, dass sie sich selbst als Teil einer Gemeinschaft sehen, deren Rahmenbedingungen und Autoritätsmuster verschiedenartig genug sind, um gegen Umstrukturierungen in neuen und schwierigen politischen Umständen verteidigt zu werden. Aber was genau verstehen sie unter verteidigen?

Ein bekanntes Mitglied der deutschen Physikergemeinschaft definierte die Freiheit der Wissenschaft mit den Worten, dass die freien Wissenschaftler sich »ganz nach eigenem Ermessen ihre Probleme sich wählen [konnten] und ihre Arbeiten ohne eine Einrede von irgendeiner Seite durchführen; Rechenschaft darüber waren sie nicht schuldig [...] Die [...] Regierungen haben sich in keiner Weise in die Forschungsarbeit eingemischt.«[3]

Auf diese Weise operationalisiert, bedeutet Freiheit der Wissenschaft die Macht, ohne äußeren Zwang eine eigene Forschungsagenda zu verfolgen. Der Autor gibt zu, dass dies in einer Welt der begrenzten Mittel – zumindest was die materiellen Ressourcen angeht – niemals hundertprozentig umgesetzt werden kann. Doch selbst unter finanziellen Beschränkungen stellt die Fähigkeit sowohl Richtung als auch Inhalt der Arbeit bestimmen zu können, das primäre Kriterium von Freiheit dar. So konnten vor allem Außenstehende, wie z. B. Politiker, freien Wissenschaftlern weder mit Widerspruch noch mit einer Beschränkung ihrer wissenschaftlichen Handlungsspielräume entgegentreten. So zumindest war die Vorstellung.

Diese *Vision von der Freiheit der Wissenschaft* stammt aus einem Kapitel der Memoiren von Johannes Stark, das *Kampf um die Freiheit der Forschung* überschrieben ist. Natürlich sollten wir Starks Darstellung *cum grano salis* betrachten. So war etwa das, was Stark unter »Regierungseinflußnahme« verstand, durchaus kein neutrales Urteil: Opposition gegenüber wissenschaftlichen Anliegen sah er zwar als Einmischung an, Unterstützung für solche Anliegen jedoch nicht. Auf den ersten Blick unterscheidet sich Starks Vorstellung von der

---

[3] Andreas Kleinert (Hrsg.), Johannes Stark: Erinnerungen eines deutschen Naturforschers, Mannheim 1987, S. 123.

Freiheit der Wissenschaft und von äußerer Einflussnahme nicht grundsätzlich von der Vorstellung anderer Sprecher der Gemeinschaft der Physiker. Sowohl Stark als auch seine wissenschaftlichen Antagonisten beanspruchten für sich, die Grenzen dieser Gemeinschaft gegen reglementierende Einflüsse von außen zu verteidigen. Innerhalb des aufgeteilten Systems der Gemeinschaftsautoritäten gab es verschiedenartige Interpretationen des gleichen Ereignisses. So konnten beide Parteien innerhalb dieser Rivalitätsgrenzen ihre jeweilige Position als die für die Freiheit der Wissenschaft beste verkaufen.[4]

Wenn man die oben zitierten Aussagen zur Freiheit der Wissenschaft wörtlich nimmt, beschreiben sie einen Zustand vollkommener Anarchie. Offenkundig entsprach dies in der Realität nicht dem, was sich Stark erhofft hatte. Es gibt wenigstens drei stillschweigende einschränkende Annahmen hinter dem Missverständnis von der Freiheit der Wissenschaft. Zunächst hängt es von der Übereinkunft ab, welche Fragen man einer Weiterverfolgung für würdig erachtet und wer hierbei die relevanten Parteien sind.[5] Wenn die Handlungsfreiheit *innerhalb* der Wissenschaft idealerweise nur minimalen Zwängen unterliegt, dann wird die Kenntlichmachung der Grenzen der *scientific community* bzw. der Entscheidungsbefugnis innerhalb dieses Bereichs zur alles entscheidenden Frage. Eine zweite Annahme gründet darauf, dass nicht jeder innerhalb der Gemeinschaft über ein solch großes Maß an Freiheit verfügt. Dieses ist für jene am größten, deren Autorität und Verantwortlichkeit bereits anerkannt sind. Um es klar zu sagen: Stark spricht nicht von der Freiheit der Forschung, sondern von der Freiheit der Professoren und Institutsdirektoren, Forschung zu betreiben – eine Annahme, die zur damaligen Zeit von vielen Mitgliedern der deutschen Physikergemeinschaft geteilt wurde. (Was nicht heißen soll, dass die deutsche Gemeinschaft der Physiker in dieser Hinsicht einer Meinung war.) Freiheit der Wissenschaft be-

---

[4] Um einen zum Nachdenken anregenden Artikel über die Relevanz der Perspektivenvielfalt in der Historiographie der Wissenschaft handelt es sich bei: Klaus Hentschel, What History of Science Can Learn from Michael Frayn's »Copenhagen«, in: Interdisciplinary Science Reviews, 27 (2002), S. 211–216.

[5] Zu dieser Art von *auf Konsens begründeter Abgrenzung* vgl. Thomas Gieryn, Boundary-Work and the Demarcation of Science from Non-Science: Strains and Interests in Professional Ideologies of Scientists, in: American Sociological Review, 48 (1983), S. 781–795.

deutet vor allem Freiheit für führende Wissenschaftler. Daher ist die Definition von Elite innerhalb einer Gemeinschaft ebenfalls eine ganz entscheidende Frage. Eine dritte Annahme geht davon aus, dass die Definition von Freiheit der Wissenschaft durch diejenigen, die Physik selbst betrieben oder deren Ergebnisse mitgetragen wurde. Unter günstigen Bedingungen waren die Umstände, unter denen diese Unterstützung erfolgte, allen Beteiligten klar. Die Art und Weise, wie eine solche gesellschaftliche Unterstützung der Wissenschaft im Einzelnen aussah, blieb weitgehend unausgesprochen. In Wirklichkeit jedoch müssen die Grundlagen für diesen Pakt zwischen der Wissenschaftlergemeinschaft und dem Rest der Gesellschaft immer wieder neu verhandelt werden oder haben sich sogar weitergehenden Herausforderungen zu stellen. Dieses war vor allem in der NS-Zeit der Fall: Wenn die Rahmenbedingungen und internen Autoritäten der Wissenschaftsgemeinschaft aufrechterhalten bleiben sollten, wurden neuartige Gegenleistungen von den Wissenschaftlern erwartet.

Mit dieser Perspektive können wir nun fragen, was uns die Geschichte der DPG im Nationalsozialismus über die wahrgenommenen Ideale, Normen und Autoritätsmuster der Gemeinschaft der Physiker enthüllt. Der traditionelle, oft unausgesprochene Identitätssinn von Wissenschaftlern als Mitglieder einer Gemeinschaft wurde plötzlich offen in Frage gestellt. Die Beziehung zwischen dem Wertekanon der *scientific community* und den sozialen Institutionen der Wissenschaft wurde nun ebenfalls Gegenstand von Debatten und Veränderungen. Die Antworten der Physiker auf diese Herausforderungen an die Normen und Autoritätsmuster ihrer Gemeinschaft waren mannigfaltig und manchmal sogar widersprüchlich. Weder die Reaktionen der DPG als Institution gegenüber politischen Erfordernissen des NS-Regimes noch die Antworten ihrer einzelnen Mitglieder waren einheitlich. Vielmehr erzwang der Nationalsozialismus eine Reihe von erneuten Überprüfungen und Verhandlungen der sozialen Rolle der Wissenschaft. Diese Neuverhandlungen drehten sich zum Teil um professionelle Werte und Normen. Sie stellten aber auch implizit neue soziale Autoritätsansprüche. Die angebliche Verteidigung der Freiheit oder Unabhängigkeit der Wissenschaft im Dritten Reich bedeutete nicht die Verteidigung der Anarchie, sondern den Versuch, traditionelle Autoritätsmuster innerhalb und außerhalb der Gemeinschaft zu erhalten.

Als Wissenschaftler und Historiker später diesen Komplex zu beschreiben versuchten, legten sie ganz unterschiedliche Charakteristika der deutschen Gemeinschaft der Physiker bzw. der *scientific community* im Allgemeinen zugrunde. Daher sollte man statt von *der* Geschichte der DPG lieber von *den* Geschichten der DPG unter dem Nationalsozialismus sprechen. Als Wissenschaftler können wir diese Geschichten kritisch untersuchen. Wir sollten aber auch die Art und Weise, wie die soziale Realität der beruflichen Identität der Wissenschaftler dargestellt wird, ernst nehmen. Wenn man sich die historischen Darstellungen anschaut, wird offensichtlich, wie zentral der Begriff der *Freiheit* bzw. das Bewusstsein fehlender Freiheit für die berufliche Selbstidentität vieler deutscher Physiker war. Was bedeutete dieser Begriff damals, als er im sozialen und politischen Kontext des Nationalsozialismus und der Nachkriegszeit benutzt wurde?

Zahlreiche miteinander verknüpfte Ereignisse in der Geschichte der DPG im Dritten Reich können dieses Problem beleuchten. Der vorliegende Aufsatz beschäftigt sich besonders mit dreien:

- dem Konflikt um Johannes Starks Kandidatur für den DPG-Vorsitz 1933 und der von Max von Laue angeführten Opposition,
- der von der Mitte bis Ende der 1930er Jahre ausgetragenen Kontroverse um die sog.»Deutsche Physik«,
- der Wahl Carl Ramsauers zum Vorsitzenden der DPG.

Ein weiteres Beispiel, das in einem gesonderten Artikel in diesem Band behandelt wird, sind die Hintergründe der Vergabe bzw. Nichtvergabe der Planck-Medaille im Dritten Reich.[6]

Diese Beispiele legen den Schluss nahe, dass der Begriff der *Freiheit der Wissenschaft* unter dem Nationalsozialismus eng mit der Verteidigung der Rahmenbedingungen der Gemeinschaft und gesellschaftlichen Autoritätsmustern verbunden war. Zunächst einmal scheint es jedoch angebracht zu berücksichtigen, wie die historiographischen Perspektiven von Skeptizismus, Widerstand und Kapitulation in diesen historischen Episoden gesehen wurden.

---

[6] Vgl. den Beitrag von Richard Beyler/Michael Eckert/Dieter Hoffmann in diesem Band.

Historiographie des Skeptizismus

Die Geschichte der Naturwissenschaft als Berufszweig entstand etwa vor einem halben Jahrhundert. Der Beruf des Wissenschaftshistorikers, so wie er damals häufig aufgefasst wurde, verstand sich als eine Art Vermittlung zwischen der Wissenschaft – die als wertvolle soziale Entität mit ihren eigenen autonomen Normen angesehen wurde – und der übrigen nichtwissenschaftlichen Öffentlichkeit. Wenn diese autonomen Normen verletzt wurden, z. B. aus politischen Gründen, so steckte die Wissenschaft in Schwierigkeiten.[7] Später begannen Historiker die Begriffe *Freiheit* und *Autonomie* zu hinterfragen. Sie untersuchten, ob es legitim sei, die Wissenschaft von den Anliegen der Politik, Wirtschaft etc. zu trennen. Hierbei wurden Begriffe wie *Freiheit der Wissenschaft* als taktische Rhetorik aufgefasst, die zwar für das Selbstbild und die Öffentlichkeitsarbeit nützlich sein mögen, die aber keine soziale Realität beschreiben, in der das Verhalten von Wissenschaftlern durch ihre Beziehung zu Staat, Industrie und anderen mächtigen Einrichtungen bestimmt wird.

So entstand nach 1945 in Westdeutschland eine »Ideologie der Nichtideologie«, welche die Wissenschaft als eine Domäne objektiver und neutraler Untersuchungen verstand und die deshalb inkompatibel mit Ideologien per se ist, insbesondere mit totalitären Ideologien. Eine solche angeblich überpolitische Wissenschaftlichkeit diente in der noch jungen Bundesrepublik offenkundig politischen Zielen, vor allem dem Ausklammern der NS-Vergangenheit im Dienste der Errichtung einer lebensfähigen neuen politischen Kultur und darüber hinaus der Abwehr des im Zuge des Kalten Kriegs im Osten entstandenen Gegners sowie der gleichzeitigen Integration in das westeuropäisch-nordatlantische Bündnis. Es sollte nicht unerwähnt bleiben, dass viele dieser Begriffe mit amerikanischer Hilfe in die Öffentlichkeit hinausgetragen wurden. So war z. B. der erste Kongress für kulturelle Freiheit, der 1950 demonstrativ im geteilten Berlin durchgeführt wurde, ebenso wie das 1952 unter dem Motto *Wissenschaft und*

---

[7] Zur Historie des Fachs Wissenschaftsgeschichte vgl. etwa Jessica Wang, Merton's Shadow: Perspectives on Science and Democracy, Historical Studies in the Physical and Biological Sciences, 30 (1999), S. 279–306 und Mark Walker, Introduction: Science and Ideology, in: ders. (Hrsg.), Science and Ideology: A Comparative History, London 2003, S. 1–16.

Freiheit in Hamburg stattfindende Treffen zu großen Teilen vom CIA finanziert. Das Bild einer wissenschaftlichen Autonomie in der Nachkriegszeit ist somit vor dem Hintergrund einer ernsten und fast verhängnisvoll zu nennenden Auseinandersetzung mit der Situation unter dem Nationalsozialismus zu sehen. Berücksichtigt man die politische Nachkriegssituation der Aktion *Wissenschaft und Freiheit*, so gibt es gute Gründe, deren Aussagen bzgl. der Freiheit bzw. Un-Freiheit in der NS-Zeit in Frage zu stellen.[8]

Eine Argumentationslinie geht dahin, dass Freiheit zwar in einem begrenzten Rahmen existieren konnte, aber nur erzwungen durch einen breiten sozialen und politischen Kontext. Ein Buch, das diese These stützte, war der – mittlerweile schon eine Generation alte – Klassiker *Decline of German Mandarins* von Fritz Ringer. Darin wird gezeigt, wie die mutmaßliche apolitische Natur der deutschen Gelehrten sich als Produkt eines Pakts mit dem Staat entpuppt. In neuerer Zeit haben Gelehrte wie Konrad Jarausch diesen Forschungsansatz genauer herausgearbeitet. Jarausch überschrieb seine Studie über deutsche Anwälte, Lehrer und Ingenieure mit dem Titel *The Unfree Professions*. Hiermit wollte er auf die Disparität zwischen der Selbstidentifikation der freien Berufe und ihrer engen Beziehungen zum deutschen Staat aufmerksam machen.[9] Ringer und Jarausch haben dabei ihren Fokus nicht speziell auf die Naturwissenschaftler gelegt. Andere haben jedoch gezeigt, wie sich das apolitische Ideal von Wissenschaftlichkeit in den Naturwissenschaften selbst erledigte, indem es zwar einigen Widerhall fand, aber auch mit der Notwendigkeit für Änderungen konfrontiert wurde. In seiner detaillierten Studie über deutsche Genetiker zeigte Jonathan Harwood die Anwendbarkeit, aber auch die Grenzen von Ringers Analyse auf. Harwood argumentiert, dass eine signifikante Minderheit der deutschen Gene-

---

8) Richard Beyler/Morris Low, Science Policy in Post-War West Germany and Japan between Ideology and Economics, in: Mark Walker, Science, S. 97–123.
9) Konrad Jarausch, The Unfree Professions: German Lawyers, Teachers and Engineers, 1900–1950, New York 1990. Vgl. auch Geoffrey Cocks/Konrad Jarausch (Hrsg.), The German Professions 1800–1950, New York 1990 und Charles McClelland, The German Experience of Professionalization: Modern Learned Professions and Their Organizations from the Early Nineteenth Century to the Hitler Era, Cambridge 1991.

tiker sich *nicht* der apolitischen Idee bemächtigte, sondern lieber der einer sozial engagierten Wissenschaft.[10]

In seinem Buch *Dilemmas of an Upright Man*[11] zeichnet John Heilbron Max Planck als einen Mann, der sich einem strengen Wertekanon zutiefst verpflichtet fühlt, in dessen Zentrum Pflichterfüllung steht – Loyalität gegenüber staatlichen Autoritäten, die über das Politische hinausgeht. Heilbron interpretiert Plancks Handeln während der NS-Zeit als Versuch – wie bei einem gestrandeten Schiff – all das zu retten, was von dem zusammenbrechenden Wertesystem der Loyalität übrig blieb. Es handelt sich um eine tragische Geschichte, da es gerade diejenigen Qualitäten waren, die Planck in normalen Zeiten »aufrecht« erscheinen ließen, die ihn jetzt davon abhielten, direkter gegen die Nationalsozialisten aufzutreten. Dennoch verurteilt Heilbron nicht. Planck erscheint bei ihm als Hüter oder Sprecher einer Gemeinschaft, die Objektivität und das uneigennützige Streben nach Wahrheit schätzte, die aber unter einem NS-Regime vernichtet wurde, da dieses solche Werte entschieden ablehnte. Die Bedingungen des Pakts zwischen Forschung und Staat hatten sich für Traditionalisten wie Planck so drastisch geändert, dass darauf nicht mehr wirksam reagiert werden konnte. Heilbron ist damit einer Historiographie des heroischen Widerstands als einem abstrakten Ideal verpflichtet. Für ihn ist Planck wegen seines biografisch-historischen Hintergrunds unfähig, diesen Widerstand zu leisten. Doch Planck kapitulierte nicht einfach vor der nationalsozialistischen Weltanschauung. Dies war für Heilbron immer noch mehr, als das, was die meisten von Plancks Kollegen taten.[12]

Alan Beyerchen beschreibt die Geschichte der Physik im Dritten Reich als ein Zurückdrängen der ideologisch motivierten Einmischung; dies um den Preis, dass die berufliche Freiheit eingeschränkt

---

10) Jonathan Harwood, Styles of Scientific Thought: The German Genetics Community 1900–1933, Chicago 1993 und ders., The Rise of the Party-Political Professor? Changing Self-Understandings among German Academics, 1890–1933, in: Doris Kaufmann (Hrsg.), Geschichte der Kaiser-Wilhelm-Gesellschaft im Nationalsozialismus, Göttingen 2000, S. 21–45.
11) John Heilbron, Dilemmas of an Upright Man, Berkeley 1986; deutsche Ausgabe: Max Planck. Ein Leben für die Wissenschaft 1858–1947, Stuttgart 1988.
12) Vgl. John Heilbron, The Earliest Missionaries of Copenhagen Spirit, in: Edna Ullmann-Margalit (Hrsg.), Science in Reflection, Dordrecht 1988, S. 201–233.

wurde und man beispielsweise Entlassungen aus rassischen Gründen akzeptierte. Jegliche Illusionen, die der Leser über die angebliche soziale Unschuld der Gemeinschaft hatte, werden so zerschlagen. In dieser Hinsicht gibt es zwischen Beyerchen und Heilbron einige Ähnlichkeiten.[13]

Kritischer sieht David Cassidy die Karriere von Werner Heisenberg. Wie schon der Titel seiner Biografie *Uncertainty* unterstellt, sind für Cassidys Heisenberg, im Gegensatz zu Heilbrons Planck, die Alternativen keineswegs klar. Heisenbergs ursprüngliche Erwartung war, dass die Nazis bald versagen würden. Daher spielte er bei allen staatlich geforderten Änderungen der Handlungsmuster auf Zeit. Eine ausdrückliche Konfrontation mit dem Regime war dafür nicht nötig, weil er annehmen konnte, dass Wechselwirkungen zwischen der Physikergemeinschaft und anderen Teilen der Gesellschaft schon bald zu einem »normaleren« Zustand führen würden. Cassidy zeigt, dass es sich hierbei um keine unvernünftige Annahme handelte, wenn man Deutschlands politische Geschichte berücksichtigt. Eine genauere Untersuchung der Situation hätte zudem eine politische Sensibilität und eine Bindung an die Demokratie vorausgesetzt, die weder bei Heisenberg noch bei seinen Kollegen vorhanden war.[14] Es sollte nicht unerwähnt bleiben, dass sich diese Ansicht keinesfalls auf »Arier« beschränkte. Sogar einige derjenigen, die man aus ihren Ämtern vertrieben hatte – wie z. B. Max Born –, waren lange Zeit voller Hoffnung, dass sich die politischen Zustände bald wieder normalisieren würden.[15]

Hier mag man den Historiker Herbert Mehrtens zitieren, der die Arrangements zwischen Wissenschaft und NS-Staat *Kollaborationsverhältnisse* nennt. Er meinte damit, dass es das Ziel und das Resultat dieser Beziehungen war, dass beide Seiten davon profitierten.[16] In

---

13) Alan D. Beyerchen, Wissenschaftler unter Hitler: Physiker im Dritten Reich, Frankfurt a. M.1982.
14) David Cassidy, Werner Heisenberg – Leben und Werk, Heidelberg 1995, S. 384.
15) Vgl. Skúli Sigurdsson, Physics, Life and Contingency: Born, Schrödinger and Weyl in Exile, in: Mitchell Ash/Alfons Söllner (Hrsg.), Forced Migration and Scientific Change, Washington 1996, S. 48–70; Nancy T. Greenspan, Max Born. Baumeister der Quantenwelt, Heidelberg 1986.
16) Herbert Mehrtens, Kollaborationsverhältnisse; vgl. auch den früheren wegweisenden Beitrag desselben Autors, Das »Dritte Reich« in der Naturwissenschaftsgeschichte: Literaturbericht und Problemskizze

solchen Zusammenhängen erscheinen Äußerungen über die Freiheit der Wissenschaft fast als Ablenkungsmanöver. Ganz ähnlich weist Helmuth Albrecht z. B. bei Max Planck auf die Loyalität gegenüber dem Staat hin, die eine fortgesetzte Zusammenarbeit mit dem Staat unter dem Nationalsozialismus erlaubte, ja sogar forderte, was mit gewöhnlichen Maßstäben betrachtet, den wissenschaftlichen Einrichtungen durchaus zugute kam.[17] Die Ansichten von Mehrtens und Albrecht kommen so in ihrem Tenor der »Kapitulationsperspektive« sehr nahe. Dabei sind sie aber von einem Skeptizismus gegenüber der Annahme geprägt, dass Wissenschaft zunächst nicht kooperativ gewesen sein soll.

Historiographie der Kapitulation

Die bis jetzt berücksichtigten historiographischen Perspektiven gehen somit von der gegenteiligen Annahme der wohldefinierten Domäne einer freien, sozialen und autonomen Wissenschaft aus, die illusorisch oder im besten Fall (z. B. bei Heilbron) höchst problematisch im Verhältnis von Ideal und Wirklichkeit war. Im Gegensatz dazu impliziert das negative Argument, dass die Wissenschaft im Nationalsozialismus ihre Freiheit verlor, auch, dass diese Freiheit vor 1933 existierte. Hierbei erscheint die Wissenschaft bestenfalls als glückloser Passagier und im schlimmsten Fall als williger Kopilot des Nazi-Molochs. Mag sie auch einst unschuldig gewesen sein, so ist sie entweder vom NS-Regime vereinnahmt worden oder hat sich diesem von sich aus angepasst. Diejenigen, die diese Position vertreten, argumentieren für eine oder beide der zwei möglichen Ergebnisse, die sich aber bei genauer Betrachtung gegenseitig ausschließen. Einerseits haben viele Historiker gezeigt, dass hoch qualifizierte Wissenschaftler den Nazis wichtige naturwissenschaftliche und technische

in: Herbert Mehrtens/Steffen Richter (Hrsg.), Naturwissenschaft, Technik und NS-Ideologie: Beiträge zur Wissenschaftsgeschichte des Dritten Reiches, Frankfurt a. M. 1980, S. 15–87.
17) Helmuth Albrecht, »Max Planck: Mein Besuch bei Adolf Hitler« – Anmerkungen zum Wert einer historischen Quelle, in: Helmuth Albrecht (Hrsg.), Naturwissenschaft und Technik in der Geschichte. 25 Jahre Lehrstuhl für Geschichte der Naturwissenschaft und Technik am Historischen Institut der Universität Stuttgart, Stuttgart 1993, S. 41–63, hier S. 53 f.

Beiträge lieferten; darauf hatte bereits in der frühen Nachkriegszeit Max Weinreich in seinem Buch *Hitler's Professors* hingewiesen.[18] Andere Autoren argumentierten dagegen, dass die Kapitulation gegenüber der NS-Ideologie mit gravierender fachlicher Inkompetenz bzw. einem Abgleiten in Pseudowissenschaft einherging. Das eindeutigste Beispiel dieser Inkompetenzthese ist wohl Samuel Goudsmits Deutung der deutschen Atomforschung in seinem Buch *Alsos*.[19] Die Affäre um die sogenannte »Deutsche Physik«, die später noch näher diskutiert werden wird, wird manchmal als ein Beispiel für die pseudowissenschaftlichen Neigungen des Nationalsozialismus angesehen. Die Konflikte um Lenard, Stark und ihre Anhänger lieferten aber auch Material für oppositionelles Verhalten im Nationalsozialismus.

Historiographie des Widerstands

Das Argument, dass die Wissenschaft ihre Freiheit bzw. Autonomie unter dem Nationalsozialismus erhielt, findet sich typischerweise innerhalb von Heldenerzählungen. Solche Erzählungen beruhen in der Regel auf mindestens drei stillschweigend vorausgesetzten Annahmen:

Erstens, dass Freiheit – wie auch immer sie definiert ist – einen wesentlichen Teil der wissenschaftlichen Methode bildet, sodass der Verlust dieser Freiheit den Untergang der Wissenschaft bedeuten würde.

Zweitens, dass die Wissenschaft für sich einen Beitrag zum Gemeinwohl darstellt, sodass Handlungen zur Förderung oder Erhaltung der Wissenschaft per se eine moralische Dimension bekommen.

Drittens wird damit die Bewahrung der wissenschaftlichen Autonomie zur Opposition gegen das – oder zumindest zum Dissens mit – dem NS-Regime, was ebenfalls eine moralische Wertung verdient.

---

18) Max Weinreich, Hitler's Professors, New York 1946.
19) Samuel Goudsmit, Alsos, New York 1947 (Neuaufl. Woodbury 1996); vgl. auch Mark Walker, Heisenberg, Goudsmit and the German Atomic Bomb, in: Physics Today, 5 (1991), S. 13, 15, 90–92, 94 f.

Viele Selbstpositionierungen deutscher Wissenschaftler nach 1945 fallen in diese Kategorie – insbesondere die Darstellungen zur Geschichte der DPG im Dritten Reich. In diesem Diskurs stellt die NS-Ära den Versuch äußerer Kräfte – Parteistellen u. ä. m. – dar, eine Gemeinschaft zu vereinnahmen, in der bestimmte Werte und Normen vorherrschen, die im Widerspruch zu denen der äußeren Kräfte stehen. Die Rahmenbedingungen der Gemeinschaft wurden erfolgreich gegen solche Einmischungen verteidigt – vielleicht nicht überall und immer, aber zumindest häufig und an einigen Orten. Darauf können die Mitglieder der betreffenden Gemeinschaft stolz sein.

In diesem Sinne zitierte der Herausgeber der Physikalische Blätter, Ernst Brüche, einen Bericht von Wolfgang Finkelnburg:

»[...] der Vorstand der Deutschen Physikalischen Gesellschaft [... hat] alles in seiner Macht Stehende trotz aller Schwierigkeiten und mit viel Mut getan [...], um gegen Partei und Ministerium die Sache einer sauberen und anständigen wissenschaftlichen Physik zu vertreten und Schlimmeres [...] zu verhüten. Ich glaube, daß dieser Kampf gegen die Parteiphysik ruhig als ein Ruhmesblatt der wirklichen deutschen Physik bezeichnet werden darf«.[20]

An anderer Stelle beschrieb die Zeitschrift die Anstrengungen der DPG als »Rettung der Physik in Deutschland«.[21] Michael Eckert betont, dass diese frühen Beispiele der Historiographie des Widerstands nicht ohne Bezugnahme auf den Kontext der Entnazifizierung und der Nachkriegszeit zu verstehen sind, bei der sowohl die DPG als auch zahlreiche Führungspersönlichkeiten darauf bedacht waren, sich ihrer Akzeptanz und Integrität im politischen Nachkriegsklima zu versichern.[22] In einem ähnlichem Tenor spricht der theoretische Physiker Fritz Bopp davon, dass Menschen wie Heisenberg und Planck – auch wenn sie dem Regime nicht offen entgegengetreten waren – »Inseln der Freiheit« geschaffen hätten, in denen die Werte und Normen der Wissenschaft für zukünftige Generationen bewahrt werden konnten. Hier findet die Vorstellung von einer Gemeinschaft, deren Rahmenbedingungen selbst unter Druck kohärent bleiben, ihren Widerhall.[23] Obwohl Heisenberg und Planck nicht Gefahr liefen,

20) Ernst Brüche, »Deutsche Physik« und die deutschen Physiker, in: Neue Physikalische Blätter, 2 (1946), S 232–236, hier S. 232.
21) Brüche, Ernst, Anmerkungen des Herausgebers zu »Eingabe an Rust«, in: Physikalische Blätter, 3 (1947), S. 43.
22) Vgl. den Beitrag von Michael Eckert in diesem Band.
23) Zit. nach: Armin Hermann, Heisenberg, S. 48. Hermann selbst kommt zu einer etwas nuancierteren Schlussfolgerung z. B. in: ders.,

als »Nazis« tituliert zu werden, gab es dennoch triftige Gründe ihre Reputation als Antinazis zu stärken. So wurde Planck (nach seinem Tod 1947) ein wirksames Symbol der intellektuellen Integrität der Wissenschaft, während Heisenberg immer stärker die Rolle eines öffentlichen Intellektuellen in der Bundesrepublik übernahm.[24]

Diese Behauptungen von der Existenz einer Freiheit der Wissenschaft im Dritten Reich kamen von Seiten der ideologischen und wissenschaftlichen Gegner Starks. Aber, wie schon bemerkt, behauptete auch er nach 1945, dass sein Handeln immer den Schutz der wissenschaftlichen Freiheit zum Ziel hatte. In seinen Lebenserinnerungen beschreibt Stark die Auseinandersetzung mit den »Nazi-Parteibonzen« und wie er trotz seiner Verbindungen zu fähigen Verwaltungsbeamten aus dem Innenministerium versucht hatte, Einflussnahmen von inkompetenten Beamten des Reichserziehungsministeriums (REM) abzuwehren.[25] Die Einseitigkeit in diesen Nachkriegsäußerungen ist offensichtlich: Für Stark sind all jene NS-Funktionäre »Politiker«, mit denen er Auseinandersetzungen hatte, wohingegen er den politischen Impetus der anderen, »kompetenten« Parteimitglieder herunterspielte – bei gleichzeitiger Betonung ihrer »Objektivität« und ihres »gesunden Urteilsvermögens«. Stark verschwieg sein eigenes politisches Engagement und seinen Antisemitismus, der weit in die zwanziger Jahre zurückreicht.[26] In den ersten Jahren nach der Machtergreifung übertrug Stark seine eigenen wissenschaftspolitischen Interessen auf ein Programm zur Beherrschung der deutschen Wissenschaft, die zum Großteil unter seiner Leitung und der seiner Gefolgsleute stehen sollte. Dazu gehörte die Präsidentschaft der Physikalisch-Technischen Reichsanstalt ebenso wie die Kontrolle über die Deutsche Forschungsgemeinschaft und die

---

Die Deutsche Physikalische Gesellschaft 1899–1945, in: Theo Mayer-Kuckuk (Hrsg.), 150 Jahre Deutsche Physikalische Gesellschaft, Weinheim 1995, S. 61–106, hier S. 104.

24) Vgl. Helmuth Albrecht, »Max Planck: Mein Besuch«; Otto Gerhard Oexle, Wie in Göttingen die Max-Planck-Gesellschaft entstand, in: Max-Planck-Gesellschaft Jahrbuch 1994, S. 43–60 und Cathryn Carson, New Models für Science in Politics: Heisenberg in West Germany, in: Historical Studies in the Physical and Biological Sciences, 31 (1999), S. 115–171.

25) Andreas Kleinert, Johannes Stark: »Erinnerungen«, S. 118–122.

26) Zu Starks politischer Haltung vor 1933 vgl. Alan D. Beyerchen, Wissenschaftler, S. 103–115 und Mark Walker, Nazi Science: Myth, Truth, and the German Atomic Bomb, New York 1995, S. 6–16.

Leitung der DPG. Er war darin zumindest teilweise erfolgreich, denn man übertrug ihm 1933 die Leitung von PTR und DFG. Anhaltende Konflikte mit dem REM und – für seine Karriere höchst verhängnisvoll – wachsende Auseinandersetzungen mit der SS führten letztendlich dazu, dass er diese Posten wieder verlor.[27] Dass sein Versuch, die Präsidentschaft der DPG zu übernehmen, scheiterte, ist vor allem dem couragierten Auftreten Max von Laues zu danken gewesen. Diese Konfrontation ist häufig als Kampf um die Autonomie der Wissenschaft und gegen äußere Einmischung beschrieben worden. Man kann diesen Konflikt aber auch interpretieren als Kampf um die Autorität der Physikergemeinde gegenüber dem Versuch, die äußeren Rahmenbedingungen dieser Gemeinschaft zu verändern.

Die Laue-Stark-Konfrontation

Auch wenn die Ursachen der Konfrontation zwischen Max von Laue und Johannes Stark weit in die Weimarer Zeit zurückreichten, kam der Konflikt mit Stark erst auf der alljährlichen Physikertagung im September 1933 in Würzburg offen zum Ausbruch. Dort versuchte Stark, die Physikalische Gesellschaft seinem immer größer werdenden Machtbereich einzuverleiben. Würde dies nicht durch die direkte Übernahme der Leitung der Gesellschaft möglich sein, so wollte er doch zumindest die Wahl eines Berliner Kandidaten durchdrücken, der dann eng mit Stark als PTR-Präsidenten zusammenarbeiten sollte. Als Teil dieser Wahlplattform schlug er eine zentralisierte Koordinierung der wichtigsten Physikzeitschriften und der Forschungsmittelvergabe vor. Obwohl er damit sicherlich auch seine, in den Lebenserinnerungen definierte, »Freiheit« verteidigte, bedrohte dieser Plan insbesondere die Autorität der anderen Physiker. Berüchtigt war der Schluss seines Vortrags vor dem Physikertag, in dem Stark verkündete, dass er »Gewalt anwenden« müsse, falls die Physiker seinem Plan nicht zustimmen würden. Eine Gruppe aus der amtierenden DPG-Führung hatte sich jedoch in Reaktion auf diese Drohung bereits hinter den Kulissen auf einen Gegenkandidaten geeinigt. Es war der Industriephysiker Karl Mey, der die Forschung

---

27) Alan D. Beyerchen, Wissenschaftler, S. 118–122 und Mark Walker, Nazi Science, S. 31–59.

des Berliner Osram-Konzerns leitete und so eines von Starks Kriterien erfüllte, der aber auch die noch vorhandenen Autoritätsmuster innerhalb der Gesellschaft erhalten und nicht mit Starks Vision eines Regierens von oben nach unten sympathisieren würde.[28]
Das Auftauchen Meys als Alternativkandidat war nicht das Ergebnis einer Basisbewegung, sondern das Produkt eines bewusst herbeigeführten Coups der DPG-Führung. Diese Führung zeigte sich damit als selbsterwählte Elitegruppe, und es war genau dieses Muster elitärer Selbsternennung, das in ihren Augen die Freiheit der Wissenschaft garantierte. Tatsächlich sympathisierten keineswegs alle DPG-Mitglieder mit von Laues Position. Jonathan Zenneck etwa schrieb von Laue, dass einige Kollegen ihm (Zenneck) gegenüber – wohl auf der DPG-Tagung – ihren Unmut artikulierten, dass von Laue auf einem nationalen Forum ein lokales Anliegen ins Spiel gebracht hätte. Zugespitzt entgegnete ihnen Zenneck, ob sie »von allen guten Geistern verlassen« gewesen wären, Stark als Kandidaten für den Vorsitz auch nur in Betracht zu ziehen.[29] Am Ende war es für die noch vorhandene Führung nicht schwierig Stark auszumanövrieren. Für Stark verkörperte natürlich diese selbsternannte Elite all das, was seiner Meinung nach in seinem Berufszweig negativ war. Gleichzeitig präsentierte er sein eigenes Festhalten am *Führerprinzip* als sichersten Weg, die Freiheit der Disziplin als Ganzes im Kontext des neuen nationalsozialistischen Staats zu maximieren. In Wirklichkeit war es Starks Ziel, die bisherige Führungsgruppe durch eine zentralisierte Autorität – nämlich sich selbst – zu ersetzen.

Von Laue trug seine Anliegen in einer Rede vor, die mit einer Bezugnahme auf den 300. Jahrestag von Galileis Inquisitionsverfahren endete – eine eindeutige Metapher für die damaligen Ereignisse. Von Laue wiederholte, was Galilei der Legende nach gesagt haben soll: »Und sie bewegt sich doch!« Er wies darauf hin, dass diese Aussage

---

28) Vgl. auch Schaefer an Stark, Kopie an Laue, 3.11.1934, MPGA, III. Abt., Rep. 50, Nr. 2386, S. 30. Zur Diskussion der Laue-Stark-Konfrontation in Würzburg vgl. Alan D. Beyerchen Wissenschaftler, S. 115 f.; Mark Walker, Nazi Science, S. 18–20; Armin Hermann, Deutsche Physikalische Gesellschaft, S. 94 f. und Dieter Hoffmann, Zwischen Autonomie und Anpassung: Die Deutsche Physikalische Gesellschaft im Dritten Reich (= Max-Planck-Institut für Wissenschaftsgeschichte, Preprint Nr. 192) Berlin 2001, S. 6.
29) Zenneck an Laue, 27.9.1933, MPGA, III. Abt., Rep. 50, Nr. 2203, S. 1 f.

zwar nicht eindeutig historisch belegt ist, dass sie sich aber dafür »unausrottbar im Volksmunde« erhalten hat. Nach von Laue muss sich Galilei während des Verfahrens durch die Überzeugung gestärkt gefühlt haben: »Ob ich, ob irgendein Mensch es nun behauptet oder nicht, ob politische, ob kirchliche Macht dafür ist oder dagegen, das ändert doch nichts an den Tatsachen.« Von Laue bemerkte weiter, dass diese Tatsachen am Ende sogar von der Kirche, die Galilei verurteilt hatte, anerkannt wurden.[30]

Bemerkenswert ist, wie von Laue die Konfrontation beschreibt: nicht als Rivalität zweier Theorien, die mehr oder weniger nützliche Erklärungen wissenschaftlicher Beobachtungen liefern, auch nicht als Kampf zweier politischer Systeme, die entweder als bewundernswert oder als widerwärtig angesehen werden, sondern vielmehr als Auseinandersetzung zwischen Tatsachen und der politischen und geistlichen Macht. Von Laues wesentlicher Einwand richtet sich damit nicht gegen die NS-Politik an sich, so widerwärtig sie ihm auch erschienen sein mag. Vielmehr machte er sich Sorgen um jene äußeren Kräfte, die Einfluss auf das Vorrecht der Urteilsfreiheit kompetenter Wissenschaftler ausübten. Wer entscheidet jedoch darüber, wer kompetent ist? Eben jene Gemeinschaft bzw. Berufsgruppe, an die sich von Laues Rede richtete. Ferner hatte genau diese Gruppe bereits lange vor der Machtübernahme der Nazis ein gemeinsames Urteil über Starks Kompetenz gefällt und ihn damit unter den deutschen Physikern marginalisiert.[31] Ihrer Ansicht nach hatte Stark seine Berufung an die PTR nur der Allianz mit den Nationalsozialisten zu verdanken. Nun versuchte er, ein noch mächtiger Vertreter dieser äußeren Autorität innerhalb der Physikergemeinschaft zu werden. Von Laue setzte damit in seiner Rede, zumindest in Teilen, die Existenz eines Rechts der Gemeinschaft voraus, den inneren Status ihrer Mitglieder selbst zu bestimmen.

Eine Ironie in von Laues Galilei-Anekdote mag ihm selbst und seinen Zuhörern entgangen sein, doch blieb sie späteren Wissenschafts-

---

30) Max v. Laue, Ansprache bei Eröffnung der Physikertagung in Würzburg am 18. September 1933, in: Physikalische Zeitschrift, 34 (1933), S. 889 f. (Nachdruck in der Dokumentation *Albert Einstein, Max von Laue und Johannes Stark* im Anhang dieses Bands).
31) Zu Starks Beziehungen zu seinen Kollegen vor 1933 vgl. Alan D. Beyerchen, Wissenschaftler, S. 103–115; Mark Walker, Nazi Science, S. 6–16 und Andreas Kleinert, Johannes Stark: »Erinnerungen«.

historikern nicht verborgen. Jüngere Untersuchungen über Galileis Karriere haben nämlich gezeigt, dass Galilei stark in die höfische Kultur und Politik des frühen modernen Italiens integriert war. Galilei war so keineswegs unpolitisch, zeigte sich jedoch nicht in der Lage, im politischen Ränkespiel letztlich erfolgreich zu sein.[32] Und so mag eine Schlussfolgerung aus Galileis Geschichte darin bestehen, dass es sich für Wissenschaftler zwar lohnt, politisch scharfsinnig, nicht aber apolitisch zu sein. Von Laue wählte diese Metapher natürlich aus dem Grund, weil er mit einiger Sicherheit davon ausgehen konnte, dass das Publikum die Galilei-Geschichte mit dem Konzept des apolitischen Gelehrten in Verbindung bringen würde.

Die Intention von Max von Laues Vortrag – und so wurde er dann auch verstanden – zielte darauf, Stark als jemanden zu desavouieren, der sich mit äußeren Autoritäten (in diesem Fall der NS-Bewegung) eingelassen hatte. Von Laues Rede wurde von Stark noch in Würzburg kritisiert, leitete er doch seinen Vortrag mit der Stellungnahme ein, dass er von Laues Bezugnahme auf Galilei in diesem Zusammenhang obskur und unverständlich fände. Er war der Meinung, dass es keinerlei Grund gab, im Zusammenhang mit der deutschen Wissenschaft den Satz »Und sie bewegt sich doch!« zu verwenden, da ja die Wissenschaft in Deutschland zunächst einmal »absolut frei« sei.[33]

Umgekehrt fand von Laues Rede die Zustimmung anderer Mitglieder aus der DPG-Führung, namentlich des erfolgreichen Kandidaten Karl Mey und Jonathan Zennecks. Letzterer war ursprünglich von Laues erste Wahl gewesen, der dann aber zugunsten von Mey verzichtete, um mit dem Berliner Mey dem Starkschen Streben nach »Zentralismus« den Wind aus den Segeln zu nehmen.

Tatsächlich beruhte ein Teil von Starks Image als melodramatischer Bösewicht auf der Tatsache, dass er sich langfristig als unverständiger Politiker entpuppte. So präsentierte er einen Plan, mit dem er die PTR in ein »Zentralorgan« der deutschen physikalischen Forschung umwandeln wollte, das den verschiedenen physikalischen

---

32) Vgl. Mario Biagioli, Galileo, Courtier: The Practice of Science in the Culture of Absolutism, Chicago 1993.
33) Johannes Stark, Vortragsabschrift, MPGA, III. Abt., Rep. 50, Nr. 2387, S. 1. Die veröffentlichte Version dieses Vortrags unter dem Titel *Organisation der physikalischen Forschung* in: Zeitschrift für technische Physik, 14 (1933), S. 433–435, enthält diese Passage nicht (Nachdruck in der Dokumentation *Albert Einstein, Max von Laue und Johannes Stark* im Anhang dieses Bands).

Forschungsinstituten »Rat oder Hilfe« zur Verfügung stellen und, was eigentlich noch wichtiger war, zwischen ihnen »vermitteln« würde. Starks Vorschlag lief im Endeffekt darauf hinaus, die PTR sowohl zur Zentralstelle für physikalische Informationen in Deutschland als auch zur entscheidenden Instanz für die Ausrichtung der physikalischen Forschung zu machen. Unübersehbar im Starkschen Text ist der Gebrauch des Personalpronomens der ersten Person Singular, des *Ich*. Stark spricht von sich selbst als der Spitze der PTR. Auf ähnliche Weise prahlt der Beitrag mit Zitaten von Reichsinnenminister Frick und Adolf Hitler als »geniale« Unterstützer der Starkschen Pläne.[34] Stark verhehlt nicht seine offene Missachtung gegenüber der traditionellen Autorität der Gemeinschaft und offenbart sein Bestreben, diese Autoritätsmuster insgesamt in Frage zu stellen.

Starks Versuch, äußere Autoritäten bei internen Angelegenheiten der Physik in die Waagschale zu werfen, wäre vielleicht erfolgreicher gewesen, hätte er diese Autoritäten klüger ausgewählt. So verlor er bereits 1936 seinen Posten als Vorsitzender der DFG. Eine weitere Demontage seiner Macht sollten die folgenden Jahre bringen. Er wurde nicht so sehr von seinen wissenschaftlichen Gegnern von der Macht verdrängt als vielmehr von seinen Gegenspielern innerhalb der nationalsozialistischen Machtstrukturen. Unter Historikern herrscht Einigkeit darüber, dass das von Bernhard Rust und seinen Stellvertretern Rudolf Mentzel und Erich Schumann geführte REM eines der schwächsten und am wenigsten dynamischen Ämter in der NS-Verwaltungsstruktur war. Dennoch konnten sogar Rust und sein Ministerium Stark ohne größere Probleme ausmanövrieren als letzterer versuchte, seinen wissenschaftspolitischen Einflussbereich auch auf die Kaiser-Wilhelm-Gesellschaft (KWG) auszudehnen. Stark setzte auf den obersten Parteiideologen Alfred Rosenberg als politischen Verbündeten. Rosenberg war der Beauftragte des »Führers« für die Überwachung der gesamten geistigen und weltanschaulichen Schulung der NSDAP. Doch fanden Rosenbergs übertriebene Äußerungen innerhalb der NS-Hierarchie nur wenig Aufmerksamkeit. Dadurch wurde Stark selber ab Mitte der 1930er Jahre zu einem im-

---

[34] Johannes Stark, Vortragsabschrift, MPGA, III. Abt., Rep. 50, Nr. 2387.
und Johannes Stark, Organisation der physikalischen Forschung in: Zeitschrift für technische Physik, 14 (1933), S. 433–435.

mer unbedeutenderen Faktor im Kampf um die Ausrichtung der deutschen Physik und der deutschen Wissenschaft im Allgemeinen.[35]

Wie oben schon bemerkt, beharrte Stark 1934 darauf, dass seine Pläne zur Reorganisation der Forschung in keiner Weise das Ideal der Forschungsfreiheit kompromittierten. In den Nachkriegsapologien interpretierte Stark seine Handlungen in den frühen Jahren der NS-Zeit als Bemühungen, die Autonomie seines Berufszweigs mithilfe des *Führerprinzips* zu erhalten, indem er Extremisten aus dem REM, welche die Physik in Richtung Militärforschung steuern wollten, wie z. B. Mentzel, abwehrte.[36] Diese Apologie wurde u. a. von Max von Laue in den *Physikalischen Blättern* vehement in Frage gestellt.[37] Wie wir aber noch sehen werden, war es nicht Starks Taktik an sich, die anstößig war. Andere Physiker spielten ebenfalls und teilweise sehr viel erfolgreicher Teile des Staats- bzw. Parteiapparats gegeneinander aus und vertraten zudem die Auffassung, dass die Physik ihren Beitrag zur Aufrüstung Deutschlands zu leisten habe. Stark wurde vielmehr vorgeworfen, dass er sich mit seinen Ambitionen gegen die noch bestehenden Autoritätsmuster der Gemeinschaft vergangen habe. Im Dezember desselben Jahres sprach von Laue seine diesbezüglichen Einwände gegen Stark offen aus, als er sich in einer Rede vor der Preußischen Akademie der Wissenschaften (PAW) gegen die Wahl Starks äußerte und feststellte, dass Stark versuche, sich als eine Art »Diktator der Physik« aufzuspielen.[38]

Die Auseinandersetzung zwischen von Laue und Stark eskalierte dann in den folgenden Monaten. Von Laues Erwähnung der antiken griechischen Sage von Themistokles in einem Nachruf auf Fritz Haber veranlasste Stark, die DPG aufzufordern, von Laue wegen Verleumdung der Regierung auszuschließen. Der DPG-Vorstand widersetzte sich jedoch dem Ansinnen Starks und billigte vielmehr von

---

35) Alan D. Beyerchen, Wissenschaftler, S. 118–122; Mark Walker, Nazi Science, S. 31–59 und Armin Hermann, Deutsche Physikalische Gesellschaft, S. 96.
36) Johannes Stark, Zu den Kämpfen in der Physik während der Hitler-Zeit, in: Physikalische Blätter, 3 (1947), S. 271f. und Andreas Kleinert, Johannes Stark: »Erinnerungen«, bes. S. 123–131.
37) Max v. Laue, Bemerkungen zu der vorstehenden Veröffentlichung von J. Stark, in: Physikalische Blätter, 3 (1947), S. 272f.
38) Ebd.

Laues Erklärung.[39)] Am 26.5.1934 wandte sich Stark erneut schriftlich an die DPG und behauptete, dass Meys Wahl von einer Teilung der Macht mit Stark abhängig sei. Nach der Würdigung aller entsprechenden Fakten wurde auch diese Beschuldigung Starks auf das schärfste zurückgewiesen.[40)] Schließlich ließ sich Stark auf einen persönlichen Briefwechsel mit von Laue ein, der mit seinem Brief vom 8.8.1934 seinen Höhepunkt erreichte, als er sein »stärkstes tiefstes Bedauern« darüber zum Ausdruck brachte, dass von Laue in Würzburg eine Rede »zugunsten von Albert Einstein, diesen Landesverräter und Beschimpfer der nationalsozialistischen Regierung, unter dem Beifall der anwesenden Juden und Juden-Genossen«[41)] gehalten habe. Nach Rücksprache mit seinem Rechtsanwalt schrieb von Laue zurück, dass er sich jegliche weitere private Korrespondenz von Stark verbitte.[42)]

Der Kampf um die »Deutsche Physik« als Kommunalpolitik

Die Energie und Aufmerksamkeit, welche die Physikergemeinde in Deutschland der Debatte um die »Deutsche Physik« in den 1930er Jahren widmete, standen verständlicherweise im Mittelpunkt vieler historischer Betrachtungen.[43)] Die Geschichte liest sich fast schon wie ein Melodrama, mit einer klaren Moral und einer Vielzahl von Bösewichten, die eigentlich komisch wirkten, wenn sie nicht so bedrohlich wären. Die offensichtlich einfache Moral der Geschichte lautet: Die Wissenschaft ist unabhängig und das unvoreingenommene Streben nach Wahrheit wurde durch ideologische Beeinflussung verhindert. Es ist zugleich eine Lektion über die Gefahren, die mit der politischen Einflussnahme auf die Wissenschaft verbunden sind, und

39) Mey an Stark, 5.4.1934, MPGA, III. Abt., Rep. 50, Nr. 2386, S. 18, besprochen bei: Armin Hermann, Deutsche Physikalische Gesellschaft, S. 98.
40) Scheel an Stark, 11.10.1934, MPG, III. Abt., Rep. 50, Nr. 2386, S. 28.
41) Stark an v. Laue, 21.8.1934, ebd., S. 19.
42) Laue an Stark, 1.9.1934, ebd., S. 21 und Laue an Mey, undatiert, ebd.
43) Alan D. Beyerchen, Wissenschaftler; Steffen Richter, »Deutsche Physik«, in: Herbert Mehrtens/Steffen Richter, Naturwissenschaft, S. 116–139; Mark Walker, Nazi Science; Freddy Litten, Mechanik und Antisemitismus: Wilhelm Müller (1880–1968), München 2000. Vgl. auch den Beitrag von Michael Eckert in diesem Band.

zudem ein Plädoyer für eine möglichst große Autonomie bei der Regelung ihrer eigenen Angelegenheiten. Der Schurke in diesem Stück ist wieder einmal Stark, dessen persönliche Defizite sich mit fachlichen Defiziten als Physiker verbanden, lehnte er doch die von Relativitäts- und Quantentheorie verursachten revolutionären Veränderungen der Physik ab. Die Geschichte hat aber offensichtlich auch ein Happy End, denn trotz aller ideologischer Anfeindungen und politischer Angriffe konnte die Physikergemeinschaft ihre Autoritätsmuster bewahren. Dies gilt zumindest soweit, als ihre Existenz bis zum Ende der NS-Zeit gesichert und – was vielleicht noch wichtiger war – auch über die Wirren des Kriegsendes und der Nachkriegszeit erhalten blieb.

Eine solche Interpretation des Konflikts mit der »Deutschen Physik« ist keineswegs grundfalsch. Sie hat auch ihren Reiz. Sie verdeckt indes einige Aporien, denn der Konflikt war alles andere als die einseitige Einflussnahme der Politik auf eine im Grunde genommen unpolitische Domäne, wobei es zu einer Überschreitung der Rahmenbedingungen der Physikergemeinschaft kam. Der Kampf mit der »Deutschen Physik« war *nicht* in erster Linie auf eine Beeinflussung von Angelegenheiten der Fachgemeinde durch Außenstehende zurückzuführen, sondern vielmehr auf den Versuch von Randgruppen dieser Gemeinschaft, die etablierten Autoritätsmuster in Frage zu stellen und dabei mit Verbündeten aus Staat und Partei zu kooperieren. An dieser Stelle sollte beachtet werden, dass sich eine solche wählerische Verbindung mit fachexternen Förderern nicht grundsätzlich von jener der etablierten Führer der Physikergemeinschaft unterschied. Aber die fachinternen Beziehungen waren wichtiger für die Aufrechterhaltung der Rahmenbedingungen der Gemeinschaft. Philipp Lenard und Johannes Stark hatten sich schon lange aus der physikalischen Hauptströmung verabschiedet, wie Historiker, die sich mit der Episode beschäftigten (z. B. Alan Beyerchen, Steffen Richter, Mark Walker und erst kürzlich und sehr detailreich Freddy Litten), überaus deutlich gezeigt haben. In den 1920er Jahren hatten Stark und Lenard nicht nur die »falschen« Theorien unterstützt, sondern – was noch schlimmer war – dies auch auf plumpe Weise und in Verletzung der Standesregeln getan. Bei den Auseinandersetzungen um die »Deutsche Physik« handelte es sich in erster Linie um einen innerdisziplinären Kampf, bei dem Mitglieder von Randgruppen versuchten, ihren verlorenen Status in der Hierarchie der Physiker wiederzuerlangen. Die etablierte Führungsschicht versuchte dagegen, ihre Rolle als Verteidigerin der Gemeinschaftsnormen herauszustellen.

Ich möchte daher das Urteil Mark Walkers präzisieren, dass die Bewegung »zuförderst politisch und nicht wissenschaftlich« war.[44] Die »Deutsche Physik« war ohne Zweifel eine politische Bewegung, doch in einem kommunalpolitischen Sinne, d. h. eine Politik der Gemeinschaft der Physiker. Während sich die politische Situation auf nationaler Ebene schlagartig verändert hatte, versuchten beide Seiten in der lokalen Auseinandersetzung ihr jeweiliges Anliegen voranzubringen, indem sie sich an externe Autoritäten wandten: Die Vertreter der »Deutschen Physik« taten dies auf eine solch plumpe Art, dass sich ihre Bemühungen am Ende gegen sie richteten. Ihre Gegner, die traditionellen Autoritäten der Gemeinschaft, agierten sehr viel subtiler und im Endeffekt auch erfolgreicher.

Kommen wir auf die oben skizzierte historiographische Gliederung zurück. Ursprünglich und gewöhnlich ist der Kampf mit der »Deutschen Physik« von den Physikern – sowohl von den historischen Akteuren selbst als auch in späteren historischen Darstellungen – als Freiheitsproblem gesehen worden. Es wird behauptet, dass ein Zurückweichen vor den »arischen« Physikern bedeutet hätte, dass die Führungspersönlichkeiten der Physik die Fähigkeit zur Disziplinierung der Physikergemeinschaft verlieren. Kürzlich hat Freddy Litten jedoch zeigen können, dass eine »Übernahme« durch die »arischen« Physiker wohl gar nicht zur Debatte stand – zumal es höchst problematisch ist, überhaupt von einer geschlossenen Bewegung zu sprechen. Wenn die »Deutsche Physik« überhaupt einer Bewegung ähnlich war, dann nur in dem Sinne, dass sie ihre Handlungen auf bestimmte Situationen konzentrierte.[45] Ebenso zeigte Michael Eckert, dass abgesehen von den Aufregungen um Professorenbesetzungen die Forschungen in der theoretischen Physik »fast normal« weiter gingen.[46] Falls Littens und Eckerts Deutungen richtig sind, so können die Reaktionen auf die Auseinandersetzung um

---

44) Mark Walker, Nazi Science, S. 64.
45) Freddy Litten, Mechanik.
46) Michael Eckert, Theoretical Physics at War: Sommerfeld Students in Germany and as Emigrants, in: Paul Forman/José M. Sánchez-Ron (Hrsg.), National Military Establishments and the Advancement of Science and Technnology: Studies in 20th Century History, Dordrecht 1996, S. 69–86, hier S. 80.

die »Deutsche Physik« als allgemein erfolgreicher Versuch interpretiert werden, die noch vorhandenen Autoritätsmuster innerhalb der Rahmenbedingungen der Gemeinschaft zu erhalten. Das Bild eines systematischen Antinazikampfs gegen eine zusammenhängende Pronazibewegung entsteht so erst im Nachkriegskontext.

Ramsauer als Vorsitzender der DPG[47]

In den späten 1930er Jahren begann eine andere Gruppe in der DPG Druck auf die Führung der Gesellschaft auszuüben. Dieser Druck erwies sich in der Folge als erfolgreicher als der des Staates, da er die DPG zum Reagieren zwang. Die Gründe des Erfolgs liegen darin begründet, dass man im Gegensatz zu Stark diesen Physikern nicht vorwerfen konnte, eine Außenseiterrolle zu spielen. Ihr Anliegen war vielmehr die konsequente Umsetzung der antisemitischen Staatsdoktrin der Gesellschaft und weniger eine neue wissenschaftliche Richtung oder Organisationsform. Sie ließen damit die professionellen und institutionellen Normen der Gemeinschaft unangetastet, abgesehen von Angelegenheiten des Ausschlusses einzelner (jüdischer) Mitglieder. Zum Zweiten akzeptierten sie im Unterschied zu Stark die vorherrschenden Autoritätsmuster und schlugen mit Abraham Esau zwar einen politisch problematischen, wissenschaftlich aber akzeptablen Kandidaten für das Amt des DPG-Präsidenten vor.[48]

Die amtierende DPG-Führung reagierte mit einer alternativen Koordinationstaktik, die eine größere Kontinuität in der Führung er-

---

47) Zu Ramsauers Zeit als Vorsitzender der DPG vgl. die Beiträge von Stefan Wolff und Dieter Hoffmann in diesem Band.
48) Vgl. den Beitrag von Dieter Hoffmann in diesem Band, sowie Dieter Hoffmann, Between Autonomy and Accomodation: the German Physical Society during the Third Reich. Physics in Perspective 7(2005) 293–329 und ders., Carl Ramsauer, die Deutsche Physikalische Gesellschaft und die Selbstmobilisierung der Physikerschaft im »Dritten Reich«, in: Helmut Maier (Hrsg.), Rüstungsforschung im Nationalsozialismus. Organisation, Mobilisierung und Entgrenzung der Technikwissenschaften, Göttingen 2002, S. 273–304.; zu Ramsauers Wahl zum Vorsitzenden der DPG vgl. auch Dieter Hoffmann/ Rüdiger Stutz, Grenzgänger der Wissenschaft: Abraham Esau als Industriephysiker, Universitätsrektor und Forschungsmanager, in: Uwe Hoßfeld u. a. (Hrsg.), »Kämpferische Wissenschaft«. Studien zur Universität Jena im Nationalsozialismus. Köln 2003, S. 136–179.

laubte. Auf das Unbehagen mancher DPG-Mitglieder reagierend, schlossen Debye und der DPG-Vorstand die noch verbliebenen jüdischen Mitglieder der Gesellschaft nicht aus; man legte ihnen vielmehr den Austritt nahe, womit auch den wesentlichen Reformforderungen der NS-Aktivisten in der Gesellschaft und des Ministeriums entsprochen wurde. Ganz ähnlich regelte man die Nachfolge Debyes, der Ende 1939 einem Ruf in die USA folgte, denn mit Carl Ramsauer fand man einen Kandidaten, der sowohl lokal als auch national akzeptiert wurde. Ramsauer war ein angesehener Experimentalphysiker und besaß als Chef des AEG-Forschungslabors enge Verbindungen zu einem wichtigen Zweig der deutschen Industrie. Letzteres war von entscheidender Bedeutung, da ab den späten 1930er Jahren die Relevanz der wissenschaftlichen Forschung für die Technik auch in der NS-Führung und namentlich bei Personen wie Hermann Göring und Heinrich Himmler immer stärker akzeptiert wurde. Umgekehrt goutierte man in der politischen Führung die bloße ideologische Anbiederung seitens der Vertreter der »Deutschen Physik« immer weniger, und so verloren diejenigen NS-Größen, auf die sich die »Deutsche Physik« bisher hatte stützen konnte, bei den internen Parteiauseinandersetzungen mehr und mehr an Einfluss.

Ramsauer ernannte Wolfgang Finkelnburg zu seinem Stellvertreter. Dieser war zwar Parteimitglied, hatte sich aber zur Verteidigung der modernen theoretischen Physik an Diskussionen mit Anhängern der »Deutschen Physik« beteiligt und vereinte somit Qualitäten, die von allen Verbündeten dieses lokalen politischen Kampfs erwartet wurden. In einem Brief an Ludwig Prandtl kommentierte Ramsauer ausdrücklich die politische Strategie, die hinter seiner Wahl Finkelnburgs gestanden hatte: Finkelnburg wäre trotz seiner Parteimitgliedschaft eine vernünftige, wissenschaftlich kompetente Persönlichkeit, die so auch gegenüber extremistischen Fachkollegen die »wahren« Interessen der Physik überzeugend vertreten könnte.[49]

Ramsauers Erklärungsmuster fand sich – in der Regel leicht verändert – später häufiger in Erinnerungen an die NS-Zeit wieder. So erinnerte sich etwa Otto Scherzer 1965 auf einem Symposium der Universität Tübingen:

---

[49] Ramsauer an Prandtl, 4.6.1941, abgedruckt in: Klaus Hentschel/Ann M. Hentschel, Physics and National Socialism: An Anthology of Primary Sonices. Basel 1996. S. 268.

»Jedes größere Institut brauchte [...] einen Mann, der die Partei über die politische Zuverlässigkeit der Instituts-Angehörigen beruhigen konnte [...] Von den Kollegen, die auf solche Weise in die Partei geraten waren, kam dann bald der Ruf: Helft uns, die Partei von innen heraus anständig zu machen. Los werden wir die Partei doch nicht. Wenn Ihr abseits steht, seid Ihr schuld, wenn der mächtige Partei-Apparat von Rowdies und Ignoranten beherrscht wird.«[50]

Nach dieser Darstellung der Entwicklung der Beziehungen zwischen Wissenschaft und NS-Staat erbrachten jene, die zwischen der Wissenschaftlergemeinde und der Partei zu vermitteln versuchten, eine Art Selbstopfer. Durch die eigene politische Diskreditierung halfen sie die (wissenschaftliche) Freiheit der anderen Gemeinschaftsmitglieder zu sichern.

War diese Form der Selbstgleichschaltung unter Ramsauers Führung notwendigerweise Teil der Wechselbeziehung zwischen DPG und dem Staat? Wir wissen nicht, wie er oder Finkelnburg in ihrem Inneren fühlten. Wenn Ramsauer gegenüber dem Regime den Wert einer sich selbst verwaltenden Physikergemeinde artikulierte, so gründeten sich seine Ausführungen vor allem auf die Nützlichkeit der Wissenschaft im Staat, besonders im Kontext des Kriegs und des internationalen Wettbewerbs. Kurz gesagt, der moderne, sich im Kriegszustand befindende Staat brauchte die Physik und ihre Anwendungen zum Überleben. Diese Herangehensweise kann indes nicht als außerordentliche, neue, durch die Launen der Nazizeit hervorgerufene Handlungsweise verstanden werden. Vielmehr war sie eine Weiterführung von Annahmen über die soziale Rolle der Wissenschaft, die bereits lange vor 1933 bestanden. Ramsauer war in seiner Karriere bereits mehrmals in militärtechnische Forschungskontexte eingebunden gewesen. Und so entsprang sein Umgang mit den Nationalsozialisten keiner neuen Einstellung, wie sie etwa vom NS-Regime erzwungen worden sein könnte, das vermeintlich unfähig zu einem rationalen Umgang mit Wissenschaft war, sondern einem bekannten Interaktionsmuster.[51] Wie wir heute wissen, war Ramsauer – trotz seiner Beteuerungen nach dem Krieg – sogar gewillt, pragma-

50) Otto Scherzer, Physik im Totalitären Staat, in: Andreas Flitner (Hrsg.), Deutsches Geistesleben und Nationalsozialismus: Eine Vortragsreihe der Universität Tübingen, Tübingen 1965, S. 47–57, hier S. 50.
51) Zu Ramsauers früherer Karriere und seinem Weg zum Vorsitzenden der DPG vgl. vor allem Dieter Hoffmann (Hrsg.): Carl Ramsauer (1897–1955), Berlin 2006 (im Druck), sowie sein Beitrag in diesem Band.

tisch einzuräumen, dass die Begrenzungen des sog. »jüdischen Einflusses« auf die Physik solange akzeptiert werden konnten, wie die Grundlage für eine förderliche Beziehung zum Staat nicht gefährdet war.[52] Nicht das Schicksal einzelner Wissenschaftler war von Bedeutung, sondern die Stabilität der Physikergemeinschaft als soziale Institution mit ihrer intakten berufsmäßig sanktionierten Führung.

Die Geschichte der DPG und die Geschichte lokaler Gemeinschaften im Dritten Reich

Wenn wir die Implikationen einer Betrachtung der wissenschaftlichen Gemeinschaft als Gemeinschaft verfolgen, einschließlich ihrer mehr oder weniger wohl definierten Rahmenbedingungen und Autoritätsmuster, so erscheinen diese Abschnitte der Geschichte der DPG weniger als Beispiele von Kapitulation oder Widerstand als vielmehr als Spielart eines lokalen Konservatismus. Hier ist vielleicht ein heuristisches Gleichnis angebracht: Man kann die Physik als Berufszweig bzw. die DPG als Körperschaft als eine Art Kleinstadt ansehen.

Natürlich gibt es viele Einwände gegen die Unzulänglichkeiten dieses Gleichnisses. In gewisser Weise ist es vielleicht sogar irreführend, aber als historiographisches Modell liefert es einige aufschlussreiche Vergleiche zwischen der Geschichte der DPG und der anderer Gemeinschaften unter der nationalsozialistischen Herrschaft. Wo gibt es Ähnlichkeiten zwischen einer Fachgesellschaft und lokalen Gemeinschaften, die diesen Vergleich zumindest plausibel machen? Beide sind groß genug, um komplexe innere soziale Netzwerke auszubilden. Gleichzeitig sind sie aber doch so klein, dass sich die meisten, wenn nicht alle, Mitglieder persönlich kennen. Falls vollständige Objektivität von Unpersönlichkeit abhängt, so ist dies, wenn man die Größe der Organisation berücksichtigt, praktisch unmöglich. Solcherart gegenseitige Kenntnis ist nicht notwendigerweise synonym mit dem Egalitarismus. Man kann sowohl in kleinen Gemeinschaften

---

[52] Carl Ramsauer an Bernhard Rust, Berlin 20.1.1942, in: Physikalische Blätter 3 (1947) S. 43–46, hier S. 43 (vgl. den Nachdruck in der Dokumentation *Selbstmobilisierung* im Anhang dieses Bands); siehe auch Gerhard Simonsohn, Physiker in Deutschland 1933–1945, in: Physikalische Blätter, 48 (1992), S. 23–28, hier S. 28.

als auch in beruflichen Gesellschaften filigrane soziale Hierarchien finden. Auf jeden Fall werden wichtige Entscheidungen sehr oft auf der Basis von informellen Beziehungen und persönlichen Bindungen getroffen, ganz unabhängig davon, ob die formalen politischen Strukturen demokratisch oder autoritär sind. In der Praxis wird Führerschaft manchmal auf der Basis der ganzen Gemeinschaft lediglich bestätigt, während wirklich bestimmende Entscheidungen hinter der Bühne getroffen werden. Neulinge werden höflich behandelt, falls sie aber keine lokalen persönlichen Beziehungen besitzen, so kann es manchmal recht lange dauern, bis sie integriert sind oder sich wirklich akzeptiert fühlen. Es gibt in der Regel ein gemeinsames strenges Regelwerk an Werten und Normen. Falls man sich an diese Werte hält, entwickelt sich ein starkes Gefühl der Identität mit der Gemeinschaft. Abweichungen von diesen Normen können andererseits zu sozialer Ächtung führen.

Es gibt natürlich eine umfassende Literatur über das Schicksal lokaler Gemeinschaften und ihrer Institutionen im Dritten Reich. Nach der Durchsicht dieser Literatur schrieb der inzwischen verstorbene Detlev Peukert über die Gleichschaltung sozialer Institutionen im NS-Machtapparat im Kontext kleiner lokaler Gemeinschaften:

»Die Machtergreifung der Nazis auf dem Lande machte sich auf vielfältige Weise lokale traditionelle Strukturen zunutze. Sie erhob sich aber auch gegen viele sture Hindernisse [...] Die Machtergreifung wurde erleichtert durch die Tatsache, daß die prominenten Mitglieder der Provinzgemeinden, die Kleinstädte und die Mittelklasse, von der ihre Posten abhingen, in der Regel dem republikanischen, demokratischen Staat mißtrauten [und] das Weimarer »System« ablehnten. [...] Eben dieselbe ländliche Tradition [...] und die dominante Rolle, die prominente Lokalgrößen spielten, bildeten ein beträchtliches Hindernis bei der Formulierung, Ausstreuung und [...] Implementierung der NSDAP-Ziele eines politischen Monopols.«[53)]

Dieser Ausschnitt scheint – mit der nötigen Einschränkung – in mehrerer Hinsicht eine geeignete Beschreibung der vielfältigen Aspekte der Geschichte der DPG in dieser Ära. Peukerts Beschreibung legt zahlreiche Folgen für die Metapher von der lokalen Gemeinschaft nahe – die Nützlichkeit letzterer vorausgesetzt. Diese Folgen lassen sich herausarbeiten, indem man sich einmal die historische Literatur zu diesem Thema näher anschaut.[54)]

53) Detlev Peukert, Volksgenossen, S. 114–115.
54) Angeführt seien hier ohne Anspruch auf Vollständigkeit: William Sheridan Allen, The Nazi Seizure of Power: The Experience of a

Der metaphorische Vergleich mit Geschichten von Gemeinschaften hebt zahlreiche Aspekte der Beziehungen zwischen der DPG und dem Staat hervor, die wir bereits angesprochen haben. Einer davon ist die graduelle Natur des Gleichschaltungsprozesses. Dieser fand eben nicht über Nacht statt, sondern war ein langwieriger Prozess und hing von Fall zu Fall von einer Vielzahl von Methoden und Handelnden ab. Ein zweiter Punkt bezieht sich auf die Hintergründe der Auswahl der Führungspositionen in der DPG, wie wir in den Fällen Mey und Ramsauer gesehen haben. Viele der wichtigsten Entscheidungen sowohl in lokalen Gemeinschaften als auch in Berufsorganisationen sind *de facto* durch informellen Konsens oder durch persönliche Einflussnahme von Schlüsselfiguren gefallen und wurden erst zu einem späteren Zeitpunkt formal bestätigt. Leider bedeutet dies für Historiker, dass einige der wichtigsten Wendepunkte in solchen Entscheidungsprozessen *nicht* auf Papier festgehalten wurden. Neben bestimmten dokumentarischen Beweisen müssen wir daher besonders auch auf übergeordnete Interaktionsmuster achten, die auf unausgesprochene oder ausdrückliche Übereinkommen bzw. Unstimmigkeiten hinter den Kulissen hindeuten.

Auf einer allgemeineren Ebene können wir uns der Frage zuwenden, ob oder wie der Nationalsozialismus möglicherweise die internen sozialen Strukturen lokaler Gemeinschaften veränderte. Wie zahlreiche historische Studien vermuten lassen, waren die etablierten Interaktionsmuster und Autoritätsstrukturen – insofern Gemeinschaften bereits relativ stabile politische Strukturen besaßen und Gemeinschaftsmitglieder einen starken Sinn für Gruppenidentifikation hatten – weniger zugänglich für die Vereinnahmung durch den NS-Machtapparat. Lokale Autoritäten stellten eine Art Trägheitsmoment gegenüber der Suche der Nazis nach einer monopolisierten Organisation der Macht dar. In einigen Fällen predigten nationalsozialisti-

Single German Town 1922–1945, überarbeitete Neuausg., New York 1984 (1. Aufl. 1966); Martin Broszat u. a (Hrsg.), Bayern in der NS-Zeit, 6 Bde., München 1977–1983; Ian Kershaw, Popular Opinion and political Dissent in the Third Reich: Bavaria 1933–1945, Oxford 1983; Rudy Koshar, Social Life, Local Politics, and Nazism: Marburg, 1880–1935, Chapel Hill 1986 und Gerhard Wilke, Village Life in Nazi Germany, in: Richard Bessell (Hrsg.), Life in the Third Reich, New York 1987, S. 17–24; Andrew Stuart Bergerson, Ordinary Germans in Extraordinary Times: The Nazi Revolution in Hildesheim, Bloomington, Ind. 2004.

sche Parteizellen auf Gemeindebasis das Entfernen lokaler Autoritäten. In der Folge wurden dabei lokale Individuen nach oben gespült, die bis dahin Außenseiter gewesen waren und die nun ihrer Verdrossenheit gegenüber lokalen Eliten freien Lauf ließen. In diesen Fällen kam es in der Tat zu tiefgründigen sozialen Umwälzungen.[55] In anderen Fällen hing die Gleichschaltung nicht vom Ersatz, sondern von der Zuwahl traditioneller lokaler Autoritäten ab.[56] Trotz der revolutionären Rhetorik des Nationalsozialismus kam der Erfolg in solchen Fällen nicht durch Verstoß gegen, sondern durch das Appellieren an traditionelle Werte zustande. Wenn wir einen historiographischen Vergleich zur Geschichte der DPG anstellen, so erscheinen die Handlungen von Stark und den Vertretern der »Deutschen Physik« in mancher Hinsicht als ein Beispiel für das erstgenannte Szenario. Am Ende zeigt sich die DPG jedoch dem zweiten Typus ähnlicher, d. h. der Zuwahl von noch vorhandenen Autoritätsmustern. Dies verwundert kaum, hatte doch die DPG etwas anzubieten, was den meisten lokalen Gemeinschaften fehlte: technisch-instrumentelle Expertisen, die verstärkt vom Staat nachgefragt wurden.

Die historische Literatur über lokale Gemeinschaften im Dritten Reich äußert sich auch zu dem von Peukert vorgebrachten Punkt, dass die Monopolisierungsbestrebungen des Nationalsozialismus oft einem lokalen Trägheitsmoment ausgesetzt waren, das ihre vollständige Umsetzung erschwerte. So beschreibt etwa Ian Kershaw die Opposition protestantischer Gemeinden in Bayern gegen die Inhaftierung ihres Bischofs und die Reaktion von katholischen Gemeinden gegen die Entfernung von Kruzifixen aus Klassenzimmern. In beiden Fällen erwiesen sich die Proteste der religiösen Gemeinden als erfolg-

---

55) Eine Beschreibung und Analyse dieser Szenarien bei: William Sheridan Allen, Nazi Seizure; vgl. auch Gerhard Wilke, Village Life.
56) Vgl. auch Martin Broszat, Ein Landkreis in der Fränkischen Schweiz: Der Bezirk Ebermannstadt 1929–1945, in: Broszat u. a. (Hrsg.), Bayern, Bd. I, Soziale Lage und politisches Verhalten der Bevölkerung im Spiegel vertraulicher Berichte, 1977, S. 21–192; Elke Fröhlich, Stimmung und Verhalten der Bevölkerung unter den Bedingungen des Krieges, in: ebd., S. 571–688; Helmut Hanko, Kommunalpolitik in der »Hauptstadt der Bewegung« 1933–1935: Zwischen »revolutionärer« Umgestaltung und Verwaltungskontinuität, in: Broszat u. a. (Hrsg.), Bayern, Bd. III: Herrschaft und Gesellschaft im Konflikt, Teil B, 1981, S. 329–441 und Zdenek Zofka, Dorfeliten und NSDAP: Fallbeispiele der Gleichschaltung aus dem Bezirk Günzberg, in: Broszat u. a. (Hrsg.), Bayern, Bd. IV: Herrschaft und Gesellschaft im Konflikt, Teil C, 1981, S. 383–433.

reich und führten zur Zurücknahme der Maßnahmen des Regimes. Kershaw erklärt diesen Erfolg mit der aktiven Rolle der Geistlichkeit, die diese Anstrengungen organisierte und in die richtigen Bahnen lenkte. Ein weiterer Grund für den Erfolg war die Tatsache, dass die Proteste von ihrem Umfang her auf spezielle Themen begrenzt blieben und somit die generelle Loyalität der Gemeinden dem System als Ganzem gegenüber nicht in Frage stellten. Kershaw erzählt hier die Geschichte, bei der protestantische Protestierende eine Konfrontation mit der Polizei entschärften, indem sie die Nationalhymne und das Horst-Wessel-Lied (die Hymne der NSDAP) sangen. Am Ende bleibt das tragische Gefühl zurück, dass die Versuche, vom totalitären Anspruch der Nationalsozialisten abzuweichen, überraschenderweise in einigen Situationen erfolgreich waren, in anderen hingegen versagten. In Bezug auf den Protest der katholischen Schulen schreibt Kershaw: »Bei Angelegenheiten, die unmittelbar die traditionelle katholische Lebensweise betrafen, verursachte die Abscheu vor der NS-Einmischung Aufsehen erregende Opposition. [...] Bei Angelegenheiten, die für die Kirche nicht sofort Besorgnis erregend waren, war die katholische Antwort hingegen äußerst zurückhaltend.«[57] Ohne die Analogien zu sehr zu strapazieren, scheint es sinnvoll, die Antwort der DPG an den Staat auf ähnliche Weise zu bewerten. Bedeutete die Aufrechterhaltung der Freiheit der Wissenschaft in dem oben diskutierten Sinne Widerstand gegen den Nationalsozialismus? Auf der einen Seite ist es wichtig, jegliche Abweichung vom NS-Kontext aufzuzeigen – seien es Vorrechte des protestantischen Klerus, die Verteidigung des katholischen »Lebensweges« oder die institutionelle Integrität der DPG. Auf der anderen Seite ist es jedoch genauso wichtig, sowohl die begrenzte Aussagekraft solcher Beispiele zu erkennen als auch die Anpassungsleistungen auf anderen Gebieten, die diese erst möglich machten. Im Gegensatz zu dem, was andere Widerstandsformen gegen das NS-Regime erreichen konnten und erreichten, scheint es schwierig und ungerecht, solch trägen Nonkonformismus als »Widerstand« zu bezeichnen, auch wenn er am Ende »Inseln der Freiheit« und die sozialen Rahmenbedingungen der Gemeinschaften bewahren half.[58]

---

57) Ian Kershaw, Popular Opinion, S. 177 u. 223.
58) Vgl. Gerhard Simonsohn, Physiker; Kershaw, Popular Opinion, S. 223; vgl. auch Martin Broszat, Resistenz und Widerstand: Eine

Die Geschichte der DPG im Drittem Reich darf daher weder leichtfertig als Widerstand gedeutet noch als Kapitulation abgetan werden. Wenn wir diese Geschichte als die einer Gemeinschaft verstehen, die mit aller Kraft versuchte, gegen ein die alleinige Machtkontrolle beanspruchendes Regime ihre eigenen sozialen Rahmenbedingungen und die innerhalb dieser Rahmenbedingungen noch verbliebenen Autoritätsmuster zu erhalten, so erscheint diese Geschichte, wie auch andere Beispiele der versuchten Gleichschaltung lokaler Gemeinschaften im Dritten Reich zeigen, als ein komplexes Gebilde unterschiedlicher Reaktionen und eigenartiger Kombinationen. Am Ende war die Gemeinschaft der Physiker in der Lage, ihre eigene Agenda unter ihrer selbst gewählten Führung voranzubringen und fortzusetzen – nicht immer und überall, aber keineswegs selten. Wenn dies die Nachkriegs- und Gegenwartsantworten als Freiheit verstehen, dann war die DPG in der Tat verantwortlich für die Aufrechterhaltung von Grenzen, innerhalb derer Freiheit herrschen konnte. Wie jedoch ein Vergleich mit der Geschichte von Gemeinschaften allgemein im Dritten Reich nahe legt, sind Vorstellungen von Freiheit und Autonomie in solch einem historischen Zusammenhang mit Ambivalenzen und Schwierigkeiten befrachtet.

(Übersetzung aus dem Amerikanischen von Dr. Michael Schaaf)

Zwischenbilanz des Forschungsprojekts, in: ders. u. a. (Hrsg.), Bayern, Bd. IV, Herrschaft und Gesellschaft, Teil C, 1981, S. 691–709 und Detlef Peukert, Volksgenossen.

Die Ausgrenzung und Vertreibung von Physikern im Nationalsozialismus
Welche Rolle spielte die Deutsche Physikalische Gesellschaft?
Stefan L. Wolff

Die »Machtergreifung« der Nationalsozialisten führte bereits im Frühjahr 1933 zu einer schwerwiegenden Zäsur im deutschen Kultur- und Geistesleben. Das Instrumentarium dafür verschaffte sich die neue Regierung mit jener Gesetzgebung, die euphemistisch angeblich »das Berufsbeamtentum wiederherstellen« wollte, aber als wichtigste Bestimmung die sogenannten Nichtarier aus dem öffentlichen Dienst entfernte. An den deutschen Universitäten kam es daraufhin zu einer großen Zahl von Beurlaubungen und Entlassungen. Das trieb viele von den Betroffenen, insbesondere die Jüngeren unter ihnen, denen damit die Existenzgrundlage entzogen worden war, recht bald in die Emigration. Es war 1933 noch nicht zwingend abzusehen, dass es sich nicht nur um eine vorübergehende Maßnahme, sondern erst um den Beginn einer Abfolge von diskriminierenden Gesetzen und Verordnungen handelte. Sie schufen die Grundlage dafür, politische Gegner und »Nichtarier« bzw. später in etwas engerem Sinn als Juden definierte Bürger aus dem öffentlichen Leben Deutschlands völlig auszuschließen.

Die Physik gehörte zu den davon überdurchschnittlich stark betroffenen Disziplinen.[1] Vor diesem Hintergrund stellt sich die Frage, inwieweit die Berufsorganisation der Physiker, die Deutsche Physikalische Gesellschaft (DPG), willens und in der Lage war, eventuelle Handlungsspielräume zu nutzen, um auch die Interessen der auf diese Weise ausgegrenzten Kollegen zu vertreten.

---

1) Siehe z. B. S. L. Wolff, Vertreibung und Emigration in der Physik, Physik in unserer Zeit 24 (1993), S. 267–273.

Die Reaktionen der DPG auf die Entlassungen durch die nationalsozialistische Gesetzgebung

Für die DPG gab es zwei zentrale Aufgabenbereiche. Das waren zum einen publizistische Tätigkeiten, die sowohl die Herausgabe der Verbandsorgane (*Verhandlungen der Deutschen Physikalischen Gesellschaft* und *Physikalische Berichte*) als auch eine gewisse Mitwirkung bei den übrigen Fachzeitschriften umfassten, zum anderen die Organisation regionaler Versammlungen und einmal jährlich einer nationalen Tagung im Herbst. Außerdem wollte die DPG die physikalische Forschung und den physikalischen Unterricht fördern. Im Übrigen bekannte sie sich in ihrer Satzung »zur Wahrung der Standesinteressen der Physiker«.[2] Dazu kam seit 1929 als weitere Aufgabe die Verleihung der Planck-Medaille für besondere Leistungen in der theoretischen Physik.[3] Diese Aktivitäten spielten sich außerhalb der staatlichen Institutionen ab, weshalb die DPG 1933 als Organisation von den neuen Gesetzen zunächst gar nicht direkt betroffen schien. Angesichts der Beurlaubungen und Entlassungen vieler Kollegen hätte das Anliegen, die »Standesinteressen« zu wahren, die DPG dennoch dazu bringen können, sich von den politischen Vorgängen des Jahres 1933 tangiert zu fühlen.

Nur wenige protestierten öffentlich gegen diese Maßnahmen. Auch der amtierende Vorsitzende der DPG, Max von Laue, der die Regierungspolitik weitgehend ablehnte, betrachtete ein solches Vorgehen eher als schädlich. Deshalb bedauerte er die kritischen Presseerklärungen von Albert Einstein im Ausland und schrieb ihm vorwurfsvoll: »Aber warum musstest Du auch *politisch* hervortreten!«[4] Am 10. Mai, gleichzeitig noch das Datum der von den Nationalsozialisten inszenierten Bücherverbrennung, verfasste von Laue ein Rundschreiben an die Leiter der physikalischen Institute in Deutschland.[5]

---

2) Satzungen der Deutschen Physikalischen Gesellschaft, Ausführungsbestimmungen zu §2, Verhandlungen der Deutschen Physikalischen Gesellschaft 3. Reihe 6 (1925), S. 59–68, hier: S. 64.
3) Die Auswahl oblag einem Planck-Medaillen-Komitee, das aus den früheren Preisträgern bestand; die Entscheidung traf dann der Vorstand der DPG. Vgl den Beitrag von Richard Beylwer/Michael Eckert/Dieter Hoffmann in diesem Band.
4) von Laue an Einstein, 14.5.1933, AEA, Nr. 16-088.
5) von Laue an Sommerfeld, 10.5.1933 (Rundschreiben, das an alle Hochschulen gerichtet war), DMA, NL Sommerfeld.

Darin fragte er nach den Namen und Adressen aller wissenschaftlich tätigen Physiker bis zu älteren Studenten hinunter, die von dem »Gesetz zur Wiederherstellung des Berufsbeamtentums« (BBG) vom 7. April betroffen waren. Es verfügte mit seiner Ausführungsbestimmung vom 11. April den Ausschluss der sogenannte Nichtarier. Zu diesem Personenkreis rechneten alle, bei denen mindestens ein Großelternteil der jüdischen Konfession angehörte. James Franck und Fritz Haber, die als Frontkämpfer unter eine auf den Reichspräsidenten Paul von Hindenburg zurückgehende Ausnahmeregelung fielen, waren am 17. bzw. 30. April als einige der ganz wenigen daraufhin freiwillig von ihren wissenschaftlichen Ämtern zurückgetreten. Paul Ewald legte am 20. April sein Rektorat an der TH Stuttgart nieder, weil es ihm nicht möglich sei, »in der Rassenfrage den Standpunkt der nationalen Regierung zu teilen.«[6] Die ersten Beurlaubungen und Entlassungen gab es bereits zu Beginn des anlaufenden Sommersemesters. Weitere schienen unmittelbar bevorzustehen. Von Laue wollte deshalb auch erfahren, wer von den Maßnahmen in nächster Zeit noch bedroht sein könnte und ob ein dringender materieller Notstand vorliege. »Soweit ich den Fachgenossen Hilfe vermitteln kann, wird es geschehen« versprach er.[7] Offenbar waren es die vorangegangenen Diskussionen mit dem im niederländischen Leiden wirkenden Paul Ehrenfest gewesen, die ihn zu dieser Aktion veranlassten. Von Laue hatte ihn Ende April nach Berlin eingeladen, um die Situation mit einem Kollegen aus dem Ausland erörtern zu können.[8] Ehrenfest blieb vom 5. bis zum 8. Mai, um in zahlreichen Gesprächen zu einer Einschätzung der Lage zu gelangen. Dabei kam es trotz fundamentaler Meinungsunterschiede auch zu einer dreistündigen Unterredung mit Johannes Stark, der neben Philipp Lenard ein Protagonist der »arischen Physik« war und bereits seit 1930 der NSDAP angehörte.[9] Letztlich bewertete Ehrenfest die Lage der betrof-

---

[6] Ewald an den Senat der TH Stuttgart, 20.4.1933, DMA, HS 1977-28/A,88. Vgl. Michael Eckert/Karl Märker, (Hrsg.), Arnold Sommerfeld. Wissenschaftlicher Briefwechsel, Bd. 2: 1919–1951, Berlin – Diepholz – München 2004, S. 357.
[7] von Laue an Sommerfeld, 10.5.1933, DMA, NL 89 Sommerfeld, 024.
[8] Ehrenfest an von Laue, 26.4.1933, Ehrenfest an Kapitza am 25.4.1933, AHQP, EHR (7,2) und (6,4).
[9] Ehrenfest an Kapitza, 19.5.1933, EHR (6,4). Zu Stark vgl. Alan D. Beyerchen, Wissenschaftler unter Hitler. Physiker im Dritten Reich, Berlin 1982, S. 146–171; Mark Walker, Nazi Science, S. 41-63.

fenen Physiker in Deutschland schon zu dieser Zeit als wenig hoffnungsvoll. Von daher begann er eine umfangreiche Korrespondenz, um vorläufige Unterbringungsmöglichkeiten oder Vortragseinladungen für die entlassenen Kollegen zu organisieren. Bereits unmittelbar vor seinem Besuch in Berlin hatte er von der Bereitschaft Ernest Rutherfords erfahren, in England Hilfe für die »deutsch-jüdischen« Kollegen zu organisieren.[10] Eine wichtige Voraussetzung dafür war eine möglichst genaue Kenntnis des betroffenen Personenkreises. Von Laue bemühte sich mit seinem Rundbrief um die Beschaffung der entsprechenden Informationen. Dieses Schreiben erhielt durch das Briefpapier der DPG einen offiziellen Charakter und wies auch durch den Zusatz »Vorsitzender« bei der Unterschrift darauf hin, dass von Laue hier im Namen der Gesellschaft agierte. Er betrachtete es als eine Aktion für die Gemeinschaft der deutschen Physiker, der die betroffenen Kollegen in seiner Sicht weiterhin angehörten. Angesichts der in anderen Ländern entstandenen Hilfskomitees für die deutschen Emigranten schrieb er an Einstein, es sei bitter, dass man nach den Armeniern und sonstigen »halbwilden Völkerschaften« nun auch »uns« so helfen müsse.[11] Allerdings kritisierte von Laue die gesetzlichen Regelungen nicht, sondern beschränkte sich auf praktische Hilfe für die Betroffenen. Damit fand er selbst bei dem Lehrstuhlinhaber an der Münchener TH Jonathan Zenneck Unterstützung, der seit 1929 Mitglied der Deutschnationalen Volkspartei (DNVP) war[12] und die Maßnahmen gegen die »Nichtarier« völlig berechtigt fand.[13] Zwar gab es an seiner Hochschule niemanden zu melden, aber »sollte sich darin irgend etwas ändern, so werde ich der Physikalischen Gesellschaft davon Mitteilung machen«, antwortete Zenneck.[14] Von Laue übermittelte die auf diese Weise zusammenge-

10) Ehrenfest an Kapitza, 4.5.1933, EHR (6,4).
11) von Laue an Einstein, 26.6.1933, DMA, Kopie.
12) Bescheinigung der DNVP in Bayern Kreisverein München, Geschäftsstelle Deutschnationale Front vom 18.7.1933, DMA., NL Zenneck, Kasten 15.
13) Zenneck an Karl Kiesel, 16.8.1933. Darin berichtete er, viele Engländer würden Deutschland die Maßnahmen gegen die »Nichtarier« vorwerfen. Anhand von Beispielen habe er für Verständnis werben wollen. So erzählte er »von einem Institut, wo alle Assistenten, von Fakultäten, in denen die Mehrzahl der Professoren und von Firmen, in denen die größte Zahl der Direktoren und Ingenieure Juden waren.« Ebd.
14) Zenneck an von Laue, 18.5.1933, ebd.

tragenen Personaldaten zum einen an Ehrenfest, der sie an internationale Hilfsorganisationen weiterleiten wollte, zum anderen an den Bankier Carl Melchior, der dem Vorstand des im April gegründeten »Zentralausschusses der deutschen Juden für Hilfe und Aufbau« angehörte.[15]

Es muss offen bleiben, ob die DPG als Berufsverband nicht mehr Möglichkeiten gehabt hätte, sich für beurlaubte und entlassene Mitglieder einzusetzen. Die Frage könnte man allerdings verneinen, wenn man die einzelnen Aktionen als Maßstab heranzieht, mit denen prominente Physiker auf vorsichtige und diskrete Weise versuchten, ihren vermeintlichen Einfluss geltend zu machen, aber letztlich doch nichts erreichten. Ehrenfest berichtete nach seinem Besuch in Berlin, dass einige Kollegen »allerersten Ranges« bemüht seien »möglichst unöffentlich unter Ausnützung aller ihrer Verbindungen [...], sich für ihre jüdischen Fachgenossen bei den Machthabern einzusetzen.«[16] Unter den betreffenden deutschen Physikern herrschte die Auffassung vor, die Anhänger der Regierung seien weitaus radikaler als diese selbst, die man demzufolge als vergleichsweise moderat einstufte.[17] So ging von den nationalsozialistischen Studenten mit ihren Aufrufen und der Organisation von Vorlesungsboykotts tatsächlich ein besonders aggressiver Antisemitismus aus. Aber gerade dieser Extremismus und die vermeintliche Abschwächung einzelner Verordnungen in den neuen Schulgesetzen erweckten offenbar den Eindruck, die verantwortliche Politik würde bald einen gemäßigteren Kurs einschlagen.[18] Im Übrigen glaubte man an die Vorläufigkeit der gesetzlichen Maßnahmen. So dachten jedenfalls Physiker wie von Laue, Max Planck oder Werner Heisenberg.[19] Sie hofften sogar, dass nach einer Beruhigung der Lage vielleicht auch einige der beur-

---

15) von Laue an Sommerfeld, 21.5.1933, DMA, NL 89 Sommerfeld, 024; abgedruckt in Michael Eckert/Karl Märker, Arnold Sommerfeld, S. 385–386. Notiz zum Zentralausschuß und dessen Vorstand in CV Zeitung Nr. 16 v. 20.4.1933, S. 5. Die Bedeutung des Zentralausschusses mag in diesem Kontext eher gering gewesen sein. Außerdem fühlte sich auch nur ein Teil der Betroffenen dem Judentum zugehörig.
16) Bericht Ehrenfest vom 13.5.1933, EHR (3,8).
17) Vgl. Kopfermann an Bohr, 23.5.1933, AHQP, BSC, (22,2).
18) Vgl. Finn Aaserud, Redirecting Science, Cambridge 1990, S. 112–113.
19) Heisenberg an Born, 2.6.1933, zit. u. kommentiert in: Wolfgang Pauli. Wissenschaftlicher Briefwechsel, Herausgegeben von K. v. Meyenn, Berlin – Heidelberg 1985, Bd. 2, S. 168.

laubten Kollegen auf ihre alten Posten zurückkehren würden. Öffentliche Proteste, die ohnehin außerhalb ihrer üblichen Ausdrucksformen lagen, erschienen ihnen deshalb kontraproduktiv. Sie fürchteten, damit die Lage der gefährdeten Kollegen eher zu verschlechtern und meinten, durch die Nutzung ihrer exklusiven Kontakte mehr erreichen zu können.[20] Planck meldete sich in seiner Eigenschaft als Präsident der Kaiser-Wilhelm-Gesellschaft zu einem Antrittsbesuch bei dem Reichskanzler Adolf Hitler an, der am 16. Mai zustande kam. Es gibt widersprüchliche Berichte über das Gespräch zwischen Planck und Hitler, aber Änderungen der Entlassungspolitik bewirkte es in jedem Falle nicht.[21] Deshalb konzentrierten sich die Bemühungen in der Folgezeit darauf, einzelnen Betroffenen individuell zu helfen, wobei jede offene Kritik an der Regierung und ihrer Politik vermieden wurde. Aber die vertraulich vorgebrachten Einsprüche blieben in einigen speziellen Fällen erfolglos, so der Versuch für Peter Pringsheim aufgrund von dessen Internierung im Ersten Weltkrieg den Frontkämpferstatus zu reklamieren oder das Unterfangen, die Venia Legendi von Lise Meitner zu erhalten.[22] Das Rundschreiben von Laues diente nur der Weitergabe von Daten an Hilfsorganisationen. Darüber hinausgehende Aktionen erschienen von Laue und der DPG offenbar wenig sinnvoll, hätten aber auch nicht ihrer Haltung entsprochen, sich von der öffentlichen politischen Debatte fernzuhalten.

Offenbar wollte es die DPG in den folgenden Jahren vermeiden, das Thema der Vertreibung auch nur zu erwähnen. In den *Verhandlungen der Deutschen Physikalischen Gesellschaft*, dem offiziellen Verbandsorgan, findet sich in jener Zeit wenig, was mit den politischen Veränderungen und den Emigrationen in direktem Zusammenhang steht. In diesem Mitteilungsblatt wurde überwiegend von den Sitzungen der Gauvereine berichtet, teilweise mit kurzen Inhaltsanga-

20) Bericht von Ehrenfest vom 13.5.1933, AHQP, EHR (3,8).
21) Helmuth Albrecht, Max Planck: Mein Besuch bei Adolf Hitler – Anmerkungen zum Wert einer historischen Quelle in Helmuth Albrecht (Hrsg.), Naturwissenschaft und Technik in der Geschichte. 25 Jahre Lehrstuhl für Geschichte der Naturwissenschaft und Technik am Historischen Institut der Universität Stuttgart, Stuttgart 1993, S. 41–63.
22) Brief von Laue, Planck und Schrödinger an den Verwaltungsdirektor der Friedrich Wilhelms-Universität, 1.6.1933, abgedruckt in: Rudolf Schottlaender (Hrsg.), Verfolgte Berliner Wissenschaft, Berlin 1988, S. 91.

ben der Vorträge; dazu gab es Protokolle der Geschäftsversammlungen, Nekrologe auf bedeutende Physiker sowie die Auflistung neu aufgenommener Mitglieder. Das Programm des neunten Physikertags in Würzburg vom 17. bis 22. September 1933 zeigte das Referat des neuen Präsidenten der Physikalisch-Technischen Reichsanstalt Johannes Stark, *Über die Organisation der physikalischen Forschung*, als erstes Ereignis auf der Eröffnungssitzung an.[23] Starks offensiver Anspruch auf den Vorsitz stieß in der DPG jedoch auf eindeutige Ablehnung. Das Protokoll gibt darüber keine Auskunft und vermerkte nur, »als Vorsitzender wird Hr. K. Mey gewählt«, ohne Angabe eines quantitativen Abstimmungsresultats.[24] Bei dem vermeintlich »ideologisch neutralen« Industriephysiker Mey handelte es sich um den Direktor der Osram GmbH, der bereits seit 1931 der Deutschen Gesellschaft für technische Physik (DGtP) vorstand. Zuvor hatte von Laue, der nach zwei Jahren satzungsgemäß zurückgetreten war, mit einer Ansprache über das Vorgehen der Inquisition gegen Galilei einen Bezug zu aktuellen Ereignissen um Einstein herstellen wollen.[25] Bei der ordentlichen Geschäftsversammlung der Mitglieder der Berliner Gesellschaft vom Dezember 1933 wurde bei den Änderungen im Vorstand noch angegeben, dass »an Stelle des aus Berlin verzogenen Hrn. P. Pringsheim« Herr Ebert die Position eines Ersatzmannes einnehme.[26] Soweit die zwar nicht unkorrekte, aber doch nicht vollständige Information über die Emigration eines Kollegen, der inzwischen an der Université libre in Brüssel untergekommen war. Die Tatsache der erzwungenen Abwanderung fand sich in diesem Organ nicht einmal beiläufig wieder. Selbst von Laues Nekrolog für Haber vermeldete in den Verhandlungen des Jahres 1934 dessen Tod auf einer Reise in einen Schweizer Kurort, ohne dabei die beabsichtigte Emigration zu erwähnen.[27] Bei den in diesem Artikel auch noch genannten James

---

[23] Verhandlungen der Deutschen Physikalischen Gesellschaft 14 (1933), S. 29.
[24] Ebd., S. 32.
[25] Alan D. Beyerchen, Wissenschaftler, S. 97.
[26] Verhandlungen der Deutschen Physikalischen Gesellschaft 14 (1933), S. 36.
[27] Verhandlungen der Deutschen Physikalischen Gesellschaft 15 (1934), S. 7–9. Haber hatte Deutschland im August 1933 verlassen. Da noch Verhandlungen über die Reichsfluchtsteuer geführt wurden und trotz Haushaltsauflösung weiterhin ein Wohnsitz in Berlin existierte, war die Emigration in formaler Hinsicht zwar nicht vollzogen, aber von

Franck und Max Born fehlte ebenfalls jeder entsprechende Hinweis.[28)]

Die Gauvereine und Ortsgruppen der beiden physikalischen Gesellschaften erhielten in einem Rundschreiben von ihrem gemeinsamen Vorsitzenden Mey im Februar 1934 dann doch einen offiziellen Hinweis auf die »Abwanderung deutscher Gelehrter«. Die Zeitschriften *Science* und *Nature* hatten diese Vorgänge thematisiert, was in den Worten Meys eine ungünstige Stimmung gegen Deutschland erzeugte und die angelsächsischen Länder als »Horte der Geistes- und Wissenschaftsfreiheit« erscheinen ließ. Für die deutschen Physiker wurde dies offenbar deshalb zu einem Problem, weil damit generell die Beziehungen zum Ausland, also beispielsweise auch der Besuch von wissenschaftlichen Veranstaltungen, zur Disposition standen. Mey hatte sich deshalb mit den »maßgebenden Reichsbehörden« in Verbindung gesetzt und von dort die Zustimmung erhalten, solchen Treffen nicht nur nicht fernzubleiben, sondern sie aktiv für die Darstellung der deutschen Position zu nutzen. Insoweit wollte Mey das Angebot der beiden Gesellschaften, ihren Mitgliedern für solche Fälle Reisebeihilfen zu gewähren, als Unterstützung der Regierung gewertet wissen.[29)] Für den speziellen Aspekt der Auslandsbeziehungen konnte Mey also eine gewisse Kontinuität aufrechterhalten, weil er es verstand, die Regierung von einem Gleichklang der Interessen zu überzeugen.

Bei der Festsitzung zum 90-jährigen Bestehen der Berliner Physikalischen Gesellschaft im Januar 1935 spielte die jüngste Vergangenheit im historischen Abriss von Karl Scheel keine Rolle.[30)] Man erfuhr aber die aus den Mitgliedslisten ebenfalls direkt erkennbare Tatsache, dass ein Drittel der Mitglieder »außerhalb der Reichsgrenze wohne«.[31)] Dieser Anteil nahm sogar noch etwas zu, denn überraschend viele Emigranten blieben zunächst noch Mitglieder der DPG

Laue wusste zweifellos, dass Haber nicht mehr nach Deutschland zurückkehren wollte. Siehe dazu z. B.: Dietrich Stoltzenberg, Fritz Haber, Weinheim 1994, S. 602–616.
28) Verhandlungen der Deutschen Physikalischen Gesellschaft 3. R., 15 (1934), S. 7–9.
29) Mey an die Gauvereine und Ortsgruppen der DPG und DGtP, 27.2.1934, MPGA, III. Abt., Rep. 19, NL Debye, Nr. 1011, Bl. 1–3.
30) Verhandlungen der Deutschen Physikalischen Gesellschaft 3. R., 16 (1935), S. 1–11.
31) Ebd., S. 11. Siehe auch die Statistiken von Alan D. Beyerchen, Wissenschaftler, S. 109.

und die Mitgliedslisten mit den Adressenangaben zeigten ihre Emigrationswege.

Am 29. Januar 1935 fungierte die DPG neben der Deutschen Chemischen Gesellschaft (DCHG) als Mitveranstalter einer unter der Schirmherrschaft der Kaiser-Wilhelm-Gesellschaft stehenden Gedenkfeier zum ersten Todestag von Haber, der auch einer ihrer früheren Vorsitzenden gewesen war. Die Feier erhielt vor allem durch einen kurzfristigen Ministerialerlass vom 15. Januar, der allen Beamten die Teilnahme untersagte, einen demonstrativen Charakter, der nicht intendiert gewesen war.[32] In einem engagierten Brief an den Minister verwahrte sich Mey als Vorsitzender der DPG gegen jeden Vorwurf einer regimekritischen Veranstaltung, den er als Verleumdung zu disqualifizieren suchte.[33] Als ein Akt des Widerstandes ist sie aber retrospektiv immer wieder gewertet worden.[34]

Im Jahr 1935 wählte die DPG Jonathan Zenneck zum neuen Vorsitzenden. Offenbar glaubte man in der DPG weiterhin, den Ansprüchen der Politik im Wesentlichen mit gewissen Ritualen und sprachlichen Floskeln gerecht zu werden. Von seinem Vorgänger Mey ließ Zenneck sich über die korrekte Form der Begrüßungsrede für die Herbsttagung instruieren, als er ihn im September 1936 anfragte: »Ebenso müßte wohl auch vereinbart werden, wer das ›Sieg-Heil‹ auf den Führer ausbringt. Außerdem müßte wohl ein Huldigungstelegramm an den Führer aufgesetzt und abgesandt werden. Ich habe keine Erfahrung in diesen Sachen und weiß nicht, in welcher Weise diese Angelegenheit bisher geregelt wurde.«[35]

An den ideologischen Auseinandersetzungen mit der »Deutschen Physik« wollte sich die DPG bewusst nicht beteiligen.[36] Friedrich Hund wandte sich wegen der Angriffe Starks im *Schwarzen Korps* an Zenneck. Aber dieser war ebenso wie von Laue der Meinung, dass eine Intervention von Seiten der Gesellschaft zwecklos wäre.[37]

---

32) Vgl. den Beitrag von Ute Deichmann in diesem Band.
33) Mey an den Reichsminister am 24.1.1935, DPGA, Nr. 10011, vgl. die Dokumentation *Die Haber-Feier 1935* im Anhang dieses Bands.
34) Dazu beispielsweise Beyerchen, Wissenschaftler, S. 100–103.
35) Zenneck an Mey, 2.9.1936, DMA, NL Zenneck, Kasten 12. Siehe auch Georg Schmucker, Jonathan Zenneck 1871–1959. Eine technisch-wissenschaftliche Biographie, Dissertation Universität Stuttgart 1999, S. 443.
36) Vgl. den Beitrag von Michael Eckert in diesem Band.
37) Hund an Zenneck, 21.7. u. 2.8.1937, DMA NL Zenneck, Kasten 38; Zenneck an Hund am 2.8. und 5.8.1937 (Durchschlag), ebd., von

Offenbar handelte es sich um eine Strategie der DPG, Konflikten auszuweichen, wenn dabei eine Auseinandersetzung mit politischen Instanzen befürchtet werden musste. Daher überließ man es den Mitgliedern, solche Kontroversen individuell auszutragen. So war die problematische Lage der Hochschulphysik, insbesondere im Bereich der Theorie, 1934 in einer persönlichen Eingabe von Max Wien sowie 1936 in einem von 75 Professoren der Physik unterzeichneten gemeinsamen Memorandum von Heisenberg, Hans Geiger und Wien thematisiert worden.[38] Unter jenem Memorandum standen auch die Unterschriften von Zenneck und mehreren anderen Vorstandsmitgliedern, aber trotz der hier zweifellos tangierten »Standesinteressen« trat die DPG als Organisation dabei nicht in Erscheinung.

In Beantwortung einer entsprechenden Anfrage im November 1935 befürwortete Zenneck im Prinzip die Aufnahme von »Nichtariern«, wenn man ausschließen könnte, dass dies »irgendwelche Unannehmlichkeiten nach sich ziehen würde.«[39] Gerade der amtierende Vorsitzende Zenneck gehörte aber stets zu jenem konservativen Flügel der deutschen Physikerschaft, der im akademischen Wettbewerb und den ideologischen Auseinandersetzungen der Weimarer Zeit häufig unerwünschte »jüdische Kräfte« am Werk sah, so etwa nachdem Gustav Hertz 1926 eine Professur in Halle erhalten hatte.[40] Er war sich auch nicht zu schade, antisemitische Vorurteile zu instrumentalisieren, als er 1936 gegen Arnold Sommerfeld als möglichem Kandidaten für die Redaktion der *Zeitschrift für Physik* das Argument ins Feld führte, dass man diesem nicht zu Unrecht vorwerfe, »früher eine starke prosemitische Tätigkeit entfaltet« zu haben.[41] Wenn also gerade Zenneck dennoch die Aufnahme »nichtarischer« Mitglieder befürwortete, so zeigt dies, dass die Frage der

---

Laue an Zenneck am 31.7.1937, ebd., Kasten 50. Siehe zu dem Artikel im »Schwarzen Korps« auch Klaus Hentschel/Ann M. Hentschel (Hrsg.), Physics and National Socialism. An Anthology of Primary Sources (= Science Networks. Historical Studies, Bd. 18), Basel – Boston – Berlin 1996, S. 152–161.

38) Dieter Hoffmann, Die Physikerdenkschriften von 1934/36 und zur Situation im faschistischen Deutschland, Wissenschaft und Staat, in: itw-kolloquien Nr 68, Berlin 1989, S. 185–211; vgl. auch Klaus Hentschel/Ann M. Hentschel, Physics, S. 91–95 und 137–140.
39) Zenneck an Brüche, 23.11.1935, DMA, NL Zenneck, Kasten 12.
40) Zenneck an Himstedt, 4.4.1927, DMA, NL Zenneck, Kasten 38.
41) Zenneck an Mey, 4.1.1936 (Durchschlag), DMA, NL Zenneck, Kasten 12.

Mitgliedschaft auf einer ganz anderen Ebene anzusiedeln ist. Ein ganz entscheidender Gesichtspunkt war dabei sicherlich die schwierige finanzielle Lage der Gesellschaft. So musste der 1937 zunächst in Salzburg geplante Physikertag mangels frei verfügbarer Devisen nach Bad Kreuznach verlegt werden.[42] Für die DPG war es deshalb schon allein aufgrund der angespannten Haushaltslage opportun, die Mitgliederzahl auf möglichst hohem Niveau zu halten. Eine besondere Bedeutung besaß dabei der etwa ein Drittel ausmachende Anteil der außerhalb der Reichsgrenzen Wohnenden, denn diese Mitglieder verschafften der Gesellschaft die so sehr begehrten Devisen. In der DPG vermutete man bei ihnen eine besondere Solidarität mit den inländischen jüdischen Mitgliedern, deren Behandlung und Status deshalb auch stets in einem ökonomischen Kontext stand.[43]

Für die Aufnahme in die DPG benötigte man einen diesbezüglichen Vorschlag eines Mitglieds, über den der Vorstand dann jeweils zu befinden hatte. Es gab auch nach 1933 vereinzelte Zulassungen »nichtarischer« Wissenschaftler, davon mindestens eine schon vor der erwähnten Antwort Zennecks.[44] Es handelte sich also nicht um eine prinzipielle Frage, sondern um eine Angelegenheit, die sich jeweils individuell regeln ließ. Auf Vorschlag des Schatzmeisters Walter Schottky wurde 1937 mit Wolfgang Berg ein Emigrant neues Mitglied der DPG. Er war im Sommer 1933 aufgrund des Berufsbeamtengesetzes als Assistent in Berlin entlassen worden. Zunächst durch ein Stipendium der Imperial Chemical Industries unterstützt, arbeitete er zu jener Zeit bei der Firma Kodak im englischen Harrow.[45] Außerdem wurde auf Vorschlag von Zenneck zur gleichen Zeit mit dem italienischen Physiker Emilio Segrè jemand Mitglied, der in

---

42) Zenneck an Ministerium,17. 6.1937, nach Schmucker, Jonathan Zenneck, S. 445.
43) Einige Stellungnahmen des Schatzmeisters Schottky sprechen für diese Einschätzung, so z. B. Schottky an Goudsmit, 3.1.1938, AIP, Goudsmit Papers, Box 3, Folder 45 (Nachdruck in der Dokumentation *Außenpolitik* im Anhang zu diesem Band) und Schottky an Debye am 3.12.1938, MPGA, III. Abt., Rep. 19, NL Debye, Nr. 1014, Bl. 36.
44) So 1934 Walter Deutsch, 1935 Rolf Landshoff und Hans Beutler. Siehe Verhandlungen der Deutschen Physikalischen Gesellschaft 3. R., 15 (1934), S. 27; 16 (1935), S. 24 und 51.
45) Zu den ICI Stipendien s. Stefan L. Wolff, Frederick Lindemanns Rolle bei der Emigration der aus Deutschland vertriebenen Physiker, in: Yearbook of the Research Center for German and Austrian Exile Studies 2 (2000), S. 25–58.

Deutschland nicht nur als »Nichtarier«, sondern im Sinn der engeren Definition der Nürnberger Gesetze auch als Jude gegolten hätte.[46] Eine ganz andere Qualität besaß dagegen die im Blickpunkt der Öffentlichkeit stehende, 1937 nach mehrjähriger Pause wieder aufgenommene Verleihung der Planck-Medaille.[47] Für die Auswahl des Preisträgers holte man zuvor jeweils das Einverständnis des Ministeriums ein. Als sich im Frühjahr 1938 bei dem potenziellen Kandidaten Enrico Fermi »Bedenken rassischer Art« ergaben und eine Genehmigung deshalb fraglich schien, sah man bald davon ab, diese Idee weiterzuverfolgen.[48]

Die DPG versuchte 1933 durch Initiative ihres Vorsitzenden von Laue den von Entlassungen betroffenen Kollegen durch Weitergabe ihrer Daten behilflich zu sein. Ansonsten vermied sie es, das Thema der Emigration in ihren offiziellen Organen überhaupt zu erwähnen. Insgesamt ist das Bemühen der DPG erkennbar, sich aus Konflikten herauszuhalten, selbst wenn dabei »Standesinteressen« zur Disposition standen. Da die Mitgliedschaft von »Nichtariern« zunächst keinen Anstoß erregte und man ohne ihr Verbleiben um den hohen Ausländeranteil fürchtete, der für den Zufluss der wichtigen Devisen sorgte, gab es in dieser Hinsicht keinen Anlass, etwas an dem bestehenden Zustand zu ändern.

Das Verhältnis der Emigranten zur DPG

Nur eine kleine Minderheit unter den Entlassenen und Emigranten erwog aufgrund der Behandlung, die sie durch den deutschen Staat erfahren hatte, einen generellen Boykott deutscher Institutionen einschließlich der DPG. Viele hielten im Gegenteil an ihrer Mitgliedschaft lange fest, gerade weil sie sich nicht ausgrenzen lassen wollten, aber auch, weil sie die DPG als unabhängig von den staatlichen Or-

---

46) Verhandlungen der Deutschen Physikalischen Gesellschaft 3. R., 18 (1937), S. 36.
47) Vgl. den Beitrag von Richard Beyler/Michael Eckert/Dieter Hoffmann in diesem Band.
48) Bericht über die Sitzung des Vorstandes der Physikalischen Gesellschaft zu Berlin am 30.3.1938, MPGA, III. Abt., Rep. 19, NL Debye, Nr. 1176, Bl. 1. Die Vermutung, dass Fermi Jude sei, war falsch. C. F. v. Weizsäcker versuchte über die deutsche Botschaft, entsprechende Informationen für die DPG zu beschaffen.

ganen betrachteten. Ebenso sprachen häufig ganz pragmatische Gründe für eine Fortsetzung der Mitgliedschaft. Vereinzelt publizierten die Emigranten weiterhin in deutschen Zeitschriften[49] und blieben durch den Abdruck ihrer neuen Adressen für ihre Kollegen, wozu auch die anderen Emigranten gehörten, erreichbar.

Traditionsgemäß war die DPG schon seit ihrer Gründung nicht nur ein Berufsverband der Physiker im engeren Sinn, sondern schloss als Organisation der naturwissenschaftlichen Leitdisziplin stets eine beträchtliche Zahl von Chemikern, Meteorologen, Astronomen, Mineralogen, Industriellen und Technikern mit ein. Die hohe Zahl von Ausländern verlieh der Gesellschaft dazu eine gewisse Internationalität.

Tabelle 1 Austritte aus der DPG

Im Lauf des Jahres	Austritte insgesamt (inklusive der unbekannten Zahl von Streichungen aufgrund ausstehender Beiträge)	Austritte von Mitgliedern, von denen nachweislich bekannt ist, dass sie (potenzielle) Opfer von »rassischer« oder politischer Diskriminierung waren
1932	69	entfällt
1933	113	19
1934	74	4
1935	108	29
1936	32	5
1937	51	8
1938	121	47
Summe ab 1933	499	112

Die Gesamtzahl der Mitglieder schwankte zwischen 1225 (Anfang 1933) und 1079 (Anfang 1939), wobei Firmen und Institutionen, deren Anzahl sich auf 212 bzw. 239 belief, nicht berücksichtigt sind. Die in der zweiten Spalte der Tabelle 1 aufgeführten individuellen Austritte erreichen Größenordnungen von bis zu 10 % der Mitgliedschaft.[50] Mit der Angabe für 1932 wird die von den politischen Ereig-

---

[49] Vgl. den Beitrag von Gerhard Simonsohn in diesem Band.
[50] Nach Vergleichszählungen der Mitgliedslisten, die in den *Verhandlungen der Deutschen Physikalischen Gesellschaft* abgedruckt sind bzw. für 1937 in einer separat gedruckten Mitgliedsliste vorliegen. Für

nissen unabhängige Größenordnung in etwa erfasst. In der dritten Spalte ist die Zahl derer aufgeführt, von denen man Kenntnis hat, dass sie aufgrund ihrer Herkunft bzw. der ihres Ehepartners oder ihrer politischen Überzeugung nicht mehr in Deutschland arbeiten konnten oder wollten (Einzelheiten in der Tabelle in der Dokumentation *Gleichschaltung* im Anhang dieses Bandes). Die Angaben stützen sich im Wesentlichen auf das 1983 herausgegebene »Biographische Handbuch der deutschsprachigen Emigration nach 1933« und die Listen zweier Hilfsorganisationen: zum einen die im Druck erschienene *List of Displaced German Scholars* der *Notgemeinschaft deutscher Wissenschaftler im Ausland* von 1936 mit einem Supplement von 1937 und zum anderen die Akten der englischen *Society of the Protection of Science and Learning* (SPSI), die 1933 als *Academic Assistance Council* gegründet worden war.[51] Nicht allen Wissenschaftlern, die in den beiden Listen aufgeführt sind, gelang schließlich die Emigration, aber ihre Nennung wird hier als Beleg genommen, sie zu dem vom Nationalsozialismus diskriminierten Personenkreis zu zählen bzw. zu denen, die in irgendeiner Form ihre politische Opposition bekundeten. Manche überlebten in Deutschland, einige fielen der nationalsozialistischen Mordmaschinerie zum Opfer; in einzelnen Fällen ließ sich ihr Schicksal nicht klären. Von den Migranten, also jenen Wissenschaftlern, die schon vor 1933 eine Position im Ausland angenommen hatten, sind hier diejenigen eingeschlossen, denen eine Rückkehr auf Stellungen in Deutschland aufgrund der veränderten politischen Verhältnisse verwehrt blieb.

Die überwiegende Zahl der Austritte lässt sich im obigen Sinn jedoch nicht zuordnen. Mit den hier zur Verfügung stehenden Instrumentarien können prinzipiell nicht alle Personen erfasst werden. So sind die jüngeren, noch nicht etablierten Mitglieder, in den Nachschlagewerken nicht verzeichnet. Das Gleiche gilt ebenso für viele, die außerhalb der Universitäten oder Forschungseinrichtungen tätig

---

1938/39 s. auch Klaus Hentschel/Ann M. Hentschel, Physics, S. lxx und die Internetliste: http://www.uni-stuttgart.de/hi/gnt/hentschel/Dpg38-39.htm

51) Werner Röder (Hrsg.), Biographisches Handbuch der deutschsprachigen Emigration nach 1933, München 1980; List of Displaced German Scholars, London 1936; Herbert Strauss (Hrsg.), Emigration. Deutsche Wissenschaftler nach 1933. Entlassung und Vertreibung, Berlin 1987 (enthält einen Reprint der Londoner Liste von 1936 und des Supplements von 1937).

waren. Selbst bei vorliegenden Informationen über die Lebensläufe kann man, von den Todesfällen abgesehen, häufig keine Aussage über die Gründe des Ausscheidens machen. Auch ausstehende Beiträge führten nach vergeblichen Mahnungen satzungsgemäß zu einer Streichung der Mitgliedschaft. Durch die Einstellung der Zahlungen war es dementsprechend möglich, sie in passiver Weise zu beenden. Eine Charakteristik wird aber deutlich. Die individuell identifizierbaren Austrittszahlen der dritten Spalte weisen für die Jahre 1933, 1935 und besonders für 1938 deutliche Spitzen auf. Das ist wenig überraschend, denn darin spiegeln sich ganz offenbar die Wirkungen der politischen Ereignisse wieder. Im Jahr 1933 ist dies die »Machtergreifung« mit dem Berufsbeamtengesetz, 1935 sind es die Nürnberger Gesetze, in deren Folge schließlich auch die Ausnahmeregelungen des Berufsbeamtengesetzes für Frontkämpfer wie »Altbeamte« entfielen und 1938 gab es vom Anschluss Österreichs im März bis zum Novemberpogrom mehrere Ereignisse, die man mit den Austritten in Verbindung bringen kann. Dazu kam es im Dezember 1938 zu der weiter unten näher beschriebenen Entscheidung der DPG, ihre noch verbliebenen inländischen jüdischen Mitglieder zum Austritt aufzufordern. Das stellte schließlich den Abschluss einer längeren Entwicklung dar, der in quantitativer Hinsicht deshalb keine einschneidenden Auswirkungen mehr hatte.[52)] Insgesamt dokumentieren die Zahlen, dass die Aufgabe der Mitgliedschaft durch die Betroffenen während einiger Jahre zwar sprunghaft anstieg, aber dennoch ein sich kontinuierlich vollziehender Prozess war. Bemerkenswert ist die erstaunlich hohe Zahl von mehr als 30 Emigranten bzw. Migranten, die selbst im Jahr 1939 der DPG noch weiterhin angehörten (Vgl. die Tabelle in der Dokumentation *Außenpolitik* im Anhang dieses Bands). Allerdings hatten drei von ihnen schon seit 1937 keine Beiträge mehr bezahlt, weshalb ihre Mitgliedschaft im Frühjahr 1939 zur Disposition stand.[53)] Auch wenn die DPG in fachlicher Hinsicht ein breites Spektrum umfasste, gab es umgekehrt zahlreiche

---

52) Die bisherigen Untersuchungen fokussierten sich zumeist auf jene von Außen aufgezwungene Entscheidung von 1938 und haben ihr dabei ein eher zu großes Gewicht beigemessen. So Helmut Rechenberg, Vor fünfzig Jahren, Physikalische Blätter 44 (1988), S. 418 und zuletzt auch Klaus Hentschel auf seiner Internetliste: http://www.uni-stuttgart.de/hi/gnt/hentschel/Dpg38-39.htm
53) Beutler, Emden und Heinz Kallmann in einer Liste von 15 Personen und einer Institution (Physikalisches Institut Bukarest), die seit län-

Physiker, die ihr nicht angehörten. So zeigen die erwähnten Listen der Hilfsorganisationen, dass der hier betroffene Personenkreis nur etwa zur Hälfte Mitglied in der DPG gewesen ist.[54] Es fehlen so prominente Namen wie die von Hans Bethe, Felix Bloch, Otto Robert Frisch, Victor Weisskopf oder Edward Teller. Allerdings hatten sich einige von ihnen vor 1933 dennoch an den Aktivitäten der Gesellschaft beteiligt. So trafen sich beispielsweise Bethe und Rudolf Peierls erstmals auf einer Tagung der DPG.[55]

Die Darstellung von einzelnen Austritten bzw. auch von Entscheidungen, diesen Schritt bewusst nicht zu vollziehen, soll vor dem Hintergrund der jeweiligen persönlichen Lage die in der obigen Tabelle 1 unter Spalte 3 aufgeführten Zahlen in einer zeitlichen Abfolge exemplarisch illustrieren. Unter den wenigstens neunzehn Austritten des Jahres 1933, die man im oben definierten Sinn mit der rassischen bzw. politischen Diskriminierung in Verbindung bringen kann, findet man die Namen von Albert Einstein, der zwischen 1916 und 1918 selbst Vorsitzender der DPG gewesen war, und Alfred Landé. Einstein hatte nach kritischen Äußerungen über die neue deutsche Regierung unter öffentlichem Aufsehen am 28. März 1933 seinen Rücktritt von der Mitgliedschaft in der Preußischen Akademie der Wissenschaften erklärt.[56] Nun war zu erwarten, dass jede Organisation, die ihn weiter als Mitglied führen würde, deshalb zur Zielscheibe politischer Angriffe werden könnte.

> In diesem Sinn schrieb er an von Laue: »Lieber von Laue! Ich habe erfahren, daß meine nicht geklärte Beziehung zu solchen deutschen Körperschaften, in deren Mitgliederverzeichnis mein Name noch steht, manchen meiner Freunde in Deutschland Ungelegenheiten bereiten könnte. Deshalb bitte ich

gerem keine Beiträge entrichtet hatten. Siehe Brief von Schottky an Debye, 16.3.1939, MPGA, III. Abt., Rep. 19, NL Debye, Nr. 1016, Bl. 31.

54) Man kann als Sample z. B. die von der *Society for the Protection of Science and Learning* (SPSL) unter der Sparte *Physics* aufgelisteten 158 Personen nehmen. Reduziert man diese auf die Physiker, die in Deutschland, Österreich und Prag tätig waren, so verbleiben etwa 135, von denen 63, also nur knapp die Hälfte der DPG angehörte, BLO, Archive der SPSL. Bei der Liste der *Notgemeinschaft* gehörte ebenfalls nur die Hälfte der aufgelisteten Physiker der DPG an (69 von 139 unter Einschluß des Supplements).

55) Interview von C. Weiner mit R. Peierls im August 1969, American Institute of Physics, Niels Bohr Library, Transkription, S. 4.

56) Chr. Kirsten/H.-J. Treder (Hrsg.), Albert Einstein in Berlin, Teil 1. Darstellung und Dokumente, 1979, S. 246.

Dich, gelegentlich dafür zu sorgen, daß mein Name aus den Verzeichnissen dieser Körperschaften gestrichen wird. Hierher gehört z. B. die Deutsche Physikalische Gesellschaft, die Gesellschaft des Ordens pour le mérite. Ich ermächtige Dich ausdrücklich, dies für mich zu veranlassen. Dieser Weg dürfte der richtige sein, da so neue theatralische Effekte vermieden werden. Freundschaftlich gruesst Dich Dein A. Einstein.«[57]

Einstein verstand seinen Austritt als stillen Rückzug, um Freunden Probleme zu ersparen. Er wollte damit also keinesfalls ein Zeichen für andere setzen. Der zu der Gruppe der Migranten zählende Landé verband dagegen mit diesem Schritt ein konkretes, über seine Person hinausgehendes politisches Anliegen. Er versuchte noch weitere im Ausland ansässige Mitglieder zu einem gemeinsamen Austritt zu bewegen und beabsichtigte, diese demonstrative Aktion mit einer allgemeinen Protesterklärung gegen die Behandlung der Juden in Deutschland zu verknüpfen.[58] Landé war zwar selbst nicht Jude, sondern gemäß einer Selbstauskunft lediglich teilweise jüdischer Herkunft. Aber seine Zeit in Tübingen hatte ihn offenbar stark sensibilisiert. Schon als er 1921 dorthin berufen wurde, fand er sich mit den sachlich unzutreffenden Attributen »jüdisch« und »kommunistisch« in die Rolle eines Außenseiters gedrängt. Angesichts eines solchen Umfelds, das keine Chance zur sozialen Integration bot, nahm er 1929 nur zu gern ein Angebot an, für ein halbes Jahr an der Ohio State University zu lehren. Eine zweite Einladung im Jahr 1930 mündete dann in einer permanenten Anstellung. Die Erinnerung an die Atmosphäre in Tübingen mit den beginnenden Aktivitäten der Nationalsozialisten war bei Landé wahrscheinlich für eine besondere Betroffenheit verantwortlich, die ihn nun dazu bewegte, für eine koordinierte Austrittsaktion zu werben.[59] Aber offenbar fand er kaum Zustimmung. Beispielsweise schloss sich der von ihm angeschriebene Paul Epstein, der schon seit 1921 in Pasadena arbeitete, einem derartigen Vorgehen zunächst nicht an. Als von Laue 1935 einige Emigranten an ausstehende Mitgliedsbeiträge erinnerte, versuchte er derartigen Initiativen entgegenzutreten und appellierte an sie, gerade in dieser Situation in der DPG zu verbleiben. Theodor von Kármán,

[57] Einstein an von Laue, 5.6.1933, MPGA, III. Abt., Rep. 19, NL Laue, Nr. 536, Bl. 1. Nachdruck in der Dokumentation *Albert Einstein, Max von Laue und Johannes Stark* im Anhang sowie das Faksimile im Bildteil dieses Bands.
[58] Landé an Epstein, 23.3.1933, CITA, Epstein Papers, nach: Beyerchen, *Wissenschaftler*, S. 110.
[59] Interview von C. Weiner mit A. Landé am 3.10.1973, AIP.

ein ebenfalls in Pasadena tätiger Migrant und seit 1933 mit seinen Beiträgen im Rückstand, war einer der wenigen, der positiv darauf reagierte. Die politisch bedingten Wanderungsbewegungen der Wissenschaftler charakterisierte Kármán in seiner Antwort mit einer physikalischen Metapher: »Zweifellos hat die Entwicklung der letzten Jahre eine wahre Brown'sche Bewegung der Physiker in Aktion gesetzt. Es scheint mir, daß die damit verbundene Diffusion vielen Ländern ganz nützlich sein kann.« Von Laue war enttäuscht von der geringen Resonanz auf seine Bemühungen und griff etwas resignierend Kármáns Metapher auf: »Sagen Sie doch deutschen Physikern, welche noch in Brownscher Bewegung sind oder sich schon sedimentiert haben, daß mir der Mann, der auf den Sack schlug, weil er den Esel meinte, niemals als Muster besonderer Klugheit erschienen ist.«[60]

Unter den übrigen Austritten des definierten Personenkreises finden wir 1933 ansonsten überwiegend diejenigen, die aufgrund des Berufsbeamtengesetzes schon entlassen bzw. beurlaubt worden waren und bereits den Weg in die Emigration angetreten hatten. Dazu gehörten u. a. der Mathematiker Richard Courant, der zunächst nach England und 1934 weiter in die USA ging oder der Chemiker Friedrich Paneth, der von einem Besuch in England 1933 gar nicht mehr nach Deutschland zurückkehrte. Ebenso verlor die DPG den theoretischen Physiker Paul Hertz aus Göttingen und den aus Wien stammenden Karl Weissenberg. Hertz arbeitete seit 1934 in Genf; Weissenberg, dem man seine Position an den Kaiser-Wilhelm-Instituten und bald darauf seine außerordentliche Professur an der Berliner Universität genommen hatte, ab 1934 an der Universität Southampton.[61]

Das Jahr 1934 brachte keine neuen Perspektiven. Einige weitere Emigranten wie der 1933 in Göttingen entlassene Heinrich Kuhn, der nun in Oxford arbeitete, verließen die Gesellschaft. Das Jahr 1935 zeigte dagegen nicht nur einen deutlichen quantitativen Anstieg. Die Austritte erfolgten nun überwiegend entkoppelt von der Emigration.

60) v. Laue an v. Kármán, 4.5.1935, v. Kármán an v. Laue, 3.6.1935 und v. Laue an v. Kármán,15.6.1935, CITA, Kármán Papers, der letzte der drei Briefe auch in Alan D. Beyerchen, Wissenschaftler, S. 111. Kármán ist ein Beispiel, wie die Begriffe »Migrant« und »Emigrant« sich überlappen konnten, denn er ist von der TH Aachen noch entlassen worden: Ulrich Kalkmann, Die Technische Hochschule Aachen im Dritten Reich (1933–1945), Aachen 2003, S. 130–132.
61) Personenakte Weissenberg, BLO, Archive der SPSL.

Das konnte wie bei dem theoretischen Physiker Friedrich Kottler aus Wien oder bei Erich Marx aus Leipzig, der nach seiner Entlassung noch in einem privaten Institut tätig war, schon Jahre vor der Auswanderung in die USA geschehen. Andere wiederum wie Max Born, Leo Szilard, Hans Reichenbach und weitere, die 1933 ihre Stellen verloren und Deutschland bald darauf verlassen hatten, verzichteten erst jetzt mit einem Abstand von gut zwei Jahren auf ihre Mitgliedschaft oder waren möglicherweise wegen ausgebliebener Beiträge gestrichen worden. Auch der 1935 erfolgte Austritt von Paul Epstein, der sich 1933 noch der Initiative von Landé zu einem Boykott verweigert hatte, spricht für eine kritischere Bewertung der Verhältnisse in Deutschland und der Rolle der DPG. Als weiteres Indiz könnte man in dieser Hinsicht die neun Austritte von Mitgliedern aus den angelsächsischen Ländern werten, die einen solchen Schritt möglicherweise als Akt der Solidarität betrachteten.

Im Jahr 1936 gab es vergleichsweise nur geringe personelle Verluste für die DPG. Aber es wäre ein Irrtum, daraus auf eine Stabilität in der Haltung der verbliebenen Mitglieder zu schließen. Der seit 1927 in den USA wirkende Niederländer Samuel Goudsmit, der in Deutschland studiert und seine Kontakte dorthin weiterhin aufrechterhalten hatte, rang in dieser Hinsicht über ein Jahr mit seinen Zweifeln. Ungeachtet der Tatsache, dass Goudsmit Jude war, bezeichnete Walther Gerlach ihn 1936 als »alter Institutsgenosse, als Freund und Mitarbeiter« und warb angesichts ausstehender Mitgliedsbeiträge um dessen Verbleiben in der DPG.[62)] Am 24. Juni 1936 antwortete Goudsmit: »Manchmal sehe ich gar nicht ein welchen Zweck es hat die Deutsche Physikalische Gesellschaft noch länger zu unterstützen. Die unmenschliche Behandlung vieler ausgezeichneten deutschen Wissenschaftler stimmt mir [sic] sehr traurig.«[63)] Die alten Bindungen bewogen ihn trotz allem, seine Mitgliedschaft vorerst nicht niederzulegen und dem Schatzmeister Schottky seinen Jahresbeitrag zu übersenden.[64)] Aber am Ende des Jahres 1937 vollzog Goudsmit dann

---

62) Gerlach an Goudsmit, 10.2.1936, AIP, Goudsmit Papers, Box 3, Folder 45 (Nachdruck in der Dokumentation *Außenpolitik* im Anhang dieses Bands).
63) Goudsmit an Gerlach, 24.6.1936, abgedruckt in Rudolf Heinrich und Hans-Reinhard Bachmann, Walther Gerlach, Katalog Deutsches Museum, München 1989, S. 75.
64) Goudsmit an Schottky, 24.6.1936, Bestätigung in Schottky an Goudsmit am 14.7.1936, AIP, Goudsmit Papers, Box 3, Folder 45.

schließlich doch den Bruch mit der DPG und kündigte seine Mitgliedschaft: »Ich bin davon enttäuscht, daß die Gesellschaft als ganze nie gegen die scharfen Angriffe auf einige seiner [sic] hervorragendsten Mitglieder protestiert hat.«[65] Goudsmit hatte offenbar ein anderes Verständnis von den Aufgaben und Handlungsspielräumen einer Berufsorganisation in Deutschland. Schottky drückte sein Bedauern über den Schritt von Goudsmit aus, auch weil er im Namen der Gesellschaft die besondere Bedeutung der Beziehungen zu den ausländischen Kollegen betonte.[66] Er hätte darauf verweisen können, dass viele der Emigranten trotz allem immer noch an ihrer Mitgliedschaft festhielten. Im Jahr 1937 verlor die DPG jedoch weitere von ihnen, darunter Walter Heitler und Rudolf Peierls, die beide schon Jahre zuvor nach England ausgewandert waren.

Diese Abfolge von Austritten war wohl keine direkte Reaktion auf Handlungen der DPG selbst. Wie das Beispiel von Goudsmit zeigt, handelte es sich eher darum, eine Berufsorganisation für die Auswirkungen der Politik in ihrem eigenen, vergleichsweise engen fachlichen Zuständigkeitsbereich mitverantwortlich zu machen. Die vereinzelten Bemühungen um »Nichtarier« konnten auch nicht darüber hinwegtäuschen, dass sich die in Deutschland verbliebenen Mitglieder, die von dem Berufsbeamtengesetz, den Nürnberger Gesetzen und weiteren Maßnahmen ausgegrenzt worden waren, in der DPG keineswegs in einem Reservat kollegialer Solidarität befanden. Spätestens das Jahr 1938 bescherte ihnen auch in dieser Hinsicht schmerzliche Einschnitte. Aber schon vorher lassen sich allmähliche Veränderungen registrieren. So verschwanden die meisten aus diesem Personenkreis in ihrer Eigenschaft als Referenten sukzessive und unspektakulär aus den *Physikalischen Berichten*.[67]

---

65) Goudsmit an Schottky, 17.12.37, AIP, Goudsmit Papers, Box 4, Folder 48 (Nachdruck in der Dokumentation *Außenpolitik* im Anhang dieses Bands).
66) Schottky an Goudsmit, 3.1.1938, AIP, Goudsmit Papers, Box 3, Folder 45, (Nachdruck in der Dokumentation *Außenpolitik* im Anhang dieses Bands).
67) Im Jahr 1938 finden sich nur noch Beiträge von Karl Przibram aus Wien und Reinhold Fürth aus Prag. Letzterer wird auch 1939 als einziger dieses Personenkreises aufgeführt. Nach der *Liste der Mitarbeiter* in den *Physikalischen Berichten* der entsprechenden Jahrgänge. Siehe ebd., 14 (1933) bis 20 (1939).

Tabelle 2 Referenten, die (später) von Entlassungen, Frühpensionierung bzw. »rassischer« oder politischer Diskriminierung (Definition wie Spalte 3 der Tabelle 1) betroffen waren

Jahr	Zahl der so definierten Referenten
1933	25
1934	9
1935	7
1936	6
1937	4
1938	2
1939	1

Die Vorbereitungen zu Sommerfelds 70. Geburtstag am 5. Dezember 1938 ließen schließlich eine Kluft deutlich werden, die vermutlich schon länger existierte, aber nunmehr öffentlich sichtbar wurde. Ein von der Gesellschaft geplantes Sonderheft der *Annalen der Physik* durfte auf Verlangen des Verlags keine Beiträge von »Nichtariern« enthalten. Das wurde von der dabei federführenden Gruppe von Sommerfeldschülern, zu denen u. a. Peter Debye, Vorsitzender der DPG seit 1937, und Otto Scherzer gehörten, im Frühjahr 1938 akzeptiert. Paul Ewald und Wolfgang Pauli reagierten empört, als sie davon Kenntnis erhielten.[68] Pauli hoffte auf die Solidarität von Kollegen, Zeitschriften solcher Verlage zukünftig zu boykottieren.[69] Er sah darin einen unakzeptablen Präzedenzfall.[70] Auf diese Weise war hier erstmals eine neue, diskriminierende Regel eingeführt worden, ohne bei den Physikern in Deutschland – soweit sie nicht selbst betroffen waren – auf Widerstand zu stoßen.

In einem Brief vom Oktober vermutete Debye, dass Juden sogar die Teilnahme an der Tagung verwehrt bleiben würde, die zu Sommerfelds Geburtstag in München geplant war.[71] Die Ausrichtung hatte der Gau Oberbayern übernommen, womit es sich um eine offi-

---

68) Debye an Hopf, 18.10.1938, MPGA, III. Abt., Rep. 19, NL Debye, Nr. 377, Bl. 6.
69) Pauli an Heisenberg, 15.8.1938, Karl v. Meyenn, Wolfgang Pauli, S. 593.
70) Pauli an Epstein, 21.8.1938, ebd., S. 595–596.
71) Heisenberg an Pauli, 15.7.1938, ebd., S. 587 (vgl. dazu auch Meyenns Kommentar auf S. 572). Debye an Hopf, 18.10.1938, MPGA, III. Abt., Rep. 19, NL Debye, Nr. 377, Bl. 6.

zielle Veranstaltung der DPG handelte.[72] Die Einschätzung von Debye hing möglicherweise schon mit den sich anbahnenden Konsequenzen einiger Vorgänge auf der Herbsttagung der Gesellschaft während des vorangegangenen Monats zusammen, die im nächsten Abschnitt erörtert werden.

Ludwig Hopf, der aufgrund des Berufsbeamtengesetzes 1933 seine Professur an der TH Aachen verloren hatte, gehörte zu dem Kreis der ehemaligen Sommerfeldschüler in Deutschland.[73] Da er Mitte Oktober noch immer keinerlei Informationen über die Modalitäten der von ihm zu diesem Anlass natürlich erwarteten Feierlichkeiten besaß, wandte er sich an Debye. Hopf, der bereits allen Versammlungen der letzten Jahre ferngeblieben war, fragte ganz ohne Illusionen hinsichtlich des eigenen Status, ob seine Teilnahme »unter den heutigen Umständen« vielleicht unerwünscht sei.[74] Das »rein arische« Annalenheft überraschte ihn schon nicht mehr, aber den Ausschluss von einer Veranstaltung der DPG wollte er nicht hinnehmen: »solange ich Mitglied bin und jährlich so und so viel Mark zahle, habe ich das Recht, wie jedes Mitglied behandelt zu werden... Werde ich nicht eingeladen, so werde ich natürlich austreten.«[75] In einem weiteren Brief vom 10. November bekräftigte er diesen Standpunkt: »Jedenfalls lege ich Wert darauf, an der Festsitzung u.s.w. mit allen Rechten eines Mitgliedes der Physik-Gesellschaft teilzunehmen, und rechne bestimmt auf Einladung«.[76]

Mit dem »arischen« Annalenheft und der von der bayerischen Sektion der DPG ausgerichteten Geburtstagsfeier Sommerfelds gab es nun eine offene Aufkündigung der kollegialen Solidarität. Eine derartige Einschränkung der Rechte von »nichtarischen« bzw. (im engeren Sinn der Nürnberger Gesetze) jüdischen Mitgliedern in Deutschland reduzierte deren Mitgliedschaft in dem ohnehin eher losen Verbund einer beruflichen Interessengemeinschaft auf eine bloße Formalie. Neben Hopf verließen mit Fritz London, Wolfgang Pauli

---

72) Bericht in: Verhandlungen der Deutschen Physikalischen Gesellschaft 20 (1939), S. 7–9.
73) Zu der Entlassung von Hopf s. dessen nachträglich angelegte Personalakte, Hochschularchiv der RWTH Aachen, PA 2013.
74) Hopf an Debye, 16.10.1938, MPGA, III. Abt., Rep. 19, NL Debye, Nr. 377, Bl. 5.
75) Hopf an Debye, 19.10.1938, ebd., Bl. 7.
76) Debye an Hopf, 9.11.1938, ebd., Bl. 8 und Hopf an Debye am 10.11.1938, ebd., Bl. 9.

und Arthur Rosenthal noch drei weitere Sommerfeldschüler die DPG im Jahr 1938.[77] Ein kausaler Zusammenhang kann nicht belegt, jedoch vermutet werden. London und Rosenthal waren bereits emigriert. Der in Zürich tätige Pauli gehörte ebenfalls zu den potenziell Betroffenen, denn er hätte aufgrund seiner Abstammung nicht mehr in Deutschland arbeiten können.[78] Der deutliche Anstieg der Austritte im Jahr 1938 hatte mehrere Komponenten. Zum einen verließen weitere Emigranten bzw. Migranten die DPG, darunter u. a. von Kármán, der 1935 noch positiv auf von Laues Appell reagiert hatte, in der Gesellschaft zu verbleiben, oder Lise Meitner, die gerade im Jahr 1938 auf abenteuerliche Weise aus Deutschland geflohen war. Aber weitaus größer war die Zahl der Austritte aus dem Deutschen Reich, zu dem seit dem im März erfolgten »Anschluss« nun auch Österreich gehörte. Von diesen etwa 30 Mitgliedern stammte ein Drittel allein aus Wien. Die meisten von ihnen hatten im Radiuminstitut gearbeitet und waren aufgrund der dann in Österreich ebenfalls angewandten nationalsozialistischen Beamtengesetze entlassen worden. Bis auf den Direktor Stefan Meyer, der in Bad Ischl überleben konnte, emigrierten alle davon betroffenen Mitglieder bald darauf.[79]

Es gibt noch mehr Faktoren, die 1938 zu einem Anstieg der Austritte führten. Ganz allgemein verschärfte sich die politische und soziale Situation für die jüdischen Bürger des Deutschen Reichs. Der als Reichskristallnacht bezeichnete Pogrom vom 9. November markierte eine Eskalation, die über alles zuvor Geschehene hinausging. In seiner Folge gab es willkürliche Verhaftungen, von denen u. a. Hans Baerwald, Professor für Physik an der TH Darmstadt, betroffen

---

77) Eine Liste von Sommerfeldschülern findet man in einem Zusatz eines Briefs von Debye an Pauli vom 23.4.1928 aus Anlass von Sommerfelds 60. Geburtstag in Karl v. Meyenn, Wolfgang Pauli, S. 704–710.
78) Pauli beschreibt seinen eigenen Status als »75 per cent. jewish« in Pauli an Aydelotte, 29.5.1940, Library of Congress, Washington, Manuscript Division, Neumann Box 8.
79) Neben Meyer waren dies weitere sechs Mitglieder der DPG: Karl Przibram, Marietta Blau, Elisabeth Rona, Franz Urbach, Gustav Kürti und Stefan Pelz. Siehe Wolfgang Reiter, Die Vertreibung der jüdischen Intelligenz: Verdopplung eines Verlustes -1938/1945, Internationale Mathematische Nachrichten 187 (2001), S. 1–20, hier: S. 16. Zu Meyer selbst siehe Idem, Stefan Meyer: Pioneer in Radioactivity, Physics in Perspective 3 (2001), S. 106-127, hier S. 122f.

war. Baerwald verbrachte einen Monat im Konzentrationslager Buchenwald und musste sich bei seiner Entlassung zu einer baldigen Emigration verpflichten.[80] Hopf entging dem gleichen Schicksal nur durch das Eingreifen seines Sohns, der anstelle seines Vaters einen Monat in Buchenwald einsaß.[81] Zu den Maßnahmen, die das wissenschaftliche Arbeiten weiter einschränkten, gehören die Anordnung der Berliner Universitätsleitung vom 14. November, Juden den Besuch von Kolloquien nicht mehr zu gestatten sowie das generelle Verbot vom 8. Dezember, Einrichtungen der Universitäten wie deren Bibliotheken zu benutzen.[82] Die Haltung von Planck zu der ersten der beiden neuen Bestimmungen mag für die sich unpolitisch dünkende Elite symptomatisch sein. Er bedauerte es, akzeptierte in diesem Umfeld aber, dass es sich auf die Dauer eben nicht vermeiden ließ.[83]

Seit der Herbsttagung vom September 1938 sah sich die Gesellschaft einem kritischen Interesse von Seiten des zuständigen Ministeriums ausgesetzt. Der damit verbundene, aber auch der aus der eigenen Mitgliedschaft zunehmende Druck veranlasste den Vorstand am 9. Dezember, die (im Sinn der Nürnberger Gesetze) jüdischen Mitglieder in Deutschland zum Austritt aufzufordern. Die näheren Umstände werden im folgenden Abschnitt diskutiert. Es ist dokumentiert, dass lediglich sieben von ihnen bis Anfang Januar 1939 dementsprechende schriftliche Erklärungen abgaben. Wahrscheinlich waren nur noch so wenige verblieben, die sich davon angesprochen fühlen mussten. Für die denkbare Alternative eines Ausschlusses

---

80) Autobiografische Beschreibung in Baerwald an das Rektorat der Technischen Hochschule Darmstadt, 30.1.1946, Archiv der TU Darmstadt, Personalakte TH 25/01-19/8. Baerwald wurde in der Liste von 1939 weiter als Mitglied geführt.
81) Dietmar Müller-Arends unter Mitwirkung von Ulrich Kalkmann, Ludwig Hopf 1884–1939 in Klaus Habetha (Hrsg.), Wissenschaft zwischen technischer und gesellschaftlicher Herausforderung. Die Rheinisch-Westfälische Technische Hochschule Aachen 1970–1995, Aachen 1995, S. 208–215, hier: S. 213.
82) Erlaß des Rektors der Berliner Universität (Hoppe) vom 14.11.1938, MPGA, III. Abt., Rep. 19, NL Debye, Nr. 1268, Bl. 55; Saul Friedländer, Das Dritte Reich und die Juden, München 1998, 308; Joseph Walk, Das Sonderrecht für die Juden im NS-Staat, Heidelberg – Karlsruhe 1981, 264.
83) Planck an von Laue, 17.11.1938, DMA, NL von Laue; vgl. auch Stefan L. Wolff, Vertreibung, S. 270.

bot die Satzung dem Vorstand in diesen Fällen zunächst keine formale Handhabe.

Richard Gans antwortete als erster. Der 84-jährige Emil Cohn, Georg Jaffé und Leo Graetz erklärten noch vor dem 13. Dezember ihren Austritt. Einige Tage später folgten Walter Kaufmann aus Freiburg und Hans Adolf Boas aus Berlin. Hartmut Kallmann trat Anfang Januar 1939 aus.[84] Gans, Kallmann und Kaufmann waren unter speziellen Bedingungen und Umständen (z. B. durch eine »privilegierte Mischehe«) in der Lage, in Deutschland zu überleben.[85] Graetz starb im Alter von 85 Jahren 1941 in München. Cohn und Jaffé wie auch Hopf emigrierten noch vor Kriegsbeginn in die Schweiz, USA bzw. nach England/Irland.

Auch die Gesamtzahl der Austritte (Tabelle 1, Spalte 2) erreichte 1938 ein Maximum. Vielleicht handelte es sich bei einigen der 22 Ausländer, die darunter waren, um einen Akt der Solidarität. Da die Mitgliedsliste von 1939, auf der ihre Namen fehlen, im Februar herauskam, könnte es sich bereits um Reaktionen auf die geschilderten Ereignisse der letzten Monate des Jahres 1938 handeln.[86] Aber weitere Aussagen über deren Motivationen scheinen nicht möglich zu sein.

Von den Deportationen und Ermordungen sind verhältnismäßig wenige Mitglieder der DPG betroffen gewesen. Sicherlich verbleibt eine Dunkelziffer, da man nicht alle von ihnen identifizieren kann. Die hier betrachteten, teilweise sehr profilierten Naturwissenschaftler besaßen im Vergleich zu den anderen Verfolgten überdurchschnittlich gute Möglichkeiten im Ausland unterzukommen. In Deutschland konnten diejenigen, die aufgrund des Berufsbeamtengesetzes

84) Briefe des Sekretariats Debye an Grotrian, 10.12., 13.12., 17.12.1938 u. 14.1.1939. MPGA, III. Abt., Rep. 19, NL Debye, Nr. 1914, Bl. 39, 40 u. 43 und ebd., Nr. 1016, Bl 1. Darin wird jeweils von den bereits zuvor erfolgten Austritten der betreffenden Personen berichtet. Die Anzahl der so dokumentierten Austritte ist relativ gering, aber es gibt kein Indiz, dass die Unterlagen unvollständig wären, Vgl. auch Rechenberg, Vor fünfzig Jahren, S. 418.
85) Zu Gans vgl. Edgar Swinne, Richard Gans. Hochschullehrer in Deutschland und Argentinien, Berlin 1992. Zu Kallmanns »privilegierter Mischehe« seine Selbstauskunft in dem Brief an den Bundespräsidenten Heuss vom 4.(?) 1. 1954, MPGA, PA Kallmann. Zu Kaufmann dessen Nachlaß, UFA, Kaufmann, C139.
86) Brief von Mecke an Bothe, 8.5.1939, MPGA, III. Abt., Rep. 19, NL Debye, Nr. 1016, Bl. 43. Darin bezog er sich auf die Mitgliedsliste vom Februar.

ihre Stellen verloren hatten und keine Ruhestandsbezüge erhielten, höchstens noch eine begrenzte Zeit in privatwirtschaftlichen Nischen weiterarbeiten. Lediglich die Emigration ermöglichte eine wie auch immer geartete Fortsetzung der wissenschaftlichen Tätigkeit. Folgerichtig finden wir die meisten ehemaligen Mitglieder nach ihrer Emigration in Großbritannien und den USA (Vgl. Dokumentation 4) im Anhang dieses Bandes), da es fast nur dort die notwendige Absorptionsfähigkeit mit der geeigneten Infrastruktur gab. In diesem Sinn schrieb Sommerfeld an Pauli in seinem Dank für die Geburtstagsgratulation am 1. Januar 1939, dass »vielleicht ... die Zukunft der Kultur nicht ›auf dem Wasser‹, sondern jenseits des großen Wassers« liege.[87] Einigen ehemaligen Mitgliedern gelang es selbst nach Kriegsbeginn, in die bis Dezember 1941 neutralen USA zu flüchten, so Hedwig Kohn nach mehreren vergeblichen Ansätzen 1940 und Fritz Reiche sowie Erich Marx sogar noch im Jahr 1941.[88]

Die Ausdehnung des deutschen Machtbereichs ließ auch Emigranten erneut zu Opfern der nationalsozialistischen Verfolgung werden, die im Verlauf des Kriegs nicht mehr auf Ausgrenzung, sondern schließlich auf die Vernichtung abzielte. Sowohl Herbert Jehle, der aus politischen Gründen und seiner religiösen Überzeugung als Quäker nicht mehr in Deutschland hatte arbeiten wollen, als auch Pringsheim verschleppte man aus Brüssel in verschiedene französische Internierungslager. In diesen beiden Fällen gelang es noch durch Interventionen von außen (Eddington bzw. Franck), eine Freilassung zu erreichen. Jehle und Pringsheim konnten 1941 dann jeweils anschließend in die USA ausreisen.[89] Der ebenfalls nach Brüssel ausgewanderte Karl Przibram schaffte es nicht mehr, sein ursprüngliches Ziel in England zu erreichen, überlebte aber im belgischen Untergrund. Ein schlimmeres Schicksal traf dagegen den 1939 nach Frankreich geflüchteten Franz Pollitzer. Er wurde 1942 nach Auschwitz depor-

---

87) Sommerfeld an Pauli, 1.1.1939, abgedruckt in: Karl v. Meyenn, Wolfgang Pauli, S. 615–616.
88) Zu Hedwig Kohn: Brenda Winnewisser, Hedwig Kohn – eine Physikerin des zwanzigsten Jahrhunderts, Physik Journal 2 (2003), S. 51–55. Zu Fritz Reiche: Valentin Wehefritz, Verwehte Spuren – Prof. Dr. phil. Fritz Reiche 1883–1969; ein deutsches Gelehrtenschicksal im 20. Jahrhundert, Dortmund 2002.
89) Zu Jehle: W. Drechsler und Helmut Rechenberg, Herbert Jehle (5.3.1907–14.1.1983), in: Physikalische Blätter 39 (1983), S. 71; zu Pringsheim: Valentin Wehefritz, Gefangener zweier Welten, Dortmund 1999, S. 33–35.

tiert und ermordet. In Berlin gehörte Alfred Byk zu den vielen Opfern, die – wie es euphemistisch hieß – in den Osten evakuiert wurden. Sein Transport vom 13. Juni 1942 brachte ihn in das Todeslager Majdanek. Arnold Berliner hatte sich angesichts der drohenden Deportation das Leben genommen. Der Prager Fabrikant Emil Kolben kam nach Theresienstadt, wo er 1943 starb. Kurt Sitte überlebte als politischer Häftling das Konzentrationslager Buchenwald.[90]

Das Verbleiben von mehr als 30 Emigranten und Migranten in der DPG selbst im Jahr 1939 erscheint vor diesem Hintergrund ein erstaunliches Phänomen zu sein (Vgl. die Tabelle in der Dokumentation *Außenpolitik* im Anhang dieses Buches). Dieser Umstand gab auch innerhalb der Gesellschaft Anlass zu Beanstandungen. So machte der Freiburger Professor Reinhold Mecke seine Wahl in den Vorstand des Gauvereins Baden-Pfalz von der Erfüllung der »bestehenden Reichsbestimmungen« abhängig, die er durch die »große Anzahl von Emigranten« in der Mitgliedsliste verletzt sah.[91]

Insoweit stellt sich die Frage nach den Motiven jener Emigranten, die trotz allem an ihrer Mitgliedschaft festhielten. Beispiele können dies zwar nicht vollständig klären, aber Hinweise liefern. Zu dieser Gruppe gehörte beispielsweise auch Rudolf Ladenburg, dessen Biographie weder den Vorwurf mangelnder Solidarität für die Emigranten aufkommen lässt, noch den Verdacht politischer Naivität rechtfertigt. Schon 1931 war er für zunächst ein Jahr an die Princeton University gegangen, woraus sich 1932 eine permanente Anstellung

---

90) Zu Arnold Berliner: Max v. Laue, Arnold Berliner (26.12.1862–22.3.1942), Die Naturwissenschaften 33 (1946), S. 257–258. Pollitzer: Aussage der Witwe in Poggendorff, 7a, S. 607 sowie Liste des Convoi No 30 en Date du 9 Septembre 1942,in: Serge Klarsfeld, Le Memorial de la Déportation des Juifs de France, Paris 1978, nicht paginiert oder Memorial to the Jews deported from France 1942-44, New York 1983, S. 265; Byk: FU Zentralinstitut für sozialwissenschaftliche Forschung (Hrsg.), Gedenkbuch Berlins der jüdischen Opfer des Nationalsozialismus, Berlin 1995, S. 181 und Bundesarchiv Koblenz (Hrsg.), Gedenkbuch: Opfer der Verfolgung der Juden unter der nationalsozialistischen Gewaltherrschaft in Deutschland 1933–45, Band 1, Koblenz 1995, S. 190; Kolben: H. Kolben, Dr. h.c. Ing. Emil Kolben zum Gedächtnis, Bohemia 26 (1985), S. 111–121 (erwähnt lediglich Tatsache, dass er dem Dritten Reich zum Opfer fiel); Sitte, Personenakte Sitte, BLO, Archive der SPSL.

91) Mecke an Bothe, 8.5.1939, MPGA, III. Abt., Rep. 19, NL Debye, Nr. 1016, Bl. 43; Grotrian an Debye, 13.5.1939, ebd., Bl. 41; Grotrian an Bothe, 13.5.1939, ebd., Bl. 44; Grotrian an Steinke und Mecke, 13.5.1939, ebd., Bl. 45–46.

ergab. Angesichts der Vorgänge in Deutschland verfasste er im Dezember 1933 zusammen mit Eugen Wigner ein Rundschreiben an 27 Physiker in den USA, die ebenfalls fast alle aus Europa stammten. Darin baten die beiden Autoren darum, während eines Zeitraums von zwei Jahren zwei bis vier Prozent des Gehalts für eine Reihe von Not leidenden Kollegen, die sie namentlich nannten, zur Verfügung zu stellen.[92] Abschließend schrieben sie: »Wir hoffen, dass auch Sie die Wichtigkeit einer solchen Hilfsaktion empfinden und Ihre Unterstützung und Mitwirkung nicht versagen werden.«[93]

Über die Verhältnisse in Deutschland machte sich Ladenburg keine Illusionen. Er selbst wurde im Jahr 1938 noch in seiner Funktion als auswärtiges Mitglied der Kaiser-Wilhelm-Gesellschaft mit der deutschen Gesetzgebung konfrontiert, die ihn aufgrund seiner »Rasse« diskriminierte. Der geschäftsführende Vorstand unterrichtete ihn am 16. Juni 1938 davon, dass »alle Auswärtigen Mitglieder, die in Verfolg der deutschen Rassegesetzgebung zur Ausübung ihrer Mitgliedschaft tatsächlich nicht in der Lage sind, aus den Mitgliedslisten« gestrichen würden. Ladenburg fühlte sich am 3. Juli 1938 zu einer Replik herausgefordert, in der er auf seine amerikanische Staatsbürgerschaft verwies, die ihn von allen Verpflichtungen gegenüber Deutschland befreie. Da aber die Kaiser-Wilhelm-Gesellschaft dennoch die deutschen Rassegesetze auf auswärtige Mitglieder anwende, bat er ausdrücklich darum, von der Mitgliedsliste gestrichen zu werden.[94] Bei der erwähnten, noch zu erörternden Austrittsaufforderung der DPG vom Dezember 1938 wurden diese »rassischen Kriterien« dagegen nur auf die im Deutschen Reich ansässigen Mitglieder angewandt. Angesichts solcher Ereignisse ist Ladenburgs Verbleiben in der DPG vermutlich eine sehr bewusste Entscheidung gewesen.

92) Charles Weiner, A new site for the seminar. The refugees and American physics in the Thirties, in Donald Fleming & Bernhard Bailyn (Hrsg.), The Intellectual Migration: Europe and America 1930–1960, Cambridge MA 1969, S. 190–234, hier: S. 215–216.
93) Zit. nach: ebd., S. 229–230.
94) Vorstand der KWG an Ladenburg, 16.6.1938, Ladenburg an den Vorstand am 3.7.1938, Telschow an das Ministerium, 2.8.1938, MPGA, PA Ladenburg. Siehe zu den Veränderungen der Statuten Helmuth Albrecht u. Armin Hermann, Die Kaiser-Wilhelm-Gesellschaft im Dritten Reich (1933–1945) in Rudolf Vierhaus/Bernhard v. Brocke, Forschung im Spannungsfeld von Politik und Gesellschaft, Stuttgart 1990, S. 356–406, hier: S. 385–386.

Die Situation eines weiteren Migranten zeigt, dass es durchaus ganz pragmatische Gründe geben konnte, die DPG nicht zu verlassen. Cornelius Lanczos war ebenfalls schon 1931 zunächst als *visiting professor* in die USA gegangen und blieb dann angesichts der politischen Veränderungen in Deutschland an der Purdue University in Lafayette, Indiana. Mit seinem Forschungsschwerpunkt in der mathematischen Physik hatte er Probleme in der amerikanischen Wissenschaftslandschaft. Selbst Einstein, dessen Mitarbeiter er ein Jahr lang gewesen war, konnte ihm in dieser Hinsicht wenig helfen: »Man schätzt eben hierzulande mehr das unmittelbar greifbare Ergebnis als die Qualität und das dauernd Wertvolle.«[95]

Aufgrund harscher Zurückweisungen einiger amerikanischer Zeitschriften nützte Lanczos seine noch vorhandenen Kontakte nach Deutschland, insbesondere zu Karl Scheel, dem Schriftleiter der *Zeitschrift für Physik*, um dort zu veröffentlichen. Einstein wollte das nicht akzeptieren: »kann aber nicht begreifen, daß Sie als Jude noch in Deutschland publizieren. Dies ist doch eine Art Verrat. Die deutschen Intellektuellen haben sich im Ganzen bei all den scheußlichen Ungerechtigkeiten schmachvoll benommen und haben es reichlich verdient, boykottiert zu werden.«[96] Aber Lanczos meinte, zwischen staatlichen Institutionen und dem Berufsverband differenzieren zu können. So betonte er in seiner Antwort an Einstein, aus verschiedenen Quellen den Eindruck gewonnen zu haben,

> »daß ein großer Teil der deutschen Physiker (und auch der Mathematiker) der jetzigen Verbrecher-Wirtschaft durchaus fernsteht und sich in keiner Weise daran betätigt, wenn's auch natürlich praktisch unmöglich ist sich irgendwie aktiv *dagegen* zu äußern. Da ich die Zeits. f. Phys. durchaus als Organ der deutschen Physiker und nicht als eine Zeitschrift Deutschlands betrachte, empfand ich keinen Hinderungsgrund, meine Arbeit dort zu placieren.«[97]

Hier begegnet uns also auch einmal bei einem Emigranten die Sichtweise oder vielleicht das Wunschdenken, die in Deutschland verbliebenen Kollegen als eine vom Regime unabhängige Fachgemeinschaft wahrzunehmen, der er sich aufgrund persönlicher Bindungen weiterhin zugehörig fühlte. In der

---

[95] Einstein an Lanczos, undatiert, Anfang Februar 1938, AEA, Nr. 15–271 u. 15–272.

[96] Einstein an Lanczos, 11.9.1935, AEA, Nr. 15-246 und 15-247. Vgl. John Stachel, Lanczos's Early Contributions to Relativity and His Relationship with Einstein, in J. David Brown et al (Hrsg.), Proceedings of the Cornelius Lanczos International Centenary Conference, Philadelphia 1993, S. 201–221, hier: S. 218–219.

[97] Lanczos an Einstein, 14.9.1935, AEA, Nr. 15–248.

schwierigen Situation der mangelnden Anerkennung in den USA half sie ihm ganz konkret mit den Möglichkeiten zur Publikation.

Seit 1933 gab es also etappenweise Austritte von Mitgliedern, was diese aber fast nie mit einem offenen Protest gegen die Zustände in Deutschland verbanden. Landé und Goudsmit erscheinen hier eher als Ausnahmen. Für manche war die Emigration der Anlass zum Austritt, eine beträchtliche Anzahl aber wollte die Verbindung aufrechterhalten, was – wie das Beispiel von Lanczos zeigt – ganz praktische Gründe haben konnte. Dazu warben einige von ihnen sogar im Exil noch neue Mitglieder.[98] Auch die DPG schätzte diese Internationalität. Kurz nach Ausbruch des Kriegs verschickte der Vorstand im Inland eine Namensliste aller Mitglieder, die im neutralen Ausland lebten. Man wollte in Erfahrung bringen, wer über Kontakte zu solchen Kollegen verfügte. Auch Emigranten waren in dieser Liste enthalten.[99] In Deutschland gewährte die Zugehörigkeit zu der DPG aber selbst in dem kleinen fachlichen Rahmen keinerlei Schutz gegen die zunehmenden Diskriminierungen. Im Jahr 1938 garantierte sie nicht einmal mehr den freien Zugang zu ihren eigenen Aktivitäten.

Die Satzungsänderung

Der nicht zuletzt aus dem Desinteresse der Politik resultierende Freiraum für die DPG wurde im Laufe des Jahres 1938 zusehends enger. Verschiedene Vorgänge auf der Herbsttagung, wie ein ausgebliebener Trinkspruch auf den »Führer«, erregten das Missfallen des zuständigen Ministeriums und lenkten dessen Aufmerksamkeit auch auf die Tatsache, dass Juden weiterhin Mitglied der DPG sein und in den Zeitschriften der Gesellschaft publizieren konnten.[100] Beinahe zur gleichen Zeit waren Verordnungen erlassen worden aufgrund derer Juden (hier stets im Sinn der Nürnberger Gesetze) nicht mehr Mitglied von wissenschaftlichen Akademien sein konnten. Max

---

98) Beispiele in Verhandlungen der Deutschen Physikalischen Gesellschaft 15 (1934), S. 27; ebd., 16 (1935), S. 52; ebd., 17 (1936), S. 14 und ebd., 18 (1937), S. 36.
99) Rundschreiben von Grotrian (Geschäftsführer) mit Namens- und Adressenliste vom 1.11.1939, MPGA, III. Abt., Rep. 19, NL Debye, Nr. 1017, Bl. 27–30.
100) Memorandum des Staatssekretärs Otto Wacker vom 3.10.1938, Klaus Hentschel/Ann M. Hentschel, Physics, S. 178–181.

Planck übernahm es in einem Brief vom 10. Oktober, den jüdischen Mitgliedern der PAW angesichts der vom Ministerium verlangten Satzungsänderung den freiwilligen Austritt nahe zu legen.[101] Am 1. Dezember musste er eine weitere Verschärfung dieser Maßnahme bekannt geben, da »Mischlinge« und »jüdisch Versippte« (d. h. ein Mitglied mit jüdischem Ehepartner) nunmehr ebenfalls ausscheiden sollten.[102] In dieser Situation führte ein Schreiben der Mitglieder und engagierten Nationalsozialisten Wilhelm Orthmann und Herbert Arthur Stuart, der seit dem Herbst 1933 auch der SA angehörte, schließlich zu einer ähnlichen Aktion der DPG.[103] In Absprache mit dem übrigen Vorstand wurde am 9. Dezember ein von Debye aufgesetztes Rundschreiben, dessen erster von der Endfassung etwas abweichender Entwurf vom 2. Dezember stammte, an alle deutschen Mitglieder verschickt. Die einleitenden Worte »unter den zwingenden obwaltenden Umständen« deuteten an, nicht unbedingt aus eigenem Antrieb zu handeln, wenn man nun ankündigte, die »Mitgliedschaft von reichsdeutschen Juden im Sinn der Nürnberger Gesetze in der Deutschen Physikalischen Gesellschaft nicht mehr aufrechterhalten« zu können. Die betroffenen Mitglieder wurden aufgefordert, ihren Austritt mitzuteilen.[104] Auch von Laue stimmte als Vorstandsmitglied diesem Vorgehen ausdrücklich zu.[105] Allein der Schatzmeister Schottky, der den aktuellen Anlass offenbar nicht kannte, hatte Einwände erhoben und befürchtete eine Kettenreaktion von Austritten der Emigranten und Ausländer, die immer noch 25% der Mitglied-

---

101) Dieter Hoffmann (Hrsg.), Max Planck. Vorträge und Ausstellung zum 50. Todestag, München 1997, S. 87.
102) Planck an sämtliche Reichsangehörige, ordentliche, auswärtige, korrespondierende und Ehrenmitglieder am 1.12.1938, als offizielle Abschrift an Debye, MPGA, III. Abt., Rep. 19, NL Debye, Nr. 1191, Bl. 16.
103) Das Schreiben selbst ist nicht bekannt. Es wird im Protokoll der Sitzung der Berliner Physikalischen Gesellschaft vom 14.12.1938 erwähnt. Ebd., Nr. 1176, Bl. 8–10; vgl. auch Klaus Hentschel/Ann M. Hentschel, Physics, S. 182–183. Zur Person von Stuart vgl. seinen handgeschriebenen Lebenslauf vom 17.1.1939, BA (ehemals Berlin Document Center), RS, Herbert Stuart geb. am 27.3.1899.
104) Entwurf von Debye vom 2.12.1938, MPGA, III. Abt., Rep. 19, NL Debye, Nr. 1014, Bl. 34, Debye an die deutschen Mitglieder der DPG, 9.12.1938, ebd., Bl. 38; auch in: Klaus Hentschel/Ann M. Hentschel, S. 181–182; s. auch Helmut Rechenberg, Vor fünfzig Jahren, S. 418 (Nachdruck in der Dokumentation *Gleichschaltung* im Anhang dieses Bands).
105) Handschriftliche Notiz unter dem Entwurf von Debye vom 2.12.1938, MPGA, III. Abt., Rep. 19, NL Debye, Nr. 1014, Bl. 34.

schaft ausmachten, wobei er nicht unterließ, auf den dann ausbleibenden »nicht unbeträchtlichen Deviseneingang« hinzuweisen. Aber für Schottky war das keineswegs der einzige Aspekt. Er betrachtete die Verbindung zum Ausland als wichtigen Teil der Tradition der Physikalischen Gesellschaft und hielt in Verkennung der Situation diese Maßnahme sogar staatspolitisch für bedauerlich.[106] Ansonsten gehörte diese Ansicht Schottkys durchaus zu dem lange gepflegten Selbstverständnis der DPG. Sie bezog daraus ein Teil ihres Prestiges, worauf der amtierende Vorsitzende Zenneck noch auf der Physikertagung im Kriegsjahr 1940 am Ende seiner Eröffnungsansprache hinwies: »Und wenn vor dem jetzigen Krieg die Zahl der ausländischen Kollegen, die Mitglieder der Deutschen Physikalischen Gesellschaft waren, mehr als 20% betrug ..., so ist es Zeichen dafür, welches Ansehen unsere Gesellschaft und die deutsche Physik auch im Ausland genossen.«[107]

Am 15. Dezember schloss sich die DGtP mit einem ähnlichen Schreiben an ihre Mitglieder dieser Vorgangsweise an.[108] Der verhältnismäßig freundlich gehaltene Ton dieser Aufforderungen beider Gesellschaften scheint mit dem Bewusstsein zu korrespondieren, dass man den Betroffenen zu diesem Zeitpunkt mit ihrer Mitgliedschaft praktisch nichts mehr nahm, was sie nicht schon verloren hatten. Außerdem sah die bestehende Satzung der DPG ein Erlöschen der Mitgliedschaft lediglich im Fall versäumter Beiträge oder bei Entzug der bürgerlichen Ehrenrechte vor. Insoweit konnte sich die DPG bei Beachtung der Satzung nicht einfach durch Streichung ihrer jüdischen Mitglieder entledigen, sondern war auf deren »Kooperation« angewiesen.[109] Die Satzung bot deshalb auch keine Möglichkeit, die

---

106) Schottky an Debye, 3.12.1938, ebd., Bl. 36.
107) Rede von Zenneck am 1.9.1940 auf der Deutschen Physikertagung in Berlin, in: Verhandlungen der Deutschen Physikalischen Gesellschaft, 3. R., 21 (1940), S. 31–34, hier: S. 34.
108) Mey an die inländischen Mitglieder der DGtP, 15.12.1938, MPGA, III. Abt., Rep. 19, NL Debye, Nr. 1006, Bl. 17.
109) Satzungen der Deutschen Physikalischen Gesellschaft, § 6, in: Verhandlungen der Deutschen Physikalischen Gesellschaft, 3. R., 6 (1925), S. 59–60. Anders die Sachlage bei den Akademien. Auch dort sollte zwar zunächst ein freiwilliger Austritt angestrebt werden, aber im negativen Fall konnte § 11 von deren Satzung in Anwendung kommen, der einen Ausschluss ermöglichte. Anhang zu einem Brief von Dames (Regierungsrat im REM) an Debye, 1.3.1939, MPGA, III. Abt., Rep. 19, NL Debye, Nr. 1201, Bl. 40–41.

Ehrenmitgliedschaften bereits Verstorbener aufzuheben. Demzufolge wurden Emil Warburg und Eugen Goldstein, obwohl jüdisch in der Definition des Rundschreibens, auch in der Mitgliedsliste von 1939 weiterhin als Ehrenmitglieder genannt.

Auf der Vorstandssitzung der Berliner Gesellschaft vom 14. Dezember 1938 berichtete Debye über die »Entwicklung der Nichtarier-Frage« und kündigte als weiteren Schritt nach dem Rundschreiben eine Änderung der Statuten an.[110] Am 2. März 1939 trat der Vorstand der DPG in Berlin zusammen. Bei der Aussprache über diese Satzungsfrage erklärte der Vorsitzende Debye, dass aufgrund der durch sein Rundschreiben geregelten »Judenfrage« keine im Inland wohnenden reichsdeutschen Juden der DPG mehr angehören würden.[111] Wegen der Frage der Satzungsänderung im Sinne einer Beschränkung der Mitgliedschaft habe er Fühlung mit dem Ministerium für Wissenschaft und Volksbildung aufgenommen.[112] Von dort erhielt er die Auskunft, dass einheitliche Richtlinien für die Gestaltung der Satzungen von wissenschaftlichen Gesellschaften nicht vorlägen, bekam aber die entsprechenden Informationen für die wissenschaftlichen Akademien.[113] Vor diesem Hintergrund vertrat Debye die Ansicht, dass man die Satzung ändern sollte, es aber weder nötig noch zweckmäßig sei, hier unmittelbar aktiv zu werden. Der Vorstand kam dann überein, zunächst einmal vorsorglich eine Kommission zu benennen, die im gegebenen Fall das Thema zu bearbeiten hätte. Neben Debye setzte sie sich aus von Laue, Schottky, Stuart und dem Geschäftsführer Walter Grotrian zusammen.[114] Stuart legte Wert darauf, nicht der einzige »Pg« (Parteigenosse: Mitglied der NSDAP) in der Kommission zu sein, was durch Grotrian gewährleistet war. An einer Satzungsänderung war Stuart weniger interessiert, da er eine Gleichschaltung der DPG favorisierte: »... trage ich mich schon lange mit dem Gedanken, daß die Gesellschaften von sich aus Schritte unternehmen sollten, um wie die Chemische Gesellschaft

---

110) Protokoll der Sitzung des Vorstandes der Physikalischen Gesellschaft zu Berlin am 14.12.1938, ebd., Nr. 1176, Bl. 8–9, vgl. auch Klaus Hentschel/Ann M Hentschel, Physics, S. 182–183.
111) Protokoll der Sitzung des Vorstandes der DPG am 2.3.1939, MPGA, III. Abt., Rep. 19, NL Debye, Nr. 1016, Bl. 24–30, hier Bl. 28–29.
112) Debye an Dames, 18.2.1939, MPGA, III. Abt., Rep. 19, NL Debye, Nr. 1201, Bl. 39.
113) Dames an Debye, 1.3.1939, ebd., Bl. 40.
114) Protokoll der Sitzung des Vorstandes am 2.3.1939, ebd., Bl. 29.

und der VDI irgendwie Todt unterstellt zu werden ...«.[115] Mit dieser Ansicht blieb er jedoch in der Minderheit.

Die Kommission wurde dann aber bald aktiv, da sich die Angelegenheit entgegen der Erwartung von Debye doch als dringlich erwies.[116] In den folgenden Monaten gab es mindestens zwei Treffen in Berlin.[117] Mit einer neuen Definition des Mitgliederkreises tat sich die Kommission nicht nur in sprachlicher Hinsicht schwer. Ein besonderes Problem stellte die Behandlung ausländischer Mitglieder dar. Das Ministerium für Wissenschaft, Erziehung und Volksbildung wollte keine wesentlichen Unterschiede gegenüber den inländischen zulassen.[118] Das konnte für die DPG nur von Nachteil sein. Deshalb versuchte Debye hier, die Interessen »des Auswärtigen Amtes und des Finanzministeriums (Devisenbehörden)« zum Aufbau einer Gegenposition zu nützen.[119] Die Kommission ließ sich als Orientierungshilfe die Satzungen anderer wissenschaftlicher und technischer Vereinigungen schicken, die alle bereits Formulierungen enthielten, die den neuen politischen Anforderungen genügten.[120] Wahrscheinlich wollte Debye der DPG einen Teil der Verantwortung abnehmen, als er am 1. Juli das Wissenschaftsministerium um eine inhaltliche Vorgabe bat.[121] Dort verweigerte man sich jedoch einem solchen Ansinnen und verlangte eine Vorlage von der DPG, die dann begutachtet werden würde. Unmissverständlich wies das Ministerium bei dieser Gelegenheit außerdem darauf hin, dass jegliche künftige Förderung wissenschaftlicher Organisationen abhängig von der »Reinheit der Gesellschaften und Vereine von jüdischen oder mischblütigen sowie

---

115) Stuart an Stetter am 17.3.1939, AIP, Goudsmit Papers, Box 28, Folder 53 (Nachdruck in der Dokumentation *Gleichschaltung* im Anhang dieses Bands). Siehe auch Stuart an Grotrian, 20.3.1939, MPGA, III. Abt., Rep. 19, NL Debye, Nr. 794, Bl. 11.
116) Mit Hinweis auf die Dringlichkeit: Grotrian an Stuart, 25.5.1939, ebd., Bl. 15.
117) Es liegen Protokolle vom 21.6. und 7.8. vor: Handschriftliche Notiz auf der Rückseite des Briefs von Stuart an Grotrian am 26.5.1939, ebd., Nr. 1018, Bl. 10 u. Bl. 25–28.
118) Dames an Debye, 1.3.1939, ebd., Nr. 1201, Bl. 40.
119) Debye an Dames, 5.8.1939, ebd., Bl. 49.
120) Grotrian an die DChG und an die Deutsche Bunsengesellschaft am 4.6.1939, ebd., Nr. 1018, Bl. 11–12; DChG und Deutsche Bunsengesellschaft an Grotrian, 6.6.1939, ebd., Bl. 14 u. 16; DMV an Grotrian, 23.6.1939, ebd., Bl. 18; ohne Anschreiben liegt die Satzung der Deutschen Lichttechnischen Gesellschaft der Akte bei, ebd., Bl. 21.
121) Debye an Dames, 1.7.1939, ebd., Nr. 1201, Bl. 45.

jüdisch und mischblütig versippten Mitgliedern« sei.[122] Die Kommission einigte sich daraufhin in ihrer folgenden Sitzung am 7. August auf einen Satzungsentwurf, der dem Ministerium am 19. August zur Genehmigung eingereicht wurde.[123] Der Ausbruch des Kriegs am 1. September 1939 verhinderte zunächst den Abschluss der Angelegenheit.

Nach der Abreise von Debye zu einem als befristet geplanten Forschungsaufenthalt in den USA im Januar 1940 übernahm Zenneck wiederum den Vorsitz. Auf der Vorstandssitzung vom 1. Juni 1940 berichtete er von den Änderungen, die der Minister an dem Satzungsentwurf der Kommission inzwischen vorgenommen hatte. Der auf diese Weise überarbeitete Entwurf wurde vom Vorstand akzeptiert und auf der folgenden, mit der Herbsttagung verbundenen Geschäftsversammlung verabschiedet.[124] Das Ergebnis war schließlich eine 1941 im Vereinsregister eingetragene Satzung, die die Mitgliedschaft auf »Reichsbürger« einschränkte. Davon waren die außerhalb des Reichsgebiets wohnhaften Ausländer zwar ausgenommen, aber angesichts des Kriegszustands konnte das nur noch eine geringe praktische Bedeutung haben.

Zu den erwähnten Änderungen des Ministeriums gehörte ein die Ehefrauen betreffender Passus:

> »Ordentliche Mitglieder können nur Reichsdeutsche werden, welche nebst ihren Ehefrauen [weibliche Mitglieder waren demnach nicht vorgesehen – d. A.] Reichsbürgerrecht besitzen, sowie im Deutschen Reich wohnende Ausländer, welche die Voraussetzung für den Erwerb des Reichsbürgerrechtes nach deutschem Recht erfüllen [...]
> Außerordentliche Mitglieder können im Ausland wohnende Ausländer werden«.[125]

Illustrativ für die Folgen der neuen Regelungen hinsichtlich der Ehefrauen war die Reaktion von Erich Regener, der Zenneck im Oktober 1941 schrieb:

---

122) Dames an Debye, 4.8.1939, ebd., Nr. 1018, Bl. 23.
123) Debye an Dames, 19.8.1939, ebd., Nr. 1201, Bl. 50.
124) Protokoll der Sitzung des Vorstandes der Deutschen Physikalischen Gesellschaft am 1.6.1940, DPGA, Nr. 10014 (Nachdruck in der Dokumentation *Gleichschaltung* im Anhang dieses Bands).
125) Satzungen der Deutschen Physikalischen Gesellschaft, eingetragen am 15.7.1941 (Broschüre beiliegend den Verhandlungen der Physikalischen Gesellschaft).

»[...] möchte ich der Ordnung halber mitteilen, daß meine Frau früher als Jüdin geführt wurde, nach *vorläufiger* Entscheidung des Reichsamtes für Sippenforschung aber jetzt als Mischling ersten Grades gelten kann.«[126]

Im Jahr 1943 wurde dann schließlich noch in Rücksprache mit dem Ministerium ein Fragebogen für Neueintritte vorbereitet.[127]

Die Nachkriegszeit: verschiedene Sensibilitäten

Nach dem Krieg gab es ganz allgemein zwischen denjenigen Deutschen, die geblieben waren und denen, die das Land verlassen mussten, Kommunikationsprobleme bzw. viel Unverständnis, da hier unterschiedliche Befindlichkeiten und Erfahrungen aufeinander prallten. Neben den schlimmen Begleitumständen ihrer Vertreibung aus dem beruflichen und sozialen Leben prägten zunächst vor allem die von Deutschland begangenen Verbrechen die Empfindungen der Emigranten. Dazu hatten nicht wenige von ihnen selbst Angehörige verloren. Beispielsweise waren mehrere Vettern und Kusinen von Einstein in Theresienstadt und Auschwitz ermordet worden. Die meisten der in Deutschland verbliebenen Kollegen lehnten eine persönliche Verantwortung für die Geschehnisse ab und stellten dagegen ihr eigenes Leiden in den Vordergrund.[128]

Das ist der Hintergrund vieler Zitate aus jener Zeit. Lise Meitner warf Otto Hahn und anderen Kollegen im Juni 1945 ihre Arbeit für Nazi-Deutschland vor. Nicht einmal den Versuch eines passiven Widerstands hätten sie unternommen. »Gewiß um Euer Gewissen los zu kaufen, habt Ihr hier und da einem bedrängten Menschen geholfen, aber Millionen unschuldiger Menschen hinmorden lassen, und keinerlei Protest wurde laut.«[129]

Ähnlich dachte Albert Einstein, der deshalb überhaupt kein Verständnis für eine Aktion seines Kollegen Franck aufbringen konnte, der sich vor dem Hintergrund des *Morgenthau-Plans* in einem Appell an die amerikanische Regierung für eine bessere Behandlung

---

126) Regener an Zenneck im Oktober 1941, DMA, NL Zenneck, Kasten 52.
127) Bericht über die Vorstandsratsitzung der DPG am 31.5.1943, DPGA, Nr. 10023.
128) Vgl. den Beitrag von Klaus Hentschel in diesem Band.
129) Meitner an Hahn, 27.6.1945, abgedruckt bei Fritz Krafft, Im Schatten der Sensation, Weinheim 1981, S. 181f.

Deutschlands einsetzen wollte. Einstein lehnte es im Dezember 1945 schroff ab, ein solches Schriftstück zu unterzeichnen:

»Die Deutschen haben nach einem wohlerwogenen Plan viele Millionen Zivilbevölkerung hingeschlachtet, um sich an deren Stelle zu setzen. [...] Aus den paar Briefen, die ich von dort erhalten habe, und aus den Mitteilungen einiger zuverlässiger Menschen, die jüngst hingesandt worden sind, sehe ich, daß von Schuldgefühl und Reue bei den Deutschen keine Spur zu finden ist.«[130]

Als beinahe zur selben Zeit Einstein von Sommerfeld gebeten wurde, seiner Wiederaufnahme in die Bayerische Akademie zuzustimmen, reagierte er recht ähnlich, nicht ohne hervorzuheben, dass er sich über einige ganz wenige persönliche Kontakte freue:

»Nachdem die Deutschen meine jüdischen Brüder in Europa hingemordet haben, will ich nichts mehr mit den Deutschen zu tun haben, auch nichts mit einer relativ harmlosen Akademie. Anders ist es mit den paar Einzelnen, die in dem Bereiche der Möglichkeit standhaft geblieben sind. Ich habe mit Freude gehört, daß Sie zu diesen gehört haben.«[131]

Kasimir Fajans, der 1936 aus München emigriert war, schrieb Sommerfeld am 1. Oktober 1946 aus den USA von seinen Empfindungen in dieser Hinsicht:

»[...] möchte ich erwähnen, dass in den verschiedenen europäischen Ländern während der deutschen Besetzung viele meiner Freunde und Verwandten gewaltsam ums Leben gebracht worden sind und dass speziell in Polen zwei Brüder meiner Frau samt ihren Familien, eine meiner Schwester[n] samt ihren Angehörigen, sowie zahlreiche ander[e] Verwandten ermordet worden sind. Es wird mir für immer unverständlich bleiben, wie das deutsche Volk sich zu solcher Politik hat »führen« lassen, die schliesslich auch den Zusammenbruch verursacht hat.«[132]

Vor diesem Hintergrund fand Heisenberg bei seinem Besuch in England im Jahr 1948 die Kontakte zu den Emigranten erfreulich: »Born war so freundschaftlich und nett wie in alter Zeit, auch Simon

[130] Einstein an Franck, 11.12.1945, abgedruckt in: Jost Lemmerich (Hrsg.), Max Born, James Franck. Physiker in ihrer Zeit. Der Luxus des Gewissens, Ausstellungskatalog, Berlin 1982, S. 141–142.
[131] Einstein an Sommerfeld, 14.12.1946, DMA, HS 1977-28/A,78. Abgedruckt in Michael Eckert/Karl Märker, Arnold Sommerfeld, S. 602–603.
[132] Fajans an Sommerfeld, 1.10.1946, DMA, NL 89 Sommerfeld, 008.

und Peierls waren sehr gastfreundlich, haben es aber doch wohl etwas schwerer, von dem ihnen angetanen Unrecht loszukommen.«[133]

Bei den in Deutschland Verbliebenen dominierte dagegen bald das Gefühl, die meisten von ihnen selbst wären schließlich ebenfalls nur Opfer gewesen. Auch von Laue vertrat diese Ansicht. Diese Nivellierung ließ dann keinerlei Raum mehr für moralische Differenzierungen.[134] Aus einer solchen Perspektive meinte von Laue, den Emigranten und Verfolgten des Nationalsozialismus eine besondere Berechtigung auf Rückerstattung von Verlusten absprechen zu können. So schrieb er Otto Hahn im Mai 1954: »Kallmann klagt, daß ihm die Nationalsozialisten sein Vermögen geraubt hätten. Nun, das Unsere haben die Alliierten geraubt, was in Praxi auf Dasselbe hinaus läuft. In *solchen* Zeiten verarmen eben so ziemlich alle Menschen.«[135]

In den ersten Jahren nach dem Krieg fanden sich die deutschen Physiker in einem politischen Umfeld wieder, von dem sie meinten, es würde sie in ihrer Arbeit unnötig behindern. Da gab es neben wirtschaftlichen Problemen zum einen die politischen Überprüfungen, die auch Otto Hahn vom »Entnazifizierungsunheil« sprechen ließen, zum anderen Dienstverpflichtungen in den Ländern der Siegermächte.[136] In einem in den *Physikalischen Blättern* 1948 abgedruckten, nicht namentlich gezeichneten Brief eines unter diesen Umständen in den USA arbeitenden Physikers wurde das Distanzierungsbedürfnis von Emigranten gegenüber Deutschen erwähnt: »Die einzigen Leute, die gelegentlich (aber auch nicht hundertprozentig) betont zurückhaltend sind, sind die früheren deutschen Emigranten aus der Zeit nach 1933, die unter dem vergangenen System zum Teil schwer gelitten haben und uns daher nicht gern hier sehen, vor allem uns mehr oder weniger deutlich von ihren Hochschulen, an denen sie sitzen fernzuhalten suchen.«[137]

Mit Max Born kam im September 1948 ein Emigrant zu der Physikertagung in Clausthal-Zellerfeld, das zur britischen Zone gehörte.

---

133) Heisenberg an Sommerfeld, 31.3.1948, MPIP, NL Heisenberg.
134) Vgl. die Beiträge von Klaus Hentschel sowie von Gerhard Rammer in diesem Band.
135) von Laue an Hahn, 8.6.1954, MPGA, PA Kallmann.
136) Ernst Brüche, Rückblick auf 1947, Physikalische Blätter 4 (1948), S. 45-49, hier: S. 45-46.
137) Anonymer Brief »aus USA«, in: ebd., S. 268-269.

Dort wurde ihm die erste Max-Planck-Medaille nach dem Krieg verliehen.[138] Born betrachtete sich aber offenbar nicht als Gast der Deutschen: »Wir nahmen teil und fanden freundliche Aufnahme, waren aber noch ganz Besucher aus England, behütet und versorgt von der Besatzungsmacht.«[139] Im folgenden Jahr erhielt Lise Meitner (zusammen mit Otto Hahn) diese Auszeichnung. In ihrem Brief an von Laue vom April 1949 drückte sie ihre Freude darüber aus und betonte ihre besondere Verbindung zu Deutschland:

> »Ich möchte Ihnen als Vorsitzendem (und als einem alten Freund) und natürlich auch dem Vorstand der Deutschen Physikalischen Gesellschaft meinen allerherzlichsten Dank für diese große und so völlig überraschend gekommene Ehrung aussprechen. Jedes Band, das mich an das alte, von mir sehr geliebte Deutschland knüpft, das Deutschland, dem ich für die entscheidenden Jahre meiner wissenschaftlichen Entwicklung die tiefe Freude an der wissenschaftlichen Arbeit und einen sehr lieben Freundeskreis gar nicht genug dankbar sein kann, ist mir ein sehr wertvolles Geschenk.«[140]

Nachdem die Medaille 1950 an Peter Debye ging, dessen Wechsel in die USA im Jahr 1940 eine ganz andere Qualität besaß als die sonst hier erörterten Emigrationen, da diese im Einvernehmen mit dem zuständigen Reichsministerium erfolgt war[141], erhielten 1951 Gustav Hertz und James Franck den Preis gemeinsam. Diese Entscheidung befürwortete auch Einstein, der ansonsten weiterhin keinen Kontakt zu deutschen Institutionen wünschte.[142] Die Auswahl der Preisträger war damals nicht allein unter fachlichen Gesichtspunkten erfolgt. Von Laue hatte es bereits in seinem Rundschreiben vom 29.12.1950 angesprochen und konnte so die Entscheidungsfindung in die von ihm gewünschte Richtung lenken. Zuvor war noch die Auszeichnung von Dirac erwogen worden. Aber von Laue, der sich auch auf ähnliche Ansichten früherer Preisträger beziehen konnte, fand es zu jener Zeit wichtig, James Franck moralisch zu

---

138) Dazu Rundschreiben von Sommerfeld vom 24.2.1948, worin er Born und Debye vorschlägt, DPGA, Nr. 20961.
139) Albert Einstein, Max Born: Briefwechsel 1916–1955, Reinbek 1972, S. 201–202.
140) Meitner an von Laue, 25.4.1949, Jost Lemmerich (Hrsg.), Lise Meitner – Max von Laue. Briefwechsel 1938–1948, Berlin 1998, S. 528–529.
141) Vgl. Dieter Hoffmann, Peter Debye (1884–1966). Ein Dossier. Reprint 314 MPI für Wissenschaftsgeschichte Bonn 2006.
142) Einstein autorisierte von Laue, ihn in diesem Sinn zu vertreten: Einstein an von Laue, 5.1.1951, DPGA, Nr. 20963.

unterstützen. Dessen Leistungen lieferten von Laue und den übrigen Befürwortern im Übrigen hinreichende fachliche Argumente.[143] Franck nahm die Ehrung dankbar an.[144]

Im Herbst 1950 hatte sich aus den Regionalgesellschaften in Westdeutschland wieder ein Verband Deutscher Physikalischer Gesellschaften konstituiert. Zenneck übernahm abermals die Funktion des Vorsitzenden. Er übte das Amt nur für ein Jahr aus. Als potenzielle Nachfolger wurden zunächst prominente Namen wie Walter Weizel, Hans Kopfermann und Walther Gerlach genannt. Aber die Wahl fiel 1951 nicht auf einen dieser repräsentativen und international bekannten Kandidaten, sondern auf Karl Wolf, den Vorsitzenden eines Regionalverbands. Er war Leiter der Mess- und Prüfabteilung der BASF, der er schon seit seiner bei Wilhelm Wien erfolgten Promotion im Jahr 1927 angehörte. Neben der von ihm erwarteten professionellen Abwicklung der Geschäftsführung, mag der allgemeine Wunsch einer Verbindung zur Industrie den Ausschlag für Wolf gegeben haben.[145] Er blieb bis 1954 Vorsitzender des Verbands.

Das Angebot zum Wiedereintritt in die Berufsorganisation der deutschen Physiker

Im Jahr 1952 war der neue Vorsitzende mit einer Initiative befasst, die sich darum bemühte, die vertriebenen, nun im Ausland lebenden ehemaligen Mitglieder zum Wiedereintritt in die Gesellschaft zu bewegen. Man wollte dazu keinen allgemeinen öffentlichen Aufruf verfassen, sondern dies in Form persönlicher Anschreiben tun. Der Vorstand beauftragte Wolfgang Gentner bei seiner Sitzung im September 1952, einen entsprechenden Brief auszuarbeiten und Laue sowie Karl

---

143) von Laue an »Liebe Kollegen« (Einstein, Bohr, Sommerfeld, Heisenberg, Schrödinger, de Broglie, Jordan, Hund, Kossel, Born, Hahn, Meitner, Debye), 29.12.1950, DPGA, Nr. 20964. Zustimmende Antworten von Born am 11.1.1951, Meitner am 2.4.(?) 1951 und Hahn am 4.1.1951, ebd.
144) Franck an Zenneck, 25.5.1951, abgedruckt in: Jost Lemmerich, Max Born, S. 148.
145) Karl Wolf an die Vorstandsmitglieder der Physikalischen Gesellschaft in Württemberg-Baden-Pfalz am 24.8.1951, DPGA, Nr. 40208. Ich beziehe mich auch auf Hinweise von Gerhard Wolf, Heidelberg, dem Sohn von Karl Wolf.

Wolf zuzusenden.[146] Auch das politische Umfeld in der Bundesrepublik mag eine derartige Aktion zu jenem Zeitpunkt befördert haben. Im Vorjahr war das *Gesetz zur Regelung der Wiedergutmachung nationalsozialistischen Unrechts für Angehörige des öffentlichen Dienstes* verabschiedet worden, das 1952 auch auf Emigranten ausgedehnt wurde. Gerade 18 Tage vor dem erwähnten Vorstandsbeschluss hatten die Bundesrepublik und Israel dann das *Wiedergutmachungsabkommen* unterzeichnet.

Gentners Erfahrungen und Erlebnisse während des Nationalsozialismus befähigten ihn zu einem besonders sensiblen Umgang mit den Folgen dieser Vergangenheit. So war er im besetzten Paris mit der Leitung einer Gruppe beauftragt gewesen, die das dortige Zyklotron in Gang setzen sollte. Sein Einsatz für französische Kollegen – er konnte u. a. die Haftentlassung von Joliot und Langevin bewirken – führte schließlich zu seiner Beauftragung.[147]

Offenbar stammte der erste Entwurf des Briefs dann aber doch von Max von Laue.[148] Die endgültige Fassung ging schließlich aus einer Diskussion mit Gentner und Wolf hervor. Gentner verstand nicht nur besser als von Laue, welche psychologischen Hindernisse auf Seiten der Emigranten vorhanden waren, sondern empfand von Laues Formulierung als wenig glücklich, wenn dieser schrieb:»[...] dürfen aber betonen, dass beide Gesellschaften [außerdem die DGtP – d. A.] sie [die ausgeschiedenen Mitglieder – d. A.], solange als irgend möglich gehalten haben.«[149] In der Sicht von Gentner schien von Laue hier seine damalige, individuell zweifellos ehrenhafte Haltung unzulässig auf die gesamte DPG auszudehnen. Gentner fehlte dagegen ein Bekenntnis zur Mitschuld:»Wir sollten bedauern, dass wir nicht in der Lage waren, vielleicht weil uns der Mut gefehlt hat, diese Gesetze der Nazi-Regierung zu verhindern.«[150] Ihm war die Betonung des den vertriebenen Mitgliedern zugefügten Unrechts ein Anliegen. Von Laue konnte er zunächst nur,»nach zweimaligem Hin- und Her-

---

146) Protokoll der Vorstandssitzung vom 28.9.1952, DPGA, Nr. 20004.
147) Vgl. Dieter Hoffmann/Ulrich Schmidt-Rohr (Hrsg.), Wolfgang Gentner (1906-1980). Festschrift zum 100. Geburtstag, Heidelberg 2006, S. 37 f..
148) Übersendung eines Entwurfs vgl. von Laue an Gentner, 3.11.1952, DPGA, Nr. 40209.
149) Entwurf von Max von Laue, Nov 52; Gentner an von Laue, 15.11.1952, DPGA, Nr. 40209.
150) Gentner an von Laue, 15.11.1952, DPGA, Nr. 40209.

schreiben«, wie er Wolf enttäuscht mitteilte, die Formulierung »wir haben stets auf das tiefste bedauert« abringen.[151] Schließlich nahm Wolf weitere Korrekturen vor, um die nach Meinung von Gentner »noch immer vorhandenen Härten« zu mildern.[152] Dazu gehörte auch die Streichung der Erwartung »unter die unseligen Vorgänge der Hitlerzeit, soweit es an uns liegt, einen Schlusstrich zu setzen.«[153] Der neue Entwurf lag im Dezember 1952 vor, die endgültige Fassung, die nur noch einmal hinsichtlich der technischen Aufnahmeformalitäten geändert wurde, am 12. März 1953.[154] Da Wolf im Ausland weitgehend unbekannt war und von Laue gerade unter den Emigranten den unbestrittenen Ruf politischer Integrität besaß, unterzeichneten ihn beide.[155] Anschließend gingen zunächst 112 solcher Briefe, denen später noch weitere folgten (an P. Bergmann, H. Bethe, J. v. Neumann, V. Weisskopf), an diesen Personenkreis heraus, der nicht nur Emigranten einschloss, sondern auch Ausländer, die früher der DPG angehört hatten (Vgl. die Tabelle in der Dokumentation *Nachkriegszeit* im Anhang dieses Bands). In diesem Rundschreiben wurde mit der Einladung nun auch Verständnis für die durch die Ereignisse in der Zeit des Nationalsozialismus erlittenen Verletzungen bekundet. Man bezog sich auf den vergleichsweise späten Zwangsausschluss, wenn man jetzt betonte, dass sich beide Gesellschaften »solange als möglich bemüht haben, das Unrecht zu vermeiden«. Vor diesem Hintergrund der vermeintlich eher unbelasteten Position einer Organisation wollte man die Initiative verstanden wissen »als Ausdruck unseres aufrichtigen Bestrebens, die unwürdigen Vorgänge der Hitlerzeit wieder gutzumachen, soweit uns dies möglich ist.«[156]

Von den angeschriebenen Physikern dürften sich in diesem Sinn aber eigentlich nur die Emigranten aus der Zeit des Nationalsozialismus angemessen angesprochen fühlen. Bei gut 40% der Adressaten handelte es sich jedoch um ehemalige ausländische Mitglieder, die

151) Gentner an Wolf, 4.12.1952, DPGA, Nr. 40209.
152) Wolf an Gentner, 3.12.1952, Gentner an Wolf, 4.12.1952, DPGA, Nr. 40209.
153) Vergleich der Fassung vom 9.12.1952 mit von Laues Entwurf vom November 1952, DPGA, Nr. 40209.
154) Verband Deutscher Physikalischer Gesellschaften e.V. (Wolf und von Laue) an die im Ausland lebenden ehemaligen Mitglieder, Entwurf des Rundschreibens vom 12.3.1953, DPGA, Nr. 20437.
155) Gemäß Gentners Vorschlag, s. Brief von Gentner an von Laue, 26.11.1952, DPGA, Nr. 40209.
156) Rundschreiben 12.3.1953, DPGA, Nr. 20437.

nie im Herrschaftsbereich der Nationalsozialisten gelebt hatten und in Einzelfällen sogar um Deutsche, die wie Frank Matossi erst nach dem Krieg unter ganz anderen Umständen ausgewandert waren und mit ihrem sozialen wie politischen Hintergrund überhaupt nicht zu dem Kreis der Verfolgten und Emigranten gehörten. Mit Ernst Stuhlinger war sogar ein ehemaliger Mitarbeiter aus Peenemünde darunter. Selbst der offizielle Verfasser der Austrittsforderung Peter Debye wurde in derselben Weise angeschrieben. Eine Differenzierung wäre gerade bei den individuellen Briefen leicht möglich gewesen. So liegt hier neben mangelnder Sorgfalt, die einige Adressaten hätte ausklammern müssen, hinsichtlich der Ausländer ein gewisser »Schaufenstereffekt« vor. Man brachte auch ihnen die Entschuldigung zur Kenntnis, ohne sie dabei eigentlich zu meinen. Das sollte offenbar der Reputation der Gesellschaft nutzen und damit den Wiedereintritt in die internationale Gemeinschaft fördern. Bewusst ausgeklammert blieben diejenigen, die »in Ländern hinter dem Eisernen Vorhang« lebten – was im Einklang mit der allgemeinen politischen Situation stand – und solche, die ausschließlich dem österreichischen Gauverein angehört hatten.[157] Dennoch fehlen die Namen einiger Emigranten, was meist auf die Unkenntnis von Adressen zurückzuführen war. Im Zeitraum von März bis August kamen nur relativ wenige Antworten (etwas weniger als 20 %), aber die waren ausschließlich freundlich und zustimmend. Von diesen insgesamt 20 positiven Reaktionen stammten 12 von dem betroffenen Personenkreis.

Richard Gans, der dank besonderer Umstände in Deutschland überleben konnte und inzwischen nach Argentinien emigriert war, akzeptierte nur zu gern die Idee von der Gemeinschaft der Wissenschaftler, die sich lediglich äußeren Zwängen hatte beugen müssen: »Ich kann Ihnen die Versicherung geben, dass ich nie Verbitterung über meine Eliminierung aus der Deutschen Physikalischen Gesellschaft empfunden habe, weil ich wusste, dass es sich um einen Akt »höherer Gewalt« gegen den Willen der Gesellschaft gehandelt hat.«[158]

Max Born, der bereits beabsichtigte, nach dem unmittelbar bevorstehenden Ruhestand einen Teil des Jahres in Deutschland zu verbringen, verschloss sich ein wenig der symbolischen Bedeutung die-

---

[157] Schoch an Wolf am 7.3.1953, DPGA, Nr. 20437.
[158] Gans an Wolf am 29.4.1953, DPGA, Nr. 20437.

ser Angelegenheit, indem er die Frage aufwarf, welchen praktischen Sinn eine Mitgliedschaft für ihn noch haben könnte, da er künftig nicht mehr wissenschaftlich arbeiten würde. Von Seiten der Gesellschaft wurde diese Art der Reaktion aber mit der Hoffnung verbunden, Born doch bald wiederzugewinnen.[159] Born ist dann auch tatsächlich im folgenden Jahr wieder beigetreten.[160]

Der ehemalige Schatzmeister Marcello Pirani empfand das Rundschreiben als freundschaftlich und stand der Einladung wieder Mitglied zu werden, »sympathisch« gegenüber. Da er mit dem Doktor- und nicht mit dem Professorentitel angeschrieben worden war, unterließ er es nicht, auf den Umstand hinzuweisen, dass er bis 1933 Professor an der TH Berlin gewesen sei.[161]

Von Friedrich Dessauer, Andreas Gemant, Gerhard Herzberg und Hans Reinheimer kamen kurze Antworten, in denen sie ihre Bereitschaft erklärten, sich dem Verband wieder anzuschließen.[162] Paul Rosbaud in London war von der Geste so angetan, dass er in seinem Umfeld sogar Reklame für die DPG machen wollte. Er hob außerdem die persönliche Glaubwürdigkeit der beiden Unterzeichner Wolf und von Laue hervor.[163] Von dem politischen Emigranten Herbert Jehle kam ebenfalls ein positives Signal.[164]

Wie auch bei der nach Australien emigrierten Ilse Rosenthal-Schneider gab es bei der allgemeinen prinzipiellen Zustimmung lediglich Fragen und Bedenken in Bezug auf die technische Abwicklung bei der Bezahlung der Mitgliedsbeiträge.[165]

---

159) Max Born an »Sehr geehrter Kollege« (Wolf), 24.3.1953; Wolf an Schoch, 31.3.1953, Schoch an Wolf, 2.4. 1953, Schoch an Born, 13.4.1953, alle DPGA, Nr. 20437.
160) Ebert (Geschäftsführer) an die Herren Vorstandsmitglieder des Verbands e.V., 12.4.1954. DPGA, Nr. 20437. Er wollte die Aufnahme Borns als vollzogen bestätigen.
161) Pirani an Wolf, 30.3.1953; Schoch an Pirani, 13.4.1953, DPGA, Nr. 20437.
162) Dessauer an »Sehr geehrte Herren«, 1.4.1953; Gemant an Wolf, 4.4.1953; Herzberg an Wolf, 20.4.1953; Reinheimer an Wolf, 1.5.1953, alle DPGA, Nr. 20437.
163) Rosbaud an Wolf, 8.4.1953, DPGA, Nr. 20437.
164) A. L. Johnson antwortete auch im Namen von Jehle: Johnson an von Laue, 27.4.1953, DPGA, Nr. 20437.
165) Rosenthal-Schneider an Wolf (»Sehr geehrter Herr Doktor«), 22.8.1953; Schoch an Rosenthal-Schneider, 25.11.1953, DPGA, Nr. 20437.

Wigner warb noch erfolgreich seinen Kollegen John von Neumann; Kurt Sitte dazu Peter Bergmann.[166] Weder von Neumann noch Bergmann waren vor dem Krieg Mitglieder gewesen, aber solche Erweiterungen wurden als legitim betrachtet, da man annehmen wollte, allein die politischen Umstände hätten sie damals an dem Eintritt in die Gesellschaft gehindert. Außerdem wurden in diesem Sinn noch Victor Weisskopf und Hans Bethe angefragt. Nur von letzterem kam eine positive Antwort. Bethe wollte seine Zustimmung verstanden wissen, »as a sign of my friendship for many of my colleagues in Germany.«[167] Mit Bethe gewann man neben Wigner und von Neumann einen weiteren der wissenschaftlich erstrangigen Emigranten. Die ebenfalls auf der Liste der anzuschreibenden Personen stehende Lise Meitner hatte man bereits 1948 zum Ehrenmitglied gemacht.

Auf dem anschließenden 18. Physikertag in Innsbruck im September 1953 berichtete der Vorsitzende Wolf von einem Erfolg dieser Initiative und war deshalb in der Lage,

> »die jetzt im Ausland lebenden Physiker in unserem Verband willkommen zu heißen, die auf unsere kürzliche Bitte hin, als ehemalige Mitglieder der Deutschen Physikalischen Gesellschaft und der Deutschen Gesellschaft für technische Physik in den letzten Wochen ihren Beitritt zum Verband erklärt haben. Wir sind insbesondere glücklich darüber, daß diejenigen dieser neuen Mitglieder, denen in der Hitlerzeit großes Unrecht widerfahren ist, ihre uns so verständlichen bitteren Gefühle nicht dominieren ließen, sondern lieber ein hoffnungsvolles neues Band zu ihrer früheren Heimat wiedergeknüpft haben.«[168]

Allerdings fand sich in der DPG mit Georg Joos auch eine Stimme, die mit dem Kommentar, »der Beschluß, der schon vor Jahren hätte gefasst werden sollen«, darauf hinwies, dass hierfür gewiß nicht der früheste mögliche Zeitpunkt gewählt worden war.[169] Vermutlich hing diese kritische Bewertung auch mit der zwischenzeitlichen Gastprofessur von Joos in den USA zusammen.

---

166) Wigner an Wolf, 14.4.1953; Sitte an Wolf, 15.4.1953, Schoch an v. Neumann, 4.5.1953, Schoch an Bergmann, 4.5.1953, Bergmann an Schoch (Schriftführer), 26.5.1953; alle DPGA, Nr. 20437.
167) Schoch an Weisskopf, 4.5.1953, Schoch an Bethe, 4.5.1953, Bethe an Schoch, 27.5.1953, alle DPGA, Nr. 20437.
168) Physikalische Verhandlungen 4 (1953), S. 128.
169) Joos an Wolf, 22.2.1954, DPGA, Nr. 20437.

Wie vor dem Krieg enthielt das Verzeichnis der Mitglieder fortan eine besondere Sparte für diejenigen, die im Ausland ansässig waren. Entscheidend war offenbar nicht die doch recht bescheidene Resonanz – 80 % der angeschriebenen Kollegen hatten gar nicht geantwortet –, sondern schon allein die Akzeptanz durch eine wenn auch kleine Anzahl. Das konnte bei der Integration in die internationale Gemeinschaft hilfreich sein. Gerade im Herbst 1952 hatte der Verband den Antrag gestellt, in die 1922 gegründete »International Union of Pure and Applied Physics« aufgenommen zu werden.[170] Dazu zeigt der von Bethe angesprochene Hinweis auf persönliche Freundschaften, dass die Ausgestoßenen von einst nun durchaus eine Brückenkopffunktion für die internationalen Kontakte der deutschen Physiker übernehmen konnten.

Am Ende seines Lebens hat sich sogar Einstein im Verhältnis zur Berufsorganisation der Physiker in Deutschland dann doch noch auf eine versöhnlichere Wortwahl eingelassen. Zum 50. Jahrestag seiner wichtigen Publikationen in den »Annalen der Physik« wurde er gemeinsam von Max von Laue und Gustav Hertz zu einer Festveranstaltung nach Berlin eingeladen. Er lehnte dies in seinem Schreiben vom Februar 1955 an die »lieben Kollegen« nicht grundsätzlich, sondern lediglich aufgrund seines schlechten Gesundheitszustands freundlich ab: »Es wäre für mich eine große Freude, wenn ich dabei anwesend sein könnte. Aber die 50 Jahre Zwischenzeit haben von mir nur einen baufälligen Rest übrig gelassen, sodass ich keine grossen Reisen mehr unternehmen kann. Dies hindert aber nicht meine Freude über diesen Beweis freundlicher Gesinnung.«[171]

---

170) Protokoll über die Mitgliederversammlung des Verbandes Deutscher Physikalischer Gesellschaften vom 29.9.1952, ebd., 40209. Siehe auch Ebert an Gentner, 29.10.1952, ebd. Darin wird Gentner mitgeteilt, in das »Nationale Komitee« gewählt worden zu sein, das die DPG in der Internationalen Union, der man beizutreten beabsichtige, vertreten solle.

171) Einstein an die Physikalische Gesellschaft zu Berlin, 10.2.1955, DPGA, Nr. 10683; abgedruckt bei: Horst Nelkowski, Die Physikalische Gesellschaft zu Berlin in den Jahren nach dem Zweiten Weltkrieg, in: Theo Mayer-Kuckuk (Hrsg.), Festschrift 150 Jahre Deutsche Physikalische Gesellschaft, Sonderheft der Physikalischen Blätter, 51, (1995), S. F-143–F-156, hier: S. F-148.

Schlussbemerkungen

Die DPG bemühte sich in den ersten Jahren der nationalsozialistischen Herrschaft darum, Konflikten jeglicher Art möglichst auszuweichen. Diese Zurückhaltung mag auch angesichts der Attacken von Vertretern der »Deutschen Physik« eine Strategie gewesen sein, politisch wenig Angriffsflächen zu bieten und damit in der öffentlichen Wahrnehmung kein kritisches Interesse zu wecken. Auf diese Weise wollte die DPG ein Stück Autonomie bewahren, beschränkte sich dabei aber auf einen Wirkungsbereich, dessen Grenzen weitaus enger gezogen waren, als die in der Satzung propagierte »Wahrung der Standesinteressen« es mitunter erfordert hätte. Bei der ersten Entlassungswelle von 1933 positionierte sich die DPG nicht politisch, sondern versuchte in der Person des Vorsitzenden den betroffenen Kollegen auf einer humanitären Ebene konkret zu helfen. Es gab in den folgenden Jahren im Unterschied zu anderen wissenschaftlichen Gesellschaften keinerlei Initiativen, die Mitgliedschaft von »rassischen« Kriterien abhängig zu machen. Es wurden sogar »Nichtarier« neu aufgenommen. Bis zum Herbst 1938 übte die Politik in dieser Hinsicht auch keinen Druck aus, dem die DPG hätte widerstehen müssen. Das Rundschreiben Debyes mit der Austrittsforderung vom 9. Dezember 1938 bildete dann aber nicht den Auftakt, sondern lediglich den formalen Abschluss einer sich bereits vollziehenden Entwicklung. In dem politischen Umfeld nach dem Novemberpogrom hatte sich die DPG einem solchen Schritt kaum noch verweigern können. Aber schon zuvor war die Mitgliedschaft für die jüdischen Kollegen in Deutschland fast bedeutungslos geworden, weil ihnen die Beteiligung an den Aktivitäten ihres Berufsverbands zunehmend verwehrt wurde. Damit einher gingen Verfügungen der Politik, sie aus der wissenschaftlichen Öffentlichkeit zu verbannen, indem ihnen beispielsweise der Zugang zu Kolloquien und Bibliotheken verwehrt wurde. Das betraf die inländischen Mitglieder. Diejenigen im Ausland wollte die DPG weiterhin unabhängig von ihrer »rassischen« Zugehörigkeit behalten. Diese Position vertrat sie schließlich auch erfolgreich in der Satzungsdiskussion. Dabei spielten das Selbstverständnis eines Verbands, der sich stets seiner internationalen Kontakte rühmte, aber letztlich auch die Einnahmen ausländischer Devisen eine wichtige Rolle. Das korrespondierte mit dem Wunsch vieler Emigranten trotz der politischen Vorgänge in Deutschland Mitglied der DPG zu bleiben.

Einige Jahre nach dem Ende des Kriegs bemühte sich die DPG um die Wiedergewinnung der verfolgten und vertriebenen ehemaligen Mitglieder. Die zwischen Gentner und von Laue kontrovers geführte Diskussion über die in den Briefen an diese Kollegen zu benützenden Vokabeln wie »Mitschuld« oder »Schlussstrich« spiegelt durchaus einen Zwiespalt wieder, der die gesamte deutsche Gesellschaft noch viele Jahre beschäftigen sollte. Der Kreis der Adressaten, der viele Ausländer einschloss, die überhaupt nicht von nationalsozialistischem Unrecht betroffen waren, zeigt, dass es dabei nicht nur um eine Aussöhnung, sondern auch um den Wiedereintritt der DPG in die internationale Gemeinschaft ging. Trotz der quantitativ geringen Resonanz der Emigranten reklamierte die DPG diese Aktion als Erfolg.

Die Deutsche Physikalische Gesellschaft und die »Deutsche Physik«

Michael Eckert

Die »Deutsche Physik« gehört zu den herausragenden Beispielen ideologisierter Wissenschaften im Nationalsozialismus. Alan Beyerchen hat mit seiner 1977 publizierten Studie *Wissenschaftler unter Hitler* davon ein eindrucksvolles Bild gezeichnet.[1] Zwar blieb die »Deutsche Physik« eine Angelegenheit weniger Fanatiker im Umfeld der beiden Nobelpreisträger Philipp Lenard und Johannes Stark, doch ihr Einfluss reichte aus, um einige Physik-Lehrstühle mit ihren Gefolgsleuten zu besetzen. Der markanteste Vorfall ereignete sich an der Universität München, wo der in Physikerkreisen völlig unbekannte Aerodynamiker Wilhelm Müller auf den renommierten Lehrstuhl Arnold Sommerfelds berufen wurde.

Wie verhielten sich die Physiker in Deutschland und insbesondere die Deutsche Physikalische Gesellschaft (DPG) als ihre Standesorganisation gegenüber der »Deutschen Physik«? Der Herausgeber der *Physikalischen Blätter*, Ernst Brüche, gab 1946 darauf diese Antwort:

> »Ich glaube, daß die Physikerschaft ein Anrecht darauf hat, zu wissen, wie der Vorstand der Deutschen Physikalischen Gesellschaft in den Jahren seit der letzten Physikertagung 1940 alles in seiner Macht Stehende trotz aller Schwierigkeiten und mit viel Mut getan hat, um gegen Partei und Ministerium die Sache einer sauberen und anständigen wissenschaftlichen Physik zu vertreten und Schlimmeres als schon geschehen ist, zu verhüten. Ich glaube, daß dieser Kampf gegen die Parteiphysik ruhig als ein Ruhmesblatt der wirklichen deutschen Physik bezeichnet werden darf, weil er – zwar von wenigen aktiv geführt – von der überwältigenden Mehrheit der Physiker effektiv und moralisch unterstützt worden ist.«[2]

[1] Alan D Beyerchen, Wissenschaftler unter Hitler. Physiker im Dritten Reich, Berlin 1982 (amerikanische Originalausgabe: Scientists under Hitler. Politics and the Physics Community in the Third Reich, New Haven 1977).
[2] Ernst Brüche, »Deutsche Physik« und die deutschen Physiker, Neue Physikalische Blätter, 2 (1946), S. 232 (Nachdruck in der Dokumentation *Selbstmobilisierung* im Anhang dieses Buchs). Zu Brüches Rolle

1947 publizierte Carl Ramsauer, der von 1940 bis 1945 den DPG-Vorsitz innehatte, in den *Physikalischen Blättern* auszugsweise Dokumente zur *Geschichte der DPG in der Hitlerzeit*; darin heißt es:

> »Unter den Schritten, die die Deutsche Physikalische Gesellschaft zur Rettung der Physik in Deutschland unternahm, spielt die Eingabe der Gesellschaft eine besondere Rolle, die am 20. Januar 1942 an Kultusminister Rust seitens des Gesellschaftsvorsitzenden Prof. Ramsauer geschickt wurde. In dieser Eingabe, die die beiden Vorsitzenden Prof. Ramsauer und Prof. Finkelnburg ausgearbeitet hatten, wurde dem zuständigen Ministerium mit erquickender Deutlichkeit gesagt, was gesagt werden mußte.«[3]

»Kampf gegen die Parteiphysik«, »Rettung der Physik in Deutschland«, mit solchen Redewendungen verliehen die DPG-Repräsentanten nach 1945 ihrer Organisation den Anschein einer Widerstand leistenden Standesvertretung. Auch in der historischen Analyse Beyerchens wurde die »Offensive gegen die arische Physik« als Beleg für den Kampf der DPG um die Autonomie ihres Fachs gewürdigt. In der *Eingabe* Ramsauers wurde insbesondere die Berufung Müllers zum Sommerfeld-Nachfolger als krasse Fehlbesetzung angeprangert: »Gewissermaßen war die arische Physik in München also *zu* erfolgreich gewesen«, schrieb Beyerchen; der Erfolg sei »ein taktischer Sieg, aber eine strategische Niederlage für die arische Physik« gewesen. Beyerchen bescheinigte der DPG ein »Festhalten an fachlichen Werten« gegenüber ideologisch motivierten NS-Einflüssen, ließ aber offen, ob dies als Widerstand gegen den Nationalsozialismus zu werten sei.[4]

Wenn hier von den Vertretern einer »arischen Physik« oder »Deutschen Physik« die Rede ist, so handelt es sich dabei um eine, erst retrospektiv vorgenommene Kategorisierung. In der Studie über den Sommerfeld-Nachfolger Wilhelm Müller wird die pauschale Redeweise von der »Deutschen Physik« kritisiert. Was als »Deutsche Physik«-Bewegung bezeichnet werde, sei eher »eine sehr lose und nur zeitweise durch Zweckbündnisse bzw. durch die meist falsche Annahme, man habe Bundesgenossen gefunden, kohärent erscheinende

---

als Herausgeber der *Physikalischen Blätter* vgl. Swantje Middeldorff, Ernst Brüche und die Geschichte der Physikalischen Blätter 1944–1974, Diplomarbeit, Universität Hamburg, 1993.
3) Carl Ramsauer, Zur Geschichte der DPG in der Hitlerzeit, Physikalische Blätter 3 (1947), S. 110–114.
4) Alan D. Beyerchen, Wissenschaftler, S. 227, 237 u. 265.

Menge von Grüppchen«, von denen sich einige »als Schüler oder potentielle Nutznießer um selbsternannte und selbstverliebte ›Führer‹ wie Stark oder Lenard« scharten.[5] Weder im einseitigen Experimentbezug noch in der Ablehnung der Relativitätstheorie bestand eine durchgängige Gemeinsamkeit. Müller z. B. war von Haus aus Mathematiker; seine Art Aerodynamik zu betreiben, wurde von Prandtl als »reichlich formal« eingestuft, ein Qualitätsmerkmal, das sonst eher der sog. »jüdischen Physik« als Eigenheit zuerkannt wurde. Und wenn man unbesehen die Gegnerschaft zur Relativitätstheorie als einigendes Kriterium wählt, übersieht man die zum Teil erheblichen Differenzen, was die Ursachen dieser Gegnerschaft angeht; sie konnte rassisch, politisch und wissenschaftlich bedingt sein. Da es bei der folgenden Analyse nicht in erster Linie um die »Deutsche Physik«, sondern um das Verhalten der DPG gegenüber diesem Phänomen geht, erscheint mir die pauschale Bezeichnung dennoch vertretbar: Zum einen gehören seit dem Ende des Zweiten Weltkriegs die historischen Darstellungen zu diesem Thema selbst auf den Prüfstand der historischen Analyse, sodass die Verwendung des Begriffs »Deutsche Physik« als Zitat unvermeidlich geworden ist; zum anderen sollte nach dem Voranstellen der Littenschen Kritik klar sein, dass es sich dabei um eine verkürzte Sprechweise handelt und nicht um eine undifferenzierte Schwarz-Weiß-Malerei.

Die DPG war bislang nicht Gegenstand einer gesonderten Untersuchung, sodass trotz der zahlreichen Studien zur »Deutschen Physik« nicht klar ist, wie sich die DPG-Repräsentanten gegenüber diesem Phänomen verhielten. Dabei gilt es aufzuzeigen, wie der DPG-Vorstand auf Konfliktsituationen reagierte. Der von der DPG selbst zum Beweis ihres Widerstands angeführte Skandal der Sommerfeld-Nachfolge bildet dafür den Auftakt. Im Anschluss daran wird der Diskurs innerhalb des DPG-Vorstands jener Jahre (1935–1940) analysiert. In einem dritten Abschnitt wird der Anteil der DPG am Niedergang der »Deutschen Physik« einer kritischen Prüfung unterzogen. Die beiden abschließenden Teile sind der Entstehung des Widerstandsmythos gewidmet: Die Vergangenheitsbewältigung der DPG-Repräsentanten wird kontrastiert mit Aussagen ehemaliger »Deut-

---

[5] Freddy Litten, Mechanik und Antisemitismus: Wilhelm Müller (1880–1968), München 2000, S. 380.

scher Physiker«. Die »Polyphonie«[6] verschiedener Lesarten macht deutlich, wie kontrovers das Thema »Deutsche Physik« nach dem Ende des Dritten Reichs diskutiert wurde.

Testfall: Sommerfeld-Nachfolge

Der Wortlaut, mit dem Ramsauer 1942 als DPG-Vorsitzender in seiner *Eingabe* an den Reichserziehungsminister gegen ideologisch motivierte Fehlbesetzungen von Physik-Lehrstühlen protestiert hatte, wurde 1947 in den *Physikalischen Blättern* folgendermaßen publik gemacht:

> »Die Besetzung der physikalischen Lehrstühle erfolgt nicht immer nach den in alter und neuer Zeit bewährten Grundsätzen des Leistungsprinzips. Ich will auf die bekannten und offensichtlichen Fehlberufungen im einzelnen nicht eingehen, da dies an der Sachlage nichts mehr ändern und nur starke persönliche Verärgerungen hervorrufen würde, bin aber auf Wunsch durchaus bereit, mein Urteil näher zu begründen. Um aber doch den ganzen Ernst der Sachlage klarzustellen, will ich eine Ausnahme machen, um so mehr, als der betreffende Fall für die Lage gerade der theoretischen Physik Deutschlands von symptomatischer Bedeutung ist. Ich füge ein Urteil über den Nachfolger Sommerfelds, Herrn Prof. W. M.-München, durch Herrn Prof. L. Prandtl-Göttingen bei, welches dieser in einem anderen Zusammenhange abgegeben, mir aber zur Verfügung gestellt hat (Anlage V).«[7]

Damit erklärte die DPG selbst ihr Verhalten im Fall der Sommerfeld-Nachfolge zum Testfall für ihre Haltung gegenüber dem NS-Regime. Das Eintreten der DPG für die moderne theoretische Physik gegenüber den Anfeindungen durch die »Deutsche Physik« belegte der Herausgeber der *Physikalischen Blätter* durch folgendes Zitat aus der *Eingabe*:

> »Der eine Hauptzweig der Physik, die theoretische Physik, wird bei uns immer mehr in den Hintergrund gedrängt. ... Demgegenüber muß festgestellt werden, daß ein Gedeihen der Gesamtphysik ohne ein Gedeihen der theoretischen Physik unmöglich ist, daß im besonderen die moderne theoretische Physik eine ganze Reihe größter positiver Leistungen aufzuweisen hat, welche

---

[6] Klaus Hentschel,, Endlich einmal historische Polyphonie, in: Michael Frayn, Kopenhagen. Stück in zwei Akten. Mit zwölf wissenschaftsgeschichtlichen Kommentaren, zusammengestellt v. Matthias Dörries, 3. Aufl., Göttingen 2003, S. 205–214.

[7] Carl Ramsauer, Eingabe an Rust, in: Physikalische Blätter 3 (1947), S. 44

auch für Wirtschaft und Wehrmacht von wesentlicher Bedeutung werden können, und daß die ganz allgemein erhobenen Vorwürfe gegen die Vertreter der modernen theoretischen Physik als Vorkämpfer jüdischen Geistes ebenso unbewiesen wie unberechtigt sind (vgl. Anlage II, III und IV...).«[8]

Es ist danach unbestritten, *dass* die DPG in der Person ihres Vorsitzenden Ramsauer Anstoß an den Münchner Berufungen und an den Angriffen gegen die moderne theoretische Physik nahm. Aber man muss die ausgelassenen Passagen der »Eingabe« ergänzen, um sich ein authentisches Bild darüber zu machen, *wie* diese Kritik vorgebracht wurde. Die Pünktchen in der Passage »Hintergrund gedrängt. ... Demgegenüber« stehen für den Satz:

»Der berechtigte Kampf gegen den Juden Einstein und gegen die Auswüchse seiner spekulativen Physik hat sich auf die ganze moderne theoretische Physik übertragen, und sie weitgehend als ein Erzeugnis jüdischen Geistes in Mißachtung gebracht (vgl. Anlage II).«[9]

In der Anlage II werden insgesamt 17 *Schriften gegen die moderne theoretische deutsche Physik* aufgeführt – wobei aber der Lenard-Schüler Ramsauer das Werk seines Lehrers, *Deutsche Physik*, das als Namensgeber für diese Richtung diente, nicht erwähnte. Als die *Eingabe* in den *Physikalischen Blättern* abgedruckt wurde, wurde unter Verfälschung des Originalwortlauts der Verweis auf die Anlage II an anderer Stelle angebracht, obwohl durch die Art des Abdrucks ansonsten der Eindruck der Authentizität erzeugt wird. Wenn immer wieder von den »gegen die Rustsche Wissenschaftspolitik offen vorgetragenen Bedenken« der DPG die Rede ist,[10] sollte man sich also zumindest dieser Auslassungen bewusst sein.

Insbesondere aber stellt sich die Frage, welche Abwehrversuche die DPG gegen die »Deutsche Physik« *vor* 1940 unternahm, als die später beklagten »Fehlbesetzungen« noch zu verhindern gewesen wären. Seit 1937 war klar, dass insbesondere die Sommerfeld-Nachfolge weit über den sonst bei Berufungen üblichen Instanzenweg zu einem Politikum geworden war. Außer der von der Fakultät eingesetzten Berufungskommission agierten im Hintergrund auch der

---

[8] Ebd.
[9] Ramsauer an Rust, 20.1.1942. Durchschlag mit Begleitschreiben an Prandtl, 23.1.1942, MPGA, III. Abt., Rep. 61, NL Prandtl. Nr. 1413.
[10] Wilhelm Walcher, Fünfzigste Physikertagung, in: Physikalische Blätter, 42 (1986), S. 218.

Rektor der Universität, das Bayerische und das Reichskultusministerium, der Nationalsozialistische Deutsche Dozentenbund (NSDDB), die NSDAP, die SS und verschiedene einflussreiche Persönlichkeiten für oder gegen die jeweils vorgeschlagenen Kandidaten der Berufungsliste, sodass auch eine Einflussnahme der DPG nicht ungewöhnlich gewesen wäre. Gerade wegen dieses zum Politikum gewordenen Streits war die Sommerfeld-Nachfolge schon mehrfach Gegenstand ausführlicher Darstellungen[11], ohne dass bislang eindeutig geklärt werden konnte, was für die Skandalberufung Müllers letztendlich den Ausschlag gab. Mit Blick auf eine mögliche Einflussnahme der DPG sollen im Folgenden noch einmal die wichtigsten Etappen dieses Nachfolgestreits resümiert werden.

Im Januar 1935 wurde mit einem neuen Gesetz über die Emeritierung von Hochschullehrern das Emeritierungsalter von bisher 68 auf 65 Jahre heruntergesetzt. Damit wurde Sommerfeld nach Ablauf des Semesters in den Ruhestand geschickt. Bis zur Regelung seiner Nachfolge betraute man ihn jedoch auch weiterhin mit der Vertretung seiner eigenen Professur. Im April 1935 präsentierte die Berufungskommission folgende Liste für die Nachfolge auf dem Sommerfeldschen Lehrstuhl:
1. Werner Heisenberg
2. Peter Debye
3. Richard Becker

Die Plätze zwei und drei waren eher der üblichen Gepflogenheit einer Dreierliste geschuldet, denn für Sommerfeld, der den Ton in der Berufungskommission angab, war Heisenberg seit langem sein erklärter Wunschkandidat. Der Vorschlag fand allgemeine Zustimmung in der Fakultät, auch von Seiten des SS-Mitglieds, Partei- und Dozentenschaftsvertreters Wilhelm Führer wurde kein Widerspruch vermerkt. So viel zur Ausgangssituation.

Dass Heisenbergs Berufung auf Widerstand stoßen würde, deutete sich jedoch bald an. Allerdings kamen die ersten Einwände nicht von Seiten »Deutscher Physiker«. Es sei mit Schwierigkeiten zu rechnen, schrieb Peter Debye nach einem Besuch im Berliner Reichserzie-

---

11) Alan D. Beyerchen, Wissenschaftler; Freddy Litten, Mechanik; David C. Cassidy, Werner Heisenberg; Michael Eckert/Karl Märker (Hrsg.), Arnold Sommerfeld. Wissenschaftlicher Briefwechsel, Bd. 2: 1919–1951, Berlin – Diepholz – München 2004.

hungsministerium (REM) im September 1935 an Sommerfeld, da der zuständige Referent (Franz Bachér) »möchte, dass ›die Münchener‹ sich eine neue Liste überlegen, weil er Heisenberg nach Göttingen haben will.«[12] An der Universität Göttingen war der bis 1933 von Max Born besetzte Lehrstuhl für theoretische Physik verwaist, und Heisenberg galt auch dort als geeignetster Nachfolger. Die »Münchener« kamen dem Wunsch nach und nannten im November 1935 weitere mögliche Kandidaten (Friedrich Hund, Gregor Wentzel, Ralph Kronig, Ernst Stückelberg, Erwin Fues, Fritz Sauter, Albrecht Unsöld, Pascual Jordan), allesamt ausgewiesen als gute Theoretiker; gleichzeitig machte die Berufungskommission aber unmissverständlich klar, dass man Heisenberg haben wolle. Die Angelegenheit blieb bis April 1936 in der Schwebe; dann teilte der Dozentenschaftsvertreter Wilhelm Führer dem Rektor mit, dass nun Debye nicht mehr als Kandidat in Frage komme, da er nach Berlin an das Kaiser-Wilhelm-Institut für Physik berufen worden sei, und er (Führer) an Stark und Rudolf Tomaschek geschrieben habe, um weitere Vorschläge einzuholen. Die von Stark und Tomaschek genannten Kandidaten (Hans Falkenhagen und Sauter) wurden aber vom Berliner Ministerium (Rudolf Mentzel) nicht in Betracht gezogen, und man bat Sommerfeld, auch noch im kommenden Semester seinen eigenen Lehrstuhl weiter zu vertreten.

Unterdessen erfolgte der erste Angriff gegen Heisenberg. Im Dezember 1935 hielt Stark bei der Feier zur Umbenennung des physikalischen Instituts der Universität Heidelberg, das nun *Philipp-Lenard-Institut* hieß, eine Festrede, bei der er gegen die moderne theoretische Physik polemisierte. Auszüge daraus wurden am 29.1.1936 im *Völkischen Beobachter* unter der Überschrift *Deutsche und jüdische Physik* wiedergegeben. Heisenberg setzte sich umgehend mit einem ebenfalls im *Völkischen Beobachter* publizierten Artikel zur Wehr. Die von der »Deutschen Physik« angeprangerte Abstraktheit der modernen theoretischen Physik traf bei vielen auf ein offenes Ohr, sodass Sommerfeld für den Dekan seiner Fakultät eine ausführliche Argumentationshilfe verfasste, damit dieser bei Verhandlungen mit Ministerialbeamten darlegen könne, dass Heisenbergs Arbeiten auch »von

---

12) Debye an Sommerfeld, 20.9.1935, DMA, HS 1977-28/A, 61, abgedruckt in: Michael Eckert/Karl Märker, Arnold Sommerfeld, S. 425–426.

grösster praktischer Tragweite« seien.[13] Heisenberg tat ein Gleiches im Berliner REM, wo man ihn bat, dem Minister ein Memorandum an die Hand zu geben, um bei den zu erwartenden Auseinandersetzungen Stellung beziehen zu können. Das daraufhin von Heisenberg und den Experimentalphysikern Max Wien und Hans Geiger verfasste Memorandum[14] formulierte einen breiten Konsens in der deutschen Physikerschaft und stärkte die Position Heisenbergs gegenüber den Anfeindungen Starks.

Es verging aber noch ein Jahr ohne Entscheidung; dann – im März 1937 – machte das Berliner Ministerium Heisenberg aus heiterem Himmel das Angebot, den Münchner Lehrstuhl sofort zu übernehmen. Heisenberg fühlte sich nicht genügend vorbereitet und erbat sich einen Aufschub bis nach dem Sommersemester. Dies nutzte Stark zu einer neuen Attacke, diesmal im SS-Organ *Das Schwarze Korps*. Der Artikel war ohne Namensnennung eines Autors, aber Stark schloss sich durch ein Nachwort den Ausführungen darin inhaltlich an. Er war betitelt mit *Weiße Juden in der Wissenschaft* und überbot den vorangegangenen Angriff auf Heisenberg noch an Vehemenz.

Bei der DPG provozierte dieser Artikel zwar Missfallen, bewirkte jedoch keine Einflussnahme zugunsten der angegriffenen Theoretiker. Jonathan Zenneck schrieb in seiner Eigenschaft als DPG-Vorsitzender an Max Planck, er habe den Artikel im *Schwarzen Korps* »mit grösster Entrüstung« gelesen, es seien »doch wirklich beschämende Verhältnisse«.[15] Aber zu einer weitergehenden Erklärung kam es nicht. Von Laue empfahl, »daß der Vorstand der Deutschen Physikalischen Gesellschaft in der Sache nichts tun solle«, und Zenneck erklärte sich damit vollkommen einverstanden: die »angeflegelten Herren« sollten gegen die Angriffe gerichtlich vorgehen, »und zwar sowohl gegen den verantwortlichen Schriftleiter des SK als auch gegen Stark.«[16] Damit betrachtete die DPG den Streit nicht als einen die Physik insgesamt betreffenden Vorfall, sondern als Angelegenheit der im *Schwarzen Korps* mit Namen genannten Theoretiker, Hei-

---

13) Sommerfeld an Kölbl, 17.2.1936, DMA, NL 89 (Sommerfeld), 004.
14) Vgl. Dieter Hoffmann, Die Physikerdenkschriften von 1934/36 und zur Situation im faschistischen Deutschland, Wissenschaft und Staat, in: itw-kolloquien Nr. 68, Berlin 1989, S. 185-211.
15) Zenneck an Planck, 28.7.1937, ebd., NL 53 (Zenneck), 012.
16) Zenneck an Laue, 3.8.1937. MPGA, III. Abt., Rep. 50.

senberg, Sommerfeld und Planck. Diese reagierten auf verschiedene Weise: Heisenberg suchte seine Rehabilitation durch Beziehungen seiner Mutter zur Familie des SS-Führers Heinrich Himmler zu erwirken[17]; Sommerfeld richtete eine formelle Beschwerde an das Rektorat der Universität mit der Bitte um Weiterleitung an das Bayerische Kultusministerium;[18] von Planck ist keine Reaktion darauf bekannt.

Bei der SS begann man daraufhin mit einer langwierigen Überprüfung Heisenbergs. Fast zeitgleich mit dem Artikel im *Schwarzen Korps* erklärte der Reichsdozentenbundführer, dass eine Berufung Heisenbergs nach München nicht in Frage käme. Sommerfeld wurde erneut mit der Vertretung seines Lehrstuhls beauftragt, bis die Untersuchung gegen Heisenberg beendet sei. Nun wurden die Gegner Heisenbergs und Sommerfelds an der Münchner Universität aktiv. Dazu zählte insbesondere der Astronom Bruno Thüring, seit 1936 Dozentenschaftsvertreter der Universität. In einer Gegenliste zu den Vorschlägen der Berufungskommission nannten sie die Kandidaten Johannes Malsch, Wilhelm Müller und Hans Falkenhagen. Der erstplatzierte Malsch war technischer Physiker und bislang nicht als Ideologe im Sinne der »Deutschen Physik« hervorgetreten; auch Falkenhagen war nicht diesem Umfeld zuzurechnen. Lediglich Müller, ein Aerodynamiker, hatte sich zuvor auch außerhalb seines Fachs mit antisemitischen Schriften einen Ruf unter NS-Ideologen erworben, wenngleich Müllers Ideologie mit der »Deutschen Physik« Lenards kaum Gemeinsamkeiten aufwies. Erklärter Wunschkandidat der Gegner Heisenbergs in München war jedoch Malsch, nicht Müller oder Falkenhagen, die man nur aufgrund der Gepflogenheit von Dreierlisten in Erwägung zog.[19]

Im Sommer 1938 wurde Heisenberg durch die SS rehabilitiert. Himmler sicherte Heisenberg zu, dass er den Artikel gegen ihn im *Schwarzen Korps* nicht billige und »unterbunden habe, dass ein weiterer Angriff gegen Sie erfolgt.«[20] Heisenberg unterrichtete unver-

---

[17] David C. Cassidy, S. 472–485.
[18] Sommerfeld an das Rektorat der Universität München, 26.7.1937, UMA, E-II-N (Sommerfeld) Sommerfeld, abgedruckt in: Michael Eckert/Karl Märker, Arnold Sommerfeld, S. 442 f.
[19] Freddy Litten, Mechanik, S. 70–95.
[20] Himmler an Heisenberg, 21.7.1938, abgedruckt bei: Samuel Goudsmit, Alsos, 2. Aufl. (des Nachdrucks v. 1983 der Erstaufl. v. 1947), Los Angeles – San Francisco 1986, S. 119.

züglich Sommerfeld und die an der Münchner Universität zuständigen Instanzen.[21] Dennoch blieb die Angelegenheit in der Schwebe. Auch im Herbst 1938 war unklar, ob der Sommerfeld-Nachfolger aus der Liste der Berufungskommission oder der Gegenliste des NS-Dozentenschaftsvertreters (Thüring) ausgewählt würde.

> Heisenberg schrieb an Gerlach: »Was die Frage der Sommerfeld-Nachfolge betrifft, so dürfen Sie nicht glauben, dass ich irgendwie nervös würde. Ich bin Ihnen und Sommerfeld von Herzen dankbar für all die Mühe und für all das Unerfreuliche, dass Sie dabei auf sich laden und ich kann mir immer noch gut vorstellen, dass Sie Erfolg haben werden. Dabei habe ich übrigens ein ausgesprochen dickes Fell und würde auch über einem entgegengesetzten Ausgang nicht trübsinnig werden. Dass mich ein Sieg der Herren Thüring und Genossen und ihrer Methoden ärgern würde, kann ich freilich auch nicht leugnen. Aber wir leben eben noch mitten in einer Revolution und dabei soll man jedenfalls das eigene private Schicksal nicht allzu wichtig nehmen.«[22]

Über die Endauswahl des Kandidaten für die Sommerfeld-Nachfolge gibt es – trotz intensiver Nachforschungen – keine gesicherten, auf zeitgenössisches Archivmaterial gestützten Erkenntnisse. Trotz Heisenbergs Rehabilitation wählte man im REM nicht ihn oder einen anderen Kandidaten von der Liste der Berufungskommission, sondern die Nr. 2 der von der NS-Dozentenschaft vorgelegten Liste, Wilhelm Müller. Die Entscheidung fiel vermutlich im Frühjahr 1939. Warum das Ministerium nicht den Erstplatzierten der Gegenliste, Malsch, berief, sondern den der Physik gänzlich fern stehenden Aerodynamiker Wilhelm Müller, bleibt unklar (s. unten). Eines jedoch kann mit großer Sicherheit festgestellt werden: Eine Einflussnahme der DPG zugunsten Heisenbergs oder gegen Müller ist nicht erfolgt.

Auch an der TH München erfolgte im Frühjahr 1939 eine Berufung im Sinn der »Deutschen Physik«: Der Lenard-Schüler Rudolf Tomaschek wurde zum Nachfolger Jonathan Zennecks auf den Lehrstuhl für Experimentalphysik berufen. Heisenberg schrieb an Sommerfeld, dass damit die »Gegenseite (Thüring u.s.w.)« eine Stärkung erfahren werde; nach Tomascheks Berufung würde es »noch viel

---

21) Heisenberg an Sommerfeld, 23.7.1938, DMA, HS 1977-28/A, 136, abgedruckt in: Michael Eckert/Karl Märker, Arnold Sommerfeld, S. 451 f.
22) Heisenberg an Gerlach, 16.11.(1938), DMA, NL 80 (Gerlach), 092-01.

schwerer sein, den Widerstand dieser Richtung zu überwinden.«[23] Die Zenneck-Nachfolge war – wie die Sommerfeld-Nachfolge – erst nach einem jahrelangen Vorspiel entschieden worden. »Nur echte oder getarnte Einsteinleute stehen kritisch zu Tomaschek. Tomaschek entstammt als Lenardschüler der Schule des Begründers der Deutschen Physik. Das enthebt uns einer weiteren Begründung schon deshalb, weil Tomaschek zu den tüchtigsten Lenardschülern zählt.« So hatte der Dekan der Fakultät für Allgemeine Wissenschaften dem Rektor der TH München 1936 angedeutet, dass die Berufung Tomascheks möglicherweise zum Politikum werden könne.[24] Die NSDAP ergriff ebenfalls Partei für Tomaschek und erklärte gegenüber dem REM, man »würde es sehr begrüßen, wenn Tomaschek nach München berufen würde, nicht blos [sic] mit Rücksicht auf die T.H. sondern auch die Universität; denn es ist unbedingt erforderlich, daß nach München ein Mann kommt, der aus einer anderen Physikerschule (Lenard) stammt als die bisherigen Münchner Physiker.«[25]

Doch es bedurfte gar keiner besonderen Parteinahme für Tomaschek, um ihn nach München zu berufen. Anders als an der Universität München waren Fakultät, Rektor und Ministerien bei der Zenneck-Nachfolge nicht in verschiedene Lager gespalten. Tomaschek wurde zum 1.4.1939 an die TH berufen. Mit Müller und Tomaschek erschien München jetzt als »Hauptstadt der physikalischen Gegenbewegung«, wie der Sommerfeld-Schüler Karl Bechert im Dezember 1939 an seinen alten Lehrer schrieb.[26] Allerdings blieben solche Äußerungen auf private Briefwechsel beschränkt. Seitens der DPG ist jedenfalls auch im Fall der Berufung Tomascheks keinerlei Protest bekannt, obwohl Zenneck selbst in den Jahren 1935–1937 den DPG-Vorsitz bekleidete.

23) Heisenberg an Sommerfeld, 13.5.1939, ebd., HS 1977-28/A, 136, abgedruckt in: Michael Eckert/Karl Märker, Arnold Sommerfeld, S. 465 f.
24) Boas an den Rektor der TH München, 20.7.1936, THMA, Berufungsakten, 1938–1943, Registratur-Abt. II 1a, Bd. 4, Nr. 6. Allgemein zur Geschichte der Physik an der TU München während der NS-Zeit s. Ulrich Wengenroth, Zwischen Aufruhr und Diktatur. Die Technische Hochschule 1918–1945, in: ders. (Hrsg.), Technische Universität München. Annäherungen an ihre Geschichte, München 1993, S. 215–260.
25) NSDAP an Wacker, 21.7.1938, THMA, Berufungsakten, 1938–1943, Registratur-Abt. II 1a, Bd. 4, Nr. 6.
26) Bechert an Sommerfeld, 30.12.1939, DMA, HS 1977-28/A, 12.

DPG-interne Diskurse über die »Deutsche Physik«, 1935–1940

In den veröffentlichten Berichten der DPG-Tagungen findet sich keine Reaktion auf den Münchner Skandal. Zenneck, der 1939 nach Debyes Emigration noch einmal den Vorsitz der DPG übernahm, erwähnte bei der Eröffnung der DPG-Jahrestagung Anfang September 1940 in Berlin den Ausgang der Münchner Berufungen mit keinem Wort; stattdessen lobte er seine Organisation für »das Gefühl der großdeutschen Zusammengehörigkeit« und schwärmte von der »Mitarbeit der Physiker an den großen Aufgaben, die ein Krieg an jedes Volk stellt«.[27] Nicht der Hauch eines Vorwurfs an die Adresse der »Deutschen Physik«! Wenn selbst physikferne Kreise aus NSDAP, SS und anderen Gruppierungen für die eine oder andere Seite Partei ergriffen, warum dann nicht die DPG als Standesorganisation der Physiker Deutschlands? Begriff sich die DPG überhaupt als Wahrer der Interessen ihrer Klientel, wozu sie sich laut Satzung[28] selbst verpflichtet hatte? Haben die Münchner Ereignisse wenigstens DPG-intern für Diskussionen gesorgt? Wie bewerteten die DPG-Repräsentanten die Bedrohung der Physik in Deutschland durch die Ideologen der »Deutschen Physik«?

Um den DPG-internen Diskurs unverfälscht von der in den *Physikalischen Blättern* verbreiteten Vergangenheitsbewältigung nach 1945 zu rekonstruieren, soll ausschließlich auf zeitgenössische Quellen zurückgegriffen werden. Der relevante Zeitraum fällt in die Ära der DPG-Vorsitzenden Zenneck (1935–1937) und Debye (1937–1939). Vor 1935 stellte die »Deutsche Physik« noch kein Problem für die DPG dar. Der Versuch Starks, sich 1933 zum »Führer« der Physik in Deutschland aufzuschwingen, signalisierte zwar ein erstes Aufkeimen ideologisch motivierter Einflüsse, doch dabei handelte es sich noch nicht um eine Aktion »Deutscher Physik«, sondern um einen Alleingang Starks, der – ganz abgesehen von seinen jetzt im Gewand der NS-Ideologie vorgetragenen Ansichten – wegen seiner häufigen Polemiken in der Physikerschaft schon lange vor 1933 als ein unbeliebter Querulant galt. Das Ereignis, mit dem man gewöhnlich den Beginn der »Deutschen Physik« als Bewegung gleichsetzt, war die

---

27) Verhandlungen der Deutschen Physikalischen Gesellschaft, 1940, H. 2, S. 31–34.
28) Vgl. den Beitrag von Stefan Wolff in diesem Band.

Feier zur Einweihung des »Philipp-Lenard-Instituts« in Heidelberg am 13. und 14.12.1935, die Stark zu einem Angriff gegen die moderne theoretische Physik nutzte, der dann noch im *Völkischen Beobachter* fortgeführt wurde. Nach 1940, als Vertreter der »Deutschen Physik« in einem als »Religionsgespräch« bezeichneten Zusammentreffen mit anderen Physikern unter der Leitung des NSDDB die Haltlosigkeit ihrer Positionen einräumen mussten, spielte diese Richtung kaum noch eine Rolle. Zum Zeitpunkt der Ramsauerschen *Eingabe*, im Januar 1942, war der Niedergang der »Deutschen Physik« längst besiegelt. Die fünf Jahre der Amtszeit Zennecks und Debyes von 1935 bis 1940 können deshalb als der für das Wirken der »Deutschen Physik« maßgebliche Zeitraum angesehen werden.

Als Zenneck 1935 von seinem Vorgänger Karl Mey den DPG-Vorsitz übernahm, hatten sich die Wogen vorangegangener Streitigkeiten weitgehend geglättet. Noch unter der Amtszeit von Laues waren Ambitionen von Johannes Stark, die Führung über die Physik in Deutschland zu erlangen, erfolgreich torpediert worden. »Wir haben den Angriff Starks auf den Vorsitz der Physikalischen Gesellschaft glänzend abgeschlagen«, schrieb von Laue nach der DPG-Jahrestagung 1933 in Würzburg an Einstein.[29] In Meys Amtszeit war es zu einer Auseinandersetzung mit dem REM über eine Gedächtnisfeier für Fritz Haber am 29. Januar 1935 gekommen: Im Ministerium sah man darin zunächst eine Provokation und untersagte den Physikern die Teilnahme, doch Max Planck rechtfertigte die Ehrung Habers als einen unpolitischen Akt; die Feier für Haber sei »ein durch alte Sitte vorgeschriebener Brauch selbstverständlicher Pietät gegen ein verstorbenes Mitglied, welches sich, ohne jemals politisch irgendwie hervorgetreten zu sein, unvergängliche Verdienste um die deutsche Wissenschaft, Wirtschaft und Kriegstechnik erworben hat«, sie zu unterlassen würde »allgemein, auch im Ausland, höchst unliebsames Aufsehen erregen und zu Ungunsten der Einstellung unserer Regierung gegenüber der Wissenschaft ausgelegt werden.«[30] Planck hatte dies in seiner Eigenschaft als Präsident der Kaiser-Wilhelm-Gesellschaft (KWG), deren Mitglied Haber war, dem Reichserziehungsminister

---

[29] Zit. nach: Armin Hermann, Die Deutsche Physikalische Gesellschaft 1899–1945, in: Theo Mayer-Kuckuk (Hrsg.), Festschrift 150 Jahre Deutsche Physikalische Gesellschaft, Sonderheft der Physikalischen Blätter, 51 (1995), S. F95.

[30] Planck an Rust, 18.1.1935. MPGA, V. Abt., Rep. 13, Nr. 1850.

geschrieben. Da Haber auch der DPG angehört und 1914/15 sogar als deren Vorsitzender fungiert hatte, konnte sich Mey mit einem eigenen Schreiben an den Minister die Argumentation Plancks zu Eigen machen. Die Haber-Feier wurde wie geplant abgehalten, ohne dass ihre Veranstalter (Deutsche Chemische Gesellschaft, KWG und DPG) deshalb vom Ministerium getadelt wurden. Wie sich herausstellte, war der Erlass über die Nichtteilnahme an der Haber-Feier nur von untergeordneten Stellen verfasst worden. Der Minister selbst wusste nichts davon; auch »hohe Reichs- und andere Behörden« hatten ihre Teilnahme zugesagt.[31)]

Der erste Konflikt, mit dem sich Zenneck als DPG-Vorsitzender konfrontiert sah, hatte nur indirekt mit der »Deutschen Physik« zu tun, wäre jedoch ohne die im Dezember 1935 von Stark eröffnete Attacke gegen Sommerfeld, Heisenberg und die moderne theoretische Physik kaum in dieser Form entstanden. Es ging um die Frage der Redaktion der *Zeitschrift für Physik*, die nach einem Vorschlag von Laues Sommerfeld angeboten werden sollte. Zenneck fand diesen Vorschlag »nicht sehr glücklich«, wie er Mey schrieb, da

> »Sommerfeld als Vertreter einer Richtung der theoretischen Physik gilt, die sich sicherlich in mancher Beziehung nicht bewährt hat. Ausserdem wird ihm nicht zu Unrecht vorgeworfen, daß er früher eine starke prosemitische Tätigkeit entfaltet hat. Ich fürchte also, es würde von allen Seiten Sturm gelaufen werden, wenn man daran dächte, Sommerfeld zum Schriftleiter der ›Zeitschrift für Physik‹ zu machen. Meinem Gefühl nach können wir uns das unter den gegenwärtigen Verhältnissen unter keinen Umständen leisten.«[32)]

Ressentiments gegen die moderne theoretische Physik, wie sie hier und in anderen Briefen von Experimentalphysikern aufscheinen,[33)] lassen erahnen, dass die Angriffe Starks in manchen Punkten durchaus offene Ohren fanden; dennoch hegte Zenneck für die »Deutsche Physik« keine Sympathie. Ende Januar 1936 schrieb er an

---

31) Mey an Rust, 24.1.1935. DPG an die Vorstandsmitglieder, 25.1.1935. DPGA Nr. 10011 (vgl. auch den Nachdruck in der Dokumentation *Die Haber-Feier 1935* im Anhang dieses Bands.
32) Zenneck an Mey, 4.1.1936, DMA, NL 53, 012.
33) »Mir gefällt die Entwicklung beider Gebiete [Metalltheorie, Ferromagnetismus – d. A], wie sie in der Wellenmechanik vor sich geht, gar nicht (ich verstehe sie auch nicht – eben darum gefällt sie mir nicht!)«, schrieb z. B. Walther Gerlach an Samuel Goudsmit am 7.11.1936. AIP, Goudsmit Papers, Box 5, Folder 45.

Mey, er finde, »daß Stänkereien innerhalb der Deutschen Physikalischen Gesellschaft unter den jetzigen Verhältnissen besonders wenig angebracht sind.«[34] Sein vorrangiges Ziel war es, sich und seiner Organisation Ärger zu ersparen. Dieselbe Handlungsweise kam auch zum Ausdruck, wenn bei den alljährlichen Physikertagungen die politische Etikette zu wahren war. Als sich Zenneck mit Mey, der den Vorsitz der Deutschen Gesellschaft für technische Physik (DGtP) ausübte, bei der Vorbereitung der im Herbst 1936 in Bad Salzbrunn abgehaltenen gemeinsamen Tagung beider Gesellschaften über »das ›Sieg-Heil‹ auf den Führer« abstimmte, schrieb er: »Ich habe keine Erfahrung in diesen Sachen und weiß nicht, in welcher Weise diese Angelegenheit bisher geregelt wurde.«[35]

Dieselbe Angst vor Schwierigkeiten war auch zu beobachten, als es darum ging, für den am 8.11.1936 verstorbenen Geschäftsführer der DPG, Karl Scheel, einen Nachfolger zu finden. Als der Vorschlag gemacht wurde, von Laue mit diesem Amt zu betrauen, schrieb Zenneck an Mey, er schätze von Laue »als Physiker und Charakter außerordentlich hoch«, halte ihn aber für den Geschäftsführerposten nicht für geeignet:

> »1. Er ist bei Kreisen, an denen wir nicht vorbeigehen können, sehr unbeliebt. 2. Er hat sehr viel Zeit. Vor Leuten, die viel Zeit haben, habe ich aber größere Angst, als vor schlechten Menschen. Sie können einem das Leben gehörig sauer machen. Ich fürchte nach der bisherigen Erfahrung, die ich mit von Laue habe, daß dauernde Unruhe herrschen würde. 3. Von Laue ist unbedingt sprunghaft, so daß man nicht sicher weiß, ob er nicht einmal irgend etwas ganz Ungeschicktes macht.«[36]

Außer solchen, eher persönlichen Eigenheiten spielten noch andere Beweggründe bei der Frage der Geschäftsführerwahl mit. Zenneck und Mey, die seit 1933 den Vorsitz der DPG und der DGtP ausübten, waren technische Physiker. Von Laue wollte die Geschäftsführerstelle übernehmen, wie er Sommerfeld schrieb, »damit die D. Phys. Ges. nicht gar zu sehr in's Schlepptau der D. Gesellschaft für technische Physik gerät. Es bestehen da gewisse Gefahren, weniger wegen der in Betracht kommenden Persönlichkeiten, als wegen des allgemeinen Zugs der Zeit.«[37]

---
34) Zenneck an Mey, 23.1.1936, DMA, NL 53 (Zenneck), 012.
35) Zenneck an Mey, 2.9.1936, ebd.
36) Zenneck an Mey, 7.11.1936, ebd.
37) V. Laue an Sommerfeld, 13.11.1936, ebd., HS 1977-28/A, 197.

Dass die Strategie Ärger zu vermeiden, nicht immer aufging, liegt auf der Hand. Vor allem die Planck-Medaille, die seit 1929 für herausragende Leistungen in der theoretischen Physik verliehene höchste Auszeichnung der DPG, sorgte für Konfliktstoff.[38] Dennoch kam es auch in dieser Angelegenheit zu keiner direkten Konfrontation zwischen der DPG und der »Deutschen Physik«. Wenn zu befürchten war, dass das Ministerium, Stark oder andere Gefolgsleute der Nazis gegen die DPG Vorwürfe erhoben, wurde die Medaillenvergabe ausgesetzt oder rechtzeitig die Zustimmung des Ministeriums eingeholt.

Der Anteil der DPG am Niedergang der »Deutschen Physik«

Während der Amtszeit Zennecks und Debyes finden sich in den Protokollen der DPG-Vorstandssitzungen jedenfalls keinerlei Anzeichen eines Kampfes gegen die »Deutsche Physik«. Wie sich die NSDAP selbst verhielt, hatte Alfred Rosenberg schon 1937 öffentlich durch eine Art Neutralitätserklärung klargestellt: »Die NSDAP kann eine weltanschauliche dogmatische Haltung zu diesen Fragen nicht einnehmen; daher darf kein Parteigenosse gezwungen werden, eine Stellungnahme zu diesen Problemen der experimentellen und theoretischen Naturwissenschaft als parteiamtlich anerkennen zu müssen.«[39] Seit der Polemik im *Schwarzen Korps* sah sich Stark mit seinen Attacken zunehmend in der Defensive. Im April 1938 rechtfertigte er Lenard gegenüber, warum er Zuflucht zu dem »Judenblatt« *Nature* genommen habe, um seine Auffassungen über jüdische Wissenschaft zu verbreiten: Es sei ihm »nicht mehr möglich«, seine Ansichten in Deutschland zu verbreiten, nachdem Rosenberg »ja seit 1936 im V[ölkischen] B[eobachter] keinen Artikel mehr gegen den Judengeist erscheinen« lasse, und »das ›Schwarze Korps‹ nimmt auch keinen Artikel mehr auf, der im Sinne meines früheren gehalten ist.«[40] Stark

---

38) Vgl. den Beitrag von R. Beyler/M. Eckert/D. Hoffmann in diesem Band.
39) Rosenberg zur Freiheit der Forschung, Memorandum vom 9.12.(1937); vgl. auch Alan D. Beyerchen, Wissenschaftler, S. 237.
40) Zit. nach: Andreas Kleinert, Der Briefwechsel zwischen Philipp Lenard (1862–1947) und Johannes Stark (1874–1957), in: Jahrbuch 2000 der Deutschen Akademie der Naturforscher Leopoldina (Halle/Saale), Leopoldina, R. 3, 46 (2001), S. 259.

hatte schon 1936, als er seinen Rücktritt vom Vorsitz der Deutschen Forschungsgemeinschaft erklären musste, den Versuch aufgegeben sich zum Führer der deutschen Wissenschaft aufzuschwingen; 1939 gab er auch sein Amt als Präsident der Physikalisch-Technischen Reichsanstalt auf. Stark und Lenard mögen noch den einen oder anderen Sympathisanten in der NSDAP gehabt haben, aber von einer offiziellen, auch wissenschaftspolitisch umgesetzten Parteilinie in Sachen Physik konnte am Ende der 1930er Jahre – falls dies überhaupt je der Fall war – keine Rede mehr sein.

Nach der NSDAP erklärte im sogenannten »Religionsgespräch« 1940 auch der NSDDB seine neutrale Haltung. Danach befeindeten sich die Aktivisten untereinander. Der Astrophysiker Wilhelm Führer, ein enger Freund Thürings, ärgerte sich über das »schleimscheißerische Benehmen sogenannter nationalsozialistischer Physiker«, als er »das Produkt dieser Physikerbesprechung« zu Gesicht bekam.[41] Thüring empörte sich über die »Instinktlosigkeit der Führung des Dozentenbundes«, als dieser in einer weiteren Aussprache plante, »die Relativisten hier gleichberechtigt auftreten zu lassen«.[42] Als es im November 1942 in Seefeld in Tirol zu dieser Aussprache kam, sah sich Thüring völlig im Stich gelassen: »Hier steht eine große ziemlich geschlossene Front gegen uns, deren einziger Vertreter ich hier bin! 1 gegen 30.«[43]

Das »Religionsgespräch« und die Aussprache in Seefeld fallen bereits in die Ära Ramsauers als DPG-Vorsitzender. Das »Religionsgespräch« kam wesentlich durch die Initiative Wolfgang Finkelnburgs zustande, der als stellvertretender DPG-Vorsitzender Ramsauer zur Seite stand. Lässt sich also wenigstens in diesen beiden Ereignissen eine DPG-eigene Maßnahme gegen die »Deutsche Physik« erkennen? Besteht ein Zusammenhang mit der *Eingabe an Rust* vom Januar 1942, in der unter anderem gefordert wurde, dass »nochmals eine Aussprache« abgehalten werden sollte, um die »inneren Kämpfe der deutschen Physik« beizulegen?[44]

---

41) Führer an Thüring, 8.1.1941, Archiv der Sternwarte Wien. Ich danke Freddy Litten für die Einsicht in dieses Material.
42) Thüring an Dingler, 1.2.1941, HBA, NL Dingler.
43) Thüring an Dingler, 2.11.1942, ebd.
44) Ramsauer an Rust, 20.1.1942. Durchschlag mit Begleitschreiben an Prandtl, 23.1.1942, MPGA, III. Abt., Rep. 61, NL Prandtl.

Die Ära Ramsauer und die Folgen der *Eingabe an Rust* werden an anderer Stelle eingehend analysiert.[45] Hier genügt der Hinweis darauf, dass die *Eingabe* eben *nicht* das vorrangige Ziel hatte, die »Deutsche Physik« zu bekämpfen. Es ging Ramsauer primär um den Verlust der Vormachtstellung in der Physik in Deutschland im Vergleich zu den USA. An erster Stelle beklagte er mangelnde Geldmittel für die physikalischen Institute an Universitäten; als weitere Ursachen wurde die Vernachlässigung der theoretischen Physik, die Fehlbesetzungen von Lehrstühlen und Nachwuchsprobleme angeführt; der »Deutschen Physik« wurde nur für einen Teil dieser Probleme die Schuld zugewiesen.

Ramsauer hatte schon im Jahr 1939 im DPG-Vorstand gefordert, »dass unbedingt Schritte getan werden müssen, um eine bessere Dotierung der physikalischen Institute zu erreichen.« Der Auslöser dafür war ein ähnlicher Vorstoß der Chemiker, die »für die chemischen Institute sehr weitgehende diesbezügliche Forderungen gestellt« hatten. Man setzte daraufhin eine Kommission ein, »deren Aufgabe es sein soll, Unterlagen über die finanzielle Lage der physikalischen Institute zu sammeln und einen Antrag an den Minister vorzubereiten.« Bemerkenswerterweise verband Ramsauer seine Forderung jedoch nicht mit einer Schuldzuweisung an die Adresse der »Deutschen Physik«, sondern erkannte in dem schlechten Zustand der physikalischen Institute »ein bedauerliches Erbe der Systemzeit.«[46] Dass für die Schuldzuweisung bei der späteren *Eingabe an Rust* die »Deutsche Physik« ins Blickfeld geriet, war die Folge einer DPG-unabhängigen Initiative, die der im Göringschen Luftfahrtministerium hoch angesehene Aerodynamiker Ludwig Prandtl auf die Bitte Heisenbergs hin schon im Juli 1938 angestrengt hatte, um dessen Rehabilitation bei Himmler zu unterstützen.

Darin hatte Prandtl argumentiert:

> »Die Schwierigkeiten, die diesem Fach [der theoretischen Physik – d. A.] gemacht werden, sind hauptsächlich dadurch hervorgerufen, daß eine an sich kleine Gruppe von Experimentalphysikern, die mit den Forschungen der The-

---

45) Die Ära Ramsauer und die von der *Eingabe* ausgehenden Wirkungen sind Gegenstand des Beitrags von Dieter Hoffmann in diesem Band, sodass hier nur die für den Niedergang der »Deutschen Physik« relevanten Aspekte behandelt werden.

46) Protokoll, Sitzung des Vorstands der DPG, 2.3.1939, DMA, NL 53 (Zenneck), 012.

oretiker nicht haben Schritt halten können, sich mit Heftigkeit gegen die neuere Entwicklung der theoretischen Physik aufgelehnt haben, in der Hauptsache aus dem Grunde, daß in dem Lehrgebäude der heutigen theoretischen Physik erhebliche Bestandteile stecken, die von nichtarischen Forschern stammen. Es ist zuzugeben, daß unter diesen nichtarischen Forschern auch solche von minderem Range waren, die mit der ihrer Rasse eigentümlichen Betriebsamkeit ihre Talmiware ausposaunten. Daß solche Erzeugnisse verschwinden, ist nur recht und billig, aber es gibt auch unter den Nichtariern Forscher allererten Ranges, die mit heißem Bemühen die Wissenschaft zu fördern versuchen und sie in der Vergangenheit wirklich gefördert haben.«[47]

Im Frühjahr 1941 wurde Prandtl erneut zum Fürsprecher für die theoretische Physik. Den Anlass dazu gab ein Vorfall im jetzt von Müller geleiteten Institut für theoretische Physik an der Universität München: Sommerfeld wurde das emeritierten Professoren sonst zugestandene Recht eines Raums, in dem er die Bücher seiner ehemaligen Institutsbibliothek einsehen konnte, verwehrt. »Sie wissen vielleicht noch nicht, dass Müller mich aus meinem Institut gerausgeschmißen [sic] hat«, schrieb er danach an Prandtl, den dieses Verhalten des Sommerfeld-Nachfolgers so empörte, dass er beschloss, »irgendetwas in der Sache zu unternehmen«.[48] Prandtl sandte daraufhin eine Eingabe an Göring, um die »Sabotage der theoretischen Physik durch die Lenard-Gruppe« anzuprangern.[49] Im Luftfahrtministerium, wo gerade der Krieg gegen Russland geplant wurde, konnte man sich mit dieser Angelegenheit »aus naheliegenden Gründen z. Zt. leider nicht eingehend beschäftigen«; man empfahl Prandtl, »einen vertrauensvollen Vorstoß unmittelbar beim Herrn Wissenschaftsminister durchzuführen.«[50]

Prandtl hatte seine Beschwerdeschrift mit den Göttinger Physikern Georg Joos und Robert Wichard Pohl abgefasst, die ihm auch den Kontakt zu Ramsauer nahe gelegt haben dürften, da sie von dessen früher geplanten Initiative für eine Stärkung der physikalischen

---

47) Prandtl an Himmler, 12.7.1938, MPGA, NL Prandtl. Siehe auch Alan D. Beyerchen, Wissenschaftler, S. 222.
48) Sommerfeld an Prandtl, 1.3.1941 und Prandtl an Sommerfeld, 22.3.1941, abgedruckt in: Michael Eckert/Karl Märker, Arnold Sommerfeld, S. 538 f.
49) Prandtl an Göring, 28.4.1941, MPGA, III. Abt., Rep. 61, NL Prandtl, abgedruckt bei: Johanna Vogel-Prandtl, Ludwig Prandtl. Ein Lebensbild. Erinnerungen. Dokumente (= Mitteilungen aus dem Max-Planck-Institut für Strömungsforschung, Nr. 107), Göttingen 1993, S. 210–214.
50) 2. Staatssekretär an Prandtl, 19.5.1941, MPGA, NL Prandtl.

Institute wussten. Aus diesem Grund sandte Prandtl seine Beschwerdeschrift auch an Ramsauer und hielt ihn über den Fortgang der Angelegenheit auf dem Laufenden. Das Rustsche Ministerium erschien Prandtl und Ramsauer zunächst als ein wenig geeigneter Adressat. Man einigte sich aber trotzdem darauf, dass Ramsauer »qua Physikalische Gesellschaft beim Erziehungsministerium vorstellig werden« solle, »so daß also der ›Dienstweg‹ beschritten wird.«[51]) Am 31.10.1941 erbat sich Ramsauer von Prandtl die Zustimmung, dass er dessen Schreiben an Göring bei der geplanten DPG-Eingabe verwenden dürfe: »Formell könnten wir uns dann auf den Standpunkt stellen, daß Sie mir dies Material als dem Vorsitzenden der Deutschen Physikalischen Gesellschaft zur Verfügung gestellt haben.«[52])

Angesichts dieser Vorgeschichte der *Eingabe an Rust* ist klar, dass dabei nicht die DPG als Organisation die treibende Kraft war, sondern dass es sich um ein Zusammentreffen zweier Initiativen handelte: der von Prandtl – bei der es um den Münchner Skandal ging – und der von Ramsauer, dem die Stärkung der physikalischen Institute am Herzen lag. Ebenso wenig war das »Religionsgespräch« im November 1940 eine von der DPG veranlasste Veranstaltung: Finkelnburg wollte in seiner Eigenschaft als Vertreter des NSDDB in Darmstadt die Münchner Führung des Dozentenbunds davon abbringen, die »Deutsche Physik« zu unterstützen; als er im Herbst 1940 seine Initiative gegen die »Deutsche Physik« begann, handelte er nicht im Auftrag der DPG. Erst im Mai 1941 wurde Finkelnburg von Ramsauer mit dem stellvertretenden DPG-Vorsitz betraut.[53]) Damit wird Finkelnburgs persönliches Auftreten gegen die »Deutsche Physik« nicht geschmälert; aber es muss festgehalten werden, dass es sich ebenso wie bei der Aktion Prandtls nicht um eine DPG-Initiative handelte. Beides, Prandtls Beschwerde an Göring und Finkelnburgs Initiative für das »Religionsgespräch«, wurden erst im Nachhinein von der DPG aufgegriffen, um damit der Ramsauerschen *Eingabe an Rust* größeres Gewicht zu verleihen.

---

51) Prandtl an Pohl, 18.6.1941, ebd.
52) Ramsauer an Prandtl, 31.10.1941, ebd.
53) Alan D. Beyerchen, Wissenschaftler, S. 248.

Vergangenheitsbewältigung I: die DPG-Version

Den Auftakt für die Abrechnung mit der »Deutschen Physik« nach dem Ende des Dritten Reichs bildete ein Artikel des Münchner Mathematikers Oskar Perron, den der Herausgeber der *Physikalischen Blätter* unter der Überschrift »*Deutsche Physik*« *und die deutschen Physiker* auszugsweise wiedergab, da es von Interesse sei zu wissen, »wie und mit welchem Erfolg sich die Wissenschaftler gegen Bevormundung und politischen Zwang zur Wehr setzten«.[54] Mit dieser Einleitung wurde der Keim für die DPG-Version vom Widerstand gegen die »Parteiphysik« gelegt, die in weiteren Artikeln in den *Physikalischen Blättern* mit den schon eingangs zitierten »Belegen« untermauert wurde: die DPG habe in der Person von Finkelnburg bei dem sog. »Religionsgespräch« und danach mit der *Eingabe an Rust* durch ihren Vorsitzenden Ramsauer ihre Gegnerschaft gegen die »Deutsche Physik« zum Ausdruck gebracht, wobei »Deutsche Physik« mit »Parteiphysik« gleichgesetzt und deren Ablehnung als Ausweis für die oppositionelle Haltung der DPG gegenüber dem NS-Regime gewertet wurde.

Obwohl die meisten historischen Darstellungen dieser Gleichsetzung kritisch gegenüber standen, wurde die Mythenbildung vom »Kampf gegen die Parteiphysik« bislang nicht eingehend unter die Lupe genommen. Zunächst ist es auffallend, dass nicht ein von der »Deutschen Physik« attackierter moderner Theoretiker wie Heisenberg nach 1945 seine Gegnerschaft gegen die »Deutsche Physik« publik machte, sondern Finkelnburg, Ramsauer und Brüche. Die Entstehung der Widerstandsrhetorik in den *Physikalischen Blättern* muss vor dem Hintergrund der Entnazifizierung betrachtet werden. Brüche sorgte sich in seinem Organ um die kollektive Entlastung der Physikerschaft von einer Komplizenschaft mit dem NS-System, in-

---

[54] Ernst Brüche, »Deutsche Physik«, S. 232. Perrons Artikel *Verfälschung der Wissenschaften* erschien in: Neue Zeitung, v. 7.11.1946. Perron war als enger Kollege Sommerfelds mit den Ereignissen an der Münchner Universität bestens vertraut. Er nahm auch in anderen Belangen mit starkem persönlichem Engagement Anteil an den Vorkommnissen während der NS-Zeit, z. B. was die Haltung der Bayerischen Akademie der Wissenschaften gegenüber den Emigranten betrifft. Vgl. Perron an Sommerfeld, Januar 1951, DMA, NL 89 (Sommerfeld), 012, abgedruckt in: Michael Eckert/Karl Märker, Arnold Sommerfeld, S. 647–649.

dem er die Aktionen Ramsauers und Finkelnburgs als DPG-Repräsentanten im Dritten Reich stellvertretend für die Haltung der Mehrheit zum Widerstand gegen das NS-System verklärte. Im Vorfeld dieser kollektiven Entlastung ging es aber auch individuell um »Persilscheine«.

> Finkelnburg wandte sich schon wenige Monate nach Kriegsende an Sommerfeld mit der folgenden Bitte: »Es handelt sich um die mich jetzt belastende Tatsache, dass ich im August 1940 für einige Monate mich zur kommissarischen Verwaltung der Dozentenführung der TH Darmstadt bereit erklärt habe, mit der ausdrücklichen Bedingung, dass ich dann den Kampf mit der Partei gegen die Gruppe Lenard-Stark-Müller-Bühl aufnehmen könne. Sie wissen, dass ich dann trotz aller Warnungen vor persönlichen Nachteilen den Kampf eröffnet und die Münchner Besprechung vom November 1940 herbeigeführt habe, in der zum ersten Mal gegen die Diskriminierung der theoretischen Physik und ihrer hervorragendsten Vertreter in Deutschland energisch Stellung genommen wurde.«[55]

Ramsauer wandte sich ebenfalls an Sommerfeld mit der Bitte um Entlastung:

> »Ich werde, ohne Pg gewesen zu sein, politisch angegriffen, weil ich während der Nazizeit Vorsitzender der Deutschen Physikalischen Gesellschaft gewesen bin. Es wird dabei angenommen, daß ich den Vorsitz nur unter dem entscheidenden Einfluß der nationalsozialistischen Partei erhalten und geführt haben könne. Tatsächlich ist das Gegenteil der Fall. Ich bin seinerzeit von Herrn Kollegen Zenneck als sein Nachfolger vorgeschlagen und dann von der Versammlung in ordnungsgemäßer geheimer Wahl gewählt worden, weil man von mir eine selbständigere Führung der Gesellschaft erhoffte als von Kollegen im Staatsdienst. Ich glaube diese Erwartungen voll erfüllt zu haben. Ich habe u. a. trotz mehrfacher mehr oder minder deutlicher Warnungen der Partei die Geburtstagsfeier Plancks, die Gedächtnisfeier für Nernst und mehrfache Verteilungen der Planck-Medaille an *unsere* Kandidaten durchgeführt. Insbesondere aber habe ich die Lebensinteressen der deutschen Physik gegenüber dem nationalsozialistischen Ministerium durch eine grössere Eingabe verteidigt, in welcher ich in erster Linie die Diffamierung der deutschen theoretischen Physik als einer jüdischen Mache und die Besetzung wichtiger Lehrstühle durch nationalsozialistische Nichtskönner bekämpft habe.«[56]

---

55) Finkelnburg an Sommerfeld, 14.10.1945, DMA, NL 89 (Sommerfeld), 020, Mappe 8, 3, abgedruckt in: Michael Eckert/Karl Märker, Arnold Sommerfeld, S. 574 f.
56) Ramsauer an Sommerfeld, 8.3.1946, DMA, NL 89 (Sommerfeld), 020, Mappe 8, 3.

Auch in der Korrespondenz mit Brüche stand in den ersten Nachkriegsjahren die Entnazifizierung im Vordergrund. Im Mai 1946 schrieb Finkelnburg an Brüche, wie zuvor an Sommerfeld, dass ihm für die Übernahme einer Professurvertretung in Karlsruhe die Zustimmung der amerikanischen Militärregierung fehle, die ihm mit dem Argument verweigert werde, er sei 1940 kommissarischer Dozentenführer in Darmstadt gewesen. »Wenn Sie wissen, was da zu tun sein könnte«, schrieb er an Brüche, »eventuell irgendeinen massgebenden und vernünftigen Amerikaner auf den Fall aufmerksam machen oder mir noch das eine oder andere Gutachten besorgen könnten, wäre ich Ihnen dankbar«. Im gleichen Atemzug fand er, dass auch die physikalische Gesellschaft sich von dem Verdacht der Komplizenschaft mit dem NS-Regime reinwaschen sollte: »Auch für unsere DPG gilt, dass sie sich vom Nazismus stets fern gehalten hat, also ›unbelastet‹ dasteht.«[57] Brüche stellte Finkelnburg das gewünschte Gutachten aus, zweifelte aber an dessen Nutzen, da er damit rechnete, »daß ich selbst in absehbarer Zeit so etwas brauchen könnte.«[58]

So entstand im Mai 1946 eine abgestimmte Sprachregelung über den von der DPG geführten »außerordentlich energischen Kampf gegen die Wissenschaftspolitik des dritten Reiches«.[59] In Fortsetzung seiner Korrespondenz um die eigene Entlastung regte Finkelnburg kurz darauf an: »[...] würde es nicht jetzt der Physikerschaft wie dem Ausland gegenüber richtig sein, einmal offen von dem Kampf der DPG gegen die ›Partei-Physik‹ zu schreiben?« Er übersandte auch gleich eine »kurze Darstellung«, wollte jedoch nicht selbst als Autor auftreten, um die Angelegenheit nicht als Anliegen in eigener Sache erscheinen zu lassen.

> »Ich leugne nicht, dass ich mit diesem Plan auch einen persönlichen Zweck verbinde: meine Rolle in diesem Kampf muss der Physiker-Oeffentlichkeit bekannter werden als sie es jetzt ist. Dazu eine traurige Nachricht: aber bitte vertraulich! Eben während des Schreibens an meiner Darstellung erhalte ich die Mitteilung des Karlsruher Rektors, dass Hiedemann auf Bühls Lehrstuhl berufen worden sei, da die Karlsruher Militärregierung mich als ›not to be employed as teacher or in any other capacity by the Ministry of Education‹ bezeichnet hat. Also niederschmetternd! Trotz Ramsauer-Gutachten usw! Sie

---

[57] Finkelnburg an Brüche, 16.5.1946, LTAMA, NL Brüche, Mappe 106.
[58] Brüche an Finkelnburg, 20.5.1946, ebd.
[59] Brüche, Bescheinigung betreffend Herrn Prof. Dr. W. Finkelnburg zwecks Vorlage bei der Spruchkammer, 29.5.1946, ebd.

verstehen, dass ich das zunächst nicht an die grosse Glocke haben möchte, z. B. um Springer nicht vom Drucken meiner Atomphysik abzuhalten usw.«[60]

Brüche antwortete:

»Das ist ja scheusslich«, und versicherte, das ihm Mögliche in dieser Sache zu veranlassen. »Ich habe an Heisenberg geschrieben, weil es mir am richtigsten zu sein scheint, daß einer der Göttinger Herren den Bericht unterschreibt.« Sich selbst erklärte er in dieser Frage als »nicht kompetent«. Außerdem sollte er sich auf Wunsch Ramsauers »nicht um Angelegenheiten der Physikalischen Gesellschaft kümmern, denn das sei Angelegenheit der Göttinger.«[61]

Damit geriet die Angelegenheit zu einem Politikum der Physikerschaft, denn die DPG war noch nicht als gemeinsame Organisation der Physiker in Deutschland neu gegründet worden. In Göttingen, wo Heisenberg als Vorsitzender der kurz zuvor neu gegründeten *Deutschen Physikalischen Gesellschaft in der britischen Zone* amtierte, war man über die nicht von Göttingen aus kontrollierten eigenen Initiativen in den *Physikalischen Blättern* gar nicht glücklich. »Weizsäcker hat mir geschrieben, dass er grosse Bedenken hätte«, informierte Finkelnburg Brüche. »Ich würde jetzt vorschlagen, den Bericht von mir als Material für eine eventuelle spätere Veröffentlichung Ihrem ›Archiv‹ einzuverleiben.«[62]

Brüche schrieb zurück:

»Herr Heisenberg ist ohne Zweifel auf mich böse. Weizsäcker habe ich nun auch ungewollt kürzlich verschnupft. Ich fürchte, wir werden mit den Herren nicht recht zu Rande kommen. Es wäre mir sehr lieb, wenn Sie die wirklichen Gründe vorsichtig erforschen könnten. Es ist ohne Zweifel wichtig, daß das Problem Göttingen für die Neuen Physikalischen Blätter gelöst wird. Es ist nur sehr schwierig, sich mit Mimosen zu verständigen.«[63]

Ende September 1946 teilte Finkelnburg Brüche mit, dass er »nun glücklich ›Mitläufer‹ geworden« sei; im gleichen Brief machte er einen neuen Vorstoß, um das »Verhalten der Phys. Ges. in der Nazi-

---

[60] Finkelnburg an Brüche, 14.6.1946, ebd.
[61] Brüche an Finkelnburg, 17.6.1946, ebd.
[62] Finkelnburg an Brüche, 18.7.1946, ebd.
[63] Brüche an Finkelnburg, 10.9.1946, ebd. Zur Kritik der »Göttinger Herren« an den *Physikalischen Blättern* s. Swantje Middeldorff, Ernst Brüche, S. 22.

zeit« doch noch zum Thema einer Publikation werden zu lassen: Ramsauer solle den Artikel verfassen, ohne seine, Finkelnburgs, Aktivität dabei in den Vordergrund zu stellen. »Ferner dürfte diese Veröffentlichung m.E. nicht ohne Billigung der Göttinger Leitung der Phys. Ges. geschehen, wenn diese auch nicht direkt daran beteiligt zu sein brauchte.«[64] Danach kam es zu der bereits angeführten Artikelserie in den *Physikalischen Blättern*.[65]

Der Streit zwischen Brüches *Physikalischen Blättern* und der »Göttinger Leitung« war kein bloßer Streit um diesen oder jenen Artikel. Er erinnert in mancher Hinsicht an den früheren Streit zwischen Berlin und dem Rest Deutschlands. Sommerfeld gegenüber machte Finkelnburg später seinem Ärger Luft, als er angesichts der eigenen Schwierigkeiten bei der Erlangung einer Professur klagte, man habe »nur Aussichten, wenn man in Göttingen die Priesterweihen empfangen« habe.[66] In einem Brief an Ramsauer schrieb Finkelnburg, er sei »trotz aller jetzigen Besserwisser« immer noch der Meinung, im Krieg »in der Frage der Physik-Politik richtig gehandelt zu haben«. Anlass dieser von Ramsauer an Brüche weitergeleiteten Äußerung war eine Kritik von Laues an der in den *Physikalischen Blättern* verbreiteten Darstellung des Kampfs mit der »Deutschen Physik«.

> Ramsauer erklärte sich diese Kritik so: »Laue empfindet es als für sich beschämend, dass er nicht selbst für die deutschen Theoretiker wie Planck, Heisenberg, Sommerfeld (im Falle W. Müller!) eingetreten ist, und ärgert sich wohl ferner auch darüber, dass ich, ein Aussenstehender, als Vorsitzender der Deutschen Physikalischen Gesellschaft wenigstens versucht habe, eine aktive Politik zu treiben und der Gesellschaft die Stellung und den Einfluss zu verschaffen, die ihr zukommen, im Gegensatz zu meinen Vorgängern (auch Laue), welche die Dinge haben gehen lassen, wie sie seit Jahren gegangen sind.«[67]

---

64) Finkelnburg an Brüche, 23.9.1946, LTAMA, NL Brüche, Mappe 106.
65) Ernst Brüche, ›Deutsche Physik‹ *und die deutschen Physiker* Physikalische Blätter 2 (1946), S. 232–236, Carl Ramsauers, *Eingabe un Rust* 3 (1947), S. 43–46 und derselbe: *Zur Geschichte der Deutschen Physikalischen Gesellschaft in der Hitlerzeit* 3 (1947), S. 110–114.
66) Finkelnburg an Sommerfeld, 8.8.1947, DMA, NL 89 (Sommerfeld), 008.
67) Ramsauer an Brüche, 26.1.1948, LTAMA, NL Brüche, Mappe 104.

Vergangenheitsbewältigung II: die Version der »Gegenseite«

Es wurde bereits in der Einleitung betont, dass es sich bei der pauschalen Bezeichnung einer »Deutschen Physik« um eine retrospektive Kategorisierung handelt. Zeitgenössische Bezeichnungen für »Deutsche Physiker« lauteten, wie in der Prandtlschen Beschwerde an Göring, »Lenard-Kreis« oder »Lenard-Gruppe«; Zenneck sprach bei einer Gelegenheit von der »Gruppe der psychopathischen Physiker«;[68] Heisenberg nannte die Verantwortlichen für die Münchner Gegenliste »Arbeiter- und Soldatenräte à la Thüring«,[69] »Gegenseite (Thüring u.s.w.)« oder »Gruppe Thüring«;[70] für Prandtl handelte es sich nur um die »Münchner Clique«;[71] Ramsauer bezeichnete sie in seiner *Eingabe* als eine »zahlenmäßig kleine Gruppe extrem eingestellter Physiker, Astronomen und Philosophen«[72]. Nur als Titel des Lenardschen Lehrbuchs (1935) und als Überschrift eines Pamphlets von Stark und Müller (1941) wurde von diesen selbst der Begriff »Deutsche Physik« verwendet.

Als sich Thüring[73], Dingler[74] und andere Vertreter der »Gegenseite« nach dem Krieg als »Deutsche Physiker« und Repräsentanten einer »Parteiphysik« an den Pranger gestellt sahen, reagierten sie zuerst erstaunt.

Thüring schrieb an Dingler:

> »Hast Du denn nicht das Pamphlet gelesen, welches Perron in seiner ganzen Schamlosigkeit in der »Neuen Zeitung« vom 7. Oktober 1946 unter dem Titel ›Verfälschung der Wissenschaften‹ veröffentlicht hat? Gegen Lenard, Stark, Müller, Dingler, Thüring, Vahlen, Bieberbach. Mich nennt er darin eine vom 3. Reich ›hochgeschwemmte dunkle Existenz‹ und Dich, soweit ich mich entsinne, ›den in allen Farben des Konjunktur-Rittertums schillernden »großen« Naturphilosphen Hugo Dingler‹. ›Sachliches‹ Thema des Artikel

68) Zenneck an Grotrian, 19.8.1937, DMA, NL 53 (Zenneck), 012.
69) Heisenberg an Sommerfeld, 9.4.1939, DMA; NL 89 (Sommerfeld), HS 1977-28/A, 136.
70) Heisenberg an Sommerfeld, 13.5.1939, ebd.
71) Prandtl an Ramsauer, 28.1.1942, MPGA, NL Prandtl.
72) Ramsauer an Rust, 20.1.1942. Durchschlag mit Begleitschreiben an Prandtl, 23.1.1942, ebd.
73) Zu Thüring s. Freddy Litten, Astronomie in Bayern 1914–1945, Stuttgart 1992, S.225–2228.
74) Zu Dingler s. Gereon Wolters, Opportunismus als Naturanlage. Hugo Dingler und das ›Dritte Reich‹., in: Peter Janich (Hrsgb.): Entwicklungen der methodischen Philosophie, Frankfurt/Main 1992, S.257–327.

ist die Rel[ativitäts – d.A.] Theorie und alles Drum und Dran. Dieses Pamphlet ist nun zum wesentlichen Teil von dem Herausgeber der ›Neuen Physik. Blätter‹ Prof. Brüche im Märzheft (glaube ich) erneut abgedruckt worden! Dazu blöde Bemerkungen über ›Parteiphysik‹ etc. (das war die Physik, die wir propagiert haben!).«[75]

Doch aus dem Sarkasmus wurde rasch geschäftiger Ernst, denn mehr noch als bei den DPG-Vertretern ging es auch auf der »Gegenseite« um Entnazifizierung, und da konnte sich der Vorwurf der »Parteiphysik« höchst schädlich für die akademische Zukunft auswirken. Im Vorgriff auf sein Spruchkammerverfahren entwarf Thüring eine eidesstattliche Erklärung, die ihn selbst und Dingler vom Vorwurf der »Parteiphysik« reinwaschen sollte und die er Dingler zur Unterschrift übersandte. Darin hieß es:

> »Eine ›Parteiphysik‹ hat es nie gegeben. Ganz und gar unmöglich aber ist es, diese Bezeichnung etwa derjenigen Wissenschaftsrichtung zu geben, welche Prof. Thüring vertrat. Eher das Gegenteil wäre richtig. Gegen den starken Widerstand der maßgebenden Stellen der Dozentenbundsführung versuchte er seinen wissenschaftlichen Argumenten zur Anerkennung zu verhelfen.«[76]

Als Thüring im Oktober 1948 für sein bevorstehendes Spruchkammerverfahren Dingler gegenüber noch einmal das eigene Verhalten während der NS-Zeit Revue passieren ließ, stellte er sich als einen von »der Physikerclique« Verfolgten dar; neben seiner antirelativistischen Haltung und seinem »Eintreten für die Dinglersche Philosophie« werde ihm die Berufung Müllers als ein »besonders schweres Verbrechen gegen den Sommerfeldschen Geist angerechnet.«[77] Die ihm kurz darauf zugestellte »Klageschrift«, die ihn in die Gruppe 2 auf der fünfstufigen Skala von NS-Verwicklung einstufte, war für Thüring nur »ein in anderen Worten wiedergegebener Teil der langen gemeinen und gehässigen und lügenhaften Denunziation, die Perron im Nov. 1946 losgelassen hat.«[78] Am Ende verlief das Spruchkammerverfahren für Thüring sehr glimpflich: »Endergebnis: Gruppe III, 1 Jahr Bewährungsfrist, 500 DM ›Sühne‹, event. abzuleisten durch Sonderarbeit (pro Tag 25 DM), Tragung der Kosten des Verfah-

---

75) Thüring an Dingler, 6.5.1947, HBA, NL Dingler.
76) Dingler an Thüring, 30.4.1947, ebd.
77) Thüring an Dingler, 19.10.1948, ebd.
78) Thüring an Dingler, 21.1.1949, ebd.

rens.«[79] Dabei kam es Thüring zugute, dass die Spruchkammer die Auseinandersetzungen um die »Deutsche Physik« als einen »wissenschaftlichen Streit« bewertete: »Es fehlt der Kammer an der nötigen Sachkenntnis, um hier ein Urteil abgeben zu können«, heißt es in der Begründung des Spruchkammerbescheids. »Wenn der Betroffene als Vertreter der Dozentenschaft Sitz und Stimme in der Fakultät hat und aus wissenschaftlichen Gründen den Prof. Heisenberg abgelehnt hat, so ist dies sein gutes Recht.« Da es erwiesen sei, »dass Prof. Heisenberg durchaus kein Gegner der NSDAP gewesen ist«, sei der Vorwurf unberechtigt, dass die Ablehnung Heisenbergs aus dessen antinationalsozialistischer Einstellung heraus erfolgt sei.[80]

Trotz dieses milden Urteils konnte Thüring in der Wissenschaft nicht mehr Fuß fassen. Verbittert schrieb er Ende 1949 an Dingler:

> »Wer findet sich übrigens, der es verhindert oder auch nur zu verhindern versucht, dass Leute wie Perron, Brüche, Heckmann u. a. das Gift ihrer Verleumdungen und Ehrabschneidungen verspritzen? Was ich (und andere) in den vergangenen 5 Jahren in dieser Hinsicht erlebt haben, hat mir die Augen über Freund und Gegner so geöffnet, wie es die gesamten Erfahrungen meines vorherigen Lebens nicht vermocht haben.«[81]

Für den fast siebzigjährigen Dingler spielte die Entnazifizierung keine Rolle mehr. Doch mit seiner Anteilnahme am Ergehen Thürings teilte auch er den Hass gegen die ehemaligen Gegner. Die Nachricht vom Tod Sommerfelds kommentierte er mit den Worten: »Mit seinem Tode dürfte die terroristische Oktroyierung der atonalen Physik ihre stärkste Bastion verloren haben, die sie noch besaß.«[82]

Wie sehr sich Thüring und Dingler als Opfer von Intrigen fühlten, kam noch einmal 1954 zum Ausdruck, als Dingler zufällig Wilhelm Führer begegnete. Führer war bis 1936 als Leiter der Dozentenschaft an der Universität München der politisch Aktivste aus der »Münchner Clique«; danach wurde er Regierungsrat im Bayerischen Kultusministerium, wechselte 1939 als Oberregierungsrat in das REM und wirkte schließlich als SS-Sturmführer beim Amt Ahnenerbe; bei Kriegsende war Führer Obersturmführer der Waffen-SS. Im Gespräch mit Dingler erinnerte sich Führer, dass sich während seiner Amtszeit im Bayerischen Kultusministerium Gerlach an ihn gewandt

---

79) Thüring an Dingler, 16.3.1949, ebd.
80) Auszüge aus dem Spruchkammerbescheid, ebd.
81) Thüring an Dingler, 27.12.1949, ebd.
82) Dingler an Thüring, 8.5.1951, ebd.

habe »mit der Forderung, dass Heisenberg unter keinen Umständen berufen werden dürfe. (Offenbar war es Gerlach klar, dass er an der Seite dieser Berühmtheit eine klägliche Figur spielen würde).«[83]

> Thüring bestätigte diese Version: »Daß Gerlach seinerzeit sich gegen Heisenberg ausgesprochen hat, ist sicherlich Wahrheit, und dass seine Meinung wirksamer war im Ministerium als meinige, sicherlich auch. Das ändert aber an den heutigen Fronten nichts, zumal Gerlach ebenfalls ein Intrigant von Format ist, wie Du ja am eigenen Leibe erfahren hast.«[84]

Führer war sich seiner Erinnerung so sicher, dass er Gerlach selbst darauf ansprach in der Hoffnung, damit seine Entnazifizierung zu erleichtern. An Gerlach schrieb er 1947:

> »Ich habe auch den Eindruck gehabt, daß wir in wissenschaftspolitischen Ansichten übereinstimmten, trotzdem ich ›Nazi‹ war und ich wohl wußte, daß Sie andere Bindungen haben. Wenn ich der Schule Sommerfeld und ihrem Einfluß entgegentrat, so hab ich damit nur der Experimentalphysik helfen wollen, und damit befand ich mich in Übereinstimmung mit jedem Physiker, der zu mir kam. Oder haben die mich zu täuschen versucht. Ich glaub es nicht. Gelitten hat niemand von den Sommerfeld-Schülern und die Beauftragung Heisenbergs mit der Leitung des K.W.I.s war schließlich auch keine verwerfliche Handlung.«[85]

Was die Sommerfeldnachfolge anging, behauptete Führer:

> »An der Berufung Müller war ich gänzlich unbeteiligt. Deswegen bin ich nie gefragt worden. Diese Berufung führte mein Vorgänger durch.«[86]

Gerlach lehnte es jedoch ab, Führer zu entlasten.[87] Auf Sachbearbeiterebene zuständig für die Berufung Müllers war der Ministerialrat Wilhelm Dames. Dessen Vorgesetzter war Rudolf Mentzel. Auch Mentzel wandte sich nach dem Krieg an Gerlach mit der Bitte um einen Persilschein.[88] Was die Sommerfeldnachfolge betraf, schob er den Schwarzen Peter weiter:

> »An der Sache Sommerfeld-Müller ist nächst dem früheren Dozentenbund übrigens Johannes Stark besonders beteiligt gewesen. St. hat damals unter

---

83) Dingler an Thüring, 2.6.1954, ebd.
84) Thüring an Dingler, 23.6.1954, ebd.
85) Führer an Gerlach, 4.5.1947, DMA, NL 80 (Gerlach), 410.
86) Führer an Gerlach, 6.2.1948, ebd., 332-01.
87) Gerlach an Führer, 20.2.1948, ebd.
88) Mentzel an Gerlach, 12.10.1948, ebd., 290.

Umgehung aller Sachbearbeiter unmittelbar eine Entscheidung von Rust zu Gunsten von Müller erhalten, der, wie ich glaube, ein Schüler von Stark war.«[89]

In Mentzels Fall verweigerte sich Gerlach nicht der Bitte um einen Persilschein. Er bestätigte, dass Mentzel ihm gegenüber die Berufung Müllers »missbilligt« habe und sogar dazu geraten habe, Beschwerde gegen Müller zu führen, denn »man müsse an diesem Falle einmal zeigen, welche Folgen das Hineinregieren des Dozentenbundes hätte.«[90]

Wie beurteilte Müller selbst diese Ereignisse nach dem Krieg? Er sah sich als Opfer im doppelten Sinn. Auch er wies den Vorwurf der »Parteiphysik« weit von sich. Was die eigene Tätigkeit betraf, so sei sie »nicht etwa durch parteimäßige Aktivität, sondern allein durch meine wissenschaftlichen Arbeiten bestimmt« gewesen, wie er vor der Spruchkammer erklärte; seine damaligen antisemitischen Hasstiraden bezeichnete er als Ergebnis unpolitischen, weltanschaulichen Denkens; die Berufung nach München sei »jedenfalls von mir aus gesehen, vollständig normal eingeleitet worden«, man habe es seitens der Münchner Fakultät versäumt, »mich rechtzeitig zu warnen und ins Bild zu setzen über die zu erwartenden Schwierigkeiten«. So habe er sich »völlig unbefangen und ahnungslos, einer feindlichen und gehässigen Atmosphäre ausgesetzt« gesehen.[91] Am Ende wurde auch Müller in die Gruppe III der Minderbelasteten eingereiht. Die Parteinahme für die »Deutsche Physik« wurde ihm nicht zur Last gelegt, denn dabei habe es sich um »einen wissenschaftlichen Streit« gehandelt, der »zwischen den Anhängern Einsteins, also den theoretischen Physikern, und den praktischen Physikern« ausgefochten worden sei.[92]

---

[89] Mentzel an Gerlach, 20.12.1948, ebd. Müller war zwar kein Schüler von Stark, doch er bestätigte diesen Hergang. Im März 1943 schrieb er in einem *Bericht über meine Erfahrungen an der Universität München*, seine Berufung sei »in der Hauptsache durch Vermittlung des Präsidenten Professor Joh. Stark und der Dozentschaft der Universität zustande gekommen«. Zit. nach: Freddy Litten, Mechanik, S. 399.
[90] Gerlach, Eidesstattliche Erklärung, 13.12.1948, DMA, NL 80 (Gerlach), 290.
[91] Wilhelm Müller, Erklärungen vor der Spruchkammer, 20.11.1948, zit. nach: Freddy Litten, Mechanik, S. 439–450.
[92] Ebd., S. 218.

Fazit

Trotz aller Schuldzuweisungen, die sich in den Briefwechseln der an diesem Streit Beteiligten finden, bleibt das Bedürfnis nach eindeutigen Antworten unbefriedigt. Wie es im Testfall der Sommerfeld-Nachfolge zur Entscheidung für Müller kam, lässt sich angesichts der widersprüchlichen Quellen nur vermuten: Danach erscheint die Version Mentzels, Stark habe »unter Umgehung aller Sachbearbeiter unmittelbar eine Entscheidung von Rust zu Gunsten von Müller« erwirkt, durchaus plausibel.[93] Aber sie erklärt nicht, *warum* Rust dieser Einmischung Starks nachgab, der zu dieser Zeit (1938/1939) wissenschaftspolitisch schon entmachtet war; Starks Empfehlung für Müller entsprach auch nicht dem Votum der »Münchner Clique«, deren Wunschkandidat Malsch war und die Müller vor seinem Amtsantritt in München überhaupt nicht kannte.[94] Auch die vom Ministerium den Münchner Physikern erteilte Empfehlung, sich gegen Müller zu beschweren, spricht für die von Mentzel geäußerte Absicht, an diesem Fall einmal das schädliche »Hineinregieren des Dozentenbundes« sichtbar zu machen: Ähnlich wie Gerlach durch Mentzel wurde auch Sommerfeld bei einer Unterredung mit dem Ministerialrat Wilhelm Dames am 16.7.1940 im Berliner REM dazu aufgefordert, »nach Berlin zu berichten«, wenn Müller seiner Aufgabe nicht gewachsen sei.[95] Allerdings konnte diese Rechnung nur aufgehen, falls sich Thüring und seine Gesinnungsgenossen vom NSDDB mit der Wahl der Nr. 2 ihrer Liste zufrieden gaben – wozu sie gerne bereit waren, wenn das aus ihrer Sicht größere Übel, die Berufung Heisenbergs, damit verhindert werden konnte.

93) Im Aktenbestand des REM finden sich keine relevanten Unterlagen zur Berufung Müllers. Lediglich ein eher nebensächlicher Vorgang ist aktenmäßig dokumentiert, aus dem sich eine Einmischung Starks ergibt. Dabei handelt es sich um eine zwischen dem Rektor der Münchner Universität (Kölbl) und Stark zwischen Dezember 1937 und November 1938 ausgetragene Kontroverse, in deren Verlauf Stark gegen »tendenziös zurecht gemachte Angaben« Stellung bezieht, wonach ein früheres »Zusammenarbeiten von mir mit Juden meine Legitimation zu einem Kampfe gegen die Berufung Heisenbergs an die Münchner Universität« in Zweifel ziehe. BA, Bestand R4901, PA, St 47.
94) Dingler an Thüring, 8.12.1939, HBA, NL Dingler.
95) Abgedruckt in: Michael Eckert u. a., Geheimrat Sommerfeld – Theoretischer Physiker: Eine Dokumentation aus seinem Nachlaß, München 1984, S. 160.

So wird auch die Reaktion Heisenbergs verständlich, der sich den Hergang folgendermaßen erklärte:

> »Dass Dames die Berufung Müllers betreibt, finde ich sehr begreiflich: Er will dadurch die Gegenkräfte gegen die Lenardklique [sic] mobilisieren und – wenn das nicht gelingt – diese Gruppe durch Müller blamieren. Die rein politische Frage des Lenardeinflusses in der Dozentenführung ist ihm natürlich auch wichtiger als die Münchner Professur.«[96]

Es spricht einiges dafür, dass Heisenberg damit die Stimmung im Reichserziehungsministerium völlig richtig beschrieb. Stark hatte sich am 6. August 1938 in einem Schreiben an Rust darüber beklagt, dass Dames »unter dem Einfluss der judengeistigen Gruppe um Heisenberg steht, da er längere Zeit Assistent des jetzt emigrierten Volljuden James Franck in Göttingen war.« Dames reagierte auf diesen Vorwurf mit einem an Rust adressierten Memorandum, in dem er darauf hinwies, dass die von Stark gewählte Charakterisierung »eine Konstruktion seiner Vorstellungen sein dürfte, mit der er die Vertreter der modernen theoretischen Physik bezeichnen zu müssen glaubt.« Dames sah sich selbst weniger als Schüler Francks sondern »als Schüler von W. Wien und Experimentalphysiker«, und von daher habe er »nur wenig für die Relativitätstheorie und Quantenmechanik übrig«; doch er könne es »nicht verantworten dazu beizutragen, dass die moderne theoretische Physik aus dem geistigen Leben unserer Hochschule ausgeschaltet wird.«[97] Schon 1936 hatten Mentzel und Rust den wissenschaftspolitischen Ambitionen Starks eine deutliche Abfuhr erteilt: zunächst musste Stark als Präsident der Notgemeinschaft der Deutschen Wissenschaft zurücktreten und Mentzel das Feld räumen; dann intervenierte Rust persönlich bei Hitler, um zu verhindern, dass Stark Präsident der Kaiser-Wilhelm-Gesellschaft wird: Gegen Stark als KWG-Präsident spreche, so argumentierte Rust, dass er »von so vielen namhaften führenden Männern und

---

[96] Heisenberg an Sommerfeld, 13.5.1939, DMA, NL 89 (Sommerfeld), HS 1977-28/A, 136, abgedruckt in: Michael Eckert/Karl Märker, Arnold Sommerfeld, S. 465–466.

[97] zitiert in Jost Lemmerich, Ein Angriff von Johannes Stark auf Werner Heisenberg über das Reichsministerium für Wissenschaft, Erziehung und Volksbildung (REM), in: Werner Heisenberg 1901–1976, Beiträge, Berichte, Briefe. Festschrift zu seinem 100. Geburtstag. Herausgegeben von Chr. Kleint, Helmut Rechenberg und Gerald Wiemers, Leipzig 2005,, S. 213–221.

höchsten Staatsstellen abgelehnt« werde.[98] Mit anderen Worten: Bei allen für die Sommerfeld-Nachfolge maßgeblichen Stellen im Reichserziehungsministerium, angefangen vom Minister selbst, über den Leiter des Amts Wissenschaft, Mentzel, bis hin zum Sachbearbeiter Dames, hatte sich Stark als Querulant unbeliebt gemacht. Wenn seinem Votum für Müller stattgegeben wurde, dann sicher nicht, weil man im Ministerium für Stark Sympathien hegte, sondern weil man hoffte, auf diese Weise die Fanatiker um Lenard und Stark zu »blamieren«.

Ein weiteres Indiz, das dieser Version Plausibilität verleiht, ist eine beiläufige Mitteilung in einem Brief Prandtls an Ramsauer, Rust habe sich Pohl gegenüber »bitter darüber beklagt«, dass »seinem Ministerium durch das Braune Haus (Dozentenführung) Berufungen aufgezwungen würden, die er selbst für sehr schädlich halte, daß er aber gegen diese Sache gänzlich machtlos sei.«[99]

Wenn diese Kette von Indizien den Hergang und die im Hintergrund wirkenden Kräfte bei der Sommerfeld-Nachfolge zutreffend beschreibt, dann wurde Müller zum Spielball rivalisierender Kräfte im NS-Regime – und dann handelte die DPG mit ihrer *Eingabe an Rust* ganz im Sinn des Ministers. Die Reaktion der DPG gegenüber der »Deutschen Physik« lässt sich, was die Ära Ramsauer betrifft, also nicht nur *nicht* als ein oppositionelles Verhalten gegenüber dem NS-Regime werten, sondern als ein Akt der Kooperation, um Fehlentwicklungen, die auch von anderen NS-Stellen wahrgenommen wurden, zu korrigieren. In den 1930er Jahren, als diese Fehlentwicklungen noch vermeidbar gewesen wären, hielt sich die DPG aus Konflikten heraus, die sie auf Konfrontationskurs mit dem Regime gebracht hätten. Wo diese Gefahr bestand, wie bei der Verleihung der Planck-Medaille, versicherte man sich der Zustimmung der offiziell zuständigen Instanz, des REM. Auch in anderen Studien über Mathematik und Naturwissenschaft im Dritten Reich erwies sich ein angeblich oppositionelles Verhalten nach einer kritischen Analyse eher als systemkonformes Handeln: Helmuth Albrecht hat – ausgehend von einer Analyse von Max Plancks *Mein Besuch bei Adolf Hitler* und in Anlehnung an Herbert Mehrtens' Studie über angewandte Mathema-

---

[98] zitiert nach Walter Stöcker, Der Nobelpreisträger Johannes Stark (1874–1957). Eine politische Biographie, Tübingen 2001, S. 78.
[99] Prandtl an Ramsauer, 8.6.1941, MPGA, NL Prandtl.

tiker[100] – die zur Schau gestellte Gegnerschaft gegen die »Deutsche Physik« als ein Manöver bezeichnet, um »von den wahren Kollaborationsverhältnissen mit den Machthabern und dem ganzen Ausmaß der Anpassung an die Ideologie des Nationalsozialismus« abzulenken.[101] Dasselbe Resümee lässt sich auch für das Verhalten der DPG ziehen.

100) Herbert Mehrtens, Angewandte Mathematik und Anwendungen der Mathematik im nationalsozialistischen Deutschland, in: Geschichte und Gesellschaft 12 (1986), S. 317–347.
101) Helmuth Albrecht, »Max Planck: Mein Besuch bei Adolf Hitler« – Anmerkungen zum Wert einer historischen Quelle, in: ders. (Hrsg.), Naturwissenschaft und Technik in der Geschichte. 25 Jahre Lehrstuhl für Geschichte der Naturwissenschaft und Technik am Historischen Institut der Universität Stuttgart, Stuttgart, 1993, S. S. 61.

Die Ramsauer-Ära und die Selbstmobilisierung der Deutschen Physikalischen Gesellschaft
Dieter Hoffmann

»Die entgültige [sic] Einordnung der D.P.G. in das Dritte Reich ist zweifellos dringend notwendig, aber eine delikate Angelegenheit. Ich war seinerzeit nicht sehr glücklich, als Debye in Kreuznach Vorsitzender der Gesellschaft wurde. Soviel ich weiss, ist die Wahl aber mit Zustimmung des Ministeriums erfolgt, und Debye hat auch, soweit ich das beobachten konnte, sich für seine Amtsführung die Richtlinien stets im Ministerium geholt. Die Behandlung der Judenfrage durch die D.P.G. zeigte jedoch, dass für die politischen Fragen ihm, wie nicht anders zu erwarten, das erforderliche Verständnis fehlt ... Alles dies wirkt zusammen, um die Unterstützung der Wiederwahl Debye's unmöglich zu machen ... Ich würde es sehr begrüßen, wenn Esau Vorsitzender würde (und) dass die Gesellschaft im Herbst einen Führer erhält, der ihre Geschicke in positiver und rückhaltloser Einstellung zum Dritten Reich führt. Dafür bietet wohl Esau die beste Gewähr.«[1]

Dies schrieb im Frühjahr 1939 der Königsberger Physiker Wilhelm Schütz an seinen Kollegen Herbert Stuart in Berlin und machte sich damit zum Wortführer einer Gruppe jüngerer Physiker, die die weitere Einordnung der DPG in das politische System des Dritten Reichs voranzutreiben und die bisherige Renitenz und Hinhaltetaktik der DPG-Führung in dieser Frage aufzubrechen suchte. Letztes hatte in den Anfangsjahren der nationalsozialistischen Herrschaft dazu geführt, dass die DPG dem politischen Gleichschaltungsdruck vielfach widerstehen und einen vergleichsweise hohen Grad an Autonomie bewahren konnte. Mit der Konsolidierung der nationalsozialistischen Machtverhältnisse in der zweiten Hälfte der dreißiger Jahre wuchs der Druck auf die Gesellschaft, sich endlich voll in das nationalsozialistische Herrschaftssystem einzugliedern; nicht zuletzt sah der 1937 gegründete Reichsforschungsrat eine seiner zentralen Aufgaben darin, die wissenschaftlichen Fachverbände zur Mitarbeit bei der Or-

1) W. Schütz an H. Stuart, Königsberg 4.4.1939, AIP, Goudsmit Papers, Box 28, Folder 53.

ganisation der wehrwirtschaftlichen und autarkiewirtschaftlichen Forschung und Entwicklung heranzuziehen.[2]

Die verzögerte Gleichschaltung der DPG

Gemäß dem nationalsozialistischen Führerprinzip sollte der Vorsitz der Gesellschaft zum Einfallstor für ihre totale Einordnung in die nationalsozialistische Wissenschaftspolitik werden. Obwohl sich bei den bisherigen Vorsitzenden Karl Mey, Jonathan Zenneck und Peter Debye eine konservativ-nationale Grundhaltung und teilweise auch Affinitäten zu einigen Zielen und Vorstellungen des Nationalsozialismus konstatieren lassen, waren sie Persönlichkeiten, die sich bei aller Kompromiss- und Anpassungsbereitschaft gegenüber dem NS-System stets auch um parteipolitische Unabhängigkeit und Integrität bemüht hatten, wodurch es zu wiederholten Konflikten mit den Repräsentanten der nationalsozialistischen Macht gekommen war. In den Augen letzterer – aber auch in denen der jungen NS-Garde innerhalb der DPG – entsprachen diese Wissenschaftler nur in unvollkommener Weise jenen Vorstellungen, die man vom Führer einer der wichtigsten wissenschaftlichen Fachgesellschaften im Dritten Reich erwartete. Auf dem Physikertag 1937 in Bad Kreuznach war Peter Debye einstimmig zum Vorsitzenden der DPG gewählt worden.[3] Debye hatte im Jahr zuvor den Nobelpreis für Chemie erhalten und im Frühjahr 1937 die Leitung des neuen Kaiser-Wilhelm-Instituts für Physik übernommen. Das damit verknüpfte wissenschaftliche Renommee und die herausgehobene Position eines KWI-Direktors sollten die Gewähr für eine möglichst unabhängige Amtsführung bieten und die Gesellschaft vor allzu rigiden Übergriffen und anderen Zumutungen seitens der nationalsozialistischen Politik und ihrer Aktivisten schüt-

---

2) Rede des Generals Prof. Dr. Becker, in: Ein Ehrentag der deutschen Wissenschaft. Zur Eröffnung des Reichsforschungsrats am 25.Mai 1937, hrsg. von der Pressestelle des Reichserziehungsministeriums, Berlin 1937, S.26.
3) Zu Debye und seinen Beziehungen zur DPG vgl. Horst Kant, Peter Debye und die Deutsche Physikalische Gesellschaft, in: Dieter Hoffmann, Fabio Bevilacqua, Roger H. Stuewer (Hrsg.), The Emergence of Modern Physics, Pavia 1996, S. 507–520; allgemein zu Debyes Rolle im Dritten Reich vgl. Dieter Hoffmann, Peter Debye. Ein Dossier, Preprint Nr. 314 des MPI für Wissenschaftsgeschichte, Berlin 2006.

zen. Eine erste Bewährungsprobe war die Durchführung einer repräsentativen Feier zum 80. Geburtstag von Max Planck und die Wiederaufnahme der Verleihung der Planck-Medaille im April 1938. Beides wurde in der Ministerialbürokratie und bei anderen NS-Verantwortlichen mit großer Zurückhaltung gesehen, da hiermit ein Gelehrtentyp und eine Tradition demonstrativ zur Schau gestellt wurden, die im Dritten Reich nicht mehr gepflegt werden sollten und in NS-Kreisen zumindest als verpönt galten. So war im Jahr zuvor vom Ministerium der Name *Max-Planck-Institut* für das neue KWI für Physik demonstrativ infrage gestellt worden, weil – so die Meinung der NS-Wissenschaftsprotagonisten Ph. Lenard und J. Stark[4] – »Planck nicht genug für die Physik getan habe, um einer solchen Auszeichnung würdig zu sein.« Die Planck-Feier fand so im Dissens, wenn auch nicht – wie nach dem Krieg vielfach behauptet wurde – gegen den ausdrücklichen Wunsch des Erziehungsministeriums statt, das gegen ihren Charakter und ihr Ausmaß opponiert und sich deshalb mit einem offiziellen Geburtstagsglückwunsch begnügt hatte, aber keinen hochrangigen Regierungsvertreter entsandte; ganz im Gegensatz etwa zur pompösen Eröffnung des Heidelberger Lenard-Instituts im Dezember 1935 oder zu den Feiern von Lenards 80. Geburtstag, bei denen zahlreiche NS-Größen die Veranstaltung zierten.[5] Dennoch oder vielleicht auch gerade deswegen geriet die Plancksche Geburtstagsfeier im Harnack-Haus zu einer beeindruckenden Huldigung des Doyen der Physik in Deutschland und zu einem Höhepunkt im wissenschaftlichen Leben der DPG, was natürlich auch als eine unmissverständliche Demonstration von wissenschaftlicher Autonomie und Tradition verstanden wurde.[6]

Dass die damalige Nischenexistenz ihre harten Grenzen hatte und

---

[4] P. Debye an W. Heisenberg, Berlin 20.5.1937, MPGA III. Abt., Rep 19, NL Debye, Nr. 331, Bl. 41.

[5] Vgl. August Becker (Hg.), Naturforschung im Aufbruch. Reden und Vorträge zur Einweihungsfeier des Philipp-Lenard-Instituts der Universität Heidelberg am 13. und 14. Dezember 1935, München 1936.

[6] Feier des 80. Geburtstages des Ehrenmitglieds der Deutschen Physikalischen Gesellschaft, Herrn Geheimrat Professor Dr. Max Planck, am Sonnabend, dem 23. April 1938 im Harnack-Haus in Berlin-Dahlem, in: Verhandlungen der Deutschen Physikalischen Gesellschaft 19 (1938) S. 57–76; sowie Ernst Brüche, Vom großen Fest der Physiker im Jahre 1938. Begleittext zur Schallplatte »Stimme der Wissenschaft«, Frankfurt/Main o. J.; vgl. auch den Beitrag von Beyler/Eckert/Hoffmann in diesem Band.

man sich nicht grundsätzlich von der gesellschaftlichen Wirklichkeit des NS-Staats abkoppeln konnte, macht der Ausschluss der jüdischen Mitglieder im Herbst 1938 deutlich.[7] Nachdem man die DPG wiederholt nachdrücklich dazu aufgefordert hatte, sich endlich eine NS-konforme Satzung zu geben und insbesondere das Problem ihrer nichtarischen Mitglieder zu regeln, fügte man sich dem staatlichen Druck und forderte in einem Rundschreiben vom 9. Dezember 1938 alle »reichsdeutschen Juden im Sinne der Nürnberger Gesetze (auf) ... ihren Austritt aus der Gesellschaft mitzuteilen«.[8] Mit dem Rundschreiben hatte die DPG die ministerielle Anweisung formal umgesetzt – ohne jede öffentliche Stellungnahme oder individuelle Begeisterungskundgebung, was in diesem Fall noch kein Ruhmesblatt für die DPG darstellt, doch damals auch keine Selbstverständlichkeit war, wie entsprechende Rundschreiben und Aktivitäten anderer Institutionen dokumentieren.[9] Dies hatte im Übrigen auch die Gruppe junger Nazi-Aktivisten registriert, die deshalb die »Nichtarier-Frage« nochmals auf der Vorstandssitzung vom 14. Dezember zur Sprache brachte. Dabei kam es zu einer Kontroverse zwischen Debye und Orthmann, der »darauf hinwies, dass der erste Satz des an die deutschen Mitglieder der Gesellschaft gerichteten Schreibens so formuliert sei, dass er missverstanden werden könne. Hr. Debye bittet, diesen Satz so zu verstehen, wie er gemeint sei und übernimmt die Verantwortung für die gewählte Formulierung.«[10] Im eingangs zitierten Brief von Schütz an Stuart wurde man noch deutlicher und stellte dort denunziatorisch fest:

> »Die Behandlung der Judenfrage durch die D.P.G. zeigte jedoch, dass für politische Fragen ihm (Debye – D. H.), wie nicht anders zu erwarten, das erforderliche Verständnis fehlt. Ich habe mich damals vergeblich bemüht, eine eindeutige Stellungnahme des Vorsitzenden und damit eine endgültige Lösung des Problems herbeizuführen.«[11]

7) Vgl. den Beitrag von Stefan Wolff in diesem Band.
8) An die deutschen Mitglieder der Deutschen Physikalischen Gesellschaft, Berlin 9.12.1938, MPGA, III. Abtlg., Rep 19, NL Debye, Nr. 1014, Bl. 38. Das Dokument findet man in der Dokumentation »*Gleichschaltung*« im Anhang dieses Bandes in vollem Wortlaut abgedruckt, vgl. den Abbildungsteil.
9) Vgl. die Beiträge von Ute Deichmann und Volker Remmert in diesem Band.
10) Protokoll der Sitzung des Vorstandes vom 14. Dezember 1938. DPGA Nr. 10012.
11) W. Schütz an H. Stuart, Königsberg 4.4.1939. AIP, Goudsmit Papers, Box 28, Folder 53.

Spöttisch-drohend kommentierte der Informationsdienst der Reichsdozentenführung, hinter dem nicht zuletzt H. Stuart als Funktionär dieser Organisation stand, die Angelegenheit ebenfalls:

> »Man scheint offensichtlich in der Deutschen Physikalischen Gesellschaft noch sehr weit zurück zu sein und noch sehr an den lieben Juden zu hängen. Es ist in der Tat bemerkenswert, dass nur »unter den zwingenden obwaltenden Umständen« eine Mitgliedschaft von Juden nicht mehr aufrecht erhalten werden kann.«[12)]

Sehr weit zurück war man in der DPG auch in der Satzungsfrage.[13)] Auf entsprechende Anfragen aus dem Reichserziehungsministerium hatte man lange Zeit hinhaltend reagiert und selbst keine Initiativen unternommen, die DPG-Satzung den neuen politischen Verhältnissen in Deutschland anzupassen. Nachdem 1938 das Ministerium eine wissenschaftspolitische Offensive gestartet hatte und jene Wissenschaftsinstitutionen, die noch nicht total gleichgeschaltet waren, mehr oder weniger ultimativ aufgefordert wurden, das »innere Leben« dieser Institutionen – wie es in einem entsprechenden Schreiben an die Berliner Akademie heißt[14)] – »entsprechend den Grundanschauungen, auf denen das staatliche und geistige Leben der deutschen Gegenwart beruht«, anzupassen, musste nun auch der DPG-Vorstand reagieren. Auf der Vorstandssitzung vom 2. März 1939 wurde dann die Einsetzung einer Kommission zur »Vorbereitung von Satzungsänderungen der Deutschen Physikalischen Gesellschaft« angeregt, wobei Debye allerdings zu Protokoll gab, dass zwar »die Satzungen geändert werden sollen, dass es aber zur Zeit weder nötig noch zweckmässig sei, Satzungsänderungen beschleunigt durchzuführen«. Er schlägt vor, trotzdem schon jetzt eine Kommission einzusetzen, die die Frage der Satzungsänderung vorbereitend durchsprechen soll, sodass im entscheidenden Augenblick ein arbeitsfähiges Gremium vorhanden sei.[15)] Zu Mitgliedern der Kommission wurden Debye selbst sowie M. von Laue, W. Schottky, H. Stuart und W. Grotrian berufen. Über die Hinhaltetaktik des Vorstands und

---

12) Informationsdienst der Reichsdozentenführung 2(1939) S.27.
13) Vgl. auch den Beitrag von Stefan Wolff in diesem Band.
14) B. Rust an die Preußische Akademie der Wissenschaften, Berlin 8.10.1938. Berlin-Brandenburgische Akademie der Wissenschaften, Archiv II, Ia, Bd. 14, Bl. 16.
15) Protokoll der Sitzung des Vorstandes am 2.3.1939. MPGA, III. Abtlg., Rep 19, NL Debye, Nr. 1016, Bl. 24.

die Zusammensetzung der Kommission, die sich bis auf Stuart sämtlichst aus Mitgliedern des Vorstands rekrutierte, die zudem nicht gerade zu den dezidierten Anhängern des Nationalsozialismus gehörten, mokierte sich Stuart in dem schon zitierten Brief an Stetter. In diesem Zusammenhang tat er seine Absicht kund,

> »dass mindestens noch ein Parteigenosse ... in diese Kommission kommt ... Eigentlich ist es eine Schande, dass wir uns mit solchen Bagatellen und diesen Bürgersleuten rumschlagen müssen, während unser Führer Geschichte macht und uns eine grosse Aufgabe nach der anderen zeigt.«[16]

Im Übrigen war die Gruppe um Stuart nicht die Einzige, die in dieser Frage Druck auf die DPG bzw. deren Vorstand ausübte. So wollte der Freiburger Ordinarius Eduard Steinke seine Wahl in den Vorstand des Gauvereins Baden-Pfalz davon abhängig machen, dass »die Angleichung der Gesellschaft an die bestehenden Reichsbestimmungen« erfolgt.[17] In seinem Antwortschreiben machte der DPG-Geschäftsführer im Namen von Debye deutlich, dass die DPG in dieser Frage eigentlich alles in ihrer Macht liegende getan habe und die geforderte Satzungsänderung allein dadurch verzögert würde, dass das zuständige Ministerium bisher dazu keine verbindlichen Richtlinien gegeben habe – d. h. der Schwarze Peter ja eigentlich beim Wissenschaftsministerium liege.

Die Kommission gab so zunächst einmal an den DPG-Geschäftsführer den Auftrag, sich per Rundbrief Informationen zu den gültigen Satzungen anderer wissenschaftlicher Gesellschaften einzuholen[18] und äußerte zudem gegenüber dem Ministerium die Überzeugung, dass man »vor Abschluss der Tätigkeit noch die endgültigen Richtlinien des Ministeriums« erwarte.[19] Man war also nach wie vor auf eine dilatorische Behandlung der Angelegenheit aus, zumal solch einflussreiche DPG-Repräsentanten wie Max von Laue und Jonathan Zenneck noch Anfang 1940 die Meinung (freilich nur intern) vertraten, »dass heute doch nicht die Zeit ist, um Satzungen zu ändern. Darüber kann man sprechen, wenn einmal wieder normale Verhält-

---

16) H. Stuart an G. Stetter, Berlin 17.3.1939. AIP, Goudsmit Papers, Box 28, Folder 53.
17) W. Grotrian an E. Steinke, 13.5.1939. MPGA, III. Abtlg., Rep 19, NL Debye, Nr. 1016, Bl. 45.
18) Protokoll der Vorstandssitzung vom 2.3.1939. Ebd., Bl. 24.
19) P. Debye an W. Dames, 11.3.1939. Ebd., Bl. 34.

nisse sind, aber nicht in Kriegszeiten.«[20] Allerdings ging diese Strategie nicht auf, denn Debye war seitens des Ministeriums bereits im Frühjahr 1939 beschieden worden, auch ohne konkrete Vorgaben die Satzungsänderungen voranzutreiben und baldmöglichst »die geänderten Satzungen der Deutschen Physikalischen Gesellschaft, sobald sie im Entwurf fertiggestellt sind, zur Einverständniserklärung vorzulegen«[21]; später ließ das Ministerium die DPG noch wissen, dass

> »engere Beziehungen zu wissenschaftlichen Gesellschaften und Vereinen nur dann gepflegt werden, wenn diese fähig, geeignet und gewillt sind, an den laufenden Fragen der Wissenschaften mitzuarbeiten, sowie für die Förderung wissenschaftlicher Zwecke von staatlicher Seite eingesetzt werden können. Eine Voraussetzung für diese Mitarbeit ist die Reinheit der Gesellschaften und Vereine von jüdischen oder mischblütigen sowie jüdisch und mischblütig versippten Mitgliedern. Nur in persönlichen Einzelfällen sind diesbezügliche Ausnahmen möglich unter der Voraussetzung, dass besondere Verdienste oder Verhältnisse vorliegen ... Das Ministerium hat nicht die Absicht bei persönlichen Einzelfällen, seien es Inländer oder Ausländer, kleinlich zu verfahren, wenn solche Persönlichkeiten für die Wissenschaft wertvoll und dem neuen Deutschland wohlgesonnen sind, sowie mindestens die Reichsbürgergrundsätze auch hinsichtlich der Ehefrauen erfüllen.«[22]

In seinen handschriftlichen Aufzeichnungen über die Sitzung der Satzungskommission vom 7. August 1939, bei der Debye, von Laue, Ramsauer, Schottky und Grotrian anwesend waren, notierte Debye die Essentials der anstehenden Satzungsänderung: »Reichsbürgergesetz, Führerprinzip. Vors. wird gewählt hat dann Führereigenschaften.«[23] Auf dieser Sitzung wurden dann auch schon konkrete Vorschläge für die Änderung der einzelnen Paragraphen der Satzung formuliert und schließlich der neue Satzungsentwurf an das Ministerium zur Bestätigung gegeben. Der Kriegsausbruch führte dann anscheinend dazu, dass der Entwurf in den ministeriellen Amtsstuben mehrere Monate liegen blieb.[24] Am 1. Juni 1940 konnte endlich im Vorstand über die neue Satzung abschließend beraten und diese dann auch in »der vom Minister genehmigten Form nach kurzer Discus-

---

20) J. Zenneck an M. v. Laue, München 12.2.1940. DPGA Nr. 10014.
21) O. Wacker an P. Debye, Berlin 25.3.1939. MPGA III. Abtlg., Rep 19, NL Debye, Nr. 1016, Bl. 35.
22) W. Dames an P. Debye, Berlin 4.8.1939. MPGA, III. Abtlg., Rep 19, NL Debye, Nr. 1018, Bl. 23.
23) Protokoll der Vorstandssitzung vom 2.3.1939, ebd., Bl. 25.
24) P. Debye an W. Grotrian, Berlin 8.1.1940. MPGA, III. Abtlg., Rep. 19, NL Debye, Nr. 1019, Bl. 1.

sion angenommen« werden.[25] Das Ministerium hatte in einigen Punkten noch Änderungen am Entwurf vorgenommen. Vergleicht man die Notizen Debyes mit der dann 1941 endgültig in Kraft getretenen Satzung so betrafen die Änderungen vor allem den §4, der die Mitgliedschaft regelt. Im ursprünglichen Entwurf des DPG-Vorstands lautete dieser nach den Notizen Debyes:

> »Ordtl. Mitgl. können nur Reichsdeutsche werden, welche das Reichsbürgerrecht besitzen, sowie im deutsch. Reiche wohnende Ausländer, welche die Voraussetzung für den Erwerb des Reichsbürgerrechtes nach deutschem Recht erfüllen.« [26]

In der vom Ministerium korrigierten und dann so von der DPG im Herbst 1940 bestätigten Endfassung der Satzung fand dieser Paragraph eine wesentliche Verschärfung. Danach hatten Reichsdeutsche nur dann Anspruch auf eine Mitgliedschaft in der DPG, wenn auch ihre Frauen das Reichsbürgerrecht besaßen.[27] Welche Konsequenzen und Demütigungen mit diesem Paragraphen für einzelne Mitglieder verknüpft waren, macht ein Brief Erich Regeners vom Oktober 1941 an Jonathan Zenneck deutlich, in dem er meint darauf hinweisen zu müssen, dass

> »nachdem jetzt auch die physikalische Gesellschaft den Arierparagraphen auf die Ehefrauen der Mitglieder ausgedehnt hat, ... der Ordnung halber mitteilen (möchte), dass meine Frau früher als Jüdin geführt wurde *vorläufiger* Entscheidung des Reichsamtes für Sippenforschung aber jetzt als Mischling ersten Grades gelten kann und dementsprechend eine Kennkarte hat.«[28]

Auch wenn einige DPG-Mitglieder gefordert hatten, über die Berücksichtigung des Reichsbürgerrechts hinauszugehen und etwa in den Satzungen auch den Ausschluss jüdischer Autoren und Rezensenten von den Fachpublikationen der Gesellschaft festzuschreiben, wusste man die Durchsetzung solch radikaler Forderungen zu verhindern. Es lässt sich damit konstatieren, dass die Satzungskommis-

---

25) Protokoll der Vorstandssitzung der DPG vom 1.6.1940. DPGA Nr. 10014.
26) Notizen von P. Debye zur Sitzung der Satzungskommission am 7. Aug. 1939. MPGA, III. Abtlg., Rep 19, NL Debye, Nr. 1018, Bl. 26.
27) Vgl. Satzungen der Deutschen Physikalischen Gesellschaft (E.V.), 1941.
28) E. Regener an J. Zenneck, Friedrichshafen o. D. (etwa Oktober 1941). Deutsches Museum München, Archiv, NL 053 (Zenneck), Nr. 52.

sion nur jene NS-Prinzipien in die neue Satzung aufnahm, die zu den unabdingbaren politischen Gegebenheiten des NS-Staats gehörten – neben dem Ausschluss der jüdischen Mitglieder zählten dazu die Einführung des Führerprinzips sowie die Anerkennung des Aufsichtsrechts durch das Wissenschaftsministerium, dem nunmehr alle wichtigen Entscheidungen und Personalia zur Bestätigung vorzulegen waren. Die neue Satzung ging damit nicht über das hinaus, was ohnehin schon alltägliche Praxis im Dritten Reich geworden war und fiel damit moderater aus als manche Satzung anderer wissenschaftlicher Gesellschaften und Institutionen.[29] Sie wurde schließlich in den Geschäftsversammlungen der einzelnen Gauvereine bestätigt und durch die Geschäftsversammlung der DPG, die am Rande der Berliner Physikertagung vom September 1940 tagte, endgültig angenommen; die formal juristische Eintragung in das Vereinsregister erfolgte schließlich zum 15. Juli 1941.[30]

Auch wenn sich Debye in seiner Amtsführung und für seine Entscheidungen durch Rückfragen im für die DPG zuständigen Reichserziehungsministerium abgesichert und damit an die NS-Oberen Kompromiss- bzw. Kooperationsbereitschaft signalisiert hatte, scheint seine Amtsführung nicht nur in Sachen Satzungsänderung und der endgültigen Einordnung der DPG in das NS-System von einer gewissen Zurückhaltung geprägt, sondern generell betont apolitisch gewesen zu sein – so hat er beispielsweise nur eine offizielle Rede als Vorsitzender der DPG gehalten und dies gerade auf der schon erwähnten Planck-Feier, wodurch er sich u. a. jene peinliche Rhetorik ersparte, von der die Reden seiner Amtskollegen Karl Mey und Jonathan Zenneck gekennzeichnet sind. Damit fehlte Debye aber nach Meinung der Nazi-Aktivisten innerhalb und außerhalb der DPG das nötige Verständnis für die politischen Fragen der Zeit, sodass man für die im Herbst 1939 anstehende Neuwahl einen neuen und dem politischen Anforderungsprofil des Dritten Reichs besser entsprechenden Kandidaten küren wollte. Wie dem eingangs zitierten Brief zu entnehmen ist, sah man im Jenaer Hochfrequenzphysiker Abraham Esau den Wunschkandidaten als Nachfolger Debyes im Amt des DPG-Vorsitzenden, »der ihre Geschicke in positiver und rückhaltlo-

---

29) Vgl. die Beiträge von Ute Deichmann und Volker Remmert in diesem Band.
30) Verhandlungen der DPG 22 (31.12.1941) 2, S. 29.

ser Einstellung zum Dritten Reich führen« würde.[31] Esau war ein erfahrener und auch anerkannter Physiker, der zudem wiederholt seine politische Loyalität unter Beweis gestellt hatte – seit 1933 gehörte er der NSDAP an und sein Aufstieg zu einem der führenden Wissenschaftsadministratoren des Dritten Reichs ging mit der Durchsetzung der Vierjahresplanpolitik einher.[32] Mit Gründung des Reichsforschungsrats hatte man ihn zum Leiter der Fachsparte Physik (einschließlich Mathematik, Astronomie und Meteorologie) ernannt. Der Forschungsrat sollte die Ausrichtung der naturwissenschaftlich-technischen Forschung in Deutschland auf die Ziele der Vierjahresplanpolitik durch eine planmäßige Aufgaben- und Mittelverteilung befördern und war damit ein wichtiges Lenkungsorgan für die nationalsozialistische Autarkie und Aufrüstungspolitik.[33] Zwei Jahre nach dieser Ernennung folgte Esaus Berufung an die Wehrtechnische Fakultät der Technischen Hochschule Berlin-Charlottenburg als Professor für militärische Fernmeldetechnik und zugleich die Bestallung zum kommissarischen Präsidenten der renommierten Berliner Physikalisch-Technischen Reichsanstalt[34]. Diese einflussreichen Ämter sollten nun mit dem Vorsitz der Physikalischen Gesellschaft komplettiert werden und Esau so zu einer ähnlichen Zentralfigur nationalsozialistischer Forschungslenkung aufgebaut werden, wie dies Johannes Stark in den Anfangsjahren des Dritten Reichs war. Allerdings drückt der Wechsel von Stark zu Esau mehr als nur einen altersbedingten Generationenwechsel aus, denn er ist vielmehr symptomatisch für den wissenschafts- und forschungspolitischen Wandel des NS-Systems, das sich gegen Ende der 1930er Jahre zunehmend von der ideologischen Prinzipienreiterei und dem Fanatismus der Weltanschauungseliten und ihrer Vorkämpfer in Ge-

---

31) W. Schütz an H. Stuart, Königsberg 4.4.1939. AIP, Goudsmit Papers, Box 28, Folder 53.
32) Vgl. Dieter Hoffmann/Rüdiger Stutz, Grenzgänger der Wissenschaft: Abraham Esau als Industriephysiker, Universitätsrektor und Forschungsmanager, in: Uwe Hoßfeld et al., »Kämpferische Wissenschaft«. Studien zur Universität Jena im Nationalsozialismus, Köln 2003, S. 136–179.
33) Vgl. Notker Hammerstein, Die Deutsche Forschungsgemeinschaft in der Weimarer Republik und im Dritten Reich. München 1999, S. 205 ff.
34) Vgl. Ulrich Kern, Forschung und Präzisionsmessung. Die Physikalisch-Technische Reichsanstalt zwischen 1918 und 1948, Weinheim 1994.

stalt der Deutschen Physik emanzipierte. Mit der Vierjahresplanpolitik waren vorrangig solche Natur- und Technikwissenschaftler gefragt, die eine enge Verkettung der Hochschulforschung mit Wehrmacht, Rüstungsindustrie und Wissenschaftspolitik zu gewährleisten schienen.[35] Esaus Aufstieg steht hierfür, wobei er sich auf dem Physikertag in Baden-Baden zudem auf ganz spezifische Weise für den DPG-Vorsitz ins Gespräch gebracht hatte. Dort war es nämlich bei einem abendlichen Bankett fast zum politischen Eklat gekommen, als Karl Mey den ersten Toast auf das Wohl der Deutschen Physikalischen Gesellschaft und nicht auf den Führer aussprach. Esau soll die Situation dadurch gerettet haben, indem er unmittelbar danach den von offizieller Seite erwarteten Trinkspruch auf Hitler ausbrachte.[36] Dass sich Esau auch sonst politisch überaus korrekt zu verhalten wusste, macht eine andere Episode von der in Baden-Baden abgehaltenen Hauptversammlung der Deutschen Gesellschaft für technische Physik deutlich. Auf ihr machte Esau den Vorschlag, künftig die alljährlich stattfindenden Physikertage erst nach dem 20. September einzuberufen, um Terminüberschneidungen mit Reichsparteitagen der NSDAP auszuschließen. Laut Sitzungsprotokoll legte daraufhin Mey als Vorsitzender der Gesellschaft lediglich lapidar »die für die Festlegung der Zeit der Jahrestagungen maßgebenden Gesichtspunkte auseinander«; konkrete Beschlüsse wurden jedoch nicht gefasst.[37] Man kann wohl davon ausgehen, dass sich Esau von Mey in gewisser Weise abgekanzelt bzw. lächerlich gemacht fühlte. Nur wenige Wochen später pflichtete Esau jedenfalls im vorauseilenden Gehorsam den Plänen Otto Wackers vom Reichserziehungsministerium bei, den vermeintlich politisch zu unbedarft agierenden Mey abzulösen und zudem der Gesellschaft für technische Physik ein neues Statut zu oktroyieren. Esaus informelles Zusammenwirken

35) So Adolf Fry Anfang 1941 über den Zusammenhang von Nationalsozialismus und Rüstung, s. Hans Ebert/Hermann Rupieper, Technische Wissenschaft und nationalsozialistische Rüstungspolitik: Die Wehrtechnische Fakultät der TH Berlin 1933–1945, in: Reinhard Rürup (Hrsg.), Wissenschaft und Gesellschaft. Beiträge zur Geschichte der Technischen Universität Berlin 1879–1979, Bd. 1, Berlin 1979, S. 490.
36) Vgl. Klaus Hentschel/Ann Hentschel (Hrsg.), Physics and National Socialism, Basel 1996, S. 179.
37) Bericht über die 20. Hauptversammlung der Deutschen Gesellschaft für technische Physik e.V. am Mittwoch dem 14. September 1938 in Baden-Baden, in: Zeitschrift für technische Physik 19 (1938) S. 616.

mit Wacker und dem Ministerium generell offenbarte über gekränkte Eitelkeit hinaus, dass Esau mehr als andere Physikerkollegen bereit war, die Gleichschaltungs- und antisemitische Verdrängungspolitik der NS-Machthaber aktiv mitzutragen. So befürwortete Esau in diesem Zusammenhang ausdrücklich, in den neuen Statuten das Reichserziehungsministerium als Aufsichtsbehörde festzuschreiben und fortan jüdische Mitglieder sowohl von einer ordentlichen Mitgliedschaft auszuschließen als auch jüdischen Autoren und Rezensenten in den Fachpublikationen der Gesellschaft keinen Platz mehr einzuräumen. Solche Forderungen sollen im Übrigen bei der erwähnten Jahrestagung am Rande des Abendempfangs auch von anderen Physikern an Wacker herangetragen worden sein. [38]

Trotz oder vielleicht auch gerade wegen dieser politischen Kontexte gelang es der Allianz von Reichserziehungsministerium und DPG-interner Parteifraktion nicht, ihren Wunschkandidaten durchzusetzen. Nachdem der für Ende September 1939 in Marienbad geplante Physikertag und damit auch die anstehende Neuwahl des DPG-Vorsitzenden wegen des Kriegsausbruchs verschoben werden musste, wurde der Antrag Stetters für den Vorsitz der DPG »Hrn. Esau in Vorschlag« zu bringen, auf der Vorstandssitzung vom 1. Juni 1940 offiziell zur Sprache und bereits dort zu Fall gebracht. Der amtierende Vorsitzende Jonathan Zenneck, Debye lebte inzwischen in den USA[39], wies in diesem Zusammenhang darauf hin, »daß Hr. Esau durch vielseitige andere Verpflichtungen so in Anspruch genommen sei, daß er sich dieser Aufgabe nicht genügend widmen könne.«[40] Der Vorstand schloss sich diesen Bedenken an und nominierte stattdessen Carl Ramsauer, der dann im September 1940 auf der Berliner Physikertagung von der Geschäftsversammlung einstimmig zum Vorsitzenden der Gesellschaft gewählt und mit einiger Verzögerung Anfang April 1941 schließlich auch vom Reichserziehungsministerium bestätigt wurde.

---

38) Vgl. Klaus Hentschel/Ann Hentschel, Physics, S. 179.
39) Vgl. D. Hoffmann. Peter Debye. Ein Dossier. Preprint 314 des MPI für Wissenschaftsgeschichte Berlin 2006.
40) Protokoll der Sitzung des Vorstandes vom 1. Juni 1940, DPGA Nr. 10014.

Carl Ramsauer

Mit Ramsauer hatte man einen Physiker gewählt, der seit 1938 bereits den wichtigsten Teilverband der DPG, die Berliner Physikalische Gesellschaft, mit großer Umsicht geleitet hatte und der als anerkannter Experimentalphysiker und Leiter des AEG-Forschungslabors unter seinen Fachkollegen auch wissenschaftlich hochgeachtet war.[41] Wie Albert Einstein und Max von Laue dem prominenten Physikerjahrgang 1879 angehörend, hatte Ramsauer bis Ostern 1897 in seiner Geburtsstadt Oldenburg das Gymnasium besucht und anschließend an den Universitäten München, Tübingen, Berlin und schließlich in Kiel Mathematik und Physik studiert. Zu seinen Kieler Lehrern gehörte Philipp Lenard. Im Jahr 1902 promovierte er in Kiel mit einer Untersuchung *Über den Ricochetschuß* und wurde wissenschaftlicher Hilfsarbeiter am dortigen Kaiserlichen Torpedolaboratorium. Nach mehrjähriger Forschungstätigkeit, einem halbjährigen Studienaufenthalt in London und der Absolvierung des einjährigen Militärdienstes entschloss er sich, eine Hochschullaufbahn einzuschlagen und zu habilitieren. Im Jahre 1907 folgte er deshalb Lenard nach Heidelberg, wurde dessen Assistent und habilitierte sich dort zwei Jahre später mit der Arbeit *Experimentelle und theoretische Grundlagen des elastischen und mechanischen Stosses*. In den folgenden Jahren wirkte er als wissenschaftlicher Mitarbeiter am neu gegründeten Radiologischen Institut der Universität Heidelberg. Am Ende dieser Schaffensperiode, die durch Ramsauers Teilnahme am Ersten Weltkrieg als Artillerieoffizier und Angehöriger der Artillerieprüfungskommission des Heereswaffenamts eine mehrjährige Unterbrechung erfahren hatte, gelang ihm seine bedeutendste Entdeckung, die ihn weltweit bekannt machte – der sog. »Ramsauer Effekt«, das von der klassischen Theorie abweichende Verhalten des Streuquerschnitts langsamer Elektronen bei ihrem Durchgang durch Gase. Dieser Effekt ließ sich erst Jahre später mithilfe der Wellen- bzw. Quantenmechanik deuten und stellt einen der ersten experimentellen Hinweise für die Wellennatur der Elektronen bzw. der Materie dar. Im Jahr 1921 erhielt Ramsauer einen Ruf an die Technische Hochschule Danzig,

---

[41] Zur Biographie Ramsauers vgl. Dieter Hoffmann (Hrsg.), Carl Ramsauer (1879–1955), Berlin 2006 (in Vorbereitung).

wo er bis 1927 dem Physikalischen Institut vorstand und vornehmlich seine Untersuchungen zum Ramsauer-Effekt vertiefte.

Mitte der zwanziger Jahre trat der Berliner Elektrokonzern AEG an den Physiker heran und trug ihm die Gründung und Leitung eines »industriellen Forschungsinstituts großen Stils« an. 1928 übernahm Ramsauer diese Aufgabe und machte das AEG-Labor binnen kurzem zu einem der führenden und produktivsten Industrielaboratorien Deutschlands.[42] Mit Ramsauers Wechsel in die Industrie ist indes ein stetig wachsendes Engagement des Physikers für Aufgaben des Wissenschafts- und Industriemanagements verknüpft. So rückte er schon bald in den AEG-Vorstand auf, wobei er das Vertrauen und die Unterstützung des Vorstandsvorsitzenden und AEG-Generaldirektors Hermann Bücher gewinnen konnte. Daneben übernahm er die Mitherausgeberschaft der *Zeitschrift für Physik* und engagierte sich zunehmend in der Gesellschaft für technische Physik, deren Schatzmeister er seit 1935 war, sowie in der Deutschen Physikalischen Gesellschaft. Ihr wichtigster Regionalverband, die Berliner Physikalische Gesellschaft, hatte ihn 1937 zunächst in den Vorstand und ein Jahr später zu ihrem Vorsitzenden gewählt. In dieser Funktion trug er gemeinsam mit Peter Debye die Verantwortung für das schon erwähnte »große Fest der Physiker« zum 80. Geburtstag von Max Planck am 23. April 1938 in Berlin.

Solche Meriten, ein ausgeprägtes Gespür für das politisch Machbare und nicht zuletzt seine Industriestellung, wodurch er nach den Worten Sommerfelds »gegenüber der Regierung eine selbständigere Stellung einnehmen könne und werde als die anderen staatlich angestellten Professoren«[43], machten Ramsauer nicht nur für Sommerfeld, sondern für die Majorität der DPG-Mitglieder zum geeigneten Kandidaten für den Vorsitz der Gesellschaft. In diesem Sinne hatte J. Zenneck an seinen designierten Nachfolger geschrieben:

> »Wir brauchen heute unbedingt einen Vorsitzenden, der wissenschaftliches & persönliches Ansehen geniesst & die nötige Unabhängigkeit besitzt. Nach der kürzlichen Wahl des Vorsitzenden für die Berliner physikalische Gesellschaft ist die Gefahr, dass man uns dann einen Vorsitzenden aufdrängen würde, besonders gross.«[44]

42) Vgl. Burghard Weiss, Forschung zwischen Industrie und Militär. Carl Ramsauer und die Rüstungsforschung am Forschungsinstitut der AEG, Physik Journal 4 (2005), S. 53-57.
43) A. Sommerfeld an C. Ramsauer, München 22.3.1946, DMA, NL 89 (Sommerfeld), 020, Mappe 8.3.
44) J. Zenneck an C. Ramsauer, München 20.3.1941. DPGA Nr. 10018.

Wie schon im Herbst 1933, als man bei der Vorstandswahl den von der Partei favorisierten Repräsentanten der sogenannten Deutschen Physik, Johannes Stark, durchfallen ließ und stattdessen den Industriephysiker Karl Mey zum Vorsitzenden wählte, zog man es auch 1940 vor, relative Unabhängigkeit zu demonstrieren und nicht servil der Parteilinie zu folgen. Hinzu kam, dass Ramsauers wissenschaftliches Profil nur wenige Berührungspunkte mit den weltanschaulich sensiblen Gebieten der modernen Physik aufwies und seine einstige Assistententätigkeit bei Philipp Lenard, dem Protagonisten der sogenannten »Deutschen Physik«, ihn für übereifrige nationalsozialistische Ideologen und andere Nazi-Aktivisten kaum angreifbar machten. Positiv schlug ebenfalls zu Buche, dass Ramsauer zwar konservativ und national geprägt war, doch nach 1933 – etwa im Gegensatz zu Esau – kein direkter Anhänger oder gar Parteigänger der Nazis wurde und auch keinerlei herausgehobene politische Funktionen übernommen hatte. In seinen nach dem Krieg publizierten Lebenserinnerungen stellte er diesbezüglich fest:

> »Mit dem politischen Hitlertum konnte ich mich nicht befreunden, wurde auch nach der ganzen Einstellung der AEG in keiner Weise dazu gedrängt, meine und meines Instituts Stellung nach außen durch meinen Eintritt in die Partei wesentlich zu verbessern, was an sich sehr möglich gewesen wäre.«[45]

Solche Nachkriegserklärungen sind natürlich keineswegs für bare Münze zu nehmen, da sie die generelle Anpassung an das NS-System durch Ramsauer und andere Angehörige der technokratischen Eliten allzu sehr verschleiern und Teil eigener Selbststilisierung sind. Andererseits spiegeln sich in ihr aber auch wichtige Gründe für Ramsauers Akzeptanz unter den DPG-Physikern. Mit seiner Industriestellung und der vermeintlichen politischen Abstinenz verkörperte Ramsauer nicht nur eine gewisse Unabhängigkeit, sondern er gehörte damit auch zu den einflussreichen Technokraten, die als allseits akzeptierte Makler zwischen den Interessen der naturwissenschaftlich-technischen Community und den pragmatisch geprägten Teilen der NS-Führung vermittelten. Damit stießen sie sowohl auf fachwissenschaftlicher Seite als auch bei der Politik und nicht zuletzt in militä-

---

[45] Carl Ramsauer, Physik-Technik-Pädagogik. Erfahrungen und Erinnerungen, Karlsruhe 1949, S. 128.

rischen Kreisen auf breite Akzeptanz. Sie begründeten damit Kollaborationsverhältnisse[46], die für das Wirken dieser Eliten typisch waren und die Realität im Dritten Reich prägten. Solch Verhalten hatte deshalb kaum etwas mit oppositionellem oder gar widerständigem Verhalten zu tun und erst recht nicht mit aktivem politischem Widerstand.

Ramsauer als Leitfigur der Selbstmobilisierung

In diesem Sinne hatten der »Wahlerfolg« Ramsauers und die vermeintlich »selbstständigere Stellung« der DPG auch ihren Preis, denn statt der totalen Gleichschaltung der Gesellschaft von außen fand in den Jahren der Ära Ramsauer nun eine partielle Selbstgleichschaltung statt, die zudem mit einem forcierten Engagement der DPG für die Rüstungsanstrengungen und die allgemeine Kriegswirtschaft Nazideutschlands einherging. Letzteres geschah weniger in passiver Reaktion auf einen entsprechenden Druck der NS-Führung, sondern war vielmehr das Ergebnis eigener Initiativen und damit eines höchst aktiven Handelns der DPG-Führung und ihr nahe stehender Kreise der deutschen Physikerschaft. Das Motiv für eine solche Selbstmobilisierung lag im Übrigen bei Ramsauer zum Wenigsten im Politischen oder gar in einem betont solidarischen Verhalten gegenüber dem herrschenden Nazi-Regime. Vielmehr versuchte man über das Faustpfand einer beschleunigten Integration der Natur- und Technikwissenschaften in die deutsche Kriegs- und Rüstungswirtschaft, die eigene Rolle und die des Fachgebiets nachhaltig zu stärken sowie das »Mitspracherecht der Experten, das ihnen vom Staat ihrer Meinung nach zu Unrecht vorenthalten wurde«[47], wieder in gebührender Weise geltend zu machen. Da das tradierte Verhaltensmuster den Einsatz für das Vaterland als eine nationale bzw. patriotische Pflicht empfand, sah man sein Handeln im Übrigen nach wie vor als unpolitisch an.

46) Vgl. Herbert Mehrtens: Natur- und Technikwissenschaften im NS-Staat und ihre Historie, in: Christoph Meinel, Peter Voswinckel (Hrsg.), Medizin, Naturwissenschaft und Technik und Nationalsozialismus, Stuttgart 1994, S. 13–31.
47) Karl-Heinz Ludwig, Technik und Ingenieure im Dritten Reich. Düsseldorf 1979, S. 241.

Das Scheitern der deutschen Blitzkriegstrategie hatte 1941/42 nicht nur die gravierenden Defizite der materiell-technischen Ressourcen Deutschlands deutlich gemacht, sondern vor allem auch die waffentechnischen Entwicklungslücken der deutschen Armeen offenbart. Diese Krisensituation versetzte gerade kritische, aber politisch loyale Wissenschaftler wie Ramsauer in die Lage, fachorientierte Kritik und statusbedingte Ressentiments »sachlich« den politisch maßgebenden Stellen des Dritten Reichs vorzutragen. Dass man sich damit in eine unheilige Allianz mit dem Militär begab, letztlich den Krieg verlängerte und zudem noch systemstabilisierend wirkte, störte Wissenschaftler wie Ramsauer kaum bzw. wurde von ihnen nicht reflektiert. Militärtechnische Forschungskontexte waren für Ramsauer seit Beginn seiner wissenschaftlichen Karriere präsent, denn bereits als junger Physiker hatte er bekanntlich am Kaiserlichen Torpedolaboratorium gearbeitet und während des ersten Weltkriegs seine physikalische Kompetenz in patriotischer Pflichterfüllung dem Heereswaffenamt zur Verfügung gestellt. Deshalb existierten in dieser Hinsicht praktisch keine Berührungsängste, wurden solche Forschungskontexte als mehr oder weniger selbstverständlich angesehen und stärkten eher noch den Glauben am unpolitischen Selbstverständnis der eigenen Arbeit. In einer Mischung aus tradiertem Patriotismus, politischem Opportunismus und pragmatischem Zweckkalkül stand Ramsauer so auch im Dritten Reich der militärtechnischen Profilierung seiner Forschungen aufgeschlossen gegenüber, was u. a. im Rahmen der Vierjahresplanpolitik zu einer deutlichen Zunahme von kriegswichtigen Forschungsaufgaben in seinem AEG-Institut führte.[48]

Wie er als Forschungs- und Industriemanager der AEG mit den Vorteilen und Notwendigkeiten einer solchen Profilierung im NS-Staat (wie auch generell) bestens vertraut war und diese zu nutzen verstand, so hat er eine solche Haltung dann auch auf sein Wirken als DPG-Vorsitzender übertragen. Es ist deshalb keineswegs zufällig, wenn Ramsauer bereits unmittelbar nach Übernahme seiner neuen Funktion zum Träger von Initiativen wurde, die DPG stärker als bisher in die Wissenschafts- und Forschungspolitik des NS-Staats zu integrieren, ihre bisherige gesellschaftspolitische Randstellung zu überwinden und damit insgesamt die Stellung der Physik im allge-

---

48) Vgl. Burghard Weiss, Forschung.

meinen Forschungskanon zu stärken suchte. Durch die Vertreibung angesehener Fachkollegen, eine übermäßige Politisierung und Ideologisierung physikalischer Inhalte sowie durch einen allgemeinen Niedergang der physikalischen Ausbildung und eine permanente Unterfinanzierung der Grundlagenforschung waren nach 1933 zentrale Teile der physikalischen Forschung und namentlich die moderne theoretische Physik in die Krise geraten – und die Physik in Deutschland insgesamt, insbesondere gegenüber den angelsächsischen Ländern, in einen gravierenden Rückstand.

Diese Defizite wurden von Ramsauer und seinen Vorstandskollegen im Herbst 1941 zum zentralen Gegenstand einer Eingabe der DPG an das Reichserziehungsministerium gemacht.[49] Der unmittelbare Anlass für die Eingabe war der bedenkliche Zustand der theoretischen Physik in Deutschland und die fortgesetzte Diffamierung ihrer modernen Zweige (Relativitäts- und Quantentheorie) als jüdische Physik durch die Vertreter der Deutschen Physik. Diesen Versuch einer Rehabilitierung der modernen theoretischen Physik und den damit verbundenen offenen Angriff gegen die unselige Deutsche Physik verknüpfte man jedoch mit einem sehr viel weitergehenden Anliegen, stellte doch die Eingabe die generelle Rolle und Bedeutung der Physik für die moderne Gesellschaft und insbesondere die Relevanz der modernen Physik für die deutsche Kriegswirtschaft heraus. In diesem Zusammenhang wurde insbesondere auf den gravierenden Rückstand der deutschen Physik gegenüber Amerika und seinen Verbündeten hingewiesen und en détail belegt. Im Ergebnis dieser Eingabe wurde die Deutsche Physik endgültig in die Defensive gedrängt und marginalisiert, womit sie schließlich in die wissenschaftspolitische Bedeutungslosigkeit fiel.[50] Mit politisierenden Physikern, so altbacken oder zweitrangig sie eben waren, ließ sich zwar sehr gut eine nationalsozialistische Revolution durchführen, zumal eine Deutsche Physik gut in deren ideologisches Konzept passte. Ein Krieg und die Entwicklung moderner Waffensysteme waren damit aber nur eingeschränkt zu bewältigen – zumal der Kreis der sog. Deutschen Physiker außerordentlich klein war und neben Lenard, Stark und viel-

---

49) Carl Ramsauer, Eingabe an Rust, Physikalische Blätter 3 (1947) S. 43–46 (vgl. auch den Nachdruck in der Dokumentation *Selbstmobilisierung* im Anhang dieses Bands).
50) Vgl. Alan Beyerchen, Wissenschaftler unter Hitler, Frankfurt/Main 1982, S. 257f.

leicht noch Rudolf Tomaschek kaum prominente bzw. etablierte Physiker aufwies. Überhaupt war zu Beginn der vierziger Jahre ideologische und politische Anpassung, wie sie für die Anfangszeit des Dritten Reichs typisch und politisch erwünscht war, nur noch in einer grundsätzlichen Weise nötig, d.h. sie musste für die technokratischen Eliten kaum über das hinausgehen, was sich mit allgemeiner »politischer Loyalität« umschreiben ließe. Mit der Vierjahresplanpolitik und mehr noch im zweiten Weltkrieg galt es, sich praktisch in den Dienst von Führer, Volk und Vaterland zu stellen.

Dies spiegelt sich auch in der Eingabe der DPG wider, die man per Einschreiben und Datum vom 20. Januar 1942 »Herrn Reichsminister Rust« zustellen ließ. Die Eingabe benannte »mit erquickender Deutlichkeit« – wie Ernst Brüche ihren Stil im Nachkriegsrückblick nicht ganz ohne Anflug von Apologetik charakterisiert hat[51] – die Befürchtungen, die die DPG »für die Zukunft der deutschen Physik als Wissenschaft und Machtfaktor« sah[52] und stellte gleich in der Präambel die unmissverständliche Diagnose:

> »Die deutsche Physik hat ihre frühere Vormachtstellung an die amerikanische Physik verloren und ist in Gefahr, immer weiter ins Hintertreffen zu geraten ... Die Fortschritte der Amerikaner sind außerordentlich groß. Dies beruht nicht allein darauf, daß die Amerikaner weit höhere materielle Mittel einsetzen als wir, sondern mindestens in gleichem Maße darauf, daß es ihnen gelungen ist, eine zahlenmäßig starke, sorgenfreie und freudig arbeitende junge Forschergeneration heranzuziehen, welche der unsrigen aus der besten Zeit in ihren Einzelleistungen gleichwertig ist und sie durch die Fähigkeit zur Gemeinschaftsarbeit übertrifft.«[53]

Als Gründe für den beklagenswerten Zustand der Physik in Deutschland wurden dann im Einzelnen genannt:

> »1. Die physikalischen Institute der Universitäten und Hochschulen erhalten in ihrem normalen Sachetat nur einen Bruchteil der Geldmittel, die in der jetzigen Zeit fortgeschrittener Technik für die physikalische Forschung, Lehre und Ausbildung unbedingt notwendig sind ...
> 2. Der eine Hauptzweig der Physik, die theoretische Physik, wird bei uns immer mehr in den Hintergrund gedrängt ... daß im besonderen die moderne theoretische Physik eine ganze Reihe größter positive Leistungen aufzuweisen hat, welche auch für die Wirtschaft und Wehrmacht von wesentlicher Bedeutung werden können, und daß die ganz allgemein erhobenen Vorwürfe gegen

---

51) Physikalische Blätter 3 (1947) S. 43.
52) Carl Ramsauer, Eingabe an Rust. Physikalische Blätter 3 (1947) S. 43.
53) Ebenda.

die Vertreter der modernen theoretischen Physik als Vorkämpfer jüdischen Geistes ebenso unbewiesen wie unberechtigt sind ...
3. Die Besetzung der physikalischen Lehrstühle erfolgt nicht immer nach der in alter und neuer Zeit bewährten Grundsätzen des Leistungsprinzips ...
4. Die akademisch-physikalische Laufbahn verliert den Anreiz, den sie früher auf unsere Besten ausgeübt hat ... der Übertritt aus Industriestellungen in diese Laufbahn (wird), ganz im Gegensatz zu früheren Zeiten, kaum noch angestrebt ...«[54)]

Zur Behebung der aufgezeigten Mängel wird dann für die einzelnen Punkte gefordert:

»Zu 1.: Die Sachetats der physikalischen Lehrstühle sollten entsprechend den modernen Anforderungen erhöht werden.
Zu 2.: Die inneren Kämpfe der deutschen Physik müssen beigelegt werden...
Zu 3. u. 4.: Die hier gekennzeichneten Mängel sollten in Zukunft abgestellt oder doch nach Möglichkeit gemildert werden.«[55)]

Der Eingabe selbst waren noch verschiedene Anlagen beigefügt, die in Form von Sonderdrucken, Vortragsmanuskripten, Publikationen und Gutachten das Anliegen der einzelnen Forderungspunkte unterstreichen bzw. illustrieren sollten. Im Einzelnen waren dies eine vierseitige Analyse der *Überflügelung der deutschen durch die amerikanische Physik* (Anlage I), *Schriften gegen die moderne theoretische deutsche Physik* (Anlage II), eine Darstellung der *entscheidenden Bedeutung der theoretischen, insbesondere der modernen theoretischen Physik* (Anlage III), eine *Widerlegung der Vorwürfe gegen die moderne theoretische Physik als ein angebliches Erzeugnis jüdischen Geistes* (Anlage IV), ein Abschnitt *aus einer Eingabe Professor L. Prandtls* (Anlage V) sowie das Protokoll des *Münchener Einigungs- und Befriedungsversuchs* (Anlage VI).[56)]

Über die Wirkung dieser Eingabe gab Ramsauer nach dem Krieg den folgenden Bericht:

»Ich hatte erwartet, wenigstens gehört zu werden, hatte aber auch im Hinblick auf die Schärfe der Kritik mit einer ablehnenden groben Antwort oder mit schweren persönlichen Repressalien gerechnet. Worauf ich aber nicht gefaßt war: Ich erhielt überhaupt keine Antwort. Ich hörte indirekt, daß die Eingabe größtes Mißfallen erregt habe und daß sie maßgebenden Stellen im Reich

---

54) Ebenda, S. 44.
55) Ebenda, S. 44.
56) Ebenda, S. 45.

bekannt gegeben worden war, und glaube auch, einige Schikanen des Ministeriums gegen Herrn Finkelnburg und mich auf unser Vorgehen zurückführen zu können. Aber sonst nichts, nichts!«[57)]

Das vermeintliche Nichtreagieren spiegelt ohne Zweifel die notorische Führungsschwäche des Rust-Ministeriums wieder, über die selbst Goebbels in seinen Tagebüchern wiederholt Klage führte: Rust »tut gar nichts und läßt alle Dinge auf das Schlimmste verschlampen.«[58)] Etwa zur selben Zeit als die Physikalische Gesellschaft an ihrer Eingabe arbeitete, im September 1941, findet man in den Erinnerungen Victor Klemperers die Anekdote kolportiert, dass in Deutschland »ein Rust« als neues Zeitmaß für die Zeit zwischen zwei Verfügungen und ihrer Aufhebung gilt.[59)] Die Führungsschwäche und der inzwischen stark gesunkene Stellenwert des Rustschen Ministeriums in der Machthierarchie des NS-Staats waren aber nur die eine Seite, die für das angebliche Totschweigen der DPG-Resolution verantwortlich zeichnen. Auf der anderen Seite steht die Tatsache, dass im Rahmen der Vierjahresplanpolitik und mit Ausbruch des zweiten Weltkriegs die Physik bereits eine Aufwertung erfahren und dabei insbesondere unter den technokratischen und militärischen Eliten des NS-Staats sehr viel mächtigere Bündnispartner gefunden hatte als das Rustsche Reichserziehungsministerium. Trotz gegenteiliger Bekundungen aus der Nachkriegszeit waren die Physiker um Ramsauer sehr wohl gehört worden – zwar nicht von Rust und seinem Ministerium, doch von inzwischen sehr viel einflussreicheren Kreisen der NS-Machtpolykratie: von Goebbels, Göring, Speer und vor allem in hohen Kreisen des deutschen Militärs. So findet man beispielsweise 1943 im Tagebuch von Joseph Goebbels notiert:

> »Der bekannte Physiker Professor Ramsauer ... überreicht mir eine Denkschrift über den Stand der deutschen ... Physik. Diese Denkschrift ist für uns sehr deprimierend ... Wir merken das sowohl am Luftkrieg wie auch am U-Boot Krieg ... Jedenfalls ist auch Professor Ramsauer der Meinung, daß wir den Vorsprung der angelsächsischen Physiker einholen können ... Allerdings

---

57) C. Ramsauer, Zur Geschichte der Deutschen Physikalischen Gesellschaft in der Hitlerzeit, Physikalische Blätter 3 (1947) S. 113.
58) Die Tagebücher von Joseph Goebbels. Herausgegeben von E. Fröhlich, Teil I, Bd. 4, 1.1.1940–8.7.1941, München 1987, S. 335.
59) Victor Klemperer, Ich will Zeugnis ablegen. Tagebücher, Bd. 1, Berlin 1997, S. 666.

wird das eine geraume Zeit in Anspruch nehmen. Es ist jedoch besser, damit anzufangen ... als die Dinge weiterlaufen zu lassen.«[60]

Ramsauers oben zitierte Feststellung, daß »nichts, nichts« geschah, muss deshalb als einer der wohlbekannten Nachkriegs-Euphemismen bzw. -Mythen bezeichnet werden, denn die Fakten sprechen eine ganz andere Sprache.

Ramsauer als Repräsentant des militärisch-industriellen Komplexes

Schon der Vergleich zwischen dem nach dem Krieg in den *Physikalischen Blättern* veröffentlichten Text der Eingabe und ihrem vollen Wortlaut[61] zeigt, dass man 1942 im formell für die DPG zuständigen Rustschen Erziehungsministerium nur einen und wohl nicht einmal den wichtigsten Ansprechpartner gesehen hatte. Die drei Punkte vor der Unterschrift Ramsauers[62] verbergen nicht nur marginale Auslassungen, sondern benennen eben auch jene Bündnispartner, die Ramsauers Nachkriegserklärung als ein bewusstes Understatement enthüllen. Der Originaltext führt nämlich weiter aus:

> »... vortragen zu dürfen. Ich bemerke dazu, daß ich über diese Fragen schon seit längerem mit Herrn Generalobersten Fromm in Gedankenaustausch stehe, und daß ferner die zuständigen Herren des Reichsluftfahrtministeriums ihrerseits in diesen Fragen an mich herangetreten sind. Ich habe daher diesen beiden Stellen auf ihren Wunsch eine Abschrift dieser Eingabe übersandt. Ich bin überzeugt, daß die ganze Wehrmacht gern ihren Einfluß einsetzen würde, um die Bewilligung beim Finanzministerium erwirken zu helfen. – Außerdem hat die Reichsdozentenführung, welche schon seit längerem an diesen Fragen interessiert ist, eine Abschrift dieser Eingabe erhalten. Heil Hitler! Ihr sehr ergebener gez. C. Ramsauer.«[63]

---

60) Ludwig Lochner (Hrsg.), Goebbels Tagebücher 1942/43, Zürich 1948, S. 347.
61) Ein Durchschlag der Eingabe findet sich zusammen mit einem Begleitschreiben C. Ramsauers an L. Prandtl, Berlin 23.1.1942, im Prandtl-Nachlaß des Archivs der Max-Planck-Gesellschaft, MPGA, III. Abt., Rep. 61, NL Prandtl, Nr. 1413; vgl. den Nachdruck in der Dokumentation *Selbstmobilisierung* im Anhang dieses Bands).
62) Carl Ramsauer, Eingabe an Rust, Physikalische Blätter 3 (1947) S. 44.
63) Carl Ramsauer, Eingabe an Reichsminister Rust, Berlin 20.1.1942. MPGA, III. Abt., Rep. 61, NL Prandtl, Nr. 1413.

Im Übrigen dokumentieren auch andere Auslassungen im Nachkriegstext Anpassungen und Diktionen, die man eigentlich nur von den geschmähten Vertretern der Deutschen Physik kennt. So heißt es beispielsweise in der Eingabe unter 2.):

> »... gedrängt. Der berechtigte Kampf gegen den Juden Einstein und gegen die Auswüchse seiner spekulativen Physik hat sich auf die ganze moderne theoretische Physik übertragen, und sie weitgehend als ein Erzeugnis jüdischen Geistes in Mißachtung gebracht (vgl. Anlage II)...«[64]

Gerhard Simonsohn hat auf diese Auslassung Ramsauers bereits vor mehr als einem Jahrzehnt hingewiesen und die Frage gestellt, ob dies nun »Überzeugung oder nur eine Pflichtübung (war), um sich überhaupt Gehör zu verschaffen?«[65] Wie auch die Antwort auf diese in der historischen Distanz von 60 Jahren schwer zu beantwortende Frage ausfällt, ist man selbst bei einer freundlichen Deutung, wie Simonsohn feststellt, über diese Auslassungen »bedrückt«. Dies um so mehr als sich Ramsauer weder bei der Publikation der Eingabe noch in seinen »physikalischen Erinnerungen« aus dem Jahre 1949[66] in differenzierter oder gar kritischer Weise zu diesen Dingen geäußert hat, sich vielmehr in die große Allianz des Beschweigens und der Verharmlosung der nationalsozialistischen Vergangenheit einreihte und damit als ein spezielles Beispiel der deutschen Unfähigkeit und Unwilligkeit zur Trauer über die Nazi-Vergangenheit gelten kann.[67] Freilich hätte eine solche Trauer bzw. die kritische Auseinandersetzung mit dem eigenen Verhalten im Dritten Reich den Mythos vom konsequenten Kampf gegen die »Parteiphysik« entschärft und auf eben jene Kollaborationsverhältnisse bzw. das sich Arrangieren mit den nationalsozialistischen Machthabern aufmerksam gemacht, die die Realität im Dritten Reich auch im Falle Ramsauers prägte.

Realität war eben, dass man nicht nur gegen die »Parteiphysik« bzw. die Deutsche Physik opponiert hatte, sondern dass durch Ramsauer und die DPG auch Politik betrieben und dabei ein interessenpolitisches Bündnis mit dem Militär bzw. in heutiger Terminologie

---

64) Ebenda, Bl. 3
65) Gerhard Simonsohn, Physiker in Deutschland 1933–1945. Physikalische Blätter 48 (1992)1, S. 23–28.
66) Carl Ramsauer, Physik-Technik-Pädagogik. Erfahrungen und Erinnerungen, Karlsruhe 1949, S. 99–130.
67) Alexander u. Margarete Mitscherlich, Die Unfähigkeit zu trauern. Frankfurt 1967.

mit der Macht des militärisch-industriellen Komplexes eingegangen wurde. Mit diesen mächtigen Bündnispartnern im Rücken gelang es, relativ schnell wieder direkten Einfluss auf die Besetzung vakanter Physikprofessuren geltend zu machen; zumal die ideologisch motivierte Nichtachtung und öffentliche Diskriminierung der modernen theoretischen Physik mit dem gravierenden Machtverlust der Deutschen Physik nach den sog. »Religionsgesprächen« von 1940 und 1942 aufhörte. Dies zeigte sich beispielsweise in der 1942 erfolgten Berufung von Fritz Sauter an die Technische Hochschule München; an die »Seite« des von der Deutschen Physik durchgesetzten Sommerfeld-Nachfolgers Wilhelm Müller. Auch die Berufung Pascual Jordans nach Berlin (1944) oder die Siegfried Flügges nach Königsberg (1944) sowie die von Wolfgang Finkelnburg, Carl Friedrich von Weizsäcker und Rudolf Fleischmann – alle Repräsentanten der fachorientierten »DPG-Fraktion« – nach Straßburg (1942) dürfen als ein Ergebnis der DPG-Eingabe und zudem als ein Sieg der »fachorientierten« Physiker gegenüber den Deutschen Physikern gewertet werden. Dass sich die DPG mit ihrer Eingabe im Aufwind sah, macht auch die Tatsache deutlich, dass man die Verleihung der Planck-Medaille, der höchsten wissenschaftlichen Auszeichnung der DPG, 1943 wieder aufnahm[68]; keineswegs zufällig wurden mit Friedrich Hund und Pascual Jordan zwei Theoretiker und zudem Repräsentanten der modernen Physik geehrt und dass mit Jordan zudem ein Pionier der in den dreißiger Jahren so häufig diffamierten Quantenmechanik geehrt wurde, der zu den dezidierten Anhängern des Dritten Reichs gehörte[69], mag vielleicht sogar im Kalkül von Preiskomitee und DPG-Führung gelegen haben. Ebenfalls setzte Ramsauer eine offizielle Gedächtnisfeier für den 1941 verstorbenen Walther Nernst durch.[70] Diese war zwar nicht von gleicher politischen Brisanz wie die Haber-Feier zehn Jahre zuvor und erfuhr auch nicht die Aufmerk-

68) Vgl. den Beitrag von Beyler/Eckert/Hoffmann in diesem Band.
69) Vgl. Richard Beyler, Targeting the Organism: The Scientific and Cultural Context of Pascual Jordan's Quantum Biology, 1932–1947, in: ISIS 87 (1996) S. 248–273; N. Wise, Pascual Jordan: Quantum Mechanics, Psychology, National Socialism, in: M. Renneberg, M. Walker (Hrsg.): Science, Technology and National Socialism. Cambridge1994, S. 224–254; sowie Dieter Hoffmann/Mark Walker, Der gute Nazi: Pascual Jordan und das Dritte Reich. Reprint 328 MPI für Wissenschaftsgeschichte Berlin 2006.
70) Verhandlungen der Deutschen Physikalischen Gesellschaft 23 (1942) S. 2–34.

samkeit wie Plancks Geburtstagsfeier von 1938, doch seitens offizieller Stellen des Dritten Reichs sah man sie ebenfalls nicht gern – ließ auch keinen Vertreter des Ministeriums daran teilnehmen[71] –, da hiermit ein Traditionsverständnis und Gelehrtentyp demonstrativ zur Schau gestellt wurde, der im Dritten Reich nicht mehr propagiert werden sollte.

Um das Anliegen der Eingabe in die Führungskreise des Dritten Reichs zu tragen und dafür auch sonst möglichst weitgestreute Propaganda zu betreiben, hielt Ramsauer in den folgenden Monaten zahlreiche Vorträge zu diesem Problemkomplex. So referierte er im Sommer 1942 in einem Schulungslager des Dozentenbunds sowie vor der Lilienthal-Gesellschaft für Luftfahrtforschung über *Die Schlüsselstellung der Physik in Naturwissenschaft, Technik und Rüstung*[72], im Februar 1943 an der Universität Köln *Über die Lage der Physik in Deutschland und die Nachwuchsausbildung*[73] und zwei Monate später vor der Deutschen Akademie für Luftfahrtforschung *Über Leistung und Organisation der angelsächsischen Physik mit Ausblicken auf die deutsche Physik*[74]; des Weiteren stammen aus dieser Zeit mehrere darauf aufbauende Aufsätze bzw. Studien zu den Themen *Die physikalischen Institute der Universitäten und Technischen Hochschulen als Zentren der deutschen Physik, Lage und Zukunft der deutschen Physik mit Vorschlägen* sowie *Vorschläge zur Gesundung des physikalischen Unterrichts an den Höheren Schulen.*[75]

Grundtenor all dieser Vorträge war die Herausstellung der zentralen Bedeutung der Physik, die nach Ramsauer weit über die Grenzen einer Einzelwissenschaft hinausgeht und es sich

> »dabei um eine Rolle (handelt), welche die Technik der Zukunft im gleichen oder wahrscheinlich noch höherem Maße beeinflussen wird wie die Technik der Vergangenheit und der Gegenwart. Die Physik wird so zu einer der wesentlichsten Grundlagen unserer Wirtschaft und Wehrkraft. Das gilt ganz

---

[71] Siehe M. v. Laue an L. Meitner, Berlin 26.4.1942, in: J. Lemmerich (Hrsg.). Lise Meitner – Max von Laue. Briefwechsel 1938–1948, Berlin 1998, S. 183.
[72] In einer erweiterten Fassung publiziert in: Naturwissenschaften 31 (1943) S. 285–288.
[73] Vgl. die Vortragsnotizen im Nachlass P. Neubert. DPGA ohne Signatur.
[74] Publiziert in den Schriften der Deutschen Akademie für Luftfahrtforschung, Berlin 1943.
[75] Vgl. Carl Ramsauer, Physik-Technik-Pädagogik. Erfahrungen und Erinnerungen, Karlsruhe 1949, S. 81.

besonders für jeden Wettbewerb mit anderen Völkern auf wirtschaftlichem und militärischem Gebiet ... Dieser Schlüsselstellung muß auch der Staat Rechnung tragen, wenn es sich um die materielle Unterstützung der physikalischen Forschung oder um die optimale Organisation der physikalischen Ausbildung handelt.«[76]

Infolge ihrer zentralen Rolle ist die Physik »für den wirtschaftlichen und militärischen Wettbewerb der Völker eine Waffe von größter, vielleicht einmal entscheidender Bedeutung«[77], woraus Ramsauer nicht nur die Notwendigkeit eines allgemeinen Ausbaus der physikalischen Lehre und Forschung an den deutschen Hochschulen ableitete, sondern zugleich die bevorzugte Förderung der Grundlagenforschung und der allgemeinen physikalischen Disziplinen gegenüber den Einzeldisziplinen anmahnt – zumal erstere in der jüngsten Vergangenheit stark vernachlässigt wurden und teilweise sogar Diffamierungen ausgesetzt waren. Ramsauer stützt und verschärft seine Argumentation noch dadurch, dass er immer wieder das Beispiel der amerikanischen Physik thematisiert: An diese ging die einstige Führungsrolle der deutschen Physik verloren und diese ist im Zweiten Weltkrieg in großzügigster Weise mobilisiert worden, sodass »sie schließlich aus ihrer wissenschaftlichen Überlegenheit alles herausholen werden, was militärisch herauszuholen ist.«[78] Aus diesem deprimierenden Zustandsbericht, bei dem Ramsauer »als Deutscher nicht weiß, ob das Gefühl der Hochachtung für die fremde Leistung oder das Gefühl der Besorgnis für die deutsche Zukunft überwiegen soll«[79], werden dann jene Forderungen abgeleitet, die in der Eingabe an Rust bereits formuliert sind: Stärkung der physikalischen Forschung an den deutschen Hochschulen und eine Aufwertung der modernen theoretischen Physik sowie die allgemeine Durchsetzung fachlich orientierter Qualitätsmerkmale in der Personalpolitik. Für die aktuellen Anforderungen des Kriegs wird zudem gefordert, sich durch die Einrichtung eines Zentralregisters über das vorhandene

---

76) Carl Ramsauer, Die Schlüsselstellung der Physik für Naturwissenschaft, Technik und Rüstung. In: Die Naturwissenschaften (1943) S. 288.
77) Carl Ramsauer, Die Leistung und Organisation der angelsächsischen Physik mit Ausblicken auf die deutsche Physik, Schriften der Deutschen Akademie für Luftfahrtforschung, Berlin 1943.
78) Ebenda, S. 16.
79) Ebenda, S. 12.

Physikerpotenzial in Deutschland ein konkretes Bild zu verschaffen und durch die »rationellste Verwendung der vorhandenen Physiker, insbesondere Aufstellung neuer Grundsätze für den militärischen Einsatz der Physiker« die gegenüber den Feindmächten vergleichsweise kleine »Kapazität wenigstens ganz für die wissenschaftlichen Zwecke der Kriegsführung einzusetzen«.[80]

Die Verbündeten im OKW und RLM

Ramsauer und die DPG handelten im Übrigen nicht isoliert und hatten insbesondere im einflussreichen Aerodynamiker Ludwig Prandtl einen wichtigen Bündnispartner[81]. Durch ihn und durch Ramsauers umfangreiche Vortragstätigkeit erfuhren die Ideen der DPG-Eingabe auch eine Vernetzung mit anderen forschungspolitischen Ideen und Vorhaben. So arbeitete Prandtl für den Bereich der Luftfahrtforschung selbst an Plänen, die Schlagkraft der Forschung nachhaltig zu erhöhen und ihrer allgemeinen Unterschätzung gegenüber dem Bereich der Entwicklung entgegenzutreten.[82] Insofern ergänzten sich die Bemühungen Ramsauers und Prandtls geradezu optimal und es ist kein Zufall, dass Prandtl, der wegen der zentralen Rolle der Luftfahrttechnik in der deutschen Rüstungsforschung sehr viel einflussreicher war als Ramsauer, maßgeblich dazu beitrug, die DPG-Eingabe mit seinen und anderen forschungspolitischen Initiativen zu verknüpfen und allgemein bekannt zu machen. Es gibt sogar Hinweise, dass Prandtl eventuell der eigentliche Anreger der DPG-Eingabe gewesen sein könnte oder zumindest stimulierend auf ihre Entstehung eingewirkt hat. In einem Brief vom April 1941 hatte er nämlich Ramsauer informiert, dass er sich

> »auf Bitten der Göttinger Physiker ... in der Angelegenheit Sabotage der theoretischen Physik durch die Lenard-Gruppe an Herrn Reichsmarschall Göring um Hilfestellung gewandt (habe). Es ist wohl zu erwarten, daß Sie über die

---

80) Ebenda, S. 20f.
81) Zu Prandtl vgl. Moritz Epple, Rechnen, Messen, Führen. Kriegsforschung am Kaiser-Wilhelm-Institut für Strömungsforschung 1937–1945, in: Helmut Maier (Hrsg.), Rüstungsforschung im Nationalsozialismus. Organisation, Mobilisierung und Entgrenzung der Technikwissenschaften, Göttingen 2002, S. 305–356.
82) Vgl. H. Trischler: Luft- und Raumfahrtforschung in Deutschland 1900–1970, Frankfurt/Main 1992, S.250ff.

Sachlage befragt werden. Deshalb übersende ich Ihnen in der Anlage Durchschlag meiner Eingabe und eine erläuternden Anlage dazu ... Es wäre natürlich gut, wenn Sie an Beispielen darlegten, wie wichtig ein gründliches Verstehen der theoretischen Physik für die Belange der industriellen Entwicklung ist.«[83]

Prandtl wurde von Ramsauer sofort und umfassend über die weiteren Schritte in dieser Angelegenheit informiert, sodass man sogar von einer wechselseitigen Koordinierung der Aktivitäten sprechen kann.[84] So bekam zeitgleich mit der Übergabe der DPG-Eingabe an das Erziehungsministerium auch Prandtl eine Kopie zugestellt.[85] Dessen Antwortschreiben verdient ausführlich zitiert zu werden, weil es Ramsauers und Prandtls Taktik bei der Durchsetzung ihrer Forschungsinitiativen enthüllt:

»Sehr verehrter Herr Kollege!
Mit größtem Interesse habe ich die mir freundlicherweise übersandte Abschrift der Eingabe an Herrn Reichsminister Rust betreffend Notlage der theoretischen Physik in Deutschland durchgelesen und finde sie gerade in ihrer sachlichen Art ungemein eindrucksvoll und überzeugend. Die militärischen Stellen werden ja wohl dafür sorgen, daß die Sache nicht im Sande stecken bleibt, was sonst wohl gemäß den Erfahrungen, die man mit dem Erziehungsministerium macht, rettungslos der Fall sein würde, da verschiedene untere Stellen mit der Münchener Clique an einem Strang zu ziehen scheinen.
Ich meine, daß die militärischen Stellen fürs Allererste erzwingen sollten, daß der sabotierenden Münchener Gruppe auf dem Dienstweg jede publizistische Tätigkeit gegen die theoretische Physik verboten wird, und dann müßten eben die notwendigen Neubesetzungen gegebenenfalls durch Schaffung von neuen Stellen, durchgeführt werden. Dieser innere Krieg ist natürlich dadurch erschwert, daß es auch ein Krieg gegen das »Braune Haus« ist, und darauf müßten die militärischen Stellen zweckmäßig noch besonders aufmerksam gemacht werden.«[86]

Dass sich die im Brief geäußerten Wünsche bzw. Forderungen schon bald erfüllten, ist bereits weiter oben ausgeführt worden. Darüber hinaus macht der Brief aber auch eindeutig klar, dass Ramsauer von Beginn an weder in der Partei noch in zivilen Dienststellen wie dem Rustchen Wissenschaftsministerium den geeigneten und po-

---

83) L. Prandtl an C. Ramsauer, Göttingen 28.4.1941, MPGA, III. Abt., Rep. 61, NL Prandtl, Nr. 1302, Bl. 6.
84) Vgl. die Korrespondenz im Prandtl-Nachlaß, ebenda, Bl. 6 ff.
85) C. Ramsauer an L. Prandtl, Berlin 2.1.1942. ebenda, Bl. 12.
86) L. Prandtl an C. Ramsauer, Göttingen 28.1.1942, ebenda, Bl. 13.

tenten Bündnispartner für die Durchsetzung seiner Forderungen nach einer Stärkung und allgemeinen Anerkennung der physikalischen Forschung in Deutschland gesehen zu haben scheint. Stattdessen vertraute er auf den Einfluss und die Macht des Militärs. Bereits im Herbst 1941, als die Eingabe an Rust noch in Redaktion war, hatte er in diesem Sinne an Prandtl berichtet,

> »daß es mir heute in einer längeren Besprechung gelungen (ist), den Herrn Generalobersten Fromm, Kommandeur des Ersatzheeres und Chef des Rüstungswesens, von der schweren Gefährdung der deutschen Physik zu überzeugen. Er hat mir zugesagt, vom Standpunkt des Heeres aus diese Fragen zu vertreten, und ist der Ansicht, daß seine Machtmittel groß genug sind, um seine Absichten dem Kultusministerium gegenüber durchzusetzen. Er wird außerdem geeignete höhere Militärs damit beauftragen, die physikalischen Interessen des Heeres zusammenzufassen und mit der Deutschen Physikalischen Gesellschaft zusammenzuarbeiten.«[87]

In analoger Weise wurden im Frühjahr weitere einflussreiche Militärs wie Generaladmiral Carl Witzell, Leiter des Marinewaffenhauptamts im OKW, Generalfeldmarschall Erhard Milch, Leiter des Technischen Amts im Reichsluftfahrtministerium, oder General Carl Thomas, Chef des Wehrwirtschafts- und Rüstungsamts im OKW, informiert und erhielten die Eingabe zugeleitet. Mit Thomas kam es am 26. März 1942 zu einem Treffen, bei dem Ramsauer nicht nur den Rückstand der physikalischen Forschung gegenüber den USA angesprochen hatte, sondern auch hellsichtig darauf hinwies:

> »Die dortige groß angelegte Forschung auf dem Gebiet der Atomzertrümmerung könnte eines Tages eine große Gefahr für uns werden. Ramsauer bat um Unterstützung und schlug vor, innerhalb der Wehrmacht ein kleines Gremium für die Zusammenfassung der physikalischen Interessen auf militärischem Gebiet zu schaffen.«[88]

Allerdings kam die entscheidende Unterstützung für Ramsauer nicht von Thomas und dem OKW, sondern von der Luftwaffe. Über Milch gelang es, eine gewisse »Offizialisierung« der Eingabe zu erreichen. Durch Prandtl wurde nämlich an Milch die Bitte herangetragen, von der Deutschen Akademie für Luftfahrt, »als wissenschafts-

---

[87] C. Ramsauer an L. Prandtl, Berlin 31.10.1941, ebenda, Bl. 10.
[88] Zitat nach: B.R. Kroener, R.-D. Müller, H. Umbreit: Das Deutsche Reich und der Zweite Weltkrieg, Stuttgart 1999, Band 5/II, S. 733.

politisch einwandfreier Organisation«, eine offizielle Stellungnahme zu bekommen. Dies würde – nach den Worten Ramsauers[89] – »für den weiteren Verlauf der ganzen Angelegenheit von größter Bedeutung sein.« Prandtl machte seinen Einfluss bei Milch geltend, wobei er sich selbst der Mühe unterzog, den entsprechenden Entwurf eines Schreibens an den Kanzler der Akademie auszuarbeiten und dem Empfehlungsbrief beizulegen. In letzterem heißt es, dass Ramsauers Eingabe

> »abschriftlich auch an Herrn Generaloberst Fromm und an Herrn Generaladmiral Witzell gesandt worden (ist), mit der Bitte den nötigen Nachdruck zu verleihen. Einer Äußerung von Prof. Ramsauer entnehme ich, daß beide Herren zu ihrem lebhaften Bedauern erklärt haben, daß sie innerhalb ihres Befehlsbereichs über keine wissenschaftliche Instanz von genügender Autorität verfügen.
> Um die in der Tat sehr dringliche Angelegenheit vorwärtszubringen, ersuche ich deshalb die Luftfahrtakademie, durch die unter ihren Mitgliedern vorhandenen Vertreter der Physik ein solches Gutachten erstatten zu lassen, das mir vorzulegen wäre.«[90]

Die Konzertiertheit der Aktion macht auch die Tatsache deutlich, dass man sich intern bereits über geeignete Gutachter verständigte, denn ein anderer Brief nennt diesbezüglich die Namen von J. Zenneck, R. Pohl, W. Gerlach, G. Joos und R. Becker[91] – sämtlichst gleichermaßen anerkannte und die DPG-Eingabe vorbehaltlos unterstützende Physiker. Ob es je zur Abfassung des gewünschten Gutachtens kam, konnte bislang nicht geklärt werden, jedoch wurde Ramsauer im Frühjahr 1943 zu einem Vortrag vor der Akademie eingeladen. In Anwesenheit von Milch, dem Vizepräsidenten der Akademie, erläuterte er ausführlich die krisenhafte Situation der physikalischen Forschung in Deutschland und stellte dabei insbesondere den so unvorteilhaften Vergleich zur angelsächsischen Physik in den Mittelpunkt seiner Ausführungen.[92] Mit Milch und der Luftfahrtakademie hatte

---

89) C. Ramsauer an L. Prandtl, Berlin 12.5.1942, MPGA, III. Abt., Rep. 61, NL Prandtl, Nr. 1302, Bl. 15.
90) Entwurf eines Schreibens an den Kanzler der Deutschen Akademie der Luftfahrtforschung,. ebenda, Bl. 17.
91) C. Ramsauer an L. Prandtl, Berlin 12.5.1942, ebenda, Bl. 15.
92) Carl Ramsauer, Über Leistung und Organisation der angelsächsischen Physik mit Ausblicken auf die deutsche Physik. Schriften der Deutschen Akademie für Luftfahrtforschung, Berlin 1943 (Vgl. Faksimile des Titels im Abbildungsteil dieses Buches).

man im Übrigen eine Schlüsselfigur bzw. -institution[93] des militärtechnisch orientierten Forschungsmanagements des Dritten Reichs für die DPG-Eingabe interessiert, war die Luftfahrtforschung doch damals das größte, modernste und umfangsreichste Forschungsgebiet im Dritten Reich, weit vor der Kaiser-Wilhelm-Gesellschaft und anderen Einrichtungen naturwissenschaftlich-technischer Forschung rangierend.[94] Hinzu kam, dass sich die Luftfahrtforschung naturgemäß auf einen bedeutenden Anteil physikbasierter Forschung stützt und damit Ramsauers Analyse für diesen Bereich von besonderer Relevanz war. Die offensichtliche Resonanz der DPG-Eingabe gerade in diesem militärtechnischen Schlüsselbereich hat die Position Ramsauers und der DPG unzweifelhaft gestärkt. Beleg hierfür ist nicht nur die Fülle der Vortragseinladungen, die Ramsauer 1942/43 wahrnahm, sondern auch die Tatsache, dass Ramsauers Eingabe auch in anderen Bereichen auf Resonanz stieß und beispielsweise Gegenstand von Stellungnahmen wurde. So fand im Juni 1943 im Speer-Ministerium eine Besprechung mit Ramsauer *Über die Lage der deutschen Physik* statt und im folgenden Monat kam es in dieser Sache zu einem Treffen mit Rudolf Mentzel[95]; auch wurde Abraham Esau als Fachspartenleiter für Physik des Reichsforschungsrats zu einer Stellungnahme veranlasst, die im Grundsatz den Ramsauerschen Vorschlägen zur Steigerung der Leistung und des Ansehens der deutschen Physik zustimmte.[96] Neben allgemeiner Zustimmung regte sich aber auch Rivalität, denn Walther Schieber, Amtschef im Speer-Ministerium und Leiter der Fachgruppe Chemie des NSBDT, sah in Ramsauers Betonung der Schlüsselstellung der Physik für die deutsche Rüstungstechnik und Wehrwirtschaft eine allzu einseitige Herausstellung der Belange physikalischer Forschung auf Kosten der Chemie, wobei er vorschlug, die Probleme der Physik doch dadurch zu lösen, dass die Physiker (endlich) auch dem NSBDT beitreten sollten.[97]

Angesichts einer solchen Fülle von Aktivitäten, großer Resonanz und letztlich auch Erfolgen, die die Eingabe in den Monaten nach

---

93) Vgl. Helmuth Trischler: Luft und Raumfahrtforschung in Deutschland 1900–1970. Frankfurt/Main 1992, S. 183ff und S.236ff.
94) Ebenda, S. 246.
95) BA, R 26/III/126 (unpaginiert).
96) Stellungnahme A. Esaus vom 10.6.1943. ebenda.
97) W. Schieber an R. Mentzel, Berlin 25.8.1943. BA ebenda.

ihrer Übergabe an Rust ausgelöst hatte, ist Ramsauers Feststellung, dass diesbezüglich »nichts, nichts« geschah, grundsätzlich in Frage zu stellen und eindeutig als ein Versuch zu werten, die Allianz zwischen der DPG und dem militärisch-industriellen Komplex Nazideutschlands nachträglich zu verschleiern. Im Nachkriegsdeutschland war eben Pazifismus angesagt und die Herausstellung solcher Allianzen und Kollaborationsverhältnisse hätte dem Wiederaufbau der deutschen Physik und der Wiederanknüpfung internationaler Wissenschaftskontakte nur schaden können; ganz abgesehen davon, dass es der Geschichte der DPG den Glorienschein genommen hätte.[98]

Die Mobilisierung letzter Reserven

In der Endzeit des zweiten Weltkriegs wurde dies noch anders gesehen und man war bemüht, mit dem Pfund der gewachsenen Akzeptanz bei den Mächtigen und insbesondere bei den Militärs zu wuchern. Interessant ist dabei, dass sich zwischen 1942 und 1943 hinsichtlich der Ramsauerschen Eingabe anscheinend eine Wahrnehmungs- bzw. Akzentverschiebung vollzog. Lässt sich die Eingabe selbst und insbesondere die Mehrzahl ihrer Anlagen als ein spezielles Plädoyer für die Belange der modernen theoretischen Physik lesen, das nicht zuletzt gegen den verhängnisvollen Einfluss der Deutschen Physik gerichtet ist, so tritt dieser Aspekt in den folgenden Diskussionen zunehmend in den Hintergrund und 1943 wird er eigentlich gar nicht mehr diskutiert. Nun bestimmen allein solche Topoi die mehr oder weniger internen Diskussionen, die auf die Schlüsselstellung der Physik für die deutsche Rüstungstechnik und Wehrwirtschaft abheben. Exemplarisch hierfür ist Ramsauers Vortrag vor der Akademie für Luftfahrtforschung im April 1943[99], in dem die Deutsche Physik keinerlei Erwähnung mehr findet – mit dem Seefelder Religionsgespräch vom November 1942 konnte sie schließlich auch als erledigt

---

[98] Vgl. den Beitrag von C. Ramsauer, Zur Geschichte der Deutschen Physikalischen Gesellschaft in der Hitlerzeit, Physikalische Blätter 3 (1947) S. 113–115.

[99] C. Ramsauer: Über Leistung und Organisation der angelsächsischen Physik mit Ausblicken auf die deutsche Physik. Schriften der Deutschen Akademie für Luftfahrtforschung, Berlin 1943.

gelten. Dieser Vortrag ist es dann auch, auf den man in den eben erwähnten Besprechungen und Stellungnahmen explizit Bezug nimmt und der fortan mehr oder weniger als Synonym für die eigentliche DPG-Eingabe gilt; auch wird in der historischen Literatur[100] eine Denkschrift *Lage und Zukunft der deutschen Physik mit Vorschlägen* erwähnt, die Ramsauer nach seinem Vortrag im Mai 1943 verfasst haben soll und auf die sich eventuell auch die Goebbelssche Tagebucheintragung sowie die Besprechung im Speerministerium und die sich daraus ergebende Stellungnahme Esaus vom Sommer 1943 beziehen könnten. Allerdings konnte diese Denkschrift bisher nicht explizit verifiziert bzw. aufgefunden werden.

Mit dieser Wahrnehmungs- bzw. Akzentverschiebung der Eingabe von 1942 wurden Ramsauer und die DPG zum Fürsprecher einer Aktion, die wohl am deutlichsten die Ambivalenz der Ramsauerschen Initiativen hervortreten lässt. Ramsauer hatte sich bei seinen Diskussionen mit den Militärs und den politisch Verantwortlichen namentlich dafür eingesetzt, »für die uk-Stellung von Physikern besondere Schritte zu unternehmen«[101], und neue Grundsätze für den militärischen Einsatz der Physiker gefordert: »›3000 Soldaten weniger‹ muß die Wehrmacht ertragen können. ›3000 Physiker mehr‹ kann vielleicht den Krieg entscheiden.«[102] Dies war Ramsauers eingängiges Argument und auch hier liefen seine Forderungen nicht ins Leere. Sie gingen vielmehr Ende 1943 in die sog. *Aktion Osenberg* ein, in deren Rahmen das OKW per Geheimerlass die Freistellung von etwa 5000 Wissenschaftlern vom Fronteinsatz anordnete, um sie in die deutsche Rüstungsforschung zu integrieren.[103] Zwar rettete die Aktion vielen jungen (deutschen) Wissenschaftlern Gesundheit und Leben, doch ist sie andererseits auch als die Mobilisierung letzter Re-

---

100) Vgl. Karl-Heinz Ludwig: Technik und Ingenieure im Dritten Reich. Düsseldorf 1979, S.242 und B.R. Kroener, R.-D. Müller, H. Umbreit: Das Deutsche Reich und der Zweite Weltkrieg, Stuttgart 1999, Band 5/II, S.738.
101) Briefentwurf an Walter Schieber vom 3.9.1943. BA R 26/II/126.
102) Carl Ramsauer: Über Leistung und Organisation der angelsächsischen Physik mit Ausblicken auf die deutsche Physik. Schriften der Deutschen Akademie für Luftfahrtforschung, Berlin 1943, S. 21.
103) Vgl. Ruth Federspiel, Mobilisierung der Rüstungsforschung, in: Helmut Maier (Hrsg.) Rüstungsforschung im Nationalsozialismus. Organisation, Mobilisierung und Entgrenzung der Technikwissenschaften, Göttingen 2002, S. 72–105.

serven der deutschen Wissenschaft und damit als ihr spezifischer Beitrag für den totalen Krieg zu kennzeichnen. Der Krieg wurde dadurch bekanntlich nicht entschieden, wohl aber um einiges verlängert.

Anknüpfend an die offensichtliche Resonanz der Ramsauerschen Initiativen wurden 1943/44 deren Grundprämissen zu einem *Programm der Deutschen Physikalischen Gesellschaft für den Ausbau der Physik in Großdeutschland* ausgestaltet.[104] Die Ausarbeitung des Programms stand im Zeichen des katastrophalen Kriegsverlaufs, zunehmender Engpässe in der materiell-technischen Basis der deutschen Kriegswirtschaft, wachsender Defizite im Bereich der Militärtechnik und einer totalen Mobilisierung aller Kräfte für den Krieg. Das Programm wurde im August 1944 vom Vorstandsrat der DPG verabschiedet und unmittelbar danach im Heft 1/1944 der Verhandlungen der DPG publiziert. Es ist ebenfalls als ein spezieller Beitrag der deutschen Physikerschaft bzw. ihrer Standesorganisation für die volle Entfaltung des deutschen Kriegspotenzials zu kennzeichnen. Auch in diesem Falle war es das aber nicht allein, denn für den Realisten Ramsauer war es inzwischen wohl ebenso wichtig, der Physik in der Götterdämmerung des Dritten Reichs möglichst optimale Optionen für die Nachkriegszeit zu sichern. Dies entsprach nicht zuletzt Strategien, die insbesondere in den Chefetagen der deutschen Industrie verfolgt wurden[105] und über die Ramsauer aus seiner leitenden Industrietätigkeit sicherlich bestens informiert war. In euphemistischer Umschreibung wird dies auch im DPG-Programm selbst festgestellt, vermerkt es doch als Selbstverständlichkeit, »daß die Durchführung des Programms erst nach dem Siege in Frage kommt. Wenn trotzdem der Abdruck schon jetzt erfolgt, so geschieht dies deswegen, um den langjährigen Vorarbeiten der Gesellschaft einen vorläufigen Abschluß zu geben.«[106]

---

104) Programm der Deutschen Physikalischen Gesellschaft für den Ausbau der Physik in Großdeutschland. Verhandlungen der Deutschen Physikalischen Gesellschaft 25 (1944)1, S. 1–6. Vgl. den Abdruck in der Dokumentation ›*Selbstmobilisierung*‹ im Anhang dieses Buches.
105) Vgl. Paul Erker, Deutsche Unternehmer zwischen Kriegswirtschaft und Wiederaufbau: Studien zur Erfahrungsbildung von Industrie-Eliten, München 1999.
106) Programm der Deutschen Physikalischen Gesellschaft für den Ausbau der Physik in Großdeutschland, Verhandlungen der DPG 25 (1944)1, S. 1–3.

In diesem Sinne war das Programm sowohl ein Akt der Selbstmobilisierung der Physiker, ihr Scherflein für den vermeintlichen Endsieg beizutragen als auch eine Aktion der Selbstrettung im Zeichen der sich abzeichnenden militärischen Niederlage. Im Zeichen der Selbstrettung und der Verbesserung der Rahmenbedingungen physikalischer Forschung für den Krieg, wie für die »Zukunft Deutschlands«, stellt das Programm vor allem vier Punkte heraus:
- eine bessere finanzielle und personelle Ausstattung der physikalischen Institute an den Universitäten und THs, die die Kernzellen für den nötigen Aufschwung in der Physik bilden sollten,
- die Stärkung von theoretischer, aber auch technischer Physik,
- die Steigerung der Bedeutung der Schulphysik,
- Schaffung bindender Richtlinien für den Kriegseinsatz der Physiker.

Angesichts der dramatischen Lage, in der sich Deutschland damals befand, verwundert es nicht, dass von diesen Punkten in den wenigen verbleibenden Monaten bis zum Kriegsende kaum etwas realisiert werden konnte. Doch wichtiger war wohl das Signal, das von diesem Programm ausging. Zwar konnten angesichts der chaotischen Lage im letzten Kriegsjahr und zunehmender Kriegszerstörungen weder die Forschungsbedingungen an den Universitäten noch die Nachwuchsförderung in den letzten Kriegsmonaten entscheidend verbessert werden, doch wurde eine Anregung des DPG-Reformprogramms sofort in die Tat umgesetzt. Bereits im Sommer 1943 hatte man eine *Informationsstelle Deutscher Physiker* gegründet. Ihre Aufgabe sollte in der *Aufklärung der Öffentlichkeit über Arbeit und Bedeutung der physikalischen Forschung* liegen.[107] Dies sollte durch Veranstaltungen, Vorträge sowie Presse- und Rundfunkveröffentlichungen geschehen und es konnte sogar für diesen Zweck eine eigene Zeitschrift, die *Physikalischen Blätter* gegründet werden. Deren Ziel war die Information der Öffentlichkeit über die Leistungen und Möglichkeiten der Physik und das erste Heft erschien im Januar 1944 – in Zeiten großer Mangelwirtschaft und Papiermangels keine Selbstverständlichkeit; zudem ein Zeichen, dass man nun wohl die Beachtung, wenn nicht gar die Gunst der Mächtigen errungen hatte. Dies um so mehr, als die *Zeitschrift für die gesamte Naturwissenschaft*, das

---

[107] Physikalische Blätter 1 (1944) S. 1.

Zentralorgan der Deutschen Physik und ihrer Verbündeten in den anderen »arischen Naturwissenschaften«, fast zeitgleich ihr Erscheinen wegen des allgemeinen Papiermangels einstellen musste.

»Forschung tut not« – im Frieden und im (totalen) Krieg möchte man hinzufügen – lautete das Leitthema der ersten Hefte der *Physikalischen Blätter*. Damit sollte Propaganda gemacht werden, die naturwissenschaftliche und technische Forschung in Deutschland ausreichend zu fördern und nicht zuletzt die Grundlagenforschung als wichtige Zukunftsoption nicht weiter zu vernachlässigen. Wer wissen wollte, wie wichtig physikalische Grundlagenforschung für spätere Anwendungen – wissenschaftliche wie gesellschaftliche – ist, der konnte in den *Physikalischen Blättern* lesen:

> » ... und wenn heute der auf dem abgelegensten Hof wohnende Bauer die Stimme des Führers im Rundfunk vernehmen kann, so ist das letzten Endes jenem Maxwellschen System partieller Differentialgleichungen zu verdanken.«[108]

Sicherlich ein Extrembeispiel plumper Propaganda, das man als eines der zeitgenössischen Zugeständnisse an die Ideologie durchgehen lassen sollte. Denn vieles, was man in den wenigen bis zum Kriegsende erscheinenden Heften lesen konnte, war und ist durchaus lesenswert.[109] So wurde in den Aufsätzen nicht nur die zentrale Rolle der Naturwissenschaften für den Krieg, sondern für die moderne Industriegesellschaft generell herausgestellt. Ein Thema im Übrigen, dass dann auch in der Nachkriegszeit und unter den Bedingungen des Wiederaufbaus einen hohen Stellenwert in den Spalten des weiter fortbestehenden (offiziösen) Organs der Physikalischen Gesellschaft erhielt. Man hatte also ganz im Sinne technokratischer Unschuld »die Grundlage gefunden,« – wie Ramsauer es in seinem rückblickenden Artikel aus dem Jahre 1947 ausdrückte – »auf der wir die deutsche Physik wieder aufbauen können und wollen.«[110]

Neben der Gründung der *Physikalischen Blätter* verdienen noch zwei weitere Aktivitäten eine Würdigung, die ebenfalls zu den wenigen Punkten des DPG-Programms gehörten, die noch erfolgreich in Angriff genommen werden konnten und die zudem dokumentieren, wie stark sich die DPG-Aktivitäten dieser Jahre bereits auf die Nach-

---

[108] Physikalische Blätter 1 (1944) S. 51.
[109] Siehe hierzu den Beitrag von Gerhard Simonsohn in diesem Band.
[110] Physikalische Blätter 3 (1947) S. 114.

kriegszeit orientierten. Im DPG-Programm von 1943/44 wird als ein Schwerpunkt die *Steigerung der Bedeutung der Schulphysik* genannt. Die hierzu gemeinsam mit der Reichsjugendführung, aber auch in Kooperation mit militärischen Stellen 1944 ins Leben gerufenen Aktionen »Prinz Eugen« und »Blücher« verfolgten so nicht zufällig eine (unausgesprochene) Doppelstrategie: Sie sollten sowohl die beklagte Vernachlässigung der mathematisch-naturwissenschaftlichen Bildung an den Schulen überwinden helfen als auch in der Endphase des Zweiten Weltkriegs naturwissenschaftlich begabte Schüler vor der Einberufung oder dem Einsatz an der »Heimatfront« und damit vor dem sinnlosen Heldentod bewahren.[111]

In der Aktion »Prinz Eugen« wurden naturwissenschaftlich begabte Abiturienten in Schulungslager zusammengefasst, wo sie mit den Grundlagen der Hochfrequenztechnik vertraut gemacht und damit auf den Einsatz als Hilfskräfte in Funk-Messeinheiten der Wehrmacht vorbereitet wurden. Auf dem Stegskopf im Westerwald fanden mehrere Lehrgänge von ca. 6 Monaten statt, die unter dem Patronat der Hitlerjugend und der wissenschaftlichen Leitung des Bevollmächtigten für die Hochfrequenzforschung beim Reichsforschungsrat standen. Dabei wurden über 500 Abiturienten für ihren entsprechenden Einsatz als Hilfskräfte bei Radareinheiten vorbereitet.[112] Für die jüngeren Jahrgänge (1927/29) wurde 1944 ein analoges Schwesterunternehmen, die »Aktion Blücher«, ins Leben gerufen. Wahrscheinlich bei einem Besuch Speers im AEG-Forschungslaboratorium hatten Ramsauer und Brüche auch das Problem des naturwissenschaftlich-technischen Nachwuchses angesprochen und von Speer das grundsätzliche Placet für die Einrichtung von Begabtenschulen erhalten, wobei dies in Kooperation mit der Reichsjugendführung geschehen sollte.[113] Geplant war ein deutschlandweites Netz solcher Eliteschulen für den mathematisch-naturwissenschaftlichen Nachwuchs, doch kam es kriegsbedingt nur zur Gründung einer Schule auf Schloss Weidenhof bei Breslau. Die Wahl fiel auf Breslau, weil die Reichsjugendführung gute Kontakte zum Gauleiter von Niederschle-

---

111) Vgl. Dieter Hoffmann, Die DPG-Initiativen »Prinz Eugen« und »Aktion Blücher« in der Endzeit des Dritten Reiches (in Vorbereitung).
112) Wir Stegskopfer. Die Funkmeß-Einheiten Prinz Eugen – Tegetthoff 1943–1945. Eine Chronik, Privatdruck, Marbach 1989.
113) Interview mit H. Hartmann, Reutlingen 16.3.2004; sowie Artur Axmann, Hitlerjugend, Koblenz 1995, S. 374.

sien, Karl Hanke, verfügte und zudem die Stadt als Hochschulstandort gute Möglichkeiten bot, die lokalen Hochschullehrer in die Ausbildung der Schüler einzubinden – was dann auch mit Vorträgen von Ludwig Bergmann und anderen Breslauer Professoren geschah. Dafür machte nicht zuletzt die DPG und namentlich Ernst Brüche ihren Einfluss geltend, nicht – wie dieser nach dem Krieg feststellte – »um der Partei einen damals längst verlorenen Krieg gewinnen zu helfen, sondern um für die Zukunft nach dem Kriege zu retten, was zu retten war.«[114] Überhaupt lässt sich feststellen, dass Brüche seitens der DPG der spiritus rector der Aktion war, der nicht nur den direkten Kontakt zu Heinrich Hartmann von der Reichsjugendführung pflegte und sich auch selbst um konkrete Fragen der Schulorganisation kümmerte, sondern der zudem die *Physikalischen Blätter* der Reichsjugendführung als Plattform zur Verfügung stellte, ihre dementsprechenden Ziele gegenüber einer naturwissenschaftlichen Öffentlichkeit zu propagieren. In einem Beitrag *Jugend und Technik* ließ Hartmann die Leser wissen, dass sich auch die Reichsjugendführung dessen bewusst ist, »wie entscheidend in diesem Krieg neben der zähen Tapferkeit der Front und der Leistung unserer Facharbeiter das Wissen und Können unserer Ingenieure und das unermüdliche Forschen unserer Wissenschaftler ist.«[115] Von dieser Überzeugung geleitet, nahm dann auch im August 1944 die Internatsschule Weidenhof mit etwa 100 Schülern ihren Schulbetrieb auf, doch musste die Schule bereits Anfang Februar 1945 wegen der vorrückenden Front nach Süddeutschland evakuiert werden. Nach dem Krieg wurde die Schule von ihren Schülern als ein weitgehend ideologiefreier Raum beschrieben, die viele von ihnen zudem vor dem Einsatz an der »Heimatfront« als Flakhelfer oder im Volkssturm bewahrt hat.[116]

---

114) Rundschreiben von E. Brüche an die »Weidenhofer«, 18.12.1946, LTAMA, Nachlass E. Brüche, Nr. 320.
115) Heinrich Hartmann, Jugend und Technik, Physikalische Blätter 1 (1944) S. 75.
116) Vgl. Karlheinz Koppe, Das Unternehmen Blücher 1944/45. Wie 40 Schüler vor dem Fronteinsatz gerettet wurden. Unpubl. Manuskript 2001 sowie die Briefsammlung im LTAMA, NL Brüche, Nr. 320

Das Dilemma der Selbstmobilisierung

Überblickt man so das Wirken Carl Ramsauers als Vorsitzender der DPG, dann wird deutlich, dass unter seiner Ägide die Physikalische Gesellschaft als Repräsentantin der fachorientierten Physikerschaft aus ihrer Nischenexistenz heraustrat und immer aktiver in die gesellschaftspolitischen Prozesse des Dritten Reichs eingriff. Dabei machte sich Ramsauer seine Stellung als Industriephysiker und die guten Verbindungen zu militärischen Kreise zunutze und schmiedete eine Allianz mit dem militärisch-industriellen Komplex Nazideutschlands. Von dieser Allianz konnten zwar das Ansehen, die Stellung und der Einfluss der DPG nachhaltig profitierten, doch machte sie aus der Gesellschaft endgültig eine gut funktionierende Vereinigung wissenschaftlicher Spezialisten, die dem NS-Staat nicht in jedem Fall begeistert, aber insgesamt doch loyal und effektiv diente. Verloren ging damit die politische Unschuld der Gesellschaft – sofern es diese jemals gegeben hat –, da diese Allianz vielfältige Kollaborationsverhältnisse mit der politischen Macht begründete. Diese haben ohne Zweifel systemstabilisierend und sicher auch kriegsverlängernd gewirkt, sodass sie kaum als Opposition oder gar Widerstand interpretiert werden können. Auch wenn sich der Kampf Ramsauers und der DPG gegen »die Parteiphysik« vorteilhaft vom Verhalten manch anderer Wissenschafts-Epigonen des Dritten Reichs abhebt, so sind auch diese Auseinandersetzungen im rein professionellen bzw. akademischen Rahmen verblieben und sollten daher bestenfalls mit dem Wort »Resistenz« gekennzeichnet werden – im Sinne von Abschirmung bzw. Wahrung der fachwissenschaftlichen Autonomie und überkommener Standards in kleinen, fachwissenschaftlich geprägten Bereichen.[117] So hat zwar Ramsauer den Stand der physikalischen Forschung in Deutschland und den USA verglichen, doch lag es ihm fern, darüber hinaus zu gehen und in diesen Vergleich die politische Ordnung in irgendeiner Form einzubeziehen – weder vor, noch nach 1945! Die von Ramsauer und anderen später so häufig gebrauchte Entlastungsformel, man habe sich für die Wissenschaft (und unausgesprochen: für das Gute schlechthin) eingesetzt, verdrängt bzw. lässt ganz unberücksichtigt, dass es um die Wissenschaft in und für ein

---

117) Vgl. Gerhard Simonsohn: Physiker im Dritten Reich – Resistenz und Anpassung. Vortrag an der FU Berlin, 27.1.1999.

Unrechtssystem ging, dem man sich zum durchaus wechselseitigen Vorteil angedient und dem man bereitwillig, zuweilen sogar mit Enthusiasmus zugearbeitet hatte. Obwohl Ramsauer als geschickter und erfolgreicher Fachpolitiker es durchaus verstand, die fachspezifischen Interessen der Physikalischen Gesellschaft wie der Physik insgesamt zu wahren, hat die Nazidiktatur auf diese Weise auch maßgeblich von seiner Kompetenz als eines vermeintlich unpolitischen Experten profitiert – ob Ramsauer dies nun subjektiv wollte oder nicht.

Götterdämmerung

Bevor die Deutsche Physikalische Gesellschaft in den Strudel des Untergangs des Dritten Reichs mitgerissen wurde, versammelte man sich noch einmal am Nachmittag des 18. Januar 1945 zu einer Festveranstaltung, um das hundertjährige Gründungsjubiläum der Gesellschaft zu feiern. Ort der Feier war der traditionsreiche Große Hörsaal des Physikalischen Instituts am Reichstagsufer, der – wie es in einem zeitgenössischen Bericht heißt –»schon oft für die Physik denkwürdige und festliche Sitzungen erlebt hat«[118] – man denke nur an das berühmte Mittwochskolloquium oder die Freitagszusammenkünfte der Physikalischen Gesellschaft, wo »all jene Vorträge stattgefunden (haben), die für die Geschichte der Berliner und damit der deutschen Physik wissenschaftliche Festtage bedeuteten.«[119] Die Vorbereitung der Veranstaltung geschah in bewährter Kooperation der Vorstände von der Berliner und der Deutschen Physikalischen Gesellschaft, wobei diesmal zudem die neu gegründete Informationsstelle Deutscher Physiker, d. h. Ernst Brüche eine wichtige Rolle spielte. Letzterer übernahm nicht nur die Pressearbeit und Information, sondern Brüche nahm wohl auch maßgeblichen Einfluss auf die Programmgestaltung. Das Programm sah nach der Eröffnung durch den DPG-Vorsitzenden Carl Ramsauer Vorträge des Danziger Physikers Eberhard Buchwald[120] und des Hamburger Physikhistorikers

---

[118] Vorbericht zur 100-Jahr-Feier der Deutschen Physikalischen Gesellschaft. LTAMA, NL Brüche, Nr. 376.
[119] Hundertjahrfeier der Physikalischen Gesellschaft, Physikalische Blätter 3 (1947) S. 3.
[120] Eberhard Buchwald, Die Deutsche Physikalische Gesellschaft an der Schwelle ihres zweiten Jahrhunderts, in: Physikalische Blätter 2 (1946)5, S. 97–106.

Hans Schimank[121] vor. Der zweite Teil der Festveranstaltung war dann der Vorführung filmischer Dokumente von den »Friedenstagungen« der Gesellschaft – von Bad Nauheim(1932) bis Baden-Baden (1938) – sowie von Lichtbildern aus der Geschichte der Physik gewidmet.

Buchwalds Vortrag lieferte einen kurzen Abriss der Geschichte der Gesellschaft, wobei ihm die fünf Zwischenüberschriften des Goethe-Gedichts »Urworte Orphisch«[122] Stichwortgeber für seine Vortragsschwerpunkte waren. Im klassischen Gewand ließ man so nicht nur die Historie der Gesellschaft Revue passieren, sondern unter dem Urwort »Anangke/Nötigung« wurden auch Probleme angesprochen, die die aktuelle Geschichte euphemistisch thematisierten:

> »ANANGKE, die Nötigung, das vierte der Worte, ist das zwangsläufige Mitgenommenwerden der Gesellschaft durch das Zeitgeschehen, das ihr Pflichten und Bindungen auferlegt ... In den 30er Jahren und dann in der Kriegszeit trat die Anangke in zweierlei Gestalt an uns heran. Sie zwang uns zum Kampf für die Anerkennung von Theorie und Mathematik ...Dieser Kampf scheint glücklich ausgefochten; schmerzlich ist, dass er nötig war! Wir stehen in einem härteren, bei dem auch die Anangke des Zeitgeschehens die Tätigkeit der Gesellschaft leitet. Es sind die Bemühungen, die wir unter dem Namen des »Ramsauerplanes« zusammenfassen können, sehr ernste Vorschläge, wie der deutschen Physik der gebührende Platz in der Welt zu sichern wäre, ein Programm das die Forschung betrifft, die Stellenbesetzungen und Berufungen, den Physikernachwuchs, die Frage der Oberschullehrer usw. Diese ebenso wohldurchdachte wie energische Inangriffnahme einer Notlage, einer Anangke im wahrsten Sinne des Worts, ist die Hauptleistung der Gesellschaft in unsern Tagen.«[123]

Dass sich die Hundertjahrfeier keineswegs auf den apolitischen Raum reiner Festrhetorik beschränken wollte, hatte auch schon im Vorfeld der Wunsch Ramsauers deutlich gemacht, dass Schimank in seinem physikhistorischen Vortrag nicht zuletzt auf »die deutsch-ausländischen Beziehungen eingehen« sollte.[124] Unverhüllt politisch war die Eröffnungsansprache Ramsauers gewesen, führte er dort doch im Sinne des »Ramsauerplanes« aus, dass

---

121) Hans Schimank, Die Physik des 19. Jahrhunderts, in: Die Naturwissenschaften 34 (1947)1, S. 2–10.
122) Johann Wolfgang Goethe, Gesammelte Werke, Berlin 1981, Bd. 2, S. 158.
123) Eberhard Buchwald, Die Deutsche Physikalische, S. 105.
124) Vorbereitung der 100-Jahrfeier. LTAMA, NL Brüche, Nr. 376.

»die heutige Physik nicht mehr eine bei aller Bedeutung eng begrenzte Wissenschaft (ist), sie ist zu einem technisch-militärischen Faktor ersten Ranges geworden, dessen gegenwarts- und zukunftsentscheidende Bedeutung nicht nur wir, sondern auch unsere Gegner immer mehr erkennen ... die zukunftsentscheidende Bedeutung der physikalischen Forschung für Frieden und Krieg geben uns damit die Plattform für unsere Entschlüsse in dem weiteren Ausbau der deutschen Physik.«[125]

In diesem Sinne wurde die Hundertjahrfeier auch zum Forum, das neue Programm der DPG, den »Ramsauerplan« zu propagieren und seinen Forderungen nach adäquater Anerkennung der Schlüsselstellung physikalischer Forschung für die gesamte Naturwissenschaft, Technik, Wirtschaft und nicht zuletzt für den Krieg öffentlich Nachdruck zu verleihen. Im Schlachtenlärm des Endkampfs verhallte dieser Appell natürlich weitgehend ungehört; auch wenn die Festveranstaltung ein relativ großes Presseecho gefunden hatte und zu ihren Teilnehmern Reichsjugendführer Artur Axmann mit seinem Adjutanten Heinrich Hartmann gehörte. Im Übrigen hatte die Teilnahme des Reichsjugendführers als ranghöchstem NS-Repräsentanten wohl weniger mit der gestiegenen Wertschätzung der DPG in der NS-Hierarchie zu tun, als vielmehr damit, dass in den letzten Kriegsjahren zur Reichsjugendführung durch die Aktionen »Blücher« und »Prinz Eugen« spezielle Kontakte und ein Vertrauensverhältnis entstanden waren.[126]

Geprägt war die schlichte Feierstunde, die sich in keiner Hinsicht mit dem Glanz der anderen Stiftungsfeste oder der Planck-Feier von 1938 messen konnte, von den bedrückenden äußeren Bedingungen und der um sich greifenden Endzeitstimmung. So war der Hörsaal zwar überfüllt, doch ungeheizt, das Physikalische Institut bereits von Bombentreffern gezeichnet und die Rote Armee rückte unaufhaltsam zur Oder und damit in Richtung Berlin vor, sodass Buchwald nicht zufällig die Hoffnung beschwor »zu überdauern, die Hoffnung auf Zeiten friedlicher Arbeit in einem gesicherten Vaterlande und unter eigener Verantwortung!«[127]

---

125) Carl Ramsauer, Hundert Jahre Physik, in: Deutsche Allgemeine Zeitung vom 18.1.1945, S. 1 (Vgl. auch den Nachdruck in der Dokumentation *Selbstmobilisierung* im Anhang dieses Bands sowie im Abbildungsteil.
126) Interview mit Heinrich Hartmann, Reutlingen 16.3.2004.
127) Eberhard Buchwald, Die Deutsche Physikalische, S. 106.

In einem Brief Ramsauers an Arnold Sommerfeld, der wegen der katastrophalen Verkehrsbedingungen nicht nach Berlin kommen konnte, lesen wir: »Die Hundertjahrfeier ist sehr schön verlaufen. Herr Geheimrat Planck war durch seine Gattin vertreten. Alle Teilnehmer empfanden diese Veranstaltung als eine geistige Oase in der jetzigen Zeit und folgten der Veranstaltung trotz der relativen Länge des ganzen und trotz der reichlich tiefen Temperaturen des Saales bis zum Schluss mit großem Interesse.«[128]

Ein Vierteljahr später war dieses Interesse wohl nur mehr Historie und nicht nur das einst so prunkvolle Physikalische Institut am Reichstagsufer eine Ruine – es brannte in den Kämpfen um das Regierungsviertel im April bis auf die Grundmauern nieder – auch die Deutsche Physikalische Gesellschaft gab es nicht mehr, denn nach der bedingungslosen Kapitulation Deutschlands wurden von den Alliierten nicht nur die Parteien und politischen Organisationen als aufgelöst erklärt, sondern auch alle Vereine und Gesellschaften, darunter die Deutsche Physikalische Gesellschaft und die Gesellschaft für technische Physik.

---

[128] Carl Ramsauer an Arnold Sommerfeld, Berlin 24.1.1945, DPGA Nr. 20958.

Die Planck-Medaille

Richard Beyler, Michael Eckert und Dieter Hoffmann

»Die Planck-Medaille wird alljährlich, in der Regel am 23. April von der Deutschen Physikalischen Gesellschaft an einen Gelehrten verliehen für Leistungen in der theoretischen Physik, namentlich für solche, die sich an Plancks Werk anschliessen.«[1] So heißt es im §1 der Satzung der Medaille, die zum ersten Mal im Rahmen der Feiern zu Max Plancks Goldenem Doktorjubiläum am 28. Juni 1929 verliehen wurde und bis heute als renommierteste Auszeichnung der DPG gilt – nicht zuletzt ihrer prominenten Träger wegen, deren Liste sich wie ein Who is Who der modernen (theoretischen) Physik liest.[2] Die Auszeichnung ging aus einer Initiative hervor, die von führenden deutschen Theoretikern, namentlich Max Born, Albert Einstein, Max von Laue, Erwin Schrödinger und Arnold Sommerfeld angeregt worden war. Im Jahre 1927 hatten sie einen Aufruf gezeichnet, der anlässlich des bevorstehenden 70. Geburtstags von Max Planck zu Spenden für die Stiftung einer goldenen Medaille aufrief. Der Aufruf stieß auf große Resonanz, die die überwältigende Anerkennung widerspiegelt, die Max Planck nicht nur in der damaligen *scientific community* als Doyen der theoretischen Physik in Deutschland, sondern auch als führender Wissenschaftsrepräsentant in der deutschen Gesellschaft überhaupt genoss; nicht zuletzt wurde ein Großteil der Stiftungssumme von der deutschen Industrie aufgebracht.[3] Daneben ist der Stiftungsvorgang auch ein Dokument für den Rang, den die theoretische Physik in den ersten Jahrzehnten des zwanzigsten Jahrhunderts errungen und der sie zur Leit- und prestigeträchtigen physika-

---

1) Satzung der Planck-Medaille, MPGA, Abtl. III, Rep 50, NL Laue, Nr. 2388, Bl. 1.
2) Vgl. die Zusammenstellung in der Dokumentation *Planck-Medaille* im Anhang dieses Bands.
3) A. Vögler an Petersen, Dortmund 31.12.1927. Archiv des Stahlinstituts VDEh, Düsseldorf, Bestand Helmholtz-Gesellschaft, Ordner HG5, Bd. I.

lischen Subdisziplin gemacht hatte.[4] Zu Plancks 70. Geburtstag konnten die Initiatoren des Aufrufs dem Jubilar ein Schreiben überreichen,

> »welches außer dem Wortlaut des Aufrufs und der namentlichen Aufzählung aller Einzelpersonen, Gesellschaften und Firmen, welche die Stiftung zusammengebracht haben, auch die Bitte enthält, dem Stiftungszweck zuzustimmen, demnächst die wissenschaftliche Körperschaft namhaft zu machen, welche die Verleihung vornehmen soll, und schließlich einem Künstler von Rang die Sitzungen zu gewähren, die notwendig sind, damit die Vorderseite der Medaille sein Bildnis tragen kann.«[5]

Als wissenschaftliche Körperschaft für die Verleihung der Medaille wurde – wie wohl von Anfang an intendiert – die Deutsche Physikalische Gesellschaft bestimmt, die ein Medaillenkomitee einsetzen sollte, das die Vorschläge für die Auszeichnung dem Vorstand der Gesellschaft zu unterbreiten hatte. Das Komitee setzte sich laut Satzung aus Max Planck als Vorsitzendem und den Trägern der Medaille zusammen; nach Ausscheiden Plancks sollte der jeweils »älteste Inhaber der Medaille« den Vorsitz des Komitees übernehmen. Das jährliche Auswahlverfahren sah dabei vor, dass von den Komiteemitgliedern jeweils zwei Kandidaten benannt wurden und die Namen der beiden Kandidaten mit den meisten Nominierungen dann vom Vorsitzenden des Komitees an den DPG-Vorstand gegeben wurden, der dann den Preisträger bestimmte und kürte. Für die Planck-Medaille war so ein recht elitärer Rahmen definiert, der die Preisträger zu einer sich selbst rekrutierenden Elite machte. Dies zeigt sich auch in der Liste der ersten Preisträger, die nicht nur herausragende Vertreter der theoretischen Physik, sondern insbesondere Pioniere der Quantentheorie waren.

Anfang November 1933 hatte Werner Heisenberg die Medaille in einem eher bescheidenen Rahmen, nicht auf der Physikertagung, sondern bei einem speziellen wissenschaftlichen Kolloquium in Berlin verliehen bekommen, und die DPG-Gremien hatten sich ohne Angabe konkreter Gründe dafür entschieden, die weitere Verleihung der Medaille bis auf weiteres auszusetzen. Verantwortlich hierfür war sicherlich nicht, dass es an auszeichnungswürdigen Kandidaten gefehlt hätte. Vielmehr zeigt die Liste der bisherigen Preisträger – Max

---

[4] Vgl. Michael Eckert, Die Atomphysiker, Wiesbaden 1993.
[5] Planck-Medaille, in: Die Naturwissenschaften 16 (1928) S. 368.

Planck, Albert Einstein, Niels Bohr, Arnold Sommerfeld, Max von Laue und eben Werner Heisenberg –, dass es sich dabei um eine Gruppe von Physikern handelte, die von der nationalsozialistischen Propaganda und namentlich den Vertretern der sogenannten Deutschen Physik als Exponenten einer allzu mathematisch-formalen und spekulativen Auffassung von (theoretischer) Physik und Repräsentanten »jüdischen Geistes« denunziert wurden. Diesem Stereotyp entsprachen auch die beiden Kandidaten für das Jahr 1934 – Max Born und Erwin Schrödinger –, die in überzeugendem Konsens durch Umfrage der bisherigen Preisträger einstimmig benannt wurden.[6] Allerdings blieb es bei der Benennung, denn zu einer Auszeichnung kam es zunächst nicht. Über die Ursachen lassen sich nur begründete Vermutungen anstellen, da die entsprechenden Unterlagen des Vorstands bzw. von Max Planck als Vorsitzenden des Medaillenkomitees nicht überliefert sind. Man geht aber sicherlich nicht fehl in der Annahme, dass der DPG-Vorstand nach dem Eklat auf der Physikertagung in Bad Pyrmont eine weitere Verschärfung des Konflikts mit den nationalsozialistischen Machthabern und ihren Repräsentanten in der Physikerschaft vermeiden wollte. Dazu wäre es unzweifelhaft gekommen, da eine Verleihung an Born und Schrödinger nicht nur weltanschauliche bzw. ideologische Probleme bereitet hätte, sondern auch politische Dimensionen besaß. Beide Physiker waren nämlich aus Deutschland emigriert: Born wegen seiner Entlassung aufgrund des Berufsbeamtengesetzes und Schrödinger, weil er – wie er später einmal bekannte – »es nicht ertragen (konnte), mit Politik behelligt zu werden.«[7] Schrödinger hatte zwar seinen Weggang als Beurlaubung kaschiert und gehörte offiziell nach wie vor dem Lehrkörper der Berliner Universität an, doch war jedem klar, was Schrödingers Beurlaubung wirklich bedeutete. Der Vorstand hielt es somit – wie es in einem Brief an das Wissenschaftsministerium heißt[8] – »für richtig, die Verleihung zurückzustellen« – und folgte damit seiner Generallinie, jede öffentliche und direkte Konfrontation mit den Nazis tunlichst zu vermeiden.

---

[6] Siehe die Zusammenstellung in der Handschrift Plancks sowie den Brief A. Einsteins an M. Planck, Princeton 27.1.1934, DPGA, Nr. 20952, und M. Planck an A. Sommerfeld, Berlin 15.1.1934, DMA, NL 89 (Sommerfeld), 018, Mappe 3.12.
[7] nach Max Born, Mein Leben, München 1975, S. 363.
[8] J. Zenneck an W. Dames, München 4.8.1937, DPGA Nr. 20953.

Offenbar auf Drängen Max Plancks unternahm man im Jahre 1937 einen erneuten Anlauf, die Verleihung der Planck-Medaille wieder aufzunehmen. Am 10. März 1937 beschäftigte sich der Vorstand mit dieser Frage. Born wurde nun wegen der oben erwähnten rassischen und politischen Gründe nicht mehr als potenzieller Preisträger diskutiert, sodass es allein um Schrödinger ging. Seine Nominierung sah man inzwischen als tragbar an, da er einen Ruf nach Graz angenommen hatte und so nicht mehr zwingend als Emigrant anzusehen war – zumal er, wie es in einem Brief Plancks an Zenneck heißt, »noch im neuesten Personalverzeichnis unserer Universität als Mitglied der Fakultät aufgeführt ist.«[9] Dennoch wurde die Nominierung Schrödingers im DPG-Vorstand zum Politikum. Das Protokoll der Vorstandssitzung vermerkt in dieser Angelegenheit:

> »Hr. Zenneck teilt mit, dass Hr. Geheimrat Planck seinen Vorschlag: Born und Schrödinger für die Verleihung der Planckmedaille aufrecht erhält und spricht sich für die Verleihung an Hrn. Schrödinger aus. Auf Vorschlag von Hrn. Schottky wird beschlossen, die Medaille in diesem Jahr Hrn. Schrödinger zu verleihen, falls die Herbsttagung der Gesellschaft in Salzburg stattfindet. Findet die Tagung an einem anderen Ort statt, so soll die Verleihung verschoben werden. Auf Vorschlag des Hrn. Geiger und Mey wird beschlossen: Falls die Tagung in Salzburg stattfindet, soll bei den zuständigen Behörden vorher angefragt werden, ob gegen die Verleihung der Medaille an Hrn. Schrödinger Bedenken bestehen.«[10]

In Sachen Planck-Medaille war somit der Vorstand der DPG selbst gespalten. So beklagte der amtierende Vorsitzende Jonathan Zenneck gegenüber Kollegen, »dass die Herren des Vorstandes der Deutschen Physikalischen Gesellschaft etwas zu ängstlich sind«[11] und »die zuständigen Behörden mehr herangezogen werden als unbedingt nötig ist«[12]. Gegenüber Planck versicherte er, sich »gehörig geärgert (zu haben), als im Frühjahr der nach meiner Ansicht ganz unnötige Beschluss gefasst wurde, die Verleihung der Medaille zurückzustellen, falls die Physiker-Versammlung nicht in Salzburg sein sollte, und beim Reichskultus-Ministerium anzufragen, ob die Verleihung an

---

9) M. Planck an J. Zenneck, Berlin 11.7.1937, DPGA Nr. 20953.
10) Sitzung des Vorstandes der DPG, 10.3.1937, DPGA Nr. 20953.
11) J. Zenneck an M. v. Laue, München 3.8.1937, DPGA Nr. 20953.
12) J. Zenneck an W. Grotrian, München 22. März 1937. DMA, NL 53 (Zenneck), Mappe 012.

Schrödinger genehm sei.«[13] Planck selbst war vom Votum des Vorstands ebenfalls nicht begeistert, konnte man dieses doch auch als eine faktische Konterkarierung seiner Bemühungen lesen, da wegen der allgemeinen Devisenbewirtschaftung in Deutschland es höchst ungewiss war, dass die Tagung in Salzburg und damit auch eine Verleihung der Planck-Medaille überhaupt stattfinden würde. Nachdem die Verlegung der Herbsttagung von Salzburg nach Bad Kreuznach im Frühsommer definitiv feststehend, machte Planck noch einmal unmissverständlich deutlich,

> »dass es nun nachgerade an der Zeit ist, dass die Medaillenstiftung, deren Tätigkeit aus begreiflichen Gründen eine zeitlang geruht hat, nun endlich wieder in regelmäßige Übung tritt. Denn die Satzungen, die doch in aller Form von der Deutschen Physikalischen Gesellschaft beschlossen und anerkannt sind, einfach zu ignorieren, während das Stiftungskapital und die entsprechenden Zinserträge reichlich zur Verfügung stehen, und auch sonst alle Bedingungen zu ihrer Verfolgung erfüllt sind, geht doch wirklich nicht an. Dann wäre es doch vorzuziehen, die ganze Stiftung aufzulösen und ihre Mittel irgendeinem wissenschaftlichen Zweck zuzuführen, womit ich auch sehr gerne einverstanden sein würde. Auf alle Fälle würde ich aber, wenn diese Angelegenheit nicht in Ordnung kommt, den Vorsitz im Medaillenkomitee niederlegen, denn Sie können mir glauben, dass ich mich sehr erleichtert fühlen würde, von einer Verpflichtung entbunden zu werden, die mich andauert zwingt, eine Angelegenheit zu betreiben, die doch ursprünglich auch als eine Ehrung für mich selber gedacht war.«[14]

Diese Drohung aus der Feder des allseits geschätzten Doyen der Physik in Deutschland wirkte – zumal sein Rücktritt einen öffentlichen Skandal heraufbeschworen und die Stellung der DPG sicherlich geschwächt hätte. So führte man im Sommer per schriftlicher Abstimmung eine Änderung des Vorstandsbeschlusses herbei, der die Verleihung der Medaille an Schrödinger nicht mehr an den Veranstaltungsort Salzburg band. Diese Abstimmung dokumentiert die unterschiedlichen Positionen, die in dieser Frage im Vorstand vertreten waren und ergab

> »folgendes: es haben vorbehaltlos mit »Ja« gestimmt die Herren Backhaus, W. Meißner, von Laue, Westphal, Grotrian, Madelung, Stetter, Lohr, Steinke, Zenneck, Mey, Valentiner. Die Herren Schottky und Clemens Schäfer haben

---

[13] J. Zenneck an M. Planck, München 28. Juli 1937, ebenda.
[14] M. Planck an J. Zenneck, Berlin 11.7.1937, DPGA Nr. 20953.

»Ja« gestimmt mit dem Vorbehalt, daß Klarheit über die Stellungnahme des Kultusministeriums vorhanden sei.«[15]

Schottky drohte sogar mit seinem Rücktritt, falls man seinen Vorbehalt nicht berücksichtige. Zenneck bemerkte zu dem Abstimmungsergebnis sowie bezüglich der von Grotrian geäußerten Befürchtung, das Ministerium könnte sich zu gar keiner Empfehlung durchringen, dass Schottky doch zugeben müsse, »daß alles geschehen ist, was möglich war«, und dies nicht als Anlaß zu einem Rücktritt benützen könne »wenn er nicht will, daß man ihn unter die Gruppe der psychopathischen Physiker rechnet.«[16] Schottkys Rolle bei diesem Taktieren sorgte für weitere Irritationen: Er ließ durchblicken, dass er Kenntnis von einem Angriff gegen die DPG habe, falls Schrödinger die Planck-Medaille bekomme, ohne jedoch die Quelle dieser Information preiszugeben. Zenneck verhielt sich abwartend und entgegnete Schottky, dass er »mit derartigen allgemeinen Warnungen nichts anfangen« könne. Grotrian gegenüber gestand er: »Was Herr Schottky für eine Rolle in der ganzen Sache spielt, ist mir nicht klar. Schon vor einiger Zeit hatte mir Joos geschrieben, daß die Zukunft der Deutschen Physikalischen Gesellschaft in Gefahr stehe, wenn man Schrödinger die Medaille gäbe.«[17]

Über die damalige Interessen- und Gefühlslage gibt ein Brief des anderen Bedenkenträgers, des Breslauer Ordinarius Clemens Schäfer, weitere Auskunft:

>»Ich hatte an Grotrian geschrieben, dass ich, falls keine politischen Bedenken vorhanden wären, mit Ja stimmen würde. Im anderen Fall würde nach meiner Meinung kein Vorstandsmitglied der Deutschen Physikal. Gesellschaft es verantworten können, mit Ja zu stimmen. Ich bin also sehr einverstanden damit, dass Zenneck an das Ministerium geschrieben hat. Dagegen bin ich nicht der Meinung, dass ein Schweigen des Ministeriums gleich einer Zustimmung zu werten ist. Schweigen ist sehr oft Schlamperei oder – Absicht. Ich kann also im Interesse der Physikal. Gesellschaft nur dann mit Ja stimmen, wenn eine *ausdrückliche* Zustimmung des Ministeriums vorliegt.«[18]

Schäfer nimmt hier Bezug auf Versuche des DPG-Vorstands, die Meinung der zuständigen politischen Stellen über die geplante Ver-

---

15) W. Grotrian an J. Zenneck, Potsdam 16.8.1937, DMA, NL 53 (Zenneck), Mappe 012.
16) J. Zenneck an W. Grotrian, München 19. August 1937, ebenda.
17) J. Zenneck an W. Grotrian, München 25. August 1937, ebenda.
18) Cl. Schäfer an Unbekannt, Breslau 16.8.1937, DPGA Nr. 20953.

leihung der Planck-Medaille an Schrödinger sowohl offiziell als auch über inoffizielle Kanäle zu sondieren. So fragte Max von Laue Anfang August beim Ministerialrat von Rottenburg im Wissenschaftsministerium an, was man dort »für das Richtige« halte[19], und wenig später wandte sich auch Zenneck offiziell in dieser Frage an das Ministerium.[20] Mit dem expliziten Verweis darauf, dass der ursprüngliche Vorschlag »Born und Schrödinger« gelautet habe, man jetzt aber beabsichtigt, allein »die Medaille an Herrn Professor Dr. Schrödinger von der Universität Graz zu verleihen«[21], wollte Zenneck gegenüber dem Ministerium wohl auch die politische Loyalität der DPG deutlich machen und ihre Kompromiss- bzw. Kooperationsfähigkeit in dieser Sache dokumentieren.

Bereits drei Wochen später war klar, dass seitens des Ministeriums »gegen die beabsichtigte Verleihung der Planck-Medaille an den Professor Dr. Schrödinger an der Universität Graz keine Bedenken bestehen«[22], sodass nun – wie Zenneck an Sommerfeld schrieb – »die Sache ganz klar (ist) und wir können und müssen die Medaille an Schrödinger verleihen, selbst auf die Gefahr hin, dass nachher irgendwelche Schwierigkeiten entstehen.«[23] Mit der Rückendeckung des Ministeriums wurde so drei Wochen später auf der Physikertagung in Bad Kreuznach die Planck-Medaille an Erwin Schrödinger verliehen. Allerdings in Abwesenheit, was zwar ein Novum darstellte, doch von den Medaillen-Satzungen getragen wurde, die – worauf schon Planck in seinem Brief vom Sommer 1937 ausdrücklich hingewiesen hatte[24] – die persönliche Anwesenheit des Preisträgers nicht unbedingt vorsah.

Damit wäre die Angelegenheit eigentlich zu einem glücklichen Abschluss gekommen, doch war mit der Anfrage an das Ministerium,

---

19) J. Zenneck an W. Grotrian, München 2. August 1937, DMA, NL 53 (Zenneck), 012; J. Zenneck an M. v. Laue, München 3.8.1937, DPGA Nr. 20953.
20) J. Zenneck an das Reichs- und Preußische Ministerium für Wissenschaft, Erziehung und Volksbildung, z.H. Herrn Dr. Dames, München 4.8.1937, DPGA Nr. 20953.
21) Ebenda.
22) Der Reichs- und Preußische Minister für Wissenschaft, Erziehung und Volksbildung an den Vorsitzenden der Deutschen Physikalischen Gesellschaft, Berlin 24.8.1937. MPGA, III. Abt., Rep.19 (NL Debye), Nr. 1013, Bl. 9.
23) J. Zenneck an A. Sommerfeld, München 1.9. 1937. DPGA Nr. 20953.
24) M. Planck an J. Zenneck, Berlin 11.7.1937, DPGA Nr. 20953.

die wohl eher dem vorauseilenden Gehorsam des DPG-Vorstands und der allgemeinen politischen Atmosphäre denn offiziellen ministeriellen Anweisungen geschuldet war, ein bedenklicher Präzedenzfall für die künftigen Verleihungsmodalitäten geschaffen. Entsprechende Diskussionen, ob und wie man das Ministerium über die Verleihung der Planck-Medaille zu informieren bzw. direkt einzubeziehen habe, gehörten so zu den (unerfreulichen und politisch instrumentalisierten) Begleitumständen aller künftigen Verleihungen der Planck-Medaillen. Darüber hinaus nahmen auch die dezidierten Gegner der DPG die Preisverleihung an Schrödinger zum Anlass, ihre Angriffe gegen die Gesellschaft und die moderne Physik insgesamt zu erneuern und zu verschärfen. So verlangte Johannes Stark unmittelbar nach der Herbsttagung, Einsicht in die Statuten der Medaillen-Stiftung zu nehmen. Zenneck riet Grotrian, ihm diesen Wunsch abzuschlagen, da Stark mit seinem Artikel ´Weisse Juden´ in der Wissenschaft[25)] »deutsche theoretische Physiker in unerhörter Weise angegriffen« habe und zu befürchten sei, dass er »die Statuten der Planck-Medaille nur zu ähnlichen Zwecken mißbrauchen« werde. Er setzte hinzu: »In der ganzen Angelegenheit stehen wir natürlich ganz einwandfrei da, nachdem das Reichskultusministerium ausdrücklich der Verleihung an Schrödinger zugestimmt hat.«[26)]

Stark hat diesen neuerlichen Affront der DPG tatsächlich nicht einfach hingenommen und lancierte einen weiteren Artikel, der am 18. November 1937 ohne Autorenangabe im *Schwarzen Korps* unter der Überschrift *Kehrseite der Medaille* erschien und die Verleihung der Planck-Medaille aufs Korn nahm: »Professor Schrödinger hat sich demonstrativ in politischer Hinsicht gegen Deutschland gestellt; einen solchen Mann wegen etwaiger sachlicher Verdienste auch noch zu ehren, ist ein Zeichen nationaler Entwürdigung, wie es instinktloser nicht gedacht werden kann.«[27)] Die näheren Umstände, die zur Preisverleihung an Schrödinger geführt hatten, waren dem Verfasser, wie eingeräumt wurde, nicht bekannt, doch führte er aus, dass »weder die Deutsche Physikalische Gesellschaft noch ihr Vorstand für die

---

25) J. Stark, ›Weisse Juden‹ in der Wissenschaft. in: Das schwarze Korps vom 15. 7. 1937.
26) J. Zenneck an W. Grotrian, München 19. Oktober 1937. DMA, NL 53 (Zenneck), Mappe 012.
27) Anonym, Kehrseite der Medaille, in: Das schwarze Korps v. 18.11.1937 (Nachdruck in der Dokumentation *Die Planck-Medaille* im Anhang dieses Bands).

Verleihung verantwortlich zu machen« seien.[28] Zenneck vermutete, dass der DPG-Vorstand »geschont« worden sei, »weil Stark weiß, daß Angriffe gegen den Vorstand im vorliegenden Fall als Angriffe gegen das Reichskultusministerium angesehen werden müßten, nachdem dieses seine Zustimmung gegeben hatte.« Dem neuen Vorstand, der in Kreuznach mit Peter Debye an der Spitze gewählt worden war, empfahl er gleichwohl: »Es würde meiner Ansicht nach eine Blamage bedeuten, wenn wir uns um einen Artikel im ›Schwarzen Korps‹ kümmerten. Wir würden dem Verfasser doch nur eine Freude machen, wenn wir ihm den Anlaß zu einem neuen Artikel gäben.«[29]

Auch wenn man sich an diesen Ratschlag hielt, standen Debye und seine Vorstandskollegen in dieser Sache schon bald vor neuen Herausforderungen und Problemen, wobei die Art und Weise damit umzugehen, sich auch in der Amtszeit von Peter Debye nicht änderte. Selbst unter Hintansetzung bisher akzeptierter professioneller Standards suchte man Konflikte mit den politisch Mächtigen und deren Repräsentanten in der *scientific community* tunlichst zu vermeiden und falls diese dennoch unausweichlich schienen, versicherte man sich nicht zuletzt des Rückhalts bei den zuständigen politischen Instanzen. So, als Planck den Vorsitz des Medaillenkomitees im Herbst 1937 niederlegte und laut Satzung eigentlich »der nächstälteste arbeitsfähige Inhaber« der Medaille (wobei nicht das Lebensalter, sondern das Jahr der Preisverleihung die Bezugsgröße war) an seine Stelle hätte treten müssen. Dies war nun gerade Einstein, der aber – nach Plancks eigenen Worten[30] – »natürlich nicht in Betracht« kam und auch Bohr, der nächstfolgende Medaillenträger, war im Dritten Reich als Ausländer nicht opportun für diese Funktion. So fiel die Wahl schließlich auf Arnold Sommerfeld – sicherlich keine zweite oder gar schlechte Wahl für den Vorsitz des Medaillenkomitees, doch eben eine unter Aushöhlung der zehn Jahre zuvor selbst gegebenen Satzung.

Die Verleihung an Schrödinger war ohne Zweifel mit dem Vorsatz geschehen, die Planck-Medaille nun wieder satzungsgemäß alljährlich zu verleihen. Allerdings zeichneten sich diesbezüglich schon 1938 neue Konflikte ab. Diese rührten weniger aus der Rückstellung

---

28) Ebenda.
29) J. Zenneck an W. Grotrian, München 23. November 1937. DMA, NL 53 (Zenneck), Mappe 012.
30) M. Planck an A. Sommerfeld, Berlin 28.9. 1937, DPGA Nr. 20953.

Max Borns, dessen Auszeichnung nun eigentlich an der Reihe gewesen wäre, doch wegen der politischen Kautelen ernsthaft nicht mehr in Betracht gezogen wurde, denn »ein solcher Vorschlag« – wie es in einem Brief Grotrians an Sommerfeld heißt[31] – »würde nur geeignet sein, der Institution der Planckmedaille den Todesstoß zu versetzen.« Die politische Dimension der anstehenden Preisverleihung weiter erläuternd, hatte Grotrian in seinem Brief ergänzend angemerkt:

> »Etwas Anderes ist es natürlich, wenn Herr Born wieder wie im Vorjahr einer der beiden vom Medaillenkomitee vorgeschlagenen Herren wäre und der Andere vom Vorstand der deutschen Phys. Gesellschaft als Medaillenträger bestimmt werden kann. 2.) Unter diesen Umständen ist es dringend erwünscht, daß der zweite dann die richtige Persönlichkeit ist, und wenn auch selbstverständlich Verdienst und Leistung den Ausschlag geben sollten, so wäre es doch vielleicht möglich, unter Gleichberechtigten denjenigen zu wählen, der im Stande wäre, bei der Geburtstagsfeier von Herrn Planck in deutscher Sprache einen wissenschaftlichen Vortrag zu halten. In meiner Unterredung mit Herrn Planck nannte er mir die Namen de Broglie und Fermi. Ich möchte glauben, dass sie ihrem Verdienst nach gleichstehen, dass aber Herr Fermi als Redner bei der Geburtstagsfeier zweifellos sehr viel geeigneter wäre.«[32]

Nachdem es in dieser Angelegenheit auch noch zu einem Gespräch zwischen dem neuen DPG-Vorsitzenden Peter Debye und Arnold Sommerfeld, Nachfolger Plancks als Vorsitzender des Medaillenkomitee, gekommen war, sprach sich letzteres wohl keineswegs zufällig und fast einstimmig – allein Erwin Schrödinger, der im fernen Graz wohl nicht in die interne DPG-Kommunikation eingebunden war, votierte für Max Born und Wolfgang Pauli[33] – für Enrico Fermi und Louis de Broglie als Preisträger für das Jahr 1938 aus.[34] Im Vorfeld hatte Heisenberg noch sein ausdrückliches Votum für Pascual Jordan ausgesprochen, denn ihm erschien

> »es nicht besonders ratsam, die nächste Medaille an einen Ausländer zu verleihen. Auch scheint mir die Verleihung an de Broglie nicht so dringend, da ja de Broglie schon den Nobelpreis hat, und für ihn weitere Ehrungen nicht so viel bedeuten. Andererseits weiß ich, daß seinerzeit zur Auffindung der Quantenmechanik Jordan sicher ebenso viel beigetragen hat wie Born. Da im

---

31) W. Grotrian an A. Sommerfeld, Potsdam 2.12.1937. DPGA Nr. 20954.
32) Ebd.
33) E. Schrödinger an A. Sommerfeld, Graz 8.1.1938, DPGA 20954.
34) Bericht über die Sitzung der Kommission zur Vorbereitung der Feier des 80. Geburtstages von Hrn. Planck, Berlin 5.1.1938. MPGA, III. Abt., Rep. 19, NL Debye, Nr. 1013, Bl. 4.

Augenblick eine Verleihung an Born nicht möglich ist, und da die Arbeiten Jordans vor denen Fermis liegen, würde ich mich daher sehr freuen, wenn eine Verleihung an Jordan möglich wäre.«[35)]

Heisenberg erwähnt in seinem Brief zudem die damals noch schwebende Nachfolge Sommerfelds in München, wobei es ihm auch diesbezüglich opportun erschien, einen allseits akzeptierten Kollegen vorzuschlagen. Jordan hätte ohne Zweifel diese Bedingung erfüllt, gehörte er doch nicht nur zu den Pionieren der Quantenmechanik, sondern war zudem ein Anhänger des Nationalsozialismus und seit 1933 Mitglied der NSDAP.[36)]

Louis de Broglie war im Übrigen der Wunschkandidat von Max Planck gewesen, der de Broglie als Begründer des Materiewellen-Konzepts in einem Brief an Sommerfeld ins Spiel gebracht hatte, weil er »unter den Medailleninhabern nicht fehlen dürfte« und unter den Kandidaten »die ältesten Ansprüche hat« – auch »würde sogar das Ministerium bei den guten Beziehungen, die wir gegenwärtig zu Frankreich haben, eine solche Ehrung eines Franzosen gar nicht ungern sehen.«[37)] Da die Verleihung der Medaille im Rahmen der geplanten Feier zu Plancks 80. Geburtstag im April 1938 erfolgen sollte, bekam Plancks Votum ein besonderes Gewicht. Dieses wurde noch durch die rassischen Bedenken gestärkt, die in der Folgezeit das Ministerium gegen Fermi geltend machte, da dessen Frau Jüdin war. Über diesen Sachverhalt muss es im Laufe des März zu intensiven Konsultationen mit dem Reichswissenschaftsministerium und anderen Regierungsstellen gekommen sein, nachdem am 2. März der Vorstand der DPG einstimmig beschlossen hatte, »die Planck-Medaille für das Jahr 1938 an die Herren de Broglie und Fermi zu verleihen, vorausgesetzt, dass das Ministerium keinen Widerspruch erhebt.«[38)]

Mit dem Reichserziehungsministerium hatte man sich frühzeitig in Verbindung gesetzt, denn bereits im Januar 1938 informierte Debye den zuständigen Ministerialbeamten Dames über den anste-

---

35) W. Heisenberg an A. Sommerfeld, Leipzig 8.1.1938. DPGA 20953.
36) Vgl. R. Beyler, Targeting the Organism: The Scientific and Cultural Context of Pascual Jordan's Quantum Biology, 1932–1947, in: ISIS 87(1996) S.248–273 sowie D. Hoffmann/M. Walker, Der gute Nazi: Pascual Jordan und das Dritte Reich. Reprint 328 MPI für Wissenschaftsgeschichte Berlin 2006 (in Druck).
37) M. Planck an A. Sommerfeld, Berlin 22.10.1937. DPGA 20953.
38) Protokoll, Sitzung des Vorstands der DPG, 2. März 1938. DPGA Nr. 20954; DMA, NL 53 (Zenneck), Mappe 012.

henden Medaillenvorschlag de Broglie/Fermi.[39)] Zu diesem Zeitpunkt artikulierte auch noch das Ministerium eine Präferenz für Fermi, da gegenüber dem befreundeten und verbündeten »Italien als Ausland, wohl keine Bedenken bestehen.«[40)] Eine Anfrage beim Auswärtigen Amt machte dann aber auf die nichtarische Herkunft von Laura Fermi aufmerksam, was im damaligen nationalsozialistischen Deutschland stärker wog als das politische Bündnis mit Italien. Auf jeden Fall konnte trotz intensiver Bemühungen, in die auch Carl Friedrich von Weizsäcker mit seinen direkten (väterlichen) Beziehungen zum Auswärtigen Amt einbezogen wurde[41)], kein eindeutiger ministerieller Bescheid hinsichtlich Fermis erwirkt werden, sodass man zunächst darauf verzichtete, Fermi den wissenschaftlichen Festvortrag auf der Planck-Feier anzutragen[42)] und schließlich auch den Beschluss fasste, die Planck-Medaille allein an Louis de Broglie zu verleihen, da mit Minister-Schreiben vom 31. März 1938 nur für diesen die amtliche Erlaubnis erteilt wurde.[43)]

Am 23. April 1938 wurde dann im Rahmen der Feiern zu Plancks 80. Geburtstag de Broglie als achter Preisträger der Planck-Medaille gekürt. Allerdings musste dieser krankheitsbedingt seine Teilnahme an der Feier im Harnack-Haus in Berlin-Dahlem absagen, sodass stellvertretend der französische Botschafter André Francois-Poncet die Medaille aus den Händen Max Plancks in Empfang nahm. Planck nutzte die Gelegenheit, in seiner Laudatio sowohl die wissenschaftlichen Verdienste Louis de Broglies zu würdigen als auch seinem »echten und sehnlichen Wunsch nach einem echten dauerhaften Frieden« Ausdruck zu verleihen, »der beiden Teilen ungestörte produktive Arbeit ermöglicht. Möge ein gütiges Schicksal es fügen, daß Frankreich und Deutschland zusammenfinden, ehe es für Europa zu spät wird.«[44)] Dieses Bekenntnis für Frieden und Völkerverständigung hat sicherlich nicht die ungeteilte Zustimmung der nationalso-

---

39) Notiz zu einem Telefongespräch Debye/Dames vom 17.1.1938, MPGA III. Abt., Rep. 19, NL Debye, Nr. 1013, Bl. 13.
40) Ebd.
41) Notiz Debyes, März 1938. MPGA, III. Abt., Rep. 19, NL Debye, Nr. 1013, Bl. 45/46.
42) Ebd., Bl. 47 f.
43) Ebd., Bl. 50.
44) M. Planck, Ansprache anlässlich der Verleihung der Planck-Medaille an Louis de Broglie, in: ders., Physikalische Abhandlungen und Vorträge, Braunschweig 1958, Bd. 3, S. 411.

zialistischen Machthaber gefunden, wie überhaupt die gesamte Planck-Feier nicht allein eine beeindruckende Huldigung des Doyen der Physik in Deutschland war, sondern gleichzeitig zu einer unmissverständlichen Demonstration für wissenschaftliche Autonomie und gegen parteipolitisch oder ideologisch geprägte Beeinflussungen der physikalischen Forschung geriet.[45] Die Feier fand so zwar nicht im Widerspruch, doch im Dissens mit dem Erziehungsministerium statt, das gegen ihren Charakter und Ausmaß opponiert und sich mit einem offiziellen Geburtstagsglückwunsch begnügt hatte, aber keinen hochrangigen Vertreter zur Gratulationscour entsandte[46] – ganz im Gegensatz etwa zur feierlichen Eröffnung des Heidelberger Lenard-Instituts im Dezember 1935 oder zu den Feiern von Lenards 80. Geburtstag im Jahre 1942, wo zahlreiche NS-Größen die Veranstaltungen zierten.[47] Für Planck und die DPG sicherlich ein Affront, doch einer mit dem sich leben ließ, zumal man sich nicht nur der Sympathie der überwiegenden Mehrheit der deutschen Physikerschaft sicher war, sondern zudem auf die Unterstützung von Kaiser-Wilhelm-Gesellschaft, mächtiger Industrieller und anderer einflussreicher Gruppierungen der NS-Machtpolykratie bauen konnte.

Der Dissens mit dem Reichswissenschaftsministerium und das Bestreben der DPG-Führung, keine Auseinandersetzungen mit der politischen Macht zu provozieren, führten allerdings dazu, dass in den folgenden Jahre wiederum die Planck-Medaille nicht verliehen wurde. Für das Jahr 1939 hatte Sommerfeld als Vorsitzender des Medaillenkomitees zwar noch eine Umfrage gestartet, doch ergab diese – im Gegensatz zu den vorangegangenen Nominierungen – keinen einheitlichen Vorschlag, sodass der Vorstand dies zum Anlass nahm, die Medaille für 1939 nicht zu verleihen.[48] Weit schwerer als das uneinheitliche Votum des Medaillenkomitees mögen indes die Bedenken des Bildungsministeriums »gegen die Verleihung der Me-

---

[45] Vgl. E. Brüche: Vom großen Fest der Physiker im Jahre 1938. Begleittext zur Schallplatte »Stimme der Wissenschaft«. Frankfurt/Main o. J.
[46] M. v. Laue an Th. v. Laue, Berlin 22.4.1938. MPGA, Abtlg. III, Rep. 50 (NL Laue), Nachtrag 7/2 (1938), Bl. 42.
[47] Vgl. A. Becker (Hrsg.): Naturforschung im Aufbruch. Reden und Vorträge zur Einweihungsfeier des Philipp-Lenard-Instituts der Universität Heidelberg am 13. und 14. Dezember 1935. München 1936.
[48] P. Debye an A. Sommerfeld, Berlin 11.3.1939. DPGA Nr. 20955

daille in diesem Jahr« gewirkt haben.[49] Stattdessen beschloss der DPG-Vorstand, aus dem Stiftungskapital ein Planck-Stipendium für den Leipziger Physiker Hans Euler auszugeben.

Im folgenden Jahr bot dann der Ausbruch des zweiten Weltkriegs den willkommenen Anlass, erneut auf die Verleihung der Medaille zu verzichten und so potenziellen Konflikten mit dem Ministerium aus dem Wege zu gehen. Allerdings gab Max Planck in diesem Zusammenhang seiner Hoffnung Ausdruck, »bei der nächsten Gelegenheit, also hoffentlich im nächsten Jahr, zwei Medaillen zu verleihen, damit die Zahl der Inhaber der Medaille etwas schneller wächst.«[50] Diesen Vorschlag griff Sommerfeld dann auch in seinem Rundschreiben an die Medaillenträger Ende 1940 auf und nannte – in Übereinstimmung mit den Planckschen Vorschlägen – Friedrich Hund (Leipzig) und Peter Debye (Ithaca) als Kandidaten. Auf wen sich das Medaillenkomitee letztlich einigte, ist wegen der lückenhaften Überlieferung nicht klar – wahrscheinlich votierte man für Friedrich Hund und Pascual Jordan. Dass es für 1941 wiederum zu keiner Verleihung der Medaille kam, hängt in erster Linie wohl damit zusammen, dass der Vorsitz der DPG in den fraglichen Monaten noch nicht endgültig geklärt war, da die ministerielle Bestätigung des designierten neuen Vorsitzenden Carl Ramsauer noch ausstand und Jonathan Zenneck als amtierender Vorsitzender in dieser schwierigen Frage wohl nicht handeln wollte[51] – auf jeden Fall blieb der Vorschlag für das Jahr 1941 liegen.[52]

Nachdem Ramsauer 1941 auch offiziell sein Amt als neuer DPG-Vorsitzender angetreten und er wohl auch erste positive Reaktionen auf die DPG-Eingabe an Rust erhalten hatte[53], sah dieser es nun als eine seiner dringlichsten und dem neuen Selbstbewusstsein der DPG-Führung entsprechenden Aufgaben an, die Verleihung der Planck-Medaille wieder aufzunehmen. In einem Schreiben vom Dezember 1942 erkundigte er sich bei Sommerfeld über die konkreten Details der Verleihungsmodalitäten für die Medaille,

---

49) Protokoll der Vorstandssitzung vom 2.3.1939, MPGA, III. Abt., Rep. 19, NL Debye, Nr. 1016, Bl. 28.
50) M. Planck an A. Sommerfeld, Berlin 24.12.1939. DPGA Nr. 20955.
51) Vgl. C. Ramsauer an A. Sommerfeld, Berlin 24.1.1941. DPGA Nr. 20955.
52) A. Sommerfeld an C. Ramsauer, München 19.12.1942. DPGA Nr. 20956.
53) Vgl. den Beitrag von Dieter Hoffmann in diesem Band.

»da es ... bei der ganzen Einstellung des Ministeriums notwendig ist, dass wir ganz korrekt vorgehen ... Alles in allem möchte ich die Verleihung so durchführen, daß sie nicht als eine Demonstration gegen das Ministerium wirkt, sondern eher als ein versöhnender Abschluß der ganzen Streiterei um die moderne theoretische Physik.«[54]

In seinem Antwortschreiben betonte Sommerfeld, dass

»alles satzungsgemäß« erfolgte und ein entsprechender Vorschlag der Medaillenkommission vorliegt, der eine erneute Befragung überflüssig macht und somit nur vom Vorstand aufgegriffen zu werden braucht. Im Übrigen riet er Ramsauer, »das Ministerium mehr in der Materialfrage um Rat anzugehen, als das Aufsichtsrecht über die Verleihung formell anzuerkennen, das in den für uns massgebenden Satzungen gar nicht vorgesehen ist.«[55]

Im Frühjahr 1943 hatte dann Ramsauer die Zustimmung des Erziehungsministeriums zur Verleihung der Planck-Medaille an Pascual Jordan für das Jahr 1942 und an Friedrich Hund für das Jahr 1943 eingeholt, worüber er Sommerfeld in einem Brief vom 7. April informierte[56]; in einem späteren Brief stellte er klar, dass er

»bei der jetzigen Verleihung keine Anfrage an das Ministerium gerichtet, sondern lediglich die Tatsache mitgeteilt (habe), daß der Vorstand der Deutschen Physikalischen Gesellschaft entsprechend den Statuten nach den Vorschlägen des Medaillenkomitees der Planck-Stiftung die Wahl Jordan und Hund getroffen habe. Herr Dr. Fischer hat sich unserem stellvertretenden Geschäftsführer, Herrn Dr. Ebert, gegenüber sehr befremdet hierüber geäußert, da er eine »Anfrage« erwartet habe, hat aber mir gegenüber keine offizielle Stellung gegen diese Mitteilungsform genommen und lediglich geschrieben, daß das Ministerium gegen die Wahl nichts einzuwenden habe. Damit ist nach meiner Ansicht der in der Entwicklung begriffene Usus unterbrochen und, wie ich glaube, erledigt.«[57]

Zugleich setzte er diesen davon in Kenntnis, dass der Vorstand ebenfalls beschlossen hatte, die Medaille während des Kriegs nicht mehr in Gold, sondern in einem Ersatzmaterial auszuführen. Die Verleihung der Medaille fand dann am 30. April 1943 im Rahmen einer Sondersitzung der Deutschen Physikalischen Gesellschaft im

---

54) C. Ramsauer an A. Sommerfeld, Berlin 18.12.1942. DPGA Nr. 20956.
55) A. Sommerfeld an C. Ramsauer, München 19.12.1942. DPGA Nr. 20956.
56) C. Ramsauer an A. Sommerfeld, Berlin 7.4.1943. DPGA Nr. 20956.
57) C. Ramsauer an A. Sommerfeld, Berlin 4.6.1943. DPGA Nr. 20956.

traditionsreichen Großen Hörsaal des Berliner Physikinstituts am Reichstagsufer statt, auf der neben den Laudationes auf die Preisträger von diesen selbst auch wissenschaftliche Vorträge gehalten wurden – Pascual Jordan sprach über *Die neuere Entwicklung der Quantenphysik* und Friedrich Hund über *Kräfte und ihre begriffliche Fassung*. Max von Laue berichtete Lise Meitner über die Preisverleihung nach Stockholm:

> »Gestern Abend war feierliche Sitzung der deutschen Physikalischen Gesellschaft im Gerthsenschen Institut. Ramsauer überreichte die Planck-Medaille für 1942 an P. Jordan, die für 1943 an F. Hund. Beide hielten Vorträge über ihre Arbeiten und diese waren vortrefflich. Der Saal war gestopft voll. Von auswärts war Tomaschek erschienen, hingegen nicht Sommerfeld, den ich eigentlich erwartet hatte. Eine Nachsitzung in kleinem Kreise fand im Zentralhotel statt.«[58]

Die Wiederaufnahme der Verleihung der Planck-Medaille kann ohne Zweifel als ein Erfolg der DPG-Führung bei der Reklamierung von mehr wissenschaftlicher Autonomie gegenüber den nationalsozialistischen Behörden gewertet werden und kennzeichnet auch die neue Rolle, die die Gesellschaft in der Ära Ramsauer im nationalsozialistischen Machtgefüge einnahm. Nicht nur insgesamt, sondern auch speziell wurde dieser Erfolg aber auch durch eine partielle Selbstgleichschaltung geschmälert, denn wie der Brief Ramsauers zeigt, machte man zwar gegenüber der Ministerialbürokratie seinen Autonomieanspruch und auch das neu gewonnene Selbstbewusstsein deutlich, doch erkaufte man sich dies nicht zuletzt damit, dass man von bisherigen und in der Medaillensatzung ebenfalls verbrieften Standards abging. Wie aus Briefen von Friedrich Hund und Max von Laue hervorgeht, hielt man es beispielsweise nicht mehr für opportun, ausländische Physiker für die Medaille vorzuschlagen – schon 1938/39 hatte Werner Heisenberg Bedenken angemeldet, »die Medaille zu häufig an Ausländer zu verleihen.«[59] Auch Physiker, die durch ihre Emigration oder jüdische Ehepartner als belastet galten, wurden ungeachtet ihrer wissenschaftlichen Verdienste bei der Kandidatenauswahl nicht bedacht, sodass die bereits vor 1939 nomi-

---

58) M. v. Laue an L. Meitner, Berlin 1.5.1943, in: J. Lemmerich (Hrsg.), Lise Meitner – Max von Laue. Briefwechsel 1938–1948, Berlin 1998, S. 268.
59) Protokoll der Vorstandssitzung der DPG vom 2.3.1939, MPGA III. Abt., Rep. 19, (NL Debye), Nr. 1016, Bl. 27.

nierten Max Born, Enrico Fermi und Paul Adrien Maurice Dirac nicht mehr auftauchen.[60] Hierdurch sowie durch die Tatsache, dass man mehr oder weniger zwangsläufig auf das Votum der im feindlichen Ausland lebenden Preisträger – ab 1943 gilt dies z. B. für N. Bohr, A. Einstein und L. de Broglie, immerhin 3 von 10 Mitgliedern des Medaillenkomitees – verzichtete, fand nicht nur eine Aushöhlung der Medaillensatzung statt, sondern auch eine faktische Nationalisierung und Provinzialisierung der Medaillenvergabe, die ebenfalls nicht der Satzung und schon gar nicht den ursprünglichen, internationalistischen Intentionen der Preisauslobung entsprach. Damit werden die wissenschaftlichen Verdienste von P. Jordan oder F. Hund keineswegs abgewertet oder als zweitrangig charakterisiert, doch stehen sie zweifellos in Konkurrenz zu denjenigen der anderen Pioniere der modernen Physik – von M. Born, P.A.M. Dirac, P. Debye und E. Fermi bis hin zu A.H. Compton –, die nun quasi a priori nicht mehr zur Diskussion standen. Auch die Auszeichnung an Pascual Jordan, dem die Medaille als erstem nach der politisch verordneten Zwangspause wieder verliehen wurde, muss ungeachtet all seiner wissenschaftlichen Verdienste ebenfalls als Zeichen politisch loyalen Verhaltens gewertet werden, gehörte Jordan doch zu den dezidierten NS-Anhängern.

In Sachen Planck-Medaille war so ab 1943 Normalität angesagt, sodass mehr oder weniger routinemäßig der Vorsitzende des Medaillenkomitees zur Jahreswende 1943/44 bei den sechs »erreichbaren Mitgliedern der Medaillenkommission« das Votum für die nächste Verleihung einholen konnte. Jeder hatte wiederum das Recht zur Nominierung von zwei Kandidaten, wobei Kossel von allen und der japanische Physiker Hideki Yukawa von 5 Juroren nominiert wurde; eine Stimme entfiel noch auf Richard Becker.[61] Der Vorstand schloss sich dann dem Mehrheitsvotum des Medaillenkomitees an und beschloss, die Planck-Medaille für 1944 an den Danziger Physiker und Sommerfeld-Schüler Walther Kossel zu verleihen – sicherlich wiederum keine zweite oder gar eindeutig politisch motivierte Wahl, stehen Kossels Pionierrolle in der frühen Quantentheorie und insbesondere seine Verdienste bei der quantentheoretischen Deutung der chemischen Bindung außer Frage. Angesichts der sonst diskutierten

---

60) F. Hund an A. Sommerfeld, Leipzig 4.5.1943, 4.6.1943; M. v. Laue an A. Sommerfeld, Berlin 17.5.1943. DPGA Nr. 20956.
61) A. Sommerfeld an R. Becker, München 20.1.1944. DPGA Nr. 20957.

Namen kommt seine Nominierung doch einer Überraschung gleich bzw. muss sogar als Notlösung charakterisiert werden, denn wie Sommerfeld in einem Rundschreiben vom Januar 1945 feststellte, ist »die Auswahl unter den deutschen theoretischen Physikern ... eng geworden«.[62] Dem Ministerium wurde die anstehende Verleihung an Kossel, wie aus einem Brief Ramsauers hervorgeht, »wieder als eine von uns beschlossene Tatsache mitgeteilt; es hat höflich, aber kühl zugestimmt.«[63] Kossel bekam die Medaille, diesmal in Bronze statt in Gold ausgeführt, am 28. April 1944 am traditionellen Ort, im Großen Hörsaal des Physikalischen Instituts der Berliner Universität überreicht – ein Jahr später lag das Institut in Schutt und Asche.

Angesichts der katastrophalen Situation, in der sich Deutschland im letzten Kriegsjahr befand, verwundert es kaum, wenn Kossel der vorerst letzte Preisträger blieb. Zur Jahreswende 1944/45 informierte Sommerfeld das Medaillenkomitee sowie Ramsauer als DPG-Vorsitzenden, dass man angesichts der »allgemeinen politisch-militärischen Lage« und weil »die übliche feierliche Sitzung in Berlin kaum möglich sein (würde)« die Verleihung der Planck-Medaille aussetzen wolle.[64] Nachdem 1946 eine erste Normalisierung der Nachkriegssituation eingetreten war und sich in Göttingen eine aktive Nachfolgeorganisation der Physikalischen Gesellschaft formiert hatte[65], nahm auch Arnold Sommerfeld wieder seine Tätigkeit als Vorsitzender des Medaillenkomitees auf. Allerdings kam es erst 1948, anlässlich des 90. Geburtstags von Max Planck, der im Jahr zuvor gestorben war, zur ersten Nachkriegsverleihung der Planck-Medaille. Medaillenträger wurde Max Born, womit eine Ehrung nachgeholt wurde, die eigentlich schon 1934 hätte erfolgen sollen. Überhaupt macht die Preisträgerliste der Nachkriegsjahre deutlich, dass man auffällig darum bemüht war, das nachzuholen, was man in den Jahren zwischen 1933 und 1945 unterlassen hatte. Es wurden nun jene Physiker bevorzugt geehrt, die damals politisch nicht durchsetzbar gewesen oder dem allgemeinen Opportunismus zum Opfer gefallen waren. Da, wie Sommerfeld an von Laue 1951 schrieb, »während der Nazizeit einige

---

62) Rundschreiben von A. Sommerfeld, Betr.: Verleihung der Planckmedaille im Jahre 1945. DPGA Nr. 20958.
63) C. Ramsauer an A. Sommerfeld, Berlin 15.4.1944, DPGA Nr. 20957.
64) Rundschreiben von A. Sommerfeld, Betr.: Verleihung der Planck-Medaille im Jahre 1945. DPGA Nr. 20958.
65) Vgl. den Beitrag von Gerhard Rammer in diesem Band.

Verleihungsdaten ausgefallen (sind)«[66], ging man auch dazu über, Doppelverleihungen vorzunehmen. Überhaupt war man nicht nur auf Seiten der Physikalischen Gesellschaft darum bemüht, Normalität zu demonstrieren und die Medaille als Zeichen des internationalen Geistes der Wissenschaft herauszustellen; auch die Preisträger selbst beschwiegen die Peinlichkeiten, die mit der Preisverleihung im Dritten Reich verbunden gewesen und von denen sie teilweise selbst direkt betroffen gewesen waren. Für Emigranten wie Lise Meitner war die Planck-Medaille so vor allem eine hohe Ehrung ihrer wissenschaftlichen Leistung sowie ein

> »Band, das mich an das alte, von mir sehr geliebte Deutschland knüpft, das Deutschland, dem ich für die entscheidenden Jahre meiner wissenschaftlichen Entwicklung, die tiefe Freude an der wissenschaftlichen Arbeit und einen sehr lieben Freundeskreis gar nicht genug dankbar sein kann«.[67]

---

66) A. Sommerfeld an M. v. Laue, München 5.1.1951. DPGA Nr. 20964.
67) L. Meitner an M. v. Laue, Stockholm 25.4.1949, in: J. Lemmerich (Hrsg.), Lise Meitner –Max von Laue, Briefwechsel 1938–1948, Berlin 1998, S. 528.

Die Deutsche Physikalische Gesellschaft und die Forschung
Gerhard Simonsohn

Sieht man von der Aktion in den letzten Kriegsjahren ab, so hat sich die Deutsche Physikalische Gesellschaft in den Jahren der NS-Herrschaft nicht bemüht, unmittelbar auf die Forschung einzuwirken. Sie beschränkte sich wie vor 1933 darauf, auf ihren Tagungen und in den unter ihrer Mitverantwortung erscheinenden Zeitschriften eine Bühne für die Darstellung und Diskussion von Forschungsergebnissen zu bieten. Das geschah mit großer Breite der Thematik und ohne Zugeständnisse an die Parolen der »Deutschen Physik«, sodass man wenigstens von einem mittelbaren Einfluss der DPG auf den Fortgang der wissenschaftlichen Arbeit sprechen kann. Gleiches gilt für die Deutsche Gesellschaft für technische Physik (DGtP).

Mit Forschung ist hier vor allem Grundlagenforschung gemeint. Der totalitäre NS-Staat hat mit seinen Forderungen keineswegs jede freie, an fachimmanenten Kriterien orientierte Forschung unmöglich gemacht. Das Verhalten vieler Physiker war nicht auf »Zweckforschung« ausgerichtet, auch wenn solcher Forschung – im Rahmen der Kriegsvorbereitung und vor allem nach Beginn des Krieges – mehr und mehr Raum gegeben werden musste. Auch unter den veränderten Bedingungen der erzwungenen Emigration vieler Forscher und des Verlustes der alten »Weltgeltung«, bemühte man sich, die Traditionslinien der Forschung nicht völlig abreißen zu lassen.

Wenn hier zur Beschreibung der Situation in der Forschung neben den Physikertagungen vor allem die unter offizieller Mitverantwortung der Gesellschaften erscheinenden Zeitschriften herangezogen werden, so bleiben andere Fachzeitschriften ausgeschlossen – insbesondere die Zeitschrift *Die Naturwissenschaften* und die *Physikalische Zeitschrift*, deren offizieller Herausgeber (auch nach seiner Emigration!) bis 1945 Peter Debye war. Sie ergeben aber kein wesentlich anderes Bild. Einen Überblick über die in- und ausländischen Arbeiten geben auch die zehn zwischen 1933 und 1945 erschienenen Bände der Serie *Ergebnisse der exakten Naturwissenschaften*, die 1922 gegründet und nach dem Krieg fortgeführt wurde.

Die Jahrestagungen und die Verhandlungen der Deutschen Physikalischen Gesellschaft

In der Öffentlichkeit traten die Gesellschaften am deutlichsten durch die jährlich veranstalteten Tagungen, die »Physikertage«, hervor, die von der DPG und DGtP gemeinsam veranstaltet wurden, z. T. unter Beteiligung weiterer Gesellschaften. Das Programm mit den Vortragsankündigungen wurde in den *Verhandlungen der Deutschen Physikalischen Gesellschaft* abgedruckt, wo auch über Vortragsveranstaltungen der lokalen Verbände (Gauvereine) und die Mitgliederversammlungen berichtet wurde. Die Redaktion lag bis zu seinem Tode in den Händen von Karl Scheel; 1937 trat Walter Grotrian an seine Stelle. Die Texte der Vorträge erschienen überwiegend in der *Zeitschrift für technische Physik* (ZftP). Es geht um sechs Tagungen von 1933 bis 1938, eine für September 1939 in Salzburg geplante Tagung, die wegen des Kriegsbeginns ausfallen musste, und eine »Deutsche Physikertagung Kriegsjahr 1940«. Auch das Programm der ausgefallenen Salzburger Tagung wurde in den Verhandlungen abgedruckt.

Von 1934 an gibt es Eröffnungssitzungen mit zündenden Ansprachen des Vorsitzenden Karl Mey, später Jonathan Zenneck, die auf politische Anpassung ausgerichtet sind. Dem steht das Vortragsprogramm gegenüber, das zu einem wesentlichen Teil weiterhin Grundlagenforschung umfasst, aber auch Beiträge zur technischen oder angewandten Physik, wobei die Zuordnung zu der einen oder anderen Richtung nicht immer eindeutig ist. Man darf annehmen, dass die Vertreter der »reinen Physik« (dieser Terminus wird in den Programmen bisweilen als Überschrift benutzt) die Eröffnungssitzung eher als Fassade für das sahen, worauf es ihnen eigentlich ankam.

Es überrascht nicht, dass die Tagungen im Lager der »Deutschen Physik« schlecht angesehen waren. Einer ihrer prominenten Vertreter, Alfons Bühl, schreibt 1939 in der *Zeitschrift für die gesamte Naturwissenschaft* (ZgN):

> »Der Hang zur jüdischen Denkweise Einsteins ist bei den großen Fachversammlungen (Deutsche Phys. Gesellschaft, Naturforscherversammlung) kurz nach der Machtergreifung durch den Nationalsozialismus sogar in sehr auf-

fälliger, ja aufdringlicher Weise dadurch zutage getreten, daß die Unentbehrlichkeit der Theorien des Juden in besonderen Ansprüchen betont worden ist, ohne daß die Versammlungen als Ganzes eine entsprechende Gegenwirkung gezeigt hätten«.[1]

Man darf hier »Denkweise Einsteins« als Inbegriff für die ganze moderne Physik ansehen. Eine ähnliche Kritik an den Tagungen der naturwissenschaftlichen Gesellschaften allgemein kann man in den »Geheimen Lageberichten des Sicherheitsdienstes der SS« lesen:

> »Die Tagungen der naturwissenschaftlichen Gesellschaften zeigten neben hervorragenden deutschen Leistungen in zunehmendem Maße die wachsende Konkurrenzfähigkeit fremder Länder auf naturwissenschaftlichem Gebiete. Teilweise wurde von deutscher Seite der entscheidende Fehler begangen, für die zusammenfassenden Hauptreferate Männer zu verpflichten, die weder fachlich noch charakterlich geeignet waren, der internationalen Hörerschaft einen Eindruck von der deutschen Naturforschung zu geben ... Die Vertreter der deutschen Naturwissenschaften (insbesondere die Vorstandsmitglieder der Gesellschaften) besaßen oft nicht die notwendige weltanschauliche und politische Haltung, um dem Auslande gegenüber als Vertreter des heutigen Staates auftreten zu können.«[2]

Den Auftakt für die Orientierung in einer neuen Zeit bildet die Tagung in Würzburg im September 1933 mit dem oft gerühmten mutigen Auftreten des scheidenden Vorsitzenden Max von Laue. Johannes Stark hatte man ein einleitendes Referat mit dem Titel *Über die Organisation der physikalischen Forschung* zugestanden. Es war offensichtlich (und ist durch die nachträgliche Auseinandersetzung im Vorstand belegt),[3] dass er seine Machtfülle als Präsident der PTR (bald auch der Deutschen Forschungsgemeinschaft) durch den Vorsitz der DPG erweitern wollte. Das misslang. Als Vorsitzender wurde Karl Mey gewählt, Industriephysiker in leitender Stellung bei der Firma Osram und zugleich Vorsitzender der DGtP. Für seine Wahl mag der gleiche Gesichtspunkt bestimmend gewesen sein wie sieben

---

[1] Zeitschrift für die gesamte Naturwissenschaft 5 (1939) S. 152. Der Satz steht in einer Rezension von Lenards Lehrbuch »Deutsche Physik«.
[2] Meldungen aus dem Reich. Die Geheimen Lageberichte des Sicherheitsdienstes der SS, Hrsg. v. H. Boberach, Bd. 2: Jahreslagebericht 1938, S.89.
[3] Vertraulicher Bericht über die Sitzung des Vorstandes der DPG am 10. September 1934, TOP 10, DPGA Nr. 10011.

Jahre später bei der Wahl von Carl Ramsauer. Ein Industriephysiker sollte besser gegen Eingriffe staatlicher oder parteiamtlicher Stellen abgeschirmt sein als ein beamteter Hochschullehrer.

Das wissenschaftliche Programm der Würzburger Tagung ist unauffällig.[4] Zum ersten Hauptthema *Ausgewählte Vorträge aus dem Gebiet der Atomforschung* (wozu man damals auch Kernforschung rechnete) gehören Vorträge über Neutronen, Atomzertrümmerung, Positronen, Höhenstrahlung, Wasserstoffisotope von W. Bothe, W. Kolhörster, E. Regener und anderen. Als Vorsitzender einer Sitzung mit gemischten Themen taucht sogar Johannes Stark auf (»Hr. J. Stark später Hr. Cl. Schaefer«), und das, obwohl gleich der zweite Vortrag das Thema *Experimentelle Prüfung der Quantentheorie der natürlichen Linienbreite* hat, erst der fünfte Vortrag vom *Starkeffekt der Lymanserie des Wasserstoffs* handelt. Es gibt eine gemeinsame Sitzung mit der Heinrich-Hertz-Gesellschaft zur Förderung des Funkwesens unter dem Hauptthema *Grenzen der elektrischen Messung*. Eine Beteiligung dieser Gesellschaft hatte es schon einmal bei der Jahrestagung 1930 gegeben. Diesmal war die Zahl der technisch ausgerichteten Beiträge größer, wenn auch die 19 Beiträge zu diesem Thema (von insgesamt 71 auf der Tagung) ein weites Spektrum abdeckten: von einem Beitrag *Mittel zur Seiten- und Höhenmessung beim Landen eines Flugzeugs mit ultrakurzen Wellen* bis zu Beiträgen von E. Brüche und C. Scherzer *Der Kathodenstrahl Oszillograph als Problem der Elektronenoptik* und M. v. Ardenne *Eine neue Methode zur Beseitigung der Verzerrung durch Raumladung in BRAUNschen Röhren*.

Die nächste Tagung, 1934 in Bad Pyrmont, beginnt mit einer langen Ansprache des neuen Vorsitzenden Karl Mey, die man sich schwerlich im Munde seines Vorgängers (und vieler anderer Mitglieder der Gesellschaft) vorstellen könnte; sie ist in der ZftP abgedruckt.[5] Am Bekenntnis zum neuen Staat wird kein Zweifel gelassen. Von der »richtige(n) Einstellung zum Staatsganzen und zum Volkswohl« ist die Rede, vom »Reichskanzler und Führer, der in harter Arbeit und Sorge uns in eine schöne Zukunft zu führen sucht«. Geschickt greift der Redner auf eine erstaunliche Bemerkung über die »Physik als eine Großmacht« zurück, die Adolf Hitler in einer

---

[4] Verhandlungen der DPG 14 (1933) S. 29.
[5] Zeitschrift für technische Physik 15 (1934) S. 401.

Rede gemacht hatte.[6] Feierliche Worte der Anpassung erscheinen Karl Mey aber unnötig:

> »Es ist Übung geworden, bei wissenschaftlichen Tagungen ein gut Teil der Zeit Erörterungen über die Stellung der betreffenden Wissenschaft im neuen Staat, auf den Nachweis ihrer Bedeutung und Volksverbundenheit zu verwenden; wir möchten aber in unserem Kreis bei der alten Übung bleiben und die sachliche und fachliche Arbeit für uns sprechen lassen«.

Offensichtlich eine Anspielung auf die »Deutsche Physik« ist die Bemerkung:

> »Diese Reinigungsprozesse [gemeint ist das Ausscheiden unfruchtbarer theoretischer Ansätze durch das Experiment – d. A.] sind durchaus natürlich und würden sich auch ruhig abspielen, wenn nicht aus Beweggründen, die gänzlich außerhalb physikalischer Gedankengänge liegen, sie öfter zum Tummelplatz eigensüchtiger Bestrebungen gemacht würden«.

Gewarnt wird davor, »gegenüber der Anwendung der Physik in der Technik und ihrer gegenwärtigen großen nationalen Bedeutung die Leistung des theoretisch oder experimentell rein grundsätzlich forschenden Physikers geringer als früher einzuschätzen«. Getreu dieser Devise hat die Tagung zwei Hauptthemen: »Physik und Werkstoff« und »Die Physik der tiefen Temperaturen«.[7] Eine so ausführliche Behandlung technischer Fragen unter einem Hauptthema wie dem ersteren – 23 Vorträge – ist ein Novum. Allenfalls kann man an die Tagung 1931 denken, bei der es ein Hauptthema »Physikalische

---

[6] Rede Adolf Hitlers auf der Kulturtagung der NSDAP am zweiten Tag des Reichsparteitags in Nürnberg am 5.9.1934, Völk. Beobachter, Norddeutsche Ausgabe/Ausgabe A, Nr. 250, 7.9.1934. In einer pathetischen Schilderung des Aufbruchs der Menschheit, »die Geheimnisse der Welt und seines [des Menschen – d. A.] eigenen Seins aufzudecken«, stehen die Sätze: »In den Dienst dieser verwegenen Jagd stellt eine plötzlich durch Zaubermacht entfesselte Genialität Erfindungen und Entdeckungen ... Die Großmacht der Physik und der Technik kommt und reicht im Vorbeigehen ihre Hand der nicht weniger großen Chemie. Die sich dauernd weitende Welterkenntnis erlaubt, die Schätze des Erdballs zu mobilisieren für einen Aufstieg der Menschheit, der in seinem Tempo fast beängstigend wirkt ...« Die Formel von der Großmacht erscheint bei der Tagung noch einmal in dem Grußtelegramm am Ende: »... entbieten ... ihrem Führer und Reichskanzler treuen Gruß, stolz und angespornt durch sein Wort von der Physik als einer Großmacht ...« (Zeitschrift für technische Physik 15 (1934) S. 496).
[7] Verhandlungen der DPG 15 (1934) S. 19

Probleme des Tonfilms« gab. Zum zweiten Thema gibt es nur 12 Vorträge, darunter aber Beiträge prominenter Autoren wie P. Debye, K. Clusius, W. Meißner und von vier Holländern (die Karl Mey in seiner Eröffnungsansprache ausdrücklich begrüßt). Außerdem umfasst die Tagung 41 Vorträge aus verschiedenen Gebieten; die rein technisch orientierten bleiben in der Minderzahl.

Die Behandlung der Supraleitung im Rahmen des zweiten Hauptthemas wird von dem amerikanischen Autor P. F. Dahl in seinem Werk über die Geschichte der Supraleitung[8] als »Bestandsaufnahme« der neuen Situation eingestuft, die nach der Entdeckung des Meißner-Ochsenfeld-Effekts in der PTR ein Jahr zuvor entstanden war. Er stellt der ausführlichen Würdigung der Tagung den Hinweis voran: »It was to be the last important meeting on superconductivity in Germany, with minimal international participation, for a very long time«. Die Beiträge einschließlich der Diskussionsbemerkungen wurden in der ZftP veröffentlicht.[9] Peter Debye und W. Meißner zitieren F. Simon und N. Kürti, die bereits aus Breslau nach Oxford ausgewandert waren.

Von einem holländischen Vortragenden, C. J. Gorter vom Kamerlingh Onnes-Laboratorium in Leiden, erfährt man etwas von der Spannung, die über dieser Tagung lag. In einem Rückblick »Superconductivity until 1940«[10] schreibt er: »At that time only a few German physicists had been influenced by the Nazi ideology ....., and after some hesitation Keesom, as well as I, decided to attend the meeting of the German Physical Society in Bad Pyrmont in September 1934 at which low temperature physics was a main subject«. In dem Artikel erwähnt Gorter auch die Bedenken, auf die er in Oxford bei einem Besuch der Tieftemperaturgruppe stieß, die sich dort aus Emigranten aus Breslau gebildet hatte: »Though it was not hidden from me that the contacts maintained by the Netherlands scientists were hardly appreciated by Simon and his colleagues,...«.Auf einen völligen Bruch kann man aber daraus nicht schließen. Walther Meiß-

---

8) P. F. Dahl, Superconductivity. Its Historical Roots and Development, American Institute of Physics, New York 1992, S. 208 ff. Das betreffende Kapitel hat die Überschrift »Taking Stock at Bad Pyrmont«.
9) Zeitschrift für technische Physik 15 (1934) S. 497; »Zweites Pyrmont-Heft«.
10) C. J. Gorter, Reviews of Modern Physics 36 (1964) S. 3.

ner hat Franz Simon 1935 in Oxford besucht.[11] Der Besuch stand offenbar im Zusammenhang mit der Teilnahme an einem Symposion der Royal Society über *Superconductivity and Other Low Temperature Phenomena* in London.[12] Gorter war neben seinem Kollegen R. de L. Kronig aus Groningen auch Vortragender auf der Jahrestagung 1938 in Baden-Baden.

Bei der nächsten Tagung, 1935 in Stuttgart,[13] sind die ersten beiden Hauptthemen eindeutig auf Grundlagen ausgerichtet: 1) Elektronen- und Ionenleitung fester Körper (16 Vorträge); 2) Ultrastrahlung und Kernphysik (17 Vorträge). Bei dem ersten Hauptthema spielt das um diese Zeit entwickelte Bändermodell eine wichtige Rolle. Unter der Sitzungsleitung von P. P. Ewald, R. W. Pohl und W. Schottky gibt es Vorträge u. a. von F. Hund, R. de L. Kronig, R. W. Pohl, R. Hilsch, B. Gudden und W. Schottky. Friedrich Hund hebt in seinem Übersichtsvortrag *Theorie der Elektronenbewegung in nichtmetallischen Kristallgittern* auch die Leistungen der Emigranten hervor: »Die Untersuchung der Elektronen in dem einem Kristallgitter angepaßten Kraftfeld hat in den Händen von *Pauli, Sommerfeld, Bloch, Brillouin, Bethe, Peierls, Nordheim* u. a. zu wichtigen Ergebnissen geführt«.[14] Michael Eckert hat auf die Bedeutung der Tagung hingewiesen.[15]

Ein drittes Hauptthema wird am vorletzten Tag unter Beteiligung der Gesellschaft zur Förderung des Funkwesens abgehandelt: Mechanische Schwingungen, einschließlich Lärmbekämpfung (19 Vorträge). Außerdem gibt es 51 Vorträge zu verschiedenen Themen und zum Abschluss eine Studienreise nach Friedrichshafen, wozu eine Ausfahrt mit einem Forschungsboot zu Ultrastrahlungsmessungen im Bodensee unter Führung von E. Regener gehört. Das Spektrum der Themen ist weit. Während man im allgemeinen Teil einen Vortrag über *Diracsche Spintheorie und nichtlineare Feldgleichungen* hören kann, taucht unter dem dritten Hauptthema ein Beitrag aus dem

---

11) Siehe die persönlich gehaltene Gedenkrede von Walther Meißner auf Franz Simon auf dem Physikertag in (West-)Berlin 1959; Physikalische Verhandlungen, Verbandsausgabe 10 (1959) S. 151.
12) Siehe den Beitrag von W. Meißner in Proceedings of the Royal Society A 152 (1935) S. 13.
13) Verhandlungen der DPG 16 (1935) S. 37.
14) So in dem veröffentlichten Text Zeitschrift für technische Physik 16 (1935) S. 331.
15) M. Eckert, Die Atomphysiker. Eine Geschichte der theoretischen Physik ..., Braunschweig/Wiesbaden 1993; S. 213 f.

Heinrich-Hertz-Institut *Zur Entstehung des Quietschgeräusches bei Bremsen* auf. P. P. Ewald ist noch als Sitzungsleiter und mit einem Vortrag beteiligt. Einen einleitenden Übersichtsvortrag zum zweiten Hauptthema, *Zum Ultrastrahlungsproblem*, hält P. M. S. Blackett aus London. Es gibt weitere Beiträge ausländischer Gäste. Die Gäste aus Österreich, Ungarn, England, Holland und der Tschechoslowakei werden von K. Mey bei der Eröffnung der Tagung begrüßt. Seine Ansprache ist in der ZftP nur in Auszügen wiedergegeben.[16] Wieder zitiert er zum Schluss ein ermutigendes Wort des »Führers« und schließt daraus, »daß der Staat alles tun werde, was in seinen Kräften steht, um diese beiden grundlegenden Wissenschaften [Mathematik und Physik; G.S.] zu fördern zum Wohle des deutschen Volkes, zum Wohle der deutschen Industrie und unserer Weltgeltung«.

Im Jahre 1936 findet die Tagung unter dem neuen Vorsitzenden Jonathan Zenneck in Bad Salzbrunn statt.[17] Die Eröffnungssitzung bringt nach einem historischen Vortrag von W. Kossel über Otto v. Guericke und einem Vortrag von K. Mey über *Neue Lichtquellen* drei zusammenfassende astrophysikalische Vorträge prominenter Forscher. Die Eröffnungsansprache des Vorsitzenden ist in den Zeitschriften nicht überliefert; der Text befindet sich im Nachlass J. Zenneck.[18] In anschließenden Parallelsitzungen werden Themen der Elektrotechnik (6 Vorträge) und der Gasentladungsphysik (9 Vorträge) behandelt. Zum ersten Hauptthema *Geometrische Elektronenoptik* gibt es 19 Beiträge, die nach Unterthemen *Allgemeines und Grundlagen, Angewandte Elektronenoptik, Elemente der Elektronenoptik* und *Elektronenoptische Emissionsforschung* geordnet sind. Ein Abendvortrag mit Vorführung von Farbfilmen gibt einen *Überblick über Physik und Technik des Berthon-Siemens-Farbfilmverfahrens*. Bei dem zweiten Hauptthema *Akustik* fällt auf, dass sich die Hälfte der 20 Beiträge mit musikalischer Akustik oder Raumakustik befasst. Unter den weiteren 28 Vorträgen zu verschiedenen Themen sei ein Vortrag des jüdischen Physikers A. von Engel von der Firma Siemens zu einem Thema der Gasentladungsphysik hervorgehoben, ferner ein Vortrag von Erwin W. Müller aus dem Forschungslaboratorium II der Siemenswerke zur Theorie der Elektronenemission unter der Einwirkung hoher Feld-

---

[16] Zeitschrift für technische Physik 16 (1935) S. 643.
[17] Verhandlungen der DPG 17 (1936) S. 35.
[18] DMA, Nachlass 53 (Zenneck), Nr. 12.

stärken, offensichtlich ein Schritt zu dem von ihm entwickelten Feldelektronenmikroskop.

Der Auftakt der nächsten Tagung, 1937 in Bad Kreuznach, erinnert sehr an die Tagung drei Jahre zuvor in Bad Pyrmont. Es gibt wieder eine lange Eröffnungsansprache, diesmal veröffentlicht in den Verhandlungen;[19] sie wird den offiziellen Gästen – darunter dem Vertreter des Reichserziehungsministeriums – angenehm in den Ohren geklungen haben. Gleich am Anfang steht diesmal ein Telegramm an den »Führer und Reichskanzler«; man sendet »einen ehrerbietigen Gruß zugleich mit dem Gelöbnis, mit allen...Kräften mitzuarbeiten an den großen Aufgaben, die heute unserem Volk gestellt sind«. Nach Worten des Gedenkens an den verstorbenen Karl Scheel wendet sich der Vortragende den Hauptthemen der Tagung zu, deren erstes dieses Mal wieder auf die Technik ausgerichtet ist: *Physikalische Meß- und Regelverfahren der Technik*. Dieses Thema ist dem Vortragenden Anlass, darauf hinzuweisen, dass physikalische Messverfahren »eine sorgfältige Betriebskontrolle« ermöglichten, »die alles aufdeckte, was nicht ganz wirtschaftlich war, die in ihrem Teil mithalf in dem ›Kampf dem Verderb‹. Was das in unserer heutigen schwierigen Lage, deren Ausdruck der ›Vierjahresplan‹ geworden ist, bedeutet, brauche ich Ihnen nicht zu sagen«. (›Kampf dem Verderb‹ war der Name einer jedermann bekannten Aktion). Auch die Bedeutung der technischen Physik für die »Landesverteidigung« wird erwähnt.

Zum zweiten Hauptthema, Kernphysik, wird nüchtern festgestellt: »Die Kernphysik kann bis jetzt nicht den Anspruch erheben, etwas hervorgebracht zu haben, was technisch verwertbar wäre...Aber trotzdem würde es falsch sein anzunehmen, daß die Kernphysik fernab stehe von den großen Aufgaben der Gegenwart«. Das konnte zu diesem Zeitpunkt nur die allgemeine Vermutung für jede Art von Grundlagenforschung sein.

Neunzehn Vorträge beschäftigen sich mit dem ersten Hauptthema. Es schließt sich eine Sitzung mit dem Thema *Technische Physik/Einzelvorträge allgemeinen Inhalts* mit 17 Beiträgen an, und hier reicht die Palette der Themen von *Laufzeiteinflüsse(n) in Elektronenröhren* über *Marschkompasse, Neuere Anwendungen des piezoelektrischen Messverfah-*

---

[19] Verhandlungen der DPG 18 (1937) S. 81; auch veröffentlicht in Zeitschrift für technische Physik 18 (1937) S. 346.

rens in der Ballistik bis zu *Klangübergänge(n) bei der Orgel (mit Vorführungen)*.

Die Sitzung zum zweiten Hauptthema, Kernphysik, wird von W. Bothe und W. Heisenberg geleitet. Zu Beginn der Sitzung gibt der Vorsitzende Zenneck die Verleihung der Max-Planck-Medaille an Erwin Schrödinger bekannt. Die 13 Vorträge, darunter fünf zusammenfassende Berichte, können als Querschnitt durch das Arbeitsgebiet unter Einschluss der Höhenstrahlung gelten. Vortragende sind durchweg die Träger bekannter Namen. Den veröffentlichten Texten[20] kann man entnehmen, dass der Anschluss an die internationale Literatur gesucht wurde.

Den Abschluss der Tagung bildet eine Sitzung mit 18 Vorträgen unter dem Thema *Reine Physik/Einzelvorträge allgemeinen Inhalts*.

Für die nächste Jahrestagung, 1938 in Baden-Baden,[21] war Peter Debye als Vorsitzender der DPG zuständig; er war 1937 in dieses Amt gewählt worden. Die Begrüßungsansprache überließ er Karl Mey in seiner Eigenschaft als Vorsitzender der DGtP. Etwas über den Inhalt kann man nur einem allgemeinen Bericht über die Tagung entnehmen.[22] Man erfährt, dass Mey »besonders die zahlreich erschienenen Gäste aus dem Auslande und die nunmehr endgültig zu den deutschen Fachgenossen gehörigen Mitglieder aus der Ostmark [Österreich – d. A.]« begrüßte und »der vor 50 Jahren erfolgten Entdeckung der elektrischen Wellen durch Heinrich Hertz« im benachbarten Karlsruhe gedachte. Er grüßte auch »die deutschen Volksgenossen aus der Tschechoslowakei«. In einer anschließenden Sitzung sprach Abraham Esau »Gedenkworte auf Max Wien«, der Anfang des Jahres verstorben war. Es ist eine sachliche Würdigung ohne anstößige politische Bezüge.

Die erste Fachsitzung steht unter dem Hauptthema Dispersion und Relaxation und wird gemeinsam von P. Debye und A. Esau geleitet. Es geht in den zehn Vorträgen hauptsächlich um Vorgänge in Flüssigkeiten, wozu Debye wesentliche Beiträge geleistet hat; auch ein experimenteller Beitrag von Esau wird in einem Vortrag erwähnt.

Darauf folgt ein großer, sich über zwei Tage erstreckender Block

---

20) Zeitschrift für technische Physik 18 (1937) S. 497; »Zweites Bad-Kreuznach-Heft«.
21) Verhandlungen der DPG 19 (1938) S. 117.
22) Zeitschrift für technische Physik 19 (1938) S. 614.

von 28 Vorträgen unter dem Stichwort »Reine Physik«: Beiträge zur Festkörperphysik (u. a. Ferromagnetismus, Photokathoden), Kernphysik (neun Beiträge, darunter ein ausführlicher Bericht von W. Bothe über die Arbeiten im Heidelberger Institut), Gasentladungen und andere Themen, darunter ein Vortrag von O. von Schmidt vom Ballistischen Institut der Luftkriegsakademie Gatow *Über Knallwellenausbreitung in Flüssigkeiten und festen Körpern*.

Am dritten Tag haben die Teilnehmer Gelegenheit, der Vorführung eines »Reportagebildgebers« der Deutschen Reichspost beizuwohnen. Am vierten Tag beginnt mit dem Hauptthema »Licht« eine Ausrichtung auf technische Probleme: Optische Geräte, Lichterzeugung (Gasentladungen), auch die biologische Wirkung optischer Strahlung. Erst am letzten Tag lautet das Hauptthema »Technische Physik«. Als Hinweis auf die Vielfalt seien die Themen der ersten vier Vorträge genannt: *Über optische Methoden zur Untersuchung des Ackerbodens, Zur Frage der mit den heutigen Treibpulvern maximal erreichbaren Geschwindigkeiten, Untersuchungen über nichtlineares Nebensprechen mit Hilfe einer Sprachnachbildung, Die akustischen Kennzeichen klanglich hervorragender Geigen*. An dem letzteren Beitrag, der aus dem Institut für Schwingungsforschung der Technischen Hochschule Berlin stammt, ist bemerkenswert, dass selbst eine solche, so gar nicht technisch »nützliche« Anwendung der Physik von der Deutschen Forschungsgemeinschaft gefördert wurde, wie man dem veröffentlichten Vortragstext entnimmt.[23] Bei den zwölf weiteren Beiträgen in der Sitzung geht es um Elektronenmikroskopie und Hochfrequenztechnik; darunter sind zwei Vorträge aus der Forschungsanstalt der Deutschen Reichspost über Fernsehtechnik.

Das Programm der abgesagten – für den September 1939 geplanten – Tagung[24] beginnt wie schon bei den Tagungen 1934 und 1937 mit einem Schwerpunkt in technischer Physik. Das erste Hauptthema *Metallischer Werkstoff in der technischen Physik* umfasst 15 Vorträge unter starker Beteiligung der Industrie. Bei den folgenden 28 Vorträgen unter dem allgemeinen Thema *Technische Physik* bildet die Verbesserung von Messverfahren und -geräten einen Schwerpunkt.

---

[23] Ebd., 19 (1938) S. 421. Man erfährt auch: Die Untersuchungen standen »im Rahmen des Reichsberufswettkampfes 1938 der Deutschen Arbeitsfront und einer Prüfung von Streichinstrumenten für die Reichsmusikkammer«.

[24] Verhandlungen der DPG 20 (1939)S. 129.

Auffällig sind wieder drei Beiträge zur musikalischen Akustik, die aus der PTR stammen. In einem Fall ist es eine Gemeinschaftsarbeit mit dem Labor der Siemenswerke: *Zur Klangwirkung von Clavichord, Cembalo und Flügel*, (Dieser Beitrag war später, am 10. Januar 1940, Thema eines Kolloquiums des Berliner Regionalverbands).

Die letzten drei Tage der Tagung sind der Grundlagenphysik vorbehalten. Das Hauptthema der ersten Sitzung ist Kernphysik. Es wäre die erste Tagung nach der Entdeckung der Kernspaltung gewesen. Der Bedeutung dieses Ereignisses entsprechend waren zur Einleitung zwei zusammenfassende Vorträge von O. Hahn und S. Flügge über *Das Zerplatzen des Uran- und Thoriumkernes in leichtere Atome* bzw. *Die physikalischen und möglicherweise technischen Konsequenzen der Entdeckung der Uranspaltung* vorgesehen. Es sollten Übersichtsvorträge von C. F. von Weizsäcker (Astrophysikalische Anwendungen der Kernphysik), H. Kulenkampff (Das Mesotron in der kosmischen Strahlung) und H. Yukawa aus Kyoto (Der gegenwärtige Stand der Theorie des Mesotrons) folgen. Von den außerdem vorgesehenen elf Einzelvorträgen befassen sich drei mit Höhenstrahlung. Weitere 30 vorgesehene Vorträge sind wieder unter dem Titel »Reine Physik« zusammengestellt: Beiträge zur Physik der Moleküle, Flüssigkeiten, Festkörper, Gasentladungen.

Eine letzte, auf zwei Tage (Sonntag und Montag) beschränkte Jahrestagung findet im September 1940 in Berlin statt.[25] Da der Vorsitzende Debye Deutschland verlassen hat, tritt der Stellvertreter Zenneck an seine Stelle, der in der Eröffnungssitzung die Abwesenheit Debyes »lebhaft bedauert«. Was er in dieser Ansprache zur Verherrlichung des »Führers« sagt, ist schwerlich zu überbieten. Am Ende des betreffenden Abschnitts heißt es:

> »Wir sind heute mehr als je durchdrungen von dem tiefsten Danke für unseren Führer, wir sind alle beseelt von dem Vertrauen, daß er das Werk, das er begonnen, zu einem für uns alle glücklichen Ende führen wird«. Anders als früher wird die Bedeutung der Physik für die Wehrmacht ausführlich dargelegt. Zum Schluss weist der Redner auf die große Zahl der ausländischen Mitglieder in den Gesellschaften hin und sieht darin »ein Zeichen für die Bereitwilligkeit der Physiker aller Länder, zusammen zu arbeiten im Dienste der Wissenschaft und damit zum Wohle aller Völker. Hoffen wir, daß nach Beendigung dieses Krieges dieses gute Einvernehmen sich bald wieder herstellt ...«. Diese Bemerkung passt weniger zu der allgemeinen Propaganda.

---

25) Ebd., 21 (1940) S. 31.

Der erste Tag ist der »reinen Physik« gewidmet. Hervorgehoben sei ein Vortrag von A. Unsöld über *Die kosmische Häufigkeit der leichten Elemente*. Die Ankündigung beginnt mit dem Satz: »Nach H. Bethe und C. F. von Weizsäcker erfolgt die Energieerzeugung im Innern der Sterne ...«. Korrekt werden also die *beiden* Namen genannt. Am Schluss ist die Rede von der »Bearbeitung eines großen Materials von Sternspektren, die O. Struve und Verfasser am McDonald-Observatory in Texas aufgenommen haben«. Im veröffentlichten Vortragstext[26] spricht A. Unsöld »Herrn Prof. O. Struve« für »dessen großzügige(r) Gastfreundschaft am Yerkes- und McDonald-Observatorium ... herzlichen Dank« aus. G. Hertz spricht über *Schallstrahlungsdruck in Flüssigkeiten und Gasen im Zusammenhang mit der Zustandsgleichung* (Ein Vortrag zu diesem Thema war schon für die abgesagte Tagung 1939 vorgesehen). Die Themen der übrigen insgesamt 18 Vorträge verteilen sich u. a. auf Kernphysik, Festkörperphysik, Höhenstrahlung.

Der zweite Tag mit 19 Vorträgen steht unter dem Thema »Technische Physik«. Drei Beiträge zum Thema Hartmetalle sind allein auf die technische Anwendung ausgerichtet. Das ist nicht bei allen Beiträgen erkennbar. In einer Untersuchung »über den Einfluß verschiedenartiger Eigenspannungen auf Koerzitivkraft und kritische Feldstärke der Barkhausensprünge« von M. Kersten und Mitarbeiter wird auch der theoretische, mikrophysikalische Hintergrund diskutiert (wobei natürlich der Name *Bloch-Wände* fallen darf). Erstaunen erregt wieder eine Arbeit von E. Meyer und Mitarbeitern *Eine neue Schallschluckanordnung und der Bau eines schallgedämpften Raumes*, schon gar, wenn man in dem veröffentlichten Vortragstext[27] die Danksagung liest: »Den Bau des Raumes hat in großzügiger Weise die Deutsche Forschungsgemeinschaft ermöglicht. Herrn Ministerialdirektor Prof. Dr. Mentzel und Herrn Staatsrat Prof. Dr. Esau möchten wir dafür unseren herzlichen Dank aussprechen«. Die Arbeiten wurden im Institut für Schwingungsforschung an der Technischen Hochschule Berlin ausgeführt. Die Tagungsteilnehmer haben Gelegenheit, eine schallgedämpfte Halle zu besichtigen.

---

26) Zeitschrift für technische Physik 21 (1940) S. 301.
27) Ebd., 21 (1940) S. 372.

Die Veranstaltungen der regionalen Verbände (Gauvereine)

Neben den Jahrestagungen gab es Vortragsveranstaltungen der regionalen Verbände. Diese Verbände führten schon vor 1933 den Namen »Gauvereine«, der gut in die neue Zeit passte. Eine Sonderstellung nahm Berlin ein, wo der Gauverein (bis heute) die Form einer eigenen Gesellschaft hat, der Physikalischen Gesellschaft zu Berlin (PGzB). Wegen der räumlichen Konzentration der Mitglieder konnten hier einzelne – über das ganze Jahr verteilte – Vorträge angeboten werden, überwiegend in Veranstaltungen gemeinsam mit der DGtP. Die anderen Gauvereine veranstalteten kleine Tagungen von ein oder zwei Tagen Dauer an einem zentralen Ort. Gelegentlich waren auch andere Gesellschaften wie z. B. die Lichttechnische Gesellschaft beteiligt. Nur im Jahre 1942 führte auch die PGzB als Ersatz für eine große Jahrestagung eine zweitägige Veranstaltung durch, am 10./11. Oktober (Sonnabend/Sonntag!).

Das Spektrum der behandelten Arbeitsgebiete unterscheidet sich nicht von dem bei den Jahrestagungen. Rein technische Themen, wie sie einzelne Sitzungen der Jahrestagungen bestimmen, sind selten.

Einiges ist auch hier auffällig und sei an Beispielen erläutert. Hans Jensen, der spätere Nobelpreisträger, weist noch 1937 in einem Vortrag beim Gauverein Hessen[28] auf seinen wissenschaftlichen Kontakt mit James Franck hin. 1939 wird noch immer offen über die Kernspaltung geredet. Auf der Gautagung Hessen am 8. Juli spricht S. Flügge über *Die Aufspaltung des Urankerns durch Neutronen*.[29] In der Ankündigung heißt es: »Zum Schluß des Vortrages wird auf die Frage der Kettenreaktion durch Spaltungsneutronen eingegangen und die Möglichkeit näher diskutiert, auf diesem Wege vielleicht die technische Nutzbarmachung von Atomkernenergien in nicht allzuferner Zukunft zu erreichen«.

Durch die Pogromnacht am 9. November 1938 lässt man sich in seinem wissenschaftlichen Programm nicht stören. In der Technischen Hochschule Berlin, einige hundert Meter von der nächsten zerstörten Synagoge entfernt, berichtet am 23. November C.F. von Weizsäcker über *Kernumwandlungen als Quelle der Sternenergie*,[30] am

---

28) Verhandlungen der DPG 18 (1937) S. 74.
29) Ebd., 20 (1939) S. 123.
30) Ebd., 20 (1939) S. 2.

14. Dezember W. Bothe über *Stand und Probleme der Atomkernforschung*.[31] Dazwischen gibt es am 30. November zwei Vorträge von Mitarbeitern aus dem Forschungslaboratorium II der Siemenswerke (dem »Hertz-Laboratorium«) über Feldelektronenemission.[32] Die »gute« Physik ging weiter – immerhin auch das Zitieren jüdischer Autoren.

Aus dem Rahmen fällt – was die Veranstalter angeht – eine Reihe von vier Sitzungen des Gauvereins Österreich zwischen dem 26. Januar und dem 17. März 1939.[33] Es wurde »eingeladen vom NSBDT« (NS-Bund deutscher Technik, dessen Mitglied die DPG nicht wurde).

Im Tieftemperaturlabor der PTR ging nach dem Weggang von W. Meißner 1934 die Forschungsarbeit unter der Leitung von Eduard Justi weiter. Im Jahre 1941 gelang ein Durchbruch, über den Justi im Sommer berichtet: *Supraleitende Halbleiter mit extrem hohen Sprungtemperaturen. Demonstration des Dauerstroms in Supraleitern.*[34] Es handelt sich um Niob-Verbindungen mit Sprungtemperaturen bis 20 Kelvin. Per F. Dahl nennt in dem oben zitierten Werk diesen Erfolg »a rather impressive milestone in the context of war-time Germany«.[35] M. von Laue ist all die Jahre weiter mit der Theorie der Supraleitung beschäftigt. In einem Vortrag in Berlin am 10. Juli 1942[36] setzt er sich wie in seinen Veröffentlichungen ausführlich und unter mehrfacher Nennung des Namens mit der Theorie von Fritz London auseinander.

Hans Jensen hält 1942 auf einer Sitzung des Gauvereins Niedersachsen in Hamburg ein Referat über vier in Physical Review erschienene Arbeiten von Bohr, Wheeler und anderen.[37] Thema ist die Kernspaltung. Eine Arbeit von Bohr und Wheeler ist ein grundlegender Beitrag zum Tröpfchenmodell. Ein Hinweis auf die Forschung in den USA ist auch der Beitrag von G. Mierdel in Berlin im Dezem-

---

[31] Ebd., 20 (1939) S. 10.
[32] Ebd., 20 (1939) S. 4.
[33] Ebd., 20 (1939) S. 57.
[34] Ebd., 22 (1941) S. 38; Veröffentlichung zu diesem Thema: G. Aschermann et al., Physik. Zeitschr. 42 (1941) 349.
[35] Dahl, Superconductivity, S. 257.
[36] Ebd., 23 (1942) S. 62.
[37] Ebd., 23 (1942) S. 53.

ber 1942 mit dem Thema *Die Entwicklung der Experimentalphysik in USA während der letzten Jahre.*[38]

Die Berliner Tagung im Oktober 1942[39] hatte ein merkwürdiges Vorspiel. Es betrifft den schwelenden Streit um Prioritäten bei der Entwicklung des Elektronenmikroskops. Ernst Brüche vom AEG-Labor wendet sich in einem Brief an den Schriftführer der PGzB H. Ebert und schlägt vor, »jedem Anmelder eines Vortrages aus diesem Gebiet die Ausscheidung aller historischen und polemischen Erörterungen zur Pflicht zu machen«.[40] Es sei ergänzt, dass der Streit in den folgenden Jahren anhielt. Eine der letzten Arbeiten in der *Physikalischen Zeitschrift* 1944 zur Entwicklungsgeschichte des Elektronenmikroskops[41] stammt von den Siemens-Mitarbeitern Ruska und von Borries und hat stark polemische Züge. Für solche Querelen war auch im »totalen« Krieg Zeit!

Auf der Tagung gab es drei Vorträge zur Elektronenmikroskopie; die Siemens-Gruppe war nicht vertreten. Einen breiten Raum mit insgesamt 14 Vorträgen nimmt die Kernphysik ein; darunter sind die »heißen« Themen des Einfangquerschnitts für Neutronen und der Spaltprodukte der Uran-Spaltung. E. Justi führt *Neue Demonstrationsversuche über Supraleitung* vor, darunter einen Magneten, dessen Erregerwicklung ein supraleitender Ring aus dem kürzlich entdeckten Material hoher Sprungtemperatur ist – ein erster Schritt zur modernen Technik auf diesem Gebiet. Unter den übrigen 20 Vorträgen zu verschiedenen Themen sei ein unscheinbarer Beitrag von H. Scheffers (PTR) hervorgehoben: *Eine neuartige Berechnungsmethode für die Fraunhofersche Beugung.* Die hier eingeführte Fourier-Methode hat inzwischen ihren festen Platz in der modernen Optik; »kriegswichtig« war sie sicher nicht.

Nicht alle Sitzungen sind allein fachlich ausgerichtet. Am 9. Februar 1934, elf Tage nach dem Tod von Fritz Haber, ehrt die PGzB unter dem Vorsitz von Richard Becker den Verstorbenen mit einem Nachruf, den Max von Laue vor Eintritt in die Tagesordnung hält.[42]

38) Ebd., 23 (1942) S. 195.
39) Ebd., 23 (1942) S. 65.
40) Brief E. Brüche an den Schriftführer der PGzB H. Ebert vom 7.7.42; DPGA Nr. 10024.
41) B. v.Borries u. E. Ruska, Neuere Beiträge zur Entwicklungsgeschichte des Elektronenmikroskops und der Übermikroskopie, Physikal. Zeitschr. 45 (1944) S. 314–326.
42) Verhandlungen der DPG 15 (1934), S. 7.

Habers Leistungen als Forscher und Erfinder werden gewürdigt, auch die Entscheidung, an die Spitze einer physikalischen Abteilung in seinem Institut »zuerst James Franck, später Rudolf Ladenburg« zu berufen: »Bei Nennung dieser Namen wissen Sie, was an atomphysikalischen Arbeiten aus Habers Institut hervorgegangen ist«. Von Laue erwähnt auch Habers Einsatz für die DPG: »Der Deutschen Physikalischen Gesellschaft war Haber durch viele Jahrzehnte ein treues Mitglied ...«

Am 25. Januar 1935 feiert die PGzB ihr 90-jähriges Bestehen mit einer Festsitzung.[43] Die Eröffnungsansprache hält der Vorsitzende Richard Becker, die Festrede *Aus der Geschichte der Gesellschaft* K. Scheel, ergänzt durch einen Beitrag *Persönliche Erinnerungen* von Max Planck. In den Reden fällt kein einziger Satz, der eine Beziehung zum politischen Umfeld ausdrücken würde. Man feiert, wie man das auch unter anderen Bedingungen getan hätte. Selbstverständlich nennt Karl Scheel bei der Aufzählung der früheren Vorsitzenden auch Warburg, Rubens, Haber, Einstein, in einer Fußnote noch Pringsheim und Ladenburg; unter den Mitgliedern mit über 40-jähriger Mitgliedschaft wird Walter Kaufmann erwähnt – alles »belastete« Namen.

Eine Sitzung am 9. Juni 1937[44] ist der Erinnerung an die Entdeckung der Röntgenstrahlbeugung durch Friedrich, Knipping und von Laue 25 Jahre zuvor gewidmet. In einer gemeinsamen Sitzung von PGzB und DGtP am 10. November 1937 spricht Hans Geiger »Gedenkworte für Lord Rutherford«, der einen Monat zuvor verstorben war.[45] Die Deutsche Physikalische Gesellschaft und die DGtP sind an einem »Wissenschaftlichen Vortragsabend am 16. März 1939 aus Anlass des 150. Geburtstags von Georg Simon Ohm beteiligt.[46]

Besonders feierlich begeht die PGzB den 80. Geburtstag von Max Planck am 23. April 1938 mit einer Festsitzung und einem Festessen im Harnack-Haus der Kaiser-Wilhelm-Gesellschaft.[47] Die Feier erhält ihre besondere Note durch die Verleihung der Max-Planck-Medaille an Louis de Broglie und die Anwesenheit des französischen Botschafters, der die Medaille an Stelle des erkrankten Preisträgers

---

43) Ebd., 16 (1935) S.1.
44) Ebd., 18 (1937) S. 77.
45) Ebd., 18 (1937) S. 114.
46) Ebd., 20 (1939) S. 55.
47) Ebd., 19 (1938) S. 57.

entgegen nimmt. Er findet warme Worte des Dankes an die Physikalische Gesellschaft und der Verehrung für Max Planck, nachdem Planck in seiner Ansprache die enge Verbindung zwischen dem französischen und dem deutschen Volk beschworen hatte: »Möge ein gütiges Schicksal es fügen, daß Deutschland und Frankreich zusammenfinden, ehe es für Europa zu spät ist«. Von dem obligatorischen »Heil Hitler« des Vorsitzenden Carl Ramsauer bei der Eröffnung abgesehen, bleiben auch bei dieser Veranstaltung die Zeitumstände ausgespart, allerdings nicht bei der Vorbereitung. So sollte die Medaille ursprünglich auch an Fermi verliehen werden,[48] der zudem für den wissenschaftlichen Festvortrag vorgesehen war. Jedoch ergaben sich nach Rückfrage beim Ministerium »dagegen Bedenken rassischer Art« – wie es in einem Bericht über die Sitzung des Vorstandes der PGzB am 30. März 1938 heißt[49] –, denn Fermis Frau war Jüdin. Den wissenschaftlichen Vortrag übernahm Max von Laue. Dieser Vorgang und die Feier insgesamt machen beispielhaft das zwiespältige Verhalten des DPG-Vorstands deutlich. Man vermied die Konfrontation mit der Behörde, die wahrscheinlich aussichtslos oder sogar gefährlich gewesen wäre, und bemühte sich dann, aus dem verbliebenen Freiraum das Beste zu machen.

Auch im Kriege hören Gedenkfeiern nicht auf. Am 24. April gibt es eine Gedenkfeier für Walther Nernst, der am 18. November 1941 gestorben war,[50] am 4. Dezember 1942 eine »Gedenkstunde für Julius Robert Mayer«.[51] Dies waren gemeinsame Veranstaltungen mit der Preußischen Akademie der Wissenschaften und anderen Gesellschaften. Auch nimmt man sich noch Zeit für allgemeine Themen. So spricht z. B. C. F. von Weizsäcker auf einer gemeinsamen Sitzung von PGzB und DGtP am 12. Februar 1941 in Berlin über *Das Verhältnis der Quantenmechanik zur Kantschen Philosophie*,[52] am 27. April 1942 in Wien über *Die Entwicklung des Atombegriffs*.[53] Um diese Zeit erscheint in der *Zeitschrift für Physik* eine Arbeit des gleichen Autors *Zur Deutung der Quantenmechanik*, die zum Teil eine Auseinanderset-

---

48) Vgl. den Beitrag von Richard Beyler/Michael Eckert/Dieter Hoffmann in diesem Band.
49) DPGA Nr. 20954.
50) Verhandlungen der DPG 23 (1942) S. 1.
51) Ebd., 23 (1942) Beilage zu Heft 2, S.17.
52) Ebd., 22 (1941) S. 25.
53) Ebd., 23 (1942) S. 58.

zung mit den Thesen des Münchener Philosophen Hugo Dingler ist.[54]

Es passt zu den abschließend noch zu behandelnden Aktivitäten in den letzten Kriegsjahren, dass man noch am 18. Januar 1945 in Berlin scheinbar unbekümmert (wenn auch im kalten Hörsaal) das 100-jährige Jubiläum der DPG feiert;[55] sogar die Presse nahm davon Notiz.[56]

Die Physikalischen Berichte

Den Zeitschriften vorangestellt sei das Referateorgan *Physikalische Berichte*. Es wurde bis 1937 gemeinsam von der DPG und der DGtP herausgegeben; ab 1938 heißt es: herausgegeben von der DGtP unter Mitwirkung der DPG. Dass hier unbeirrt an dem Stil sachlicher Referate ohne Selektion von Themen oder Namen festgehalten wurde, kann als beachtliche Leistung gelten. Ein großer Stab von Referenten war tätig. Die erfasste Literatur reichte von den USA bis zur Sowjetunion und Ostasien. Als Überschrift im systematischen Katalog taucht weiterhin »Relativitätstheorie« auf (während übrigens das amerikanische Organ *Science Abstracts* an der entsprechenden Stelle bis 1940 die Überschrift »Relativity and Ether« benutzt). Als Autoren – gelegentlich auch in den Referaten – begegnen dem Leser auch die vielen Emigranten, ohne dass irgendeine negative Wertung erkennbar wäre. Das kann hier nur an Beispielen verdeutlicht werden.

[54] C. F.v. Weizsäcker, ZfP 118 (1941/42) S. 488–509.
[55] Vgl. den Beitrag von D. Hoffmann in diesem Band sowie A. Hermann: Die deutsche Physikalische Gesellschaft 1899–1945, in: Th. Mayer-Kuckuk (Hrsg.): 150 Jahre Deutsche Physikalische Gesellschaft.
[56] Carl Ramsauer konnte (ganz im Sinne seiner Aktion in den letzten Kriegsjahren), in der Deutschen Allgemeinen Zeitung, Reichsausgabe 18. Januar 1945, über »Hundert Jahre Physik« schreiben (Vgl. den Nachdruck in der Dokumentation *Selbstmobilisierung* im Anhang dieses Bandes) und es gab Artikel u. a. im Völkischen Beobachter vom 23. Januar 1945 und in der Deutschen Allgemeinen Zeitung vom 20. Januar 1945, letzterer hauptsächlich mit dem Festvortrag des Physik-Historikers H. Schimank über die geistesgeschichtliche Bedeutung der Physik des 19. Jahrhunderts befasst. In diesen Beiträgen sind »anstößige« Namen vermieden, und man kann annehmen, dass dies bei der Feier, zu deren Gästen der Reichsjugendführer Axmann gehörte, ebenso war.

In Band 16 (1935) erscheint auf der Seite 1791 die heute so viel diskutierte EPR-Arbeit von Einstein, Podolsky, Rosen über die Frage der Vollständigkeit der quantenmechanischen Beschreibung. Im gleichen Band (S. 2150) findet man – von Prof. K. Bechert ausführlich referiert – eine Arbeit von Einstein und Rosen über »The Particle Problem in the General Theory of Relativity«. Aus dem Referat über eine Arbeit »Auslösung von Neutronen aus Beryllium [...]«, an der der Emigrant Leo Szilard beteiligt war, erfährt man etwas von einer noch bestehenden Zusammenarbeit zwischen Berlin und London (S. 550).

In Band 20 (1939) zählt man von Born über Franck bis Weisskopf und Wigner 25 Namen, die einem Anhänger der »Deutschen Physik« aus »rassischen« Gründen als anstößig erscheinen mussten. Ausführlich wird auf Seite 238 eine atomphysikalische Arbeit des jüdischen Emigranten P. Pringsheim referiert. Referent ist R. Ritschl, der Mitglied der Physikalisch-Technischen Reichsanstalt und hier sogar ein enger Mitarbeiter von J. Stark bei dessen Versuchen zur Bestätigung eines ungewöhnlichen, quasiklassischen Atommodells war! In der Rezension einer Arbeit von L. Infeld (S. 5) wird auf eine frühere Arbeit mit Einstein hingewiesen. Während Gedenkartikel sonst nur mit einem kurzen Hinweis bedacht werden, wird (S. 125) bei Lomonossow als Physiker, erschienen in den Mémoires de Physique Ukrainiens eine Ausnahme gemacht. Der Referent spricht von einem »interessanten Beitrag zur Wissenschaftsgeschichte« und hebt hervor, dass Lomonossow, der 1745 die erste russische Professur für Chemie erhielt, »zum ersten Mal klar und deutlich den Satz von der Erhaltung der ›Kraft‹« ausgesprochen habe. »Für ihn waren schon damals Bewegungsenergie, Wärmeenergie und elektrische Kraft nur verschiedene Energieformen«.[57] Durchweg wird die Arbeitsstätte der Autoren vermerkt. So erfährt man bei den Arbeiten von E. Bergmann und Mitarbeitern (S. 164, 798, 1556), dass sie aus dem Daniel Sieff Research Institute, Rehovot stammen. Erwähnt wird auch eine Würdigung von »Albert Abraham Michelson. The first American Nobel Laureate« durch R. A. Millikan (S. 721).

Im Jahre 1935 hatte die *Zeitschrift für Physik* die Ausnahme ge-

---

57) Die Rezension erschien im zweiten Heft des Jahrgangs, am 15.1.1939; sie lässt sich daher nicht mit dem gewandelten politischen Klima nach dem Hitler-Stalin-Pakt Ende August 1939 in Verbindung bringen.

macht, einem Anhänger der »Deutschen Physik«, K. Vogtherr, die Gelegenheit zu geben, Einwände gegen die Relativitätstheorie vorzutragen, was dort – vielleicht auf Druck der Herausgeber – ohne die bei diesem Thema sonst übliche über das Fachliche hinausgehende Polemik geschah. Die knappen Rezensionen der drei Arbeiten durch K. Bechert (S. 1190, 1686, 2150) lassen keinen Zweifel an der Einschätzung: »Eine Reihe alter Einwände gegen die Relativitätstheorie, die schon sämtlich in der Literatur widerlegt sind«; »Die modernen experimentellen Bestätigungen der spezifischen [sic] Relativitätstheorie kommen in der Arbeit nicht vor«; »Eine mathematische Formulierung der aufgestellten Behauptungen wird nicht gegeben«. So wurde hier sogar mit einer deutlich negativen Wertung eine Ausnahme von der sonst gewahrten Zurückhaltung gemacht (während die *Science Abstracts* ein neutrales, die drei Teile zusammenfassendes Referat brachten[58]).

Zu den erfassten Zeitschriften zählt die überwiegend deutschsprachige *Physikalische Zeitschrift der Sowjetunion*. Neben den Referaten der wissenschaftlichen Arbeiten findet sich (S. 1189) der Hinweis auf eine Grußadresse *Zum 90. Jahrestag der Deutschen Physikalischen Gesellschaft*.[59] Hingewiesen wird auch (S. 721) auf den Artikel *The Deutsche Physikalische Gesellschaft* aus gleichem Anlass in der englischen Zeitschrift *Nature*.[60]

In Band 19 (1938) stößt man auf den Namen des Begründers der Zeitschrift *Die Naturwissenschaften*, Arnold Berliner. Berliner musste die Redaktion der Zeitschrift 1935 wegen seiner jüdischen Abstammung aufgeben. Er erscheint hier (S. 1772) mit einer historischen Arbeit in der indischen Zeitschrift *Current Physics*.

In den Kriegsjahren werden die Bände dünner; am Stil ändert sich aber nichts. Man begegnet weiter den vertrauten Namen der Emigranten. In Band 23 (1942) z. B. erscheint M. Born mit sechs Arbeiten. Zwei Arbeiten von J. Franck u. a. zur Photosynthese (S. 656, 1452) erfahren eine besonders ausführliche Besprechung.

Am 22.3.1942 starb Arnold Berliner durch Selbstmord vor der zu

---

58) Science Abstracts, Section A, Physics, Bd. XXXVIII (1935), Nr. 3319.
59) Physikalische Zeitschrift der Sowjetunion, 7 (1935), S. 128 (Autor: A. F. Joffé).
60) Nature, 135 (1935), S. 55. Der Autor dieses wohlwollenden Artikels, E. N. Andrade, hatte 1910–1911 bei Lenard studiert und promoviert (nach freundlicher Mitteilung von A. Kleinert).

erwartenden Ausweisung aus seiner Wohnung und der Deportation. Die deutschen Zeitschriften nahmen davon keine Notiz. Es gab aber Gedenkartikel von P. P. Ewald und M. Born in der Zeitschrift *Nature*, und auf die wird in den *Physikalischen Berichten* (S. 2127) hingewiesen.

Besprochen wird auch das berüchtigte Buch *Jüdische und deutsche Physik* von J. Stark und W. Müller (S. 883). Das zurückhaltende Referat des Mitherausgebers M. Schön lässt keine Begeisterung für die Sache erkennen. Den gleichen Eindruck hat man bei dem Hinweis auf die »weltanschaulichen Betrachtungen, die mit dem Thema in losem Zusammenhang stehen« bei der Besprechung des Buchs *Die Physik und das Geheimnis des organischen Lebens* von P. Jordan (S. 2127).

Die letzten Bände vor dem Ende des Krieges (24 [1943], 25 [1944]) unterscheiden sich von den früheren durch geringeren Umfang, fehlendes alphabetisches Register und schlechteres Papier. Im Übrigen aber bemerkt man keinen Unterschied. Beachtlich ist noch immer die breite Streuung der Arbeitsgebiete, auch bei den deutschen Arbeiten, beachtlich auch wieder der Hinweis auf einen Gedenkartikel für einen verstorbenen Emigranten, den Chemiker R. Willstätter, in der Zeitschrift *Nature* (Bd. 24, S. 361).

Die Zeitschrift für Physik

Die führende deutsche Zeitschrift für die Grundlagenforschung war die 1920 gegründete *Zeitschrift für Physik*. Sie wurde »unter Mitwirkung der DPG« herausgegeben. Herausgeber war bis zu seinem Tode 1936 Karl Scheel, der wegen seines vielfältigen Engagements, das durch eine Ehrenmitgliedschaft geehrt wurde, geradezu als Repräsentant der DPG gelten konnte. Bis zu seinem Tode war K. Scheel auch Herausgeber der *Physikalischen Berichte*. Nach seinem Tode übernahm H. Geiger die Redaktion der *Zeitschrift für Physik*. Geiger und Scheel waren auch Herausgeber des berühmten 24-bändigen Handbuchs der Physik, dessen letzte, mit der modernen Physik befassten Bände gerade 1933 erschienen. Auch dadurch blieben die Namen von H. Bethe, M. Born, K. F. Herzfeld, W. Pauli, P. P. Ewald, R. Ladenburg, P. Pringsheim, O. R. Frisch, O. Stern, L. Meitner vor aller Augen; sie waren Verfasser einzelner Artikel.

Der Umfang der Zeitschrift änderte sich nicht wesentlich. So erschienen z. B. von 1930 bis 1932 21 Bände, von 1933 bis 1938 32 Bände, danach bis zum Kriegsende noch 12 Bände. Allein durch eine Analyse des Inhalts wird es nicht gelingen, eine Zäsur aufzuweisen, die dem politischen Umbruch von 1933 zuzuordnen wäre. Die Zeitschrift wahrte ihren wissenschaftlichen Charakter, öffnete sich nicht für andere Themen. Forschungsgebiete wurden nicht abgebrochen. Man blieb sich der Tradition bewusst. Es wäre anders gewesen, wenn es J. Stark, dem Repräsentanten der »Deutschen Physik«, gelungen wäre, seine schon 1933 geäußerten ehrgeizigen Pläne umzusetzen, das gesamte fachliche Zeitschriftenwesen unter seine Kontrolle zu bringen.[61]

Bezieht man die Autoren ein, so muss freilich auffallen, dass einige Namen, die mit bedeutenden Beiträgen vor 1933 vertreten waren, allmählich nicht mehr erscheinen. Zu finden sind sie jedoch weiterhin in Texten, Zitaten und Danksagungen, ohne dass in dieser Hinsicht irgendein Zugeständnis an den von der »Deutschen Physik« propagierten »Zeitgeist« erkennbar wäre.

Der Übergang war nicht sprunghaft. Bis 1935 erscheinen noch 36 nach dem Januar 1933 eingegangene Arbeiten von Autoren, die anderswo verfemt waren. Darunter ist sogar eine gemeinsame Arbeit von M. von Laue und den Emigranten F. und H. London (Oxford) zur Theorie der Supraleitung.[62] Fritz London erscheint noch einmal 1938 mit einer Entgegnung auf eine Arbeit von F. Bopp[63] (die im Titel die Londonschen Gleichungen nennt!).[64] O. Stern – schon in Pittsburgh – veröffentlicht 1938 eine Bemerkung zu einer Arbeit des Spektroskopikers H. Schüler.[65] Behandelt wird hier das magnetische Moment des Deuterons. Das Missverständnis wird in versöhnlichem Ton ausgeräumt, und man erfährt aus der Erwiderung von H. Schüler nebenbei, dass ihn »Herr O. Stern [...] Mitte August 1933 während seines

---

[61] So in seiner Rede auf der Physikertagung in Würzburg 1933, veröffentlicht in: Zeitschrift für technische Physik, 14 (1933), S. 433. Zu der knappen Andeutung dort hat sich Max v. Laue in einer später veröffentlichten mutigen Rede vor der PAW am 14.12.1933 ausführlich geäußert; siehe Physikalische Blätter, 3 (1947), S. 272.
[62] Max v. Laue/Fritz London/Heinz London, Zeitschrift für Physik, 96 (1935), S. 359.
[63] Fritz Bopp, ebd., 107 (1937), S. 623.
[64] Fritz London, ebd., 108 (1938), S. 542.
[65] Otto Stern, ebd., 89 (1934), S. 665.

Aufenthalts in Berlin von Herrn Dr. Berliner aus telephonisch angerufen« hat.[66] Schärfer geht es bei einer Kontroverse zu, die F. Simon – schon in Oxford – mit E. Justi vom Tieftemperaturlabor der PTR ausfocht.[67]

Hans Kopfermann berichtet 1934 über Hyperfeinstruktur-Messungen in Kopenhagen und bedankt sich bei »Prof. N. Bohr für die Möglichkeit, wieder in seinem Institut arbeiten zu können«.[68] Die Untersuchungen (zur Bestimmung von Kernmomenten) wurden als Gemeinschaftsarbeit von Berlin und Kopenhagen fortgesetzt. Eine zweite Veröffentlichung im folgenden Jahr befindet sich in dem Band,[69] der eine weitere, historisch bedeutsame Hyperfeinstruktur-Untersuchung enthält: die erste Arbeit von H. Schüler und Th. Schmidt aus Potsdam-Babelsberg *Über Abweichungen des Atomkerns von der Kugel-Symmetrie*,[70] also die Entdeckung des Kern-Quadrupolmoments und seiner Wechselwirkung mit der Elektronenhülle. Das war Atomphysik auf der Höhe der Zeit.

In Danksagungen tauchen die Namen von P. Pringsheim, V. Weisskopf, E. Wigner und »Geheimrat Haber« auf; Pringsheim, Weisskopf und Wigner sind auch mit Arbeiten in diesem Zeitraum vertreten. Ein Doktorand aus Göttingen, dessen Arbeit noch unter J. Franck begonnen wurde, spricht am Ende der Veröffentlichung seinem »hochverehrten Lehrer Prof. Dr. J. Franck [...] von ganzem Herzen [...] ehrerbietigen Dank aus«.[71]

Als Autorin erscheint bis 1938 noch L. Meitner (in gemeinsamen Arbeiten mit O. Hahn und Fritz Strassmann entgegen der alphabetischen Reihenfolge an erster Stelle!). G. Hertz ist bis 1939 mit Arbeiten vertreten.

Wer um diese Zeit nur die *Zeitschrift für Physik* vor Augen hatte, konnte vergessen (oder verdrängen), in welchen Verhältnissen man lebte. In dem oben zitierten Artikel in der Zeitschrift *Nature* aus dem Jahre 1935 heißt es zur *Zeitschrift für Physik*: »This publication is so

---

66) Hermann Schüler, ebd., S. 666.
67) Franz Simon, Über neuere Verfahren zur Erzeugung tiefer Temperaturen. Bemerkungen zu der gleichnamigen Arbeit von Herrn Justi, ebd., 87 (1934), S. 815.
68) H. Kopfermann/E.Rasmussen, ebd., 92 (1934), S. 82.
69) Dies., ebd., 94 (1935), S. 58.
70) H. Schüler/Th. Schmidt, ebd., S. 457.
71) B. Duhm, Die Diffusion von Wasserstoff in Palladium, ebd., S. 434.

well known to physicists in Great Britain as not to need commendation«.[72])

Von 1936 an hören Beiträge von Emigranten auf, was aber nicht das Verschwinden ganzer Arbeitsgebiete bedeutet. Am Stil der Zeitschrift ändert sich nichts. Noch im letzten Band von 1944 beginnt ein Beitrag von W. Bothe mit dem Satz: »Das von Frisch aufgefundene Na^{22} [...]«.[73]) Man scheute sich weiterhin nicht, den Namen und die Leistung eines Emigranten herauszustellen. Der letzte Beitrag in diesem Band und damit der letzte vor dem Ende des Krieges ist Teil III einer Arbeit von W. Heisenberg mit dem Titel *Die beobachtbaren Größen in der Theorie der Elementarteilchen*.[74]) Der Leiter des Uran-Projekts beschäftigte sich mit einem so abstrakten Thema! Der erste, 1942 erschienene Teil der Folge behandelt die Einführung der sog. S-Matrix. Er erschien in Band 120 (1942). Dieser Band enthält in Heft 7 bis 10 eine Reihe beachtlicher Arbeiten, die dem Herausgeber H. Geiger zum 60. Geburtstag gewidmet sind. Zwei Arbeiten mit Messungen an Mesonen in der kosmischen Strahlung stammen aus dem Ausland: aus Bologna (G. Bernardini) und aus Paris (L. Leprince-Ringuet und Mitarbeiter).

Der erste Band nach dem Kriege, 124 (1948), enthält 19 Arbeiten, die noch vor dem Ende des Krieges eingegangen waren. Dabei ist nicht auszuschließen, dass es Arbeiten zur Kernphysik gab, die wegen der Auflagen der Alliierten nicht veröffentlicht werden konnten. M. von Laue – nach dem Kriege einer der Herausgeber der *Zeitschrift für Physik* – weist in einem (in seiner Tendenz umstrittenen) Artikel darauf hin, dass bei der *Zeitschrift für Physik*, »bei der ich die Verhältnisse kenne«, nach Kriegsende 60 unerledigte Manuskripte lagen, »und seitdem konnte die Redaktion 86 neue annehmen, die ihren Stoff, mindestens zu einem erheblichen Teil, noch aus Forschungen in der Kriegszeit beziehen«.[75])

---

[72]) Nature, 135 (1935), S. 55.
[73]) W. Bothe, Die in Magnesium durch Deuteronen erzeugten Aktivitäten und die Frage des K-Einfangs bei Na^{22}, Zeitschrift für Physik 123 (1944), S. 1.
[74]) W. Heisenberg, ebd., S. 93.
[75]) M. v. Laue, Die Kriegstätigkeit der deutschen Physiker, Physikalische Blätter, 3 (1947), S. 424–425 (Nachdruck in der Dokumentation *Nachkriegszeit* im Anhang dieses Buches)..

Die Zeitschrift für Astrophysik

Die *Zeitschrift für Astrophysik* erschien wie die *Zeitschrift für Physik* und mit dem gleichen Erscheinungsbild im Springer Verlag. Auch sie wurde unter Mitwirkung der Deutschen Physikalischen Gesellschaft herausgegeben. Zu dem Kuratorium gehörte bis zu seinem Tode Karl Scheel. Einer der beiden Schriftleiter war Walter Grotrian, aktives Mitglied der DPG, nach dem Tode von Scheel deren Geschäftsführer.

Der Umfang der Zeitschrift ist geringer als der der *Zeitschrift für Physik*. Der Themenschwerpunkt führt weit von Problemen weg, die von technischer Bedeutung sein könnten. Man bleibt um die für dieses Gebiet charakteristische internationale Zusammenarbeit bemüht. Hier erst recht kann man sich bei der Lektüre der Zeit entrückt fühlen. Im Unterschied zu den anderen Zeitschriften bringt die *Zeitschrift für Astrophysik* in den ersten Jahren nach 1933 noch viele Beiträge in englischer Sprache; in Band 11 (1936) z. B. sind es zehn von insgesamt 27 Arbeiten, dazu eine Arbeit in französischer Sprache. Wie in den anderen Zeitschriften gibt es außerdem deutschsprachige Beiträge ausländischer Autoren. Die Zeitschrift bringt auch Buchbesprechungen, entsprechend ihrer Beschränkung auf das eine Forschungsgebiet aber nur in geringer Zahl.

Anders als auf anderen Gebieten der Physik gab es in der Astrophysik – mit der Ausnahme von E. Finlay-Freundlich – keine bedeutenden deutschen Forscher, die von den Diskriminierungsmaßnahmen betroffen waren, sodass für die Zeitschrift in dieser Hinsicht kein Problem entstand. Erwin Freundlich erscheint noch mit der im März 1933 eingegangenen Arbeit *Über die Lichtablenkung im Schwerefeld der Sonne*, bei der es um die Deutung durch die Allgemeine Relativitätstheorie geht.[76] Experimentelle Basis sind die Ergebnisse einer Expedition nach Sumatra zur Beobachtung der Sonnenfinsternis im Mai 1929. Das Thema wird auch von anderen Autoren in der Zeitschrift behandelt. Noch eine Arbeit aus dem Jahre 1937 zitiert ausführlich die Arbeiten von Freundlich.[77] Ein ausführlicher Bericht über Kernumwandlungen als Energiequelle der Sterne von G. Ga-

---

76) E. Freundlich u. a., Zeitschrift für Astrophysik 6 (1933), S. 218.
77) A. v. Brunn/H. v. Klüber, Kritische Untersuchung zur Bestimmung der Lichtablenkung durch die Potsdamer Sonnenfinsternisexpedition von 1929, ebd., 14 (1937), S. 242.

mow von der George Washington University im Jahre 1938 schließt mit einem Dank an den »Freund Dr. E. Teller«.[78] Die Arbeit *Eine Bemerkung zur allgemeinen Relativitätstheorie* von Karl Bechert erwähnt die gerade erschienene und oben bereits erwähnte Arbeit von Einstein und Rosen.[79] Noch 1944 zitiert A. Unsöld in einer Arbeit den Handbuchartikel von H. Bethe.[80]

Man bleibt bei den klassischen Themen der Astrophysik. So führt z. B. die Entdeckung der Nova Herculis 1934 gleich zu drei Arbeiten in Band 10 (1935).[81] Das Thema taucht in der Zeitschrift 1937 wieder auf, wobei eine von drei Arbeiten vom Observatorium Lyon stammt.[82] Auch der Beginn des Krieges macht sich nicht bemerkbar. Es sei als Beispiel Band 22 (1943) genommen, der vorletzte vor Kriegsende erscheinende Band. Man findet eine Arbeit von L. Biermann (Potsdam-Babelsberg) über *Die Oszillatorenstärken einiger Linien in den Spektren des Na I, K I und Mg II*.[83] Sie ist Teil eines größeren Projektes: »Die vorliegende Arbeit enthält die ersten Resultate der in Babelsberg begonnenen quantenmechanischen Berechnungen der Oszillatorenstärken astrophysikalisch wichtiger Linien und Grenzkontinua«. Am Schluss heißt es: »Der Deutschen Forschungsgemeinschaft sei auch an dieser Stelle für die Sachhilfe gedankt, welche die hier beschriebenen Rechnungen erst ermöglicht hat«. Es folgt der Dank an Dr. F. Möglich, Prof. G. Joos, Prof. F. Hund, Prof. A. Unsöld, ferner an sechs Personen für die Durchführung der numerischen Rechnungen. Es muss schwierig gewesen sein, damals die Dringlichkeit eines solchen Projekts zu begründen. Im gleichen Band stehen – mit verschiedenen Themen – drei weitere Arbeiten von L. Biermann, nach dem Krieg Gründungsdirektor des Max-Planck-Instituts für Astrophysik, ferner je eine Arbeit aus Uppsala und Kopenhagen, zwei Arbeiten aus Helsinki, drei Arbeiten aus Zürich.

Ebenfalls in diesem Band werden sechs in den Jahren 1941/1942

---

78) G. Gamow, ebd., 16 (1938), S. 113–160.
79) K. Bechert, ebd., 12 (1936), S. 117.
80) A. Unsöld, Quantitative Analyse des B_6-Sternes τ Scorpii. Vierter Teil. Druckverbreiterung der He- und He*-Linien, ebd., 29 (1944), S. 75.
81) W. Grotrian u. a., Über das Spektrum der Nova Herculis 1934 am 3. Januar 1935, in: ebd., 10 (1935), S. 209. In diesem Band erschienen zwei weitere Arbeiten zu diesem Thema.
82) J. Dufay/M. Bloch (Observatoire de Lyon), Spectre nébulaire de Nova Herculis 1934, ebd., 13 (1937), S. 36.
83) L. Biermann, ebd., 22 (1943), S. 157.

erschienene Fachbücher besprochen. Besondere Aufmerksamkeit erregt das Buch *Theorien der Kosmologie* von Otto Heckmann. Das Referat des Mitherausgebers der *Zeitschrift für Astrophysik* E. v. d. Pahlen umfasst sechseinhalb Seiten. Man erfährt: »In dem dritten und letzten Teil der Abhandlung wird schließlich die ebenso originelle wie radikale zweite Milnesche Kosmologie dargestellt«. Der hier genannte Astrophysiker E. A. Milne aus Oxford gehörte bis 1944 zum Kuratorium der *Zeitschrift für Astrophysik*! Seine Theorie ist ein Gegenentwurf zur Allgemeinen Relativitätstheorie, über den er außer in der englischen Literatur auch in der *Zeitschrift für Astrophysik* berichtet hatte.[84] Das Buch ist aber nicht auf dieses Thema beschränkt. Heckmann hat nach dem Kriege in dem 1968 erschienenen »berichtigten Nachdruck« des Buchs in einer Anmerkung nicht ohne Stolz festgestellt: »Der zweite Teil des Buches dürfte die einzige positive Darstellung der Einsteinschen Gravitationstheorie sein, die in unserem Lande in der Zeit von 1933–1945 erschien«[85] – eine kontroverse Diskussion dieser Bemerkung und der Rolle Heckmanns im Dritten Reich findet man in einem Aufsatz von K. Hentschel und M. Renneberg aus dem Jahre 1995.[86]

Die vor allem von der Stiftung Ahnenerbe der SS propagierte sog. »Welteislehre« konnte für die seriöse Astrophysik kein ernst zu nehmender Konfliktstoff sein. Das Thema taucht einmal bei der Besprechung eines populärwissenschaftlichen Buchs mit dem Titel *Umstrittenes Weltbild* auf.[87] Der Autor des Buchs übt selbst »eingehende Kritik« an der Lehre. Der Referent (E. v. d. Pahlen) fügt einen eher ironischen Kommentar an: »Auch dem Fachmann, der so zahlreichen Auswüchsen der modernen Suche nach einer allumfassenden naturwissenschaftlichen Weltanschauung ratlos gegenübersteht, kann ein Einblick in die psychologischen Motive, die ihnen zugrunde liegen und die für ihn meistens ganz unverständliche schroffe Kampfstellung ihrer Autoren gegen die ›Schulphysik‹ bedingen, nur von Nutzen sein«.

84) E. A. Milne, ebd., 6 (1933), S. 1–95 u. ebd., 15 (1938), S. 263–298.
85) Otto Heckmann, Theorien der Kosmologie, berichtigter Nachdruck, 1968, S. 103.
86) Klaus Hentschel/MonikaRenneberg, Eine akademische Karriere. Der Astronom Otto Heckmann im Dritten Reich, Vierteljahrshefte für Zeitgeschichte, 43 (1995), S. 581–610.
87) R. Henseling, Umstrittenes Weltbild, Leipzig 1939; Besprechung, Zeitschrift für Astrophysik, 18 (1939), S. 366.

An der Besprechung des 1938 erschienenen Unsöldschen Werks *Die Physik der Sternatmosphären* durch P. ten Bruggencate ist interessant, dass der Referent im letzten Abschnitt des Referats das Buch einem kürzlich erschienenen Werk aus England (S. Rosseland, Theoretical Astrophysics, Oxford 1936) gegenüberstellt und sachlich die Vorzüge der Werke gegeneinander abwägt.[88] Ausführlich, auf zweieinhalb Seiten kann sich M. von Laue zu einem Buch über *Relativity, Thermodynamics, and Cosmology* von R. C. Tolman äußern und die Forschungsleistungen des Autors würdigen.[89]

Die Annalen der Physik

Auch die traditionsreichen 1799 gegründeten *Annalen der Physik* erschienen unter Mitwirkung der DPG. Herausgeber waren der Festkörperphysiker Eduard Grüneisen und Max Planck, denen ein prominent besetztes Kuratorium zur Seite stand. Nachdem die *Zeitschrift für Physik* bald nach ihrer Gründung – vor allem als Plattform für die mit der Quantenmechanik einsetzende moderne Physik – zur führenden Zeitschrift von internationalem Rang geworden war, trat die Bedeutung der Annalen etwas zurück. Ein Rest dieses Abstands ist auch in dem hier betrachteten Zeitraum zu erkennen, indem z. B. die Arbeiten über Kernphysik überwiegend in der *Zeitschrift für Physik* erscheinen. Zu anderen Gebieten gibt es aber durchaus auch grundlegende Arbeiten in den Annalen.

Was zur *Zeitschrift für Physik* über den Stil, insbesondere den Umgang mit den Verfemten, gesagt wurde, gilt auch für die Annalen. Noch 1937 erscheinen je eine Arbeit von L. Meitner[90] und R. Ladenburg[91], 1936 zwei Arbeiten von P. P. Ewald und Mitarbeiter,[92] bis 1936 auch Arbeiten von R. Gans[93]. Interessant ist die Anmerkung in

---

88) Zeitschrift für Astrophysik, 17 (1939), S. 129.
89) Ebd., 8 (1934), S. 389.
90) L. Meitner, Über die β- und γ-Strahlen der Transurane, Annalen der Physik, 29 (1937), S. 246.
91) R. Ladenburg, Die heutigen Werte der Atomkonstanten e und h, ebd., 28 (1937), S. 458.
92) P. P. Ewald/H. Hönl, Die Röntgeninterferenzen an Diamant als wellenmechanisches Problem, T. I u. II, ebd., 25 (1936), S. 281 und ebd., 26 (1936), S. 673.
93) R. Gans, Das magnetische Verhalten eines Nickeldrahtes unter starker Torsion, ebd., 25 (1936), S. 77.

einer Arbeit von W. Heisenberg über Höhenstrahlung aus dem Jahre 1938. Hier heißt es: »Auf die Notwendigkeit, diese Bremsung [...] zu berücksichtigen, wurde ich freundlicherweise von Herrn Heitler hingewiesen«.[94] Es waren noch nicht alle Brücken abgebrochen.

Zu besonderen Anlässen bringen die Annalen Bildnisse mit Widmungen, so im Juni 1937 zum 60. Geburtstag des Herausgebers E. Grüneisen. Kuratorium und Verlag heben in ihrer Widmung hervor, dass sich der Geehrte »eine Vertrauensstellung erworben [hat], die ihm die Möglichkeit gab, die Leistungen dieses altangesehenen Organs der physikalischen Literatur *in schwierigen Zeitläuften* nicht nur auf der bisherigen Höhe zu halten, sondern ihm auch neue Freunde zu gewinnen«.[95]

Zum Geburtstag von Max Planck erscheint ein Doppelheft der Zeitschrift als Festschrift. Auch hier könnte man eine verschlüsselte Kritik heraushören, wenn in der Widmung von Seiten des Kuratoriums und Verlags die Rede ist von dem »Lehrer von Physiker-Generationen, [...] die in Liebe und Verehrung zu ihm aufsehen und gern in größerer Zahl, als es die Umstände erlauben, in dieser Zeitschrift ihrem Meister gehuldigt hätten«.[96] Die 19 Beiträge deutscher Autoren lassen dennoch eine Vielfalt von Arbeitsgebieten erkennen. Hinzu kommen Beiträge von E. Schrödinger (Graz) und R. A. Millikan (Pasadena). Der einleitende Artikel mit dem Thema Wirkungsquantum und Atomkern stammt von N. Bohr. In seinem historischen Überblick kommen auch die Leistungen von Einstein, Born, Franck, Wigner und anderen – mit Hervorhebung der Namen in Sperrdruck – zu ihrem Recht.

Dass die Zeichen der Zeit tatsächlich auch in den *Annalen* ihre Spuren hinterließen, machen die Vorgänge um das Sonderheft zum 70. Geburtstag von Arnold Sommerfeld deutlich. Als man im Frühjahr 1938 daran ging, ein solches vorzubereiten, akzeptierten Debye und andere mit der Herausgabe betrauten Sommerfeldschüler den vom Verlag an sie herangetragen Wunsch, nur von »Ariern« Beiträge zu erbitten. Dies war für das physikalische Publikationswesen eine bis dahin präzendenslose Diskriminierung, die bei Physikern wie Wolfgang Pauli entschiedenen Protest auslöste:

94) W. Heisenberg, Die Absorption der durchdringenden Komponente der Höhenstrahlung, ebd., 33 (1938), S. 594.
95) Annalen der Physik, 29 (1937), S. 109 (Unterstreichung v. Autor).
96) Ebd., 32 (1938), S. 1–224.

> »Was die von Verlegern aufgestellten nicht-wissenschaftlichen Nebenbedingungen für Autoren betrifft, so hoffe ich, dass die Zeitschriften solcher Verleger von einer zunehmenden Anzahl von Autoren nicht mehr zu Publikationen benützt werden mögen, gleichgültig, ob die Autoren zur weißen oder zur schwarzen Klasse von Theoretikern gezählt werden. – Im vorliegenden Fall von Sommerfelds 70. Geburtstag ist diese Konsequenz (ganz ohne mein Zutun) schon eingetreten und es werden verschiedene Autoren, die Schüler Sommerfelds sind, im Physical Review vom 1. Dezember publizieren (etwa ähnlich in der Form wie das Planck-Heft der Physica, aber nicht auf in Amerika wohnende beschränkt).«[97]

Bewirkt hat der Protest nichts, denn das Annalenheft erschien zum Jahresende allein mit Beiträgen »Unbelasteter Autoren« (Clusius, Debye, Gerlach, Heisenberg, Hönl, Kossel, Kuhlenkampf, Lenz, Meixner, Ott, Sauter, Scherzer und Unsöld.[98] Im Übrigen würdigte neben den *Physical Review*[99] auch die *Nature* [100] Sommerfelds Geburtstag.[101]

Im Jahre 1937 erscheinen vier Arbeiten von August Becker und Mitarbeitern aus dem Philipp-Lenard-Institut der Universität Heidelberg.[102] Diesen Namen hatte das Institut bei einer pompösen Einweihungsfeier im Dezember 1935 erhalten. Drei weitere Arbeiten dieser Gruppe erscheinen 1937/39 in der *Zeitschrift für Physik*. Die Themen schließen sich eng an Lenards frühere Arbeiten an, worauf in aufdringlicher Form hingewiesen wird. Es handelt sich im Wesentlichen um die Ermittlung experimenteller Daten ohne den Anspruch theoretischer Vertiefung – ganz im Lenardschen Sinne. Die Arbeiten erhalten in den *Physikalischen Berichten* normale Besprechungen und

---

[97] W. Pauli an W. Heisenberg, Zürich 15.8.1938. W. Pauli: Wissenschaftlicher Briefwechsel mit Bohr, Einstein, Heisenberg u. a., Herausgegeben von K.v. Meyenn, Heidelberg 1985, Bd.2, S. 593.
[98] Annalen der Physik 33 (1938), S. 565.
[99] Physical Review 54 (1938) 11, December 1, S. 869–967. Das Heft enthält 20 Beiträge ohne besondere Grußadresse, nur Sieben nehmen durch eine Bemerkung im Text auf Sommerfelds Geburtstag explizit Bezug.
[100] Nature 142 (1938), S. 987.
[101] Dieter Hoffmann machte mich auf diese Vorgänge aufmerksam.
[102] A. Becker/E. Kipphan, Die Streuung mittelschneller Kathodenstrahlen in Gasen, Annalen der Physik, 28 (1937), S. 465; W. Veith, Elektronenanregung und Trägerreflexion beim Auftreffen von K^+-Trägern auf Metalle, ebd., 29 (1937), S. 189; F. Frey, Über die Geschwindigkeitsverteilung der von Kathodenstrahlen in Gasen ausgelösten sekundären Elektronen, ebd., 30 (1937), S. 297; K. Kamm, Über die Zinksulfid-Cadmiumsulfid-Phosphore, ebd., S. 333.

sind (mit Ausnahme der letzten Arbeit 1939) auch in den *Science Abstracts* erfasst. Die Eigenwilligkeit in einer Arbeit, von K^+-»Trägern« zu reden,[103] wird dabei stillschweigend in Ordnung gebracht; in den Besprechungen wird natürlich das längst übliche Wort Ionen benutzt.

Hierhin gehört noch eine 1941 veröffentlichte, 46 Seiten starke Arbeit von Ludwig Wesch, einem fanatischen Vertreter der »Deutschen Physik«.[104] Als Adresse ist die »Physikalisch-Technische Abteilung des Philipp-Lenard-Instituts« angegeben. Wie man einer Anmerkung entnimmt, handelt es sich um die nachträgliche Veröffentlichung einer 1935 in Heidelberg vorgelegten Habilitationsschrift. Die Lenard-Verehrung ist hier auf die Spitze getrieben. Von »Hochfrequenzstrahlen« wird geredet, wo Röntgenstrahlen gemeint sind (was wenigstens durch eine Fußnote erläutert wird). Dahinter steht offenbar Lenards Verbitterung darüber, dass Röntgen die Priorität der Entdeckung zuerkannt wurde.

Diese wenigen, fachlich »domestizierten« Beiträge von Anhängern der »Deutschen Physik«, die in der Fülle der anderen Arbeiten untergehen, ändern nichts am wissenschaftlichen Gepräge der Zeitschrift insgesamt. Blickt man von der letzten Seite der Arbeit von Wesch hinüber auf die erste Seite der folgenden Arbeit, einer Dissertation unter F. Sauter in Königsberg,[105] so wird man eindringlich nicht mehr auf Lenard, sondern auf Bethe und die Bethe-Peierlssche Theorie und Methode verwiesen und der Arbeit von A. Becker und Mitarbeitern[106] geht die erwähnte Arbeit von R. Ladenburg aus Princeton[107] voraus.

Nach Spuren, die aus dem wissenschaftlichen Bereich hinausführen, muss man mühsam suchen. Die Arbeit von W. Finkelnburg *Zur Theorie der Detonationsvorgänge* enthält den Hinweis auf »eine im Druck befindliche ausführliche Mitteilung in der Zeitschrift für das gesamte Schieß- und Sprengstoffwesen«.[108] Johannes Picht vermerkt bei einer Arbeit zur Elektronenoptik als Arbeitsstätte »Lehrstuhl für

---

103) W. Veith, Elektronenanregung.
104) L. Wesch, Über die optisch-elektrischen Eigenschaften der Lenardphosphore, I. Der DK-Effekt, ebd., 40 (1941), S. 249.
105) U. Firgau, Zur Theorie des Ferromagnetismus und Antiferromagnetismus, ebd., 40 (1941), S. 295.
106) August Becker/E Kipphan, Streuung.
107) R. Ladenburg, Werte.
108) W. Finkelnburg, Annalen der Physik, 26 (1936), S. 116.

Theoretische Optik in der Wehrtechnischen Fakultät der Technischen Hochschule Berlin«.[109)]

Im ersten Band der neuen, sechsten Folge der Annalen 1947 erscheinen zwölf Arbeiten, die noch vor dem Kriegsende eingegangen waren.

Die Zeitschrift für die gesamte Naturwissenschaft

Die *Zeitschrift für die gesamte Naturwissenschaft* hat für die seriöse Physik keine Rolle gespielt. Sie wird hier erwähnt, um den Abstand deutlich zu machen, mit dem sich die anderen Zeitschriften von dem darin vertretenen Niveau abheben. Die Zeitschrift entstand in der hier interessierenden Form im Jahre 1937, als sie Organ der Reichsfachgruppe Physik der Reichsstudentenführung und damit Sprachrohr der »Deutschen Physik« wurde.

Um diese Zeit begann der Einfluss der »Deutschen Physik« bereits zu schwinden; man hielt verbissen dagegen. Schon das erste Heft (Mai/Juni 1937) lässt keinen Zweifel an Stil und Intention der Zeitschrift aufkommen. In mehreren Beiträgen wird Philipp Lenard verherrlicht (womit allein schon die Gegnerschaft zur DPG demonstriert wird!). In einem Aufsatz mit dem Titel Physik und Astronomie in jüdischen Händen heißt es: »In der Tat sind die Konsequenzen der Ätherabschaffung von *Einstein* und seiner jüdischen Hilfsmannschaft *Max Born*, *Weyl* u. a. mit einer Frivolität und Brutalität gezogen worden, wie dies eben nur ein artfremder Eroberer im Lande seines Feindes tun kann«.[110)] Autor ist Dr. habil. B. Thüring, Observator an der Sternwarte des Staates in München, einer der drei Herausgeber der Zeitschrift. Man mag dem gegenüberstellen, dass zur gleichen Zeit die *Physikalischen Berichte* in Band 18 (1937) unter der Rubrik Relativitätstheorie 59 Arbeiten sachlich referieren, darunter zehn Arbeiten aus deutschen Zeitschriften und unter den übrigen eine Arbeit von Einstein selbst.[111)]

---

109) J. Picht, Bemerkungen zu einigen Fragen der Elektronenoptik, Annalen der Physik 36 (1939), S. 249.
110) B. Thüring, Zeitschrift für die gesamte Naturwissenschaft, 3 (1937/38), S. 55; hier S. 62.
111) Physikalische Berichte, 18 (1937), S. XXIX, Systematisches Register, Nr.6. Die genannte Arbeit ist: A.Einstein/N. Rosen, On Gravitational Waves, Journal Franklin Institut, 223 (1937), S. 43ff.

Es kommt den Vertretern der »Deutschen Physik« bei diesem Thema nicht nur auf Arbeiten an, die sich ausdrücklich mit der Relativitätstheorie befassen. Anstößig ist ihnen die Selbstverständlichkeit, mit der die Ergebnisse aufgenommen und angewendet werden. So schreibt im Jahre 1939 W. Müller, der umstrittene Sommerfeld-Nachfolger in München, in seinem Aufsatz *Jüdischer Geist in der Physik*: »

> Es scheint, als ob die theoretische Physik schon so stark mit Widerstandskräften und Fremdkörpern belastet wäre, daß eine nachhaltige Besinnung auf die deutsche Wesensart einfach keinen Ansatz mehr finden kann. Noch immer überwiegen weitaus die Physiker, die geneigt sind, die Relativitätstheorie als die Norm einer universellen Physik anzuerkennen«.[112] Das Verdikt, jüdischen Geist zu repräsentieren, erstreckt sich auch auf die Quantenmechanik, die zweite Säule der modernen Physik. In dem gleichen Aufsatz heißt es: »Weltanschaulich und naturphilosophisch betrachtet, ist die *Heisenberg*sche Quantenmechanik eine unmittelbare Ergänzung der *Einstein*schen Lehre, die *Heisenberg* ja selbst als seine Basis ausdrücklich anerkennt.«[113]

Die Zeitschrift *Nature*, die anderswo weiterhin als wissenschaftliches Organ respektiert wird, ist 1938 nach einem Beitrag in der *Zeitschrift für die gesamte Naturwissenschaft* ein »jüdisches Greuelblatt«.[114] Hintergrund waren Artikel in dieser Zeitschrift, die kritisch zur politischen Situation in Deutschland Stellung nahmen (»gegen das nationalsozialistische Deutschland gerichtete Hetzartikel«). Das »Greuelblatt« ließ es sich aber z. B. nicht nehmen, die Monographie über die Physik der Sternatmosphären von Albrecht Unsöld ausführlich und mit uneingeschränktem Lob zu referieren: »The author is a distinguished astrophysicist [...] His theoretical work shows a rare insight into the conditions of observational physics«.[115] Man wird bei der Würdigung des Buchs nicht übersehen haben, dass in dem einleitenden Kapitel Einsteins Beitrag zur Strahlungstheorie gewürdigt wird (sein Name tritt sogar in einer Überschrift auf), in anderem Zusammenhang die Namen von Ladenburg, Bethe, Weisskopf und Wigner erscheinen und das Lehrbuch Optik von M. Born empfohlen wird.

Anfang 1939 erscheint in der *Zeitschrift für die gesamte Naturwissen-*

---

[112] W. Müller, Zeitschrift für die gesamte Naturwissenschaft, 5 (1939), S. 162–175; hier S. 170
[113] Ebd., S. 173.
[114] Die »Nature« eine Greuelzeitschrift, ebd., 3 (1936/37), S. 475 ff. Der Ausdruck »jüdische[s] Greuelblatt« fällt auf Seite 479. Der Autor ist H. Rügemer von der Sternwarte des Staates, München.
[115] Nature 142 (1938), S. 975.

schaft ein Artikel mit dem Titel *Juden in der Physik, Jüdische Physik* von Ludwig Glaser, der am Schluss ausdrücklich auf den Pogrom vom November 1938 Bezug nimmt. Schuldige für den »judengeistigen Einfluß« werden ausfindig gemacht: von Helmholtz über Kaiser Wilhelm II. und seine Ratgeber bis zu A. Sommerfeld als »Schirmherr« eines »Kristallisationspunktes jüdischer Physiker«.

Schließlich heißt es: »Nun ist aber 1938 ein Novembersturm durch das Land gebraust – welkes Laub räumte er weg. Der Rest der Juden, der jüdischen Mischlinge und jüdisch Versippten ist verschwunden aus Akademien, Bibliotheken, aus den Räumen der Hörsäle«. Und: »Wir danken unserem Führer Adolf Hitler, dass er uns von der Plage der Juden befreit hat«.[116]

Gerade in dieser kritischen Zeit feiert der gebrandmarkte Arnold Sommerfeld seinen 70. Geburtstag. In einer Festsitzung des Gauvereins Bayerns mit prominenten Rednern wird Sommerfeld vom Vorsitzenden der DPG, Peter Debye, die Urkunde mit der Ernennung zum Ehrenmitglied überreicht.[117] Einen größeren Kontrast kann man sich nicht vorstellen.

Der obige Artikel stellt selbst im Rahmen der Kampagne der »Deutschen Physik« einen Tiefpunkt dar. Er hat das unfreiwillige Verdienst, die Namen aller bedeutenden jüdischen Physiker der neueren Zeit aufzuzählen.

Am Gesamtbild der Zeitschrift ändert es wenig, dass auch unverfängliche Artikel naturwissenschaftlichen Inhalts erschienen, überwiegend nicht aus der Physik. Die Zeitschrift musste 1944 ihr Erscheinen einstellen – zu der Zeit, als die DPG die Publikation der *Physikalischen Blätter* durchsetzen konnte.

Die Zeitschrift für technische Physik

Während die *Zeitschrift für Physik* an die DPG gebunden war, wurde die *Zeitschrift für technische Physik* (ZftP) im Auftrage der Deutschen Gesellschaft für technische Physik herausgegeben. Gegründet wurde sie 1920, unmittelbar nach der Gründung ihrer Trägergesellschaft,

---

[116] L. Glaser, in: Zeitschrift für die gesamte Naturwissenschaft 5 (1939), S. 272; hier S. 275.
[117] Verhandlungen der Deutschen Physikalischen Gesellschaft 20 (1939), S. 7.

also zur gleichen Zeit wie die *Zeitschrift für Physik*. Herausgeber waren Carl Ramsauer und der hauptsächlich mit Hochfrequenz beschäftigte Hans Rukop. Ramsauer übernahm 1939 nach dem Tode von Richard Swinne auch die Schriftleitung, die bis 1937 in den Händen von W. Hort, danach in den Händen von Swinne gelegen hatte.

Anders als die *Zeitschrift für Physik* und die *Annalen der Physik* bringt die *Zeitschrift für technische Physik* nicht nur Originalarbeiten, sondern auch Buchbesprechungen, Mitteilungen der Gesellschaft und in größerer Zahl Nachrufe und Geburtstagsadressen. Das Themenspektrum der veröffentlichten Arbeiten ist breit. Einen Anhaltspunkt können die Vorträge auf den Tagungen der Gesellschaften geben, deren Texte zu einem großen Teil in der *Zeitschrift für technische Physik* erschienen. Während man den Originalarbeiten keine Tendenz zu einer politisch bestimmten Auswahl oder Polemik anmerken kann, wird an Einzelheiten des allgemeinen Teils ab 1933 deutlich, in welcher Zeit die Zeitschrift erschien.

Das gilt aber nicht durchweg. 1933 wird das von Gustav Hertz neu bearbeitete *Lehrbuch der Experimentalphysik* von Emil Warburg vom Referenten als »für Studierende der Physik und benachbarter Gebiete überaus geeignet« eingestuft.[118] Eine Würdigung erhält auch das 1933 erschienene Lehrbuch »Optik« »des bekannten theoretischen Physikers« Max Born,[119] ebenso das Buch *Moderne Optik* des gleichen Autors, das »Sieben Vorträge über Materie und Strahlung. Ausgearbeitet von Fritz Sauter« enthält[120]. Im Jahre 1933 erscheint auch der zweite Band der *Theorie der Elektrizität*, Neubearbeitung des Werks von Max Abraham durch Richard Becker. Vom Referenten gerühmt wird »der konsequente Anschluß an die spezielle Relativitätstheorie«, der bei Abraham fehlte.[121] 1935 wird das »reizvoll forschungsnah geschriebene Büchlein« *Der Aufbau der Atomkerne* von L. Meitner und M. Delbrück vorgestellt,[122] 1938 *The Quantum Theory of Radiation*, das berühmte Buch von W. Heitler[123]. Eine Sammlung von Aufsätzen der Autoren G. Hermann, E. May, Th. Vogel behandelt »Die Bedeutung der modernen Physik für die Erkenntnis« (1937).

---

118) Zeitschrift für technische Physik 14 (1933), S. 523.
119) Ebd. S. 375.
120) Ebd. S. 215.
121) Ebd. 15 (1934), S. 166.
122) Ebd. 16 (1935), S. 316.
123) Ebd. 19 (1938), S. 20.

Der Referent lobt »die klare Darstellung der Hauptprinzipien der Quantenlehre und der Relativitätstheorie bei G. Hermann«. Zu dem Beitrag von E. May, der die strenge Kausalität, den Euklidischen Raum und die absolute Gleichzeitigkeit als a priori gegeben vertritt, heißt es lapidar: »Herrn May hat Referent nicht folgen können«.[124] Wie ein Seitenwechsel zwischen dem Theoretiker und dem Vertreter der technischen Physik erscheint eine Besprechung von P. Jordans Schrift

> »Physikalisches Denken in der neuen Zeit« (1935). Es heißt dort: »Weniger geglückt scheint dem Referenten der letzte Abschnitt, der den Wert der Wissenschaft für die Zukunft allzu zeitbedingt aus der technisch-wehrwissenschaftlichen Machtbedeutung herleiten will und eine u.E. nur lahme Betonung der Tatsache zuwege bringt, daß die in Neuland wegweisende Forschung stets der zweckungebundene Schrittmacher der aufgabenverbundenen Anwendung bleiben wird und bleiben muß«.[125]

Das Buch von Ernst Zimmer »Umsturz im Weltbild der Physik« mit einem Geleitwort von M. Planck, 1938 in 4. Auflage erschienen, findet eine wohlwollende Besprechung: »[...] ein Buch, [...] das ebenso in der Hand des Laien wie des Fachmanns nur Gutes und Segen stiften kann«.[126] Man möge dem die Besprechung in der *Zeitschrift für die gesamte Naturwissenschaft* gegenüberstellen, in der es im Blick auf die Darstellung der modernen Physik heißt: »Es erübrigt sich beinahe, in dieser Zeitschrift zu bemerken, daß wir uns dieser Auffassung nicht anschließen können und daß damit der Wert des Buches für uns entfällt«.[127] Ebenso tief ist der Graben zwischen den beiden Zeitschriften bei der Besprechung des 1939 erschienenen Buchs von G. Herzberg »Molekülspektren und Molekülstruktur (Bd.1 Zweiatomige Moleküle)«. Der Referent der *Zeitschrift für technische Physik* hebt die »zahlreiche[n] grundlegende[n] Arbeiten« des Verfassers selbst, die »klare und knappe Sprache« und die Vollständigkeit hervor,[128] während der Referent der *Zeitschrift für die gesamte Naturwissenschaft* an dem Buch des »jüdisch versippten« Verfassers nur Schlechtes finden kann, vor allem, »daß mit seltener Vollständigkeit die Arbeiten der Juden [...] herangezogen werden«, Ph. Lenard nicht vorkommt und das englische Schrifttum überschätzt wird; ferner kri-

---

[124] Ebd. 18 (1937), S. 204.
[125] Ebd. 17 (1936), S. 142.
[126] Ebd. 19 (1938), S. 325.
[127] Zeitschrift für die gesamte Naturwissenschaft 5 (1939), S. 154.
[128] Zeitschrift für technische Physik 20 (1939), S. 327.

tisiert er die »Verwirrung« beim Umgang mit der modernen Theorie. Seine Quintessenz: »Ein höchst unerfreuliches Buch, das für das deutsche physikalische Schrifttum abzulehnen ist«[129]. In der *Zeitschrift für Astrophysik* kann man die Würdigung durch W. Grotrian lesen: »So kann das Buch gerade Astrophysikern [...] bestens empfohlen werden«.[130]

1941 erscheinen die ersten Lieferungen des umfangreichen Geschichtswerks »Die Technik der Neuzeit«, herausgegeben von dem Bibliothekar am Deutschen Museum F. Klemm. In der Besprechung (1943) wird hervorgehoben, dass die alte Regel »Wenn die Waffen reden, dann schweigen die Musen« hier nicht gilt. »Jedenfalls erfreut sich anscheinend Clio, die Muse der Geschichte, heute durchaus des Wohlwollens des Kriegsgottes«.[131]

Bei der Auseinandersetzung mit der polemischen Literatur aus dem Lager der »Deutschen Physik« gibt es Zugeständnisse. Über die Einweihung des Philipp-Lenard-Instituts in Heidelberg am 13./14.12.1935, bei der sich der kleine Kreis von Anhängern der »Deutschen Physik« in einem zweitägigen Symposion selbst feierte, wird ausführlich berichtet.[132] Der Bericht enthält keine Wertungen; aber die ausführlichen, unkommentierten Zitate sprechen für sich selbst. Die Vorträge wurden später unter dem Titel »Naturforschung im Aufbruch« von August Becker, dem Institutsdirektor, als Buch herausgegeben. Eine kurze Besprechung in der *Zeitschrift für technische Physik* ist im Wesentlichen ein Hinweis auf den früheren Bericht über das Symposion, schließt aber mit dem Satz: »Möge dieses mit dem Bildnis Lenards geschmückte Buch dazu beitragen, daß die deutschen Naturforscher die rassenmäßige Bedingtheit ihrer Wissenschaft klar übersehen«.[133]

Auch mit der »Reichssiegerarbeit im ersten Reichsleistungskampf der deutschen Studenten 1935/36« mit dem Titel »Philipp Lenard, der deutsche Naturforscher. Sein Kampf um nordische Forschung«, verfasst von »10 Kameraden des Philipp-Lenard-Instituts«, geht der Referent (R. Swinne) wohlwollend um.[134] Er erwartet, dass »diese

---

129) Zeitschrift für die gesamte Naturwissenschaft 6 (1940), S. 272.
130) Zeitschrift für Astrophysik 19 (1940), S. 68.
131) Zeitschrift für technische Physik 24 (1943), S. 43.
132) Ebd. 17 (1936), S. 143.
133) Ebd. S. 667; siehe auch unten S. 269 f..
134) Zeitschrift für technische Physik 18 (1937), S. 492.

Schrift dazu beitragen [wird], seine [Lenards – d. A.] Persönlichkeit ins rechte Licht zu setzen«, was man im Kontext des ganzen Artikels kaum als eine hintergründige Andeutung verstehen kann.

Noch bis 1942 erscheinen mehrere Auflagen des »Lehrbuchs der Physik« von E. Grimsehl in der Bearbeitung von R. Tomaschek, der zum Kreis um Lenard und Stark gehört, in dem er durch seine fachliche Qualifikation hervorragt. In den Besprechungen wird der gründliche Umgang mit dem experimentellen Material hervorgehoben. Die Kritik richtet sich gegen den letzten Teil des Werks mit dem Titel Materie und Äther, in dem der Vertreter der »Deutschen Physik« natürlich die Äthertheorie gegen (andere) »Spekulationen« vertritt. In diesem Punkt wird der Referent (W. Weizel) in den letzten beiden Besprechungen recht deutlich: »Bedauerlich ist [...] eine tendenziöse Note, die sich z. B. in dem übermäßigen Zitieren von *Lenard* und *Stark* äußert [...] Daß der Äther [...] im Abschnitt X allmählich seiner greifbaren Eigenschaften beraubt wird [...], werden viele Physiker mit einem Schmunzeln zur Kenntnis nehmen [...] Kein Gewinn für die neue Auflage ist die Aufnahme des sog. *Stark*schen Atommodells«.[135] In der späteren kurzen Besprechung einer Neuauflage heißt es: »Im 3. Band hätte man die bekannten Einseitigkeiten gern gemildert gesehen«.[136]

An dem Buch von J. Stark »Physik der Atomoberfläche« (1940) bemängelt der Referent, der zwar den Überblick über experimentelle Ergebnisse anerkennt, dass »die überwältigenden Erfolge der Quantenmechanik auf allen Gebieten des Atombaus jedoch völlig unerwähnt bleiben« und mangels quantitativer Beziehungen eine experimentelle Prüfung der »neuen *Stark*schen Vorstellungen« nicht möglich ist.[137]

Die Absage an die fachlich relevanten Äußerungen der »Deutschen Physik« ist eindeutig. Man braucht nur den zitierten Beispielen die überwältigende Würdigung von A. Sommerfelds *Atombau und Spektrallinien* gegenüberzustellen,[138] auch die Besprechung anderer Monographien in dieser Zeit. Andererseits ist das Bemühen erkennbar, die »andere Seite« hier und da durch Zugeständnisse, auch in der Sprache, zu versöhnen. Das Buch »Physical Optics« von R. W. Wood

---

135) Ebd. 22 (1941), S. 138.
136) Ebd. 23 (1942), S. 317.
137) Ebd. 21 (1940), S. 187.
138) Ebd. 22 (1941), S. 23.

ist für den Referenten »die bekannte Darstellung der physikalischen Optik des ausgezeichneten nordamerikanischen Experimentalphysikers«. Er fügt aber – in Anlehnung an die Sprache der »Deutschen Physik« – hinzu, dass der Autor eine »Forscherpersönlichkeit« sei, »welche [...] spekulative Vorstellungen kaum schätzt«.[139]

Häufig wird von einem »Führer« gesprochen, wo man früher sicherlich ein anderes Wort gewählt hätte (und heute wählen würde). Der Nachruf auf den Gründer des Deutschen Museums, Oskar v. Miller, in dem immerhin die langjährige Verbindung mit Emil Rathenau erwähnt wird, stellt fest, dass die deutsche Technik »in ihm einen Führer und Wegbereiter« verliert.[140] Über C. F. von Siemens erfährt man aus dem Nachruf, dass er 1927 »Führer der deutschen Abordnung auf der Weltwirtschaftskonferenz in Genf« war.[141] Mit einer peinlichen Häufung erscheint das Wort in einem Gedächtnisartikel von C. Ramsauer für K. W. Haußer, einen Schüler Lenards, der nach einer Industrietätigkeit als Begründer der physikalischen Abteilung des Kaiser-Wilhelm-Instituts (KWI) für medizinische Forschung nach Heidelberg kam. Man erfährt, dass »ein Großteil seines Führertums Lehrertum war«. Und weiter: »Als technischer Physiker war Haußer ein Pionier und ein Führer [...] Als physikalisch-technischer Führer ist Haußer von uns allen willig anerkannt worden [...] Es hat selten einen Führer gegeben, dem die Geführten so gern gefolgt sind wie Haußer«. Ramsauer beschließt den Artikel mit einem Zitat von Lenard: »Mein lieber Haußer war der nordischst geartete unter meinen Schülern«.[142]

Nicht alle Gedenkartikel sind so aufdringlich. In einem Beitrag zum Tode des Pioniers der Glastechnik, O. Schott, wird der Verstorbene nicht als »Führer« bezeichnet, sondern als ein »ehrwürdiger Patriarch«. Im Blick auf seine Bereitschaft, sein Werk in die Carl-Zeiss-Stiftung zu überführen, wird ihm »adelige Kraft und Gesinnung« zugesprochen, »die mit billigem Salonsozialismus nichts [...] gemein hat«. Ein zweiter Beitrag lenkt erst zum Schluss den Blick auf das politische Umfeld, indem er berichtet, dass bei dem Begräbnis

---

139) Ebd. 17 (1936), S. 244.
140) Ebd. 15 (1934), S. 289.
141) Ebd. 22 (1941), S. 303.
142) Ebd. 15 (1934), S. 4.

die »Gefolgschaft« »mit deutschem Gruß« von dem Verstorbenen Abschied genommen hätte.[143]

Geburtstagsadressen, etwa für L. Prandtl,[144] K. Scheel[145] und K. Mey[146] sind frei von einer auf Anpassung bedachten Sprachregelung. Bei Prandtl und Mey fehlt sogar ein nahe liegender Bezug zu den aktuellen Aufgaben der Technik. Auch bei C. Ramsauer wird in einer Adresse zu seinem 60. Geburtstag nur der »Einfluß des großen Experimentators und Lehrers *Lenard*« hervorgehoben.[147] Verblüfft ist man aber, in einem Beitrag zum 70. Geburtstag von W. Nernst zu lesen: »[...] auch sonst hat sich Nernst neben Lenard, Wiechert und Lodge als einer der eifrigsten Vertreter der Hypothese von der Existenz eines physikalischen Weltäthers erwiesen«.[148]

An den Äußerungen zu Lenards 80. Geburtstag 1942 kann man ein deutliches Gefälle zwischen den Zeitschriften erkennen. In der *Zeitschrift für technische Physik* lobt K. Mey in einer Grußadresse namens der DGtP neben dem großen Physiker »den großen Deutschen, der schon früh seine ganze Persönlichkeit für das Werk des Führers eingesetzt hat«.[149] In den Annalen erscheint unter einem Bildnis nur die knappe Unterschrift »Der Altmeister der Experimentalphysik – Zu seinem 80. Geburtstag 7. Juni 1942«.[150] Dazwischen steht die *Physikalische Zeitschrift*, wo von »dem Meister des Experiments, [...] dem Kämpfer für deutsches Wesen« die Rede ist.[151] Ein neutraler, ganz auf Lenards Experimente mit Elektronenstrahlen abgestellter Artikel von W. Kossel erscheint in der Zeitschrift *Die Naturwissenschaften*.[152]

Ein aufschlussreiches Dokument für den Kampf gegen die »Deutsche Physik« – auch seine Zweischneidigkeit – ist die Besprechung

---

143) Ebd. 17 (1936), S. 1.
144) Ebd. 16 (1935), S. 25.
145) Ebd. 17 (1936), S. 65.
146) Ebd. 20 (1939), S. 65.
147) Ebd. 20 (1939), S. 33.
148) Ebd. 15 (1934), S. 212. Nernst hat sich auch mit Kosmologie befasst und in ein Modell eines stationären Weltalls in der Tat einen Äther eingeführt. Der hat aber als ein Energiereservoir eine andere Funktion als der Äther in Lenards Sinn, und Nernst hat einen Zusammenhang meines Wissens auch nicht hergestellt. Siehe z. B. W. Nernst, Zeitschrift für Physik 106 (1937), S. 633.
149) Zeitschrift für technische Physik 23 (1942), S. 125.
150) Annalen der Physik 41 (1942), S. 325.
151) Physikalische Zeitschrift 43 (1942), S. 137.
152) Die Naturwissenschaften 30 (1942), S. 317.

der Schrift »Jüdische und deutsche Physik. Vorträge zur Eröffnung des Kolloquiums für theoretische Physik an der Universität München (1941)«, herausgegeben von W. Müller, auf die auch im Abschnitt zu den *Physikalischen Berichten* verwiesen wird. Die Besprechung ist eine Erklärung, die W. Weizel im Namen der naturwissenschaftlich-mathematischen Fakultät der Universität Bonn abgibt. Die Absage ist deutlich: »Die Verfasser versuchen in dieser Streitschrift die nationalsozialistische Weltanschauung als Vorspann für ihre physikalischen Ansichten zu benutzen, die in der Wissenschaft wenig Anklang gefunden haben«. Die weiteren Ausführungen richten sich hauptsächlich gegen die »ganz unsachliche Methode, die Quantentheorie als jüdisch zu verdächtigen«. »Schriften wie die vorliegende, die das Verdienst an einer großen Leistung der deutschen Wissenschaft den Juden zuweisen, [...] werden sich als projüdische Kulturpropaganda auswirken, ein Erfolg, der von den Verfassern sicher nicht beabsichtigt ist«.[153]

Von den Nachrichten ist man bisweilen überrascht. Man erfährt z. B., dass 1937 der ordentliche Professor der Physik an der TH zu Breslau, Dr. E. Waetzmann, zum Korrespondierenden Mitglied der Akademie der technischen Wissenschaften in Warschau gewählt wurde[154] und noch 1939 K. Mey das Institut der Experimentalphysik der Universität Poznán (Polen) zur Aufnahme in die DGtP vorschlägt[155]. Geradezu modern mutet eine Aktion an, über die 1937 unter dem Titel »Frauen als Erfinderinnen« berichtet wird. Ein Institut für soziale Arbeit hat begonnen, den »Anteil von Frauen an den Erfindungen in Vergangenheit und Gegenwart« zu erkunden. Ziel ist »eine statistische Zusammenfassung, wie sie in Amerika längst besteht«.[156] Im gleichen Jahr erfahren wir von einer neuen Aktion des Amts »Schönheit der Arbeit« mit dem Ziel, die Luft in den Arbeitsräumen zu verbessern – alles nach dem Motto: »Frohe Menschen in schönen Betrieben eines glücklichen Deutschlands«.[157]

Es gibt auch andere Nachrichten. Offenbar im Zusammenhang mit dem späten Versuch zur Rehabilitierung der Physik als einem technisch-militärischen Machtfaktor, der eng mit dem Namen Ram-

---

153) Zeitschrift für technische Physik 23 (1942), S. 25.
154) Ebd. 18 (1937), S. 32.
155) Ebd. 20 (1939), S. 96.
156) Ebd. 18 (1937), S. 112.
157) Ebd. S. 237.

sauer verbunden ist,[158] steht 1943 der Aufruf »Hochfrequenzfachkräfte für die Luftwaffe«. Im Einvernehmen mit dem Reichsluftfahrtministerium und dem Oberkommando der Luftwaffe wird bekannt gegeben: »Die Luftwaffe hat laufenden Bedarf an Physikern, Dipl.-Ingenieuren, Ingenieuren, Technikern, Rundfunkmechanikern und Amateuren [...]«.[159]

Die Physik in regelmäßigen Berichten

Im März 1933 trat die DGtP mit einem ehrgeizigen Projekt hervor, der Herausgabe einer Schriftenreihe *Die Physik in regelmäßigen Berichten*. In Abständen von etwa drei Jahren sollte »ein anerkannter Fachmann« über die Fortschritte in seinem Arbeitsgebiet berichten, wobei an eine Aufteilung in etwa 60 Gebiete gedacht war, die sich nicht auf die technische Physik beschränken sollten. Vielmehr wollte die Gesellschaft »auch hier ihre Kräfte in den Dienst der gesamten Physik stellen«.[160] Die Reihe erschien bis 1943. Tatsächlich gab es zu den meisten Gebieten zwei oder drei Beiträge, wobei die jeweils ersten, die 1933/1934 erschienen, die Aufgabe hatten, mit einem Bericht über den Stand der Forschung die Grundlage zu schaffen. Die Hefte wurden den Mitgliedern der DGtP als Beilage zur *Zeitschrift für technische Physik* kostenlos geliefert.

Herausgeber auch dieser Serie war C. Ramsauer, Schriftleiter bis zu seinem Tode 1939 war R. Swinne. Danach übernahm C. Ramsauer auch dieses Amt, später unterstützt von R. Frerichs von der Firma Osram. Originell war die Art des Zitierens. Außer den Originalarbeiten wurden als Zitate die Referate in den *Physikalischen Berichten* vermerkt, in den ersten Bänden sogar nur diese.

Aufsätze zur Grundlagenforschung sind häufiger als Beiträge, die im engeren Sinne zur technischen Physik zu rechnen sind. Als Autoren tauchen die Träger bekannter Namen auf. Gregor Wentzel aus Zürich berichtet 1934 und 1939 über Quantentheorie und Wellenmechanik. Es wäre abwegig, bei diesen Beiträgen, die an die aktuellen Probleme der Quantenelektrodynamik und der Kernphysik heranführen, auch nur die Frage zu stellen, ob es etwa bei den Zitaten eine

---

158) Vgl. den Beitrag von Dieter Hoffmann in diesem Band.
159) Zeitschrift für technische Physik 24 (1943), S. 93.
160) Die Physik in regelmäßigen Berichten, 1 (1933), Vorwort.

Selektion nach »erwünschten« und »unerwünschten« Physikern gäbe. Das gilt entsprechend für andere Beiträge der Reihe. Von F. Hund stammen zwei Artikel (1933 und 1937) über Atome und Moleküln, von W. Hanle (1934 und 1938) über Anregung von Gasen, von R. Becker, W. Gerlach und Mitarbeitern (1935 und 1939) über Magnetismus usw. Unauffällig sind selbst die Beiträge des »Deutschen Physikers« R. Tomaschek (1934 und 1940) über Optik und Elektronik fester und flüssiger Stoffe. Auch die Artikel von A. Becker über Korpuskularstrahlen (1934 und 1938) fallen nicht aus dem Rahmen, wenn man davon absieht, dass auf den ersten Seiten des ersten Artikels das Verdienst Lenards besonders betont wird. (Letzteres hindert aber den Autor nicht, bereits auf Seite 5 die »umfassende Fortbildung der *Born*schen Stoßtheorie durch *Bethe* [als] bedeutungsvoll« herauszustellen.)

In den amerikanischen *Science Abstracts* werden die Artikel wie Beiträge in anderen Zeitschriften neutral referiert. Das Referat besteht in der Regel aus einer Aufzählung der Kapitel und einem Hinweis auf den großen Umfang der verarbeiteten Literatur. So heißt es z. B. zu dem zweiten Beitrag von A. Becker: »This report comprises a comprehensive summary with references to close on 400 original papers, of the progress in corpuscular-ray research since the issue of part I 4 years ago«.[161]

Die Schriftenreihe wurde wie die *Zeitschrift für technische Physik* mit dem Ende des Krieges eingestellt. Drei Artikel aus den Jahren 1943/1944 wurden noch nachträglich 1954 veröffentlicht. Dieser Band enthält auch ein Autoren- und Sachregister für die gesamte Reihe – es war nichts zurückzunehmen.

Die Physikalischen Blätter

Im Jahre 1943 trat die DPG mit einem Projekt hervor, das im Zusammenhang mit den Initiativen des DPG-Vorsitzenden Carl Ramsauer zu sehen ist[162]: der Gründung der *Physikalischen Blätter*, einer für eine breite Öffentlichkeit bestimmten Zeitschrift. Dass dies um diese Zeit mit Papiermangel und all den anderen wirtschaftlichen

---

161) Science Abstracts, Section A, Physics, XLI (1938), Nr. 2552.
162) Vgl. den Beitrag von Dieter Hoffmann in diesem Band.

Problemen mitten im »totalen Krieg« möglich war, ist deutlicher Beweis für den Sinneswandel der Machthaber. Von Juni 1944 an bis zum Kriegsende erschienen – z. T. durch Bombenschäden behindert – 12 Hefte. Die Zeitschrift war Organ einer »Informationsstelle Deutscher Physiker«, die 1943 von der DPG mit dem Auftrag gegründet wurde, die »Öffentlichkeit über die Arbeit und Bedeutung der physikalischen Forschung sowie über den Beruf des Physikers insbesondere des Grundlagenforschers ... »aufzuklären und sich um die »Heranziehung des wissenschaftlichen Nachwuchses zum Beruf des Physikers ...« zu kümmern.[163] Leiter der Informationsstelle und Herausgeber der Zeitschrift wurde Ernst Brüche, der als Abteilungsleiter im AEG-Forschungslaboratorium in enger Verbindung zu Carl Ramsauer stand.

Tenor der neuen Zeitschrift war, den Rang der Physik als »Grundwissenschaft« herauszustellen und ihre Förderung von der Schule an einzufordern. Berührungsängste gibt es nicht. Mängel in der Förderung des Fachs und der Naturwissenschaften allgemein werden offen angesprochen, Verhältnisse in den USA und anderswo als vorbildlich hingestellt. Die »Deutsche Physik« ist kein Thema mehr, über das zu reden sich lohnt; die *Zeitschrift für die gesamte Naturwissenschaft* ist eingegangen. Stattdessen können in einem Bericht über die Bild- und Filmsammlung Deutscher Physiker[164] J. Franck, G. Magnus, E. Warburg, H. Rubens und F. Haber erwähnt werden.[165] Mit einem Lebenslauf und einem ganzseitigen Bild erfährt Magnus sogar eine besondere Würdigung als einer der »deutschen Physiker, die durch ihre Forschungen einen wichtigen Anteil an der Entwicklung der Ballistik haben«.

Die einzelnen Hefte stehen unter Leitthemen: Forschung tut not; Physik ist Grundwissenschaft; Nachwuchs ist Lebensfrage; Nachwuchsfragen; Forschung auch im Krieg!; Physik in aller Welt; Zu den Schulreformen. Das Oktober-Heft dient der Aussprache über die Zeitschrift selbst, wobei ganz unbefangen Pläne für die Zukunft gemacht werden. Das November-Heft ist als »Geschichtsheft 1« mit sachlichen Beiträgen Justus v. Liebig gewidmet.

Wie man den Leitthemen entnehmen kann, spielt die Forschung

---

[163] Physikalische Blätter 1 (1944) S.1.
[164] E. Brüche, Über ein Jahrzehnt Bild- und Filmsammlung Deutscher Physiker, Physikalische Blätter 1 (1944) S. 44–46.
[165] Ebenda S. 45.

neben der Sorge um den Nachwuchs eine zentrale Rolle. In vielen Beiträgen wird auf die »für Wirtschaft und Wehrkraft« wichtigen technischen Anwendungen hingewiesen, die auf den Ergebnissen physikalischer Forschung beruhen. Mit gleicher Eindringlichkeit wird aber die reine, allein auf Erkenntnisdrang beruhende, Grundlagenforschung von einer unmittelbar mit Technik verbundenen »Zweckforschung« abgegrenzt, und es ist das offensichtliche Bemühen des Herausgebers, durch die Auswahl der Artikel und eigene Beiträge um Förderung dieser Forschung zu werben. Die Erforschung der elektromagnetischen Wellen und der Elektronenstrahlen sind ihm ein Beispiel dafür, wie aus einer rein auf Naturerkenntnis ausgerichteten Forschung die nicht vorhersehbare Anwendung der Radiokommunikation mit Elektronenröhren entsteht.

Der Herausgeber Ernst Brüche ist außer durch eigene Aufsätze durch Leitartikel und Vorworte zu anderen Beiträgen beteiligt. Unter den Autoren erscheinen nur wenige namhafte Physiker. Jonathan Zenneck ist mit zwei Beiträgen vertreten[166], wobei in einem sogar das Haber-Bosch-Verfahren Erwähnung findet![167] Von W. Finkelnburg stammt der Beitrag »Wesen und Bedeutung der Physik« mit der abschließenden Bemerkung: »Es darf und muß ohne jede Übertreibung festgestellt werden, daß der gegenwärtige Stand der physikalischen Forschung eines Volkes und Staates für die Entwicklung seiner Wirtschafts- und Wehrkraft ausschlaggebend ist«.[168] Dieser Artikel steht in Heft 3-4 (Physik ist Grundwissenschaft), das auch drei Beiträge von C. Ramsauer enthält. Der einzige Beitrag in dem gesamten Band, der wesentlich auf Information über aktuelle Arbeitsgebiete der Physik ausgerichtet ist, stammt von W. Westphal: Probleme der Physik. Aber auch hier scheint die Tendenz der Zeitschrift in Bemerkungen am Anfang und Ende durch: »So sehen wir den einen Physiker weltabgewandt mit ungelösten Problemen der reinen Naturerkenntnis beschäftigt, während der andere mit beiden Beinen mitten in der Wirklichkeit des Daseins und des Lebenskampfes steht ... Unsere Ausführungen mögen auch dazu dienen, dem physikalischen

---

166) J. Zenneck, Die Bedeutung der Forschung, Physikalische Blätter 1 (1944) S. 6-12; ders., Forschung tut not auch im Kriege, Physikalische Blätter 1 (1944) S. 110-112. (Vgl. Faksimile im Abbildungsteil dieses Buches).
167) Ebenda S. 110.
168) W. Finkelnburg, Wesen und Bedeutung der Physik, Physikalische Blätter 1 (1944) S.29.

Nachwuchs zu zeigen, daß es außer den heute vordringlichen Aufgaben der praktisch angewandten Physik immer noch die reizvollsten Zukunftsaufgaben für den nur auf Naturerkenntnis gerichteten Physiker gibt.«[169)] Die genannten Beiträge wurden anderen Veröffentlichungen entnommen oder waren Themen von Vorträgen.

Bereits im ersten Heft erscheint ein Artikel »Wissenschaft und Forschung in ihrer Stellung im Dritten Reich«, in dem Ausführungen von Reichsminister Dr. Goebbels zusammengestellt sind.[170)] Teile dieses Artikels lesen sich wie eine unmittelbare Antwort auf die Vorwürfe, die C. Ramsauer vorgetragen hatte[171)]: »Die Nation weiß noch gar nicht, was sie an militärischen Erfolgen der Erfindungs- und Forschungsarbeit unserer Physiker, Chemiker ...zu verdanken hat«.[172)] »Deutschland verdankt seinen Weltruf mehr noch als seinen Staatsmännern, Soldaten und Wirtschaftlern seinen Künstlern, Gelehrten, Wissenschaftlern, Forschern und Erfindern«;[173)] »Ein Volk ohne Respekt vor der geistigen Arbeit würde über kurz oder lang auch keinem geistigen Arbeiter mehr Entfaltungs- und Betätigungsmöglichkeiten geben. Die aber ist eine Voraussetzung für den nationalen Dauererfolg«.[174)] Anschließend erfährt man aus einem Schreiben des Reichsministers für Bewaffnung und Kriegsproduktion Speer etwas über dessen Einschätzung der Grundlagenforschung: »Ich habe in vielen Fällen ohne weiteres veranlassen können, daß für wissenschaftliche Forschungsaufgaben namentlich benannte Mitarbeiter von der Wehrmacht freigestellt werden«; »Es liegt mir außerordentlich viel daran, daß die Grundlagenforschung mit aller Intensität und ohne Reibungsverluste an der Arbeit ist«.[175)]

Rudolf Mentzel vom Reichserziehungsministerium, Präsident der Deutschen Forschungsgemeinschaft, vom Herausgeber in seiner Einleitung als Leiter des geschäftsführenden Beirats des Reichsforschungsrates vorgestellt, äußert sich zum Thema Deutsche For-

---

169) W. Westphal, Probleme der Physik, Physikalische Blätter 1 (1944) S.35.
170) Wissenschaft und Forschung im Dritten Reich. Nach Ausführungen von Reichsminister Dr. Goebbels, Physikalische Blätter 1 (1944) S. 20–23.
171) Vgl. den Beitrag von Dieter Hoffmann in diesem Band.
172) Ebenda S. 23
173) Ebenda.
174) Ebenda.
175) Einschätzung der Grundlagenforschung. Aus einem Schreiben von Reichsminister Speer, Physikalische Blätter 1 (1944) S. 23.

schung im Kriege[176] und kommt zu dem Schluss: »Der totale Krieg lehrt uns, daß wir unsere Angriffs- und Abwehrwaffen ständig...weiterentwickeln und verbessern müssen... Zu gleicher Zeit aber kommt die Einsicht, daß bei dieser wissenschaftlichen Mobilmachung die Grundlagenforschung nicht vernachlässigt werden darf und daß auch hier breiteste Arbeit zu leisten ist, auch solche Arbeit, die auf den ersten Blick noch gar nicht mit den unmittelbaren Kriegserfordernissen in Zusammenhang zu stehen braucht«.[177]

Wegen der Heranbildung des Nachwuchses wird Kontakt zu den Repräsentanten der Hitler-Jugend aufgenommen. So kommt es zu einem ausführlichen Beitrag eines Hauptbannführers Heinrich Hartmann zum Thema »Jugend und Technik«.[178] Darin findet sich die einzige Stelle in den zwölf Heften, die in ihrer Sprache an die »Deutsche Physik« erinnert; der Autor gelangt aber zu einem Eingeständnis, an das deren Verfechter nie gedacht hätten. Unter der Überschrift »Ein Blick auf den Feind« liest man: »So verjudet, entartet und verkommen die politische und wirtschaftliche Führung der anglo-amerikanischen Koalition auch sein mag, so darf doch nicht verkannt werden, daß trotz aller Degenerationserscheinungen und Vermischungstendenzen gerade ihre technischen Leistungen von dem gleichen faustischen Drang getragen worden sind und getragen werden wie bei uns ... Es tritt uns darin ein Feind von Rang entgegen, der uns zu höchstem eigenen Einsatz nicht nur im Kampf der Waffen, sondern gerade im Kampf der Wissenschaft, der Technik, der Erfindungen verpflichtet«.[179] Man spürt hier etwas von dem »segensreichen« Einfluss der »Deutschen Physik«, die einen solchen Durchbruch zur uneingeschränkten Anerkennung und Einbindung moderner Wissenschaft mit ihren Verdächtigungen lange Zeit verhindert hat.

In Heft 9 mit dem Leitthema »Physik in aller Welt« informieren zwei Beiträge über die Einschätzung der Wissenschaft in England[180]

---

176) R.Mentzel, Deutsche Forschung im Kriege, Physikalische Blätter 1 (1944) S. 103–106.
177) Ebd., S. 106.
178) H. Hartmann, Jugend und Technik, Physikalische Blätter 1 (1944) S.75–81.
179) Ebd., S. 77.
180) W. Bragg, Englische Wissenschaft im Kriegsdienst, Physikalische Blätter 1 (1944) S. 127–128.

bzw. Amerika[181]). Im letzteren Fall vermerkt der Herausgeber in seiner Vorrede: »Dieses Wichtige ist die starke Betonung der Forschung, ..., ist der Hinweis auf die Phasenverschiebung zwischen Forschung und dem durch sie erzielten Fortschritt, ist manches – was mehr oder weniger deutlich ausgesprochen – uns Hinweise geben kann«.[182]) Sogar Wissenschaft und Technik in den Sowjet-Republiken erfahren in diesem Heft durch Wiedergabe eines Aufsatzes aus der Zeitschrift *Nature* Anerkennung.[183]) Ein äußerlich primitives russisches Galvanometer wird als Vorbild für eine einfache, zweckmäßige Lösung günstig bewertet.[184])

Den Leitthemen entsprechend nimmt die Nachwuchsfrage einen breiten Raum in der Zeitschrift ein. Hierzu kommen, in Aufsätzen und Leserzuschriften, hauptsächlich Schulmänner zu Wort. Wichtig ist für Brüche die Einbeziehung der Hitler-Jugend; sie ist für ihn »der zweite große Erziehungsfaktor«.[185]) Er fühlt sich in dieser Mission offensichtlich nicht nur als Herausgeber der Zeitschrift. Ergebnis der Bemühungen ist eine Aktion »Jugend und Technik«, zu der der Reichsjugendführer Axmann im Juli 1944 aufruft. Der Aufruf wird in der Zeitschrift veröffentlicht[186]), ferner die oben erwähnten Erläuterungen des Hauptbannführers Hartmann, einem engen Mitarbeiter Axmanns. Im Oktober-Heft kann der Herausgeber im Blick auf die ungenügende Resonanz in der Presse feststellen: »Mit Genugtuung vermerken wir dagegen, daß mehrere Beiträge in den Phys.Bl. in die Dienstanweisung der HJ zur Aktion »Jugend und Technik« übernommen sind ...«.[187])

Ein Problem, das mehrfach angesprochen wird, stellen die Luftwaffenhelfer dar, Schüler der höheren Klassen, die in den Batterien der Fliegerabwehr eingesetzt werden und zum Teil ihren Unterricht

---

181) B. Bliven, Wie die amerikanische Wissenschaft unsere Welt sieht, Physikalische Blätter 1 (1944) S. 129–133.
182) Ebd., S.129.
183) Wissenschaft und Technik in den Sowjet-Republiken, Physikalische Blätter 1 (1944) S. 135–138.
184) W. Zapp, Ein russisches Galvanometer, Physikalische Blätter 1 (1944) S. 138–140.
185) Nachwuchsfragen, Physikalische Blätter 1 (1944) S. 74.
186) Zur Aktion »Jugend und Technik«. Aufruf des Reichsjugendführers Artur Axmann vom Juli 1944, Physikalische Blätter 1 (1944) S. 68–69.
187) Die Physikalischen Blätter im Urteil der Leser, Physikalische Blätter 1 (1944) S. 155 (Fußnote)

in den Stellungen erhalten. Mit erheblichem Aufwand soll versucht werden, beim Physikunterricht auch dort Experimente durchzuführen. Ein Kronzeuge für die Nachwuchsproblematik ist für Ernst Brüche der Oberstleutnant Oberstudiendirektor Prof. Dr. K. Hahn, »Sonderbeauftragter für den Luftwaffenhelfereinsatz in einem Luftgau«, der mit drei Beiträgen zum Thema (und einem historischen Beitrag) vertreten ist. In seinem zweiten Beitrag »Wissenschaftlicher Nachwuchs im fünften Kriegsjahr«[188] schildert er die Schwierigkeiten, »gegenüber dem Übergewicht, das die Belange der Front mit Recht haben«[189], »gegenüber dem Übergewicht der weltanschaulichen Fächer«[190] und unter den widrigen äußeren Bedingungen Anerkennung und Begeisterung für die Physik zu vermitteln. Dennoch sei es »kein In-den-Rücken-Fallen, wenn wir uns schon jetzt sichern, was wir während und nach dem Kriege brauchen: günstige Meinung über die Bedeutung, Hochachtung vor der Tätigkeit des Forschers und Zudrang von wirklich Tüchtigen und Fähigen«[191]. Ernst Brüche stellt sich in seinem Vorwort hinter den Autor: »Beachten wir dabei seine Warnung, technische Schulungskurse der Kriegsjugend nicht mit dem zu verwechseln, was Deutschland not tut: Heranbildung der geistig und charakterlich veranlagten jungen Menschen zu Idealisten auf dem Gebiet der Wissenschaft und damit zu wahren Forschern, von denen allein wirklicher Fortschritt kommen kann«.[192] An anderer Stelle vertritt Ernst Brüche ein »Vorgriffsrecht« der Physik: »Bei der Wichtigkeit der Physik als Grundwissenschaft der Technik muß die Physik das erste Recht auf die Auswahl geeigneter Kräfte haben«[193]; »Die Physik braucht nur relativ wenige Kräfte aus dem großen Reservoir des Nachwuchses, sie braucht aber die wirklich geeigneten Menschen«.[194]

Der große Nutzen auch bei einer kleinen Zahl von Forschern ist ein mehrfach gebrauchtes Argument. Die Leserzuschrift eines Studi-

---

188) K. Hahn, Wissenschaftlicher Nachwuchs im fünften Kriegsjahr, Physikalische Blätter 1 (1944) S. 82–84.
189) Ebd., S. 82.
190) Ebd., S.83.
191) Ebd., S.82.
192) Ebd.
193) Aus der Arbeit der Informationsstelle Physikalische Blätter 1 (1944) S. 163.
194) Ebd., S. 166.

enrats[195], die der Herausgeber sogar anonym veröffentlicht, »um so dem Autor eine freiere Aussprache zu ermöglichen«[196], setzt sich für die Freistellung ausgewählter Physik-Studenten vom Wehrdienst ein; sie gipfelt in der kursiv gesetzten Feststellung: »Man wende dagegen nicht ein, daß an der Front jeder Mann gebraucht werde! Wir werden den Krieg auch ohne die paar hundert Mann gewinnen, den Frieden aber ohne sie vielleicht verlieren«.[197] Den ersten Teil dieser Aussage öffentlich zu bezweifeln, wäre tödlich gewesen; wie sollte man da nicht den zweiten Teil ernst nehmen?

Der Staatliche Baurat Dr.-Ing. Vogt bemängelt in seiner Zuschrift[198] die geringen naturwissenschaftlichen Kenntnisse der Schulabgänger und macht dafür mit erstaunlicher Offenheit die Ablenkung durch andere Veranstaltungen verantwortlich. Er tut dies, indem er eine Stellungnahme des Präsidenten der Reichsmusikkammer zitiert, in der man nach seiner Meinung nur die Worte Musik, Klavier, Geige durch Naturwissenschaft, Mathematik, Physik zu ersetzen brauche:

> »Da aber tatsächlich das Sein oder Nichtsein unseres Volkes als eines Musikvolkes von höchstem Rang auf dem Spiele steht, so darf keine Gelegenheit versäumt werden, daran zu erinnern, daß diese Erziehungsfrage wichtiger ist als vieles andere, was für die Jugend geschieht. Es versteht sich von selbst, daß man es nicht den Kindern überlassen muß, zu entscheiden, ob sie lieber Klavier oder Geige üben oder ob sie bei Aufzügen oder anderen Veranstaltungen der Organisation dabei sein wollen«.[199]

Peinlich berührt bei Ernst Brüche die ideologische Anpassung in der Sprache. So fordert er in einem redaktionellen Vorwort zum Beitrag *Aktivierung des Akademikernachwuchspotentials*, »daß die für physikalische Forschungen geeigneten, aus der Erbmasse neu aufsteigenden Kräfte gesucht und frühzeitig einer guten physikalischen Ausbildung zugeführt werden müssen«.[200] In einem Beitrag Brüches über Grundlagenforschung im Kriege[201] erfährt man: »Es ist

---

195) Studienrat Dr. N.N., Ununterbrochener Studienurlaub, Physikalische Blätter 1 (1944) S. 167–168.
196) Ebd., S. 167 (Fußnote)
197) Ebd., S. 168.
198) Staatlicher Baurat Dr.-Ing. Voigt, Auswahl der Geeigneten, ebenda, S. 166.
199) Ebd.
200) Physikalische Blätter 1 (1944) S. 57.
201) E. Brüche, Grundlagenforschung im Kriege, Physikalische Blätter 1 (1944) S. 112–115

dieselbe Rassenanlage, die bei der Erfindung des Pulvers, der Entdeckung der Röntgenstrahlen oder der Erschließung der Quantentheorie durch unseren großen deutschen Physiker Max Planck ihren Ausdruck fand«[202]; es geht um Grundlagenforschung, »die den spezifischen Eigenarten unserer Rasse entspricht.«[203] Ähnliches findet sich bei Ramsauer in seinem Beitrag *Die Schlüsselstellung der Physik*.[204] Zweimal beruft sich Ernst Brüche auf »Führerworte«[205] und es gibt ausführliche Zitate aus *Mein Kampf*[206].

Man kann dem Herausgeber aber auch bescheinigen, dass er sein Anliegen geschickt vertritt. Auch ältere Beiträge werden aufgenommen, z. B. ein Auszug aus einer Ansprache von Max Planck im Jahre 1922, in der er die Erfolge der Technik in Deutschland »ganz wesentlich mit dem Umstande [zuschreibt], daß sich hier eine selbständige, von wirtschaftlichen Interessen unabhängige Wissenschaft entwickeln konnte«.[207]

Eine verschwommene Bemerkung, hinter der sich die eigene Meinung verbergen ließ, findet sich in der oben schon erwähnten Vorrede zu einem Auszug aus dem Buch des amerikanischen Autors B. Bliven *Wie die amerikanische Wissenschaft unsere Welt sieht*. Dort rechtfertigt Brüche eine Auslassung mit den Worten;

»... wobei politische Betrachtungen, so z. B. darüber, ob die amerikanischen Wissenschaftler die Demokratie oder andere Staatsformen vorziehen, wie der Liberalismus auf den wissenschaftlichen Fortschritt gewirkt habe und ob es richtig sei, die Wissenschaftler Rassengesetzen zu unterwerfen, ausgelassen wurden, da wir die in Amerika über diese Punkte vertretenen Meinungen hinlänglich kennen«.[208]

Der Physik-Historiker Hans Schimank schreibt einerseits über den »Einfluß der Physik auf das Wehrwesen im Wandel der Zeiten«,[209] andererseits – durchaus ausgewogen – über »Deutsch-

---

202) Ebd., S. 113.
203) Ebd., S.115.
204) C. Ramsauer, Schlüsselstellung, S.33.
205) Physikalische Blätter, S.37; S. 109.
206) Physikalische Blätter S. 54; S. 125; S.162.
207) M. Planck, Aus der Eröffnungsansprache des Deutschen Naturforscher- und Ärztetages 1922, Physikalische Blätter 1 (1944) S.25.
208) B.Bliven, Wie die amerikanische Wissenschaft ..., Physikalische Blätter 1 (1944) S. 129.
209) H. Schimank, Der Einfluß der Physik auf das Wehrwesen im Wandel der Zeiten, Physikalische Blätter 1 (1944) S. 119–124.

französische Beziehungen in der Naturwissenschaft«[210]). Das letzte Heft enthält eine Reihe sachlicher Informationen über Schule und Schulreformen in den vergangenen 100 Jahren. Einiges erinnert an Probleme, die wir auch heute kennen. Der Auflockerung dienen Physiker-Anekdoten und die schon erwähnten Physiker-Bilder, zum Teil mit biographischen Anmerkungen. Passend zu Heft 9 *Physik in aller Welt* sind hier Faraday, Millikan und Bohr die Personen der Anekdoten.[211])

So ist trotz der offensichtlichen Tendenz ein Band entstanden, der den Leser nicht in jeder einzelnen Zeile mit aufdringlicher Propaganda bedrängt. Eine verblüffende Nachricht findet sich im August-Heft 1944. Unter der Überschrift *Noch eine Utopie* wird aus einer schwedischen Zeitung eine aus London stammende Nachricht zitiert: »In den Vereinigten Staaten werden wissenschaftliche Versuche mit einer neuen Bombe ausgeführt. Als Material dient Uran, und wenn die gebundenen Kräfte in diesem Element frei würden, dann könnten Sprengwirkungen von bisher nicht geahnter Kraft erzeugt werden...«.[212])

Forschung in den Kriegsjahren

Ein Überblick über die wissenschaftliche Arbeit, wie sie sich in Zeitschriften und auf Tagungen niederschlug, schließt die geheimen Arbeiten aus. So erfährt man im Gegensatz zu der verblüffenden Offenheit bei der Kernforschung in den physikalischen Zeitschriften z. B. nichts über die Radarforschung. Deutliche Hinweise auf geheime Arbeit finden sich mit Beginn des Krieges. In seiner Eröffnungsrede zur Tagung 1940 weist J. Zenneck darauf hin, dass wegen des Krieges »manches unterdrückt werden muß, was zu anderen Zeiten erörtert werden könnte und vielleicht zu dem besonders Interessanten gehören würde«.[213])

Das bedeutet aber nicht das Ende jeder »offenen« Forschung, wie

---

210) H. Schimank, Deutsch-französische Beziehungen in der Naturwissenschaft, Physikalische Blätter 1 (1944) S. 141–143.
211) Physiker-Anekdoten, Physikalische Blätter 1 (1944) S. 148.
212) Noch eine Utopie, Physikalische Blätter 1 (1944) S. 118.
213) Verhandlungen der Deutschen Physikalischen Gesellschaft, 21 (1940), S. 31.

die in den vorangegangenen Abschnitten ausgeführten Beispiele aus dieser Zeit zeigen. Deutlich wird das Bild bei einer Lektüre der Serie Naturforschung und Medizin in Deutschland 1939–1946.[214] Namhafte Forscher der jeweiligen Gebiete berichten über die in den Kriegsjahren geleisteten und veröffentlichten Arbeiten. 15 Bände beziehen sich auf die Physik einschließlich Astrophysik und Biophysik. In einem Vorwort zu Band 8/9 (Physik der festen Körper, Hrsg. G. Joos) sagt A. Sommerfeld: »Die Fülle der während des Krieges geleisteten experimentellen und theoretischen Arbeit, auch solcher, die nicht mit Kriegsaufgaben zusammenhängt, wird den Leser in Erstaunen setzen«. Am Schluss dieses Doppelbands werden 33 »wichtige, in der Berichtszeit erschienene Bücher« zum Thema des Bands aufgezählt, von denen mehr als die Hälfte im engeren Sinne der Physik zuzurechnen sind. Ähnliches über Umfang und Art der mitgeteilten Arbeiten lässt sich für die anderen Bände feststellen. In der Einleitung zu Band 12 (Physik der Elektronenhüllen) hebt M. von Laue hervor, dass »eine große Zahl scharfsinniger neuer Methoden [...] mit bestem Erfolg [angewandt wurde]«. Für den vorliegenden Beitrag, bei dem es um die Feststellung tatsächlich geleisteter Forschungsarbeit geht, kann die Frage außer Acht bleiben, ob etwa die Berichte durch bewusste Auslassungen unvollständig sind.[215]

Es muss weithin gelungen sein, auch da, wo die Arbeit offiziell auf technisch-militärische Zwecke ausgerichtet war, Freiraum für grundlegende Forschung zu erhalten und deren Ergebnisse zu veröffentlichen. In dem Kapitel *Elektrizitätsleitung und lichtelektrischer Effekt* in Halbleitern von Band 9 der oben genannten Serie sagt der Autor W. A. Meyeren in seinem allgemeinen Überblick: »Während des letzten Krieges ist besonders die Erforschung ultrarot-empfindlicher Strahlungsempfänger gepflegt worden. Über diese Untersuchungen ist nur sehr wenig publiziert worden. Das gleiche gilt für die rapide Entwicklung der Sperrschichtgleichrichter«. Jedoch kann sich der Autor für den Überblick über das gesamte, damals im Aufbruch befindliche Gebiet auf viele allgemeine Veröffentlichungen zu diesem Thema aus

---

[214] Naturforschung und Medizin in Deutschland 1939–1946, 84 Bde., 1947 ff. Es handelt sich um die für Deutschland bestimmte Ausgabe des FIAT Review of German Science (Field Information Agency, Technical).

[215] Für die Darstellung des *Uran-Projekts* wurde diese Frage von M. Walker untersucht; siehe ders., Die Uranmaschine. Mythos und Wirklichkeit der deutschen Atombombe, Berlin 1990, S. 250.

den Kriegsjahren berufen, z. B. von der Gruppe um W. Schottky und E. Spenke bei der Firma Siemens.

Robert Rompe von der Firma Osram (Studiengesellschaft für elektrische Beleuchtung) schreibt am 6.5.1940 an H. Kopfermann, der für den Sommer 1940 eine Tagung des Gauvereins Niedersachsen in Hannover plante: »Was Vortragsthemen anbelangt, so hätten wir ein oder zwei Probleme, die man vortragen könnte. Allerdings sind gerade die interessanten Dinge von der Art, daß man nicht über sie vortragen darf, und das dürfte heutzutage wohl überall so sein«.[216] Das klingt so, als würde dort hauptsächlich geheime Arbeit geleistet. Tatsächlich gab es aber bei Osram z. B. fortlaufende Untersuchungen der Hochdruckentladungen, an denen W. Weizel aus Bonn beteiligt war. Technisches Ergebnis waren die auch für viele physikalische Experimente bedeutsamen Quecksilber-Höchstdrucklampen, Lichtquellen extrem hoher Leuchtdichte. Über ihre neueste Form wurde in einer Arbeit in der *Zeitschrift für Physik* 1944 berichtet, in der auch auf einen Vortrag von Weizel zu diesem Thema auf der Berliner Tagung 1942 hingewiesen wird.[217] Im Februar 1942 beteiligen sich Rompe und Friedrich Möglich mit einem rein theoretischen und einem biophysikalischen Thema an der Tagung des Gauvereins Niedersachsen in Hamburg.[218] In Band 10 der oben genannten Serie (Physik der Flüssigkeiten und Gase) beschreibt W. Finkelnburg in seinem Beitrag *Elektrische Entladungen in Gasen* auch die Arbeiten der Gruppe Rompe-Weizel (S. 239 ff.). Er zählt mehrere Veröffentlichungen im Zeitraum 1939–1944 auf, von denen nur eine mit dem Zitat »Dtsch. Luftfahrtforsch. Nr. 1933 (1944)« offenbar eine geheime Mitteilung war.

Der scheinbare Widerspruch zu Rompes Äußerung vom Frühjahr 1940 könnte damit zu tun haben, dass Geheimhaltungsvorschriften in den späteren Kriegsjahren gelockert wurden, weil man sie als Hindernis für Koordination und Kooperation in Forschung und Entwick-

---

216) Rompe an Kopfermann, DPGA, Nr. 40023.
217) R. Rompe/W. Thouret/W. Weizel, Zur Frage der Stabilisierung frei brennender Lichtbögen, Zeitschrift für Physik 122 (1944), S. 1. Der Band enthält drei weitere Arbeiten, bei denen R. Rompe und W. Weizel als Autoren bzw. Mitautoren erscheinen.
218) F. Möglich/R. Rompe, Strahlungseigenschaften dichtgelagerter, gleichartiger Atome, Verhandlungen der Deutschen Physikalischen Gesellschaft, 23 (1942), S. 46 ff.; auch (mit leicht geändertem Titel) veröffentlicht in: Zeitschrift für Physik 120 (1943), S. 741.

lung einschätzte.[219] Vielleicht haben Wissenschaftler auch ihren eigenen Rang in Geheimprojekten selbstgefällig (oder zum Schutz vor einer Einberufung) überschätzt.

Ein ähnlicher Fall ist aus Göttingen bekannt. Auf die erwähnte Rückfrage von H. Kopfermann wegen einer Gauvereinstagung 1940 antwortet G. Joos: »Nach allgemeiner Umfrage hier scheint keine Möglichkeit zu bestehen, von Göttingen aus Vorträge zu halten, da alle Institute lediglich Geheimarbeit machen«.[220] Auch dies scheint übertrieben; zumindest trifft es nicht für die ganze Kriegszeit zu. Selbst der im II. Physikalischen Institut als Dozent tätige und als bekennender Nationalsozialist auffällige K.-H. Hellwege veröffentlicht zwischen 1941 und 1944 mehrere Arbeiten aus seinem Spezialgebiet, der Festkörperspektroskopie an seltenen Erden,[221] obwohl er es als kommissarischer Direktor des Instituts (nach dem Weggang von G. Joos 1941) erreicht hatte, dass das Institut als »Spezialbetrieb der Rüstungsindustrie« anerkannt wurde.[222]

Vollends änderte sich in Göttingen die Lage, als H. Kopfermann 1942 zum Direktor des Instituts berufen wurde. Nach dem Krieg schreibt er in einem Brief vom 11.12.1945 an den alliierten Kontrolloffizier: »Research work on the subjects mentioned has been continued up to the occupation of Göttingen by Allied troops [...] It may be added that all research work the continuation of which is proposed has in the past being considered as fundamental research exclusively and was not underlying any restrictions concerning publishing of any details of apparatus and results«.[223] Das ist bemerkenswert, wenn man bedenkt, dass die Gruppe von H. Kopfermann durch Arbeiten zur

---

219) R. Federspiel, Mobilisierung der Rüstungsforschung? Werner Osenberg und das Planungsamt im Reichsforschungsrat 1943–1945, in: H. Maier (Hrsg.), Rüstungsforschung im Nationalsozialismus. Organisation, Mobilisierung und Entgrenzung der Technikwissenschaften, Göttingen 2002, S. 72–105; hier S. 82.
220) Joos an Kopfermann, DPGA Nr. 40023.
221) Veröffentlicht in: Zeitschrift für Physik 117 (1941), S. 198 u. 596; ebd., 119 (1942), S. 325; ebd., 121 (1943), S. 588 sowie (gemeinsam mit G. Joos) in: Annalen der Physik 39 (1941), S. 25.
222) K. Hentschel/G. Rammer, Nachkriegsphysik an der Leine: eine Göttinger Vogelperspektive, in: D. Hoffmann (Hrsg.), Physik im Nachkriegsdeutschland, Frankfurt a. M. 2003, S. 27–56, hier S. 31. Zu K. Hellwege siehe auch G. Rammer, Göttinger Physiker nach 1945. Über die Wirkung kollegialer Netze, in: Göttinger Jahrbuch, 51 (2003), S. 83–104, hier S. 91.
223) K. Hentschel/G. Rammer, Nachkriegsphysik, S. 36.

massenspektroskopischen Isotopentrennung auch mit dem Uran-Projekt verbunden war.[224] Dies führte aber nur zur Isotopentrennung in kleinen Mengen[225] und konnte für atomphysikalische Messungen genutzt werden. Eine Arbeit von Kopfermann und Walcher erschien noch 1944 in der *Zeitschrift für Physik*.[226] Der Band enthält zwei weitere damit zusammenhängende Arbeiten von Wilhelm Walcher.[227] Kopfermann war Autor einer 1940 erschienenen, international anerkannten Monographie über Kernmomente, die als Musterbeispiel für eine ausgiebige, unbefangene Würdigung der Beiträge von Emigranten gelten kann.[228] Selbst Samuel Goudsmit, der kritische Leiter der Alsos-Mission, hatte »a very high opinion of Kopfermann«,[229] und der Emigrant Victor Weisskopf widmete ihm später in der Zeitschrift *Nuclear Physics* einen ehrenden Nachruf[230]. H. Kopfermann war Teilnehmer am Münchener »Religionsgespräch« im November 1940 und auch sonst in der DPG engagiert, in den Kriegsjahren als Vorsitzender des Gauvereins Niedersachsen. Offenbar konnte ein als »kriegswichtig« eingestuftes Projekt mit seiner willkommenen Förderung als Legitimation dienen, um »nebenbei« – in Wahrheit vielleicht mit dem größeren Nachdruck – die Arbeit an anderen Themen weiterzuführen.

Schlussbemerkungen

Studien zum Verhalten von Physikern in der NS-Zeit bleiben unvollständig und gelangen leicht zu vorschnellen Verallgemeinerungen, wenn sie sich auf einzelne spektakuläre Themen und wenige

---

224) M. Walker, Uranmaschine, S. 70 u. 317 (Bericht G-196).
225) So der Titel eines Beitrags von W. Walcher in: Naturforschung und Medizin in Deutschland 1939–1946, Bd. 14: Kernphysik und Kosmische Strahlung, S.94 ff.
226) H. Kopfermann/W. Walcher, Trennung der Thalliumisotope, II. Optische Untersuchung verschiedener Thalliumgemische, Zeitschrift für Physik, 122 (1944), S. 465.
227) W. Walcher, Über eine Ionenquelle für massenspektroskopische Isotopentrennung, Zeitschrift für Physik 122 (1944), S. 62. und ders., Trennung der Thalliumisotope, I. Massenspektroskopische Trennung, ebd., S. 401.
228) H. Kopfermann, Kernmomente, Leipzig 1940.
229) Goudsmit an Weisskopf, 11.2.1948, zit nach: G. Rammer, Göttinger Physiker, S. 91.
230) V. Weisskopf, Nuclear Physics 52 (1964), S. 177–183.

herausragende Personen beschränken. Für ein vollständiges Bild müssen weitere Kreise und andere, auch die »niederen« Ebenen einbezogen werden. Der vorliegende Artikel versteht sich als ein Beitrag dazu.

Ohne Zweifel war es das Ziel der NS-Herrschaft wie aller totalitären Herrschaft, ein genormtes, von oben diktiertes Verhalten auf allen Ebenen und in allen Winkeln durchzusetzen. Der Wirklichkeit entsprach das nicht. Offensichtlich wurde die Arbeit der Physiker nicht durchweg auf bestimmte Anwendungen hin dirigiert. Es wurde weiterhin eine um internationale Anerkennung bemühte Grundlagenforschung betrieben, die man schwerlich ohne das traditionelle reine Erkenntnisinteresse verstehen kann, die sich sogar in den letzten Kriegsjahren noch durch die Kampagne in den *Physikalischen Blättern* legitimiert fühlen konnte. Wo sollte man sonst – neben anderen erwähnten Arbeiten – Experimente einordnen, die allein der Klärung allgemeiner Grundlagen dienten? Als Beispiele seien genannt: der Nachweis des quadratischen Doppler-Effekts im optischen Bereich,[231] die Durchführung eines von Einstein vorgeschlagenen Drehspiegelversuchs zur Kohärenz bei bewegtem Strahler,[232] die Wiederholung des berühmten Bothe-Geiger-Experiments zur Energieerhaltung bei der Compton-Streuung für γ-Strahlen,[233] der Nachweis der Fresnel-Beugung von Elektronenstrahlen an einer makroskopischen Kante.[234]

Daneben gab es die anwendungsorientierte Forschung, schon immer als Industrieforschung, nun zunehmend, aber nicht ausschließlich ausgerichtet auf militärische Anwendungen. Zu bedenken ist, dass selbst in solcher Zweckforschung der genuine Part des Physikers immer die Auseinandersetzung mit Grundlagen sein wird, sodass

---

[231] G. Otting, Der quadratische Doppler-Effekt, Physikalische Zeitschrift, 40 (1939), S. 681. (auch als Vortrag für die Jahrestagung 1939 vorgesehen).

[232] H. Billing, Ein Interferenzversuch mit dem Lichte eines Kanalstrahls (Diss.), Annalen der Physik, 32 (1938), S. 577. Es wird erwähnt, dass es sich um einen Versuch handelt, »der schon im Jahre 1926 von Einstein vorgeschlagen wurde«. Diese Arbeit wurde wie die vorgenannte von G. Otting in München unter Walther Gerlach ausgeführt.

[233] W. Bothe/H. Maier-Leibnitz, Zeitschrift für Physik, Bd. 102 (1936), S. 143.

[234] H. Boersch, Fresnelsche Elektronenbeugung, Die Naturwissenschaften, 28 (1940), S. 709. (aus dem Forschungsinstitut der AEG).

auch hier etwas für Grundlagenforschung »abfällt«, wenn auch vielleicht nicht nach einer fachimmanenten Systematik. Verallgemeinern lässt sich aber nicht die These, die M. Epple in seiner Arbeit über Kriegsforschung am Kaiser-Wilhelm-Institut für Strömungsforschung 1937–1945 für die dort betriebene »Technowissenschaft« aufstellt: dass die »retrospektiv als Grundlagenforschung bezeichnete Forschung« in Wahrheit »der Bereitstellung neuer und besserer [...] Techniken [diente], die andernorts in technologischen Entwicklungsprojekten gebraucht wurden«.[235]

In der Industrie stand über dem wissenschaftlichen Interesse der Mitarbeiter das geschäftliche Interesse der Unternehmen, das unter Umständen nüchtern die Zeit nach dem Kriege in den Kalkül einbezog. Bei den Siemens-Werken wurde z. B. mitten im Kriege die Entwicklung des Betatrons aufgenommen. Es war als Strahlungsquelle für medizinische Anwendungen gedacht und brachte in der Tat bald nach dem Ende des Krieges geschäftlichen Erfolg. Noch im Jahre 1941 erwarb ein amerikanischer Konzern bei der Firma Siemens eine Lizenz für das Patent,[236] und im Jahre 1943 wurde öffentlich mit einem amerikanischen Autor um die Priorität gestritten[237]. Erstaunlich ist auch die Freiheit, die G. Hertz in dem eigens für ihn eingerichteten Labor bei der Firma Siemens erhielt.

Allein die Tatsache, dass es neben der DPG eine besondere Gesellschaft für technische Physik mit einer eigenen Zeitschrift gab, ist ein Hinweis auf die traditionelle Werteskala gerade der namhaften Physiker: Für sie war technische Physik »nur« technische Physik. Zu Hilfe kam ihnen die mangelhafte Wissenschaftsorganisation. Der nationalsozialistische Führerstaat war kein monolithischer Block. Gerade das angemaßte »Führertum« mehrerer Akteure auf gleicher Ebene führte dazu, sich gegenseitig Terrain streitig zu machen, um Ausdehnung des eigenen Einflusses bemüht zu sein.[238] In diesem

---

235) M. Epple, Rechnen, Messen, Führen. Kriegsforschung am Kaiser-Wilhelm-Institut für Strömungsforschung 1937–1945, in: H. Maier, Rüstungsforschung, S. 320.
236) M. Steenbeck, Impulse und Wirkungen, Berlin 1978, S. 118.
237) Ders., Beschleunigung von Elektronen durch elektrische Wirbelfelder, Die Naturwissenschaften, 31 (1943), S. 234. Die Arbeit enthält eine Anmerkung von Carl Ramsauer als »Vorsitzender der Deutschen Physikalischen Gesellschaft.«
238) Siehe z B. M. Grüttner, Wissenschaftspolitik im Nationalsozialismus, in: D. Kaufmann (Hrsg.), Geschichte der Kaiser-Wilhelm-Gesellschaft im Nationalsozialismus. Bestandsaufnahme und Per-

Gerangel war es möglich, Nischen für Grundlagenforschung zu bewahren. Nicht einmal in einem so sensiblen Gebiet wie der Luftfahrtforschung gelang eine straffe Steuerung. Nach H. Trischler lässt sich »die Geschichte der Luftfahrtforschung im Nationalsozialismus [...] als Abfolge von vergeblichen Versuchen beschreiben, dieser Herausforderung [der Koordination des Zusammenspiels von Wissenschaft, Staat, und Wirtschaft – d. A.] zu begegnen«. »Im Chaos der letzten Kriegsjahre waren die Chancen der individuellen Wissenschaftler, ihre eigenen Projekte als ›Small Science‹ zu betreiben, größer denn je«.[239] In der Radarforschung wurden nach K. Handel »die insgesamt spärlichen Forschungsarbeiten auf diesem Gebiet [...] auch nach Beginn des Krieges völlig unkoordiniert in den Forschungsinstituten des Reichsluftfahrtministeriums, in Universitäts- und akademischen Forschungsinstituten und in der Industrie betrieben«;[240] erst um 1942/43 setzte hier ein Wandel ein. Der Deutschen Forschungsgemeinschaft (DFG) bescheinigt N. Hammerstein, dass »dank großzügiger Forschungsförderung erstaunliche Ergebnisse erzielt werden konnten«, und führt als einen Grund an, dass sich der Leiter R. Mentzel im Interesse des Erhalts seiner eigenen Position bemühen musste, »vor dem Fachpublikum bestehen [zu] können«.[241] Es sei auf die zitierten Beispiele aus der Astrophysik und der musikalischen Akustik verwiesen.

Eine seltsame Hilfe bekamen die Physiker von der »Deutschen Physik«. Ein kleiner Kreis um Philipp Lenard und Johannes Stark versuchte, der angeblich durch jüdischen Einfluss entarteten modernen Physik auf der Basis von Quantenmechanik und Relativitätstheorie eine »Deutsche Physik« entgegenzusetzen. Der »Erfolg« dieser Bewegung, die dem NS-Staat dienen wollte, war paradox. Sie verschob die Diskussion um die Rolle der Physik auf eine unfruchtbare ideologische Ebene, lenkte gerade dadurch von dem möglichen technischen Nutzen ab und verhinderte, dass profilierte Physiker rechtzeitig in verantwortliche politische Stellen gelangten. Man stelle sich vor, die

spektiven der Forschung, Göttingen 2000, Bd. 1, S. 557.
239) H. Trischler, ›Big Science‹ or ›Small Science‹? Die Luftfahrtforschung im Nationalsozialismus, in: ebd., S. 361.
240) K. Handel, Die Arbeitsgemeinschaft Rotterdam und die Entwicklung von Halbleiterdetektoren. Hochfrequenzforschung in der militärischen Krise 1943–1945, in: H. Maier, Rüstungsforschung, S. 255.
241) N. Hammerstein, Die Geschichte der Deutschen Forschungsgemeinschaft, in: D. Kaufmann, Geschichte, Bd. 2, S. 608.

Veranstaltung zur Einweihung des Philipp-Lenard-Instituts in Heidelberg im Dezember 1935 hätte in einem flammenden Aufruf zur Mobilisierung der Physik für die technisch-militärischen Aufgaben im neuen Staat gegipfelt, dem man sich so eng verbunden fühlte! Stattdessen wurde aller Enthusiasmus darauf verwandt, gewisse Entwicklungen der Physik als »unarisch« zu verdächtigen. Ein Philosoph kann sogar behaupten, die statistische Beschreibung in der Mikrophysik wäre »der ontologische Sieg des demokratischen Mehrheitsbeschlusses«.[242] Lenard wird gefeiert, von dem man erfährt, dass man ihn »vielleicht nicht zu den Freunden der Industrie zählen kann«.[243]

Ohne Zweifel ging es Lenard primär um reine, zweckfreie Naturerkenntnis. In diesem Sinne war er durchaus Grundlagenforscher, nur eben mit eigenen, abwegigen Vorstellungen. Das beste Mittel, sie zu widerlegen, war es, Forschung auf der Basis der modernen Theorie weiter zu betreiben und in verschiedenen Gebieten zum Erfolg zu führen. Dies ist – nicht zuletzt dank der mangelhaften Wissenschaftsorganisation – in erheblichem Umfang gelungen.

Einen gewissen Schutz bot den Physikern in den ersten Jahren des Regimes ihre scheinbare Bedeutungslosigkeit. Die Physik stand in dieser Hinsicht im Schatten der Chemie. Zur Chemie gehörte (und gehört) eine Chemische Industrie, die traditionell enge Kontakte zu den Forschungsinstitutionen pflegt und deren Leistungen jedermann wenigstens grob einschätzen kann. Als 1911 die Kaiser-Wilhelm-Gesellschaft gegründet wurde, entstanden sofort Institute für Chemie und Physikalische Chemie. Ein im Aufbau vergleichbares Institut für Physik wurde erst 25 Jahre später gegründet. Zum Leiter einer Abteilung Forschung und Entwicklung im Vierjahresplan (später Reichsamt für Wirtschaftsaufbau) wurde ein Chemiker berufen, Carl Krauch von den I.G.-Farben – kaum vorstellbar, dass man einen Physiker in dieses Amt eingesetzt hätte. In den geheimen Lageberichten des Sicherheitsdienstes der SS von 1940 werden »Hochschullehrerkreise« zitiert, wonach »die gegenüber der Zahl der Chemiker verschwin-

---

[242] A. Becker (Hrsg.), Naturforschung im Aufbruch, Reden und Vorträge zur Einweihungsfeier des Philipp-Lenard-Instituts der Universität Heidelberg am 13. und 14. Dezember 1935, München 1936. Zitat aus dem Vortrag von Prof. W. Schultz über *Deutsche Physik und nordisches Ermessen* (ebd., S. 48).

[243] A. Becker, Naturforschung. Die Bemerkung über Lenard steht in dem Beitrag des Industriephysikers H. Rukop (ebd., S. 69).

dende Zahl der Physikstudenten [...] auch darauf zurückgeführt [wird], daß in allen öffentlichen Reden und Veröffentlichungen der Presse zumeist nur von einem Bedarf an Chemikern die Rede ist«.[244]

In der Physik war in den frühen 1930er Jahren die Trennung von Grundlagenforschung und Anwendung noch scharf. Gewisse Gebiete waren an die Technik abgetreten; die »reine« Physik schien hier ihre Schuldigkeit getan zu haben. Man dachte nicht daran, ein Werk, das Röntgen- oder Funkgeräte herstellte, als »Physikalische Industrie« anzusehen. Nach Goudsmit war es die breite Grundlagenausbildung deutscher Ingenieure, die eine Beteiligung der Wissenschaftler bei den Anwendungen in gewissem Umfang überflüssig machte.[245] Eckert hat an den Beispielen Kernenergie und Radartechnik deutlich gemacht, dass die Rolle der Physiker gegenüber den Ingenieuren gemeinhin überschätzt wird.[246]

Nach der reichen Ernte technischer Anwendungen der klassischen Physik konnte man sich nicht vorstellen, dass die moderne Physik mit ihren für viele anrüchigen Grundlagen wieder zu Ergebnissen von großer praktischer Bedeutung gelangen könnte. Die Quantenmechanik war 1933 erst sieben Jahre alt. Die Atom- und Molekülphysik schien von rein theoretischem Interesse zu sein. Die Festkörperphysik kam erst langsam in Gang. Ein spektakuläres Gebiet, wie später die Kernspaltung, war nicht in Sicht. Als Ende 1938 die Kernspaltung entdeckt wurde und man bald danach die möglichen Anwendungen diskutierte, blieb selbst das Uran-Projekt ein Unternehmen, das nur wenige Physiker beschäftigte [247] und vielen von ihnen die Möglichkeit ließ, Probleme von allgemeinem Interesse zu bearbeiten und Ergebnisse zu veröffentlichen.

Eine verbissene Ausrichtung der Arbeit auf technisch-militärische Zwecke als durchgängige Haltung »der« deutschen Physiker lässt sich nicht feststellen, so wahr es in Deutschland – nicht anders als in den anderen kriegführenden Ländern – Rüstungsforschung gab.

---

244) Meldungen aus dem Reich. Die Geheimen Lageberichte des Sicherheitsdienstes der SS, H. Boberach (Hrsg.), Jahreslagebericht 1940, S. 1051.
245) S. Goudsmit, Review Scientific Instruments 17 (1946), S. 49.
246) M. Eckert, Theoretische Physiker in Kriegsprojekten. Zur Problematik einer internationalen vergleichenden Analyse, in: D. Kaufmann, Geschichte, Bd. I, S. 296.
247) Siehe die Aufstellung bei: M. Walker, Uranmaschine, S. 70.

Man sollte das nicht als Widerstand einstufen; aber eine gewisse Resistenz im Sinne einer Abschirmung war nötig, um in einem beträchtlichen Umfang Forschung nach überkommenen Standards an wissenschaftlich aktuellen Themen weiterzuführen, wobei – wie angedeutet – äußere Umstände dem entgegen kamen. Nur so ist auch das relativ schnelle Wiederaufleben wissenschaftlicher Arbeit nach dem Krieg verständlich und das Interesse der Siegermächte auf beiden Seiten an Physikern aus Deutschland.

Ungetrübt kann die Befriedigung darüber nicht sein. Auch mit »reiner« Wissenschaft waren die Physiker zwangsläufig dem NS-System dienstbar, indem sie halfen, Handlungen und Ziele des Regimes zu verschleiern, eine Fassade von Normalität zu errichten. Ein solcher »Kulturdienst« war freilich nicht auf die Physik und die Physiker beschränkt, und es bleibt die Frage: was wäre die Alternative gewesen?

Misstrauen, Verbitterung und Sentimentalität

Zur Mentalität deutscher Physiker in den ersten Nachkriegsjahren[1]

Klaus Hentschel

Einleitung

»Die Mentalität eines Menschen«, so formuliert Jacques Le Goff, »ist das, was er mit anderen Individuen seiner Zeit gemeinsam hat, dasjenige, was ihn immer wieder, quasi automatisch, handeln, denken, schreiben und fühlen sowie andere Dinge unterlassen lässt, ohne sich darüber Rechenschaft abzulegen.«[2] Angesichts der häufigen Kopplung von Mentalitätsgeschichte an ausgedehnte (zum Teil Jahrhunderte umfassende) Strukturen der *longue durée* mag es überraschen, wenn hier der Untersuchungszeitraum auf die Jahre 1945–1949 unmittelbar nach dem Zusammenbruch des NS-Regimes bis zur Gründung der Bundesrepublik Deutschland bzw. der Deutschen Demokratischen Republik eingeschränkt wird. Nun werden Mentalitäten zwar nicht von heute auf morgen ausgewechselt, aber sie wandelten sich in jenen Jahren aufgrund veränderter politischer Rahmenbedingungen doch relativ rasch. Darum erweisen sich diese fünf Nachkriegsjahre als eine hochinteressante Übergangsphase mit Relikten der *früheren* und Vorformen der *späteren* Mentalität. Das Nach-

---

[1] Der Deutschen Forschungsgemeinschaft danke ich für die Erteilung eines Archivforschungsstipendiums, das mir die Durchsicht der Unterlagen der Nachlässe James Franck, Eugene Rabinowitch und Michael Polanyi in der Regenstein Library der University of Chicago ermöglichte. Neben den dort tätigen Archivaren danke ich auch Herrn Ralf Hahn vom Archiv der Deutschen Physikalischen Gesellschaft und Frau Kazemi vom Archiv der Kaiser-Wilhelm-/Max-Planck-Gesellschaft für Beratung in diesen Archiven und für die Genehmigung zum Abdruck von Auszügen aus dort aufbewahrten Dokumenten. Dieter Hoffmann, Jost Lemmerich, Gerhard Rammer und Ann Hentschel danke ich für Kommentare zu früheren Fassungen dieses Aufsatzes.

[2] Für Übersichten zur Geschichte und Methodik der Mentalitätsgeschichte siehe die umfangreichen Literaturangaben in meiner 2005 als Buch erschienenen Studie, K. Hentschel, Die Mentalität deutscher Physiker in der frühen Nachkriegszeit (1945–1949), Heidelberg 2005.

wirken einer NS-Mentalität auch über den Zusammenbruch des Dritten Reichs hinaus zeigt sich u. a. daran, dass jemand wie Hartmut Kallmann, ehemaliger Abteilungsleiter am Haberschen Institut für Physikalische Chemie und Privatdozent an der Universität Berlin, 1933 entlassen, 1945 wieder angestellt, sich 1949 für die Ausreise in die USA entschied, weil, so Kallmann, in Deutschland nach wie vor eine nationalsozialistische Mentalität vorherrsche.[3]

Um ein Missverständnis gleich am Anfang auszuschließen: Absicht dieses Beitrags ist weder eine selbstgerechte moralische *Anklage* aus der bequemen Position des »Spät(er)geborenen« noch eine historische *Apologie* damaliger Handlungen und Unterlassungen, sondern eine möglichst neutrale *Beschreibung* der vorherrschenden Mentalität.[4] Mein Ziel ist das bessere Verstehen, *wie* damals gedacht und empfunden wurde, weil so begreiflich werden kann, *warum* so und nicht anders gehandelt (und geschrieben) wurde. Dabei möchte ich allerdings keinen Zweifel daran lassen, dass es für mich zu den deprimierendsten historischen Erfahrungen gehört, anhand der Dokumente verfolgen zu können, wie kurz nach 1945 die Chance verpasst wurde, sich mit dem NS-Regime und seinen ermöglichenden Bedingungen gründlich und offen auseinander zu setzen. Aber gerade Verhalten, das auf den ersten Blick unverständlich ist, war schon öfter Anlass mentalitätsgeschichtlicher Untersuchungen.

Es geht hier nicht um die biografische Schilderung des Empfindens Einzelner, sondern um *über*persönliche, für viele Individuen gleichzeitig geltende Aspekte; um einen »zeittypischen Raum oder Horizont, den ›Ausdrucksrahmen‹, in dem Verhalten gestaltet wird, wobei ein gewisser Spielraum für Abweichungen im einzelnen offenbleibt.«[5] Nicht ausführlich behandelt werden können hier die vielen äußeren Fixpunkte, die dieser Landschaft Kontur verliehen: die alli-

---

[3] Siehe dazu Ute Deichmann, Flüchten, Mitmachen, Vergessen: Chemiker und Biochemiker in der NS-Zeit, Weinheim 2001, S. 484 (Schreiben v. M. Polanyi, 9.12.1947).

[4] Zum Problem der Neutralität siehe z B. Michael Balfour/John Mair, Four-Power Control in Germany and Austria 1945–46, Oxford 1956 (dt. Übers. v. T. 1: Vier-Mächte-Kontrolle in Deutschland 1945–1946, Düsseldorf 1959), S. 5: «[...] if he succeeds in preventing himself from expecting pigs to fly, [he] is apt to sound as if he pitied the animals for their inability to do so.«

[5] Peter Dinzelbacher, Zu Theorie und Praxis der Mentalitätsgeschichte, in: ders. (Hrsg.), Europäische Mentalitätsgeschichte, Stuttgart 1993, S. XV–XXXVII, hier S. XXII.

ierten Auflagen und Gesetze, die vielerorts schlechten materiellen Bedingungen, unter denen nach dem Krieg gearbeitet wurde usw., aber es ist selbstverständlich, dass diese mitprägend auf die Mentalität eingewirkt haben. Typische Lebensumstände wie miserable Wohnbedingungen in überfüllten, provisorischen Unterkünften, Knappheit an Lebensmitteln und Kleidung, große Kälte in harten Wintern und ständiger Zustrom weiterer Flüchtlinge ohne Hab und Gut müssen wir uns zu allem, über was ich berichte, stets hinzudenken.[6] Vorrangig werde ich die Mentalität derjenigen Physiker zu beschreiben suchen, die in Deutschland geblieben waren, aber es wird sich dabei als nützlich erweisen, auch die Perspektive derer hinzuzuziehen, die ihre Kollegen gewissermaßen von außen sahen: als Ausgegrenzte, Vertriebene, und vielfach auch nach 1945 Unwillkommene. Gerade durch ihre Distanz dienen die Emigranten als ein (wenn auch nicht ganz planer) Spiegel dessen, was hier in Deutschland nach 1945 gesagt und gedacht wurde, nicht nur von »berühmten«, sondern auch von unbekannten Physikern, jungen und alten. Offen bleiben muss die Frage, inwieweit sich die Mentalität deutscher Physiker von der anderer Naturwissenschaftler, Vertretern geistes- und sozialwissenschaftlicher Disziplinen und letztlich auch der Bevölkerung insgesamt unterscheidet. Dies ließe sich letztlich nur durch einen Vergleich mit ähnlich angelegten Studien zur Mentalität anderer *scientific communities* beantworten, die es leider (zumindest für die Nachkriegszeit)

---

6) Für Schilderungen der damaligen Lebensbedingungen siehe z. B. Michael Balfour/John Mair, Four-Power Control, S. 113 ff.; für die Arbeitsbedingungen in den bis auf Heidelberg, Göttingen und wenige andere Standorte ausgebombten physikalischen Instituten der Universitäten und Forschungseinrichtungen siehe die Berichte von Universitäten und Hochschulen in: Neue Physikalische Blätter 2 (1946), H. 1, S. 23 f., H. 2, S. 14 f., H. 3, S. 65–70; H. 4, S. 85–89, H. 5, S. 116–121 usw. Zum (Ver)Hungern und (Er)Frieren vieler Flüchtlinge und Ausgebombter siehe z. B. die Beilagen von F. H. Rein aus dem Jahr 1946, MPGA, III. Abt., Rep. 14A, Nr. 5730. Die *Physikalischen Blätter* 4 (1948), S. 42 f., bringen eine Erklärung der TH München zur Ernährungslage, die u. a. auch von Ludwig Föppl, F. v. Angerer und G. Hettner unterzeichnet worden war und für geistige Arbeiter »Zulagekarten mindestens in der Höhe von Teilschwerarbeitern« fordert. Über Zerstörung, Kleidungsnot und die Folgen mangelhafter Ernährung siehe auch Laue an Meitner, 27.11.1947, zit. nach: Jost Lemmerich (Hrsg.), Lise Meitner – Max von Laue. Briefwechsel 1938–1948, Berlin 1998, S. 309.

noch nicht zu geben scheint.⁷⁾ Ein Blick in die große Studie von Ute Deichmann über Chemiker im Nationalsozialismus, deren letztes Kapitel die Zeit nach 1945 beschreibt, ergibt jedenfalls viele Übereinstimmungen zum hier aufgezeigten Mentalitätsprofil von Physikern.⁸⁾ Die im Folgenden zusammengetragenen Belege stammen vorwiegend von Physikern, definiert über ihre zumindest zeitweise Mitgliedschaft in der Deutschen Physikalischen Gesellschaft (DPG), allerdings unter Einschluss all derer, die 1938 von eben dieser Mitgliedschaft ausgeschlossen wurden und nach 1945 nicht wieder in die Gesellschaft eintraten.

Zu den benutzten Quellen

Eine zentrale Quelle für diesen Aufsatz sind die ersten Jahrgänge der *Physikalischen Blätter*, deren Hunderte größerer Artikel, kleinerer Notizen und Nachrufe hier als eine serielle Quelle im Sinne der französischen Mentalitätsgeschichtsschreibung benutzt werden.⁹⁾ Für unser Ziel einer breiten Erfassung der vorherrschenden Mentalität

---

7) Für den Zeitraum 1890–1930 beschreibt Fritz Ringer, Die Gelehrten. Der Niedergang der deutschen Mandarine 1890–1930, Stuttgart, 1983, die Mentalität akademischer Mandarine (allerdings vorwiegend auf Beispiele aus den Geisteswissenschaften gestützt). Jonathan Harwood, »Mandarine« oder »Außenseiter«? Selbstverständnis deutscher Naturwissenschaftler (1900–1933), in: Jürgen Schriewer u. a. (Hrsg.), Sozialer Raum und akademische Kulturen, Frankfurt 1993, S. 183–212 sowie die Aufsätze von Jonathan Harwood, Jeffrey Johnson u. a. in: Rüdiger v. Bruch/Brigitte Kaderas (Hrsg.), Wissenschaften und Wissenschaftspolitik, Wiesbaden 2002, stellen daneben den Weberschen Idealtypus eines Spezialisten oder Experten, wie er für die Natur- und Technikwissenschaften gerade der Nachkriegszeit wohl typischer ist. Eine ebenso bissige wie treffende Schilderung der Mentalität in der gesamten deutschen Bevölkerung jener Zeit gibt Hannah Arendt, Besuch in Deutschland, Berlin 1993.

8) Jean-Michel Thiriet, Methoden der Mentalitätsforschung in der französischen Sozialgeschichte, in: Ethnologica Europea 11 (1978/80) S. 208–225.

9) Für Beispiele dieses Forschungsansatzes siehe z. B. Thiriet; für Kritik daran siehe Ralf Reichardt, Für eine Konzeptualisierung der Mentalitätstheorie, in: Ethnologica Europaea 11(1979/80) S. 234–241. Ich möchte Le Goff zustimmen, der schreibt: »tout est source pour l'historien des mentalités«, in: Jacques Le Goff, Les mentalites. Une histoire ambigue, in: derselbe, P. Nora (Edts), Faire de l'histoire, Paris 1974, Bd.3, S. 76–94.

förderlich ist dabei auch der Umstand, dass die *Physikalischen Blätter* von ihrem Herausgeber, dem Pionier für Elektronenmikroskopie Ernst Brüche, nicht als reines Fachorgan, sondern als »physikopolitische Zeitschrift« konzipiert waren. So wurden in diesem »Ansprechorgan ungezwungener Art« auch Kurzberichte aus allen Universitäten und Hochschulen, Leserbriefe zu Themen der Zeit und Artikel aus diversen anderen Publikationsorganen (zum Teil in Auszügen oder Übersetzungen durch Brüche) abgedruckt. Die *Neuen Physikalischen Blätter* (wie sie 1946 zunächst hießen) sollten laut Geleitwort Brüches in Heft 1 (erschienen Mitte Mai 1946) zugleich ein Forum für Chemiker und Mathematiker, Lehrer und Techniker sein, übrigens sehr zum Unwillen Arnold Sommerfelds, der Anfang 1946 an den Verleger Vieweg schreibt: »Die ›Physikalischen Blätter‹ mögen aussterben, sie sind nicht ganz Ihres Verlages würdig.«[10] Ungeachtet diesem Verdikt entwickelten sich die *Physikalischen Blätter* dank ihrer Aktualität und Vielseitigkeit zur weit verbreiteten »Hauspostille der Physiker«, was sie in erster Näherung zu einem brauchbaren Spiegel der damaligen Physikermentalität macht. Allerdings müssen wir uns vergegenwärtigen, dass die Artikel der *Physikalischen Blätter* ebenso wie alle Beiträge z. B. aus der *Göttinger Universitäts-Zeitung* sowie aus der *Neuen Zeitung* nur nach Erteilung des Imprimaturs durch die Militärregierung erscheinen konnten und insofern nur die eine, offiziell abgesegnete Seite der Medaille widerspiegeln können. Schon deshalb müssen jene Texte durch Korrespondenzen der Zeit ergänzt werden, was hier aber aus Platzgründen nur in Ansätzen geschehen kann.

---

[10] Sommerfeld an Vieweg, 24.1.1946, DMA, NL 89, 014. Siehe zur Publikationsgeschichte der *Physikalischen Blätter* Ernst Dreisigacker/ Helmut Rechenberg, 50 Jahre Physikalische Blätter, in: Physikalische Bätter 50 (1994), S. 21–23; dies., Karl Scheel, Ernst Brüche und die Publikationsorgane, in: Theo Mayer-Kuckuk (Hrsg.), 150 Jahre Deutsche Physikalische Gesellschaft, Sonderheft der Physikalischen Blätter 51 (1995), S. F135–F142, hier S. F139 ff.; zur Intention Brüches Armin Hermann, Die Deutsche Physikalische Gesellschaft 1899–1945, in: ebd., S. F61–F105, hier S. F102 f.; zur Geschichte der DPG nach 1945 Wilhelm Walcher, Physikalische Gesellschaften im Umbruch (1945–1963), in: ebd., S. F107–F133.

Die Außenperspektive auf Wissenschaftler in Deutschland

Zweck der Reise, die der bis 1933 in Göttingen, danach in New York wirkende Mathematiker Richard Courant 1947 im Auftrag des *Office for Naval Research* zu mehreren Universitäten und technischen Hochschulen Deutschlands gemacht hat, war primär die Auslotung deutscher Fortschritte in der Entwicklung von Rechenmaschinen und die Suche nach etwaigen Nachwuchskräften. Aber Courant fungierte auch als eine Art Stimmungsbarometer zur Erkundung der allgemeinen Situation unter Lehrenden und Studierenden. Zu seinen ersten Eindrücken nach der Landung in Frankfurt zählte neben der Schwierigkeit, sich in dem Ruinen-Labyrinth zu orientieren, vor allem der Schock angesichts der »demoralization of the population. They were shaken by the sight of great crowds of ragged, hungry Germans, many of them begging«.[11] An der TH Darmstadt sah Courant, dass über 2000 immatrikulierte Studierende alle zwei Wochen einen halben Tag lang an den Aufräum- und Aufbauarbeiten in der total zerbombten Universität mitwirkten (eine Auflage für ihre Immatrikulation, wie sie auch an vielen anderen Orten üblich war). Der Rektor Richard Vieweg klagte jedoch über seine Schwierigkeiten mit den jungen Leuten, nicht nur wegen deren Unterernährung, sondern auch »wegen fehlender Ausbildung und des Mangels ethischer Werte. »[...] for some, it seemed that the only thing the Nazis had done wrong was to lose the war.« In Heidelberg stellt Courant in Gesprächen mit dem Verleger Ferdinand Springer »a slight lack of resonance« fest. Diese eigenartige Inkommensurabilität der Gefühls- und Sprachwelten zwischen denen, die in Deutschland verblieben waren einerseits und den Emigranten und Ausländern andererseits wird uns immer wieder begegnen. In Marburg erzählt ihm der Mathematiker Kurt Reidemeister, dass die Altersgruppe der 20–25-Jährigen mangels geeigneter Ausbildung für Courants Zwecke nicht in Betracht komme, wohl hingegen die der 30–35-Jährigen, die jedoch einen anderen Nachteil habe: den der politischen Belastung:

---

11) Constance Reid, Courant in Göttingen and New York. The Story of an Improbable Mathematician, New York 1976, S. 259. Vgl. zum Ausmaß der Zerstörung in Deutschland bspw. Michael Balfour/John Mair, Four-Power Control S. 11 ff.

»[...] thus, carrying the stigma of having been National Socialist Party members – but he is sure that many of the belastet have not mentally been Nazis. [They] had to join the Party in order to keep the positions [...] he said that 90 per cent of the population, including academic people, are dangerously but not hopelessly nationalistic. In natural science people in general much less, however.«[12]

Im Juli 1947 besuchte Courant auch Göttingen, hatte aber einen wenig günstigen Eindruck von der Mentalität seiner deutschen Kollegen: Sie seien verbittert, wenig abgeklärt, aggressiv und gefühlsbetont.[13] Die Gespräche mit Werner Heisenberg sind besonders interessant für die sich darin abzeichnende Differenzierung von Oberflächen- und Tiefenprofil der Mentalität. In den ersten Gesprächen blieb dieser überlegen und in der Grundstimmung positiv wie früher, vor dem Krieg. Aber das war wohl nur seine gegenüber Gesprächspartnern, die »von außen« kamen, aufrechterhaltene Fassade. Nach einer allmählichen Vergewisserung, dass man mit Courant offen sprechen könne, schlägt der Ton um: »But another day, discussing politics, he found that Heisenberg came out finally with the same stories and aggressiveness against Allied policy of starvation [womit offenbar speziell die Demontage deutscher Fabriken gemeint war – d. A.] as the less cool and more emotional people.«[14]

Wie dieses Beispiel schon zeigt, funktioniert die Kommunikation weder auf der Ebene oberflächlicher Kollegialität noch auf der emotionalen Ebene. Die Grundstimmungen und Wertevorstellungen beider Beteiligter waren allzu verschieden. An einen Freund schreibt Courant: »I found very few people in Germany with whom an immediate natural contact was possible. They all hide something before

---

[12] Constance Reid, Courant, S. 260 f. Noch extremer ist der Eindruck einer Delegation von Vertretern der Association of Scientific Workers, die 1948 verschiedene Universitäts- und Industrielaboratorien besuchten und mit den deutschen Wissenschaftlern sowie mit alliierten Kontrolloffizieren sprachen. »Die Kontrollbeamten waren der Meinung, daß alle Deutschen, mit denen sie in Berührung kamen, dieselben Nationalisten wie früher waren; wie einer es ausdrückte: ›Wenn sie nur eine Waffe erfinden könnten, die die gesamte Besatzungsmacht vernichtet, ohne einem Deutschen ein Haar zu krümmen, wären sie heilfroh.‹« Roger C. Murray, Social action: Die Diskussion um Wissenschaft und Wissenschaftler im heutigen Deutschland, in: Göttinger Universitäts-Zeitung, 4. Jg., Nr. 17 v. 2.9.1949, S. 171 u. 15.
[13] Constance Reid, Courant S. 261: »absolutely bitter, negative, accusing, discouraged, aggressive«. Siehe zum Folgenden ebd., S. 265.
[14] Ebd., S. 261 f.

themselves and even more so from others.«[15]) Dennoch kommt Courant am Ende seines Besuchs 1947 zu dem Schluss, dass den Deutschen geholfen werden muss. An Warren Weaver von der *Rockefeller Foundation* schreibt er:

> »In spite of many objections and misgivings, we feel strongly that saving science in Germany from complete disintegration is a necessity first because of human obligations to the minority of unimpeachable German scientists who have kept faith with scientific and moral values [...] It is equally necessary because the world cannot afford the scientific potential in German territory to be wasted.«[16])

Quellen dieser Art sind höchst instruktiv, da hier Zeitzeugen aus vielen Einzelbeobachtungen und -gesprächen eine höhere Aggregierungsstufe erreicht haben und eine Art summarischer Beschreibung der Stimmung aller ihrer Kontaktpersonen insgesamt abgeben.

Das gespannte Verhältnis zu den Alliierten

Oberflächlich: Bewunderung und opportunistische Anbiederung

Der für den britischen Zweig des Kontrollrats arbeitende Historiker Michael Balfour sah in der von vielen Alliierten konstatierten und für sie angesichts ihres Feindbilds überraschenden Unterwürfigkeit der Deutschen nach der Niederlage den psychologischen Gegenpol zu ihrer Arroganz und Aggressivität in einer Position der Stärke.[17])

Unumwundene Anerkennung der wissenschaftlichen Leistungsfähigkeit der neuen Machthaber zeigt sich in vielen Kurznotizen der *Physikalischen Blätter*, die technische Errungenschaften betreffen: seien dies Fortschritte im Farb-Fernsehen in den USA (Physikalische Blätter, 2 [1946], S. 21, basierend auf: Die Neue Zeitung, v. 7.1.1946) oder die von Geophysikern in New Mexiko während der Atombombentests nachgewiesenen neuartigen hydrodynamischen Rollwellen

---

15) Courant an Winthrop Bell, zit. nach: ebd., S. 263.
16) Ebd., S. 265.
17) Siehe Michael Balfour/John Mair, Four-Power Control, S. 53, zur »submissiveness in defeat« und ebd., S. 58 f., zu Beispielen für versuchtes Gegeneinander-Ausspielen der Alliierten durch gezielt weitergegebene Information über Fehlverhalten der jeweils anderen Besatzungsmacht.

der Erdoberfläche (Physikalische Blätter, 2 [1946], S. 49, basierend auf: Time, v. 28.1.1946) oder die Konstruktion des Radiozünders gegen die V-1, mit dem gegen Ende des Kriegs eine Abschussquote von 70 % erreicht worden war (Physikalische Blätter, 2 [1946], S. 20, basierend auf: Yank, v. 25.11.1945). Ehrfürchtig berichtete man von der riesigen Zahl von 3800 Mitarbeitern in der US-amerikanischen Radar-Entwicklung, darunter mit ca. 700 Physikern »doppelt soviele als an der Atombombe mitgearbeitet haben.«[18]

Das letzte Beispiel zeigt sehr schön auch die Doppelbödigkeit vieler Komplimente, die alliierte Wissenschaftler erhielten. Ganz analog lobte 1949 ein Rezensent des Buchs *Science at War* das Rotterdam-Gerät als Höhepunkt der britischen Radarentwicklung. Hier heißt es: »Die Autoren stellen eindringlich dar, daß diese erstaunliche Entwicklung vor allem das Ergebnis der zwanglosen und intimen Zusammenarbeit aller Beteiligten war. Ohne Rücksicht auf Rang und Würde wurden die Probleme in Diskussion und Kritik, die zwischen Luftmarschällen, Admiralen, Wissenschaftlern, Piloten, Laboratoriumsassistenten, Entwicklungs- und Fertigungsingenieuren vor sich ging, gefördert.«[19] Zwischen den Zeilen war hier für jeden deutschen Leser klar, dass der Autor damit genau die Abwesenheit jener »zwanglosen und intimen Zusammenarbeit« zwischen Wissenschaft und Militär in den deutschen Arbeiten anprangerte. Und an der fast diktatorischen Machtfülle der Institutspatriarchen (Pohl) und grauen Eminenzen (Sommerfeld) änderte sich auch nach 1945 in Deutschland bis in die 1960er Jahre hinein so gut wie nichts, während z. B. in den USA Department-Strukturen in der Physik zu einer sehr viel stärkeren Demokratisierung zumindest innerhalb des Lehrkörpers führten.[20]

Wie stark der Krieg noch immer die Zukunftsvisionen bestimmte, zeigt z. B. folgende Notiz:

> »Fliegende Augen: Die Schlachtfelder von Weltkrieg III werden keine Heimlichkeiten kennen. Fliegende Fernsehgeräte werden beobachten, wie sich Städte auflösen und sie werden die Kampfhandlungen den Generälen in tiefe

---

18) Physikalische Blätter, 2 (1946), S. 18.
19) H. Jetter, Science at War, in: Physikalische Blätter, 5 (1949), H. 1, S. 45.
20) Theo Mayer-Kuckuk äußerte mir gegenüber das Bonmot von Maier-Leibnitz: »Die Departments sind die Erweiterung des Ordinarien-Prinzips bis auf die Ebene der Assistenten.«

Bunker auf die Leuchtschirme projizieren. Selbst Bomben werden ihren eigenen Sturz bis zum Ziel mit ungerührten Elektronenaugen beobachten, bis Bericht und Bombe gleichzeitig verschwinden«.[21]

Klar ist, dass auch die Alliierten ihrerseits in der Klemme waren zwischen dem Drängen nach sofortiger harter Bestrafung der Schuldigen in den Reihen des besiegten Feinds einerseits und der längerfristigen Hoffnung von dessen demokratischer Umerziehung andererseits.[22] Selbst klar formulierbare Ziele wie das der Aussortierung zumindest der schwerstbelasteten Personen aus dem Lehrkörper traten in Konflikt mit dem ebenso klaren Ziel einer möglichst raschen Wiedereröffnung wichtiger Institutionen, zu denen neben den Unikliniken natürlich auch die Physik zählte, in der beispielsweise die Mediziner ihre Praktika zu absolvieren hatten. Mit zunehmender Dauer der Besatzung stieg auch auf Seiten der Alliierten, insbesondere der Briten und Amerikaner, die Tendenz, sich trotz Fraternisierungsverbot und einer vorgeschriebenen »restrained arrogance« zunehmend mit den Interessen ihrer »Schutzbefohlenen« zu identifizieren.[23]

Auch was die Weiterführung wissenschaftlicher Institutionen und Zeitschriften betraf, bestand der gleiche Widerspruch zwischen dem Wunsch nach Säuberung und Reform einerseits und den Notwendigkeiten, auf vorhandene Strukturen und personelle Ressourcen zu-

---

21) Neue Physikalische Blätter, 2 (1946), S. 71, übernommen aus: Time, 1.4.1946.
22) Zu diesen Konflikten aus der Perspektive der Alliierten siehe z. B. Michael Balfour/John Mair, Four-Power Control, S. 14–50 u. 162–183; N. N., The fate of German science. Impressions of a BIOS officer, in: Discovery, 8(1947), S. 239–243, hier S. 243; Henry Kellermann, Cultural Relations as an Instrument of U.S. Foreign Policy: The Educational Exchange Program between the United States and Germany, 1945–1954, Washington, D.C. 1978 sowie James F. Tent, Mission on the Rhine. Reeducation and Denazification in American-Occupied Germany, Chicago 1982, speziell zur amerikanischen Leitidee der »reeducation«.
23) Einen detaillierten Einblick in diese Spannungslage bietet James F. Tent (Hrsg.), Academic Proconsul. Harvard Sociologist Edward Y. Hartshorne and the Reopening of German Universities 1945–46, Trier 1998, mit den hier publizierten Tagebüchern und der Korrespondenz des amerikanischen Besatzungsoffiziers Edward Y. Hartshorne (1912–1946), der u. a. für das Pressewesen und die Wiedereröffnung der Universitäten im amerikanischen Sektor zuständig war. Siehe zur vorgeschriebenen »restrained arrogance« und zur Problematik des Fraternisierungsverbots ebd., bes. S. 5 f.

rückgreifen zu müssen, andererseits. Am Beispiel der Kaiser-Wilhelm-Gesellschaft, die 1945 erst aufgelöst und dann unter verändertem Namen als Max-Planck-Gesellschaft weitergeführt wurde, ist dies bereits ausführlich dargestellt worden.[24] Da die Entscheidung der Alliierten über einige tradierte Zeitschriften wie die *Annalen der Physik* und die *Zeitschrift für Physik* zunächst auf sich warten ließ, profitierten in den ersten beiden Nachkriegsjahren neue Organe wie die *Zeitschrift für Naturforschung* und die seit 1944, autorisiert vom DPG-Vorsitzenden Carl Ramsauer als Organ der Informationsstelle deutscher Physiker erscheinenden *Physikalischen Blätter*.[25] Deren Herausgeber Ernst Brüche gelang es schnell, zumindest für das amerikanisch-englische Gebiet, bald dann auch für das französische, eine Genehmigung zur Publikation einer »Notzeitschrift« zu erhalten, die er in klarer Fortsetzung des alten Titels *Neue Physikalische Blätter* nannte.

Wie wir einem mit Schreibmaschine vervielfältigten Rundschreiben Brüches an Kollegen vom März 1946 entnehmen können, hatte er eine »anspruchslose Zeitschrift zur Wiederherstellung der Verbindungen in der Physik und zur Aussprache über Tagesfragen« geplant und damit ganz gezielt auch wissenschaftspolitische Absichten verfolgt: »Gerade unser westlicher Nachbar scheint für die Zeitschrift und die Mitarbeit an ihr Interesse zu zeigen. Ich halte das für günstig,

---

[24] Siehe z. B. Manfred Heinemann, Der Wiederaufbau der Kaiser-Wilhelm-Geselslchaft und die Neugründung der Max-Planck-Gesellschaft (1945–1949), in: Rudolf Vierhaus/Bernhard v. Brocke (Hrsg.), Forschung im Spannungsfeld von Politik und Gesellschaft, Stuttgart 1990, S. 407–470; Armin Hermann, Science under foreign rule; policy of the Allies in Germany 1945–1949, in: Fritz Krafft/Christoph J. Scriba (Hrsg.), XVIIIth Int. Congress of History of Science Hamburg-Munich. Final Report, Stuttgart 1993, S. 75–86, hier S. 83ff. Vgl. auch Neue Physikalische Blätter, 2 (1946), S. 124 und Physikalische Blätter, 3 (1947), S. 136. Vgl. ferner Jost Lemmerich, Lise Meitner, S. 468, zu weiteren Hintergründen der Wünsche der Alliierten bezüglich der KWG.

[25] Zu den Hintergründen der Gründung der *Physikalischen Blätter* und der Informationsstelle siehe z. B. Ernst Brüche, Die Arbeit der Informationsstelle Deutscher Physiker, Physikalische Blätter 3 (1947), S. 224 226 sowie Ernst Dreisigacker/Helmut Rechenberg, 50 Jahre; vgl. zur Verweigerung der Papierzuteilung an die 150 Jahre lang unterbrochen erschienenen *Annalen der Physik* auch Zur Einführung, in: Neue Physikalische Blätter, 2 (1946), S. 2; zu anderen naturwissenschaftlichen Zeitschriften vgl. ferner ebd., S. 111–114; siehe auch den Beitrag von Dieter Hoffmann in diesem Band.

denn ich glaube, daß die wissenschaftlichen Beziehungen zu Frankreich auf der Basis der Gleichberechtigung in Zukunft besonders gepflegt werden sollten.«[26]

In Bezug auf die Gründungsgeschichte der *Physikalischen Blätter*, die in den ersten Heften 1944 mit Leitartikeln wie *Forschung tut not!* durchaus auch als Medium zur Mobilisierung letzter Reserven gelesen werden konnte, gab es übrigens vereinzelt auch Kritik an dieser personellen Kontinuität, die aber nicht nach außen drang:

> »Bezüglich Herrn Brüches finde ich es ja schon bedauerlich, daß ein Mann wie Herr Brüche Herausgeber der Physikalischen Blätter ist. Herr Brüche war ja auch in der Nazizeit nach dem Inhalt der Physikalischen Blätter zu urteilen, durchaus im nazistischen Fahrwasser, sodaß ich mich wunderte, daß diese Blätter überhaupt wieder zugelassen wurden. Aber sachlich kann man im Moment wohl nichts machen, sondern muß die Physikalischen Blätter als Organ der Physikalischen Gesellschaft belassen.«[27]

Freilich unterlag dieses Publikationsorgan alliierter Kontrolle; *Zensur* ist vielleicht ein etwas zu starkes Wort, aber es war klar, dass der gute Wille jederzeit auch verspielt werden konnte, was zu einem hohen Maß an Selbstkontrolle und vorsichtiger Ausreizung der Grenzen des freien Worts führte. Neben der Lizenz spielte auch das Papierkontingent eine wichtige Rolle. Die ersten Hefte 1946 wurden in einer Auflagenhöhe von 5000 gedruckt. Obwohl selbst diese »bei weitem nicht ausreichen, um den Bedarf zu decken«, musste die Auflage Anfang 1947 auf 2500 reduziert werden. Am Ende von Heft 2 (1947) schreibt Brüche, dies sei »von manchem Leser als ein Zeichen für die Einstellung der Kontrollstellen zu der angeblich unbequemen Zeitschrift gedeutet worden. Pessimisten sprachen schon davon, dass die Zeitschrift nun aus wirtschaftlichen Gründen ihrem Ende entgegengehe.

»Der Herausgeber kann heute mitteilen, daß die Militärregierung die frühere Auflage wiederhergestellt und darüber hinaus die grundsätzliche Genehmigung zur Auflageerhöhung um 50% gegeben hat.«[28]

---

26) Brüche-Rundschreiben, März 1946.
27) Meißner an Laue, 15.12.1947, MPGA, III. Abt., Rep. 50, Nr. 1325; vgl. ergänzend zu Brüches Motiven auch den Durchschlag des Schreibens von Brüche an Planck, 21.10.1945, ebd., Nr. 2390.
28) Ernst Brüche, Neue Auflage der Phys. Blätter, Physikalische Blätter, 3 (1947), H. 2, S. 64.

Brüche feierte diese Aufstockung auf 7500 Exemplare als Bestätigung seiner Meinung,

»daß eine ehrliche Aussprache nur von denen als destruktiv angesehen wird, die nicht in der Lage sind, eine offene Meinungsäußerung von böswilliger Kritik zu unterscheiden, und die Zusendung von Beiträgen aus Amerika durch die Information Control Division, deren erster ›exclusive to your magazine‹ in einem der nächsten Hefte veröffentlicht werden soll, spricht auch nicht dagegen.«[29]

Aber gerade mit dieser Schaltung unkommentierter Beiträge der Information Control Division, die rosig gefärbte Beiträge z. B. über *50 Jahre amerikanische Physik* hart an der Grenze zwischen Berichterstattung und Propaganda waren, hatten auch die *Physikalischen Blätter* eine Schmerzschwelle der Anpassung an die neuen Machthaber erreicht, denn Brüche legte großen Wert auf Unabhängigkeit.[30] Aber schon dem nächsten Heft (Nr. 5) lag ein auf rotem Papier gedruckter Zettel bei, in dem die Reduzierung des Umfangs von 40 auf 32 Seiten mit akutem Papiermangel begründet wurde, weshalb alle Leser der *Physikalischen Blätter* aufgefordert wurden, wenn möglich vorhandenes Altpapier an den damaligen Verlag Volk und Zeit (W. Beisel in Karlsruhe) zu senden.

Unterschwellig: mentale Reserven und Misstrauen

Trotz der offiziellen Rhetorik scheinen nur wenige Physiker in Deutschland den Einmarsch alliierter Truppen als Befreiung Deutschlands vom NS-Regime erkannt zu haben. Max Steenbeck, der eher

---

[29] Ebd., Zur Zeitschriften- und Medienkontrolle im Nachkriegsdeutschland siehe auch Michael Balfour/John Mair, Four-Power Control, S. 211–228; speziell zur Information Control Division siehe auch James F. Tent, Mission, S. 77 f. u. 86 ff.

[30] Gordon F. Hull, 50 Jahre amerikanische Physik, Physikalische Blätter, 3 (1947), H. 4, S.107–110. Auch andere Notizen sind in analoger Tonlage. Zu Ernst Brüches Bemühen um Unabhängigkeit siehe seinen Rückblick *Nec temere nec timide*, ebd., 6 (1950), S. 25-28 (als Entwurf in: MPGA, III. Abt., Rep. 50, Nr. 370) sowie Ernst Dreisigacker/Helmut Rechenberg, Karl Scheel, S. F140 f.; Dieter Hoffmann/Thomas Stange, East-German physics and physicists in the light of the »Physikalische Blätter«, in: Dieter Hoffmann u. a. (Hrsg.), The Emergence of Modern Physics, Pavia 1997, S. 521–529.

zufällig denn aufgrund seiner Funktion als Siemens-Werksleiter von Sowjetsoldaten in ein Gefangenenlager überführt worden war, schreibt rückblickend:

> »Wir Männer saßen gefangen in Lagern, unsere Frauen und Kinder mußten allein fertig werden mit einer Welt, die durch Gewalt, Haß und Mord aus den Fugen geraten war – und das durch unsere Schuld. Nein, ich jedenfalls fühlte mich damals, am achten Mai neunzehnhundertfünfundvierzig, durchaus nicht befreit; vielleicht befreit von dem ständigen Gedanken: Lebst du morgen überhaupt noch? Aber das war doch gleichgültig geworden gegenüber einem Leben, wie wir es nun vor uns sahen.«[31]

In der Direktive der Joint Chiefs of Staff (JCS 1067) wurde festgelegt, dass erst »nach Entfernung der besonderen nazistischen Spuren und des Nazipersonals« eine Wiedereröffnung von Ausbildungseinrichtungen gestattet werden kann.[32] Das Damoklesschwert drohender Entlassung aufgrund von politischer Belastung wurde dadurch noch bedrohlicher, dass lange nicht recht klar war, wie jene »nazistischen Spuren« denn überhaupt festzulegen seien: aufgrund formaler Kriterien wie der Mitgliedschaft in NS-Organisationen oder nur durch Augenzeugenberichte und Affidavits?[33] Ähnlich wie auch

---

31) Max Steenbeck, Impulse und Wirkungen, Berlin 1977, S. 151. Auch die Alliierten hatten ihrerseits nicht den Eindruck, dass ihre Anwesenheit von den Deutschen als Befreiung aufgefasst wurde. Siehe dazu z. B. Edward Y. Edward Y. Hartshorne, in: James F. Tent, Academic Proconsul, S. 19.

32) Siehe dazu z. B. Michael Balfour/John Mair, Four-Power Control, S. 23 ff. u. 66 f.; Conrad F. Latour/Thilo Vogelsang, Okkupation und Wiederaufbau. Die Tätigkeit der Militärregierung in der amerikanischen Besatzungszone Deutschlands 1944–1947, München 1973, S. 17 u. 177 sowie Klaus Schlüpmann, Vergangenheit im Blickfeld eines Physikers (eine Wissenschaftsstudie), Entwurf einer Biographie von Hans Kopfermann, url: alph99.org/etusci/ks/index.htm (Version 18.1.2002), S. 454, der darauf hinweist, dass diese Direktive erst am 11.7.1947 durch JCS 1779 abgelöst wurde, in der nicht Entnazifizierung, sondern Wiederaufbau und Neuorientierung im Vordergrund standen. Zur Wahrnehmung jener Direktiven durch Physiker siehe z. B. Brüches Kolumnen *Revision eines Vorurteils*, Physikalische Blätter 5 (1949), S. 48 und *Die Botschaft hör ich wohl*, ebd., S. 392.

33) Zum Problem *Wer ist/war ein Nazi?* siehe bspw. Michael Balfour/John Mair, Four-Power Control, S. 52. Hier wird anstelle der für die Entnazifizierung zugrunde gelegten formalen Definition eines Nationalsozialisten über Mitgliedschaft in NS-Organisationen die inhaltliche Nähe zu Ideologemen wie dem der arischen Rassenüberlegenheit, zum *Führerprinzip* und zu den uneingeschränkten Rechten jenes »Führers« angeführt. Siehe auch James F. Tent, Academic Proconsul,

in der Frühzeit des NS-Regimes rollte eine neue Welle von Anschuldigungen und zum Teil anonymen Denunziationen über das Land, mit denen die einen die tatsächlichen Übeltäter treffen wollten, andere hingegen nur alte Rechnungen beglichen.

»The Germans continued to be *fearful and suspicious*, and eventually their worst fears came to pass« – so fasst John Gimbel, der als junger Mann selbst alliierter Besatzungsoffizier in Deutschland gewesen war, sein Buch über *Science, Technology and Reparations* zusammen, wobei er im zweiten Halbsatz speziell die Ausnutzbarkeit der alliierten Kontrollratsgesetze für Industriespionage meinte.[34] Und noch in dem im April 1950 in Kraft getretenen Gesetz Nr. 22 der Atomic Energy Commission (AEC) wurde die deutsche Kernforschung durch massive Auflagen und Verbote soweit eingeschränkt, dass Heisenberg als Vorsitzender des Forschungsrats von einer Strangulierung dieses Forschungszweigs redete.[35] Aber der Befund trifft auch in einem allgemeinen Sinne eines der Merkmale der Mentalität deutscher Wissenschaftler und Techniker nach 1945.

Das »Klima des Misstrauens« der ersten Zeit und die daraus resultierende Verstellung und einseitige Selbstdarstellung der Physiker in Deutschland gegenüber den Alliierten wird deutlich in folgender Notiz der *Physikalischen Blätter*:

S. 103, mit Hartshornes Klassifikation verschiedener Typen politischer Einstellung von Universitätsprofessoren. Zum Unterschied von Parteigenossen und »Karteigenossen«, d.h. «only nominal Nazis« siehe ebd., S. 75.

34) John Gimbel, Science, Technology, and Reparations. Exploitation and Plunder in Postwar Germany, Stanford 1990, S. 180 (Unterstreichung v. Autor). Vgl. auch Brief von Finkelnburg an Sommerfeld, 28.5.1947, http://www.lrz-muenchen/~Sommerfeld/Kurz-Fass/04690.html, zur Aussage eines Alliierten über »bitter feelings, die stets lange brauchten, um nach einem Kriege auszusterben«.

35) Siehe den Artikel *Control of nuclear research in Germany*, der samt einer ergänzenden Stellungnahme von W. Heisenberg in Form eines Protestbriefes an Mr. K. H. Lauder, Director of the Research Branch Goettingen, für die Publikation im Juli 1950 vorgesehen war, aber nie erschien, erhalten als Druckfahnen in: Papers of the Bulletin of the Atomic Scientists, RLUC, Box 32, Folder 7. Vgl. auch die Beiträge des Regierungsdirektors Friedrich Frowein, des Leiters der deutschen Stelle für Forschungsüberwachung in Hessen zu den Themen *Forschungskontrolle in Westdeutschland*, Physikalische Blätter 6 (1950), S. 222–225 und *Nochmals Gesetz 22*, ebd., S. 316–319, mit kritischen Kommentaren.

> »Wer in den ersten Monaten der Besetzung wegen irgend eines [sic] Anliegens auf naturwissenschaftlichem Gebiet zu einer amerikanischen Dienststelle kam, tat gut daran, die Worte ›Science‹ und ›Research‹ zunächst nicht zu erwähnen, sondern sich auf die Gesichtspunkte des naturwissenschaftlichen Unterrichts zu beschränken. Die amerikanische Presse und vielleicht auch die Auslassungen des nationalsozialistischen Propaganda-Ministeriums hatten das Mißtrauen genährt, daß die deutschen Laboratorien gefährliche Hexenküchen seien, die man samt und sonders auf bloßen Verdacht hin verbieten müsse. Vielleicht spielten auch die Punkte des Morgenthau-Plans eine gewisse Rolle, daß Deutschland als Agrarland und Rohstoff-Exporteur keine Forschung mehr brauche.«[36]

Auch die Neigung, öffentliche Ämter zu übernehmen, war sehr begrenzt, da viele Angst davor hatten, von ihren Landsleuten für deren Ärger mit den Besatzungsmächten verantwortlich gemacht zu werden und später als »Kollaborateur« gebrandmarkt zu sein.

Auch in den folgenden Jahren blieb allseitiges Misstrauen an der Tagesordnung. So klagte z. B. Ende 1947 von Laue einem englischen Kollegen gegenüber von Schwierigkeiten bei der Besetzung der Direktorenstelle der Physikalisch-Technischen Reichsanstalt und über die hohen Fluktuationsraten bei Beamtenstellen:

> »Diesem Überstand ist z. Zt. nicht abzuhelfen. Dazu bedürfte es einer weitgehenden Beruhigung der ganzen Lage, einer Beruhigung, welche nur von Seiten der hohen Politik kommen kann. Es muss Frieden werden, und nicht nur ein Frieden auf dem Papier, sondern ein Frieden der Gemüter, in welchen das fürchterliche Misstrauen aller gegen alle, welches heute alle menschlichen Beziehungen vergiftet, endlich einmal aufhört. Dies herbeizuführen übersteigt aber die Macht der Wissenschaftler.«[37]

Klaus Clusius, Direktor der Physikalisch-Chemischen Instituts der Universität München und zeitweise auch Dekan, klagte schon kurz vor der Wiedereröffnung seiner Universität, dass diese »durch die Entlassung der meisten Professoren und Assistenten feierlich eingeleitet« werde. Zynismus, Verbitterung, und Angst vor noch Schlimmerem bestimmen auch seine weiteren Briefe, so etwa seine Klage darüber, dass ein Ruf an Heisenberg wohl aus rein politischen Gründen nicht zustande komme, da dieser »auf einen Beschluss der Herren dieser irdischen Welt« bis auf weiteres in der britischen Zone bleiben müsse:

36) Ernst Brüche, Förderung der Forschung, Physikalische Blätter 3 (1947), H. 12, S. 432.
37) Max von Laue an Charles Darwin (National Physical Laboratory), 12.12.1947; DPGA, Nr. 40046.

»Gemessen an den Ungeheuerlichkeiten, von denen Zeuge zu sein wir das zweifelhafte Vergnügen haben, scheint ja die Frage eine Kleinigkeit zu sein. Aber man versetze sich einmal in die Zeit vor 100 Jahren und male sich aus, dass damals das stattgefunden hätte, womit heute Europa beglückt wird, so ... Schweigen wir lieber!«[38]

Wie bitter nötig jene Entnazifizierung der Bevölkerung eigentlich war, zeigten Umfragen wie die aus dem Jahr 1946 im amerikanischen Sektor, als 40 % der Befragten unter den drei Alternativen: Nazismus war eine schlechte Sache, eine gute Sache oder eine gute Sache schlecht ausgeführt, die dritte Alternative wählten. Als die Umfrage 1948 wiederholt wurde, war der Anteil der Anhänger jener Position (»Nazism was a good thing badly carried out«) nicht etwa gefallen, sondern von 40 auf 55,5 % gestiegen.[39]

Abwehr gegen Entnazifizierung

An verantwortlicher Stelle arbeitende Physiker waren um der Zukunft eines Instituts im »neuen Deutschland« willen zu historischen Verbiegungen bereit, die sie ihren Stahlproben nicht zugemutet hätten. In Manier eines Sozialkonstruktivismus *avant la lettre* wird Entnazifizierung zu einem »Geschäft, das ausgehandelt werden müsse.« Und die »anständigen Regungen« erhalten Schweigepflicht angesichts »eines unmoralischen Gesetzes«. Gemeint sind wohl die alliierten Kontrollratsdirektiven (Nr. 24 vom 12.1.1946 und Nr. 38 vom September 1946), welche die Entfernung aller aktiven Mitglieder der NSDAP und sonstiger Personen, »die den Bestrebungen der Alliierten feindlich gegenüberstehen, aus öffentlichen und halböffentlichen Ämtern und aus verantwortlichen Stellungen in bedeutenden privaten Unternehmungen« vorschrieben.

Walther Gerlach z. B. hat nicht nur seinem »Duz-Freund« Köster einen »Persilschein« ausgestellt, sondern auch Spitzenfunktionären der NS-Wissenschaftspolitik wie dem SS-Standartenführer, Präsident der Deutschen Forschungsgemeinschaft (DFG) und Chef des Amts

---

[38] Clusius an Bonhoeffer, 11.12.1945 u. 21.1.1946, MPGA, III. Abt., Rep. 23, Nr. 14, 1.
[39] Michael Balfour/John Mair, Four-Power Control, S. 58; vgl. zur Entnazifizierung auch ebd., S. 169–183 u. 331–334 und James F. Tent, Mission, S. 83–109.

Wissenschaft im Reichserziehungsministerium (REM), Rudolf Mentzel. Das überrascht, da Gerlach als Fachspartenleiter in DFG und Reichsministerium für Rüstung und Kriegsproduktion (RFR) vor 1945 keineswegs etwa nur ständig Mentzels konstruktive Unterstützung erfahren hatte.[40] Auch Sommerfeld beteiligte sich an der »Persilschein«-Inflation mit mindestens 12 Affidavits bei nur zwei Ablehnungen von solchen Gesuchen, davon eines wegen zu lange zurückliegender Kenntnis der Person (Hans Kneser) und nur eines aus politischen Gründen (Ex-Dekan Karl Beurlen).[41] Max von Laue beschrieb die leitende Maxime bei jener Weißwaschung von Physikerkollegen in einem vertraulichen Brief 1947 wie folgt: »Wir versuchen hier in der Physik eine Politik durchzuführen, die sich im Staate leider nicht durchsetzt, nämlich nach scharfer Aburteilung der wirklichen Übeltäter für alle nazistischen Mitläufer eine einzige große Amnestie durchzuführen.«[42]

Auch Otto Hahn war zu dieser Zeit bereits von der Schlussstrichmentalität beseelt, wie sie Norbert Frei dann für die frühe Bundesrepublik beschrieben hat. Von einer Nachwuchsphysikerin mit Fakten über einige belastete Physiker wie etwa Pascual Jordan und Herbert A. Stuart konfrontiert, antwortete er:

40) Siehe DMA, NL Gerlach, Mappe Entnazifizierungsvorgänge, dazu die englische Übers. in: Klaus Hentschel/Ann M. Hentschel (Hrsg.), Physics and National Socialism. An Anthology of Primary Sources (= Science Networks. Historical Studies, Bd. 18), Basel – Boston – Berlin 1996, S. 403–406. Vgl. zu Hintergründen und weiteren Beispielen be- und entlastender Aussagen anderer über Mentzel auch Klaus Schlüpmann, Vergangenheit, S. 417 f. Zu Gerlachs politischer Haltung siehe jedoch auch den Brief von Laue an Hahn, 23.8.1946, MPGA, III. Abt., Rep. 14A, Nr. 2462. Trotzdem hatte v. Laues Protest gegen Gerlachs Mitwirkung an der Neugründung der MPG keinen Erfolg und Gerlach wurde am 11.9.1946 Gründungsmitglied der MPG in der britischen Zone: siehe Rudolf Heinrich/Hans-Reinhard Bachmann, Walther Gerlach: Physiker – Lehrer – Organisator, München 1989. S. 187.
41) Siehe die Website des Sommerfeld-Projekts unter den Jahren 1946 und 1947. Carola Sachse, »Persilscheinkultur«. Zum Umgang mit der NS-Vergangenheit in der Kaiser-Wilhelm/Max-Planck-Gesellschaft, in: Bernd Weisbrod (Hrsg.), Akademische Vergangenheitspolitik, Göttingen 2002, S. 217–245, hier S. 231, spricht unter Verweis auf Walker sogar von insgesamt ca. 60 »Persilscheinen« allein von Sommerfeld und Heisenberg.
42) Laue an Pechel, 11.11.1947, DPGA, Nr. 40048; in ähnlichem Sinn auch der Brief von Laue an seinen Sohn Theo, 16.7.1946, MPGA, III. Abt., Rep. 50, Nachtrag 7/7, Bl. 27 f.

»Ich werde in solchen Fällen des öfteren angefragt, wie ich mich demgegenüber verhalten solle. Wenn es sich nicht um krasse Fälle handelt, antworte ich, dass ich bestimmt nichts für die Herren tun werde, andererseits aber auch nicht aktiv Meldungen gegen sie vorbringe. Es widerstrebt mir, alle diese unerfreulichen Dinge jetzt noch fortzusetzen. Wir hatten ja mit all diesen Aufpassereien und Angebereien während des Dritten Reiches genug Schereien, und ich glaube nicht, dass die Herren, nachdem sie ihr Spruchkammerverfahren hinter sich haben und froh darüber sind, nun plötzlich wieder als aktive oder potentielle Nazis auftreten werden.«[43]

Sogar unter den Emigranten waren etliche, welche die Entnazifizierung nach alliiertem Strickmuster ablehnten, darunter z. B. Lise Meitner, die sogar denen »Persilscheine« ausstellte, die sie früher politisch denunziert hatten.[44] Aber auch viele andere Naturwissenschaftler, die davon genauer gewusst haben dürften, äußerten sich über »das, was unter der Devise ›Entnazifizierung‹ in letzter Zeit [sprich 1946/47 – d. A.] an manchen deutschen Hochschulen inszeniert wurde, nur mit offener Entrüstung«, so etwa der Radiochemiker und Mitentdecker der Kernspaltung Otto Hahn 1947 in der *Göttinger Universitäts-Zeitung* und in den *Physikalischen Blättern*. Der konkrete Anlass dafür war eine neue Welle amtlicher Entlassungen in München und Erlangen, die von den Amerikanern angeordnet worden waren, nachdem die Militärregierung zu dem Eindruck gekommen war, dass diese beiden Universitäten die ihnen eingeräumte Möglichkeit, »ihren Lehrkörper allmählich zu entnazifizieren und so eine Gefährdung des Unterrichts zu vermeiden«, nicht in ausreichendem Maße wahrgenommen hatten.[45]

Der am 1.9.1946 neu gewählte Präsident der Max-Planck-Gesellschaft in der britischen Zone und der Rektor der Göttinger Universität führten nun aus, dass diese »neue Welle solcher ›amtlichen‹ Entlassungen [...] sehr ernste Debatten über Sinn und Unsinn der ›Entnazifizierung‹ und lebhafte Erinnerungen an Gepflogenheiten des ›Dritten Reiches‹ ausgelöst« habe, zumal zu den betroffenen Per-

---

[43] Hahn an Martius, 12.11.1947, ebd., II. Abt., Rep. 14A, Nr. 2726 (Hinweis von Gerhard Rammer).
[44] Meitner an Franck, 10.7.1947, RLUC, NL Franck, Box 5, Folder 5. Auszüge aus den Schreiben Hermann Fahlenbrachs und v. Drostes sowie aus Meitners Antworten siehe bei: Ruth Lewin Sime, Lise Meitner. A Life in Physics, Berkeley 1996, S. 350.
[45] N.N., 76 Entlassungen an der Erlanger Universität, Die Neue Zeitung, 3. Jg., Nr. 10 v. 3.2.1947, S. 5. Siehe dazu auch James F. Tent, Mission, S. 92 ff.

sonen auch solche Männer zählten, »über deren völlige Ablehnung des Nationalsozialismus für uns nie ein Zweifel möglich war.«[46)]

Auffällig ist zunächst die selbstüberhebliche Art, mit der die beiden Göttinger hier das sich den Entnazifizierungsorganen stellende diffizile Problem der Bewertung politischer Verstrickungen nonchalant mit dem einfachen Hinweis auf ihre eigene Kenntnis einiger der Betroffenen wegzuwischen versuchen. Abgesehen davon hatte der (schiefe) Vergleich der Entnazifizierung nach 1945 mit der Arisierung in den 12 Jahren zuvor natürlich die rhetorische Funktion, das alliierte Drängen auf geistige und moralische Säuberung gründlich zu diskreditieren.

Bleibt zu ergänzen, dass auch Otto Hahn in diesem Sinne tatkräftig an der »Persilschein«-Inflation mitgewirkt hat, die sich im Geiste jener Boykottierung ernsthafterer Entnazifizierungsversuche ausbreitete und eigenartige Solidarisierungseffekte auch mit jenen bewirkte, mit denen z. B. Hahn oder Gerlach vor 1945 nur ungern zu tun gehabt hatten. Auch alliierte Besatzungsoffiziere, die für die Entnazifizierung zuständig waren, musste gerade diese Erfahrung enttäuschen: »The proclivity of ›einwandfreie‹ Germans to rush to the support of their colleagues who were fools enough to compromise themselves with the Nazi cause is surely one of the most startling and depressing aspects of post-Nazi German academic society.«[47)] Doch gerade jene Entlastungszeugen hatten oft wenig Interesse an einer wirklichen Klärung der Rolle der Angeklagten in den intrikaten Befehls- und Kollaborationsverhältnissen, in die diese formal »einwandfreien« Personen, die nie in die Partei oder eine ihrer Organisationen eingetreten waren, mitunter selbst verwickelt waren.

Aus einer teilweise sogar zustimmenden Haltung gegenüber der ersten »Spontan-Entnazifizierung, die zweifellos das Richtige traf«,[48)] war bei Hahn eine Fundamentalkritik gegenüber ihrer späteren organisatorischen Umsetzung geworden, die aber auch nichts Gutes mehr an ihr ließ:

> »Wir sind weder Politiker noch Juristen, aber gewohnt, die Dinge vielleicht etwas ruhiger und nüchterner zu betrachten als andere Berufe. Wir bedauern

---

46) Otto Hahn/F. Hermann Rein, Einladung nach USA, Physikalische Blätter 3 (1947), S. 33–35, hier S. 34.
47) So Edward Y. Hartshorne in seinem Tagebuch am 24.7.1945, in: James F. Tent, Academic Proconsul, S. 82.
48) Otto Hahn/F. Hermann Rein, Einladung.

tief, wie durch so viele Maßnahmen die ›Entnazifizierung‹ ins Gegenteil verkehrt und der wirkliche Friede für uns immer weiter in die Ferne gerückt wird. Wir begreifen nicht, wie lange man offenbar braucht, um endlich wieder ›Kriminalität‹ und ›politischen Irrtum‹ auseinanderzuhalten, aus deren willkürlicher Vermengung sicherlich viel von dem heutigen Entnazifizierungsunheil und beispielsweise auch die Mißgriffe gegen die Wissenschaft unseres Landes entsprungen sind.«[49]

Im Einzelnen bemängelt wurden, übrigens vielfach zu Recht, die durch regionale Unterschiede und mehrfache Änderung der Leitlinien jener Entnazifizierung resultierende eklatante Ungleichbehandlung sowie die anfängliche Tendenz zur Verhängung drakonischer Strafen für Mitläufer bei Zurückstellung vieler Hauptschuldiger, die »oft unter falschem Namen und mit falschen Papieren ausgestattet in der großen Masse entwurzelter Deutscher untertauchen konnten.«[50]

Etwa ein Jahr später hatte sich die Einschätzung keineswegs gebessert. In einem Jahresrückblick sekundiert Ernst Brüche jene Polemik Hahns gegen das »Entnazifizierungsunheil« noch mit folgender Charakterisierung der vorherrschenden Mentalität: »Ein gefährlicher Enttäuschungsprozeß schreitet fort und macht auch bei den Physikern nicht halt. Das böse Wort ›Renazifizierung‹ in diesem Zusammenhang zu gebrauchen, wäre allerdings unrichtig, denn es würde voraussetzen, daß ehemals von einer ›Nazifizierung‹ der Physiker hätte gesprochen werden können.«[51]

Definieren wir *Nazifizierung* wie Mark Walker als »effective, signi-

---

[49] Dies., Göttinger Universitäts-Zeitung, 2. Jg., Nr. 6 v. 21.2.1947, S. 1–2.
[50] So etwa Conrad F. Latour/Thilo Vogelsang, Okkupation S. 179 f., für die die Entnazifizierung »eine wahre Tragikomödie der Irrungen« darstellte und speziell die Praxis in der amerikanischen Zone »als ein moralisches Debakel gewertet werden muß.« Als ein Beispiel für die Klage über Ungleichbehandlung siehe auch den »Persilschein« Sommerfelds für Heinrich Ott, 13.2.1946, http://www.lrz-muenchen/ ~Sommerfeld/gif100/05160_01.gif. Karl Bechert lehnte den Ruf zur Sommerfeld-Nachfolge nach München und zum Kultusminister in Großhessen ab, weil »die Hochschulpolitik in der amerikanischen Zone [...] das Gegenteil von vernünftig« sei und er »das Säuberungsgesetz in seiner jetzigen Form für eine ungeheure Dummheit« hielt. Schreiben Becherts an Sommerfeld, 4.2. u. 5.3.1947, ebd. /~Sommerfeld/KurzFass/02465.html u. ebd ./02467.html.
[51] Ernst Brüche, Rückblick auf 1947, Physikalische Blätter, 4 (1948), H. 2, S. 45 f., hier S. 46. Vgl. zur Definition von Nazifizierung Mark Walker, The nazification and denazification of physics, in: Walter Kertz (Hrsg.) Hochschule und Nationalsozialismus, Braunschweig 1994, S. 79–89, hier S. 81.

ficant and conscious collaboration with portions of National Socialist policy«[52]) (zu beziehen auf Gruppen, nicht auf Individuen), dann passen zu Brüches Eindruck eines tief greifenden »Enttäuschungsprozesses« auch die Berichte über ein Wiedererstarken des Antisemitismus. Lutz Niethammers These von einer »Mitläuferfabrik«, die er vorwiegend an Entnazifizierungsverfahren in Bayern und ohne spezielles Augenmerk auf Naturwissenschaftler entwickelt hatte,[53]) bzw. Norbert Freis Befund eines »enormen gesellschaftlichen Widerwillens gegen eine gründliche, strafrechtliche Auseinandersetzung mit den Untaten der NS-Zeit« bewahrheiten sich also in dieser Teilgruppe der Bevölkerung, quantitativ in vielleicht sogar noch extremerem Ausmaß. Auf der Suche nach Vertretern physikalischer Wissenschaften, die nicht nur als Mitläufer eingestuft wurden, sondern rechtskräftig verurteilt wurden, fallen mir nur eine knappe Handvoll Beispiele ein: so etwa der Astronom und Ministerialrat im REM Wilhelm Führer, der zu vier Jahren Arbeitslager verurteilt wurde, und der Physikochemiker Rudolf Mentzel, der in Gruppe III (»Belastete«) eingestuft wurde und zu zwei Jahren und sechs Monaten Gefängnis verurteilt wurde. Auf die Strafe des Letztgenannten wurde allerdings seine Internierung in Nürnberg von Ende Mai 1945 bis zum 23.1.1948 angerechnet, sodass Mentzel mit der Urteilsverkündigung schon wie-

---

52) Ebd.
53) Siehe dazu Lutz Niethammer, Entnazifizierung in Bayern. Säuberung und Rehabilitierung unter amerikanischer Besatzung, Frankfurt 1972. Vgl. auch Herbert Mehrtens, Kollaborationsverhältnisse: Natur- und Technikwissenschaften im NS-Staat und ihre Historie, in: Christoph Meinel/Peter Voswinckel (Hrsg.), Medizin, Naturwissenschaft, Technik und Nationalsozialismus, Kontinuitäten und Diskontinuitäten, Stuttgart 1994, S. 13–33, über Kollaborationsverhältnisse im NS-Staat sowie Klaus Schlüpmann, Vergangenheit, S. 396, zur atemberaubenden Zahl von 2,5 Millionen »Persilscheinen« allein in Bayern. Vgl. auch ebd., S. 419–421, zu Frei und Bauer sowie zu den noch weiter gehenden Thesen Günter Schwarbergs über die deutsche Justiz als einer »Mörderwaschmaschine«, in der bis 1986 von 90 921 eingeleiteten Verfahren gegen Belastete der Nazidiktatur nur 6479 abgeschlossen, rund 84 000 jedoch per Einstellungsbeschluss ohne Kontrolle der Öffentlichkeit aus der Welt geschafft wurden. Vgl. zur mageren Bilanz der Spruchkammertätigkeit in der US-Zone bis August 1949, wo mehr als 50 % von 950 000 Verfahren mit Mitläuferbescheiden und einer Geldbuße endeten, Cornelia Rauh-Kühne, Die Entnazifizierung und die deutsche Gesellschaft, in: Archiv für Sozialgeschichte 35 (1995), S. 35–70, hier S. 55. Diese äußert sich auch zu «ausufernden Erfassungspraktiken und abrupten Wendungen« der britischen Entnazifizierung (ebd., S. 61).

der frei war, während Führer (in Göttingen ausgebildet) nach Einstufung als »Minderbelasteter« durch die Spruchkammer Nordwürttemberg 1949 und als Mitläufer 1950 dann auch wieder freikam.[54)]

Ausgerechnet von Migranten wie beispielsweise Rudolf Ladenburg, der bereits 1932 einem Ruf nach Princeton gefolgt war, wurde der seichte Ausgang jener anfangs als so streng angekündigten Verfahren schon Mitte 1947 antizipiert. In seinem Brief an von Laue klingt fast so etwas wie Mitleid mit den Angeklagten an:

> »Ich verstehe allerdings immer noch nicht, unter welcher Autorität die sogenannten Entnazifizierungsgerichte arbeiten. Hier wird behauptet, dass es deutsche Gerichte sind. Meissner aber schreibt, dass die ›Militärregierung‹, also die Amerikanische, entscheidet. [...] Die Verurteilung von Joh. Stark habe ich eben hier in einer deutschen Emigrantenzeitung gelesen [...], 4 Jahre Zwangsarbeit‹ ist freilich eine zu harte Strafe für ihn, aber dazu wird es wohl doch nicht kommen«[55)].

Auch Erwin Schrödinger scheint die Verurteilung von »Giovanni Fortissimo« bedauert zu haben, und ausgerechnet Max von Laue bot sogar Unterstützung für eine Strafmilderung für Johannes Stark an. Unter den Korrespondenten Sommerfelds, der in Starks Spruchkammerverfahren als Zeuge gehört worden war und dabei wegen der wissenschaftlichen Bedeutung Starks auf mildernde Umstände plädierte, scheint lediglich Paul Gottschalk Starks Verurteilung als Hauptschuldiger als gerechtfertig empfunden zu haben.[56)]

Ladenburg sollte übrigens Recht behalten, denn die Verurteilung

---

54) Zu Stark siehe Andreas Kleinert, Das Spruchkammerverfahren gegen Johannes Stark, Sudhoffs Archiv 67 (1983), S. 13–24, der berichtet, dass Brüche sich während des noch laufenden Spruchkammerverfahrens um nähere Informationen für die *Physikalischen Blätter* bemüht hatte, die aber von der Spruchkammer und der Berufungskammer für Oberbayern nicht gewährt wurden. Zu Mentzel siehe Manfred Rasch, in: Neue Deutsche Biographie; zu Führer u. a. Astronomen siehe Freddy Litten, Astronomie in Bayern, 1914–1945, Stuttgart 1992.

55) Ladenburg an Laue, 30.7.1947, MPGA, III. Abt., Rep. 50, Nr. 1158. Siehe Brief von Annemarie und Erwin Schrödinger an Sommerfeld, 16.8.1947, http://www.lrz-muenchen.de/~Sommerfeld/Kurzfass/01183.html; Laue an Sommerfeld, 16.7.1947, ebd. /04709.html; Gottschalk an Sommerfeld, 10.8.1947, ebd. /02883.html.

56) Siehe Brief von Sommerfeld an Laue, 24.7.1947, MPGA, III. Abt., Rep. 50, Nr. 2394; Laue an Hill, 10.5.1951, ebd., Nr. 876 sowie diverse Schreiben Stark betreffend, ebd., Mappe Nr. 1908. Der Ingenieur Paul Gottschalk, Vorsitzender des Entnazifizierungsausschusses der

Starks in einem Spruchkammerverfahren zu vier Jahren Arbeitslager wurde nach einer Revision 1949 in eine Geldstrafe von 1000 DM umgewandelt. Neben diesen wenigen Fällen stark belasteter Hauptverantwortlicher gibt es natürlich noch den von Freddy Litten ausführlich geschilderten Fall Wilhelm Müllers, der im Mai 1948 zunächst als Hauptschuldiger in die Gruppe I eingestuft, im Oktober 1948 dann in Gruppe II (als »Hauptbelasteter«) angeklagt und im Mai 1949 dann auch zu einem Jahr »Sonderarbeit« und 20% Vermögenseinzug verurteilt worden war, aber nach Revisionsverhandlung im September 1949 dann als »weltfremder, einseitiger Phantast« in die Gruppe III der »Minderbelasteten« abgestuft und mit zwei Jahren Bewährung und 1000 DM Geldstrafe sowie Prozesskosten belegt wurde.[57] Darüber hinaus sind mir überhaupt keine wirksam gewordenen Verurteilungen von Physikern bekannt geworden; zwei der stärker belasteten Personen (Werner Straubel in Jena und Peter Paul Koch in Hamburg)[58] schieden 1945 durch Selbstmord aus dem Leben. Im Nachbarfeld der Chemie gab es bekanntlich etwas mehr Verurteilungen, denn Großkonzerne wie die I.G.-Farben oder auch die Degussa waren tief in das NS-Unrechtssystem und die Massenvernichtungsmaschinerie verstrickt.[59]

> PTR in Göttingen, war einer der Belastungszeugen in dem Spruchkammerverfahren gegen Stark; siehe dazu Andreas Kleinert, Spruchkammerverfahren, S. 19 ff.
> 57) Man lese etwa die Begründung des Revisionsurteils, abgedruckt bei: Freddy Litten, Mechanik und Antisemitismus. Wilhelm Müller (1880–1968), München 2000, S. 219.
> 58) Zu Straubel siehe Brief von E. Buchwald an A. Sommerfeld, 25.1.1946, DMA, NL 89 (Sommerfeld), 006. Zu P. P. Koch, dem u. a. die Denunziation anderer Personen an die Gestapo vorgeworfen wurde, siehe Monika Renneberg, Die Physik und die physikalischen Institute der Hamburger Universität im »Dritten Reich«, in: Eckhart Krause/Ludwig Huber/Holger Fischer (Hrsg.), Hochschulalltag im Dritten Reich: Die Hamburger Universität 1933–1945, Bd. 3, Hamburg – Berlin 1991, S. 1103 u. 1110 ff. Für weitere Fälle von Selbstmord, der »ansteckendsten Krankheit die bei uns grassiert«, siehe Brief von Laue an seinen Sohn Theo, 25.8.1946, MPGA, III. Abt., Rep. 50, Nachtrag 7/7, Bl.43 f.
> 59) Zu diesem Themenkomplex siehe z.B. Joseph Borkin, Die unheilige Allianz der I.G. Farben. Eine Interessengemeinschaft im Dritten Reich, 3. Aufl., Frankfurt/M. 1990, S. 136 u. 207; Ute Deichmann, Flüchten, mit dort angegebenen Quellen, bes. S. 433 (zur hohen Selbstmordrate unter Chemikern nach Kriegsende) u. 484 ff. (zur Auseinandersetzung der Chemiker mit Auschwitz und dem I.G. Farben-Prozess).

Als am 29.7.1948, nach 152 Verhandlungstagen, dem Verhör von 189 Zeugen und der Abfassung von 16 000 Seiten Protokoll die (übrigens zum Teil relativ milde) Urteilsbegründung im I.G.-Farben-Prozess (mit Freiheitsentzug von eineinhalb bis acht Jahren für 13 Angeklagte und Freisprüchen für zehn andere) erfolgte, drang der Aufschrei der Entrüstung auch in die *Physikalischen Blätter*. In einem längeren Beitrag von O. Gerhardt wurde ausführlich aus einem Appell der Gesellschaft Deutscher Chemiker (GDCh) an General Lucius D. Clay zitiert, in dem strategisch die gleiche Linie verfolgt wurde wie schon in den zitierten »Persilscheinen«:

> »Wir kennen die Verurteilten durch jahrzehntelange Arbeit als ehrenwerte Männer. Wir sind der Ansicht, daß die Methoden der Anklagebehörde nicht den früher, vor dem Hitlerregime in Deutschland und den in den Vereinigten Staaten von Amerika vorgeschriebenen Methoden entsprochen haben. Wir sind ferner der Ansicht, daß die Richter nicht den Umständen des totalen Krieges in einem diktatorisch mit terroristischen Methoden regierten Staate Rechnung getragen haben. Wir stehen verständnislos der Höhe der verhängten Gefängnisstrafen gegenüber für Männer, die damit unserer Meinung nach zu Unrecht mit gemeinen Verbrechern gleichgestellt werden.«[60]

Mit dem zustimmenden Abdruck jener Appelle und Verlautbarungen der GDCh stellte sich die DPG in eine Reihe mit den Verteidigern der I.G.-Farben, die ständig auf den Umstand pochten, dass die Firma Degesch, Herstellerin des Zyklon-B, nicht zur I.G.-Farben-Gruppe, sondern zur Degussa zu zählen sei, dabei aber all die anderen Menschen verachtenden Nutzungen des NS-Regimes bis hin zu Zwangsarbeitern aus Konzentrationslagern und pharmazeutischen Experimenten an deren Insassen durch die I.G.-Farben tunlichst unerwähnt ließen. Dabei hat man den Eindruck, dass diese Demonstration ungebrochenen Selbstbewusstseins und mangelnden Schuldbewusstseins letztendlich weniger dem Schicksal jener »ehrenwerten Männer« galt als vielmehr der Sorge um die »Diskriminierung der deutschen Chemie[industrie], besonders dem Sondergesetz gegen die I.G.-Farbenindustrie, das Kontrollratsgesetz Nr. 9 vom November

---

[60] O. Gerhardt, Das Nürnberger Urteil im Chemieprozeß, Physikalische Blätter 4 (1948), S. 429–432, hier S. 429. Vgl. dazu auch weitere Hintergründe bei: Ute Deichmann, Flüchten, bes. S. 484 ff. und Klaus Schlüpmann, Vergangenheit, S. 415 f.

1945, das ein Schuldspruch ohne Beweisaufnahme und Verhandlung gewesen sei.«[61])

Nachdem die Alliierten nach anfänglichen Diskussionen zwischen den Hardlinern wie dem *US Secretary of the Treasury* Henry Morgenthau junior und liberaleren Gremien wie z. B. dem *German Science and Industry Committee* in London im Kontrollratsgesetz Nr. 25 zu einem Kompromiss gefunden hatten, der weitgehende Auflagen vorsah, verhärteten sich die Fronten zwischen den betroffenen deutschen Forschern und den Alliierten.[62]) In diesem am 29.4.1946 wirksam werdenden Gesetz wurde zwischen Grundlagenforschung und angewandter Forschung unterschieden. Erstere wurde nur insoweit eingeschränkt, als für sie Forschungsgeräte oder Apparate benötigt würden, die aufgrund ihrer Funktion auch für militärische Forschung und Entwicklungen benutzt werden könnten: eine eher diffuse Formulierung, deren mehr oder weniger strenge Auslegung stark von den jeweiligen Kontrolloffizieren abhing, die dabei lokal sehr unterschiedlich vorgingen. Die angewandte Forschung aber wurde generell durch eine lange Liste verbotener Forschungsfelder recht hart getroffen. Unter den nunmehr untersagten Forschungsgebieten waren so aktuelle Themen wie: angewandte Kernphysik, angewandte Aerodynamik, aeronautische Optimierungen von Flugzeugprofilen etc. sowie Raketenantriebe, Gasturbinen u. a. Flugzeugantriebe. Eigentlich musste allen klar sein, dass die Forschung auf diesen Gebieten von 1933 bis 1945 zum Teil sehr stark auf die Wünsche und Ziele der NS-Machthaber ausgerichtet gewesen war oder zumindest von ihrer potenziell militärischen Relevanz stark profitiert hatte. Dies gilt, auch wenn manche Entwicklungen (wie etwa die des Gasturbinenan-

---

61) O. Gerhardt, Das Nürnberger Urteil sowie Werner Heisenberg, Wer weiß, was wichtig wird? Die Notwendigkeit wissenschaftlicher Forschung, Die Welt, Nr. 143 v. 9.12.1948, S. 3, verweist in seinem Plädoyer für die »Notwendigkeit wissenschaftlicher Forschung« neben der optischen Industrie explizit auf die Chemieindustrie.

62) Zu den Hintergründen und politischen Vorentscheidungen des Gesetzes Nr. 25 siehe Thomas Stamm, Zwischen Staat und Selbstverwaltung. Die deutsche Forschung im Wiederaufbau 1945–1965, Köln 1981, S. 56 u. 230 f. und John Gimbel, Science S. 175 ff. Ein unkommentierter Abdruck erfolgte auch in: Neue Physikalische Blätter 2 (1946), S. 49–52. Über die den Zeitgenossen verborgenen, komplexeren Absichten Morgenthaus siehe auch Wolfgang Benz (Hrsg.), Deutschland unter alliierter Besatzung 1945–1949. Ein Handbuch, Berlin 1999 S. 358 ff.

triebs, *jet propulsion*, durch Hans-Joachim Pabst von Ohain in Göttingen) zu spät kamen, um noch voll eingesetzt zu werden und andere (wie die der Uranmaschine) nach 1942/1943 nur auf recht kleiner Flamme verfolgt worden waren. Trotzdem war die Einsicht, dass es Sinn hatte, diese Forschungsrichtungen nunmehr kategorisch zu unterbinden, nicht weit verbreitet. Im Gegenteil: Gerade angesichts des Aufschwungs jener Forschungszweige in den USA, teilweise auch unterstützt durch importierte deutsche Spezialisten (wie z. B. den unter gezielter Fälschung von Personalunterlagen und Unterdrückung brauner Vergangenheit in die USA eingeschleusten Werner von Braun und andere Mitglieder seines Raketen-Teams[63]) sahen viele darin eine strategische Beschneidung des Forschungspotenzials mit dem ausdrücklichen Ziel, die Forschung in Deutschland hoffnungslos ins Hintertreffen geraten zu lassen. Noch einmal Otto Hahn (und F. Hermann Rein) 1947:

> »Persönliche Unterhaltungen mit ausländischen Wissenschaftlern und mit Persönlichkeiten, die für die Überwachung der deutschen Wissenschaft eingesetzt sind, lassen immer wieder die Hoffnung aufleben, daß der winzige Rest an Wissenschaft und Forschung, der Deutschland zugebilligt wird, nicht völlig abgedrosselt werden soll. Der Sachkundige weiß, wie einfach es ist, durch Kontrollmaßnahmen zu verhüten, daß sie etwa in falsche Kanäle geleitet werden könnten. Das aber, was von anderer, von politischer Seite gegen die Wissenschaft bei uns geschieht, stimmt hoffnungslos. Könnte man jenen vielen, die seinerzeit in unseren Besatzungszonen die Okkupation durch England und Amerika als letzte und einzige Hoffnung auf eine Beendigung des Hitlerregimes und Wiedereinsetzung der Vernunft in ihre Rechte erwartet haben, heute, zwei Jahre nach Beendigung dieses Unheils, nicht endlich eine kleine Hoffnung auf eine Wendung zum Besseren zeigen? Was bezweckt man damit, daß man diese Menschen offenbar systematisch in Verzweiflung und Apathie hineinzustoßen sich bemüht? Das Ergebnis kann kein Friede für Europa sein.«[64]

---

63) Zum Projekt *Paperclip* siehe Tom Bower, Verschwörung Paperclip. NS-Wissenschaftler im Dienst der Siegermächte, München 1987; zur Verpflichtung von Spezialisten im Osten siehe Ulrich Albrecht/Andreas Heinemann-Grüder/Arend Wellmann, Die Spezialisten. Deutsche Naturwissenschaftler und Techniker in der Sowjetunion nach 1945, Berlin 1992, die etwa 2370 Fälle namentlich erfassten und ihre Gesamtzahl dort auf bis zu 3500 deutsche Spezialisten schätzten.
64) Otto Hahn/F. Hermann Rein, Einladung, S. 35. Auch Max v. Laue scheint diesem Artikel vorbehaltlos zugestimmt zu haben, siehe seinen Brief an Meitner, 25.3.1947, zit. nach: Jost Lemmerich, Lise Meitner, S. 484 f.

Für alle diejenigen, die der nationalsozialistischen Ideologie relativ fern gestanden haben mögen oder dies zumindest von sich behaupteten, also auch für die überwiegende Mehrzahl aller Physiker jener Zeit, stellte sich die Situation nunmehr so dar, dass das *eine* verhasste System von Verboten, mit dem die Nazis bestimmte Forschungsrichtungen (etwa zur Relativitäts- und Quantentheorie) zu unterdrücken versucht hatten, nur durch ein *anderes* Verbotssystem ersetzt worden war. Die Alliierten wurden von vielen lange als forschungsbehindernd wahrgenommen, ohne dass das Potenzial einer Zusammenarbeit mit ihnen erkannt wurde, wie es sich in Göttingen bereits seit dem Januar 1946 in dem achtköpfigen *German Scientific Advisory Council* abzeichnete. Dort verhandelten Hahn, Heisenberg, von Laue und Windaus mit Colonel Bertie Blount bzw. von Oktober 1946 an mit Ronald Fraser als Vertretern der britischen Militärregierung u. a. über Lizenzen für wissenschaftliche Zeitschriften, die (Wieder)Zulassung wissenschaftlicher Gesellschaften, die Weiterführung der PTR und die Koordinierung der *FIAT Reviews of German Science*. Der 1948 aus diesem Kreis gebildete Deutsche Forschungsrat (unter Heisenbergs Leitung) fusionierte bald darauf mit der wiedergegründeten Notgemeinschaft zur Deutschen Forschungsgemeinschaft.[65]

Russenangst

So resümiert Richard Courant die Stimmung seiner deutschen Gesprächspartner im Sommer 1947: »[...] absolutely bitter, negative, accusing, discouraged, aggressive. Main point: Allies have substituted Stalin for Hitler, worse for bad. Russia looms as the inevitable danger.« Nach etlichen Gesprächen in süddeutschen Gefilden notiert Courant weiter als Gesamteindruck:

»Fear of Russians. Bitterness against French. Rumors also of American mismanagement. General lack of understanding for what America actually does

[65] Siehe dazu z. B. Thomas Stamm, Staat; Michael Eckert, Primacy doomed to failure: Heisenberg's role as scientific advisor for nuclear policy in the Federal Republic of Germany, in: Historical Studies in the Physical Sciences, 21, 1990, S. 29–58; Armin Hermann, Science, S. 81 f.; Cathryn Carson, Science advising and science policy in postwar West Germany: The example of the Deutscher Forschungsrat, Minerva 40 (2002), Nr. 2, S. 147–179.

to help the Germans. Little contact between scientists in different towns. None with abroad, almost none with Austria. [... Criticism – d. A.] of German administration. Small-time politicians, no understanding for cultural issues. University has no support from them. Complaints about zone competition. French do not permit some scientists to travel to other zones. Americans and British likewise compete for scientists and allegedly, impose restrictions [... Many scientists – d. A.] do not dare travel through Russian zone for fear of kidnapping, which sounds unbelievable but is universally accepted as real danger.«[66]

Wie wir heute dank verschiedener Publikationen über die Arbeit deutscher »Spezialisten« in der Sowjetunion nach 1945 wissen, lagen die sowjetischen Anwerbemethoden je nach Einzelfall in einem breiten Spektrum zwischen Zwang und Überzeugung. Allein im Rahmen der Aktion OSSAWAKIM wurden im Oktober 1946 über 2000 Naturwissenschaftler und Techniker mit ihren Familien per Zug in die Sowjetunion verbracht, wo sie in streng abgeriegelten Orten Forschung und Entwicklung in der Kernphysik, Elektronik und Elektrotechnik, Optik, Torpedotechnik, der Raketen- und Luftfahrtforschung und anderen militärischen Projekten betrieben. Die Sowjetische Militäradministration in Deutschland (SMAD) versuchte, diese Aktionen nach außen hin als »völlig freiwillige« Anwerbungen darzustellen, wofür einige Physiker auch genötigt wurden, dies beteuernde offene Briefe zu schreiben, die in Tageszeitungen und Zeitschriften zur Veröffentlichung eingereicht wurden und zumindest 1946 auch noch auf offene Ohren gestoßen zu sein scheinen. Zumal die Propagandamaschinerie geschickterweise so weit ging zu behaupten, es gäbe mehr Bewerber als die Sowjetunion aufzunehmen in der Lage sei.[67] Doch einigen jener »Freiwilligen«, denen morgens früh bei von Soldaten umstelltem Haus die sofortige Abreise nahe gelegt worden war, gelang (z. B. durch Absprung aus dem Zug gen Osten) die Flucht, und – wie das Zitat von Courant belegt – hatte der Buschfunk

---

[66] Vorstehende Zitate aus: Constance Reid, Courant, S. 261. Zu weiteren Beispielen aus der allgemeinen Bevölkerung, zum Teil untermauert durch reale Erfahrungen mit den russischen Besetzern, siehe James F. Tent, Academic Proconsul, S. 15, 114 u. 123.

[67] Siehe dazu z. B. Max Steenbeck, Impulse, S. 169 ff. und Ulrich Albrecht/Andreas Heinemann-Grüder/Arend Wellmann, Spezialisten. Lilli Peltzer, Die Demontage deutscher naturwissenschaftlicher Intelligenz nach dem 2. Weltkrieg – Die Physikalisch-Technische Reichsanstalt 1945/1948, Berlin 1995, S. 35 ff. u. 102 ff., zu den Anwerbungspraktiken.

schon bald bewirkt, dass jene offiziösen Verlautbarungen als Propaganda erkannt wurden.

Auch in den *Physikalischen Blättern* finden wir Niederschläge jener »Russenangst«. Nachdem in Heft 2 des 2. Jahrgangs ein eher versöhnlicher Beitrag über die »Verpflichtung deutscher Wissenschaftler und Ingenieure nach Rußland erschienen war«, hagelte es bei Brüche Protestbriefe, »deren Einzelangaben keinen Zweifel daran lassen, daß die Schilderungen der Vorgänge, die in der Presse der britischen Zone erschienen sind, ihre Berechtigung haben. Es wird in den Zuschriften von ›Verschleppung‹ und ›Waffengewalt‹ gesprochen.« Aber Brüche war um Ausgewogenheit bemüht und führte auch einige neue »uns zugegangene positive Beurteilungen« an, die »die Russenangst für sehr übertrieben« hielten, obgleich die angefügte Bemerkung, »daß allerdings von denen, die mit den Russen zusammenarbeiten, ab und zu einer gefressen werde«, nicht sonderlich ermutigte.[68] Auch die Zensur der Briefe aus Russland wurde auffällig und ab Mitte 1948 wurde die Tonlage in diesem Punkt dann resignativer:

> »Es nutzt nichts, den Kopf in den Sand zu stecken und die fortschreitende Trennung von Ost- und Westdeutschland nicht sehen zu wollen. Der unterschiedliche Inhalt, den amerikanische und russische Menschen der Vokabel Demokratie geben, macht es unumgänglich, vorerst mit weiteren Entfremdungen zu rechnen. [...] Wir Deutsche scheinen verschiedene Menschen jenseits und diesseits des Vorhangs zu werden und die Schulreform in ihrer Verschiedenartigkeit kann auch nur dazu dienen, daß die folgende Generation auf beiden Seiten sich fremd gegenübersteht.«[69]

Auch in der Physikerkorrespondenz schlägt sich diese Resignation bezüglich der Lage im Osten Deutschlands nieder. So schreibt etwa Wilhelm Hanle im März 1948 an Max Born:

---

68) Vorstehende Zitate aus: Ernst Brüche, Nochmals die Ostverpflichtungen Physikalische Blätter 3 (1947), H. 1, S. 32; vgl. ferner ders., Briefe. Deutsche Wissenschaftler in Rußland, ebd., 4 (1948), S. 271 u. 452–454. Zur wirtschaftlichen und politischen Situation im russischen Sektor siehe Michael Balfour/John Mair, Four-Power Control, S. 40–47 u. 76 f.

69) Ernst Brüche, Ost und West, Physikalische Blätter 4 (1948), H. 5, S. 224. Siehe zur Zensur ebd., H. 1, S. 39 f. Zu Brüches weiterem engagierten Einsatz für eine Verständigung von Ost und West siehe Dieter Hoffmann/Thomas Stange, East-German physics.

»Augenblicklich treten die Ernährungssorgen gegenüber den politischen etwas in den Hintergrund. Haben Sie nicht auch das Gefühl, dass sich die politische Lage rapid verschlechtert? Besonders erschüttert hat uns das Schicksal der Tschechoslowakei. [...]
Die bevorstehende Bildung eines Weststaatenblocks begrüssen wir sehr, sehen wir doch in ihr die einzige Möglichkeit, dem russischen Vordringen zu begegnen. Aber wird es wirklich noch nützen? Diese Frage stellen wir uns immer wieder. Weit verbreitet ist die Meinung, dass eine bewaffnete Auseinandersetzung zwischen West und Ost auf die Dauer nicht aufzuhalten ist, und dass dann zunächst die Russen uns überrennen.
Viele stellen sich auch die Frage, was sie dann tun sollen. Das Beispiel mancher Kollegen – wie Schützens – in der Ostzone zeigt uns, wie wenig man unter dem Russen frei ist. Ich möchte nicht nochmals in einem totalitären Staat leben. Ich habe genug von 12 Jahren Hitlerregime. Und wie sieht dann die Zukunft aus? Entweder Europa bleibt russisch und die abendländische Kultur geht in Europa unter, oder die Russen werden wieder hinausgeworfen, so wie wir einst aus Frankreich, dann nehmen uns die Russen natürlich beim Rückzug mit, und dann geht man dabei unter oder endet bestens in Russland. Ich fand es schon schlimm genug, dass Hertz und andere deutsche Wissenschaftler in der Sowjetunion doch wahrscheinlich für die russische Kriegsmaschinerie arbeiten müssen. Ich möchte in einem Kampf zwischen West und Ost nicht auf der russischen Seite mithelfen. [...] Viele überlegen sich, ob man, wenn es zu einer, wenn auch vielleicht nur vorübergehenden Räumung Deutschland[s] (und vielleicht Europas) vor den Russen kommt, nicht mit den Amerikanern zurückgehen muss. Aber wohin? Und was geschieht mit der Familie? Das sind jetzt so die Gedanken, die einen bewegen.«[70]

Und 1950 bat Hartmut Kallmann seinen Kollegen Max von Laue schon geradezu inständig, nur bloß nicht mehr nach Ost-Berlin zur 250-Jahrfeier der »Russischen Akademie« zu fahren. Jene Deutsche Akademie der Wissenschaften zu Berlin war für ihn keine Vereinigung »freier« Wissenschaftler mehr, sondern »nur ein wissenschaftliches Feigenblatt für die von den Kommunisten betriebene Unterdrückung der freien Rede, der freien Wissenschaft, der unabhängigen Forschung, ja des unabhängigen Denkens überhaupt.« Die Anwesenheit westlicher Wissenschaftler würde »Sklaverei, Unterdrückung und Missetaten« nur noch zu einer Scheinlegitimität verhelfen, ähnlich wie die Anerkennung und Aufwertung der Hitler-Regierung durch das Ausland nach 1933, die »Hitlers Macht und Ansehen vergrösserten und vor allem jede innere Gegenbewegung unmöglich machten. [...] Ich weiss es von der Nazi Zeit, wie furchtbar es ist, un-

---

[70] Hanle an Born, SBPK, NL Born, Nr. 279. Ich danke Gerhard Rammer für den Hinweis darauf.

terdrückt zu sein und zu sehen, dass andere Menschen, die frei sind, freiwillig kommen und mitsingen.«[71]

Spätere Augenzeugenberichte der nach angemessener »Abkühlung« (d. h. hinreichend langen Zwischenaufenthalten in Ostdeutschland, die ihr Wissen über laufende Projekte veralten lassen sollten) in den Westen remigrierten Physiker und Techniker schildern eindrucksvoll jene Jahre quälender Unsicherheit und Angst, in denen sie Verschlossenheit und Mißtrauen als Überlebenshilfen erkannt und genutzt« hatten.[72] Aber nicht nur in jenen abgeschirmten Lagern, sondern auch im besetzten Deutschland insgesamt regierten in den ersten Jahren »Unsicherheit« und »Angst« vor dem, was kommt: zwei weitere Eckpfeiler des Mentalitätsprofils.

Das Gefühl der Isoliertheit und die Klage über die Zersplitterung Deutschlands

Im letzten Zitat des Berichts von Courant war auch ein anderes Motiv durchzuhören, das in zeitgenössischen Texten immer wieder anklingt: die Klage über die starke Isoliertheit, in der man sich befände. Diese hatte ja nicht erst 1945 eingesetzt, sondern war bereits durch die Aufkündigung internationaler Zusammenarbeit durch die Nationalsozialisten eingeleitet worden, woran z. B. der Göttinger Rektor Hermann Rein im Geleitwort der neu gegründeten und von Dozenten und Studenten herausgegebenen *Göttinger Universitäts-Zeitung* erinnerte: »Mit Bitterkeit empfinden wir jene geistige Isolierung, in welche die deutsche Wissenschaft und Hochschule im Verlaufe der letzten 12 Jahre durch den Abschluß vom Ausland gebracht worden ist.«[73] Groß war nun die Hoffnung auf Öffnung, der die Alliierten aus verschiedenen Gründen nicht entsprechen konnten. Schon aus Sicherheitsüberlegungen wurden die Übergänge zwischen den Besatzungszonen streng kontrolliert; einen der begehrten Interzonenpässe bekamen nur wenige und nur nach erheblichem Aufwand.

---

71) Kallmann an Laue, 6.6.1950, MPGA, III. Abt., Rep. 50, Nr. 991.
72) Als ein Beispiel seien hier die Erinnerungen eines Doktoranden am Göttinger Institut f. angewandte Mechanik angeführt: Kurt Magnus, Raketensklaven. Deutsche Forscher hinter rotem Stacheldraht, Stuttgart 1993.
73) F. Hermann Rein, Zum Geleit, Göttinger Universitäts-Zeitung, 1. Jg., Nr. 1 v. 11.12.1945, S. 1.

Wer versuchte, ohne Erlaubnis im Schutz der Dunkelheit auf Schleichpfaden von einer Zone in die andere zu gelangen und dabei ertappt wurde, musste mit strengen Verhören, mehrstündiger bis mehrtägiger Festsetzung und zum Teil mit Ausplünderung durch die Grenzposten rechnen.[74] Die zumindest intendierte, wenngleich auch keineswegs vollständige Abschottung der Besatzungszonen wurde als eine erneute, diesmal von den Siegermächten oktroyierte Behinderung der eigenen Freizügigkeit wahrgenommen (wie im vorletzten Zitat insbesondere in Bezug auf die russische und französische Zone), andererseits aber auch als eine Verweigerung des Kontakts durch Abschneiden äußerer Einflüsse in dieses abgeschottete System.

Alle Physiker beklagten sich über mangelnde Freizügigkeit innerhalb Deutschlands und die Abriegelung gegenüber dem Ausland.[75] Indirekt trug auch der 1946 von Brüche lancierte Wiederabdruck des Artikels von Goudsmit über *Wissenschaft oder Geheimhaltung*[76] jener Angst Rechnung, die auf deutscher wie auch auf alliierter Seite vor einer zunehmenden Abschottung wissenschaftlicher Labore und Institute im Zeichen potenziell kriegswichtiger Forschung bestand. Goudsmits Plädoyer für wissenschaftlichen Austausch, das dieser eigentlich auf die inneramerikanische Situation gemünzt hatte, wurde hier geschickt vor den eigenen Karren gespannt und als ein Plädoyer für die Öffnung Deutschlands uminterpretiert.

Die Klage über Isolation bezieht sich nicht nur auf ganz Deutschland oder zumindest die drei Westzonen gegenüber dem Ausland, sondern auch auf deren Abschottung untereinander. Mit der in Potsdam von den Alliierten beschlossenen Dezentralisierung und Aufteilung Deutschlands in vier Zonen, die nach jeweils ganz anderen Maximen der vier Besatzungsmächte regiert wurden, wurde auch eine Parzellierung vormals nationaler Organisationen unumgänglich. So wurde z. B. die DPG ab Anfang 1946 erst in Form einer Deutschen Physikalischen Gesellschaft in der britischen Zone weitergeführt,

---

74) Ein Augenzeugenbericht ist z. B.: Kurt Magnus, Raketensklaven, S. 32.
75) Siehe etwa das Schreiben C. F. von Weizsäckers an Sommerfeld, 11.2.1947, http://www.lrz-muenchen/~Sommerfeld/KurzFass/04893.html, in welchem Weizsäcker aufgrund des »Problems unserer Freizügigkeit [...] ein längeres Interim für zweckmäßig« hält, bis sich die Lage in Deutschland geklärt habe.
76) Siehe Neue Physikalische Blätter 2 (1946), S. 203–207.

ähnlich dann auch in der amerikanischen. Als dann statt einer analogen Neugründung für die gesamte von den Franzosen besetzte Zone Erich Regener in Stuttgart die Gründung eines noch kleinräumigeren Regionalverbands Württemberg-Baden vorbereitete, protestierte Pohl im Namen der Göttinger gegen diese »separatistische Neugründung, die die deutsche Einheit auch auf kulturellem Gebiet gefährdet.«[77] Aber schon aus rechtlichen Gründen gab es keinen anderen Weg. Im Januar des Jahres 1947, als gerade der Vertrag der Amerikaner und Briten über die Vereinigung ihrer beiden Zonen zur Bizone in Kraft getreten war, erklärte von Laue in einer für die Mentalität der Zeit bezeichnend-verharmlosenden Tonlage:

> »Die Kulturkrise, welche über die Welt, insbesondere über Deutschland hereingebrochen ist, hat Anfang 1945 auch die Arbeit der hundertjährigen Deutschen Physikalischen Gesellschaft unterbrochen. Wir können sie zunächst als Gesamtgesellschaft nicht weiterführen. So treten vorläufig regionale Gesellschaften an ihre Stelle.«[78]

Das Organ, in dem jene Erklärung eingerückt wurde, die *Physikalischen Blätter*, erschien ab Heft 2 (1947) allerdings zugleich als das *Mitteilungsblatt der Physikalischen Gesellschaft Württemberg-Baden*. Der Herausgeber Ernst Brüche sah darin nicht zu Unrecht »das erste der Oeffentlichkeit sichtbare Band einer wiedererstehenden interzonalen ›Deutschen Physikalischen Gesellschaft‹«.[79] Auch bei anderen An-

77) Siehe Brief von Pohl an Regener, 24.7.1946, DPGA, Nr. 40027; Pohl an Schön, 12.8.1946, ebd.; Ramsauer an Pohl, 13.8.1946, ebd., sowie Pohl an Regener, 2.8.1946, MPGA, III. Abt., Rep. 50, Nr. 1391. Siehe ferner das Protokoll der Gründungsversammlung der DPG in der britischen Zone am 5.10.1946, DPGA, Nr. 40028; Brief von Brüche an Pohl, 6.8.1946, ebd., und Pohl an Ramsauer, 29.1.1946, ebd., Nr. 40029. Zu einer signifikanten Abweichung der Satzung der Südwestdeutschen Physikalischen Gesellschaft siehe weiter unten, Anmerkung 121.
78) Max v. Laue, in: Physikalische Blätter 3 (1947), S. 1. Gleich auf der folgenden Seite benutzt Ernst Brüche in einem Rückblick auf die 100-Jahrfeier der DPG am 18. Januar 1945 eine erschreckend verharmlosende Formel von der »schlichten Feierstunde im sechsten Jahr des Völkerringens«. In: ebd., S. 2. Den Hinweis auf beide Stellen verdanke ich Klaus Schlüpmann, Vergangenheit, S. 448.
79) So in einer Notiz Ernst Brüche, Der dritte Jahrgang, Physikalische Blätter 3 (1947), H. 1, S. 32. Dort findet man auch die Antwort auf eine Anfrage, die verzögerte Gründung einer Physikalischen Gesellschaft in Hessen betreffend. Laut einem Schreiben von Kurt Madelung vom 22.2.1947 sei ein Antrag auf Zulassung des Gauvereins ein-

lassen, wie etwa der Frage des Erscheinungsorts der *Physikalischen Berichte* als dem großen Referateorgan, tritt das Leitmotiv einer zu erhaltenden gesamtdeutschen Einheit auf:

> »Wir Deutsche müssen angesichts der Zoneneinteilung Deutschlands um so energischer betonen, daß Berlin für uns Reichshauptstadt bleibt. Eine Verlagerung der Physikalischen Berichte in den Südwesten unseres Vaterlandes sähe unter den obwaltenden Umständen wie ein Stück jenes Rückzuges aus östlicheren Gebieten aus, den wir leider sonst an vielen Vorgängen beobachten müssen.«[80]

In der britischen Zone führten Max von Laue und Walter Weizel den Vorsitz über 485 Mitglieder; Rudolf Mannkopff war Geschäftsführer und als Beisitzer fungierten u. a. Erich Bagge, Hans Kopfermann und Fritz Sauter; Ehrenmitglieder des Gauvereins Niedersachsen waren Hans Gerdien, Otto Hahn, Lise Meitner, Gustav Mie, Max Planck, Ludwig Prandtl, Hermann von Siemens, Arnold Sommerfeld und Jonathan Zenneck. In Württemberg-Baden führte Walther Bothe den Vorsitz über 160 Mitglieder, in Hessen Madelung über 82, in Bayern G. Hettner über 162, in Rheinland-Pfalz (Mainz) W. Ewald über 46 und in Berlin Carl Ramsauer über rund 100 Mitglieder. Die erste gemeinsame Tagung aller regionalen Gesellschaften fand vom 11. bis 15. Oktober 1950 in Bad Nauheim statt, wo auch der Zusammenschluss zum Verband deutscher physikalischer Gesellschaften beschlossen wurde, der sich dann erst 1963 wieder *Deutsche Physikalische Gesellschaft* nannte.[81]

---

gereicht, aber noch keine Antwort seitens der zuständigen Stellen erfolgt. Zu den Vorbehalten gegenüber den *Physikalischen Blättern* als offiziellem Mitteilungsblatt aller Physikalischen Gesellschaften Deutschlands siehe Brief von Regener an von Laue, 20.1.1947, MPGA, III. Abt., Rep. 50, Nr. 2391: «[...] nicht mehr sehr dafür, weil wir das Niveau der Phys. Blätter nicht gerade hoch einschätzen, insbesondere in den ausländischen Zeitungsnachrichten, die einen grossen Teil der Mitteilungen ausfüllen.«

80) So von Laue als Vorsitzender der DPG in der britischen Zone an Ramsauer, 4.11.1946, DPGA Nr. 40029.
81) Zur Eröffnung der DPG in der britischen Zone siehe Neue Physikalische Blätter 2 (1946), S. 16; zur ersten Physikertagung in Göttingen 1946 siehe ebd., S. 178 f. und auch den Beitrag von Gerhard Rammer in diesem Band. Siehe zur Geschäftsordnung Physikalische Blätter 3 (1947) S. 29; zu Bayern und Rheinland-Pfalz ebd., 4 (1948), S. 124. Schon kurz nach Gründung der Bundesrepublik war v. Laue nicht mehr bereit, die Militärregierung in Angelegenheiten der DPG um

Eine gleiche Scheinregionalisierung gilt z. B. auch für die Deutsche Geophysikalische Gesellschaft, die nach ihrer Auflösung 1945 am 20.11.1947 als eine nach außen hin lokal erscheinende Geophysikalische Gesellschaft in Hamburg wiedergegründet wurde, »weil hierzu die notwendige Genehmigung der zuständige Militärregierung leichter zu erhalten sei«.[82] Erst zwei Jahre später nahm sie wieder ihren alten Namen an. Das ist mehr als bloße Umetikettierung, dahinter steckt bewusstes Versteckspiel mit den Alliierten als Ausdruck einer Mentalität der »Unechtheit«, des Sich-verstellen-Müssens vor den unliebsamen Aufpassern, sobald es auch nur entfernt um heikle Punkte wie Forschungsthemen oder die eigene Vergangenheit ging. Hierher passt auch die Aussage, die ein Mitarbeiter von Peter Adolf Thiessen überliefert hat, bis 1945 Direktor des Kaiser-Wilhelm-Instituts (KWI) für physikalische Chemie, das von ihm zum NS-Musterbetrieb umgestülpt worden war. Nach 1945 war er zehn Jahre lang in Suchumi als deutscher »Spezialist« im sowjetischen Atombombenprojekt beschäftigt und ab 1956 Leiter des Instituts für physikalische Chemie der Ost-Berliner Akademie der Wissenschaften. Thiessen gestand seinem ehemaligen Stellvertreter zu DDR-Zeiten: »Mein lieber Linde, die Nazis haben wir beschissen, und die Kommunisten bescheißen wir ganz genauso.« Wenn besagter Hartmut Linde danach fortfährt: »Für ihn war nur die Wissenschaft wichtig«[83], so würde ich im Falle Thiessens widersprechen, aber das führt uns in die Diskussion einzelner Personen und ihrer persönlichen Haltung und Überzeugung, die ich hier bewusst vermeiden möchte.

Erlaubnis zu bitten: »Wir Deutsche haben es nicht mehr nötig, in solchen rein deutschen Angelegenheiten die Besatzungsmächte zu fragen, zumal die Vereinigung wissenschaftlicher Gesellschaften gewiss nicht unter das Besatzungsstatus fällt.« Laue an Bothe, 13.6.1949, MPGA, III. Abt., Rep. 50, Nr. 330. Siehe allgemein zur Organisationsgeschichte der DPG nach 1945 und zu den ersten Nachkriegstagungen Wilhelm Walcher, Physikalische Gesellschaften sowie den Beitrag von Gerhard Rammer in diesem Band. Zu Brüches besonderem Bemühen um ostdeutsche Belange siehe auch Dieter Hoffmann/Thomas Stange, East-German physics.
82) Siehe dazu M. Koenig, in: H. Birret/K. Helbig/W. Kertz/U. Schmucker (Hrsg.), Zur Geschichte der Geophysik, Berlin 1974, S. 5.
83) Zit. nach: Guntolf Herzberg/Klaus Meier, Karrieremuster, Berlin 1992, S. 21. Den Hinweis auf dieses Zitat verdanke ich Jens Jessen.

Verbitterung über »Gelehrtenexport«

Neben dem Ausbleiben neuer Personen und Ideen in das abgeschottete Deutschland findet sich noch eine weitere Klage, nämlich die über das »geistige Ausbluten« durch den Abzug vieler hochqualifizierter Forscher und Lehrer ins Ausland, sowohl durch freiwilliges Abwandern als auch durch mehr oder weniger erzwungene Rekrutierung von Spezialisten in rüstungs- und militärtechnisch relevanten Bereichen wie Aerodynamik, Raketenentwicklung oder Kernforschung. Einen Appell vom 21.2.1947, den der frisch gekürte Nobelpreisträger Otto Hahn zusammen mit dem Rektor der Göttinger Universität, Hermann Rein, zuerst unter der Überschrift *Gelehrtenexport nach Amerika* in der *Göttinger Universitäts-Zeitung* publizierte, nahm Brüche – unter der weniger polemischen Überschrift *Einladung nach USA* – auch in die *Physikalischen Blätter* auf.[84] Darin werden einleitend einige der US-Presseartikel über die Übernahme deutscher Wissenschaftler und Techniker referiert, denen zufolge die USA dadurch bereits rund eine Milliarde Dollar erspart hätten.[85] Dann beklagen sie sich darüber, dass

> »Wissenschaft und Wissenschaftler – von den deutschen Patenten wollen wir hier schweigen – geradezu als Objekte der ›Reparationen‹ bezeichnet und behandelt [werden]. Es ist keine Frage, daß Dinge vor sich gehen, die in der Geschichte der Wissenschaft wohl bisher einmalig sind und in jenem verhältnismäßig kleinen Kreise, der die Wissenschaft in Deutschland verantwortlich repräsentiert, erhebliche Verbitterung auszulösen beginnen.«[86]

»Verbitterung«, das ist eines der in den Quellen häufig vorkommenden Stichworte für das zu entwerfende Mentalitätsprofil.[87] Nach

---

[84] Physikalischen Blätter 3 (1947), H. 2, S. 33–35. Vgl. auch die wesentlich zahmere Entwurfsfassung Hahns in: MPGA, III. Abt., Rep. 14A, Nr. 6194 und eine Namensliste mit insgesamt 17 Physikern und Chemikern mit Einladungen in die USA für mindestens sechs Monate ebd., Nr. 5730, datiert 23.1.1947.

[85] Vgl. auch Neue Physikalische Blätter 2 (1946), H. 2, S. 20, über 130 deutsche Wissenschaftler und Techniker, die in den USA an militärischen Forschungsarbeiten beteiligt sind, sowie ebd., H. 8, S. 260, wo Ernst Brüche in der Spalte des Herausgebers eine Ersparnis von 2 Millionen Dollar pro eingeladene Fachkraft in den USA anführt.

[86] Otto Hahn/F. Hermann Rein, Einladung, S. 33.

[87] So bspw. auch bei Otto Hahn: »[...] daß die vier Jahre nach dieser Kapitulation immer wieder vorgenommenen Demontagen bitter

einer schon oben zitierten Klage über eine neue Welle von Entlassungen, fahren Hahn und Rein fort:

> »In diese neue Unruhe und Verbitterung, die durch die Bedrohung der Arbeit namhafter Forscher und der Existenz ihrer Familien ausgelöst wurde, kommen die eingangs erwähnten Einladungen offizieller Stellen in die USA. Wie sehr wir es gerade jenen nach unserer Überzeugung zu Unrecht betroffenen Kollegen wünschen, daß sie ihre Arbeit in einer besseren, der Wissenschaft günstigeren Atmosphäre fortführen mögen, so sehr bedauern wir es, daß sie hier verdammt und ihrer Stellung enthoben – dort ihrer Fähigkeit wegen gesucht werden. Zu Unrecht werden sie hier von der Öffentlichkeit als Fahnenflüchtige, dort von den führenden Wissenschaftlern als ungern gesehene Eindringlinge betrachtet.
> Die meisten der älteren Professoren gehen sehr ungern aus Deutschland fort, denn sie fühlen, daß hier ihr Platz wäre. Aber die Not zwingt sie, da man ihnen Lebens- und Arbeitsmöglichkeiten im eigenen Lande entzieht oder sie in Furcht vor solchem Ereignis hält. Das alles, nachdem wir zur Genüge erlebt haben, was es heißt, Fähigkeit durch ›politisch einwandfreie‹ Dilettanten zu ersetzen. Aber nicht nur das bedrückt diese Männer, sondern ebenso sehr das Bewußtsein, daß es sich offenbar gar nicht um eine ehrenvolle Berufung an unabhängige amerikanische Forschungsstätten und Universitäten von Rang handelt, sondern (wenigstens nach der amerikanischen Presse) um einen Teil der ›Reparationsleistungen‹. Vor Jahrhunderten verschickten die Fürsten Landeskinder als Plantagenarbeiter oder Soldaten. Heute verschickt man die Wissenschaftler.«[88)]

Nach der wiederholten Parallele alliierter Wissenschaftspolitik mit Maßnahmen des NS-Regimes nun also auch noch ein Vergleich mit absolutistischen Herrschaftspraktiken: Das war starker Tobak. Ernst Brüche war sich darüber im Klaren, dass er mit dem Abdruck jenes Appells in den *Physikalischen Blättern* die Lizenz der Militärbehörde riskierte. Deshalb sicherte er sich in einer Fußnote zu diesem Artikel mit dem Hinweis darauf ab, dass er nur ein Verfahren befolge, wie es kürzlich auch die von der amerikanischen Militärregierung herausgegebene *Neue Zeitung* praktiziere, die Sätze aus dem Impressum von *Foreign Affairs* abgedruckt hatte und dazu vermerkte:

> empfunden werden, vor allem auch von der akademischen Jugend, ist wohl zu verstehen.« Ders., Antwort an eine Delegation, Göttinger Universitäts-Zeitung, 4. Jg., Nr. 12, 1949, S. 3. Auch Michael Balfour/John Mair, Four-Power Control, S. 152, sprechen in Bezug auf die schlechte Ernährungslage im Winter 1946/47 von »a great deal of bitterness«.

88) Ebd., S. 34. Zu den Reparationsleistungen siehe ebd., S. 80 ff., 131 ff., 144 ff. u. 162–168.

»Wir glauben, zur Orientierung der öffentlichen Meinung besser dadurch beitragen zu können, daß wir einer Vielfalt von Ideen großzügige Gastfreundschaft gewähren, als dadurch, daß wir uns mit einer Richtung identifizieren. Wir übernehmen nicht die Verantwortung für die veröffentlichten Ansichten. Was wir aber übernehmen, ist die Verantwortung dafür, ihnen die Gelegenheit einer Veröffentlichung gegeben zu haben.«[89]

Damit war Brüche pro forma aus dem Schneider, obgleich er inhaltlich mit den beiden Autoren ganz einer Meinung war. Das sehen wir schon aus seinem Jahresrückblick in den *Physikalischen Blättern*, wo er aus der sicheren Distanz eines knappen Jahres schreibt, dass Hahn und Rein »klare und würdige Worte über die Dienstverpflichtungen deutscher Wissenschaftler nach den Vereinigten Staaten gefunden [hätten], denen jeder Physiker in den entscheidenden Punkten zustimmen wird.«[90]

Aber nicht überall kam dieser Artikel so gut an, wie Brüche vorauszusetzen scheint, insbesondere nicht bei denen, die sich wie z. B. Georg Joos gerade in solch einem Auslandsaufenthalt in den USA oder in England befanden und plötzlich statt Lob über ihre Akzeptanz im Ausland nun ihre Präsenz als Teil der Reparationszahlungen heruntergemacht sahen. Joos jedenfalls beschwerte sich bei Sommerfeld über den »anmaßenden Ton« der *Göttinger Universitäts-Zeitung*, mit dem er das »nächste Debakel« heraufziehen sähe.[91]

Auch James Franck meldete in einem Brief an seinen früher engen Freund Hahn vorsichtig Bedenken an:[92] »Uebrigens bin ich nicht ganz sicher, ob ich mit Dir voellig uebereinstimme. Es ist zwar wahr, dass ich die Methode des ›Expertentransfers‹ aus verschiedenen Gruenden nicht liebe, andrerseits bin ich nicht sicher, ob nicht zur Zeit unter den Bedingungen die nun leider einmal vorliegen, Deutsch-

---

[89] Ebd., S. 34.
[90] Ernst Brüche, Rückblick, S. 45. Ebenso zustimmend äußerte er sich dort über den Beitrag von Werner Kliefoth, Physiker als Reparationen, Physikalische Blätter 2 (1946), S. 369 f., der die Frage gestellt hatte: »[...] wie soll man die ›demontierten Physiker‹ [auf die Reparationsforderungen – d. A.] anrechnen?« Vgl. z. B. auch den Brief von A. Eucken an A. Sommerfeld, 28.8.1947, http://www.lrz-muenchen/~Sommerfeld/KurzFass/04673.html, wo Eucken den Weggang von Clusius als eine »Katastrophe« für die Deutsche Wissenschaft bezeichnet. Vgl. ferner Werner Heisenberg, der »die große Gefahr, daß gerade die Allerbesten auswandern«, heraufbeschwor. Ders., Wer.
[91] Joos an Sommerfeld, 30.4.1948, DMA, NL 89 (Sommerfeld), 009. Für den Hinweis danke ich Oliver Lemuth.
[92] Franck an Hahn, 4.10.1947, RLUC, NL Franck, Box 3, Folder 10.

land vielleicht mehr Akademiker hat als es ernaehren kann, und wenn das der Fall ist, so hat dieser Export trotzdem er mir sehr unsympathisch ist in vieler Beziehung, doch auch sein Gutes.«

Ein Brief von Rudolf Ladenburg an Max von Laue, unmittelbar nach Erhalt dieses Artikels verfasst, führt uns zu einer weiteren Pointe:

> »Otto Hahn's Artikel in der Göttinger Universitätszeitung bringt die Entlassung deutscher Professoren mit dem amerikanischen Angebot Professoren nach USA einzuladen in Zusammenhang. Wissen Sie von Kollegen, die erst entlassen + nun nach USA abgereist sind? Ich weiss nur, daß Westphal in USA ist + dass Joos hierher Anfang Juni abgereist ist [...] Westphal war, soweit ich weiss, nie abgesetzt + Joos ist nach kurzer Zeit wieder eingesetzt worden. In seinem Fall war die Absetzung, wie ich gehört habe, durch eine (unentschuldbare) Namensverwechslung verursacht.«[93]

Ladenburg witterte also in dem Artikel durch den Nexus der Entlassungen mit dem Wissenschaftlerimport den nur angedeuteten, aber niemals explizit gemachten Versuch, den Entlassungen durch die danach folgende Weiterverwendung für amerikanische Rüstungsprojekte einen noch anrüchigeren Beigeschmack von zwiespältiger Moral und skrupellosem Eigeninteresse zu geben.[94] Ein solcher Fall war Wolfgang Finkelnburg, bis 1945 stellvertretender Vorsitzender der DPG; danach wurde er jedoch wegen seiner zeitweisen kommissarischen Leitung des Nationalsozialistischen Deutschen Dozentenbundes (NSDDB) in Darmstadt vom Dienst entlassen. Finkelnburg stimmte dem Artikel von Hahn und Rein in seiner allgemeinen Tendenz völlig zu, schob jedoch eine weitere Begründung dafür nach, warum Leute wie er einer Einladung zu einen »special job« in die USA folgten müssten, obwohl er eigentlich viel lieber in Deutschland bliebe:

> »Wir Jüngeren haben nämlich das Vertrauen auf geordnete Hochschulberufungen verloren. [...] Berufungen wie die von Mainz müssen bei uns den Eindruck erwecken, dass es auf Leistung als Wissenschaftler und Hochschullehrer gar nicht ankommt, sondern nur noch auf politische Unbelastetheit

---

[93] Ladenburg an Laue, 30.7.1947, MPGA, II. Abt., Rep. 50, Nr. 1158, zit. nach: Klaus Schlüpmann, Vergangenheit, S. 426 f.
[94] Auf einen anderen Nebeneffekt jenes Gelehrten- und Spezialistenimports macht M. Rubinstein, Importation of German scientists into America and Britain, in: New Times, Nr. 10 /1947), S. 18, aufmerksam: «[...] the importation of Nazi scientists is accompanied by the importation of Nazi ideas«.

im extremen und auf die berüchtigten ›Beziehungen‹. [...] Es scheint mir, dass die Gesellschaften wieder zu ängstlich nur die Wissenschaft selbst betreiben wollen. Dann müssen wir eben einpacken und definitiv ins Ausland gehen!«[95]

Die DPG weigerte sich aber, eine solche Rolle als Fürsprecher der aufgrund ihrer politischen Belastung Entlassenen auf sich zu nehmen. Der von Otto Hahn über Finkelnburgs Schreiben informierte Max von Laue antwortete noch im Mai 1947: »Dieser Kollege war stets ein sehr guter Anwalt seiner eigenen Sache. Er ist es auch hier. Aber ich kann ihm nur erwidern: Wenn sich eine Fakultät in Berufungsfragen an die D.Phys.Ges. wendete, bekäme sie schon eine Antwort. Bisher hat's aber noch keine getan.«[96] Also nicht die DPG als Gesellschaft, sondern das Netzwerk einflussreicher Gutachter und grauer Eminenzen im Hintergrund bestimmte dies, wie auch Wolfgang Finkelnburg bald erkannte: »[...] in Deutschland hat man nur Aussichten, wenn man in Göttingen die Priesterweihen empfangen hat«.[97]

Die Briefe der nach 1945 in den USA oder in Großbritannien arbeitenden Physiker hingegen zeigen, dass es neben fehlenden Anstellungschancen in Deutschland primär die besseren wirtschaftlichen Lebens- und wissenschaftlichen Arbeitsbedingungen waren, die sie zu diesem Schritt motiviert hatten. So begründet etwa Georg Joos im April 1948 Sommerfeld gegenüber seinen Entschluss, vorerst nicht nach Deutschland zurückzukehren, wie folgt: »Man muß die Volkszahl reduzieren oder dahinvegetieren wie die Inder.«[98] Um dem Trend weiterer Abwanderung zu entgegnen, scheute von Laue auch weiter nicht vor überzogener Polemik zurück, so etwa im Interview mit einem Reporter des *Darmstädter Echos* Mitte 1949. Unmittelbar nach der Rückkehr von einer USA-Reise Ende Juli 1949 erzählte von Laue, dass er und seine Frau in den Läden zwar »besonders zuvorkommend bedient worden seien, wenn sie sich durch ihre Fragen und Wünsche als Deutsche zu erkennen« gaben, dass aber

»viele der in den kriegswissenschaftlichen Laboratorien eingesetzten Forscher sich nach der Stille ihres alten Wahrheitssuchens zurücksehnen, obgleich die

95) Finkelnburg an Hahn, 18.5.1947, MPGA, III, Abt., Rep. 14A, Nr. 926.
96) Laue an Hahn, 24.7.1947, ebd., Nr. 925.
97) Finkelnburg an Sommerfeld, 8.8.1947, zit. nach: http://www.lrz-muenchen.de/~Sommerfeld/KurzFass/04691.html.
98) Joos an Sommerfeld, 30.4.1948: zit. nach: ebd./KurzFass/03074.html.

Mitarbeit an den großen Aufgaben den finanziell im allgemeinen nicht sehr gut gestellten amerikanischen Wissenschaftler natürlich lockt. Allerdings ist mancher dann genötigt, in der zivilen Forschung der Industrie einen Ersatz für die fehlenden Staatszuschüsse zu suchen. [...] Recht kümmerlich geht es manchen, die sich 1945 nach den USA verkauft haben. Sie leben nicht viel besser als die Gefangenen, erhalten 6 Dollar Sold täglich – soviel bekommt auch der ungelernte Arbeiter bei Ford – und dürfen nur mit Sondergenehmigung den zugewiesenen Aufenthaltsort verlassen.«[99]

Wie schon bei seinen früheren Stellungnahmen, so setzte auch nach dieser Veröffentlichung im Ausland herbe Kritik an den Äußerungen von Laues ein, z. B. durch seinen früher engen Freund, den Kristallographen Peter Paul Ewald, der 1933 aus Protest gegen das infame Gesetz zur Wiederherstellung des Berufsbeamtentums von seinem Amt als Rektor der TH Stuttgart zurückgetreten und 1937 emigriert war. Aus Brooklyn, New York, schrieb Ewald seinem ehemaligen Kollegen, dass dieses Interview in den USA »Verwunderung und Ablehnung« erregt habe und ein völlig falsches Bild ihrer Situation zeichne. Auch mehrere Briefe hin und her konnten nichts daran ändern, dass von Laues Freunde in den USA »sehr enttäuscht und beunruhigt [waren], insbesondere auch im Hinblick auf die Auswirkung, die es bei den offiziellen Stellen haben kann, die den im letzten Satz erwaehnten Austausch von Studenten und Dozenten betreiben«. Laues unangemessene Polemik hatte also Porzellan zerschlagen und die Normalisierung des internationalen Wissenschaftleraustausches gefährdet.

Verbitterung kennzeichnet auch die Tonlage über diverse Berichte, die »die Lage auf dem Patentgebiet in Deutschland« betrafen,[100] denn wie schon nach dem ersten Weltkrieg, so wurden jetzt auch sämtliche deutschen Auslandspatente »zum wechselseitigen Ge-

---

99) Max v. Laue, Amerika und die deutsche Wissenschaft. Gespräch mit Prof. Max von Laue, Darmstädter Echo, 5. Jg., Nr. 173 v. 27.7.1949, S.4.; vgl. zu diesem Interview auch den Brief von Laue an die Redaktion des *Darmstädter Echos*, 5.1.1950, MPGA, III. Abt., Rep. 50, Nr. 2339. Zum Folgenden vgl. Briefe Ewald an Laue, 23.11.1949 u. 19.1.1950, ebd., Nr. 562.

100) So die Überschrift eines längeren Berichts von Patentanwalt Dipl. Ing. H. G. Heine in: Physikalische Blätter 3 (1947), S. 387–389; vgl. ferner Das Patentwesen nach dem Zusammenbruch, Neue Physikalische Blätter 2 (1946), S. 169–174; Fr. Frowein, Schutzrechte im Ausland, Physikalische Blätter 5 (1959), S.15–17 und John Gimbel, Science, bes. S. 63 (zu ›exploitation and plunder‹) u. 173 (zu Patenten).

brauch« in alliiertes Eigentum überführt (laut *Tagesspiegel* vom 10.8.1946 waren dies mehr als 100 000). In der *Washington Post* vom April 1946 appellierte das U.S. Department of Commerce an die amerikanische Industrie, die sich in Deutschland bietenden Möglichkeiten umfassend zu nutzen.[101] Über Inlandspatente und Neuanmeldungen wurde erst später entschieden, was einen erheblichen Rückstau an schwebenden Verfahren mit sich brachte. Erst im August 1947 trat in den USA dann ein Gesetz in Kraft, das es deutschen Staatsbürgern (unter einigen Vorbehalten) wieder möglich machte, in Washington Patente anzumelden; in Frankreich war dies schon seit April 1946 wieder möglich, aber in England dauerte es noch bis April 1948. Die (zu) lange bestehende Rechtsunsicherheit und das Gefühl einer Entrechtung verstärkten den weit verbreiteten Eindruck restloser Ausplünderung, auch wenn diese teilweise ausdrücklich unter Verweis auf ebensolche Praktiken in den bis 1945 von Deutschland besetzten Gebieten erfolgte. Die mit diesem gesamtgesellschaftlichen Problem sich verstärkende Demoralisierung hatte auch ihre spezifischen Rückwirkungen auf die Universitäten und die Stimmung unter den Physikern.

Selbstmitleid, Sentimentalität und Selbstsüchtigkeit

Drei dieser Punkte (Selbstmitleid, Sentimentalität, Selbstsüchtigkeit) wurden z. B. schon 1956 von Michael Balfour und John Mair in ihrem Bericht über die Periode der Viermächtekontrolle in Deutschland für das *Royal Institute of International Affairs* als allgemeine Charakteristika besiegter Nationen benannt,[102] dem auch eine ausgewogene Schilderung sowohl der alliierten als auch der deutschen Einstellungen und Erwartungshorizonte jener Zeit zu entnehmen ist. Ein weiteres dort aufgeführtes Charakteristikum (Mangel an Objekti-

---

101) «Never before has American industry had such an opportunity to acquire information based on painstaking research so quickly and at such little cost. This is part of our reparations from Germany in which any American may share directly.« Zit. nach: Armin Hermann, Science, S. 79.
102) Siehe dazu Michael Balfour/John Mair, Four-Power Control S. 63 (Abschn. *Attitude of the Germans*): » [...] the sentimentalism, the self-pity, the selfishness, and the lack of objectivity which tend to characterize a nation in defeat.«

vität) wurde hier nicht übernommen, da Letzteres eine wohl für alle Akteure in historischen Situationen wie dieser gelten dürfte. Hannah Arendt konstatierte anlässlich eines »Besuchs in Deutschland« 1950 Selbstmitleid, Gleichgültigkeit, Gefühlsunfähigkeit, Wirklichkeitsflucht, moralische Verwirrung und eine Weigerung zu trauern.[103] Da sich alle diese Beobachtungen auf einen breiten Querschnitt durch die gesamte deutsche Bevölkerung bezogen, deutet das Auftauchen der gleichen Merkmale in meiner Bezugsgruppe der Physikerschaft darauf hin, dass diese sich in all jenen Punkten kaum von andern Bevölkerungsgruppen unterschied. Auch die Tagebücher des u. a. für die Wiedereröffnung von Universitäten in der amerikanischen Zone zuständigen Besatzungsoffiziers Edward Hartshorne spiegeln obige drei Punkte in vielen Passagen wider, so etwa im Kontext seiner Ablehnung deutscher Hilfskräfte bei der Auswertung von Fragebogen und anderen Dienstleistungen: »They were bubbling over with self-content. I must say I am against employing Germans at all. They are only seeking to improve their own lot and still despise the rest of the world«.[104]

Max Steenbeck berichtet von seinen Erfahrungen in sowjetischer Gefangenschaft unmittelbar nach der bedingungslosen Kapitulation im Mai 1945:

> »Den meisten von uns war ihre Welt zusammengebrochen oder – für manche noch schlimmer – ihre persönliche Existenzgrundlage und damit der Sinn des bisherigen Lebens. Alle kamen aus Stellungen, wo man auf sie gehört hatte. Hier wollte keiner zuhören, jeder war mit eigenen, jeweils anderen Gedanken erfüllt; es gab kein gemeinsam zu bewältigendes Schicksal. Über das seine hätte jeder gerne gesprochen, wenn er nur jemanden gefunden hätte, der sich dafür interessierte. – Anfangs erzählte man sich noch von früher Erlebtem, oft mit etwas Angabe, oft auch manches aus guten Gründen verschweigend. Aber wenn man schon einmal zuhörte und Ansprüche an das Berichtete stellte, dann stieß man doch recht bald wieder nur auf die Sorgen des anderen um seine Zukunft – als wenn man nicht an den eigenen Sorgen schon genug hätte. Das Nicht-mehr-zuhören-Können war die eigentliche Crux.«[105]

Zum Stichwort »Selbstmitleid« zunächst eine auch in den *Physikalischen Blättern* wiederabgedruckte Notiz der *Basler Nachrichten* vom

---

103) Siehe Hannah Arendt, Besuch, S. 24–26, 28 u. 46.
104) Edward Y. Hartshorne am 30.4.1945, in: James F. Tent, Academic Proconsul, S. 37 f.; vgl. auch ebd., S. 83.
105) Max Steenbeck, Impulse, S. 157 f.

10.11.1946 kurz vor Otto Hahns Reise zur Entgegennahme des Nobelpreises, basierend auf einem Gespräch mit einem Schweizer Besucher:

> »Sehen Sie, jahrelang hatte ich auf die Zeit gehofft, da wir die schwere seelische Last des Nationalsozialismus los sind, und wie freute ich mich darauf, frei und unbeschwert arbeiten zu können. Aber nun sitze ich hier, ein Kopf ohne Körper, zu meinem Institut darf ich nicht zurückkehren, da es in der französischen Zone liegt, von den anderen Instituten weiß ich auch nur wenig, und da kommen nun täglich immer neue Menschen, die eine Anstellung oder ein politisches Unbedenklichkeitszeugnis oder irgend etwas anderes wollen. Ich kann den Menschen einfach nicht helfen. Früher war ich wirklich ein fröhlicher Mensch und war auch eigentlich nie pessimistisch, aber wenn nur Menschen mit Forderungen zu einem kommen und man sich selbst vor Schranken kaum bewegen kann, so kann ich einfach nicht weiter. Und denken Sie sich, so lächerlich es vielleicht klingt, im Augenblick habe ich nicht einmal ein Paar heile Schuhe anzuziehen. Ja, was nützt es mir da, wenn in Schweden der Nobelpreis auf mich wartet, den ich mir nicht abholen darf, da ich keine Reisegenehmigung bekomme, und ich währenddessen hier monatelang ein vergebliches Gesuch nach dem anderen um ein Paar Schuhsohlen einreiche. Wenn man mir doch wenigstens auf das Konto des Nobelpreises schon ein Paar Schuhsohlen schicken würde, dann bräuchte ich nicht immer mit nassen Füßen herumzulaufen.«[106]

Anstatt dass mindestens dieser schon in Farm Hall bestens genährte Spitzenwissenschaftler, gerade zum Präsidenten der KWG/MPG ernannt und in einem von Bomben weitgehend verschonten Göttingen wohnend, seine eher privilegierten Lebensverhältnisse anerkennt und wenn er schon Negatives sagen möchte, dem Schweizer Journalisten dann nicht wenigstens über die zum Teil weitaus schlechteren Lebensbedingungen seiner weniger prominenten Kollegen berichtet; nein, die fehlende Schuhsohle muss es sein.

> Den gleichen wunden Punkt trifft folgende Passage aus einem Schreiben des Physikochemikers Hartmut Kallmann an seinen emigrierten Kollegen Polanyi im gleichen Jahr: »Es bedrückt mich immer noch, wenn ich sehe, dass in diesem Lande die Erkenntnis, worauf es im Leben wirklich ankommt, auch nach diesen furchtbaren Jahren noch nicht ganz durchgedrungen ist. Man bedauert die missliche augenblickliche Lage und nicht so sehr das Unheil der letzten 10 Jahre. Während es umgekehrt sein müsste. Die Masse weiss noch immer nicht, welch eine Erlösung durch die Vernichtung der Nazis über die ganze Welt, auch Deutschland gekommen ist.«[107]

---

[106] Otto Hahn, in: Physikalische Blätter 2 (1946), H. 8, S. 240.
[107] Kallmann an Polanyi, 22.5.1946, RLUC, NL Polanyi,, Box 5, Folder 2.

Auch einem Bericht des Kernphysikers Hans Jensen für den niedersächsischen Kultusminister über eine Reise nach Kopenhagen und Oslo im Jahr 1948 entnehmen wir eine wiederholt aufgetretene Klage seiner dänischen und norwegischen Gesprächspartner über das einseitige und übertriebene Selbstmitleid derjenigen Deutschen, mit denen sie in Kontakt standen:

> »Mehrfach wurde mir eine Verwunderung darüber geäußert, daß in den Briefen aus Deutschland und in den Unterredungen deutscher Gäste das ganze Schwergewicht immer auf der speziellen deutschen Not liege, und sehr wenig Bemühen bemerkbar sei, die Fragen in einem wenigstens europäischen Zusammenhang und als Folgen der vergangenen 15 Jahre zu sehen, und daß auch selten wenigstens ein Betretensein darüber zu spüren sei, daß so viel Chaos und Unglück von den Nazis in deutschem Namen angerichtet wurde. So sehr ich mich bemühte, eine solche Enge des Blicks aus der wirklich entsetzlichen Not der letzten Jahre in Deutschland verständlich zu machen, so muß ich doch sagen, daß mich dieses, mir einigermaßen berechtigt erscheinende, Verwundern recht verlegen machte.«[108]

Lise Meitners Korrespondenzen bestätigen diesen Eindruck gesättigten Selbstmitleids in deutschen Landen. 1947 etwa berichtet sie nach einer Englandreise an James Franck:

> »Ich hatte kürzlich Gelegenheit mit mehreren Engländern zu sprechen, die in Deutschland waren, weil sie an deutschen Physikertagungen teilgenommen haben – also sicher guten Willens sind, Deutschland wieder zu anständigen Lebensbedingungen zu verhelfen. Alle sagten mir, dass die Deutschen voll ›selfpity‹ wären, nichts als ihre eigene Not sähen, den Engländern immer erzählten, als erstes erzählten, dass sie keine Nazis waren. Einer der englischen Physiker [...] sagte mir, dass Hahn und Laue und viele andere, er nannte auch Kopfermann, überhaupt nicht imstand wären, über ihren Fachkreis hinaus zu denken. Er nahm nur Heisenberg und Weizsäcker aus und meinte, wenn diese auch vielleicht von den Erfolgen des Nazismus fasziniert gewesen wären, so hätten sie doch jetzt viel weitere Gesichtspunkte. [...] Sicher ist Heisenberg viel nachdenklicher als Hahn und wahrscheinlich auch gescheiter als Laue, er ist auch viel jünger – aber ist er aufrichtig?«[109]

Und Margrethe Bohr, die ebenfalls (vor und nach 1945) einschlägige Erfahrungen mit deutschen Besuchern wie z. B. Heisenberg und

---

108) Bericht von Hans Jensen an den Niedersächsischen Kultusminister, Ende 1948 (Universitätsarchiv Heidelberg, Durchschlag in der Personalakte Jensen), zit. nach Klaus Schlüpmann, Vergangenheit, S. 440.
109) Meitner an Franck, RLUC, NL Franck, Box 5, Folder 5.

von Weizsäcker gemacht hatte, schrieb 1948 an Meitner: »It is a difficult problem with the Germans, very difficult to come to a deep understanding with them, as they are always first of all sorry for themselves.«[110]

Ein gutes Beispiel dafür, wie Selbstmitleid und Selbstrechtfertigung leicht in sentimentale Töne übergehen konnten, liefert die Fortsetzung des schon zitierten anonymen Briefs eines Naturwissenschaftlers:

> »All das waren Gründe genug für uns, daß wir nicht mit bloßen Händen in das Schwungrad griffen. Was den echten Märtyrer kennzeichnet, der mit Wissen und Willen das Leiden auf sich nimmt, ist eine feste Bindung an eine Glaubenswelt. Diesem sehr seltenen Menschentyp gehört der Wissenschaftler fast niemals an. Der Forscher sieht in Deutschland wie anderswo sein Ziel in einem tätigen Leben und nicht in einem Opfertod.«[111]

An diesem Punkt angekommen merkte der Autor offenbar selbst die Gefahr des Übergleitens in Selbstmitleid, dem er wie folgt zu begegnen sucht:

> »Ich muß bei diesen Darlegungen darauf vertrauen, daß Sie mich nicht eines Appells an Sentimentalität verdächtigen werden. Denn einerseits ist das schöne Wort der französischen Romantik, daß ›alles verstehen‹ auch ›alles verzeihen‹ bedeute, unserer Welt nicht angemessen; zwar ist das menschliche Verstehen wichtig, aber nicht um des Verzeihens, sondern um des Bessermachens willen. Andererseits aber könnte ein solcher Verdacht einen für uns sehr schmerzlichen Hintergrund haben«.[112]

»Propagandafreier, phrasenloser Alltag« und Politikverdrossenheit

Angesichts der fast vollständigen Durchdringung aller Printmedien der NS-Zeit mit LTI (*Lingua Tertii Imperii*), wie Victor Klemperer die Sprache des Dritten Reichs nannte, bestand Sehnsucht nach einem von dieser Phraseologie gründlich entschlackten »ideolo-

---

[110] Bohr an Meitner, 10.6.1948, zit. nach Ruth Lewin Sime, Lise Meitner, S. 358.
[111] N. N., Ein Brief nach Frankreich, Neue Physikalische Blätter 2, (1946), S. 8–11, hier S. 10.
[112] Ebd.

giefreien Diskurs« wie man das heute (in einer neuen Phraseologie!) nennen würde. »Vom Unwahren und vom Phrasenhaften müssen wir uns trennen«, forderte beispielsweise ein Student im ersten Heft der *Göttinger Universitäts-Zeitung*, deren »achtbares Maß an Sauberkeit und Ehrenhaftigkeit [...] die Zeitung unter dem wachsamen Auge der akademischen Oeffentlichkeit vor den Gefahren der freien Presse bewahren« solle.[113]

In einer Variante äußerte sich diese Scheu vor Propaganda (einer bis 1933 noch positiv besetzten Vokabel) und Phraseologie in betont schlichter Wortwahl und einfachem Satzbau, in einer neuen Sachlichkeit sozusagen, für die etwa der Stil von Friedrich Hund oder Hans Kopfermann typisch ist. Freilich war schon hier der Übergang fließend zu einer euphemistisch-unsensiblen Form des Herunterspielens früherer Verfehlungen, die etwa den Präsidenten der Göttinger Akademie der Wissenschaften nach 1945 in einem Brief an die 1933 aus ihrem illustren Kreis ausgeschlossenen Emigranten von »bedauerlichen Umständen« sprechen ließ und nachdem Kritik an jenen Formulierungen laut wurde, mit folgender Begründung nachzulegen:

> »Gegenüber dem Unsäglichen, was sonst geschehen ist, wollten wir diese Angelegenheit nicht übermässig betonen. Aber dazu kommt der tiefe Widerwillen, der bei uns gegen alle großen Worte herrscht nach der scheusslichen Inflation des Wortes im Dritten Reich. Dazu kam auch die Abneigung gegen starke Worte über das Dritte Reich, die heute billig sind und in denen sich die Mitläufer des Dritten Reiches nun wieder als Mitläufer der Gegenwart [...] gegenseitig überschreiend melden, wo es ungefährlich und vorteilhaft geworden ist, dem toten Ungeheuer nachträglich Fußtritte zu versetzen.«[114]

Im Extremfall aber führte diese Aversion zu einer völligen Verweigerung, weiter Zeitung zu lesen oder sich politisch zu informieren. In der Absicht, seine Landsleute gegen (seiner Meinung nach ungerechtfertigte) Vorwürfe von alliierter Seite bezüglich angeblich »reak-

---

113) Wolfgang Zippel (stud. jur.), Zum Geleit, Göttinger Universitäts-Zeitung, 1. Jg., Nr. 1 v. 11.12.1945, S. 1. Mit jenen »Gefahren« ist offenbar auch der Rückfall in den alten Jargon gemeint.
114) Smend an Franck, 1947, RLUC, NL Franck, Box 10, Folder 5. Vgl. zu diesem Vorgang ausführlich Aniko Szabo, Vertreibung, Rückkehr, Wiedergutmachung. Göttinger Hochschullehrer im Schatten des Nationalsozialismus, Göttingen 2000, S. 511f. sowie Jost Lemmerich, Aufrecht im Sturm der Zeit: James Franck 1882–1964, Manuskript, Juli 2002, S. 158.

tionärer Gesinnung an den deutschen Hochschulen« zu verteidigten, wie sie von einer Delegation der britischen Association of Scientific Workers festgestellt worden war, schreibt etwa 1949 Otto Hahn: »Der Student will arbeiten und nur arbeiten. [...] Und es besteht weniger die Gefahr eines wiedererwachenden Nazismus oder die Ablehnung gegen jeden idealistischen Sozialismus als ein gewisser Zynismus gegen jede staatliche Autorität«.

Daraufhin antwortete der Vorsitzende jener Delegation, R. C. Murray: »Ich möchte Professor Hahn vollkommen zustimmen, daß *das wesentliche Merkmal des deutschen Studenten und ebenso der deutschen Naturwissenschaftler politische Apathie* ist. Es besteht ein ideologisches Vakuum. Nazismus ist völlig verrufen, aber es gibt noch nichts von gleicher Kraft, um ihn zu ersetzen. Das mag verständlich sein, aber es ist nichtsdestoweniger bedauerlich. Wenn dieses Vakuum zu lange währt, kann es ein Wegbereiter für eine neue Form des Faschismus werden.«[115]

Die Reaktion von F. H. Rein und M. von Laue auf diesen Artikel zeigt, wie gründlich sie ihn missverstanden. Murrays Klage über »politische Apathie« kontert von Laue:

> »Freilich, das ist es ja, was Murray nicht gefällt. Er wünscht mehr ›public relations‹. Wir möchten demgegenüber darauf hinweisen, daß es gerade ›public relations‹, wenn auch von unerwünschter Art, waren, was Hitler den deutschen Naturforschern mit mehr oder minder Erfolg aufzwang. Man wird also in dieser Hinsicht Vorsicht walten lassen und Maß halten müssen.«[116]

Auch für den theoretischen Physiker Richard Becker sind es nur außergewöhnliche Ereignisse mit »elementarer Wucht« wie die Entwicklung der Atombombe, die auch die Physiker aus einer »Zone des Schweigens« herauslocken, in der sie sich ihm zufolge offenbar normalerweise aufzuhalten scheinen:

> »Diesen Alarmruf zur Besinnung auf die religiösen Grundlagen unserer Kultur haben wir aus dem Munde von Priestern und Philosophen oft vernommen. Heute vereint sich deren Stimme mit derjenigen der nüchternsten Naturforscher, die sich angesichts der Folgen ihrer Arbeit gezwungen sehen, jene Zone

---

115) Otto Hahn, Antwort, S. 3 (kursiv v. Autor). Siehe auch Roger C. Murray, Social action, S. 13.
116) Max v. Laue, Public Relations?, Göttinger Universitäts-Zeitung, 4. Jg., Nr. 18 v. 23.9.1949, S. 12.

des Schweigens gegenüber Dingen, ›von denen sie nichts verstehen‹, zu verlassen. Sie treten aus dem Hörsaal in die Öffentlichkeit, um die Menschen aufzurütteln und zum menschenwürdigen Gebrauch ihrer Macht zu erziehen.«[117]

Schützenhilfe bekam Becker auch von Seiten eines Physikstudenten, der in einem späteren Heft der *Göttinger Universitäts-Zeitung* einen Beitrag darüber einreichte, warum sich Naturwissenschaftler nicht um Gegenwartsfragen kümmern. Auch ihm erschiene es seltsam, »in der GUZ nur vereinzelt einen Naturwissenschaftler zu den dort behandelten Themen Stellung nehmen zu sehen. Oft wird den Naturwissenschaftlern zum Vorwurf gemacht, sie kümmerten sich um die brennenden Gegenwartsfragen, vor allem politische, zu wenig.« Nun wollte jener Kandidat der Physik diesen Vorwurf keineswegs ganz zurückweisen, aber doch versuchen, die angegriffene Haltung zumindest verständlich zu machen, wobei er sich auf den Physiker als den seiner Meinung nach »typischen Vertreter der modernen Naturwissenschaft« beschränke und an diesem Paradigma dann folgendes Mentalitätsprofil entwirft:

> »Der Physiker hat eine Mentalität, die von der des Geisteswissenschaftlers, des Politikers, Kaufmanns, ja selbst des Technikers sehr verschieden ist. Will man schon vergleichen, so scheint mir, daß er wohl dem Künstler nahesteht. Daneben hat er von den Geisteswissenschaften einen Schuß Philosophie abbekommen. Dann aber, möchte ich meinen, sind die Vergleichsmöglichkeiten erschöpft.«[118] Nachdem er sich dann eine Spalte lang über die tiefe und elementare Neugier als Hauptantrieb für physikalisches Arbeiten ausgelassen hat, kommt die apologetische Wendung: »Man verzeihe dem Naturwissenschaftler seine Neugier, seine Besessenheit, sein ›Spiel‹, und daß er darüber den Alltag vergißt. [...] Seine Arbeiten, die ihn bewegenden Fragen haben kaum Bezug zu öffentlichen Problemen. [...] Gewiß bleibt er dem Zeitgeschehen verbunden, aber selten ist es ihm möglich, mehr als die großen Züge zu beherrschen. Und das allein reicht nicht, um mitzureden. So ist seine Zurückhaltung nicht nur als Interessenlosigkeit, sondern zum guten Teil auch aus rein praktischen Gründen herzuleiten.«[119]

Es liegt mir fern, mich über jenes Zitat lustig machen zu wollen, so unfreiwillig komisch es auch ist. Mit vielen seiner Beobachtungen

---

117) Richard Becker, Gefahren der Naturforschung, ebd., 2. Jg., Nr. 24 v. 21.11.1947, S. 1 f.
118) Rolf Hagedorn, Verhinderte Naturwissenschaftler. Warum kümmern sie sich nicht um Gegenwartsfragen?, ebd., Jg., Nr. 20 v. 24.9.1947, S. 13.
119) Ebd.; eine ganz ähnliche Tonlage übrigens auch in: ebd., 4 Jg., Nr. 118, 1949, S. 9.

mag er sogar Recht haben, und doch ist klar, dass jener Text (übrigens die einzige explizite Mentalitätsanalyse von Physikern aus jener Zeit, die mir bekannt ist) an dieser Stelle eine ganz andere, apologetische Funktion hatte. Denn die Politikferne als tradierter Teil des Selbstverständnisses von Naturwissenschaftlern schon seit dem 19. Jahrhundert erhielt nach 1945 noch eine zusätzliche Konnotation: »Unpolitisch« zu sein signalisierte, dass man auch »politisch unbelastet« (im Sinne der Entnazifizierungsgesetze) war.

Auch in die *Physikalischen Blätter* schwappt jene Politikverdrossenheit hinein, aber dank Ernst Brüches nicht zu bezwingendem Optimismus eher in einer gebrochenen Form. Auch in der folgenden Kolumne des Herausgebers *Physiker am Scheideweg* beginnt Brüche mit einem markigen Referat jener »apolitischen« Haltung, in das er auch noch für die damalige Mentalität bezeichnende soziobiologische und historische Vergleiche einbaut:

> »Die Naturwissenschaftler sind Individualisten, und ihr Urteil über die Politik ist selten freundlich. Dieses Verhältnis wird in Deutschland dadurch nicht besser, daß heute wie vor 14 Jahren von Zukunftsträchtigkeit und geschichtlicher Verpflichtung geredet und aus diesen Argumenten heraus eine Politisierung der Hochschulen gefordert wird, wobei heute wie einst der drohende Unterton nicht fehlt, daß die Hochschulen in der Vergangenheit kläglich versagt hätten. [...] Die besondere Abneigung, die in Deutschland gegen das Politische besteht, rührt vielleicht von der Position seiner Intelligenz her, die seit je in dem Gehäuse eines staatlichen Beamtentums sitzt, wo sie sich der Autorität ungleich stärker verpflichtet fühlt als dem eigenen Urteil. Die starke Spezialisierung innerhalb des soziologischen Gefüges, die darin (ähnlich wie im Termitenstaat) zum Ausdruck kommt, ist oft wertvoll und manchmal unerläßlich; wird sie aber zu weit getrieben, dann verlieren ganze Berufsklassen die Fähigkeit, ihre eigenen und die fremden Interessen zu beurteilen und gegeneinander auszuwägen. Damit erklärt sich vielleicht, daß die staatliche Gewalttätigkeit gerade in Deutschland nur auf geringe aktive Opposition der Intelligenz stößt, zumal wenn sie die Zellen des wissenschaftlichen Bienenkorbs in Ruhe läßt.«[120]

Doch er beendet diese Notiz mit einer Kehrtwendung, nämlich dem Plädoyer für ein Engagement in einer der vielen neu gegründeten Organisationen, die einerseits um Internationalisierung der Wis-

---

[120] Ernst Brüche, Die Physiker am Scheideweg, Physikalische Blätter 3 (1947), H. 6, S. 207 f. Zum zeittypischen Topos der Klage über starke Spezialisierung siehe Richard H. Beyler, The concept of specialization in debates on the role of physics in post-war Germany, in: Dieter Hoffmann u. a., The Emergence, S. 389–401.

senschaft, andererseits auch um Erhöhung des Bewusstseins der Verantwortung von Naturwissenschaftlern bemüht waren:

> »Die Lehren der letzten Jahre sind heute so deutlich zu erkennen, daß sie auch von denen unwillig zugegeben werden, die bis vor kurzem einer vollständigen Verkapselung das Wort redeten. Die Erkenntnis der Mitverantwortung im allgemeinen und im eigenen Interesse mußte im geistig freieren Ausland früher zu einer politischen Aktivität der Wissenschaftler führen.«

Und schließlich zu den organisatorischen Konsequenzen für die DPG

> »Die Geschäftsversammlung hat – ein Novum in der Geschichte der Physikalischen Gesellschaft – vorsichtig abwägende Formulierungen angenommen, die darauf hinweisen, daß die Gesellschaft nicht nur wissenschaftliche Aufgaben zu erfüllen, sondern auch die Verpflichtung hat, das Gefühl der Mitverantwortlichkeit an der Gestaltung des menschlichen Lebens wach zu halten und für Freiheit, Wahrhaftigkeit und Würde der Wissenschaft einzutreten. [... Die] Einstimmigkeit der in der Geschäftssitzung in Stuttgart über diese Fragen gefaßten Beschlüsse läßt vermuten, daß die deutschen Physiker in ihrer Mehrzahl nicht mehr am Scheideweg stehen, sondern den richtigen Weg in die Zukunft bereits eingeschlagen haben. Wie bei der Gründung der Physikalischen Gesellschaft vor 100 Jahren werden die Jungen vorauseilen und die Bedächtigen werden ihnen folgen.«[121]

Eigenartig, dass sich gerade in jenem merkwürdigen geistigen Umfeld revanchistischer historischer Vergleiche der Zeit nach 1945 mit der nach 1933 und soziobiologischer Metaphern von Termiten-

---

121) Ebd., Die 1947 beschlossene neue Satzung der Physikalischen Gesellschaft in Württemberg und Baden wurde von E. Regener unter der Überschrift *Verantwortlichkeit der wissenschaftlich Tätigen* in den Physikalischen Blättern 3 (1947) H. 6, S. 169 f., vorgestellt. Der § 2 lautete: »Aus der Tatsache, daß die in der Physik gewonnenen Erkenntnisse in zunehmendem Maße die Geisteshaltung der Menschen beeinflussen, daß ferner die praktischen, physikalischen Ergebnisse sich immer stärker auf alle Gebiete menschlicher Betätigung auswirken, entnimmt die Physikalische Gesellschaft die Verpflichtung, das Gefühl der Mitverantwortlichkeit der in der Wissenschaft Tätigen an der Gestaltung des menschlichen Lebens wachzuhalten. Sie tritt dabei stets für die Freiheit, Wahrhaftigkeit und Würde der Wissenschaft ein.« Vgl. ferner DPGA, 40199, für den auf Regener zurückgehenden Satzungsentwurf von 1946, insbesondere § 3: »Die DPG verpflichtet sich und jedes ihrer Mitglieder, für Freiheit, Wahrhaftigkeit und Würde der Wissenschaft einzutreten und darüber hinaus sich stets bewußt zu sein, daß die in der Wissenschaft Tätigen für die Gestalt des öffentlichen Lebens in besonders hohem Maße mitverantwortlich sind.«

staaten und Bienenkörben erste Ansätze für ein wirkliches Lernen aus der Geschichte zeigen. Die weitere Entwicklung der DPG bis hin zu den *Mainauer* und *Göttinger Erklärungen* in den 1950er Jahren zeigt, dass dieser Weg tatsächlich beschritten wurde. Insofern möchte ich jenen Erklärungen gegen die Aufrüstung der Bundesrepublik mit Atomwaffen trotz ihrer vielfach gerügten apologetischen Funktion doch das Gute abgewinnen, dass sie mit einem noch aus dem 19. Jahrhundert stammenden apolitischen Rollenverständnis brachen[122] und das Vorbild ihrer Kollegen in den USA aufnahmen, die durch die Entwicklung der Atombombe die besondere Verantwortung entdeckt hatten, die sie durch diese Entwicklung bekommen hatten.[123] Briefe wie der von Heinz Maier-Leibnitz, einem der jüngeren Unterzeichner der Göttinger Erklärung von 18 Physikern gegen eine atomare Bewaffnung der Bundeswehr, an seinen Mentor James Franck zeigen, wie hinter jenem Entschluss auch das Vorbild von Francks politisch verantwortlichem Handeln stand, das in die Nachkriegszeit hineinwirkte:

> »[...] von unserem Schritt wegen der Atombomben für Deutschland haben Sie sicher gehört. Ich habe auch dabei viel an Sie gedacht. Die Verantwortung, die wir heute noch haben, ist natürlich klein gegenüber der, zu der Sie sich 1945 bekannt haben. Aber wir wollten wenigstens für unseren Bereich einen Beitrag leisten; vielleicht wird uns die Entwicklung recht geben.«[124]

Neben aller Rhetorik jenes *Verantwortungsdiskurses*, mit dem das bis heute so aktuelle Thema der speziellen *Verantwortung des Wissenschaftlers* nach 1945 in Absichtserklärungen, Vorworte, und sogar in Satzungen von Institutionen und Organisationen wie der DPG Eingang fand, steckt in ihm doch auch eine zutreffende Einsicht in die Notwendigkeit› »den früheren Typ des nur in sein spezielles Wissensgebiet eingesponnenen Gelehrten durch einen mehr allgemein auf-

---

122) Als weiteres Beispiel eines konstruktiven Weges hin zur Wahrnehmung der eigenen Verantwortung sei *Der Eid des Homo Sapiens*, Physikalische Blätter 2 (1946), H. 2, S. 1, angeführt, ein Vorschlag, den Brüche von der US-Anthropologin Gene Weltfish übernahm und an den Anfang dieses Heftes stellte.
123) Erinnert sei an den sog. *Franck-Report* und die Memoranden Niels Bohrs.
124) Maier-Leibnitz an Franck, 21.12.1957, RLUC, NL Franck, Box 5, Folder 3; vgl. auch die Korrespondenz v. Weizsäckers mit Eugene Rabinowitch im Jahr 1957, erhalten in dessen Nachlass, ebd., Box 9, Folder 8.

geschlossenen Erzieher der Jugend zu ersetzen und sein Verantwortungsbewußtsein kulturellen Fragen gegenüber zu erhöhen.«[125]

»Wenn wir leben wollen, müssen wir aufbauen«

Mit dem Stichwort Nachkriegsdeutschland verbindet jeder wahrscheinlich zuerst die Assoziation an den Wiederaufbau und das sich daran anschließende »Wirtschaftswunder«. Auch wenn die Aufbaumentalität erst in der Bundesrepublik der 1950er und 1960er Jahre ihre volle Ausprägung erreicht, so zeichnet sich doch schon früh in der Sprachmetaphorik vieler Texte die immense Bedeutung dieses Wiederaufbaumotivs ab.

So prophezeien Herausgeber und Schriftleiter der *Physikalischen Blätter* schon im ersten Nachkriegsheft:

> »Es wird sich [... aber auch] die tatkräftige Zuversicht zeigen können, für die es kein billiger Trost ist, daß durch den Untergang der Gewaltherrschaft die geistigen Grundlagen wieder als Baugrund frei wurden. Wer diese Hoffnung nicht teilt, wird mit skeptischer Verwunderung bemerken, wie schon jetzt an vielen Stellen der tätige Zugriff zu verspüren ist, das Bemühen darum, zerrissene Fäden wieder anzuknüpfen und neue Fundamente zu legen.«[126]

Es reichte nicht aus, einfach nur das Gewesene zu verdrängen, sondern etwas anderes musste an jene Stelle treten und ein Gegenbild schaffen, das die Menschen ausfüllte, aus dem sich neue Perspektiven für die Zukunft, neue Hoffnungen und Zukunftsvisionen, ableiten ließen. Kein Motiv war dazu besser angetan als jener Wiederaufbau. Denn an vielen Orten war ohne jene Aufräum- und Aufbauarbeit ohnehin an eine Wiederaufnahme der Forschung und Lehre nicht zu denken. Gerade den durch Parteimitgliedschaft belasteten

---

125) Otto Hahn, Antwort, S. 4. Dort zitiert er aus § 2 der neuen Satzung der Physikalischen Gesellschaft in Württemberg-Baden. Auch der Herausgeber der *Göttinger Universitäts-Zeitung* spricht Otto Hahn »wirkliche[s] politisches Verantwortungsgefühl« zu und akzeptiert die Deutung von Wissenschaft als »politischem Machtfaktor«. In der Gründung eines Deutschen Forschungsrat sah er ein »bedeutsames Zeichen tätigen Verantwortungsgefühls«. Ebd., 4. Jg., Nr. 18 v. 23.9.1949, S. 9 u. 4. Für weitere Beispiele jenes *Verantwortungsdiskurses* vgl. ferner Physikalische Blätter 2 (1946), H. 4, S. 73 f. sowie Max v. Laue, Public relations?, S. 12 (letzte Spalte).
126) Zur Einführung, Neue Physikalische Blätter 2 (1946), S. 2.

Studierenden wurde es vielerorts zur Auflage gemacht, sich ein oder zwei Semester lang unentgeltlich »für Wiederaufbauarbeiten verpflichten« zu lassen,[127] an anderen Orten war dies sogar allgemeine Voraussetzung für die Zulassung zur Immatrikulation. Die Mitscherlichs sprechen in diesem Zusammenhang sogar von einer »Verbissenheit, mit der sofort mit der Beseitigung der Ruinen begonnen wurde«, die einen »manischen Einschlag« habe und als Abwehrmechanismus gegen Melancholie, Trauer und Schuldgefühle zu interpretieren sei.[128] Selbst die Opfer des Nationalsozialismus, wie etwa der 1933 als Abteilungsleiter am Haberschen Institut entlassene Hartmut Kallmann, der nach dem Krieg eine außerordentliche Professur an der TU Berlin und seine alte Stelle als KWI-Abteilungsleiter wiederbekam, unterlagen ein Stück weit jenem psychologischen Zwang, sich auf die zukünftige Arbeit zu konzentrieren, um über die gegenwärtige Notsituation hinwegzukommen. Seinem ehemaligen Kollegen vom KWI für physikalische Chemie gab Kallmann Mitte 1946 einen Situationsbericht, in dem auch die oben besprochene Klage über wissenschaftliche Isoliertheit wieder anklingt:

> »Wir haben jetzt offiziell um die Forschungserlaubnis gebeten und hoffen, dass wir sie bald bekommen werden. Sie können sich gar nicht vorstellen, welch einen Heisshunger wir darauf haben, wieder wissenschaftlich arbeiten zu können, und ich glaube, dass ist das Einzige, was uns in dieser traurigen Lage übrig bleibt, wirklich wieder etwas Nützliches zu schaffen und ich denke, wir könnten es in der Tat. Ich würde es sehr begrüssen, wenn wir bald in aktivere Beziehungen wieder zu Ihnen kämen, denn wir fühlen uns in dieser Hinsicht sehr verlassen. Diese furchtbaren Jahre des Grauens sind natürlich gerade an mir nicht spurlos vorübergegangen und ich weiss genau, worauf es allein ankommt, nämlich darauf, wirklich wieder vernünftige, friedliche Arbeit zu machen.«[129]

1947 schreibt der ehemalige Vorsitzende der DPG, Carl Ramsauer: »Die Notzeit des Nationalsozialismus hat also auch Gutes für die Deutsche Physikalische Gesellschaft gehabt. Wir haben uns auf uns

---

[127] So etwa an der Universität München, vgl.: ebd., H. 2, S. 67 f.
[128] Alexander Mitscherlich/Margarete Mitscherlich, Die Unfähigkeit zu trauern. Grundlagen kollektiven Verhaltens, München 1967, S. 40.
[129] Kallmann an Polanyi, 22.5.1946, RLUC, NL Polanyi, Box 5, Folder 2.

selbst besonnen und die Grundlage gefunden, auf der wir die deutsche Physik wieder aufbauen können und wollen.«[130]

Im gleichen Jahr wird das Aufbaumotiv in einem Vortrag des Ingenieurs H. Klumb auf dem Internationalen Kongress für Ingenieursausbildung in Darmstadt, der gekürzt auch in den *Physikalischen Blättern* abgedruckt wurde, immerhin nicht nur in die nationale, sondern eine europäische Perspektive gerückt, wenn er in der Forschung »die wichtigste Vorkämpferin und Fürsprecherin eines Zusammenschlusses der europäischen Staaten« sah[131] – übrigens nicht ganz zu Unrecht wie wir im historischen Rückblick unter Bezug auf die Beschleunigeranlagen oder andere internationale Gemeinschaftsprojekte sagen können.

Freilich war es noch ein langer Weg dahin, und vielen Äußerungen der Zeit merkt man an, wie nahe am gänzlichen Verzagen die Akteure damals mitunter gestanden haben:

> »Die Schwierigkeiten im Wiederaufbau der deutschen Wissenschaft sind ungeheuer gross. Ich glaube aber, dass es sich lohnt, daran mitzuarbeiten, um sie im Laufe der Zeit wenigstens einigermassen zu überwinden. Manchmal möchte man jede Hoffnung aufgeben; ich glaube aber, diese Resignation wäre verkehrt. Wir müssen noch durch ein Minimum hindurch, und dann wird es auch mal wieder besser werden.«[132]

1948 wird das Aufbau-Motiv im Sinne einer Tabula rasa, einer radikalen Neufundamentierung, womit sich alles vergessen ließ, was unter diesen Fundamenten begraben war, in einer Kolumne der *Physikalischen Blätter* bereits geradezu hymnisch überhöht: »Wenn wir leben wollen, müssen wir aufbauen, nachdem alles restlos niedergerissen worden ist. Wir müssen von vorn, ganz von vorn beginnen. Die Arbeit des Naturwissenschaftlers ist die erste Voraussetzung alles Gelingens. Heilig ist seine Aufgabe, und das Bewußtsein der Größe dieser Aufgabe lassen ihn zum Künstler und Künder des Kommenden werden.«[133]

---

130) Carl Ramsauer, Zur Geschichte der Deutschen Physikalischen Gesellschaft in der Hitlerzeit, Physikalische Blätter 3 (1947), S. 110–114, hier S. 114.
131) Siehe H. Klumb, Naturwissenschaft, Technik und europäischer Aufbau, ebd., H. 7, S. 209–211.
132) So Hahn an Martius, 18.2.1947, MPGA, II. Abt., Rep. 14A, Nr. 2726.
133) Dr. Hüttner (Werdau i. Sa), Das wissenschaftliche Buch, Physikalische Blätter 4 (1948), S. 267.

In einigen Texten ist der von Sozialpsychologen herausgearbeitete Zusammenhang zwischen jener Konzentration auf Aufbau einerseits und dem Vergessen andererseits kaum verhüllt greifbar, wie etwa in jenem Satz Otto Hahns in einem Zeitungsartikel: »[...] die westlichen Zonen sind mit Flüchtlingen überfüllt, die Sorge um den Aufbau einer menschenwürdigen Existenz überschattet alle früheren Vorurteile.«[134]

Zusammenfassung

Die wichtigsten Eckpunkte des mentalen Felds, dem Physiker ebenso wie auch andere Naturwissenschaftler, Techniker und ihre Zeitgenossen zwischen 1945 und 1949 ausgesetzt waren, sind: Unsicherheit und Angst (vor den Alliierten), Verbitterung (gerade auch angesichts der materiell äußerst harten Lebensumstände unmittelbar nach 1945), Abstumpfung gegenüber dem Leid anderer, Selbstmitleid und Sentimentalität, gepaart mit auffälligem Unvermögen, sich in die andere Seite einzudenken und einzufühlen. Letzteres erklärt die vielfach schwierige Kommunikation z. B. mit Emigranten und das in Deutschland verbreitete Gefühl, sich in einer verkehrten, ja verrückten Welt zu befinden, in der nichts mehr beständig und zuverlässig sei und in der nach nicht nachvollziehbaren Wertmaßstäben über sie geurteilt und gerichtet würde. In diesem Sinne notierte ein alliierter Besatzungsoffizier in sein Tagebuch:

> »One had the painful realization that even well-bred and supposedly well-educated Germans regarded themselves as essentially right and misunderstood by the world. I found it a fascinating but depressing experience to struggle towards some kind of mutual understanding. If ›re-education‹ is [im]possible even under such favorable circumstances, what can we hope to achieve with the masses?«[135]

Aus jener sozialpsychologischen Frontstellung gegen die Alliierten erklärt sich auch die auffällige und für die Moderne so untypische Einheitlichkeit der Mentalität jener fünf Jahre, die es so weder früher

---

134) Otto Hahn, Antwort, S. 3.
135) Edward Y. Hartshorne am 30.4.1945, in: James F. Tent, Academic Proconsul, S. 37; vgl. auch S. 17.

noch später gegeben hat.[136] Gegenüber den Zeiten der Weimarer Republik mit ihren bekannten Grabenkämpfen zwischen verschiedenen Physikerlagern verschwanden in der unmittelbaren Nachkriegszeit diese Differenzen gewissermaßen als Terme höherer Ordnung hinter dem großen Grundkonflikt mit den Besatzern. Eine aufrichtige und wirksame Entnazifizierung war unter diesen Vorzeichen von Wirklichkeitsflucht und Verdrängung, von Aufrechnung des fremden Leids gegen das eigene und einer Unfähigkeit zu trauern zum Scheitern verurteilt.

---

[136] Vgl. z. B. Philippe Ariès, L'histoire des mentalites, in: Roger Chartier/Jacques Revel (Hrsg.), La nouvelle histoire, Paris 1978, S. 422, zur Tendenz des Zerfallens der Mentalität in eine Vielzahl von Mikromentalitäten kleiner gesellschaftlicher Gruppen. Zu den Konflikten innerhalb der Physikerschaft während der Weimarer Republik siehe z. B. Paul Forman, The financial support and political alignment of physicists in Weimar Germany, Minerva 12 (1974), S. 39–66 und Klaus Hentschel/Ann M. Hentschel, Physics, S. LXX ff.

»Sauberkeit im Kreise der Kollegen«
Die Vergangenheitspolitik der Deutschen Physikalischen Gesellschaft
Gerhard Rammer

»Noch heute verstehe ich die Physikertagung in Göttingen von 1947 als einen Lackmustest der intellektuellen Haltung der deutschen akademischen Gemeinschaft. Dies war mir – und anderen – damals schon bewusst.«[1]

Diese im Jahr 2002 geäußerte, rückblickende Einschätzung der damaligen Physik-Doktorandin Ursula Franklin (geb. Martius, geb. 1921) spricht zentrale Fragestellungen dieses Beitrags an. Welche intellektuelle und politische Haltung nahm die akademische Gemeinschaft bezüglich ihrer früheren Beteiligung am Nationalsozialismus ein? Welche Rolle spielten die Deutsche Physikalische Gesellschaft und die von ihr veranstalteten Physikertagungen in der Manifestierung einer solchen Haltung? Der Gegenstand dieser Fragen ist mit anderen Worten die Vergangenheitspolitik der Physiker wie ihrer Fachgesellschaft. Nach Norbert Frei konstituierte sich die Vergangenheitspolitik in Deutschland aus den drei Elementen Amnestie, Inte-

---

[1] Franklin an Rammer, 17.–27.11.2002. Meine im Herbst und Winter 2002 zu Stande gekommene Korrespondenz mit Ursula Franklin wurde hauptsächlich auf Englisch geführt; das Zitat vom Autor ins Deutsche übersetzt.

Neben dieser Korrespondenz und Interviews mit Zeitzeugen liegen dieser Arbeit vor allem die Bestände des Archivs der DPG als wichtigste Primärquelle zu Grunde. Außerdem wurden mehrere Physikernachlässe herangezogen, am ergiebigsten erwiesen sich jene von Max v. Laue und Otto Hahn im Archiv zur Geschichte der Max-Planck-Gesellschaft in Berlin und jener von Samuel Goudsmit in der Niels Bohr Library in Maryland, USA.

Ich danke Ursula Franklin für wertvolle Information zum Zustandekommen ihres kritischen Artikels und zu ihrem biografischen Hintergrund, des Weiteren den Teilnehmern des Workshops in Berlin und Washington für kritische Kommentare. Für Kritik an Vorfassungen dieses Aufsatzes gilt mein Dank Wolfgang Böker, Henning Trüper und den Herausgebern des Bands, die mir außerdem wichtige Quellen zur Verfügung stellten.

gration und Abgrenzung,[2] die, wie noch gezeigt wird, auch in der Physikerschaft anzutreffen sind. Im Folgenden interessieren in erster Linie die Eingliederungs- und Ausgrenzungsprozesse in der *scientific community*, die besonders durch die Zusammenkünfte auf den ersten Physikertagungen in Göttingen in Gang gebracht wurden. Etablierte Kollegen wie auch Außenseiter unternahmen unterschiedliche Versuche, eine Grenze innerhalb der Kollegenschaft zu ziehen, um jene auszuschließen, die als politisch oder kollegial untragbar galten. Dabei kamen sie zu wesentlich unterschiedlichen Grenzziehungen, abhängig davon, ob sie politische oder kollegiale Maßstäbe anlegten. Die kollegialen Bindungen in der akademischen Welt sind in der bisherigen Forschung zur Entnazifizierung nur unzureichend berücksichtigt worden und finden in der vorliegenden Untersuchung wegen ihrer eminenten Bedeutung für die in Frage stehenden Prozesse besondere Aufmerksamkeit. Der Aufsatz wird außerdem der Frage nachgehen, warum die neu gegründete *Deutsche Physikalische Gesellschaft in der britischen Zone* und vor allem Göttingen eine herausragende vergangenheitspolitische Bedeutung besaß. Eine der wichtigsten Aktivitäten der Gesellschaft war die Veranstaltung von Physikertagungen, deren besondere Funktionen in den ersten Nachkriegsjahren in fachlicher wie politischer Hinsicht analysiert werden.

Die im ersten Nachkriegsjahrzehnt in Westdeutschland vollzogene, weitgehende Rehabilitierung und Reintegration politisch Belasteter wurde in der historischen Forschung bereits in vielen Bereichen untersucht.[3] Auf die von den Alliierten durchgeführten Entlassungen und Bestrafungen folgte ein ganzes Bündel von Amnestie- und Rein-

---

2) Norbert Frei, Vergangenheitspolitik. Die Anfänge der Bundesrepublik und die NS-Vergangenheit, München 1999, S. 14.

3) Siehe neben Norbert Frei, Vergangenheitspolitik, auch ders. (Hrsg.), Karrieren im Zwielicht. Hitlers Eliten nach 1945, Frankfurt a. M. 2001; Helmut König/Wolfgang Kuhlmann/Klaus Schwabe (Hrsg.), Vertuschte Vergangenheit. Der Fall Schwerte und die NS-Vergangenheit der deutschen Hochschulen, München 1997; Wilfried Loth/Bernd-A. Rusinek (Hrsg.), Verwandlungspolitik. NS-Eliten in der westdeutschen Nachkriegsgesellschaft, Frankfurt a. M. 1998; stärker auf Hochschulen bezogen Bernd Weisbrod (Hrsg.), Akademische Vergangenheitspolitik. Beiträge zur Wissenschaftskultur der Nachkriegszeit, Göttingen 2002 sowie im Überblick die Sammelrezension Kay Schiller, Review Article. The Presence of the Nazi Past in the Early Decades of the Bonn Republic, in: Journal of Contemporary History, 39 (2004), S. 286–294.

tegrationsmaßnahmen, das in einer weit gefassten »Pardonierung« die überwiegende Mehrheit der Mitläufer, aber auch verurteilte Kriegsverbrecher »in ihren sozialen, beruflichen und staatsbürgerlichen [...] Status quo ante versetzte«.[4] Ein Blick auf die Hochschullandschaft zeigt aber, dass die berufliche Rehabilitierung der Professoren nicht so lückenlos funktionierte, wie es die Gesetzeslage ermöglicht hätte. Denn die Maßstäbe der akademischen Vergangenheitspolitik bestanden nicht nur aus politischen und rechtlichen Kriterien. In erheblichem Maß prüften die Professoren auch die wissenschaftliche Qualität der Betroffenen sowie die frühere Einhaltung kollegialer Verhaltensregeln. Das hatte zur Folge, dass demjenigen die Unterstützung versagt wurde, der fachlich unzureichend qualifiziert war und sich früher unloyal verhalten, insbesondere Kollegen denunziert hatte, oder, wie Oliver Schael es ausgedrückt hat, der gegen die ungeschriebenen »Standesregeln« verstoßen hatte.[5]

Die hier kurz skizzierten Inklusions- und Exklusionsprozesse liefen auf zwei Ebenen ab: zum einen auf einer formalen, die durch rechtliche Vorgaben wie Entnazifizierungsbestimmungen und den Regelungen zu Artikel 131 des Grundgesetzes geprägt war, zum anderen auf einer sozialen, die durch die Standesregeln der *scientific community* bestimmt war. Die Auswirkungen der Prozesse konnten auf beiden Ebenen synchron oder gegenläufig sein. Ein durch die Entnazifizierung Entlassener, der dadurch seine Professur verlor und somit formal ausgegrenzt war, konnte weiterhin Bestandteil der kollegialen Gemeinschaft der Hochschullehrer bleiben. Andererseits wurden Kollegen aus der sozialen Gemeinschaft ausgeschlossen, die ihre politische Überprüfung unbeschadet überstanden hatten. Während der Verlauf der Prozesse auf der formalen Ebene relativ leicht zu verfolgen ist, bleibt er auf der sozialen eher verborgen und weniger eindeutig. Die dort unmittelbar nach Kriegsende erfolgten oder eben nicht erfolgten Ausgrenzungen waren besonders durch die fachlichen Verbindungen der Physiker untereinander geprägt. Um sie zu verstehen, ist weniger nach politischen oder moralischen Haltungen zu fragen,

---

4) Norbert Frei, Vergangenheitspolitik, S. 13 f.
5) Oliver Schael, Die Grenzen der akademischen Vergangenheitspolitik: Der Verband der nicht-amtierenden (amtsverdrängten) Hochschullehrer und die Göttinger Universität, in: Bernd Weisbrod, Akademische Vergangenheitspolitik, S. 53–72, hier S. 60.

als danach, wie sehr jemand in das kollegiale Netz eingebunden war.[6] Es scheint eine Eigenart der damaligen akademischen Welt gewesen zu sein, dass in der Grenzziehung zwischen tolerablem und disqualifizierendem Verhalten die Bewahrung der Kollegialität einen höheren Status besaß als die politischen Handlungen und Anschauungen. Wer sich in diesem Sinn »anständig« verhalten hatte, mit dem schien auch weiterhin eine »fruchtbare kollegiale Zusammenarbeit« – so der damalige Sprachgebrauch – denkbar und erwünscht.[7] Eine Folge dieser Eigenart war, dass die Frage nach den politischen Fehltritten von in Kritik geratenen Kollegen anfangs kaum gestellt wurde. Erst mit Beginn der fünfziger Jahre wurde dieser Frage ernster nachgegangen.[8]

Will man die vergangenheitspolitische Bedeutung der DPG bewerten, so muss man zuerst klären, welche Zwecke die Gesellschaft verfolgte und in welcher Weise sie handeln konnte und wollte. Im ersten Nachkriegsjahr war die DPG, wie alle deutschen wissenschaftlichen Gesellschaften, durch die Alliierten aufgehoben; regionale Neugründungen mussten in jeder Zone mit den jeweiligen Besatzern ausge-

---

6) Zur Wirkung des kollegialen Netzes in der Physik siehe Gerhard Rammer, Göttinger Physiker nach 1945. Über die Wirkung kollegialer Netze, in: Göttinger Jahrbuch 51 (2003), S. 83–104 und ders., Die Nazifizierung und Entnazifizierung der Physik an der Universität Göttingen, Diss. Universität Göttingen 2004. Auf die geringe Bedeutung politischer oder moralischer Kriterien in der Neubestimmung der kollegialen Gemeinschaft wies auch Peter Mattes in seiner Untersuchung der deutschen Psychologie nach 1945 hin: »Wenn überhaupt politische oder moralische Bedenken bestanden haben sollten, mußten sie der Gewährleistung geordneter Arbeitsbedingungen geopfert werden.« Ders., Die Charakterologen. Westdeutsche Psychologie nach 1945, in: Walter H. Pehle/Peter Sillem (Hrsg.), Wissenschaft im geteilten Deutschland. Restauration oder Neubeginn nach 1945?, Frankfurt a.M. 1992, S. 125–135, hier S. 135.

7) Das Zitat stammt von Arnold Eucken. Als Dekan der mathematisch-naturwissenschaftlichen Fakultät der Universität Göttingen wies er im Sommer 1945 auf die Unmöglichkeit einer fruchtbaren kollegialen Zusammenarbeit mit Kurt Hohenemser hin, der 1933 in Göttingen entlassen worden war und 1945 auf seine frühere Stelle zurückkehren wollte, jedoch kein Stillschweigen über die politisch unterstützten Karrieren von Physikern seines ehemaligen Instituts bewahrte. Siehe hierzu Gerhard Rammer, Nazifizierung.

8) Dies lässt sich auch durch die besondere in der Besatzungszeit vorherrschende Mentalität der Professoren erklären. Siehe dazu den Beitrag von Klaus Hentschel in diesem Band, sowie Klaus Hentschel, Die Mentalität deutscher Physiker in der frühen Nachkriegszeit (1945–1949), Heidelberg 2005.

handelt werden. Erst dann konnten separierte physikalische Gesellschaften ihren Aufgaben wieder nachkommen. Die DPG in der britischen Zone hielt die Zwecke der Gesellschaft in ihrer neuen Satzung fest, die mit nur geringfügigen Änderungen jener aus der Weimarer Zeit entsprach: »Die Deutsche Physikalische Gesellschaft in der Britischen Zone soll der Förderung und Verbreitung der physikalischen Wissenschaften dienen, die Physiker einander näherbringen und deren Gesamtheit nach außen vertreten. Sie sucht diesen Zweck durch Versammlungen und wissenschaftliche Sitzungen zu erreichen.«[9] Die wichtigsten Versammlungen waren die jährlichen Physikertagungen, auf denen die DPG ihre Sitzungen abhielt und gegebenenfalls standespolitische Entscheidungen traf. Auf den Tagungen kamen die Physiker auch zusammen, um Informationen auszutauschen, die in der Besatzungszeit aktuelle Zukunftsfragen des akademischen Faches wie der eigenen Berufsaussichten betrafen. Ein solcher Ort der organisierten Zusammenkunft war im besetzten Deutschland dringend erwünscht. Am schnellsten erreicht wurde dieses Ziel 1946 in Göttingen.

Regionale Reorganisationen der DPG

Nach Aufhebung der DPG versuchte der alte Vorstand vom bisherigen Sitz Berlin aus, den Fortbestand der DPG sicherzustellen. Für eine gesamtdeutsche Lösung waren die politischen Verhältnisse allerdings ungeeignet. Die Hoffnung des letzten Vorsitzenden Carl Ramsauer lag darin, zuerst im Westen regionale Wiedergründungen zu erreichen, um danach auch in der sowjetischen Zone und in Berlin eine solche durchsetzen zu können.[10] Er suchte nach einem kompetenten Kollegen, der in Westdeutschland die Angelegenheit in die Hand nehmen konnte. Ernst Brüche war diesbezüglich aus eigenem Antrieb tätig geworden, doch Ramsauer hielt ihn nicht für die geeignete Person und bremste diese Initiative. Stattdessen bevollmächtigte

---

[9] Die Satzung der Deutschen Physikalischen Gesellschaft in der britischen Zone wurde am 14.10.1946 von Ronald Fraser, Research Branch, genehmigt. DPGA, Nr. 40040. Ein Abdruck findet sich in: Physikalische Blätter 3 (1947), S. 29–31 u. 163.
[10] Siehe Ramsauer an Pohl, 13.8.1946, ebd., Nr. 40027.

er im Dezember 1945 den Göttinger Experimentalphysiker Robert Pohl zur Reorganisation der DPG in Westdeutschland.[11]

Pohl besaß einen guten Überblick über die Lage der Physik an den deutschen Hochschulen und übte bedeutenden Einfluss in Fragen der Stellenbesetzungen aus. Von seinen Kollegen wurde ihm eine »fast angeborene menschliche Autorität« zugesprochen. Von Maier-Leibnitz wurde er »ein Patriarch der Physik« genannt.[12] Neben den persönlichen Eigenschaften sprach noch für die Wahl Pohls, dass er in Göttingen ansässig war. Die kleine Universitätsstadt war fast unzerstört aus dem Krieg gegangen, es gab hier einen intakten und erfolgreichen Forschungs- und Lehrbetrieb in der Physik, außerdem war eine Akademie der Wissenschaften vorhanden. 1945 wurde Göttingen auf Grund der günstigen Umstände zu einem »Sammelbecken ›heimatlos‹ gewordener Physiker«.[13] Von größerer Bedeutung für die deutsche Wissenschaft war aber, dass in England wissenschaftspolitische Entscheidungen getroffen wurden, die Göttingen zum »Kristallisationspunkt«[14] der deutschen Nachkriegswissenschaft machten. Diese konstruktive Forschungspolitik der Briten führte z. B. dazu, dass die vorher in Berlin ansässige Kaiser-Wilhelm-Gesellschaft (KWG) den Umbruch 1945 überlebte, indem sie in Max-Planck-Gesellschaft (MPG) umbenannt und mit ihrem neuen Sitz in

---

11) Ramsauer an Pohl, 18.12.1945, DPGA, Nr. 40025. Es ist ein glücklicher Zufall, dass diese Entscheidung in schriftlicher Form und damit auch der historischen Forschung vorliegt, denn wie aus dem Brief hervorgeht, hatte Wilhelm Westphal eigentlich eine Reise nach Göttingen geplant, um dort die Angelegenheit der DPG mit Pohl zu besprechen. Nur weil Westphal verhindert war, kam es zu dieser schriftlichen Aufforderung und Erörterung.

12) Georg Joos, Robert Pohl 70 Jahre, Zeitschrift für angewandte Physik 6 (1954), S. 339; Heinz Maier-Leibnitz, Die große Zeit in Göttingen. Robert W. Pohl, ein Patriarch der Physik, wird neunzig, Frankfurter Allgemeine Zeitung, v. 10.8.1974.

13) So bezeichnete es der damalige Göttinger Privatdozent Wilhelm Walcher, Physikalische Gesellschaften im Umbruch (1945–1963), in: Theo Mayer-Kuckuk (Hrsg.), Festschrift 150 Jahre Deutsche Physikalische Gesellschaft, Sonderheft der Physikalischen Blätter 51 (1995), S. F107–F133, hier S. F108.

14) So notierte es Hahn in sein Tagebuch auf Grund seines Gesprächs in der Royal Institution am 2.10.1945 mit Heisenberg und Laue auf deutscher Seite und Patrick Blackett, George P. Thomson, William Lawrence Bragg, Henry H. Dale und Archibald V. Hill auf britischer Seite. Siehe Otto G. Oexle, Wie in Göttingen die Max-Planck-Gesellschaft entstand, in: Max-Planck-Gesellschaft Jahrbuch 1994, S. 43–60, hier S. 54f.

Göttingen wieder zugelassen wurde, zuerst nur für die britische, später auch für die anderen West-Zonen.[15] Davon profitierte auch das Max-Planck-Institut (MPI) für Physik, das sich 1946 mit den meisten der aus Farm Hall entlassenen Physikern ebenfalls in Göttingen ansiedelte.[16] Auf diese Weise kamen die in der Wissenschaftspolitik der Nachkriegszeit bedeutenden Persönlichkeiten Otto Hahn, Werner Heisenberg und Max von Laue nach Göttingen.[17]

Der mit der Reorganisation der DPG beauftragte Pohl besprach sich im Januar 1946 mit dem Sachbearbeiter für Fragen der Wissenschaft in der britischen Zone, Colonel Bertie Blount, und schloss aus der Unterhaltung, dass »Göttingen wohl die richtige Wahl des Ortes« sei, um die DPG wieder aufleben zu lassen.[18] Ein Vorzug an Göttingen lag auch darin, dass die dortigen Naturwissenschaftler zu den einflussreichen Personen in der britischen Forschungskontrolle in gewisser Weise kollegiale Beziehungen unterhielten, was zur Folge

---

15) Siehe Mark Walker, Die Uranmaschine. Mythos und Wirklichkeit der deutschen Atombombe, München 1992, S. 227f.; Otto G. Oexle, Göttingen, ders., Hahn, Heisenberg und die anderen. Anmerkungen zu »Kopenhagen«, »Farm Hall« und »Göttingen«, in: Ergebnisse. 9. Vorabdruck aus dem Forschungsprogramm Geschichte der Kaiser-Wilhelm-Gesellschaft im Nationalsozialismus, Berlin 2003; Hans Joachim Dahms, Die Universität Göttingen 1918 bis 1989: Vom »Goldenen Zeitalter« der zwanziger Jahre bis zur »Verwaltung des Mangels« in der Gegenwart, in: Rudolf v. Thadden/Günter J. Trittel (Hrsg.), Göttingen. Geschichte einer Universitätsstadt, Bd. 3, Göttingen 1999, S. 395–456, hier S. 430.
16) Zur Internierung der Atomphysiker im englischen Landsitz Farm Hall siehe Dieter Hoffmann (Hrsg.), Operation Epsilon. Die Farm-Hall-Protokolle oder Die Angst der Alliierten vor der deutschen Atombombe, Berlin 1993, bes. S. 49f.
17) Nach Göttingen kamen aus Farm Hall Anfang 1946 Hahn, Heisenberg, von Laue, Weizsäcker, Wirtz, Korsching und Bagge. Zur politischen Bedeutung von Otto Hahn und Werner Heisenberg siehe Mark Walker, Von Kopenhagen bis Göttingen und zurück. Verdeckte Vergangenheitspolitik in den Naturwissenschaften, in: Bernd Weisbrod, Akademische Vergangenheitspolitik, S. 247–259; ders., Otto Hahn. Verantwortung und Verdrängung, Ergebnisse. 10. Vorabdruck aus dem Forschungsprogramm Geschichte der Kaiser-Wilhelm-Gesellschaft im Nationalsozialismus, Berlin 2003. Speziell zu Hahn und seiner Rolle als Präsident der MPG siehe Carola Sachse, »Persilscheinkultur«. Zum Umgang mit der NS-Vergangenheit in der Kaiser-Wilhelm/Max-Planck-Gesellschaft, in: Bernd Weisbrod, Akademische Vergangenheitspolitik, S. 217–246.
18) Pohl an Ramsauer, 29.1.1946. DPGA, Nr. 40029.

hatte, dass das formale Ungleichgewicht von Besatzer und Besiegter weniger stark zur Wirkung kam.[19]

Bevor die Gründung eines neuen Vorstands und die ersten Physikertagungen in der britischen Zone besprochen werden, soll folgende Tabelle einen Überblick über die zeitliche Abfolge der einzelnen regionalen Wiedergründungen bis zum Zusammenschluss von fünf Regionalgesellschaften zum Verband Deutscher Physikalischer Gesellschaften im Jahr 1950 geben.

Suche nach einem geeigneten Vorsitzenden

Pohl betrachtete sich selbst nicht als den geeignetsten neuen Vorsitzenden, sondern sah seine Rolle nur als Starthelfer bzw. »Treuhänder«,[20] der für den Fortbestand der Gesellschaft Sorge zu tragen habe, wobei er in Übereinstimmung mit Ramsauer davon absah, ein Wiederauferstehen der Deutschen Gesellschaft für technische Physik zu fördern. Dagegen sprachen politische Gründe, vor allem die Nähe der technischen Physik zur militärischen Anwendung, außerdem erschien den maßgebenden Physikern eine einzige Gesellschaft als ausreichend.[21] In Verhandlungen mit der Militärregierung erreichte Pohl im Juni 1946, dass die alten Gauvereine Rheinland-Westfalen und Niedersachsen als *Deutsche Physikalische Gesellschaft in der britischen Zone* ihre Tätigkeit mit den »vor 1933 gültigen Satzungen« aufnehmen durften.[22] Um in der amerikanischen Zone Analoges zu

---

19) Siehe hierzu Rammer, Nazifizierung. Bei dem Chemiker Bertie Blount bspw. war eine nähere Verbindung zur deutschen Wissenschaft dadurch gegeben, dass er 1931 an der Universität Frankfurt promoviert hatte.
20) Pohl an Ramsauer, 29.1.1946. DPGA, Nr. 40029.
21) Siehe z. B. Pohl an Gerlach, 22.6.1946. DPGA, Nr. 40026.
22) Pohl bezeichnete die alten seit 1925 gültigen Satzungen als jene »vor 1933«, obwohl eine Satzungsänderung, die z. B. zum Ausschluss der jüdischen Mitglieder führte, erst 1940 erfolgte. Siehe Pohls Rundschreiben vom 21.6.1946 sowie die Genehmigung von Ronald Fraser, Leiter der Research Branch, 14.6.1946. DPGA, Nr. 40026. Zur Satzungsänderung von 1940 siehe Alan D. Beyerchen, Wissenschaftler unter Hitler. Physiker im Dritten Reich, Frankfurt a. M. 1982, S. 111; Dieter Hoffmann, Zwischen Autonomie und Anpassung: Die Deutsche Physikalische Gesellschaft im Dritten Reich. Max-Planck-Institut für Wissenschaftsgeschichte, Preprint 192, Berlin, 2001, S. 12–14, sowie die Beiträge von Stefan Wolff und Dieter Hoffmann in diesem Band.

Gesellschaft	Gründungsdatum	Erster Vorsitzender (Stellvertreter)	Erste Tagungen	Bemerkungen
Deutsche Physikalische Gesellschaft in der Britischen Zone	5.10.1946	Max von Laue (Clemens Schaefer)	4.–6.10.1946 Göttingen 12.–13.4.1947 Göttingen (Frühjahrstagung des Gauvereins Niedersachsen) 5.–7.9.1947 Göttingen 9.–11.9.1948 Clausthal 22.–24.4.1949 Hamburg 21.–25.9.1949 Bonn 15.–17.4.1950 Münster	umfasst die beiden früheren Gauvereine Niedersachsen und Rheinland-Westfalen 1950 Umbenennung in Nordwestdeutsche Physikalische Gesellschaft
Physikalische Gesellschaft Württemberg-Baden	15.8.1946 (nachträglich genehmigt)	Erich Regener (Walther Bothe, Ulrich Dehlinger)	5.–6.7.1947 Stuttgart 15.–16.11.1947 Heidenheim 5.–6.6.1948 Stuttgart 30.–31.1.1949 Heidelberg 10.–11.12.1949 Freiburg 10.–11.6.1950 Karlsruhe	Fusion am 16.1.1950 mit Teilen der Gesellschaft Rheinland-Pfalz zur Gesellschaft Württemberg-Baden-Pfalz
Physikalische Gesellschaft Hessen	19.7.1947	Erwin Madelung (Richard Vieweg)	24.4.1948 Frankfurt 11.6.1949 Frankfurt 22.4.1950 Frankfurt	Fusion am 16.1.1950 mit Teilen der Gesellschaft Rheinland-Pfalz zur Gesellschaft Hessen-Mittelrhein
Physikalische Gesellschaft in Bayern	8.12.1947	Walther Meißner (E. Rüchardt)	29.7.–2.8.1949 München	
Physikalische Gesellschaft Rheinland-Pfalz	29.4.1948 (nachträglich genehmigt)	Hans Klumb (Karl Wolf)	14.5.1949 Mainz	bestand nur bis zum 16.1.1950
Physikalische Gesellschaft zu Berlin	7.12.1949	Carl Ramsauer (W. Schaaffs)		
Verband Deutscher Physikalischer Gesellschaften	13.10.1950	Jonathan Zenneck (Max von Laue)	11.–15.10.1950 Bad Nauheim (15. Physikertagung) 19.–23. Sept. 1951 Karlsruhe	Zusammenschluss der fünf Regionalgesellschaften
Physikalische Gesellschaft in der DDR	26.9.1952	bis 1970 ohne offiziellen Vorsitzenden, faktisch amtierte Robert Rompe, sowie ab 1955 Gustav Hertz	Herbst 1952 Berlin April 1953 Freiberg Juli 1953 Greifswald September 1953 Halle April 1954 Dresden	

erreichen, bat Pohl seinen Stuttgarter Kollegen Erich Regener, die nötigen Schritte einzuleiten. Pohl wollte jeden Anschein vermeiden, dass die Göttinger eine »Monopolstellung« erstrebten.[23] Besonders wichtig war ihm, dass sich die anderen Regionalgründungen eng an das Göttinger Vorbild hielten. Er wünschte von Regener, dass dieser eine DPG »in der amerikanischen Zone« ebenfalls auf Grundlage der früheren Satzungen gründe, um eine spätere Zusammenführung zu einer gesamtdeutschen Gesellschaft zu erleichtern. Regener wich von diesem Vorschlag ab und gründete eine *Physikalische Gesellschaft in Württemberg-Baden*, was Pohl als separatistisch kritisierte. Diese Kritik ist sehr aufschlussreich, zeigt sie doch, auf welche Weise Pohl die DPG in einen größeren politischen Zusammenhang stellte und eine Stärkung des von vier Mächten besetzten Deutschlands anstrebte:

> »Wir sind [uns] doch alle darüber klar, dass wir auf lange Zeit in Deutschland nur eine kulturelle Einheit bilden werden und keine politische. Sollen wir da nicht alles versuchen, um wenigstens auf kulturellem Gebiet zu einheitlichen Einrichtungen zu gelangen? Das ist für uns Physiker doch nur möglich, wenn wir unsere alte physikalische Gesellschaft nicht durch neue separatistische Lokalgründungen ersetzen.«[24]

Pohls Kritik bekräftigend, meinte auch Heisenberg, die DPG solle jede Unterteilung in kleinere Einheiten, die nicht durch die Zonengrenzen vorgeschrieben seien, vermeiden, da die Zoneneinteilung einerseits erzwungen sei und andererseits »geographisch so unnatürlich, daß sie keine Gefahr einer späteren Zersplitterung mit sich bringt.«[25] Pohls Befürchtungen stellten sich im Rückblick als übertrieben heraus, denn nach Gründung der BRD gelang es recht schnell, die westlichen Regionalgesellschaften zu einem *Verband Deutscher Physikalischer Gesellschaften* zusammenzuschließen, trotz unterschiedlicher Namensgebungen und Satzungen.

Ab dem Zeitpunkt, als die Regionalgesellschaft auf Grund der Genehmigung der Briten wieder handlungsfähig war, übernahm Hei-

---

23) Pohl an Ramsauer, 25.6.1946. DPGA, Nr. 40026; Pohl an Regener, 22.6.1946, DPGA, Nr. 40027; Ramsauer an Pohl, 2.7.1946, DPGA, Nr. 40027.
24) Pohl an Ramsauer, 24.7.1946, ebd. An Schön schrieb Pohl noch prägnanter am 12.8.1946: »Nach Meinung von uns Göttinger muss jede separatistische Neugründung, die die deutsche Einheit auf kulturellem Gebiet gefährdet, vermieden werden.« DPGA, Nr. 40028.
25) Heisenberg an Regener, 26.7.1946, DPGA, Nr. 40029.

senberg die Geschäfte des Vorsitzenden und organisierte eine Physikertagung in Göttingen für Anfang Oktober 1946. Die Bestellung Heisenbergs geschah auf Vorschlag von Pohls Fachkollegen Hans Kopfermann, der seit 1938 Vorsitzender des Gauvereins Niedersachsen gewesen war und Pohl wichtige Unterstützung in den Verhandlungen mit den Alliierten gewährte.[26] Es wäre zu erwarten gewesen, dass Heisenberg auf der ersten ordentlichen Sitzung als Vorsitzender bestätigt worden wäre,[27] doch obwohl er als Nobelpreisträger internationales Renommee genoss, fiel die Entscheidung anders aus.

Am ersten Tag der Physikertagung bat Pohl den ebenfalls in Göttingen ansässigen Heisenberg in einem handschriftlichen Brief, er solle auf der für den folgenden Tag anberaumten Geschäftsversammlung von Laue für den Vorsitz vorschlagen. Dieses ungewöhnliche Vorgehen Pohls ist erklärungsbedürftig. Er selbst begründete es gegenüber Heisenberg mit dem Scheitern des ursprünglichen Plans, die Gauvereine in der britischen Zone wieder in Gang zu setzen, da die »Muttergesellschaft« DPG nicht mehr existierte. Deshalb sei eine Neugründung mit neuen Satzungen, einem Vorsitzenden und einem Stellvertreter nötig. Diese Sachlage habe von Laue »noch gerade rechtzeitig« festgestellt. »Herr v. Laue hat in den wenigen noch verfügbaren Tagen alles geschafft und daraus wollen Sie freundlicher Weise die Konsequenz ziehen, Herrn v. Laue als ersten Vorsitzenden in Vorschlag zu bringen.«[28] Dass von Laue im Gegensatz zu Heisenberg von selbst aktiv wurde, um mögliche Schwierigkeiten der Gesellschaftsgründung zu beheben, mag für Pohls Entscheidung von Bedeutung gewesen sein, doch ob Pohl im zitierten Brief die entscheidenden Gründe genannt hat, die anscheinend in letzter Sekunde zur Nominierung von Laues geführt haben, ist anzuzweifeln. Denn von Laue war vor allem wegen seines politischen Kapitals der bessere Kandidat, und das wusste Pohl.

---

26) Siehe Rundschreiben von Pohl, 21.6.1946, DPGA, Nr. 40026. Pohl und Kopfermann an Heisenberg, 21.5.1946, DPGA, Nr. 40029; Heisenberg an Blount, 23.5.1946, ebd. Siehe auch die Berichte über Heisenbergs vorläufige Führung der Geschäfte, in: Neue Physikalische Blätter 2 (1946), S. 85 u. 116.
27) Pohl und Kopfermann schrieben am 21.5.1946 an Heisenberg, dass sie ihn auf der ersten Sitzung »als Vorsitzenden unseres Gauvereins in Vorschlag bringen, und gleichzeitig anregen [werden], dass Sie als federführend für die beiden Gauvereine betrachtet werden«. DPGA, Nr. 40029.
28) Pohl an Heisenberg, 4.10.1946, DPGA 40029.

Von Laue war als bekannter Gegner des Nationalsozialismus am ehesten geeignet, die politischen Schwierigkeiten, in denen die deutsche Physik nach 1945 steckte, überwinden zu helfen.[29] Hierzu ist beispielsweise die internationale Isolation zu zählen, in die die deutsche Wissenschaft durch den Nationalsozialismus geraten war. Sie wirkte auch noch nach 1945, da die Beteiligung der deutschen Physiker am Nationalsozialismus im Ausland für teils heftige Verstimmung gesorgt hatte: »[...] sie arbeiteten für die Sache von Himmler und Auschwitz, für die Bücherverbrenner und die Geiselnehmer. Die Gemeinschaft der Wissenschaften wird lange zögern, die Waffenschmiede der Nazis willkommen zu heißen.«[30] Diese von Philip Morrison geäußerte Distanzierung war zwar nicht repräsentativ, zeigt aber, dass diese Vorbehalte vorhanden waren und einer internationalen Annäherung im Wege standen. Die Deutschen waren tatsächlich von den ersten großen Physikerkonferenzen der Nachkriegszeit ausgeschlossen, dies aber weniger wegen der zitierten politischen Verstimmung als wegen der restriktiven Ausreisebestimmungen. Deshalb blieben z. B. die Konferenz über Elementarteilchen in Cambridge 1946, die Shelter-Island-Konferenz von 1947, die Richard Feynman als die weltweit bedeutendste Theoretikerzusammenkunft aller Zeiten bezeichnete, und die Solvay-Konferenz 1948 ohne deutsche Beteiligung.[31]

29) Zu von Laues politischen Handlungen zur Zeit des Nationalsozialismus siehe Alan Beyerchen, Wissenschaftler, bes. S. 61, 67, 97–100, 159, 162 f., 231, 267, 276 f. u. 279; Friedrich Herneck, Max von Laue, Leipzig 1979, bes. S. 60–68 sowie Katharina Zeitz, Max von Laue (1879-1960). Seine Bedeutung für den Wiederaufbau der deutschen Wissenschaft nach dem Zweiten Weltkrieg, Stuttgart 2006.
30) »[...] they worked for the cause of Himmler and Auschwitz, for the burners of books and the takers of hostages. The communitiy of science will be long delayed in welcoming the armorers of the Nazis.« Philip Morrison von der Cornell University in einer Besprechung von Samuel Goudsmits Buch *Alsos* in: Bulletin of the Atomic Scientists, Dezemberheft 1947, zit. nach: MPGA, Atomforschung, V, 13, Atomforschung und Folgen, 1.
31) Gabriele Metzler, Internationale Wissenschaft und nationale Kultur. Deutsche Physiker in der internationalen Community 1900–1960, Göttingen 2000, S. 218 f. Zur Shelter-Island-Konferenz und Feynmans Wertung siehe Michael Eckert, Die Atomphysiker. Eine Geschichte der theoretischen Physik am Beispiel der Sommerfeldschule, Braunschweig 1993, S. 254. Der Ausschluss von internationalen Konferenzen gilt auch in der angewandten Physik. Der 6. sowie der 7. internationale Kongress für angewandte Mechanik

Von Laue war nun derjenige deutsche Physiker, der als erster diese Isolation durchbrechen konnte und schon im Juli 1946 zu einer internationalen Kristallographentagung nach London reisen durfte; eingeladen waren noch zwei weitere Deutsche, die allerdings keine Ausreiseerlaubnis erhielten.[32] Mit der Einladung von Laues wollten die Briten offenbar ein politisches Signal setzen. Auch in der Wissenschaft sollten Opponenten des NS-Regimes gefördert werden und wichtige Positionen bekommen. Dies war ein wesentlicher Grund, warum von Laue bei Kriegsende zusammen mit neun weiteren Wissenschaftlern des Uranvereins gefangen genommen und nach England gebracht wurde. Er wurde von den Briten als wichtige Persönlichkeit für den Wiederaufbau des akademischen Lebens ausgewählt. Diese Rolle füllte der emeritierte Ordinarius gerne aus, nannte er doch in seinem Lebensbericht als Hauptgrund, warum er in der NS-Zeit nicht ausgewandert ist, dass er »sogleich zur Stelle sein [wollte], wenn nach dem von mir stets vorausgesehenen und erhofften Zusammenbruch des »Dritten Reiches« sich die Möglichkeit zu einem kulturellen Wiederaufbau auf den Ruinen bot, die dieses Reich schuf. Unter diesem Aspekt stand dann auch ein großer Teil meiner Tätigkeit nach 1945.«[33]

Als Teil des kulturellen Wiederaufbaus verstand von Laue die Neuorganisation des physikalischen Zeitschriftenwesens. »Als erste Aufgabe betrachtet die ›Deutsche Physikalische Gesellschaft in der britischen Zone‹, unter ihrer Mitwirkung die *Zeitschrift für Physik* wieder

fanden 1947 in Paris und 1948 in London jeweils ohne deutsche Beteiligung statt. Siehe Physikalische Blätter 3 (1947), S. 93 und ebd., 4 (1948), S. 148.

32) Max v. Laue, Mein physikalischer Werdegang. Eine Selbstdarstellung, in: Hans Hartmann, Schöpfer des neuen Weltbildes. Große Physiker unserer Zeit, Bonn 1952, S. 178–210, hier S. 205. Siehe auch Max v. Laue, Royal Society. Deutsche Physiker auf britischen Tagungen, Göttinger Universitäts-Zeitung, Nr. 18 v. 1945/46, S. 12.

33) Max v. Laue, Werdegang, S. 203. Eine frühe Bestätigung seiner Kulturmission findet sich in einem Schreiben an Herbert Mataré vom 9.1.1945: »Ich wünsche Ihnen, dass Sie durch die Unbilden des Krieges gut hindurchkommen. Man wird danach Männer zum Wiederaufbau einer Kultur brauchen.« AIP, Mataré, Herbert Franz, MP 2002-523. Aufschlussreich in diesem Zusammenhang sind auch von Laues einleitende Worte im ersten Heft der *Physikalischen Blätter* von 1947: »Die Kulturkrise, welche über die Welt, insbesondere über unser Deutschland hereingebrochen ist, hat Anfang 1945 auch die Arbeit der hundertjährigen Deutschen Physikalischen Gesellschaft unterbrochen.«

erscheinen zu lassen.«[34] Zusammen mit Pohl übernahm von Laue die Herausgeberschaft dieser neben den *Annalen der Physik* bedeutendsten deutschen Physikzeitschrift. Dem Wiedererscheinen standen aber weniger politische als materielle Probleme im Weg. Trotz guter Beziehungen zu den Kontrolloffizieren und deren Unterstützung gelang es nicht, die nötigen Papiermengen für den Druck zu erhalten.[35] Eine der Aufgaben, die von Laue bei seinem Englandaufenthalt im Sommer 1946 erfolgreich erledigte, war die Beseitigung der Papierschwierigkeiten.[36] Dass ihm dies rasch gelang, war nicht für jeden seiner deutschen Kollegen selbstverständlich. »Es ist ja sehr erstaunlich, dass er dort so besonders gut behandelt worden ist«, schrieb beispielsweise der Münchener Ordinarius Walther Meißner an Pohl.[37] Im Gegensatz zu der freundlichen Aufnahme von Laues standen die Angriffe, die sich zur selben Zeit gegen Heisenberg richteten. Der in die USA emigrierte holländische Physiker Samuel Goudsmit äußerte öffentlich Kritik an Heisenbergs wissenschaftlicher Haltung und stilisierte ihn zum führenden Kopf der deutschen Uranforschungen.[38] Unter den ausländischen Physikern war Heisenberg auch wegen der kursierenden Gerüchte um seinen Besuch bei Niels Bohr im Jahr 1941 politisch verdächtig. Diese Situation ließ Heisenberg im Herbst 1946 als Kandidaten für den Vorsitz der DPG deutlich weniger geeignet erscheinen als von Laue. Es ist daher anzunehmen, dass Pohls Anweisung an Heisenberg, auf den Vorsitz zu verzichten, auf politischem Kalkül beruhte.

Obwohl Heisenberg vertretungsweise die Geschäfte der Gesellschaft geführt und zur Tagung in Göttingen eingeladen hatte, konnte er auf der Tagung selbst nicht prominent in Erscheinung treten. Die Eröffnungsrede hielt von Laue, da er »der älteste der hier amtierenden

---

34) Pohl, 21.6.1946, DPGA, Nr. 40029.
35) Das Erscheinen der *Zeitschrift für Physik* in Göttingen, und damit in einer Westzone, war als Gegengewicht zu den in Leipzig erscheinenden *Annalen der Physik* auch eine politisch wichtige Entscheidung in der sich zuspitzenden Ost-West-Auseinandersetzung.
36) Pohl an Rüchardt, 10.7.1046, DPGA, Nr. 40028.
37) Meißner an Pohl, 28.9.1946, DPGA, Nr. 40028.
38) Siehe Samuel A. Goudsmit, Secrecy or Science?, Science Illustrated 1 (1946), May, S. 97–99 (dt. Übers. in: Neue Physikalische Blätter 2 (1946), S. 203–207), vgl. auch den Nachdruck in der Dokumentation *Nachkriegszeit* im Anhang dieses Bands.. Zur deutschen Uranforschung siehe Mark Walker, Uranmaschine.

Physiker« war.[39)] Die am nächsten Tag folgende Gründungsversammlung der DPG in der britischen Zone hatte Pohl fest in der Hand. Er eröffnete die Versammlung und erteilte zuerst Heisenberg das Wort, der die Vorgeschichte der Gesellschaftsgründung kurz referierte und, Pohls Anordnung folgend, von Laue zum Vorsitzenden vorschlug. Daraufhin erteilte Pohl Ramsauer das Wort, der vor den 76 versammelten Physikern festhielt, dass die Gesellschaft von ihm »im antinationalsozialistischen Sinne geleitet« worden sei. Die von Ramsauer festgelegte Sprachregelung über die Geschichte der DPG beinhaltete auch, dass der Vorstand Widerstand gegen den Nationalsozialismus geleistet habe. Pohl dankte ihm dafür, »dass im Rahmen dessen, was überhaupt geschehen konnte alles mögliche [sic] geschehen ist.« Schließlich bat er von Laue, den Satzungsentwurf vorzulesen, doch die Leitung der Sitzung behielt Pohl weiterhin in seiner Hand, auch nachdem von Laue erwartungsgemäß als Vorsitzender und Clemens Schaefer als Stellvertreter gewählt worden waren – sie waren übrigens die einzigen Kandidaten für die jeweilige Position.[40)]

Wie gezeigt, hatte Pohl erheblichen Einfluss auf die erste Neugründung einer Regionalgesellschaft. Auf Grund seiner kurzfristigen Intervention wurde von Laue als Vorsitzender vorgeschlagen und gewählt.[41)] Mit dem aus politischer Sicht besonders geeigneten Vorsitzenden konnte die Gesellschaft gestärkt ihren Aufgaben nachgehen. Eine der wichtigsten Aufgaben war die Abhaltung von Tagungen.

---

39) Manuskript der Eröffnungsrede vom 4.10.1946, MPGA, III. Abt.,Rep. 50, NL Laue, 124.
40) Siehe die drei verschiedenen Protokolle der Gründungsversammlung vom 5.10.1946. Schriftführer war Reinhold Mannkopff, der auch zum neuen Geschäftsführer bestellt wurde. DPGA, Nr. 40038. Als Beisitzer wurden aus dem Gauverein Niedersachsen Auwers, Heisenberg, Jensen, Justi und Unsöld gewählt, als Beisitzer aus dem Gauverein Rheinland-Westfalen Försterling, Gerlach, Kratzer, Meixner und Rogowski; nach dem vorzeitigen Ausscheiden von Rogowski und Försterling kamen Schlechtweg und Fucks hinzu. MPGA, III. Abt., Rep. 50, NL Laue, 2390. Der komplette Vorstand wurde 1947, auf Vorschlag Pohls, unverändert wiedergewählt. Siehe Protokoll der Geschäftsversammlung vom 6.9.1947, DPGA, Nr. 40043.
41) In der selbstverfassten Geschichte der DPG anlässlich ihres 150-jährigen Bestehens wird der Einfluss Pohls verkannt. Sein Name wird nicht einmal erwähnt. Siehe Wilhelm Walcher, Physikalische Gesellschaften, S. F108.

Funktionen der Physikertagungen

In diesem Abschnitt wird die eigentliche Aufgabe der Tagungen, nämlich die Präsentation von Forschungsergebnissen und die fachliche Aussprache, nur beiläufig behandelt. Stattdessen stehen jene besonderen Funktionen der ersten Nachkriegstagungen im Mittelpunkt, die sich aus der politischen Situation ergaben. Diese Funktionen lassen sich unter zwei Stichwörtern zusammenfassen: Internationalismus und Vergangenheitspolitik. Beides beeinflusste schon die erste Tagung 1946 in ihrem Verlauf. Da jedoch die Überfüllung Göttingens mit Flüchtlingen eine Beschränkung der Teilnehmerzahl auf höchstens fünf pro Hochschule notwendig machte,[42] wurden manche Auseinandersetzungen erst auf der weitaus größeren Tagung von 1947 geführt. Diese beiden Tagungen stehen im Zentrum der folgenden Untersuchung, die versucht, den von der DPG praktizierten Internationalismus sowie die von ihr geformte Vergangenheitspolitik nicht bloß in Bezug auf die Tagungen, sondern in ihrer allgemeinen Bedeutung zu beleuchten.[43]

Internationalismus

Internationalismus hatte in der Wissenschaft, und besonders in der Physik, große Bedeutung. Zu verstehen ist darunter ein Bemühen um wissenschaftliche Beziehungen zwischen Physikern unterschiedlicher Nationen. Dahinter stand das Ideal, dass physikalisches Wissen keine nationalen Grenzen kenne. Neben der fachlichen Bedeutung in Form eines internationalen Gedankenaustausches bis hin zu wirklicher Zusammenarbeit besaß der Internationalismus auch eine politische Funktion in dem Sinn, dass Physiker auf internationalen Tagungen als Repräsentanten ihrer Nation auftraten. Insofern gibt es einen Unterschied zwischen Internationalismus und Internationalität, welche zusätzlich zur Zusammenarbeit eine Aufhebung natio-

---

42) Siehe Rundschreiben von Heisenberg, 2.8.1946, DPGA, Nr. 40034.
43) Zu den Geschehnissen der anderen Nachkriegstagungen, insbesondere zu der abweichenden Satzung der Gesellschaft in Württemberg-Baden, siehe Wilhelm Walcher, Physikalische Gesellschaften, S. F109–F111.

naler Bezüge bedeutet.[44)] Während man allgemein in der Physik gute Beispiele für Internationalität finden kann, hat man es auf den ersten Nachkriegsphysikertagungen in Deutschland doch mit Internationalismus zu tun, dessen Bedeutung im Folgenden näher beleuchtet wird.

Eine politische Funktion des Internationalismus, die viel mit diplomatischen Gepflogenheiten zu tun hatte, erkennt man bereits an von Laues Eröffnungsrede der Göttinger Tagung von 1946. Gleich zu Beginn betonte von Laue das Wohlwollen, das die Militärregierung gegenüber der deutschen Wissenschaft zeige. Sogleich begrüßte er namentlich die aus dem Ausland angereisten Gäste Berg, Bloch, Bowden, Michels und Mott.[45)] Die Teilnahme so vieler Ausländer ist bemerkenswert und für eine *deutsche* Physikertagung ungewöhnlich, besonders wenn man die Reise- und Unterbringungsschwierigkeiten im Jahr 1946 bedenkt. Sie bezweckte neben der Wiederaufnahme eines internationalen wissenschaftlichen Austausches – umgesetzt u. a. in Form von wissenschaftlichen Vorträgen zweier Gäste –[46)] möglicherweise auch ein Auskundschaften und Kontrollieren der Arbeiten der deutschen Physiker. In der Erfassung der deutschen wissenschaftlichen Aktivitäten, die ein aufwändig geplantes und von verschiedenen Spezialeinheiten verfolgtes, zentrales Anliegen der Alliierten war und schon lange vor der deutschen Kapitulation begann, spielten die Physikertagungen vermutlich nur eine untergeordnete Rolle.[47)] Den Deutschen bot die internationale Zusammenkunft in Göttingen insofern Vorteile, als sie das Interesse der Gäste und die Atmosphäre eines wissenschaftlichen Internationalismus ausnutzten, um eine Förderung ihres eigenen Forschungsbetriebs zu erreichen.

Die hier praktizierte Form des Internationalismus verfolgte zwei, nicht immer scharf zu trennende Ziele: fachlicher Austausch und politische Ausnutzung internationaler Beziehungen für nationale Be-

---

44) Zu diesem Konzept von Internationalismus und Internationalität in Anwendung auf deutsche Historiker siehe Henning Trüpers, Die Vierteljahresschrift für Sozial- und Wirtschaftsgeschichte und ihr Herausgeber Hermann Aubin im Nationalsozialismus, VSWG-Beihefte 181, 2005. Zu den deutschen Physikern siehe mit Betonung auf ihre nationale Kultur Gabriele Metzler, Internationale Wissenschaft.
45) Begrüßungsansprache von Laue, 4.10.1946, MPGA, III. Abt., Rep. 50, NL Laue, 124.
46) Siehe Neue Physikalische Blätter 2 (1946), S. 178 f.
47) Siehe hierzu John Gimbel, Science, Technology, and Reparations. Exploitation and Plunder in Postwar Germany, Stanford 1990.

lange. Diese Praxis vertrug sich durchaus mit der verbreiteten Vorstellung einer grenzenlosen Wissenschaftlergemeinschaft. Ein Beispiel hierfür gab von Laue in seiner Eröffnungsrede 1946. Er betrachtete die DPG »als einen Teil jener als Idee lebhaft empfundenen über alle Landesgrenzen hinweg reichenden Gelehrten-Republik.«[48］] Diese Sichtweise schuf eine Ebene, auf der sich die Physiker international näher kommen und verständigen konnten. Als Antwort auf ein Schreiben des Committee for Foreign Correspondence of the Federation of American Scientists konnte von Laue auf der Geschäftsversammlung 1947 feierlich versichern, »dass die Deutsche Physikalische Gesellschaft in der Britischen Zone von derselben Gesinnung internationaler Brüderlichkeit beherrscht ist, und dass sie jedem einzelnen ihrer Mitglieder die Verpflichtung auferlegt, bei jeder passenden Gelegenheit in Wort und Tat Zeugnis dieser Gesinnung abzulegen.«[49]

Der britische Kontrolloffizier in Göttingen, Ronald Fraser, nutzte ebenfalls diese Verständigungsebene. In seinem Begrüßungswort zur Physikertagung in Göttingen 1947 bezog er sich auf eine Äußerung von Niels Bohr, nach der die Physik die Behandlung offener Fragen der Natur sei, die nur in einem offenen Kreis beantwortet werden könne. »Deswegen muß ja jeder wahre Physiker mit Bewußtsein supranational denken; und dementsprechend ist es mein Bestreben, als Wissenschaftlicher Berater der Research Branch der Kontrollkommission, einen gegenseitigen Meinungsaustausch zwischen deutschen Wissenschaftlern und ihren Kollegen im Ausland immer mehr zu ermöglichen.«[50]

Frasers Bemühungen zeigten Wirkung. Selbst an der weniger bedeutenden Tagung des Gauvereins Niedersachsen im April 1947 nahmen vier Kollegen aus England teil.[51] Auf der folgenden größeren Herbsttagung, die wieder in Göttingen abgehalten wurde, brachten sich die Gäste aus Amsterdam, Cambridge, Kopenhagen, London

---

48) MPGA, III. Abt., Rep. 50, NL Laue, 124.
49) Protokoll der Geschäftsversammlung vom 6.9.1947, DPGA, Nr. 40043. Das Schreiben des Komitees ist auszugsweise abgedruckt in: Neue Physikalische Blätter 2 (1946), S. 258f.
50) Siehe Physikalische Blätter 3 (1947), S. 289.
51) Es waren dies Blackett, Burcham, Coulsen und Rushbroke. Siehe ebd., S. 129 f.

und Manchester schon mit acht wissenschaftlichen Vorträgen ein.[52] Hiermit hatte diese Entwicklung, die insbesondere durch die Göttinger Research Branch unterstützt wurde und eine Ausnahmeerscheinung in Deutschland war, ihren Höhepunkt erreicht. Frasers Einsatz für die Göttinger Physik lag u. a. darin begründet, dass er selbst Physiker und ein Spezialist für Molekularstrahlen war.[53] Das kollegiale Verhältnis, das die Göttinger zu ihm herstellen konnten, sicherte ihnen sein besonderes Engagement. Welch große Bedeutung Fraser für Göttingen hatte, geht auch aus einem Brief Erich Regeners an von Laue hervor, in dem es wehmütig heißt: »Wir haben hier keinen Dr. Fraser.«[54] Auch der Gießener Wilhelm Hanle sah die Vorzüge in dem durch Fraser ermöglichten internationalen Kontakt. Seinem Dank dafür, dass er daran partizipieren durfte, weil die Göttinger Physiker auch Kollegen aus anderen Zonen zur Frühjahrstagung 1947 eingeladen hatten, fügte er hinzu: »Man kann Ihnen nur immer wieder zu der guten Verbindung zu den englischen Wissenschaftlern gratulieren.«[55] Fraser blieb bis Ende 1948 in der Research Branch und wechselte dann als Verbindungsoffizier für den International Council of Scientific Unions zur 1946 gegründeten UNESCO nach Paris.[56]

Ab 1948 nahmen die Hindernisse für Auslandsreisen deutscher Physiker merklich ab. Die Physiker nutzten die gerne wahrgenom-

---

[52] Siehe ebd., S. 317–325; Wilhelm Walcher, Physikalische Gesellschaften, S. F108 f. Laut einer Unterbringungsliste waren aus dem Ausland erschienen: Jordan (Kopenhagen), Michels (Amsterdam), Pippard (Cambridge), Shoenberg und Sondheimer (Cambridge), Tolansky (London), Wilson (Manchester). Eine Arbeit von Békésy (Stockholm) wurde von Grützmacher vorgetragen. Siehe DPGA, Nr. 40044.
[53] Fraser verfasste zwei Bücher über Molekularstrahlen, die auch von den Göttinger Physikern damals benutzt worden waren. Es handelt sich um: Ronald G. J. Fraser, Molecular Rays, Cambridge 1931; ders., Molecular Beams, London 1937.
[54] Zit. nach: Wilhelm Walcher, Gesellschaften, S. F112.
[55] Hanle an Heisenberg, 16.4.1947, MPIP, NL Heisenberg. Ich danke Mark Walker herzlich für viele Hinweise auf relevante Physikerkorrespondenzen im Nachlass Heisenberg.
[56] Manfred Heinemann, Überwachung und »Inventur« der deutschen Forschung. Das Kontrollratsgesetz Nr. 25 und die alliierte Forschungskontrolle im Bereich der Kaiser-Wilhelm-/Max-Planck-Gesellschaft (KWG/MPG) 1945–1955, in: Lothar Mertens (Hrsg.), Politischer Systemumbruch als irreversibler Faktor von Modernisierung in der Wissenschaft?, Berlin 2001, S. 167–199, hier S. 182.

menen Gastforschungsaufenthalte nicht nur für einen intensiveren wissenschaftlichen Austausch, sondern auch dazu, um als Kulturbotschafter aufzutreten. Sie lernten im Ausland abweichende Arbeitsmethoden kennen, brachten ihre eigenen Fähigkeiten und Kompetenzen ein und bemühten sich, einen »guten Eindruck« von der deutschen Forschung zu hinterlassen, um »auch ein wenig zur Befestigung unserer noch so schwachen Verbindung mit dem freundlich gesinnten Auslande beizutragen.«[57]

Mit den häufiger werdenden Auslandsreisen der Deutschen ging die Beteiligung von ausländischen Kollegen auf den Tagungen der DPG in der britischen Zone deutlich zurück.[58] Daraus lässt sich schließen, dass die Physikertagungen auch in der Nachkriegszeit in erster Linie für den nationalen Austausch der Physiker gedacht waren – trotz aller Rhetorik einer internationalen Gelehrtenrepublik. Dass die rege ausländische Beteiligung eine Besonderheit Göttingens darstellte, zeigt ein Blick in die anderen Westzonen, in denen die Tagungen in der Regel mit rein deutscher Besetzung stattfanden.[59] Auch nach dem Zusammenschluss zum Verband Deutscher Physikalischer Gesellschaften setzte sich dieser Trend fort. In dem Bericht in den *Physikalischen Blättern* über die Physikertagung von 1950 finden die ausländischen Teilnehmer keine Erwähnung, und im folgenden Jahr heißt es an gleicher Stelle, »ausländische Gäste waren nur in geringer Zahl anwesend.«[60] Dies zeigt nur, dass die deutschen Tagungen auf Ausländer wenig Anziehungskraft ausübten und ein in-

---

57) Dies schrieb der Göttinger Reinhold Mannkopff an Carl Correns am 29.2.1948 über seinen Forschungsaufenthalt in England. MPGA, III. Abt., Rep. 50, NL Laue, 1280.

58) Auf der Herbsttagung in Clausthal 1948 gab es neben einem Vortrag von Max Born nur noch einen weiteren von einem Kollegen aus dem Ausland. Auf der Hamburger Tagung 1949 gab es genau einen Vortrag eines Ausländers, auf der Herbsttagung in Bonn 1949 keinen einzigen. Siehe Physikalische Blätter 4 (1948), S. 391–401 und ebd., 5 (1949), S. 228–236 u. 511–524.

59) Keine Beiträge von Ausländern gab es auf den Physikertagungen in Stuttgart 1947, Heidenheim 1947, Frankfurt 1948, Stuttgart 1948, Mainz 1949, Frankfurt 1949 und München 1949. Eine Ausnahme war ein Beitrag von Peyrou aus Paris auf der Tagung in Heidelberg 1949. Siehe ebd., 3 (1947), S. 198–205 u. 398–407; ebd., 4 (1948), S. 220–223 u. 249–259 und ebd., 5 (1949), S. 178–185, 380–383, 422–425 u. 426–437.

60) Siehe ebd., 6 (1950), S. 567–569 und ebd., 7 (1951), S. 471 f.

ternationaler Austausch auf anderen, speziell dafür gedachten Zusammenkünften stattfand.

Die Wiederknüpfung internationaler Beziehungen wurde auch durch die Auswahl der Vortragsthemen auf den deutschen Tagungen erleichtert. Man erkennt eine Tendenz, über militärische Forschung entweder nicht zu berichten oder in einer Weise, die den militärischen Kontext so weit ausblendet, dass sie wie Grundlagenforschung erscheint. Dies war möglicherweise eine Konzession an das alliierte Kontrollratsgesetz Nr. 25 aus dem Jahr 1946, dessen Ziel die Sicherstellung der Entwaffnung und Entmilitarisierung in der wissenschaftlichen Forschung war. Wenngleich Forschungen der angewandten Kernphysik, des Raketenantriebs, der angewandten Aero- und Hydrodynamik und verschiedenste Anwendungen elektromagnetischer, infraroter und akustischer Strahlung für vor allem militärisch verwertbare Zwecke verboten waren, so war ein Vortrag über diese Themen nicht explizit untersagt.[61] Trotzdem schien es den Deutschen angebracht, ihre Arbeiten als rein wissenschaftlich auszugeben. Beispiele für solch eine Transformation von Rüstungsforschung in Grundlagenforschung sind die Vorträge von Erich Bagge *Zur Theorie der Massen-Häufigkeitsverteilung der Bruchstücke bei spontaner Kernspaltung*, von der Gruppe um Erwin Meyer über Schallabsorption[62] und von Werner Döring *Über die Struktur einer intensiven Stoßwelle in zweiatomigen Gasen*, die alle auf der Göttinger Tagung 1947 gehalten wurden. Der ursprüngliche militärische Kontext der Forschungen war im ersten Fall das Uranprojekt, im zweiten waren es Auftragsarbeiten zur Schalldämpfung von U-Booten und im Fall des Theoretikers Döring seine Untersuchungen zum Detonationsvorgang, die er für die Entwicklung von Haftladungen an der Reichsuniversität Posen durchgeführt hatte.[63] Andere Vortragende wählten Themen, die militä-

---

[61] Einen Abdruck des Gesetzes findet man z B. in: Neue Physikalische Blätter 2 (1946), S. 49–52.
[62] Meyers Vortrag trug den allgemeinen Titel *Über neuere Arbeiten in der Akustik*. Seine Mitarbeiter hielten folgende Vorträge: *Über in einem großen Frequenzbereich nicht reflektierende Grenzflächen in der Akustik* (Schoch); *Schallausbreitung in geschichteten, schubspannungsfreien Medien* (Tamm); *Dynamische Bestimmung von Elastizitätsmodul und Dämpfung von gummiartigen Stoffen in einem sehr großen Frequenzbereich* (Kuhl). Siehe hierzu Physikalische Blätter 3 (1947), S. 322–324.
[63] Interview mit Werner Döring, 31.5.2004. Siehe auch den zusammenfassenden Artikel von Werner Döring/Hubert Schardin, Detona-

rischen Anwendungen fern standen. Als Beispiele seien erwähnt die Vorträge von Fritz Houtermans über das Alter der Erde, von Kopfermann über Isotopieverschiebungseffekte, von Laue über die Supraleitungstheorie, von Heisenberg über kosmische Strahlung, von Wolfgang Paul über Versuche mit einem Betatron und von Richard Becker über eine Methode zur Quantelung der Wellenfelder.[64]

Die Göttinger Tagungen von 1946 und 1947 ermöglichten einen Kontakt mit ausländischen Kollegen, der anders schwer zu erreichen war, und sie kompensierten auf diese Weise die Reisebeschränkungen für Deutsche. Das echte Interesse an den Fortschritten der Physik außerhalb Deutschlands ging Hand in Hand mit dem Bestreben, die eigene deutsche Kultur wieder aufzubauen, wozu insbesondere die deutsche Wissenschaft gezählt wurde. Auf dieser Linie lagen auch die Aktivitäten von Laues, der beispielsweise in der ersten Versammlung deutscher Physiker nach dem Krieg den Willen bekundet sah, »die Wissenschaft trotz aller Nöte und Schwierigkeiten bei uns nicht untergehen zu lassen.«[65] In die gleiche Richtung zielend, nur noch etwas deutlicher, formulierte die DPG in der britischen Zone auf ihrer Tagung in Clausthal 1948 einen Appell für die Förderung deutscher Wissenschaft, in dem es u. a. heißt:

> »Wir verzichten darauf, auf die geistigen Werte hinzuweisen, welche nicht nur unserem eigenen Lande, sondern der ganzen Welt verlorengehen, wenn die deutsche Wissenschaft geopfert wird, die der Menschheit so viel grundlegende Erkenntnisse geschaffen hat. Wir können es nur schwer begreifen, wenn diese kulturellen Werte mit bedauerndem Achselzucken hinter die unmittelbaren Lebensbedürfnisse zurückgestellt werden. Aber es handelt sich ja nicht nur um kulturelle Werte, sondern um Existenz und Zukunft unseres Volkes.«[66]

Bei der Betrachtung der Wissenschaftsentwicklung dominierte der nationale Blickwinkel, da die Physikerelite sich besonders um die

---

tionen, in: Albert Betz (Hrsg.), Hydro- and Aerodynamics (= Fiat Review of German Science 1939–1946, Bd. 11), Wiesbaden 1948, S. 97–126.
64) Alle Beispiele sind den Göttinger Tagungen von 1946 und 1947 entnommen. Siehe Neue Physikalische Blätter 2 (1946), S. 178 f. und Physikalische Blätter 3 (1947), S. 317–325.
65) Begrüßungsansprache von Laue auf der Tagung in Göttingen, 4.10.1946, MPGA, III. Abt., Rep. 50, NL Laue, 124.
66) Einstimmig angenommene Entschließung auf der Physikertagung in Clausthal 1948, in: Physikalische Blätter 4 (1948), S. 273.

deutschen kulturellen Werte sorgte. Das galt insbesondere für von Laue, der diese Perspektive selbst auf Auslandsreisen beibehielt. Auf seiner ersten USA-Reise in der Nachkriegszeit wurde ihm das Ausmaß der 1933 erfolgten Vertreibungswelle erst richtig bewusst. Die teilweise mit erheblichen Schwierigkeiten verbundene berufliche Etablierung der Emigranten veranlasste von Laue mit dem Blick durch die nationale Brille zu einer Klage über den durch die Vertreibung hervorgerufenen Verlust für Deutschland. »Wie soll man diese Lücken schließen? Und dabei ist das wichtigste Problem in Deutschland doch die Schaffung einer neuen kulturtragenden Schicht. Die alte ist erledigt.«[67]

Vergangenheitspolitik

Um die Physik in Deutschland als wichtiges Kulturgut wieder auf international hohes Niveau zu bringen, bemühten sich die maßgebenden Physiker, die wichtigen Hochschul- und Forschungsstellen mit den besten Wissenschaftlern zu besetzen. Hierfür stand eine große Zahl stellungsloser Physiker zur Verfügung, denn nach dem Krieg wurde die Personalstruktur auf zweifache Weise durcheinander gebracht: durch die neuen Staatsgrenzen und durch die Entnazifizierung. Damit ergab sich zum Teil die Möglichkeit, Fehlbesetzungen der NS-Zeit rückgängig zu machen. Die Entnazifizierung führte auch zu einer Auseinandersetzung mit der Vergangenheit, insbesondere mit dem politischen Verhalten der Kollegen. In welcher Weise diese Auseinandersetzung geführt wurde, lässt sich aus den privaten Korrespondenzen und einzelnen Beschlüssen der DPG rekonstruieren.

Ein guter Teil des damaligen Briefwechsels handelte von den persönlichen Berufsaussichten, dem Stand der eigenen Entnazifizierung und der vorliegenden politischen Belastung. In vielen Fällen war diese Information gekoppelt mit der Bitte um ein Entlastungszeugnis. Im Sommer 1946 klagte Hermann Senftleben, ehemaliger Obertruppführer in der SA und Ordinarius in Münster, in einem Brief an Pohl über seine Entlassung: »Was aus mir werden soll, weiss ich noch nicht, habe aber vorläufig noch nicht ganz den Mut verloren.« Er

---

[67] Laue an Hans Wilhelm v. Ubisch, 2.1.1949, AIP, MP 126, Laue.

fügte hinzu, dass er auf eine baldige Gelegenheit hoffe, die Göttinger Kollegen wieder einmal besuchen und sprechen zu können.[68]

> Ende desselben Jahres erhielt Bothe einen Bericht von Helmuth Kulenkampff über die vergangenen turbulenten Monate: »[...] es war gerade zu einer Zeit, als die vielfach hin und herschwankende [sic] Frage meiner Berufung einmal stark nach der positiven Seite ausschlug. Schon bald danach folgte aber wieder ein Ausschlag nach der anderen Seite, und das Ganze blieb noch längere Zeit gänzlich in der Schwebe. Die Einzelheiten dieser Angelegenheit sind so kompliziert, dass ich Sie Ihnen nur einmal mündlich erzählen könnte; sie sind immerhin in mancher Hinsicht nicht uninteressant. Dass ich schließlich, vor etwa 2 Monaten, doch hier [in Würzburg – d. A.] gelandet bin, werden Sie inzwischen bereits erfahren haben.«[69]

In dieser verwickelten Personalsituation waren Zusammenkünfte mit der Möglichkeit zu vertraulichen Gesprächen dringend erwünscht. 1946 konnten trotz der erwähnten Beschränkungen etwa 115 Physiker zur Göttinger Tagung kommen und sich einen Überblick über die Lage der Kollegen verschaffen.[70] Auf der Herbsttagung

68) Senftleben an Pohl, 2.7.1946, DPGA, Nr. 40028.
69) Kulenkampff an Bothe, 17.12.1946, MPGA, III. Abt., Rep. 6, NL Bothe 11, 3.
70) Laut einer Teilnehmerliste waren folgende Physiker auf der Tagung im Oktober 1946 anwesend: Arends (Clausthal), v. Auwers (Clausthal), Baisch (Leverkusen), Bartels (Göttingen), Bartels* (Hannover), Becker (Göttingen), Betz (Göttingen), Braunsfurth (Hiddesen), Burkhardt* (Kiel), Büttner (Kiel), van Calker (Münster), Cario* (Braunschweig), Dannmeyer (Hamburg), Döring (Göttingen), Eggert (Braunschweig), Eucken (Göttingen), Flügge (Göttingen), Försterling (Köln), Franz (Münster), Frerichs* (Charlottenburg), Fucks (Aachen), Gerlach (Bonn), Gora (München), Gruschke (Hamburg), Grützmacher (Göttingen), Gulbis (Hamburg), Hahn (Göttingen), Hamann (Domäne Reinhausen), Hanle (Giesen), Hase (Hannover), Heisenberg* (Göttingen), Hinzpeter (Hannover), Hoffmann (Osnabrück), Jaeckel (Clausthal), Jensen* (Hannover), Justi* (Braunschweig), Kallmann* (Berlin-Dahlem), Kneser (Göttingen), Koehler (Kl. Stöckheim), Kollath (Hamburg), Kopfermann* (Göttingen), Kratzer (Münster), Krautz (Braunschweig), Krebs* (Berlin-Charlottenburg), Kremer (Köln), Kröncke (Clausthal), Kroepelin (Braunschweig), Kuß* (Sack ü.. Alfeld), v. Laue* (Göttingen), Lauterjung* (Köln), Lochte-Holtgreven (Kiel), Maecker* (Kiel), Mannkopff* (Göttingen), Martens (Krefeld), Meissner (München), Meixner* (Aachen), Mittelstaedt (Leipzig), Mott* (Bristol), Müller (Hamburg-Gr. Flottb.), Nagel (Völkenrode), Pietsch (Clausthal), Pohl (Göttingen), Prandtl (Göttingen), Ramsauer (Berlin), Riezler (Bonn), Rogowski (Aachen), Schaefer (Köln), Schlechtweg (Essen), Schmieschek (Völkenrode), Schmidt (Völkenrode), Siksna (Hamburg), Steubing (Hildesheim), Stuart* (Hanno-

1947 versammelten sich bereits über 300 Physiker.[71] Für wie wichtig der persönliche Austausch erachtet wurde, merkt man an den bedauernden Äußerungen darüber, wenn er nur ungenügend zu Stande kam. So schrieb Hartmut Kallmann an von Laue: »Es hat mir ausserordentlich leid getan, dass ich in Göttingen so wenig Gelegenheit hatte, Sie einmal in Ruhe zu sprechen. Es gäbe sehr viele Dinge – leider nicht sehr erfreuliche – zu diskutieren.«[72] Der Münchener Walther Meißner schrieb im Sommer 1946 an Pohl: »Vielleicht kann ich doch nächstens einmal nach Göttingen fahren, sodass wir uns mündlich einmal wieder ausführlich unterhalten können, worüber ich mich besonders freuen würde.«[73] Meißner blieb der ersten Tagung allerdings fern, was wahrscheinlich an den erheblichen Reiseschwierigkeiten lag, die dazu führten, dass 1946 nur wenige Physiker von außerhalb der britischen Zone kommen konnten.

Interessanterweise waren alle, die 1946 zur Tagung kamen, anscheinend willkommene Gäste. In der neu beschlossenen Satzung heißt es zwar, dass der Vorstand über die Aufnahme neuer Mitglieder

---

ver), Valentiner (Clausthal), Weizel (Bonn), v. Weizsäcker* (Göttingen), Wirtz* (Göttingen), Zahn (Göttingen), Ziegenheim (Clausthal). Die mit * gekennzeichneten hatten einen Vortrag auf der Tagung angemeldet. Statt des angemeldeten Burcham kam Bourden aus Cambridge. Aus Laues Begrüßungsansprache geht hervor, dass auch Bloch anwesend war. Siehe Neue Physikalische Blätter 2 (1946), S. 178 f. und MPGA, III. Abt., Rep. 50, NL Laue, 124. In dieser Liste fehlen noch folgende Physiker, die ebenfalls vortrugen bzw. von denen ein Vortrag angekündigt war: Michels (Eindhoven), Houtermans (Göttingen), König (Göttingen), Meyer (Göttingen), Mollwo (Göttingen), Oetjen (Göttingen), Peetz (Göttingen). Siehe DPGA, Nr. 40037. Aus einer Unterschriftenliste vom 5.10.1946, in der der Beitritt zur DPG in der britischen Zone bekundet wurde, ergibt sich die Anwesenheit weiterer Physiker: Krone (Lüneburg), Maue (Wolfenbüttel), Severin (Göttingen), Salow (Bargteheide), Groth (Hamburg), W. F. Berg (Harrow, England), Bagge (Göttingen), Haxel (Göttingen), Jordan (Göttingen), Stenzel (Wolfenbüttel), Rosenhauer (Göttingen), Kehler (Berlin), Rühmkorf (Hellendorf), Schuler (Göttingen), Nagel (Göttingen), Paul (Göttingen), Polley (Göttingen), Faust (Göttingen), Schaffernicht (Clausthal), Stille (Braunschweig), Hiedemann (Karlsruhe), Gerdien (Bremke), Förster (Göttingen), Knauer (Hamburg), Diebner (Hamburg), Walcher (Göttingen), Korsching (Göttingen). Siehe DPGA, Nr. 40039.

71) Der Unterbringungsliste zufolge nahmen 292 Auswärtige an der Tagung teil. Siehe ebd., Nr. 40044.
72) Kallmann an Laue, 17.11.1947, MPGA, III. Abt., Rep. 50, NL Laue, 991.
73) Meißner an Pohl, 28.8.1946, DPGA, Nr. 40028.

entscheide, er sie auch ohne Angabe von Gründen ablehnen könne. Gleich anschließend wurde aber ein nahtloser Anschluss an die Vergangenheit vollzogen: »Ehemalige Mitglieder der bisherigen Deutschen Physikalischen Gesellschaft werden ohne weiteres aufgenommen, sobald sie sich schriftlich beim Geschäftsführer melden.«[74] Dieser Passus spiegelt die Einstellung wider, man könne so weitermachen, als sei nichts geschehen. Er überrascht aber insofern, als sich manche Physiker durch ihr Verhalten im Nationalsozialismus diskreditiert hatten, wie beispielsweise jene, die zur Gruppe der »Deutschen Physik« gerechnet wurden, und folglich nach 1945 in der Gesellschaft wahrscheinlich unerwünscht waren, insbesondere in Hinblick auf den von der DPG gepflegten Internationalismus. Wenn man die »Deutschen Physiker« näher betrachtet, wird schnell klar, warum der zitierte Passus diesbezüglich unproblematisch war.[75] Diese waren bereits vor 1945 Außenseiter in der Physikergemeinschaft und wurden von der deutschen Physikerelite ausgegrenzt. Mit dem Ende des Nationalsozialismus verloren sie alle ihre bis dahin bekleideten Hochschulstellungen.[76]

Die »Deutschen Physiker« spielten nach 1945 keine Rolle mehr im deutschen Hochschulleben, ohne dass dazu eine Entschließung der DPG nötig gewesen wäre. Mit der Gesellschaft hatte die »Gruppe« außerdem wenig Berührungspunkte. Schon 1926 waren Philipp Lenard und ihm nahe stehende Physiker aus Protest ausgetreten.[77] 1933 scheiterte Johannes Stark kläglich mit seinem Versuch, die Präsidentschaft der DPG zu übernehmen.[78] 1937 tauchte Starks Name

---

74) § 5 der Satzung, siehe Physikalische Blätter, 3 (1947), S. 29.
75) Zu den »Deutschen Physikern« siehe den Beitrag von Michael Eckert in diesem Band.
76) Dies gilt für August Becker, Alfons Bühl, Hugo Dingler, Ludwig Glaser, Philipp Lenard, Wilhelm Müller, Ferdinand Schmidt, Johannes Stark, Bruno Thüring, Rudolf Tomaschek, Harald Volkmann und Ludwig Wesch, die laut Alan Beyerchen (*Wissenschaftler*) Anhänger der »Deutschen Physik« waren.
77) Lenard brachte daraufhin an der Tür in seinem Heidelberger Institut folgendes Schild an: »Mitgliedern der sogenannten Deutschen Physikalischen Gesellschaft ist der Eintritt verboten.« Siehe Armin Hermann, Die Deutsche Physikalische Gesellschaft 1899–1945, in: Theo Mayer-Kuckuk, Festschrift, S. F90.
78) Ebd., S. F94 f.; vgl. auch den Beitrag von Richard Beyler in diesem Band.

im Mitgliederverzeichnis der DPG nicht mehr auf.[79] Die offizielle Haltung der DPG nach 1945 zu diesen beiden diskreditierten Physikern war von dem Bemühen gekennzeichnet, sie hauptsächlich als Wissenschaftler zu erwähnen, ihre fachlichen Leistungen zu betonen und ihnen diesbezüglich Anerkennung zu zollen – schließlich waren sie beide Nobelpreisträger. Als verdiente Wissenschaftler genossen sie weiterhin eine Art berufsständischer Fürsorge, wie ein Brief von Laue an Arnold Sommerfeld vom Sommer 1947 zeigt:

> »Ich höre von Walther Meißner, daß Sie versuchen, eine Strafmilderung für Johannes Stark durchzusetzen. Bitte sagen Sie mir, ob ich Sie dabei unterstützen kann. Ich habe mir schon einige Tage den Kopf zerbrochen, auf welchem Wege das wohl zu machen wäre.
> Ich könnte, sofern es erforderlich ist, den Versuch machen, bei der Septembertagung der Deutschen Physikalischen Gesellschaft der Britischen Zone den Vorstand zu einem Schritt zugunsten Starks zu veranlassen. Ich glaube, daß der Vorstand dazu zu bewegen wäre, zumal er kürzlich sich auf das wärmste dafür eingesetzt hat, daß Philipp Lenard einen Nachruf in den ›Naturwissenschaften‹ erhält.«[80]

Sommerfelds Antwort ist in mehrfacher Hinsicht aufschlussreich. Bezüglich des Nachrufs auf Lenard erbat Sommerfeld einen Hinweis darauf, »welchen ungeheuren Schaden er uns im Ausland (»deutsche« Physik) u. Inland (Nachfolge Sommerfeld – Müller) getan hat.« Ein erwähnenswerter Schaden von Lenards Unterstützung des Nationalsozialismus war in den Augen der Physikerelite, dass er das Ansehen der Physik geschädigt habe. In den *Naturwissenschaften* erschien dann doch kein Nachruf auf Lenard, jedoch einer in den *Physikalischen Blättern*, der von Brüche verfasst war und sich – »die letzten Jahrzehnte überspringend« – jeder kritischen Äußerung enthielt.[81] Die *Physikalischen Blätter* holten die Kritik später in einer Anmerkung nach, die einem Bericht über die Physikertagung 1947 in Göttingen hinzugefügt wurde, auf der von Laue in seiner Begrüßungsrede der Toten gedacht und auch warme Worte für Lenard gefunden hatte. Die Anmerkung sei hier in Gänze zitiert: »Wir können und wollen die Verfehlungen des Pseudopolitikers Lenard nicht verschweigen oder

---

[79] Ernst Brüche, Champion of Freedom, Physikalische Blätter 5 (1949), S. 448 f., hier S. 449.
[80] Laue an Sommerfeld, 16.7.1947, MPGA, III. Abt., Rep. 50, NL Laue, 1888.
[81] Ernst Brüche, Philipp Lenard †, in: Physikalische Blätter 3 (1947), S. 161.

entschuldigen, aber als Physiker gehörte er zu den Großen.«[82] In dieser Formulierung offenbart sich die übliche Zweiteilung in den Menschen als Physiker und als in anderen Bereichen Handelnder. Statt nur Lenards wissenschaftliche Leistungen zu würdigen, wurde er als Physiker geehrt. In der Wahrnehmung der damaligen Elite galt jemand gleichsam automatisch als herausragende Persönlichkeit, wenn er international anerkannte Forschungen erbracht hat. Aufschlussreich ist auch, dass Lenards Verfehlungen zwar nicht verschwiegen werden sollten, an dieser Stelle aber doch verschwiegen wurden. Statt seine Auffassung einer »arischen Physik« als pseudowissenschaftliche Entgleisung zu kritisieren, wurde er ein »Pseudopolitiker« genannt.

Die Vermischung von Forschungsleistungen und Persönlichkeit führte im Fall Starks noch zu einer anderen Konsequenz. Zu seinen Gunsten hatte Sommerfeld »wegen der wissenschaftl. Bedeutung von Stark« bei der Spruchkammer auf mildernde Umstände plädiert.[83] Das Strafmaß sollte also nicht alleine von unrechtmäßigen Handlungen abhängen, sondern auch vom wissenschaftlichen Rang der Person. Zu einer Strafmilderung für Stark kam es dann auch ohne das von Laue erwogene Eingreifen der DPG.[84]

Die DPG hatte sich aber auf der erwähnten Göttinger Tagung mit einer anderen vergangenheitspolitischen Angelegenheit auseinander zu setzen. Das Erscheinen von Erich Schumann auf der Tagung veranlasste Richard Becker, auf der Geschäftsversammlung folgenden Antrag einzubringen:

> »Es sind in letzter Zeit beunruhigende Mitteilungen gemacht, dass solche angeblichen Physiker, die sich im Kriege in der übelsten Weise betätigt haben, indem sie Kollegen mit Hilfe der Machtmittel der Partei in ihrer beruflichen Existenz geschädigt haben, wieder Anschluss suchen und mit Hilfe ihrer bewährten Gewandtheit wieder versuchen, bei den jetzigen Regierungen Einfluss zu bekommen. Ich bitte zu beschliessen, dass die Gesellschaft sich gegen solche Versuche einsetzt. Wir sind nicht begeistert von dem Entnazifizierungsgesetz, halten es aber für unsere Pflicht, für Sauberkeit im Kreise der Kollegen zu sorgen.«[85]

---

82) Ebd., S. 317.
83) Sommerfeld an Laue, 24.7.1947, MPGA, III. Abt., Rep. 50, NL Laue, 2394.
84) Siehe Andreas Kleinert, Das Spruchkammerverfahren gegen Johannes Stark, Sudhoffs Archiv 67 (1983), S. 13–24.
85) Protokoll der Geschäftsversammlung vom 6.9.1947, DPGA, Nr. 40043.

An der Formulierung dieses Antrags ist einiges bemerkenswert. Eine »übelste« Betätigung zur Zeit des Nationalsozialismus bestand in der Ansicht Beckers darin, einen Kollegen beruflich geschädigt zu haben. Obwohl den Anwesenden angeblich klar war, dass sich die Kritik in erster Linie gegen das Nicht-DPG-Mitglied Erich Schumann richtete, enthielt sich Becker einer Namensnennung.[86] Er nannte Schumann einen »angeblichen Physiker«. Damit wurde der Kritisierte aus der Gemeinschaft der Kollegen ausgegrenzt. Er verdiente schon deshalb keine kollegiale Unterstützung mehr. Becker sah eine Gefahr darin, dass er trotzdem erfolgreich sein könne, da er seine Karriere mit politischer Unterstützung – seiner »bewährten Gewandtheit« – retten wollte. Mit dieser ihm von Becker unterstellten Strategie unterlaufe er die akademische Selbstverwaltung. Deshalb müsse die DPG einschreiten. In seiner Argumentation benutzte Becker auch den Begriff der *Entnazifizierung*, so als handelte es sich um eine Aktion gegen Nationalsozialisten. Dies ist irreführend, denn Becker selbst stellte zumindest einem Physiker, der in der Kollegenschaft und auch ihm selbst als Nationalsozialist bekannt war, einen »Persilschein« aus und setzte sich wärmstens für seinen Verbleib an der Universität ein. Allerdings zeichnete sich dieser laut Becker – vermutlich im Unterschied zu Schumann – durch einen aufrichtigen und ehrlichen Charakter aus; außerdem habe er durch die Parteimitgliedschaft keine beruflichen Vorteile angestrebt.[87] In einem alliierten Bericht über Schumann vom August 1944 heißt es, er sei »vielleicht kein Nazi im Sinne der Parteilinie, doch ein deutscher Nationalist, ein Alldeutscher und vollständig dem deutschen Militär verschrieben.«[88] Becker wollte also mit seinem Antrag nicht für ein Fernhalten ehemaliger Nationalsozialisten von Hochschulstellungen

---

[86] Dass Becker die Kritik gegen Schumann richtete, geht hervor aus einem Brief von Laues an James Franck vom 23.9.1947, RLUC. Ich danke Klaus Hentschel für den Hinweis auf diesen Brief. Das Vorstandsmitglied Fucks nannte die Entschließung in einem Schreiben an von Laue vom 27.9.1947 eine »von Herrn Becker eingebrachte und von der Versammlung angenommene Lex Schumann, die einen Präzedenzfall einer personalpolitischen Einflussnahme der Gesellschaft bezüglich eines Nichtmitgliedes darstellt«. MPGA, III. Abt., Rep. 50, NL Laue, 2394.
[87] Zu Beckers Einsatz für den in Göttingen entlassenen Kollegen Karl-Heinz Hellwege siehe Gerhard Rammer, Nazifizierung.
[88] »Informant says that Schumann is perhaps not a Nazi according to the party line, but he is a German nationalist, a pan-Germanist and

sorgen, sondern, wie er selbst sagte, »für Sauberkeit im Kreise der Kollegen«. Die Kritik richtete sich gegen unkollegiales Verhalten, das als »übelste« Betätigung galt. Dieser Punkt wurde auf der Geschäftsversammlung wärmstens unterstützt. Walther Gerlach meinte: »Wir müssen es für unsere Aufgabe halten, für Reinheit in unseren Reihen zu sorgen, gerade wie Herr v. Laue gesagt hat.«[89] Da aber dieses Bestreben von Becker mit der Entnazifizierung in Zusammenhang gebracht wurde, gab es auch kritische Stimmen, die vor zu weit gehenden politischen Schritten der DPG warnten. Der Bonner Privatdozent Rudolf Jaeckel äußerte sich in dieser Weise: »Es ist ein grosses Verdienst für die Gesellschaft, dass sie sich von allen nationalsozialistischen Einflüssen frei gehalten hat, aber es besteht die Gefahr auch im Gegenteil zu viel zu tun. Ich schlage vor in Anbetracht seiner Haltung in der Vergangenheit Hrn. v. Laue als Treuhänder für diese Frage einzusetzen.«[90] Was hätte es bedeutet, von Laue die Funktion eines Treuhänders zu übertragen? Er hätte selbstständig die ihm notwendig erscheinenden Schritte vollziehen dürfen, wäre aber in seinen Handlungen an die Interessen der Physikerschaft gebunden gewesen. Der Versuch, ihn in Fragen der Entnazifizierung an eine Mehrheitsmeinung zu binden, lässt ein vorsichtiges Misstrauen durchschimmern. Das ist bei diesem heiklen Thema insofern verständlich, als ein Teil der 142 anwesenden Physiker selbst politisch belastet war. Statt die Rolle als Treuhänder zu übernehmen, wollte von Laue die Verantwortung lieber mit dem Vorstand teilen.

> Beschlossen wurde folgendes Vorgehen: »Die Geschäftsversammlung beauftragt den Vorstand gemeinsam mit der Physikalischen Gesellschaft in Württemberg und Baden nach Möglichkeit zu verhindern, dass solche Physiker in amtliche Stellungen gelangen, von denen bekannt ist, dass ihr Verhalten während der Zeit des Naziregimes in wissenschaftlicher oder menschlicher Hinsicht mit der unter Wissenschaftlern üblichen Auffassung von Anstand und Moral in grobem Widerspruch stand.«[91]

entirely devoted to the German Army.« Office of Strategic Services, Research and Analysis Branch, Biographical Report, 28.8.1944, National Archives, Maryland, RG 77, Entry 22, Box 167.
89) Protokoll der Geschäftsversammlung vom 6.9.1947, DPGA, Nr. 40043.
90) Ebd.
91) Ebd. Siehe auch die Bekanntgabe dieses Entschlusses, in: Physikalische Blätter 3 (1947), S. 281.

In diesem Beschluss ist der Begriff *Entnazifizierung* vermieden worden. Stattdessen war von »Anstand und Moral« in der unter Wissenschaftlern üblichen Auffassung die Rede. Diese Formulierung wirft die Frage auf, was das Spezifische an dem Moralverständnis der Wissenschaftler war, oder anders gesagt, wann das Verhalten eines Wissenschaftlers als anständig galt. Eine Auseinandersetzung mit dieser Frage löste ein kurz darauf publizierter Artikel aus, der Kritik an der vergangenheitspolitischen Praxis der Physiker übte.

Öffentliche Kritik

1947 erschien in der Novemberausgabe der *Deutschen Rundschau* ein Artikel der Physikdoktorandin Ursula Maria Martius, in dem sie ihre negativen Eindrücke von der Göttinger Physikertagung festhielt.[92]

> »Im September dieses Jahres nahm ich an der *Jahresversammlung der Physikalischen Gesellschaft in Göttingen* teil, die für mich anregend und aufregend zugleich war. In erster Linie allerdings aufregend, durch die dauernde Begegnung mit der Vergangenheit. Menschen, die mir immer noch in meinen Angstträumen erscheinen, saßen da lebendig und unverändert in den ersten Reihen. Unverändert, wenn man nicht den schlichten blauen Anzug an Stelle der Uniform und das Fehlen der Parteiabzeichen als ›Veränderung‹ betrachtet. Man wird nicht mehr in SA-Uniform ins Kolloquium kommen (*Stuart*, Königsberg, dann Dresden, heute Hannover); man wird nicht mehr mit ›Herr General‹ angeredet werden (*E. Schumann*, früher Berlin, bemüht sich heute um ein Institut in Hamburg), und bei der Neuherausgabe der Bücher werden Stellen wie ›Wir sind nicht gewillt, in der Verknüpfung der Wissenschaft mit der militärischen Macht einen Mißbrauch zu sehen, nachdem die militärische Macht ihre zwingende aufbauende Kraft im Schaffen eines neuen Europas erwiesen hat‹ (*P. Jordan*, früher Berlin, heute Professor in Hamburg; ›Die Physik und das Geheimnis des organischen Lebens‹, Braunschweig 1941) und ähnliche Dinge gestrichen sein. Man wird sich nicht mehr gern daran erinnern, daß man sich rühmte, in der Arisierungskommission der Universi-

[92] Ursula Maria Martius, Videant consules ..., Deutsche Rundschau 70 (1947), H. 11, S. 99–102 (Nachdruck in der Dokumentation *Nachkriegszeit* im Anhang dieses Bands). Der Titel bezieht sich auf einen lateinischen Spruch aus dem Alten Rom. Er bezeichnet den Vorgang, dass der römische Senat in Notzeiten die beiden Konsuln jeweils aufforderte, dafür zu sorgen, dass das Gemeinwesen, der Staat, nicht Schaden leide. Ein Auszug dieses Artikels erschien am 6.12.1947 auch in *Berlin am Mittag* unter dem Titel *Die neue Drachensaat. Professorale Reaktion in den westlichen Universitäten.*

tät und Technischen Hochschule Wien gewesen zu sein (*Schober*, heute Hamburg), daß man 1936 in seinem Institut eine Doktorarbeit für Fräulein *Keitel* machen ließ (*E. Schumann*) oder daß man Leuten, die aus politischen Gründen nicht zum Examen zugelassen wurden, die Praktikantenscheine verweigerte (*H. Kneser*, früher Berlin, heute Göttingen).
Im übrigen hält man weiter Praktika und Vorlesungen, treibt weiter ›objektive Wissenschaft‹. Und da sollte die Toleranz der Umwelt aufhören!«

Der Stil dieser Kritik unterscheidet sich signifikant von jener Beckers. Martius nennt fünf Physiker beim Namen und deutet deren Verfehlungen an. Anders als bei Becker handelt es sich hier nicht um »angebliche Physiker«, sondern um solche, die wieder in der ersten Reihe Platz nehmen konnten. Die Kritik traf also etablierte Kollegen, blieb aber nicht bei einer Aufzählung einzelner Nationalsozialisten stehen. Martius sah eine Gefahr darin, wenn die Jugend von solcherart politisch belasteten Wissenschaftlern ausgebildet werde.

Martius erwähnt auch die Entschließung der Geschäftsversammlung, bedauert aber, dass es auf der Tagung selbst in keiner Form zu einer Distanzierung kam.

> Zum Schluss ihres Artikels beschwört sie noch einmal die Verantwortlichen, tätig zu werden. »Die deutsche Intelligenz hat den Gedanken einer kollektiven Schuld den Ausschreitungen des Nationalsozialismus gegenüber entschieden abgelehnt. Eines der stärksten Argumente war, daß man damals nichts tun konnte. Heute aber kann man etwas tun, und ein Teil der bestehenden Zustände lässt manchmal die Vermutung aufkommen, daß man nicht will. Wenn man nicht sehr schnell handelt, dann kann der Tag kommen, an dem diese Vermutung zur Gewißheit wird, und die Anklage, daß weite Teile der Deutschen trotz Kenntnis der Dinge die Sache des Nationalsozialismus zu ihrer eigenen gemacht haben, wird sich nicht mehr auf die Jahre nach 1933, sondern auf die Zeit nach 1945 stützen.«[93]

Martius ließ es offen, was unter der »Sache des Nationalsozialismus« genau zu verstehen sei. Inwiefern diese starke Behauptung zutraf, wird im Fazit dieser Arbeit erörtert. Bevor nun die Reaktion der DPG auf Martius' Artikel besprochen und analysiert wird, soll

---

[93] Tatsächlich besaß der Nationalsozialismus auch in der Nachkriegszeit noch eine erhebliche Anziehungskraft für die Deutschen. 1946 gaben in der amerikanischen Zone bei einer Umfrage 40 % an, der Nationalsozialismus sei an sich eine gute Sache gewesen, doch schlecht durchgeführt worden. 1948 waren 55,5 % dieser Meinung. Siehe Michael Balfour, Vier-Mächte-Kontrolle in Deutschland 1945–1946, Düsseldorf 1959, S. 91.

zuerst noch der Frage nachgegangen werden, unter welchen Voraussetzungen diese Kritikäußerung zu Stande kam.

Persönliche Motive und berufsständische Bedingungen der Kritikäußerung

Zunächst ist festzuhalten, dass dieser Artikel eine absolute Ausnahmeerscheinung war. Mir ist kein einziger vergleichbarer Fall bekannt, in dem ein Physiker sich in dieser Weise an die Öffentlichkeit gerichtet hätte. Dies lag aber am wenigsten daran, dass die Physiker über die vergangenen Verfehlungen einzelner ihrer immer noch geschätzten Kollegen nicht Bescheid wussten. Viel bedeutender in diesem Zusammenhang ist, dass hier ein kollegialer Verhaltenskodex seine Wirkung zeigte, der trotz politischer oder menschlicher Gegensätze zu einer Rücksichtnahme in politischen Angelegenheiten führte. Es war offenbar ein Tabu, das Fehlverhalten eines Kollegen öffentlich zu kritisieren. Politische Kritik sollte aus der akademischen Welt fern gehalten werden. »Wir sollten uns alle dagegen wehren, dass die Üsancen [sic] unseres politischen Lebens in das akademische Leben eindringen«, schrieb beispielsweise Hans Bartels an Heisenberg.[94] Martius unterlag insofern nicht diesem Tabu, als sie als Physikstudentin noch keine Kollegin war. Für sie galt der Verhaltenskodex noch nicht in vollem Umfang. Hinzu kommen, wie noch gezeigt wird, in ihrer Biografie begründete Umstände, die sie zu dieser Kritikäußerung bewegt haben. Die Reaktionen, die sie auf ihren Artikel erhielt, waren von dem Bemühen erfüllt, ihr ein angemessenes Verhalten beizubringen – also eines, das sich mit der unter Wissenschaftlern üblichen Auffassung von Anstand und Moral vertrug.

Eine weitere Voraussetzung für das Zustandekommen des Artikels war der Einblick in die Physikergemeinschaft, denn nur dadurch waren die Informationen greifbar, die Martius anführte. Das veröffentlichte Wissen über die Haltung der kritisierten Physiker war unter den Kollegen weitgehend bekannt.

> Die Experimentalphysikerin Martius formulierte dies im Rückblick treffend: »Dies war weder ein Problem noch eine offene Frage: Schließlich herrschten diese Männer über Jahre, und es gab Fotos und Dokumente. *Man wusste es*

[94] Bartels an Heisenberg, 8.11.1950, MPIP, NL Heisenberg.

aus Erfahrung. Tatsächlich waren es nur die großen Fische, die nach der Göttinger Tagung zur Debatte standen. Deren Vorgeschichte wusste man experimentell, das heißt, aus erlebtem Zeugnis. Diese experimentellen Beweise waren so zweifellos wie die Evidenz des Gegenteils, zum Beispiel von Laues einwandfreie Integrität.«[95]

Martius erwähnte in ihrem Artikel nur die »großen Fische«, vor allem jene, die sie aus ihrem Berliner Umfeld kannte.[96] Trotz der Verletzung des Verhaltenskodex konnte sie ein Jahr nach Publikation des Artikels in Berlin erfolgreich promovieren.[97] Dies lag an den günstigen Umständen ihres Berliner akademischen Umfelds. Der Betreuer ihrer Doktorarbeit war der im Nationalsozialismus als »Nichtarier« verfolgte theoretische Physiker Hartmut Kallmann, der von den Amerikanern 1945 als Professor an die TU Berlin berufen wurde.[98] Er teilte die im Artikel geäußerten Bedenken von Martius.[99] Dass Martius und Kallmann einen anderen Blick auf die Politik des Nationalsozialismus hatten, lag u. a. daran, dass sie als »Nicht-

---

95) Franklin an Rammer, 17.–27.11.2002; Hervorhebungen im Original.
96) Jordan wurde 1944 von Laues Nachfolger an der Universität Berlin; Kneser war von 1940 bis 1945 außerordentlicher Professor an der Universität Berlin; Schumann durchlief seine akademische Karriere bis 1945 ausschließlich in Berlin, er begann als Privatdozent 1929 und stieg 1933 zum ordentlichen Professor und Institutsdirektor auf; Stuart war, bevor er 1939 als ordentlicher Professor nach Dresden berufen wurde, Lehrstuhlvertreter für theoretische Physik an der Universität Berlin.
97) Ursula Maria Martius, Die Anregung von Leuchtstoffen mit Gammastrahlen und Röntgenstrahlen verschiedener Wellenlänge, Diss. TU Berlin, 1948.
98) Hartmut Kallmann war von 1920 bis 1933 Gruppenleiter am KWI für Physikalische Chemie und Elektrochemie, von 1927 bis 1933 außerdem Privatdozent an der Universität Berlin, danach bis 1945 wissenschaftlicher Mitarbeiter der IG Farben. Von 1945 bis 1948 hatte er den ordentlichen Lehrstuhl und die Stelle des Institutsleiters für theoretische Physik an der TH Berlin inne; von 1948 bis 1949 war er Research Fellow in den US Army Signal Corps Laboratories, Belmar, N. J., von 1949 bis 1968 Professor und Director of Radiation and Solid State Laboratories, Physics Department, New York University.
99) Franklin an Rammer, 17.–27.11.2002. Am 23.4.1946 schrieb Ursula Martius an Otto Hahn: »Mit Herrn Dr. Kallmann verstehe ich mich gut, denn wir haben auch ausserhalb des fachlichen [sic!] eine Menge Berührungspunkte. [...] Aber seinen Optimismus kann ich nicht ganz teilen und ich sehe die Dinge um mindestens zwei Zehnerpotenzen schwieriger an als er.« Am 5.8.1946 schrieb sie: »Selbst der Kallmann'sche Optimismus hat sich in den letzten Monaten merklich gelegt.« MPGA, III. Abt., Rep. 14A, NL Hahn, 2726.

arier« von den rassistischen Maßnahmen ganz anders betroffen waren als ihre »arischen« Kollegen. Martius wurde beispielsweise 1942 von der Universität verwiesen. Ihre Eltern waren im KZ interniert.[100] Die Ausgrenzung aus der »Volksgemeinschaft« veränderte die Wahrnehmung der Verhältnisse, welche aber auch nach der Befreiung 1945, die »kein Schützenfest war«, für die Ausgegrenzten weiterhin schwierig blieben, wie aus einem Brief von Martius an Otto Hahn von 1946 deutlich wird:

> »Im Sommer erkrankte meine Mutter sehr schwer an Magenblutungen, sie lag lange und wir konnten nichts zu Ihrer Kräftigung tun. Wie ja überhaupt die Fürsorge für die rassisch Verfolgten hier nur in der Zeitung steht, soweit es sich nicht um Mitglieder der jüdischen Religionsgemeinschaft handelt. So wog meine Mutter weniger als 70 Pfund – bis heute ist von offizieller Hilfe noch nichts als einige Fragebogen bemerkt worden.«[101]

Die Entwicklung im Nachkriegsberlin hat ihr Misstrauen in die demokratischen Tugenden der Deutschen noch verstärkt. »Was die Leute aufbauen, es wird immer eine Kaserne – eine Kaserne, in der ich nicht sehr große Lust habe, zu leben.«[102] Deshalb beschäftigte sie sich schon sehr früh, zumindest seit Anfang 1946, intensiv mit dem Gedanken der Auswanderung. Erste Pläne, nach Frankreich zu gehen, scheiterten, doch im Jahr 1949 gelang ihr die Auswanderung nach Kanada, wo sie, nicht ohne Hindernisse zu überwinden, schließlich *full professor* und eine der meistgeehrten kanadischen Wissenschaftlerinnen wurde. Auch Hartmut Kallmann verließ Deutschland und setzte seine Karriere 1948 an der New York University fort.

Reaktion der DPG

Zu den negativen Erfahrungen, die Martius zur Auswanderung bewegten, zählte auch die Reaktion der Physiker auf ihren Artikel. Insbesondere wegen der Nennung von Pascual Jordan, Hans Otto

---

100) Franklin an Rammer, 17.–27.11.2002.
101) Martius an Hahn, 23.4.1946. Am 16.12.1946 schrieb sie: »Es wird hier für die ‚Opfer des Faschismus' so gar nichts getan, dass zu den äusseren Sorgen ein Gefühl der seelischen Bitterkeit dazukommt, und die grosse Ungewissheit, die die allgemeine Lage bedingt. Ich versuche noch immer mancherlei, um Deutschland verlassen zu können.« MPGA, III. Abt., Rep. 14A, NL Hahn, 2726.
102) Martius an Hahn, 23.4.1946, ebd.

Kneser, Herbert Schober, Erich Schumann und Herbert Stuart fühlte sich von Laue als Vorsitzender der DPG in der britischen Zone zu einer Reaktion gezwungen. Von Laue, der ja kein Treuhänder sein wollte, sondern den ganzen Vorstand in solchen Fragen für zuständig erklärte, startete nun eine Rundfrage unter den Vorstandsmitgliedern, ob eine Erwiderung der DPG erscheinen solle und wie eine solche aussehen könnte. Zumindest sechs schriftliche Antworten sind eingegangen, die unterschiedliche Standpunkte repräsentieren.[103] Gemeinsam ist den Antworten, dass keine Martius' Kritik in Gänze teilte. Diese wurde vielmehr als ein unangenehmer und unangebrachter Angriff auf die Hochschulen gewertet. Wilhelm Fucks und Josef Meixner kamen zu dem Schluss, dass es am besten sei, auf eine Stellungnahme zu verzichten.[104] Die anderen vier sprachen sich vorsichtig für eine Entgegnung aus. Ein Grund dafür war für den Clausthaler Ordinarius Otto Auwers, dass der Artikel von einer echten Sorge getragen sei, und dass Martius' Bemühen um Verhinderung neuen Unglücks einer »wohlwollenden Beachtung wert« schien. Der Zweck einer Entgegnung bestünde aber in einer »Neutralisierung der öffentlichen Wirkung des Aufsatzes«. Jedoch liege das Kernproblem des Aufsatzes

> »so weit außerhalb des Rahmens unserer Gesellschaft, dass es schwierig ist, sich zum Richter oder Anwalt der Allgemeinheit zu machen. Beschränkt man sich aber auf die besonders genannten uns betreffenden Fälle, begibt man sich in eine Niederung, die ich für die Gesellschaft strikt ablehnen würde. Konkrete Beispiele aber mit allgemeinen Phrasen abzutun, hieße der Sache auch keinen guten Dienst erweisen. Man kann sich also drehen und wenden, wie man will: eine öffentliche Antwort, die eine Zustimmung im Grundsatz, aber eine Zurückweisung im konkreten Einzelfall sein müßte, ist schwer so zu formulieren, dass der Sache und uns zugleich gedient wird.«[105]

Hier wird also auf die Schwierigkeit eines angemessenen Wortlauts hingewiesen, obwohl die zu erzielende Aussage recht einfach

---

103) Schriftliche Antworten liegen vor vom Stellvertreter Schaefer, sowie von Auwers, Meixner, Unsöld, Schlechtweg und Fucks. Bei den Göttinger Vorstandsmitgliedern Mannkopff und Heisenberg ist eine mündliche Rücksprache anzunehmen. Von Jensen, Justi, Gerlach und Kratzer ist keine Antwort überliefert. Leider fehlt in den Akten auch das Rundschreiben von Laue vom 26.11.1947. Siehe zu allem DPGA, Nr. 40048.
104) Fucks an Laue, 12.12.1947; Meixner an Laue, 14.12.1947, DPGA, Nr. 40048.
105) Auwers an Laue, 9.12.1947, DPGA, Nr. 40048.

erschien: Sie sollte eine Zurückweisung der konkreten Einzelfälle sein. Das Formulierungsproblem sei an dieser Stelle nur angesprochen; die Suche nach einer Sprachform bezüglich des Umgangs mit belasteten Kollegen, also nicht nur das Problem des Umgangs an sich, sondern die dazugehörige Metaebene des darüber Sprechens, wird am Ende dieses Abschnitts behandelt.

Eine Möglichkeit, die Kritik abzuwehren, ohne auf Einzelfälle einzugehen, schlug Heinz Schlechtweg aus Aachen vor. Die DPG solle sich auf ihre unpolitische Haltung berufen und in ihrer Stellungnahme darauf hinweisen, »daß sich derartige Anwürfe schon von selbst dadurch erledigen, daß von der Gesellschaft noch nie eine politische Tendenz vertreten worden ist und auch weder jetzt irgendwelche parteiliche Bindungen bestehen noch früher bestanden haben.«[106] Aus dem Hinweis auf die unpolitische Tradition der DPG zog Schlechtweg den fragwürdigen Schluss, dass es nicht Aufgabe der DPG sei, sich von politisch stark belasteten Mitgliedern zu distanzieren. Seiner Auffassung könnte auch Selbstschutz als Motiv zu Grunde gelegen haben. Als er in Göttingen bei Ludwig Prandtl als Gastforscher tätig war, führte er im Jahr 1933 auf der wissenschaftlichen Ebene einen Angriff gegen vermeintlich »jüdische« Institutskollegen, ohne sich vorher mit ihnen über seine abweichende physikalische Interpretation ausgetauscht zu haben. Gegenüber Prandtl rechtfertigte er sich, dass er »als Deutscher stets offen und ehrlich jedem Deutschen ebenso wie Ihnen, hochverehrter Herr Professor, gegenübertrete; für mich gilt stets einzig und allein die Wahrheit und der ehrliche Willen, dem Vaterland nach bester Kraft zu dienen.«[107] Da »Juden« im NS-Sprachgebrauch nicht als Deutsche galten, ist anzunehmen, dass Schlechtweg ihnen nicht in gleicher Weise offen und ehrlich gegenübertrat. Die Rechnung für sein anscheinend antisemitisch motiviertes Vorgehen bekam Schlechtweg bereits 1936 präsentiert, indem sich Prandtl erfolgreich gegen seine Habilitation in Göttingen aussprach.[108] Aus dieser Vorgeschichte wird es verständlich, warum sich Schlechtweg in der Besatzungszeit für eine »unpoli-

---

[106] Schlechtweg an Laue, 30.11.1947, ebd. Den Standpunkt, politische Erörterungen möglichst nicht innerhalb der DPG stattfinden zu lassen, betonte Schlechtweg auch in einem Brief an Laue vom 20.9.1947. MPGA, III. Abt., Rep. 50, NL Laue, 2394.
[107] Schlechtweg an Prandtl, 8.4.1934, MPGA, III. Abt., Rep. 61, NL Prandtl, 1454.
[108] Siehe hierzu Gerhard Rammer, Nazifizierung.

tische« Haltung und gegen eine Distanzierung von politisch Belasteten aussprach.

Zwei Vorstandsmitglieder bemühten sich um eine Differenzierung und gingen auf die namentlich Genannten näher ein. Eigenartigerweise erwähnte niemand den Fall Herbert Schober, der bis 1945 außerordentlicher Professor an der TH Wien gewesen war.[109] Am einfachsten fiel eine Entscheidung bezüglich Erich Schumann: »Die Physikalische Gesellschaft hat nie etwas mit ihm zu tun gehabt und braucht keinen Wert auf ihn zu legen«, meinte der Kieler Ordinarius Albrecht Unsöld. Damit bestätigte er im Grunde nur die Entschließung der Geschäftsversammlung, die implizit gegen Schumann gerichtet war. An Unsölds Formulierung erkennt man aber, dass er nicht danach fragte, was Schumann getan hat, sondern welchen Wert er besitzt. Unsöld liefert ein typisches Beispiel für den Umgang mit Kritik, indem er nicht nur bei Schumann dessen Handlungen ausblendete und stattdessen seine wissenschaftliche Bedeutung abwog, sondern auch bezüglich Stuart und Jordan, allerdings schlug hier die Waage zur Seite der Entlastung aus:

> »Beide sind ohne Zweifel erstklassige Physiker, deren fachliche Tätigkeit wir alle hoch schätzen, aber beide haben sich in den vergangenen Jahren gelegentlich verleiten lassen, dummes Zeug zu reden, das ihnen jetzt natürlich wieder vorgehalten wird. Wenn man auf diese Dinge eingeht, so scheint mir der vernünftigste Standpunkt der zu sein, dass man die Tatsache ruhig anerkennt, aber den Leuten auch klar zu machen versucht, dass es sich im Grunde um Belanglosigkeiten handelt, die gegenüber der wissenschaftlichen Bedeutung der betreffenden Herren keine Rolle spielen.«[110]

109) Herbert (August Walter) Schober war von 1933 bis 1940 Privatdozent an der TH Wien, ab 1937 auch an der Universität Wien, von 1940 bis 1945 außerordentlicher Professor an der TH Wien. Nach einer durch die Entnazifizierung bedingten Unterbrechung nahm er seine Hochschultätigkeit wieder auf, von 1953 bis 1956 als nichtbeamteter außerordentlicher Professor an der Universität Hamburg und Leiter des Labors für Strahlenphysik am Tbc-Forschungsinstitut Borstel, ab 1957 als ordentlicher Professor für medizinische Optik an der Universität München. Schober war ein produktiver Physiker, der zusammen mit Edith Evers, E. Fleischer, Hans Jensen, Heribert Jung, Constantin Klett, M. Konasch, D. Lübbers, O. Marchesani, Manfred Monjé, Rudolf Ritschl, Marianne Roggenhausen, U. Schley, Hugo Watzlawek, H. Wenzig, Karl Wittmann und A. Flesch publizierte. Zur deutschen Physikerelite hatte er offenbar wenig Beziehungen.
110) Unsöld an Laue, 2.12.1947, DPGA, Nr. 40048.

Das Typische an dieser Argumentation ist das Abmildern politischer Belastung durch wissenschaftliche Leistungen. Mit anderen Worten sei bei herausragenden Wissenschaftlern ein milderer politischer Maßstab anzusetzen als bei normalen Menschen. Dies entsprach genau einer Umkehrung von Martius' Argument, dass nämlich Universitätslehrer »genauso Beauftragte [sind] wie jedes Parlamentsmitglied«, daher höhere Verantwortung tragen und in ihrer geistigen Haltung genauer geprüft werden müssen.[111] Unsöld tat so, als hätten die Betroffenen nur »dummes Zeug« geredet, das ihnen »natürlich wieder vorgehalten« wurde. Aus dieser verniedlichenden Beschreibung wird nicht ersichtlich, welche »Tatsachen« Unsöld anerkannt haben wollte, und welche Handlungen er als »Belanglosigkeiten« beurteilte. Welches diffuse Wissen über die jeweiligen »Tatsachen« unter den Physikern vorhanden war, lässt sich heute nicht mehr rekonstruieren. Wie die bisherigen Beispiele zeigen, blieb die Diskussion über das Verhalten der Kollegen oberflächlich. Da aber auf Grundlage dieses spärlichen Informationsaustausches die Grenze um die schützenswerte Kollegenschaft gezogen wurde, werden die nach heutigem Quellenstand rekonstruierbaren Sachverhalte – vielleicht die von Unsöld erwähnten »Tatsachen« – fürs Erste beiseite gelassen und die Entscheidungsfindung der DPG ohne Zusatzinformation zu den Kritisierten beschrieben.

Ein weiteres übliches Argumentationsmuster benutzte der stellvertretende Vorsitzende Clemens Schaefer. Mit seinem Bezug auf die menschlichen Qualitäten der Physiker liefert dieses letzte Beispiel aus den Antworten der Vorstandsmitglieder einen Hinweis auf die konkrete Bedeutung von der unter Wissenschaftlern üblichen Auffassung von Anstand und Moral. Schaefer hielt es für notwendig, zu den einzelnen Namen Stellung zu nehmen:

»Schumann und Stuart würde ich ohne weiteres preisgeben, und man kann auch verstehen, dass die Verfasserin des Aufsatzes auf dem Standpunkt steht, dass Leute wie Jordan auf wissenschaftliche Tätigkeit beschränkt, aber von einer Dozentur ferngehalten werden sollen. Dagegen halte ich Kneser, den ich aus seiner Jugend kenne, für einen absolut einwandfreien Menschen.«[112]

---

111) Siehe Ursula Maria Martius, Videant consules, S. 100 f.
112) Schaefer an von Laue, 8.12.1947, DPGA, Nr. 40048.

Die Verteidigung Hans Knesers erinnert an die auch in »Persilscheinen« anzutreffende Betonung der Anständigkeit des Betreffenden. Die Begrifflichkeit variiert dort vom »sauberen Charakter« bis zur »einwandfreien Persönlichkeit«. Außergewöhnlich an Schaefers Stellungnahme ist allerdings, dass er bis auf Kneser alle Genannten preisgab. Da es aber offenbar keine allgemein anerkannte Form gab, in der über politisches Fehlverhalten der Kollegen gesprochen werden konnte, blieben die Gründe ungenannt, die Schaefer zur Ausgrenzung dreier Physiker bewog. Er sprach sich nicht dezidiert für eine öffentliche Antwort der DPG aus und äußerte Bedenken, dass es darin schwierig sei zu differenzieren.

Schaefers relativ offene Meinungsäußerung dürfte von Laue, der ihn zu seinen guten Freunden zählte, in seine Überlegungen besonders einbezogen haben.[113] Allerdings war der Standpunkt, dass Schumann, Stuart und Jordan keine Professur erhalten sollten, nicht mehrheitsfähig. Von Laue verfasste eine offizielle Stellungnahme, die die oben zitierten Standpunkte zu vereinen suchte:

> »Wie Frl. Martius steht auch die Gesellschaft auf dem Standpunkt, dass in Fällen, in denen das Entnazifizierungsverfahren offensichtlich seinen Zweck verfehlt hat, anderweitiges Eingreifen notwendig ist. Der von Frl. Martius erwähnte Beschluss der Geschäftsversammlung, den Vorstand zu beauftragen, in derartigen Fällen einzugreifen beweist dies zur Genüge. Ich kann hinzufügen, dass diesem Beschluss auch die Ausführung in zwei Fällen folgte, wenngleich es nicht akademische Gewohnheit ist, solche unerfreulichen Dinge an die grosse Glocke zu hängen.
> In drei Fällen, die Frl. Martius nannte, bedauert aber der Vorstand, dass sie Namen genannt hat, da es sich hier um Leute handelt, deren politische Vergangenheit nicht so belastend ist, dass die deutsche Hochschule sich ihrer bewährten Fähigkeiten nicht weiter bedienen dürfe.«[114]

Von Laue stellte das Einschreiten der DPG als Korrektiv bei zu mildem Ausgang von Entnazifizierungsfällen dar – hier bezogen auf Schober und Schumann. Dies war weder geschickt noch zutreffend. Der Vorstand bemühte sich nicht um die Entfernung von Nationalsozialisten von den Hochschulen, denn die Frage, ob jemand eifriger Nazi war

---

113) Dies schrieb von Laue anlässlich Schaefers 70. Geburtstag in seinem Glückwunschschreiben, außerdem, dass sie in schlechten Zeiten in Zehlendorf zusammengesessen und sich gegenseitig ihre Herzen ausgeschüttet haben und sich dabei ziemlich nahe gekommen seien. Laue an Schaefer, 15.3.1948, MPGA, III. Abt., Rep. 50, NL Laue, 1717.
114) Laue an die *Deutsche Rundschau*, 17.12.1947. DPGA, Nr. 40048.

oder nicht, wurde gar nicht erörtert. Das einzige Argument, das ein Vorgehen gegen Schumann rechtfertigte, bestand darin, dass er Kollegen geschädigt habe. Dieses Argument hat nichts mit seiner politischen Haltung zu tun. Die kollegiale Verbundenheit der Physiker verhinderte eine Auseinandersetzung über ihre politischen Haltungen. Das Aussprechen von politischem Fehlverhalten anderer wäre als unkollegialer Akt aufgefasst worden; es wäre im damaligen Verständnis einer Denunziation gleichgekommen und rhetorisch als Rückfall in die »Nazimethoden« gebrandmarkt worden. Dies durfte man sich nicht nur nicht erlauben, es war vielmehr ein allgemein anerkanntes Tabu. Es handelte sich hierbei um einen Bestandteil des kollegialen Verhaltenskodex, der für alle verbindlich war, wenngleich er nirgends explizit ausbuchstabiert war.[115] Kollegialität bedeutete z. B., dass die Handlungen der Physiker dem Ansehen der »Zunft« als auch der beruflichen Existenz der Kollegen nicht schaden durften. Zur Zeit der Entnazifizierung wäre es daher im doppelten Sinn unkollegial gewesen, die politische Vergangenheit der Kollegen in der Öffentlichkeit zu diskutieren. Der berufsständische Verhaltenskodex schuf eine kollegiale Verbundenheit auch zwischen politisch sich fern stehenden Wissenschaftlern. Man könnte sagen, diese Bindekraft wirkte auch zwischen »Nazis« und »Nichtnazis«, doch diese Dichotomie ist irreführend. Es gab zwar einzelne Personen, die der

---

[115] Sucht man festgeschriebene Verhaltensregeln mit explizitem Bezug auf das Prinzip der Kollegialität, so findet man diese heute z. B. in den Berufsordnungen von Medizinern, Psychologen, Heilpädagogen, Apothekern und Tierärzten. In all diesen Ordnungen findet sich ein Paragraph *kollegiales Verhalten*, der mehr oder weniger ausführlich festlegt, welches Verhalten gegenüber Kollegen erwünscht bzw. zu unterlassen ist. Ganz allgemein ist darin ein respektvoller Umgang unter Kollegen gefordert. Im Speziellen ist beispielsweise Kritik an Kollegen, etwa über benutzte Methoden oder berufliches Wissen und Können, in der Öffentlichkeit wie auch gegenüber Patienten zu unterlassen. Anders verhält es sich bei einer Aufforderung zu einem Gutachten. Darin ist nämlich über die Handlungen der Kollegen nach bestem Wissen und Gewissen die berufliche Überzeugung auszusprechen. Kritik kann außerdem in beruflichen Foren sachlich ausgetragen werden. Auf eine eventuelle Verletzung der Berufspflichten sind Kollegen zunächst vertraulich hinzuweisen. Ziel dieser Vorschriften ist es, ein hohes Ansehen des Berufsstands in der Öffentlichkeit zu erhalten und alle Handlungen zu unterbinden, die dem Ansehen schaden könnten. Die allgemeinen Kollegialitätsstandards dienen sowohl der beruflichen Sicherheit des Einzelnen wie auch dem Ansehen des Berufsstands.

einen oder anderen Gruppe relativ eindeutig zugeordnet wurden, doch war es völlig unmöglich, eine Grenze zwischen den Gruppen zu ziehen. Stattdessen gab es einen großen Graubereich, der dazwischen lag und der für die erstaunliche Stabilität der kollegialen Gemeinschaft über das Jahr 1945 hinaus verantwortlich war.

Die Nichtaussprechbarkeit politischen Fehlverhaltens kannte eine signifikante Ausnahme. Dies betraf den speziellen Fall, dass politisches Engagement zu einem unkollegialen Verhalten führte, insbesondere zur Denunziation von Kollegen. Ein solches politisches Engagement stellte einen Bruch des auch in der NS-Zeit wirksamen Verhaltenskodexes dar und konnte daher zu Sanktionen führen. Clemens Schaefer äußerte sich auf der Vorstandssitzung der DPG in der britischen Zone 1948 etwas unvermittelt darüber, dass es ihm persönlich unangenehm sei, dass Wilhelm Westphal auf dem Titelblatt der *Physikalischen Blätter* als Berater erschien.[116] »Herr Westphal hat mich persönlich denunziert im ersten Kriegsmonat 1939. Ich kann die Sache erzählen.« Interessant ist weniger der im Folgenden von Schaefer ausgesprochene konkrete Umstand, der Westphal veranlasst hatte, Schaefer beim Kultusministerium anzuzeigen, als Schaefers Aussage, dass er die Sache erzählen könne. Genauer gesagt liegt das Bemerkenswerte in der Tatsache, dass der Satz »Ich kann die Sache erzählen« ins Protokoll aufgenommen wurde. Dieser Satz ist also nicht belanglos. Wie ist er zu verstehen? Welche Bedeutung trägt vor allem das Wort »kann«? Mit »kann« ist bestimmt nicht *fähig sein* gemeint, z. B. in der Art, dass Schaefer sich an die Geschehnisse des Jahres 1939 noch erinnere und deshalb im Stande sei, sie zu erzählen. Gerade die Tatsache, dass der Satz protokolliert wurde, deutet darauf hin, dass *berechtigt sein* oder *dürfen* gemeint ist. Für den Leser des Protokolls wird nicht nur Westphals Denunziation festgehalten, sondern auch klargestellt, dass Schaefer erlaubter Weise Westphals Fehlverhalten bekannt gab. Es war aussprechbar, weil es eine grobe Verletzung des kollegialen Verhaltenskodexes darstellte. Anderes politisches Engagement von Westphal blieb auch in diesem Fall unerwähnt. Dies war außerhalb von vertraulichen Gesprächen unaussprechbar. Da die Sache für Schaefer glimpflich ausging, war die von

---

116) Ab 1948 wurden auf dem Titelblatt der *Physikalischen Blätter* auch die Namen der Berater aufgeführt: H. Ebert, J. Eggert, E. Fues, H. Görtler, P. Jordan, K. Philipp, W. Lietzmann, C. Ramsauer, H. Schimank, W. Westphal.

ihm eingeforderte Sanktion bescheiden: »Ich habe nicht die Absicht, gegen Westphal was Böses zu tun, nur der Name auf dem Titelblatt stört mich.«[117)]

Westphal hatte einige Schwierigkeiten bei seiner Entnazifizierung – gegen seine Anstellung an der TU Berlin setzten sich Kallmann und Friedrich Möglich ein[118)] – und wandte sich deshalb mit der Bitte an von Laue, ihm ein Leumundszeugnis auszustellen. Leider ist dieses im Nachlass von Laues nicht erhalten, doch aus Westphals Reaktion – »Ihren Brief an mich kann ich natürlich nicht gut vorweisen« – zeigt sich, dass von Laue in diesem Fall vergangenes Fehlverhalten nicht verzieh. Es ist übrigens das einzige Beispiel eines verweigerten oder unbrauchbaren »Persilscheins«, das ich im Nachlass von Laues gefunden habe.[119)]

Von Laues Stellungnahme zu Martius' Artikel war Teil des Bemühens um Stabilität in der Physikergemeinschaft. Jordan, Kneser und Stuart bekamen darin Rückendeckung, ohne dass ihre Namen ge-

---

117) Protokoll der Vorstandssitzung vom 8.9.1948 in Clausthal-Zellerfeld, DPGA, Nr. 40051. Westphal wurde aber weiterhin als Berater der *Physikalischen Blätter* auf dem Titelblatt geführt.
118) Siehe Westphal an Laue, 19.3.1948, MPGA, III. Abt., Rep. 50, NL Laue, 2125. Zu Möglich siehe Dieter Hoffmann/Mark Walker, Der Physiker Friedrich Möglich (1902–1957) – Ein Antifaschist?, in: Dieter Hoffmann/Kristie Macrakis (Hrsg.), Naturwissenschaft und Technik in der DDR, Berlin 1997, S. 361–382.
119) Siehe den Schriftwechsel Laue – Westphal. Das Zitat stammt aus: Westphal an Laue, 16.5.1948, MPGA, III. Abt., Rep. 50, NL Laue, 2125. Dort heißt es außerdem: »Ihr Brief hat mich natürlich einigermaßen erschüttert. Mein Gewissen sagt mir, daß ich es wahrhaftig nicht verdient habe, daß ich in den letzten Jahren immer wieder Mißverständnissen, Verkennungen und Schlimmerem ausgesetzt war. Daß mir das nun auch von Ihnen widerfährt, nach 44jähriger Bekanntschaft, ist mir besonders schmerzlich. [...] In wie prekärer Lage ich wegen meiner Frau in der Hitlerzeit war, daß ich nur mit Mühe und Not der Einziehung zu körperlicher Arbeit entging, mehrere Monate lang unsere Lebensmittelkarten gemeinsam mit den Juden abholen mußte – wahrhaftig keine Zeichen des Wohlwollens der NSDAP! – weiß natürlich niemand.« Die Verstimmung des Jahres 1948 wich bald alter Freundschaft. Nach Laues Tod konnte Westphal, den Laue »zu seinen Freunden gezählt hat«, über ihn schreiben: »Laue war ein Mensch von unbestechlicher Gerechtigkeitsliebe und absoluter Sauberkeit des Empfindens, Denkens und Handelns. An den Charakter der Menschen legte er – bei allem Verständnis für kleine menschliche Schwächen – einen sehr strengen Maßstab.« Wilhelm Westphal, Der Mensch Max v. Laue, Physikalische Blätter 16 (1960), S. 549–551, hier S. 549.

nannt wurden. Die in von Laues Text vollzogene Kopplung mit dem Zweck des Entnazifizierungsverfahrens stellte aber eine Gefahr für die Stabilität dar. Möglicherweise deshalb unterblieb eine Veröffentlichung der Stellungnahme. Obwohl dieser Grund an keiner Stelle der von mir untersuchten Quellen explizit festgehalten wurde, soll er hier aus dem Kontext heraus plausibel gemacht werden.

Die führenden Persönlichkeiten der DPG sahen meiner Meinung nach in Martius eine Unruhestifterin, weil sie einerseits über entsprechende Informationen verfügte und andererseits sich nicht an den Verhaltenskodex gebunden fühlte. Schon Clemens Schaefer schlug von Laue vor, ob »es vielleicht zweckmäßig wäre, sich mit der Verfasserin privatim in Verbindung zu setzen?«[120] Eine private Verbindung existierte bereits über Otto Hahn. Als dieser ihr ankündigte, dass die DPG ihren Artikel erwidern werde, begrüßte sie dies außerordentlich. Aber statt in das allgemeine Schweigen der Physiker über die politischen Handlungen ihrer Kollegen mit »bewährten Fähigkeiten« einzustimmen, deutete sie Hahn gegenüber eine Fortsetzung und Präzisierung ihrer Kritik an. »Damit wäre nämlich die Möglichkeit gegeben, grundsätzlich die Haltung der Gesellschaft zu den vergangenen und zukünftigen Fällen festzulegen. Darüberhinaus [sic] böte sich aber auch für mich die Gelegenheit, den Umfang und die Konsequenzen des Problems noch einmal stärker zu präzisieren.«[121] Bei ihrem Hinweis auf mögliche zukünftige Fälle scheinen Hahn und von Laue Befürchtungen neuer unangenehmer Schwierigkeiten in den Sinn gekommen zu sein, die in einer schwer zu führenden, weil durch den Verhaltenskodex beschränkten, Auseinandersetzung über weitere kritisierte Physiker bestanden. Hahn hatte den Artikel von Martius schon vor der Veröffentlichung bekommen, sich daraufhin mit von Laue besprochen und Martius schließlich geraten, ihn nicht erscheinen zu lassen. Für Martius hätte es aber nur einen Grund gegeben, den Artikel zurückzuziehen, dass er nämlich überflüssig geworden wäre, weil man die ihrer Meinung nach notwendigen Konsequenzen bereits gezogen hätte.

> »Darauf habe ich seit Göttingen gehofft und deshalb habe ich erst so lange nach der Tagung geschrieben. Am liebsten hätte ich gleich dort ein paar Dinge

120) Schaefer an Laue, 8.12.1947, DPGA, Nr. 40048.
121) Martius an Hahn, 27.11.1947, MPGA, III. Abt., Rep. 14A, NL Hahn, 2726.

angeschnitten, aber ich habe mir immer wieder gesagt: ›Ursula, Du bist 26 Jahr alt, es sind hier andere anwesend, denen es obliegt und zusteht, solche Dinge zu regeln.‹ Erst als niemand etwas sagte und dann in den darauffolgenden Monaten auch niemand etwas schrieb, habe ich angefangen.«[122]

Hahn antwortete Martius, dass er sich mit Kneser besprochen und ihn zu ihren Anschuldigungen befragt habe. Da Kneser sich nicht an den Fall erinnern könne, vermutete Hahn, dass »vielleicht ein allgemeines Verbot bestand, Praktikantenscheine an jemanden auszugeben, der nicht mehr weiterstudieren durfte.« Wenn Kneser »glaubte, seine Pflicht [...] tun zu müssen«, sollte man ihm das »heute nicht mehr nachtragen«. Außerdem war Kneser früher Mitarbeiter von Hahns Freund Eduard Grüneisen in Marburg. »Grüneisen war alles andere als ein Nationalsozialist. Er hielt aber, soweit ich mich entsinne, sehr grosse Stücke auf Dr. Kneser, sodass dies schon für eine anständige Gesinnung spricht.«[123] Diesem etwas konstruiert wirkenden, aber sicherlich ernst gemeinten Versuch Hahns, Knesers Ruf zu retten, stellte Martius ausführlich den tatsächlichen Vorgang entgegen, wie er sich gut aus ihren Tagebucheintragungen rekonstruieren ließ. Demzufolge verweigerte ihr Kneser den Praktikantenschein, obwohl sie als sogenannter »Mischling« nach Auskunft des Rektors sowie des Ministeriums ein Anrecht auf den Schein hatte.

Von Laue hat Martius' Brief an Hahn gelesen, und es ist anzunehmen, dass er deshalb die Veröffentlichung seiner Erwiderung zurückzog. Er wollte Martius bestimmt keine Gelegenheit bieten, ihre Kritik zu präzisieren und damit Knesers Karriere zu gefährden. Knesers Entnazifizierungsverfahren war damals noch nicht entschieden; mehrere Kollegen setzten sich für seine Entlastung ein. Auf der Herbsttagung 1948 bekräftigte Schaefer auf der Vorstandssitzung: »Wir müssen auf alle Fälle für Kneser eintreten. Schumann können wir nicht halten.«[124] Hans Bartels wollte Kneser auf eine Berufungs-

---

122) Ebd.
123) Hahn an Martius, 12.11.1947, ebd. In einem Nachruf auf Grüneisen von E. Huster, (Physikalische Blätter 5 (1949), S. 378 f.), heißt es: »Es ist Grüneisen, dem Sauberkeit in jeder Beziehung ein Lebensbedürfnis war, zu danken, daß politische Einflüsse auch in der vergangenen Epoche der Arbeit des Institutes fernblieben und dort bis kurz vor dem Kriege »rassisch Mißliebige« einträchtig auch mit Angehörigen von NS-Organisationen zusammen arbeiteten.«
124) Protokoll der Vorstandssitzung vom 8.9.1948 in Clausthal-Zellerfeld, DPGA, Nr. 40051.

liste der TH Hannover setzen und wandte sich Anfang 1948 an von Laue, da dieser auf Grund seines »persönlichen Prestiges« vielleicht in der Lage sei, das »Hemmnis« der unentschiedenen Entnazifizierung aus dem Weg zu räumen.[125] Von Laue antwortete, dass er zusammen mit Hahn, Heisenberg und Adolf Windaus Ende 1947 bei den britischen Behörden vorstellig wurde und um eine mildere Behandlung derjenigen ehemaligen Parteigenossen bat, »welche durch ihre wissenschaftlichen Verdienste für die Hochschulen wertvoll sind. Unter den Einzelfällen, die dabei genannt wurden, befand sich auch der Fall von Professor Kneser.«[126] Von Laue setzte sich auch aus eigenem Interesse für Kneser ein. Er bemühte sich energisch um den Fortbestand der Physikalisch Technischen Reichsanstalt, für die er ihn als Mitarbeiter gewinnen wollte. Anfang 1948 bescheinigte er Kneser, dass dieser keinerlei politische Propaganda ausgeübt habe. Außerdem sei Kneser »ein Mann sehr vornehmer Gesinnung, der sich in allen Angelegenheiten stets äusserst taktvoll zurückhält.«[127] Hätte Martius eine Gelegenheit bekommen, ihre Erfahrung mit Kneser zu veröffentlichen, dann wäre die von Laue bescheinigte äußerst taktvolle Zurückhaltung nicht mehr glaubwürdig gewesen. So aber konnte Kneser langsam wieder in die Hochschullandschaft zurückkehren. Zuerst leitete er ein Laboratorium in der Physikalisch Technischen Bundesanstalt, hielt an der TH Hannover und vertretungsweise auch in Göttingen wieder Vorlesungen. 1950 wurde er außerordentlicher Professor in Tübingen und zwei Jahre später Ordinarius in Stuttgart.[128]

Da es zu keiner offiziellen Entgegnung der DPG kam, wandte sich von Laue in einem privaten Schreiben an Martius.[129] Darin bespricht

---

125) Bartels an Laue, 4.2.1948, MPGA, III. Abt., Rep. 50, NL Laue, 210.
126) Laue an Bartels, 10.2.1948, ebd. Siehe auch die Bescheinigung für Kneser vom 10.2.1948, in der die Bitte an die Militärregierung erwähnt ist, MPGA, III. Abt., Rep. 50, NL Laue, 1065.
127) Bescheinigung über Kneser von Laue, 10.2.1948, MPGA, III. Abt., Rep. 50, NL Laue, 1065.
128) Zu Knesers Vita siehe H. Oberst, Hans Otto Kneser 60 Jahre, Physikalische Blätter 17 (1961), S. 328 f.; Günther Laukien, Hans Otto Kneser 80 Jahre, ebd., 37 (1981), S. 274 f.; W. Eisenmenger, Hans Kneser zum Gedenken, ebd., 41 (1985), S. 320.
129) Laue an Martius, 26.12.1947, MPGA, III. Abt., Rep. 50, NL Laue, 2395. Eine Woche zuvor, am 17.12., schrieb er die offizielle Entgegnung. Es ist möglich, dass er Martius' Brief an Hahn erst nach dem 17.12. zu lesen bekam. Damals waren Briefe von Berlin nach Göttingen etwa zwei Wochen unterwegs.

er zuerst ausführlich den Fall Schumann. Doch als er zu der Erörterung der anderen Fälle kommt, gibt es einen Bruch im Stil des Briefs. Von Laue verfällt in einen belehrenden Tonfall und nennt keinen Namen mehr. Sein Grundsatz, den er diesem Abschnitt voranstellt, lautet: »In jedem geordneten Staate müßen [sic] zuerst die Justiz betreffenden Grundsätze streng eingehalten werden.« Die Justiz war für von Laue eine unanfechtbare Autorität. Eine Angelegenheit dürfe nach einem rechtmäßigen Urteilsspruch nicht wieder in der Öffentlichkeit aufgerollt werden. Kritik sei nur an den dem Verfahren zu Grunde liegenden Gesetzesbestimmungen zulässig, also an dem Entnazifizierungsverfahren und nicht an den einzelnen Fällen. »*Die Beschuldigten haben ein Recht darauf, daß sie nach offizieller Erledigung ihrer Angelegenheit unbehelligt bleiben. Und dieses Recht verletzen Artikel, wie Sie einen geschrieben haben.* Diese Erwägung ist übrigens auch der Grund, aus dem wir im Falle Schumann unser Vorgehen nicht an die große Glocke hängen, sondern ihn im Stillen erledigen.« Dieser Grundsatz war Laue deshalb so wichtig, weil man nur durch seine Einhaltung zu einer »wirklichen Staats-*Ordnung* kommen« könne. Er betont dies nochmals zum Schluss des Schreibens: »Es kommt bei der Herstellung der Ordnung weniger auf Personalfragen an, als auf die Wiedereinführung von Rechts*grundsätzen*. Im Übrigen verkenne ich keineswegs die gute Absicht, welche Sie beim Schreiben Ihres Artikels geleitet hat.«[130]

Die Interpretation dieses Briefs ist schwierig, da von Laues Position in sich widersprüchlich ist. Man hat das Gefühl, von Laue wollte Verantwortung an die Justiz abschieben. Aber so eindeutig ist dieser Punkt nicht. Einerseits dürfe man entschiedene Fälle nicht wieder aufrollen, denn dies verletze das Recht der Betroffenen. Andererseits hatte sein Einschreiten im Fall Schumann eben den Zweck, die Konsequenzen einer als falsch angesehenen Rechtsentscheidung abzuwehren. In der Überzeugung, dass so eine Abwehr in gewissen Fällen notwenig sei, war sich von Laue mit Martius vermutlich einig. Trotzdem kritisierte er ihren Artikel im Grundsatz. Auf die Frage, wie man es verhindern könne, dass Nationalsozialisten Positionen an den Hochschulen erhielten, ging er mit keinem Wort ein. Nur sein Einschreiten gegen Schumann, den er einen Scharlatan nannte, legte er offen. Als Schumann in Kiel versuchte, ein Institut zu erhalten, sorgte

---

[130] Laue an Martius, 26.12.1947, ebd. (Hervorhebungen im Original).

von Laue »für hinreichende Aufklärung des Kieler Kultusministeriums«. Als Begründung für sein Vorgehen nannte er, dass die Physiker in den Westzonen darauf bedacht seien, »daß sich so stark Belastete nicht wieder im Wissenschaftsbetrieb festsetzen.«[131] Über das konkret Belastende wurde auch hier nichts gesagt.

Dass Schumann von Becker als ein »angeblicher Physiker« und von Laue als ein »Scharlatan« bezeichnet wurde, könnte mit seinem fachlichen Werdegang in Zusammenhang gestanden haben. Sein Studium der Mathematik, Physik, Musikwissenschaft, Psychologie und Medizin an der Berliner Universität schloss Schumann 1922 mit einer Promotion in systematischer Musikwissenschaft ab. 1926 trat er als beamteter Physiker ins Reichswehrministerium ein, wo er 1929 Leiter der wissenschaftlichen Zentralstelle für Heeresphysik und 1932 zum Ministerialrat befördert wurde. 1928 habilitierte er sich für das Fach Systematische Musikwissenschaft mit einer Arbeit *Über Klangfarben*, bei der Max Planck als Drittgutachter fungierte. Drei Jahre war er Privatdozent für systematische Musikwissenschaft, bis ihm 1931 auf Vorschlag sämtlicher Physikordinarien die Venia Legendi für das Gesamtgebiet der Physik verliehen wurde. Nachdem die Bemühungen, Schumann Anfang 1933 zum Honorarprofessor zu ernennen von der Philosophischen Fakultät zunichte gemacht worden waren, wurde er kurz darauf zum persönlichen ordentlichen Professor ernannt. Anfang 1934 wurde Schumann zum Institutsdirektor des neu errichteten II. Physikalischen Instituts an der Friedrich-Wilhelms-Universität Berlin ernannt. Im September 1933 wurde sein Lehrauftrag für Physik und Systematische Musikwissenschaft auf Wehrphysik ausgedehnt. Zu seiner »Persönlichkeitsstruktur« zählten dem Bericht des damaligen Studenten Werner Luck zufolge »Machtakkumulation und Repräsentationsstreben«.[132] Im Nationalsozialismus übernahm er wichtige Funktionen in der Forschungsorganisation, insbesondere zur Förderung wehrwissenschaftlicher Forschungen.[133] Er war Leiter der Abteilung Wissenschaft im Reich-

---

131) Ebd.
132) Werner Luck, Erich Schumann und die Studentenkompanie des Heereswaffenamtes – Ein Zeitzeugenbericht, Dresdener Beiträge zur Geschichte der Technikwissenschaften, 27 (2001), S. 27–45.
133) Siehe zu seiner eigenen Auffassung von einer Verbindung zwischen Wehrmacht und Forschung und der notwendigen Forschungslenkung Erich Schumann, Wehrmacht und Forschung, in: Richard Donnevert (Hrsg.), Wehrmacht und Partei, 2. Aufl., Leipzig 1939,

serziehungsministerium, Präsidialmitglied des Reichsforschungsrats, dort auch Reichsbevollmächtigter für Sprengstoffphysik, Leiter der Forschungsabteilungen im Heereswaffenamt und im Oberkommando des Heeres, Ministerialdirigent in der Abteilung Wissenschaft des Reichskriegsministeriums und Leiter der Abteilung Wissenschaft im Oberkommando der Wehrmacht. 1938 wurde er in den Generalsrang befördert und war ab 1940 Organisator der Studentenkompanie des Heereswaffenamts.[134]

Ob allerdings allein seine hohen Ränge in der Forschungsorganisation Schumanns Ausgrenzung hinreichend erklären können, muss mangels aussagekräftiger Quellen offen bleiben. Für ihn sprach, dass er ein Gegenspieler von Stark und nicht zur »Gruppe« der »Deutschen Physik« zu zählen war.[135] Dem Vorwurf von Martius, Schumann habe für die Tochter des späteren Generalfeldmarschalls Keitel,[136] der Schumanns Vorgesetzter im OKW war, eine Doktorarbeit anfertigen lassen, wurde vom DPG-Vorstand offenbar nicht nachgegangen. Dieser Vorgang wurde, wie auch alle anderen Handlungen Schumanns, mit Ausnahme der Schädigung von Kollegen, mit Schweigen bedacht.[137] Aber ein konkretes oder diffuses Wissen über seine Taten scheint allgemein vorhanden gewesen zu sein, denn

S. 133–151. In englischer Übersetzung existieren davon reich kommentierte Auszüge in: Klaus Hentschel/Ann M. Hentschel (Hrsg.), Physics and National Socialism. An Anthology of Primary Sources (= Science Networks. Historical Studies, Bd. 18), Basel – Boston – Berlin 1996, S. 207–220. Zu Schumanns Beteiligung am Aufbau einer wehrtechnischen Fakultät der TH Berlin siehe Hans Ebert/Hermann-J. Rupieper, Technische Wissenschaft und nationalsozialistische Rüstungspolitik. Die Wehrtechnische Fakultät der TH Berlin 1933–1945, in: Reinhard Rürup (Hrsg.), Wissenschaft und Gesellschaft. Beiträge zur Geschichte der Technischen Universität Berlin 1879–1979. Bd. 1, Berlin u. a. 1979, S. 469–491.

134) Zu Schumanns Karriere siehe Werner Luck, Erich Schumann; Klaus Hentschel/Ann M. Hentschel, Physics, Appendix F, S. XLV f. und Kürschners Gelehrtenkalender, sowie Rainer Karlsch, Hitlers Bombe, München 2005.
135) Werner Luck, Erich Schumann, S. 32.
136) Generalfeldmarschall Wilhelm Keitel war bis Kriegsende Leiter des OKW, das die höchste Kommando- und Verwaltungsbehörde der Wehrmacht war; ihr waren das OKH, OKL und OKM unterstellt.
137) Appolonia Keitel reichte bei Schumann eine Dissertation über *Subjektive und objektive Vokalanalysen* ein. Werner Luck stellte anhand der Datierungen bzw. Umdatierung der mündlichen Prüfung außerdem einen Verstoß gegen die Promotionsordnung fest. Siehe Werner Luck, Erich Schumann, S. 34.

Hahn zufolge haben »alle« Physiker das Erscheinen von Schumann auf der Göttinger Tagung mit »peinliche[m] Erstaunen [...] zur Kenntnis genommen«.[138] Aber so ganz alleine stand Schumann in Göttingen doch nicht da. Martius, die an allen gemeinsamen Mahlzeiten der Tagung teilgenommen hatte, berichtete, dass Schumann nicht ein einziges Mal allein am Tisch gesessen habe. »Ich habe aber die peinlich erstaunten Kollegen bei der Begrüssung gesehen und auch gesehen, wie sie sich an den Tisch des Herrn Generals setzten und sich noch Stühle zu ihm heranholten.«[139] Auch habe man ihn am ersten Abend herzlich mit Handschlag begrüßt. Dass Hahn und von Laue dies nicht miterlebt hatten, lag vor allem daran, dass »die ›Göttinger Prominenz‹ sich selten zur Aussprache bei den gemeinsamen Essen einfand, vielmehr lieber in eigenen Zirkeln tagte«, so wurde es jedenfalls in den *Physikalischen Blättern* kritisiert.[140] Der fehlende Kontakt Schumanns zur »Göttinger Prominenz« war auch eine wesentliche Bedingung, die seine Ausgrenzung ermöglichte. Ein anderer Kollege, der dies ebenfalls deutlich zu spüren bekam, war Wolfgang Finkelnburg. Ihm wurde von Pohl in der Nachkriegszeit eine Hochschulstellung versagt. Deutlich resigniert und pauschalisierend konstatierte er im August 1947, man habe in Deutschland nur Aussicht auf eine Anstellung, »wenn man in Göttingen die Priesterweihen empfangen« habe.[141]

Die bisher vertretene These, dass die kollegialen Verbindungen in der Nachkriegszeit die maßgebende Größe waren, die über Integration oder Ausgrenzung entschieden hat, kann an dieser Stelle präzisiert werden. Es genügte nicht, eine Anzahl von tragfähigen Beziehungen zu besitzen, vielmehr musste eine möglichst direkte Verbindung zu prominenten Kollegen vorhanden gewesen sein. Ein Großteil

---

138) Hahn an Martius, 12.11.1947, MPGA, III. Abt., Rep. 14A, NL Hahn, 2726.
139) Martius an Hahn, 27.11.1947, ebd. Als Kontrast zu der unterbliebenen Distanzierung von Schumann sei die erfolgte des »Nichtariers« Richard Gans auf der Physikertagung 1936 in Bad Salzbrunn erwähnt. »Gans saß alleine an seinem Tisch!« Zit. nach: Edgar Swinne, Richard Gans. Hochschullehrer in Deutschland und Argentinien, Berlin 1992, S. 87.
140) Physikalische Blätter, 3 (1947), S. 288.
141) Finkelnburg an Sommerfeld, 8.8.1947, DMA, NL 89 (Sommerfeld), 008. Ich danke Klaus Hentschel für den Hinweis auf diesen Brief. Zu Pohls Vorgehen gegen Finkelnburg siehe Gerhard Rammer, Nazifizierung.

dieser Prominenz war in der Nachkriegszeit in Göttingen versammelt. Hier wurden wichtige Entscheidungen über die Zukunft der deutschen Physiker getroffen. In den Fällen Schumann und Kneser fiel das Urteil jeweils eindeutig aus. Eine ambivalente Haltung erkennt man jedoch im Umgang mit Herbert Stuart.

Von Laues vergangenheitspolitische Haltung

Von Laue war Mitherausgeber der *Zeitschrift für Physik* und musste in dieser Eigenschaft auch über von Stuart eingereichte Aufsätze entscheiden. Dabei handelte er mit politischer Vorsicht. Die ersten Hefte der *Zeitschrift für Physik* erschienen 1948 und beinhalteten größtenteils Arbeiten, die noch im Krieg abgeschlossen wurden. Der von Stuart bereits im September 1944 eingereichte Aufsatz *Verdampfung, Kondensation, Sättigungsdruck und kritischer Punkt im Modellversuch und für den Unterricht gefilmt* konnte aber nicht in die ersten Hefte aufgenommen werden, weil, wie von Laue als Herausgeber im August 1946 Stuart leider mitteilen musste, »Sie, soweit wir wissen, noch nicht wieder zu einem Amt zugelassen sind. Wir müßen [sic] darauf Wert legen, daß unsere ersten Hefte keinen Einwänden politischer Art ausgesetzt sind. Wir hoffen aber, daß diese Schwierigkeiten sich allmählich beheben.«[142] Die Hoffnung, die von Laue hier andeutete, bestand vermutlich darin, dass bald alle fähigen Physiker wieder ungestört und ohne politische Rücksichtnahmen forschen und publizieren konnten. »Meine Meinung über die Zukunft der Physik ist, dass wir sie in Deutschland schon wieder aufbauen werden, sofern die Politik uns ruhen lässt«, schrieb von Laue im Oktober 1947 an den holländischen Kollegen Hendrik Kramers.[143]

Stuart wurde 1946 an der TH Hannover beschäftigt, doch auf der Physikertagung 1947 in Göttingen wurde ihm von dem Amsterdamer Physiker Michels vorgeworfen, er sei von Stuart im Krieg der Sabotage beschuldigt worden. Michels konnte sich damals der von der

---

[142] Laue an Stuart, 30.8.1946, MPGA, III. Abt., Rep. 50, NL Laue, 1951. Diese Mitteilung eröffnet für den Wissenschaftshistoriker die Möglichkeit, aus den entgegen der Reihenfolge der Einreichungsdaten erst später veröffentlichten Arbeiten auf die politische Bedenklichkeit der Physiker (in den Augen der Herausgeber) rückzuschließen.
[143] Laue an Kramers, 23.10.1947, ebd., 1114.

Gestapo angeordneten Verhaftung nur durch Flucht entziehen. Ein Aktenstück, dass Michels im Sommer 1945 in Paris gefunden hatte, sollte den Vorwurf belegen. Die Militärregierung erklärte daraufhin dem Rektor der TH Hannover, dass Stuart nicht weiter beschäftigt werden dürfe.[144] Stuart bat die DPG, dass die Beschuldigung gegen ihn vor einem Ehrengericht der DPG verhandelt werden sollte.[145] Da ein solches Ehrengericht in den Satzungen nicht vorgesehen war, wurde der Antrag abgelehnt. Zwei Monate später erschien der Artikel von Martius. Wie verhielt sich nun von Laue gegenüber dem mehrfach in Kritik Geratenen und, als Folge davon, arbeitslosen Kollegen? Er schrieb ihm einen Brief und während er sich früher der Begrüßungsformel »Sehr geehrter Herr Kollege!«[146] bediente, wechselte er nun zu »Lieber Kollege!«[147] Von Laue behielt also ein freundlich kollegiales Verhältnis zu Stuart – und nicht ein betont distanziertes. In dem Brief teilte er mit, dass er Stuarts Lage mit Pohl besprochen hatte, der den Rat gab, Stuart solle sich bei den Farbenwerken Bayer bewerben, wo auch an physikalischen Problemen geforscht werde. Dort arbeitete bereits ein Schüler Pohls. Stuart kam dann tatsächlich dort unter. Pohl wandte hier eine aus der NS-Zeit wohlerprobte Strategie an, nämlich die Verlagerung derjenigen Hochschulphysiker in die Industrie, die im Moment aus politischen Gründen nicht zu halten waren. Hier gibt es also eine strukturelle Kontinuität über das Jahr 1945 hinweg.

Die kollegiale Verbundenheit von Laues zu Stuart wurzelte meines Erachtens in Stuarts wissenschaftlicher Herkunft und seiner fachlichen Qualität. Er promovierte 1925 bei James Franck in Göttingen mit einer Arbeit über die Resonanzfluoreszenz bei Quecksilberdampf und war anschließend Assistent bei Otto Stern und Richard Gans. Für die Beurteilung Stuarts mag es auch von Bedeutung gewesen sein, dass er seine Ausbildung vor allem bei jüdischen Professoren erhalten hatte. 1934 erschien bei Springer sein erstes Buch unter dem Titel *Molekülstruktur. Bestimmung von Molekülstrukturen mit physikalischen Methoden*.[148] Diese Monografie blieb über mehrere Jahrzehnte

---

144) Stuart musste seine Assistentenstelle zum 1.12.1947 aufgeben. Siehe Brief von Bartels an Laue, 4.2.1948, ebd., 210.
145) Stuart an Laue, 9.9.1947, ebd., 2394.
146) Laue an Stuart, 30.8.1946 u. 11.6.1947, ebd., 1951.
147) Laue an Stuart, 16.1.1948, ebd., 1951.
148) Es war dies der 14. Band der von Born, Franck und Mark herausgegebenen Reihe *Struktur und Eigenschaften der Materie in Einzeldarstellungen*.

das wichtigste Handbuch für Physiker und Chemiker, die auf diesem Gebiet forschen.[149] In dieser klar forschungsorientierten Studie kann man einzig im Vorwort eine politische Implikation erkennen, als nämlich »Ariern« wie »Nichtariern« gedankt wurde: »Herrn Professor Gans und Herrn Dr. Volkmann, die das Manuskript durchgelesen und viele Verbesserungen vorgeschlagen haben, sei ebenfalls herzlich gedankt. Den Herrn Professoren Born, Franck, Hund und Fräulein Professor Sponer sowie insbesondere auch Herrn Dr. Teller danke ich für manchen wertvollen Rat.« Einem vermeintlich opportunen Antisemitismus wurde hier Absage erteilt, stattdessen eine in der Wissenschaft übliche Form der Danksagung angewendet. Trotzdem bot Stuarts Haltung gegenüber den im Nationalsozialismus ausgegrenzten Kollegen Anlass zur Kritik, wie ein Brief von Gans an Gerlach vom 4.10.1934 bezeugt: »Dann teilte mir Stuart mit, daß ich nicht mehr prüfen dürfe. Der Rektor habe ihn aufgefordert, andere Examinatoren vorzuschlagen und er wolle sich, Steinke und Kretschmann nennen. Es gibt doch Charaktere, die den Verlockungen der heutigen Zeit nicht gewachsen sind.«[150]

1935 erhielt Stuart eine außerordentliche Professur in Königsberg, ein Jahr später übernahm er vertretungsweise den vakanten Lehrstuhl für theoretische Physik an der Universität Berlin, den Erwin Schrödinger 1933 aufgab.[151] In dieser für seine Karriere sicher wichtigen Berliner Zeit kam er in näheren Kontakt mit der deutschen Physikerelite. Anlässlich Plancks 80. Geburtstag im Jahr 1938 führte er zusammen mit Sommerfeld, Peter Debye, Ernst Ruska, Heisenberg und Gerlach ein scherzhaftes Theaterstück auf.[152] 1939 folgte er einem Ruf auf ein Ordinariat an der TH Dresden. 1942 erschien bei Springer sein *Kurzes Lehrbuch der Physik*. Zeigte er mit seinem ersten Buch, dass er ein ernsthafter Forscher war, so wies er sich mit dem zweiten als guter Didaktiker mit breitem Überblick in der Physik aus. Das Buch erfuhr viele Neuauflagen und ist auch heute noch als

---

149) Diese Einschätzung ist entnommen aus: E. W. Fischer, Herbert Arthur Stuart 1899–1974, Physikalische Blätter 30 (1974), S. 510 f., hier S. 510.
150) Zit. nach: Edgar Swinne, Richard Gans, S. 88.
151) Siehe Klaus Hentschel/Ann M. Hentschel, Physics, S. 182 und Appendix F., S. XLVIII.
152) Siehe Armin Hermann, Max Planck in Selbstzeugnissen und Bilddokumenten, Reinbek 1973, S. 97; Siehe auch den Abbildungsteil in diesem Buch.

Stuart/Klages ein beliebtes Lehrbuch.[153] In der Nachkriegszeit lieferte er einen Beitrag über Elektronenhüllen und Molekülgestalt für die *Fiat Review of German Science*.[154] Die ambivalente Haltung von Laues beruhte einerseits auf der Achtung vor Stuarts wissenschaftlicher Leistung, andererseits auf dem Eingeständnis, dass sein »Verhalten in Berlin zu allerhand Verdacht Anlass gab.« Auch sah von Laue nach Stuarts Entlassung in Hannover »z.Zt. keine Möglichkeit [...], ihn in einer Hochschulstellung zu halten.«[155] Trotzdem war er Ende 1947 noch der Auffassung, dass Stuart wegen seiner bewährten Fähigkeiten an einer deutschen Hochschule lehren dürfe. Doch die Militärregierung verhinderte dies.

Im April 1951 wurde mit dem Artikel 131 des Grundgesetzes den in der Entnazifizierung entlassenen Beamten wieder ein Anrecht auf eine entsprechende Anstellung eingeräumt.[156] Mit dieser rechtlichen Rückendeckung versuchte Stuart 1951 seine akademische Karriere wieder aufzunehmen; in München wollte man ihn auf ein Extraordinariat berufen. Er bekam allerdings starken Widerstand aus bestimmten Physikerkreisen zu spüren. Zu diesen Kreisen gehörte der Göttinger Hans Kopfermann. Stuart wollte von Kopfermann wissen, was man gegen ihn hätte. Als Kopfermann mit seiner Meinung nicht zurückhielt, verlangte Stuart Beweise. Diese erbat sich Kopfermann erfolgreich bei dem Emigranten Samuel Goudsmit.[157] Er erhielt die Kopie eines Briefs von Stuart an Georg Stetter vom März 1939, in dem Stuart die Absicht erklärte, für die Zuwahl weiterer Parteigenossen in eine Kommission zur Satzungsänderung der DPG zu sorgen. »Eigentlich ist es eine Schande, dass wir uns mit solchen Bagatellen

---

153) Siehe die Rezensionen (zur 2. u. 3. Aufl. v. 1949) von Friedrich Asselmeyer, in: Zeitschrift für angewandte Physik, 1 (1949), S. 579 und W. Braunbek, in: Zeitschrift für Naturforschung, 5a (1950), S. 177.
154) Herbert Stuart, Erforschung der Elektronenhüllen und der Molekülgestalt mit anderen Methoden, in: Hans Kopfermann (Hrsg.), Physics of the Electron Shells (= Fiat Review of German Science 1939–1946, Bd. 12), Wiesbaden 1948, S. 69–91.
155) Laue an Bartels, 10.2.1948, MPGA, III. Abt., Rep. 50, NL Laue, 210.
156) Mit Artikel 131 des Grundgesetzes bekamen all jene Beamten, die am 8. Mai 1945 im öffentlichen Dienst standen und aus anderen als beamten- oder tarifrechtlichen Gründen ausgeschieden waren, wieder ein Anrecht auf eine Anstellung, die ihrer früheren vergleichbar war. Siehe dazu Norbert Frei, Vergangenheitspolitik.
157) Kopfermann an Goudsmit, 7.5.1951; Goudsmit an Kopfermann, 16.5.1951, AIP, Samuel Goudsmit,Papers, Box 12, Folder 120.

und diesen Bürgersleuten herumschlagen müssen, während unser Führer Geschichte macht und uns eine grosse Aufgabe nach der anderen zeigt. [...] Es ist gut und notwendig, dass die Nazi [sic] an den Hochschulen in enger Fühlung bleiben.« Im Brief erwähnte Stuart auch die von ihm, Stetter, Wilhelm Schütz und Wilhelm Orthmann verfolgten Pläne, die DPG in den Nationalsozialistischen Bund Deutscher Technik (NSBDT) einzugliedern und ihre Aktivitäten damit einer zentralen staatlichen Steuerung zu unterwerfen.[158] Kurze Zeit nachdem Kopfermann um eine Kopie gebeten hatte, wandte sich auch von Laue mit demselben Anliegen an Goudsmit.[159] Gemeinsam verhinderten sie Stuarts Berufung – allerdings nur vorerst. Im Jahr 1955 gelang es ihm schließlich in Mainz, wieder zum ordentlichen Professor aufzusteigen, nachdem er schon 1952 dort eine Gastprofessur bekommen hatte.

Die Frage nach den Handlungen Stuarts tauchte erst Anfang der 1950er Jahre auf, nicht aber 1947, als er von zwei Seiten unter Kritik geriet. Goudsmit besaß den Brief schon seit 1945; es wäre also möglich gewesen, ihn um Auskunft zu bitten, so wie es viele amerikanische Kollegen taten, bevor sie einen deutschen Physiker in die USA einluden.[160] Aber es hätte auch deutsche Kollegen gegeben, die nach Stuarts Verhalten im Nationalsozialismus hätten befragt werden kön-

---

158) Stuart an Stetter, 17.3.1939, ebd., Box 28, Folder 53. Stetter übernahm 1938 nach Vertreibung der Juden das II. Physikalische Institut an der Universität Wien. Er war schon vor 1938 illegaler Nationalsozialist in Österreich. Siehe Robert Rosner/Brigitte Strohmaier (Hrsg.), Marietta Blau – Sterne der Zertrümmerung. Biographie einer Wegbereiterin der modernen Teilchenphysik, Wien 2003, bes. S. 50 f. Zu den Plänen, die DPG in den NSBDT einzugliedern, vgl. den Beitrag von Dieter Hoffmann in diesem Band sowie ders., Autonomie, S. 6–14; ders., Carl Ramsauer, die Deutsche Physikalische Gesellschaft und die Selbstmobilisierung der Physikerschaft im »Dritten Reich«, in: Helmut Maier (Hrsg.), Rüstungsforschung im Nationalsozialismus. Organisation, Mobilisierung und Entgrenzung der Technikwissenschaften, Göttingen 2002, S. 273–304, bes. S. 276. Zur Funktion des NSBDT siehe Karl-Heinz Ludwig, Technik und Ingenieure im Dritten Reich, Düsseldorf 1979, bes. Kap. 5.
159) Laue an Goudsmit, 2.6.1951. AIP, Samuel Goudsmit, Papers, Box 28, Folder 53.
160) Siehe die zahlreichen Anfragen in Goudsmits Nachlass, ebd., Box 14, Folder 142. Zufälligerweise schrieb Laue am 17.12.1947 in einer ganz anderen Angelegenheit einen Brief an Goudsmit, am selben Tag also, an dem er die offizielle Stellungnahme der DPG formulierte, in der Stuart, Jordan und Kneser entlastet wurden. Siehe ebd.

nen. Damals wollten es die Vorstandsmitglieder der DPG offenbar nicht so genau wissen. Sie klammerten sich an eine Unschuldsvermutung oder bagatellisierten die Kritik. Dass Stuart versuchte, die DPG »in Nazihände zu bringen«[161] – so salopp formulierte es Kopfermann –, erfuhr die »Göttinger Prominenz« erst bei ihren ersten Besuchen in den USA 1948 und 1950, wo ihnen Goudsmit den besagten Brief zeigte. Zusätzlich zu dem Brief schickte Goudsmit noch weiteres belastendes Material, welches das Netz der mit Stuart politisch zusammenarbeitenden, nationalsozialistischen Physiker erkennbar machte. Auch ein Bericht über Stuarts Rüstungsforschungen lag bei. Doch es hat den Anschein, als hätte eine Erörterung dieser Zusammenhänge vor 1949, als die Entnazifizierung noch eine, wenn auch deutlich abnehmende Gefahr für belastete Kollegen darstellte, auch für von Laue zu viel Staub aufgewirbelt. Goudsmits Material deutete eine antisemitische Einstellung der Physiker an, die jedoch eine Form der Judenfeindlichkeit repräsentierte, die die Hochachtung vor den wissenschaftlichen Leistungen der jüdischen Kollegen nicht ausschloss. Diese Form konnte nicht mit denselben Argumenten kritisiert werden, wie jener besonders ausgeprägte, von Lenard, Stark und Wilhelm Müller[162] vertretene Antisemitismus, der auf die Konstruktion einer angeblich »jüdischen Physik« hinauslief. Der Bericht über Stuarts Forschungen zur Viskosität und Kompressibilität verschiedener Flüssigkeiten bei tiefen Temperaturen, die zur Entwicklung der V-1-Rakete dienten, hätte Anlass zu einer Diskussion über die Kriegstätigkeit der deutschen Physiker geben können. Vielleicht hätte eine solche Erörterung zu anderen Ergebnissen geführt, als sie von Laue in seinem Aufsatz *Die Kriegstätigkeit der deutschen Physiker* präsentierte.[163] Für von Laue war es »der Fluch solcher Zeiten«, dass die Forschungen auf militärische Zwecke ausgerichtet werden mussten, um »die Fundamente durch den Krieg hindurch retten« zu können. Einzelne Wissenschaftler hätten es trotzdem geschafft, »nicht in den Kriegs-Strudel hineingezogen zu werden«. Die Möglichkeit, dass deutsche Physiker aus eigenem Antrieb und mit Begeisterung

---

161) Kopfermann an Goudsmit, 7.5.1951, ebd., Box 12, Folder 120.
162) Zu Müller siehe Freddy Litten, Mechanik und Antisemitismus. Wilhelm Müller (1880–1968), München 2000.
163) Max v. Laue, Die Kriegstätigkeit der deutschen Physiker, Physikalische Blätter 3 (1947), S. 424–425 (Nachdruck in der Dokumentation *Nachkriegszeit* im Anhang dieses Buches).

Rüstungsforschung betrieben haben, blieb unerörtert. Von Laues Darstellung war dazu gedacht, Kritik zu entschärfen, die aus dem Ausland kam und die Arbeit der deutschen Physiker mit Himmler und Auschwitz in Verbindung brachte.

Wie die bisherigen Beispiele deutlich gezeigt haben, waren von Laues Handlungen von großer Bedeutung hinsichtlich der Wiederherstellung eines Internationalismus sowie der Formulierung und Praktizierung einer Vergangenheitspolitik der DPG. Von Laue besaß eine Vorreiterrolle in der Wiederherstellung internationaler Beziehungen. Dass er im In- und Ausland für diese Rolle ausgewählt worden war, verdankte er der ihm von allen Seiten attestierten Integrität seiner Persönlichkeit. Dazu trugen auch entscheidend die deutschen und österreichischen Emigranten bei, die ihre ›dagebliebenen‹ Kollegen aus der Distanz kritisch betrachteten. Für sie galt von Laue als »der einzige deutsche Physiker, der sich restlos anständig und vom Standpunkt der Leute hier [in den USA – d. A.] einwandfrei benommen habe, während man alle anderen Leute von Rang doch mehr oder weniger zu den Kompromisslern rechnet und ablehnt.«[164] Auch der holländische Emigrant Goudsmit kam bei der Überlegung, welche deutschen Physiker Unterstützung verdienten, zu dem Schluss: »Laue certainly tops the list.«[165]

Von Laue nutzte sein politische Kapital, um der deutschen Physik zu ihrem alten guten Ruf zu verhelfen. Zu diesem Zweck bediente er sich einer Vergangenheitspolitik, die tief greifende Kritik am Verhalten der deutschen Physiker nicht zuließ. Ein letztes Beispiel soll dies verdeutlichen. Gegen den Vorwurf des Briten Roger Murray, die Naturwissenschaftler trügen eine Mitschuld an den nationalsozialistischen Verbrechen,[166] bediente sich von Laue des Bilds des an sich unpolitischen Naturwissenschaftlers. Er entgegnete 1949, verantwortlich seien nur jene, die politische Entscheidungen trafen, oder möglicherweise das ganze »Volk« zusammen. Von Laue zog hier keine Grenze zwischen diesen und jenen Wissenschaftlern: diesen, die nur »unpolitische« Naturwissenschaft betrieben haben und daher in seinem Denken sicherlich keine spezielle Verantwortung trugen,

---

164) Finkelnburg an Heisenberg, 6.2.1948, MPIP, NL Heisenberg.
165) Goudsmit an Ladenburg, 14.10.1946, AIP, Samuel Goudsmit, Papers, Box 14, Folder 138.
166) Roger C. Murray, Social action, Göttinger Universitäts-Zeitung, Nr. 4 v. 2.9.1949, S. 13.

und jenen, die wie z. B. Jordan den militärischen Einsatz ihrer Wissenschaft befürworteten und darin eine »zwingende aufbauende Kraft im Schaffen eines neuen Europas« sahen. Diese Textstelle war von Laue wohl bekannt, aber auch Physiker wie Jordan wurden eingereiht in die große Gruppe der Naturwissenschaftler, die eine wertfreie Erforschung der Naturphänomene betreibe.[167] Forschung und Politik seien zwei getrennte Bereiche.[168] Der Naturwissenschaftler bleibe selbst dann unpolitisch, wenn er sich gelegentlich öffentlich am politischen Treiben beteiligt, dann handle er eben außerhalb seines Berufs. Mit dieser Argumentation rehabilitierte von Laue nicht nur Einzelne, sondern den gesamten Berufsstand der Physiker. Dafür relativierte er gegebenenfalls politische Belastungen, wie es übrigens viele andere in ihren »Persilscheinen« auch taten. Eine SS-Mitgliedschaft z. B. wog für von Laue nicht sehr schwer. So urteilte er über seinen früheren Assistenten Max Kohler im März 1948: »Kohler hat der S.S. angehört und kommt deshalb bisher leider für eine Hochschulstellung noch nicht infrage. [...] Besonders schwer belastet ist er keinesfalls.«[169] Fritz Bopp, dem von Laue ebenfalls einen »Persilschein« ausgestellt hatte, brachte von Laues Dienst für die deutsche Physik auf den Punkt, als er ihm zum 70. Geburtstag schrieb:

---

[167] Von Laue benutzte nicht den Begriff *wertfrei*. Er umschrieb es, indem er behauptete, dass man, fußend auf naturwissenschaftlichen Erkenntnissen, die verschiedensten Zwecke erreichen könne, friedliche wie kriegerische. Mit der Frage, Krieg oder Frieden, habe die naturwissenschaftliche Forschung gar nichts zu tun. Deshalb dürfe man die reine naturwissenschaftliche Forschung nicht unter dem Gesichtspunkt der Friedenszwecke beurteilen. Max v. Laue, Public relations?, ebd., Nr. 18 v. 23.9.1949, S. 11 f.

[168] Diese Ansicht von Laues findet sich in einem viel zitierten Brief an Einstein vom 14.5.1933 ausgedrückt: »Aber warum musstest du auch *politisch* hervortreten! Ich bin weit entfernt, Dir aus Deinen Anschauungen einen Vorwurf zu machen. Nur, finde ich, soll der Gelehrte damit zurückhalten. Der politische Kampf fordert andere Methoden und andere Naturen, als die wissenschaftliche Forschung.«(abgedruckt in Friedrich Herneck, Laue, S. 59 f.) In von Laues Nachkriegspublikationen ist diese Trennung nicht so deutlich formuliert, aber implizit vorhanden.

[169] Laue an Westphal, 6.3.1948, MPGA, III. Abt., Rep. 50, NL Laue, 2125. Kohler war von 1933 bis 1943 Laues Assistent an der Universität Berlin, danach außerordentlicher Professor an der Universität Greifswald. Zu Kohlers Vita siehe Hubert Goenner/R. Klein, Nachruf auf Max Kohler, Physikalische Blätter, 38 (1982), S. 298 f.

»Möge Ihnen [...] in Ihrer eigensten Wissenschaft und in Ihrer Fürsorge für die ganze Physik noch eine lange Zeit segenreicher Wirksamkeit beschieden sein! Ich denke, daß dies der angemessene Geburtstagswunsch für den tätigen Mann ist, auch wenn darin etwas sorgenvoller Egoismus mitklingen sollte wie einst in einem Dezenniumsruf zu Planck: ›Wir brauchen Sie noch!‹«[170)]

Von Laue traf in seinem Einsatz für die deutsche Physik in der Nachkriegszeit nicht immer den Tonfall, den man von einem Mann erwartete, der 1933 konsequent gegen nationalsozialistische Einflüsse in der Wissenschaft auftrat.[171)] Dies lag durchaus im Interesse seiner deutschen Kollegen, wie man aus Ernst Brüches Bemerkung an von Laue aus dem Jahr 1949 ersieht: »Auch heute sind Sie einer von den Wenigen, die ›in mancher Beziehung etwas kühn‹ sein können und die Physiker hoffen darauf.«[172)] Aber trotz der kritischen Töne über z. B. mangelnde Unterstützung der deutschen Wissenschaft, die auch gegen die Alliierten gerichtet waren, erfüllte von Laue eine wichtige Funktion in der Wiederherstellung des Internationalismus in der Physik. So wünschte ihm Erwin Fues zum 70. Geburtstag, »daß Sie kraft Ihrer Persönlichkeit wie seither die Fäden der deutschen Physik zur Welt wieder anknüpfen helfen.«[173)] Darin war von Laue äußerst erfolgreich, wie beispielsweise die Verleihung der Ehrendoktorwürde an ihn 1948 in Chicago bezeugt. Im Diplom wurde er als »physicist and resolute champion of freedom« bezeichnet.[174)] Damit wurde u. a. von Laues resoluter Einsatz gegen Starks Versuche gewürdigt, in den

---

170) Bopp an Laue anlässlich Laues 70. Geburtstags, 9.10.1949, MPGA, III. Abt., Rep. 50, NL Laue, 311.
171) Siehe neben dem eben besprochenen Artikel *Public relations?* beispielsweise die Beiträge *Zum Jahresbeginn 1947* und *Die Kriegstätigkeit der deutschen Physiker*, Physikalische Blätter 3 (1947), S. 1 u. 424 f.
172) Brüche an Laue, 13.5.1949, MPGA, III. Abt., Rep. 50, NL Laue, 370. Brüches Worte bezogen sich auf Laues Ansprache auf der Physikertagung in Hamburg 1949, die im »rekonstruierten Wortlaut« in: Physikalische Blätter 5 (1949), S. 228 f., abgedruckt wurde. Darin warnte Laue vor höchst unerwünschten politischen Folgen, die eintreten würden, wenn die ausländischen Kollegen das Interesse an der deutschen Physik verlieren würden, weil die deutschen kulturellen Einrichtungen wie die Universitäten nicht mit den nötigen Finanzmitteln ausgestattet seien und daher nicht erfolgreich arbeiten könnten.
173) Fues an Laue, 7.10.1949, MPGA, III. Abt., Rep. 50, NL Laue, 658.
174) Ernst Brüche, Champion, S. 448.

ersten Jahren der Diktatur die Physik in Deutschland unter seine Kontrolle zu bringen. Dies und sein mutiger Einsatz für Verfolgte des Nationalsozialismus bewirkten den ausgesprochen guten Ruf, den er in der Nachkriegszeit im In- und Ausland genoss. Seine Auffassung von Wissenschaftsfreiheit beinhaltete, dass eine Elite von Wissenschaftlern die Entwicklung ihrer Disziplinen steuern konnte und dass insbesondere keine parteipolitischen Einflüsse in diese Autonomie einzudringen hatten.[175] Deshalb wehrte er ab 1933 das ab, was er als nationalsozialistische Einflussnahme begriff und nach 1945 diejenigen Eingriffe, die durch die Entnazifizierung verursacht wurden und in Konflikt mit den Zielen der Wissenschaftselite gerieten. Deshalb erfuhr er in Deutschland sowohl von aktiven Gegnern wie Nutznießern des Nationalsozialismus Hochachtung. Einer der deutlichsten Regimegegner unter den deutschen Physikern war Paul Rosbaud. Er war während der Diktatur als Spion für die Briten tätig und übersiedelte Ende 1945 nach England.[176] Zu von Laues 70. Geburtstag wünschte er ihm, »aber auch uns allen und besonders mir, daß Ihr guter Geist uns lange erhalten bleibe, dieser Geist der Persönlichkeit, der ich in den vergangenen Jahren mehr Stärke, Mut und Glauben verdanke, als irgend einer anderen.«[177]

Fazit

Die DPG in der britischen Zone beschloss im Jahr 1947, für »Sauberkeit im Kreise der Kollegen« zu sorgen. Dieser vergangenheitspolitische Akt führte zur Ausgrenzung von Physikern, die im Nationalsozialismus Kollegen politisch geschädigt hatten. Die DPG handelte in dieser Angelegenheit aus eigenem Antrieb, ohne von außen dazu aufgefordert worden zu sein. »Sauberkeit« meinte aber nicht die Ausschließung derjenigen aus der akademischen Welt, die den Nationalsozialismus aus Überzeugung in Wort und Tat unterstützt hatten. In der Besatzungszeit wurde die Frage nach politischem Fehlverhalten der Kollegen vermieden. Dieser Aufsatz schlägt als Erklärung vor,

---

175) Vgl. auch den Beitrag von Richard Beyler in diesem Band.
176) Siehe Arnold Kramish, Der Greif. Paul Rosbaud – der Mann, der Hitlers Atompläne scheitern ließ, München 1986.
177) Paul Rosbaud an Laue, 5.10.1949, MPGA, III. Abt., Rep. 50, NL Laue, 1666.

dass eine Diskussion über politisches Verhalten unter den Physikern auf Grund eines etablierten Verhaltenskodex nicht möglich war, da eine diesbezügliche Äußerung über Kollegen als Denunziation aufgefasst worden wäre. Auch als gegen Ende der Entnazifizierung die Frage nach den Taten der Kollegen ernsthafter gestellt wurde, blieben nur diejenigen Handlungen, die zur Schädigung von Kollegen oder wissenschaftlichen Einrichtungen geführt hatten, Grundlage für aussprechbare und verhandelbare Kritik. Max von Laue war als Vorsitzender von 1946 bis 1949 maßgebend an der Formung wie Ausführung der skizzierten Vergangenheitspolitik beteiligt. Folge dieser Politik war neben der Ausgrenzung von einzelnen unkollegial aufgetretenen Physikern die Rückkehr von fachlich hoch qualifizierten Nationalsozialisten in die Hochschullandschaft. Zur ihrer Rechtfertigung diente die Auffassung, dass herausragende wissenschaftliche Leistungen politisches Fehlverhalten aufwiege. Kritik an dieser Politik mit der Forderung, ehemalige Nationalsozialisten von den Hochschulen konsequent zu entfernen, wehrte die DPG-Führung ab.

Die von Ursula Martius vertretene Auffassung, diese Politik würde sich die »Sache des Nationalsozialismus« in der Nachkriegszeit zu Eigen machen, war insofern falsch, als diese Form der Vergangenheitspolitik eben keine Auseinandersetzung mit dem Nationalsozialismus zum Inhalt hatte, sondern stattdessen die Förderung der Physik in Deutschland, oder allgemeiner, den Fortbestand der deutschen Wissenschaft. Sie war Teil eines größer gedachten Programms zum Wiederaufbau deutscher Kultur. Dass dabei in den Personalentscheidungen politisch Belastete Verwendung fanden, geschah in dem berechtigten Glauben, dass diese vorrangig der Förderung der Wissenschaften dienen und nicht wieder im Sinne des Nationalsozialismus aktiv werden würden. Ihre Weiterbeschäftigung war aber für diejenigen, die in der Diktatur politisch oder »rassisch« verfolgt waren, ein Zeichen nicht gezogener Lehren aus der Vergangenheit. Aus Enttäuschung und weil sie mit ihrer Kritik in eine Außenseiterrolle geraten war, verließ Martius noch in der Besatzungszeit Deutschland. Diese Entscheidung zur Ausreise aus Resignation über die politische Entwicklung im Nachkriegsdeutschland war kein Einzelfall. Auch bei Hartmut Kallmann und weiteren Physikern, die während der Diktatur aus der »Volksgemeinschaft« ausgegrenzt worden waren, dürften ähnliche Motive vorgelegen haben. Dieses Phänomen ist allerdings in der historischen Forschung bisher ungenügend untersucht, sodass hier noch keine verlässliche Interpretation vorgeschlagen werden kann.[178)]

178) Eindeutig zu dieser Gruppe der Nachkriegsemigranten zu zählen ist der Physiker Kurt Hohenemser, der nach zwei Jahren vergeblicher Bemühung um seine Wiederanstellung an der Universität Göttingen in die USA auswanderte. Siehe dazu Gerhard Rammer, Nazifizierung. Bei Richard Gans, der 1947 nach Argentinien ausreiste, kamen zu der mangelhaften Integration in die deutsche akademische Welt nach 1945 noch persönliche Motive hinzu. Siehe Edgar Swinne, Richard Gans. Ein Beispiel aus der Medizin ist der Hamburger Nachkriegsrektor Rudolf Degwitz. Er war ein Opfer des Nationalsozialismus und wanderte 1948 resigniert in die USA aus, weil er nicht verhindern konnte, dass politisch schwer belastete Kollegen wieder an die Hochschule zurückkehrten. Siehe Tobias Freimüller, Mediziner: Operation Volkskörper, in: Norbert Frei, Karrieren, S. 13–69, hier S. 32 f.

Die Deutsche Mathematiker-Vereinigung im Dritten Reich
Fachpolitik im Netz der nationalsozialistischen Ideologie
Volker R. Remmert

Bei Anbruch des Dritten Reichs verfügten die Mathematiker in Deutschland über drei Organisationen zur Wahrnehmung ihrer Standes- und Partikularinteressen. Die Seniorin war die 1890 gegründete Deutsche Mathematiker-Vereinigung (DMV), die in erster Linie Hochschulmathematiker vertrat. Der 1921 gegründete Mathematische Reichsverband (MR) verstand sich als Sprachrohr der Schulmathematiker und war eng mit der DMV und dem Deutschen Verein zur Förderung des mathematischen und naturwissenschaftlichen Unterrichts verbunden. Die Gesellschaft für angewandte Mathematik und Mechanik (GAMM) war 1922 aus dem Verein Deutscher Ingenieure (VDI) heraus als Forum der anwendungsorientierten Mathematiker gegründet worden, die sich in der DMV unzureichend repräsentiert fühlten.[1]

Über wirklichen Einfluss bei den staatlichen Stellen verfügten die drei Organisationen nur in geringem Maße. Ende 1933 beklagte der

---

[1] Zu MR und GAMM vgl. v. a. Herbert Mehrtens, Angewandte Mathematik und Anwendungen der Mathematik im nationalsozialistischen Deutschland, in: Geschichte und Gesellschaft, 12 (1986), S. 317–347; ders., Die »Gleichschaltung« der mathematischen Gesellschaften im nationalsozialistischen Deutschland, in: Jahrbuch Überblicke Mathematik, 1985, S. 83–103; zur GAMM vgl. Helmuth Gericke, 50 Jahre GAMM, Beiheft zum Ingenieurarchiv, 41 (1972); zum MR vgl. auch die Bemerkungen bei Sanford L. Segal, Mathematicians under the Nazis, Princeton – Oxford 2003, pass. Zur Geschichte der DMV vgl. Helmuth Gericke, Aus der Chronik der Deutschen Mathematiker-Vereinigung, Stuttgart 1980, S. 28 (ergänzter Nachdruck des Aufsatzes in: Jahresbericht der Deutschen Mathematiker-Vereinigung 68 [1966], S. 46–74); Martin Kneser/Norbert Schappacher, Fachverband – Institut – Staat, in: Gerd Fischer/Friedrich Hirzebruch/Winfried Scharlau/Willi Törnig (Hrsg.), Ein Jahrhundert Mathematik 1890–1990, Braunschweig – Wiesbaden 1990, S. 1–82.
Für Unterstützung und Kritik danke ich Maria Remenyi, Reinhold Remmert, Norbert Schappacher, Reinhard Siegmund-Schultze und Dieter Speck.

DMV-Vorsitzende Oskar Perron die wissenschafts- und fachpolitische Machtlosigkeit seiner Position, denn von »der DMV als einer ganz privaten Vereinigung von Freunden der mathematischen Wissenschaft weiss man sehr wenig und man braucht auch nicht viel zu wissen«.[2] Bis zum Ende des Zweiten Weltkriegs sollte sich das für die DMV zwar ändern, doch weder in der Weimarer Zeit noch in den ersten Jahren des Dritten Reichs vermochten DMV, GAMM oder MR große fach- bzw. schulpolitische Erfolge zu erzielen.

Der MR und die GAMM reagierten sehr unterschiedlich auf die Machtübernahme der Nationalsozialisten. Während der MR sich 1933 sogleich für das *Führerprinzip* erklärte, wobei der alte Vorsitzende Georg Hamel zum neuen Führer wurde, ging man in der GAMM äußerst behutsam vor. In der DMV hingegen traten erhebliche Spannungen auf (s. Abschnitt 2). Der MR verlor während des Kriegs zunehmend an Bedeutung und seine Aktivitäten wurden schließlich von der DMV übernommen, wie es sich deren Vorsitzender Wilhelm Süss zum erklärten Ziel gesetzt hatte. So schrieb er im Frühjahr 1941, dass der MR »sich nach Aussage von Herrn Hamel eigentlich als eine Zweiginstitution der DMV« fühle und die DMV die Aufgaben des MR übernehmen solle. Denn er, so Süss, habe für die DMV »das imperialistische Ziel, ihr allein alle Rechte und Pflichten für die Mathematik zu verschaffen«.[3] Diese Aussage sollte sich als Programm für die DMV erweisen, doch das Verhältnis zur GAMM blieb davon unberührt. Die GAMM wahrte ihre eigenständige Position insbesondere durch die zentrale Rolle, die der Vorsitzende Ludwig Prandtl in der Luftfahrtforschung spielte.[4]

Über MR und GAMM ist über den grundlegenden Aufsatz von Herbert Mehrtens *Die »Gleichschaltung« der mathematischen Gesellschaften im nationalsozialistischen Deutschland* hinaus kaum Neues zu berichten, denn für beide Vereine ist die Quellenlage schlecht.[5] Im Gegensatz dazu steht für die Erforschung der Geschichte der DMV seit Ende der 1990er Jahre eine dichte Überlieferung zur Verfü-

---

[2] Perron an Bieberbach, 31.12.1933, UFA, E4/36.
[3] Süss an Feigl, 3.4.1941, ebd., C89/51.
[4] Dazu vgl. Moritz Epple, Rechnen, Messen, Führen: Kriegsforschung am Kaiser-Wilhelm-Institut für Strömungsforschung 1937–1945, in: Helmut Maier (Hrsg.), Rüstungsforschung im Nationalsozialismus. Organisation, Mobilisierung und Entgrenzung der Technikwissenschaften, Göttingen 2002, S. 305–356.
[5] Siehe aber die Hinweise zur GAMM in: MPGA, NL Prandtl.

gung.⁶⁾ Doch nicht allein die Quellenlage rechtfertigt eine Konzentration auf die DMV. Vielmehr ist der erstaunliche Ausbau von einer einflussarmen Standesorganisation zu einem effektiven Instrument der Fachpolitik, den der Vorsitzende Süss ab 1938 zielstrebig betrieb, eine Entwicklung, die über die Disziplingeschichte hinaus illustriert, wie Fachpolitik im Netz der Ideologie erfolgreich betrieben werden konnte.

Die Krisenjahre der DMV: 1933 bis 1935

Als die Nationalsozialisten die Macht ergriffen, zählte die DMV mehr als 1100 Mitglieder im In- und Ausland. Das Amt des Vorsitzenden wechselte jährlich; die dauerhaften Geschäfte wurden vom Vorstand geführt, bestehend aus dem Schriftführer (Ludwig Bieberbach, seit 1921), dem Schatzmeister (Helmut Hasse, seit 1932) und den drei Herausgebern des *Jahresberichts der Deutschen Mathematiker-Vereinigung* (Otto Blumenthal, seit 1924; Ludwig Bieberbach, seit 1921; Helmut Hasse, seit 1932).

In den Akten der DMV begann sich der eisige Hauch der neuen Zeit im Frühjahr 1933 niederzuschlagen, nachdem das Gesetz zur Wiederherstellung des Berufsbeamtentums im April 1933 die rechtlichen Voraussetzungen für die Entlassung politisch unliebsamer und jüdischer Beamter geschaffen hatte. Im Auftrag seines jüdischen, bereits vom Amt beurlaubten Aachener Kollegen Otto Blumenthal erkundigte sich Otto Toeplitz im Mai bei Bieberbach, ob Blumenthal »durch sein Ausscheiden oder durch sein Verbleiben [als Mitherausgeber des *Jahresberichts* – d. A.] den Interessen der DMV besser Rechnung« trage.⁷⁾ Bieberbach ließ keinen Zweifel daran, dass er das Ausscheiden Blumenthals für die bessere Lösung hielt und teilte ihm

---

6) Wichtigste Grundlage sind die Aktenbestände im Universitätsarchiv Freiburg, die bis 1996 im Mathematischen Forschungsinstitut Oberwolfach unter Verschluss waren, nämlich der Nachlass von Wilhelm Süss (UFA, C89) und die Akten der DMV (UFA, E4). Seit ihrer durch die Volkswagen-Stiftung geförderten Erschließung 1997/98 sind sie der historischen Forschung frei zugänglich; s. Volker R. Remmert, Findbuch des Bestandes E 4 – Deutsche Mathematiker-Vereinigung (1889–1987), Freiburg 1999; ders., Findbuch des Bestandes C 89 – NL Wilhelm Süss: 1913–1961, Freiburg 2000.
7) Toeplitz an Bieberbach, 25.5.1933, UFA, E4/36.

dies auch persönlich mit.[8] Die Nachfolge Blumenthals als Mitherausgeber übernahm Konrad Knopp.

Der Berliner Mathematiker Ludwig Bieberbach, dessen Urteil die jüdischen Mathematiker Blumenthal und Toeplitz vertrauensvoll einholten, sollte auf Jahre hinaus das Geschehen in der DMV mitbestimmen. Der wissenschaftlich hoch angesehene Bieberbach war in den 1920er Jahren zu einem einflussreichen und geachteten Mathematiker geworden und spielte als Schriftführer und Mitherausgeber des *Jahresberichts der Deutschen Mathematiker-Vereinigung* seit 1921 eine wichtige Rolle in der DMV. Deutschnationale Töne waren ihm in der Weimarer Zeit nicht fremd gewesen, doch löste seine offene Hinwendung zum Nationalsozialismus im Jahr 1933 vielerorts Erstaunen aus.

Bieberbach stellte sich in zweierlei Hinsicht an die Seite der Nationalsozialisten. Er bemühte sich vor allem in der Mathematik rege um die Nazifizierung der Wissenschaft und ihrer Organisationsformen, wenn auch mit eingeschränktem Erfolg. Zugleich entwickelte er unter der Überschrift *Deutsche Mathematik* eine Rassenlehre für die Mathematik, die er vehement gegen alle Kritik verteidigte.[9] Er präsentierte sie erstmals im April 1934 unter dem Titel *Persönlichkeitsstruktur und mathematisches Schaffen* der Öffentlichkeit.[10] Als »we-

---

8) Bieberbach an Toeplitz, 14.6.1933, ebd.

9) Zu Bieberbach vgl. Herbert Mehrtens, Ludwig Bieberbach and »Deutsche Mathematik«, in: Esther R. Phillips (Hrsg.), Studies in the History of Mathematics, Washington D. C. 1987, S. 195–241; s. auch Helmut Lindner, »Deutsche« und »gegentypische« Mathematik. Zur Begründung einer »arteigenen« Mathematik im Dritten Reich, in: Herbert Mehrtens (Hrsg.), Naturwissenschaft, Technik und NS-Ideologie. Beiträge zur Wissenschaftsgeschichte des Dritten Reiches, Frankfurt a. M. 1980, S. 88–115.

10) Vgl. den Pressebericht *Neue Mathematik. Ein Vortrag von Prof. Bieberbach* in: Deutsche Zukunft, v. 8.4.1934, S. 15, unterschiedlich ausgearbeitete Druckfassungen des Vortrags erschienen unter dem Titel *Persönlichkeitsstruktur und mathematisches Schaffen* in: Unterrichtsblätter für Mathematik und Naturwissenschaften. Organ des Vereins zur Förderung des mathematischen und naturwissenschaftlichen Unterrichts, 40 (1934), S. 236–243; Forschungen und Fortschritte. Nachrichtenblatt der Deutschen Wissenschaft und Technik, 10 (1934), S. 235–237, hier bezeichnenderweise in der Rubrik *Philosophie, Psychologie und Pädagogik*. Später erschien als ausführliche Fassung *Die völkische Verwurzelung von Wissenschaft (Typen mathematischen Schaffens)* in: Sitzungsberichte der Heidelberger Akademie der Wissenschaften, Mathematisch-Naturwissenschaftliche Klasse, Heft 5 (1940).

sentliche Aufgabe nationalsozialistischer Wissenschaft« identifizierte Bieberbach zunächst die »Pflege der deutschen Art in der Wissenschaft«.[11] Nach Bieberbach bedingen »Einflüsse von Blut und Rasse« die Auswahl der Probleme, denen ein Wissenschaftler sich zuwendet, und beeinflussen so »den Bestand der Wissenschaft an gesicherten Ergebnissen«. Um den tatsächlichen Einfluss von Blut und Rasse ermessen zu können, stützte Bieberbach sich auf Arbeiten des Marburger Psychologen Erich Rudolf Jaensch und dessen Schule.

Bieberbach verfügte über ein hohes wissenschaftliches Ansehen im In- und Ausland. Sein politischer Sinneswandel hin zu einem aktiven nationalsozialistischen Engagement stellte die DMV vor große Probleme, denn er scheute sich nicht, die DMV als Forum seiner Ansichten zu benutzen.[12] Im Mai 1934 war Bieberbachs Rassenlehre vom dänischen Mathematiker und DMV-Mitglied Harald Bohr umgehend in einem dänischen Zeitungsartikel heftig kritisiert worden.[13] Bieberbach reagierte mit einem *Offenen Brief an Herrn Harald Bohr*, in dem er Bohr vorwarf, ein »Schädling aller internationalen Zusammenarbeit« zu sein.[14] Der *Offene Brief* erschien gegen den erklärten Willen seiner Mitherausgeber im *Jahresbericht der Deutschen Mathematiker-Vereinigung*. Sie hatten zu Recht befürchtet, dass die Veröffentlichung des DMV-Schriftführers im offiziellen Mitteilungsorgan der DMV den unzutreffenden Eindruck hervorrufen würde, dass Bieberbachs Ansichten die der DMV repräsentierten. Dies war der Beginn von Bieberbachs intensiver und lange anhaltender Auseinandersetzung mit der DMV.[15]

---

11) Ders., Persönlichkeitsstruktur und mathematisches Schaffen, in: Forschungen und Fortschritte 10(1934) S. 235.
12) Für das folgende vgl. Martin Kneser/Norbert Schappacher, Fachverband, S. 57–62; Herbert Mehrtens, »Gleichschaltung«, S. 85–93; Sanford L. Segal: Mathematicians, S. 263–288.
13) Harald Bohr, »Ny Matematik« i Tyskland, in: Berlingske Aften, v. 1.5.1934, S. 10 f., zit. nach: UFA, E4/71 (Übers. v. Egon Ullrich).
14) Ludwig Bieberbach, Die Kunst des Zitierens. Ein offener Brief an Herrn Harald Bohr, in: Jahresbericht der Deutschen Mathematiker-Vereinigung, 2. Abt., 44 (1934), S. 1–3. Zum komplexen Kontext der Affäre vgl. Martin Kneser/Norbert Schappacher, Fachverband, S. 59–62, Herbert Mehrtens, Ludwig Bieberbach, S. 221 f.; Volker R. Remmert, Mathematicians at War. Power Struggles in Nazi Germany's Mathematical Community: Gustav Doetsch and Wilhelm Süss, in: Revue d'histoire des mathématiques, 5 (1999), S. 7–59, hier S. 14–17.
15) Zum Folgenden vgl.. Martin Kneser/Norbert Schappacher Fachverband, S. 62–69; Volker R. Remmert, Mathematicians, S. 22–24.

Im September 1934 scheiterte sein Versuch, bei der Jahrestagung der DMV in Bad Pyrmont das *Führerprinzip* mit dem Göttinger Mathematiker Erhard Tornier als Führer durchzusetzen, da er sich durch sein ausgeprochen nationalsozialistisches Verhalten innerhalb des Entscheidungszirkels der DMV völlig isoliert hatte. Die Versammlung entschied sich für ein modifiziertes *Führerprinzip* mit einem auf zwei Jahre gewählten Vorsitzenden, dem Hamburger Mathematiker Wilhelm Blaschke. Die erforderliche und von der Mitgliederversammlung beschlossene Satzungsänderung führte zu neuem Streit zwischen Bieberbach und dem Vorstand der DMV, der aus Helmut Hasse, Konrad Knopp und dem Vorsitzenden Blaschke bestand. Bieberbach trug rechtliche Bedenken gegen die Satzungsänderung vor und zögerte es in seiner Eigenschaft als Schriftführer hinaus, die beschlossene Satzungsänderung beim Vereinsgericht Leipzig eintragen zu lassen.

Darüber hinaus hatte die Mitgliederversammlung die *Bohr-Affäre* nicht lösen können. Sie hatte Bieberbach unterstützt, indem sie einerseits Bohrs öffentliche Kritik an Bieberbach verurteilte und andererseits Bieberbachs *Offenen Brief* lediglich bedauerte.[16] Aufgrund dieser schüchternen und zwiespältigen Entschließung, die mit dem Protokoll der Mitgliederversammlung im *Jahresbericht der Deutschen Mathematiker-Vereinigung* veröffentlicht wurde, erklärten viele prominente DMV-Mitglieder außerhalb Deutschlands ihren Austritt. Bohr machte den Anfang.[17] Im Januar und Februar schlossen sich Hermann Weyl, John von Neumann und Richard Courant seinem Schritt an und das Gefühl war weit verbreitet, dass die Reputation der DMV stark beschädigt worden war.[18]

Die Krise in der DMV erreichte im Januar 1935 ihren Höhepunkt, als schließlich Bieberbach und Blaschke von allen DMV-Ämtern zurücktraten. Wenn Bieberbach daraufhin auch seinen Einfluss in der DMV weitgehend verlor, blieb er doch durch seine beständige nationalsozialistische Agitation und die enge Verbindung mit dem Mathematiker Theodor Vahlen, einem altgedienten Nationalsozialisten, der von 1934 bis Ende 1936 dem Amt für Wissenschaft im Reichserziehungsministerium (REM) vorstand, eine dauernde Herausforderung

---

16) Jahresbericht der Deutschen Mathematiker-Vereinigung, 2. Abt. 44 (1934), S. 87.
17) Abschrift des Briefs von Bohr an Blaschke, 1.1.1935, UFA, E4/72.
18) Austrittsschreiben in: ebd., E4/38.

für seine Fachkollegen und die DMV (Vgl. den Abschnitt Wilhelm Süss). Den Vorsitz der DMV übernahm der Führer des MR, Georg Hamel, wie es Bieberbach im Einvernehmen mit Vahlen vorgeschlagen hatte[19], das Amt des Schriftführers Emanuel Sperner, der in Königsberg lehrte.

Es war der DMV zwar gelungen, den Ideologisierungs- bzw. Gleichschaltungsversuch von Bieberbach abzuwehren, aber sie musste dennoch einen Teil ihrer Unabhängigkeit aufgeben, da der neue Vorsitzende Hamel 1935 mit Vahlen mündlich vereinbarte, dass der Vorstand der DMV »jeweils im Ministerium Rückfrage hält, ob die als Vorsitzender der DMV [...] in Aussicht genommene Persönlichkeit dortseits genehm ist.«[20] Es galt also jährlich die Vorsitzendenfrage mit dem Amt für Wissenschaft abzustimmen.

Konflikte der DMV mit Ludwig Bieberbach und seinen Anhängern

Als Bieberbach am 31.12.1935 schriftlich seinen Austritt aus der DMV erklärte, bedeutete dies lediglich die formale Beendigung eines tief zerrütteten Verhältnisses.[21] Keineswegs war damit ein Rückzug Bieberbachs aus der Fachpolitik bzw. ein Ende der politischen Auseinandersetzung um die Führungsrolle in der deutschen Mathematikerschaft verbunden, die Bieberbach für sich und seine »Deutsche Mathematik« in Anspruch nahm. Als Sprachrohr der »Deutschen Mathematik« wurde 1936 mit Vahlen als nominellem und Bieberbach als tatsächlichem Herausgeber die Zeitschrift *Deutsche Mathematik* gegründet.

Bereits Anfang 1936 zeichnete sich ab, dass Bieberbach und seine Verbündeten über vielfältige Wege verfügten, die Auseinandersetzung mit der DMV zu führen. Der erste Konflikt ergab sich durch einen Fehler im Mitgliederverzeichnis der DMV vom Dezember 1935. Dort war der Statistiker Emil Julius Gumbel als Mitglied der DMV und Professor in Heidelberg aufgeführt. Gumbel hatte sich 1923 in Heidelberg habilitiert und dort 1930 den Professorentitel erhalten. Als engagierter Pazifist und Sozialdemokrat war er seit Beginn der

---
[19] Bieberbach an die Ausschussmitglieder, 19.1.1935, ebd., E4/68.
[20] Müller an Wacker, 18.9.1937, ebd., E4/54.
[21] Austrittserklärung, Bieberbach an Müller, 31.12.1935, ebd., E4/53.

1920er Jahre politischen Angriffen von nationalistischer Seite ausgesetzt gewesen. Gumbel galt in Parteikreisen als *Persona non grata* und sein Name hatte sich nach der Machtergreifung der Nationalsozialisten in Gesellschaft Einsteins auf der ersten Ausbürgerungsliste der Nationalsozialisten wiedergefunden. Er war 1933 nach Frankreich emigriert.[22]

Seine Erwähnung im Mitgliederverzeichnis der DMV führte Anfang Januar 1936 zu schriftlichen Protesten der Leiter der NS-Dozentenschaften der Universität Heidelberg und der TH Karlsruhe an den DMV-Vorsitzenden Erhard Schmidt.[23] Schmidt entschuldigte sich umgehend für das Versehen und teilte mit: »Daß Gumbel unwürdig ist einer deutschen Vereinigung anzugehören, ist selbstverständlich. Tatsächlich ist Gumbel längst nicht mehr Mitglied der Deutschen Mathematiker-Vereinigung; er hat anläßlich seines Ausscheidens vom damaligen Schriftführer der DMV Prof. Bieberbach ein Schreiben erhalten, das an Schärfe nicht übertroffen werden kann.«[24]

Am gleichen Tage schrieb Schmidt in großer Sorge an Hasse, Knopp und den neuen Schriftführer Sperner, dass »die Sache schwerwiegende Konsequenzen für die DMV nachsichziehen« könne. Knopp ließ er am Folgetag wissen, dass er »die Lage pessimistisch« beurteile und es »sehr möglich [sei], dass die Sache zur Einsetzung eines Kommissars« führen werde.[25] Dazu ist es allerdings nicht gekommen, ohne dass die genauen Umstände überliefert wären. Hasse vermutete später, dass Bieberbach sich Zurückhaltung auferlegt habe, weil der Vorsitzende Schmidt sein Kollege in Berlin war.[26] Das eilig gedruckte Berichtigungsblatt stellte beide Fehler richtig: »E. J. Gum-

---

22) Zu Gumbel vgl. etwa Wolfgang Benz, Emil J. Gumbel: Die Karriere eines deutschen Pazifisten, in: Ulrich Walberer (Hrsg.), 10. Mai 1933. Bücherverbrennung in Deutschland und die Folgen, Frankfurt a. M. 1983, S. 160–198; Christian Jansen, Emil Julius Gumbel: Portrait eines Zivilisten, Heidelberg 1991; Sébastien Hertz, Emil Julius Gumbel (1891–1966) et la statistique des extrêmes, unveröffentlichte Diss., Lyon, 1997.
23) Leiter der Dozentenschaft der TH Karlsruhe an Schmidt, 8.1.1936, UFA, E4/73 und Leiter der Dozentenschaft der Universität Heidelberg an Schmidt, 10.1.1936, ebd.
24) Schmidt an den Leiter der Dozentenschaft der TH Karlsruhe, 12.1.1936, ebd.
25) Schmidt an Hasse, Knopp und Sperner, 12.1.1936, ebd., und Schmidt an Knopp, 13.1.1936, ebd.
26) Hasse an Müller, 9.7.1936, ebd., E4/56.

bel, emigriert, weder Mitglied der Deutschen Mathematikervereinigung noch Prof. a. d. Univ. Heidelberg.«[27]

Neben solchen Gefahren brachten die allgemeine politische Situation und die *Bohr-Affäre* eine Reihe von Austritten aus der DMV mit sich. Zwischen 1933 bis Kriegsbeginn sank die Zahl der Mitglieder um mehr als 10 % von ca. 1120 auf 988.[28] Der Bericht für das Jahr 1935/36 etwa zählte 23 verstorbene Mitglieder, 29 ausgetretene und 21, deren Mitgliedschaft »erloschen« war. Diesen 73 Abgängen standen nur 40 neue Mitglieder gegenüber.[29] Dabei verbergen sich 1936 hinter der Formel »Mitgliedschaft erloschen« in erster Linie Mitglieder, die wegen erheblicher Rückstände im Mitgliedsbeitrag nicht länger geführt wurden oder deren Anschrift sich über längere Zeit nicht hatte ermitteln lassen. Drei Jahre später waren in dieser Kategorie zudem jüdische Mathematiker und politisch missliebige Emigranten enthalten (vgl. Abschnitt »Die ›Judenfrage‹«). So wurde schon 1935 offensichtlich, dass die DMV neue Mitglieder werben musste, wenn sie dem Mitgliederschwund begegnen wollte.

Die Beispiele zeigen, dass die DMV sich nach Bieberbachs Austritt nach wie vor in einer politisch prekären Situation befand, da sie jederzeit durch Aktionen von Seiten der Studenten- wie Dozentenschaft angreifbar war, ob sie nun von Bieberbach veranlasst und ferngesteuert waren oder spontan entstanden. Für die Frage des Vorsitzes, der satzungsgemäß jährlich wechselte, ergab sich das doppelte Problem, dass einerseits das Amt für Wissenschaft dem Vorschlag zuzustimmen hatte und andererseits der jeweilige Vorsitzende einen Modus vivendi et operandi mit Bieberbach erreichen musste.

Wilhelm Süss: Wahl zum Vorsitzenden und die versuchte Reintegration von Bieberbach

So war die Wahl des Vorsitzenden ein sensibles Thema. Als aber der Vorstand der DMV, bestehend aus Helmut Hasse, Conrad Müller und Emanuel Sperner, im August 1937 nach einem neuen Vorsitzen-

---

[27] Ebd., E4/91, S. 33.
[28] Die Zahlen nach: Helmuth Gericke, Chronik, S. 28.
[29] Angelegenheiten der Deutschen Mathematiker-Vereinigung, in: Jahresbericht der Deutschen Mathematiker-Vereinigung, 2. Abt. 46 (1936), S. 85–88, hier S. 85 f.

den suchte, fanden sie starke Argumente für den Freiburger Mathematiker Wilhelm Süss. Süss hatte 1920 in Frankfurt a. M. bei Bieberbach promoviert und war ihm 1921 nach Berlin gefolgt. Dort war er 1921/22 dessen Assistent. Süss ging von 1923 bis 1928 als Lektor nach Kagoshima in Japan. Er habilitierte sich nach seiner Rückkehr nach Deutschland 1928 in Greifswald und erhielt dort einen besoldeten Lehrauftrag. Bis 1933 gehörte Süss zu den Mathematikern der zweiten Reihe, die sich kaum noch ernsthafte Hoffnungen auf einen Lehrstuhl machen konnten. Zum Wintersemester 1934/35 aber wurde er Nachfolger des entlassenen jüdischen Mathematikers Alfred Loewy in Freiburg. Dort trat Süss 1937 der NSDAP bei und wurde 1938 Mitglied des Nationalsozialistischen Deutschen Dozentenbundes (NSDDB). Von 1938 bis 1940 war er Dekan der Naturwissenschaftlich-Mathematischen Fakultät und wechselte 1940 von diesem Amt in das des Rektors, das er bis Kriegsende zur großen Zufriedenheit seiner Freiburger Kollegen und des REM ausübte.[30]

Der DMV-Vorstand sprach sich im August 1937 für Süss als neuen Vorsitzenden aus, weil bekannt war, dass Süss sich für die Fachpolitik und insbesondere die Angelegenheiten der DMV interessierte. Da, wie man wusste, Süss der NSDAP angehörte, war von Seiten des REM Zustimmung zu erwarten. Ausdrücklich verband der Vorstand mit Süss' Kandidatur auch die Erwartung, dass er »als Schüler von Bieberbach [...] überdies Angriffen von dieser Seite nicht ausgesetzt sein« dürfte.[31] Insbesondere hofften Hasse, Müller und Sperner wohl, Süss könne Bieberbach in eine Art DMV-Disziplin einbinden oder zumindest dessen separate und dezidiert nationalsozialistische Fachpolitik einschränken. In der Tat war das Verhältnis zwischen Süss und Bieberbach gut. Süss zählte in den Jahren 1936–1940 sogar zum Herausgebergremium der *Deutschen Mathematik*. Sondierungen im REM ergaben, dass es dort keine Einwände gegen Süss gab, der

---

30) Zu Süss vgl. Volker R. Remmert, Wilhelm Süss, in: Bernd Ottnad/ Fred Ludwig Sepainter (Hrsg.), Baden-Württembergische Biographien, Bd. III, Stuttgart 2002, S. 418–421; ders., Vom Umgang mit der Macht. Das Freiburger Mathematische Institut im »Dritten Reich«, in: 1999. Zeitschrift für Sozialgeschichte des 20. und 21. Jahrhunderts, 14 (1999), S. 56–85; ders., Mathematicians; Bernd Grün, Das Rektorat des Mathematikers Wilhelm Süss in den Jahren 1940–1945 und seine Wiederwahl 1958/59, in: Freiburger Universitätsblätter, 145 (1999), S. 171–191.
31) Sperner an Müller, 26.8.1937, UFA, E4/43.

auf der Jahrestagung in Bad Kreuznach zum neuen Vorsitzenden gewählt wurde.[32]

Süss war sich der Tatsache sehr wohl bewusst, dass der Vorstand von ihm Schritte zur Versöhnung mit Bieberbach erwartete. Im Dezember 1937 schrieb er entsprechend an Bieberbach, der zuvor seine Wahl zum Vorsitzenden begrüßt hatte.[33] Bieberbachs Reaktion war jedoch ernüchternd. Zwar betonte er, dass die DMV »bei richtigem Aufbau und richtiger Leitung nach innen und nach aussen eine erspriessliche Wirkung entfalten« könne. Dazu aber bedurfte es nach seiner Ansicht nicht allein der »Fühlung mit den Regierungsstellen« sondern auch der »Fühlung mit den Parteistellen«. Er wies dabei ausdrücklich auf zukünftige Rollen des Nationalsozialistischen Lehrerbunds und des NSDDB hin, denn aus letzterem werde sich »über kurz oder lang eine fachwissenschaftliche Organisation ergeben«. Neben diesen Zukunftsplänen, die den Bestand der DMV in Frage stellten, verband Bieberbach mit seinem möglichen Wiedereintritt in die DMV die Forderung, »dass Herr Hasse aus dem Vorstand zuvor verschwindet«.[34]

Die Bedingung zu erfüllen, stand nicht zur Debatte, aber sie führte zu einer vorübergehenden Verstimmung zwischen Süss und Hasse. Im Mai 1938 stellte Süss jedoch in einem Brief an Müller endgültig klar, dass er »nicht die Absicht [habe], Herrn Hasse vor Herrn Bieberbach weichen zu machen« und auch nicht wünsche, »als seinen [Hasses – d. A.] Nachfolger einen Mann in Vorschlag zu bringen, der dem Kreise um Bie. genehm ist«. Wenn Süss gleichzeitig versicherte, dass er »eine Einflussnahme dieses Kreises [...] strikte« ablehne, so lief diese Beteuerung erkennbar seiner nachfolgend bekräftigten Absicht zuwider, »einen Weg zu finden, Bie. den Wiedereintritt« zu ermöglichen.[35] Süss konnte sich der Unterstützung Müllers und Sperners gewiss sein, denn auf Vorschlag Müllers hatten die drei sich bereits im März darüber verständigt, dass es begrüßenswert wäre, die Amtszeit von Süss um ein weiteres Jahr zu verlängern.[36] Müller und

---

[32] Hamel an Müller, 17.9.1937, ebd., E4/53; Müller an Wacker, 18.9.1937, ebd., E4/54; Dames (REM) an Müller, 2.10.1937, ebd.
[33] Süss an Bieberbach, 12.12.1937, ebd., C89/44.
[34] Bieberbach an Süss, 27.12.1937, ebd., Bieberbach trat erst 1975 wieder der DMV bei.
[35] Süss an Müller, 22.5.1938, ebd., E4/46.
[36] Müller an Hasse und Sperner, 15.3.1938, ebd., E4/54; Müller an Hasse und Sperner, 16.3.1938, ebd., E6/43; Sperner an Müller, 26.3.1938, ebd.

Sperner sahen in Süss nach wie vor einen guten Garanten gegen die mögliche Gründung eines nationalsozialistischen Mathematikerbunds durch Bieberbach und verstanden darüber hinaus die Wiederwahl des Vorsitzenden zugleich als deutliches Zeichen, dass die DMV sich in gewisser Weise dem *Führerprinzip* annäherte.[37] Nach der nötigen Satzungsänderung im Herbst 1938, wurde Süss regelmäßig wiedergewählt und blieb bis Kriegsende Vorsitzender der DMV.

Da Süss im Frühjahr und Sommer 1938 nicht weiter auf Bieberbach zuging, waren die Spannungen zwischen ihm und Hasse bald vergessen und gemeinsam mit Müller und Sperner arbeiteten sie daran, die Position der DMV als fachpolitischer Interessenvertretung in den Regierungsämtern und vor allem im Amt für Wissenschaft im REM zu stärken. Dort war Bieberbachs wichtigster Verbündeter Theodor Vahlen Anfang 1937 durch das SS-Mitglied Otto Wacker abgelöst worden. Dieser Wechsel bedeutete das Ende von Bieberbachs großem Einfluss im Amt für Wissenschaft.

Doch auch ohne den direkten Rückhalt Vahlens im REM stellte Bieberbach durch die »Deutsche Mathematik«, seine eigene Fachpolitik, seine Verbindungen zur Reichsstudentenführung und seine Bestrebungen, im Rahmen des NS-Lehrerbunds einen nationalsozialistischen Mathematikerbund zu gründen, den fachpolitischen Alleinvertretungsanspruch der DMV infrage und wurde vom DMV-Vorstand zwangsläufig als Bedrohung empfunden. Bieberbach stützte sich nicht nur auf Vahlen, sondern zudem auf Erhard Tornier, der 1936 im Zwist mit Hasse Göttingen verlassen hatte und nach Berlin gekommen war, den mathematisch brillanten Oswald Teichmüller, der 1935 bei Hasse promoviert hatte, aber 1937 nach Berlin ging und sich Bieberbach mathematisch wie politisch anschloss und Fritz Kubach, ein führendes Mitglied der Reichsstudentenführung, der 1935 in Heidelberg mit einer mathematikhistorischen Arbeit promoviert worden war.[38] Gemeinsam hatten sie der DMV in der Mitte der 1930er Jahre verschiedentlich Unannehmlichkeiten bereitet.

37) Vgl. Martin Kneser/Norbert Schappacher, Fachverband, S. 69.
38) Zu Tornier vgl. Thomas Hochkirchen, Wahrscheinlichkeitsrechnung im Spannungsfeld von Maß- und Häufigkeitstheorie – Leben und Werk des »Deutschen« Mathematikers Erhard Tornier (1894–1982), in: NTM. Internationale Zeitschrift für Geschichte und Ethik der Naturwissenschaften, Technik und Medizin, N. S., 6 (1998), S. 22–41; zu Teichmüller vgl. Norbert Schappacher/Erhard Scholz, Oswald Teichmüller – Leben und Werk, in: Jahresbericht der Deutschen

Wenn Süss und die DMV auch formell Abstand von Bieberbach hielten, so war ihr Handeln doch auf drei Weisen durch ihn mitgeprägt: 1) unmittelbar durch seinen persönlichen Einfluss auf Süss, etwa in der Frage der Reorganisation des mathematischen Zeitschriftenwesens und der Referateorgane (vgl. Abschnitt »Reorganisation...«), 2) indirekt, indem die DMV und Süss sich an Bieberbachs Positionen rieben oder sich durch seine Drohungen beeindrucken ließen, z. B. in der sog. »Judenfrage« in der DMV (vgl. den entsprechenden Abschnitt unten) durch Bieberbachs Bundesgenossen, wie Harald Geppert in Berlin, der einen wesentlichen Einfluss auf die internationale Fachpolitik der DMV gewann. Das wichtigste Feld, um sich unabhängig von Bieberbach zu profilieren lag für Süss und die DMV im Bereich der mathematischen Kriegsforschung (vgl. Abschnitte »Mathematische Kriegsforschung...« und »DMV und DPG ...«).

Die Reorganisation des mathematischen Zeitschriftenwesens und der Referateorgane

Süss hatte sich bald nach seiner Wahl zum Vorsitzenden der DMV bemüht, Einfluss auf das mathematische Publikationswesen zu gewinnen. Zu Beginn des Kriegs verfolgte er Pläne, das mathematische Zeitschriftenwesen neu zu ordnen, die im Folgenden skizziert werden.[39]

Bereits nach der Machtergreifung der Nationalsozialisten hatte es Diskussionen darüber gegeben, die Zahl der wissenschaftlichen Fachzeitschriften zu reduzieren, um der nach Meinung der Nazis zunehmenden Zersplitterung entgegenzuwirken. Insbesondere hatte der Physiker und Nobelpreisträger (1919) Johannes Stark, der sich schon

---

Mathematiker-Vereinigung, 94 (1992), S. 1–39; zu Kubach vgl. Michael Grüttner, Studenten im Dritten Reich, Paderborn u. a 1995, S. 509; Volker R. Remmert, In the Service of the Reich: Aspects of Copernicus and Galileo in Nazi Germany's Historiographical and Political Discourse, in: Science in Context, 14 (2001), S. 333–359, bes. S. 341 f; Reinhard Siegmund-Schultze, Mathematische Berichterstattung in Hitlerdeutschland. Der Niedergang des Jahrbuchs über die Fortschritte der Mathematik, Göttingen 1993, S. 117.

[39] Dazu vgl. auch Volker R. Remmert, Mathematical Publishing in the Third Reich: Springer Verlag and the Deutsche Mathematiker-Vereinigung, in: Mathematical Intelligencer, 22 (2000), Nr. 3, S. 22–30.

in den zwanziger Jahren der NSDAP angeschlossen hatte und zusammen mit seinem Kollegen Philipp Lenard für die »Deutsche Physik« stand, im Herbst 1933 eine »Neuordnung des physikalischen Schrifttums« unter einem gemeinsamen Herausgebergremium gefordert. Doch aus all diesen Plänen war in den folgenden Jahren nichts geworden.[40]

Vermutlich im Frühjahr 1939 sandte Bieberbach eine Kopie seiner *Vorschläge zu einer Planung auf dem Gebiete der wissenschaftlichen Zeitschriften* an den »Pg Süss zur Kenntnis«.[41] Bieberbach orientierte sich sehr an Starks Vorstellungen von 1933 und wählte die mathematischen Zeitschriften als Beispiel, um seine Ideen zu erläutern. Entsprechend sollte aber nach seiner Meinung »auch auf den übrigen naturwissenschaftlichen Gebieten verfahren werden«. Er beklagte namentlich, was bereits zuvor als Zersplitterung bezeichnet worden war, dass Artikel, die eigentlich einem einzigen Forschungsfeld angehörten, in verschiedenen Zeitschriften verstreut zu finden wären. Diese Praxis, so Bieberbach, wäre weder effektiv für die Fachgelehrten noch für die Herausgeberkollegien. Zudem brächte dieser Zustand den negativen ökonomischen Effekt mit sich, dass persönliche Abonnements äußerst rar wären. Bieberbachs Reorganisationsvorschläge gipfelten in dem Vorschlag, die DMV sollte die zentrale Überwachung und Koordinierung der Zeitschriften übernehmen.

Süss befürwortete Bieberbachs Initiative. Als er im November 1939 Ministerialrat Kummer im REM traf, um die bevorstehende Fusion von *Zentralblatt* und *Jahrbuch über die Fortschritte der Mathematik* zu diskutieren, kam er ebenfalls auf eine mögliche Umstrukturierung des Systems der mathematischen Zeitschriften zu sprechen[42]. Obschon das Auswärtige Amt aus Prestigegründen angeordnet hatte, dass Fusionen wissenschaftlicher Zeitschriften zu unterbleiben hätten, einigten Kummer und Süss sich auf ein neues Organisationsprinzip, die Spezialisierung der mathematischen Zeitschriften. Dies hätte das Ende der traditionellen Zeitschriften mit einem breiten

---

40) Vgl. Michael Knoche, Scientific Journals under National Socialism, in: Libraries & Culture, 26 (1991), S. 415–426, hier S. 418; Heinz Sarkowski, Der Springer Verlag. Stationen seiner Geschichte, T. I: 1842–1945, Heidelberg 1992, S. 329–331 sowie den Beitrag von Paul Forman in diesem Band.
41) Vorschläge zu einer Planung auf dem Gebiete der wissenschaftlichen Zeitschriften (wahrscheinlich April 1939), UFA, E4/78.
42) Süss an Kummer, 28.5.1940, ebd., E 4/45.

Spektrum bedeutet, z. B. des *Journals für die reine und angewandte Mathematik* (*Crelle's Journal*), der *Mathematischen Annalen* und der *Mathematischen Zeitschrift*. Bieberbach hatte vorgeschlagen, dass *Crelle's Journal* sich auf Algebra und Zahlentheorie spezialisieren sollte, die *Mathematischen Annalen* auf Analysis und die *Mathematische Zeitschrift* auf Geometrie. Süss hatte die Idee sofort aufgenommen und beschlossen, mit den verantwortlichen Herausgebern und Verlagen zu verhandeln.[43] Angesichts einhelliger Zurückhaltung der betroffenen Herausgeber und offener Ablehnung des Springer Verlags wurden die Pläne von Süss zunächst zurückgestellt.[44]

Bei Antritt seines Rektorats im Herbst 1940 sah Süss jedoch eine neue Chance gekommen, um sein altes Anliegen fachpolitischen Hintergrunds wieder vorzubringen. Zu Beginn seines Rektorats legte Süss dem Minister Rust eine Liste von vier Vorschlägen vor, die er gern auf der Tagesordnung der Prager Rektorenkonferenz im Dezember 1940 gesehen hätte. Sie bezogen sich sowohl auf die Universitäts- als auch auf die Wissenschaftspolitik.[45] Insbesondere sein vierter Vorschlag wies direkt in das Netz seiner fachpolitischen Interessen. Unter der neutralen Überschrift *Wissenschaftliche Gesellschaften und Zeitschriftenwesen* plädierte Süss für eine Neuorganisation des deutschen wissenschaftlichen Zeitschriftenwesens unter Führung der deutschen wissenschaftlichen Gesellschaften. Dabei machte er sich die ursprüngliche Argumentation Bieberbachs völlig zu eigen und forderte, dass das REM zu der »erforderlichen Umorganisierung im deutschen wissenschaftlichen Zeitschriftenwesen« die deutschen wissenschaftlichen Gesellschaften als »geeignetste Berater« heranziehen sollte.[46] Trotz des neuen Gewichts, das er den Vorschlägen als Rektor beizulegen gedachte, gerieten sie mit zunehmender Dauer des Kriegs in Vergessenheit.

Süss' hochtrabende Pläne zur Neuorganisation des deutschen wis-

---

[43] Süss an Sperner, 14.12.1939, ebd., E 4/76.
[44] Der Springer Verlag hatte allen Grund zur Skepsis gegenüber Süss; dazu vgl. Volker R. Remmert, Mathematical Publishing.
[45] Dazu und zu weiteren Verquickungen zwischen Rektoramt und DMV-Vorsitz bei Süss vgl. ders., Zwischen Universitäts- und Fachpolitik: Wilhelm Süss, Rektor der Albert-Ludwigs-Universität Freiburg (1940–1945) und Vorsitzender der Deutschen Mathematiker-Vereinigung (1937–1945), in: Karen Bayer/Frank Sparing/Wolfgang Woelk (Hrsg.), Universitäten und Hochschulen im Nationalsozialismus und in der frühen Nachkriegszeit, Stuttgart 2004, 147–165.
[46] Süss an Rust, 4.11.1940, UFA, B1/1439.

senschaftlichen Zeitschriftenwesens waren nicht seine einzigen Versuche, Einfluss auf das mathematische Verlagswesen zu nehmen und insbesondere Druck auf den Springer Verlag auszuüben. Springer hatte sich 1931 mit der Gründung des *Zentralblatts für Mathematik und ihre Grenzgebiete* im Bereich des Referatewesens engagiert. Das *Zentralblatt* wurde von Otto Neugebauer und Richard Courant herausgegeben und stand von Anfang an in direkter und bewusster Konkurrenz zum traditionsreichen *Jahrbuch über die Fortschritte der Mathematik* (Gründung 1869), das seit 1927/28 von der Preußischen Akademie der Wissenschaften (PAW) in Berlin herausgegeben wurde.[47]

Das *Jahrbuch* war berüchtigt für die große zeitliche Verzögerung, mit der die Referate erschienen, während das *Zentralblatt* bald als effizienter bekannt war. Bis 1939 hatte das *Jahrbuch* zunehmend mit ideologischen Interventionen von Bieberbach zu kämpfen, der sich zum Sprecher der *Jahrbuch*-Kommission in der Preußischen Akademie gemacht hatte. Insbesondere wünschte Bieberbach den Verzicht auf jüdische Referenten. Auch dem *Zentralblatt* bereitete die NS-Ideologie Probleme. Schon bald nach der Gründung des *Zentralblatts* hatte es, insbesondere von Seiten der DMV, Bemühungen gegeben, eine Zusammenarbeit von *Jahrbuch* und *Zentralblatt* zu erreichen. Dem standen jedoch die wirtschaftliche Konkurrenz der herausgebenden Verlage de Gruyter und Springer sowie die ideologische Inkommensurabilität zwischen Bieberbach und dem Springer Verlag entgegen. Dennoch wurde in den späten 1930er Jahren eine Zusammenlegung oder doch wenigstens eine Kooperation zwischen *Zentralblatt* und *Jahrbuch* diskutiert.

Ende 1938 verbreitete sich die Nachricht, dass in den USA die American Mathematical Society ein neues Referateorgan, die *Mathematical Reviews*, gründen wollte. Diese Perspektive verursachte unter Mathematikern und Verlegern in Deutschland Unruhe, ob sie nun nationalsozialistische Neigungen hatten oder nicht. Im Januar 1939 drängte Bieberbach de Gruyter und Springer, eine Fusion der beiden Organe in Betracht zu ziehen und unterbreitete sogleich detaillierte Vorschläge zu ihrer Durchführung. Auch der DMV-Vorsitzende Süss versuchte Anfang 1939, entsprechenden Druck auf de Gruyter und

---

[47] Dazu ausführlich Reinhard Siegmund-Schultze, Mathematische Berichterstattung.

Springer auszuüben und verfolgte das Ziel der Fusion beharrlich.[48] Als er aber Anfang November im REM die Frage der Vereinigung von *Zentralblatt* und *Jahrbuch* diskutieren wollte, erfuhr er, dass das Außenministerium »während des Krieges jede Zusammenlegung wissenschaftlicher Zeitschriften« untersagt hatte. Es sei, so Süss, »als ein propagandistisches Erfordernis bezeichnet worden, nach Möglichkeit unsere gesamte wissenschaftliche Produktion und Publikation in normaler Zahl, höchstens mit Einschränkung im Umfang, weiter zu führen«. So kam eine Vereinigung von *Zentralblatt* und *Jahrbuch* nicht mehr in Frage. Immerhin wurde die Zusammenarbeit von *Zentralblatt* und *Jahrbuch* unter einer Generalredaktion in Berlin vereinbart, deren Leiter der überzeugte Nationalsozialist Harald Geppert wurde.[49] Dies kam der Zusammenlegung, welche die DMV, Süss und Bieberbach angestrebt hatten, recht nah und gewährleistete zugleich die besonders von Bieberbach gewünschte Geschäftsführung im Sinne ideologischer Vorgaben, da Geppert fortan für die Vergabe der Referate für *Zentralblatt* und *Jahrbuch* verantwortlich war.

Der Vorstand der DMV und ihr Vorsitzender Süss, so belegen die in den vorangehenden Abschnitten dargelegten Entwicklungen, waren zu einer engen Zusammenarbeit mit dem REM bereit, um die eigenen Ziele, aber auch die des Ministeriums durchzusetzen. Dabei wurde die Distanz zu den ideologischen Vorgaben, wie etwa dem Antisemitismus und dem Antiinternationalismus des Regimes und den Möglichkeiten, die sie eröffneten, wie die der Denunziation[50], verschwindend gering. Damit ging zugleich eine Annäherung an Bieberbach und dessen Positionen einher, die es Süss zumindest zeitweise ermöglichte, die Wogen zwischen der DMV und Bieberbach zu glätten. Besondere Bedeutung aber für die Entwicklung der Verhältnisse zwischen der DMV und Bieberbach sowie der DMV und dem REM kam der sog. »Judenfrage« in der DMV zu.

---

48) Nathan Reingold, Refugee Mathematicians in the United States of America, 1933–1941: Reception and Reaction, in: Annals of Science, 38 (1981), S. 313–338, hier S. 327–333; Volker R. Remmert, Mathematical Publishing; Reinhard Siegmund-Schultze, Mathematische Berichterstattung, S. 167 ff.
49) Ebd., S. 224–226, Anh. 14.
50) Dazu vgl. Volker R. Remmert, Mathematical Publishing.

Die »Judenfrage« in der DMV

Wie andere Vereine auch, dachte die DMV, d. h. ihr Vorstand, über den Umgang mit den jüdischen und emigrierten Mitgliedern nach. Süss' Engagement in der »Judenfrage« – so die Aufschrift der entsprechenden Handakte des Schriftführers Müller – lässt sich bis zu einer Besprechung im März 1938 im REM zurückverfolgen. Dabei wird deutlich, dass nicht das REM ein bestimmtes Vorgehen diktierte, sondern dass der DMV-Vorsitzende Süss, getragen durch den DMV-Vorstand, die Politik der DMV im Umgang mit den jüdischen und emigrierten Mitgliedern formte. Im Jahr 1938 standen Süss und seine Vorstandskollegen Hasse, Müller und Sperner unter dem Eindruck der Sorge, dass die DMV als Mittel standespolitischen Lobbyismus gegenüber Bieberbach an Einfluss verlieren würde. Nach seinem Besuch im REM im März 1938 hatte Süss seinen Vorstandskollegen wie folgt berichtet:

> »Wenn wir uns über zweifelhafte Emigranten Klarheit verschaffen wollen, ist das Ministerium bereit, auf Antrag dem jeweiligen Vorsitzenden vertraulich Auskunft zu geben, aus der zu ersehen ist, ob der Emigrant als Mitglied tragbar ist oder nicht. [...] Mitteilungen über den Verbleib von Juden und Emigranten, z. B. auch Adressänderungen, möchte ich raten, nicht mehr im *Jahresbericht* bekannt zu geben. Weder ihr Mitgliedsein noch ihr Ausscheiden soll irgendwie Aufsehen erregen, – dies möchte ich anraten als Richtschnur unseres Handelns. Dass wir passende Gelegenheiten wahrnehmen, um unsre jüdischen und von den Emigranten die unliebsamen Mitglieder möglichst bald los zu werden, darin sind wir wohl alle einig.«[51]

Es erwies sich bald, dass die Diskussionen über jüdische und emigrierte Mitglieder nur einen Prolog zu weiteren Entwicklungen darstellten. Immerhin war ihre Zahl beträchtlich, denn bis 1939 verließen deutlich mehr als 100 Mathematiker das Deutsche Reich.[52] Bereits im September 1938 erfuhr der im Amt bestätigte Vorsitzende Süss am Rande der Jahrestagung der DMV, dass das REM bald alle wissenschaftlichen Gesellschaften zur »Durchführung des Arierprin-

---

51) Handakte Conrad Müller *Judenfrage*, Brief an Hasse, Müller u. Sperner vom 9.3.1938, UFA, E4/46. Süss' Korrespondenz zur »Judenfrage« ist in seinem Nachlass (UFA, C89) nicht vorhanden.
52) Vgl. die Liste bei Reinhard Siegmund-Schultze, Mathematiker auf der Flucht vor Hitler. Quellen und Studien zur Emigration einer Wissenschaft, Braunschweig 1998, S. 292 ff.

zips« auffordern werde. Müller gegenüber betonte er, dass diese Frage »ja in absehbarer Zeit aktuell« werde und es daher sinnvoll erscheine, wenn er, Süss, diese »Angelegenheit im Ministerium gleich weiter führte«, da er voraussehe, »daß wir diese Dinge im Laufe des Winters noch miteinander und vielleicht an der zuständigen Stelle im Ministerium besprechen müssen«.[53]

In der Tat nahmen die Dinge nach den organisierten antijüdischen Pogromen vom 9./10. November 1938 eine schnelle Entwicklung. Wenige Tage später stieß Sperner in einem Brief an Hasse, den er auszugsweise auch Müller und Süss zukommen ließ, die Diskussion über die Behandlung »nichtarischer Mitglieder und Emigranten« wieder an. Er machte deutlich, dass er nicht glaube, »dass wir [die DMV – d. A.] diese Art Mitglieder länger in unseren Reihen führen können; vielmehr müssen wir der Frage doch endlich wohl zu Leibe gehen«.[54]

Am 15.11.1938 erging in der Frage ein Schnellbrief des REM, der sog. *Akademie-Erlass*, der den wissenschaftlichen Akademien, nicht den Gesellschaften, Satzungsänderungen vorschrieb und insbesondere das Ausscheiden reichsdeutscher Mitglieder forderte, sofern sie jüdisch, »jüdisch versippt« oder »Mischlinge« waren. Inwieweit der *Akademie-Erlass* als Anlass für die weiteren Entwicklungen in der »Judenfrage« in der DMV gelten kann, ist ungewiss. Hasse hat seine Vorstandskollegen mit Brief vom 24.11. über den *Akademie-Erlass* informiert,[55] aber bereits in einem Brief Bieberbachs an Süss vom 16.11. findet sich eine Anspielung darauf. Bieberbach nahm die jüngsten Ereignisse zum Anlass, Süss noch einmal seine Bedingungen für einen Wiedereintritt in die DMV zu präsentieren:

> »Ich habe nichts gehört, aus dem ich den Schluss ziehen könnte, dass die Deutsche Mathematikervereinigung irgend etwas unternommen hat, um aus eigener Kraft sich zu einer Deutschen Vereinigung zu gestalten und sich Aufgaben zuzuwenden, deren Lösung notwendig erscheint. Ich kann aus dem was ich hörte, nur schliessen, dass die DMV auf die gebratenen Tauben wartet, die sie z. B. kraft einer Verordnung von den jüdischen Mitgliedern befreit. Aber das wäre ja schliesslich nur die Vorbereitung. Aber es wäre ja schon viel gewonnen, wenn die DMV noch so viel jugendliche Kraft besässe, hier selber einen Entschluss zu fassen. Dass die alten Akademien, in denen die Gerusia regiert, erst eines Anstosses von aussen bedurften, um die Juden los zu

---

53) Süss an Müller, 5.10.1938, UFA, E4/45.
54) Sperner an Hasse, 14.11.1938, ebd., E4/46.
55) Hasse an Müller, Sperner und Süss, ebd.

werden, brauchen Sie sich nicht als Muster zu nehmen. Sie berühren am Schluss Ihres Briefes wieder die Frage meines Wiedereintrittes. Ich sagte Ihnen schon immer, was die Vorbedingungen sind. Dazu gehört, dass die DMV einen deutlichen Schritt tut, um sich der Lösung Deutscher Aufgaben zuzuwenden. Das Erwarten gebratener Tauben ist kein eigener Schritt.«[56]

Süss blieb in dieser Situation nicht untätig. Er versicherte sich in dieser Angelegenheit des Rats und der Unterstützung des Freiburger Kreisleiters Willy Fritsch, eines promovierten Mathematikers, bevor er am 18.11. an seinen Vorstandskollegen Sperner schrieb, er glaube, »daß wir in allernächster Zeit alle heutigen und ehemaligen *deutschen* Juden als Mitglieder streichen müssen.«[57]

Süss war dabei der Meinung, »ein stillschweigender Ausschluß« der jüdischen Mitglieder sei »wohl das diplomatisch Beste und zugleich allerdings das Bequemste«.[58] Diesem Vorgehen widersprach wenige Tage später Hasse, der dafür hielt, deutschen »Juden im Inland und Ausland [...] ausdrücklich von ihrem Ausscheiden Mitteilung zu machen, oder ihnen jedenfalls so, wie es der Minister bei den Akademien verlangt, in geeigneter Form nahe zu legen, dass sie ihre Mitgliedschaft von sich aus niederlegen.« Hasse räumte ein, »dass es recht schwierig ist, einen geeigneten Wortlaut für eine solche Mitteilung zu finden«, und erklärte sich auch bereit, »es bei dem stillschweigenden Erlöschen der Mitgliedschaft im Jahre 1939 bewenden« zu lassen. In jedem Falle könnten dann die »Betreffenden [...] unter ausgetreten oder Mitgliedschaft erloschen im Mitteilungsblatt bekannt« gegeben werden. Für die DMV wie das REM hatte dieses Verfahren den Vorteil, dass die Hintergründe nicht an die Öffentlichkeit gelangen würden.[59]

Wenige Tage später konnte Süss seinen Vorstandskollegen Fortschritte in der Frage des Ausschlusses der jüdischen Mitglieder melden. Er hatte inzwischen mit dem Chef des Amts für Wissenschaft Wacker und dem Freiburger Kreisleiter Fritsch, der übrigens 1940 der DMV beitrat, über die »Judenfrage« in der DMV gesprochen:

---

56) Bieberbach an Süss, 16.11.1938, ebd., C89/44.
57) Süss an Sperner, 18.11.1938, ebd., E 4/46 (*kursiv im Original*). Zu DMV-Mitgliedern jüdischer Abstammung vgl. die gedrängte Darstellung bei: Martin Kneser/Norbert Schappacher, Fachverband, S. 69 f.
58) Süss an Hasse und Müller, 18.11.1938, UFA, E 4/46.
59) Hasse an Müller, Sperner und Süss, 24.11.1938, ebd.

> »Ich sagte [zu Wacker – d. A.], daß wir schon seit einiger Zeit die Ausschaltung aller deutschen Juden aus unserer Vereinigung vorbereiteten, nachdem die früher mit dem Ministerium getroffenen Abmachungen über ein allmähliches Ausscheiden der jüdischen Mitglieder inzwischen durch die neu eingetretene Lage uns überholt schienen. Was ausländische Juden unter unseren Mitgliedern angehe, so müßte ich darauf dringen, daß eine staatliche oder Parteiinstanz die verantwortliche Prüfung in die Hand nehme, wer unter unseren ausländischen Mitgliedern als Jude zu betrachten sei. [...]
> Mit dem hiesigen Kreisleiter, Dr. Fritsch, habe ich verabredet, daß er die Prüfung der Frage, wer von den Mitgliedern im Inland, bei denen es uns zweifelhaft war, Jude sei, auf dem Parteiwege vornehmen wolle. Eine Adressenliste der in Frage kommenden Mitglieder habe ich ihm ausgehändigt. [...]
> Wenn wir einer Aufforderung des Ministeriums durch eigene Schritte zuvorkommen wollen, so müssen wir nun rasch handeln. Wir können jedenfalls die Unterhandlungen nicht hinausschieben, bis wir wirklich zuverlässige Listen der Mitglieder aller Gattungen aufgestellt haben, über deren Verbleib in der DMV zu sprechen sein wird.
> Als Wortlaut der Mitteilung an die deutschen Juden im In- und Ausland möchte ich folgendes vorschlagen: ›Ihre Mitgliedschaft in der Deutschen Mathematikervereinigung ist in Zukunft nicht mehr möglich. Wir werden Sie deshalb ab 1.1.1939 nicht mehr in unserer Mitgliederliste führen‹. Ob dieser Wortlaut den von Herrn Sperner noch an Grobheit übertrifft, oder ob er etwas verbindlicher klingt, wage ich selbst nicht zu entscheiden. Ich bitte um Ihr Urteil.«[60]

Die Formulierung der Mitteilung an die jüdischen Mitglieder fand die Zustimmung Hasses und Sperners, nicht aber Müllers. Doch auch die endgültige Mitteilung zeugte von bürokratischer Distanziertheit gegenüber den früheren Kollegen, wie im Brief an den Münchner Mathematiker Friedrich Hartogs vom Juli 1939:

> »Sehr geehrter Herr Professor!
> Sie können in Zukunft nicht mehr Mitglied der Deutschen Mathematikervereinigung sein. Deshalb lege ich Ihnen nahe, Ihren Austritt aus unserer Vereinigung zu erklären. Andernfalls werden wir das Erlöschen Ihrer Mitgliedschaft bei nächster Gelegenheit bekannt geben.
> Mit vorzüglicher Hochachtung
> Der Vorsitzende«[61]

In der Deutschen Physikalischen Gesellschaft (DPG) war man im Dezember 1938 unter dem Vorsitz von Peter Debye zu einem anderen Wortlaut gekommen, der dem DMV-Vorstand auch vorlag:

---

[60] Süss an Hasse, Müller und Sperner, 10.12.1938, ebd.
[61] Süss an Hartogs, 22.7.1939, ebd., E4/62.

>»An die Mitglieder der
Deutschen Physikalischen Gesellschaft.
Unter den zwingenden obwaltenden Umständen kann die Mitgliedschaft von reichsdeutschen Juden im Sinne der Nürnberger Gesetze in der Deutschen Physikalischen Gesellschaft nicht mehr aufrechterhalten werden.
Im Einverständnis mit dem Vorstand fordere ich daher alle Mitglieder, welche unter diese Bestimmung fallen, auf, mir ihren Austritt aus der Gesellschaft mitzuteilen.
Heil Hitler!«[62]

Gegenüber dieser Aufforderung an die DPG-Mitglieder, selbst zu entscheiden, ob ihr Austritt erforderlich war oder nicht, wählte der DMV-Vorstand den »gründlicheren« Weg, die betreffenden Mitglieder zu identifizieren und dann zu einer Lösung zu kommen. Zur Durchführung des Unternehmens hatte Süss sich, wie gesehen, der Unterstützung des REM und der Partei versichert. Im Vorstand begannen im Dezember die Diskussionen, wer Jude sei und wer nicht; sie zogen sich bis April 1939 hin. Das REM verfügte tatsächlich im Januar 1939, dass »deutsche Juden« grundsätzlich von der Mitgliedschaft auszuschließen seien.

Anfang April 1939 fasste Süss für seine Vorstandskollegen die Lage in den, wie er schrieb, »Kassen- und Rassenangelegenheiten« zusammen. Er wies darauf hin, dass sowohl der Freiburger Kreisleiter als auch das REM die ihnen übergebenen Listen prüften. Außerdem hob er hervor, dass sowohl Heinz Hopf in Zürich, »weil sicher nicht Volljude (≤ 50 %) und wegen seines Ansehens, ausserdem wohl bald Schweizer« als auch Paul Bernays »wegen seines Ansehens nicht ohne Folgen für die DMV zu entfernen [wären], wie ich jetzt in der Schweiz festgestellt habe.« Er brachte damit das Problem für die DMV auf den Punkt, wie die ganze Angelegenheit möglichst klein gehalten werden könnte, um über den Hinauswurf der jüdischen Mitglieder hinaus nicht auch noch eine Welle von fachlich wie politisch unerwünschten Austritten zu provozieren.[63]

Das Thema jüdischer und emigrierter Mitglieder war nicht nur nach innen sehr sensibel, sondern auch nach außen. War ihr Ausschluss aus der DMV innenpolitisch gewünscht, so machte er außen-

---

62) 9.12.1938 (Abschrift), ebd., E4/46. Zur Behandlung jüdischer Mitglieder in der DPG s. den Beitrag von Stefan L. Woff sowie die Dokumentation *Gleichschaltung* im Anhang dieses Bands (dort auch ein Nachdruck des Briefes; vgl. ebenfalls den Abbildungsteil).
63) Süss an Hasse, Müller und Sperner, 4.4.1939, UFA, E4/46.

politisch keinen günstigen Eindruck, weder für die DMV noch für das Deutsche Reich. Daher wurde sowohl vom REM als auch vom Auswärtigen Amt immer wieder betont, dass geboten sei, vorsichtig vorzugehen. Mit Kriegsausbruch änderte sich die Situation und Süss schrieb seinen Vorstandskollegen Anfang September 1939, dass nach Kriegsende »die Lage ohnehin derart sein [werde], daß wir überall wieder klare Verhältnisse ohne Bedenken schaffen können«.[64)] Unabhängig davon, gab es für die DMV zwei Möglichkeiten, dem Mitgliederschwund zu begegnen – hatte sie doch von 1938 auf 1939 insgesamt 47 Mitglieder durch Austritt verloren und bei weiteren 40 die Mitgliedschaft erlöschen lassen.[65)] Einerseits kam eine verstärkte Werbung in Betracht, wie sie Süss etwa Mitte April 1939 für das »Protektorat« und in persönlichen Briefen an Kollegen anregte,[66)] und andererseits die Einrichtung von Doppelmitgliedschaften, etwa mit der Unione Matematica Italiana (UMI), (vgl. Abschnitt »Internationale Beziehungen«).

Die schnelle Lösung der Judenfrage in der DMV beruht wesentlich auf dem Einsatz von Süss, der dabei vom selben DMV-Vorstand getragen wurde, der ihn 1937 aus (fach)politischen Erwägungen ins Amt gebracht hatte: Helmut Hasse, Conrad Müller und Emanuel Sperner. Müller allerdings beteiligte sich kaum an der intensiven Diskussion um die »Judenfrage« ab Ende 1938. In der »Judenfrage« stellte Süss namens der DMV die Kollaborationsbereitschaft und -fähigkeit mit dem System deutlich heraus, indem er sowohl dem lautlosen Funktionieren der Ministerialbürokratie als auch ihren von ihm nicht beeinfluss- oder kontrollierbaren nationalsozialistischen Zielen und Aufgaben zuarbeitete. Dadurch qualifizierte er sich und die DMV im REM als verlässliche Partner. Im Verlauf dieser Zusammenarbeit nahm die Fachpolitik der DMV wichtige nationalsozialistische Elemente auf, insbesondere den Antisemitismus und den Antiinternationalismus. Auf dieser Grundlage wuchs Süss in die Rolle des einflussreichsten fachpolitischen Repräsentanten der deutschen Mathematiker während des Dritten Reichs und arbeitete als DMV-Vorsitzender – und später auch als Freiburger Rektor – eng und vertrauensvoll mit

---

64) Süss an Hasse, Müller und Sperner, 9.9.1939, ebd., E4/45.
65) Vgl. die Angaben in: Jahresbericht der Deutschen Mathematiker-Vereinigung, 2. Abt., 49 (1939), S. 76.
66) Etwa Süss an Hasse, 14.4. 1939, UFA, E4/45 und Süss an Weiss, 6.4.1939, ebd., C89/85.

dem REM zusammen. Diese Zusammenarbeit war die Voraussetzung erfolgreicher fachpolitischer Aktivitäten im Zweiten Weltkrieg (vgl. die Abschnitte »Mathematische Kriegsforschung« und »DMV und DPG«).

Die Entwicklungen der Jahre 1938 und 1939 wurden von den Beteiligten im DMV-Vorstand als streng vertraulich betrachtet. Als Süss im Dezember 1939 seinen jährlichen Bericht des Vorsitzenden vorbereitete, schrieb er an Müller, dass er zwar nicht untätig gewesen sei, »daß aber von den meisten Dingen in der Öffentlichkeit nichts gesagt werden kann, z. B. von den Stellungnahmen in Berufungsfragen in Wien und Prag, beim internationalen Kongress, bei den Judenfragen, bei den Referateorganen«. So habe er einige »allgemein gehaltene Sätze zu Papier gebracht«.[67] In der Tat waren die erwähnten Angelegenheiten zu sensibel, um im *Jahresbericht* veröffentlicht zu werden. Dort fanden sich im *Bericht des Vorsitzenden* neben der Bemerkung, dass die »Tätigkeit des Vorsitzenden in den letzten Jahren gegenüber früheren Zeiten eine beträchtliche Ausweitung erfahren« habe, nur ein paar hehre Worte über die DMV, die »so wie jede wissenschaftliche Gesellschaft in Deutschland bei ihrer Arbeit stets die Allgemeinheit im Auge hat«.[68]

Juden, so verstand sich stillschweigend, zählten nicht mehr dazu. Sie waren in der Korrespondenz zwischen den Parteigenossen und -aspiranten Hasse, Sperner und Süss zu bürokratischen Objekten geworden. Bis in die Terminologie lässt sich in ihrem Briefwechsel zur »Judenfrage« die zentrale und verhängnisvolle Rolle der Bürokratie im Dritten Reich erkennen, ihre Tendenz zur Entmenschlichung in bürokratische Gegenstände, die fatale Eigendynamik bürokratischen Ehrgeizes, die ausgehend von der Etappe, das Deutsche Reich »judenrein« zu machen, dem Holocaust den Weg bahnten.[69] Während Müller, als er auf die Verdienste Pringsheims und Blumenthals hinwies, auf das vorstandsübliche »Heil Hitler!« verzichtete, waren die Briefe seiner Kollegen durchzogen mit distanzierendem Vokabular: »entfernen«, »Ausschaltung«, »allmähliches Ausscheiden«, »Listen

---

67) Süss an Müller, 18.12.1939, ebd., E4/45.
68) Bericht des Vorsitzenden, in: Jahresbericht der Deutschen Mathematiker-Vereinigung, 2. Abt., 49 (1939), S. 77 f.
69) Dazu Zygmunt Bauman, Modernity and the Holocaust, Oxford 1989, v. a. S. 102–106.

der Mitglieder aller Gattungen«, »Kassen- und Rassenangelegenheiten« etc.

Internationale Beziehungen im Spiegel der Politik

Für die DMV hatte sich die Abhängigkeit vom außen- und gesamtpolitischen Rahmen in mehrfacher Hinsicht ausgewirkt: die Bohr-Affäre, die »Judenfrage« und die Neuordnung des Referatewesens sind durchweg nicht ohne den Kontext nationalsozialistischer Politik und der damit einhergehenden Selbstisolierung des Deutschen Reichs zu verstehen.[70] Die »Ausrichtung der Auslandsbeziehungen« gehörte, wie Bieberbach im November 1938 Süss erinnert hatte, zu den wesentlichen künftigen Aufgaben der DMV.[71] Sie nach den Gegebenheiten und Erfordernissen der Zeit und damit der nationalsozialistischen Politik auszurichten, stellte für den DMV-Vorstand eine schwierige Aufgabe dar, zumal die politischen Vorgaben nicht immer transparent genug waren, um auf ihrer Basis zu handeln. Ab 1939 lagen die Implikationen der »Judenfrage« und des Kriegs als enorme Belastungen auf allen Bemühungen um internationale Kontakte nicht nur im Ausland, sondern auch in Deutschland selbst und nicht nur im Kreis um Bieberbach.

In der komplexen und instabilen außenpolitischen Situation war die DMV in der Pflege ihrer internationalen Beziehungen auf häufige Rücksprachen mit dem REM und dem Auswärtigen Amt angewiesen. Einerseits bemühten sich Süss und seine Vorstandskollegen ab 1938 verstärkt darum, ausländische Mathematiker zur Jahrestagung der DMV einzuladen, was u. a. wegen der erforderlichen Devisen der Zu-

---

[70] Die internationalen Beziehungen der Mathematiker in Deutschland während des Nationalsozialismus sind bisher allein von Reinhard Siegmund-Schultze diskutiert worden. Vgl. ders., Mathematische Berichterstattung; ders., Faschistische Pläne zur »Neuordnung« der europäischen Wissenschaft. Das Beispiel Mathematik, in: NTM. Internationale Zeitschrift für Geschichte und Ethik der Naturwissenschaften, Technik und Medizin, 23 (1986), S. 1–17; ders., The Effects of Nazi Rule on the International Participation of German Mathematicians: An Overview and Two Case Studies, in: Karen Hunger Parshall /Adrian C. Rice, (Hrsg.), Mathematics Unbound: The Evolution of an International Mathematical Research Community, 1800–1945, Providence 2002, S. 335–351.
[71] Bieberbach an Süss, 16.11.1938, UFA, C89/44.

stimmung des REM bedurfte. Andererseits versuchten sie die Beziehungen zu bestimmten Ländern und ihren mathematischen Standesvertretungen zu intensivieren, wobei die befreundeten Nationen wie Italien, Japan und Spanien eine besondere Rolle spielten. In beiden Bestrebungen schlug sich im DMV-Vorstand schon 1938 ein ausgeprägtes kulturpolitisches Sendungsbewusstsein nieder, das dann im Rausch der ersten Kriegsjahre fast imperialistische Züge annahm.

Im Januar 1938 diskutierte der DMV-Vorstand die Möglichkeit, zur Jahrestagung im September in Baden-Baden erstmals gezielt Vortragseinladungen an ausgesuchte ausländische Mathematiker auszusprechen. Es stellte sich schnell heraus, dass es wünschenswert wäre, englische, französische, italienische und Schweizer Mathematiker zu Gast zu haben.[72] Die Auswahl der möglichen Kandidaten erfolgte auf Grundlage ihrer mathematischen Attraktivität bzw. ihres Rufs, aber auch im Hinblick darauf, ob sie überhaupt bereit sein würden, einer solchen Einladung Folge zu leisten. Zudem, so stellte Süss klar, kämen »als Vortragende und Mitglieder der DMV aus dem Auslande [...] nur Menschen in Frage, die uns freundlich gegenüber stehen«. Er befürwortete, »neben den Kanonen« auch »einen oder zwei jüngere Ausländer heranzuziehen«, bei denen nämlich »die Zukunft unserer Beziehungen zum Ausland« liege. Explizit versprach er sich von der Aktion, »bei deutschfreundlichen Ausländern für die Mitgliedschaft zu werben«.[73] Im Februar schließlich beantragten Müller und Süss beim REM die Genehmigung zur Einladung, um »damit die werbende Kraft ihrer Tagung den deutschen Interessen zur Verfügung stellen zu können«, wie es in der Begründung hieß. Die Wunschkandidaten waren Élie Cartan und Claude Chevalley (beide Paris), Andreas Speiser und Ernst Stiefel (beide Zürich), Georges de Rham (Lausanne), Francesco Severi (Rom), Enrico Bompiani (Bologna) und Marston Morse (Princeton).[74] Tatsächlich folgten Chevalley, Speiser, Bompiani, Severi und de Rham der Einladung. Zudem trugen auf der Jahrestagung neben zahlreichen Mathematikern aus dem inzwischen dem Deutschen Reich »angeschlossenen« Österreich zusätzlich zu den ursprünglich eingeladenen Ausländern auch Otto Varga (Prag), D. Barbilian (Bukarest) und der aus Österreich stammende Anton

---

72) Vgl. die Korrespondenz vom Januar 1938 in: ebd., E4/58.
73) Süss an Hasse, Müller und Sperner, 22.1.1938, ebd.
74) Müller und Süss an das REM, 23.2.1938, ebd.

Huber (Fribourg) vor.[75] Auch die Hoffnung, neue Mitglieder im Ausland zu gewinnen, erfüllte sich, denn 1938 traten von den Vortragenden immerhin Barbilian, de Rham und Stiefel der DMV bei.

Damit durfte das Unternehmen aus Sicht des Vorstands als doppelter Erfolg gelten, sodass auch für 1939 wieder Einladungen an ausländische Mathematiker geplant wurden. Im März 1939 legte Süss dem REM eine entsprechende Liste von Wunschkandidaten vor und betonte erneut die Absicht der DMV, »die werbende Kraft ihrer Tagung den deutschen kulturpolitischen Interessen zur Verfügung zu stellen«.[76] Die Tagung fiel jedoch wegen des Kriegsbeginns aus.

Zwar fehlt es an genauen Kenntnissen über die Praxis anderer wissenschaftlicher Gesellschaften bei der Einladung von Ausländern in dieser Zeit, aber zumindest unterschied sich die DMV in den skizzierten »kulturpolitischen« Bemühungen von der DPG, die der DMV im August 1939 auf Anfrage mitteilte, dass es sich bei den ausländischen Vortragenden in der Physik »bisher nur um einen Japaner« handele.[77] Natürlich konnte die Initiative der DMV im Krieg nur eingeschränkt weiterfolgt werden, zumal ohnehin nur eine halbwegs reguläre Tagung im Herbst 1941 in Jena stattfand.

Unter den Umständen des Kriegs, die Einladungen an ausländische Mathematiker entweder verboten oder praktisch unmöglich machten, galt das Augenmerk der DMV vor allem dem Ausbau der Beziehungen zu anderen mathematischen Gesellschaften in befreundeten Staaten und insbesondere der Pflege des Verhältnisses zu italienischen Mathematikern und der UMI. Die im November 1936 verkündete Achse Berlin-Rom war im November 1938 durch ein deutsch-italienisches Kulturabkommen flankiert worden. Vor diesem Hintergrund fühlte sich auch die DMV aufgefordert, die offiziellen mathematischen Beziehungen nach Italien zu verbessern, wie schon am Beispiel der Einladungen an italienische Mathematiker zu den Jahrestagungen 1938 und 1939 deutlich wurde.

Am Rande der Tagung in Baden-Baden im September 1938 hatte Süss mit Enrico Bompiani über die Möglichkeit einer Doppelmitgliedschaft in der DMV und der UMI gesprochen. Im Präsidium der UMI wurde dieser Vorschlag positiv aufgenommen, wie Bompiani

---

75) Vgl. Programm in: ebd., S. 388–396.
76) Süss an REM, 12.3.1939, ebd., E4/60.
77) Grotrian an Süss, 9.8.1939, ebd., E4/59.

Süss im Dezember schrieb.[78] Im Juli 1939 war der Plan soweit gediehen, dass Süss beim REM um Zustimmung bitten konnte.[79] Wie immer galt es aber zugleich die Klippe jüdischer Mitglieder zu umschiffen, waren doch 1938 auch in Italien antisemitische Gesetze erlassen worden. Nach kurzer Diskussion einigte man sich im Vorstand darauf, italienische »Nichtarier« so lange weiter als Mitglieder zu führen, »bis die Forderung [zur Änderung – d. A.] an uns von Seiten der Italiener herantritt«.[80] Doch die Doppelmitgliedschaft war nicht nur politisch opportun, sondern der Vorstand erhoffte sich dadurch auch neue Mitglieder, die so dringend nötig waren, sollte nicht die Mitgliederbilanz des Jahres 1939 noch unerfreulicher ausfallen. Was auch immer ihr Ausmaß gewesen sein mag, die Pläne einer intensiven Zusammenarbeit der DMV mit der UMI wurden nach der Kapitulation Italiens im September 1943 zur Makulatur. Ebenso kamen Kooperationen mit den japanischen und spanischen mathematischen Gesellschaften, die Süss im Sommer 1940 »aus außenpolitischen Gründen« befürwortete, nie über ein vorläufiges Stadium hinaus.[81]

Die gezielte Politik zum Ausbau bzw. zur Pflege internationaler Beziehungen wurde ab 1938 durch die stabilen Verhältnisse im DMV-Vorstand und -Vorsitz begünstigt. Sie war Bestandteil umfassender Pläne, die auch das Zeitschriften- und Referatewesen betrafen, und fügte sich nahtlos in den kulturpolitischen Rahmen des REM – teils aus Überzeugung, teils aus Praktikabilitätserwägungen. Nach anfänglichen Erfolgen, etwa bei der Teilnahme ausländischer Mathematiker an der Jahrestagung der DMV 1938 und in der Annäherung an die UMI, beschränkten die internationalen Aktivitäten sich mit zunehmender Dauer des Kriegs und dem Verrauschen des anfänglichen Siegestaumels jedoch mehr und mehr. Neben den kriegsbedingten Einschränkungen im internationalen Verkehr stellten die veränderten Bedingungen neue Anforderungen an die DMV und ihren Vorsitzenden, insbesondere in der Organisation mathematischer Kriegsforschung.

---

78) Bompiani an Süss, 31.12.1938, ebd., E4/76.
79) Süss an REM, 13.7.1939, ebd.
80) Hasse an Müller, Sperner und Süss, 3.6.1939,ebd., E4/44.
81) Süss an Hasse, Müller und Sperner, 17.7.1940, ebd., E4/45.

Mathematische Kriegsforschung und Gründung des Reichsinstituts für Mathematik in Oberwolfach

Unter deutschen Mathematikern ist die Gründung eines zentralen Instituts für Mathematik, das in erster Linie durch die Kriegsforschung legitimiert werden sollte, spätestens seit Herbst 1941 diskutiert worden. Die Relevanz mathematischer Methoden für die Kriegsforschung ließ ein nationales mathematisches Institut wünschenswert erscheinen, das sich zentral und mit den nötigen Ressourcen ausgestattet den allerorten auftretenden mathematischen Problemen widmen sollte. Mit dem 1942 in Partei- und Regierungskreisen einsetzenden Umdenken von der Konzentration auf kurzfristige Forschungsaufgaben im Blitzkrieg auf mittel- und langfristige Aufgaben in einem Krieg von längerer Dauer schien die Realisierung eines Reichsinstituts für Mathematik oder sogar einer Mathematisch-Technischen Reichsanstalt in greifbare Nähe zu rücken. Unklar aber war, welche Personen unter wessen Schirmherrschaft ein solches Institut würden gründen können, spielten doch persönliche Animositäten und Ambitionen eine ebenso große Rolle wie das polykratische Dickicht konkurrierender Regierungsstellen. Im Sommer 1942 gab es drei ernsthafte Kandidatengruppen: 1) den Freiburger Mathematiker Gustav Doetsch, der als Mitarbeiter der Forschungsführung im Reichsluftfahrtministerium im Range eines Majors der Luftwaffe ein von der Luftwaffe kontrolliertes Institut aufzubauen bestrebt war, 2) seinen Freiburger Kollegen Wilhelm Süss, der als Vorsitzender der DMV mit Unterstützung des Reichsforschungsrats und des REM ein solches Institut als ureigenste Zuständigkeit der DMV realisieren wollte und schließlich 3) in der Position des Außenseiters Alwin Walther, der in Darmstadt das Institut für praktische Mathematik leitete, das ohnehin bereits in wachsendem Ausmaß von verschiedenen Seiten für Aufgaben der Kriegsforschung herangezogen wurde (Heeresversuchsanstalt in Peenemünde).[82]

Unter Federführung von Doetsch, den von seinem Freiburger Kol-

---

82) Dazu und zum Folgenden vgl. Moritz Epple/Andreas Karachalios/ Volker R. Remmert, Aerodynamics and Mathematics in National Socialist Germany and Fascist Italy: A Comparative Study of Research Institutes, in: Carola Sachse/Mark Walker (Hrsg.), Politics and Science in Wartime (= Osiris, Bd. 20), Chicago 2005, S. 131–158; Herbert Mehrtens, Mathematics and War: Germany 1900–1945, in: José M.

legen Süss eine gegenseitige, innige Feindschaft trennte, begann Wolfgang Gröbner Anfang Juli 1942 unter alleiniger Trägerschaft des Reichsluftfahrtministeriums mit dem Aufbau eines Instituts für höhere mathematische Methoden an der *Luftfahrtforschungsanstalt Hermann Göring* in Braunschweig, das später den Namen *Arbeitsgruppe für Industriemathematik* erhielt. Zusammenfassend lässt sich sagen, dass dieses mit großen Ambitionen aus der Taufe gehobene Unternehmen nur in recht bescheidenem Maßstab tätig werden konnte.

Andere, höhere Ziele verfolgte Süss mit dem Plan der Gründung eines Reichsinstituts für Mathematik. Ihm lag nicht allein an der Gründung einer Institution zum Zwecke der Kriegsforschung, sondern an einer Einrichtung, die über das (siegreiche) Ende des Kriegs hinaus ein breites Spektrum mathematischer Grundlagen- und Anwendungsforschung betreiben sollte. Im Sommer 1942 wurde hinter den Kulissen zäh um die Verwirklichung einer solchen Einrichtung gerungen. Nachdem aber Doetsch im Sommer 1942 die Arbeitsgruppe für Industriemathematik gegründet hatte, begann Süss intensiv für sein eigenes Projekt, das Reichsinstitut für Mathematik, zu werben und ließ keinen Zweifel daran, dass das Braunschweiger Institut diese Rolle nicht würde ausfüllen können. Für Süss hatten die fachpolitischen Interessen Vorrang vor den Erfordernissen des Kriegs. Doch die Bemühungen von Süss zeitigten erst zu Beginn des Jahres 1944 Früchte, denn er richtete im Februar an mehrere Kollegen die briefliche Bitte um Anregungen zur bevorstehenden Gründung des Zentralinstituts und zog sich im März zurück, um einen offiziellen Projektantrag für das Reichsinstitut zu entwerfen.[83] Anfang August 1944 wurde schließlich der offizielle Antrag auf Errichtung eines Reichsinstituts für Mathematik von Walther Gerlach in seiner Eigenschaft als Fachspartenleiter Physik im Reichsforschungsrat (RFR) gestellt. Die Notwendigkeit eines Reichsinstituts für Mathematik wurde durch den »Mangel mathematischer Hilfsmittel in Forschung und Industrie« begründet, der sich in den zurückliegenden Jahren in einem »immer wachsenden Bedarf an tabellierten mathematischen Funktionen, an Gleichungslösungen, an mathematischen Maschinen

---

Sánchez-Ron,/Paul Forman (Hrsg.), National Military Establishments and the Advancement of Science and Technology: Studies in Twentieth Century History, Dordrecht 1996, S. 87–134, hier S. 115–118.

83) Reihenbrief von Süss ohne Adressaten, 1.2.1944, UFA, E6/1 und Süss an Sperner, 29.3.1944, ebd., C89/77.

und Rechengeräten aller Art« gezeigt habe.[84] Die Begründungsrhetorik bezog explizit die reine Mathematik in den Aufbau eines Reichsinstituts für Mathematik ein. Die »erste Übersicht über die Aufgaben des Reichsinstituts« umfasste drei Aufgabenbereiche, war aber wenig konkret: 1) »Förderung der mathematischen Wissenschaften und ihrer Anwendungen im weitesten Sinne«, 2) »Ausbau von Abteilungen zu *Recheninstituten* und mathematischen *Fertigungsinstituten* mit besonderen Ausrüstungen von mathematischen Geräten« und schließlich 3) »allgemeine Aufgaben«, zu denen eine »Zentralstelle für mathematisches Berichtswesen« ebenso gehörte wie die »Einrichtung einer Mathematiker-Kartei zur besten Ausnützung der Kräfte und zur Ermittlung von Mitarbeitern« und die »Einrichtung einer zentralen Auskunftsstelle und Prüfstelle für mathematische Fragen«.[85] In erster Linie ging es in den im Antrag skizzierten Aufgabenbereichen um die Organisation und Bündelung von Ressourcen, für die Süss als Vorsitzender der DMV durchaus die geeignete Person zu sein schien, und nicht um tatsächliche mathematische Tätigkeiten.

Diese umfassenden Pläne konnten gegen Ende des Kriegs natürlich nicht mehr in die Tat umgesetzt werden. Das Reichsinstitut für Mathematik, das ab Herbst 1944 unter der Leitung von Süss in Oberwolfach zu entstehen begann, verfügte weder über ein Kriegsforschungsprogramm noch über den avisierten Mitarbeiterstab. Nach dem Krieg gab Süss dem Institut schnell ein neues Gesicht als Ort reiner mathematischer Forschung, den er zu einem internationalen Tagungsort ausbaute, der heute als *Mathematisches Forschungsinstitut Oberwolfach* bekannt ist.

DMV und DPG: gemeinsame Sorge um die Kriegsforschung

Seit den 1920er Jahren war ein regelmäßiger Berührungspunkt zwischen DMV und DPG die gemeinsame Organisation und Durchführung des Deutschen Physiker- und Mathematikertags, der in der Regel im September stattfand. Zur Abstimmung von wissenschaftlichem Programm und geselligen Veranstaltungen waren Vorstands-

---

[84] Antrag Gerlachs an den RFR, 2.8.1944, ebd., C89/4.
[85] Ebd.

mitglieder der DMV oft bei den entsprechenden Sitzungen des DPG-Vorstands zu Gast. Darüber hinaus sind in den Akten der DMV nur wenig offizielle Kontakte mit der DPG überliefert. Im Rahmen der »Judenfrage« könnte es zu einem Meinungsaustausch gekommen sein, wie es die oben zitierte Abschrift des Schreibens von Debye an die jüdischen Mitglieder belegt, die sich in den DMV-Akten findet (vgl. den Abschnitt »Die Judenfrage«).

Im Krieg allerdings sahen sich DMV und DPG mit einem gemeinsamen Problemkreis konfrontiert – der Organisation der Kriegsforschung.[86] Es ist bekannt, dass der DPG-Vorsitzende Carl Ramsauer und der Vorstand der DPG sich im Herbst 1941 mit einer unbeantwortet gebliebenen Eingabe an das REM gewandt haben, um auf die Defizite in der Wissenschafts- und Forschungspolitik und insbesondere der Nachwuchsförderung im Bereich der Physik aufmerksam zu machen.[87] Ramsauer hat 1942 und 1943 weiter auf die Missstände in der Wissenschaftsförderung hingewiesen und nachdrücklich vor den damit verbundenen Gefahren für den Kriegsverlauf gewarnt, so im April 1943 vor der Deutschen Akademie für Luftfahrtforschung unter dem Titel *Über Leistung und Organisation der angelsächsischen Physik mit Ausblicken auf die deutsche Physik*. Dort hatte er mahnend festgestellt, dass »in Deutschland die grundsätzliche Überzeugung durchdringen [muss], daß die Physik ein Machtfaktor ersten Ranges ist und daß der Aufwand für die Pflege der Physik nach der Maßgabe einer Rüstungsaufgabe und nicht nach der Maßgabe einer Einzelwissenschaft zu bemessen ist«.[88] Bei aller disziplinspezifischen Mythenbildung und Legitimierungsrhetorik war der Befund kaum zu bestreiten: Ramsauer hatte seine Fühler in diesen wichtigen Fragen auch in Richtung des Reichsluftfahrtministeriums bzw. der Aerodynamischen Versuchsanstalt – dort hatte er in Ludwig Prandtl einen wichtigen Verbündeten – und des Oberkommandos der Wehrmacht ausgestreckt. Im Juni 1943 war Ramsauer im Reichsministerium für Rüstung und Produktion zu einem Gespräch *Über die Lage der deutschen Physik* mit dem persönlichen Adjutanten von Minister Speer zusam-

---

[86] Zu Begriff und Kontext der Kriegsforschung unverzichtbar: Helmut Maier, Einleitung, in: ders., Rüstungsforschung, S. 7–29.
[87] Vgl. den Beitrag von Dieter Hoffmann in diesem Band.
[88] Carl Ramsauer, Über Leistung und Organisation der angelsächsischen Physik, in: *Jahrbuch der Deutschen Akademie für Luftfahrtforschung* 1943/44, S. 86–88, hier S. 87.

mengetroffen und im Juli 1943 stand das Thema auf der Tagesordnung bei einem Treffen Ramsauers mit Mentzel, dem Chef des Amts für Wissenschaft im REM.[89]

An dieser Stelle begann eine Kooperation von DMV und DPG in Person ihrer Vorsitzenden. Mitte Juli 1943 nämlich erhielt Süss aus dem REM von Paul Ritterbusch, der den Kriegseinsatz der Geisteswissenschaften leitete, die Aufforderung, auf der Salzburger Rektorenkonferenz im August ein Referat zu halten. Neben dem Chef des Amts für Wissenschaft, Rudolf Mentzel, sollte Süss auf Vorschlag Ritterbuschs unter dem Rahmenthema *Die Auswirkungen des totalen Krieges auf Wissenschaft und Hochschulen* über *Die gegenwärtige Lage der deutschen Wissenschaft und der deutschen Hochschulen* berichten. Ritterbusch erklärte, es sei notwendig, »darüber eingehend und mündlich« zu sprechen, und bat Süss, ihn in der kommenden Woche im Ministerium aufzusuchen.[90] Süss hat tatsächlich am 23.8.1943 auf der Rektorenkonferenz ein Referat unter dem vorgeschlagen Titel gehalten.

Wenn auch die genauen Umstände, die zur Aufforderung durch Ritterbusch führten, unbekannt sind, traf sie Süss nicht völlig unvorbereitet, denn er hatte Ramsauer bereits im Juni bei einem Treffen in Freiburg um Übersendung des Vortrags *Über Leistung und Organisation der angelsächsischen Physik mit Ausblicken auf die deutsche Physik* gebeten, da er eine Paralleluntersuchung über die Stellung der angelsächsischen zur deutschen Mathematik unternehmen wollte. Ramsauer kam der Bitte gern nach und schrieb:

> »Ich lege bei meiner jetzigen Aktion größten Wert auf Ihre Feststellungen; denn wenn auch die Lage der deutschen Mathematik den maßgebenden Stellen sachlich nicht solchen Eindruck macht, wie die Lage der deutschen Physik, so würde doch die Überflügelung der deutschen Mathematik durch die USA als ein Symptom von wesentlich stärkerer alarmierender Wirkung empfunden werden.«[91]

In seinem Antwortschreiben dankte Süss für die »starke Unterstützung der starken Schwesterwissenschaft« und erkundigte sich bei

---

[89] Dazu ausführlich Dieter Hoffmann, Carl Ramsauer, die Deutsche Physikalische Gesellschaft und die Selbstmobilisierung der Physikerschaft im »Dritten Reich«, in: Helmut Maier, Rüstungsforschung, S. 273–304, hier S. 283 ff, sowie in seinem Beitrag in diesem Band.
[90] Ritterbusch an Süss, 14.7.1943, UFA, C 89/7.
[91] Ramsauer an Süss, 16.6.1943, ebd., C 89/11.

Ramsauer, ob er »im Bereiche der Physik jetzt noch wesentliche Klagen über den Mangel an Koordinierung der verschiedenen, an der Physik interessierten Wehrmachtsstellen und anderer Forschungsstellen der Technik zu führen« habe. Er wisse zwar nichts Genaues über die Situation in den anderen Wissenschaften, aber für die Mathematik sei ihm »die Koordinierungsfrage auch als eine unserer Sorgen seit einiger Zeit bekannt«.[92]

Süss kam in seinem Referat vor der Rektorenkonferenz im September 1943 am Beispiel der Mathematik zu ähnlichen Schlüssen wie Ramsauer. Zur Illustrierung des Missverhältnisses des »wissenschaftlichen Kriegspotentials der beiden kämpfenden Seiten« zog er einen Vergleich der deutschen und der angloamerikanischen mathematischen Produktion heran, den er in Anlehnung an Ramsauer aufgestellt hatte. Seine Zitationsanalyse für die Zeitschriften des Jahres 1937 kam zu dem Ergebnis, dass die Bedeutung der deutschen Mathematik im Vergleich zur amerikanischen seit dem späten 19. Jahrhundert rapide gesunken war, insbesondere in den 1930er Jahren. Er wies explizit auf Ramsauers ähnliches Ergebnis für die Physik hin.[93] Daraus zog er den klaren Schluss, dass »das wissenschaftliche Potential Deutschlands in optimaler Weise« ausgewertet »und für die Kriegsführung voll und ganz« eingesetzt werden müsse. Insbesondere forderte er, als DMV-Vorsitzender nicht ganz uneigennützig, »neben gewissen, für die kriegsentscheidenden Fächer mögliche Institutsverbesserungen eine sofortige fühlbare Vermehrung des Mitarbeiterstabes«.[94] Obschon Süss hier zu Protokoll gab, dass er dabei nicht an die Errichtung neuer Institute dachte, war doch sein Interesse an der Gründung eines Reichsinstituts für Mathematik im REM aktenkundig. Süss' Erkenntnis, »daß, je länger der Krieg dauert, um so größer das Gewicht wissenschaftlicher Entdeckungen für seinen Ausgang sein kann«, ist auch vor diesem fachpolitischen Hintergrund zu sehen.[95] Aus der Fülle der Probleme, die sich für den Kriegseinsatz der Wissenschaften ergaben, nannte Süss zwei besonders wichtige, nämlich 1) die »Ressortschwierigkeiten«, d. h. das po-

---

[92] Süss an Ramsauer, 30.6.1943, ebd.
[93] Wilhelm Süss, Die gegenwärtige Lage der deutschen Wissenschaft und der deutschen Hochschulen, Privatdruck, Freiburg 1943, S. 4 f.
[94] Ebd., S. 7.
[95] Ebd., S. 8.

lykratische Gewirr, in dem die Notwendigkeiten häufig unter Eifersüchteleien untergingen, und 2) die geringe »ideelle wie materielle« Stellung der deutschen Hochschullehrer, die kaum dazu geeignet schien, »die besten Kräfte des Volkes« für die Wissenschaft zu gewinnen.[96]

Das Referat war voll von konkreten Reformvorschlägen, die sich auf den gesamten Wissenschaftsbetrieb bezogen; insbesondere die Forderung nach der Unabkömmlichstellung von Wissenschaftlern, die von der »wissenschaftlichen Kriegsführung« dringend gebraucht würden und »unter Umständen den Krieg entscheiden« würden.[97] Süss sparte also nicht mit deutlicher Kritik an den bekannten Missständen, wie sie vor ihm auch Ramsauer geäußert hatte. Als Subtext zieht sich zugleich die fachpolitische Linie durch das Referat, die Mathematik als kriegswichtige Wissenschaft zu stärken. Dass es Süss mit seinen Ausführungen ernst war, belegt die Liste derjenigen Amtsträger, denen er einige Monate später den Privatdruck der Rede zusandte: Martin Bormann und dessen Stellvertreter Klopfer; Karl Dönitz; dem Chef des Heereswaffenamts, Fritz Fromm; dem Chef der Reichskanzlei, Hans Heinrich Lammers; dem Staatssekretär im Reichsluftfahrtministerium, Erhard Milch; dem Leiter des Planungsamts im RFR, Werner Osenberg und dem Reichsjugendführer, Baldur von Schirach.[98] Sogar Himmler selbst, so Süss im Januar 1945, habe das Referat gelesen. Denn es sei ihm damals von einem SS-Beauftragten mitgeteilt worden, »ich möge mich in Zukunft an den Reichsführer unmittelbar wenden, wenn ich wieder derartig wichtige Dinge auf dem Herzen hätte«.[99]

Die Einschätzung eines Historikers, die Rede sei eine »mutige, rückhaltlose Absage an die politische Gängelung« gewesen, wird durch diese Umstände zumindest relativiert.[100] Vielmehr nahm Süss in seinem Salzburger Referat in Abstimmung mit den Verantwortlichen im REM ein Thema auf, das Ramsauer seit fast zwei Jahren an den verschiedensten Stellen zu propagieren versucht hatte. Welchen Eindruck das Salzburger Referat als ein Stein im Mosaik hinterlassen

96) Ebd., S. 8 u. 15.
97) Ebd., S. 8.
98) Vgl. die Begleitschreiben in: UFA, C89/73, NL Süss.
99) Süss an Gerlach, 25.1.1945, ebd., C 89/12.
100) So Notker Hammerstein, Die Deutsche Forschungsgemeinschaft in der Weimarer Republik und im Dritten Reich. Wissenschaftspolitik in Republik und Diktatur, München 1999, S. 462f.

hat, ist schwer einzuschätzen. Es zeugt jedoch von einer Koordinierung der Interessen von DMV und DPG in den so wichtigen Fragen der Kriegsforschung. Den von Ramsauer wie Süss vorgetragenen Forderungen nach Freistellung von Wissenschaftlern vom Kriegsdienst ist ab Ende 1943 in der sog. *Aktion Osenberg* begegnet worden, die bis Ende 1944 zur »Rückholung« von mehr als 3000 Wissenschaftlern und Ingenieuren führte.[101] Zugleich fügt sich das Salzburger Referat in seinem die Mathematik legitimierenden Subtext nahtlos in die Aktivitäten von Süss zur Gründung eines Reichsinstituts für Mathematik. Auch diese Bemühungen hatten übrigens im Zeichen einer Zusammenarbeit mit der Physik gefruchtet, da Süss sich der Unterstützung Walther Gerlachs versichert hatte, der die Fachsparte Physik im Reichsforschungsrat leitete (vgl. den Abschnitt »Mathematische Kriegsforschung«).

Schlussbemerkung: die DMV im Wandel

Als Wilhelm Süss 1937 sein Amt als Vorsitzender der DMV antrat, war die DMV, die ohnehin schon vor 1933 kein schlagkräftiges Instrument der Fachpolitik gewesen war, gegenüber Bieberbach und dem Kreis um die »Deutsche Mathematik« stark in die Defensive geraten. Ihrem Alleinvertretungsanspruch für die deutschen Hochschulmathematiker zeigten Bieberbachs Drohungen, einen NS-Mathematikerbund zu gründen, enge Grenzen auf. Seit 1935 war sie in der Wahl des Vorsitzenden von der Zustimmung des REM abhängig. War die Handlungsfreiheit der DMV im Deutschen Reich deutlich eingeschränkt, so war zugleich ihr Ansehen und damit ihre Anziehungskraft im Ausland über eine verbreitete politische Distanz zum NS-Regime hinaus durch die *Bohr-Affäre* stark in Mitleidenschaft gezogen worden. Süss übernahm also 1937 den Vorsitz einer Vereinigung, deren beste Tage gezählt scheinen mochten.

Während seines achtjährigen DMV-Vorsitzes hat Süss sich verschiedentlich über seine Ziele für die DMV geäußert. Seinen Ehrgeiz, ihr eine Stimme bei den Regierungsstellen zu verschaffen, verbarg er

---

101) Dazu vgl. Ruth Federspiel, Mobilisierung der Rüstungsforschung?
Werner Osenberg und das Planungsamt im Reichsforschungsrat
1943–1945, in: Helmut Maier, Rüstungsforschung, S. 72–105, hier
S. 89.

nie. Mit ihnen, so stellte er im April 1938 in einem Bericht an seine Vorstandskollegen fest, sei jeweils »rechtzeitig die Fühlung aufzunehmen«. Dabei müsse die DMV »in solcher Form in Wirksamkeit treten können, daß sie in jedem Betracht, sowohl im rein fachlichen, wie auch im politischen als die allein berufene Beraterin in Mathematik für die Hochschulen dasteht«.[102] In diesem Sinne hat er sich in den folgenden Jahren wiederholt und deutlich geäußert. Das selbstgesteckte »imperialistische Ziel, ihr [der DMV – d.A.] allein alle Rechte und Pflichten für die Mathematik zu verschaffen«, verfolgte Süss, wie gesehen, mit Konsequenz, Intensität und Erfolg.[103]

Denn nicht nur in außergewöhnlichen Fragen wie der Neuordnung des Zeitschriftenwesens, der »Judenfrage« oder der Organisation der Kriegsforschung arbeitete die DMV in Person ihres Vorsitzenden Süss seit den späten 1930er Jahren vertrauensvoll mit dem REM zusammen, sondern auch in den alltäglichen und längerfristig nicht weniger wichtigen Fragen wurde sie gehört. So wurde Süss bei praktisch allen Berufungen im Bereich der Mathematik vom REM zu Rate gezogen und in der Regel folgte man dort auch seinen Empfehlungen, die er seinerseits auf Basis der Meinung der Fachkollegen aussprach.[104] Dass dies durchaus nicht selbstverständlich war, dafür mögen hier stellvertretend die Nachfolge Sommerfelds in München und der Wunsch der DPG stehen, wie er im Mai 1943 auf der Vorstandssitzung festgehalten wurde, »in ausschlaggebender Weise bei Berufungen usw.« beteiligt zu werden.[105]

Die Erfolge der DMV wurden in meinen Augen wesentlich dadurch ermöglicht, dass die DMV und Süss gegenüber dem REM ihre Verlässlichkeit, auch in ideologischem Sinne, bewiesen hatten, als es um die »Judenfrage« in der DMV ging. Darüber hinaus aber lagen die Vorteile der kontinuierlichen Führung der DMV auf der Hand. Im diplomatisch versierten Süss gewann die DMV zudem einen Vorsitzenden, der es verstand, sich auf dem politischen Parkett zu bewegen und den Zielen von Partei- und Regierungsstellen zuzuarbeiten.

Das Ausmaß der Zusammenarbeit der DMV mit NS-Instanzen

---

102) Süss an Hasse, Müller und Sperner, 23.4.1938, UFA, E4/58.
103) Süss an Feigl, 3.4.1941, ebd., C89/51.
104) Vgl. etwa Süss' Gutachten über Gottfried Köthe, 16.1.1941, ebd., C89/53; Süss hat für die Beratung des REM eine Liste professorabler Mathematiker mit den möglichen Referenten angelegt. Siehe ebd., C89/88.
105) Bericht über die Vorstandssitzung am 31.5.1943, DPGA Nr. 10023.

war nach dem Krieg nicht allgemein bekannt und nur sehr wenige Mathematiker in Deutschland sahen einen Anlass zu kritischer Distanz zur DMV oder zu ihrem langjährigen Vorsitzenden Süss.[106] In Deutschland berief man sich, wie selbstverständlich, auf den »Zwang der Verhältnisse«.[107] Im Ausland war das anders. Harald Bohr fragte 1950 den Vorsitzenden der 1948 neu gegründeten DMV, Erich Kamke, ob nicht auch Süss »ein Opportunist nicht ganz ungefährlicher Art« gewesen sei.[108] Für Max Dehn, der 1935 in Frankfurt als Jude entlassen worden war und 1941 in die USA emigrierte, waren schon die Ereignisse des Jahres 1935 hinreichend, um 1948 eine Aufforderung des Vorsitzenden Kamke zum Wiedereintritt in die DMV abzulehnen, wenn er auch seine Verbundenheit mit Mathematikern in Deutschland betonte:

> »[...] *der Deutschen Mathematiker Vereinigung kann ich nicht wieder beitreten.* Ich habe das Vertrauen verloren, daß eine solche Vereinigung in Zukunft gegebenen Falles anders handeln wird als 1935. Ich fürchte, daß sie einer unrechten, von außen kommenden Maßnahme nicht widerstehen würde. Die D.M.V. hat keine so ungeheuer wichtigen Werte zu betreuen. Daß sie sich 1935 nicht aufgelöst hat, und nicht einmal eine große Reihe von Mathematikern austrat, bewirkt bei mir diese ablehnende Haltung.«[109]

---

106) Dazu vgl. Volker R. Remmert, Mathematical Publishing, S. 28 f.; ders., Mathematicians, S. 49–51.
107) Gleich doppelt im Geleitwort zum ersten Bande des Jahresberichts der Deutschen Mathematiker-Vereinigung, 54 (1951), nach dem Krieg.
108) Bohr an Kamke, 27.2.1950, UFA, E 4/532.
109) Dehn an Kamke, 13.8.1948; zit. nach: Reinhard Siegmund-Schultze, Mathematiker, S. 318 (*Unterstreichung im Original*).

»Dem Duce, dem Tenno und unserem Führer ein dreifaches Sieg Heil«.
Die Deutsche Chemische Gesellschaft und der Verein deutscher Chemiker in der NS-Zeit
Ute Deichmann

Die Deutsche Chemische Gesellschaft (DChG) und der Verein deutscher Chemiker (V.d.Ch.), beide während der schnellen Entwicklung der wissenschaftlichen Chemie und der chemischen Industrie unter starker ausländischer Beteiligung im 19. Jahrhundert gegründet, waren die wichtigsten wissenschaftlichen Vereinigungen von Chemikern in Deutschland. Die Chemie in Deutschland war seit dem Ende des 19. Jahrhunderts international führend, wobei jüdische Chemiker sowohl bei der Entwicklung der akademischen Chemie als auch in der chemischen Industrie eine herausragende Bedeutung hatten. Diese spiegelte sich auch in ihrer Beteiligung an den Aktivitäten der chemischen Gesellschaften wider, sodass die 1933 einsetzenden antijüdischen Maßnahmen insbesondere bei der DChG zu einschneidenden personellen Änderungen, auch in den Zeitschriften- und Handbuchredaktionen führten. Wegen der internationalen Bedeutung der chemischen Gesellschaften – etwa 40 % der über 4000 Mitglieder der DChG im Jahre 1932 waren Ausländer – hatte ihre politische Anpassung und die ihrer prominenten führenden Mitglieder in der NS-Zeit weitreichende Folgen für die Chemie auch über diese Zeit hinaus.

Der folgende Beitrag untersucht den Einfluss nationalsozialistischer Politik auf den V.d.Ch. und die DChG.[1] Ihre Anpassung an die politischen Rahmenbedingungen der NS-Zeit wird am Beispiel der Maßnahmen gegen jüdische Mitglieder und Mitarbeiter, Satzungsänderungen und Propagierung ideologischer und politischer Ziele in den Publikationsorganen der Gesellschaften vergleichend analysiert. Der abschließende Vergleich der chemischen Gesellschaften mit der

---

1) Eine ausführliche Darstellung des Verhaltens von Chemikern und Biochemikern in der NS-Zeit und ihrer Wissenschaft findet sich bei: Ute Deichmann, Flüchten, Mitmachen, Vergessen. Chemiker und Biochemiker in der NS-Zeit, Weinheim 2001.

Deutschen Physikalischen Gesellschaft (DPG) wird vor dem Hintergrund einiger entscheidender Unterschiede zwischen den Disziplinen Chemie und Physik vorgenommen. Von besonderer Bedeutung sind dabei Unterschiede in der wirtschaftlichen und militärischen Bedeutung der Fächer sowie die unterschiedliche wissenschaftliche, wirtschaftliche und politische Rolle jüdischer Wissenschaftler in den beiden Disziplinen.
Die Untersuchung wird mit einem kurzen Blick auf die Geschichte der beiden chemischen Gesellschaften bis 1933 begonnen.

Kurze Geschichte der DChG und des V.d.Ch. bis 1933

Die DChG wurde 1867, wenige Jahre vor der Gründung des Deutschen Reichs im Jahre 1871, in Berlin gegründet. Als Vereinigung der wissenschaftlich arbeitenden Chemiker sollte die Gesellschaft den Kontakt zwischen den Mitgliedern fördern und auf diese Weise zur Verbreitung wissenschaftlicher Erkenntnisse beitragen. 1868 erschienen als Zeitschrift der Gesellschaft erstmalig die *Berichte der Deutschen Chemischen Gesellschaft*, die schnell internationale Verbreitung fanden (heutiger Titel *Chemische Berichte*).

Das schnelle Wachstum der chemischen Industrie, vor allem der Farbenindustrie, schlug sich 1877 in der Gründung einer weiteren chemischen Vereinigung, des Vereins Analytischer Chemiker als Vertretung der »praktisch arbeitenden Chemiker« nieder. Zehn Jahre später wurde der Verein in *Gesellschaft für Angewandte Chemie*, 1896 in *Verein Deutscher Chemiker* umbenannt; die *Zeitschrift für Angewandte Chemie* wurde Mitgliederzeitschrift. Der V.d.Ch. (seit ca. 1940 VDCh) war vor dem Ersten Weltkrieg der größte chemische Verein der Welt mit Ortsgruppen in vielen Ländern. Der Unterschied der beiden Gesellschaften – Vertretung der Wissenschaftler einerseits, Durchsetzung von Standesinteressen andererseits – verwischte sich seit dem Ersten Weltkrieg zunehmend.[2]

Gründungspräsident der DChG war der Chemiker August Wilhelm v. Hofmann, der durch den Nachweis und die Isolierung von Anilin aus dem Steinkohlenteer die Grundlage für die Farbstoffindus-

---

[2] Zur Geschichte der DChG vgl. Walter Ruske, 100 Jahre Deutsche Chemische Gesellschaft, Weinheim 1967.

trie in Deutschland gelegt hatte. Er prägte die DChG fast zwei Jahrzehnte lang nicht nur mit seinen wissenschaftlichen Maßstäben, sondern auch mit seiner politischen Liberalität und internationalen Ausrichtung. Hofmann, ein Schüler Liebigs, war von 1845 bis 1864 Professor am Chemischen Institut der Royal School of Miners und am College of Chemistry in London, bevor er 1864 Professor für Chemie in Bonn und 1865 in Berlin wurde. Der jahrzehntelange Aufenthalt in England trug zu Hofmanns internationaler und liberaler Einstellung bei, die sich in seinem aktiven Eintreten für liberale Prinzipien, darunter seinem Einsatz für die Rechte jüdischer Hochschullehrer zeigten. Es sei daran erinnert, dass mit der Gründung des Deutschen Reichs im Jahre 1871 zwar alle auf Religion basierenden Beschränkungen bei einer akademischen Laufbahn an deutschen Universitäten de jure beseitigt wurden, die Praxis aber oft anders aussah. In der wenige Jahre nach der Reichsgründung einsetzenden wirtschaftlichen Depression entwickelte sich ein virulenter und organisierter Antisemitismus, der sich auch an Universitäten ausbreitete. Die 1879 in Berlin gegründete antisemitische Liga forderte die weitgehende Abschaffung der rechtlichen Gleichstellung von Juden. Wissenschaftler der Berliner Universität, insbesondere der in diesem Zusammenhang durch den Ausspruch »die Juden sind unser Unglück« bekannt gewordene Historiker Heinrich von Treitschke, verbreiteten ihre Judenfeindschaft in Büchern, Vorträgen und Flugblättern; sie forderten, Juden das Recht auf akademische Lehrämter wieder zu entziehen. Dies führte zu einer als Berliner Antisemitismusstreit bekannt gewordenen Auseinandersetzung an der Universität. Hofmann gehörte zu einer Gruppe einflussreicher Liberaler, die die Angriffe von Treitschkes und seiner Bundesgenossen in einer *Erklärung der Notablen* öffentlich verurteilten. 1878 zum Rektor der Berliner Universität gewählt, war Hofmann einer von 73 prominenten Berlinern, die diese Erklärung unterzeichneten – zu den Unterzeichnern gehörten auch der Historiker Theodor Mommsen und der Mediziner Rudolf Virchow.[3]

Hofmanns liberale politische Einstellung und die Tatsache, dass er

---

[3] Vgl. dazu Kurt Mendelssohn, Walther Nernst und seine Zeit. Aufstieg und Niedergang der deutschen Naturwissenschaften, Weinheim 1973, S. 40; Ruske, 100 Jahre, S. 48; Alan J. Rocke, The quiet revolution. Hermann Kolbe and the science of organic chemistry, Los Angeles 1993, S. 358.

gegen die Diskriminierung von Juden eintrat, wurde von anderen Chemikern, insbesondere dem Leipziger Ordinarius Hermann Kolbe, wie Hofmann einer der angesehensten organischen Chemiker in Deutschland, kritisiert. Kolbes politische Einstellung war von starkem Chauvinismus, insbesondere nationalen Vorurteilen gegenüber Frankreich geprägt, die er um 1870 auf Juden übertrug. Sein Hass gegen die Berliner Juden zeigte sich deutlich in einer Kontroverse mit der DChG. Der Hintergrund des Disputs war wissenschaftlicher Art: Kolbe gehörte zu einer Minderheit europäischer Chemiker, die die aus Frankreich stammende unitarische Typentheorie der organischen Chemie nicht akzeptierten. Als er sich auf eine Polemik gegen französische Chemiker einließ, erwartete er Unterstützung seitens der DChG und war empört, dass die *Berichte der Deutschen Chemischen Gesellschaft* ein Protestschreiben der Russischen Chemischen Gesellschaft gegen die nationalistische Haltung Kolbes und anderer deutscher Chemiker abdruckte. Die Folge war, dass Kolbe sich nicht nur über die Russische und die Deutsche Chemische Gesellschaft entrüstete, sondern auch über Hofmann und seine jüdischen »Handlanger«.[4] Nach Auffassung Kolbes hatte die DChG zu viele Mitglieder, die Juden oder jüdischer Herkunft waren, und 1871 beschwerte er sich bei dem Präsidenten der Gesellschaft Adolf von Baeyer: »Gilt doch die chemische Gesellschaft schon jetzt als Pflegestätte für das Judenthum in der Chemie.«[5]

Bis 1933 erhielten Stimmen wie die Kolbes keine Mehrheit in der DChG. Das inkriminierte »Judenthum in der Chemie« trug seit dem 19. Jahrhundert maßgeblich zum internationalen Ansehen sowohl der deutschen Chemie als auch der DChG und des V.d.Ch. bei. So waren z. B. vier der sechs deutschen Nobelpreisträger der Chemie bis 1918 Juden oder jüdischer Herkunft (von Baeyer, Haber, Wallach, Willstätter) und Namen wie die von Heinrich Caro, der das erste zentrale Forschungslaboratorium in der Farbstoffindustrie (BASF) gründete, Paul Mendelssohn-Bartholdy, Ludwig Mond und Arthur von Weinberg verweisen auf die Bedeutung jüdischer Chemiker auch in der Farbenindustrie. Die DChG und der V.d.Ch. hatten viele jüdische Mitglieder und, wie weiter unten gezeigt wird, jüdische Chemiker spielten vor der NS-Zeit eine aktive Rolle bei der Herausgabe von

---

4) Rocke, The quiet revolution, S. 354.
5) Zit. nach: ebd., S. 355. Kolbe schien nicht zu wissen, dass Baeyers Mutter (getaufte) Jüdin war.

Zeitschriften und Handbüchern der Gesellschaften. Von den 28 im Jahre 1933 noch lebenden ehemaligen Präsidenten und Vizepräsidenten der DChG waren acht (28%) jüdische Chemiker oder solche jüdischer Herkunft: Herbert Freundlich, Fritz Haber, Kurt H. Meyer, Carl Neuberg, Arthur Rosenheim, Arthur von Weinberg, Richard Willstätter, Arthur Wohl.

Nach dem Ersten Weltkrieg trugen jüdische Chemiker in besonderem Maße zur Wiedereingliederung der deutschen chemischen Gesellschaften in die internationale Gemeinschaft bei, aus der sie durch den nach dem Krieg von den Alliierten verhängten Boykott ausgeschlossen worden waren. Zehn Jahre nachdem 1918 die Union Internationale de Chimie unter Ausschluss deutscher Wissenschaftler gegründet worden war, schlossen sich die DChG, der V.d.Ch. und die Bunsengesellschaft unter dem Vorsitz von Fritz Haber zum Verband deutscher chemischer Vereine zusammen, der 1929 als deutsches Mitglied der Union Internationale beitrat. Es ist bemerkenswert, dass diese Eingliederung ausgerechnet unter Leitung von Haber stattfand, der wegen der Initiierung und Organisierung des Einsatzes chemischer Waffen im Ersten Weltkrieg zunächst auf der Kriegsverbrecherliste der Alliierten stand. Ein Chemiker, der sich in besonderem Maße für die Wiederherstellung des Kontakts westeuropäischer Wissenschaftler mit deutschen Kollegen eingesetzt hatte, war der Utrechter Physikochemiker Ernst Cohen.[6] Aus diesem Grund widmete die *Zeitschrift für Physikalische Chemie* den Band 130 (1927) Cohen als Festschrift: *Festband. Herrn Ernst Cohen. Dem erfolgreichen Forscher und unermüdlichen Vorkämpfer für die Wiederherstellung friedlicher Beziehungen zwischen den Gelehrten der durch den Krieg getrennten Völker.* Das spätere Schicksal Cohens verdeutlicht wie kein anderes den Bruch deutscher Wissenschaft in der NS-Zeit mit ihrer Tradition. Cohen wurde im Februar 1943, als er in seinem Laboratorium in Utrecht arbeitete, ohne seinen »Judenstern« zu tragen, verhaftet. Im März 1944 wurde er im Alter von 74 Jahren in Auschwitz ermordet.

Die folgenden Abschnitte beschreiben und analysieren die Reakti-

---

6) Levi Tansjö, Die Wiederherstellung von freundschaftlichen Beziehungen zwischen Gelehrten nach dem 1. Weltkrieg. Bestrebungen von Svante Arrhenius und Ernst Cohen, in: Gerhard Pohl (Hrsg.), Naturwissenschaften und Politik, Tagungsband zur Vortragstagung an der Universität Innsbruck, April 1996, S. 72–80.

onen der beiden chemischen Gesellschaften auf die neuen politischen Machtverhältnisse und die weiteren Entwicklungen bis 1945.

Der V. d. Ch. 1933–1945

Die Zeittafel auf der Homepage der Gesellschaft Deutscher Chemiker nennt für die DChG und den V. d. Ch. für die Zeit des NS folgende Ereignisse:[7]

»1934 Erstmalige Verleihung der Joseph-König-Gedenkmünze (an Adolf Beythien).
1936 Am 16. Mai neue Satzung des VDCh mit NS-Inhalten. Die neue Satzung der DChG vermeidet NS-Formulierungen. Erstmalige Verleihung des Carl-Duisberg-Gedächtnispreises (an Rudolf Tschesche). Fachgruppe Chemie der Kunststoffe gegründet.
1938 Eingliederung der Gesellschaft in den Nationalsozialistischen Bund Deutscher Technik.
1942 Verlegung der »Reichsfachgruppe Chemie« nach Frankfurt/Main, Bismarckallee 25 (Heute Theodor-Heuß-Allee, Sitz der DECHEMA)
1943 Umzug der RFG Chemie zur Bockenheimer Landstr. 10 (ehem. Palais Rothschild), Rudolf Wolf wird Geschäftsführer.
1944 Zerstörung des Hofmannhauses bei Bombenangriffen am 29. Januar und der VDCh-Geschäftsstelle am 18. März, Verlegung der Geschäftsstelle nach Grünberg/Hessen.«

Diese wenigen Sätze suggerieren eine weitgehende Normalität der Tätigkeiten der beiden Gesellschaften in der NS-Zeit bis zur Zerstörung ihrer Geschäftsstellen im Krieg. Nur die Erwähnung der Satzungsänderungen und Eingliederung in den Nationalsozialistischen Bund Deutscher Technik (NSBDT), einen unter der Kontrolle der NSDAP stehenden Zusammenschluss technisch-wissenschaftlicher Vereine, deuten politische Anpassungen an. Dabei fehlt der Hinweis, dass es sich auch bei der Reichsfachgruppe Chemie um eine Abtei-

---

7) Vgl. zur Geschichte der GDCh und ihrer Vorgängerorganisationen www.gdch.de/gdch/historie.htm, Stand Oktober 2004.

lung des NSBDT handelte. Der Satz »Die neue Satzung der DChG vermeidet NS-Formulierungen« lässt vermuten, dass diese in die Satzung des V.d.Ch. aufgenommen wurden. Die folgenden Ausführungen untersuchen Einzelheiten der Gleichschaltung des Vereins und seiner Verbreitung ideologisch-politischer Ziele.

Der V.d.Ch., dem sowohl Hochschullehrer und Studenten als auch Industriechemiker angehörten, führte unter seinem Vorsitzenden Prof. Paul Duden, Vorstandsmitglied bei Hoechst, bereits 1933 das *Führerprinzip* ein, nahm politische Ziele in die Satzung auf und bekundete offen seine Unterstützung des NS-Staats. Auf der Mitgliederversammlung in Würzburg im Juni 1933 wurde Duden vom Vereinsvorstand zum Führer des Vereins ernannt.[8] Die *Angewandte Chemie* druckte Auszüge der dort gehaltenen Rede des Parteiideologen Dipl.-Ing. Gottfried Feder ab.[9] Im Protokoll der Sitzung heißt es, Feder habe betont,

> »daß gerade die Chemie mit ihren außerordentlichen Entwicklungsmöglichkeiten als vornehmste Aufgabe den Dienst an der Nation betrachten müsse. Bislang hätte der deutsche Chemiker, wie überhaupt der deutsche Techniker, sich allzu sehr mit seinem reinen Fachgebiet befaßt, ohne dabei die politische Entwicklung seines Landes im Auge zu behalten. [...] Er könne aber mit Genugtuung feststellen, daß nunmehr nach der Machtergreifung durch unseren Volkskanzler *Adolf Hitler* auch der Verein deutscher Chemiker die Zeichen der Zeit verstanden hätte und durch den Mund seines Vorsitzenden seine Bereitwilligkeit zur bewußten Mitarbeit im Neubau des deutschen Nationalstaates ausgesprochen habe. [...] Die vielfach durch lebhaften Beifall unterbrochene Rede Feders machte einen tiefen Eindruck auf die Versammlung und fand ihren eindrucksvollen Schluß mit einem dreifachen *Sieg Heil* auf das deutsche Vaterland und seinen Kanzler *Adolf Hitler* sowie mit dem Deutschlandlied und dem Horst-Wessel-Lied.«[10]

Durch eine Satzungsänderung wurde das Ziel des Vereins erweitert; es bestand jetzt in der Förderung der Chemie »durch wissenschaftliche und technische Anregung und Förderung sowie Erziehung seiner Mitglieder zur nationalsozialistischen Volksgemeinschaft«.[11] 1934 schloss sich der Verein der Reichsgemeinschaft der technisch-wissenschaftlichen Arbeit (RTA) an (seit 1937 umgewandelt in den NSBDT), einem Zusammenschluss einiger von National-

---

8) Angewandte Chemie, 46 (1933), S. 789.
9) Ebd., S. 369.
10) Ebd.
11) Ebd., S. 789.

sozialisten geleiteter technisch-wissenschaftlicher Vereine unter Fritz Todt.[12] Todt war damals Leiter des Hauptamts Technik der NSDAP und wurde 1940 Reichsminister für Bewaffnung und Munition. Die Mehrheit der neuen Vorstandsmitglieder waren aktive Nationalsozialisten, die in vielen Fällen schon vor 1933 der NSDAP angehörten. Zu den Vorstandsmitgliedern gehörten 1935: Prof. Dr. Paul Duden (kein Parteimitglied) als Vorsitzender (er wurde einige Jahre später von Dr. Karl Merck, dem Leiter der Fachgruppe Chemie im NSBDT abgelöst), Dr.-Ing. Kurt Stantien, seit 1925 NSDAP-Mitglied, als stellvertretender Vorsitzender und Dr. Walter Schieber, seit 1931 NSDAP-Mitglied, außerdem Mitglied der SS, bei der er zum Oberführer aufstieg, als Schatzmeister.

Mitglieder des kleinen Rats waren 1935: Dr. Gustav Baum (NSDAP: 1933, SA), Prof. Burckhardt Helferich (kein NSDAP-Mitglied), Dr. Hermann Kretschmar (NSDAP: 1932), Dr. Karl Merck (NSDAP: 1933), Prof. Rudolf Pummerer (kein NSDAP-Mitglied), Prof. Otto Ruff (Parteimitgliedschaft nicht untersucht), Dr. Hans Wolf (NSDAP: zuerst 1921, dann 1930) und Dr. Fritz Scharf (NSDAP: 1933).

Der Vereinsvorstand forderte seine Ortsgruppenvorstände 1933 offenbar auf, Angaben über Parteimitgliedschaften der Mitglieder zu machen. So schrieb Adolf Windaus an seinen ehemaligen Schüler Adolf Butenandt im August 1933: »Ich bekam nachgeschickt vom Verein Deutscher Chemiker eine Aufforderung zu erklären, welche Mitglieder unserer Ortsgruppe zur NSDAP gehören. Ich werde natürlich nicht antworten und aus der Ortsgruppe austreten.«[13] Eine solche Entschiedenheit war für Windaus, der aus seiner Ablehnung des Nationalsozialismus seit 1933 kein Hehl machte, charakteristisch, vergleichbare Reaktionen anderer Chemiker sind nicht bekannt.[14]

Die Zeitschrift *Angewandte Chemie* und vor allem ihre seit 1935 erscheinende Beilage *Der deutsche Chemiker. Mitteilungen aus Stand/ Beruf und Wissenschaft* publizierten neben wissenschaftlichen Aufsätzen Beiträge über die Bedeutung der Chemie für Ziele des Vierjahres-

---

12) Aufzeichnungen und Materialien, die von Dr. H. Ramstetter über den V.d.Ch. geschrieben bzw. zusammengestellt wurden. Sie befinden sich in der Geschäftsstelle der GDCh, Frankfurt/Main. Vgl. auch Ruske, 100 Jahre, S. 152.
13) Windaus an Butenandt, 20.8.1933, MPGA, Abt. III, 84/1, NL Butenandt.
14) Zum Verhalten von Windaus in der NS-Zeit s. Ute Deichmann, Flüchten, S. 83 f.

plans und Aufrufe zur Unterstützung wirtschaftlicher und militärischer Ziele. Die ideologische und politische Zustimmung kam auch, wie einige der folgenden Beispiele zeigen, durch wiederholte Treuebekundungen des Vereins für Hitler und das NS-Regime zum Ausdruck. Unter der Überschrift *Aufgaben der Chemie im neuen Deutschland* publizierte die Redaktion 1935 einen Aufruf der NSDAP, in dem die Bevölkerung zum Anbau und Sammeln von Heilpflanzen aufgefordert wurde; die Dozentin Ilse Esdorn wies auf die Rolle der Chemie bei der Heilpflanzenforschung hin.[15] Der ideologischen Mode wissenschaftlicher und gesellschaftlicher Ganzheitsvorstellung folgend, erschien 1936 ein Aufsatz Alwin Mittaschs zum Thema *Über Ganzheit in der Chemie*.[16] Die Bedeutung der Chemie im Kriege hervorhebend lud der Vorsitzende des V.d.Ch., Karl Merck, 1940 mit folgenden Worten zum Reichstreffen der deutschen Chemiker nach Breslau ein: »Das Reichstreffen soll in seinen fachlichen Arbeiten das Schwert der deutschen Chemie schärfer schmieden helfen, die Berufskameraden in ihrer Leistungsfähigkeit fördern und vor aller Welt Zeugnis ablegen von der ungebrochenen Macht deutschen chemischen Könnens und von seinem Einsatz für Führer und Reich.«[17] Einen Monat später publizierte die Zeitschrift Aufrufe zur Metallspende von Göring, Todt und Pietzsch (dem Präsidenten der Reichswirtschaftskammer) an das deutsche Volk, die deutsche Technik und die deutsche Wirtschaft.[18] 1941 erläuterten die Redaktionen der Zeitschriften *Angewandte Chemie* und *Die Chemische Fabrik* ihren Lesern, dass es auch »zu unseren Aufgaben gehört, […] von den großen Zielen der deutschen Forschung zu berichten, die ihr im Endkampf und im Frieden gesteckt sind.«[19] Im selben Jahr erschien unter der Überschrift *Führung der deutschen Technik* eine ganzseitige Gratulation zum 50. Geburtstag von Todt.[20] Ein Beitrag Ferdinand Sauerbruchs zum Thema »Über die gegenwärtige Lage der gesamten Naturwissenschaften und der Medizin« schloss mit den Worten: »Möge diese Tagung ein Bekenntnis zu diesen Zielen sein. Es lebe Deutschland, es lebe unser Führer.«[21]

15) Angewandte Chemie 48 (1935), S. 255.
16) Angewandte Chemie 49 (1936), S. 417–420.
17) Der Deutsche Chemiker, 6 (1940), Nr. 1, S. 3.
18) Ebd., Nr. 4, S. 11.
19) Ebd., 7 (1941), Nr. 1, S. 1.
20) Ebd., Nr. 3, S. 11.
21) Ebd., Nr. 4, S. 13–16. Sauerbruchs Vortrag war 1936 gehalten worden.

Das Verhalten des Vereinsvorstands bei den Diskussionen um die geplante Fritz-Haber-Gedächtnisfeier im Jahre 1935 wird weiter unten untersucht.

Die DChG 1933–1945

1933–1936: die Entfernung prominenter jüdischer Mitglieder und die Entlassung jüdischer Mitarbeiter

Anders als der V. d. Ch. schloss sich die DChG 1933 nicht sofort der RTA (später NSBDT) an. Auf der Mitgliederversammlung am 6.5.1933 traten keine NS-Ideologen auf, und »Sieg Heil«-Bekundungen fehlten – jedenfalls zu diesem Zeitpunkt noch. Für einige nichtjüdische Vorstandsmitglieder stellte die Frage, wie man die jüdischen Vorstandsmitglieder aus ihrem Amt entfernen könnte, ohne dem internationalen Ansehen der Gesellschaft zu schaden, das vordringlichste Problem dar. Der Gesellschaft gelang es tatsächlich, sich auf subtile Weise sofort ihrer in führenden Positionen tätigen jüdischen Mitglieder zu entledigen, darunter nach nur einjähriger Amtszeit der erst 1932 zum Präsidenten gewählte Alfred Wohl und der ebenfalls 1932 zum Vizepräsidenten gewählte Arthur Rosenheim; auch der langjährige Redakteur der renommierten *Beilstein*-Redaktion Bernhard Prager wurde zum Rücktritt veranlasst. Diese Akte vorauseilenden Gehorsams, die nur einen kleinen Teil der »Arisierungen« ausmachten, wurden im Bericht über die Mitgliederversammlung in den *Berichten der Deutschen Chemischen Gesellschaft* 1933 folgendermaßen kommentiert:

> »Der derzeitige Präsident, Geheimrat A. Wohl (Danzig) und der Vizepräsident Prof. A. Rosenheim (Berlin) haben ihre Ämter nach Ablauf des ersten Amtsjahres mit Rücksicht auf die innerpolitische Lage zur Verfügung gestellt, desgleichen der wissenschaftliche Redakteur der ›Berichte‹, Prof. M. Bergmann (Dresden). Das einheimische Ausschußmitglied Prof. O. Warburg (Bln.-Dahlem) hat wegen anderweitiger Inanspruchnahme sein Amt niedergelegt.

Der Vorstand hat in einer am Tage der Generalversammlung abgehaltenen Sitzung hiervon mit Bedauern aber mit vollem Verständnis für die Situation Kenntnis genommen.«[22]

---

[22] Berichte der Deutschen Chemischen Gesellschaft, 66 (1933), S. 57–58.

Neuer Präsident der Gesellschaft wurde 1933 der Berliner Anorganiker Karl Andreas Hofmann, Vizepräsident Paul Duden.

Es war Heinrich Hörlein, Vorstandsmitglied der I.G.-Farbenindustrie, der hinter den Kulissen den Ausschluss von Juden aus führenden Positionen der DChG maßgeblich betrieb. Nach Dr. Hermann Kretschmar, dem Führer der Gruppe Chemie im Kampfbund für deutsche Kultur, hatte Hörlein »als einziger Angehöriger des Vorstands [der DChG – d. A.] der jüdischen Überfremdung Einhalt geboten«.[23] Auf Kretschmars Beschwerde vom 23.4.1933 »Trotzdem fand die letzte Sitzung [des Vorstandes – d. A.] unter Vorsitz von Rosenheim statt«[24] antwortete Hörlein zwei Tage später: «Die Generalversammlung wird weder von Herrn Geheimrat Wohl noch von Herrn Professor Rosenheim geleitet werden, sondern von Herrn Prof. Binz. Die beiden erstgenannten Herren werden der Generalversammlung ihre Mandate als Vorstandsmitglieder zur Verfügung stellen, so daß den geänderten Zeitverhältnissen Rechnung getragen werden kann, ohne das Ansehen der Gesellschaft im Auslande zu schädigen.«[25]

Die von Hörlein angesprochene Sorge der Gesellschaft um ihr Ansehen im Ausland, hinter dem wegen ihrer vielen im Ausland vertriebenen Publikationen auch handfeste wirtschaftliche Interessen standen, beeinflusste die Vorgehensweise der Gesellschaft beim Ausschluss jüdischer Mitglieder auch in den kommenden Jahren. Genaue Zahlen über Ausschlüsse liegen nicht vor. Die Mitgliedszahlen der DChG veränderten sich seit 1933, Angaben in den entsprechenden Jahrgängen der *Berichte* zufolge, folgendermaßen:

1932: 4157 Mitglieder
1933: 3944 Mitglieder, 238 Austritte, 246 Streichungen wegen nicht gezahlten Beitrags
1934: 3723 Mitglieder, 139 Austritte, 233 Streichungen wegen nicht gezahlten Beitrags
1940: 3369 Mitglieder
1941: 3465 Mitglieder

---

[23] Kretschmar an Hörlein, 23.4.1933, Materialien der DChG in der Geschäftsstelle GDCh Frankfurt/Main.
[24] Ebd.
[25] Ebd.

Es ist zu vermuten, dass es sich bei den Austritten und Streichungen in den meisten Fällen um jüdische Mitglieder handelte; genauere Angaben darüber liegen nicht vor. Insgesamt ging die Mitgliederzahl zwischen 1932 und 1940 um 788 zurück. Vermutlich erfolgte der Anstieg im Jahr 1941 als Folge der deutschen militärischen Erfolge.

Die Sorge um ihr Ansehen im Ausland hinderte die Gesellschaft nicht daran, die »Säuberung« ihrer Zeitschriften- und Handbuchredaktionen von jüdischen Wissenschaftlern und Angestellten schnell voranzutreiben.

Jüdische wissenschaftliche Redakteure von Zeitschriften

Die *Berichte* waren die erste Zeitschrift, deren Redaktion bereits im Mai 1933 von jüdischen Mitarbeitern »gesäubert« war. Wissenschaftliche Redakteure waren bis zu diesem Zeitpunkt Max Bergmann, Fritz Haber, Karl A. Hofmann, W. Marckwald, Carl Neuberg, Max Volmer und Richard Willstätter. Hofmann und Volmer blieben Redakteure, neu hinzu kam Hermann Leuchs. Bergmann, Haber, Neuberg und Willstätter waren jüdisch; warum Marckwald ausschied, ist nicht bekannt.

Die drastischen Folgen des Ausschlusses von Juden aus Redaktionen einiger chemischer Zeitschriften und des *Beilstein-Handbuchs für organische Chemie* zeigen exemplarisch die folgenden Titelseiten:

BERICHTE

DER DEUTSCHEN

CHEMISCHEN GESELLSCHAFT

REDAKTEURE:
WISSENSCHAFTLICHE: M. BERGMANN, F. HABER, K. A. HOFMANN,
W. MARCKWALD, C. NEUBERG, M. VOLMER, R. WILLSTÄTTER.
GESCHÄFTSFÜHRENDER: R. STELZNER.
Anschrift der Redaktion: Berlin W 35, Sigismundstr. 4.

FÜNFUNDSECHZIGSTER JAHRGANG
(1932)

BAND I.
ABTEILUNG A:
Vereinsnachrichten, Nekrologe, Adressen usw.
(Register s. umstehend)
ABTEILUNG B:
Abhandlungen (S. 1—927)

BERLIN
„VERLAG CHEMIE", G. M. B. H., BERLIN
PRINTED IN GERMANY
1932

BERICHTE

DER DEUTSCHEN

CHEMISCHEN GESELLSCHAFT

REDAKTEURE:
WISSENSCHAFTLICHE: K. A. HOFMANN, H. LEUCHS,
M. VOLMER.
GESCHÄFTSFÜHRENDER: R. STELZNER.
Anschrift der Redaktion: Berlin W 35, Sigismundstr. 4.

SIEBENUNDSECHZIGSTER JAHRGANG
(1934)

ABTEILUNG A:
Vereinsnachrichten, Nekrologe, Adressen usw.
(Register s. umstehend)

BERLIN
„VERLAG CHEMIE", G. M. B. H., BERLIN
PRINTED IN GERMANY
1934

ZEITSCHRIFT
FÜR
PHYSIKALISCHE CHEMIE

BEGRÜNDET VON
WILH. OSTWALD UND J. H. VAN 'T HOFF

UNTER MITWIRKUNG VON

HERAUSGEGEBEN VON
M. BODENSTEIN · C. DRUCKER · G. JOOS · F. SIMON

ABTEILUNG A
CHEMISCHE THERMODYNAMIK · KINETIK
ELEKTROCHEMIE · EIGENSCHAFTSLEHRE

SCHRIFTLEITUNG:
M. BODENSTEIN · C. DRUCKER · F. SIMON

BAND 158
MIT 80 FIGUREN IM TEXT UND 1 TAFEL

LEIPZIG 1932 · AKADEMISCHE VERLAGSGESELLSCHAFT M. B. H.
PRINTED IN GERMANY

ZEITSCHRIFT
FÜR
PHYSIKALISCHE CHEMIE

BEGRÜNDET VON
WILH. OSTWALD UND J. H. VAN 'T HOFF

HERAUSGEGEBEN VON
M. BODENSTEIN · K. F. BONHOEFFER · G. JOOS · K. L. WOLF

ABTEILUNG A
CHEMISCHE THERMODYNAMIK · KINETIK
ELEKTROCHEMIE · EIGENSCHAFTSLEHRE

BAND 174
MIT 174 FIGUREN IM TEXT

LEIPZIG 1935 · AKADEMISCHE VERLAGSGESELLSCHAFT M. B. H.
PRINTED IN GERMANY

Die folgenden Redakteure bzw. Mitarbeiter waren jüdisch (jüdisch wird in einem umfassenden Sinn unter Einschluss von Konvertiten und Personen mit nur einem jüdischen Elternteil verwendet). Diese Zusammenstellung ist nicht vollständig, weil biografische Angaben in einigen Fällen fehlten.

Berichte: Max Bergmann, Fritz Haber, Carl Neuberg, Richard Willstätter.

Beilstein-Redaktion: Bernhard Prager, Dora Stern.

Zeitschrift für Physikalische Chemie: Emil Abel, Max Born, Georg Bredig, Ernst Cohen, Herbert Freundlich, Kasimir Fajans, James Franck, Viktor Goldschmidt, Fritz Haber, Gustav Hertz, Georg von Hevesy, Hartmut Kallmann, Rudolf Ladenburg, Hermann Mark, Lise Meitner, Fritz London, Kurt H. Meyer, Friedrich Paneth, Michael Polanyi, Ernst Riesenfeld, Otto Stern, Fritz Weigert.

Zeitschrift für Elektrochemie: Georg Bredig, Kasimir Fajans und Fritz Haber.

In wissenschaftlichen Redaktionen tätige jüdische Angestellte der DChG

Bereits 1933 wurden aus der *Beilstein*-Redaktion sechs Angestellte entlassen, der Redakteur Bernhard Prager und ein weiterer Mitarbeiter traten zurück. Prager, der bereits 1899 in die damals von Paul Jacobson geleitete Redaktion eingetreten war, starb ein Jahr später an den Folgen eines Herzleidens. Die *Berichte* publizierten 1934 einen Nachruf auf Prager, verfasst von seinem Nachfolger Friedrich Richter.

Die große Zahl der Entlassungen führte zu einem so großen Rückgang der Produktion, dass Zusagen an den Verleger des Handbuchs, den Springer-Verlag, nicht eingehalten werden konnten, und die DChG Regressansprüche des Verlags fürchtete.[26] Der Vorstand verzichtete daher bis zum geplanten Abschluss der Arbeiten 1937 auf weitere Entlassungen aus der *Beilstein*-Redaktion.[27] Der nächste Entlassungsschub der Gesellschaft erfolgte 1936 und 1937. Unter den

[26] Hörlein an Binz, 21.3.1933, Materialien der DChG in der Geschäftsstelle GDCh Frankfurt/Main, Ordner Chemische Erinnerung.
[27] Ebd.

entlassenen jüdischen Mitarbeitern waren Dr. Dora Stern und Frau Dr. K. Loria von der *Beilstein*-Redaktion, Frau Heymann (*Gmelin*-Redaktion) und Käthe Fiegel (*Zentralblatt*-Redaktion).[28] Weitere jüdische Angestellte, deren genaue Tätigkeit nicht bekannt ist, waren Dr. Gregor Brilliant, Dr. Gustav Haas, Dr. Edith Josephy, Dr. Hedwig Kuh und Dr. Fritz Radt.[29]

1936–1938: die Präsidentschaft Alfred Stocks

Der Anorganiker Alfred Stock, seit 1933 Mitglied der NSDAP, löste Hofmann 1936 als Präsident der Gesellschaft ab. Vizepräsidenten wurden das NSDAP-Mitglied Arthur Schleede und Burckhardt Helferich, kein NSDAP-Mitglied. Unter Stocks Leitung wurde das *Führerprinzip* eingeführt, außerdem mussten inländische Mitglieder Fragebögen hinsichtlich ihrer Abstammung ausfüllen. Im Protokoll über die außerordentliche Mitgliederversammlung am 8.2.1936 heißt es dazu: Der Vorstand hat »beschlossen, der nächsten Generalversammlung oder einer außerordentlichen Generalversammlung zum Zwecke der Vereinfachung der Geschäftsführung die Annahme des *Führerprinzips* und entsprechende Änderungen der Satzung vorzuschlagen«.[30] Nach dem Krieg wurde dieser Abschnitt auf bemerkenswerte Weise gekürzt: »[Der Vorstand] hat beschlossen, der nächsten Generalversammlung eine Änderungen [sic] der Satzung vorzuschlagen«.[31]

---

[28] In den Redaktionen des *Gmelin-Handbuchs für Anorganische Chemie* scheint es sowohl bei den Redakteuren als auch bei den wissenschaftlichen Mitarbeitern vergleichsweise wenige jüdische Chemiker gegeben zu haben. Dies zeigt die Durchsicht einiger Bände des *Gmelin* (F, Cl, Br, J, B, Zn, Cd, Fe, Pd, Sr) vor 1933, wobei biografische Daten von vielen Chemikern fehlen, darunter von Sybille Cohn-Tolksdorf (Br) und Hans Ehrenberg (Fe). Der Redakteur des *Chemischen Zentralblattes* war vor und nach 1933 Maximilian Pflücke.

[29] Es handelt sich um die Aufstellung ehemals bei der Allianz versicherter »nichtarischer« Angestellter. Vgl. Dörfel an Arndt, 29.7.1957, Materialien der DChG in der Geschäftsstelle GDCh Frankfurt/Main, Mappe (1956).

[30] Berichte der Deutschen Chemischen Gesellschaft, 64 (1936A), S. 50.

[31] Die »entnazifizierte« Fassung in: Materialien der DChG in der Geschäftsstelle GDCh Frankfurt/Main., Ordner DChG). Mir ist nicht bekannt, welche Verbreitung dieser Neudruck fand.

In einer Besprechung im Dezember 1937 machte Stock – die »nichtarischen« Mitglieder der DChG betreffend – deutlich, warum es für die Gesellschaft nicht opportun war, beim Ausschluss von Juden zu schnell vorzugehen:

> Die Gesellschaft hat »über 40% (etwa 1500) ausländische Mitglieder (darunter eine größere, genau nicht festzustellende Zahl Nichtarier), die als Bezieher der großen teuren Veröffentlichungen der Gesellschaft (insbesondere des ›Chemischen Zentralblatts‹ und der Handbücher der anorganischen [*Gmelin* – d. A.] und organischen Chemie [*Beilstein* – d. A.] von größter kultureller (Werbung für deutsche Wissenschaft und Sprache) und auch beträchtlicher wirtschaftlicher (jährlich für 3/4 Millionen RM Devisen) Bedeutung sind. Der Gesellschaft gehören noch rund 100 nichtarische deutsche Mitglieder an, darunter in der internationalen wissenschaftlichen Welt sehr bekannte (z. B. der Nobelpreisträger Willstätter).«[32]

Um eine Protestbewegung und Boykottierung der literarischen Unternehmungen im Ausland zu vermeiden, beschloss die DChG, ähnlich wie andere wissenschaftliche Gesellschaften mit starken Auslandsinteressen, »nichtarische« Mitglieder nicht generell auszuschließen: »1. Bei den ausländischen Mitgliedern der DChG ist die Rassenfrage aus dem Spiel zu lassen. 2. Hinsichtlich der noch vorhandenen nichtarischen deutschen Mitglieder ist natürlich die möglichste Verringerung ihrer Zahl und ihr Verschwinden aus der Gesellschaft anzustreben.«[33]

> Kurz nach dem Anschluss Österreichs, am 14.3.1938, eröffnete Stock die Sitzung der DChG mit den Worten: »Im allgemeinen machen die Wellen politischen Geschehens vor den Türen dieses Tempels der Wissenschaft halt. Die Größe der jeden Deutschen aufrührenden Ereignisse der letzten Tage sprengt die Fesseln der Gepflogenheit. Unser erster Gedanke gilt heute der Vereinigung der beiden deutschen Länder, unsere tiefste Dankbarkeit dem Führer für seine neue weltgeschichtliche Tat.«[34]

Noch unter Stock wurde die DChG 1938 dem NSBDT als Arbeitskreis angegliedert – im Unterschied zur DPG, die dieser Gliederung der NSDAP nie beitrat.

---

32) Besprechung betr. nichtarische Mitglieder der Deutschen Chemischen Gesellschaft 14.12.1937. Materialien der DChG in der Geschäftsstelle des GDCh in Frankfurt a. M.
33) Ebd.
34) Berichte der Deutschen Chemischen Gesellschaft, 71 (1938A), S. 115.

1938–1945: die Präsidentschaft Richard Kuhns

Am 7.5.1938 wurde Richard Kuhn vom Vorstand der DChG im Einvernehmen mit der von Karl Merck geleiteten Fachgruppe Chemie des NSBDT zum Präsidenten der DChG bestimmt.[35] Merck war außerdem Vorstandsmitglied der DChG. Vizepräsidenten waren Arthur Schleede (seit 1936) und Burckhardt Helferich (seit 1937).

Mit Kuhn stand der DChG sieben Jahre lang ein Chemiker mit Weltruf vor. Kuhn prägte damit den Charakter der Gesellschaft und ihr internationales Ansehen länger als jeder andere Präsident. Daher wird der Untersuchung der weiteren Entwicklung der Gesellschaft ein kurzes biographisches Porträt Kuhns vorangestellt.

Kuhn, am 3.12.1900 in Wien geboren und seit 1926 Professor an der TH Zürich, war einer der erfolgreichsten Naturstoffchemiker seiner Zeit in Deutschland und hatte eine schnelle Karriere aufzuweisen. 1929 im Alter von 29 Jahren zum Leiter der Abteilung für Chemie an das Kaiser-Wilhelm-Institut (KWI) für Medizinische Forschung in Heidelberg berufen, gelang es Kuhn zusammen mit Otto Meyerhof, der im gleichen Jahr Leiter der Abteilung für Physiologie des Instituts wurde, dieses KWI in den frühen 1930er Jahren zu einem internationalen Zentrum der Biochemie zu machen. Der Organiker Kuhn verlagerte Anfang der 1930er Jahre seinen Schwerpunkt auf die Naturstoffchemie. Seine Forschungen an biologisch wichtigen Carotinoiden und Flavonoiden trugen dazu bei, dass Vitamine als Vorstufen von Coenzymen erkannt wurden. Für seine Arbeiten über Carotinoide und Vitamine erhielt Kuhn 1939 den Nobelpreis für Chemie des Jahres 1938, den er wie Gerhard Domagk und Adolf Butenandt ablehnte, weil die nationalsozialistische Regierung Deutschen nach 1936 die Annahme des Preises nicht mehr erlaubte.[36]

Kuhn erhielt schnell großen Einfluss in der Chemie in Deutschland. 1937 wurde er Direktor des gesamten KWI für Medizinische Forschung. Als Präsident der DChG war er von 1940 bis 1945 außerdem Leiter der neu gegründeten Fachsparte für Organische Chemie des Reichsforschungsrats und damit direkt für die Vergabe von Forschungsgeldern auch für kriegsbezogene Forschung verantwortlich.

---

[35] Ebd., S. 149.
[36] Elisabeth Crawford, German Scientists and Hitler's Vendetta against the Nobel Prizes, in: Historical Studies in the Physical Sciences, 31 (2000), S. 37–53.

Im Unterschied zu seinem Kollegen Peter Adolf Thiessen, dem Leiter der Fachsparte für Allgemeine und Anorganische Chemie, förderte er Parteimitglieder nicht bevorzugt.[37] Als Präsident der DChG und Fachspartenleiter des Reichsforschungsrats, der außerdem vielen weiteren wissenschaftspolitischen Gremien angehörte, war Kuhn während des Kriegs einer der mächtigsten Vertreter der wissenschaftlichen Chemie in Deutschland. 1945 blieb er Direktor des KWI (seit 1948 Max-Planck-Institut) für Medizinische Forschung, 1950 wurde er in Heidelberg außerdem Ordinarius und 1959 Vizepräsident der Max-Planck-Gesellschaft. Er starb 1967 in Heidelberg.

Kuhn war kein Mitglied der NSDAP; es gibt keine Hinweise darauf, dass er in seinen Überzeugungen Antisemit war. Sein Verhalten gegenüber jüdischen Kollegen war allerdings von Opportunismus und vorauseilendem Gehorsam gekennzeichnet. So stand er mit seinem Kollegen Meyerhof, Nobelpreisträger des Jahres 1922, zumindest bis 1933 in gutem kollegialen Verhältnis. Aber 1936 denunzierte Kuhn Meyerhof bei der Generalverwaltung der Kaiser-Wilhelm-Gesellschaft, weil dieser weiterhin jüdische Mitarbeiter beschäftigte.[38] Kuhn hatte einige jüdische Assistenten, die er 1933 ohne den geringsten Versuch, sie länger zu halten, entließ. (In einer Reihe von vergleichbaren Fällen – Haber, Meyerhof, Windaus, Bodenstein – sind solche Versuche dokumentiert.)[39]

Eine Reihe von Beispielen zeigt, dass Kuhn mit dem Regime in weiten Bereichen konform ging und die NS-Politik unterstützte. In vielen Fällen ging er, sei es aus Opportunismus oder Überzeugung,

---

37) Deichmann, Flüchten, Kap. 5.4.
38) In Kuhns Schreiben vom 27.4.1936 an den Generalsekretär der KWG, Friedrich Glum, heißt es: »Eine Anfrage der Staatspolizei gibt mir Veranlassung Sie zu bitten, die Fragebogen der an unserem Institut für Physiologie Arbeitenden genau überprüfen zu lassen. [...] Angeblich sind zur Zeit bei Herrn Prof. Meyerhof wieder 3 Personen nichtarischer Abstammung im Institut beschäftigt (Herr Lehmann, Frl. Hirsch und eine weitere Dame, die ich noch nicht kenne), ein Umstand, der Erörterungen über die Kaiser Wilhelm-Gesellschaft im ganzen und über das Heidelberger Institut im besonderen nach sich zieht. Ich möchte Ihnen vorschlagen nach Durchsicht der Fragebogen Herrn Prof. Meyerhof genaue Richtlinien zu geben, an die er sich bei der Auswahl seines Mitarbeiterkreises halten soll.« MPGA, Abt. 1, Rep. I A 540/2.
39) Deichmann, Flüchten, Kap. 2.3.4.

weit über ein genaues Befolgen der NS-Gesetze und -Vorschriften hinaus.[40]

Im Unterschied zu vielen seiner Kollegen stellte er mit Kriegsbeginn fast alle Arbeiten an seinem Institut tatsächlich auf anwendungsorientierte und kriegsbezogene Forschung um. Er betrieb defensive und offensive Giftgasforschung, in deren Verlauf er die Wirksamkeit neuer Verbindungen der Tabun-Sarin Reihe für das Heereswaffenamt untersuchte und diesem Amt ein selbst entwickeltes neues Giftgas, Soman, zur Verfügung stellte.[41]

40) Beispiele dafür sind:
- Er beendete fast alle mir bekannten Briefe mit Heil Hitler, auch die an solche Kollegen, die als Nichtnationalsozialisten bekannt waren und diesen Gruß (zunächst) wegließen Ein Beispiel ist die Korrespondenz mit Max Hartmann (MPGA, NL Hartmann, III/47).
- Er lehnte 1939 die Annahme des Chemie-Nobelpreis des Jahres 1938 auf eine besonders scharfe Weise ab. Auf Druck politischer Stellen schrieb Kuhn (wie Domagk und Butenandt, die ebenfalls gezwungen wurden, die Annahme des Nobelpreises abzulehnen) einen Brief an die Königliche Schwedische Akademie der Wissenschaften, in dem er nicht nur die Annahme des Preises ablehnte, sondern zudem die Verleihung des Preises an einen Deutschen als Versuch bezeichnete, den Preisträger zum Verstoß gegen einen Erlass des »Führers« aufzufordern. Im Unterschied zu Butenandt und Domagk setzte Kuhn handschriftlich unter den Brief: »Des Führers Wille ist unser Glaube.« (Alfred Neubauer, Bittere Nobelpreise, Norderstedt 2005, S.44)
- Am 21.7.1942 machte Kuhn den Rektor der Heidelberger Universität auf die kritische Reaktion Anthony Edens auf die Änderung der Heidelberger Universitätsinschrift »Dem lebendigen Geist« in »Dem deutschen Geist« in einer Weise aufmerksam, die auf eine Zustimmung Kuhns zu dieser Änderung schließen lässt:
»Sehr geehrter Herr Rektor!
In der Annahme Ihnen ein kleines Vergnügen zu bereiten teile ich Ihnen mit, daß Mr. Anthony Eden laut Nature 148, 403 in einer Lunchrede vom 25.Sept. 1941 vor den Delegierten der Konferenz des British Council unter anderem folgendes gesagt hat: ‚No one action can more clearly reveal the present German spirit than the replacement at the University of Heidelberg of the inscription ›To the living spirit‹ by ›to the German spirit‹. This German spirit has made German scientists slaves of the regime, and opposed to all that science represents. That spirit must be overcome.'
Heil Hitler!
Ihr verehrungsvoll ergebener
Richard Kuhn«
(Universitätsarchiv Heidelberg, Personalakte Richard Kuhn).
41) Bei einer Bewertung dieser Forschungen ist zu berücksichtigen, dass die Grenze zwischen offensiver und defensiver Giftgasforschung

Die Entwicklung der DChG in der Ära Kuhn

Als Arbeitskreis im (1937 gegründeten) NSBDT musste die Gesellschaft unter Kuhn den Führungsanspruch der NSDAP akzeptieren. Ein Rundschreiben des NSBDT teilte der Gesellschaft im Jahre 1938 mit: »Die NSDAP hat nach dem Willen des Führers auf allen Gebieten des deutschen Lebens den Führungsanspruch. Für den gesamten Bereich der Technik ist diese Führung dem Hauptamt für Technik der NSDAP übertragen worden, dem zur Durchführung dieser Aufgaben der NS-Bund Deutscher Technik als angeschlossener Verband der NSDAP unterstellt ist.«[42] Wie bereits unter Stock wurden auf den Sitzungen Treuebekundungen für Hitler ausgesprochen, und es ist zu vermuten, dass es zu einem beschleunigten Ausschluss jüdischer Mitglieder kam. Die Mitgliederzahlen gingen, wie die Zusammenstellung weiter oben zeigt, von 1934 bis 1940 um 354 zurück.

Im Oktober 1938 dankte die DChG Hitler mit einem »Sieg Heil« für die durch das Münchener Abkommen ermöglichte nichtkriegerische Besetzung sudetendeutscher Gebiete in der Tschechoslowakei. Vizepräsident Helferich (kein Mitglied der NSDAP) eröffnete die Sitzung am 10.10. mit den Worten: »Zum zweiten Mal in diesem Jahr feiert Deutschland die Heimkehr von Millionen Deutschen ins Reich! Auch dieser große Erfolg ist ohne Krieg errungen! Ein dreifaches Siegheil auf den Führer sei Ausdruck unseres Dankes.«[43]

In der Ära Kuhn wurden die letzten Namen jüdischer Wissenschaftler von den Titelblättern chemischer Zeitschriften entfernt. Der

---

schwer zu ziehen ist. Dennoch zeigt sich ein eindeutiger Schritt in Richtung offensiver Gasforschung: Kuhn begann mit »defensiver« Forschung zur Entwicklung von Gegenmitteln. Als er feststellte, dass sie – zunächst unerwartet – zur Entwicklung neuer Giftgase führte, stoppte er sie nicht. Mit der Synthese des Somans entwickelte er eine neue Massenvernichtungswaffe, ein Tatbestand, der sich angesichts der Natur des NS-Regimes anders darstellt als im Falle von Fritz Haber. Vgl.: Ute Deichmann, Kriegsbezogene biologische, biochemische und chemische Forschung an den Kaiser Wilhelm-Instituten für Züchtungsforschung, für Physikalische Chemie und Elektrochemie und für Medizinische Forschung, in: Doris Kaufmann (Hrsg.), Geschichte der Kaiser-Wilhelm-Gesellschaft im Nationalsozialismus. Bestandsaufnahme und Perspektiven der Forschung, Göttingen 2000, Bd. 1, S. 231–257.

42) Rundschreiben des NSBDT vom 20.12.1938, Materialien der DChG in der Geschäftsstelle GDCh Frankfurt/Main.
43) Berichte der Deutschen Chemischen Gesellschaft, 71 (1938A), S. 188.

DChG-Vizepräsident Arthur Schleede beklagte sich bei Kuhn, dass noch im Jahre 1938 einige jüdische Chemiker als Mitherausgeber deutscher wissenschaftlicher Zeitschriften in Erscheinung treten konnten:

> »In der Gestaltung unserer deutschen Zeitschriften haben wir – unbeschadet jeglicher Achtung vor wirklichen Leistungen anderer Völker – eine deutsche Haltung einzunehmen. Nicht ohne Grund betrachtet die ausländische Journalistik die deutsche Wissenschaft als Hort der Reaktion, wenn es möglich ist, daß noch 5 Jahre nach Erwachen des deutschen Volkes auf den Titelblättern der deutschen Zeitschriften Juden mit vollem Namen und z. T. sogar mit ihrem jetzigen Wohnort als Mitherausgeber erscheinen. Gleichgültig ob Jude mit anerkannten Leistungen wie z. B. Willstätter, oder Jude ohne diese, wie z. B. Paneth [...] In den Augen des Auslands erzeugt diese Haltung der ›objektiven Wissenschaft‹ das Bild einer Kritik der deutschen Intelligenz an den Grundsätzen des Nationalsozialismus, wobei besonders erschwerend ins Gewicht fällt, daß die deutschen Chemiker es sind, die einen großen Teil zur Weltgeltung des deutschen Volkes beigetragen haben.«[44]

Angemerkt sei, dass Friedrich Paneth zu diesem Zeitpunkt durch seine Arbeiten auf dem Gebiet der Radiochemie (zusammen mit Georg von Hevesy) und den Nachweis der Existenz freier Alkylradikale mithilfe von Radioindikatoren (zusammen mit W. Hofeditz) bereits international anerkannt war. Eine Antwort Kuhns auf Schleedes Schreiben ist nicht dokumentiert. Kurze Zeit später jedoch wurde Paneth, der sich im Exil in London befand, von den Herausgebern der *Zeitschrift für Anorganische und Allgemeine Chemie*, Wilhelm Biltz und Gustav Tammann, informiert, dass die Mitarbeiterliste auf dem Titel der Zeitschrift in Zukunft fortgelassen werde, da »dieses Verzeichnis dem jetzigen Stand unserer Zeitschrift nicht mehr entspricht.«[45]

Das Beispiel zeigt, dass auch beim Ausschluss von Juden aus wissenschaftlichen Redaktionen vorauseilender Gehorsam und Denunziation eine große Rolle spielten. Schleedes Brief und die prompte Reaktion darauf zeigen außerdem, dass Kuhn und die DChG die neue Definition dessen, was als »deutscher Standpunkt« anzusehen war, nach der deutsche Juden keine Deutschen mehr waren, akzeptiert hatten. Ihr Beitrag zu den Erfolgen der Chemie in Deutschland, die zur »Weltgeltung des deutschen Volkes« beigetragen hatten,

---

[44] Schleede an Kuhn, 18.3.1938, Materialien der DChG in der Geschäftsstelle GDCh Frankfurt/Main.
[45] Biltz und Tammann an Paneth, 17.11.1938, MPGA, Abt. III/45/121.

wurde von Chemikern und ihren Gesellschaften in nur wenigen Jahren aus der Chemiegeschichte gestrichen.[46]
Auch im Falle Georg-Maria Schwabs reagierte die DChG auf eine Denunziation. Um zu verhindern, dass weiterhin Beiträge Schwabs in den *Berichten* erschienen, schickte der Anorganiker Wilhelm Klemm der *Berichte*-Redaktion eine offizielle Mitteilung über die »nichtarische« Abstammung von Georg-Maria Schwab. Der geschäftsführende Redakteur, A. Ellmer, stellte daraufhin unter Zustimmung Kuhns die Veröffentlichung einer neuen Abhandlung Schwabs zurück.[47]
Politisches Wohlverhalten wurde zur Voraussetzung dafür, nach dem Tod mit einem Nachruf geehrt zu werden, wie das Beispiel George Bargers, des am 5.1.1939 verstorbenen Professors der Chemie der University of Edinburgh zeigt. Das Protokoll der Sitzung vom 13.3.1939 enthielt die Mitteilung, ein Nachruf auf Barger werde »demnächst in den Berichten erscheinen.«[48] Bis 1946 erschien dieser Nachruf nicht. Barger hatte nicht nur vielen deutsch-jüdischen Flüchtlingen geholfen, indem er ihnen Arbeitsmöglichkeiten in sei-

---

46) Um nur einige Beispiele zu nennen: Patente jüdischer Chemiker in Deutschland mussten nach 1933 ohne Namen oder unter anderem Namen erscheinen. Der 1934 gestorbene Fritz Haber erhielt keinen Nachruf in der *Angewandten Chemie*, einige andere chemische Zeitschriften, z. B. die *Berichte* und die *Zeitschrift für Elektrochemie*, veröffentlichten zwar Nachrufe auf Haber, auf andere jüdische Chemiker dagegen nicht. Die DChG legte sich sogar bei der Erwähnung von Baeyers und Wallachs Zurückhaltung auf, »um sich nicht früher oder später unliebsamen Vorwürfen auszusetzen«, wie es der geschäftsführende Redakteur der *Berichte* am 14.7.1941 an den Präsidenten Richard Kuhn schrieb. Materialien der DChG in der Geschäftsstelle GDCh Frankfurt/Main.
47) Ellmer an Kuhn, 28.5.1943, ebd., betrifft Veröffentlichung von Artikeln von Juden. Klemms Motive sind nicht bekannt; er war seit 1933 Ordinarius in Danzig und wurde 1938 Mitglied der NSDAP. 1951 wurde er Ordinarius in Münster. Die Redaktionen rein wissenschaftlicher Zeitschriften waren in der NS-Zeit nicht gezwungen, Nachforschungen über die jüdische Abstammung von Autoren vorzunehmen. So erschienen bis zur Denunziation durch Klemm Beiträge von Schwab in einigen deutschen Zeitschriften (*Berichte, Zeitschrift für Physikalische Chemie* und *Kolloid-Zeitschrift*) und in der Wiener *Chemiker Zeitung*. Schwab, selbst Katholik, hatte einen jüdischen Vater, war deshalb entlassen worden und nach Griechenland emigriert.
48) Berichte der Deutschen Chemischen Gesellschaft, 72 (1939A), S. 67.

nem Institut verschaffte, sondern gehörte auch zu den ausländischen Chemikern, die die Entlassungen stark kritisierten.[49]

1940 wurde Adolf Butenandt, ein weiterer Chemiker von Weltruf, zum Vizepräsidenten der Gesellschaft bestimmt, sodass während des Zweiten Weltkriegs zwei Nobelpreisträger an der Spitze der Gesellschaft standen. Dem Vorstand, dessen Zusammensetzung während des Kriegs (bis auf die Aufnahme Walter Schiebers 1942) nicht geändert wurde, gehörten damit (außer Kuhn und Butenandt) an: Eduard Zintl (als weiterer Vizepräsident), Rudolf Weidenhagen, Heinrich Hörlein (Schatzmeister), Karl Merck, Rudolf Schenck, Ernst Späth, Kurt Stantien, Peter Adolf Thiessen und Erich Tiede. Mit Butenandt, Hörlein, Merck, Stantien, Thiessen, Tiede und Schieber waren sieben von 12 Vorstandsmitgliedern Mitglieder der NSDAP; Merck, Stantien, Schieber und Thiessen waren aktiv für die NSDAP tätig.

1941 machte der NSBDT seinen Mitgliedsverbänden die Gültigkeit einer verschärften Fassung des Arierparagraphen bekannt: »Die ordentlichen Mitglieder und ihre Ehefrauen müssen deutschblütig sein und dies in einer Erklärung bestätigen, für außerordentliche Mitglieder müssen die Voraussetzungen für das Reichsbürgerrecht vom 15.9.1935 [...] gegeben sein; für ausländische Mitglieder gilt dasselbe in sinngemäßer Anwendung.«[50] Nachdem Schieber 1942 von Todt beauftragt worden war, die Reichsfachgruppe Chemie im NSBDT neu zu ordnen,[51] erschien seit 1942 auf dem Titelblatt der *Berichte* hinter der DChG: *Arbeitskreis des NSBDT*.

Kuhns öffentliche Ansprache anlässlich des 75-jährigen Bestehens der DChG im Jahr 1942 verdeutlicht nicht nur seine nationalistische Haltung während des Kriegs, sondern auch seine Unterstützung Hitlers. Darüber hinaus stellte er, wie die folgende Textpassage zeigt, in bemerkenswerter Entstellung der politischen Einstellung August Wilhelm Hofmanns diesen und die DChG in eine politische Nähe zu Hitler:

> »Die Männer, welche am 11. November des Jahres 1867 unter der Führung von August Wilhelm Hofmann [...] die ›Deutsche‹ Chemische Gesellschaft gegründet haben, [...] verfolgten und verwirklichten mit der neuen Gesellschaft – auf dem Gebiete der Chemie – jenen Gedanken eines Zusammenschlusses aller Deutschen, den Otto von Bismarck erst mehr als 3 Jahre später, am

---

49) Vgl. z. B. Deichmann, Flüchten, Kap. 2.3.2.
50) Rundschreiben des NSBDT v. 1.3.1941. Materialien ... a.a.o.
51) Berichte der Deutschen Chemischen Gesellschaft 75 (1942A), S. 114.

18. Januar 1871, in gewissem Umfang politisch durchsetzen konnte, den aber erst in unseren Tagen Adolf Hitler allumfassend zum Siege geführt hat. [...] Wir gedenken der Toten. Sie gaben ihr Leben im Zweikampf der Lüfte, fern von der Heimat im glühenden Sand, auf der Weite der Meere, im eisigen Winter, im russischen Land. – Nun deckt sie die Erde. Doch ihr Geist bleibt unsterblich, er lebt in der kämpfenden Front. Und wir ehren die Front: Alle Stämme der Deutschen, von Elbe und Oder, von der Donau, vom Rhein, und ihnen zur Seite die Männer des Duce, die Söhne des Tenno«.[52]

Kuhn beschloss seine Rede mit den Worten: »Wenn wir zum Schluß noch einmal den Blick zurückrichten auf die 75 Jahre, die hinter uns liegen, so erkennen wir, in welch bedeutendem Ausmaße die Geschichte der Chemie dieses Zeitraums sich in dem Werdegang und in den Schicksalen der Deutschen Chemischen Gesellschaft widerspiegelt. Wir erkennen, wie im Laufe dieser Zeit die Chemie zu einem Machtfaktor auf unserer Erde hervorgestiegen ist. Wir erkennen aber auch, welch überwältigender Anteil an den Grundlagen der heutigen Chemie jenen Völkern des Abendlandes zukommt, die der Menschheit einen Scheele und Berzelius, einen Lavoisier und Pasteur, einen Avogadro und Cannizzaro, einen Liebig und einen Wöhler geschenkt haben. Um den Fortbestand dieses Blutes, um die Weiterentwicklung dieser ihrer Kultur stehen die Völker Europas heute unter den Waffen genau so wie die des alten ostasiatischen Kulturraumes für den ihrigen. Wir gedenken der Männer, in deren Hand das gemeinsame Schicksal liegt: dem Duce, dem Tenno und unserem Führer ein dreifaches Sieg Heil.«[53]

Kritik nach dem Krieg

Kuhns Verhalten als Führer der deutschen Chemiker wurde im Ausland aufmerksam verfolgt und seine politischen Kompromisse nach dem Krieg stark kritisiert. Seine Rede von 1942 hatte, da sie in den *Berichten* abgedruckt wurde, eine große internationale Verbreitung.[54] Otto Meyerhof, sein langjähriger Heidelberger Kollege, der nach seiner Entlassung 1938 zunächst nach Frankreich, dann über Spanien und Portugal in die USA (Philadelphia) emigriert war, fasste seine Kritik und die vieler Kollegen in einem Gutachten für die amerikanische Militärregierung in Heidelberg folgendermaßen zusammen:

52) Ansprache Kuhns am 5.12.1942, in: Berichte der Deutschen Chemischen Gesellschaft 75 (1942A), S. 147.
53) Berichte der Deutschen Chemischen Gesellschaft 75 (1942A), S. 200.
54) Die Rede wurde insbesondere von Emigranten wahrgenommen; dies zeigt z. B. die Notiz von Hans Krebs über Diskussionen mit Otto Westphal in Hamburg am 29.7.1976, University of Sheffield, NL Krebs.

»Professor Kuhn ist ein unpolitischer Mensch. Er hat eine liberale Erziehung genossen, während der Weimarer Republik demokratische Ansichten vertreten und war ein treuer und loyaler Schüler des berühmten deutsch-jüdischen Chemikers R. Willstätter. Ungeachtet dieser Tatsache hat er sich mit dem Nazi-Regime in einigen wesentlichen Punkten eingelassen.

Anscheinend nachdem ich meinen bremsenden Einfluß auf ihn verloren hatte (wir standen acht Jahre lang in enger Kooperation) und nachdem er gemerkt hatte, daß das Regime unwiderruflich seine Macht gefestigt hatte, war er bereit, ohne Skrupel seine große wissenschaftliche Reputation zu kompromittieren. Meiner Überzeugung nach tat er dies aus Angepaßtheit und Charakterschwäche, ohne jemals nationalsozialistische Überzeugungen zu teilen. Vermutlich war er kein Parteimitglied. Aber er war viele Jahre lang unter dem Nazi-Regime Führer der ›Deutschen Chemischen Gesellschaft‹ und Leiter der deutschen chemischen Delegationen auf dem Internationalen Kongreß in Rom (1939) und bei anderen Gelegenheiten.

[...] Ich bin davon überzeugt, daß er es jetzt, nachdem sich das Schicksal total gewendet hat, in seinem Bemühen mit amerikanischen Behörden zu kooperieren, ernst meint und bereit ist dabei zu helfen, die schrecklichen Untaten, die das Nazi-Regime begangen hat, zu lindern. Vermutlich rechtfertigt er seine früheren Aktivitäten immer noch mit der Entschuldigung, daß er auf diese Weise einige wissenschaftliche Werte gerettet und schlimmere Verbrechen verhindert hat. Aber ich teile diese Ansicht, die heute von zahlreichen deutschen Gelehrten vertreten wird, nicht.«[55]

»Die wissenschaftliche Leistung von Richard Kuhn ist hervorragend und von großer Bedeutung. Ich befürworte aufs Entschiedenste, daß seine wissenschaftliche Arbeit ungehindert bleibt und daß er zusammen mit seinen Mitarbeitern die Forschung zum Nutzen von Wissenschaft und Industrie fortsetzen kann. Jedoch sollte er die deutsche Chemie nicht mehr in einer führenden Position repräsentieren dürfen und nicht mehr mit der Ausbildung von Universitätsstudenten betraut werden.

Ich denke, daß meine Ansicht von vielen Kollegen in diesem Land, die die Arbeit und die Persönlichkeit von Professor Kuhn kennen, geteilt wird.«[56]

Einer dieser Kollegen war Erwin Chargaff, ein herausragender Biochemiker, der als Emigrant in New York lebte. Seine lapidare Äuße-

---

[55] Nach Ebbinghaus/Roth rechtfertigte Kuhn seine vielen politischen Funktionen als Schutzmaßnahme zur Verhütung von Schlimmerem. Siehe Angelika Ebbinghaus/Karl-Heinz Roth, Vernichtungsforschung: Der Nobelpreisträger Richard Kuhn, die Kaiser Wilhelm-Gesellschaft und die Entwicklung von Nervenkampfstoffen während »Dritten Reichs«, in: Zeitschrift für Sozialgeschichte des 20. und 21. Jahrhunderts, 17 (1999), S. 15–50; Zitat ebd., S. 48.
[56] Meyerhof an die amerikanische Militärregierung in Heidelberg, 29.1.1947, University of Pennsylvania, Phildalphia, Archive, NL Meyerhof (Übers. der Autorin).

rung über Kuhn: Kuhn war »ein Karajan der Chemie. Er war sehr gut eigentlich, aber heruntergekommen, politisiert, wie Heisenberg.«[57]

Kuhns Stellungnahme zur politischen Anpassung der DChG

Kuhn selbst gab angesichts seiner politischen Kompromisse als Präsident der DChG die folgende Erklärung: »Die Deutsche Chemische Gesellschaft hat in den Jahren nach 1933 eine Verbindung mit nazistischen Organisationen, insbesondere mit dem NSBDT nicht gesucht. Sie war vielmehr bestrebt alle ihre Mitglieder, insbesondere die ausländischen, zu behalten. Sie hat sich mit Erfolg geweigert, den Arierparagraph in ihren Satzungen aufzunehmen und zählte bis zum Schluß (1945) zahlreiche Juden zu ihren Mitgliedern und Ehrenmitgliedern. Die Deutsche Chemische Gesellschaft ist erst 1942 zwangsweise dem NS Bund Deutscher Technik angegliedert worden und erst von diesem Jahr an erscheinen auf dem Titelblatt der ›Berichte der Deutschen Chemischen Gesellschaft‹ in Petitdruck die Worte: ›Arbeitskreis im NSBDT.‹ Vereine, die sich gegen die Eingliederung besträubt [sic] haben, wurden bekanntlich liquidiert.« Kuhn führte weiter aus, dass die DChG aufgrund der Tatsache, dass er nicht Mitglied der NSDAP war, nur einen »sehr losen Zusammenhang mit dem NSBDT« gehabt habe.[58]

Hier ist anzumerken, dass die DPG nicht aufgelöst wurde, obwohl sie dem NSBDT nicht beitrat. Die obigen Ausführungen zeigen, dass, anders als Kuhn angibt, die politische Anpassung der Gesellschaft vor der Eingliederung in den NSBDT (der 1938, nicht 1942 erfolgte) begann. Die DChG hatte bereits 1933 ihre jüdischen Präsidenten und Vizepräsidenten zum Rücktritt gedrängt, bis 1937 einen großen Teil der Angestellten der *Beilstein-, Berichte-, Gmelin-* und *Zentralblatt-*Redaktionen entlassen, zwischen 1933 und 1935 Juden als Mitarbeiter der Zeitschriften-Redaktionen gestrichen, sowie einen großen Teil ihrer deutschen jüdischen Mitglieder durch Austritte oder Streichungen verloren. Die anfängliche ideologische Zurückhaltung und das schrittweise Vorgehen bei der Entlassung bzw. beim Ausschluss

57) Erwin Chargaff im Gespräch mit der Autorin, New York, 28.1.1997.
58) Richard Kuhn, Deutsche Chemische Gesellschaft, 5.12.1950, MPGA, Abt. III; NL Butenandt, 84/1/529.

jüdischer Mitarbeiter und Mitglieder geschahen im Einvernehmen mit NSDAP-Dienststellen, hatten opportunistische Gründe und zeugten nicht von einer Distanz zur NSDAP.

Die Fritz-Haber-Gedächtnisfeier im Jahr 1935 war ein Ereignis, das im Vorfeld in den chemischen Gesellschaften und vermutlich auch der DPG große Diskussionen auslöste. Wegen der politischen Bedeutung dieser Diskussionen werden die Ereignisse hier für beide chemischen Gesellschaften analysiert.

Unerwarteter Widerspruch: die chemischen Vereinigungen und die Fritz-Haber-Gedächtnisfeier 1935[59]

Fritz Haber war einer der bedeutendsten deutschen Chemiker in der ersten Hälfte des 20. Jahrhunderts. Er erhielt für seine Entdeckung der Ammoniaksynthese aus den Elementen Stickstoff und Wasserstoff den Nobelpreis für Chemie des Jahres 1918. Haber, der als Jude 1892 zum Protestantismus konvertierte, wurde darüber hinaus als deutscher Patriot und Hauptorganisator des deutschen Gaskriegs im Ersten Weltkrieg bekannt. Als Direktor des von ihm im Jahre 1911 gegründeten KWI für Physikalische Chemie und Elektrochemie erklärte er aus Protest gegen die nationalsozialistische Entlassungspolitik, der viele seiner Mitarbeiter zum Opfer fielen, im April 1933 seinen Rücktritt und emigrierte wenig später nach England. Etwa ein Jahr später starb er während einer Reise am 29.1.1934 in Basel an einem Herzanfall.

Während auf der Jahrestagung der DChG 1934 eine Gedenkansprache von Wilhelm Schlenk, die in den *Berichten* publiziert wurde, an Haber erinnerte,[60] veröffentlichte die *Angewandte Chemie* nicht einmal einen kurzen Nachruf auf ihr Ehrenmitglied.[61]

---

59) Für eine ausführlichere Darstellung der Hintergründe dieser Feier vgl. Ute Deichmann, Dem Vaterlande – solange es dies wünscht. Fritz Habers Rücktritt 1933, Tod 1934 und die Fritz Haber-Gedächtnisfeier 1935, in: Chemie in unserer Zeit 30 (1996), S. 141–149.
60) Gedenkansprache Wilhelm Schlenks auf der Jahrestagung der DChG, in: Berichte der Deutschen Chemischen Gesellschaft 67 (1934A), S. 20.
61) Es erschien lediglich die bei Todesfällen normale Notiz unter *gestorben*: »Geh. Reg. Rat Prof. Dr., Dr. der Landwirtschaft e. h., Dr. med.

Die von Max Planck im Jahre 1935 organisierte Gedächtnisfeier zum ersten Jahrestag seines Todes stellte die einzige öffentliche Versammlung deutscher Wissenschaftler im Nationalsozialismus dar, die, wenn auch nicht verboten, doch unter Missbilligung offizieller politischer Stellen stattfand. Sie wird oft als einzigartige Demonstration des Protests deutscher Wissenschaftler gegen das NS-Regime genannt.[62)]

Die Feier, die am 29. Januar 1935 im Harnack-Haus stattfand, wurde von der KWG in Gemeinschaft mit der DChG und der DPG organisiert. Max Planck selbst übernahm die Vorbereitungen. Geplant waren einleitende Worte Plancks und zwei Gedächtnisreden Otto Hahns und Karl-Friedrich Bonhoeffers. Planck hatte auch Habers Sohn Hermann und andere Familienangehörige eingeladen. Hermann Haber lehnte die Teilnahme allerdings ab. In einem Brief an Prof. Coates in England begründeten Hermann und seine Frau Margarethe Haber ihre Entscheidung: »Wir finden – was wir nicht schreiben konnten [in der offiziellen Absage – d. A.] – daß man kein Recht hat, Menschen *tot* zu feiern, die man *lebend* auch heute nicht dulden würde.«

Am 15.1.1935, kurz nachdem die Einladungen bei den Empfängern eingetroffen waren, verbot der Reichs- und Preußische Kultusminister Rust allen seinem Dienstbereich unterstellten Beamten und Angestellten die Teilnahme. In der Begründung heißt es, Haber habe in seinem Antrag auf Entlassung seine innere Einstellung gegen den heutigen Staat zum Ausdruck gebracht. Zynisch wird angemerkt, dass das Vorhaben einer Haber-Gedächtnisfeier als Herausforderung des nationalsozialistischen Staats aufgefasst werden müsse, da eine solche nur bei den »größten Deutschen« üblich sei.

Planck versuchte daraufhin, mit einem bemerkenswerten Schreiben bei Rust die Aufhebung des Verbots zu erreichen. Darin heißt es: »Die Kaiser-Wilhelm-Gesellschaft zur Förderung der Wissenschaften hat von ihrer positiven Einstellung zum heutigen Staat und ihrem Treuebekenntnis zum Führer und seiner Regierung häufig genug

h.c., Dr.-Ing. e. h., Dr. der techn. Wissenschaften e.h. F. Haber, früherer Direktor des K. W. I. für physikalische Chemie und Elektrochemie, Berlin-Dahlem, Ehrenmitglied des Vereins deutscher Chemiker, am 29. Januar im Alter von 66 Jahren auf einer Reise nach Basel.« Berichte der Deutschen Chemischen Gesellschaft 67 (1934A), S. 93.
62) Vgl. auch den Beitrag von Stefan Wolff in diesem Band.

durch Wort und Tat Zeugnis abgelegt, um für sich das Vertrauen beanspruchen zu dürfen, daß bei ihrer in Aussicht genommenen Veranstaltung auf das Peinlichste jede Wendung vermieden wird, welche zu irgend welchen Mißdeutungen Anlaß geben könnte«.[63]

Rust erkannte Plancks Einstellung an. Er hob zwar das Verbot der Feier nicht generell auf, wollte aber »mit Rücksicht darauf, daß die Presse des In- und Auslandes bereits auf die Angelegenheit aufmerksam geworden ist, daß ausländische Teilnehmer zu der Feier erwartet werden, und daß schließlich die Kaiser Wilhelm-Gesellschaft private Mitglieder in ihren Reihen zählt«, Planck anheimzustellen, »die Veranstaltung als rein interne und private Feier der Kaiser-Wilhelm-Gesellschaft stattfinden zu lassen«. Die Tagespresse sollte nicht darüber berichten. Rust ersuchte Planck um Vorlage einer

> »Liste derjenigen Professoren, die in ihrer Eigenschaft als Mitglieder der Kaiser Wilhelm-Gesellschaft bzw. der Deutschen Chemischen Gesellschaft oder der Deutschen Physikalischen Gesellschaft ihr Erscheinen in Aussicht gestellt haben sollten. Ich behalte mir vor, den namhaft gemachten Professoren Dispens von dem Erlaß zu erteilen, wenn sie besonderen Wert darauf legen.«[64]

Planck ließ Abschriften dieses Schreibens durch Eilboten an die im Brief genannten Gesellschaften, die Direktoren sämtlicher Kaiser-Wilhelm-Institute und auswärtigen wissenschaftlichen Mitglieder der Kaiser-Wilhelm-Institute, den vorsitzenden Sekretar der Akademie der Wissenschaften und den Rektor der Universität Berlin verteilen.

Das Verhalten der beiden chemischen Gesellschaften in dieser Situation zeigt, so unterschiedlich es auch war, in beiden Fällen die Distanzierung von ihrem Ehrenmitglied Fritz Haber und politische Angepasstheit. Der Präsident der DChG, Karl Andreas Hofmann, ließ die Berliner Vorstandsmitglieder von der Möglichkeit des Dispenses informieren; er war der Meinung, es sei bereits zu spät, allen

---

[63] Planck an Rust, 18. 1. 1935, MPGA, Abt. V, Rep. 13, 1850. Dieser Brief wurde, soweit bekannt, in keiner Publikation über Haber zitiert. Otto Hahn gibt in seinen Erinnerungen an, dass ihm dieser Brief »leider nicht mehr zugänglich« sei. Ders., Zur Erinnerung an die Haber-Gedächtnisfeier vor 25 Jahren am 29. Januar 1935 im Harnack-Haus in Berlin Dahlem, in: Mitteilungen aus der Max-Planck-Gesellschaft, 1 (1960), S. 3–13, hier S. 8.

[64] Rust an Planck, 24.1.1935, Materialien der DChG in der Geschäftsstelle GDCh Frankfurt/Main, Mappe Chemische Erinnerungen.

Mitgliedern der DChG von dem Schreiben des Ministers Kenntnis zu geben.[65] Eine spätere Anfrage zeigt, dass kein Dispens erteilt wurde; die vorliegenden Dokumente lassen vermuten, dass zumindest von den Vorstandsmitgliedern niemand einen solchen beantragt hatte.[66] Soweit feststellbar war, hatte Adolf Windaus als einziges Mitglied der DChG versucht, einen Dispens zu erhalten; sein Gesuch wurde allerdings abgelehnt. Auf dem Programm der Feier erschien die DChG, deren Präsident Haber von 1922–1924 war, allerdings als miteinladend.

Der V. d. Ch. leistete sich einen Beitrag besonderer Art zur Fritz-Haber-Gedächtnisfeier: Er verbot seinen Mitgliedern die Teilnahme. Allen Mitgliedern wurden am 25.1.1935 Karten mit folgendem Wortlaut zugeschickt: »Gemäß Verfügung des Präsidenten der RTA, Herrn Dr. Ing. Todt ist die Teilnahme an der Gedächtnisfeier für Fritz Haber am 29. Januar 1935 im Harnackhaus allen Mitgliedern des Vereins deutscher Chemiker e. V. untersagt.«[67]

Dennoch gab es unerwarteten Widerspruch. Dieser richtete sich allerdings nicht gegen die nationalsozialistische Regierung, sondern gegen den Vorstand des V. d. Ch. Das von ihm erlassene Verbot, an der Gedächtnisfeier teilzunehmen, löste eine Vielzahl von Protestschreiben und sogar Austritte aus, die den Verein zur Stellungnahme

---

[65] Hofmann an Binz, 26.1.1935, ebd.; auch der hier zitierte Briefwechsel findet sich ebd.

[66] So schrieb Prof. Erich Tiede an Hofmann, dass ihm »unter den veränderten Umständen eine Teilnahme der Deutschen Chemischen Gesellschaft an der Feier, falls sie wirklich doch abgehalten werden sollte, nicht als richtig erscheint. Ein Verzicht, der den beamteten Mitgliedern des Vorstandes besonders des engeren Vorstandes peinliche Überlegungen ersparen würde, ist nach meiner Ansicht auch deshalb vertretbar, weil wir bereits in unserer Gesellschaft in einer weihevollen Stunde am 12. Februar 1934 Habers in würdigster Weise gedacht haben. [...] Natürlich liegt die Entscheidung, ob die Chemische Gesellschaft jetzt sich noch entscheiden soll, in Ihrer Hand. Für mich persönlich kommt eine Teilnahme unter Beantragung eines Dispenses nicht mehr in Frage.« Tiede ergänzte, dass auch Prof. Leuchs, der »durch seinen Unfall am Ausgehen und am Schreiben verhindert ist«, darum bittet, »ihn jedenfalls nicht auf die Liste der etwa für ein Dispens-Gesuch in Frage kommenden Vorstandsmitglieder zu setzen.« Materialien der DChG in der Geschäftsstelle GDCh Frankfurt/Main, Mappe Chemische Erinnerungen.

[67] Vgl. diese und alle folgenden Zitate, die Haber-Feier betreffend, ebd. In den meisten der zitierten Briefe waren die Vornamen nicht angegeben. Sie wurden teilweise durch Informationen aus dem Bayer-Archiv, Leverkusen, ergänzt.

und zu einer sich mehr als zwei Monate lang hinziehenden Korrespondenz zwangen. Mitglieder des Vereins protestierten nicht nur deshalb, weil sie sich durch ein solches Verbot unrechtmäßig gemaßregelt fühlten, sondern auch weil sie nicht einsahen, dass eine Feier für diesen hervorragenden deutschen Gelehrten und Patrioten verboten sein sollte. Unter den Schreiben, die direkt an den Vorstand in Berlin gerichtet wurden, befanden sich folgende:

> »Hätte ich rechtzeitig von der Feier erfahren und die Absicht gehabt, an ihr teilzunehmen, so würde ich mich durch die Karte nicht von der Teilnahme abhalten lassen.« (Geh. Reg. Rat Dr. Karl Süvern, 31.1.1935). Nur seine mehr als 40-jährige Zugehörigkeit zum Verein hindere ihn daran auszutreten, »trotz der durch das Verbot zum Ausdruck gebrachten Mißachtung eines großen Toten und des Mangels an Dankbarkeit gegenüber einem Manne, dem Deutschland auch heute noch viel verdankt.« Ähnlich reagierte Dr. Löhmann (7.2.1935): »[...] bitte ich höfl. um eine Mitteilung, aus welchem Grunde dieses Verbot ergangen ist. Es scheint ohne weiteres vollkommen unverständlich, da Herr Geheimrat Haber nicht nur zu den bedeutendsten Chemikern Deutschlands gehörte, sondern auf Grund seiner einzigartigen Leistungen in der ganzen Welt anerkannt wurde.« Dr. Karl Bittner aus Wien erklärte am 12.2.1935 seinen Austritt aus dem Verein.[68]

Der Vorstand sah sich zumindest in einigen Fällen dazu veranlasst, seine Entscheidung zu begründen.[69] Im Oberrheinischen Bezirksverein des V.d.Ch. rief das Verbot zur Teilnahme an der Haber-Feier erhebliche Unruhe hervor, wie der 1. Vorsitzende Dr. Hans Wolf dem Verein am 13.2.1935 mitteilte. Es seien vor allem Chemiker, »die sich, bewußt oder unbewußt, ohne jeden vernünftigen Grund in Gegensatz zur gegenwärtigen Regierung stellten.« Besonders gut dokumentiert sind die Vorgänge für den Bezirksverein Rheinland. Dort gingen bis Mitte Februar mehr als zehn Einsprüche dieser Art ein, alle von promovierten Chemikern vermutlich aus der Industrie, keiner von einem Hochschullehrer.

---

68) Ebd.
69) So wurden Süverns Vorwürfe in einem längeren Schreiben vom 15.2.1935 »aufs Entschiedenste zurückgewiesen. Der Vorstand begründete sein Verhalten damit, dass es eine Forderung der Disziplin sei, die Anordnung des Leiters der RTA, Dr. Todt, kritiklos an die Mitglieder weiterzugeben. Im übrigen bedauere der Vorstand den wenig glücklichen Verlauf der Angelegenheit. Eine durch Bittner angeregte Anfrage des Bezirksvereins Österreich des V.d.Ch. in Berlin wurde damit beantwortet, dass »das Verbot *nicht* deshalb erfolgte, weil Haber Jude war, sondern weil er in Opposition zum neuen Reich seine Ämter niederlegte.« Brief vom 15.2.1935.

Einige dieser Schreiben seien hier auszugsweise zitiert: »Zurückgesandt, weil ich es ablehnen muß, derartige Weisungen anzunehmen« (Dr. Hans Niedeggen). »Kenntnis genommen, aber mit Befremden, Begründung fehlt zum Verständnis! Zurück an den Vorstand« (Dr. Hess). »Aufgrund welcher Satzungsbestimmungen hält sich der Verein für befugt, derartige, in das Privatleben der Mitglieder eingreifende Verfügungen zu erlassen« (Dr. Erich Mayer). »Für Mitglieder einer freien Organisation ist mir ein solches lapidares Verbot nicht mehr erklärlich, zumal es sich in diesem Fall um die Ehrung eines Mannes handelt, dem Deutschland die Fortführung des Krieges um fast 2 Jahre verdankt. Ich wäre Ihnen dankbar, wenn Sie mir angeben könnten, auf Grund welches Satzungsparagraphen dem Verein die Möglichkeit eines Eingriffes in Gestalt eines Verbots dem Einzelmitglied gegenüber gegeben ist.« (Dr. Kurt Zimmermann). »Mit tiefer Entrüstung sende ich dem Verein deutscher Chemiker die Mitteilung betr. Fritz-Haber Gedächtnisfeier zurück. Inhalt und Form sind derart grotesk, daß man keinen Ausdruck dafür finden kann.« (Dr. Heinz Clingestein).

Dr. Albert Gundlach und Dr. Leonhardt wiesen auf den Unwillen vieler Mitglieder im Bezirksverein Rheinland hin, insbesondere, »daß man es nicht verstehen kann, daß Herr Prof. Duden [Vereinsvorsitzender – d. A.] nicht Mittel und Wege fand, um Herrn Dr. Ing. Todt rechtzeitig klarzumachen, welches Ansehen Haber doch aufgrund seiner gewaltigen Leistungen hatte, und welch unglückliche Wirkung ein in dieser Form abgefaßtes Verbot zur Folge haben müßte.« Dr. Otto Müller zitierte aus Richard Wagners Meistersingern: »Verachtet mir die Meister nicht und ehret ihre Kunst«, und bekannte sich unter Hinweis auf die Bedeutung von Haber, Paul Ehrlich und Richard Willstätter zum universalistischen Leistungsprinzip, gegen das in Deutschland seit 1933 durch die Entlassung jüdischer Wissenschaftler und ihren Ausschluss von wissenschaftlicher Kooperation in fundamentaler Weise verstoßen wurde: »Wir können nicht fragen, ist der Mann Jude und Christ, sondern wir fragen, was hat er geleistet.«[70)]

Die Vorstandsmitglieder reagierten unterschiedlich. Duden und Stantien wollten die Sache auf sich beruhen lassen. Der Vorsitzende des Bezirksvereins Rheinland, Walter Schieber, war dagegen der Mei-

---

70) Ebd.

nung, dass der Leiter des Vereins durch den ganzen Hergang bloßgestellt sei und kündigte an, sein Amt zur Verfügung stellen zu müssen, wenn von Seiten des Hauptvereins nichts erfolge. Schieber erhielt daraufhin ein Schreiben von Stantien, in dem dieser auf das *Führerprinzip* verwies:

> »Auch Herr Professor Duden ist der Ansicht, daß Sie Ihren Mitgliedern, die den Verein als reine Privateinrichtung auffassen, klar machen sollten, daß der Verein deutscher Chemiker als Mitgliedsverein der RTA durchaus offiziösen Charakter hat und als Berufsvertretung der deutschen Chemiker anzusehen ist. Im Dritten Reich haben sich eben unsere Mitglieder den Anordnungen der vom Führer bestellten Organe zu fügen.«[71]

In dem von Schieber am 24.3.1935 verfassten Rundschreiben, das er »zur Erledigung der in großer Zahl eingegangenen Anfragen« an die Mitglieder verschickte, hieß es:

> »Wir halten es im ureigensten Interesse der Chemiker für notwendig, daß die Angelegenheit öffentlich nicht weiter behandelt wird, da mit der stattgehabten politischen Demonstration der Stand der deutschen Chemiker schon genügend belastet ist. Wir hätten aber erwarten dürfen, daß die Mitglieder des Vereins ihre Vorwürfe der Mißachtung eines großen Toten und Mangel an Dankbarkeit nicht ohne Prüfung der für das Verbot maßgebenden Gründe erheben würden. [...] Was den Verein deutscher Chemiker anbelangt, so war es nicht seine Aufgabe, hierzu [zu dem vom Präsidenten der RTA Todt ausgesprochenen Verbot – d. A.] in irgend einer Form kritisch Stellung zu nehmen, sondern eine Forderung der Disziplin, diese Anordnung an seine Mitglieder weiterzugeben.«

Schieber kündigte an, die Mitglieder, die sich nicht in rein sachlicher Weise an ihn gewandt haben, sondern »die sich in Beschimpfungen gegen die Führer der deutschen Chemiker und der deutschen Techniker insgesamt in solch unmöglicher Form ergingen«, »durch persönliche Schreiben befristet zur bedingungslosen Zurücknahme ihrer Angriffe aufzufordern.« Er hoffte, durch dieses Rundschreiben die »unerfreuliche Angelegenheit« endlich zum Abschluss gebracht zu haben.[72]

Die angekündigten persönlichen Schreiben Schiebers sowie Antworten darauf sind nicht dokumentiert. Aber es gab zumindest eine

---

71) Ebd.
72) Ebd.

weitere, bemerkenswerte Reaktion: Dr. Kurt Zimmermann aus Wuppertal schrieb am 5.4.1935:

»Leider kann ich den Schlußstrich unter diese sehr ›unerfreuliche‹ Angelegenheit – allerdings nicht in Bezug auf die Veranstaltung der Feier, sondern auf den Vorgang innerhalb unseres Vereins durch ein befehlsmäßiges Verbot gegenüber persönlich freien Mitgliedern – so lange nicht ziehen, ehe nicht völlige Klarheit geschaffen ist. Ich bitte daher, folgende Fragen zu beantworten:
1. Haben die amtierenden Organe des V. d. Ch. das Recht, in persönliche Entscheidungen der einzelnen Mitglieder einzugreifen?
2. Wenn ja: in welchem § der Satzung ist dieses Recht verankert?
3. Wenn nein: wie gedenkt man solchen Satzungswidrigkeiten in Zukunft vorzubeugen?«
Es folgen Bemerkungen zu einzelnen Stellen des Schreibens von Schieber: »Wieso ist der Stand der deutschen Chemiker durch eine Erinnerungsfeier, die kein Mensch für eine politische ansah, oder durch sie eine politische Auswirkung erwartete, schon ›genügend belastet‹? [...] Was heißt ferner: es liegt in ›ureigenstem‹ Interesse usw.? Ich habe als Frontsoldat z. B. keinen Anlaß, über den großen Berufskollegen Geh. rat. Prof. Dr. Haber, im Range eines Majors d. R. im Weltkrieg, Organisator des ersten Gasangriffes, den mitzumachen ich die Ehre hatte, usw., nicht zu sprechen; Sie selbst bezeichnen ihn ja auch als ›großen Toten‹. Ich vertrete – ich möchte hier die Bemerkung einschalten, daß ich seit der Zeit, in der ich das Denken lernte, Judengegner bin – sogar die Meinung, daß man diesen Mann nicht nur wissenschaftlich achten muß, sondern auch menschlich, weil er m. E. nicht ›in Opposition‹ zum nationalsozialistischen Staat seine Ämter niedergelegt und Deutschland verlassen hat, sondern als Mann die Konsequenzen gezogen hat, die ein Mensch mit Ehrgefühl in seiner Lage ziehen muß. Und vor ›Anständigkeit‹ und ›Ehrenhaftigkeit‹ habe ich immer noch ›Achtung‹, auch wenn der Betreffende kein Volksgenosse ist.«[73]

Als Einziger der protestierenden Mitglieder des V.d.Ch. würdigte Zimmermann nicht nur den Patriotismus, sondern sogar den Rücktritt Habers. Es bleibt die Frage, warum sich dieser antisemitisch äußernde Chemiker und einige andere Industriechemiker im Gegensatz zu Chemikern an Universitäten und Kaiser-Wilhelm-Instituten deutlich gegen ihren Vereinsvorstand protestierten. Ein Protest ließ sich vermutlich nicht mit der Tradition des Gehorsams im deutschen Beamtentum vereinbaren. Assistenten und Privatdozenten mussten darüber hinaus befürchten, nicht befördert zu werden.

Es ist nirgends genau dokumentiert, wer an der Feier teilnahm.

---

[73] Ebd.

Erinnerungen Otto Hahns lässt sich entnehmen, dass der große Saal des Harnack-Hauses überwiegend mit Frauen von Berliner Professoren, Mitgliedern der KWG und persönlichen Freunden Fritz Habers vollbesetzt war.[74] Max Planck eröffnete die Feier mit dem Hitlergruß und einführenden Worten.[75] Zwei Gedenkreden wurden von Otto Hahn und Oberst a. D. Joseph Koeth gehalten. Koeth war während des Ersten Weltkriegs Leiter der Abteilung für Rohstoffe des Preußischen Kriegsministeriums und seit dieser Zeit mit Haber bekannt, der die Abteilung für chemische Kriegsführung leitete. Nach Hahn hatte der damalige Rektor der Berliner Universität, Eugen Fischer, der gleichzeitig Direktor des KWI für Anthropologie war, ihn einige Tage vor der Feier angerufen, um ihm die geplante Rede zu verbieten. Da Hahn aber aus der philosophischen Fakultät ausgeschieden war, der Universität also nicht mehr angehörte, war Fischer nicht mehr weisungsbefugt.

Max von Laue, der Haber in seinem bemerkenswerten Nachruf mit Themistokles verglichen hatte, der in die Geschichte eingegangen ist »nicht als der Verbannte am Hof des Perserkönigs, sondern als der Sieger von Salamis«[76], wagte es nicht, an der Feier teilzunehmen.[77] Auch Karl Friedrich Bonhoeffer nahm nicht teil, ihm wurde untersagt, die geplante Gedächtnisrede zu halten. Diese wurde stattdessen von Hahn vorgelesen. Der Organiker Richard Willstätter, der 1924 aus Protest gegen mehrere Vorfälle von Antisemitismus bei Berufungen an der Universität München von seiner Position als Ordina-

---

[74] Otto Hahn, Zur Erinnerung an die Haber-Gedächtnisfeier vor 25 Jahren am 29. Januar 1935 im Harnach-Haus in Berlin-Dahlem, Mitteilungen aus der MPG, Heft 1/1960, S. 3–13.
[75] Richard Willstätter, Aus meinem Leben. Von Arbeit, Muße und Freunden, Weinheim 1949, S. 277.
[76] »Themistokles ist in die Geschichte eingegangen nicht als der Verbannte am Hof des Perserkönigs, sondern als der Sieger von Salamis. Haber wird in die Geschichte eingehen als der geniale Erfinder desjenigen Verfahrens, Stickstoff mit Wasserstoff zu verbinden, das der technischen Stickstoffgewinnung aus der Atmosphäre zugrunde liegt, als der Mann, der auf diese Weise, wie es bei der Überreichung des Nobelpreises an ihn hieß, ›ein überaus wichtiges Mittel zur Hebung der Landwirtschaft und des Wohlstands der Menschheit‹ schuf, der Brot aus Luft gewann und einen Triumph errang ›im Dienste seines Landes und der ganzen Menschheit.‹« Max von Laue, Nachruf auf Fritz Haber, in: Die Naturwissenschaften 22 (1934), S. 97.
[77] Ruth Sime, Lise Meitner. A life in physics, Berkeley 1996, S. 156.

rius zurückgetreten war, kam zur Feier, außerdem Geheimrat Carl Bosch, Arthur von Weinberg, Direktor Kühne und einige andere leitende Herren der I.G.-Farbenindustrie, die von Bosch aufgefordert worden waren zu kommen, Exzellenz Schmidt-Ott, Dr. A. Petersen und Dr. Johannes Jaenicke von der Metallgesellschaft aus Frankfurt, Wolfgang Heubner und Elisabeth Schiemann von der Universität Berlin sowie Lise Meitner, Fritz Straßmann und Max Delbrück vom KWI für Chemie. Georg Melchers, Assistent am KWI für Biologie, kam ebenfalls, ohne um Erlaubnis zu fragen.[78] Heubner, Ordinarius für Pharmakologie und Elisabeth Schiemann, außerordentliche Professorin für Botanik, waren für ihre antinationalsozialistische Haltung bekannt. Die Teilnahme an der Veranstaltung brachte ihnen keine direkten beruflichen Nachteile.

Aus dem oben zitierten Briefwechsel des V. d. Ch. geht hervor, dass der Ordinarius für Physikalische Chemie in Wien, Hermann Mark (er wurde 1938 entlassen, weil er einen jüdischen Vater hatte), Habers ehemaliger Mitarbeiter Hans Eisner, der bereits nach Spanien emigriert war, und der nichtjüdische Enzymchemiker Friedrich Franz Nord aus Berlin an der Feier teilnahmen.[79]

Den vorliegenden Informationen zufolge kann die Haber-Gedächtnisfeier, jedenfalls in Bezug auf die chemischen Gesellschaften, nicht als Protestveranstaltung gegen das NS-Regime gewertet werden. Die DChG und ihre Mitglieder an Universitäten beteiligten sich nicht an der Feier, der V.d.Ch. verbot seinen Mitgliedern sogar die Teilnahme. Auch von der DPG waren nur wenige Mitglieder vertreten, darunter Meitner, Planck. Hochschullehrer unternahmen insgesamt, von wenigen Ausnahmen abgesehen, keinen Versuch, die vorhandenen legalen Möglichkeit des Dispensantrags zu nutzen, um an der Feier teilnehmen zu können, geschweige denn unter Missachtung entsprechender Verbote einfach zu erscheinen. Soweit bekannt, war der einzige Hochschullehrer der Chemie, der sich (vergeblich) um einen Dispens bemühte, Adolf Windaus, ein Wissenschaftler, der 1914 die Beteiligung an der Giftgasforschung abgelehnt hatte.

Die Haber-Feier symbolisierte durch das Fernbleiben des größten

---

[78] Persönliche Mitteilung von Prof. Georg Melchers an Prof. Benno Müller-Hill.
[79] Zu Mark, Eisner und Nord vgl. Deichmann, Flüchten, Kap. 2 u. 4.

Teils der Eliten aus Wissenschaft und Industrie den vollzogenen Wechsel des alten Nationalismus, der Juden mit einschloss und es einem Wissenschaftler wie Haber erlaubte, Giftgase für die deutsche Nation zu entwickeln und einzusetzen, hin zu einem neuen Nationalismus, in dem es für Juden unabhängig von ihrer politischen Überzeugung keinen Platz mehr gab, nicht einmal in der Erinnerung an Schlachtfelder der Vergangenheit.

Vergleich mit der DPG

Gleichschaltung

Sowohl die DChG als auch der V.d.Ch. gliederten sich im Unterschied zur DPG in den NSBDT als Arbeitskreis ein. Die beiden chemischen Gesellschaften unterschieden sich in der Geschwindigkeit der Gleichschaltung. Der V.d.Ch. führte bereits 1933 das *Führerprinzip* ein, nahm 1934 politisch-ideologische Ziele in die Satzung auf und wurde in demselben Jahr in die RTA (den späteren NSBDT) eingegliedert. Die DChG war anfangs bei politisch-ideologischen Äußerungen zurückhaltend, führte das *Führerprinzip* 1936 ein und wurde 1938 dem NSBDT eingegliedert. Allerdings entfernte auch sie in vorauseilendem Gehorsam bereits 1933 jüdische Mitglieder aus führenden Positionen und Zeitschriften-Redaktionen.

Mobilisierung für wirtschaftliche und militärische Ziele

Die nationale und wirtschaftliche Bedeutung der Chemie war bei den politischen Führern des NS-Staats unbestritten. So konnte sich der Fachspartenleiter für Allgemeine Chemie des Reichsforschungsrats, der Physikochemiker Peter Adolf Thiessen, in einer Rede anlässlich einer Kundgebung des Nationalsozialistischen Deutschen Dozentenbundes (NSDDB) Berlin zum Thema *Wissenschaft und Vierjahresplan* auf Hitler berufen, um die Bedeutung der Chemie hervorzuheben: »In dieser Rede [von 1936 – d. A.] erklärte der Führer am Schluß: Wir werden uns durchsetzen, obwohl wir ein armes Volk sind, das an Mangel leidet; wir werden uns durchsetzen, weil wir den fanatischen Willen haben, uns selbst zu helfen, und weil wir in

Deutschland Chemiker und Erfinder haben, die unserer Not steuern werden.«[80)]

Diese wirtschaftliche Bedeutung war einer der Gründe dafür, dass es, anders als in der Physik, keinen nennenswerten Versuch gab, die akademische Chemie politisch-ideologisch zu beeinflussen. So gab es in der Chemie im Unterschied zur Physik keine massive ideologische Bewegung einer »Deutschen« oder »Arischen Wissenschaft«. Die ideologisierte »Deutsche Chemie« etwa eines Karl Lothar Wolf blieb marginal. Auseinandersetzungen und Machtkämpfe zwischen Vertretern einer »Deutschen Chemie« und ihren Gegnern fanden in den beiden chemischen Gesellschaften nicht statt. Dagegen besaß die Mobilisierung der Mitglieder für Ziele des Vierjahresplans für wirtschaftliche Autarkie und Kriegsvorbereitung insbesondere beim V.d.Ch. einen hohen Stellenwert.

Auseinandersetzung mit prominenten jüdischen Mitgliedern und Mitarbeitern

Sowohl die chemischen Vereinigungen als auch die DPG besaßen mit Haber bzw. Einstein jüdische Mitglieder, die nicht nur wissenschaftlich herausragend waren, sondern auch politisch eine exponierte Rolle spielten. Beide wurden allerdings politisch unterschiedlich wahrgenommen. Während Haber durch seinen Patriotismus und die Organisierung des deutschen Gaskriegs politisch hervorgetreten war, hatte Einstein durch seine kritische Haltung gegenüber der deutschen Politik im Ersten Weltkrieg den Hass konservativer Kreise auf sich gezogen. Die Ausgrenzung Einsteins war daher 1933 in der DPG mehr konsensfähig als die Habers, der zudem ehemaliger Präsident der DChG war, in den chemischen Gesellschaften. Nach Habers Tod führte die Frage der Beteiligung an der Haber-Gedenkfeier zu Diskussionen in der DChG und dem V.d.Ch. und sogar zu Protesten gegen den Vorstand des V.d.Ch. wegen dessen Verbots der Teilnahme. Von vergleichbaren Auseinandersetzungen in der DPG, deren Vorsitzender Huber ebenfalls (1914/15) gewesen war, ist nichts bekannt.

80) Wissenschaft und Vierjahresplan. Reden anläßlich einer Kundgebung des NSD-Dozentenbundes, Universität Berlin, 18.1.1937, S. 4–17, BA, R73/15159.

Die DChG hatte eine große Zahl prominenter jüdische Mitglieder im In- und Ausland und viele Mitarbeiter sowie wissenschaftliche Angestellte in ihren Zeitschriften- und Handbuchredaktionen. Der Vertrieb dieser Publikationen im Ausland war eine wichtige Devisenquelle. Dies führte zu Problemen beim Ausschluss bzw. bei der Entlassung jüdischer Mitglieder und Angestellter.

Die Rolle der Präsidentschaft

Mit Richard Kuhn stand der DChG von 1938 bis 1945 einer der damals bedeutendsten deutschen Chemiker vor, der wie Carl Ramsauer und die anderen DPG-Vorsitzenden kein NSDAP-Mitglied war. Den vorliegenden Informationen zufolge lassen sich keine Anhaltspunkte dafür finden, dass Kuhn, wie er später vorgab, die Gesellschaft vor zu einem noch größeren Einfluss der NSDAP bewahrte. Zum einen war Kuhn als Wissenschaftler und Wissenschaftspolitiker bei NS-Politikern geschätzt, wie u. a. die Tatsache belegt, dass er unter Beteiligung von NSDAP-Dienststellen Präsident der DChG und Fachspartenleiter des Reichsforschungsrats wurde. Zum anderen war Kuhns Verhalten von Konformismus und vorauseilendem Gehorsam gegenüber dem NS-Regime gekennzeichnet. Aus allgemein nationalistischer Überzeugung und aus Opportunitätsgründen unterstützte er das NS-Regime mit seinem Ansehen und seinen wissenschaftlichen sowie organisatorischen Fähigkeiten. Auch ohne NSDAP-Mitglied zu werden, trat er als Präsident der Gesellschaft während des Kriegs öffentlich für die bedingungslose Unterstützung Hitlers ein. Durch die Kombination von hoher wissenschaftlicher Leistung und völligem politischen Konformismus schadete er der Gesellschaft und dem Ansehen der Chemie in Deutschland weit über die Zeit des Nationalsozialismus hinaus.

Der Gründungspräsident der DChG August Wilhelm von Hofmann prägte die Gesellschaft mit seiner international ausgerichteten liberalen Haltung und seinem Eintreten gegen die Diskriminierung jüdischer Kollegen, deren Bedeutung in der Chemie bereits im 19. Jahrhundert größer war als in anderen Naturwissenschaften. Hofmanns Nachfolger in der NS-Zeit setzten diese universalistischen Prinzipien teilweise unter politischem Druck, teilweise aber nachweislich auch motiviert durch Nationalismus, Antisemitismus und

Opportunismus außer Kraft. Hofmanns Maximen sind im Hinblick auf gute Wissenschaft und ihre Vertretung auch heute zukunftsweisend.

Abbildungen

Die Gründer der Physikalischen Gesellschaft, Berlin 14. Januar 1845

Naturforscherversammlung Bad Nauheim 1920

Physikertagung Bad Elster 1931

Physikertagung Bad Salzbrunn 1936

Deutscher Physiker- u. Mathematikertag
Bad Pyrmont 1934

BERLIN-DAHLEM, Anfang Juni 1934
WERDERSTRASSE 28

EINLADUNG

zum

zehnten Deutschen Physiker- und Mathematikertag in Bad Pyrmont

Der zehnte Deutsche Physiker- und Mathematikertag findet in der Zeit von **Montag, dem 10. bis Sonnabend, dem 15. September 1934, in Bad Pyrmont,** unmittelbar vor der Versammlung Deutscher Naturforscher und Aerzte, die in Hannover zusammentritt, statt. Gleichzeitig halten die *Deutsche Physikalische Gesellschaft* ihre ordentliche Geschäftsversammlung, die *Deutsche Gesellschaft für technische Physik* ihre 15. Jahrestagung, die *Deutsche Mathematikervereinigung* und die *Gesellschaft für angewandte Mathematik und Mechanik* ihre Mitgliederversammlungen ab.

Außerhalb der wissenschaftlichen Tagesordnung ist dank dem weitgehenden Entgegenkommen der Kurdirektion für Geselligkeit und Erholung in dem herrlichen Badeort reichlich gesorgt; wir glauben deshalb allen Teilnehmern und ihren Damen, die wir herzlichst einladen, einige genußreiche Tage versprechen zu können.

Vorläufige Zeiteinteilung:

Montag, den 10. September: Vorstandssitzungen. Abends Begrüßung der Teilnehmer.
Dienstag, den 11. September: Allgemeine Sitzung. Begrüßungsansprachen und Fachsitzungen. In der Physik: I. Hauptthema: Die Physik der tiefen Temperaturen (Leiter: E. Grüneisen, W. Meißner).
Mittwoch, den 12. September: Fachsitzungen
Donnerstag, den 13. September, vormittags: Geschäftssitzungen. Nachmittags: Gemeinsamer Ausflug mit Gesellschaftsessen
Freitag, den 14. September: Fachsitzungen. In der Physik: II. Hauptthema: Physik und Werkstoffe (Leiter: G. Masing, A. Stuckel).
Sonnabend, den 15. September: Nach Bedarf Fachsitzungen, ferner Ausflüge in die weitere Umgebung von Bad Pyrmont.

Anmeldung zur Teilnahme.

Die Fachgenossen, welche an der Tagung teilzunehmen beabsichtigen, wollen dies — zunächst unverbindlich — auf anliegender Postkarte an Geh. Regierungsrat Professor Dr. **K. Scheel, Berlin-Dahlem, Werderstraße 28,** mitteilen.

Einzelheiten über die Tagung werden in dem ausführlichen Programm, das im August erscheinen wird, bekanntgegeben werden.

Die Anmeldungen von Vorträgen sind zu richten:
für reine und technische Physik an Geheimen Regierungsrat Professor Dr. Karl Scheel, Berlin-Dahlem, Werderstraße 28.

Bitte wenden!

---

für reine Mathematik an Professor Dr. L. Bieberbach, Berlin-Dahlem, Gellertstraße 16,
für angewandte Mathematik und Mechanik an Dr. ing. C. Weber, Dresden, Hindenburgstraße 15.
Diese Vorträge werden, wie bisher, in der Zeitschrift für angewandte Mathematik und Mechanik veröffentlicht.

Einzelbestimmungen für die physikalischen Vorträge.

Für die beiden Hauptthemata werden mehrere Redner zu zusammenfassenden Vorträgen aufgefordert werden. Andere Vorträge, welche nach Möglichkeit in diese Tagesordnungen eingruppiert werden sollen, müssen bis zum 15. Juli angemeldet sein.

Die Zulassung von Vorträgen unterliegt der Entscheidung einer von den Gesellschaften eingesetzten Kommission.

Nach dem 15. Juli eingehende Anmeldungen, sowie Vortragsanmeldungen ohne Angabe des Themas und von bereits veröffentlichten Arbeiten können nicht auf Berücksichtigung rechnen. Die Vorträge sollen in einem besonderen Tagungsheft zusammengefaßt werden, das der Zeitschrift für technische Physik, sowie der Physikalischen Zeitschrift beigegeben werden wird. Die beiden physikalischen Gesellschaften haben einstimmig beschlossen, nur solche Vorträge zuzulassen, die für das gemeinsame Tagungsheft zur Verfügung gestellt werden.

Das Ablesen von Vorträgen ist nicht gestattet. Es wird gebeten, möglichst solche Vorträge zu wählen, die nicht etwa — wie lange Rechnungen — besser gedruckt gelesen werden.

Experimentelle Hilfsmittel stehen für die Vorträge voraussichtlich in genügendem Umfange zur Verfügung. Es wird gebeten, alle diesbezüglichen Wünsche bei der Anmeldung der Vorträge mitzuteilen.

K. Mey-Berlin,
Vorsitzender der Deutschen Physikalischen Gesellschaft und der Deutschen Gesellschaft für technische Physik

L. Prandtl-Göttingen, O. Perron-München,
Vorsitzender der Gesellschaft für angewandte Mathematik und Mechanik Vorsitzender der Deutschen Mathematikervereinigung

K. Scheel-Berlin,
Geschäftsführer des Physiker- und Mathematikertages

Einladung zur Physikertagung Bad Pyrmont 1934

Die Vorsitzenden der DPG 1933/45

Max von Laue (1879–1961), Vorsitzender 1931–1933

Karl Mey (1879–1961), Vorsitzender 1933–1935; Vorsitzender der Gesellschaft für technische Physik 1931–1945

Jonathan Zenneck (1871–1959), Vorsitzender 1935–1937; 1940

Peter Debye (1884–1966), Vorsitzender 1937–1939

Carl Ramsauer (1879–1955), Vorsitzender 1940–1945

Funktionsträger der DPG

Walter Grotrian (1890–1954), Geschäftsführer der DPG 1937–1945

Walter Schottky (1886–1976), Schatzmeister der DPG 1929–1939

Max Steenbeck (1904–1981), Schatzmeister der DPG 1939–1945

Wolfgang Finkelnburg (1905–1967), Stellvertretender Vorsitzender der DPG 1941–1945

Karl Scheel (1866–1936), Geschäftsführer der DPG bis 1936

Opponenten der DPG

Johannes Stark (1874–1957)

Abraham Esau (1884–1955)

Wilhelm Schütz (1890–1972), 1952

Philipp Lenard wird zu seinem 80. Geburtstag am 7.6.1942 vom Rektor der Heidelberger Universität die Ehrendoktorwürde verliehen, in weißer Paradeuniform sitzend: Postminister Richard Ohnesorge

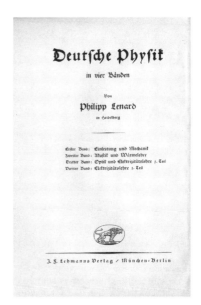

Faksimile des vierbändigen Lehrbuchs »Deutsche Physik« von Philipp Lenard, 1938

Fritz Haber (1869–1934) und Albert Einstein (1879–1955), um 1914

Einladung zur Gedächtnisfeier für Fritz Haber, Berlin 29.1.1935

Faksimile des Briefes von Albert Einstein vom 9.6.1933, in dem er seinen Austritt aus der DPG erklärt (Transkription s. Dokumentenanhang)

Deutsche Physikalische Gesellschaft E.V.

Postscheck-Konto:
Berlin Nr. 104104

Bank-Konto:
Deutsche Bank und Disconto-Gesellschaft
Berlin-Wilmersdorf, Hohenzollerndamm 198

Charlottenburg 5, den 2. Dez. 1938
Wundtstraße 46

An die Mitglieder des Vorstandes
der Deutschen Physikalischen Gesellschaft.

Sehr verehrter Herr Kollege!

Ich beabsichtige, am Mittwoch, den 8. Dezember das beiliegende Schreiben an sämtliche deutsche Mitglieder der Deutschen Physikalischen Gesellschaft zu versenden. Falls Sie mir nicht bis zum 6. Dezember Mitteilung zukommen lassen, setze ich Ihr Einverständnis voraus.

gez. P. Debye
Vorsitzender.

2.12.38

Einverstanden
Laue

Faksimile des Briefes von Peter Debye an die Mitglieder des Vorstandes der DPG vom 2.12.1938 (Transkription s. Dokumentenanhang)

Deutsche Physikalische Gesellschaft e. V.

Charlottenburg 5.
Wundtstraße 46.
den 9. Dezember 1938

An die deutschen Mitglieder der Deutschen Physikalischen Gesellschaft.

Unter den zwingenden obwaltenden Umständen kann die Mitgliedschaft von reichsdeutschen Juden im Sinne der Nürnberger Gesetze in der Deutschen Physikalischen Gesellschaft nicht mehr aufrecht erhalten werden.

Im Einverständnis mit dem Vorstand fordere ich daher alle Mitglieder, welche unter diese Bestimmung fallen, auf, mir ihren Austritt aus der Gesellschaft mitzuteilen.

Heil Hitler!

P. Debye
Vorsitzender

Rundschreiben der DPG zum Ausschluss der »reichsdeutschen Juden« aus der DPG, Berlin 9.12.1938 (Transkription s. Dokumentenanhang)

Die Planck-Medaille

Max Planck (1858–1947) und Albert Einstein (1879–1955), die ersten Träger der Planck-Medaille, Berlin 29.6.1929

Arnold-Sommerfeld (1868–1951), Vorsitzender des Medaillen-Komitees (1937–1951)

Vorderseite der Planck-Medaille

Erwin Schrödinger (1887–1961), Preisträger der Planck-Medaille 1937, auf der Planckfeier in Berlin, 23. April 1938

Max Planck und der französische Botschafter André Francois-Poncet, der auf der Planck-Feier am 23. April 1938 in Berlin die Planck-Medaille für Louis de Broglie entgegennahm

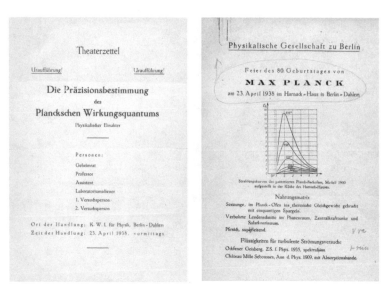

Einladungskarte zur Feier zum 80. Geburtstag von Max Planck

Festbankett zum 80. Geburtstag von Max Planck im Goethe-Saal des Harnack-Hauses in Berlin-Dahlem, 23. April 1938

Herbert Stuart, Werner Heisenberg und Peter Debye als Akteure des »Physikalischen Einakters« von Walter Grotrian: »Die Präzisionsbestimmung des Planckschen Wirkungsquantums«

Peter Debye und Arnold Sommerfeld als Akteure des »Physikalischen Einakters«

Eingabe der DPG an Reichserziehungsminister B. Rust vom 20. Januar 1942
Oben: Faksimile des Durchschlags der Eingabe
Unten: Titelseite der Publikation in den Physikalischen Blättern Heft 3/ 1997 (Transkription s. Dokumentenanhang)

Titelseite des Vortrags von C. Ramsauer »Über Leistung und Organisation der angelsächsischen Physik mit Ausblicken auf die deutsche Physik ...« vor der Deutschen Luftfahrtakademie, Berlin 2. April 1943 ...

Hermann Göring eröffnet eine Tagung der Deutschen Luftfahrtakademie, Berlin 1. März 1938. In der ersten Reihe von links nach rechts: Erhard Milch, Bernhard Rust, Ludwig Prandtl

Ludwig Prandtl (1875–1953)

Titelseite des Programms der DPG für den Ausbau der Physik in Großdeutschland, 1944 (Transkription s. Dokumentenanhang

Titelblatt des ersten Hefts der Physikalischen Blätter, Januar/Februar 1944

Ernst Brüche (1900–1985), Herausgeber der Physikalischen Blätter, in seinem Labor um 1940

Physikalisches Institut der Berliner Universität am Reichstagsufer

Einladung
zur Hundertjahrfeier der Deutschen Physikalischen Gesellschaft
Donnerstag, den 18. Januar 1945, 16 Uhr pünktlich
Großer Hörsaal des Physikalischen Instituts, Reichtagsufer 7/8

PROGRAMM

Musikalische Einleitung.

TEIL I

C. Ramsauer-Berlin ....Begrüßungsworte.
E. Buchwald-Danzig ....Die Deutsche Physikalische Gesellschaft an der Schwelle ihres zweiten Jahrhunderts.
H. Schimank-Hamburg ..Die Physik des 19. Jahrhunderts als geistesgeschichtliche Bewegung.

Pause

TEIL II

H. Schimank-Hamburg ..Einige Lichtbilder zur Kulturgeschichte der Physik.
E. Brüche-Berlin ......Filmerinnerungen aus den Tagungen der Deutschen Physikalischen Gesellschaft.

Deutsche Physikalische Gesellschaft
gez. C. Ramsauer

Berliner Physikalische Gesellschaft
gez. E. Meyer

Einladungskarte zur Festsitzung zum 100jährigen Jubiläum der DPG

Festversammlung im großen Hörsaal des Physikalischen Instituts der Berliner Universität, in der ersten Reihe v.l.n.r.: Ernst Brüche. Heinrich Hartmann, Arthur Axmann; am Rednerpult C. Ramsauer

Abraham Esau, Carl Ramsauer und Eduard Buchwald am Rande der Festversammlung

Beitrag von Carl Ramsauer zum 100jährigen Gründungsjubiläum; Deutsche Allgemeine Zeitung vom 18.1.1945 (Transkription »Hundert Jahre Physik« s. Dokumentenanhang)

Wilhelm Suess (1895–1958), Vorsitzender der Deutschen Mathematiker Vereinigung 1937–1945

Richard Kuhn (1900–1967), Vorsitzender der Deutschen Chemischen Gesellschaft 1938–1945

Werner Heisenberg und Max von Laue auf der Physikertagung in Berlin (West) 1952

Anhang

Dokumentenanhang

Die Vorstände zwischen 1933 und 1945

Deutsche Physikalische Gesellschaft

	1931 Bad Elster	1933 Würzburg	1935 Stuttgart	1937 Kreuznach	1940	1940/45 Berlin
Vorsitzender	M. von Laue	K. Mey	J. Zenneck	P. Debye	J. Zenneck	C. Ramsauer
Stellvertreter	E. von Schweidler	M. von Laue	K. Mey	J. Zenneck		W. Finkelnburg
Schatzmeister	W. Schottky	W. Schottky	W. Schottky	W. Schottky	M. Steenbeck	M. Steenbeck
Geschäftsführer	K. Scheel	K. Scheel	K. Scheel (†1936)	W. Grotrian	W. Grotrian	W. Grotrian (H. Ebert)

Der Vorstand wurde im zweijährigen Turnus auf den jeweiligen Physikertagungen gewählt; zum erweiterten Vorstand gehörten noch als Beisitzer die Vorsitzenden der zehn Gauvereine: Baden-Pfalz, Bayern, Berlin (mit 3 Vertretern), Hessen, Niedersachsen, Österreich (ab 1939 Ostmark), Ostland (seit 1938), Rheinland-Westfalen, Thüringen/Sachsen/Schlesien, Württemberg sowie drei weitere Vertreter derjenigen Mitglieder, die ihr Wahlrecht in keinem Gauverein ausübten.

Gesellschaft für technische Physik

	1931/32	1933	1935	1940/45
Vorsitzender	G. Gehlhoff (†12.3.31) K. Mey	K. Mey	K. Mey	K. Mey
Stellvertreter	H. Rukop	H. Rukop	H. Rukop	H. Rukop
Schriftführer	E. Gehrcke	E. Gehrcke	E. Gehrcke	E. Gehrcke
2. Schriftführer	R. Fellinger	R. Fellinger	H. von Siemens	H. von Siemens
Schatzmeister	C. Ramsauer	C. Ramsauer	C. Ramsauer	C. Ramsauer

Mitgliederentwicklung der Deutschen Physikalischen Gesellschaft (DPG) und der Gesellschaft für technische Physik (DGtP) 1930–1945

	1931	1932	1933	1934	1935	1936	1937	1938	1939	1940	1945
DPG	1453	1377	1379	1355	1321	o.A.	o.A.	1304	o.A.	o.A.	1520
DGtP	1268	1190	1044	1040	1074	1086	1174	1275	1234	o.A.	o.A.

Die Physikertagungen 1930 bis 1941 mit den Schwerpunktthemen

1930, 4.–7. September in Königsberg
Quanten- und Wellenmechanik, Korpuskularstrahlen, Technische Probleme im Lichte der neuzeitlichen Atomvorstellung

1931, 13.–18. September in Bad Elster
Leitungs- und Photoeffekte in Halbleitern und Grenzschichten, Physikalische Probleme des Tonfilms, Kernprozesse

1932, 20.–24. September in Bad Nauheim
Magnetismus, Elektrophysik der hohen Atmosphäre, Gasentladungen

1933, 17.–22. September in Würzburg
Atomforschung, Grenzen der elektrischen Messungen

1934, 10.–15. September in Bad Pyrmont
Physik der Werkstoffe, Physik der tiefen Temperaturen

1935, 22.–28. September in Stuttgart
Elektronen- und Ionenleitung fester Körper, Ultrastrahlung und Kernphysik, Mechanische Schwingungen inclusive Lärmbekämpfung

1936, 13.–19. September in Bad Salzbrunn
Astrophysik, Geometrische Optik, Akustik exclusive Lärm

1937, 19.–24. September in Bad Kreuznach
Physikalische Meß- und Regelverfahren der Technik, Kernphysik

1938, 11.–16. September in Baden-Baden
Physikalische und technische Optik, Dielektrika, Elektrische Stromschwankungen

1939, 24.–29. September in Marienbad (wegen Kriegsausbruch abgesagt)
Metallischer Werkstoff in der technischen Physik, Kernphysik

1940, 1./2. September in Berlin
Kernphysik, Hartmetalle
Bestätigung der neuen Satzung

Albert Einstein, Max von Laue und Johannes Stark

Fritz Haber an den Herrn Minister für Wissenschaft, Kunst und Volksbildung (B. Rust), Berlin 30. April 1933
Quelle: DPGA Nr. 10011

Sehr geehrter Herr Minister!

Hierdurch bitte ich Sie, mich zum 1. Oktober 1933 hinsichtlich meines preußischen Hauptamtes als Direktor eines Kaiser Wilhelm-Instituts wie hinsichtlich meines preußischen Nebenamtes als ordentlicher Professor an der hiesigen Universität in den Ruhestand zu versetzen. Nach den Bestimmungen des Reichsbeamtengesetzes vom 7. April 1933, deren Anwendung auf die Institute der Kaiser Wilhelm-Gesellschaft vorgeschrieben worden ist, steht mir der Anspruch zu, im Amte zu verbleiben obwohl ich von jüdischen Grosseltern und Eltern abstamme. Aber ich will von dieser Befugnis nicht länger Gebrauch machen, als es für die geordnete Abwicklung der wissenschaftlichen und verwaltenden Tätigkeit notwendig ist, die mir in meinen Aemtern obliegt.

Meine Bitte deckt sich inhaltlich mit den Gesuchen, welche die von der Kaiser Wilhelm Gesellschaft angestellten wissenschaftlichen Mitglieder und Abteilungsleiter des Kaiser Wilhelm Instituts für physikalische Chemie und Elektrochemie, die Herren Professoren H. Freundlich und M. Polanyi, an den Herrn Präsidenten der Kaiser Wilhelm-Gesellschaft gerichtet haben. Ich habe die Annahme derselben befürwortet.

Mein Entschluß, meine Verabschiedung zu erbitten. erfließt aus dem Gegensatze der Tradition hinsichtlich der Forschung, in der ich bisher gelebt habe, zu den veränderten Anschauungen, welche Sie, Herr Minister, und Ihr Ministerium als Träger der großen derzeitigen nationalen Bewegung vertreten. Meine Tradition verlangt von mir in einem wissenschaftlichen Amte, dass ich bei der Auswahl von Mitarbeitern nur die fachlichen und charakterlichen Eigenschaften der Bewerber berücksichtige, ohne nach ihrer rassenmäßigen Beschaffenheit zu fragen. Sie werden von einem Manne, der im 65. Lebensjahre steht, keine Aenderung der Denkweise erwarten, die ihn in den vergangenen 39 Jahren seines Hochschullebens geleitet hat, und Sie werden verstehen, dass ihm der Stolz, mit dem er seinem deutschen

Heimatlande sein Leben lang gedient hat, jetzt diese Bitte um Versetzung in den Ruhestand vorschreibt.

Hochachtungsvoll, *Fritz Haber*

Max von Laue an Albert Einstein, Berlin 14. Mai 1933
Quelle: AEA Nr. 16-088

Lieber A. E.!
Ich benutze eine Gelegenheit, Dir einen Gruss zu senden, nachdem ein Sonderdruck mit entsprechender Widmung, den ich Dir schickte, soviel ich weiss, nicht an Dich gelangt ist. Dass ich über die Ereignisse hier sehr traurig bin, brauche ich kaum zu versichern; das Schlimmste ist die vollkommene Ohnmacht etwas dagegen zu tun. Was Aufsehen erregt, verschlimmert die Lage nur.

Mit Deinem Fortgehen von hier ist mir Berlin zum großen Teil verödet; trotz Planck, Schrödinger und manchen Anderen. Aber warum musstest Du auch *politisch* hervortreten! Ich bin weit entfernt, Dir aus Deinen Aeußerungen einen Vorwurf zu machen. Nur, finde Ich, soll der Gelehrte damit zurueckhalten. Der politische Kampf fordert andere Methoden und andere Interessen, als die wissenschaftliche Forschung. Der Gelehrte kommt in ihm in der Regel unter die Raeder.

So ist's nun auch mit Dir gegangen. Aus den Truemmern laesst sich, was *war*, nicht wieder zusammensetzen. Aber wenn wir uns auch nur noch selten sehen sollten: ich denke, wir halten uns beide in *gutem* Angedenken.

In alter Freundschaft Dein *M. Laue*

Max von Laue an Albert Einstein, Berlin 30. Mai 1933
Quelle: AEA Nr. 16-091

Lieber A. E.!
Deinen Brief vom 26.5. habe ich schon am 28.5. erhalten und danke Dir herzlichst. Dass ich Dir einen zweiten Sonderdruck des Handbuchartikels zusandte, geschah in der irrtümlichen Ansicht, der erste wäre nicht angekommen. Jetzt bitte ich Dich, das zweite, nicht hand-

schriftlich gezeichnete, an einen, der sich für diese Dinge interessiert, weiter zu geben.

Ich bleibe im Übrigen dabei, daß Unsereiner sich nicht in die Politik aktiv einmischen soll. Du nennst Giordano Bruno, Spinoza, Voltaire und Humboldt als Beispiele für Gelehrte, welche es doch getan haben. Aber dabei übersiehst Du, soviel Ich beurteilen kann, einige recht wesentliche Unterschiede. Inwieweit Giordano Bruno Gelehrter war, kann ich wegen vollständiger Unbildung, was diesen Mann anlangt, nicht sagen. Voltaire war es bestimmt nicht, selbst wenn er einige wissenschaftliche Essais geschrieben haben sollte. Bei Spinoza und Humboldt weiß ich andererseits nicht, inwiefern sie in Politik »gemacht« haben sollen. Aber das Alles waren doch keine Vertreter irgend einer der exakten Wissenschaften! Kannst Du mir einen Mathematiker, einen Physiker, einen Chemiker von Ruf nennen, der sich mit einigem Erfolge um Politik gekümmert hat? Diese Wissenschaften sind nun einmal – ob man es bedauert oder nicht – so weltfremd, dass sie an sich einen umfassenden Geist, der sich beruflich mit ihnen befasst, weltfremd machen. Wer über Geschichte, Ethik, Jura arbeitet, der steht dem Weltgetriebe so nahe, daß er sich recht gut darum kümmern kann. Er braucht sich dazu nicht geistig umzustellen. Aber unsereiner soll seine Hände davon lassen.

Ich kann diese Unterschiede nicht besser erläutern, als an Kant und Fichte, zwei Männern, die sich geistig doch recht nahe standen. Aber der eine war *ganz* Gelehrter, wie unsereiner. Er kam nie auf die Idee, außerhalb seiner Philosophie wirken zu wollen, ja er hätte wohl etwas gelächelt, hätte Jemand ihm dazu geraten. Der andere war ein Mann von gewaltiger ethischer Leidenschaft – dem lag es, die Reden an die deutsche Nation zu halten.

Hier ist viel Unruhe; man kommt wenig zum Arbeiten.
Mit herzlichen Gruß
Dein M. Laue

Albert Einstein an Max von Laue, Oxford 5. Juni 1933
Quelle: MPGA, III. Abt., Rep. 50, Bl. 1

Lieber Laue,
Ich habe erfahren, daß meine nicht geklärte Beziehung zu solchen deutschen Körperschaften, in deren Mitgliederverzeichnis mein

Name noch steht, manchen meiner Freunde in Deutschland Ungelegenheiten bereiten könnte. Deshalb bitte ich Dich, gelegentlich dafür zu sorgen, daß mein Name aus den Verzeichnissen dieser Körperschaften gestrichen wird. Hierher gehört z. B. die Deutsche Physikalische Gesellschaft, die Gesellschaft des Ordens pour le Merite. Ich ermächtige Dich ausdrücklich, dies für mich zu veranlassen. Dieser Weg dürfte der richtige sein, da so neue theatralische Effekte vermieden werden.
Freundlich grüsst Dich
Dein A.E.

Max von Laue an Albert Einstein, Berlin 14. Juni 1933
Quelle: AEA Nr. 16-094

Lieber A.E.!
Bei der gestrigen Rückkehr von einer wundervollen Auto-Fahrt nach dem südlichen Schwarzwald fand ich hier Deinen Brief vom 5.6. Ich habe daraufhin Deinen Austritt aus der Deutschen Physikalischen Gesellschaft dem Geschäftsführer mitgeteilt und Deinen Brief sodann an Planck weitergegeben.

So sehr ich Dir dankbar bin, daß Du uns die Lage möglichst zu erleichtern strebst, so konnte ich Beides doch nicht ohne die herzlichste Betrübnis tun. Ich hoffe, daß in nicht zu langer Zeit die Geister sich beruhigt haben werden, und daß dann die Deutsche Physikalische Gesellschaft in der einen oder anderen Form die Verbindung mit Dir wiederherstellen kann.

Mit herzlichstem Gruß und besten Empfehlungen an Deine Gattin.
Dein M. Laue

Max von Laue an Albert Einstein, Berlin 26. Juni 1933
Quelle: AEA Nr. 16-095

Lieber Einstein!
Ich benutze eine besondere Gelegenheit, Dir diesen Brief zu senden. Er soll Dir zunächst einen herzlichen Gruß bringen. Daneben die Mitteilung, dass die Berliner Physik, trotzdem ihr noch weitere

schmerzliche Verluste bevorstehen, doch in der Sache ungestört weiter geht. Im Schrödingerseminar wird munter referiert, und wir brauchen uns auch keineswegs zu scheuen, daselbst von der Relativitätstheorie zu reden. Nicht einmal mir ist etwas widerfahren, als ich in der ersten Vorlesung dieses Semesters von der Relativitätstheorie sprach, »die bekanntlich aus dem Hebräischen übersetzt ist«. Du verstehst wohl die Anspielung auf den »berühmten« Aufruf der so genannten Studentenschaft »wider den undeutschen Geist«. Oder hast Du dies Prachtstück unfreiwilligen Humors nicht zu sehen bekommen?

Wo hältst Du Dich zurzeit auf? Von Oxford sollst Du vorige Woche weggegangen sein, man munkelt etwas von Glasgow. Wir sind hier schon sehr beruhigt, Dich auf englischem Boden zu wissen. Wärst Du auf französischem, so fürchteten wir, Du könntest wieder in Politik verwickelt werden. Und das möchten wir nicht, Deinetwegen wie unseretwegen. Denn man macht hier so ungefähr die Gesamtheit der deutschen Gelehrten dafür verantwortlich, wenn Du etwas Politisches tust.

Mit großer Freude habe ich von den Hilfsunternehmen für deutsche Vertriebene in England, Holland und Amerika gehört. Leider ist die Freude nicht ganz frei von Beschämung. Vor wenigen Jahren noch schuf man Hilfskomitees für Armenier und andere, halbwilde Völkerschaften, wenn sie politisch bedrückt wurden. Und nun muss man uns so helfen; das ist bitter.

An der Universität wird jetzt die Frage brennend, wer Nachfolger von Nernst wird. Morgen soll etwas Entscheidendes geschehen. Ich fürchte, auch dabei wird die Politik übel mitspielen. Du ahnst gar nicht, wie der Zusammenhalt selbst nächster Kollegen unter dem Parteiwesen leidet. Nernst hält sich in diesen schwierigen Zeiten prächtig. Von anderen, die wir Beide gut kennen, braucht man das nicht erst zu versichern.

Mit besten Empfehlungen an Deine Gattin und herzlichem Gruß Dein *M. Laue*

Max von Laue: Ansprache bei der Eröffnung der Physikertagung in Würzburg am 18. September 1933
Quelle: Physikalische Zeitschrift 34,1933, S. 889–890

Wenn wir uns morgen im Physikalischen Institut der hiesigen Universität versammeln, so stehen wir an historischer Stelle. In diesem Hause entdeckte Ende 1895 Wilhelm Conrad Röntgen die nach ihm benannten Strahlen. Über deren Bedeutung für die Physik und den ganzen Bereich ihrer Anwendungen zu reden, wäre überflüssig, um nicht zu sagen geschmacklos. Aber wir wollen doch der Größe der Leistung Röntgens gedenken, der zuerst mit Bewußtsein sah, und aus dem Zwielicht der Ungewißheit in die Klarheit sicherster wissenschaftlicher Erkenntnis hob, woran mancher vor ihm dicht vorübergegangen war. Wissen wir doch aus der Röntgenbiographie von Glasser, daß es jenseits des Ozeans eine richtige photographische Durchleuchtungsaufnahme aus dem Jahre 1890 gibt, die man freilich erst nach den Veröffentlichungen Röntgens in ihrer Natur erkannt hat.

Sodann gedenken wir an dieser Stelle des Nachfolgers von Röntgen; Willy Wien hat 17 Jahre in diesem Hause gelehrt und geforscht. Seine klassischen theoretischen Arbeiten über die Wärmestrahlung, die in der Form des Wienschen Verschiebungsgesetzes ein integrierender Bestandteil unserer Wissenschaft geworden sind, stammen aus seinen früheren Jahren, als er als junger Physiker unter Helmholtz an der Physikalisch-Technischen Reichsanstalt arbeitete. Aber nirgends sonst hat er eine so lange Reihe von Jahren mit so vielen Schülern und Freunden der ruhigen und so überaus fruchtbaren experimentellen Forschung widmen können wie hier. Was an Erkenntnis über die Natur der Kanalstrahlen hier erzielt wurde, bildet keinen kleinen Teil des Inhalts jener stattlichen Handbuchbände, welche jetzt darüber erscheinen. Zwei Wiensche Arbeiten aus jener Zeit will ich hier besonders hervorheben, da sie grundlegend waren: die erste quantentheoretische Bestimmung der Schwingungszahl der Röntgenstrahlen, die zwar nur einen ungefähren, aber doch im wesentlichen richtigen Wert lieferte, sodann die experimentelle Bestätigung für die Relativität des elektromagnetischen Feldes, wie sie die Relativitätstheorie fordert. Die bewegten Kanalstrahlteilchen zeigen im magnetischen Felde, spektral untersucht, den Starkeffekt, wie wir ihn bei ruhenden Lichtquellen nur im elektrischen Felde kennen.

Aber auch ganz andere Dinge hat dasselbe Haus erlebt. Im Weltkriege verwandelte Wien sein Institut, und unter Mitwirkung von Max Seddig auch das benachbarte Chemische Institut, in einen Betrieb zur Untersuchung aller der modernen Nachrichtentechnik notwendigen Apparate, vor allem zur Herstellung von Verstärkerröhren. Das Nachrichtenwesen des Heeres nämlich, das wir 1914 ins Feld stellten, war im Gegensatz zu dessen sonstiger Ausbildung und Ausrüstung keineswegs auf der Höhe, die Gegner waren uns darin weit überlegen. Wenn sich dies im Laufe der 4 Jahre langsam, aber sehr wesentlich besserte, so haben die in diesem Hause arbeitenden Physiker ein gut Teil des Verdienstes daran.

Einen Gedenktag besonderer Art hat die Physik am 22. Juni dieses Jahres feiern können. An diesem Tage waren es 300 Jahre, daß der Prozeß Galileis vor der Inquisition endigte. Den Anlaß zu dem Prozeß gab bekanntlich die Lehre des Kopernikus über die Bewegung der Erde und der anderen Planeten um die Sonne, eine Lehre, die damals als den hergebrachten Anschauungen widerstreitend ähnliches Aufsehen und Aufregung hervorrief, wie in unserem Jahrhundert die Relativitätstheorie. Galilei war nicht ihr einziger, aber ihr erfolgreichster Verfechter, weil er sie durch seine wundervollen Entdeckungen der Jupitermonde, der Phasen der Venus und der Eigendrehung der Sonne so überzeugend zu stützen vermochte. Der Prozeß endigte mit der Verurteilung. Galilei mußte die Kopernikanische Lehre abschwören und wurde zu lebenslänglichem Kerker verdammt. Freilich wurde diese Freiheitsbeschränkung bei ihm verhältnismäßig milde gehandhabt; ihm wurde ein Haus zur Wohnung angewiesen, das er nicht verlassen und in dem er auch ohne Erlaubnis keine Besuche empfangen durfte. Und tatsächlich hat er ja sein physikalisches Hauptwerk, die »Untersuchungen über zwei neue Wissenszweige«, von der Haft aus erscheinen lassen können. Aber er blieb eben doch für den Rest seines Lebens ein Gefangener.

An diese Verurteilung hat sich nun die bekannte Legende geheftet, Galilei habe, während er den Widerruf der Lehre von der Bewegung beschwor und unterschrieb, gesagt: »Und sie bewegt sich doch.« Das ist Legende, historisch unbeweisbar und ohne innere Wahrscheinlichkeit – und doch unausrottbar im Volksmunde. Worauf beruht ihre Lebenskraft? Doch wohl darauf, daß Galilei ja bei den ganzen Prozeßverhandlungen innerlich die Frage gestellt haben muß: »Was soll das alles? Ob ich, ob irgendein Mensch es nun behauptet oder nicht, ob politische, ob kirchliche Macht dafür ist oder dagegen, das ändert doch nichts an den Tatsachen! Wohl kann Macht deren Erkenntnis eine Zeitlang aufhalten, aber einmal bricht diese doch durch.« Und so ist es ja auch gekommen. Der Siegeszug der Kopernikanischen Lehre war unaufhaltsam. Selbst die Kirche, die Galilei verdammt hat, hat den Widerstand schließlich, wenn auch erst 200 Jahre später, in aller Form aufgegeben.

Auch später gab es für die Wissenschaft manchmal schlechte Zeiten, so in Preußen unter dem sonst so verdienten Könige Friedrich Wilhelm I. Aber bei aller Bedrückung konnten sich ihre Vertreter aufrichten an der sieghaften Gewißheit, die sich ausspricht in dem schlichten Satze: Und sie bewegt sich doch!

Johannes Stark: Organisation der physikalischen Forschung
Quelle: Zeitschrift für technische Physik 14, 1933, S. 433–435

Am 1. Mai dieses Jahres hat mich der Herr Reichsminister Dr. Frick an die Spitze der Physikalisch-Technischen Reichsanstalt berufen. Damit ist mir eine große Verantwortung übertragen worden, die Verantwortung, die größte wissenschaftlich-technische Anstalt des Reiches so zu entwickeln und zu leiten, daß sie ihren wichtigen Aufgaben im Dienste des deutschen Volkes gerecht wird. Sie hat Aufgaben gegenüber der Wissenschaft und Aufgaben gegenüber der Wirtschaft; sie hat sowohl die physikalische Wissenschaft wie die gesamte deutsche Wirtschaft zu fördern und entsprechend dieser Verbindung mit zwei großen Gebieten der deutschen Kultur hat sie zwischen ihnen zu vermitteln, eine Wechselwirkung zwischen ihnen herzustellen.

Gegenüber der physikalischen Wissenschaft hat die Physikalisch-Technische Reichsanstalt folgende Aufgaben. Sie hat die physikalische Forschung durch eine rege Forschertätigkeit ihrer Mitarbeiter zu fördern; sie hat besonders schwierige Untersuchungen und Messungen in ihren eigenen Räumen durchzuführen; sie hat für die physikalischen Institute des ganzen Reiches auf Wunsch Hilfsarbeiten auszuführen und experimentelle Hilfsmittel bereitzustellen; sie hat auf internationalen wissenschaftlich-technischen Kongressen die deutsche Physik und Technik zu vertreten.

Gegenüber der Wirtschaft hat die Physikalisch-Technische Reichsanstalt folgende Aufgaben. Sie hat alle Zweige der Wirtschaft zu fördern durch Prüfung oder Eichung von Meßeinrichtungen und

Maschinen; sie hat als unparteiische staatliche Stelle sowohl private Firmen wie staatliche Behörden in physikalisch-technischen Angelegenheiten zu beraten.

Die Physikalisch-Technische Reichsanstalt ist die größte wissenschaftliche Anstalt in Deutschland, sie umfaßt heute bereits rund 45 Laboratorien mit rund 300 Beamten und Angestellten; sie ist dem Reichsministerium des Innern unterstellt und hat schon allein dadurch die Bedeutung einer zentral über das ganze deutsche Reich wirkenden staatlichen Behörde. Zudem steht sie in Verkehr mit allen physikalischen Instituten und mit der gesamten Wirtschaft des Deutschen Reiches. Aus dieser zentralen, umfassenden und führenden Stellung erwächst ihr die Aufgabe, die physikalische Forschung zu organisieren sowohl im Dienste der Wissenschaft wie im Dienste der Wirtschaft.

Das Wort »Organisation der wissenschaftlichen Forschung« wird nun vielleicht sofort Widerspruch bei manchem meiner Zuhörer hervorrufen. Man kann fragen: Laesst sich wissenschaftliche Forschung überhaupt organisieren? Der Fortschritt der Forschung ist doch immer eine selbständige Leistung der einzelnen Persönlichkeit und kann nicht allein und unmittelbar durch eine Organisation hervorgebracht werden. Diese Sätze sind gewiß richtig. Aber sie verkennen die Aufgabe der Organisation. Diese will nicht die Leistung der einzelnen Forscherpersönlichkeit ersetzen; im Gegenteil, sie will sie durch ihre Maßnahmen und ihre Mittel erst recht zur vollen Wirkung bringen. Nicht Ersatz der einzelnen Forscherpersönlichkeit, sondern ihre Förderung ist eine ihrer wichtigsten Aufgaben.

Nach dieser Feststellung wollen wir Wesen, Ziele und Aufgaben der Organisation der physikalischen Forschung ins Auge fassen.

Organisieren heißt Einzelwesen in Zusammenhang bringen mit einem Zentralorgan und durch die Vermittlung dieses Zentralorgans auch in Zusammenhang untereinander. Die Organisation der physikalischen Forschung hat als Einzelwesen vor sich auf der einen Seite die physikalischen Forscher und Institute, auf der anderen Seite die industriellen Unternehmungen und staatlichen Behörden. Das Zentralorgan, mit dem die genannten Einzelwesen in Zusammenhang gebracht werden müssen, das Zentralorgan, welches zwischen den Einzelwesen zu vermitteln und ihnen Anregung oder Hilfe zu bieten hat, ist die Physikalisch-Technische Reichsanstalt.

Das Ziel der Organisation der physikalischen Forschung durch die Physikalisch-Technische Reichsanstalt ist der Dienst an der deutschen Volksgemeinschaft. Wie jeder deutsche Volksgenosse hat auch der deutsche Forscher die Pflicht, mit seiner Arbeit letzten Endes der deutschen Volksgemeinschaft zu dienen; er hat um so mehr diese Pflicht, wenn er seine Ausbildung, seinen Arbeitsplatz und seine wirtschaftliche Existenz der Volksgemeinschaft auf Grund der staatlichen Einrichtungen und Maßnahmen verdankt. Durch drei Arten von Erfolgen kann der wissenschaftliche Forscher seiner Volksgemeinschaft dienen. Er kann durch seine Entdeckungen den Kreis der Erkenntnisse, den geistigen Horizont seines Volkes erweitern oder er kann unmittelbar oder mittelbar die wirtschaftliche Technik und damit den materiellen Wohlstand seines Volkes fördern oder er kann die Wehrtechnik verbessern und damit an der Sicherung der Existenz seines Volkes mitarbeiten.

Entsprechend diesen Erfolgsmöglichkeiten für den Dienst an der Volksgemeinschaft durch die physikalisch-technische Forschung hat das Zentralorgan für seine Organisation seine Maßnahmen zu treffen und seinen Dienst gegenüber der Wissenschaft und gegenüber der Wirtschaft auszuüben. Und damit die Physikalisch-Technische Reichsanstalt diesen Dienst leisten und ihre organisatorische Aufgabe lösen kann, muß sie die hierfür notwendige bauliche Ausdehnung, technische Einrichtung und Verwaltungsorganisation besitzen. Die Organisation der PTR ist also selbst ein Teil der Organisation der physikalischen Forschung.

Nach Übernahme der Präsidentschaft der Physikalisch-Technischen Reichsanstalt war von mir zu prüfen, ob die gegenwärtigen Zustände in ihr zur Lösung der ihr gestellten Aufgaben genügen. Ich fand, daß sowohl die bauliche Ausdehnung wie die technische Einrichtung und die Verwaltungsorganisation der heutigen Reichsanstalt unzureichend sind gemessen an ihren großen Aufgaben gegenüber der Wissenschaft und der Wirtschaft. Vor mir stand darum die dringende Notwendigkeit des beschleunigten Neubaues der Physikalisch-Technischen Reichsanstalt. Ich habe darüber dem Herrn Minister Frick Vortrag gehalten und dieser geniale großzügige Verwaltungsmann hat sofort die große Bedeutung der Physikalisch-Technischen Reichsanstalt und die Notwendigkeit ihres Neubaues nach großen Gesichtspunkten erkannt.

Es wird vielleicht meine Zuhörer interessieren, wenn ich kurz über meine Pläne für den Neubau der Physikalisch-Technischen Reichsanstalt berichte.

Zunächst galt es, ein geeignetes Baugelände zu finden, ein Baugelände, das für den bevorstehenden Neubau und für künftige Erweiterungsbauten genügend groß ist, Eisenbahnanschluß ermöglicht und in der Nähe der Reichshauptstadt und außerdem in der Nachbarschaft einer größeren Stadt liegt. Nach langem Suchen fand ich ein in jeder Hinsicht geeignetes Baugelände am Rande der Stadt des großen Preußenkönigs, der Stadt, in welcher Adolf Hitler das Dritte Reich mit einem Weiheakt einleitete, der Stadt Potsdam. Das Baugelände liegt zwischen einer breiten Chaussee und dem von der Havel durchflossenen Templiner See. Wie Sie weiter sehen können (Projektion), ist es von einer Eisenbahnlinie durchzogen. Seine mittlere Tiefe beträgt über 500 m, seine Länge über 2000 m. Nordöstlich davon liegt Potsdam, mit ihm durch eine Trambahn verbunden.

Auch von dem Umfang und der Zahl der Gebäude des Neubaues der Physikalisch-Technischen Reichsanstalt möchte ich Ihnen ein Bild geben, wie ich es bis jetzt entwerfen habe lassen; dazu möchte ich allerdings ausdrücklich bemerken, daß es sich lediglich um einen Entwurf von mir handelt, zu dem die Reichsregierung noch nicht Stellung genommen hat. (Es folgt Erläuterung des Bauplanes an Hand des projizierten Bildes.)

Wenn der Neubau der Physikalisch-Technischen Reichsanstalt durchgeführt sein wird, dann wird ihr die Möglichkeit gegeben sein, ihren Aufgaben gegenüber der Wissenschaft und der Wirtschaft gerecht zu werden und die Organisation der physikalischen Forschung zu vollenden und zu voller Wirksamkeit zu bringen. Leider werden mehrere Jahre vergehen, bis die Neubaupläne verwirklicht sind. Bis dahin muß die Reichsanstalt mit den zur Verfügung stehenden Mitteln ihren Aufgaben zu genügen versuchen und die organisatorischen Arbeiten wenigstens in Angriff nehmen. Diese organisatorischen Aufgaben in der Gegenwart und in der Zukunft nach dem Neubau seien nun noch kurz aufgezeigt.

Die erste organisatorische Aufgabe der Physikalisch-Technischen Reichsanstalt ist die Bereitstellung von experimentellen Hilfsmitteln und Arbeitsplätzen in ihren eigenen Räumen für alle deutschen Physiker. Für experimentelle Untersuchungen, für welche die Einrichtungen der Hochschulinstitute nicht ausreichen, wird in Zukunft die von mir geleitete Reichsanstalt zur Verfügung stehen; ich erwähne in dieser Hinsicht nur folgende bereits vorhandene oder auszubauende und neu zu schaffende Institute der Reichsanstalt: Institut für tiefe

Temperaturen, für Hochfrequenz, für Hochspannung und für thermische Maschinen.

Eine weitere organisatorische Aufgabe gegenüber den einzelnen Physikern und Instituten ist die leihweise Bereitstellung von Apparaten für Untersuchungen außerhalb der Räume der Reichsanstalt. Diese Aufgabe muß erst ganz neu in Angriff genommen werden. Eine wertvolle Vorarbeit hat bereits die Notgemeinschaft der Deutschen Wissenschaft geleistet. In dem Neubau der Reichsanstalt werden große Sammlungsräume für die Leihapparate vorzusehen sein.

Eine weitere organisatorische Aufgabe der Reichsanstalt wird in der Vermittlung zwischen physikalischer Forschung und Wirtschaft bestehen durch Einrichtung eines physikalischen Reichsforschungsdienstes. Dieser wird einzelne industrielle Unternehmungen bei der Lösung physikalisch-technischer Aufgaben zu unterstützen haben durch Nachweisung von Physikern und physikalischen Instituten, welche für die Bearbeitung der einzelnen Aufgaben besonders geeignet erscheinen.

Weiter wird sich die Physikalisch-Technische Reichsanstalt an der Organisation des physikalischen Schrifttums zu beteiligen haben. Denn dieses muß eine Änderung erfahren, wenn nicht die deutsche Physik in Deutschland und ihr Einfluß im Ausland Schaden leiden soll.

Außer den bereits genannten organisatorischen Aufgaben gegenüber der physikalischen Forschung gibt es für die Physikalisch-Technische Reichsanstalt oder ihren Präsidenten noch weitere. Indes hängen diese so weit von der Mitwirkung von Ministerien ah, daß bei dem gegenwärtigen Stand der Dinge eine Erörterung noch nicht möglich ist. Das, was ich vorgetragen habe, mag Ihnen aber genügen, um sich eine Vorstellung von der Notwendigkeit und den Aufgaben der Organisation der physikalischen Forschung bilden zu können.

Zum Schluß wollen Sie mir noch einige Worte persönlicher Natur gestatten. Bei meiner organisatorischen Tätigkeit an der Spitze der Physikalisch-Technischen Reichanstalt leitet mich lediglich das Streben, der deutschen Naturwissenschaft und Volkswirtschaft und damit der deutschen Volksgemeinschaft zu dienen. Zur Lösung der gestellten großen Aufgaben unter Führung der Physikalisch-Technischen Reichsanstalt bedarf ich der Unterstützung von mehreren Seiten. Vor allem müssen wir deutsche Physiker wünschen, daß der Herr Reichsminister Dr. Frick wie bisher den Plan des Neubaues von wissenschaftlich-technischen Reichsanstalten mit Weitblick und Energie zu verwirklichen hilft; wir müssen wünschen, daß auch andere Reichs- und Staatsminister ihre Hand zur Organisation der physikalischen und allgemein der naturwissenschaftlichen Forschung bieten. Ja wir dürfen hoffen, daß der große Führer des deutschen Volkes Adolf Hitler, in seiner vielseitigen Genialität Verständnis und Interesse haben wird für die geplanten großzügigen Neubauten von wissenschaftlich-technischen Reichsanstalten. Denn die neuen Reichsanstalten werden von großer Bedeutung sein für die Wissenschaft, für die Wirtschaft und für die Landesverteidigung.

Ich bedarf aber auch Ihrer Unterstützung, meine Herren Kollegen. Auch Sie können mittelbar oder unmittelbar mithelfen bei der Organisation des physikalischen Reichsforschungsdienstes und bei der Neuordnung des physikalischen Schrifttums. Ich bitte Sie um Ihre Mitarbeit an der geplanten Organisation der physikalischen Forschung zum Nutzen und zur Ehre des deutschen Volkes

Max von Laue an Albert Einstein, Berlin 13. Oktober 1933
Quelle: AEA Nr. 16-098

Von der Würzburger Physikertagung hast Du vielleicht Einiges gehört; wir haben den Angriff Starks auf den Vorsitz in der Physikalischen Gesellschaft glänzend abgeschlagen. Mey ist's geworden, der die Zeitschriften, um die der Kampf wohl bald ausbrechen dürfte, schon zu verteidigen wissen wird. Damit auch der Scherz zu seinem Rechte kam, brachte ein Kollege aus dem Walser Tal den Text eines Marterls mit; er soll jetzt auch in Würzburg angebracht werden:
Hier brach bei einem Telemark,
Sein Gebein Johannes Stark;
Zum Glück sind ihm die Haxen
Wieder z'sammen g'wachsen.
Doch damit genug! Empfiehl mich bestens Deiner Gattin, lass es Dir recht gut gehen und – treib keine Politik!!
Mit herzlichstem Gruß
Dein M. *Laue*

Albert Einstein an Max Planck, Princeton 27. Januar 1934
Quelle: DPGA Nr. 20952

Ihrem freundlichen Briefe vom 15. Januar entnehme ich, daß für die Verleihung der Planck-Medaille noch meine Meinungsäußerung gewünscht wird. Ihrem Vorschlage, die Planck-Medaille in diesem Jahre den Herren Born und Schrödinger zu verleihen, stimme ich mit voller Überzeugung bei und schließe mich diesem Vorschlage hiermit an.
Mit freundlichen Grüssen und besten Wünschen für ihr segensreiches Wirken unter so ungewöhnlichen Verhältnissen.
Ihr A. *Einstein*

Johannes Stark an den Vorstand der Deutschen Physikalischen Gesellschaft, Berlin 1. März 1934
Quelle: GSTA, Rep. 76Vc, Sekt. 2, Tit. XXIII, Lit. A, Nr. 50, Bl. 121

In Heft 7 der Wochenschrift ›Die Naturwissenschaften‹ hat Herr v. Laue in einem Nachruf auf Haber durch Vergleich mit Themistokles in tendenziöser Weise es so hingestellt, als ob Haber von der Nationalsozialistischen Regierung in die Verbannung geschickt worden sei. Diese Darstellung ist wahrheitswidrig und bedeutet eine schwere Verdächtigung der nationalsozialistischen Regierung nicht bloß im Inlande, sondern auch im Auslande. Dieses unverantwortliche Vorgehen des Herrn Laue ist um so mehr bedauerlich und schädlich, als nahezu zu gleicher Zeit die englische Wochenschrift ›Nature‹ in ähnlicher Weise das nationalsozialistische Deutschland verleumdet. Als Präsident der Physikalisch-Technischen Reichsanstalt und als Mitglied der Deutschen Physikalischen Gesellschaft lege ich gegen dieses Vorgehen des Herrn v. Laue nachdrücklich Verwahrung ein und erwarte, daß Herr v. Laue aus dem Vorstande der Gesellschaft unverzüglich ausscheidet. Sollte dies nicht geschehen, so behalte ich mir weitere Schritte vor.
In ausgezeichneter Hochachtung *Stark*

Max von Laue, Zum Brief von Herrn Johannes Stark an den Vorstand der Deutschen Physikalischen Gesellschaft vom 1. März 1934, Berlin Ende März 1934
Quelle: GSTA, Rep. 76Vc, Sekt. 2, Tit. XXIII, Lit. A, Nr. 50, Bl. 122

1). Mit Veröffentlichungen in der »Nature« habe ich nichts zu tun.

2). Daß Fritz Haber sein Abschiedsgesuch selbst eingereicht hat, also nicht zwangsweise von der Regierung entlassen ist, steht ausdrücklich in dem Nachruf. In der Nachschrift dazu ist es ferner hinreichend deutlich gesagt, daß er sein Rücktrittsgesuch in einem Zustande tiefster Niedergeschlagenheit geschrieben hat.

3). Die Deutung, welche Herr Stark dem Vergleich zwischen Haber und Themistokles gibt, setzt bei dem Verfasser des Nachrufs die Ansicht voraus, daß bei der Verbannung des Themistokles alle Schuld auf Seiten seiner Gegner gelegen hätte. Diese Voraussetzung ist ein Irrtum.

4). Es wäre mir wenig charaktervoll erschienen, in dem Nachruf über Habers Erlebnisse im letzten Lebensjahre stillschweigend hinwegzugehen. Ich glaube aber kaum, daß man sich darüber in versöhnlicherem Sinne äußern kann, als wenn man, wie es der Nachruf tut, andeutet, daß diese Streitigkeiten mit politischem Hintergrund *sub specie aeternitatis* wenig belangreich sind.

5). Herr Stark bringt in der Veröffentlichung in der ›Nature‹ vom 24. Februar 1934, S. 290, eine Reihe von Beispielen dafür an, daß Physiker, Mathematiker, Mediziner »*freiwillig*« ihre Ämter niedergelegt hätten. Er erwähnt dabei nicht Habers Namen. Ich nehme das als ein Eingeständnis, dass von einer wirklichen Freiwilligkeit beim Rücktritt Habers schlecht die Rede sein kann.

Vermerk des Reichs-Wissenschaftsministeriums, Berlin 4. April 1934
Quelle: GSTA, Rep 76Vc, Sekt. 2, Tit XXIII, Lit.A, Nr. 50, Bl. 120

Der anliegende Schriftwechsel zwischen der Deutschen Physikalischen Gesellschaft und Präsident Stark über den Nachruf, den Prof. v. Laue anlässlich des Todes von Prof. Haber in den »Naturwissenschaften« veröffentlicht hat, wurde mir von Prof. v. Laue übergeben mit dem Bemerken, daß sich die Deutsche Physikalische Gesellschaft zunächst jeder Stellungnahme enthalten hätte. Ich habe Prof. v. Laue gegenüber ausgesprochen, daß der in dem Nachruf angeführte Vergleich mit Themistokles auch hier im Hause mit gewissem Erstaunen gelesen worden wäre, daß der Herr Minister aber bisher davon abgesehen hätte, irgendwelche Schritte zu unternehmen.

Max von Laue an Albert Einstein, Lenzerheide 10. März 1934
Quelle: AEA Nr. 16-099

Lieber Einstein!
Ich muß den Aufenthalt in der Schweiz doch benutzen, Dir einmal unmittelbar zu schreiben. Ich sitze hier warm eingehüllt auf dem Dach des Hotels in mäßigem Sonnenschein bei schöner Aussicht auf die Berge am Julierpass. Die volle, warme Sonne, die man sonst im März hier antrifft, haben wir bisher nur einen halben Tag lang gehabt. Aber auch so ist's schön und erholsam. Erholung aber haben wir alle drei nötig. (Außer mir sind meine Frau und Hilde hier.) Das Dasein in Berlin ist etwas aufregend, wenn auch jetzt nicht mehr im gleichen Maße, wie im Frühjahr und Sommer 33.

Einen Sonderdruck meines Nachrufs auf Haber wird Dir Ladenburg gegeben haben. Der Themistoklessatz in ihm hat Herrn Stark missfallen und er fordert in dem Schreiben, dessen Durchschlag ich beilege, zwar noch nicht meinen Kopf, aber doch meinen Rücktritt aus dem Vorstand der D. Phys. Ges. Es wird auf Mey ankommen, wie die Sache weitergeht. Mey hat ja schon einige Erfahrung im Kampf mit Stark. Selbstverständlich trete ich zurück, falls der Gesellschaft ernste Gefahren drohen, die ich so abwenden kann. Aber vielleicht hat Stark, wie schon mehrfach, einfach in's Blaue geredet.

Im Übrigen ist der Brief Starks ein gutes Beispiel für nationalsozialistische Heuchelei. Daß Haber selbst seinen Abschied gefordert hat, steht doch ausdrücklich in dem Nachruf! Es gibt eben verschiedene Methoden, Jemand zu »verbannen«; Themistokles wurde durch Volksabstimmung verbannt. Haber und anderen »Nichtariern« hat man »nur« Tätigkeit und Leben in Deutschland unmöglich gemacht. Ist der Unterschied wirklich so groß?

Außerdem hat Herr Sommer sich über mich beim Dekan beschwert. Das wäre an sich außerordentlich gleichgültig, wenn nicht ein Zusammenhang mit dem Starkschen Briefe zu vermuten wäre.

Es geht jetzt eben eine Hetze gegen mich los. Der eigentliche Grund ist jedenfalls folgender:
  Ich gehöre seit Langem dem Verband ehemaliger Offizier des Infanterie-Regiments 138 an. Dieser Verband hat jetzt seine Mitglieder aufgefordert, der SA-Reserve II beizutreten. Ich habe das abgelehnt mit der Begründung, ich übernehme mit dem Beitritt unter Umständen Verpflichtungen, die ich mit meinen Gewissen nicht vereinbaren könne. Und das haben mir die Nazis mit Recht übelgenommen. Mit Recht; denn ich habe ihnen hier den Feind genannt, an dem sie, so hoffe ich zuversichtlich, eines nicht zu fernen Tages scheitern werden.
  Übrigens gibt es Nationalsozialisten auch in der Schweiz. Gerade morgen ist eine Volksabstimmung über ein »Gesetz für Ordnung ...«, das sich jedenfalls *auch* gegen Nationalsozialistische Wühlerei richtet. Geisteskrankheiten sind eben ansteckend, wenigstens, wenn sie Volksmengen erfasst haben ...
  Empfiehl mich bitte vielmals Deiner Frau; mit herzlichem Gruß Dein *M. Laue*

Albert Einstein an Max von Laue, Princeton 23. März 1934
Quelle: AEA Nr. 16-102

Lieber alter Kamerad!
Wie hab' ich mich mit jeder Nachricht von Dir und über Dich gefreut. Ich hab nämlich immer gefühlt und gewusst, daß Du nicht nur ein Kopf sondern auch ein Kerl bist. Noch besser sieht man's in der Beleuchtung der Scheinwerfer, wenn's auch den Betroffenen in den Augen blendet. Wenn Du wünschst, dass ich etwas tue oder Du auch nur glaubst, dass ich es eventuell *könnte*, so lass mich's wissen. Ich kann mir denken, dass Dir die *species minorum gentium* nichts innerlich anhaben kann; und schließlich ist man ja keine Pflanze sondern ein bewegliches Biest. Ich hab mich überm Teich behaglich eingerichtet, doch denke ich oft, daß der kleine Kreis von Menschen, der früher harmonisch verbunden war, wirklich einzigartig gewesen ist und in dieser menschlichen Sauberkeit kaum mehr von mir angetroffen werden wird. Dagegen gestehe ich offen, daß ich dem *weiteren* Kreise keine Träne nachweine; er war mehr amüsant für den unbeteiligten Zuschauer als liebenswert ...

Wenn ich den lebhaften Wunsch habe, jemand noch einmal *wiederzusehen*, dann bist Du's.
Herzlich grüsst Dich
Dein A. E

Johannes Stark an Max von Laue, Berlin 21. August 1934
Quelle: MPGA IX. Abt., Rep. 4 1933–1934

Sehr geehrter Herr v. Laue!
Sie haben die von mir angeregte Kundgebung mit der Unterstellung abgelehnt, es sei eine politische Kundgebung von Gelehrten. Diese Unterstellung ist falsch. Sie sollte in Wirklichkeit ein Teil des großen nationalen Bekenntnisses des deutschen Volkes zu seinem Führer Adolf Hitler vor aller Welt sein. Jetzt haben Sie eine öffentliche Kundgebung für Adolf Hitler abgelehnt, dagegen haben Sie auf der Würzburger Physiker-Tagung sich nicht gescheut, zugunsten von Albert Einstein, diesen Landesverräters und Beschimpfers der nationalsozialistischen Regierung, unter dem Beifall der anwesenden Juden und Juden-Genossen eine öffentliche Kundgebung zu veranstalten, die sich letzten Endes gegen die nationalsozialistische Regierung richtete. Ich kann nicht umhin, Ihnen über dieses unterschiedliche Verhalten mein stärkstes Bedauern auszudrücken.
Heil Hitler! gez. *Stark*

Hermann Ebert an Johannes Stark (Präsident der Physikalisch-Technischen-Reichsanstalt) und Karl Mey (Deutsche Physikalische Gesellschaft)
Quelle: DPGA Nr. 10011

Sehr geehrter Herr Präsident, Sehr geehrter Herr Dr. Mey.
Aus einer kürzlichen Unterredung, die Sie, Herr Präsident, mit mir hatten, habe ich erkennen müssen, daß die Meinungsverschiedenheiten zwischen Ihnen und der Deutschen Physikalischen Gesellschaft doch wesentlich tiefer und ernster sind, als ich es auf Grund meiner bisherigen Kenntnis der Zusammenhänge annahm. Bei der Sachlage, wie sie sich nunmehr für mich darstellt, kann ich es in meiner Eigenschaft als Beamter der Physikalisch-Technischen

Reichsanstalt mit meiner Auffassung über meine Beamtenpflicht nicht mehr vereinbaren, bis zur Klärung der Meinungsverschiedenheit weiterhin dem Vorstand der Deutschen Physikalischen Gesellschaft anzugehören. Ich bedaure daher, hiermit mein Vorstandsamt niederlegen zu müssen. Ich bitte Sie, sehr geehrter, Herr Dr. Mey, mich auch Ihrerseits von meinen Vorstandspflichten befreien zu wollen.

Ihnen, geehrter Herr Präsident, Mitteilung darüber durch vorstehenden Brief zu machen, hielt ich für meine Pflicht.

Mit deutschem Gruß und Heil Hitler
Ihr sehr ergebener *Ebert*

Außenpolitik

Walter Schottky an James Franck, Berlin 29. Januar 1934
Quelle: RLUC, Franck-Papers, Box 9, Folder 4

Lieber Herr Franck,
Ich habe mich sehr gefreut, anläßlich der Übersendung Ihres Mitgliedsbeitrages ein Lebenszeichen von Ihnen zu erhalten... Zugleich mit der Mitgliedskarte sende ich Ihnen herzliche Grüße und hoffe, daß Ihre Übersiedlung nach Kopenhagen uns eine größere Chance für ein Wiedersehen gibt.
Ihr ergebener *Walter Schottky*

Karl Mey an die Gauvereine und Ortsgruppen der Deutschen Physikalischen Gesellschaft und der Deutschen Gesellschaft für technische Physik, Berlin 27. Februar 1934
Quelle: DPGA Nr. 10011

In den letzten Monaten sind in ausländischen Zeitschriften, besonders in England und Amerika (Nature und Science), wiederholt Artikel, Reden, Aufrufe usw. erschienen, die in zum Teil propagandistisch sehr geschickter Weise deutsche Regierungsmaßnahmen und die Abwanderung deutscher Gelehrter zum Anlaß nehmen, um eine uns ungünstige Stimmung zu verbreiten und insbesondere die angelsächsischen Länder als die einzigen Horte der Geistes- und Wissenschaftsfreiheit zu empfehlen. Hierdurch sind mehrfach Zweifel entstanden, welche Stellung man einzunehmen habe gegenüber Einladungen zu Kongressen, Vorträgen usw., die aus diesen Ländern ergehen, ob man sich insbesondere nicht Vorwürfen aussetzen könnte, die Würde des deutschen Volkes zu verletzen oder nicht auf dem Boden der nationalsozialistischen Regierung zu stehen, wenn man solchen Einladungen folgte. Ich habe infolgedessen bei den maßgebenden Reichsbehörden diese Verhältnisse besprochen und folgendes als übereinstimmende Ansicht aller in Frage kommenden Reichsbehörden mitgeteilt bekommen:
   Eine Abschließung von den ausländischen Veranstaltungen usw., würde nur den Gegnern Deutschlands das Feld überlassen und ihren Verdächtigungen freie Bahn schaffen. Der Nutzen Deutschlands und

die Wahrheit würden viel besser vertreten werden können, wenn jede Gelegenheit zu persönlichem Verkehr und mündlicher Aussprache und Aufklärung im Auslande wahrgenommen würde. Die Regierung billigt infolgedessen nicht nur, sondern wünscht geradezu, daß die deutschen Gelehrten dies bei jeder sich bietenden Gelegenheit tun und nicht sich zurückhalten. Natürlich könnten Einzelfälle vorkommen, wo eine andere Entscheidung getroffen werden müsste. Die Tatsache aber, daß eine ausländische Gesellschaft einlüde, würde im allgemeinen beweisen, daß ihr an dem Verkehr mit den deutschen Gelehrten gelegen sei, und man könnte deshalb etwaige Reden einzelner Mitglieder nicht zum Anlaß nehmen, den gesamten Verkehr abzubrechen. In Zweifelsfällen empfiehlt es sich, sich an die Kulturpolitische-Abteilung des Auswärtigen Amtes oder auch an mich zu wenden.

Allgemein muss natürlich erwartet werden, daß jeder ins Ausland reisende deutsche Gelehrte auf völlig gleicher Behandlung mit anderen Nationen besteht und nötigenfalls dies durchzusetzen sucht oder die richtigen Folgerungen zieht.

Um die Wünsche der Regierung möglichst auch von sich aus zu unterstützen sind die beiden Physikalischen Gesellschaften bereit, in geeigneten Fällen Reiseunterstützungen zu gewähren, und ich bitte, gegebenenfalls Anträge an mich, den unterzeichneten Vorsitzenden, zu stellen.

Ich bitte, von Vorstehendem den Physikern ihres Bereiches und sonst an dieser Frage interessierten und unseren Gesellschaften befreundeten Herren in geeigneter Weise Kenntnis zu geben.

Mit deutschem Gruß *Dr. Mey*

Max von Laue an Theodor von Kármán, Berlin 4. Mai 1935
Quelle: CITA, The Theodore von Kármán Collection, Section 1, Box 17, Nr. 38

Lieber Kollege!
Der Schatzmeister der Deutschen Physikalischen Gesellschaft, Professor Dr. W. Schottky, sagte mir kürzlich, Sie wären ihm gänzlich entschwunden, hätten weder eine Adresse hinterlassen, noch seit 1933 den Mitgliedsbeitrag bezahlt. Ich nehme doch an, daß Sie nicht allen Kontakt mit uns deutschen Physikern aufgeben wollen, auch

wenn Sie jetzt weniger häufig als früher hierher zurückkehren; und so bitte ich Sie freundlichst, 2 Jahresbeiträge von je 8 Reichsmark auf das Postscheckkonto der Deutschen Physikalischen Gesellschaft, Berlin Nr. 114114, oder an Herrn Professor Dr. W. Schottky, Berlin-Siemensstadt, Werner-Werk, zu überweisen.

Die Universität Princeton, das Flexner Institut und die Universität Harvard haben mich zum Herbst eingeladen, und ich hoffe, die erforderliche Zustimmung hier zu erhalten. Ich würde dann im Herbst nach Amerika fahren. Nach dem Westen kann ich diesmal kaum kommen, vielleicht aber sehen wir uns auch im Osten; ich würde mich jedenfalls sehr darüber freuen.

Mit den besten Empfehlungen an Herrn Millikan und die anderen Kollegen in Pasadena und herzlichem Gruß
Ihr *M. Laue*

Theodor von Kármán an Max von Laue, Pasadena 3. Juni 1935
Quelle: CITA, The Theodore von Kármán Collection, Section V, Box 79, Nr. 79.19

Lieber Herr Laue!
Ich war sehr froh von Ihnen etwas zu hören. Ich freue mich auch, daß Sie nach Amerika kommen. Vielleicht werden wir uns bei einer Versammlung treffen. Manchmal gehe ich auch, wenn ich in Washington oder New York zu tun habe, für ein Wochenende nach Princeton, wo ich viele alte Freunde habe.

Bitte grüssen Sie Herrn Schottky von mir. Ich überweise gleichzeitig R. M. 8,– für die Physikalische Gesellschaft.

Die hiesigen Physiker lassen Sie bestens grüssen. Diese Woche hatten wir einen sehr interessanten Vortrag von Dirac und auch von Guido Beck, der über Japan nach Odessa fährt. Zweifellos hat die Entwicklung der letzten Jahre eine wahre Brown'sche Bewegung der Physiker in Aktion gesetzt. Es scheint mir, daß die damit verbundene Diffusion vielen Ländern ganz nützlich sein kann.

Mit vielen herzlichen Grüssen,
Ihr sehr ergebener *Th. von Kármán*

Max von Laue an Theodor von Kármán, Berlin 15. Juni 1935
Quelle: CITA, The Theodore von Kármán Collection, Section V, Box 79, Nr. 79.20

Lieber Herr von Kármán!
Für Ihren Brief vom 3. Juni danke ich herzlichst. Den Gruß an Schottky konnte ich gestern übermitteln, wo wir ihn und seine Frau gestern im Harnack-Hause bei einer grossen Einladung Plancks trafen. Er lässt herzlichst danken.
Gleichzeitig mit meinem Brief an Sie ging im Mai eine ganze Reihe von »Tretbriefen« ab. Bisher hat außer Ihnen nur einer geantwortet und zwar in dem Sinne, daß er die offiziellen Beziehungen zur Deutschen Physikalischen Gesellschaft allmählich einschlafen lassen wolle. Aus dem Schweigen der Anderen muss ich fast schließen, daß sie dieselbe Absicht haben. Sagen Sie doch deutschen Physikern, welche noch in Brownscher Bewegung sind oder sich schon sedimentiert haben, dass mir der Mann, der auf den Sack schlug, weil er den Esel meinte, niemals als Muster besonderer Klugheit erschienen ist; ferner, daß Robustus und Henning aus der Deutschen Physikalischen Gesellschaft aus leicht ersichtlichen Gründen ausgeschieden sind.
Meine Reise nach Amerika ist noch nicht bewilligt. Kommt sie zustande, so hoffe ich, Sie dort einmal zu treffen.
Mit herzlichem Gruß, auch an alle Kollegen in Pasadena,
Ihr ergebener M. Laue

Walther Gerlach an Samuel Goudsmit, 10. Februar 1936
Quelle: AIP, Goudsmit Papers, Box 3, Folder 45

Lieber Herr Goudsmit,
... Ich möchte mich noch in einer anderen Sache an Sie wenden: Als Vorstandsmitglied der Deutschen Physikalischen Gesellschaft erfahre ich, dass Sie seit zwei Jahren die Mitgliedsbeiträge nicht mehr geschickt haben. Ich kann mir wohl denken, dass pekuniäre Schwierigkeiten die Ursache sind, möchte aber dennoch fragen, ob Sie, der Sie als alter Institutsgenosse und als Freund und Mitarbeiter bei vielen deutschen Physikern geschätzt sind, nicht doch die Mitgliedschaft beibehalten wollen. Ich brauche nicht hinzuzufügen, dass es mich persönlich natürlich ganz besonders freuen würde, wenn neben den

persönlichen Beziehungen auch die Beziehung durch die Physikalische Gesellschaft aufrechterhalten bliebe.
In der Hoffnung, dass es Ihnen und Ihrer lieben Frau recht gut geht, verbleibe ich mit herzlichen Grüssen
Ihr *Walther Gerlach*

Samuel Goudsmit an Walther Gerlach, Ann Arbor 24. Juni 1936
Quelle: AIP, Goudsmit Papers, Box 3, Folder 45

Lieber Herr Gerlach:
Ich habe sehr lange mit der Beantwortung Ihres Briefes gewartet. Der Grund ist, dass sich meine Meinung jeden Tag änderte. Ich hätte Ihnen eigentlich zwei einander widersprechende Briefe schreiben sollen. Es ist mir nämlich unmöglich zu entscheiden ob ich meinen Beitrag für die Deutsche Physikalische Gesellschaft bezahlen soll oder nicht. Es sind natürlich keine finanziellen Gründe, welche mir den Entschluß so schwierig machen. Sie verstehen wohl, dass ich in den letzen paar Jahren eine Potenz des Betrages welche ich der Gesellschaft schulde auf deutsche Physiker angewandt habe.

Manchmal seh ich gar nicht ein welchen Zweck es hat die Deutsche Physikalische Gesellschaft noch länger zu unterstützen. Die unmenschliche Behandlung vieler ausgezeichneter deutscher Wissenschaftler stimmt mich sehr traurig und ich kann mich auch nicht an den Gedanken gewöhnen, dass ich selber in dem mir so lieben Deutschland nicht mehr willkommen bin. Auch während in andern Ländern wie Italien und Amerika die Physik grosse Fortschritte macht, ist sie in Deutschland fast ganz stehen geblieben.

Andrerseits tat es mir gut zu wissen, dass ich noch einige richtige Freunde in Deutschland habe. Die schönste Zeit meiner Studien habe ich ja in Deutschland verbracht und so habe ich schliesslich doch den Entschluss gefasst meine Mitgliedschaft nicht ganz aufzugeben. Sie verstehen wohl aus diesem Brief wie schwierig mir dieser Entschluss war ...

Mit recht herzlichsten Grüssen, auch von meiner Frau,
Ihr *Samuel Goudsmit*
P. S. Ich habe Herrn Schottky den Beitrag übersandt.

Samuel Goudsmit an Walter Schottky, Ann Arbor 17. Dezember 1937
Quelle: AIP, Goudsmit Papers, Box 4, Folder 48

Dear Dr. Schottky:
I wish to inform you that I am discontinuing my membership in the Deutsche Physikalische Gesellschaft. I am disappointed in that the Gesellschaft has never protested as a whole against the bitter attacks upon some of its outstanding members. Moreover, very few contributions to Physics are coming from Germany now-a-days. The main German export being propaganda of hatred.
Yours very sincerely, S. A. Goudsmit

Walter Schottky an Samuel Goudsmit, Berlin 3. Januar 1938
Quelle: AIP, Goudsmit Papers, Box 3, Folder 45

Sehr geehrter Herr Doktor Goudsmit,
Ihren Austritt aus der Deutschen Physikalisch Gesellschaft habe ich mit Bedauern zur Kenntnis genommen.
Eine Stellungnahme in dem von Ihnen gewünschten Sinn ist leider praktisch nicht möglich gewesen. Ebenso ist unsere Gesellschaft für die Verminderung der physikalischen wissenschaftlichen Produktion nicht verantwortlich zu machen; soweit wissenschaftliche Arbeit durch die Bemühungen einer Gesellschaft überhaupt gefördert werden kann, glauben wir unsere Pflicht zu tun. Wir sind froh gewesen, in unserer Arbeit bisher durch das Weiterbestehen der Beziehungen zu unseren ausländischen Kollegen unterstützt worden zu sein und würden es sehr bedauern, wenn darin ein Wandel einträte.
Ihr ergebenster W. Schottky

Liste der Emigranten (Migranten), die Anfang 1939 noch Mitglied der DPG waren*

Name	Lebensdaten	Ort/Staat	Quelle
Baerwald, Hans	1880–1946	Darmstadt, Emigration stand bevor	Not, P7a
Berg, Wolfgang	1908–	Wealdstone/England	HB
Beutler, Hans	1896–1942	University of Chicago/USA	HB
Dember, Harry	1882–1943	Konstantinopel/Türkei	HB
Ehrenberg, Werner	1901–1975	Hayes/England	HB
Emden, Robert	1862–1940	Zürich/Schweiz	HB
Ewald, Peter	1888–1985	Wohnsitz Stuttgart (bereits in England)	HB
Franck, James	1882–1964	Chicago/USA	HB
Fürth, Reinhold	1893–1979	Prag, Emigration stand bevor	HB
Fürth, Hedwig		Prag, Emigration stand bevor	HB (beim Ehemann)
Gordon, Walter	1893–1939	Stockholm/Schweden	HB
Guth, Eugen	1905–	NotreDame Indiana/USA	HB
Halpern, Otto	1899–1982	New York	P7b
Herzberg, Gerhard	1904–1999	Saskatoon/ Kanada	HB
Herzfeld, Karl	1892–1978	Washington/USA, Migrant	P7b
Hess, Viktor	1883–1964	New York/USA	HB
Hevesy, Georg von	1885–1966	Kopenhagen/Dänemark	HB
Hippel, Artur v.	1898–2003	Cambridge/USA	HB
Jehle, Herbert	1907–1983	Brüssel/Belgien	HB
Kallmann, Heinz		London/England	
Kyropoulos, Spiro	1887–	Pasadena	Not
Ladenburg, Rudolf	1882–1952	Princeton/USA, Migrant	HB
Lanczos, Cornelius	1893–1974	Lafayette/USA, Migrant/Emigrant	Not, P7b
Landshoff, Rolf	1911–1999	Minneapolis/USA	Not
Lark-Horovitz	1892–1958	Lafayette/USA, Migrant	P7b
Mark, Hermann	1895–1992	Hawkesburg/Kanada	HB
Meissner, Karl Wilhelm	1891–1959	Wohnsitz »Hess[en]« (bereits in den USA)	HB
Oldenberg, Otto	1888–	Cambridge/USA	Not
Pringsheim, Peter	1881–1963	Brüssel/Belgien	HB
Schnurmann, Robert	1904–	Derby/England	Not
Schrödinger, Erwin	1887–1961	Graz, Emigration stand bevor	HB
Sponer, Hertha	1895–1968	Durham/USA	HB
Stern, Otto	1888–1969	Pittsburgh/USA	IID

*Die Tabelle wurde von Stefan Wolff erstellt. In der Spalte »Quelle« wird die Identifikation über das *Biographische Handbuch der deutschsprachigen Emigration nach 1933* mit HB abgekürzt. Soweit es dort keinen Eintrag gibt, wird auf die gedruckte Liste der *Notgemein-*

schaft List of Displaced Scholars von 1936 mit Supplement von 1937 (Not) hingewiesen. In einigen Fällen, wird auf den letzten Band des Poggendorff, Biographisch-Literarisches Handwörterbuch der Exakten Naturwissenschaften (P), in dem die betreffende Person geführt wird, verwiesen.

Die Haber-Feier 1935

Anmerkung der Herausgeber: Siehe in der Dokumentation »*Albert Einstein, Max von Laue und Johannes Stark*« den Brief von: Fritz Haber an den Herrn Minister für Wissenschaft, Kunst und Volksbildung (B. Rust), Berlin 30. April 1933

Der Reichs- und Preußische Minister für Wissenschaft, Erziehung und Volksbildung, Erlass vom 15. Januar 1935
Quelle: DPGA Nr. 10011

Die Kaiser Wilhelm-Gesellschaft hat in Gemeinschaft mit der Deutschen Chemischen Gesellschaft, sowie der Deutschen Physikalischen Gesellschaft zu einer Gedächtnisfeier für Fritz Haber auf Dienstag, den 29. Januar 1935 in Berlin-Dahlem, Harnackhaus, eingeladen. Prof. Dr. Haber ist am 1. Oktober 1933 aus seinem Amt entlassen auf Grund eines Antrages, aus dem eindeutig seine innere Einstellung gegen den heutigen Staat zum Ausdruck kam, und in dem die gesamte Öffentlichkeit eine Kritik an den Maßnahmen des nationalsozialistischen Staates sehen mußte. Das Vorhaben der genannten Gesellschaften, anläßlich des einjährigen Todestages Habers eine Gedächtnisfeier zu veranstalten, muß angesichts dieser Tatsache umso mehr als Herausforderung des nationalsozialistischen Staates aufgefasst werden, als nur in besonderen Ausnahmefällen bei den *größten* Deutschen dieses Tages besonders gedacht wird.

Diese Auffassung wird noch dadurch erhärtet, daß sich die Veranstalter nicht gescheut haben, den zu der Feier Eingeladenen das Erscheinen in Uniform nahezulegen.

Ich sehe mich deswegen veranlaßt, allen meinem Dienstbereich unterstellten Beamten und Angestellten hiermit die Teilnahme an der Feier zu untersagen.

In Vertretung *Kunisch*

Der Präsident der Kaiser Wilhelm-Gesellschaft zur Förderung der Wissenschaften (M. Planck) an den Reichs- und Preußischen Minister für Wissenschaft, Erziehung und Volksbildung (B. Rust), Berlin 18. Januar 1935
Quelle: DPGA Nr. 10011

Hochverehrter Herr Reichsminister!

Der Herr Rektor der Berliner Universität hat mir zur Kenntnis gebracht, daß in einem ihm zugegangenen Ministerialerlaß, den ich in Abschrift beifüge, die von der Kaiser Wilhelm-Gesellschaft in Gemeinschaft mit der Deutschen Chemischen Gesellschaft und der Deutschen Physikalischen Gesellschaft für den 29. Januar als den Todestag von Fritz Haber in Aussicht genommene Gedächtnisfeier als eine Herausforderung des nationalsozialistischen Staates bezeichnet worden ist. Einer solchen Auffassung, die ich nur auf ein schweres Mißverständnis zurückführen kann, drängt es mich den schärfsten Widerspruch entgegenzusetzen. Sie läßt sich in keiner Weise aus dem Sinn und Wortlaut des von Haber dem Ministerium eingereichten, hier in Abschrift beigefügten Entlassungsgesuches ableiten. Ich bedaure sie um so lebhafter, als sie von übelwollender Seite leicht als ein Zeichen der Schwäche gedeutet werden könnte, welches in beklagenswertem Gegensatz stehen würde zu dem gerade in den letzten Tagen so überwältigend zum Ausdruck gekommenen allgemeinen Vertrauen in die Festigung unserer öffentlichen Verhältnisse.

Die Veranstaltung einer Gedächtnisfeier für Fritz Haber seitens der drei genannten Gesellschaften ergibt sich einfach als ein durch alte Sitte vorgeschriebener Brauch selbstverständlicher Pietät gegen ein verstorbenes Mitglied, welches sich, ohne jemals politisch irgendwie hervorgetreten zu sein, unvergängliche Verdienste um die deutsche Wissenschaft, Wirtschaft und Kriegstechnik erworben hat. Eine Unterlassung würde allgemein, auch im Ausland, höchst unliebsames Aufsehen erregen und zu Ungunsten der Einstellung unserer Regierung gegenüber der Wissenschaft ausgelegt werden. Ich erwähne in diesem Zusammenhang, daß die Chemical Society in London für den Mai ds. Jrs. eine besondere Gedächtnisfeier für Haber plant, und daß wegen der Einzelheiten ihrer Ausgestaltung bereits eine Fühlungnahme wegen der hiesigen Feier stattgefunden hat.

Eine vorherige Anfrage beim Ministerium erschien umso weniger angezeigt, als schon vor einem halben Jahr eine dem Ministerium direkt unterstellte Behörde, die Preußische Akademie der Wissenschaften, in ihrer Festsitzung am 28. Juni 1934 dem Andenken von Haber eine besondere Gedächtnisrede gewidmet hat, ohne daß von Seiten des Ministeriums Bedenken dagegen erhoben worden wären.

Die Kaiser Wilhelm-Gesellschaft zur Förderung der Wissenschaften hat von ihrer positiven Einstellung zum heutigen Staat und ihrem Treuebekenntnis zum Führer und seiner Regierung häufig genug durch Wort und Tat Zeugnis abgelegt, um für sich das Vertrauen beanspruchen zu dürfen, daß bei ihrer in Aussicht genommenen Veranstaltung auf das Peinlichste jede Wendung vermieden wird, welche zu irgend welchen Mißdeutungen Anlaß geben könnte. So gebe ich mich der zuversichtlichen Hoffnung hin, daß meine im wahrhaft deutschen Interesse gemachten Ausführungen einem wohlwollenden Verständnis begegnen werden, und erbitte mir, bevor ich einen besonderen Schritt in dieser Angelegenheit unternehme, einen direkten Bescheid in einer Form, die ich nach außen vertreten kann.

Heil Hitler! *Planck*

Karl Mey an den Reichs- und Preußischen Minister für Wissenschaft, Erziehung und Volksbildung (B. Rust), Berlin 24. Januar 1935
Quelle: DPGA Nr. 10011

Hochverehrter Herr Reichsminister!
Von dem Präsidenten der Kaiser Wilhelm-Gesellschaft, Herrn Geheimrat Planck, ist mir der Ministerialerlaß wegen der geplanten Haber-Gedenkfeier mitgeteilt worden zugleich mit seiner diesen Gegenstand betreffenden Eingabe an den Herrn Reichsminister vom 18. Januar 1935. Indem ich mich den Darlegungen des Herrn Präsidenten Planck anschließe, bitte ich gleichzeitig, noch als Vorsitzender und namens des Vorstandes der mitbetroffenen Deutschen Physikalischen Gesellschaft das Folgende vortragen zu dürfen:
Über das Ausscheiden des Herrn Prof. Haber aus dem Staatsdienst ist weder mir noch meinen Freunden irgend etwas, sei es gesprächsweise oder aus der Presse, bekannt geworden, was eine Belastung des Herrn Prof. Haber im Sinne des Ministerialerlasses darstellen würde. Ich habe damals sogar auf Anfrage von zuständiger Stelle mitgeteilt bekommen, daß gegen Herrn Haber nichts vorläge, daß er sich aber von seinen Assistenten nicht habe lösen wollen und deshalb um seine

Entlassung gebeten habe. Auch eine jetzige erneute Befragung in unseren Kreisen hat bei keinem der Mitglieder eine Erinnerung an Vorgänge der beanstandeten Art ergeben.

Herr Haber ist mehrere Jahre Vorsitzender der Deutschen Physikalischen Gesellschaft gewesen und hat durch eigene Vorträge und Teilnahme an den Sitzungen und Erörterungen das wissenschaftliche Leben der Gesellschaft ohne Zweifel während vieler Jahre gefördert. Einem solchen tätigen Mitglied nach seinem Tode eine Gedächtnissitzung zu widmen, ist in der Gesellschaft üblich gewesen, auch wenn der Verstorbene nicht die große öffentliche Bedeutung Habers gehabt hat. Solche Sitzungen haben wiederholt erst nach einem Jahre und in Gemeinschaft mit andern wissenschaftlichen Gesellschaften stattgefunden. Wir haben uns deshalb auch bei Haber der Aufforderung zu einer gemeinsamen Gedenkfeier angeschlossen und auf Grund unserer oben begründeten Ansicht über sein Ausscheiden aus dem Staatsdienst keine Bedenken gehabt, dies zu tun. Da Kleidungsbemerkungen, wie »Uniform oder dunkler Anzug« oder ähnliche seit Jahren auf allen Einladungen und Eintrittskarten der Kaiser Wilhelm-Gesellschaft zu stehen pflegen, sind sie auch diesmal von uns nicht als anstößig angesehen worden.

Den Vorwurf, eine Herausforderung des nationalsozialistischen Staates mit der Teilnahme an der Feier beabsichtigt zu haben, bedauere ich sehr und empfinde ihn als kränkend und zurückstoßend für alle Gutwilligen. Meine Person mag bei dieser Erörterung ganz ausscheiden, aber ich muß für die von mir seit 1 Jahren geführte Gesellschaft in Anspruch nehmen, daß auch ihr etwas derartiges völlig fern liegt und sie im Gegenteil gern und freudig ihre Kräfte für die Mitarbeit im neuen Staat mobil gemacht hat. Ich darf zur Begründung vor allem auf den eindrucksvollen und gehobenen Verlauf des unter diesem Gedanken stehenden vorjährigen Deutschen Physiker-Tages hinweisen, der unter der von mir als Vorsitzendem ausgegebenen Parole ... während seines ganzen Verlaufes gestanden hat. Wenn der Deutschen Physikalischen Gesellschaft, wie aus dem Erlaß hervorzugehen scheint, im Reichsministerium eine andere Einschätzung zuteil zu werden scheint, so wäre es mir außerordentlich erwünscht, die dafür maßgebenden Gründe kennen zu lernen, als die ich mir nur einseitige Berichterstattung denken kann. Meine Fachgenossen und ich wären Ihnen, Herr Reichsminister, außerordentlich dankbar, wenn mir zur Klärung dieses Punktes, auf die unsere nunmehr 90

Jahre bestehende und blühende Gesellschaft den größten Wert legt, eine mündliche Aussprache gewährt werden würde, um die ich hiermit bitte.
Heil Hitler! Dr. Mey

Karl Mey an die Herren Vorstandsmitglieder der Deutschen Physikalischen Gesellschaft und an die Herren Vorsitzenden der Gauvereine, Berlin 25. Januar 1935
Quelle: DPGA Nr. 10011

In der Angelegenheit der Haber-Gedächtnisfeier habe ich nur mit einigen erreichbaren Mitgliedern des Vorstandes Fühlung nehmen können, möchte aber durch die beiliegenden Schriftstücke, die ich vertraulich zu behandeln bitte, alle Herren über die Sache unterrichten. Ich füge noch hinzu, daß der Herr Minister selbst infolge Krankheit nicht über den Erlaß unterrichtet gewesen ist, daß nach Mitteilung von Herrn Geheimrat Planck über eine Beilegung verhandelt worden ist, er aber bisher noch keinen endgültigen Bescheid erhalten hat, daß ferner die Feier stattfinden wird und daß auch hohe Reichs- und andere Behörden ihr Erscheinen zugesagt haben.
Heil Hitler! Dr. Mey

Gleichschaltung

Auszug aus dem Bericht über die Sitzung des Vorstandes der Deutschen Physikalischen Gesellschaft, 10. September 1934
Quelle: DPGA Nr. 10011

10.) Verschiedenes

a) Brief von Herrn Stark vom 26.5.34 an den Vorstand der Gesellschaft.
Das Schreiben des Herrn Stark ist sämtlichen Vorstandsmitgliedern in Abschrift zugegangen. Auch Herr Zenneck hat es als Hauptbeteiligter erhalten und daraufhin die Bemerkungen des Herrn Stark über die Vorgänge bei der Wahl des Herrn Mey zum Vorsitzenden der Gesellschaft entschieden abgelehnt. Sein Schreiben wird verlesen. Herr Mey betont nachdrücklichst, daß ihm von derartigen Verhandlungen mit Herrn Stark nichts bekannt gewesen sei. Er würde sich niemals bereit erklärt haben, mit irgendwelchen Bedingungen oder Einschränkungen das Amt des ersten Vorsitzenden anzunehmen. Die Aussprache, an der sich die Herren v. Laue, Weizel, Grüneisen, Diesselhorst, Ramsauer und Vieth beteiligen, ergibt Einstimmigkeit in der Ablehnung der Stark'schen Darstellung. Höchstens Herr Schaefer, der nicht zugegen ist, könnte vielleicht privat mit Herrn Stark gesprochen haben. Herr v. Laue, als damaliger Vorsitzender, betont ausdrücklich, daß kein Mitglied einen Auftrag zu Verhandlungen von ihm erhalten hätte und daß Herr Mey ohne jede besondere Befürwortung und ohne jede Bedingung zum Vorsitzenden der Gesellschaft gewählt sei. Herr Mey erhält volle Billigung für seine Haltung und Vollmacht, den Brief des Herrn Stark dementsprechend zu beantworten.

b) Stellung der Gesellschaft im allgemeinen.
Die Frage der Gleichschaltung ist bisher im Sinne der vom Reichsministerium des Innern gegebenen Anregung behandelt worden. (Herr Gerlach erscheint). Die Frage wird vielleicht in nächster Zeit durch die Reichsgemeinschaft technisch-wissenschaftlicher Arbeit wieder aufgenommen. Damit im Zusammenhang steht offenbar eine diesbezügliche Anfrage der Partei.

c) Eine Veröffentlichung des Herrn Fricke in der Deutschen Optischen Wochenschrift, die gegen Einstein gerichtet ist und auch eine Stellungnahme der Herren Stark und Gehrcke gegen Einstein, Planck und Berliner enthält, wird zur Kenntnis gegeben, da Herr Berliner als Herausgeber der »Naturwissenschaften« an den Vorstand der Gesellschaft ein Schreiben gerichtet hat, in dem er gegen die ihm von Seiten der Herren Stark und Gehrcke gemachten Vorwürfe Verwahrung einlegt. Er weist darauf hin, daß die erste Abhandlung in den Naturwissenschaften über die Relativitätstheorie aus der Feder des Herrn Gehrcke stamme und scharf gegen Einstein gerichtet gewesen sei. Der Vorstand erklärt, sich mit dem Streit nicht befassen zu wollen ...

Anmerkung des Herausgebers: Siehe auch in der Dokumentation »*Die Planck-Medaille*« den Artikel *Anonym: Kehrseite der Medaille*. Das Schwarze Korps vom 18. November 1937, S. 9

Jonathan Zenneck an Max von Laue, München 3. August 1937
Quelle: DPGA Nr. 20953

Lieber Herr Kollege!

Vielen Dank für Ihren freundlichen Brief vom 31.7., den ich zusammen mit einem Brief von Herrn Grotrian bekam. Es scheint, daß die Herren des Vorstandes der Deutschen Physikalischen Gesellschaft etwas zu ängstlich sind. Sehr dankbar bin ich Ihnen aber, daß Sie einmal bei Herrn Ministerialrat von Rottenburg angefragt haben. Es kann uns nur nützen, wenn wir seine Auffassung kennen lernen. Ich würde Ihnen sehr dankbar sein, wenn Sie so gut sein wollten, mir seine Antwort so bald als es Ihnen möglich ist, mitzuteilen.

Was den Artikel im SK [*Das Schwarze Korps*] gegen Planck, Sommerfeld und Heisenberg betrifft, so bin ich durchaus Ihrer Auffassung, daß der Vorstand der Deutschen Physikalischen Gesellschaft in der Sache nichts tun solle. Hier gibt es meiner Ansicht nach nur ein einziges Verfahren, das eine gewisse Aussicht auf Erfolg hat, daß nämlich die angeflegelten Herren gerichtliche Klage wegen Beleidigung einreichen und zwar sowohl gegen den verantwortlichen Schriftleiter des SK als auch gegen Stark. Alles andere führt meiner Ansicht nach nur zu Schreibereien ohne jeden Erfolg...

Peter Debye an die Mitglieder des Vorstandes der Deutschen Physikalischen Gesellschaft, Berlin 2. Dezember 1938*
Quelle: DPGA Nr. 10012

Sehr verehrter Herr Kollege!
Ich beabsichtige, am Mittwoch, dem 8. Dezember das beiliegende Schreiben an sämtliche deutsche Mitglieder der Deutschen Physikalischen Gesellschaft zu versenden. Falls Sie mir nicht bis zum 6. Dezember Mitteilung zukommen lassen, setze ich Ihr Einverständnis voraus.
P. Debye
Vorsitzender.

Unter den zwingenden obwaltenden Umständen muß ich das Verbleiben von reichsdeutschen Juden im Sinne der Nürnberger Gesetze in der Deutschen Physikalischen Gesellschaft als nicht mehr tragbar ansehen.
Ich bitte daher im Einverständnis mit dem Vorstande alle Mitglieder, welche unter diese Bestimmung fallen, mir ihren Austritt aus der Gesellschaft mitzuteilen.
Heil Hitler! *P. Debye*
Vorsitzender

Walter Schottky an Peter Debye, Berlin 3. Dezember 1938
Quelle: MPGA, III. Abtl., Rep. 19 (Nachlass P. Debye), Nr. 1014, Bl. 36

Sehr verehrter Herr Debye,
zu Ihrer freundlichen Mitteilung über das beabsichtigte Rundschreiben vom 8.12. erlaube ich mir folgendes zu bemerken. Innerhalb unserer Gesellschaft bilden die von dem Rundschreiben betroffenen Mitglieder in Deutschland eine verhältnismäßig kleine Gruppe, von der wohl weder ein besonderes Hervortreten zu erwarten wäre noch eine merkbare Lücke, wenn sie der Gesellschaft fernblieben. Wenn jedoch eine derartige offizielle Ausschließungsaktion erfolgt, wie sie jetzt beabsichtigt ist, besteht die Befürchtung, daß nicht nur die aus-

---
* siehe auch Faksimile im Abbildungsteil.

ländischen nicht arischen Mitglieder, sondern, bei der bekannten Einstellung des Auslandes, auch der größte Teil unserer sonstigen ausländischen Mitglieder ihre Mitgliedschaft in der Gesellschaft aufgeben würden. Sie wissen, daß wir unter unseren etwa 1350 Mitgliedern ca. 350, d. h. über 25 %, ausländische haben; das entspricht ebenso der Tradition unserer Gesellschaft wie der internationalen Bedeutung der deutschen Wissenschaft. Verlieren wir einen großen Teil dieser Mitglieder, so bedeutet das einen Verlust, der m. E. auch vom staatspolitischen Standpunkt bedauerlich ist; als Schatzmeister habe ich überdies darauf hinzuweisen, daß wir seitens der ausländischen Mitglieder immerhin mit einem nicht unbeträchtlichen Deviseneingang (an Mitgliedsbeiträgen und durch Mitgliedschaft vermittelten Bücher- und Zeitschriftenkäufen) zu verzeichnen haben.

Ich kenne den unmittelbaren Anlaß nicht, der im augenblicklichen Zeitpunkt diese ganze Frage für uns so dringend gemacht hat; ich möchte aber doch zu erwägen geben, ob man, bevor man einen derartig folgenschweren Schritt unternimmt, sich nicht noch einmal mit dem Kultusministerium, unter Geltendmachung der oben genannten Gesichtspunkte, in Verbindung setzen sollte.

Mit deutschem Gruß
Ihr ergebener W. *Schottky*

Peter Debye an die deutschen Mitglieder der Deutschen Physikalischen Gesellschaft, Berlin 9. Dezember 1938*
Quelle: MPGA, III. Abtl., Rep. 19 (Nachlass P. Debye), Nr. 1014, Bl. 38

Unter den zwingenden obwaltenden Umständen kann die Mitgliedschaft von reichsdeutschen Juden im Sinne der Nürnberger Gesetze in der Deutschen Physikalischen Gesellschaft nicht mehr aufrecht erhalten werden.

Im Einverständnis mit dem Vorstand fordere ich daher alle Mitglieder, welche unter diese Bestimmung fallen, auf, mir ihren Austritt aus der Gesellschaft mitzuteilen.

Heil Hitler! P. *Debye*
Vorsitzender

---

* siehe auch Faksimile im Abbildungsteil.

Auszug aus dem Entwurf des Protokolls der Sitzung des Vorstandes der Physikalischen Gesellschaft zu Berlin am 14. Dezember 1938
Quelle: DPGA Nr. 10012

...

6. Der Vorsitzende berichtet über die bisherige Entwicklung der Nichtarier-Frage in der Deutschen Physikalischen Gesellschaft. Nach dem durch ein Schreiben der Hrn. Stuart und Orthmann gegebenen Anstoß hat der Vorsitzende der Deutschen Physikalischen Gesellschaft Hr. Debye nach persönlicher Fühlungnahme mit einigen Herren des Vorstandes und schriftlicher Befragung sämtlicher Mitglieder des Vorstandes der Deutschen Physikalischen Gesellschaft ein Schreiben an alle deutschen Mitglieder der Deutschen Physikalischen Gesellschaft gerichtet, durch das Juden im Sinne der Nürnberger Gesetze zum Austritt aus der Gesellschaft aufgefordert werden. Als zweiter Schritt soll eine Änderung der Statuten der Gesellschaft durchgeführt werden. Dieselbe soll den Wünschen des Ministeriums angepasst und einer außerordentlichen Geschäftsversammlung zur Beschlussfassung vorgelegt werden.

In der Aussprache weist Hr. Orthmann darauf hin, daß der erste Satz des an die deutschen Mitglieder der Gesellschaft gerichteten Schreibens so formuliert sei, daß er missverstanden werden könne. Hr. Debye bittet, diesen Satz so zu verstehen, wie er gemeint sei und übernimmt die Verantwortung für die gewählte Formulierung ...

Herbert Stuart an Georg Stetter, Berlin 17. März 1939
Quelle: AIP, Goudsmit Papers, Box 28, Folder 53

Lieber Herr Stetter!
Ich bin Ihnen sehr dankbar, daß Sie mich über die internen Pläne des Vorstandes der Physikalischen Gesellschaft unterrichtet haben. So sehr ich Debye als Wissenschaftler schätze, umso mehr habe ich Bedenken je länger ich mir das ansehe, ihn als Vorsitzenden der Gesellschaft zu wissen. Ich habe die Absicht, die Wahl in die Kommission unter der Bedingung anzunehmen, daß mindestens noch ein Parteigenosse möglichst aus dem Vorstand in diese Kommission kommt. Ich werde Grotrian, Sie, Kirchner oder Schütz vorschlagen.

Es wäre mir sehr recht, wenn Sie sich mit den Parteigenossen Kirchner und Schütz in Verbindung setzen würden, um unter den Pg. wenigstens eine klare Stellungnahme gegen eine Satzungsänderung zu erreichen und diese dann dem Vorstand möglichst bald zur Kenntnis zu bringen.

Wie mir Grotrian schrieb, besteht die Kommission für die Satzungsänderung aus Debye, Grotrian, Laue, Schottky und mir, Debye ist also dabei, was doch eigentlich nicht geht, andrerseits ist er als Vorstand wohl berechtigt. Das ist also eine eigentümliche Situation.

Eigentlich ist es eine Schande, daß wir uns mit solchen Bagatellen und diesen Bürgersleuten herumschlagen müssen, während unser Führer Geschichte macht und uns eine große Aufgabe nach der andern zeigt.

Es hat mir sehr leid getan, daß ich Sie hier nicht begrüßen konnte. Es ist gut und notwendig, daß die Nazi an den Hochschulen in enger Fühlung bleiben.

Mit vielen Grüssen und Heil Hitler!
Ihr *H. Stuart*

Bitte wenden!

Im übrigen trage ich mich schon lange mit dem Gedanken, daß die Gesellschaften von sich aus Schritte unternehmen sollten, um wie die Chemische Gesellschaft und der VDI irgendwie Todt unterstellt zu werden, natürlich unter Wahrung einer gewissen Selbstständigkeit und ihres Charakters. Vielleicht wäre es vernünftiger, eine Kommission zu bilden, die sich mit dieser Frage beschäftigt.

Schließlich möchte ich Sie bitten, mir über *Kratky* eine eingehende Beurteilung zukommen zu lassen. Wissenschaftlich halte ich ziemlich viel von ihm. Außerdem arbeitet er auf einem vordringlich wichtigen Gebiete, wo er was zu sagen hat. Nach meinem Wiener Besuch 1937 glaubte ich allerdings, er wäre Jude, seine ganze Entwicklung, Dahlem-Mark-Wien spricht sehr gegen ihn. Ich war daher sehr überrascht, als er vor etwa 6 Wochen bei Thiessen im Kolloquium vortrug und stramm mit Heil Hitler grüsste und den glücklich ins Reich Heimgekehrten spielte. Wo sollte dieser Mann in Berücksichtigung seiner Kenntnisse, seiner politischen Entwicklung und seines Charakters (der erste Eindruck ist bei mir nicht günstig) im Laufe der Zeit eingesetzt werden, in der Industrie oder an der Hochschule? An beiden Stellen fehlt es an tüchtigen Kräften. Was ist Ihre Meinung darüber?

Wilhelm Schütz an Herbert Stuart, Königsberg 4. April 1939
Quelle: AIP, Goudsmit Papers, Box 28, Folder 53

Lieber Herr Stuart!
Veranlasst durch einen Brief von Pg. Stetter möchte ich zu den von ihm angeschnittenen Fragen Stellung nehmen. Die endgültige Einordnung der D.P.G. in das Dritte Reich ist zweifellos dringend notwendig, aber eine delikate Angelegenheit. Ich war seinerzeit nicht sehr glücklich, als Debye in Kreuznach Vorsitzender der Gesellschaft wurde. Soviel ich weiß, ist die Wahl aber mit Zustimmung des Ministeriums erfolgt, und Debye hat auch, soweit ich das beobachten konnte, sich für seine Amtsführung die Richtlinien stets im Ministerium geholt. Die Behandlung der Judenfrage durch die D.P.G. zeigte jedoch, daß für die politischen Fragen ihm, wie nicht anders zu erwarten, das erforderliche Verständnis fehlt. Ich habe mich damals vergeblich bemüht, eine eindeutige Stellungnahme des Vorsitzenden und damit eine endgültige Lösung des Problems herbeizuführen. Auch die Vorfälle in Baden-Baden sind noch in Erinnerung, wo allerdings Mey der eigentlich Schuldige war, und Esau einspringen musste, um die Situation für die beiden Gesellschaften zu retten. Die Bemerkung des Herrn v. Laue am 2.3. habe ich wohl nicht mitgekriegt. Ich saß am unteren Ende des Tisches, wahrend Stetter, soweit ich mich erinnere, am oberen Ende bei v. Laue saß. Alles dies wirkt zusammen, um die Unterstützung der Wiederwahl Debyes unmöglich zu machen. Ich möchte aber vorschlagen, dass Sie als Kommissionsmitglied sich zunächst mit Esau in Verbindung setzen und dessen Stellungnahme herbeiführen, bevor entscheidende Schritte unternommen werden. Esau wird auch aber die Meinung des Ministers sich am zuverlässigsten zu unterrichten vermögen.
Ich würde es sehr begrüßen, wenn Esau Vorsitzender würde. Die Schwierigkeit, daß er nicht In Berlin ansässig ist, wird ja wohl nicht mehr lange bestehen, weil Esau doch wohl die P.T.R. bekommen wird.
Die Einordnung der D.P.G. in den NSBDT erscheint mir nicht vordringlich. Die Entscheidung darüber müsste man dem neuen Vorsitzenden überlassen. Mit einer evtl. Einordnung wird aber zweifellos ein erheblicher Verlust an Selbständigkeit verbunden sein, ohne daß ich einen entsprechenden Gewinn für die Volksgemeinschaft und für die ihrem Nutzen dienende Gesellschaft sehe... We-

sentlicher als alles dies erscheint es mir, daß die Gesellschaft im Herbst einen Führer erhält, der ihre Geschicke in positiver und rückhaltloser Einstellung zum Dritten Reich führt. Dafür bietet wohl Esau die beste Gewähr.
   Mit den besten Grüssen und Heil Hitler!
   Ihr *W. Schütz*

Karl Mey, Vorsitzender der Gesellschaft für technische Physik, an den Präsidenten der Physikalisch-Technischen Reichsanstalt Herrn Prof. Esau, Berlin 2.11.1939
Quelle: DPGA Nr. 10013

Sehr verehrter Herr Professor!
Die Frage des Beitritts der Deutschen Gesellschaft für technische Physik zum NSBDT ist dringlich geworden, da eine immer größer werdende Anzahl Mitglieder darauf drängt, ja einzelne Ortsgruppen von sich aus geschlossen beitreten wollen, wenn die Gesellschaft nicht bald als ganze den Beitritt vollzieht. Die Gründe liegen vor allem darin, dass immer mehr Firmen bei ihren Angestellten die Zugehörigkeit zum NSBDT wünschen. Die I.G. Farben, Ludwigshafen, hat sogar die Mitgliedschaft beim NSBDT zur Vorbedingung einer Einstellung gemacht, wovon dort allein 78 Physiker betroffen werden. Alle Physiker sind auf diese Weise gezwungen gewesen, einer der Gesellschaften beizutreten, die dem NSBDT angehören, z.B. die lichttechnische Gesellschaft, VOE, u.s.w. und doppelten Beitrag zahlen. Sie würden viel lieber zur technischen Physik gehören. Es wird auch immer wieder darauf hingewiesen, daß an Arbeitsfrontbeiträgen von ungefähr DM 20.– jährlich viele jüngere Physiker veranlasst, eher zu einer der angeschlossenen Gesellschaften zu gehen als zu der unsrigen. Dies wird durch den mangelnden Beitritt jüngerer Physiker bestätigt. Einige weisen auch darauf hin, daß sie in den Ruf kämen abseits der Anforderungen an Gesinnung u. s. kl. zu stehen
   Der Vorstand hat in seiner letzten Sitzung aus dieser Gesamtlage heraus geglaubt, dem Beschluß näher treten zu müssen und mich um die vorbereitenden Schritte ersucht.
   Ich gebe Ihnen hiervon Kenntnis, da Sie an der Frage stark interessiert waren ...

Auszug aus dem Protokoll der Sitzung des Vorstandes der Deutschen Physikalischen Gesellschaft am 1 Juni 1940
Quelle: DPGA Nr. 10014

... Der Vorsitzende berichtet kurz über die Entstehungsgeschichte des neuen Satzungsentwurfes, der vom Reichsminister für Wissenschaft, Erziehung u. Volksbildung genehmigt worden ist und in Kraft gesetzt werden soll. Er weist auf einige Punkte hin, in denen der von der Satzungskommission eingereichte Entwurf vom Minister geändert worden ist. Der Vorstand nimmt den vom Minister genehmigten Entwurf nach kurzer Diskussion an.

Zu 3. Der Vorsitzende schlägt zur Inkraftsetzung der neuen Satzungen folgenden Modus vor: Die Gauvereine legen die neuen Satzungen ihren Geschäftsversammlungen vor und lassen über dieselben abstimmen. Im Herbst findet in Berlin eine formale Geschäftsversammlung d. D. Phys. Ges. statt, zu der nur die Anwesenheit von 50 Mitgliedern erforderlich ist, die den Entwurf endgültig annimmt. Dieser Vorschlag entspringt dem Bestreben, in der Jetztzeit unnötige Reisen zu vermeiden ...

Der Vorsitzende schlägt vor, als neuen Vorsitzenden der Gesellschaft, Herrn Ramsauer der Geschäftsversammlung zur Wahl vorzuschlagen. Hr. Stetter bringt Hrn. Esau in Vorschlag. Der Vorsitzende wendet sich dagegen mit dem Hinweis, daß Hr. Esau durch vielseitige andere Verpflichtungen so in Anspruch genommen sei, daß er sich dieser Aufgabe nicht genügend widmen könne. Der Vorschlag der Vorsitzenden wird gegen die Stimme des Hrn. Stetter angenommen ...

Jonathan Zenneck: Eröffnungsansprache auf der Deutschen Physikertagung, Berlin 1. September 1940
Quelle: Verhandlungen der Deutschen Physikalischen Gesellschaft 21, 1940, S. 31–34

... Diesen Dank möchte ich in gesteigertem Maße aussprechen unseren ausländischen Kollegen, die an unserer Tagung teilnehmen und damit ihr Interesse an deutscher Wissenschaft und ihr Vertrauen in die Verhältnisse in Deutschland auch während des Krieges beweisen.

Ich bin überzeugt, daß in diesen Zeiten in den Ländern unserer Feinde keine wissenschaftlichen Tagungen abgehalten werden. Daß wir es tun können, verdanken wir unserem tapferen Heere und seiner hervorragenden Führung, die bisher die schlimmsten Schrecken des Krieges von unserem Lande ferngehalten haben. Wir danken es dem Manne, der in wenigen Jahren aus Deutschland ein Volk in Waffen machte, der der Ohnmacht Deutschlands in den 15 Jahren nach dem Weltkrieg ein Ende bereitet und Deutschland wieder diejenige Stellung verschafft hat, die es nach seinen Leistungen auf allen Gebieten beanspruchen kann. Wir sind heute mehr als je durchdrungen von dem tiefsten Danke für unseren Führer, wir sind alle beseelt von dem Vertrauen, daß er das Werk, das er begonnen, zu einem für uns alle glücklichen Ende führen wird. Ich bitte Sie, unserem Dank und unserer Begeisterung für unsern Führer Ausdruck zu geben, indem Sie mit mir einstimmen in den Ruf

»Unser Führer Adolf Hitler Sieg-Heil!«

Belegte Austritte von Mitgliedern, die Opfer rassischer oder politischer Diskriminierung waren

Name	Letzte Adresse vor dem Austritt (Ort)	Lebensdaten	Fachrichtung	Austrittsjahr	Emigration(Jahr/ Land) [Schicksal]	Quelle
Courant, Richard	Göttingen	1888–1972	Mathematik	1933	33 England, 34 USA	HB
Drucker, Carl	Leipzig	1876–1959	Physikalische Chemie	1933	33 Schweden	Not; P7a
Einstein, Albert	Berlin	1879–1955	Physik	1933	33 USA	HB
Gemant, Andreas	Charlottenburg	1895–	Elektrotechnik	1933	34 England/USA	Not; P7b
Hertz, Paul	Göttingen	1881–1940	Theoretische Physik	1933	34 Genf, 36 Prag, 38 USA	HB
Herzog, Reginald Oliver	Dahlem	1878–1935	Chemie	1933	34 Türkei; Selbstmord	HB
Houtermans, Fritz	Charlottenburg	1903–1966	Physik	1933	33 England, 35 UdSSR	HB
Jakob, Max	Charlottenburg	1879–1955	Elektrotechnik	1933	36 USA	HB
Konstantinowsky, Kurt	Bratislava	1892–	Physik	1933	38 England	P6;[1)
Kornfeld, Gertrud	Lichterfelde	1891–1955	Physikalische Chemie	1933	33 GB, 35 Wien, 37 USA	HB
Landé, Alfred	Columbus/ Ohio	1888–1976	Theoretische Physik	1933	Migrant USA	NDB
Mendelssohn, Kurt	Neubabelsberg	1906–1980	Physik	1933	33 England	HB
Paneth, Friedrich	Königsberg	1887–1958	Chemie	1933	33 England	HB
Reissner, Hans J	Charlottenburg	1874–1967	Mechanik	1933	38 USA	HB
Riesenfeld, Ernst Hermann	Berlin	1877–1957	Physikalische Chemie	1933	? Stockholm	Not; P7a
Rosenthal, Adolf H	Frankfurt	1906–		1933		Not
Sack, Heinrich	Leipzig	1903–1972	Theoretische Physik	1933	33 Belgien, 40 USA	HB
Weissenberg, Karl	Dahlem	1893–1976	Physik	1933	33 Paris, 34 England	Not; P7a
Wolfsohn, Günther	Charlottenburg	1901–	Physik	1933	33 Niederlande/ Palästina	Not

* Die Tabelle wurde von Stefen Wolff zusammengestellt. Ein Vergleich der Mitglieder der DBG von 1938 und 1939 hat Klaus Hentschel im Internet publiziert: http://www.uni-stuttgart.de/hi/gnt/hentschel/Dpg38-39.htm.

(Fortsetzung)

Name	Letzte Adresse vor dem Austritt (Ort)	Lebensdaten	Fachrichtung	Austrittsjahr	Emigration(Jahr/Land) [Schicksal]	Quelle
Kolben, Emil	Prag	1862–1943	Fabrikant	1934	deportiert: Theresienstadt	[2]
Kuhn, Heinrich	Oxford	1904–1994	Physik	1934	33 England	HB
Lion, Kurt	Keine Angabe	1904–1980	Medizinische Physik	1934	35 Türkei, 37 Schweiz, 41 USA	HB
Placzek, George	Keine Angabe	1905–1955	Theoretische Physik	1934	33 UdSSR, 34 Palästina, 37 USA	NDB
Alexander, Ernst	Keine Angabe	1902–	Physik	1935	33 Palästina	HB
Beck, Guido	Prag	1903–1988	Theoretische Physik	1935	34 USA, 35 UdSSR	HB
Born, Max	Cambridge	1882–1970	Theoretische Physik	1935	33 England	HB
Bredig, Georg	Karlsruhe	1868–1944	Physikalische Chemie	1935	39 Niederlande, 40 USA	HB
Dahmen, Wilhelm	Istanbul		Studien-assessor	1935		
Elsasser, Walter	Paris	1904–1991	Theoretische Physik	1935	33 Frankreich, 36 USA	HB
Epstein, Paul	Pasadena	1883–1966	Theoretische Physik	1935	Migrant USA	P7b
Fajans, Kasimir	München	1887–1975	Physikalische Chemie	1935	36 USA	HB
Frankenthal, Max	Jerusalem		Mathematik	1935	Migrant Jerusalem	
Hellmann, Hans	Hannover	1903–1938	Physik	1935	1934 UdSSR, dort ermordet	Not;[3]
Herzberger, Maximilian Jakob	Jena	1899–1982	Physik	1935	34 NL, 35 England/USA	HB
Jentzsch, Felix	Jena	1882–1946	Optik	1935	in Deutschland geblieben	Not
Klemperer, Otto	Cambridge	1899–	Physik	1935	1933 England	HB
Kottler, Friedrich	Wien	1887–1965	Theoretische Physik	1935	1939 USA	SPSL; P7a
Liebreich-(Landolt), Erik	Halensee	1884–1946	Metallurgie	1935	politische Entlassung, bleibt in Deutschland	NDB

(Fortsetzung)

Name	Letzte Adresse vor dem Austritt (Ort)	Lebensdaten	Fachrichtung	Austrittsjahr	Emigration(Jahr/ Land) [Schicksal]	Quelle
Marx, Erich	Leipzig	1874–1956	Physik	1935	41 USA	HB
Minkowski, Rudolph	Hamburg	1895–1976	Astrophysik	1935	35 USA	HB
Polanyi, Michael	Manchester	1891–1976	Physikalische Chemie	1935	33 England	HB
Reichenbach, Hans	Istanbul	1891–1953	Theoretische Physik, Philosoph	1935	33 Türkei, 38 USA	HB
Reinheimer, Hans	Brighton		Physik	1935	34(?) England	
Reis, Alfred	Wien	1882–1951	Physik	1935	33 Frankreich, 41 USA	Not; P7a
Rosenberg, Hans	Kiel	1879–1940	Astronomie	1935	34 USA 38 Istanbul	HB
Rupp, Emil	Berlin	1898–	Physik	1935		Not; P7a
Scharf, Karl	Dresden	1903–	Physik	1935		Not
Schocken, Klaus	Bad Nauheim	1905–	Physik	1935	35 USA	Not
Sitte, Kurt	Prag	1910–1993	Physik	1935	überlebt Buchenwald (polit)	SPSL; P7a
Stobbe, Martin	Bristol	1903–1945	Theoretische Physik	1935	33 England, USA, Rückkehr nach Deutschland	Not
Szilard, Leo	London	1898–1964	Theoretische Physik	1935	33 England, 39 USA	HB
Wohl, Kurt	Schlachtensee	1896–1962	Physikalische Chemie	1935	39 England, 42 USA	HB
Archenhold, F Simon	Treptow	1861–1939	Astronomie	1936	In Deutschland verstorben	HB (Sohn)
Estermann, Immanuel	Pittsburg	1900–1979	Physik	1936	33 England/USA	HB
Fröhlich, Herbert	Leningrad	1905–1991	Theoretische Physik	1936	33 UdSSR, 35 England	HB
Holborn, Friedrich	Cedar Grove	1892–1954		1936		NDB (Bruder)
Traube, Isidor	»England«	1860–1943	Physikalische Chemie	1936	34 GB	Not; P7a
Blüh (Bluh), Otto	Prag	1902–	Physikalische Chemie	1937	39 England	SPSL; P7b
Brück, Hermann	Castel Gandolfo	1905–2001	Astronomie	1937	36 Italien, 37 England	HB

(Fortsetzung)

Name	Letzte Adresse vor dem Austritt (Ort)	Lebensdaten	Fachrichtung	Austrittsjahr	Emigration(Jahr/Land) [Schicksal]	Quelle
Dessauer, Friedrich	Istanbul	1881–1963	Medizinische Physik	1937	34 Türkei, 37 Schweiz	Not; P7a
Freudenberg, Karl	Köln	1892–1966	Medizinische Statistik	1937	39 Niederlande	HB
Heitler, Walter	Bristol	1904–1981	Theoretische Physik	1937	33 England, 41 Irland	HB
Ludloff, Hanfried (John Frederick)	Leipzig	1899–	Theoretische Physik	1937	36 Wien, 39 USA	HB
Peierls, Rudolf	Manchester	1907–1996	Theoretische Physik	1937	33 England	HB
Segrè, Emilio	Palermo	1905–1989	Theoretische Physik	1937	38 USA	SPSL; P7b
Abel, Emil	Wien	1875–1958	Physikalische Chemie	1938	38 England	HB
Alterthum, Hans	Berlin	1890–1955	Industrie	1938	39 England, 40 Argentinien	P7a
Berliner, Arnold	Berlin	1862–1942	Physik, Verlag	1938	42 Selbstmord	NDB
Blau, Marietta	Wien	1894–1970	Physik	1938	38 Norwegen, 39 Mexiko	P7a
Boas, Hans Adolf	Berlin	1869–	Fabrikant	1938	bleibt in Deutschland	4)
Byk, Alfred	Berlin	1878–1942	Theoretische Physik	1938	deportiert und ermordet	P7a
Cohn, Emil	Heidelberg	1854–1944	Theoretische Physik	1938	39 Schweiz	HB
Deutsch, Walter	Frankfurt	1885–1947	Industrie	1938	39 England	HB (Sohn)
Ehrenhaft, Felix	Wien	1879–1952	Theoretische Physik	1938	38 England, 39 USA	HB
Frank, Philipp	Prag	1884–1966	Theoretische Physik	1938	38 USA	HB
Frankenburg(er), Walter	Ludwigshafen	1893–1959	Physikalische Chemie	1938	38 USA	P7a
Gans, Richard	Berlin	1880–1954	Theoretische Physik	1938	überlebt in Deutschland	NDB

(Fortsetzung)

Name	Letzte Adresse vor dem Austritt (Ort)	Lebensdaten	Fachrichtung	Austrittsjahr	Emigration(Jahr/ Land) [Schicksal]	Quelle
Graetz, Leo	München	1856–1941	Physik	1938	in Deutschland verstorben	NDB
Haas, Arthur, Erich	Notre Dame	1884–1941	Theoretische Physik	1938	35 USA	HB
Hopf, Ludwig	Aachen	1884–1939	Mathematik	1938	39 England/Irland	HB
Jaffé, Georg	Freiburg	1880–1965	Theoretische Physik	1938	39 USA	HB
Joachim, Hans J	Berlin			1938	? USA	
Kallmann, Hartmut	Berlin	1896–1975	Physikalische Chemie	1938	überlebt in Deutschland	Not; P7b
Kárman, Theodor von	Pasadena	1881–1963	Aerodynamik	1938	Migrant/Emigrant	NDB
Kaufmann, Walter	Freiburg	1871–1947	Theoretische Physik	1938	überlebt in Deutschland	5)
Kohn, Hedwig	Breslau	1887–1964	Physik	1938	40 USA	HB
Koref, Fritz	Charlottenburg	1884–	Industrie	1938	38 Frankreich	P7a
Korn, Arthur	Grunewald	1870–1945	Elektrotechnik	1938	39 USA	HB
Kürti, Gustav	Wien	1903–1978	Physik	1938	38 England, 39 USA	HB
Lehmann, Erich	Charlottenburg	1878–	Chemie	1938	33 entlassen; Schicksal?	Not; P7a
Lessheim, Hans	Keine Angabe	1900–	Physik	1938	seit 1932 in Indien	Not
London, Fritz	Paris	1900–1954	Theoretische Physik	1938	33 England, 36 Frankreich, 39 USA	HB
Meitner, Lise	Dahlem	1878–1968	Physik	1938	38 Schweden	HB
Meyer, Stefan	Wien	1872–1949	Physik	1938	überlebt in Österreich	NDB
Nordheim, Lothar	Durham/USA	1899–1988	Theoretische Physik	1938	33 Frankreich, 34 NL, 35 USA	HB
Pauli, Wolfgang	Zürich	1900–1958	Theoretische Physik	1938	40 USA	HB (Schwester)
Pelz, Stefan	Wien	1908–1973	Physik	1938	38 England	6)
Pel(t)zer, Heinrich	Wien	1903–	Physik	1938	38 England	SPSL; 7)
Pirani, Marcello	Wembley/GB	1880–1968	Industrie	1938	36 England	HB

(Fortsetzung)

Name	Letzte Adresse vor dem Austritt (Ort)	Lebensdaten	Fachrichtung	Austrittsjahr	Emigration(Jahr/Land) [Schicksal]	Quelle
Pollitzer, Franz	Großhesselohe	1885–1942	Industrie	1938	39 Frankreich, in Auschwitz ermordet	P7a
Przibram, Karl	Wien	1878–1973	Physik	1938	39 Belgien; überlebt im belgischen Untergrund	HB
Reiche, Fritz	Berlin	1883–1969	Theoretische Physik	1938	41 USA	HB
Reichenheim, Otto	Berlin	1882–1950	Physik	1938	39(?) England	SPSL; P7a
Rona, Elisabeth	Wien	1890–1981	Physik	1938	41 USA	HB
Rosenthal, Arthur	Heidelberg	1887–1959	Mathematik	1938	35 NL, 40 USA	HB
Rosenthal-Schneider	Charlottenburg	1891–1990	Philosophie	1938	39(?) Australien	
Sachs, George	Düren	1896–1960	Industrie	1938	36 USA	HB
Salinger, Hans	Philadelphia	1891–1965	Elektrotechnik	1938	38 USA	Not; P7a
Simon, Franz	Oxford	1893–1956	Physik	1938	33 England	HB
Urbach, Franz	Wien	1902–1969	Physik	1938	39 USA	HB
Weigert, Fritz	Markkleeberg	1876–1947	Physikalische Chemie	1938	35 England	HB
Wigner, Eugene	Madison	1902–1995	Theoretische Physik	1938	33 USA	P7a

Die Identifikation über das *Biographische Handbuch der deutschsprachigen Emigration nach 1933* wird mit HB abgekürzt. Soweit es dort keinen Eintrag gibt, wird auf die *Neue Deutsche Biographie* (NDB) hingewiesen, ansonsten auf die gedruckte Liste der *Notgemeinschaft List of Displaced Scholars* von 1936 mit Supplement von 1937 (Not). In einigen Fällen, wo es keinen Eintrag in HB, NDB oder Not gibt, aber eine Personenakte von der Emigrantenhilfsorganisation *Society for the Protection of Science and Learning* (Bodleian Library, Oxford) angelegt wurde, erscheint *SPSL* als Quelle. *Not* und *SPSL* werden, soweit existent, mit Verweis auf den letzten Band des Poggendorff, Biographisch-Literarisches Handwörterbuch der Exakten Naturwissenschaften (P) ergänzt.
1) Hinweis von Wolfgang Reiter aufgrund von Archivstudien in Wien.
2) Österreichische Akademie der Wissenschaften (Hrsg.), Österreichisches biographisches Lexikon 1815–1950 Bd 4, Wien – Köln – Graz 1969, S. 76.
3) Kurzbiographie: http://www.tc.chemie.uni-siegen.de/hellmann/hellbiod.html
4) Hermann Holthusen u. a. (Hrsg.), Ehrenbuch der Röntgenologen und Radiologen aller Nationen, München 1959
5) UFA, NL Kaufmann, C139.
6) Hinweis von Wolfgang Reiter aufgrund von Archivstudien in Wien. Dazu dessen Aufsatz: »Die Vertreibung der jüdischen Intelligenz: Verdopplung eines Verlustes 1938/45.« Internationale Mathematische Nachrichten Nr. 187 (2001), S. 1–20.
7) Biografischer Abschnitt in Johannes Feichtinger, »Die Wiener Hochpolymerforschung in England und Amerika«, http://gewi.kfunigraz.ac.at/~johannes/HPF.htm

Die Planck-Medaille

Die Träger der Planck-Medaille 1929 bis 2006

1929	(Max Planck)	1962	Ralph Kronig
	Albert Einstein	1963	Rudolf E. Peierls
1930	Niels Bohr	1964	Samuel A. Goudsmit
1931	Arnold Sommerfeld		George E. Uhlenbeck
1932	Max von Laue	1966	Gerhart Lüders
1933	Werner Heisenberg	1967	Harry Lehmann
1937	Erwin Schrödinger	1968	Walter Heitler
1938	Louis de Broglie	1969	Freeman J. Dyson
1942	Pascual Jordan	1970	Rudolf Haag
1943	Friedrich Hund	1972	Herbert Fröhlich
1944	Walther Kossel	1973	Nikolai N. Bogoljubow
1948	Max Born	1974	Leon C. P. van Hove
1949	Otto Hahn	1975	Gregor Wentzel
	Lise Meitner	1976	Ernst Stueckelberg
1950	Peter Debye	1977	Walter E. Thirring
1951	James Franck	1978	Paul P. Ewald
	Gustav Hertz	1979	Markus Fierz
1952	Paul A. M. Dirac	1981	Kurt Symanzik
1953	Walther Bothe	1982	Hans A. Weidenmüller
1954	Enrico Fermi	1983	Nicolas Kemmer
1955	Hans Bethe	1984	Res Jost
1956	Victor F. Weisskopf	1985	Yoichiro Nambu
1957	Carl Friedrich von	1986	Franz Wegner
	Weizsäcker	1987	Julius Wess
1958	Wolfgang Pauli	1988	Valentine Bargmann
1959	Oskar Klein	1989	Bruno Zumino
1960	Lev D. Landau	1990	Hermann Haken
1961	Eugene P. Wigner	1991	Wolfhart Zimmermann

1992	Elliott H. Lieb	2000	Martin Lüscher
1993	Kurt Binder	2001	Jürg Fröhlich
1994	Hans-Jürgen Borchers	2002	Jürgen Ehlers
1995	Siegfried Großmann	2003	Martin Gutzwiller
1996	Ludwig D. Faddeev	2004	Klaus Hepp
1997	Gerald E. Brown	2005	Peter Zoller
1998	Raymond Stora	2006	Wolfgang Götze
1999	Pierre Hohenberg	2007	Joel L. Lebowitz

Anmerkung des Herausgebers: Siehe auch in der Dokumentation *Albert Einstein, Max von Laue und Johannes Starck* den Brief von Albert Einstein an Max Planck vom 27. Januar 1934.

Max Planck an Jonathan Zenneck, Berlin 11. Juli 1937
Quelle: DPGA Nr. 20953

Hochverehrter Herr Kollege!

Leider muß ich Sie wieder mit einer Angelegenheit plagen, zu deren Betreibung ich als Vorsitzender des Komitees der Planck-Medaille nun einmal verpflichtet bin. Ich bedauere sehr, daß der schöne Gedanke, die diesjährige Physikertagung in Salzburg abzuhalten und bei dieser Gelegenheit die Medaille an Schrödinger zu verleihen, sich nicht hat verwirklichen lassen. Aber es steht nach meiner Meinung nichts dagegen, die Verleihung an Schrödinger statt in Salzburg in Bad Kreuznach vorzunehmen. Denn die persönliche Anwesenheit ist ja nicht erforderlich und auch sonst sehe ich keinen Grund, Herrn Schrödinger die Medaille vorzuenthalten. Vielleicht könnte man politische Bedenken hegen. Aber dagegen spricht, daß Schrödinger noch im neuesten Personalverzeichnis unserer Universität als Mitglied der Fakultät aufgeführt ist. Im Übrigen könnte man ja leicht durch eine vertrauliche Anfrage beim Ministerium über diesen Punkt Klarheit schaffen.

Aber ich meine, daß es nun nachgerade Zeit ist, daß die Medaillenstiftung, deren Tätigkeit aus begreiflichen Gründen eine Zeitlang geruht hat, nun endlich wieder in regelmäßige Übung tritt. Denn die Satzungen, die doch in aller Form von der Deutschen Physikalischen Gesellschaft beschlossen und anerkannt sind, einfach zu ignorieren, während das Stiftungskapital und die entsprechenden Zinserträgnisse reichlich zur Verfügung stehen, und auch sonst alle Bedingungen zu ihrer Befolgung erfüllt sind, geht doch wirklich nicht an.

Dann wäre es doch vorzuziehen, die Stiftung ganz aufzulösen und ihre Mittel irgend einem wissenschaftlichen Zweck zuzuführen, womit ich auch sehr gerne einverstanden sein würde. Auf alle Fälle würde ich aber, wenn diese Angelegenheit nicht in Ordnung kommt, den Vorsitz im Medaillen-Komitee niederlegen, denn Sie können mir glauben, daß Ich mich sehr erleichtert fühlen würde, von einer Verpflichtung entbunden zu werden, die mich andauernd zwingt, eine Angelegenheit zu betreiben, die doch ursprünglich als eine Ehrung für mich selber gedacht war.

Ich darf Sie wohl bitten, über diesen Punkt einen Beschluß des Vorstandes herbeizuführen und mir von dessen Inhalt Mitteilung zukommen zu lassen.

Mit kollegialem Gruß
Ihr aufrichtig ergebener M. *Planck*

Jonathan Zenneck an Max Planck, München 23. Juli 1937
Quelle: DPGA Nr. 20953

Hochgeehrter Herr Kollege!
Soeben kommt Ihr Schreiben vom 21.7. Auch ich bedaure herzlichst, daß wir aneinander vorbei gereist sind. Mit Grotrian setze ich mich des Telegramms wegen sogleich in Verbindung.

Zur Angelegenheit Schrödinger muß ich Ihnen noch etwas Tatsächliches mitteilen, obwohl es m. E. die Sachlage für die Phys. Ges. nicht ändert. Ich war Anfang Juli in Graz und Schrödinger erzählte mir, das dortige Deutsche Konsulat habe sich mit einer Anfrage an ihn gewandt, wie er seine Stellung zur Berliner Universität jetzt benannt haben wollte, da er doch in Graz Dauerstellung innehätte. Seine Antwort ging dahin, daß er es dem Belieben des Reichskultusministeriums überlasse. Im Übrigen brachte er in sehr witziger Weise zum Ausdruck, daß bei ihm nur der Wechsel etwas Dauerndes sei...

Mit herzlichem Gruß
Ihr *J. Zenneck*

Walter Grotrian an die Mitglieder des Vorstandes der Deutschen Physikalischen Gesellschaft, Potsdam 29. Juli 1937
Quelle: DPGA Nr. 20953

Sehr verehrter Herr Kollege! In der Sitzung des Vorstandes der Deutschen Physikalischen Gesellschaft am Mittwoch, den 10. März 1937, ist zu Punkt 5 der Tagesordnung folgendes beschlossen worden: »Die Planck-Medaille soll in diesem Jahre Herrn E. Schrödinger verliehen werden, falls die Herbsttagung in Salzburg stattfindet. Findet die Tagung an einem anderen Orte statt, so soll die Verleihung verschoben werden.« Nachdem feststeht, daß die diesjährige Herbsttagung in Bad Kreuznach abgehalten wird, würde also die Verleihung der Planck-Medaille in diesem Jahre gemäß dem Beschluß des Vorstandes unterbleiben müssen.

Gegen diesen Beschluß des Vorstandes wendet sich Herr Planck in einem an Herrn Zenneck gerichteten Schreiben, das ich in Abschrift beilege. Herr Zenneck ist der Ansicht, daß Herr Planck vollkommen im Recht ist, und daß die Gesellschaft unbedingt verhindern muß, daß Herr Planck etwa den Vorsitz des Medaillen-Komitees niederlegt oder ähnliche Maßnahmen ergreift. Herr Zenneck hat mich daher beauftragt, den Herren Vorstandsmitgliedern folgenden Antrag zur schriftlichen Abstimmung vorzulegen:

Der in der Sitzung des Vorstandes der Deutschen Physikalischen Gesellschaft am Mittwoch dem 10. März 1937 in der Geschäftstelle der Gesellschaft, Berlin-Charlottenburg, Wundtstr. 46, zu Punkt 5 der Tagesordnung gefaßte Beschluß: »Die Planck-Medaille soll in diesem Jahre an Herrn E. Schrödinger verliehen werden, falls die Herbsttagung in Salzburg stattfindet. Findet die Tagung an einem anderen Orte statt, so soll die Verleihung verschoben werden.« wird aufgehoben und ist zu ersetzen durch den Beschluß: »Die Planck-Medaille soll in diesem Jahre gelegentlich der Herbsttagung in Bad Kreuznach an Herrn E. Schrödinger verliehen werden.«

Ich bitte um Ihre schriftliche Stellungnahme zu diesem Antrage unter Benutzung des beiliegenden Stimmzettels.

W. Grotrian

Jonathan Zenneck an Wilhelm Dames (Reichs- und Preußisches Ministerium für Wissenschaft, Erziehung und Volksbildung), München 4. August 1937
Quelle: DPGA Nr. 20953

Betr.: Verleihung der Planck-Medaille.
Es besteht eine Stiftung für die Verleihung einer »Max-Planck-Medaille« an theoretische Physiker. Ein Komitee, dessen Vorsitzender Herr Geh. Rat. Dr. Planck ist und dem auch Ausländer angehören, hat die Vorschläge zu machen, der Vorstand der Deutschen Physikalischen Gesellschaft hat unter den Vorgeschlagenen denjenigen zu wählen, dem die Medaille verliehen werden soll. Schon vor längerer Zeit sind von diesem Komitee die Herren Born und Schrödinger vorgeschlagen worden. Der Vorstand der Deutschen Physikalischen Gesellschaft hielt es aber in den letzten Jahren für richtig, die Verleihung der Medaille zurückzustellen. Er beabsichtigt jetzt bei der diesjährigen Physikerversammlung in Kreuznach die Medaille Herrn Professor Dr. Schrödinger von der Universität Graz zu verleihen.

Da Herr Professor Schrödinger, der früher in Berlin war, noch in dem Verzeichnis des Lehrkörpers der Universität geführt wird, so darf ich wohl annehmen, daß gegen die Verleihung der Medaille an Herrn Professor Dr. Schrödinger keine Bedenken bestehen.

Heil Hitler! *Zenneck*

Clemens Schaefer an Unbekannt, Breslau 16. August 1937
Quelle: DPGA Nr. 20953

Lieber Herr Kollege!

...

Ich hatte an Grotrian geschrieben, daß ich, falls keine politischen Bedenken vorhanden wären, mit Ja stimmen würde. Im anderen Falle würde nach meiner Meinung kein Vorstandsmitglied der Deutschen Physikal. Gesellschaft es verantworten können, mit Ja zu stimmen. Ich bin also sehr einverstanden damit, daß Zenneck an das Ministerium geschrieben hat. Dagegen bin ich *nicht* der Meinung, daß ein Schweigen des Ministeriums gleich einer Zustimmung zu werten ist. Schweigen ist sehr oft Schlamperei oder – Absicht. Ich kann also im

Interesse der Physikal. Gesellschaft nur dann mit Ja stimmen, wenn eine *ausdrückliche* Zustimmung des Ministeriums vorliegt.
Mit herzlichem Gruß
Ihr C. *Schaefer*

Walter Grotrian an die Mitglieder des Vorstandes der Deutschen Physikalischen Gesellschaft, Potsdam 5. September 1937
Quelle: DPGA Nr. 20953

... Das Ergebnis der schriftlichen Abstimmung über die Verleihung der Planckmedaille an Herrn Schrödinger ist folgendes:
Es haben gestimmt mit »ja«: 12 Herren.
Es haben gestimmt mit »ja« mit dem Vorbehalt, daß vor der Verleihung die Frage der politischen Unbedenklichkeit geklärt sein müsse: 2 Herren.
Es hat gestimmt mit »nein«: 1 Herr.
Es haben nicht abgestimmt: 2 Herren.
Damit ist der Antrag Zenneck auf Verleihung der Planckmedaille an Herrn Schrödinger gelegentlich der Herbsttagung in Bad Kreuznach mit erheblicher Stimmenmehrheit angenommen.
Inzwischen hat auf eine Anfrage des Herrn Vorsitzenden der Reichs- und Preußische Minister für Wissenschaft, Erziehung und Volksbildung durch Schreiben vom 24.8.37 mitgeteilt, daß gegen die beabsichtigte Verleihung der Planckmedaille an Herrn Schrödinger keine Bedenken bestehen. Daraufhin können die mit Vorbehalt abgegebenen »Ja«-Stimmen als volle »Ja«-Stimmen gewertet werden. Die weiteren Vorbereitungen für die Verleihung der Medaille sind in die Wege geleitet.
W. Grotrian

Anonym: Kehrseite der Medaille.
Quelle: Das Schwarze Korps vom 18. November 1937, S. 9

Kehrseite der Medaille
Physik ist eine Wissenschaft. Eine der hehrsten Wissenschaften, denn sie handelt von nicht weniger – und nicht mehr – als von den ewigen Gesetzen der Kräfte und Bewegungen, nach denen sich das kos-

mische Geschehen in unserer Welt abspielt. Der Fall eines Körpers im Raume, bedingt durch die Gravitation, läuft nach Gesetzen ab, die für Amerika die gleichen sind wie für Europa und Australien; und vor diesen Gesetzen beugen sich die Wissenschaftler, und zwar in der Richtung nach Stockholm.

Stockholm ist noch immer für zahlreiche Gelehrte die heilige Stadt der Wissenschaft. In Stockholm wird ihr grüner Turban verliehen, der Nobelpreis. Wer je dorthin wandeln durfte, zählt sich zu den Auserwählten der Zivilisation und für den gilt Nobel, und er gilt als nobel (schon wegen des Zasters); Nobel ist der alleingültige Prophet, der Weltfriede sei gepriesen in alle Ewigkeit:»Allah, il allah! Und Ossietzki ist sein Prophet.«

Wir haben das Glück, zu unseren Volksgenossen einen gelehrten Mann zu zählen, der nichts weniger erfand als die Quantentheorie. Sie ist die Lehre von der Energie der Körper, die nicht in stetig veränderter Menge, sondern sprungweise in Energieatomen, also in Quanten, abgegeben beziehungsweise aufgenommen wird. Kurzum, eine Erweiterung der Atomtheorie auf die strahlende Energie, eine Erkenntnis, um deretwillen Generationen von Primanern noch ihren Schöpfer fluchen werden, Herrn Professor Max Planck.

Aus der tiefen Erkenntnis des deutschen Mathematik- und Physikprofessors Planck erwuchs ihm nicht nur der Nobelpreis, sondern es gebar sich aus ihr noch die Planck-Medaille, die seit dem Jahre 1933 nun endlich wieder einmal im September dieses Jahres auf der Physikertagung in Bad Kreuznach verliehen wurde, die von der Deutschen Physikalischen Gesellschaft und der Gesellschaft für Technische Physik einberufen wurde.

Und niemand Geringerer war der Sieger in dem Ringen um diese physikalische Palme als der Professor für Theoretische Physik der Universität in Graz, Herr Schrödinger, dem niemand seine Verdienste auf seinem Gebiet absprechen wird.

Aber wir Nationalsozialisten sind irgendwie kleinlich geworden, und argwöhnisch beobachten wir die Ausfuhr für Medaillen aus knappen und daher sehr begehrten Metallen, etwa aus Bronze, Silber oder gar aus Gold.

Und so fühlen wir uns leicht gegen die Schienbeine gestoßen und mit dem Kopf gegen die Wand geschmettert, wenn wir vernehmen, dass Professor Schrödinger bis zum Jahre 1930 auf einer reichsdeutschen Hochschule lehrte und in seiner Sympathie für das internationale Judentum ostentativ und aus provokatorischen Motiven nach England sich verflüchtigte, um gegen das neue Reich und im besonderen gegen den Nationalsozialismus vom schimmeligen Leder seines weltbürgerlichen Gewissens zu ziehen.

Professor Schrödinger ist geborener Wiener und steckt nun seine Räucherkerzen an, um seinen elektroenergetischen Wellen, die ihm aus dem Metall zuströmen, zu danken, dass er kein reichsdeutscher Staatsbürger ist. Er fühlt sich aber trotzdem a l s d e u t s c h e r E m i g r a n t a u s g e i s t i g e r V e r b u n d e n h e i t H e r r n E i n s t e i n g e g e n ü b e r und folgte einem Ruf an die Grazer Universität; dem Londoner Nebel den Rücken kehrend. Zwar demonstrierten die Grazer Studenten gegen ihn, doch schließlich beugten sie sich vor seiner wissenschaftlichen Kapazität, mit der sie, dank Vermittlung der Gummiknüppel der Grazer Polizei, nähere Fühlung nehmen konnten. Den von Professor Schrödinger vertretenen Standpunkt von der jüdischen Gleichberechtigung nehmen sie fürderhin in Kauf, um nicht relegiert zu werden.

Dieser Professor Schrödinger wurde nun im Jahre 1937 mit der Planck-Medaille ausgezeichnet. Leider ist uns die verantwortlich zeichnende Kommission der Physikertagung nicht näher bekannt, obwohl weder die Deutsche Physikalische Gesellschaft noch ihr Vorstand für die Verleihung verantwortlich zu machen ist. Vor 1933 jedenfalls zeichneten verantwortlich für die Verleihung der Planck-Medaille der Astralstrolch und Relativitätstheoretiker E i n s t e i n, die Herren M. B o r n, v o n L a u e, S c h r ö d i n g e r und S o m m e r f e l d, von denen drei: Die Herren Born, Einstein und Schrödinger, nach der Machtergreifung aus nahe liegenden Gründen ausrissen.

Wir wollen nicht gleich den voreiligen Schluss ziehen und behaupten, dass Professor Schrödinger von der katholischen Aktion geschoben wurde, um die Planck-Medaille zu ergattern: doch es ist aufschlussreich, zu wissen, dass der Preisträger im V e r z e i c h n i s d e r M i t g l i e d e r d e r P ä p s t l i c h e n A k a d e m i e i n R o m s t e h t, obwohl Schrödinger k o n f e s s i o n s l o s ist. Professor Planck hingegen wieder zählt auch zu den Mitgliedern der Päpstlichen Akademie, und so ist es immerhin möglich, dass man etwas nachhalf, damit auch ein Gottloser durch das Nadelöhr jener Medaille eingehe, das in jene Gefilde der emigrierten Juden führt, wo sich die versammelt haben, die da auf Gott Sabaoth schwören und gegen den Nationalsozialismus wissenschaftlich experimentieren.

Professor Planck kann nun einwenden, dass die Politik nichts mit theoretischer Physik zu tun habe. Das mag, vom sachlichen Standpunkt aus betrachtet, stimmen, vom staatspolitischen jedoch nicht. Professor Schrödinger hat sich demonstrativ in politischer Hinsicht gegen Deutschland gestellt; einen solchen Mann wegen etwaiger sachlicher Verdienste auch noch zu ehren, ist ein Zeichen nationaler Entwürdigung, wie es instinktloser nicht gedacht werden kann. Von »Absicht« wagen wir in diesem Zusammenhang gar nicht zu reden.

Werner Heisenberg an Arnold Sommerfeld, Leipzig 8. Januar 1938
Quelle: DPGA Nr. 20953

Sehr verehrter lieber Herr Geheimrat!
Haben Sie vielen Dank für Ihren Brief. Ich möchte für die Verleihung der Planck-Medaille in erster Linie P. *Jordan*, Rostock, in zweiter Fermi vorschlagen. Zu diesen Vorschlägen möchte ich noch bemerken, daß es mir nicht besonders ratsam erscheint, die nächste Medaille an einen Ausländer zu verleihen. Auch scheint mir die Verleihung an de Broglie nicht so dringend, da ja de Broglie schon den Nobelpreis hat, und für ihn weitere Ehrungen nicht so viel bedeuten. Andererseits weiß ich, daß seinerzeit zur Auffindung der Quantenmechanik Jordan sicher ebenso viel beigetragen hat wie Born. Da im Augenblick eine Verleihung an Born nicht möglich ist, und da die Arbeiten Jordans vor denen Fermis liegen, würde ich mich daher sehr freuen, wenn eine Verleihung an Jordan möglich wäre...
Mit vielen herzlichen Grüssen
Ihr dankbar ergebener W. *Heisenberg*

Arnold Sommerfeld an den Vorsitzenden der Deutschen Physikalischen Gesellschaft (P. Debye), München 13. Januar 1938
Quelle: DPGA Nr. 20953

Als derzeitiger Geschäftsführer des Comités der Planck-Medaille habe ich eine Umfrage bei den Inhabern der Medaille veranstaltet mit folgendem Ergebnis. Es schlagen vor

Planck:	de Broglie	Fermi
Bohr:	de Broglie	Fermi

Sommerfeld:	de Broglie	Fermi
v. Laue:	Fermi	de Broglie
Heisenberg:	P. Jordan (Rostock)	Fermi
Schrödinger:	Born	W. Pauli (Zürich)

Bohr fragt an, ob es möglich wäre, die Medaille in diesem Jahr zweimal, also sowohl an de Broglie, wie an Fermi, zu verleihen. *Ich würde dies auch meinerseits als besonders wünschenswert ansehen.*

Heisenberg weist darauf hin, daß zur Auffindung der Quantenmechanik Jordan sicher ebenso viel beigetragen habe wie Born.

v. Laue bedauert ausdrücklich, daß Born diesmal bei der Verleihung nicht berücksichtigt werden könne.

Auszug aus dem Protokoll der Sitzung des Vorstandes der Deutschen Physikalischen Gesellschaft am 2. März 1938
Quelle: DPGA Nr. 10012

...
Punkt 2 der Tagesordnung: Verleihung der Planck-Medaille.
Der Vorsitzende Hr. Debye teilt mit, daß der diesjährige Vorschlag des Medaillenkomitees lautet: de Broglie, Fermi. Er macht den Vorschlag, die Medaille in diesen Jahre gelegentlich des 80. Geburtstages von Hrn. M. Planck am 23. April an die beiden genannten Herren zu verleihen, was nach den Satzungen der Planck-Medaillen Stiftung zulässig ist. Der Vorsitzende berichtet dann im einzelnen über seine Verhandlungen mit dem Vertreter des Ministeriums. Eine endgültige Entscheidung des Ministers steht noch aus. Der Vorstand beschließt einstimmig, die Planck-Medaille für das Jahr 1938 an die Herren de Broglie und Fermi zu verleihen, vorausgesetzt, daß das Ministerium keinen Widerspruch erhebt. Sollte das Ministerium nur für einen der beiden Herren die Genehmigung erteilen, so soll diesem Herrn die Medaille verliehen werden ...

Auszug aus dem Bericht über die Sitzung des Vorstandes der Physikalischen Gesellschaft zu Berlin am 30. März 1938
Quelle: DPGA Nr. 20953

...

1. Vorbereitung der Planck-Feier. Der Vorsitzende berichtet über den augenblicklichen Stand der Bemühungen des Vorsitzenden der Deutschen Physikalischen Gesellschaft, vom Ministerium die Genehmigung zur Verleihung der Planck-Medaille an die Herren de Broglie und Fermi zu erhalten. Für Herrn de Broglie ist die Genehmigung in sichere Aussicht gestellt, es fehlt lediglich die endgültige schriftliche Bestätigung. Bei Herrn Fermi haben sich dagegen Bedenken rassischer Art ergeben, so daß mit einer rechtzeitigen Genehmigung kaum zu rechnen ist. Herr Fermi muß daher aus den Plänen für die Feier ausscheiden. Den vorgesehenen wissenschaftlichen Vortrag, der nach dem ursprünglichen Plane Herrn Fermi übertragen werden sollte, hat endgültig Herr v. Laue übernommen, der über »Supraleitung und ihre Beeinflussung durch Magnetismus« sprechen wird ...

Arnold Sommerfeld an den Vorstand der Deutschen Physikalischen Gesellschaft, München 10. Januar 1939
Quelle: DPGA Nr. 20953

Als Geschäftsführer des Komitees der Planck-Medaille berichte ich, daß die Umfrage über die diesjährige Medaillen-Verleihung folgendes Ergebnis gehabt hat. Es schlagen vor:
Planck, Bohr, v. Laue, de Broglie, Sommerfeld
an erster Stelle   Dirac – Cambridge
an zweiter Stelle   Jordan – Rostock.
Heisenberg hat Bedenken dagegen die Medaille allzu häufig an Ausländer zu vergeben und schlägt vor
an erster Stelle   Jordan – Rostock
an zweiter Stelle   Hund – Leipzig.
Ich darf den Vorstand bitten, die Angelegenheit in der üblichen Weise weiter zu behandeln.

Carl Ramsauer an Arnold Sommerfeld, Berlin 18. Dezember 1942
Quelle: DPGA Nr. 20956

Die Physikalische Gesellschaft würde es begrüßen, wenn im kommenden Jahre die Verleihung der Planck-Medaille wieder aufgenommen werden könnte.

Ich komme jetzt zu einigen sachlichen Fragen, über die ich gern Ihre Meinung hören würde. Sollen *alle Mitglieder* der Medaillen-Kommission gefragt werden oder soll man sich auf die deutschen Mitglieder beschränken? Ich bin bei der ganzen Sachlage eher für das Letztere. Soll eine oder sollen wegen der langen Zwischenpause zwei Medaillen verliehen werden? Ich neige eher zu *einer Medaille*, um ganz im Rahmen der Satzungen zu bleiben. Alles in allem möchte ich die Verleihung möglichst so durchführen, daß sie nicht als eine Demonstration gegen das Ministerium wirkt, sondern eher als versöhnender Abschluß der ganzen Streiterei um die moderne theoretische Physik.

Ich glaube, daß die Vorbedingungen hierfür gegeben sind.
Mit besten Grüßen
Ihr sehr ergebener *Carl Ramsauer*

Max von Laue an Arnold Sommerfeld, Berlin 17. Mai 1943
Quelle: DPGA Nr. 20956

Lieber Sommerfeld!
... Ich freue mich, Sie im Juli hier zu sehen. Schon vorher aber möchte ich Ihnen meine Ansicht über die nächste Medaillen-Verleihung sagen: Man sollte m. E. ohne Rücksicht auf Alles, was außerhalb der Wissenschaft vor sich geht, die Medaille verleihen. Trifft die Wahl einen Ausländer, so wird man diese Verleihung zunächst nicht veröffentlichen können. Das muß dann nach dem Kriegsende nachgeholt werden. Das Nobelkomitee verfährt ebenso. Sofern dies auch Plancks Meinung ist – ich habe ihn noch nicht darüber gesprochen – würde ich für Dirac und Fermi stimmen.

Über Born als Kandidaten dafür müssen wir einmal reden.
Ihr *M. Laue*

Carl Ramsauer an Arnold Sommerfeld, Berlin 4. Juni 1943
Quelle: DPGA Nr. 20956

Sehr geehrter Herr Geheimrat!
... In Bezug auf das »*Aufsichtsrecht*« des Ministeriums für die Verleihung der Planck-Medaille bin ich ganz ihrer Ansicht. Ich habe deshalb auch bei der jetzigen Verleihung *keine Anfrage* an das Ministerium gerichtet, sondern lediglich die Tatsache mitgeteilt, daß der Vorstand der Deutschen Physikalischen Gesellschaft entsprechend den Statuten nach den Vorschlägen des Medaillen-Komitees der Planck-Stiftung die Wahl Jordan und Hund getroffen habe. Herr Dr. Fischer hat sich unserem stellvertretenden Geschäftsführer, Herrn Dr. Ebert, gegenüber sehr befremdet hierüber ausgesprochen, da er eine »Anfrage« erwartet habe, hat aber mir gegenüber keine offizielle Stellung gegen diese Mitteilungsform genommen und lediglich geschrieben, daß das Ministerium gegen die Wahl nichts einzuwenden habe. Damit ist nach meiner Ansicht der in der Entwicklung begriffene Usus unterbrochen und, wie ich glaube, erledigt.
Heil Hitler!
Mit besten Grüßen
Ihr sehr ergebener *C. Ramsauer*

Arnold Sommerfeld an Carl Ramsauer, Berlin Januar 1944
Quelle: DPGA Nr. 20958

Betr.: Verleihung der Planckmedaille im Jahre 1945.
Nach Rücksprache mit Heisenberg und v. Laue möchte ich vorschlagen, im kommenden Jahre keine Medaille zu vergeben. Gründe: 1) Die allgemeine politisch-militärische Lage. 2) Die übliche feierliche Sitzung in Berlin würde kaum möglich sein. 3) Nach der letzten Abstimmung der Kommissionsmitglieder würde als nächster Anwärter Herr Yukawa in Betracht kommen. Es scheint aber bedenklich bei der heutigen politischen Lage einen Ausländer vorzuschlagen. 4) Die Auswahl unter den deutschen theoretischen Physikern ist so eng geworden, daß es geraten erscheint, die weitere Entwicklung abzuwarten.

Selbstmobilisierung

Ludwig Prandtl an Carl Ramsauer, Göttingen 28.4.1941
Quelle: MPGA, III. Abtlg., Rep. 61 (Nachlaß L. Prandtl), Nr. 1302, Bl. 10

Sehr geehrter Herr Kollege!

Auf Bitten der Göttinger Physiker habe ich mich in der Angelegenheit Sabotage der theoretischen Physik durch die Lenard Gruppe an Herrn Reichsmarschall Göring um Hilfestellung gewandt. Es ist wohl zu erwarten, dass Sie über die Sachlage befragt werden. Deshalb übersende ich Ihnen in der Anlage Durchschlag meiner Eingabe und einer erläuternden Anlage dazu. Die Anlage ist natürlich so abgefasst, dass sie für einen Nichtphysiker einigermaßen verständlich sein soll. Wenn Ihnen die Leute um Göring nicht selbst eine Abschrift meiner Ausführungen schicken, dann wird es vielleicht taktisch richtiger sein, dass Sie nicht erwähnen, dass ich Ihnen den Wortlaut übersandt habe. Es wäre natürlich gut, wenn Sie an Beispielen darlegten, wie wichtig ein gründliches Verstehen der theoretischen Physik für die Belange der industriellen Entwicklung ist.

Mit hochachtungsvoller Begrüßung Ihr sehr ergebener L. P.

Carl Ramsauer an Ludwig Prandtl, Berlin 31. Oktober 1941
Quelle: MPGA, III. Abtlg., Rep. 61 (Nachlaß L. Prandtl), Nr.1302, Bl. 10

Sehr verehrter Herr Kollege!
In meinem Bestreben, als Vorsitzender der Deutschen Physikalischen Gesellschaft für die Interessen der deutschen Physik, insbesondere auch der theoretischen Physik, einzutreten, ist es mir heute in einer längeren Besprechung gelungen, den Herrn Generalobersten Fromm, Kommandeur des Ersatzheeres und Chef des Rüstungswesens, von der schweren Gefährdung der deutschen Physik zu überzeugen. Er hat mir zugesagt, vom Standpunkt des Heeres aus diese Fragen zu vertreten und ist der Ansicht, daß seine Machtmittel groß genug sind, um seine Absichten dem Kultusministerium gegenüber durchzusetzen. Er wird außerdem einen geeigneten höheren Militär damit beauftragen, die physikalischen Interessen des Heeres zusammenzu-

fassen und mit der Deutschen Physikalischen Gesellschaft zusammen zu arbeiten.

Ich habe jetzt folgende Bitte: Gestatten Sie mir in diesem Zusammenhange Ihr Schreiben an den Herrn Reichsmarschall nebst Anlagen (evtl. auch die Anlagen allein) dem Generalobersten Fromm zu übersenden? Das würde für mich eine große Hilfe bedeuten. Formell könnten wir uns dann auf den Standpunkt stellen, daß Sie mir dies Material als dem Vorsitzenden der Deutschen Physikalischen Gesellschaft zur Verfügung gestellt haben.

Für möglichst baldige Entscheidung wäre ich dankbar, da in diesen Tagen die Neuordnung des physikalischen Studiums im Ministerium beraten werden soll, wobei auch die Rolle der theoretischen Physik zur Diskussion steht. Ich habe zunächst erreicht, daß ich als Vorsitzender der Deutschen Physikalischen Gesellschaft zu dieser Beratung zugezogen werde.

Mit besten Empfehlungen und Grüßen Ihr sehr ergebener C. Ramsauer.

Generalchefingenieur Lucht (Reichsluftfahrtministerium) an Ludwig Prandtl, 3. Dezember 1941
Quelle: MPGA, III. Abtlg., Rep. 61 (NL Prandtl) Nr. 1413

Sehr geehrter Herr Professor!
Herr Generalfeldmarschall Milch hat von Ihrem Schreiben vom 13. November d. J. mit grossem Interesse Kenntnis genommen. Die Angelegenheit ist auch für die Luftwaffe von grosser Bedeutung. Nach Mitteilung von Professor Ramsauer wird die Deutsche Physikalische Gesellschaft zunächst eine Eingabe dem Herrn Reichserziehungsminister vorlegen, die mit statistischen Angaben belegt ist. Es besteht Übereinstimmung mit dem Vorsitzenden der Physikalischen Gesellschaft, dass die Wehrmacht und weitere interessierte Reichsstellen – soweit dies möglich – eine Unterstützung dieses Schrittes geben sollen. Herr Generalfeldmarschall Milch wird daher auch erwägen, in welch geeigneter Form Ihr Vorschlag mit den übrigen Massnahmen verbunden werden kann. Ich hoffe, Ihnen hierüber in Kürze weiteres mitteilen zu können.

Mit verbindlichsten Grüssen und Heil Hitler!
Ihr sehr ergebener *Lucht*

Eingabe an Rust*
MPGA, III. Abtlg., Rep 61 (Nachlaß L. Prandtl) Nr. 1413, in gekürzter Form auch veröffentlicht in Physikalische Blätter 3, 1947, S. 43–46

Bemerkung der Herausgeber Nach dem Krieg publizierten die Physikalischen Blättern die Eingabe der DPG an Minister Rust; allerdings zeigt ein Vergleich mit dem Originaldokument, dass neben den Anlagen I–IV von Ramsauer bzw. Brüche auch ganze Passagen im Haupttext weggelassen wurden. Die Auslassungen sind nachfolgend **fett** gekennzeichnet und Textpassagen die man nur in den Physikalischen Blättern findet, sind *kursiv* gesetzt. Ernst Brüche stellte der Publikation noch folgende Einführung voran:

Unter den Schritten, die die Deutsche Physikalische Gesellschaft zur Rettung der Physik in Deutschland unternahm, spielt die Eingabe der Gesellschaft eine besondere Rolle, die am 20. Januar 1942 an Kultusminister Rust seitens des Gesellschaftsvorsitzenden Prof. Ramsauer geschickt wurde. In dieser Eingabe, die die beiden Vorsitzenden Prof. Ramsauer und Prof. Finkelnburg ausgearbeitet hatten, wurde dem zuständigen Ministerium mit erquickender Deutlichkeit gesagt, was gesagt werden mußte. Besonders bemerkenswert ist Anlage VI, in deren letzten Absätzen sich die Leitung der Gesellschaft nicht gescheut hat, das Ministerium unmittelbar verantwortlich zu machen. – Prof. Ramsauer hat diese Eingabe den Phys. Bl. auf unsere Bitte zur Verfügung gestellt und einige Erläuterungen zu den Anlagen gegeben. Wir bringen diese mutige Eingabe mit den Bemerkungen hier zum Abdruck. – Die Feststellung, die Prof. Goudsmit nach seinem Deutschlandbesuch in Science Illustrated gemacht hat, scheint sich auf diese Eingabe zu beziehen: »Prof. Ramsauer, der Vorsitzende der Deutschen Physikalischen Gesellschaft ... versuchte mit Vorträgen und Artikeln die Aufmerksamkeit der deutschen Behörden auf diesen Fehler zu lenken. Seine Warnungen wurden lediglich von seinen Kollegen unterstützt, die Nazis ignorierten sie völlig.«

Eingabe:
Berlin, den 20. Januar 1942
Sehr verehrter Herr Reichsminister!
Als Vorsitzender der Deutschen Physikalischen Gesellschaft halte ich es für meine Pflicht, die Befürchtungen, die ich für die Zukunft der deutschen Physik als Wissenschaft und Machtfaktor habe, Ihnen vorzulegen. Ich darf dabei bemerken, daß ich durch meine Stellung als

* Siehe auch Faksimile im Abbildungsteil.

Leiter eines großen Industrie-Forschungsinstitutes und durch meine langjährigen Hochschulerfahrungen einen weitgehenden Einblick in die Lage der deutschen Physik habe, daß ich aber persönlich an einer Verbesserung der Stellung der deutschen Hochschulphysiker ganz uninteressiert bin.

Die deutsche Physik hat ihre frühere Vormachtstellung an die amerikanische Physik verloren und ist in Gefahr, immer weiter ins Hintertreffen zu geraten. Die Richtigkeit dieser Ansicht, welche von vielen maßgebenden Physikern Deutschlands geteilt wird, geht auch ohne besondere Ausführungen aus dem in der Anlage I beigefügten Zahlenmaterial hervor, dessen Beweiskraft im einzelnen vielleicht bestritten werden kann, das aber im ganzen eine nur zu deutliche Sprache spricht.

Die Fortschritte der Amerikaner sind außerordentlich groß. Dies beruht nicht allein darauf, daß die Amerikaner weit höhere materielle Mittel einsetzen, als wir, sondern mindestens in gleichem Maße darauf, daß es ihnen gelungen ist, eine zahlenmäßig starke, sorgenfrei und freudig arbeitende junge Forschergeneration heranzuziehen, welche der unsrigen aus der besten Zeit in ihren Einzelleistungen gleichwertig ist und sie durch die Fähigkeit zur Gemeinschaftsarbeit übertrifft.

Demgegenüber steht auf unserer Seite die immer stärker werdende Ausschaltung desjenigen Personenkreises, dem wir unsere physikalische Vormachtstellung vor dem Weltkrieg verdankten, und der auch jetzt nach seiner ganzen historisch gewordenen Struktur in erster Linie dazu berufen sein sollte, den Leistungskampf mit der amerikanischen Physik aufzunehmen und zum Siege zu führen. Es handelt sich um die Professoren, Dozenten, Assistenten und Doktoranden der deutschen Universitäten und Hochschulen. Die Arbeitsmöglichkeit und Arbeitsfreudigkeit dieses Personenkreises hat in ideeller und in materieller Hinsicht sehr stark gelitten, ohne daß die Gründung großer staatlicher Forschungsinstitute oder die Forschungstätigkeit der Industrie hierfür einen genügenden Ersatz bieten könnte, und ohne daß Deutschland sich in seinem Existenzkampf die Vernachlässigung dieses naturgegebenen Aktivums leisten dürfte.

Die Ursachen hierfür sind folgende:

1) Die physikalischen Institute der Universitäten und Hochschulen erhalten in ihrem normalen Sachetat nur einen Bruchteil der Geldmittel die in der jetzigen Zeit fortgeschrittener Technik für die

physikalische Forschung, Lehre und Ausbildung unbedingt notwendig sind. **Dasselbe gilt in noch höherem Maße von den durchaus erforderlichen personellen Hilfskräften an Mechanikern, Glasbläsern und Laboranten.** Dabei soll gern anerkannt werden, daß für die Bedürfnisse bewährter Physiker durch die deutsche Forschungsgemeinschaft und durch die Helmholtz-Gesellschaft vorbildlich gesorgt wird, und daß für kriegswichtige Aufgaben die nötigen Mittel in großzügiger Weise zur Verfügung gestellt werden. Dies hindert aber nicht, daß sich die Demonstrationskollegs und die Praktika durchweg mit ganz veralteter Technik behelfen müssen, daß die Ausstattungen der Institute mit den nötigen Einrichtungen, wie Elektrizitätsquellen, Gasverflüssigungsmaschinen, Preßluft usw., sowie mit Mechaniker- und Glasbläser-Werkstätten meist ganz ungenügend sind, und daß für viele Arbeiten, welche sich nicht oder noch nicht in das Programm der oben genannten Organisationen einfügen lassen, die genügenden Möglichkeiten nicht zur Verfügung stehen. Tatsache ist, daß eine große Anzahl tüchtiger Hochschulphysiker dauernd unter dem lähmenden Eindruck steht, den Wettbewerb mit den deutschen Industrielaboratorien und mit dem Ausland nicht durchführen zu können.

2) Der eine Hauptzweig der Physik, die theoretische Physik, wird bei uns immer mehr in den Hintergrund gedrängt. **Der berechtigte Kampf gegen den Juden Einstein und gegen die Auswüchse seiner spekulativen Physik hat sich auf die ganze theoretische Physik übertragen, und sie weitgehend als ein Erzeugnis jüdischen Geistes in Mißachtung gebracht (vgl. Anlage II). Dadurch wird die Schaffensfreudigkeit unserer Theoretiker gelähmt und der Nachwuchs von der Pflege der theoretischen Forschung abgeschreckt.** Demgegenüber muß festgestellt werden, daß ein Gedeihen der Gesamtphysik ohne ein Gedeihen der theoretischen Physik unmöglich ist, daß im besonderen die moderne theoretische Physik eine ganze Reihe größter positiver Leistungen aufzuweisen hat, welche auch für Wirtschaft und Wehrmacht von wesentlicher Bedeutung werden können und daß die ganz allgemein erhobenen Vorwürfe gegen die Vertreter der modernen theoretischen Physik als Vorkämpfer jüdischen Geistes ebenso unbewiesen, wie unberechtigt sind (vgl. Anlage III und IV)[*].

[*] Es wird gegen mich sicher der Vorwurf erhoben werden, daß ich mit diesem Eintreten für die moderne theoretische Physik jüdische Propaganda treibe. Das Gegenteil ist richtig! Ich trete gerade für die deut-

Dies alles ist umso bedauerlicher, als die theoretischen Leistungsmöglichkeiten des deutschen Geistes an sich sehr große sind, und als gerade hier eine Chance im Wettkampf gegen Amerika gegeben wäre, welches auf diesem Gebiet anfangs weit zurück war und die größte Mühe hatte und hat, hier mit uns Schritt zu halten.

3) Die Besetzung der physikalischen Lehrstühle erfolgt nicht immer nach den in alter und neuer Zeit bewährten Grundsätzen des Leistungsprinzips. Ich will auf die bekannten und offensichtlichen Fehlberufungen im einzelnen nicht eingehen, da dies an der Sache nichts mehr ändern und nur starke persönliche Verärgerungen hervorrufen würde, bin aber auf Wunsch durchaus bereit, mein Urteil näher zu begründen. Um aber doch den ganzen Ernst der Sachlage klarzustellen, will ich eine Ausnahme machen, umso mehr als der betreffende Fall für die Lage gerade der theoretischen Physik Deutschlands von symptomatischer Bedeutung ist. Ich füge ein Urteil über den Nachfolger Sommerfelds, Herrn Prof. W. Müller-München, durch Herrn Prof. L. Prandtl-Göttingen bei, welches dieser in einem anderen Zusammenhange abgegeben, mir aber zur Verfügung gestellt hat (Anlage V).

4) Die akademisch-physikalische Laufbahn verliert den Anreiz, den sie früher auf unsere Besten ausgeübt hat, in steigendem Maße, wie u. a. daraus hervorgeht, daß der Übertritt aus Industrie-Stellungen in diese Laufbahn, ganz im Gegensatz zur früheren Zeit, kaum noch erstrebt wird. Als Gründe sind folgende zu nennen: Das allgemeine Sinken des physikalischen Hochschullehrerstandes einschließlich seins Nachwuchses an Ansehen und materiellen Aussichten. – Die Beschränktheit der sachlichen Hilfsmittel – Die zu starke Belastung mit Nebenarbeiten – infolge des Mangels an technischem und Verwaltungspersonal – Verschiedene Härten bei den Berufungen. –

Aus diesen 4 Punkten ergeben sich folgende Wünsche:

Zu 1: Die Sachetats der physikalischen Lehrstühle sollten entsprechend den modernen Anforderungen wesentlich erhöht werden. **Ich glaube mit Recht behaupten zu können, daß es kaum eine Aufgabe**

sche Physik ein, durch den Nachweis, daß unsere moderne Theorie große Leistungen vollbracht hat, und daß sie diese Leistungen nicht dem jüdischen, sondern dem deutschen Geiste verdankt. Der Gegenseite könnte man vielmehr mit Recht vorwerfen, daß sie – ungewollt – die an sich schon viel zu großen Ansprüche des Judentums stärkt, indem sie deutsche Leistungen dem jüdischen Geiste zuschreibt.

in ganz Deutschland gibt, wo der Nutzeffekt einer bewilligten Million für das Volksganze so groß sein würde, wie in diesem Falle.

Zu 2: Die inneren Kämpfe der deutschen Physik *müssen* beigelegt werden, wenn man eine Gesundung herbeiführen will. Ich schlage vor, daß über diese Gesamtsituation, ähnlich wie in Anlage VI, nochmals eine Aussprache zwischen je einigen hervorragenden Vertretern der beiden Parteien unter dem neutralen Vorsitz eines anerkannten Physikers ohne unmittelbare theoretische Interessen (wie Gerthsen oder Gerlach) stattfindet. **Meine eigenen Fragestellungen können dabei als Ausgangspunkt dienen während meine Beweisführungen sorgfältig nachgeprüft werden müßten.** Die Sache dürfte aber nicht wieder im Sande verlaufen, sondern müßte zu einer endgültigen Befriedung, nötigenfalls durch einen vom Ministerium ausgeübten Zwang, geführt werden.

Zu 3 u. 4: Die hier gekennzeichneten Mängel sollten in Zukunft abgestellt oder doch nach Möglichkeit gemildert werden.

Ich bitte Sie, sehr verehrter Herr Reichsminister, mir Gelegenheit zu geben, Ihnen meine Sorgen auch persönlich vortragen zu dürfen. Ich bemerke dazu, daß ich über diese Fragen schon seit längerem mit Herrn Generalobersten Fromm in Gedankenaustausch stehe und daß ferner die zuständigen Herren des Reichsluftfahrtministeriums ihrerseits in diesen Fragen an mich herangetreten sind. Ich habe daher diesen beiden Stellen auf ihren Wunsch eine Abschrift dieser Eingabe übersandt. Ich bin überzeugt, daß die ganze Wehrmacht gern ihren Einfluß einsetzen würde, um die Bewilligung der nach Punkt I dieses Schreibens erforderlichen Mittel beim Finanzministerium erwirken zu helfen. – Außerdem hat die Reichsdozentenführung, welche schon seit längerem an diesen Fragen stark interessiert ist, eine Abschrift dieser Eingabe erhalten.

Heil Hitler!

Ihr sehr ergebener *Carl Ramsauer.*

Anlagen zu dem vorstehenden Schreiben
I. *Die Überflügelung der deutschen durch die amerikanische Physik.*
II. *II. Schriften gegen die moderne Physik.*
III. *III. Die entscheidende Bedeutung der theoretischen, insbesondere der modernen theoretischen Physik.*
IV. *IV. Die Widerlegung der Vorwürfe gegen die moderne theoretische Physik als rein angebliches Erzeugnis jüdischen Geistes.*
V. *V. Abschnitt aus einer Eingabe Ludwig Prandtls.*
VI. *VI. Der Münchener Einigungs- und Befriedungsversuch.*

Zu. Anlage I: Diese vollständige und beweiskräftige Zusammenstellung sollte das Hauptargument gegen die verderblichen Maßnahmen des Ministeriums und die Grundlage für die Verbesserungsvorschläge bilden. Sie war zugleich die Hauptstütze in militärischer Beziehung. Prof. Ramsauer hatte deswegen auch in der deutschen Akademie für Luftfahrtforschung*) einen ausführlichen Vortrag über dieses Thema gehalten, um hierbei die Vorschläge zu propagieren. Letztere wurden allerdings bei der üblichen Vorzensur mit Rücksicht auf das Unterrichts-Ministerium gestrichen. Bei der gedruckten Wiedergabe durfte zur Überschrift »Über Leistung und Organisation der angelsächsischen Physik« der Zusatz gemacht werden »mit Ausblicken auf die deutsche Physik« mit der Anmerkung »dem text des Vortrags sind in dieser Schrift einige Vorschläge für die deutsche Physik hinzugefügt, die der Vortragende als Vorsitzender der Deutschen Physikalischen Gesellschaft macht«. Die Sonderdrucke, welche trotz ihrer Bezeichnung »geheim" an maßgebende Persönlichkeiten der Wissenschaft und Technik nach eigener Wahl versandt werden durften, haben die Bestrebungen sehr gefördert.

Zu Anlage II: Es handelt sich um 17 (!) Broschüren und Aufsätze, welche teils ganz einseitige Ausführungen auf unzulänglicher Grundlage zum Gegenstand haben, teils einfache Schmähschriften sind. Einige charakteristische Titel:» Weiße Juden in der Wissenschaft« (Wilder Angriff auf Heisenberg, Sommerfeld u. a.), »Jüdischer Geist in der Physik«, »Planck und die sogenannte theoretische Physik«; Über das Problem der arischen Naturwissenschat«, »Die magische Physik der Juden«; »Physik und Rasse«, »Judentum und Wissenschaft«, »Jüdische und deutsche Physik«.

Diese Aufzählung von damals gerade erschienen Streitschriften sollte zeigen, daß die Zustände in der deutschen Physik unhaltbar zu werden drohten und daß sie nur durch ein Machtwort des Ministers gebessert werden konnten.

Zu Anlage III und IV: Diese längeren Aufsätze enthalten eigentlich lauter Selbstverständlichkeiten und hatten lediglich den Zweck, das Ministerium zu einer sachlichen Diskussion zu zwingen, deren Ergebnis nicht zweifelhaft sein konnte.

Zu Anlage V und VI: Diese kurzen Anlagen folgen hier im Wortlaut, um zu zeigen, mit welcher Deutlichkeit die deutsche Physikalische Gesellschaft damals ihren Standpunkt vertreten hat.

*) Diese Akademie ist wohl die einzige nationalsozialistische Organisation dieser Art, welche mit gesundem Menschenverstand nach rein sachlichen Motiven geleitet wurde.

Anlage I: Die Überflügelung der deutschen durch die amerikanische Physik

1) Einen zahlenmäßigen Überblick über die Gesamtphysik gibt eine größere amerikanische Statistik, welche für Bibliothekzwecke durchgeführt worden ist, also keinerlei Tendenz in unserem Sinne besitzt (A Study of Scientific Periodicals, Ruth H. Hooker, Rev. Sci. Instr. 6, 1935, S. 333).

Die physikalische Weltliteratur des Jahres 1934, dargestellt durch je eine Hauptzeitschrift der 5 Länder Deutschland, England, Frankreich, USA, Rußland, wird auf sämtliche Zitate durchgearbeitet nach Herkunftsland und Herkunftsjahr. Aus dem sehr großen Material von insgesamt 11.400 Zitaten werde hier ein kurzer, in Prozente der Gesamtzahl umgerechneter Auszug gegeben:

Herkunftsländer

Herkunftsjahr	Deutschland	USA
1897	64 %	3 %
1912	54 %	7 %
1933	36 %	33 %

Diese Tabelle besitzt insofern einen einigermaßen objektiven Wert, als die nationalen Unterschiede durch die gleichmäßige Behandlung der fünf physikalischen Hauptländer nach Möglichkeit ausgeglichen sind. Man kann also die Prozente der Gesamtzahlen als einen Maßstab für den Anteil nehmen, welchen das betreffende Volk in dem betreffenden Jahr an dem physikalischen Gesamtbesitz der Welt gehabt hat.

Der ursprünglich überragende Anteil Deutschlands an diesem Gesamtbesitz ist also von 1897 bis 1933 fast auf die Hälfte gesunken, der ursprünglich fast verschwindende Anteil der USA ist auf mehr als das Zehnfache gestiegen. Die Prozentzahlen der beiden Völker sind für das Jahr 1933 fast die gleichen geworden, der Gang der Zahlen zeigt aber deutlich, daß eine ähnliche Statistik für 1938, als das letzte Jahr vor dem Kriege, oder gar für 1941 ein noch wesentlich trüberes Bild geben würde, –

In demselben Sinne liegt folgende eigene Feststellung: In den Annalen der Physik sind die amerikanischen Zitate vom Jahrgang 1913 bis zum Jahrgang 1938 von 2,9 % auf 14,9 % gestiegen, in der Physical Review sind die deutschen Zitate im gleichen Zeitraum von 29,9 % auf 16,0 % gefallen.

2) Einen mehr wertmäßigen Überblick über die Gesamtphysik gibt die Verteilung der Nobelpreise an Deutschland und USA. Der Vergleich Ist natürlich nur bis zu dem Jahre, in welchem Deutschland aus zwingenden Gründen die weitere Annahme von Nobelpreisen ablehnen mußte, d. h. bis zum Jahre 1935, durchgeführt. Der Übersichtlichkeit wegen sind die Zahlen trotz ihrer hierfür eigentlich zu geringen Größe in Prozent umgerechnet worden.

Für physikalische Entdeckungen aus den Jahren:	1890–1920	1921–1935
Anzahl der Preise		
Insgesamt	33 (100 %)	9 (100 %)
an Deutschland	12[*] (36 %)	1[**] (11 %)
an USA	2 (6 %)	2,5 (27,5 %)

Es handelt sich hier um einzelne Spitzenleistungen, die aber, gerade wie im Sport, auch als ein gutes Maß für die Gesamtleistung anzusehen sind.

3) Ein ähnliches Bild für die Gesamtphysik gibt die Rolle, welche die amerikanische Zeitschrift Physical Review in der physikalischen Literatur spielt. Die Zeitschrift ist von einem kaum ernst genommenen Stande im Jahre 1905 zur *anerkannt führenden* physikalischen Zeitschrift der Welt geworden.

4) Als ein Einzelbeispiel, aber als ein Beispiel, welches gerade die

---

[*] Davon zwei Nobelpreise an Juden.
[**] Außerdem ein halber Nobelpreis an einem Emigranten.

äußersten Forschungsgrenzen und die größten Zukunftsmöglichkeiten betrifft, werde die Kernphysik betrachtet.

Die folgende kleine Tabelle gibt einen Überblick über die Zahl der deutsch und englisch geschriebenen (meist amerikanischen) Arbeiten auf diesem Gebiet nach den »Physikalischen Berichten«.

	1927	1931	1935	1939
Deutschland	47	77	129	166
USA und England	35	77	329	471

Die Zahl der deutschen Arbeiten auf diesem modernsten und aussichtsreichsten Gebiet hat sich also in dieser Zeit auf das 3,5 fache, die Zahl der englisch geschriebenen Arbeiten dagegen auf das 13,5 fache gesteigert, wobei, wie jeder Kernphysiker bestätigen wird, die Qualität der amerikanischen Arbeiten der deutschen allermindestens gleichwertig ist.

5) Ein noch betrüblicheres Bild gibt eine Zusammenstellung über die Zyklotrons der Welt. Dieses wichtigste experimentelle Hilfsmittel der Kernphysik ist zunächst einmal bezeichnenderweise in USA erfunden und gebaut worden, da es, abgesehen von der Intelligenz des Erfindungsgedankens, für seine Durchführung und Erprobung technische und pekuniäre Mittel verlangt, welche in dieser Form in Deutschland nicht entfernt zur Verfügung gestanden hätten. An solchen Zyklotrons, auf denen die Hoffnungen der experimentellen Kernphysik zur Zeit in erster Linie beruhen, gab es 1941:

USA etwa 30	Deutschland	
England etwa 4	Rußland	
Japan mindestens 1	Frankreich	} je 1
	Dänemark	

6) Dieser amerikanischen Überlegenheit gegenüber hätten wir ein Äquivalent in den Leistungen unserer theoretischen Physik, die seit langem ein Erbteil deutschen Geistes ist und an äußeren Mitteln ja nur einen Bleistift und ein Stück Papier verlangt. Statt daß aber ein Mann wie Heisenberg, dem wir wesentliche Beiträge zur theoretischen Erschließung der Kernphysik verdanken in jeder Beziehung gefördert wird, muß er seiner theoretischen Forschungen wegen die schärfsten Angriffe über sich ergehen lassen, welche seine eigene Produktivität schwächen und den Nachwuchs davon abhalten müssen, bei ihm in die Lehre zu gehen. So wird die Bildung einer großen deutschen

Schule der theoretischen Kernphysik verhindert und damit eine Chance im Wettbewerb mit USA preisgegeben (vgl. auch die Anlagen II, III, IV).

Anlage II: Schriften gegen die moderne theoretische deutsche Physik

1. Bühl: »Die Physik an den deutschen Hochschulen«. ersch. in »Naturforschung im Aufbruch«, Reden und Vorträge zur Einweihung des Philipp Lenard-Instituts, Hrsg. v. A. Becker. München Lehmanns Verlag 1936.
2. Chr. Hansen: »Intellektualistische Wissenschaft«. Völk. Beobacht. 14.3.1936 (Angriff gegen die Physik. Chemie, beantwortet durch P. Thiessen:»Die phys. Chemie im nat. soz. Staat« in»Der deutsche Chemiker« Nr. 19, 1936).
3. J. Stark u. andere: »Weiße Juden in der Wissenschaft«. Das Schwarze Korps vom 15.7.1937 (Wilder Angriff und Beschimpfung von Heisenberg, Sommerfeld u. a.).
4. B. Thüring: »Physik und Astronomie in jüdischen Händen«. ZS. f. d. ges. Naturw. 3, 55, 1937.
5. H. Dingler: »Die Physik des 20. Jahrhunderts«. ZS. f. d. ges. Naturw. 3, 321, 1937 (gegen Jordan).
6. H. Dingler: »Determinismus oder Indeterminismus«. ZS. f. d. ges. Naturw. 5, 42, 1939 (gegen Planck).
7. W. Müller: »Jüdischer Geist in der Physik«. ZS. f. d. ges. Naturw. 5, 162, 1939.
8. L. Glaser: »Juden in der Physik: Jüdische Physik«. ZS. f. d. ges. Naturw. 5, 272, 1939.
9. H. Dingler: »Planck und die sog. theoretische Physik« Verlag der Ahnenerbe-Stiftung Berlin 1939.
10. J. Evola: »Über das Problem der arischen Naturwissenschaft«. ZS. f. d. ges. Naturw. 6, 161, 1940.
11. W. Müller: »Die Lage der theor. Physik an den Universitäten«. ZS. f. d. ges. Naturw. 6, 281, 190.
12. W. Müller: »Dinglers Bedeutung für die Physik« und weitere Aufsätze von Thüring, Steck, Requard u. a. im Dingler-Geburtstagsheft d. ZS. f. d. ges. Naturw. 7, Folge 5/6, 1941.
13. W. Müller: »Die magische Physik der Juden«.
14. B. Thüring: »Empirismus und Relativismus«.
15. H. Teichmann: »Physik und Rasse«.

Alle in der Sondernummer »Wo steht die Naturwissenschaft?« der ZS. des NSD-Studentenbundes »Die Bewegung«, Folge 20/21 vom 27.5.1941, in der Reichsminister Todt gleichsam als Zeuge angeführt wird!
16. W. Müller: »Judentum und Wissenschaft« Fritsch-Verlag, Leipzig 1941.
17. W. Müller und J. Stark: -Jüdische und deutsche Physik«. Heling-Verlag, Leipzig 1941.

Anlage III: Die entscheidende Bedeutung der theoretischen, insbesondere der modernen theoretischen Physik

Der schon langer dauernde Streit um die moderne Theorie, welcher nicht nur diese selbst, sondern darüber hinaus die ganze deutsche theoretische Physik zu gefährden droht, muß endlich einmal geklärt und abgeschlossen werden, wenn die deutsche Physik ihre alte führende Stellung wiedergewinnen will. Deswegen müssen wir hier auf die Grundlagen dieses ganzen Problems zurückgehen, auf die Gefahr hin, Bekanntes und Selbstverständliches zu sagen.

Die Bezeichnung »theoretische Physik« ist an sich nicht glücklich. Es handelt sich nicht um eine Theorie, welche neben der Praxis steht und von den Praktikern entbehrt werden könnte, noch weniger um ein unfruchtbares Theoretisieren, sondern es handelt sich um die Schaffung der geistigen Zusammenhänge für das ungeheure Material, welches sonst nur eine wertlose Summe von Einzelbeobachtungen sein würde. Das Ziel der theoretischen Physik ist hierbei ein doppeltes:

Sie soll erstens die Beziehungen zwischen den einzelnen physikalischen Größen und Vorgängen durch physikalische Gesetze festlegen und damit die Möglichkeit geben, die experimentelle Erfahrung praktisch zu verwerten, d. h. das physikalische Geschehen vorauszuberechnen. Sie soll zweitens, wenn möglich, den Grund für das physikalische Geschehen auffinden, also die Verknüpfung von Ursache und Wirkung aufdecken. Dieser Weg führt zunächst über die Aufstellung einer Hypothese und über die versuchsweise Prüfung der Hypothese durch die Erfahrung. Erst eine Hypothese, die sich in jeder Richtung bewährt, dürfen wir als Theorie bezeichnen.

Diesen Weg der theoretisch-physikalischen Forschung kann man durch die ganze Geschichte der Physik verfolgen. Ein markantes Beispiel hierfür ist die »Atomhypothese«. Lange Jahre bevor die Existenz der Atome nachgewiesen werden konnte, wurde sie zur Deutung vieler physikalischer und chemischer Erscheinungen herangezogen (z. B. durch Dalton, Clausius, Maxwell und Boltzmann). Von vielen Forschern, welche jedes spekulative Moment aus der Naturforschung entfernt sehen wollten, wurde sie abgelehnt, ja leidenschaftlich bekämpft (z. B. Mach und Ostwald). Heute ist die Existenz der Atome nicht nur gesichert, sondern die Erforschung ihrer Eigenschaften bildet eine der wichtigsten Aufgaben der modernen Physik. Heute steht es fest, daß die Atomhypothese, die zuerst nichts als ein kühner Gedanke war, den Weg zur heutigen experimentell fundierten Atomphysik geöffnet hat.

Häufig wurde dabei die Forderung aufgestellt, eine Theorie müsse »anschaulich« sein, doch wurde diese Forderung schon in der klassischen theoretischen Physik durchaus nicht immer erfüllt. Ein Beispiel hierfür möge der vom Theoretiker Clausius entwickelte Begriff der Entropie sein, der in keiner Weise der unmittelbaren Anschauung entnommen werden konnte. Ohne ihn hätte aber das gewaltige Gebäude der Thermodynamik nicht errichtet werden können, welches die Grundlage für die Kraftmaschinentechnik und Kältetechnik sowie für die gerade zur Zeit wichtigsten Erfolge der chemischen Großindustrie, wie Ammoniaksynthese und Kohleverflüssigung, bildet. Erst viel später, wie häufiger in der Geschichte der Physik, wurde auch für die Entropie die Forderung der Anschaulichkeit bis zu einem gewissen Grad durch die statistische Mechanik erfüllt.

Die theoretische und experimentelle Physik sind aufs Engste verbunden und können an sich sehr wohl in einer Person vereinigt sein, wie dies bei Newton und auch noch bei Helmholtz in vollem Maße der Fall war, und wie dies bis zu einem gewissen Grade auch jetzt noch für jeden Physiker notwendig ist. Lediglich aus Zweckmäßigkeitsgründen hat sich im Laufe der Zeit eine bestimmte Arbeitsteilung herausgebildet, da die praktischen Anforderungen an den Experimentalphysiker und die mathematischen Anforderungen an den Theoretiker so groß geworden sind, daß sie die Arbeitskraft eines Mannes voll ausfüllen. Wir haben daher allgemein zwei Gruppen von Physikern zu unterscheiden, die experimentellen Physiker und die theoretischen Physiker, was auf der normalen Hochschule durch je einen Lehrstuhl für experimentelle und theoretische Physik zum Ausdruck kommt. *Auf der verständnisvollen Zusammenarbeit und gegen-*

seitigen Anerkennung dieser beiden Gruppen beruht der Fortschritt unserer heutigen deutschen Physik.

Was die theoretische Physik für die Gesamtphysik und damit für die Industrie und die Wehrtechnik geleistet hat und leistet ist zwar bekannt genug, muß aber doch in diesem Zusammenhange noch einmal an einigen Beispielen in Erinnerung gebracht werden. Galilei, der als der erste theoretische Physiker im modernen Sinne anzusehen ist, formuliert and prüft die Fallgesetze und eröffnet damit das ganze Gebiet der Ballistik. Robert Mayer, Clausius, Nernst u. a. legen in kühnster Gedankenarbeit den Grund für die Thermodynamik, deren Bedeutung wir schon oben hervorhoben. Clausius stellt die kinetische Gastheorie auf und ermöglicht die moderne Physik und Technik des Vakuums. Maxwell faßt die Zusammenhänge zwischen experimentell gefundenen elektrischen und magnetischen Erscheinungen, dem von Faraday entwickelten Feldbegriff und dem von ihm eingeführten zunächst noch ganz hypothetischen Verschiebungsstrom in seinen bekannten Gleichungen zusammen und gibt hierdurch die Anregung zur Entdeckung der elektrischen Wellen mit ihrer ungeheuren Bedeutung für die Nachrichtentechnik. Diese Beispiele mögen hier genügen.

Die genannten Probleme gehören der Vergangenheit an. Der Streit, den manche von ihnen erregt haben, ist erloschen, die Ergebnisse sind geblieben. Wir selbst befinden uns zur Zeit in einer neuen theoretischen Entwicklung von solcher Bedeutung und Schwierigkeit, wie die Geschichte der Physik sie bisher nicht gekannt hat.

Es hat sich gezeigt, daß die Verwendung der alten Theorie zur Deutung der Eigenschaften der Atome und der von der Materie ausgesandten Strahlung versagte, ja zu unlösbaren Widersprüchen führte. Es mußte also eine Theorie entwickelt werden, die so bezeichnete »moderne« Theorie, welche die Wärmestrahlung, die spektrale Lichtemission der Atome einschließlich der Röntgenstrahlung, die Anordnung der Elektronen im Atom und ihre Energie sowie die chemische Valenzbetätigung, d. h. den Aufbau der chemischen Verbindung aus den Elementen zu beherrschen und zu deuten vermochte. Diese Theorie wiederum darf mit der klassischen Theorie dort, wo diese noch ausreicht, die Erscheinung vollständig zu beschreiben, in keinem Widerspruch stehen. Den ersten Schritt von revolutionärer Bedeutung und ungeheurer Tragweite tat Planck durch Einführung der mit der klassischen Physik unvereinbaren Quantentheorie der Wärmestrahlung. Sie gab nicht nur die experimentell gefundene Strahlungsformel, sondern bildete auch die Grundlage der älteren Quantentheorie, des Atombaues und der Emission von Spektrallinien, die durch Bohr, vor allem auch durch Sommerfeld und seine Schule erfolgreich ausgebaut wurde. Eine besonders konsequente Gestaltung erfuhr die Quantentheorie in der Quantenmechanik von Heisenberg. Eine kühne Verknüpfung der experimentell bewiesenen speziellen Relativitätstheorie mit der Quantenhypothese führte Louis de Broglie auf die Vorstellung von der Wellennatur der Materie, welche wiederum Schrödinger zur Schöpfung der Wellenmechanik veranlaßte.

Die so aufgebaute moderne Theorie führte tatsächlich zu einer befriedigenden Deutung für die Eigenschaften der Atomhülle, ohne mit einer bekannten Erscheinung dieses Gebietes im Widerspruch zu stehen. Das ist schon viel, genügt aber noch nicht, um endgültig von der Richtigkeit der Theorie zu überzeugen. Was kann nun der hartnäckige Gegner einer Theorie fordern, um seinen Widerspruch, der sich z. T. aus wissenschaftlichen Argumenten, z. T. aus gefühlsmäßigen Momenten ergibt, aus eigener Überzeugung aufzugeben? Die höchste Prüfung, die er verlangen kann, ist die Voraussage bisher unbekannter Erscheinungen durch die Theorie, sowie die Maxwellschen Gleichungen durch die richtige Voraussage der elektrischen Wellen ihre letzte Bestätigung gefunden haben.

Im Falle der modernen Theorie gibt es für solche Aussagen nicht nur *ein* Beispiel, sondern eine ganze Reihe von Bespielen: Die Diskussion des Einflusses der Mitbewegung der Atomkerne auf die Energie der Atomelektronen gibt den spektroskopischen Ausgangspunkt für die Entdeckung des schweren Wasserstoffes. Die de Brogliesche Theorie liefert im voraus die Erklärung für die später entdeckten Interferenzerscheinungen, die heute eine ähnlich große Bedeutung für die Erforschung der Struktur der Materie und der praktischen Materialprüfung besitzen, wie die von v. Laue entdeckten Interferenzerscheinungen von Röntgenstrahlen. Sie gibt weiter die Anregung zur Entwicklung des Elektronenmikroskops, das vermöge seines höheren Auflösungsvermögens Vergrößerungen gestattet, welche die der besten Lichtmikroskope fast um das 100fache übertreffen und welche damit der gesamten Naturwissenschaft einschließlich der Medizin einen Einblick in bisher unzugängliche Dimensionen gestatten. Die wellenmechanische Deutung der Molekülspektren (Bandenspektren) führte unter Benutzung der Annahme einer Kreiseleigenschaft der

Wasserstoffatomkerne Dennison zur Annahme, daß es zwei Modifikationen von Wasserstoffmolekülen geben müsse, die im Mengenverhältnis 1:3 auftreten sollten, und gab damit den Anstoß zum experimentellen Nachweis des Ortho- und Parawasserstoffs durch Bonhoeffer und Harteck. Ein besonders auffallender Erfolg der modernen Theorie liegt in der Voraussage der Existenz positiver Elektronen und der Voraussage ihrer wesentlichen Eigenschaften, welcher dadurch gelang, daß Dirac die Schrödingersche Theorie durch Heranziehung der Relativitätstheorie erweiterte. Erst später wurde das positive Elektron von Anderson in der kosmischen Strahlung gefunden und bildet heute eine beim Zerfall künstlich radioaktiv gemachter Elemente häufig beobachtete Strahlung.

Während beim Übergang von makroskopischer Dimension in die Dimension der Atome eine fundamentale Umgestaltung der Theorie erforderlich wurde, erweist sich die Wellenmechanik von vornherein als zuverlässiger Führer bei der Erforschung der Atomkerne, die wieder nur einen billionsten Teil des Rauminhalts der Atome beanspruchen.

Auch hier beweisen greifbare Erfolge die Richtigkeit der Theorie: Die Theorie macht zunächst den Vorgang des radioaktiven Zerfalls verständlich, der seit seiner Entdeckung vor fast 50 Jahren der klassischen Theorie unlösbare Rätsel aufgab. Sie zeigt, daß auch für Protonen von nicht allzu großer Geschwindigkeit eine endliche Eindringwahrscheinlichkeit in den Kern besteht, entgegen der früheren Annahme, daß hierzu nur Teilchen mit einer Energie von vielen Millionen Volt befähigt seien, und regt so zur Auffindung der künstlichen Atomzertrümmerung durch Cockcroft u. Walton an. Während schon die wellenmechanische Behandlung der chemischen Bindung zu dem Ergebnis führt, daß man mit den aus der klassischen Theorie bekannten Kräften nicht auskommt, sondern sogenannte Austauschkräfte annehmen muß, die dem Absättigungscharakter der Valenzkräfte Rechnung tragen, zeigt sich, daß die Kräfte zwischen den Bestandteilen des Atomkerns zur Hauptsache solche kurzreichweitigen Austauschkräfte sein müssen. Die Diskussion dieser Austauschkräfte führte Yukawa zur Hypothese, daß schwere Elektronen (sogenannte Mesotronen) als Vermittler eine Rolle spielen müssen, Teilchen, für deren Existenz das Experiment bin dahin keine Anhaltspunkte gegeben hatte. Es ist daher ein großer Triumph der Theorie, daß später in der Höhenstrahlung solche schweren Elektronen gefunden worden sind, deren Masse, wie Yukawa forderte, tatsächlich etwa 150mal so groß wie die Elektronenmasse ist.

Die Gegner der modernen Theorie haben diesen Erfolgen keine eigenen Erfolge entgegenzustellen. Sie bekämpfen die moderne Theorie trotzdem weiter, weil sie keine Deutung der Erscheinungen im Sinne der alten Physik und besonders keine Deutung in anschaulicher Form gäbe. Die Grenzen dessen, was als anschauliche Erkenntnis betrachtet werden kann, liegen aber nicht fest. Schon öfters wurde in der Geschichte der Physik eine physikalische Theorie als zu abstrakt empfunden und abgelehnt, welche die nachfolgende Physikergeneration mit Begeisterung als anschaulichen Leitfaden in ein neues Gebiet aufnahm. Man denke an die Schriften von Robert Mayer und Helmholtz über die Erhaltung der Energie.

Die Theorie ist, wie es bei Stark heißt, (vgl. Anlage IV)»die genaue und kurze Darstellung durch mathematisch formulierte Gleichungen« oder, wie Wesch in der Vorbemerkung zu den wissenschaftlichen Abhandlungen von P. Lenard sagt »die quantitative Fassung bewiesener Naturgesetze«. Begriffe wie Anschaulichkeit, Deutung, Erklärung gehören daher nicht mehr zur eigentlichen Theorie, sondern bis zu einem gewissen Grade schon zur Erkenntnistheorie. Solche erkenntnistheoretischen Auseinandersetzungen haben ihren hohen wissenschaftlichen Wert, wenn sie auf Gebiete angewandt werden, von welchen der Erkenntnistheoretiker wirklich etwas versteht. Man kann mit ziemlicher Sicherheit behaupten, daß diese Bedingung nicht erfüllt ist, wenn der Erkenntnistheoretiker in das Gebiet einer so schwierigen und komplizierten Wissenschaft wie der modernen Physik, lediglich auf Grund seiner Erkenntnistheorie einbricht, ohne selbst produktiver Physiker zu sein. Es scheint unter den heutigen Umständen von größter Bedeutung zu sein, daß solchen Grenzüberschreitungen ein Ende gemacht wird.

Es steht hier noch etwas anderes auf dem Spiel als ein Kampf wissenschaftlicher Meinungen, nämlich die vielleicht *wichtigste Zukunftsfrage unserer Wirtschaft und Wehrmacht: Die Erschließung neuer Energiequellen*. Die im Sektor der klassischen Physik und Chemie erreichbaren Möglichkeiten dieser Art sind im wesentlichen bekannt und erschöpft. Die Kernphysik ist das einzige Gebiet, von dem wir für das Energie- und Sprengstoffproblem wesentliche Fortschritte erhoffen können. In diesem Gebiet wird dasjenige Volk die größten, für die Zukunft vielleicht entscheidenden Erfolge haben, welches die fruchtbarste Theorie zu entwickeln und die harmonischste Verbindung zwischen Theorie und Experiment zu schaffen vermag.*⁾

Fassen wir die Ergebnisse dieser Anlage in ihren Hauptpunkten zusammen:

a) Die experimentelle Physik und die theoretische Physik bilden die gleichwertigen Grundlagen der physikalischen Entwicklung.

b) Die moderne theoretische Physik hat zu so bedeutenden experimentellen Entdeckungen geführt, daß sie schon hiermit ihre Existenzberechtigung in vollem Umfange bewiesen hat.

c) Die weitgehende Pflege der modernen theoretischen Physik, insbesondere der Kernphysik, ist eine unabweisbare Forderung der Wirtschaft und Wehrmacht.

d) Unter allen Umständen muß den Angriffen gegen die moderne theoretische Physik ein Ende gemacht werden. Deutschland kann sich in seinem Existenzkampf eine derartige Uneinigkeit innerhalb seiner wichtigsten, produktivsten Wissenschaft einfach nicht leisten.

Anlage IV: Die Widerlegung der Vorwürfe gegen die moderne theoretische Physik als ein angebliches Erzeugnis jüdischen Geistes

Deutschland hätte in der Begabung seines Volkes für theoretische Entwicklungen große Chancen in der Hand und sollte daher sein Bestes tun, um diese Möglichkeiten nach Kräften zu fördern. Statt dessen hat Deutschland es zugelassen, daß seitens einer zahlenmäßig kleinen Gruppe extrem eingestellter Physiker, Astronomen und Philosophen schwerste Angriffe gegen die deutsche theoretische Physik und ihre namhaftesten Vertreter gerichtet worden sind, wie die in der Anlage II aufgeführten Schriften zeigen. Soweit es sich um eine sachliche Kritik handelt oder soweit sich der Kampf gegen die anmaßenden, jüdischen Spekulationen Einsteins richtete, ist hiergegen nichts einzuwenden. Darüber hinaus aber wird, wie schon eine flüchtige Durchsicht der Liste zeigt, die gesamte moderne theoretische Physik Deutschlands als von jüdischem Geist verseucht hingestellt, und in diesem Zusammenhange werden verdiente deutsche Theoretiker, wie Sommerfeld, Planck und Heisenberg, aufs Schwerste ange-

---

*) Muß es nicht höchst bedenklich stimmen, daß die oben aufgeführten fundamentalen Entdeckungen zu überwiegenden Teil im Ausland gemacht sind, obgleich sie ursprünglich auf deutscher Gedankenarbeit beruhen?

griffen. So werden in dem Aufsatz Nr. 3 Sommerfeld und Planck als Gesinnungsgenossen der Juden bezeichnet, während es nach längeren, der Wahrheit nachweisbar widersprechenden Auslassungen über Heisenberg etwas später wörtlich heißt: »Heisenberg ist nur ein Beispiel für manche andere. Sie allesamt sind Statthalter des Judentums im deutschen Geistesleben, die ebenso verschwinden müssen wie die Juden selbst.

In diesen Artikeln wird die Möglichkeit einer sachlichen Diskussion durch das Hineintragen politischer Momente unmöglich gemacht, indem bewußt der Eindruck erweckt wird, daß die Beschäftigung mit diesen modernen physikalischen Theorien mit nationalsozialistischer Haltung nicht vereinbar sei. Die Tendenz der Angriffe geht weiter daraus hervor, daß diese größtenteils nicht in der Fachpresse zur Diskussion gestellt wurden, sondern daß die Verfasser sich vielfach an die hierfür in keiner Weise urteilsfähige Öffentlichkeit wenden, deren Meinung beeinflußt werden sollte und, wie Pressestimmen immer wieder zeigen, z. T. auch wurde.

Höchst bedauerlich ist es dabei, daß es den Verfassern dieser Artikel gelungen ist, sich zu diesen Zwecken amtliche studentische Organe zu öffnen (»Bewegung« und »Zeitschrift für die gesamten Naturwissenschaften«). Dadurch wird besonders bei den jungen, noch nicht urteilsfähigen Studenten eine völlig falsche Vorstellung von der theoretischen Physik erzeugt und damit eine *schwere Schädigung der Fachausbildung* bewirkt. Wenn seitens der angegriffenen Fachphysiker nicht öffentlich geantwortet ist, so nur deshalb, um das Ansehen der deutschen Physik im Ausland durch öffentliche Diskussionen dieser Art nicht noch mehr zu schädigen.

Zur Prüfung dieser Vorwürfe greifen wir aus den zahlreichen Veröffentlichungen der Liste Anlage II die Schrift »Jüdische und deutsche Physik« von J. Stark und W. Müller heraus, weil der Titel dieser Schrift eine grundsätzliche Klärung dieser ganzen Frage verspricht, und weil Stark – im Gegensatz zu den meisten Autoren dieser Liste – ein wirklich bedeutender Physiker ist.

Stark stellt sich die Aufgabe, »den jüdisch-dogmatischen Geist und die deutsch-pragmatische Einstellung in der Physik scharf zu kennzeichnen und ihre wirklichen Erfolge in bleibenden wissenschaftlichen Fortschritten zu vergleichen«. Dabei gelangte er zu folgenden Kennzeichnungen: Der Dogmatiker »sucht die wissenschaftlichen Erkenntnisse aus dem menschlichen Geist herauszuholen«. Er glaubt, »neue Erkenntnisse durch mathematische Operationen am Schreibtisch gewinnen zu können«. Er »baut seine Theorie um ihrer selbst willen auf und interessiert sich an den Ergebnissen der Erfahrung nur so weit, als sie seine Theorie zu bestätigen scheinen.« Der Pragmatiker holt seine »Erkenntnisse aus der sorgfaltigen Beobachtung und aus zweckmäßig angestellten Experimenten.« »Für den Pragmatiker ist die Theorie eine Erscheinung, die genaue und kurze Darstellung durch mathematisch formulierte Gleichungen.« Abschließend folgen dann die Sätze: »Die dogmatische Einstellung ist dem jüdischen Geiste artgemäß. »Die pragmatische Einstellung in der Physik ist vor allem den Germanen artgemäß.«

Diese Kennzeichnungen des pragmatischen und des dogmatischen Geistes sind ganz willkürlich und insofern einseitig, als sie die Schlüsse, die später aus ihnen gezogen werden sollen, schon von vornherein in sich enthalten. Die Zuteilungen der beiden Richtungen zum jüdischen und germanischen Geist werden in einer Form ausgesprochen, als ob es sich um allgemein anerkannte Wahrheiten handelte, während es doch lediglich unbewiesene Behauptungen sind. Mit demselben Recht oder Unrecht könnte man folgende Schlagworte prägen: »Das Herausholen neuer Kenntnisse aus dem eigenen Geist ist typisch germanisch«, so wahr Kant und Hegel Deutsche gewesen sind. »Das ängstliche Kleben am Ergebnisse des augenblicklichen Versuchs, d. h. am greifbaren Materiellen, ist typisch jüdisch«.

Auf dieser ebenso willkürlichen wie wackeligen Grundlage erfolgt dann ein uneingeschränkter Angriff gegen die geistigen Leistungen deutscher Forscher und Universitätslehrer. Insbesondere werden drei Vorwürfe gegen die moderne Theorie erhoben:

    a) Sie soll nicht von experimentellen Ergebnissen ausgehen.

    b) Sie soll sich nicht der Prüfung durch experimentelle Ergebnisse unterwerfen.

    c) Sie soll die gedanklich-mathematische Arbeit überschätzen.

Die Vorwürfe unter a und b entsprechen einfach nicht den Tatsachen. Dies gilt sogar von dem extremsten Fall, der allgemeinen Relativitätstheorie[*], deren Begründer man im übrigen wirklich jüdischen

---

[*] Dabei bin ich weit davon entfernt, ein Anhänger Einsteins zu sein. So habe ich es seinerzeit auf der Höhe des Einstein-Rummels trotz starker Gegenwehr von anderer Seite verhindert, daß Einstein einen seiner projüdischen Vorträge im deutschen Danzig gehalten hat.

Geist and jüdische Überheblichkeit im weitesten Sinne vorwerfen kann. Ihr Ausgangspunkt ist das Michelsonsche Experiment, ihr Endpunkt ist die von ihr selbst stets verlangte und anerkannte Prüfung durch die Nachmessung ihrer astronomischen Konsequenzen. Würde eine Wiederholung des Michelsonschen Experimentes auf großen Berghöhen zu anderen Ergebnissen führen, wie in der Ebene, oder würde die Messung der Ablenkung der Lichtstrahlen an der Sonne einwandfrei zu anderen Zahlenwerten führen, wie die Theorie sie verlangt, so würde es keinem modernen Theoretiker in den Sinn kommen, diese Theorie noch weiter aufrecht zu erhalten. Was hier von einem wirklich jüdischen Erzeugnis gilt, gilt erst recht für unsere deutschen Theoretiker, denn jede Theorie würde sich lächerlich machen, wenn sie das experimentelle Fundament verlassen oder die experimentelle Prüfung ablehnen wollte. So baut Heisenberg seine Theorie, die Quantenmechanik, bewußt so auf, daß sie nur prinzipiell meßbare Bestimmungsstücke enthält. In diesem Sinne sagt er in der Einleitung zu seiner grundlegende Arbeit »Über quantentheoretische Umdeutung kinematischer und mechanischer Beziehungen« (Zs. f. Phys. 33, S. 879, 1925) nachdem er das Versagen der Anwendung der klassischen Mechanik auf die Atome charakterisiert hat:

»Bei dieser Sachlage scheint es geratener, jene Hoffnung auf eine Beobachtung der bisher unbeobachtbaren Größen (wie Lage, Umlaufzeit des Elektrons) ganz aufzugeben, gleichzeitig also einzuräumen, daß die teilweise Übereinstimmung der genannten Quantenregeln mit der Erfahrung mehr oder weniger zufällig sei, und zu versuchen, eine der klassischen Mechanik analoge quantentheoretische Mechanik auszubilden, in welcher nur Beziehungen zwischen beobachtbaren Größen vorkommen.«

Daß dabei die neue Theorie sich allmählich an die Wahrheit herantastet, und daß sie manchen Punkt einer späteren experimentellen oder theoretischen Aufklärung überlassen muß, liegt im Wesen des menschlichen und besonders des deutschen Geistes, und ist kein Vorwurf, solange das experimentelle Ergebnis als letzte Instanz grundsätzlich anerkannt wird.

Der Vorwurf unter c fällt auf Stark selbst zurück. Der moderne Theoretiker *über*schätzt nicht den Wert der gedanklich-mathematischen Arbeit, sondern Stark ist es, der ihn offensichtlich *unter*schätzt, wenn er sagt: »Die pragmatische Einstellung holt ihre Erkenntnisse aus der sorgfältigen Beobachtung und aus zweckmäßig angestellten Experimenten; die eigene Vorstellung dient ihr dabei lediglich als Mittel zur Ausdenkung der Experimente; wird sie durch diese nicht bestätigt, so wird sie sofort gegen eine andere, der Wirklichkeit mehr entsprechende Auffassung ersetzt.« Diese Auffassung ist richtig, solange man Schritt für Schritt in grundsätzlich bekannte Gebiete eindringen will, erweist sich aber neuartigen Gesamtproblemen gegenüber als viel zu eng. Hätte z. B. die Thermodynamik auf diesem Wege entstehen können? Sicher nicht! Hier hat reine Gedankenarbeit, zum großen Teil deutsche Gedankenarbeit, »durch mathematische Operationen am Schreibtisch zu neuen Erkenntnissen« eines physikalischen Gedankensystems geführt, welches trotz seines »dogmatischen« Aufbaues eine der wichtigsten Grundlagen unserer Physik und Technik bildet. So ist es mit allen großen, neuen Erfahrungskomplexen, so ist es auch mit dem Atombau und der Kernphysik. Hier muß stets zunächst ein physikalisches System durch mathematische Operationen auf breiter Grundlage geschaffen werden, selbstverständlich ausgehend von den experimentellen Ergebnissen und immer zur Prüfung durch weitere experimentelle Ergebnisse bereit. Eine solche umfassende Gedankenarbeit ist *deutsch* im besten Sinne, so wahr Robert Mayer, Clausius, Boltzmann und Helmholtz Deutsche gewesen sind. Eine solche Gedankenarbeit als jüdisch zu bezeichnen, kann nur dazu dienen, die Ansprüche des jüdischen Geistes anzuerkennen und zu steigern, was doch wirklich mehr als unnötig ist.

Selbst die geringste Forderung, die man an ein auf willkürlicher Grundlage aufgebautes System stellen mag, nämlich die Forderung der konsequenten Durchführbarkeit und Durchführung, wird von Stark nicht erfüllt. So heißt es plötzlich überraschend, daß die Erkenntnis des Planckschen Elementargesetzes »in pragmatischer Forschung gewonnen« sei, während diese Entdeckung doch ein typisches Beispiel der dogmatischen Einstellung ist, indem hier neue Erkenntnisse durch mathematische Operationen am Schreibtisch gewonnen worden sind.

Ähnlich widerspruchsvoll ist die Einstellung Starks zur Atomtheorie. Er lehnt die Theorie Bohrs als dogmatisch ab, weil er eine Kreisbewegung des Elektrons ohne Energieausstrahlung für unannehmbar hält, er bekämpft, und zwar mit Recht, die Versuche, der Schrödingerschen Gleichung durch die »Verschmierung« der Elektronenladung oder durch die »Wimmelbewegung« des Elektrons eine anschauliche Deutung zu geben, vergißt aber, daß seine eigene Annahme, nach welcher das Elektron sich an einer bestimmten Stelle in bestimmtem Abstand vom Kern ohne die Zentrifugalkraft einer Kreisbahn an den Kern halten soll, physikalisch gerade so unannehmbar ist.

Im übrigen ist Stark im Grunde seines Herzens doch zu sehr bedeutender Physiker, als daß er nicht über seine Definitionen der pragmatischen und der dogmatischen Physik hinaus den wirklichen Erfolg der Forschung in den Vordergrund stellt. Nach seiner eigenen Definition kommt es auf die »genaue und kurze Darstellung durch mathematisch formulierte Gleichungen« an, also weniger auf den Weg, der zu diesen Gleichungen geführt hat oder auf die Deutung, die man diesen Gleichungen geben könnte. In diesem Sinne erkennt er z. B. die Epsteinsche Formel über den Starkeffekt der Wasserstofflinien als einen wirklichen Erfolg der Dogmatik an. Unverständlich bleibt es nur, daß er bei dieser vereinzelten Anerkennung stehen bleibt, während er sich doch selbst die Aufgabe gestellt hatte, die »wirklichen Erfolge« der pragmatischen und der dogmatischen Physik »in bleibenden wissenschaftlichen Fortschritten zu vergleichen«.

Diese tatsächlichen Erfolge der modernen Theorie sind in der Anlage III durch Beispiele bewiesen, an denen kein Physiker vorbeigehen kann. Dabei liegt wirklich kein Grund für uns vor, diese Erfolge als Erzeugnisse jüdischen Geistes anzugreifen, aber aller Grund, als Deutsche stolz zu sein auf deutsche Leistungen.

Anlage V: Abschnitt aus einer Denkschrift Professor
Ludwig Prandtls
Gefährdung des Physikernachwuchses
Für die Ausbildung des technischen Physikernachwuchses ist die Kenntnis von den Arbeiten der theoretischen Physiker schlechthin unentbehrlich. Es sollte also nichts unversucht bleiben, an den Hochschulen dieses entscheidende Grundfach durch eine sachgemäße Personenauswahl zu fördern. Statt dessen geschieht leider das Gegenteil. Eine gewisse Gruppe von Physikern wütet gegen die theoretische Physik, verunglimpft ihre verdientesten Vertreter und setzt ganz untragbare Besetzungen der Hochschullehrstühle durch und zwar mit der Begründung, die theoretische Physik sei eine jüdische Mache. Der schlimmste Fall ist ohne Zweifel die Berufung eines Herrn W. **Müller** als Nachfolger des weltberühmten theoretischen

Physikers an der Universität München A. Sommerfeld. Die Berufung dieses Mannes muß als völlig sinnlos angesehen werden, wenn man nicht etwa den Sinn darin sehen will, daß zerstört werden soll. Herr **Müller** bringt für die theoretische Physik nichts, aber auch rein gar nichts. Stattdessen hat er in polemischer Form ein Arbeitsprogramm veröffentlicht[*], das nur als Sabotage eines für die technische Weiterentwicklung unentbehrlichen Faches bezeichnet werden kann. Es ist mir nicht möglich zu schweigen, wenn die Ausbildung unseres deutschen technischen Führernachwuchses durch eine nicht zu verantwortende Personenauswahl gefährdet wird und dadurch Deutschland zum Schaden seiner Wehrkraft und Wirtschaftskraft von anderen Nationen, vor allem von Amerika, überflügelt wird.

Es muß also baldmöglichst für Abhilfe, und nicht nur in München, gesorgt werden. An berufbaren Persönlichkeiten ist kein Mangel.
L. Prandtl.

Anlage VI: Der Münchener Einungs- und Befriedungsversuch
Um eine Fortsetzung der bekannten Angriffe gegen die deutsche theoretische Physik zu vermeiden und einen Versuch zur Klärung der Lage zu machen, veranstaltete die Reichsleitung des N.S.D.-Dozentenbundes am 15.11.40 im Ärztehaus zu München eine Aussprache zwischen insgesamt 14 Vertretern der angreifenden Gruppe und der übrigen deutschen Physikerschaft, in der die Angreifer praktisch alle ihre sachlichen Vorwürfe zurückziehen mussten, so daß zum Schluß Einigkeit über die folgenden fünf Punkte festgestellt werden konnte[**]:

1. Die theoretische Physik mit allen mathematischen Hilfsmitteln ist ein notwendiger Bestandteil der Gesamtphysik.

2. Die in der speziellen Relativitätstheorie zusammengefaßten Erfahrungstatsachen gehören zum festen Bestand der Physik. Die Sicherheit der Anwendung der speziellen Relativitätstheorie in kosmischen Verhältnissen ist jedoch nicht so groß, daß eine weitere Nachprüfung unnötig wäre.

---

[*] Zeitschrift für die gesamte Naturwissenschaft, November-Dezember-Heft 1940, S. 281–298.
[**] Anwesend bei der *Schluß*sitzung **waren die Herren**: Tomaschek, Bühl, Malsch, Volkmann, Wesch, Stuart, Finkelnburg, Joos, Scherzer, Kopfermann, Heckmann, v. Weizsäcker. Nicht anwesend **waren die Herren** Thüring, W. Müller.

3. Die vierdimensionale Darstellung von Naturvorgängen ist ein brauchbares mathematisches Hilfsmittel; sie bedeutet aber nicht die Einführung einer neuen Raum- und Zeitanschauung.

4. Jede Verknüpfung der Relativitätstheorie mit einem allgemeinen Relativismus wird abgelehnt.

5. Die Quanten- und Wellenmechanik ist das einzige zur Zeit bekannte Hilfsmittel zur quantitativen Erfassung der Atomvorgänge. Es ist erwünscht, über den Formalismus und seine Deutungsvorschriften hinaus zu einem tieferen Verständnis der Atome vorzudringen.

Damit schien eine wesentliche Klärung erreicht. Die Aussprache schloß mit einem Appell der Reichsdozentenführung an alle Physiker, sich in Zukunft jeglicher polemischer Veröffentlichungen zu enthalten. Trotzdem wurde, wie die Liste der Veröffentlichungen in Anlage II zeigt, von den Angreifern der Kampf mit einer wachsenden Anzahl polemischer Artikel fortgesetzt!

Das zuständige Ministerium ist gegen diesen für das deutsche wissenschaftliche Ansehen wie für Forschung und Ausbildung gleich schädlichen Zustand nicht eingeschritten. Der daraus allgemein gezogene Schluß, daß auch das Ministerium selbst gegen die moderne theoretische Physik eingestellt sei und die Gruppe der Angreifer unterstütze, scheint durch die folgenden Maßnahmen bestätigt zu werden:

a) Allein im Verlauf der letzten Zeit wurde eine ganze Reihe der in Anlage II genannten Verfasser vom Ministerium an maßgebende Stellen berufen bzw. für solche vorgeschlagen.

b) Der Sommerfeldsche Lehrstuhl für theoretische Physik an der Universität München wurde Prof. W. Müller übertragen, was die Vernichtung der auch im Ausland hoch angesehenen Münchener theoretisch-physikalischen Tradition bedeutet.

c). Das Ordinariat für theoretische Physik an der Technischen Hochschule Berlin wurde aufgehoben.

Demgegenüber muß noch einmal hervorgehoben werden, daß jede Schädigung der ganzen deutschen theoretischen Physik eine Schädigung der ganzen deutschen Physik und damit, ganz abgesehen von den wissenschaftlichen Folgen, eine nicht zu verantwortende Schädigung der deutschen Wirtschaft und der deutschen Wehrtechnik bedeutet.

Werner Heisenberg an Pascual Jordan, Berlin 31. Juli 1942
Quelle: Nachlaß MPIP W. Heisenberg

Lieber Jordan!

... Daß in München nochmal Religionsgespräche stattgefunden haben, wird Ihnen Finkelnburg wohl geschrieben haben. Finkelnburg war mit dem Ausgang sehr zufrieden und jedenfalls hat Dr. Führer äußerlich den Rückzug angetreten. Die Ramsauersche Denkschrift hat offenbar bei den militärischen Stellen eine große Wirkung ausgelöst. Es wäre nett; wenn Sie gelegentlich wieder einmal nach Berlin kämen und wir uns über diese Fragen unterhalten könnten
Viele herzliche Grüße
Ihr *Werner Heisenberg*

Carl Ramsauer: Die Schlüsselstellung der Physik für Naturwissenschaft, Technik und Rüstung
Quelle: Die Naturwissenschaften 31,1943, S. 285–288

Will man die physikalische Forschung und Ausbildung in dem Maße fördern, wie es der wirklichen Bedeutung der Physik im Rahmen des Ganzen entspricht, oder will man die deutsche Physik als militärischen Machtfaktor richtig einschätzen, so muß man sich zunächst über das eigentliche Wesen der Physik klarwerden. Man darf die Physik nicht nur als eine, wenn auch hochwichtige, Einzelwissenschaft ansehen, sondern muß gleichzeitig ihre Allgemeinbedeutung berücksichtigen, die weit über die Grenzen einer Einzelwissenschaft hinausgeht. Dies soll im folgenden bewiesen und der Fachwelt sowie der Allgemeinheit möglichst nahegebracht werden. Dabei muß im einzelnen viel Bekanntes und Selbstverständliches gesagt werden, das sich ergebende *Gesamt*bild dürfte aber doch neu und von Wert sein.

Die Hauptaufgabe der Physik besteht darin, die *Grundgesetze* alles Seins und alles Geschehens zu erforschen. Die Physik nimmt infolgedessen eine ausgesprochene Schlüsselstellung ein, da ja jede Naturwissenschaft und jede Technik letzten Endes auf diesen Grundgesetzen aufgebaut ist.

Wie diese Schlüsselstellung sich auswirkt, zeigt am klarsten und vollständigsten das Beispiel der Elektrotechnik. Die Schaffung des galvanischen Elementes durch den Physiker VOLTA und die hierdurch ermöglichten physikalischen Folgeentdeckungen, wie die Ablenkung der Magnetnadel, erschließen die Technik des Gleichstroms und damit das erste Teilgebiet der Elektrotechnik. Diese Entwicklung erreicht jedoch bald, trotz der großen Bedeutung der Telegraphie, ihre natürlichen Grenzen. Da gibt der Physiker FARADAY durch die Entdeckung der Induktion einen neuen gewaltigen Impuls. Es folgt die schnelle Entwicklung der Wechselstromtechnik bis zur Summe aller Möglichkeiten, die in dem Induktionsgesetz enthalten sind. Darauf kommt wieder ein neuer Impuls von Seiten der Physik: die Entdeckung der elektrischen Wellen durch HERTZ und die technische Auswirkung dieses Impulses durch MARCONI und seine Nachfolger. Als dann auch hier die Grenze der Entwicklung beinahe erreicht ist, kommt ein neuer Impuls aus den Forschungsergebnissen des Physikers LENARD: die technische Benutzung der Elektronensteuerung durch elektrische Felder als Prinzip der Verstärkerröhre, ein Impuls, der die bisherige Schwachstromtechnik um neue Gebiete von ungeheurer Größe erweitert hat.

Das Wesentliche an diesem Beispiel ist nicht die unbestreitbare, aber doch banale Feststellung, daß die Elektrotechnik aus der Physik entstanden ist, sondern die folgende prinzipielle Erkenntnis: jede neue technische Entwicklung geht nur so weit, wie der Impuls ausreicht, den sie von der Physik empfangen hat; die Spezialtechnik selbst ist nicht imstande, aus sich heraus grundlegende Fortschritte zu erzeugen, sondern muß diese immer wieder aus der Physik empfangen.

Diese Zusammenhänge bestehen – allerdings nicht so durchsichtig – auch in den Fällen, wo es sich um eine Wissenschaft oder Technik handelt, welche zunächst nicht aus der Physik, sondern aus den Bedürfnissen des praktischen Lebens entstanden ist. So erscheint die Astronomie zunächst als Beobachtungswissenschaft mit den Keplerschen Gesetzen als Höhepunkt und erhält erst später die tiefergehenden Impulse aus der Physik: Die GALILEIschen Gesetze der Mechanik und die auf ihnen aufgebauten NEWTONschen Bewegungsgesetze liefern die Grundlage für die Astronomie als Wissenschaft, die Spektralanalyse eröffnet ein ganz neues astronomisches Forschungsgebiet, die moderne Erkenntnis über den Zusammenhang zwischen Energie und Materie gibt die erste Möglichkeit zum Gesamtverständnis des Weltalls.

Ganz ähnlich liegt es bei der Chemie. Die Chemie ist im Anfang halb Empirie, halb Mystik. Sie entwickelt sich aus sich selbst heraus zu einem System von Erfahrungstatsachen, erhält aber ihre wissenschaftliche Grundlage erst durch die Atom-, Ionen- und Elektronenforschung der Physik. Es gelingt ihr aber auch auf dieser Grundlage noch nicht, aus sich selbst heraus mit ihren Hauptproblemen, wie der Nichtganzzahligkeit der Atomgewichte und dem System der Elemente überhaupt, fertig zu werden. Da kommt der neue große Impuls aus der Physik: Die Entdeckung der Radioaktivität liefert die Entstehungsgeschichte der Elemente, die Entdeckung der Isotopie und der Ordnungszahl läßt den Begriff der Atomgewichte in einem ganz neuen Lichte erscheinen. Gerade jetzt befinden wir uns wieder in einem gewaltigen physikalischen Fortschritt, welcher auch die Chemie auf ganz neue Grundlagen stellen wird oder, besser gesagt, welcher eine völlig neue Chemie schaffen wird. Das ist die Kernzertrümmerung. Wie die alte Chemie das Molekül in seine Atome zerlegt oder es aus seinen Atomen zusammensetzt, so wird die neue Chemie den Atomkern in seine Grundbestandteile zerlegen oder aus diesen wieder zusammensetzen. Das alte Problem der Metallumwandlung, an dem die Chemie Jahrhunderte vergeblich gearbeitet hatte, wird so durch einen Impuls aus der Physik gelöst.

Diese Schlüsselstellung der Physik wird am deutlichsten, wenn man den Entstehungsprozeß neuer wissenschaftlicher oder technischer Gebiete aus der Physik in seiner Gesamtheit näher betrachtet. Bei der Elektrotechnik handelt es sich um ein Gebiet, welches schon seit vielen Jahrzehnten zu einer selbständigen Disziplin geworden ist. Demgegenüber stehen andere Gebiete, welche noch in den verschiedensten Stadien der Entstehung begriffen sind. Die Elektroakustik ist zur Zeit dabei, sich von der Physik loszulösen und eine selbständige Technik zu werden. Die Elektronenoptik befindet sich noch in den ersten Stadien der Entwicklung und läßt ihre technischen Möglichkeiten erst ahnen. Andere Gebiete, wie z. B. die Kältetechnik, sind dagegen schon ganz selbständig geworden und rechnen kaum noch auf eine weitere Befruchtung durch die Physik. Endlich gibt es noch eine Reihe von Einzelaufgaben, die an die Physik herantreten. Hier treten besonders drei Gruppen hervor: die Militärphysik, das medizinisch-physikalische Gebiet und die Betriebskontrolle der chemischen Industrie.

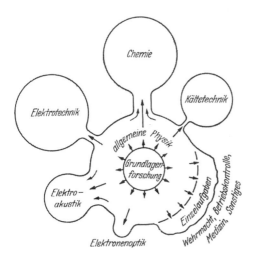

Diese ganzen Beziehungen werden besonders anschaulich, wenn man sie in ein graphisches Schema zusammenfaßt (vgl. Fig. 1). Im Zentrum haben wir die physikalische Grundlagenforschung. Darauf folgt ein ringförmiges Gebiet, die allgemeine experimentelle und theoretische Physik, deren einzelne Zweige, wie Mechanik, Akustik, Wärmelehre, Optik, Elektrizitätslehre, Magnetismus, Atomphysik, in der Figur nicht besonders gekennzeichnet sind. Diese allgemeine Physik ist in dauerndem Wachstum begriffen, teils durch neue Impulse aus der Grundlagenforschung, teils durch weitere Einzelentwicklung in sich. Das ganze Gebiet der Physik wird von einer Grenze umzogen in dem Umfange, wie es im Augenblick von einem modernen physikalischen Lehrstuhl betreut wird. Das in dieser Umgrenzung enthaltene geistige Potential betätigt sich weiter nach außen im Bereich der Technik, in dem es durch seine eigenen Fortschritte neue Gebiete erschließt. Diese Entwicklungen sind in allen verschiedenen Phasen vertreten. Die Elektronenoptik befindet sich im ersten Anfangsstadium, die Elektroakustik hat schon eine gewisse Selbständigkeit erreicht, ist aber noch eng mit der allgemeinen Physik verbunden; die Elektrotechnik und die Chemie sind selbständige technisch-wissenschaftliche Disziplinen, stehen aber mit der allgemeinen Physik in wichtigen Zusammenhängen, indem die Elektrotechnik durch die Fortschritte der Physik auf dem Gebiet der Gasentladungen, die Chemie durch die Fortschritte der Atom- und Kernphysik weiter befruchtet wird. Die Kältetechnik endlich steht mit der allgemeinen Physik, aus der sie sich ursprünglich an der Hand der Hauptsätze entwickelt hat, nur noch in schmaler Verbindung, indem sie schon alles aus der Physik, was für sie brauchbar war, verarbeitet hat und kaum noch auf Fortschritte von hier aus rechnet. Der Querschnitt der hier gekennzeichneten Verbindungen von der Physik zu einer Spezialtechnik, welcher die Intensität dieses Zusammenhanges kennzeichnen soll, gibt dabei nur den zur Zeit geltenden Zustand wieder. In dem Augenblick z. B., wo die Erzeugung des elektrischen Stromes unmittelbar aus der Kohle entdeckt wird, oder wo die Temperaturgrenze der Supraleitfähigkeit wesentlich nach oben gerückt wird, ergießt sich wieder ein breiterer Strom physikalischer Befruchtung in die Elektrotechnik. Ähnlich wäre es mit der Kältetechnik, wenn die Erzeugung von Kälte durch magnetische Vorgänge praktisch brauchbar gestaltet werden würde.

Dieses Bild muß noch vervollständigt werden durch die Beantwortung der Frage, wann die Entwicklung einer Technik aus der Physik als abgeschlossen gelten kann, wann also die betreffende Technik zu einer selbständigen Disziplin geworden ist. Dieses Endstadium ist erreicht, wenn folgende Vorbedingungen erfüllt sind: Die praktische Bedeutung des Gebietes muß genügend groß geworden sein; der geistige Gehalt des Gebietes, d. h. die Anforderung an Spezialkenntnissen und Spezialerfahrungen, muß so umfangreich geworden sein, daß diese nicht mehr neben der allgemeinen Physik erworben werden können, sondern vielmehr die Lebensarbeit eines Mannes vollständig ausfüllen; die erste Generation, welche diesen Zweig der Physik zur Technik gemacht hat, muß ausgestorben sein; als Konsequenz dieser drei Voraussetzungen und als äußeres Zeichen für die technische Selbständigkeit dieses Gebietes folgt endlich: Die neue Technik muß zu einem staatlich anerkannten, personell und sachlich genügend fundierten Lehrgegenstand an der Universität oder Technischen Hochschule geworden sein.

Das ganze Schema gibt nur einen kleinen Ausschnitt aus den mannigfachen Zusammenhängen der Physik mit den verschiedensten Gebieten der Technik und der Naturwissenschaften wieder. Tatsächlich ist die Anzahl der Gebiete, welche aus der Physik entstehen oder entstanden sind, sowie der Gebiete, welche ihre wissenschaftliche Grundlage ganz oder doch zum großen Teil der Physik verdanken, ein Vielfaches von den Beispielen des Schemas. Zum Teil handelt es sich um ganze Gruppen von wissenschaftlichen oder technischen Gebieten; neben der großen Gruppe der Elektrotechnik mit allen ihren Zweigen steht z. B. die mechanische Gruppe: Technische Mechanik, Schwingungslehre, Hydrodynamik, Aerodynamik, Ballistik, und die astronomisch-geophysikalische Gruppe: Astronomie, Astrophysik, Geophysik, Meteorologie.

Statt alle Einzelgebiete dieser Art aufzuzählen, erscheint es zweckmäßiger, die quantitative Bedeutung der Physik innerhalb der Gesamttechnik an einem praktischen Beispiel nachzuweisen. Wir wollen an der Hand des Vorlesungsverzeichnisses der Technischen Hochschule Berlin für 1939/1940 zeigen, welche überragende Rolle die Physik in dem Lehrbetrieb einer großen Technischen Hochschule und damit in der gesamten Naturwissenschaft und Technik spielt. Wir stellen zu diesem Zweck die Zahl der Vorlesungen und Übungen des Verzeichnisses nach folgenden Gesichtspunkten zusammen, wobei wir die Übungen stets der Kürze wegen mit unter der Bezeichnung »Vorlesung« verstehen und zählen wollen.

1. Physikalische Vorlesungen für Physiker. Gesamtzahl 29.
2. Physikalische Vorlesungen für Nichtphysiker (Ingenieure, Chemiker usw.). Gesamtzahl 22.
3. Vorlesungen aus Gebieten, welche ohne die Physik überhaupt nicht oder doch nur als grobe Empirie existieren würden, und welche ihre wissenschaftliche Grundlage sowie ihre weiteren wissenschaftlichen Impulse nur der Physik verdanken. Hierhin gehören folgende Gruppen:
Mechanische Gruppe: Mechanik, Schwingungslehre, Hydrodynamik, Aerodynamik, Ballistik.
Wärmetechnische Gruppe: Dampfmaschinenbau[*], Thermodynamik, Wärmelehre, Kältetechnik.
Elektrotechnische Gruppe: Starkstromtechnik, Schwachstromtechnik, Hochfrequenztechnik, Fernsprech- und Telegraphentechnik usw.

---

[*] Es handelt sich hier nicht so sehr um die wichtige, aber doch etwas verjährte Tatsache, daß die Dampfmaschine eine physikalische Erfindung ist, sondern in erster Linie darum, daß der ganze moderne Dampfmaschinenbau erst durch die physikalische Thermodynamik zu einer wissenschaftlichen Technik geworden ist, und daß die Entwicklung der Dampfturbine wesentlich auf der physikalischen Strömungslehre basiert. – Übrigens sind hier nur die prinzipiellen, nicht die konstruktiven Vorlesungen gezählt, im ganzen rund 20.

Physikalisch-Technische Gruppe: Technische Akustik, technische Optik, Lichttechnik, Mikroskopie, Röntgenographie.

Physikalisch-Chemische Gruppe: Physikalische Chemie, Elektrochemie, Photochemie, Photographie, Kolloidchemie. Gesamtzahl 327.

4. Vorlesungen aus Gebieten, welche ohne die Physik zwar als systematische Naturwissenschaft existieren würden, welche aber ihre tieferen Grundlagen und ihre entscheidenden Impulse ganz oder doch vorwiegend aus der Physik erhalten haben. Hierhin gehören: Anorganische Chemie, Metallkunde, Mineralogie, Astronomie, Astrophysik, Geophysik, Meteorologie. Gesamtzahl 64.

5. Vorlesungen aus Gebieten, welche keinen so hohen physikalischen Grundgehalt haben wie die Gebiete unter 3 und 4, welche aber doch mehr oder minder eng mit der Physik zusammenhängen. Hierhin gehören: die analytischen, organischen und technologischen Gebiete der Chemie; die verschiedenen Gebiete der Statik und Festigkeitslehre sowie der Dynamik; endlich die Gebiete, welche – ohne eigenen physikalischen Gehalt – zu einem wesentlichen Teil auf die Verwendung physikalischer Instrumente angewiesen sind, wie allgemeine Meßlehre, Photogrammetrie, Geodäsie, Markscheidekunde. Gesamtzahl: 134.

6. Vorlesungen aus technischen Gebieten, welche direkt mit der Physik wenig oder nichts zu tun haben. Hierhin gehören: Mathematik – Architektur, Bauingenieurwesen – allgemeiner Maschinenbau, Schiffs- und Schiffsmaschinenbau, Flugzeugbau – Bergbau und Hüttenwesen – soweit nicht auch hier einzelne Vorlesungen unter die Ziffern 3, 4 und 5 fallen. Gesamtzahl 579.

7. Vorlesungen aus nichttechnischen Gebieten. Hierhin gehören: Wirtschafts- und Rechtswissenschaften, Kunst, Philosophie, Sprachen usw. Gesamtzahl 119.

Läßt man die nichttechnischen Vorlesungen unter Punkt 7 unberücksichtigt, welche mit 119 knapp 10 % der Zahl aller Vorlesungen ausmachen, und bezieht man die Zahl der einzelnen Rubriken auf die Gesamtzahl aller *technischen* Vorlesungen gleich 1160, so erhält man folgende Übersicht:

Die Zahl der eigentlichen physikalischen Vorlesungen für Physiker und für Nichtphysiker beträgt 4,4 %, sie gibt aber *nicht entfernt* ein Bild von der wirklichen Bedeutung der Physik. Sie erhöht sich auf 33,3 %, wenn alle Gebiete hinzugenommen werden, die ohne die Physik überhaupt nicht existieren würden, und auf 38 %, wenn wir weiter die Gebiete hinzunehmen, welche ohne die Physik zum großen Teil bloße Empirie bleiben würden, und endlich auf rund 50 % durch die Gebiete, welche außerdem noch mit der Physik in einem merklichen Zusammenhange stehen.

Aber auch die restlichen 50 % sind keineswegs unbeeinflußt von der Physik. Abgesehen von den nie fehlenden kleinen Zusammenhängen – man denke an die in *jedem* Teilgebiet der Technik gebräuchlichen physikalischen Instrumente und an kleinere Einzelprobleme, wie z. B. die Raumakustik – dienen ja diese Vorlesungen zu einem großen Teil dem konstruktiven Ausbau von Maschinen, Flugzeugen usw., deren Grundprinzipien auf physikalischen Erkenntnissen beruhen, oder der Herstellung von Anlagen, welche als Folgebedürfnis physikalischer Erfindungen erscheinen, wie das ganze Netz-, Wagen- und Sicherungswesen der Dampf- und elektrischen Bahnen.

Alles in allem ist hiernach die Rolle der Physik in der gegenwärtigen Technik eine so überragende, daß man einen *großen* Fehler macht, wenn man die Physik nur als eine Einzelwissenschaft und nicht nach ihrer Schlüsselstellung zur Gesamttechnik werten würde. Dabei handelt es sich nicht um eine Rolle, welche einmal bedeutend war, jetzt aber ausgespielt ist, sondern um eine Rolle, welche die Technik der Zukunft im gleichen oder wahrscheinlich in noch höherem Maße beeinflussen wird wie die Technik der Vergangenheit und der Gegenwart. Die Physik wird so zu einer der wesentlichsten Grundlagen unserer Wirtschaft und Wehrkraft. Dies gilt ganz besonders für jeden Wettbewerb mit anderen Völkern auf wirtschaftlichem und militärischem Gebiet. Eine fertige Technik kann ohne große Schwierigkeiten nachgeahmt werden, die Werdeprozesse neuer Technik und neuer Naturwissenschaft sind dagegen an das geistige Potential der Rasse gebunden. Dieser Schlüsselstellung der Physik muß auch der Staat Rechnung tragen, wenn es sich um die materielle Unterstützung der physikalischen Forschung oder um die optimale Organisation der physikalischen Ausbildung handelt.

Programm der Deutschen Physikalischen Gesellschaft für den Ausbau der Physik in Großdeutschland
Quelle: Verhandlungen der Deutschen Physikalischen Gesellschaft 25, 1944, Nr. 1, S. 1–6

Programm der Deutschen Physikalischen Gesellschaft für den Ausbau der Physik in Großdeutschland

Vorgeschichte
Das Programm ist das Endergebnis der folgenden mehrjährigen Vorarbeiten[*]:
1. »Die Schlüsselstellung der Physik für Naturwissenschaft, Technik und Rüstung.« Vortrag von C. Ramsauer in der Lilienthal-Gesellschaft für Luftfahrtforschung am 6. August 1942. Erweiterter Abdruck in den »Naturwissenschaften« 1943, S. 285–288.
2. »Über Leistung und Organisation der angelsächsischen Physik mit Ausblicken auf die deutsche Physik.« Vortrag von C. Ramsauer in der Deutschen Akademie für Luftfahrtforschung. Einzelheft der Deutschen Akademie für Luftfahrtforschung 1943.
3. »Die physikalischen Institute der Universitäten und Technischen Hochschulen als Zentren der deutschen Physik.« Vervielfältigtes Manuskript von C. Ramsauer; April 1943.
4. »Lage und Zukunft der deutschen Physik mit Vorschlägen.« Vervielfältigtes Manuskript von C. Ramsauer; Mai 1943.
5. Endlich gehört zu diesen Vorarbeiten auch die den Punkten 1–4 zeitlich vorausgehende Eingabe der Deutschen Physikalischen Gesellschaft vom 20. Januar 1942 an das Reichsministerium für Wissenschaft, Erziehung und Volksbildung, dessen Aufsicht die Gesellschaft satzungsgemäß untersteht. Diese Eingabe behandelte in erster Linie die Lage der deutschen theoretischen Physik, enthält aber im Keime schon eine große Anzahl der jetzigen Programmpunkte.

Die Ergebnisse dieser Vorarbeiten lassen sich in vier Hauptsätzen zusammenfassen:
1. Die Physik nimmt eine Schlüsselstellung ein für die gesamte

---

[*] Es ist selbstverständlich, daß die Durchführung des Programms erst nach dem Siege in Frage kommt. Wenn trotzdem der Abdruck schon jetzt erfolgt, so geschieht dies deswegen, um den langjährigen Vorarbeiten der Gesellschaft einen vorläufigen Abschluß zu geben.

Naturwissenschaft, Technik und Wirtschaft und ist daher nicht nur eine der wichtigsten Grundwissenschaften, sondern zugleich ein ausschlaggebender Faktor für unsere ganze Zukunft.

2. Deutschland ist auf dem Gebiete der Physik, auf welchem es bis zum ersten Weltkriege die Führung besaß, jetzt von den USA weitgehend überflügelt.

3. Der Ausbau der Physik ist daher für Deutschland eine Frage von zukunftsentscheidender Bedeutung.

4. Die für den Ausbau anzusetzenden Mittel und Maßnahmen sind nicht nach dem Maßstabe einer, wenn auch wichtigen, Einzelwissenschaft, sondern entsprechend dieser grundlegenden Allgemeinbedeutung der Physik zu bemessen.

Der auf dieser Grundlage aufgebaute Programmentwurf ist satzungsgemäß dem Vorstandsrat der Deutschen Physikalischen Gesellschaft vorgelegt worden und hat in einer besonders auch von den Gauvereinsvorsitzenden sehr gut besuchten Sitzung in Bad Eilsen vom 21. bis 24. August 1944 die hier folgende endgültige Form erhalten:

Programm
I. Die Forschung
Die physikalischen Institute der Universitäten und der Technischen Hochschulen, denen wir unsere frühere Vormachtstellung in der Physik verdankten, stellen nach ihrer ganzen Art und Tradition unser größtes Aktivum auf diesem Gebiete dar und können uns wieder wettbewerbsfähig machen, wenn sie zu modernen Zentren der deutschen Forschung ausgebaut werden. Dazu ist für die rund 50 Institute der Universitäten und Technischen Hochschulen folgendes erforderlich:

1. Anpassung der laufenden Institutsetats an die Bedürfnisse der heutigen Physik unter scharfer Trennung der Verwaltungskosten für Heizung, Licht usw. von den wissenschaftlich-technischen Erfordernissen für Forschung und Unterricht. Die zur Zeit üblichen völlig veralteten Etats müssen um eine Größenordnung erhöht werden.

2. Einmalige Modernisierung der Institute in apparativer, technischer und baulicher Beziehung.

3. Einstellung von Verwaltungspersonal zur Entlastung der wissenschaftlichen Arbeiter.

4. Einstellung von technischem Personal für den Gesamtbedarf des Instituts und als Unterstützung für die Forschungsarbeiten.

5. Ausbau der Werkstätten unter vermehrter Einstellung von Fachkräften mit angemessener Bezahlung; beamtete Laufbahn für die Hauptmechaniker.

6. Vermehrung der ordentlichen Assistentenstellen, je nach der Größe der Institute. Schaffung eines Fonds für zeitweilige Assistenten nach Bedarf; letzteres gilt besonders für den Massenandrang nach dem Siege.

7. Vermehrung der Extraordinariate und Lehraufträge zur Verbreiterung der wissenschaftlichen Gesamtbasis des Instituts.

8. Erhöhung der Bezüge des Institutsdirektors und Ordinarius bis zu einem solchen Betrage, daß auch im Wettbewerb mit der Industrie die *besten* Physiker des Reiches für diese *entscheidenden* Posten gewonnen werden können, wie dies zur Zeit des ganz oder doch größtenteils ausgezahlten Kolleggeldes eine Selbstverständlichkeit war.

9. Pflege der theoretischen Physik entsprechend ihrer fundamentalen Bedeutung für die Gesamtphysik, möglichst in enger räumlicher Verbindung mit dem Institut für Experimentalphysik.

10. Entsprechende Pflege der »technischen Physik«, d. h. der Anwendung der experimentellen und theoretischen Physik auf technische Aufgaben. Hierbei müssen die Gebiete, welche aus der Physik hervorgehen, aber noch nicht zu eigentlicher Technik geworden sind, wie Röntgenphysik, Elektroakustik, Elektronenoptik als augenblickliche Anwendungsbeispiele wie bisher besonders gepflegt werden.

II. Stellenbesetzungen und Berufungen

1. Durch die Maßnahmen unter I erhalten die Institute der Universitäten und Technischen Hochschulen über die Unterrichtsfragen hinaus eine *entscheidende Bedeutung* für die Forschung und Technik und damit für die *Zukunft* Deutschlands. Bei der Berufung auf den Posten des Institutsleiters muß daher neben der Fakultät und dem Unterrichtsministerium auch eine Stelle mitsprechen, welche diese Fragen von *allgemeinen* Gesichtspunkten aus beurteilen kann, z. B. ein entsprechender Ausschuß des Reichsforschungsrates.

2. Bei der ausschlaggebenden Wichtigkeit des Institutsdirektors für die Fruchtbarkeit des ihm unterstellten Instituts muß, ähnlich wie bei den höheren Offizieren der Wehrmacht, die Möglichkeit gegeben sein, den Leiter eines Instituts, welches in seiner Gesamtheit

nicht das leistet, was billigerweise erwartet werden kann, abzuberufen. Zuständig hierfür sind die gleichen Stellen, welche die Berufungen vornehmen.

3. Die etatsmäßigen Assistentenstellen werden, wie üblich, auf eine beschränkte Zeit vergeben und können nur bei Nachweis selbständiger wissenschaftlicher Leistungen entsprechend verlängert werden. Zur vielseitigen Ausbildung der Assistenten ist ein Austausch zwischen den Instituten vorzusehen.

III. Der Physikernachwuchs

Der physikalische Nachwuchs ist quantitativ und qualitativ zur Zeit völlig unzureichend und muß *wesentlich* gehoben werden, wenn nicht alle sonstigen Maßnahmen erfolglos bleiben sollen.

1. Aufklärung der Bevölkerung, insbesondere der Schüler höherer Lehranstalten, über die Bedeutung der Physik und des Physikers durch passende Veröffentlichungen und Vorträge. Diese Aufgabe kann zu einem erheblichen Teil die Deutsche Physikalische Gesellschaft in entsprechender Verbindung mit der Regierung übernehmen.

2. Verbesserung des Physikunterrichts an den Schulen in personeller und apparativer Beziehung (vgl. auch IV), sowie Vermehrung der Unterrichtsstunden.

3. Erleichterung des physikalischen Studiums durch Geldbeihilfen für Begabte und durch Anrechnung der vorgeschriebenen praktischen Betätigung auf die Zeit des Arbeitsdienstes.

4. Entlastung der Studierenden von Doppelprüfungen, d.h. für den Studierenden, welcher seine positiven Kenntnisse durch die Ablegung des Diplomexamens nachgewiesen hat, genügt für die Doktorprüfung, deren Wesen nur in dem Nachweis *eigener produktiver* Leistung besteht, in der Hauptsache ein frei zu handhabendes Kolloquium.

5. Möglichste Heranziehung aller höher Begabten zur *produktiven* wissenschaftlichen Tätigkeit, insbesondere Förderung des Promotionswesens.

6. Weiterbildung erfolgreicher Doktoren durch etwa zweijährige Fortsetzung ihrer Forschungstätigkeit an einem Institut, um so eine ausreichende wissenschaftliche Führerschicht für die physikalisch-technische Industrie sowie einen zusätzlichen akademischen Nachwuchs zu gewinnen.

Zur Vermeidung wirtschaftlicher Schwierigkeiten sind diese Jungforscher womöglich mit Hilfe der Industrie während dieser Zeit im Einkommen mit den Industrieangestellten desselben Examensjahrganges gleichzustellen.

IV. Die Oberlehrerfrage

Das Niveau des physikalischen Oberlehrers ist von *entscheidender* Bedeutung für die Vorbildung und für die Berufswahl der Schüler, sowie für den gesamten technischen Geist des deutschen Volkes. Es muß daher alles geschehen, um dieses Niveau soweit wie irgend möglich zu heben. Der Lehramtskandidat muß wieder so nahe an die wirkliche Physik herangeführt werden, wie dies früher für einen erheblichen Teil der Oberlehrer galt, wo die physikalische Promotion als Abschluß des Studiums noch häufiger Gebrauch war. Nur so ist es zu erreichen, daß der Oberlehrer später die Unterrichtsphysik auch experimentell ausreichend beherrscht und daß er bei den physikalisch-technisch interessierten Schülern wirkliche Achtung findet. Dabei muß selbstverständlich die hohe anderweitige Belastung des zukünftigen Oberlehrers vermindert werden. Dies ist in der Hauptsache nur möglich durch die Ermäßigung der mathematischen[*] Anforderungen, welche nicht soweit wie jetzt über die unmittelbaren Bedürfnisse des Schulunterrichts hinausgehen dürfen, solange die Anforderungen in der Physik weit *unter* den *unmittelbaren* Bedürfnissen der Schule bleiben.

1. Die Universitäten und Technischen Hochschulen müssen den Praktikumsunterricht der Lehramtskandidaten, der sich bisher nicht von dem der Fachphysiker unterscheidet und demnach in erster Linie der messenden Physik gewidmet ist, den wirklichen Bedürfnissen der Schule anpassen. Dies Oberlehrerpraktikum sollte die Demonstration der hauptsächlichen Gesetze und Zusammenhänge zum Ziele haben und könnte zum Teil in einem Hospitieren beim Auf- oder Abbau der großen Experimentalvorlesung, zum Teil aus selbst auszuführenden Einzelaufgaben bestehen.

2. Dem Lehramtskandidaten ist die Erwerbung des Diploms in der Form zu erleichtern, daß er bei seiner Meldung zum Staatsexamen sich ausdrücklich eine dieser Absicht entsprechende Examens-

---

[*] Die gebräuchliche Fächerwahl Physik-Mathematik muß nach wie vor als die günstigste Kombination angesehen werden.

arbeit geben läßt und daß er nach bestandenem Staatsexamen lediglich eine angemessene Zusatzprüfung ablegt.

3. Dem Lehramtskandidaten ist die Promotion in Physik in der Form zu erleichtern, daß ihm ein passender Teil der Doktorarbeit als Staatsexamensarbeit angerechnet wird, und daß die Doktorprüfung nach bestandenem Staatsexamen nur soweit als eigentliche Prüfung durchgeführt zu werden braucht, wie ihre Anforderungen über die des Staatsexamens hinausgehen.

4. Die im Amt befindlichen Oberlehrer sollten von Zeit zu Zeit Gelegenheit erhalten, in mehrwöchentlichen Sonderkursen an Universitäten oder Technischen Hochschulen sich immer wieder mit dem gegenwärtigen Stand der Physik und ihrer Grenzgebiete vertraut zu machen.

V. Physikalische Hilfskräfte

Es muß ein neuer Beruf, der Beruf der physikalischen Hilfskräfte, etwa mit der Bezeichnung »physikalisch-technische Assistenten« geschaffen werden, welche den Zweck haben, den hochwertigen Physiker durch die Ausführung meßtechnischer Aufgaben und durch sonstige technische Hilfsleistungen zu entlasten.

1. Diese Hilfskräfte müssen durch besondere staatlich-industrielle Organisationen herangebildet werden, soweit dies nicht durch die technischen Mittelschulen erfolgen kann. Dieser neue Beruf eignet sich gut für Jungen und Mädel von entsprechender Schulbildung und angeborenem Interesse.

2. Solche Hilfskräfte können auch aus den Funkbastlern entnommen werden, wie dies in den USA in allergrößtem Maßstabe geschieht. Das Funkbastlertum sollte daher, z. B. durch liberale Freigabe von Kurzwellen, soweit wie möglich, vielleicht schon in der HJ, gefördert werden.

Nachwort

Alle diese Maßnahmen liegen durchaus im Bereich des Möglichen, sobald wir uns entschlossen haben, der entscheidenden Bedeutung der Physik für die gegenwärtige und die zukünftige Technik Deutschlands wirklich Rechnung zu tragen.

---

* Siehe auch Faksimile im Abbildungsteil.

Carl Ramsauer: Hundert Jahre Physik*
Quelle: Deutsche Allgemeine Zeitung vom 18.1.1945, S. 1

Hundert Jahre Physik
Am 18. Januar 1945 feiert die Deutsche Physikalische Gesellschaft ihr hundertjähriges Bestehen, so dass es naheliegt, einmal die Physik von 1945 mit der Physik von 1845 zu vergleichen. Diese hundert Jahre mit ihren gewaltigen Entwicklungen – von der Erhaltung der Energie bis zur Atomzertrümmerung – haben, was jeder weiß, die Physik in staunenswertem Maße erweitert und vertieft. Sie haben aber, was nicht jeder weiß, noch mehr getan: sie haben der Physik ein ganz neues Gesicht gegeben. Die heutige Physik ist nicht mehr eine bei aller Bedeutung eng begrenzte Wissenschaft, sie ist zu einem technisch-wirtschaftlichen und technisch-militärischen Faktor ersten Ranges geworden; dessen gegenwarts- und zukunftsentscheidende Bedeutung nicht nur wir, sondern auch unsere Gegner immer mehr erkennen.

Die physikalische Grundlagenforschung ist die Quelle, aus welcher die Hauptgebiete der modernen Technik entstanden sind und weiterhin entstehen. Die Elektrotechnik und die Kältetechnik haben sich schon als selbstständige Disziplinen ganz von der Physik losgelöst. Die Elektroakustik befindet sich im letzten Stadium ihres Werdeprozesses, die Elektronenoptik mit der Elektronenmikroskopie beginnt gerade als neuer technischer Zweig aus der Physik hervorzuwachsen.

Weniger bekannt ist der Einfluss, den die physikalische Grundlagenforschung weiterhin dauernd auf die Entwicklung von ganz selbstständig gewordenen Gebieten der Technik ausübt. Die Erfahrung zeigt, dass der grundsätzliche Fortschritt einer Technik immer nur so weit geht, wie der betreffende Impuls reicht, den sie von der Physik empfangen hat. Ein Schulbeispiel hierfür ist die Elektrotechnik. Der erste Impuls, die p h y s i k a l i s c h e Entdeckung der Voltaschen Gleichstromquelle und ihrer unmittelbaren Wirkungen, führt zur Entwicklung der Gleichstromtechnik mit der Hauptanwendung auf die Telegraphie; der nächste Impuls, die Entdeckung des Induktionsgesetzes durch den Physiker Faraday, führt zur Entwicklung der Wechselstromtechnik. Der nächste Impuls, die Entdeckung der elektromagnetischen Wellen, führt zur Entwicklung der drahtlosen Telegraphie und der Hochfrequenztechnik; der jüngste Impuls, die Entdeckung der Kathodenstrahlen und ihrer Eigenschaften durch den Physiker Lenard, führt zur Konstruktion des Verstärkerrohres und eröffnet damit das ganze Gebiet des modernen Schwachstromes mit seiner bekanntesten Anwendung, der Radiotechnik. All diese grundlegenden Impulse stammen aus der physikalischen Grundlagenforschung und hätten gar nicht durch die eigentlichen Elektrotechniker gefunden werden können, weil das Wesen dieser Grundimpulse ja gerade darin beruht, dass sie in dem Gedankengut der bisherigen Technik nicht enthalten waren und daher nur aus neuer physikalischer Grundlagenforschung entstehen konnten. Das soll selbstverständlich nicht das Verdienst der Elektrotechniker schmälern, welche durch Geist und Fleiß aus diesem rohen Grundmaterial das stolze Gebäude unserer heutigen Elektrotechnik aufgebaut haben.

Auch diejenigen Gebiete der Naturwissenschaft und Technik, welche an sich nicht aus der Physik, sondern aus den praktischen Bedürfnissen des Menschen entstanden sind, wie Astronomie und Chemie, erhalten ihre große wissenschaftlichen Impulse, welche ihnen die grundsätzliche Weiterentwicklung ermöglichen und welche sie im eigentlichen Sinne erst zur Wissenschaft machen, aus der Physik. So war die Chemie am Ende des vorigen Jahrhunderts im Grundsätzlichen an das Ende ihrer eigenen Entwicklung gelangt, wie daraus hervorgeht, dass sie mit ihrer eigenen Grundlage, dem System der Elemente, z. B. mit der Nichtganzzahligkeit der Atomgewichte, nicht fertig werden konnte, bis die Physik durch die Entdeckung der Radioaktivität einen neuen Impuls brachte, der mit seinen Konsequenzen die ganze Frage des periodischen Systems der Elemente mit einem Mal verständlich machte. Gerade jetzt stehen wir in einer neuen Phase dieser Einwirkung. Aus der physikalischen Grundlagenforschung ist das Gebiet der Kernzertrümmerung entstanden, d. h. eine ganz neue Chemie der Atomkerne an Stelle der Atome und Moleküle mit ungeheuren Ausblicken auf alle Fragen der Materie und der Energie.

Man kann übrigens noch eine ganz andersartige Probe auf die Bedeutung der Physik für die Technik machen: man nehme sich einmal das Vorlesungsverzeichnis der Technischen Hochschule Berlin vor und frage sich, welche Vorlesungen gar nicht oder doch nur in einer wesentlich weniger wissenschaftlichen Form gehalten werden könnten, wenn es keine Physik gäbe. Tatsächlich würde, abgesehen vom eigentlichen Bauwesen, nur ein recht bescheidener Rest bleiben, und auch dieser würde noch in vielen Einzelheiten als durch die Physik wesentlich beeinflusst erscheinen.

Diese Überlegungen besitzen wesentlich mehr als nur akademischen Wert. Sie zeigen die zukunftsentscheidende Bedeutung der physikalischen Grundlagenforschung für Frieden und Krieg und geben uns damit die Plattform für unsere Entschlüsse in den weiteren Ausbau der deutschen Physik. Unsere Gegner haben die Wichtigkeit dieser Frage ebenfalls schon längst erkannt. Die USA haben seit der Jahrhundertwende eine physikalische Forschergeneration aus dem Nichts entwickelt und unterstützen ihre physikalische Grundlagenforschung mit Mitteln, deren Ziffern, auch wenn sie etwas übertrieben dargestellt werden, amerikanisch sind. Die Sowjets haben die von ihnen vernichtete zaristische Physikerschaft durch systematische Zwangskurse mehr als ersetzt und haben ihre Physik, in der gerade sie nicht eine Wissenschaft, sondern nur ein Machtmittel sehen, wieder bedeutend gefördert.

Wie steht es mit der deutschen Stellung in diesem Wettbewerb? Es steht an sich gut; denn die Grundbedingung, die Begabung unseres Volkes für die physikalische Forschung, ist gegeben, wie unsere großen Physiker von Kepler und Otto v. Guericke bis Lenard und Planck beweisen. Außerdem verfügen wir auf diesem Gebiet über ein Aktivum, dem wir unsere physikalische Führerstellung in der zweiten Hälfte des 19. Jahrhunderts verdanken. Das sind die etwa 50 verschieden großen physikalischen Institute unserer Universitäten und Technischen Hochschulen. Diese Institute, von denen gerade die kleinsten die größten Entdeckungen aufzuweisen haben, wie die Karlsruher elektromagnetischen Wellen, die Kieler Kathodenstrahlen, die Würzburger Röntgenstrahlen usw., sind in ihrer eigentümlichen Verbindung von Forschung und Lehre aus dem Geiste unseres Volkes erwachsen und stellen unter Leitung eines erfahrenen Forschers Arbeitsgemeinschaften dar, deren Nutzeffekt, auf die Personenzahl und den Aufwand bezogen, erheblich besser ist, als dies bei großen und übergroßen Organisationen möglich erscheint, wie ich aus eigener Erfahrung als Leiter eines unser größten industriellen Forschungsinstitute sagen kann. Unsere einzige Aufgabe besteht darin, diese Institute zu modernen Zentren unserer Grundlagenforschung zu machen. Der hierfür erforderliche Aufwand ist klein, verglichen mit dem Nutzen, der sich aus der Grundlagenforschung für unsere Technik und Wirtschaft ergibt. Die fertige Technik kann uns jedes andere Volk leicht nachahmen, sei es auf legalem Wege durch Kauf von Patenten und Gewinnung von Fachkräften, sei es auf illegalem Wege durch Werkspionage. Das, was wir fest besitzen und was uns niemand streitig machen kann, ist die neu werdende Technik, welche aus den eigenen Ergebnissen der deutschen Grundlagenforschung hervorgeht und so dem Ausland gegenüber immer einen entscheidenden Schritt voraus ist.

Nachkriegszeit

Ursula Maria Martius: Videant consules...
Quelle: Deutsche Rundschau 70 (1947)11, S. 99–102

Videant consules...

Es sind noch nicht drei Jahre her, seit ich vor dem Stacheldraht des Lagers stand, in dem mein Vater festgehalten wurde. Damals gelobte ich mir für den Fall, daß ich es überleben sollte, zwei Dinge: einmal, daß ich arbeiten würde, mit allen mir zur Verfügung stehenden Kräften, um meinen Eltern so schnell wie möglich die Last des Täglichen erleichtern zu können, und zweitens, daß ich alles tun würde, um anderen jungen Menschen ein ähnliches äußeres oder inneres Schicksal zu ersparen. Denn dieser Abend vor dem Lager war ja nur eine Station eines langen Weges, dessen entscheidender Punkt für mich die Verweisung von der Universität gewesen war. Daß ich jedoch so schnell an die Lehren dieses Wegs erinnert würde, hätte ich damals nicht geglaubt.

Im September dieses Jahres nahm ich an der *Jahresversammlung der Physikalischen Gesellschaft in Göttingen* teil, die für mich anregend und aufregend zugleich war. In erster Linie allerdings aufregend durch die dauernde Begegnung mit der Vergangenheit. Menschen, die mir immer noch in meinen Angstträumen erscheinen, saßen da lebendig und unverändert in den ersten Reihen. Unverändert, wenn man nicht den schlichten blauen Anzug an Stelle der Uniform und das Fehlen der Parteiabzeichen als ›Veränderung‹ betrachtet. Man wird nicht mehr in SA-Uniform ins Kolloquium kommen (*Stuart*, Königsberg, dann Dresden, heute Hannover); man wird nicht mehr mit ›Herr General‹ angeredet werden (*E. Schumann*, früher Berlin, bemüht sich heute um ein Institut in Hamburg), und bei der Neuherausgabe der Bücher werden Stellen wie ›Wir sind nicht gewillt, in der Verknüpfung der Wissenschaft mit der militärischen Macht einen Mißbrauch zu sehen, nachdem die militärische Macht ihre zwingende aufbauende Kraft im Schaffen eines neuen Europas erwiesen hat‹ (*P. Jordan*, früher Berlin, heute Professor in Hamburg; ›Die Physik und das Geheimnis des organischen Lebens‹, Braunschweig 1941) und ähnliche Dinge gestrichen sein. Man wird sich nicht mehr gern daran erinnern, daß man sich rühmte, in der Arisierungskommission der Universität und Technischen Hochschule Wien gewesen zu sein (*Schober*, heute Hamburg), daß man 1936 in seinem Institut eine Doktorarbeit für Fräulein Keitel machen ließ (*E. Schumann*) oder daß man Leuten, die aus politischen Gründen nicht zum Examen zugelassen wurden, die Praktikantenscheine verweigerte (*H. Kneser*, früher Berlin, heute Göttingen).

Im übrigen hält man weiter Praktika und Vorlesungen, treibt weiter ›objektive Wissenschaft‹.

Und da sollte die Toleranz der Umwelt aufhören! Denn diese Männer sind nicht nur Wissenschaftler, sie sind auch Lehrer, Lehrer einer Studentengeneration, die bisher in erster Linie durch Hitler und seinen Krieg erzogen worden ist. Diese Generation ist nicht unrettbar verseucht, aber sie ist in sehr vielen Fällen labil, ratlos und auf der Suche nach neuen Idealen. Schon durch ihre wirtschaftliche Lage sind sie mit der Hoffnung auf Veränderung jedem böswilligen Vergleich ausgeliefert. Ihre Erziehung gibt man nun Menschen in die Hand, deren bloße Existenz jeden Tag neu beweist, daß man nur ein brauchbarer Fachmann sein muß, im übrigen aber alles dulden und mitmachen und stets der Autorität gehorchen muß, um unter jedem Regime durchzukommen.

Von den Studenten, die zum Teil mit sechzehn Jahren von der Schule fortkamen, kann man heute nicht verlangen, daß sie gegen die Propaganda der Vergangenheit, gegen die unterirdische Strömung im Land und gegen die Autorität ihrer Lehrer die Dinge im richtigen Verhältnis sehen.

Man soll nicht sagen, daß Lehrer der exakten Naturwissenschaft keinen außerfachlichen Einfluß auf ihre Hörer hätten oder daß sie bei dem augenblicklichen Studienbetrieb kaum direkt mit ihnen in Berührung kommen. Einmal wird die geistige Autorität der Professoren immer recht erheblich sein, außerdem aber werden die von mir geschilderten Vertreter als Assistenten und Mitarbeiter nur solche Leute heranziehen, von denen ihnen keine Gefahr droht, die sie entweder von früher kennen, die gleicher Geisteshaltung sind oder die sie durch irgendwelche Belastung in der Hand haben. Sie können Sitz und Stimme in den Zulassungsausschüssen und Prüfungskommissionen haben, und vielfach geht durch sie auf Grund ihrer Amtsstellung der erste wissenschaftliche Kontakt mit dem Ausland.

Ich bilde mir ein, frei von dem Gefühl des persönlichen Hasses zu sein, aber diese Dinge sind längst aus der Sphäre des Persönlichen herausgehoben und zur allgemeinen Gefahrenquelle geworden. Man soll Menschen wegen ihres Verhaltens während der Hitlerzeit nur zur Verantwortung ziehen, wenn es sich um strafbare Verfehlungen handelt. Befinden sie sich aber in Stellungen, in denen sie Einfluß auf andere und Entscheidungsgewalt haben, dann muß man ihre Geisteshaltung sorgfältig überprüfen, nicht so sehr als Anklage gegen sie, wie als Schutz für die anderen. Universitätslehrer sind nicht mehr nur Einzelpersönlichkeiten, sie sind genau so Beauftragte wie jedes Parlamentsmitglied. Ihre Intelligenz soll nicht allein Pensionsberechtigung und persönlichen Ruhm ermöglichen, sondern sie erfordert auch eine größere Verantwortlichkeit. Wer den subtilsten Fragen der modernen Naturwissenschaft schöpferisch nachgehen kann, der kann sich nicht mit: ›Ich habe das nicht geahnt‹ entschuldigen. Er muß die verbrecherische Brutalität des Regimes zum mindesten zu einem Teil gesehen haben. In den von mir aufgegriffenen Fällen hat man sie gebilligt und entschieden gefördert. (›Sinn und Bedeutung der physikalischen Forschung sind unverrückbar gegeben durch ihre Rolle als technisches und militärisches Machtinstrument‹, loc. cit. S. 8; ›nicht jeder Nation ist ein Mann mit der Kraft eines Vulkans geschenkt‹, loc. cit. S. 108.) Damit haben sie das Recht, heute Erzieher zu sein, unter allen Umständen verwirkt. Wenn sie hervorragende Fachleute sind, dann möge man sie unbehelligt arbeiten lassen, zum Beispiel in einem ähnlichen Rahmen wie die frühere Physikalisch-Technische Reichsanstalt. Aber alles andere, der Zugang zur Universität, Vorträge vor Laienpublikum, verlegerische Tätigkeit, muß ihnen verschlossen bleiben. Es darf schließlich das ganze hinter uns liegende Unglück nicht völlig umsonst gewesen sein. Mehr als elf Millionen Menschen sind ermordet worden. Die inneren und äußeren Zerstörungen eines ganzen Kontinents sind noch in keiner Form zu übersehen. Das Einzige, was Deutschland heute anderen Völkern voraus hat, ist seine Erfahrung. Wir sollten nicht nur wissen, wie die Totalität in ihrem höchsten Machtrausch aussieht, sondern auch ihren Embryozustand kennen. Wir wissen, welcher Phrasen und welcher Menschentypen sich die aggressive Intoleranz zu bedienen pflegte, und es muß unter allen Umständen verhindert werden, daß die alten Leute in etwas modernisierter Mimikry die alten Ideen weiterverbreiten. Damit sind nicht nur diejenigen gemeint, die wirklich nazistisches Gedankengut in mehr oder weniger getarnter Form propagierten, sondern auch die, die durch sinnloses Vertuschen der Verbrechen und Entlasten der Schuldigen verhindern, daß die notwendigen Konsequenzen aus der Vergangenheit gezogen werden. Wer durch seine Haltung unter Hitler *und heute* gezeigt hat, daß er nicht über die Festigkeit verfügt, ohne Rücksicht auf persönliche Vorteile, den Weg der geistigen Konsequenz und Verantwortung zu gehen, gehört nicht auf den Posten eines Universitätslehrers. Dabei ist allein die geistige Haltung maßgebend und nicht etwaige Parteizugehörigkeit.

Vor allem dürfte es nicht möglich sein, daß das hier zitierte Buch im alten Verlag (Vieweg, Braunschweig) unter dem alten Datum des Vorwortes und ohne eine Bemerkung, daß es überarbeitet worden ist, wieder erschien und daß sogar der Autor selbst eine wissenschaftliche Buchreihe redigiert (Physikalische Forschungen, Wolfenbütteler Verlagsanstalt). Das ist ein Hohn auf alle die, die unter den Nazis keine Konzessionen gemacht haben und ihre Arbeit sauber hielten. Es ist aber auch eine Zumutung für alle, die heute versuchen, auf einem einwandfreien Fundament Neues zu bauen.

Auch der Einwand, man könne auf den Hochschulen ohne diese Leute nicht auskommen, ist in keiner Weise stichhaltig. Es gibt genug andere, Denn viele junge Akademiker sind während der letzten zwölf Jahre nicht in die Hochschullaufbahn gegangen, weil sie den ‚Rummel' nicht mitmachen wollten. Nur darf man heute nicht von ihnen verlangen, unter den gleichen Chefs zu arbeiten, und man darf ihnen auch jetzt nicht mangelnde Lehrerfahrung vorwerfen. Ob sie es besser machen werden, kann niemand versprechen. Bei einem Teil der heutigen Besetzungen kann man allerdings in geistiger und politischer Hinsicht den völligen Misserfolg garantieren.

Vor allem, weil die Universität ja nicht isoliert steht und die hier angeschnittenen Probleme nur ein Teil des großen Fragenkomplexes sind, ein Stein in dem Mosaik der heutigen Geistessituation Deutschlands, die den Parteibuch-Fetischismus ebenso einschließt wie uneingefärbte Offiziersuniformen, die von Sport- und Segelflugabzeichen über ›Natürlich hat der Führer recht gehabt‹ bis zu abenteuerlichsten Auswanderungsprojekten und bitterster Resignation reicht.

Daß die militärische Besatzung Störungen der öffentlichen Ruhe und Ordnung verhindern wird, entbindet niemanden von der Verantwortung, für absolut einwandfreie Lehrer der Jugend zu sorgen*). Und dann: eine geistige Infektion lässt sich nur mit geistigen Mitteln bekämpfen. Ein Zonenpatriotismus, der entrüstet auf die neue Totalität ›drüben‹ hinweist und das Pendant dazu auf dem eigenen Acker wachsen lässt, ist in allen Fällen lächerlich. Die deutsche Intelligenz hat den Gedanken einer kollektiven Schuld den Ausschreitungen des Nationalsozialismus gegenüber entschieden abgelehnt. Eines der stärksten Argumente war, daß man damals nichts tun konnte. Heute aber kann man etwas tun, und ein Teil der bestehenden Zustände lässt manchmal die Vermutung aufkommen, daß man nicht will. Wenn man nicht sehr schnell handelt, dann kann der Tag kommen, an dem diese Vermutung zur Gewißheit wird, und die Anklage, daß weite Teile der Deutschen trotz Kenntnis der Dinge die Sache des Nationalsozialismus zu ihrer eigenen gemacht haben, wird sich nicht mehr auf die Jahre nach 1933, sondern auf die Zeit nach 1945 stützen.

Max von Laue: Die Kriegstätigkeit der deutschen Physiker
Quelle: Physikalische Blätter 3, 1947, S. 424–425; in englischer Übersetzung erschienen, in: Bulletin of the Atomic Scientists 4, 1948, S. 103

Im Dezemberheft 1947 (S. 365) des Bulletin of the Atomic Scientists schreibt Philip Morrison in einem Referat über das Buch »Alsos« von S. Goudsmit unter anderem:

> The documents cited in *Alsos* prove amply, that no different from their Allied counterparts, the German scientists worked for the military as best their circumstances allowed. But the difference, which will be never be possible to forgive, is that they worked for the cause of Himmler and Auschwitz, for the burners of books and the takers of hostages. The community of science will be long delayed in welcoming the armorers of the Nazis, even if their work was not successful. Men were able to remain aloof from the German war efforts, and brave and good men like von Laue and Gentner could resist the

---

*) Die Physikalische Gesellschaft nahm auf der Göttinger Tagung eine Entschließung an, in der der Vorstand beauftragt wurde, in den Fällen einzuschreiten, in denen Kollegen, deren Verhalten in der Nazizeit nicht einwandfrei war, wieder in verantwortliche Stellen kommen. Es ist zu hoffen, daß entsprechende Maßnahmen eingeleitet werden. Auf der Tagung selbst kam es in keiner Form zu einer Distanzierung.«

Nazis even in the sphere of science. That is a story Alsos does not fully tell.*⁾

Das Buch selbst liegt uns noch nicht vor. Nach diesen Worten möchte man schließen, daß der ungeheuerliche Vorwurf, die deutschen Wissenschaftler hätten in ihrer Gesamtheit für Himmler und Auschwitz gearbeitet, erst von dem Referenten so formuliert wurde. Wieweit Morrison durch jene Ereignisse persönlich getroffen wurde, wissen wir nicht. Von Goudsmit aber ist uns bekannt, daß er Vater und Mutter, dazu viele andere nahe Verwandte in Auschwitz oder anderen Konzentrationslagern verloren hat. Wir haben volles Verständnis für den namenlosen Schmerz, den schon dieses Wort in ihm immer erneuern muß. Aber als unbefangenen Beurteiler der in Betracht kommenden Verhältnisse können wir gerade deswegen weder ihn noch seinen Referenten Morrison anerkennen. Darum seien hier einige Worte der Entgegnung gestattet.

Seit der Krieg zwischen Kulturstaaten wieder in den alten, barbarischen, »totalen« Kampf zwischen Völkern ausartete, ist es für keinen Angehörigen eines kriegführenden Staates leicht, sich dem Dienste für die Kriegführung ganz zu entziehen; es kommt dabei wenig darauf an, ob er mit dem Herzen bei solcher Dienstleistung ist, oder ob er gegen die Methoden seiner Regierung Bedenken hat, oder ob er sie gar beseitigt sehen möchte. Wenn es im letzten Kriege dem einen oder anderen der deutschen Wissenschaftler gelang, mit seiner Arbeit nicht in den Kriegs-Strudel hinein gezogen zu werden, so darf man daraus nicht schließen, daß dies allen möglich gewesen wäre.

Die Leiter größerer Institute insbesondere standen unter dem absoluten Zwang, die Institutsmittel mindestens teilweise und formal der Kriegsarbeit nutzbar zu machen. Eine offene Weigerung hätte als »Sabotage« unweigerlich zu einer Katastrophe für den Betreffenden geführt. Hingegen hatte ein (oft nur fiktives) Eingehen auf den Willen der Militärs Vorteile, welche auch unsere Gegner als legitim anerkennen sollten. Man konnte nämlich auf diese Art eine ganz erhebliche Zahl jüngerer Fachkräfte von weit direkterem Kriegseinsatz bewahren und auf diese, sowie auch auf andere Art, die Fundamente durch den Krieg hindurch retten, auf denen wir jetzt, *nach* dem Kriege, den Neubau der Forschung errichten.

*⁾ [Editors] Minor grammatical errors in the reproduction of Morrison's quotation have been corrected.

Manchmal ergab sich dabei sogar die Gelegenheit, politisch Verfolgte dadurch vor dem Konzentrationslager oder Schlimmerem zu bewahren, daß man ihnen mehr oder minder »kriegswichtige« Forschungen zuteilte. Vielleicht erkundigen sich unsere gestrengen Kritiker einmal unter den nichtarischen Deutschen (es gab auch während des Krieges einige solche) nach solchen Fällen. Oder wollen sie auch in diesen Fällen von »Waffenschmieden für Himmler und Auschwitz« reden?

Trotzdem: Wer so sein Institut dem Militär zur Verfügung stellte, kam in eine zweideutige Lage. Das ist nun einmal der Fluch solcher Zeiten; er traf aber nicht nur Deutsche. Ein ausländischer Kollege z. B., der während der Besetzung seines Vaterlandes durch Hitlertruppen sich höchst aktiv in der Untergrundbewegung betätigt hat, sagte mir kürzlich, die zweideutigen Handlungen, zu denen er dabei gezwungen war, trügen ihm jetzt bei manchen seiner Landsleute den Vorwurf des Collaborationismus ein. Man sieht an diesem Beispiel, wie vorsichtig man in der Beurteilung von Ereignissen sein muß, die sich unter einer Tyrannis abgespielt haben.

Was die deutschen Wissenschaftler tatsächlich während des Krieges getrieben haben, zeigen unter anderem die etwa 50 Bände der jetzt erscheinenden FIAT-Berichte. Es stehen darin vielleicht nicht welterschütternde Ergebnisse, aber rechtschaffene, solide Forschung, ganz in der Richtung der vorhergehenden und der jetzt wieder einsetzenden Friedensarbeit. Die wissenschaftlichen Zeitschriften setzten gegen das Kriegsende freilich eine nach der anderen aus, aber nicht aus Mangel an eingereichten Arbeiten, sondern wegen Knappheit an Papier, wegen Zerstörung der Druckereien und anderer wirtschaftlicher Nöte. Bei der Zeitschrift für Physik z. B., bei der ich die Verhältnisse kenne, lagen nach Kriegsende 60 unerledigte Manuskripte, und seitdem konnte die Redaktion 86 neue annehmen, die ihren Stoff, mindestens zu erheblichem Teil, noch aus Forschungen in der Kriegszeit beziehen. Aber nichts an ihrem Inhalt weist darauf hin; mit Himmler und Auschwitz haben sie wahrlich nicht das Mindeste zu tun.

Was bezwecken die »Atomic Scientists« mit ihrem Bulletin? Soweit ich sie verstehe, die Schaffung eines dauerhaften Friedens. Diesem hohen Zweck dienen Artikel, wie das hier erwähnte Referat, aber sehr schlecht; sie konservieren den Haß, auf dessen Beseitigung *alles* ankommt. Der Friedens-Politik empfehlen wir im Großen wie im

Kleinen als Grundlage jenen Spruch, den Sophokles der Antigone, der Angehörigen eines Sieger-Staates, in den Mund legt:
οὔκοι συεχζεῖν ἀλλὰ συμψίλεῖν ἔψυν

Philip Morrison: A Reply to Dr. von Laue
Quelle: Bulletin of the Atomic Scientists, 4, 1948, S. 104

It is with regret that I must take issue with the moving statement of Professor von Laue, and with his implied defense of those scientists who worked for the Waffenamt, the Wehrmacht, and the Luftwaffe. I said in the review of which he writes that these men worked, not for Himmler, but for Himmler's cause, the victory of a National Socialist Germany. Where this is true, I feel that my indictment must still stand. Where laboratory work was in fact a cover for underground activity, where it was meant chiefly to save the enemies of the Nazis from imprisonment, or even when it was carried out in a way remote from the war, by men – perhaps they were the majority of Zeitschrift contributors – who tried »to remain aloof from the German war effort«, no such criticism applies, nor was it stated or intended. I do not believe that there is an unwarranted subtlety in such a distinction.

One point remains at issue. What of those men, »directors of the larger research institutes in particular«, says Professor von Laue, who complied with the requests of the Nazi armed forces? Perhaps their compliance was in some cases fictitious: here too there would be no issue. But many of the most able and distinguished men of German science, moved doubtless by sentiments of national loyalty, by traditional response to the authority over them, and by simple fear, worked for the advantage of the Nazi state. These men were in fact the armorers of the Nazis. Professor von Laue, as the world knows and admires, was not among them. It is not for the reviewer to judge how great was their peril; it is certainly not for him to imply that he could have been braver or wiser than they. But it was sentiments like theirs, weakness like theirs, and fear like theirs which helped bring Germans for a decade to be the slaves of an inhuman tyranny, which has wrecked Europe, and in its day attacked the very name of culture. Are we to forget the tragic failure of those German men of learning?

Professor von Laue, whose outspoken opposition under Hitler was a token of his wisdom and integrity, begins his piece with a most uncharacteristic reference *ad hominem*. He wonders whether I suffered personally through Himmler and Auschwitz. I did not. But I do not see that it is fair or relevant to ask. I am of the opinion that it is not Professor Goudsmit who cannot be unbiased, not he who most surely should feel an unutterable pain when the word Auschwitz is mentioned, but many a famous German physicist in Göttingen today, many a man of insight and of responsibility, who could live for a decade in the Third Reich, and never once risk his position of comfort and authority in real opposition to the men who could build that infamous place of death.

Max von Laue: A Report on the State of Physics in Germany
Quelle: American Journal of Physics vom 17, 1949, 3, S. 137–141

The President of the American Physical Society has asked me to report on the state of physics in Germany. I extend my sincere thanks for the invitation, but such a report is confronted by two great difficulties: first of all, everything in present-day Germany is dependent on politics to an extent which can hardly be imagined; and, after all, I do not want to enter into a detailed discourse on the political situation. The enormous confusion characteristic of the German situation today is reflected also in the scientific sphere. Secondly, even for someone living in Germany it is not easy to form an overall picture of the academic situation. The press pays scant attention to the subject, and such reports as may appear have little reliability. In some localities one has to exert the utmost caution in the choice of words in personal correspondence; postal communications everywhere are still slow, and in the case of two towns situated on opposite sides of certain zonal frontiers, are sometimes at a standstill for many weeks at a stretch. Therefore, one has to depend for scientific news mostly on oral reports of colleagues who happen to pass through one's locality on their travels, and on what one can see and hear on a journey. Traveling is just what everyone tries to avoid, because, at least up to the time of the currency reform, trains were very overcrowded, and a legal crossing of the zonal frontiers required an inter-zonal pass which was hard to obtain. Fortunately, the latter obstacle has for some time now ceased to be troublesome for American-British zonal border, and recently, since August 1, 1948, for the frontier of the French Zone. At any rate, you will understand that my report cannot lay claim to comprehensiveness; I ask you to regard it as a mirror reflecting the general atmosphere. I ought to mention the fact that I left Germany two weeks after the introduction of the currency reform, and that since that time letters have been my sole source of information on the miscellaneous events in academic life. Thus, it may be that part of what I am saying to you no longer applies to the present situation.

Physics in Germany since 1933 has suffered heavy losses in personnel. How many scientists have emigrated you know very well, since the United States and England have given refuge to the majority of them. Only a few physicists fell in action – among the better –known only H. Euler, who worked with Heisenberg on cosmic rays. Some died during and after the war, among them Hans Geiger who succumbed to a prolonged, serious illness. W. Kolhoerster met with a traffic accident, and W. Nernst, F. Paschen, P. Lenard, and Max Planck died at the summit of their years. In May 1945, American officers took Planck and his wife by car from the battle area at the Elbe to Göttingen, where they found refuge with relatives. Their total possessions comprised the contents of a small suitcase and a rucksack. They suffered deep mental anguish over the loss of their son who was executed in January 1945 as a participant in the July 20 conspiracy. Right up to his death on October 4, 1947, Planck still undertook numerous lecture tours, for teaching was the very breath of life to him. At his solemn interment at the Municipal Cemetery of Göttingen the whole city was present.

Among those better-known physicists who went to Russia, in addition to numerous members of the Physical-Technical Reich Institute, the Siemens Works, the Zeiss Works, and the firm of Telefunken, are G. Hertz, M. Volmer, H. Pose, K. Doepel, H. Scheffers, and H. Thiessen. G. Hertz and a number of others reside south of the Caucasus at the Black Sea. All of them can maintain only scant contact with relatives and friends in Germany with the aid of intermediaries.

There are still in Germany today several physicists who have not yet been denazified and therefore cannot accept academic office, but of whom it can be assumed that they will soon return to academic life. Unfortunately, there are also instances involving seriously incriminated persons, in which the denazification procedure has miscarried. Therefore, the German Physical Society in the British Zone asked its Council in September, 1947, to take measures preventing the return to academic life of persons denazified in default of justice. The Council acted in accordance with this request in several instances...

Next let us consider the student body. The rush at the universities is terrific, for reasons arising from the war and identical with those which have led to such a marked increase in the number of university students in the United States. But German universities admit only a small number from among the applicants. They were forced to introduce the *numerus clausus*, which is fixed at about 3000–5000 at most universities. However, the University of München has 10,000 or more students. The German, as well as the occupation authorities, rigidly enforce its observance, and with good reason. To begin with, the available classrooms, laboratories, and equipment are insufficient for a higher number, and, furthermore, nobody quite knows in which academic professions a greater number of graduates could be suitably placed in years to come. But the selection of those acceptable among the flood of applicants imposes a heavy and exceptionally responsible task on professors. There is the constant danger that applicants of high ability and character may be rejected in favor of others who simply know how to create a good impression.

What the students live on is one of the mysteries of our times. Circumstances vary individually. The practice of earning a livelihood by odd jobs, previously unknown in Germany, now plays a limited part in helping students. Such jobs are so poorly paid, however, that they are hardly worth while. Some students were living on the remains of their savings, but the currency reform robbed them of that asset. Nevertheless, it seems that, in Göttingen at least, most of the students can carry on with their studies.

Naturally the universities try to ameliorate this situation; there are special midday and evening meals for students, an Academic Aid Service, and various other means. I would mention that these organizations in turn have received ample support through packages from abroad. Please be assured that all kindhearted senders of such packages have won the highest gratitude of the recipients, and that this is perhaps the best type of peace propaganda. In view of the housing shortage the students, even the married ones, are limited to the minimum of living space, but of course they share this fate with their professors. Whoever has any available space at all is legally obliged to rent it out. The kitchen is usually shared by several families, and a professor's prerogative of a study of his own is by no means generally recognized.

The majority of universities and similar institutions have suffered heavy war damage. The Physics Institutes in most places are seriously damaged or even totally destroyed. Exceptions are the Universities of Erlangen, Göttingen, Heidelberg, and Tübingen, four cities that are practically unscathed. Likewise, the Physics Institutes of Würzburg, Marburg, and the Institute for Physical Chemistry in Hamburg show only minor damage and are able to carry on with their normal activities. Under what conditions, and in what quarters lectures on experimental physics are being conducted in other places can be determined only by investigation of individual cases. By now, most institutions of higher learning that suffered heavy war damage have probably erected temporary buildings for these purposes; part of the necessary labor was frequently contributed by students, who had to lend a hand in the task of rubble clearance and construction, this being in many cases a condition of their admittance to the universities. But even where the necessary space has been provided, there still is the very heavy problem of procuring equipment to illustrate the lectures. Since I myself live in Göttingen, which is unscathed, I have no idea how this difficulty is being tackled elsewhere.

The same difficulties apply also to the students' laboratory training and research work. And even where buildings and equipment are intact, the frequent cuts in electricity and gas supplies – and mind you, even the water supply fails at times – are a source of constant interruption of work. Therefore work is often done at night, when such disturbances are less frequent.

The procuring of new equipment has so far been difficult but possible within certain limits. For instance, in Heidelberg the cyclotron whose construction started during the war is operating now, and in Göttingen we have been using a betatron for several months. But since the currency reform, things have changed. While circumstances apparently vary from place to place, the Ministers of Finance have scaled down the budget of most universities to such an extent that the experimental laboratories can no longer carry on. If the Director of an Institute has 15 Deutschmarks per month at his disposal (this figure was quoted to me), while his expenditure for electricity alone is 100 D.M., the only course left open to him is to close the Institute. I want to add that the budget of the Institute at Göttingen has not been appreciably curtailed. But I am still not convinced that the sums appropriated to the budget will actually be available. For instance, in some places the professors' salaries have not been paid in full or regularly since October.

Quite a different story is the fate of the Physical-Technical Reich Institute. During the war it split up into many small groups which spread out all over Germany and in the vicissitudes of war often changed their locations. Right now there is a fairly large group in Weida in Thüringen, in the Soviet Zone, which carries on under the name of »German Office for Measures and Weights« but no longer has the right to pursue research work. Further groups are located in Heidelberg, Göttingen, and various other places in the western zones. These are now destined to be welded into a Physical-Technical Institute in Brunswick which will resume the traditions of the Reich Institute. Its activities in the industrial sphere are supposed to be officially acceptable for all three western zones, and the three western military governments have given it recognition and support. In Brunswick well-built and intact laboratories with good workshops are available, but no physical apparatus and no library; and what is at least equally serious – there is no possibility at all of finding living accommodations for the roughly 70 families which the Institute has to resettle in Brunswick. Brunswick has suffered exceptionally heavy damage and, moreover, is overrun by refugees from the East. As a result, in the course of a whole year, the municipal administration was not able to put more than two apartments at the disposal of the Physical-Technical Institute, instead of the required 70. These figures are sufficient proof that without new construction of dwellings the Institute can never reconstitute itself.

Among the physical periodicals published at present, there are:

(1) *Die Annalen der Physik*, edited by Grueneisen and Moeglich, published by J. A. Barth, Leipzig.

(2) *Die Zeitschrift für Physik*, edited by von Pohl and v. Laue, published by Springer in Heidelberg and Göttingen.

(3) *Die Zeitschrift für Technische Physik*, edited by W. Meissner, published by Springer.

(4) *Die Naturwissenschaften*, edited by A. Eucken, published by Springer.

(5) A periodical entitled *Optik*, also a periodical on acoustics and a few others on specialized subjects.

(6) A new periodical, *Zeitschrift für Naturforschung*, edited by Klemm, published by Diederich in Wiesbaden.

(7) *Die Physikalischen Berichte*, edited by Dede and Schoen, published by Diederich.

Whether all these publications will survive the present plight remains to be seen. One must consider the fact that not even the German Institutes are able to subscribe to all these journals.

At any rate, there is no lack of subject matter. For instance, the *Zeitschrift für Physik*, which has just completed its first postwar volume, Bd. 124, has accumulated approximately 30 still unprinted manuscripts from the war period, and, in addition, about double that number of manuscripts submitted since then. We could not get them printed because the publishing firm failed to find a printing firm suitable for this work and capable of an adequate output. The previous handicap of a paper shortage is today no longer the greatest obstacle. The situation may be different as regards publications in the Soviet Zone.

Book production, too, labors under the same difficulties, and this assumes special significance in view of the fact that so many public and private libraries were seriously damaged by fire and looting, or in some instances even totally destroyed. A book trade, in the true meaning of the word, has not really existed since the war. Book stores have essentially become book exchanges, where one book can be exchanged for another. It is the student who suffers most severely from the shortage of textbooks. But at least Springer published a few volumes of Pohl's Experimental Physics, the Academic Publishing Company three volumes of lectures by Sommerfeld, and the second edition of my book *Roentgen Strahlinterferenzen*. But, unfortunately, book traffic across the zonal frontiers is sometimes handicapped. Volumes weighing more than one kilo, for instance, cannot be sent from Leipzig to the western zones as complete books, but have to be split up into sections which the recipient has to get reassembled. Likewise, the difficulty of making payments in other zones presents a serious obstacle.

We are almost completely isolated from the publications of other countries. Of course the Military Governments have taken some measures to remedy this situation, but there is still much left to be done. I take this opportunity to address to everyone in this audience the sincere plea to make a contribution by sending as many reprints as possible to Germany.

Let my remaining words deal with the organization of German physicists. Right up to and even during the war the German Physical Society was in existence and celebrated its centenary in Berlin, in January 1945, notwithstanding the gravity of the general situation. The Control Commission for Germany dissolved this organization. But at least we were allowed to found Physical Societies on a regional basis. Thus emerged the German Physical Society in the British Zone, of which I am Chairman; it was followed by an identical organization in Württemberg and Baden under the chairmanship of Regener; next came a Physical Society for Bavaria under the chairmanship of W. Meissner; and recently one for Hessen, and one for the French Zone seem to have been sanctioned by the occupation authorities. There is no equivalent institution in the Soviet Zone. I ought to mention that we assume that the creation of a Western German State will pave the way for the unification of all the Physical Societies within its boundaries. So far these Societies have organized quite a few conventions. Two or three were held in Württemberg; in the British Zone there were four, three of them in Göttingen, and as recently as September one was held in Claustal. Despite all the difficulties caused by the currency reform, about 40 papers were given in Claustal for an audience of several hundred.

It is a gloomy picture I have to show you. Of course, the help has to come in the main from the German people themselves. Therefore the meeting in Claustal addressed the following plea to all Germans responsible for politics:

Even before the war German science suffered great harm from lack of understanding by the then ruling government. War and its devastations have almost destroyed scientific life. After the war the scarcity of equipment and the difficult conditions of life have prevented or retarded reconstruction of the institutions. After the currency reform one would therefore have expected that the consolidation of the domestic economy would offer at least some moderate chance for work in the institutions. However, the rigorous curtailment of state expenditures has made any scientific work impossible.

The physicists of all four zones, assembled in Claustal, together with their friends from England, Holland, Norway, and the U.S.A. lift their voices in warning in this extreme emergency.

We do not need to point out the spiritual values which will be lost not only to our own country, but also to the whole world, if German science, which has given to mankind so much fundamental knowledge, is to be sacrificed. We would find it difficult to understand if these cultural values should be put aside with a regretful shrug of the shoulders, in favor of the more immediate necessities of life.

But the matter at stake concerns not only cultural values, but also the economic existence and future of our people. It has become an undeniable truth, which one hesitates to repeat so often, that the research of today is the technique of tomorrow. Must we recall in vain that the industrial production of today is the fruit of past research and that research and science are an important part of the national assets, which must not be wasted?

It seems impossible to stop the emigration of our best creative minds, because the possibilities of work in the scientific institutions of Germany are becoming almost nonexistent. It is, of course, tempting to save in times of need that which is not necessary to the immediate requirements of the day. This temptation will be further increased by the fact that the scholars (not many in numbers and living in the retired atmosphere of their work) are not accustomed to seek publicity and to call attention to themselves. However, the responsible leaders of the state should know that research is the seed of future industrial production and that it is economic suicide to save at this point. Compared to the total expenditures of the public funds, the amount assigned to research represents only a minimal fraction which is not in proportion to its importance. If the German people today decide that they cannot sacrifice a small portion of their national income for scientific research, the mass of the population will have to pay for this with a miserable standard of living for decades to come.

Karl Wolf und Max von Laue (Verband Deutscher Physikalischer Gesellschaften) an die im Ausland lebenden ehemaligen Mitglieder der Deutschen Physikalischen Gesellschaft und der Deutschen Gesellschaft für technische Physik, Heidelberg 12. März 1953
(Quelle: DPGA Nr. 20437)

Die Deutsche Physikalische Gesellschaft und die Deutsche Gesellschaft für Technische Physik wurden 1945 aufgelöst. Als beider Nachfolger darf sich der 1950 gegründete Verband Deutscher Physikalischer

Gesellschaften betrachten, dem z. Zt. die folgenden, nach 1945 gegründeten Gesellschaften angehören:
Die Physikalische Gesellschaft in Bayern,
Die Physikalische Gesellschaft zu Berlin,
Die Physikalische Gesellschaft Hessen-Mittelrhein,
Die Nordwestdeutsche Physikalische Gesellschaft,
Die Physikalische Gesellschaft in Württemberg-Baden-Pfalz.

Die in diesem Verbande zusammengeschlossenen deutschen Physiker laden die ehemaligen Mitglieder der Deutschen Physikalischen Gesellschaft und der Deutschen Gesellschaft für Technische Physik, welche jetzt im Auslande leben, zum Beitritt in den Verband ein. Sie würden sich sehr freuen, wenn die ehemaligen Mitglieder sich entschliessen könnten, dieser Einladung zu folgen.

Wir bedauern auf das tiefste, dass viele der früheren Mitglieder nach 1933 aus politischen Gründen gezwungen wurden, aus den damaligen Gesellschaften auszuscheiden und wir können verstehen, wenn diese Einladung bei ihnen vielleicht zwiespältige Gefühle hervorruft. Wir dürfen aber versichern, dass beide Gesellschaften sich solange als möglich bemüht haben, das Unrecht zu vermeiden, und wir bitten die früheren Mitglieder, diese Einladung als Ausdruck unseres aufrichtigen Bestrebens anzusehen, die unwürdigen Vorgänge der Hitlerzeit wieder gutzumachen, soweit uns dies möglich ist.

Wenn Sie sich entschliessen, dem Verband als Mitglied beizutreten, so bitten wir Sie, diese Absicht dem Vorsitzenden an obenstehende Adresse mitzuteilen, der die Durchführung der satzungsgemäss vorgeschriebenen Formalitäten übernehmen wird.

Da hier nicht die Adressen aller bekannt sind, an welche sich dieses Rundschreiben richtet, bitten wir die Empfänger, es wenn möglich auch solchen ehemaligen Mitgliedern bekannt zu machen, die auf der beiliegenden Liste vergessen worden sind.

James Franck an Karl Wolf, Chicago 4. Oktober 1955
(Quelle: RLUC, Franck-Papers, Box 2, Folder 4)

Sehr verehrter Herr Dr. Wolf:
Auf Ihr sehr freundliches Telegramm, in dem Sie mir mitteilten, dass die Deutsche Physikalische Gesellschaft mich zum Ehrenmitglied zu

ernennen wünscht, habe ich Ihnen nach Wiesbaden ein Telegramm gesandt, in dem ich mit herzlichem Dank und Freude die große Ehrung annehme. Ich hoffe, dass es richtig in Ihre Hände gekommen ist, fühle aber das Bedürfnis, meinen Dank noch einmal brieflich auszudrücken.

Da ich viele Jahre lang ein Mitglied der Deutschen Physikalischen Gesellschaft war, so weiss ich die große Ehrung, die man mir erwiesen hat, sehr wohl zu würdigen. Die Physikalische Gesellschaft hat mir vor nicht langer Zeit die Ehre angetan, mir die Planck-Medaille zu verleihen. Ich kann nur wiederholen was ich damals sagte. Diese neue Ehrung bestärkt nur mein Gefühl alter Anhänglichkeit und Dankbarkeit, die ich für so viele der alten Mitglieder fühle, die mir als Freunde, Kollegen und Lehrer in Deutschland so viel gegeben haben.

Mit vorzüglicher Hochachtung,
ergebenst Ihr, *James Franck*

Albert Einstein an Max von Laue, Princeton 3. Februar 1955
(Quelle: AEA Nr. 16-207)

Lieber Laue:
Ich habe bisher mit der Beantwortung Deines lieben Briefes vom 16. Januar so lange gewartet, weil ich erst das Eintreffen einer offiziellen Einladung abwarten wollte, die aber bisher nicht eingetroffen ist. Vor allem freut es mich, daß ich in diesem außergewöhnlichen Falle zu brüderlichem Zusammenwirken und nicht zu Kontroversen Veranlassung gewesen bin.

Alter und Krankheit machen es mir unmöglich, mich bei solchen Gelegenheiten zu beteiligen und ich muß auch gestehen, daß diese göttliche Fügung für mich etwas Befreiendes hat. Denn alles was irgendwie mit Personenkultus zu tun hat, ist mir immer peinlich gewesen. In diesem Falle ist es umso mehr so, weil es sich hier um eine gedankliche Entwicklung handelt, an der Viele ganz wesentlich beteiligt waren, eine Entwicklung, die weit davon entfernt ist, beendigt zu sein. So habe ich mich entschlossen, mich an diesen Veranstaltungen, deren mehrere an verschiedenen Orten geplant sind, überhaupt in keine Weise zu beteiligen.

Wenn ich in den Grübeleien einen langen Lebens eines gelernt habe, so ist es dies, daß wir von einer tieferen Einsicht in die elementare Vorgänge viel weiter entfernt sind als die meisten unserer Zeitgenossen glauben (Dich aber nicht eingeschlossen), sodaß geräuschvolle Feiern der tatsächlichen Sachlage wenig entsprechen.

Herzlich grüßt Dich
Dein
Albert Einstein

Liste der von der DPG 1953 angeschriebenen ehemaligen Mitglieder (zwecks Wiedereintritt)*

Name	Ort/Staat	Status	Austrittsjahr	Wiedereintritt
Akeley, E.S.	Lafayette/USA	Ausländer	kein Austritt	
Andrews, D.H.	Baltimore/USA	Ausländer	kein Austritt	
Asada	Hyogo-Ken/Japan	Ausländer	kein Austritt	positive Antwort
Asher, Leon	Bern/CH	Ausländer	kein Austritt	
Auger, Philipp	Paris/Frankreich	Emigrant Ausland	kein Austritt	
Beck, Guido	Cordoba/Argentinien	Emigrant	1935	
Bergmann, Peter	Syracuse/USA	Emigrant	entfällt	positive Antwort
Bethe, Hans	Cornell/USA	Emigrant	entfällt	positive Antwort
Beutler, Hans	Williams Bay/USA	Emigrant	kein Austritt	1942 verstorben
Blackett	Manchester/England	Ausländer	kein Austritt	positive Antwort
Bohr, Niels	Kopenhagen/DK	Emigrant Ausland	kein Austritt	
Borelius, G	Stockholm/Schweden	Ausländer	kein Austritt	
Born, Max	Edinburgh/GB	Emigrant	1935	positive Antwort
Boyce, Joseph	Argonne/USA	Ausländer	kein Austritt	
Breit, Gregory	Yale/USA	Ausländer	kein Austritt	positive Antwort
Brentano, Johannes	Northwestern/USA	Migrant	kein Austritt	
Brillouin, L.	New York/USA	Emigrant Ausland	kein Austritt	
Compton, K.T.	Cambridge/USA	Ausländer	1938	
Courant, Richard	New Rochelle/USA	Emigrant	1933	
Darrow, Karl	New York/USA	Ausländer	kein Austritt	
Debye, Peter	Cornell/USA	Sonderstatus	kein Austritt	
Dessauer, Friedrich	Fribourg/CH	Emigrant	1937	positive Antwort
Einstein, Albert	Princeton/USA	Emigrant	1933	
Ehrenberg, Walter	Brooklyn/USA	Emigrant	kein Austritt	
Elsasser, Walter	Salt Lake City/USA	Emigrant	1935	
Estermann, Immanuel	Pittsburg/USA	Emigrant	1936	
Ewald, Peter Paul	Brooklyn/USA	Emigrant	kein Austritt	
Fajans, Kasimir	Ann Arbor/USA	Emigrant	1935	
Fokker, A.D.	Haarlem/NL	Ausländer	kein Austritt	
Forro, Magdalena	Evanston/USA	Ausländer	kein Austritt	
Franck, James	Chicago/USA	Emigrant	kein Austritt	
Franck-Sponer, Herta	Durham/USA	Emigrant	kein Austritt	
Frank, Philipp	Cambridge/USA	Emigrant	1938	
Fröhlich, Herbert	Liverpool/England	Emigrant	1936	
Fürth, Reinhold	London/England	Emigrant	kein Austritt	
Gans, Richard	City Bell/Argentinien	Überlebender	1938	positive Antwort

* Die Tabelle wurde von Stefan Wolff erstellt.

(Fortsetzung)

Name	Ort/Staat	Status	Austrittsjahr	Wiedereintritt
Gaviola, Enrique	Cordoba/Argentinien	Ausländer	kein Austritt	positive Antwort
Gemant, Andreas	Detroit/USA	Emigrant	1933	positive Antwort
Goetz, Alexander	Altadena/USA	?	kein Austritt	
Gorter, C.J.	Leiden/NL	Ausländer	kein Austritt	
Goudsmit, Samuel	Upton/USA	Ausländer	1937	
Gulbis, Fritz (Fricis)	Ontario/Kanada	Ausländer	kein Austritt	
Guth, Eugene	Notre Dame/USA	Emigrant	kein Austritt	
Hagenbach, August	Basel/CH	Ausländer	kein Austritt	
Halban, Hans von	Oxford/England	Verwechslung mit dem Vater	kein Mitglied	
Halpern, Otto	Palisades/USA	Migrant	kein Austritt	
Heitler, Walter	Dublin/Irland	Emigrant	1937	
Herzberg, Gerhard	Ottawa/Kanada	Emigrant	kein Austritt	positive Antwort
Herzfeld, Karl	Washington/USA	Migrant	kein Austritt	
Hevesy, Georg von	Stockholm/Schweden	Emigrant	kein Austritt	
Hippel, Arthur von	Weston/USA	Emigrant	kein Austritt	
Hoerling, Hermann	Binghamton/USA	Ausländer?	kein Austritt	
Holtsmark, J	Oslo/Norwegen	Ausländer	kein Austritt	
Hoyt, Frank	Los Alamos/USA	Ausländer	kein Austritt	
Hylleraas, Egil	Oslo/Norwegen	Ausländer	kein Austritt	
Jaffé, George	Louisiana State/USA	Emigrant	1938	
Jehle, Herbert	Lincoln/USA	Emigrant	kein Austritt	positive Antwort
Joachim, Hans S.	Nashville/USA	Emigrant?	1938	
Johnson, A.L.	Crete/USA	Ausländer	1938	positive Antwort
Kallmann, Hartmut	Pasadena/USA	Überlebender	1939	
Kallmann, Heinz	New York/USA	Emigrant	kein Austritt	
Kárman, Theodor v.	Pasadena/USA	Migrant	1938	
Koch, Jörgen	Cambridge/USA	?	kein Austritt	
Kohn, Hedwig	Norumbega/USA	Emigrant	1938	
Landé, Alfred	Columbus/USA	Migrant	1933	
Landshoff, Rolf	Los Alamos/USA	Emigrant	kein Austritt	
Lennard-Jones, John	Cambridge/England	Ausländer	1938	
Lion, Kurt	Belmont/USA	Emigrant	1934	
Little, Noel	Brunswick/USA	Ausländer	kein Austritt	
Loeb, Leonhard B	Berkeley/USA	Ausländer	kein Austritt	positive Antwort
London, Fritz	Duke/USA	Emigrant	1938	
Loomis, F.W.	Urbana/USA	Ausländer	kein Austritt	
Mark, Hermann	Brooklyn/USA	Emigrant	kein Austritt	
Matossi, Frank	Chery Chase/USA	Nachkriegsemigrant	kein Austritt	

(Fortsetzung)

Name	Ort/Staat	Status	Austrittsjahr	Wiedereintritt
Meissner, K.W.	Lafayette/USA	Emigrant	kein Austritt	
Meitner, Lise	Stockholm/Schweden	Emigrant	1938	
Mendelssohn, Kurt	Oxford/England	Emigrant	1933	
Meyer, Edgar	Zürich/CH	Ausländer	1937	
Meyerhof, Walther	Johannesburg/Südafrika	Emigrant?	kein Austritt	
Morse, Philipp	Winchester/USA	Ausländer	kein Austritt	
Neumann, John v	Princeton/USA	Emigrant	entfällt	positive Antwort
Nordheim, Lothar	Duke/USA	Emigrant	1938	
Norinder, Harald	Uppsala/Schweden	Ausländer	kein Austritt	
Oldenberg, Otto	Cambridge/USA	Migrant	kein Austritt	
Pauli, Wolfgang	Zollikon/CH	Migrant	1938	
Peierls, Rudolf	Birmingham/England	Emigrant	1937	
Pel(t)zer, Heinrich	Freenford/England	Emigrant	1938	
Pierce, G.W.	Cambridge/USA	Ausländer	1938	
Pirani, Marcello	Kingston Hill/GB	Emigrant	1938	positive Antwort
Placzek, George	Princeton/USA	Emigrant	1934	
Polanyi, Michael	Manchester/England	Emigrant	1935	
Pringsheim, Peter	Chicago/USA	Emigrant	kein Austritt	
Raman, Ch	Bangalore/Indien	Ausländer	kein Austritt	
Reiche, Fritz	New York/USA	Emigrant	1938	
Reichenbach, Hans	Palisades/USA	Emigrant	1935	
Reinheimer, H	North Adams/USA	Emigrant	1935	positive Antwort
Reis, A.J.	New Brunswick/USA	Emigrant	1935	1951 verstorben
Rosbaud, P	London/England	Oppositioneller	kein Austritt	positive Antwort
Rosenthal-Schneider	Sydney/Australien	Emigrant	1938	positive Antwort
Saha, Megh Nad	Calcutta/Indien	Ausländer	kein Austritt	
Salinger, Hans	Fort Wayne/USA	Emigrant	1938	
Scherrer, Paul	Zürich/CH	Ausländer	kein Austritt	positive Antwort
Schocken, Klaus	Fort Knox/USA	Emigrant	1935	
Schrödinger, Erwin	Dublin/Irland	Emigrant	kein Austritt	
Simon, Franz	Oxford/GB	Emigrant	1938	
Sitte, Kurt	Syracuse/USA	Überlebender	1935	positive Antwort
Smyth, H.D.	Washington/USA	Ausländer	35/38	
Stern, Otto	Berkeley/USA	Emigrant	kein Austritt	
Stueckelberg	Genf/ CH	Ausländer	kein Austritt	
Stuhlinger, Ernst	Fort Bliss/USA	Nachkriegsemigrant	kein Eintrag	positive Antwort
Szilard, Leo	Chicago/USA	Emigrant	1935	
Vleck van, J.H.	Cambridge/USA	Ausländer	1937	

(Fortsetzung)

Name	Ort/Staat	Status	Austrittsjahr	Wiedereintritt
Warner, E.H.	Tucson/USA	Ausländer	kein Austritt	
Weisskopf, Viktor	Cambridge/USA	Emigrant	entfällt	
Wetzel, R.A.	Mount Vernon/USA	Ausländer	kein Austritt	
Wigner, Eugene	Princeton/USA	Emigrant	34/38	positive Antwort

Die Angaben zum Austritt beziehen sich auf den Zeitraum bis 1939, weshalb »kein Austritt« meint, dass die Mitgliedschaft Anfang 1939 noch bestand, »kein Eintrag«, dass es bis 1939 überhaupt noch keine gab.

Auger, Brillouin und Bohr gerieten in den expandierenden Machtbereich des nationalsozialistischen Deutschlands und emigrierten unter diesen Umständen (»Emigrant Ausland«).

»Nachkriegsemigranten« werden diejenigen genannt, die keine überlebenden Opfer oder Gegner (wie Rosbaud) des Nationalsozialismus waren, sondern aus anderen Gründen nach 1945 auswanderten. Zur Bezeichnung »Sonderstatus« für Debye siehe den Beitrag von Stefan Wolff in diesem Band.

Häufig verwendete Abkürzungen

BASF	Badische Anilin- & Soda-Fabrik
DChG	Deutsche Chemische Gesellschaft
DFG	Deutsche Forschungsgemeinschaft
DGtP	Deutsche Gesellschaft für technische Physik
DMV	Deutsche Mathematiker-Vereinigung
DPG	Deutsche Physikalische Gesellschaft
GAMM	Gesellschaft für angewandte Mathematik und Mechanik
GDCh	Gesellschaft Deutscher Chemiker
GDNÄ	Gesellschaft Deutscher Naturforscher und Ärzte
GUZ	Göttinger Universitäts-Zeitung
KWG	Kaiser-Wilhelm-Gesellschaft
KWI	Kaiser-Wilhelm-Institut
MPG	Max-Planck-Gesellschaft
MPI	Max-Planck-Institut
MR	Mathematische Reichsverband
NSDDB	Nationalsozialistischer Deutscher Dozentenbund
OKW	Oberkommando der Wehrmacht
PAW	Preußische Akademie der Wissenschaften
PTR	Physikalisch-Technische Reichsanstalt
REM	Reichsministerium für Wissenschaft, Erziehung und Volksbildung oder auch Reichserziehungsministerium bzw. Reichswissenschaftsministerium
RFR	Reichsforschungsrat
RLM	Reichsluftfahrtministerium
RTA	Reichsgemeinschaft der technisch-wissenschaftlichen Arbeit
UMI	Unione Matematica Italiana
V.d.Ch.; VDCH	Verein deutscher Chemiker
VDI	Verein Deutscher Ingenieure

ZfP	Zeitschrift für Physik
ZftP	Zeitschrift für technische Physik
ZgN	Zeitschrift für die gesamte Naturwissenschaft

Siglen

AEA	The Albert-Einstein-Archiv of the Jewish National and University Library at the Hebrew University of Jerusalem, Israel
AHQP	Archive fort he History of Quantum Physics
AIP	American Institute of Physics, Niels Bohr Library, College Park (MD)
BA	Bundesarchiv, Berlin
BSC	Bohr Scientific Correspondence im AHQP
DMA	Deutsches Museum München, Archiv
DPGA	Archiv der Deutschen Physikalischen Gesellschaft, Berlin
CITA	Archives California Institute of Technology, Pasadena
EHR	Ehrenfest Scientific Correspondence im AHQP
GSTA	Geheimes Staatsarchiv Preußischer Kulturbesitz, Berlin
HBA	Hofbibliothek Aschaffenburg
LTAMA	Archiv des Landesmuseum für Technik und Arbeit, Mannheim
MPGA	Archiv der Max-Planck-Gesellschaft, Berlin
MPIP	Max-Planck-Institut für Physik und Astrophysik, München
RLUC	The Josef Regenstein Library, Special Collection, University of Chicago
SBPK	Staatsbibliothek Preußischer Kulturbesitz, Berlin Handschriftenabteilung
SPSL, BLO	Society for the Protection of Science and Learning, Bodleian Library Oxford
THMA	Technische Hochschule München, Archiv
UMA	Ludwig Maximilian Universität München, Archiv
UFA	Universität Freiburg i. Br., Archiv

Autorenverzeichnis

Beyler, Richard
Geb. 1964, Wissenschaftshistoriker
Professor für Geschichte an der Portland State University, Oregon, USA
Beylerr@pdx.edu

Deichmann, Ute
Wissenschaftshistorikerin
Research Professor am Leo Baeck Institute London und Privatdozentin an der Universität Köln
ute.deichmann@uni-koeln.de

Eckert, Michael
Geb. 1949, Physikhistoriker
Mitarbeiter am Deutschen Museum München
m.eckert@deutsches-museum.de

Forman, Paul
Geb. 1936, Historiker
Kurator am National Museum of American History, Smithonian Institution, Washington D.C., USA
formanp@si.edu

Hentschel, Klaus
Geb. 1961, Wissenschaftshistoriker
Professor für Geschichte der Naturwissenschaften und Technik an der Universität Stuttgart
Klaus.hentschel@po.hi.uni-stuttgart.de

Hoffmann, Dieter
Geb. 1948, Wissenschaftshistoriker
Mitarbeiter des MPI für Wissenschaftsgeschichte und apl. Professor
an der Humboldt-Universität zu Berlin
dh@mpiwg-berlin.mpg.de

Rammer, Gerhard
Geb. 1972, Wissenschaftshistoriker
Mitarbeiter am Interdisziplinären Zentrum für Wissenschafts- und
Technikforschung an der Universität Wuppertal
rammer@uni-wuppertal.de

Remmert, Volker
Geb. 1966, Wissenschaftshistoriker
Assistent in der Arbeitsgruppe Geschichte der Mathematik und der
Naturwissenschaften an der Johannes-Gutenberg Universität Mainz
vrremmert@yahoo.de

Simonsohn, Gerhard
Geb. 1925, Physiker
Professor für Experimentalphysik a.D. der Freien Universität Berlin

Wolff, Stefan
Geb. 1953, Wissenschaftshistoriker
Mitarbeiter am Deutschen Museum München
s.wolff@lrz.uni-muenchen.de

Walker, Mark
Geb. 1959, Historiker
Professor für Geschichte am Union College Schenectady, USA
walkerm@union.de

Namenregister

a
Abel, Emil 472
Abraham, Max 272
Albrecht, Helmuth 69, 72, 171
Amman, Max 10
Anderson, Carl David 606
Andrade, E.N. 257
Angerer, F. von 303
Ardenne, Manfred von 240
Arends 382
Arendt, Hannah 344
Auwers, Otto 373, 382, 394
Avogadro, Amedeo 482
Axmann, Artur 214, 285

b
Baeyer, Adolf von 462
Bachér, Franz 145
Backhaus 221
Baerwald, Hans 113, 114
Bagge, Erich 335, 365, 379, 383
Baisch 382
Balfour, Michael 308, 343
Barbilian, D. 446
Bargers, George 480
Bartels, Hans 382, 391, 403
Baum, Gustav 466
Bechert, Karl 149, 256, 257
Beck, Guido 550
Becker, August 267, 268, 274, 280, 384, 601
Becker, Richard 6, 144, 202, 280, 233, 252, 253, 272, 349, 350, 380, 382, 386–388, 390, 406
Beisel, W 313
Békésy, George 377
Berg 375, 383
Bergmann, Ernst 256
Bergmann, Ludwig 210
Bergmann, Max 468, 470, 472

Bergmann, Peter 135
Berliner, Arnold 96, 97, 98, 108, 114, 117, 121, 123, 257, 562
Bernardini, G. 261
Berzelius, Jöns Jacob 482
Bethe, Hans 106, 135, 243, 249, 258, 263, 271, 280
Betz 382
Beurlen, Karl 318
Beyerchen, Alan 6, 67–68, 72–74, 75, 78–80, 139–140, 144, 154, 157–158, 370, 384
Beythien, Adolf 464
Bieberbach, Ludwig 15, 17, 164, 423–424, 426, 427, 428, 430, 431, 432, 433, 434, 436, 437, 456
Biermann, Ludwig 263
Binz 469
Bismarck, Otto von 481
Bittner, Karl 489
Blackett, Patrick M.S. 244, 376
Blaschke, Wilhelm 426
Bliven, B. 288
Bloch, Felix 106, 243, 375
Blount, Bertie 328
Blumenthal, Otto 423, 424, 444
Bodenstein, Max 476
Bohr, Harald 425, 426, 458
Bohr, Margrethe 346
Bohr, Niels 219, 233, 251, 260, 266, 359, 372, 376, 289, 586, 587, 605
Boltzmann, Ludwig 603, 613
Bompiani, Enrico 446
Bonhoeffer, Karl-Friedrich 486, 493, 606
Bopp, Fritz 71, 259, 416
Bormann, Martin 455
Born, Max 6, 48, 57, 68, 98, 109, 127, 128, 129, 130, 133, 134, 145, 217, 219,

226, 233, 234, 256, 257, 258, 266, 269,
271, 272, 330, 411, 472, 542, 581, 584,
588
Borries, Bodo von 252
Bosch, Carl 35–37, 494
Bothe, Walther 240, 246, 251, 261, 335,
367
Bowden 375
Braun, Werner von 327
Braunsfurth 382
Bredig, Georg 472
Brilliant, Gregor 473
Brillouin, Leon 243
Broglie, Louis de 226–228, 233, 253, 585,
586, 587, 605, 606
Brouwer 33
Brüche, Ernst 26, 71, 139, 140, 159, 161,
162, 163, 165, 166, 191, 209, 210, 212,
240, 252, 281, 282, 285, 286, 287, 305,
311, 312, 313, 321, 322, 330, 333, 334, 338,
339, 351, 363, 385, 417
Bruggencate, Paul ten 265
Bruno, Giordano 531
Buchwald, Eberhard 212, 214
Bücher, Hermann 186
Bühl, Alfons 160, 162, 238, 384,
615
Burcham 376
Burkhardt 382
Butenandt, Adolf 466, 475, 477, 481
Büttner 382
Byk, Alfred 117

c

Cannizzaro, Stanislao 482
Caro, Heinrich 382, 462
Cartan, Élie 446
Cassidy, David 68
Chargaff, Erwin 483
Chevalley, Claude 446
Clausius, Rudolf 603, 604, 605, 613
Clay, Lucius D. 325
Clingestein, Heinz 490
Clusius, Klaus 242, 267, 316
Coates 486
Cockroft, John 607
Cohen, Ernst 463, 472
Cohn, Emil 115
Compton, Arthur H. 233
Coulsen 376
Courant, Richard 6, 108, 306–308,
328–329, 332, 426, 436

d

Dahl, Per F. 242, 251
Dalton, John 603
Dames, Wilhelm 169, 171, 227, 581
Dannmeyer 382
Debye, Peter 19–20, 43, 83, 98, 101, 102,
106, 111, 112, 113, 114, 115, 117, 120, 121,
122, 123, 124, 125, 129, 130, 133, 144,
145, 150, 151, 173, 174, 176, 177, 179,
180, 225, 226, 230, 233, 237, 242, 246,
248, 266, 267, 271, 411, 441, 526, 563,
564, 565, 566, 567, 585, 586
Degwitz, Rudolf 420
Dehlinger, Ulrich 367
Dehn, Max 458
Deichmann, Ute 304
Delbrück, Max 273, 494
de Rham, Georges 446
Dessauer, Friedrich 134
Diebner, Kurt 383
Diesselhorst, Hermann 561
Dingler, Hugo 164–166, 255, 384, 602
Dirac, Paul Adrien Maurice 129, 233, 550,
587, 588, 606
Doetsch, Gustav 449–450
Domagk, Gerhard 475, 477
Dönitz, Karl 455
Döpel, Robert 644
Döring, Werner 379, 382
Duden, Paul 16, 465, 466, 469, 490, 491
Duisberg, Carl 53–56

e

Ebert, Hermann 97, 134, 136, 231, 252,
526, 546, 598
Eckert, Michael 64, 71, 79, 81, 298
Eddington, Arthur Stanley 116
Eden, Anthony 477
Eggert, Paul 382
Ehrenberg, Paul 35
Ehrenfest, Paul 93, 94, 95, 96
Ehrlich, Paul 490
Einstein, Albert 4, 5, 6, 7, 9, 10, 13, 20,
41, 42, 44, 45, 46, 47, 48, 75, 76, 79,
92, 94, 97, 106, 107, 119, 126, 127, 129,
130, 136, 143, 185, 195, 217, 219, 233,
239, 253, 256, 266, 269, 270, 294,
496, 530, 531, 532, 541, 542, 544, 545,
546, 562, 584, 609, 611, 652
Eisner, Hans 494
Ellmer, A. 480
Engel, A. von 244

Epple, Moritz 295
Epstein, Paul 107, 109, 614
Esau, A. 11, 20, 82, 173, 182, 183, 184, 246, 249, 567, 568, 569
Esdorn, Ilse 467
Eucken, Arnold 382, 647
Euler, Hans 230, 643
Evers, Edith 396
Evola, J. 602
Ewald, Peter Paul 93, 111, 243, 244, 258, 265, 342

ƒ

Fajans, Kasimir 127, 472
Falkenhagen, Hans 145, 147
Faraday, Michael 289, 618, 631
Faust 383
Feder, Gottfried 465
Feichtinger, Johannes 576
Fellinger, R. 625
Fermi, Enrico 102, 226, 227, 233, 254, 585, 586, 587, 588
Fermi, Laura 228
Feynman, Richard 370
Fichte, Johann G. 531
Fiegel, Käthe 473
Finkelnburg, Wolfgang 25, 26, 71, 83, 84, 140, 155, 158–163, 196, 268, 282, 291, 340, 341, 408, 526, 592, 615, 617
Finlay-Freundlich, Erwin 262
Fischer 589
Fischer, Eugen 231, 493
Fleischer, E. 396
Fleischmann, Rudolf 196
Flesch, A. 396
Flügge, Siegfried 196, 248, 250, 382
Föppl, Ludwig 303
Förster 383
Förstering 373, 382
Franck, James 6, 43, 93, 98, 116, 126, 127, 129, 130, 170, 250, 253, 256, 257, 260, 266, 281, 339, 346, 353, 387, 410, 411, 472, 548, 652
Francois-Poncet, André 228
Franklin, Ursula 359
Franz, Friedrich 382, 494
Fraser, Ronald 328, 363, 366, 376, 377
Frei, Norbert 359
Freimüller, Tobias 420
Freis, Norbert 24, 322
Frerichs, R. 279, 382
Freundlich, Herbert 463, 472, 529

Frick, Wilhelm 77, 536, 538, 540
Fricke 562
Friedrich Wilhelm I. 536
Frisch, Otto Robert 106258, 261
Fritsch, Willy 440, 441
Fromm, Fritz 194, 201, 202, 455, 590, 591, 596
Fucks, Wilhelm 373, 382, 394
Fues, Erwin 145, 417
Führer, Wilhelm 141, 144, 145, 153, 155, 166, 167, 322, 323, 617
Fürth, Reinhold 41

g

Galilei, Galileo 74, 75, 76, 97, 535, 536, 618
Gamow, George 262
Gans, Richard 115, 133, 265, 408, 410, 411, 420
Gehlhoff, Georg, 526
Gehrke, Ernst, 526, 562
Geiger, Hans 100, 253, 258, 261, 644
Gemant, Andreas 134
Gentner, Wolfgang 130, 131, 132, 138, 639
Geppert, Harald 433, 437
Gerdien, Hans 335, 383
Gerhardt, O. 325
Gerlach, Walther 11, 109, 130, 166–169, 202, 267, 280, 317, 320, 373, 382, 388, 411, 450, 456, 551, 552, 561
Gimbel, John 315
Glaser, Ludwig 271, 384, 602
Glasser, Otto W. 534
Goebbels, Josef 5, 10, 193, 205, 283
Goethe, Johann Wolfgang von 213
Goldschmidt, Viktor 472
Goldstein, Eugen 123
Gora 382
Göring, Hermann 83, 156, 157, 158, 193, 199, 467, 590
Gorter, C.J. 242, 243
Gottschalk, Paul 323
Goudsmit, Samuel 70, 101, 109, 110, 120, 124, 293, 298, 359, 372, 412, 413–415, 551, 552, 553, 592, 639, 642
Graetz, Leo 115
Grimsehl, Ernst 275
Gröbner, Wolfgang 450
Grödel 32, 33
Groth, Paul 383
Grotrian, Paul 179, 221, 222, 224, 226

Namenregister **667**

Grotrian, Walter 123, 177, 238, 262, 526, 562, 565, 566, 579, 580, 581, 582
Gruber, Max von 35
Grüneisen, Eduard 265, 266, 403, 561, 647
Gruschke 382
Grützmacher, Kurt 377, 382
Gudden, Bernard 243
Guericke, Otto von 244, 633
Gumbel, Emil Julius 427, 428
Gundlach, Albert 490

h

Haas, Gustav 473
Haber, Fritz 7, 8, 42, 53, 55, 56, 93, 97–99, 151, 152, 196, 252, 253, 260, 281, 462, 463, 470, 472, 476, 485, 487, 488, 490, 492, 494, 496, 529, 530, 542, 543, 544, 556, 557, 558, 559, 560
Haber, Hermann 486
Haber, Margarethe 486
Hahn, K. 286
Hahn, Otto 2, 8, 25, 126, 128, 129, 248, 260, 318, 319, 320, 327, 328, 335, 337, 338, 340, 341, 345, 346, 349, 357, 365, 392, 393, 402–404, 408, 486, 493
Hamel, Georg 422, 427
Hammerstein, Notker 296
Handel, Kai 296
Hanke, Karl 210
Hanle, Wilhelm 280, 330, 377, 382
Hansen, Christian 602
Harteck, Paul 606
Hartmann, Heinrich 210, 214, 284, 285
Hartmann, Max 477
Hartogs, Friedrich 441
Hartshorne, Edward 344
Harwood, Jonathan 66, 67
Hase 382
Hasse, Helmut 423, 426, 438, 429, 430, 431, 441, 443, 444
Haußer, K.W. 276
Haxel, Otto 383
Heckmann, Otto 264, 615
Hegel, Georg Wilhelm 611
Heilbron, John 67, 68, 69
Heinrich Timerding 37
Heisenberg, Werner 2, 7, 13, 38, 40, 59, 68, 70, 71, 72, 95, 100, 111, 127, 128, 130, 144, 145, 146, 147, 148, 149, 152, 159, 162, 163, 164, 166, 167, 170, 218, 219, 232, 246, 261, 266, 267, 270, 307, 315, 316, 328, 346, 307, 365, 368, 369, 372, 373, 380, 382, 391, 394, 404, 411, 484, 585, 586, 605, 609, 612, 652, 617, 643
Heitler, Walter 110, 266, 273
Helferich, Burckhardt 466, 473, 478
Hellwege, Karl-Heinz 292, 387
Helmholtz, Hermann von 271, 534, 604, 608, 613
Henning 551
Hentschel, Klaus 264
Hermann, G. 273, 486
Hertz, Gustav 7, 100, 129, 136, 249, 260, 272, 295, 367, 472, 618, 644
Hertz, Heinrich 246
Hertz, Paul 108
Herzberg, Gerhard 134, 273
Herzfeld, K.F. 258
Hettner, Gerhard 303
Heubner, Wolfgang 494
Hevesy, Georg von 472, 479
Heymann, Ernst 5, 473
Hiedemann 162, 383
Hilsch, Rudolf 243
Himmler, Heinrich 147, 156, 157, 370, 415, 455, 639, 640, 641, 642
Hindenburg, Paul von 14, 93
Hinzpeter 382
Hitler, Adolf 2, 3, 4, 7, 9, 12, 13, 16, 17, 69, 70, 77, 96, 170, 171, 240, 328, 349, 465, 478, 482, 497, 539, 541, 546, 570, 637
Hofeditz, W. 479
Hoffmann 382
Hofmann, August Wilhelm 460, 461, 462, 481, 497
Hofmann, Karl Andreas 469, 470, 487
Hönl, Helmut 267
Hooker, Ruth H. 599
Hopf, Heinz 442
Hopf, Ludwig 111, 112, 114, 115
Hörlein, Heinrich 469, 481
Houtermans, Fritz 380, 383,
Huber, Anton 447
Humboldt, Alexander von 531
Hund, Friedrich 99, 145, 196, 230, 231, 232, 233, 243, 348, 263, 280, 411, 587, 589

i

Infeld, Leopold 256

j
Jacobson, Paul 472
Jaeckel, Rudolf 382, 388
Jaenicke, Johannes 494
Jaensch, Erich Rudolf 425
Jaffé, Georg 115
Jarausch, Konrad 66
Jehle, Herbert 116, 134
Jensen, Hans 250, 251, 346, 3773, 382, 396
Joliot, Frederic 131
Joos, Georg 135, 158, 202, 263, 290, 292, 339, 341, 615
Jordan, Pascual 145, 196, 226, 227, 230, 232, 233, 258, 273, 318, 383, 389, 392, 393, 396, 397, 398, 416, 585, 586, 587, 589, 617, 635
Josephy, Edith 473
Jung, Heribert 396
Justi, Eduard 251, 252, 260, 373, 382

k
Kallmann, Hartmut 302, 331, 345, 355, 383, 392, 393, 402, 419, 472
Kamke, Erich 458
Kant, Immanuel 531, 611
Karajan, Herbert von 484
Kármán, Theodore 107, 108, 113, 549, 550, 551
Keesom, Willem Hendrik 242
Kehler 383
Keitel 390, 407, 635
Kepler, Johannes 633
Kershaw, Ian 87, 88, 89
Kersten, Martin 249
Kirchner 565, 566
Klages 412
Klemm, Friedrich 274
Klemm, Wilhelm 480, 647
Klemperer, Victor 193, 347
Klett, Constantin 396
Klopfer 455
Klumb, Hans 356, 367
Knauer 383
Kneser, Hans Otto 318, 382, 390, 392, 393, 403, 404, 409, 635
Knipping, Paul 253
Knopp, Konrad 424, 426, 428
Koch, Peter Paul 324
Koehler 382
Koeth, Joseph 493
Kohler, Max 416

Kohn, Hedwig 116
Kolbe, Hermann 462
Kolben, Emil 117
Kolhörster, Werner 240, 644
Kollath, Werner 382
Konasch, M. 396
König 383
Kopernikus, Nikolaus 535
Kopfermann, Hans 130, 260, 291, 292, 293, 335, 346, 348, 369, 380, 382, 412, 414, 615
Korsching, Horst 365, 383
Kossel, Walther 43, 233, 234, 244, 267, 278
Kottler, Friedrich 109
Kratky, Otto 566
Kratzer 373, 382, 394
Krauch, Carl 298
Krautz 382
Krebs 382
Kremer 382
Kretschmar, Hermann 466, 469
Kroepelin 382
Kröncke 382
Krone 383
Kronig, Ralph 145, 243
Kubach, Fritz 432
Kuh, Hedwig 473
Kuhn, Heinrich 108
Kuhn, Richard 16, 475, 476, 478, 479, 481–484, 497
Kühne 494
Kulenkampff, Helmuth 248, 267, 382
Kürti, Nicholas 242
Kunisch 556
Kuß 382

l
Ladenburg, Rudolf 117, 118, 253, 258, 265, 268, 271, 323, 340, 472, 544
Lammers, Hans Heinrich 455
Lanczos, Cornelius 119, 120
Landé, Alfred 106, 107, 109, 120
Langevin, Paul 131
Laue, Max von 1, 5, 6, 9, 25, 42, 64, 73–76, 78, 79, 92, 96, 97, 113, 129, 131, 132, 136, 138, 342, 346 von Laue 5, 64, 73, 74, 75, 76, 78, 79, 92, 93, 94, 95, 96, 97, 99, 102, 106, 107, 108, 114, 121, 123, 128, 129, 130, 131, 132, 134, 136, 138, 146, 153, 177, 178, 179, 185, 217, 219, 221, 223, 232, 234, 239, 251, 252

253, 254, 259, 261, 265, 290, 318, 323, 328, 331, 334, 335, 340, 341, 342, 349, 365, 367, 369, 370, 371, 372, 373, 375, 376, 380, 381, 383, 385, 386, 387, 388, 392, 394, 398, 401, 402, 403, 404, 405, 406, 408, 409, 410, 412, 413, 414, 415, 416, 417, 418, 419, 493, 526, 530, 531, 532, 533, 534, 541, 542, 543, 544, 545, 546, 549, 550, 551, 561, 562, 566, 567, 584, 586, 587, 588, 639, 641, 642, 643, 647, 650, 652
Lauterjung 382
Lavoisier, Antoine Laurent 35, 482
Le Goff, Jacques 301
Lenard, Philipp 9, 45, 46, 50, 93, 139, 141, 143, 145, 147, 148, 149, 151, 154, 155, 157, 160, 164, 171, 175, 185, 187, 199, 229, 267, 268, 269, 274, 275, 276, 277, 297, 384, 385, 386, 414, 434, 608, 618, 633, 644
Lenz, Wilhelm 267
Leonhardt 490
Leprince-Ringuet, L. 261
Leuchs, Hermann 470
Liebig, Justus von 282, 461, 482
Linde, Hartmut 336
Litten, Freddy 79, 80, 81, 324
Lochte-Holtgreven 382
Lodge, Oliver 277
Loewy, Alfred 430
Löhmann, Dr. 489
Lohr 221
Lomonossow, Michail V. 256
London, Fritz 104, 112, 113, 134, 259, 472
London, Heinz 259
Lorentz, Hendrik Antoon 44
Loria, K. 473
Lucht 591
Lübbers, D. 396

m
Mach, Ernst 603
Madelung, Erwin 221, 335, 367
Madelung, Kurt 334
Maecker 382
Magnus, Gustav 281
Maier-Leibnitz, Heinz 309, 353, 364
Mair, John 343
Malsch, Johannes 147, 148, 169, 615
Mannkopff, Reinhold 373, 378, 382, 394
Mannkopff, Rudolf 335
Marchesani, O. 396

Marckwald, W. 470
Marconi, Guglielmo 618
Mark, Hermann 472, 494, 566
Martens 382
Martius, Ursula 359, 389, 390, 391, 392, 394, 397, 398, 402, 403, 404, 405, 407, 410, 419
Marx, Erich 109, 116
Matossi, Frank 133
Maue 383
Maxwell, James Clerk 603, 605, 606
May, E. 273
Mayer, Erich 490
Mayer, Robert 604, 608, 613
Mayer-Kuckuk, Theo 309
Mecke, Reinhold 115, 117
Mehrtens, Herbert 59, 68, 69, 79, 422
Meißner, Walther 221, 242, 251, 323, 367, 372, 382, 383, 385, 647, 648
Meitner, Lise 96, 113, 126, 129, 135, 232, 235, 258, 260, 265, 273, 319, 335, 346, 347, 472, 494
Meixner, Josef 267, 373, 382, 394
Melchior, Carl 95
Mendelssohn-Bartholdy, Paul 462
Mentzel, Rudolf 11, 77, 78, 145, 167, 168, 169, 170, 171, 203, 249, 284, 296, 318, 322, 453
Merck, Karl 466, 467, 481
Mey, Karl 26, 73, 74, 76, 79, 87, 97, 98, 99, 100, 122, 151, 152, 153, 174, 181, 183, 187, 221, 238, 239, 240, 241, 242, 244, 246, 277, 278, 526, 541, 544, 546, 547, 548, 549, 558, 560, 561, 567, 568
Meyer 383
Meyer, Erwin 249, 379
Meyer, Hans Horst 42
Meyer, Kurt H. 463, 472
Meyer, Stefan 113
Meyeren, W.A. 291
Meyerhof, Otto 475, 476, 482
Michels 375, 377, 383
Michelson, Albert Abraham 256, 611
Mie, Gustav 48, 335
Mierdel, Georg 251
Milch, Erhard 201, 455, 591
Miller, Oskar von 276
Millikan, Robert A. 256, 266, 289, 550
Milne, Edward Arthur 264
Mises, Richard von 41
Mitscherlich, Alexander 355
Mittasch, Alwin 467

Mittelstaedt, Peter 382
Möglich, Friedrich 263, 291, 401, 647
Mollwo, Erich 383
Mommsen, Theodor 461
Mond, Ludwig 462
Monjé, Manfred 396
Morrison, Philip 370, 639, 641
Mott, Nevill 375, 382
Müller, Conrad 429, 430, 431, 438, 443
Müller, Erwin W. 244
Müller, Friedrich von 34, 42, 46, 52, 55, 253
Müller, Otto 490
Müller, Wilhelm 140, 141, 144, 147, 148, 149, 160, 164, 165, 167, 168, 169, 170, 171, 196, 258, 270, 278, 324, 382, 384, 385, 414, 439, 441, 595, 602, 610, 614, 615, 616
Murray, Roger 349, 415

n
Nagel 382, 383
Nernst, Walther 42, 196, 254, 277, 533, 604, 644
Neuberg, Carl 463, 470, 472
Neugebauer, Otto 436
Neumann, John von 135, 426
Newton, Isaac 618
Niedeggen, Hans 490
Niethammer, Lutz 322
Nobel, Alfred 583
Nordheim, Lothar 243

o
Oetjen 383
Ohm, Georg Simon 253
Orthmann, Wilhelm 121, 176, 413, 565
Osenberg, Werner 205, 455
Ossietzky, Carl von 583
Ostwald, Wilhelm 603
Ott 267

p
Pabst von Ohain, Hans-Joachim 327
Pahlen, E.v.d. 264
Paneth, Friedrich 108, 472, 479
Paschen, Friedrich 644
Pasteur, Louis 482
Paul, Wolfgang 380, 383
Pauli, Wolfgang 95, 111, 112, 113, 116, 226, 243, 258, 266, 586
Paul von Hindenburg 93

Peetz 383
Peierls, Rudolf 106, 110, 127, 243
Perron, Oskar 164, 165, 166, 422
Petersen, A. 494
Peukert, Detlev 60, 86, 88, 90
Picht, Johannes 268
Pietsch 382
Pietzsch 467
Pippard, Brian 377
Pirani, Marcello 134
Planck, Max 5, 42, 46, 64, 67, 69, 71, 72, 74, 92, 95, 96, 102, 114, 120, 121, 128, 146, 147, 151, 154, 157, 160, 163, 171, 172, 175, 186, 197, 215, 217, 218, 219, 220, 226, 230, 234, 253, 254, 265, 266, 273, 288, 335, 406, 411, 417, 486, 487, 493, 494, 530, 532, 542, 551, 557, 558, 560, 562, 562, 578, 579, 580, 581, 583, 584, 585, 586, 587, 605, 609, 613, 633, 644
Plato 38
Podolsky, Boris 256
Pohl, Robert W. 158, 171, 202, 243, 309, 334, 364, 366, 368, 369, 372, 373, 381, 382, 383, 408, 410, 647, 648
Polanyi, Michael 345, 472, 529
Polley 383
Pollitzer, Fritz 116, 117
Pose, Heinz 644
Prager, Bernhard 468, 472
Prandtl, Ludwig 83, 141, 142, 156, 157, 158, 171, 199, 201, 277, 335, 382, 395, 422, 452, 590, 591, 595, 614, 615
Pringsheim, Peter 96, 97, 116, 253, 256, 258, 260, 444
Pummerer, Rudolf 466

r
Radt, Fritz 473
Ramsauer, Carl 18, 20–26, 64, 82–85, 87, 140, 142, 143, 155, 156, 158–160, 161–164, 171, 179, 184–190, 192, 194, 195, 197–200, 201–205, 208, 209, 211–213, 215, 230, 232, 234, 240, 254, 272, 276, 277, 279, 281, 282, 283, 288, 311, 335, 355, 363, 367, 373, 382, 413, 452, 453, 454, 455, 497, 526, 561, 569, 588, 589, 590, 591, 592, 596, 617, 625, 631
Rathenau, Emil 276
Regener, Erich 125, 180, 240, 243, 367, 368, 377, 648
Reiche, Fritz 116

Reichenbach, Hans 109
Reidemeister, Kurt 306
Rein, F. Hermann 327, 332, 338, 340, 349
Reinheimer, Hans 134
Renneberg, Monika 264
Richter, Friedrich 472
Richter, Steffen 69, 79, 80
Riesenfeld, Ernst 472
Riezler, Wolfgang 382
Ringer, Fritz 66
Ritschl, Rudolf 256, 396
Ritterbusch, Paul 453
Roggenhausen, Marianne 396
Rogowski 373, 382
Röhm, Ernst 2, 12, 13
Röntgen, Wilhelm Conrad 534
Rompe, Robert 291, 367
Rosbaud, Paul 134, 418
Rosen, Nathan 256
Rosenberg, Alfred 77, 154
Rosenhauer 383
Rosenheim, Arthur 463, 469, 468
Rosenthal, Arthur 113, 134
Rosseland, Svein 265
Rubens, Heinrich 253, 281
Rubner, Max 35, 42
Rüchardt, Ernst 367
Ruff, Otto 466
Rühmkorf 383
Rukop, Hans 272, 526
Rushbroke 376
Ruska, Ernst 252, 411
Rust, Bernhard 8, 71, 77, 85, 140, 158, 168, 169, 170, 191, 193, 201, 435, 486, 487, 529, 557, 558, 592
Rutherford, Ernest 94

S

Salow 383
Sauerbruch, Ferdinand 467
Sauter, Fritz 145, 196, 267, 268, 272, 335
Schaaffs, W. 367
Schaefer, Clemens 221, 222, 240, 367, 373, 382, 394, 397, 398, 400, 402, 403, 561, 581
Schael, Oliver 361
Schaffernicht 383
Scharf, Fritz 466
Scheel, Karl 98, 119, 238, 245, 253, 258, 262, 277, 526
Scheele, Carl 482
Scheffer, H. 252, 640

Schenck, Rudolf 481
Scherzer, C. 240, 615
Scherzer, Otto 83, 84, 111
Schieber, Walter 203, 466, 481, 490, 491
Schiemann, Elisabeth 494
Schimank, Hans 213, 289
Schirach, Baldur von 455
Schlechtweg, Heinz 373, 382, 394, 395
Schleede, Arthur 473, 475, 479
Schley, U. 396
Schmidt 382
Schmidt, Erhard 428
Schmidt, Ferdinand 384
Schmidt, O. von 247
Schmidt, Theo 260
Schmidt-Ott, Friedrich 41, 55, 56, 494
Schmieschek 382
Schober, Herbert 390, 394, 396, 398, 635
Schön, Michael 258, 647
Schott, Otto 276
Schottky, Walter 101, 106, 109, 110, 121, 122, 123, 177, 179, 221, 222, 243, 291, 526, 548, 549, 550, 551, 552, 553, 563, 564, 566
Schrödinger, Erwin 217, 219, 220, 221, 223, 224, 225, 266, 323, 411, 530, 542, 578, 579, 580, 581, 582, 583, 584, 586, 605, 606
Schüler, Hermann 383
Schumann, Erich 77, 386, 387, 389, 390, 392, 394, 396, 397, 398, 399, 405, 406, 407, 408, 409, 635
Schütz, Wilhelm 173, 413, 565, 566, 567, 568
Schwab, Georg-Maria 480
Schweidler, Egon von 526
Seddig, Max 535
Segrè, Emilio 101
Senftleben, Hermann 381
Severi, Francesco 446
Severin 383
Shoenberg, David 377
Siemens, Carl Friedrich von 276
Siemens, Hermann von 335, 526
Siksna 382
Simon, Franz 242, 243, 260
Simonsohn, Gerhard 195
Sitte, Kurt 117, 135
Sommer 544
Sommerfeld, Arnold 31, 42, 45, 46, 48, 49, 50, 51, 52, 92, 93, 95, 100, 111, 112, 113, 116, 127, 128, 129, 130, 143, 144,

145, 147, 148, 152, 153, 157, 161, 163,
166, 167, 2215, 217, 219, 223, 225, 226,
227, 229, 230, 231, 232, 234, 243, 266,
271, 276, 290, 305, 309, 318, 323, 335,
341, 385, 411, 457, 562, 584, 585, 586,
587, 588, 589, 595, 605, 609, 614,
648
Sondheimer, Kurt 377
Sophokles 641
Späth, Ernst 481
Speer, Albert 193, 209, 283, 452
Speiser, Andreas 446
Spengler, Oswald 38
Spenke, Eberhard 291
Sperner, Emanuel 427, 428, 429, 430,
432, 441, 443
Spinoza, Baruch 531
Sponer, Hertha 411
Stalin, Josef W. 328
Stantien, Kurt 466, 481, 490, 491
Stark, Johannes 5, 6, 9, 10, 11, 12, 13, 15,
17, 26, 45, 48, 50, 51, 56, 57, 61, 62, 64,
70, 72, 73, 74, 75, 76, 77, 78, 79, 80,
82, 88, 93, 97, 139, 141, 145, 146, 150,
151, 152, 154, 155, 160, 164, 167, 168,
169, 170, 171, 175, 182, 187, 224, 239,
240, 256, 258, 259, 275, 297, 323, 324,
384, 385, 386, 407, 414, 417, 433, 536,
541, 542, 543, 544, 546, 561, 562, 602,
608, 610, 612, 613, 614
Steenbeck, Max 313, 344, 526
Steinke, Eduard 178, 221
Stenzel 383
Stern, Dora 472, 473
Stern, Otto 258, 259, 410, 472
Stetter, Georg 178, 221, 412, 565, 567, 569
Steubing 382
Stiefel, Ernst 446
Stille, Hans 383
Stinnes, Hugo 54
Stock, Alfred 16, 474, 473
Strassmann, Fritz 260, 494
Straubel, Werner 324
Streicher, Julius 5
Struve, Otto 249
Stuart, Herbert Arthur 121, 123, 173, 177,
178, 318, 382, 389, 392, 394, 396, 397,
398, 409, 410, 411, 412, 413, 414, 565,
566, 567, 615, 635
Stückelberg, Ernst 145
Stuhlinger, Ernst 133
Sudhoff, Karl 36

Süss, Wilhelm 17, 18, 422, 423, 427, 430,
431, 432, 433, 434, 435, 436, 437, 438,
439, 440, 443, 444, 445, 446, 447,
448, 449, 450, 451, 454, 455, 456, 457,
458
Süvern, Karl 489
Swinne, Edgar 408, 411, 420
Swinne, Richard 272, 275, 279
Szilard, Leo 109, 256

t
Teichmann, H. 602
Teichmüller, Oswald 432
Teller, Edward 106, 263, 411
Themistokles 493, 542, 543, 544
Thiessen, Peter Adolf 8, 336, 476, 481,
495, 602, 644
Thomas, Carl 201
Thüring, Bruno 147, 148, 155, 164, 165,
166, 269, 384, 602, 615
Tiede, Erich 481, 488
Timerding, Heinrich 37, 39
Todt, Fritz 466, 467, 481, 488, 490, 566
Toeplitz, Otto 423, 424
Tolansky, Samuel 377
Tolman, Richard C. 265
Tomaschek, Rudolph 145, 148, 149, 191,
232, 275, 280, 384, 651
Tornier, Erhard 426, 432
Treitschke, Heinrich von 461
Trischler, Helmuth 296
Tschesche, Rudolf 464

u
Unsöld, Albrecht 145, 249, 263, 267,
270, 373, 394, 396, 397

v
Vahlen, Theodor 164, 426, 427, 432
Valentiner, Siegfried 221, 383
Varga, Otto 446
Vieweg, Richard 305, 306, 367
Vieth 561
Virchow, Rudolf 461
Vogel, Th. 273
Vögler, Albert 54, 54
Vogt 287
Vogtherr, K. 257
Volkmann, Harald 384, 411, 615
Volmer, Max 470, 644
Volta, Alessandro 617
Voltaire 531

Namenregister **673**

W

Wacker, Otto 183, 432, 440
Waetzmann, Erich 278
Wagner, Richard 490
Walcher, Wilhelm 293, 383
Walker, Mark 59, 60, 65, 66, 70, 72, 73, 74, 75, 78, 79, 80, 81, 321
Wallach, Otto 462
Walther, Alwin 449
Walton, Ernest 607
Warburg, Emil 123, 253, 281, 272
Warburg, Otto 468
Watzlawek, Hugo 396
Weaver, Warren 308
Weigert, Fritz 472
Weinberg, Arthur von 462, 463, 494
Weinreich, Max 70
Weissenberg, Karl 108
Weisskopf, Victor 106, 135, 256, 260, 271, 293
Weizel, Walter 130, 275, 278, 291, 335, 383, 561
Weizsäcker, Carl Friedrich von 2, 162, 196, 228, 248, 249, 250, 254, 346, 347, 365, 383, 615
Wentzel, Gregor 145, 280
Wenzig, H. 396
Wesch, Ludwig 268, 384, 615
Westphal, Wilhelm 221, 283, 340, 364, 400, 401
Weyl, Hermann 269, 426
Wheeler, John A. 251
Wiechert, Emil 277
Wien, Max 49, 50, 57, 100, 246
Wien, Wilhelm 33, 45, 46, 49, 50, 51, 54, 55, 56, 57, 100, 108, 109, 110, 113, 130, 170, 534

Wigner, Eugen 118, 135, 260, 266, 271
Willstätter, Richard 258, 462, 463, 470, 472, 474, 479, 483, 490, 493
Wilson 377
Windaus, Adolf 328, 404, 466, 476, 488, 494
Wirtz, Karl 365, 383
Wittmann, Karl 396
Witzell, Carl 201, 202
Wohl, Arthur 463, 468, 469
Wöhler, Friedrich 482
Wolf, Hans 466, 489
Wolf, Karl 130, 131, 132, 134, 135, 367, 650, 651
Wolf, Karl Lothar 496
Wolf, Rudolf 464
Wood, Robert W. 276

Y

Yukawa, Hideki 233, 248, 589, 607

Z

Zahn 383
Zenneck, Jonathan 74, 76, 94, 99, 100, 101, 122, 125, 126, 130, 148, 150, 151, 152, 153, 154, 160, 174, 178, 181, 184, 202, 220, 221, 222, 223, 225, 230, 238, 244, 248, 282, 290, 335, 367, 526, 561, 562, 569, 578, 579, 580, 581
Ziegenheim 383
Zimmer, Ernst 273
Zimmermann, Kurt 490, 492
Zintl, Eduard 481

Bildnachweis

Archiv DH:
S. 502, 507a, 507c, 508, 517, 522

Bundesarchiv Koblenz:
S. 521

DPGA:
S. 501, 504, 507b, 507d, 507e, 509, 519, 520, 523c

DMA:
S. 503, 512b

LTAMA:
S. 513, 514, 515

MPGA:
S. 505, 506, 510, 511, 512a, 516, 518, 523

UFA:
S. 523a